机床夹具设计与使用
一本通

谢 诚 编著

机 械 工 业 出 版 社

本书重点对机床夹具设计的主要问题(定位原理、定位和夹紧误差及影响夹具精度的各种因素等)做深入分析；对各种基本功能(定位、夹紧、分度等)元件或装置，各种类型工件和各种机加工所用夹具的结构作系统讲解；提供部分设计实用资料、设计计算示例；介绍有关试验数据和信息。同时对焊接夹具、装配夹具和特种加工装置(夹具)作简要介绍。

此外，本书对机床夹具的磨损有专题介绍，并对机床夹具设计有关的问题(生产准备,工艺装备系数,夹具制造、使用、维修和计算机辅助夹具设计等)也进行了简要的介绍。

本书可供夹具设计、研究、使用和教学人员等使用，对机制工艺人员也有一定的参考价值。

图书在版编目(CIP)数据

机床夹具设计与使用一本通 / 谢诚编著. —北京：机械工业出版社，2017. 12(2025. 4 重印)
ISBN 978-7-111-58538-1

Ⅰ. ①机… Ⅱ. ①谢… Ⅲ. ①机床夹具—设计 Ⅳ. ①TG750. 2

中国版本图书馆 CIP 数据核字(2017)第 287216 号

机械工业出版社(北京市百万庄大街 22 号 邮政编码 100037)
策划编辑：李万宇 责任编辑：李万宇 程足芬
责任校对：张晓蓉 王 延 封面设计：鞠 杨
责任印制：单爱军
北京虎彩文化传播有限公司印刷
2025 年 4 月第 1 版第 4 次印刷
184mm×260mm · 47. 5 印张 · 2 插页 · 1168 千字
标准书号：ISBN 978-7-111-58538-1
定价：189. 00 元

电话服务 网络服务
客服电话：010-88361066 机 工 官 网：www.cmpbook.com
010-88379833 机 工 官 博：weibo.com/cmp1952
010-68326294 金 书 网：www.golden-book.com
封底无防伪标均为盗版 机工教育服务网：www.cmpedu.com

前　言

机床夹具在工艺装备中占有重要地位，在保证产品的质量、数量和安全生产等方面有重要的作用。随着生产的发展和科学技术的进步，在夹具设计、计算、研究、试验和使用方面积累了不少经验和资料，包括夹具结构、材料、精度分析、制造、修理和计算机辅助夹具设计等多个方面。

作者根据工作中的体会和有关资料，对机床夹具设计和使用各个方面作了较全面的介绍，其内容具有实用性和广泛性，反映了夹具技术的发展、现状和发展方向。

本书有特点的内容列举如下：

1）按十二个自由度分析工件的定位。

2）对矩形工件以平面定位，对箱体工件以一面两销定位（多种方式），对轴类工件以V形和两顶尖（多种方式）定位，进行误差的分析和计算。

3）薄盘类工件以内孔和端面定位心轴的计算。

4）多轴钻削头的设计与计算。

5）弹性夹头定形热处理直径胀大（或收缩）量的计算。

6）圆偏心轮夹紧力三种计算方法。

7）阿基米德螺旋线和对数曲线夹紧凸轮的设计和计算。

8）对斜楔夹紧、滑柱在导向孔中和斜楔与滚轮之间当量摩擦系数的计算（与一般不同点介绍）。

9）对气、液夹紧，弹性元件（波纹套、碟形弹簧、锥套副）夹紧，磁力、电动、静电、真空夹紧作较详细的介绍。

10）对装配夹具、焊接夹具、特种加工装置（夹具）以及与机床改装有关的加工装置、滚压装置作一定介绍。

本书的编写得到了机械工业出版社和编辑的支持和帮助，在此深表谢意。

由于水平有限，书中问题和错误在所难免，恳请读者批评指正。

编　者

目　　录

第1章 机床夹具综述

1.1 机床夹具与生产技术准备

一个生产单元(工厂或车间等)为生产产品(机器、部件或零件)需要做的生产准备工作主要包括：分析产品的结构和工艺性；制订产品零件的加工工艺(过程卡和工序卡)，确定所需要的工艺装备；设计和制造各种工艺装备(包括外购)。前两项工作由工艺专业人员完成，工艺装备人员配合；而第三项工作工艺装备的设计由工艺装备专业人员完成，工艺专业人员配合。有时工艺人员和工装人员在有些关键问题上要多次相互协商，才能使工艺和工装的设计不断完善，更加合理。对于较小的单位，有时工艺和工装的设计工作不分开，但在工作时，协调工艺与工艺装备相互关系也是必不可少的。

工艺装备主要包括：机床夹具、刀具和辅具，装配夹具，冲、锻、铸模具等。

几种机床各种工艺装备的数量见表1-1。

表1-1 几种机床各种工艺装备的数量[15]

工艺装备种类	转塔车床	螺纹车床	半自动磨床
铸模	76	120	205
锻模	30	15	15
压模	26	42	46
冲模	114	200	96
焊接夹具	3		5
机械加工夹具	714	400	287
机械加工心轴	331	300	217
通用组合夹具	52		63
切削刀具	350	120	389
测量工具	249	95	351
辅助工具	160	110	374
装配夹具	6		23
检验夹具	19		31

对主要采用通用机床和专用夹具的生产方式，机床夹具工作量约为生产工艺准备总工作量的60%~80%，生产准备时间主要取决于设计和制造机床夹具的时间。成批生产时机床夹具设计成本占夹具制造成本的30%，夹具费用占产品总成本的20%。

常用工艺装备系数表示工艺装备配备的程度，一般以制造产品所需工艺装备数量与产品专用零件(即需经各种加工的零件)数量的比值表示；也可用其他方式表示，例如按零件一个加工工序平均所用夹具的数量，或以单件产品夹具的制造费用等表示。

综合工艺装备系数表示各种工艺装备数量之和与产品专用零件数量的比值；单项(例如夹具、刀具等)工艺装备系数表示某单项工艺装备数量与相关产品零件数量的比值。工艺装备系数可对一个产品统计，也可对多个同类产品统计，通常把其平均值作为该类产品的工艺装备系数。表 1-2 列出了几种立式钻床所用部分工艺装备的原始数据，表 1-3 列出了按表 1-2 中的数据计算得到的综合工艺装备系数和部分单项工艺装备系数(在采用通用机床加工的条件下)。

表 1-2 几种立式钻床部分工艺装备的原始数据

机床型号(苏联)	各种工艺装备总数 N_Σ	机床专用零件数量 N_m	机加工零件数量 N_c	夹具(不包括心轴)数量 N_f	心轴数量 N_s	切削刀具数量 N_t	铸造零件数量 N_i	铸模数量 N_p
2H125	1892	362	362	689	227	394	54	138
2H135	1448	379	379	651	198	365	56	—
2H150	1800	386	386	596	172	358	78	121
2H118	804	189	189	236	304	146	31	5
2H125Л	804	281	281	273	218	123	33	47

表 1-3 按表 1-2 中的几种立式钻床计算得到的工艺装备系数

机床型号(苏联)	2H125	2H135	2H150	2H118	2H125Л	各机床平均值
综合工艺装备系数 N_Σ/N_c	5.22	3.82	4.66	4.25	2.86	4.16
夹具(不包括心轴)工艺装备系数 N_f/N_c	1.9	1.72	1.54	1.25	0.97	1.48
夹具(包括心轴)工艺装备系数$(N_f+N_s)/N_c$	2.53	2.24	1.98	2.85	1.75	2.27
刀具工艺装备系数 N_t/N_c	1.09	0.96	0.93	0.77	0.44	0.84
铸模工艺装备系数 N_i/N_p	2.56	—	1.55	0.16	1.42	1.14

在开发新产品时，应确定所需工艺装备配备的程度，工艺装备系数用于初步估算为生产产品而进行的工艺装备设计和制造的工作量和费用，这是组织规划生产的重要组成部分。

工艺装备系数值主要与生产规模有关，当主要采用通用机床加工时的规律是：对于单件、小批生产，采用较少的专用夹具，这时工艺装备系数小；当产量不断增加到中批生产时，工艺装备系数显著增大，这时从数量上采用较多的简单夹具；当产量进一步提高到大批、大量生产时，工艺装备系数增大的程度减缓，因为这时为满足生产率和质量的要求，大多采用结构先进的高效率专用夹具(多位夹具、多轴钻削头、气液夹紧等)。

例如成批生产摇臂钻床，在八年内每年工艺装备的数量见表 1-4[15]。

表 1-4　成批生产摇臂钻床时，在八年内每年工艺装备的数量

年　份	第一年	第二年	第三年	第四年	第五年	第六年	第七年	第八年
各种工艺装备数量	494	970	1471	1824	2044	2275	2401	2448
机械加工夹具数量	280	501	682	707	791	865	909	922
夹具每年与第一年数量比	1.0	1.78	2.43	2.53	2.83	3.09	3.25	3.29
夹具每年与上一年数量比	1.0	1.78	1.36	1.03	1.13	1.09	1.05	1.01

由表 1-4 中的数据可知，在前 2~3 年工艺装备系数增加较快，以后增加量减慢；到第六年以后工艺装备数量趋于稳定。在前六年产品生产工时减少了 80%。

工艺装备配备情况在一定程度上反映了生产单位的技术和文明生产水平，工艺装备不足会影响产量、质量并使成本增加；但对于一定生产形式和规模，如工艺装备数量过大，会造成资金的浪费和成本的增加。一般主要采用对过去情况的统计分析和根据具体情况作适当修正的方法来确定工艺装备系数。

对同一生产规模，各生产单位的工艺装备系数不尽相同，甚至差别较大，这是因为工艺装备系数不仅与产品结构、制造工艺有关，而且与各单位所采用的生产工艺方式和水平的差异有关。表 1-5、表 1-6 列出了有关工艺装备系数的一些数据（在采用通用机床的条件下）。

表 1-5　综合工艺装备系数[15]

产品种类	大量生产	成批生产	小批生产
重型和通用机床	7.8	2.7	1.36
精密机床	9.5	3.5	2.0
电动机	1.35~3.6	0.55~1.1	0.22~0.37
汽车	—	—	3.64
轻型汽车	—	5.05	—

表 1-6　夹具工艺装备系数[15]

机械制造项目	生产形式				
	单件	小批	成批	大批	大量
农业机械	—	—	—	0.4~0.5	0.4~0.6
纺织机械	—	0.05~0.07	0.15~0.3	0.4~1.2	—
机床、工具	0.08~0.1	0.2~0.3	0.5~0.9	1.2~2.0	1.6~2.2
拖拉机制造	—	—	—	—	1.75
汽车制造	—	—	—	—	1.8
仪表制造	0.2~0.6	0.6~1.0	1.0~1.8	1.8~2.3	2.3~2.7
电动机制造	0.03~0.04	0.05~0.07	0.15~0.3	—	0.4~1.2
起重运输机械	0.15~0.3	0.33~0.66	1~2	—	—
建筑和道路机械	—	0.07~0.09	0.12~0.21	0.35~1.1	—

在一般批量生产情况下，部分零件按每个工序专用夹具，系数为：花键轴、蜗杆、离合器半轴取0.1~0.2；轴承、法兰盖、单拐曲轴取0.2~0.3；齿轮、齿条轴取0.3~0.4；杠杆、叉类件、发动机连杆、支座取0.4~0.5；机床导轨、楔条件取0.4~0.6；箱体件、差速器壳、离合器外壳取0.55~0.75；六缸凸轮轴取0.65~0.8。

影响工艺装备系数的因素较多，为了较精确地估算某种产品的工艺装备系数，可在统计生产情况资料的基础上，对影响工艺装备系数的各种因素进行相关分析，确定各因素的影响占总影响的比例。最后找出各主要因素，确定该产品工艺装备系数随各主要因素变化的统计关系式。

例如，根据所统计的37种铣床20年的有关资料，在计算机上对回归方程组各参数进行计算，对各种计算方案进行分析后，得到计算铣床工艺装备系数(按专用夹具)的计算式[40]

$$\alpha_f = 0.27 + 0.0012N_1$$

式中 N_1——产品的折算产量(考虑生产同类型多种规格产品时，相互借用件和零件品种的重复性)；

而
$$N_1 = (N_0 + K_{1A}N_A + K_{1B}N_B + \cdots)K_2$$

式中 N_0——主产品年产量；

N_A，N_B——产品A、产品B的年产量；

$K_{1A} = \dfrac{m_A}{m_0}$，$K_{1B} = \dfrac{m_B}{m_0}$——产品A、产品B与主产品零件的规格统一系数；

m_A，m_B——产品A、产品B等借用基本产品专用零件的数量；

m_0——主产品中专用零件和统一零件数量的总和；

K_2——产品零件重复系数，其值等于主产品专用零件的数量与主产品零件总数的比值。

在求出 α_f 值后，即可计算主产品所需机床夹具的数量 $N_f = \alpha_f N_0$。

为达到好的经济效果，可用下述方法估算合理的工艺装备系数[43]。

设计和制造工艺装备的费用 C_f 可表示为

$$C_f = aK^b$$

式中 a 和 b——由处理统计数据得到的系数；

K——工艺装备系数(一个工序所需装备数量)，使用和修理工艺装备的费用 C_{rf} 见下式

$$C_{rf} = qC_f = qaK^b$$

式中 q——使用和维修费用系数(占设计和制造费用的百分比)。

由分析可知，可以足够的精度将生产工人的工资 C_w 与工艺装备系数的关系表示为

$$C_w = b_1 - a_1K$$

式中 a_1 和 b_1——由处理统计数据得到的系数。

采用工艺装备所需生产基金 I_f 按下式计算：

$$I_f = C_fR = aK^bR$$

式中 R——工厂生产总投资利润系数。

采用工艺装备总的费用 C 为上述各项费用之和

$$C = C_f + C_{rf} + C_w + I_f = aK^b + qaK^b + b_1 - a_1K + aK^bR$$

对上式按 K 微分，可求出合理的工艺装备系数为

$$K=\sqrt[b-1]{\frac{a_1}{ab(1+q+R)}} \tag{1-1}$$

以上对采用通用机床和专用夹具生产时的工艺装备系数作了介绍，对采用数控机床和柔性加工系统的工艺装备系数问题将在第 6 章中介绍。

1.2　机床夹具与工件加工精度和质量

为保证在夹具上加工工件的质量，在实际工作中有下述处理方法。

对一般精度和精度要求不高、形状较简单的工件，取工件在夹具上的定位误差 ε_L 为工件工序尺寸（或产品的尺寸）公差 T 的 $\frac{1}{3}\sim\frac{1}{5}$（或更小）即可。

这时允许定位误差 $[\varepsilon_L]$ 为

$$[\varepsilon_L] \leqslant T-\omega \tag{1-2}$$

式中　ω——机床加工该尺寸能达到的精度或平均精度。

对精度要求高、形状较复杂的重要工件，应符合下列条件：

$$\varepsilon_{Lc}+\Delta_a+\Delta_m \leqslant T$$

式中　ε_{Lc}——工件在夹具中的装夹误差（包括定位和夹紧误差，$\varepsilon_{Lc}=\varepsilon_L+\varepsilon_c$ 或 $\varepsilon_{Lc}=\sqrt{\varepsilon_L^2+\varepsilon_c^2}$）；

Δ_a——机床调整误差（包括夹具在机床上、刀具相对工件或机床的位置误差等）；

Δ_m——与机床精度、工艺系统弹性变形、夹具和刀具磨损、热变形等有关的加工误差。

在很多情况下，夹具的装夹误差 ε_{Lc} 是影响加工精度的主要因素，所以提高工件加工精度在一定程度上是靠夹具实现的，夹具应有足够的刚性、夹紧力稳定和可靠，减小加工时的振动，以降低表面粗糙度，提高加工质量。

这样才能使夹具精度有一定的储备，保证夹具具有一定的使用期限。

工件的定位误差和夹紧误差将在第 2 章中介绍。各种加工精度 ω 可查阅工艺手册，下面作一简单介绍，见表 1-7~表 1-13。

表 1-7　外圆表面加工经济精度和表面粗糙度[3]

加工方法	加工经济精度（IT）	表面粗糙度值 Ra/μm	加工方法	加工经济精度（IT）	表面粗糙度值 Ra/μm
粗车	12~13	10~80	半精磨	7~8	0.63~2.5
半精车	10~11	2.5~10	精磨	6~7	0.16~1.25
精车	7~8	1.25~5	精密磨	5~6	0.08~0.32
镜面车	5~6	0.005~1.25	镜面磨	5	0.008~0.08
粗磨	8~9	1.25~10			

注：加工非铁金属时 Ra 取小值。

表 1-8 孔表面加工经济精度和表面粗糙度[19]

加工方法		加工经济精度	表面粗糙度值 *Ra*/μm	加工方法	加工经济精度	表面粗糙度值 *Ra*/μm
钻孔	ϕ15mm 以下	IT11~IT13	5~80	粗拉毛坯孔	IT9~IT10	1.25~5
	ϕ15mm 以上	IT10~IT12	20~80	一次拉孔	IT10~IT11	0.32~2.5
粗扩孔		IT12~IT13	5~20	精拉钻后孔	IT7~IT9	0.16~0.63
一次扩孔（铸孔或冲压孔）		IT11~IT13	10~40	粗镗孔	IT12~IT13	5~20
				半精镗孔	IT10~IT11	2.5~10
				精镗孔（浮动）	IT7~IT9	0.63~5
精扩孔		IT9~IT11	1.25~10	金刚镗孔	IT5~IT7	0.16~1.25
半精铰孔		IT8~IT9	1.25~10	精磨孔	IT9~IT11	1.25~10
精铰孔		IT6~IT7	0.32~5	半精磨孔	IT7~IT10	0.32~1.25
				精磨孔	IT7~IT8	0.08~0.63
手铰孔		IT5	0.08~1.25	精密磨孔	IT6~IT7	0.04~0.16

注：加工非铁金属时，表面粗糙度 *Ra* 取小值。

表 1-9 多轴加工钻孔轴线位置精度[19] （单位：mm）

参数	孔径/mm	工件材料	
		铸铁和铝	钢
孔轴线对钻套轴线的偏移	~6	0.13~0.12	0.18~0.17
	>6~10	0.13~0.11	0.18~0.16
	>10~18	0.15~0.13	0.20~0.18
	>18~30	0.20~0.18	0.28~0.26
	>30~50	0.27~0.25	0.38~0.36
孔轴线对工艺基准的偏移（不包括工件定位误差）	~6	0.17~0.15	0.23~0.21
	>6~10	0.17~0.15	0.22~0.20
	>10~18	0.18~0.17	0.25~0.23
	>18~30	0.25~0.23	0.34~0.32
	>30~50	0.32~0.30	0.46~0.44
在一个工位同时加工两孔轴线之间的距离精度	~6	±0.23~±0.20	±0.31~±0.29
	>6~10	±0.23~±0.20	±0.31~±0.28
	>10~18	±0.25~±0.23	±0.34~±0.31
	>18~30	±0.35~±0.32	±0.48~±0.45
	>30~50	±0.45~±0.42	±0.65~±0.61

注：当用复合钻加工时，表中数据应加大：钻孔长度 l 等于 $(2\sim3)d$（d 为刀具直径）时，增大到 1.5 倍；$l>3d$ 时，增大到 2.5~2.8 倍。

表 1-10 镗孔轴线位置精度[19]

机床	加工方式	轴向位置偏差/μm
车床	移动滑台（溜板）	100~300
卧式镗床	用油标尺刻度调整	200~400
	用块规调整	50~100
	用千分尺调整	40~80
	用镗夹具夹持	50~100
	用程序控制坐标	25~60
多轴镗床	带导向镗杆	25~70
	镗杆不导向[$l<(3\sim4)d$]	50~100

注：l 为镗孔长度，d 为刀具直径。

表 1-11　多轴加工扩孔轴线位置精度[19]　（单位：mm）

参数	孔径/mm	工件材料					
		铸铁		铝		钢	
		刀具状态					
		刚性	浮动	刚性	浮动	刚性	浮动
孔轴线对导套轴线的偏移	~12	0.10	0.08	0.11	0.09	0.12	0.12
	>12~18	0.09	0.08	0.11	0.10	0.12	0.12
	>18~30	0.12	0.10	0.15	0.12	0.17	0.13
	>30~50	0.14	0.13	0.18	0.14	0.20	0.16
	>50~60	—	0.06	—	0.07	—	0.07
	>60~80	—	0.07	—	0.07	—	0.07
孔轴线对工艺基准的偏移（未考虑工件定位误差）	~12	0.12	0.10	0.14	0.12	0.15	0.13
	>12~18	0.12	0.11	0.14	0.13	0.15	0.13
	>18~30	0.16	0.14	0.19	0.15	0.21	0.17
	>30~50	0.18	0.16	0.22	0.18	0.25	0.19
	>50~60	—	0.09	—	0.10	—	0.10
	>60~80	—	0.10	—	0.10	—	0.10
在一个工位同时加工两孔轴线之间距离的精度	~12	0.16	0.14	0.19	0.16	0.21	0.17
	>12~18	0.16	0.15	0.19	0.17	0.20	0.18
	>18~30	0.21	0.19	0.26	0.21	0.29	0.23
	>30~50	0.24	0.22	0.30	0.25	0.34	0.26
	>50~60	—	0.11	—	0.12	—	0.13
	>60~80	—	0.13	—	0.13	—	0.13

表 1-12　多轴加工铰孔轴线位置精度[19]

参数	直径/mm	导套精度/μm	
		较高精度	高精度
孔轴线对固定导套轴线的偏移	~18	0.042	0.038
	>18~30	0.047	0.045
	>30~50	0.052	0.049
	>50~80	0.018	0.010
孔轴线对工艺基准的偏移（不包括定位误差）	~18	0.070	0.066
	>18~30	0.074	0.072
	>30~50	0.079	0.076
	>50~80	0.053	0.052
在一个工位同时加工两孔轴线之间距离的精度	~18	0.070	0.067
	>18~30	0.076	0.069
	>30~50	0.092	0.087
	>50~80	0.039	0.036

注：当采用钻铰复合刀具加工时，各孔轴线位置精度按表 1-11 选取。

表 1-13 平面加工的经济精度和表面粗糙度[4]

加工方法	加工种类	经济精度 IT	表面粗糙度值 $Ra/\mu m$
圆铣刀加工	粗铣	11~13	5~20
	半精铣	8~11	2.5~10
	精铣	6~8	0.63~5
面铣刀加工	粗铣	11~13	5~20
	半精铣	8~11	2.5~10
	精铣	6~8	0.63~5
车削	半精车	8~11	2.5~10
	精车	6~8	1.25~5
	细车	6~7	0.63~5
刨削	粗刨	11~13	5~20
	半精刨	8~11	2.5~10
	精刨	6~8	0.63~5
	宽刃刨削	6~7	0.008~1.25
插削	粗插	11~13	5~20
	精插	7~8	2.5~10
拉削	粗拉	10~11	5~20
	精拉	6~9	0.32~2.5
平面磨削	粗磨	8~10	1.25~10
	半精磨	8~9	0.63~2.5
	精磨	6~8	0.16~1.25
	精密磨	6	0.04~0.32

注：加工非铁金属时表面粗糙度取小值。

采用机床夹具对提高产品质量有很大的作用，例如当用划线方法在钻床上加工工件时，孔的位置精度为0.5~1mm，而采用钻孔夹具加工时，孔的位置精度为0.1~0.2mm；采用镗孔夹具加工时，孔的位置精度为0.05~0.2mm；采用钻孔夹具和光学仪器结合时，孔的位置精度为4~20μm。

在各种机床上采用夹具精加工时，工件能达到的表面形状误差的平均值见表1-14。

表 1-14 在各种机床上采用夹具加工工件被加工表面形状误差的平均值[16]

机床	工件定位方式	被加工面种类	工件直径/mm	形状误差平均值	
				误差名称	数值/μm
多轴立式半自动车床	在卡盘中定位	圆柱形	250~400	圆度	30
			400~630		40
多刀车床	在两顶尖上定位	圆柱形	200~320	圆度	12
			>320		16
螺纹车床	在卡盘中定位	圆柱形	≤250	端面平面度	4~10
			250~400		5~16
			400~800		10~20
立式车床	在卡盘中定位	圆柱形	~1600	端面平面度	40
			1600~2500		50
			2500~4000		60

（续）

机　　床	工件定位方式	被加工面种类	工件直径/mm	形状误差平均值	
				误差名称	数值/μm
立式、卧式和万能铣床	在夹具中定位	平面	60~100 100~160 160~250 250~400 大于 400	平面度	8~12 10~16 12~20 16~25 20~30
外圆磨床	在两顶尖上定位	圆柱形	~100 100~200 200~400 大于 400	平面度	0.4~1.0 0.6~1.6 1.6~2.5 3.0
卧式内圆磨床	在夹具中定位	圆柱形	~200 200~400 400~800	圆度	0.6~1.0 1.0~1.6 2.0~3.0
卧轴平面磨床	在夹具中	平面	~125 125~200 >200	平面度	3 4 5

1.3　机床夹具与加工生产率

在机械加工中，加工生产率通常是指在单位时间内完成某加工工序的数量，单件工序时间是指完成一个零件一道工序所需的时间，可用下式表示：

$$T_d = T_M + T_f + T_w + T_r$$

式中　T_M——加工时间，占 T_d 的 40%~60%；

T_f——辅助时间（装卸、夹紧时间等）；

T_w——工作服务时间（更换刀具、清理工作地等）；

T_r——工人操作间歇时间和自然需要时间。

为提高加工生产率，主要应采取措施降低加工时间 T_M 和辅助时间 T_f。工件的工艺方案与机床夹具结构的合理性和先进性是提高加工生产率的基础。当采用专用机床时，需要对多种工艺方案和夹具结构方案进行技术和经济分析，确定合理方案。当在通用机床上加工时，如何从夹具结构上提高加工生产率是夹具设计中应考虑的问题。一般采用多工件加工、多轴钻削头、滑柱式钻模和快速夹紧机构等可显著提高生产率。

1.4　机床夹具的统一化和标准化

机床夹具的统一化包括：夹具的形式、结构、主要尺寸和参数，夹具的零件和部件，夹具的材料品种、推荐精度和表面粗糙度等。机床夹具（包括零、部件）统一化是在对功能相同的大量夹具（或零、部件）结构调查分析的基础上，选择先进的夹具，得出该功能系列夹具（零、部件）的典型结构，并规定该系列夹具（零、部件）合理的规格数量，规定优选规格的范围，说明其适用范围等。

各种通用夹具应有统一的基准和连接部位。

加工工序典型化是机床夹具统一化的基础，但先进的统一化夹具结构本身也包含工序的内容和水平，可促进工序典型化。

机床夹具标准化是其统一化工作的深入，其内容包括：夹具零部件，各种夹具系统(可调和不可调通用夹具、专用夹具、组合夹具等)的标准化；设计管理、制造、修理、保养和使用安全的标准化等。

夹具标准化的进展在工作中已经取得了显著效果，体现在下述几个方面。

在夹具设计中，标准零件和部件的数量占夹具总零部件数量的30%~90%，例如图1-1a所示的夹具，除V形块外，其余零件均选用标准件(件1为用标准毛坯件)。

组合可拆夹具采用标准件的数量达70%以上，例如图1-2所示的组合可拆夹具，更换产品时不用从机床上拆下夹具本体，只需更换定位组件3即可。

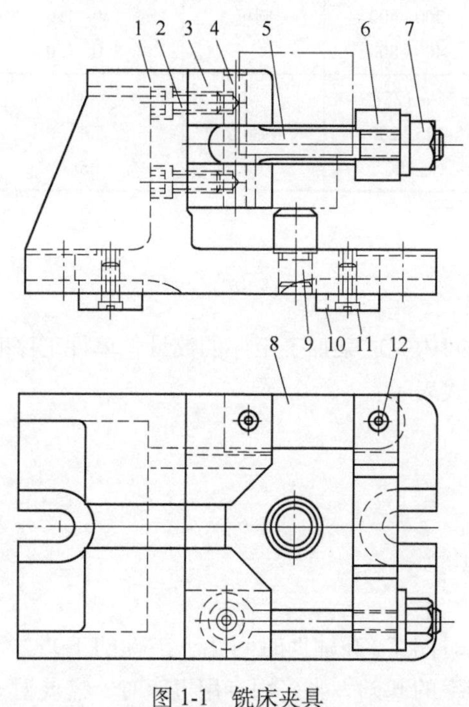

图1-1 铣床夹具

1—本体 2、11—螺钉 3—V形块 4、12—销 5—螺栓 6、8—压板 7—螺母 9—支钉 10—键

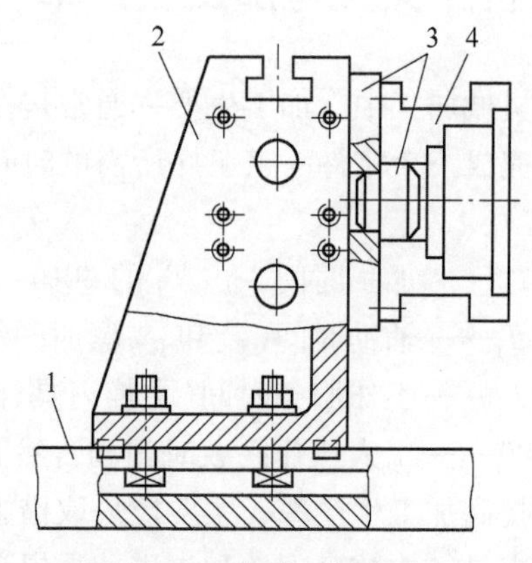

图1-2 组合可拆夹具

1—底板 2—支座 3—定位组件 4—工件

由于采用标准件，设计工时减少了30%以上；零部件以及夹具本体(底座)等毛坯标准化比没有标准化时节省了木模制造时间，使夹具制造成本降低了20%~30%；夹具的生产周期比没有标准化时缩短了30%~40%，夹具生产单位的劳动生产率提高了60%。

图1-3所示为标准毛坯应用示例：图1-3a表示带肋直角弯板及其应用两则，弯板尺寸如下：$B=200\sim400$mm，$L=1000$mm，$H=125\sim360$mm，$b=30\sim70$mm，$l=44\sim70$mm，$l_1=150\sim260$mm，$h=s=20\sim36$mm；图1-3b表示支座及其应用两则，支座尺寸如下：$B=40\sim200$mm，$H=60\sim250$mm，$L=32\sim125$mm，$B_1=80\sim250$mm，$L_1=50\sim180$mm，$h=12\sim25$mm，$r=6$mm、

10mm 和 12mm。

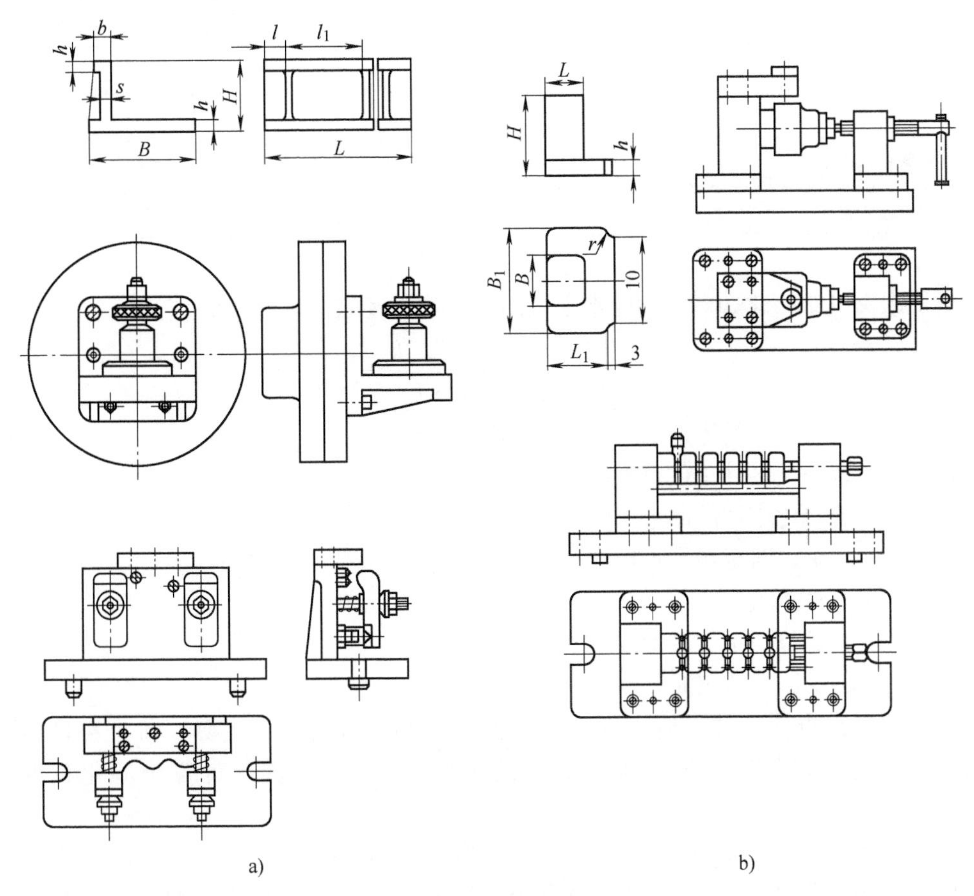

图 1-3　标准毛坯的应用示例

组合夹具和各种可调夹具系统是夹具标准化的较高形式。在适合应用组合夹具的条件下，采用组合夹具与采用专用夹具相比，夹具设计和制造工时可减少 90%，材料消耗可节省 95%，成本降低 80%。

通用组合夹具和各种可调夹具系统的统一化和标准化，以及各系统相关件连接部位的结构和尺寸的统一，使各系统元件通用，扩大了各种夹具系统的应用范围，可为向数控机床和加工中心提供高效夹具打下基础。

但机床夹具统一化和标准化的应用范围还有局限性：在夹具结构统一化(典型化)、采用通用可调夹具以及夹具及其零部件的多次使用等方面还存在差距，生产准备时间较长。

现代工业和科学技术不断发展，产品要求日益多样化，产品更新换代速度加快，中小批量生产已占重要地位，这对机械制造业提出了新的要求，其中包括提高工艺装备统一化和标准化的水平。

加快生产准备的根本途径是夹具的统一化、标准化和其生产专业化。夹具应尽可能部件化和多次利用(更换产品时)。夹具本体、夹紧装置加工费时间、用材料多，见表 1-15，所以其标准化很重要。

表 1-15 夹具零部件加工工时及材料消耗

夹具零部件名称	加工工时百分比(%)	材料消耗百分比(%)
本体件	25	65
定位件	5	1
夹紧机构和装置	60	28
紧固件	10	6

评价机床夹具统一化和标准化的水平可用统一化程度综合系数表示[18]

$$y=\frac{\Sigma_{y\cdot B}C_{y\cdot B}+\Sigma_{y\cdot T}h}{\Sigma_B C_B+\Sigma_T\cdot h}$$

式中 $\Sigma_{y\cdot B}$——统一化夹具零件的重量；

$C_{y\cdot B}$——统一化零件单位重量的成本；

$\Sigma_{y\cdot T}$——统一化零件的制造工时；

h——一个工时定额平均成本；

Σ_B——夹具总重量；

C_B——夹具单位重量平均成本；

Σ_T——夹具制造总工时。

统一化零件是指标准件、借用件和外购件的总和，可对每台夹具、每个部件或每个零件计算统一化程度综合系数，也可对一条加工线、一个车间等计算统一化程度综合系数。

对老企业计算得 $y=0.3\sim0.45$；对新企业计算得 $y=0.7\sim0.8$。

机床夹具统一化和标准化工作有国家级、部级和企业级，企业级根据国家标准、部标准确定本企业所需的标准，根据需要拟定企业标准，确定工厂机床夹具设计和制造的准则等。

实现机床夹具统一化和标准化要解决好夹具分类的问题。夹具的分类对夹具的设计和应用效益以及实现设计自动化有很大影响。

机床夹具分类的方法有：按通用夹具和专用夹具分类；按工艺设备种类分类(车床夹具、铣床夹具等)；可调夹具可分为通用组合夹具、通用组合可调夹具、专业化可调夹具等。

上述是按夹具应用范围进行分类的，这样对实现夹具统一化、标准化和典型化来说比较困难。下面介绍一种按夹具功能分类的方法，如图 1-4 所示。[39]

对图 1-4 中各符号的说明：

1) A1—单工位，A2—多工位(按被定位工件的数量确定)。

2) 按基面的种类：B1—以平面定位，B2—以对称表面定位(例如以 V 形块、台虎钳、卡盘定位等)，B3—以一平面和对称表面定位(例如以孔和垂直于孔的端面定位等)。

3) 按综合基准定位：C1—以两个内表面定位，C2—以三个外表面定位，C3—以内螺纹表面和一平面定位，C4—以外螺纹表面和一平面定位，C5—以锥度内螺纹表面和一平面定位，C6—以锥度外螺纹表面和一平面定位，C7—以两个平面和一内圆表面定位，C8—以两

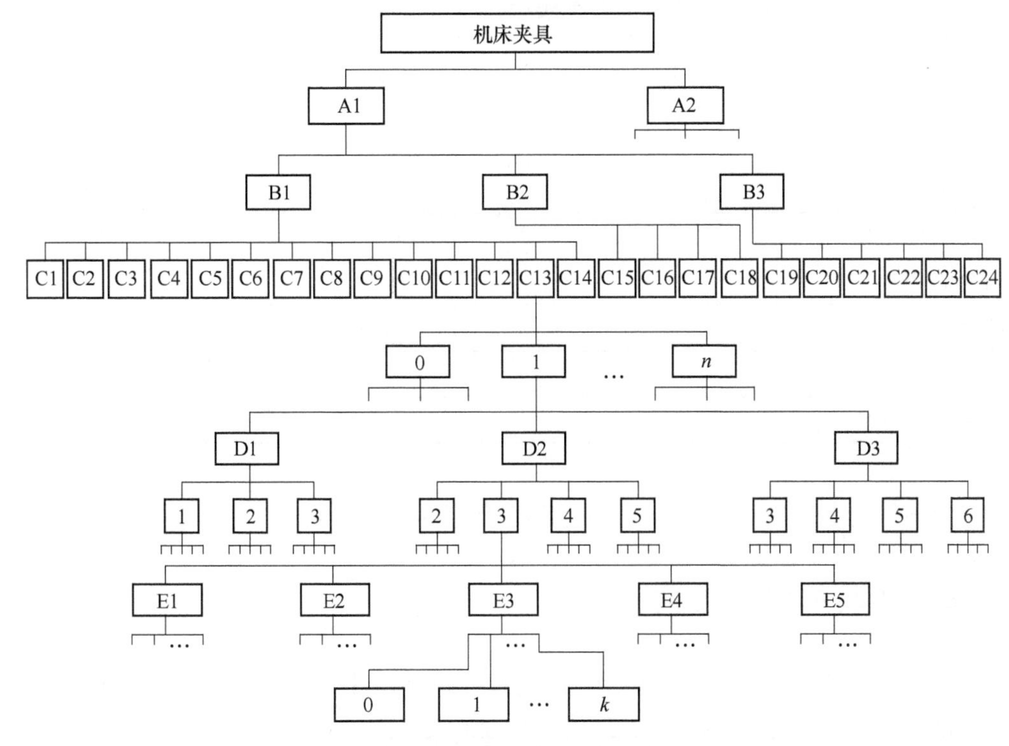

图 1-4　机床夹具按功能分类

平面和一外圆表面定位，C9—以两圆柱内表面和一平面定位，C10—以两圆外表面和一平面定位，C11—以锥面内表面和一平面定位，C12—以锥度外表面和一平面定位，C13—以复杂的内表面定位，C14—以复杂的外表面定位，C15—以平面、线、点定位，C16—以平面、中心和点定位，C17—以轴线和中心定位，C18—以轴线和两对称中心定位，C19—以一表面和对称平面定位，C20—以一表面和对称轴线定位，C21—以一表面和对称线定位，C22—以一表面和对称中心定位，C23—以一表面和对称点定位，C24—以其他组合表面和对称平面定位。

4）按可调支承的数量分类$(0,1,\cdots,n)$。

5）按夹紧方式：D1—在一个基面上夹紧，D2—在两个基面上夹紧，D3—在三个基面上夹紧。

6）按夹紧单元的数量分类(1、2、3;2、3、4、5;3、4、5、6)。

7）按夹紧力传递装置的形式分类：E1—机械，E2—液压，E3—气动，E4—磁力，E5—综合力。

8）按导向单元的数量分类$(0,1,\cdots,k)$。

代号为“1、2、7、1、2、3、2、0”的夹具表示：单工位夹具，工件以两平面和一内圆柱表面定位，夹具有一个可调支承，在两个基面上夹紧，有三个夹紧单元，采用液压夹紧，没有导向单元。这种编号方法可作为夹具统一化和标准化的基础，可用于组织夹具设计自动化。

提高可调和专用工艺装备标准化的水平与产品统一化有很大关系，表 1-16 列出了一种产品(装配单元)零件的结构要素在统一化前后的变化[41]。

表 1-16　一种产品零件的结构要素在统一化前后的变化

产品零件结构要素名称	尺寸种类的数量	
	统一化前	统一化后
轴与孔的密封槽	38	28
管接头用的连接孔	45	17
六角螺钉头锁紧(保险)小孔	123	29
轴和孔的沉割槽	87	36
轴和孔的圆角半径	104	33
轴和孔的倒角	98	31
圆柱零件端面上开槽	96	34

由于上述结构参数统一化，可减少工艺装备数量达70%以上。

1.5　机床夹具的经济效益

机床夹具的种类(专用、专用可调、组合、组合可调等)、同一类夹具的方案(单件、多件、手动和气液夹紧等)有很多，应采用在经济上合理的夹具。

一般选用夹具种类和方案的原则是：对单件和小批生产，主要采用通用夹具(卡盘、台虎钳、回转工作台等)、组合夹具或组合夹具与少量专用件结合，手动夹紧；对中小批量生产，主要采用通用夹具、组合夹具和专用可调夹具(适当调整或更换个别元件即可加工同类型其他工件)，对较大型工件可采用气动或液压夹紧；对成批和大量生产，主要采用通用组合可调夹具(与一般组合夹具不同，由液压基础件、液压缸、安装液压缸用的支承件和夹紧元件等组成)、专用可调夹具或专用夹具(对精度要求很高的夹具或其他不适合用可调夹具的情况)，采用气动、液压等机械化夹紧。

生产批量的指标可参考表 1-17。

表 1-17　生产批量的指标

批量＼工件	重型(>100kg)	中型(10~100kg)	小型(<10kg)
单件	5 件	10 件	100 件
小批	5~100 件	10~200 件	100~500 件
中批	100~300 件	200~500 件	500~5000 件
大批	300~1000 件	500~5000 件	5000~50000 件
大量	>1000 件	>5000 件	>50000 件

采用通用组合夹具可显著减少专用夹具的数量，与以专用夹具为主的生产相比，可缩短生产准备周期 50%~75%，并可提高劳动生产率。表 1-18 列出了几种设备采用通用组合夹具、采用专用夹具和不采用夹具的设备负荷率(在相同生产规模下)[42]。

表1-18　不同条件下的设备负荷率

设　备	不用夹具	用专用夹具	用通用组合夹具
立式车床	0.36	0.22	0.18
转塔车床	0.22	0.07	0.05
转塔自动车床	0.12	0.04	0.03

对采用夹具经济效益的计算，是对不同方案的夹具制造费用和其在生产中的经济效果进行综合比较；或是对使用某种夹具或不使用夹具（例如试制产品）进行比较。

采用一个夹具的年经济效益按下式计算[16]

$$E=(C_2-C_1)N \tag{1-3}$$

式中　E——一个夹具年经济效益，单位为元；

C_2——使用新设计的夹具加工时的工序成本，单位为元；

C_1——使用现有夹具或没有夹具时的工序成本，单位为元；

N——工件年生产量。

式(1-3)中的加工工序成本 C(C_1 或 C_2)可按下式计算：

$$C=t(C_h+K_mH_m+K_fH_f) \tag{1-4}$$

式中　t——单件工序时间，单位为h；

C_h——工人每小时工资和社会保险费用，单位为元；

H_m——机床工作1h成本，单位为元；

H_f——夹具工作1h成本（包括折旧、维修等费用），单位为元；

K_m——系数，$K_m=0.55+\frac{0.38}{\eta}$（$\eta$ 为机床负荷率）；

K_f——系数，其计算与 K_m 相等。

表1-19和表1-20列出了各类机床使用成本 H_m 和各种夹具的成本参考比较数据。[5]

表1-19　各类机床使用成本 H_m（比较数据）

机床	小型车床	普通车床	大型车床	铣床，刨床
H_m	a	$1.3a$	$3a$	$1.1a$
机床	钻床	镗床	坐标镗床	滚齿机
H_m	a	$2a$	$4a$	$2a$

表1-20　各种夹具的成本（比较数据）

复杂程度 / 夹具类型	Ⅰ	Ⅱ	Ⅲ
	专用件数1~3 总图为4~3号图样	专用件数10以下 标准件10~20个 2号图样	专用件数30左右 1~0号图样
心轴	(1~4)C	(6~20)C	48C
车床夹具	(9~23)C	(55~58)C	150C
钻床夹具	小型　一般 (4~14)C；(26~30)C	(34~45)C	(75~110)C

（续）

夹具类型＼复杂程度	Ⅰ	Ⅱ	Ⅲ
	专用件数 1~3 总图为 4~3 号图样	专用件数 10 以下 标准件 10~20 个 2 号图样	专用件数 30 左右 1~0 号图样
镗床夹具	(18~23)C	(40~60)C	—
铣床夹具	(10~24)C	(62~100)C	(190~226)C
刨床夹具	38C	80C	(150~178)C
圆磨床夹具	(12~24)C	(46~50)C	(75~104)C
平面磨床夹具	(18~27)C	(34~70)C	(148~158)C

根据夹具负荷率 η 和工件生产时间 T(单位为月)确定夹具的种类和其盈利区间

$$\eta=\frac{T_0N_{\mathrm{m}}}{\phi}$$

式中 T_0——单件生产工时，单位为月；

N_{m}——规划的月生产数量，单位为件；

ϕ——夹具月实际生产时间，单位为 min。

在夹具整个使用期内一个夹具的经济效益为

$$E_{\mathrm{T}}=EQ$$

式中 Q——夹具使用期限，单位为年；

E——一个夹具年经济效益，单位为元。

上面的计算是使用一个夹具的经济效益，对一个产品全部夹具的经济效益为

$$E_n=\sum_{i=1}^{n}E_i=\sum_{i=1}^{n}(C_{2_i}-C_{1_i})N=n(\overline{C_{2_i}}-\overline{C_{1_i}})N \tag{1-5}$$

式中 E_n——一个产品全部夹具的年经济效益，单位为元；

E_i——第 i 个夹具的年经济效益，单位为元；

C_{2_i}——使用第 i 个新设计夹具加工时的工序成本，单位为元；

C_{1_i}——使用现有夹具或没有夹具时的工序成本，单位为元；

N——工件年生产量，单位为个；

n——一个产品全部夹具的数量，单位为个。

式(1-5)中的 C_{2_i}和 C_{1_i}的值按式(1-4)计算，式(1-3)和式(1-5)也适用于对任何两种夹具类型或方案的比较，或按下式对两种夹具进行比较[17]：

$$B_{\mathrm{II}}\leqslant(t_1l_1-t_2l_2)\left(1+\frac{Z}{100}\right)N \tag{1-6}$$

式中 B_{II}——夹具Ⅱ的成本；

t_1 和 l_1——分别为采用夹具Ⅰ时的单件加工工时和单位时间工人的工资；

t_2 和 l_2——分别为采用夹具Ⅱ时单件加工工时和单位时间工人的工资；

Z——调整费用的百分数；

N——工件年生产量。

夹具投资回收期限指标 T_r 按下式计算：

$$T_r=\frac{K_2-K_1}{C_1-C_2}$$

式中　K_2 和 K_1——分别为使用新设计夹具和使用现有夹具时的投资，单位为元；

如果 $T_r\leqslant3$（对复杂夹具），则认为使用所设计夹具在经济上是合理的；对简单夹具，取 $T_r=1$；对较复杂夹具，取 $T_r=2\sim3$。

可用图1-5确定在经济上采用夹具种类的合理性，其方法是：根据夹具负荷率 k 和工件总的生产时间 T（月），确定夹具的种类及其盈利区间。

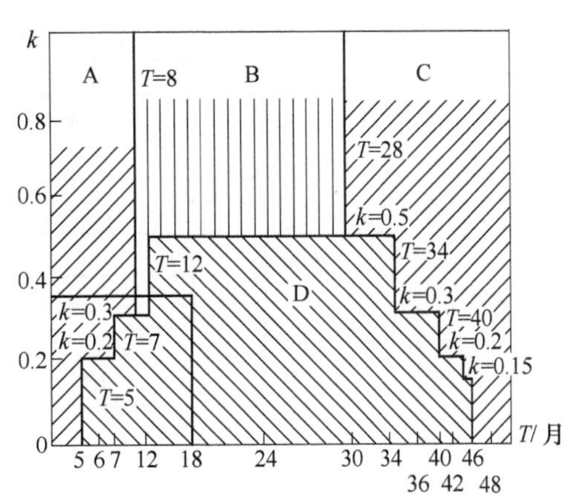

图1-5　确定夹具盈利图表

（$k=\frac{T_1N_m}{\phi}$；k—夹具负荷率；T_1—单件加工计算时间，min；N_m—每台夹具规划月生产量；ϕ—夹具实际月工作时间，min）

A—通用组合夹具盈利区　B—组合可拆夹具盈利区　C—不可拆专用夹具盈利区　D—通用可调夹具盈利区

组装和使用组合夹具的年费用由下式确定[17]

$$B=B_1+\frac{B_2}{M}+B_3g$$

式中　B_1——专用零件的年费用（包括组装时的辅助材料和工具），单位为元；

B_2——组合夹具折旧费、设计费和调整费，单位为元；

B_3——组合夹具一次组装和调整费，单位为元；

g——组合夹具在一年内组装的重复性（在一年内投入批量的次数）。

1.6　计算机辅助夹具设计

在手动设计夹具过程中，设计人员利用技术档案、手册和有关资料等进行设计，这种方法费时间多、周期长、重复性劳动多，缺少设计合理性论证的手段，对设计质量和可靠性有一定影响。计算机辅助夹具设计，不但能显著减少设计时间，加快生产准备，使设计人员从烦琐的手工绘图中解脱出来，以集中精力考虑提高设计质量等问题，而且对提高夹具结构的统一化和标准化水平，重复利用已有夹具实物和资料有很大的促进作用。

为完成计算机辅助夹具设计应有系统软件、支撑软件和应用软件。系统软件（包括操作、管理、语言编译系统等）和支撑软件（包括绘图、几何造型、数值计算、数据库管理等）是计算机辅助设计的基础，而应用软件是计算机辅助夹具设计的专用软件。

应用软件包括：现有夹具的资料；典型夹具结构参数系列和功能尺寸；结构计算方法。

国内外对计算机辅助夹具设计系统从不同方面做了大量的研究工作。例如，开发了以标准夹具元件为基础的自动化组合夹具设计系统（Rong，1997；Kow 1998）；预先规定夹具类型的专用夹具设计系统（An，1999；Chou 1993）；基于规划和实例推理的夹具设计系统（Kumar，1995；Pham，1990；Boyle，2003）；面向零件族夹具变异设计系统（Rong，2003）以及夹具设计验证系统（Fuh，1994；Kang，2003）。[6]

几种计算机辅助夹具设计系统框图如图 1-6~图 1-9 所示。[6][1]

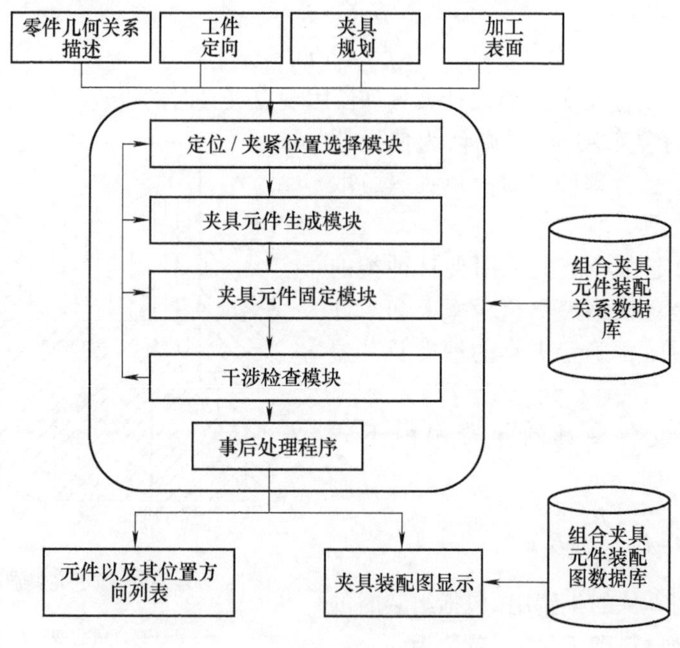

图 1-6 计算机辅助组合夹具设计框图

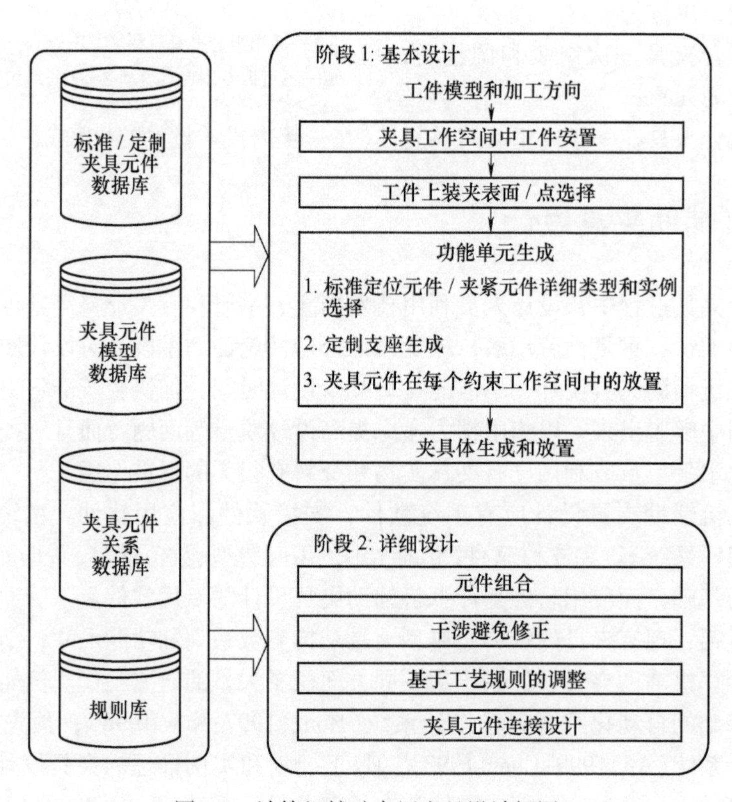

图 1-7 计算机辅助专用夹具设计框图

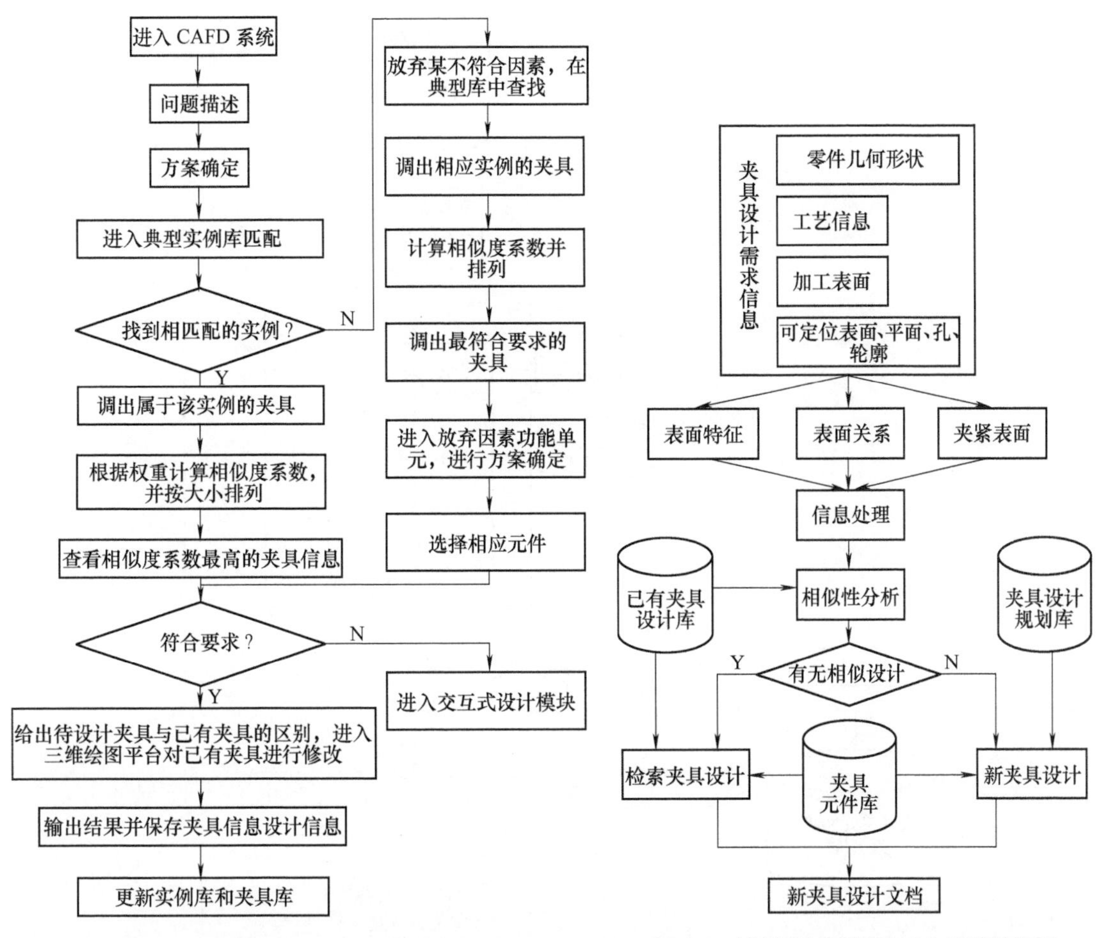

图 1-8　基于实例推理的计算机辅助夹具设计框图　　图 1-9　计算机辅助同类型夹具设计框图

计算机辅助夹具设计系统的发展方向是：在系统中还包括对夹具的校核(精度、装夹稳定性、刚度、机床—刀具—夹具—工件系统的运动轨迹等)。图 1-10 所示为包括刚度等校核项目的集成夹具设计系统框图。

计算机辅助工艺设计与计算机辅助夹具设计并行设计集成系统可实现夹具与工艺、产品设计的并行处理，较早发现工艺生产准备中的问题，缩短夹具设计时间、准备时间，提高工艺的有效性和夹具的质量，系统框图如图 1-11 所示。

目前整套(全过程)计算机辅助夹具设计系统的应用有一定的局限性，尚不普及。在夹具设计中，单个项目有一定的应用。例如：误差的计算；多轴头主轴坐标尺寸的计算；夹具结构参数的优化等。

图 1-12 所示为一面两销定位设计计算程序框图[3]。

图 1-12 中的方框说明：1—输入已知数据(包括两孔直径及其上、下极限偏差,两孔中心距及其极限偏差,工件的公差等)；2—确定两销中心距及公差；3—确定圆柱销直径及公差；4—确定菱形销的宽度；5—计算菱形销与定位孔的最小间隙；6—确定菱形销的直径及公差；7—计算定位误差；8—是否符合要求；9—减小两销直径公差，减小两销中心距公差；10—显示设计结果；11—是否满意；12—输入修改参数；13—输出计算结果。

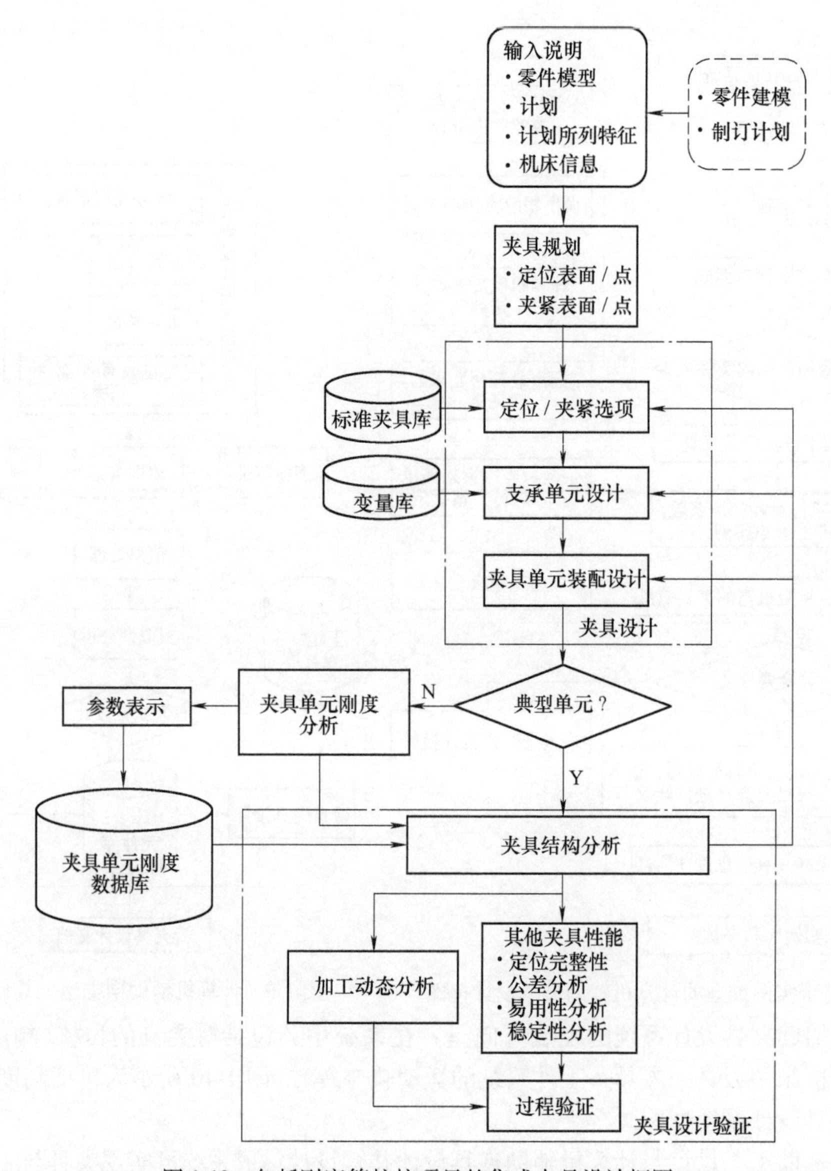

图 1-10　包括刚度等校核项目的集成夹具设计框图

图 1-13 所示为自动车床供料弹性夹头及其主要尺寸，利用计算机使其参数优化。[44]

弹性夹头的质量指标主要是：其寿命 N 和夹紧力的稳定性等。弹性夹头寿命的近似计算式为

$$N=\frac{d_0(\sin\psi+\psi)l_p}{16K_0C}\left[1-\left(l-\frac{b}{l_p}\right)\right]\ln\frac{T_{max}}{T_{min}+0.5+\Delta_d\cdot C}$$

式中　Δ_d——被夹持棒料的直径公差；

K_0——弹簧夹头的容积摩擦因数；

T_{max} 和 T_{min}——一个钳口最大和最小允许径向夹紧力；

ψ——夹头每瓣圆周中心角。

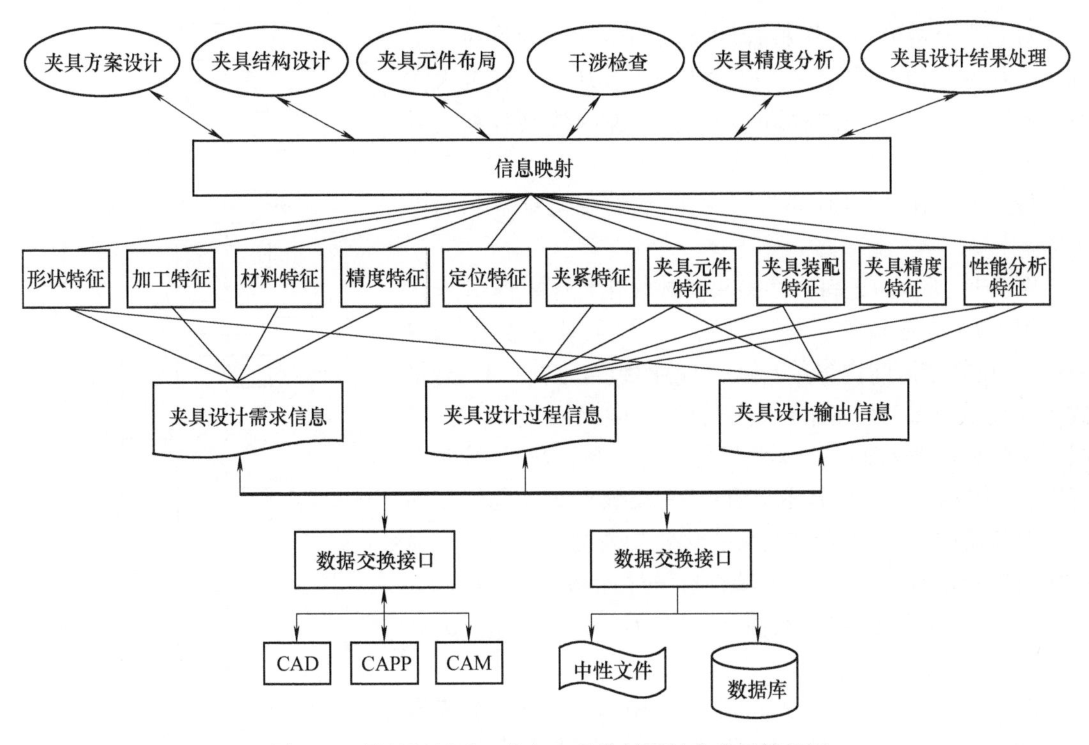

图 1-11　计算机辅助工艺与夹具并行设计集成系统框图

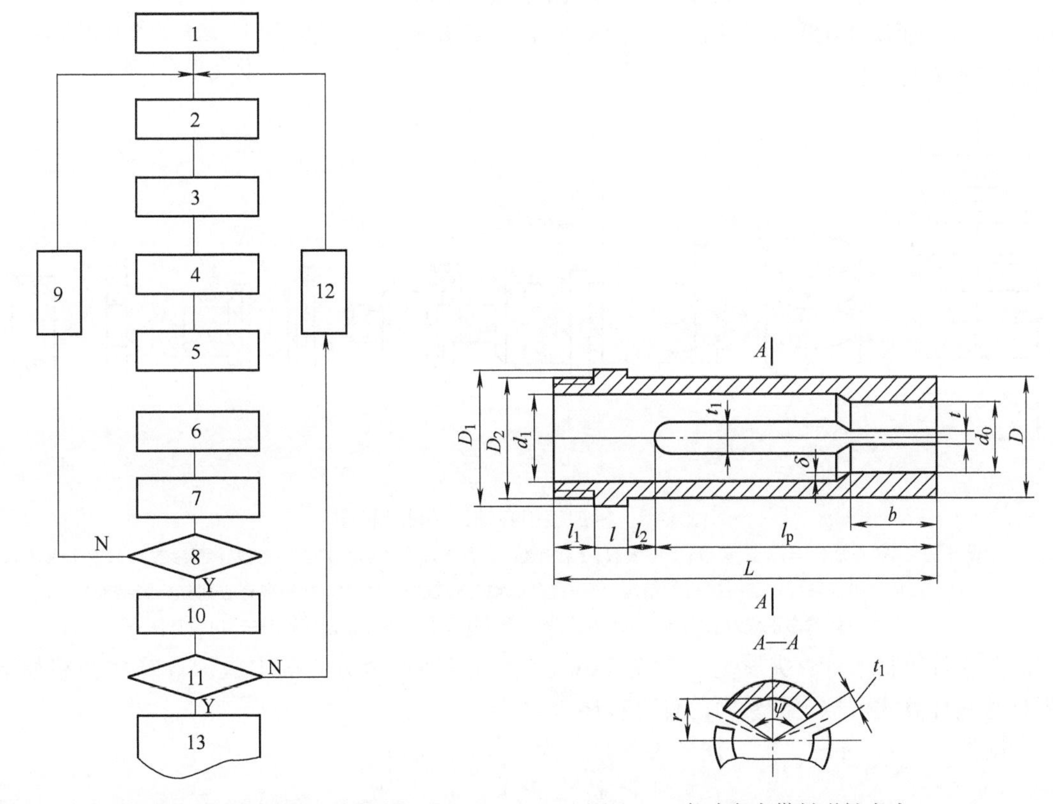

图 1-12　一面两销定位设计计算程序框图

图 1-13　自动车床供料弹性夹头

对上式分析可知，送料弹性夹头的寿命与允许拉应力$[\sigma]$、夹头开槽的数量Z、尺寸l_p、d_1、D、L_1有很大关系，同时与F_{min}(最小送料进给力)和摩擦因数f(棒料与导向管的摩擦力)有关。当改变Z、l_p、d_1、D和t_2时，N有一个最大值。在最大值区间，这些参数的变化对N值影响不大。

图1-14所示为送料弹性夹头参数优化程序方框图。

图1-14方框说明：1—开始；2—输入原始数据和界限；3—在规定区间内参数t和r可能的组合方案；4—开槽数Z可能的方案；5—确定夹头瓣横截面特性(危险截面的截面系数和惯性力矩等)；6—l_p可能的方案；7—计算开口宽度t和按标准系列值选取t值；8—校核夹头瓣危险截面的弯曲和扭曲；9—确定弹性夹头优化的寿命；10—对寿命优化值规定的最大值进行比较；11—存储参数Z、l_p、t_1、d_1和t；12—打印优化参数值Z、l_p、t_1、d_1、t、N、σ和T；13—结束。

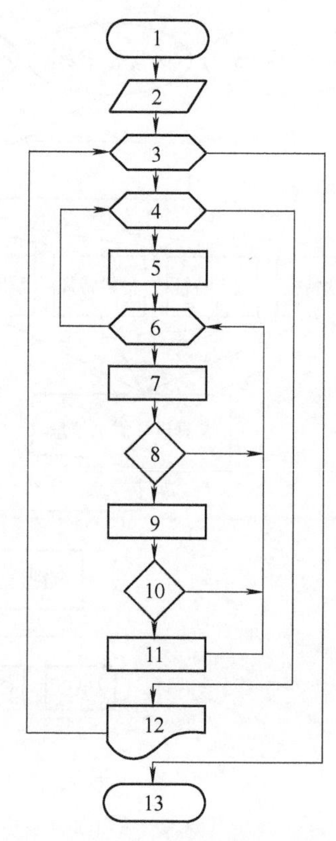

图1-14 送料弹性夹头参数优化程序方框图

图1-15a所示为用个人计算机利用Auto CAD系统设计机加工用心轴的框图，所设计心轴的零件数为4～12个[45]。图1-15b所示为在显示屏上显示出所设计的心轴组件总图，而图1-15b右边所列四个零件a～d是设计时可选用的零件。

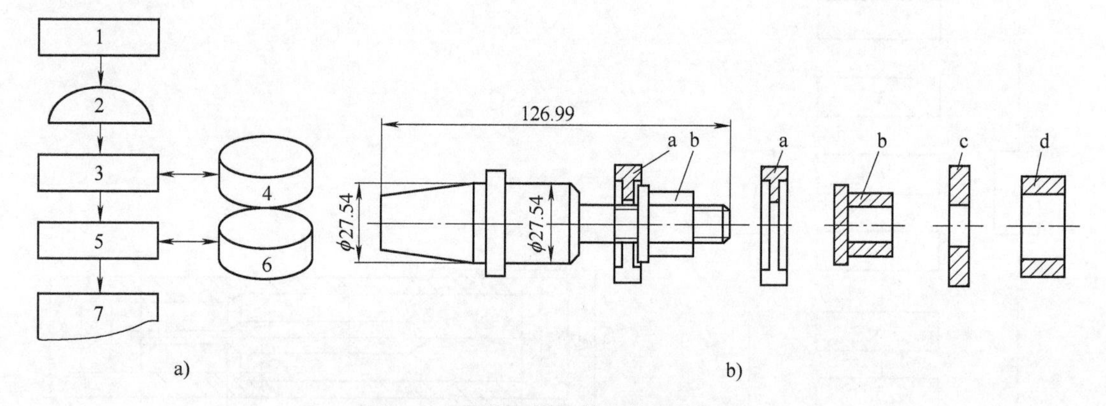

图1-15 机加工用心轴组件设计框图

1—心轴设计任务书(心轴种类;工艺参数;工件参数;工件定位、夹紧表面参数,定位方式;被加工面参数) 2—个人计算机 3—在信息寻找系统中选择接近的结构 4—典型心轴结构数据库(对1500种现有心轴分析的结果) 5—在对话状态下修改典型零、部件的结构 6—典型零、部件数据库 7—输出设计图样

为在计算机上计算夹紧力，对图1-16所示的三种夹紧方式的夹紧力计算式介绍如下，根据这些计算式可拟定夹紧力的计算程序。

对图1-16a，在三坐标方向的夹紧分力为

$$W_x=K\left(P_x+\frac{|P_y|}{2f_p}+\frac{|P_z|}{2f_p}+\frac{M_x}{2f_pr_a}+\frac{M_y}{2f_pr_{d1}}+\frac{M_z}{2f_pr_{d2}}\right)$$

$$W_y=K\left(\frac{|P_x|}{2f_p}+P_y+\frac{P_z}{2f_p}+\frac{M_x}{2f_p r_{d1}}+\frac{M_y}{2f_p r_a}+\frac{M_z}{2f_p r_{d2}}\right)$$

$$W_z=K\left(\frac{|P_x|}{2f_p}+\frac{|P_y|}{2f_p}+P_z+\frac{M_x}{2f_p r_{d1}}+\frac{M_y}{2f_p r_{d2}}+\frac{M_z}{2f_p r_a}\right)$$

式中　f_p——夹紧力与支承反作用力接触处的摩擦因数；

r_{d1} 和 r_{d2}——在力矩作用平面(与工件夹紧面不重合、不平行)上钻孔或铣平面的半径(图中未示)；

r_a——摩擦折算半径，$r_a=r_1+r_2$(r_1 和 r_2 分别为在夹紧和支承面上的摩擦半径，见图 1-16a)；

M_x、M_y 和 M_z——切削力在三坐标平面上产生的力矩；

K——夹紧力储备系数。

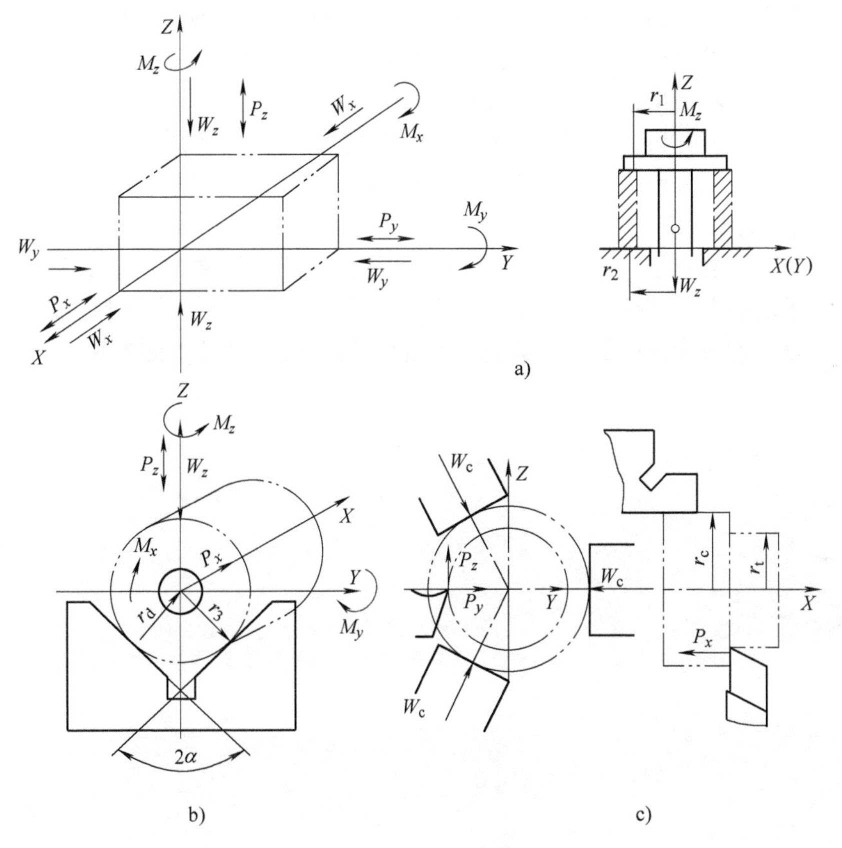

图 1-16　夹紧力计算图

对图 1-16b，夹紧力为

$$W_z=K\left\{P_z+\left[\frac{P_y}{2}+\left(P_x+\frac{M_x}{r_c}+\frac{M_y}{r_{d1}}+\frac{M_z}{r_{d2}}\right)\Big/\left(1+\frac{1}{\sin\alpha}\right)\right]\frac{1}{f_p}\right\}$$

式中　r_c——夹紧半径；

α——V 形半角；

对图 1-16c，夹紧力为

$$W_c = K\left(\frac{P_x}{3}+\frac{P_y}{2}+\frac{P_z r_t}{3r_c}\right)\frac{1}{f_p}（无端面支承）$$

$$W_c' = W_c - \frac{KP_x}{3f_p}（有端面支承）$$

1.7 机床夹具设计步骤和注意事项

机床夹具设计步骤如下：

1）了解产品技术要求、加工工艺和生产纲领。

2）方案设计。定位、对刀和分度方式；夹紧点、力源的选择和夹紧力的估算或按经验类比确定；进行多方案比较，特别对精度高和较复杂的夹具进行设计。

3）夹具总图设计。对较复杂的夹具，在总图上应标出夹具的主要尺寸。例如，夹具与机床的联系尺寸；工件定位部位、对刀面、导向套轴线等到基面的尺寸和相关几何公差；导套孔直径和公差等，对简单夹具可适当简化。

4）夹具零件图的设计。夹具零件的材料、表面粗糙度可参考附录或有关标准件类比确定，其尺寸公差和几何公差的标注有两种方法（完全满足总图要求和装配后通过修配达到总图要求），标注实例见第2章。

设计夹具时的注意事项：重视对生产现场夹具使用情况的调查；标准化应达到一定水平；在满足要求的前提下结构尽量简单，成本尽量低；工艺性、安全性和排屑好；刚性好，质量低，对大型工件应标出质量；了解铸、锻毛坯的形状（例如分型面等）。

第 2 章　工件在夹具上的定位

2.1　工件在夹具上的定位及其误差

2.1.1　定位原理

工件在夹具坐标系中有 12 个自由度：沿三个坐标轴正、反方向的移动和绕三个坐标轴的正、反方向的转动，如图 2-1a 所示[22]。

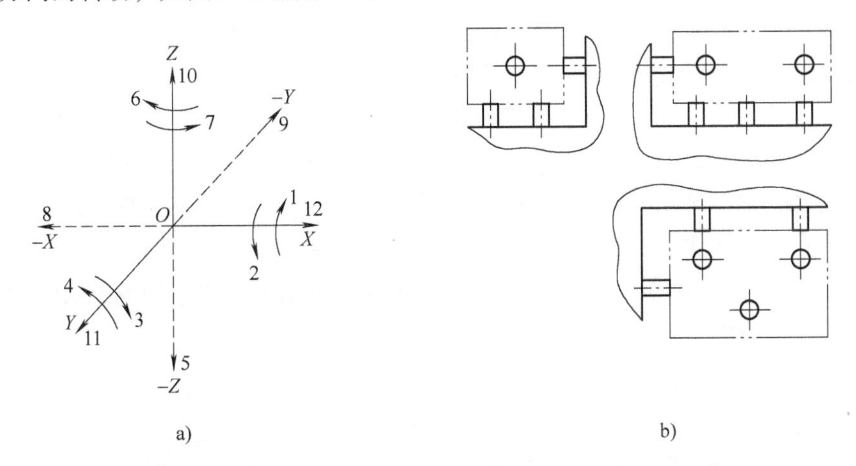

图 2-1　矩形棱柱工件的定位

矩形棱柱工件的定位如图 2-1b 所示，工件的底面以三个在同一平面上的定位支承定位，限制了工件在方向 1、2、3、4 上的转动和在方向 5 上的移动，一般底面选择工件长度和宽度最大的平面，称为主定位基面；工件长边的一个侧面(称为定向平面)以两个在同一平面上的定位支承定位，限制了工件在方向 6、7、9 上的活动；工件在另一侧面(称为止动定位面)以一个平面定位支承定位，限制了工件在方向 8 上的移动。当工件与六个定位支承点接触后，就实现了工件的定位，这时还有方向 10、11、12 没有限制，需要通过夹紧将工件固定。

对矩形棱柱工件的分析具有普遍意义，即一般工件的定位原理是按六点定位和限制工件九个自由度。

如果把正、反两个方向的转动和移动视为一个自由度，则可认为图 2-1b 所示为工件以六点定位和限制了六个自由度，这就是通常把“六点定位”和“限制工件六个自由度”作为夹具定位原理的依据。

综上所述，按“十二个自由度”和按“六个自由度”，在定位原理上是一致的，都是按六点定位，但两者在概念上有所区别。在六点定位后，按十二个自由度考虑，还有三个自由度未被约束；但按六个自由度考虑，则认为六个自由度全部被约束，应该说这样理解不够确切。

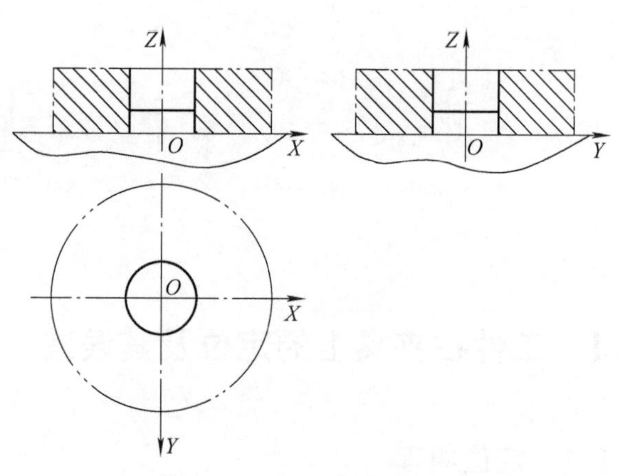

图 2-2　盘形工件的定位

盘形工件的定位分析如图 2-2 所示，工件不能绕 X 轴和 Y 轴正转和反转(以底面三点定位,限制了 $\overset{\frown}{X}$、$\overset{\frown}{Y}$、Z↓五个自由度)，工件不能沿 X 轴和 Y 轴正向和反向移动(短圆销定位,限制了四个自由度,$\overleftrightarrow{X}$、$\overleftrightarrow{Y}$)，共限制了九个自由度，实现了定位。

当工件以一个孔和与其配合的短销作为止动定位基准时，限制了工件在两个方向上的移动(但存在间隙误差)，称为双止动定位。同样也存在双定向定位的情况，如轴类工件以两端中心孔定位。在一些定位方案中存在双止动或双定向的情况。

在设计夹具时，一般按六点定位和限制九个自由度，但有时可以有所减少(不完全定位)或增多(重复定位)。例如，在平面磨床上磨平面(图 2-3a)，主要限制工件不能绕 X 轴和 Y 轴正、反转动，不能沿 Z 轴方向向下移动即可，共限制了五个自由度，即可保证工件高度尺寸的精度，而工件在其他方向的活动均用磁盘吸力限制，这时工件只用了三点定位。

又如，为在立式钻床上加工轴类工件上的径向孔，其定位方式如图 2-3b 所示，约束了工件 $\overset{\frown}{X}$、$\overleftrightarrow{X}$、$\overset{\frown}{Z}$、$\overleftarrow{Z}$ 和 $\overleftarrow{Y}$ 八个自由度，其他方向的自由度由夹紧约束，这时用了五个点定位(长 V 形四点,轴向一点)。

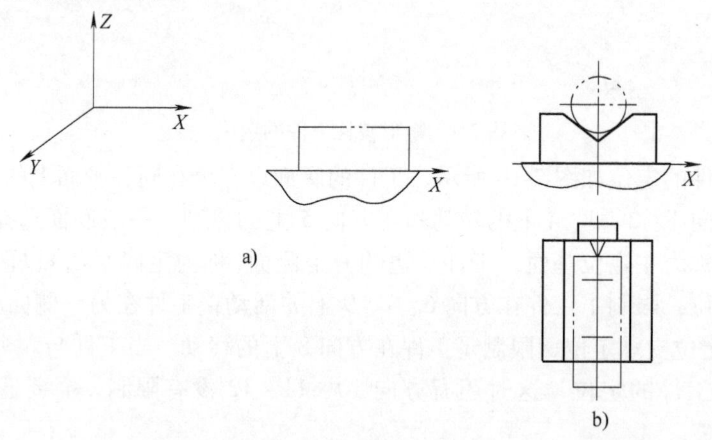

图 2-3　工件的不完全定位

工件在夹具上的一个自由度只能用一个定位部位约束，如果两个或两个以上的定位部位约束同一自由度，则形成重复定位(也称过定位)。通常为保证工件精度，不允许出现重复定位。但有时重复定位又是允许的，甚至是必要的，这时由于重复定位引起的工件变形应在加工精度允许范围内。

轴套类工件常以内孔和端面定位，如果按图 2-4a 以长定位轴定位，则端面约束了工件 $\overleftarrow{X}$、$\overset{\frown}{Y}$、$\overset{\frown}{Z}$5 个自由度，而夹具长定位轴限制了工件 $\overset{\frown}{X}$、$\overset{\frown}{Y}$、$\overset{\frown}{Z}$ 六个自由度，其中 $\overset{\frown}{Y}$、

$\overset{\frown}{Z}$ 四个自由度被两个定位部位重复约束，形成过定位，当工件端面对孔轴线有垂直度偏差时，将产生端面定位误差。根据工件的尺寸、公差和几何公差，以及加工部位的具体情况和加工精度，可采用图 2-4b、c、d 所示的结构消除过定位：图 2-4b 用端面和短定位轴定位，适用于工件定位端面对孔轴线垂直度误差小和两端面平行度精度高的情况（这时外圆对内孔的同轴度在孔与轴配合间隙一半的范围内）；图 2-4c 和 d 适用于工件端面对孔轴线垂直度较大的情况（外圆对内孔达到的同轴度同前），其中图 2-4c 是利用球面垫圈，使工件与定位轴两端面很好地接触，能承受较大的切削力；图 2-4d 所示工件与心轴接触面小，使工件端面对孔轴线垂直度偏差对定位精度的影响尽量减小，适用于切削力不大的情况。

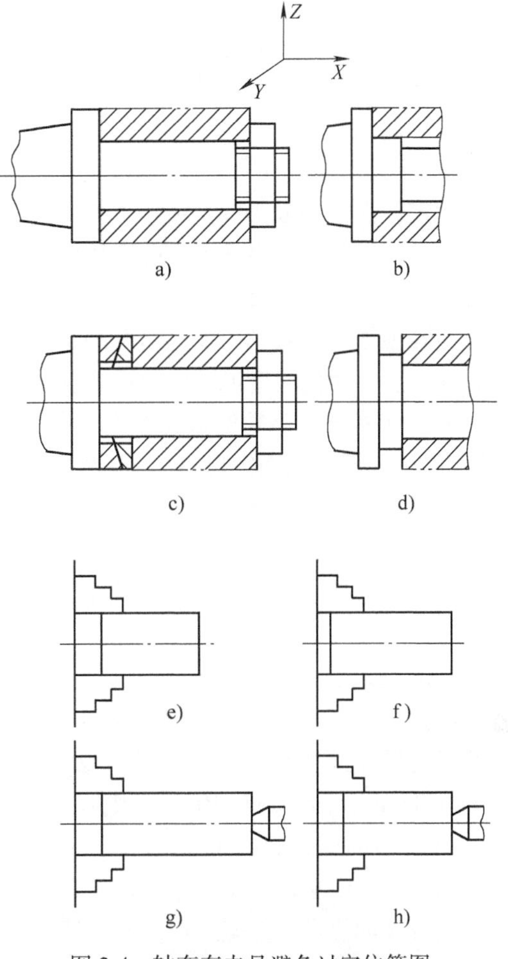

图 2-4　轴套车夹具避免过定位简图

图 2-4e 表示自定心卡盘夹持工件较短的外圆，这时限制了工件 $\overleftrightarrow{Y}$ 和 $\overleftrightarrow{Z}$ 四个自由度；而图 2-4f 表示自定心卡盘夹持较长外圆，这时限制了 $\overleftrightarrow{Y}$、$\overset{\frown}{Y}$、$\overleftrightarrow{Z}$ 和 $\overset{\frown}{Z}$ 八个自由度。

对图 2-4e，增加了回转顶尖（图2-4g），回转顶尖限制了工件 $\overset{\frown}{Y}$ 和 $\overset{\frown}{Z}$ 四个自由度，这时共限制了八个自由度。

对图 2-4f，若工件很长，也可增加回转顶尖（图 2-4h），这时回转顶尖限制的 $\overset{\frown}{Y}$ 和 $\overset{\frown}{Z}$ 四个自由度与自定心卡盘限制的重复，为过定位。对这种情况可根据工件悬伸长度和加工精度决定是否采用回转顶尖，采用回转顶尖可提高工件的支承刚度，有利于加工精度的提高，这时要求工件中心孔对定位外圆的同轴度高，机床主轴和尾座顶尖的同轴度也较高。为避免过定位可能产生的负作用，尾座的顶紧力不要太大，尾座顶尖孔与工件中心孔可留有适当的间隙。

长轴类工件的车、磨工序经常采用中心架，这也是过定位的应用，是机床夹具动态的需要。

一般工件多为先定位、后夹紧，而有些工件，特别是使用车、磨夹具时，夹紧和定位同时进行，定位在夹紧过程中完成。例如自定心卡盘、弹性夹头、塑料心轴等，这些装置将在第 4 章中介绍，本章对其装夹精度作适当介绍。

2.1.2　工件的定位、夹紧和装夹误差及计算

夹具装夹误差在很多情况下是加工误差中的主要部分。夹具设计的主要任务之一是确定

夹具定位误差和夹紧误差，即确定夹具的装夹误差。

1. 工件的定位误差和计算

工件的定位误差是指工件的定位基准在夹具上的实际位置与要求理想定位基准位置的差异，该差异使工件对理想位置产生加工误差，而各个工件的差异不同，从而使一批工件产生分散性。

产生定位误差的因素有：由于工件基准面本身尺寸和形状有误差，使工件定位基准产生偏移；有时由于工件在夹具上实际所用的定位基准与产品图样或工艺要求的基准不同而产生的定位基准不重合；以及由于夹具定位元件尺寸和形状有误差等。

在实际工作中，对具体加工情况的定位误差应作具体分析。本章主要介绍各种定位方法的定位误差。下面先举例说明定位误差分析和计算的基本方法和概念。

（1）单坐标方向基准偏移或不重合产生的定位误差　当加工尺寸只与一个定位元件有关（例如铣平面时以底面定位，只要求尺寸高度合格），或其他定位方向误差很小，可以忽略时，这时可只分析单坐标方向（即加工方向）的定位误差。

例如对图 2-5a，加工尺寸 H，以平面 A 定位，定位基准与设计基准重合，则定位误差 $\varepsilon_h=0$（这时考虑定位面的形状误差相对于尺寸误差很小，可忽略）。

加工尺寸 t，由于工件在夹具上的定位面 A 与尺寸 t 的设计基准面不重合，尺寸 t 的定位误差 $\varepsilon_t=\pm\delta$（$\pm\delta$ 为尺寸 H 的公差）。在加工尺寸链中，t 是封闭环，H 和 $(H-t)$ 是组成环，可得各环的公差关系 $\delta+\delta_{H-t}=\delta_1$，即 $\delta+\delta_{h1}=\delta_1$，$\delta_{h1}=\delta_1-\delta$。

所以为保证尺寸 t 在公差 $\pm\delta_1$ 内，必须控制尺寸 $(H-t)=h_1$ 的公差在 $\pm(\delta_1-\delta)$ 内。如尺寸 $H=50\pm0.06$mm，$t=20\pm0.10$mm，则尺寸 $h_1=(H-t)=30$mm 的制造公差应在 $\pm(\delta_1-\delta)=\pm(0.10-0.06)$mm $=\pm0.04$mm 内。

上面是按极限法计算定位误差的，具有较大的保险性和有一定的精度储备，但有时会对加工提出较高的要求，甚至难以达到，所以根据具体情况可用均方根法计算。

图 2-5b 所示为工件，以外圆在 V 形块上定位，当采用长 V 形块时，限制了工件七个自由度 $\overset{\frown}{X}$、$\overset{\frown}{Z}$、$\vec{X}$、$Z\downarrow$；采用窄 V 形块时，限制了工件三个自由度 $\vec{X}$、$Z\downarrow$。工件的外圆直径为 $D_{-\delta}^{\ 0}$，若工件的圆度误差很小，可不考虑，也可不考虑 V 形角的误差，一批工件中心在垂直方向的偏移为 ε_0，外圆上母线点的偏移为 ε_1，下母线点的偏移为 ε_2，由图 2-5b 可得

$$\varepsilon_1=AB_1-AB=\left(\frac{D_{max}}{2}+\frac{D_{max}}{\sin\dfrac{\alpha}{2}}\right)-\left(\frac{D_{min}}{2}+\frac{D_{min}}{\sin\dfrac{\alpha}{2}}\right)$$

$$=\frac{(D_{max}-D_{min})\left(1+\sin\dfrac{\alpha}{2}\right)}{2\sin\dfrac{\alpha}{2}}=\frac{\delta\left(1+\sin\dfrac{\alpha}{2}\right)}{2\sin\dfrac{\alpha}{2}}$$

$$=\left(\frac{1}{2\sin\dfrac{\alpha}{2}}+\frac{1}{2}\right)\delta=K_1\delta$$

同样可得

$$\varepsilon_2=\frac{\delta\left(1-\sin\dfrac{\alpha}{2}\right)}{2\sin\dfrac{\alpha}{2}}=\left(\frac{1}{2\sin\dfrac{\alpha}{2}}-\frac{1}{2}\right)\delta=K_2\delta$$

$$\varepsilon_0=\frac{\delta}{2\sin\dfrac{\alpha}{2}}=K\delta$$

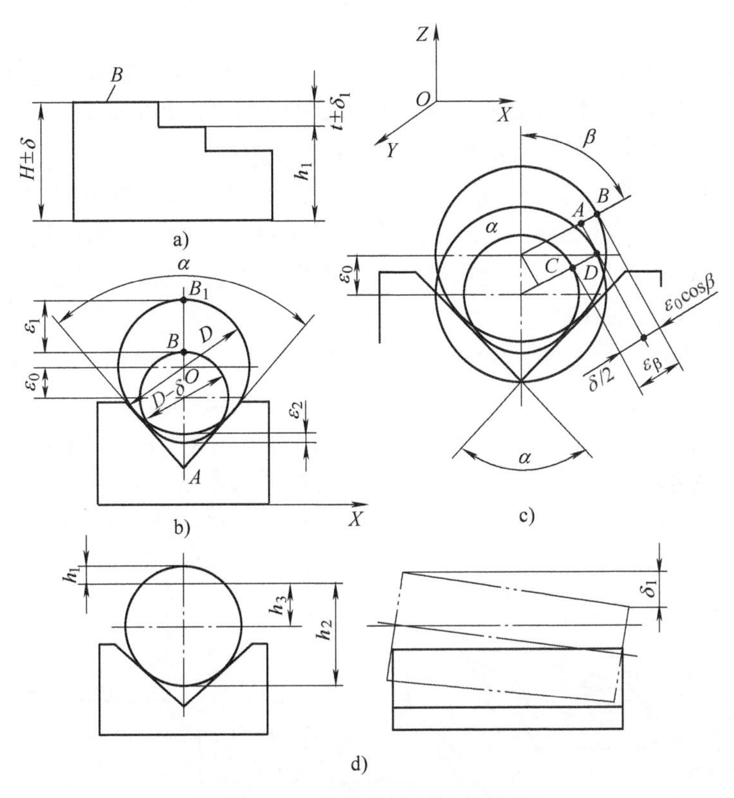

图 2-5　工件的定位误差分析图

外圆以不同 V 形角和以平面定位时($\alpha=180°$)的 K、K_1、K_2 值见表 2-1。

表 2-1　计算 ε_0、ε_1、ε_2 时的系数 K、K_1、K_2 的值

系　　数	V 形角 α			
	60°	90°	120°	180°(平面)
K	1.0	0.7	0.55	0.5
K_1	1.5	1.21	1.07	1.0
K_2	0.5	0.21	0.08	0

工件在 V 形块上定位，中心 O 在垂直方向有定位误差(由于直径变化)，但在水平方向工件中心没有定位误差，这是用 V 形块定位的特点。

下面介绍工件外圆上与垂直方向呈 β 角的任一点由于工件直径公差 δ 产生的定位误差 ε_β 的计算，由图 2-5c 可得

$$\varepsilon_\beta = AB + CD = \varepsilon_0 \cos\beta + \frac{\delta}{2}$$

由前述

$$\varepsilon_0 = \frac{\delta}{2\sin\frac{\alpha}{2}}$$

所以

$$\varepsilon_\beta = \frac{\delta}{2}\left(\frac{\cos\beta}{\sin\frac{\alpha}{2}} + 1\right)$$

（2）多坐标方向的定位误差　当以多个元件在夹具不同方向同时以工件多个表面定位(可称为组合定位,实际上工件的定位大多是组合定位)时，除分析加工尺寸方向的定位误差外，还要考虑定位面其他方向的误差对加工尺寸定位误差的影响。

图2-5d所示的工件加工尺寸为h_1、h_2和h_3，若不考虑工件长度方向的定位误差，则其定位误差($K\delta$)分别为1.21δ、0.21δ、0.7δ。若考虑工件在长度方向有圆柱度误差，例如有锥度，这将导致工件在V形定位块上产生倾斜，产生定位误差δ_1。本例δ_1与δ在同一方向，所以总的定位误差为$\delta' = K\delta + \delta_1$。

在夹具中，工件在三个坐标方向定位，由于工件的各定位基准面有尺寸和形状误差，以及夹具定位元件的制造误差，所以工件的定位误差具有立体空间性。

图2-6表示工件定位面上的点A(坐标为x,y,z)对坐标X、Y、Z有微小转角(偏斜)误差θ_X、θ_Y、θ_Z和微小平移Δ_X、Δ_Y、Δ_Z。图示转角和平移朝坐标正方向，实际也可能朝另一方向。

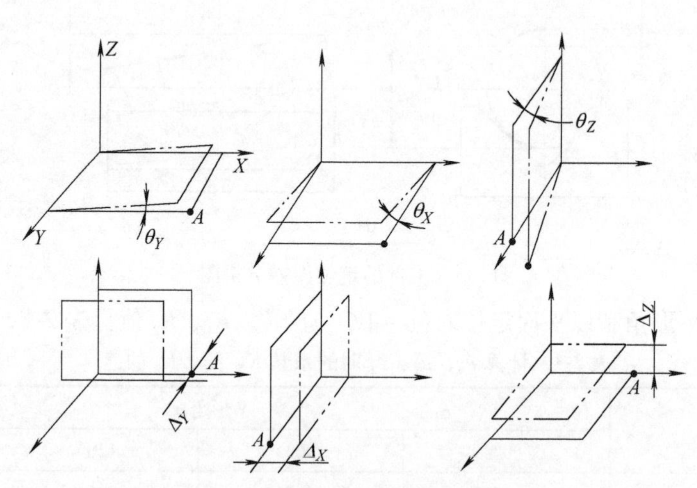

图2-6　夹具转角和平移定位误差

按下列各式计算工件上任意一点在各坐标方向上的定位误差分量

$$\delta_X = y\theta_Z + z\theta_Y + \Delta_X \tag{2-1}$$

$$\delta_Y = x\theta_Z + z\theta_X + \Delta_Y \tag{2-2}$$

$$\delta_Z = x\theta_Y + y\theta_X + \Delta_Z \tag{2-3}$$

式中　x、y、z——加工表面上任一点坐标；

θ_X、θ_Y、θ_Z——工件定位点所在平面对各坐标的微小转角，$\theta_X \approx \sin\theta_X$，$\theta_Y \approx \sin\theta_Y$，$\theta_Z \approx \sin\theta_Z$；

Δ_X、Δ_Y、Δ_Z——工件定位面对各坐标的平移定位误差。

工件上所求点对坐标原点距离的总误差为

$$\delta=\sqrt{\delta_X^2+\delta_Y^2+\delta_Z^2} \tag{2-4}$$

以图 2-7a 为例，加工工件尺寸 40±0.3mm，定位基准面 A 与设计基准面不重合，产生的定位误差为 0.2mm(±0.1mm)。若工件 A 面只对 Y 轴有正弦为 0.03/100 的转角，即 $\sin\theta_Y=0.0003$，则由式(2-1)计算加工尺寸 40±0.3mm 的定位误差为(计算时考虑工件侧面定位点到工件底面的距离为 50mm，并考虑两个方向转角)

$$\begin{aligned}\delta_X &= y\theta_Z+z\theta_Y+\Delta_X=0+2\times\frac{100}{2}\times0.0003\text{mm}+0.2\text{mm}\\ &=0.23\text{mm}\end{aligned}$$

加工尺寸公差为 0.6mm(±0.3mm)，$\dfrac{0.23}{0.60}\approx\dfrac{1}{3}$，所以该误差可以接受。

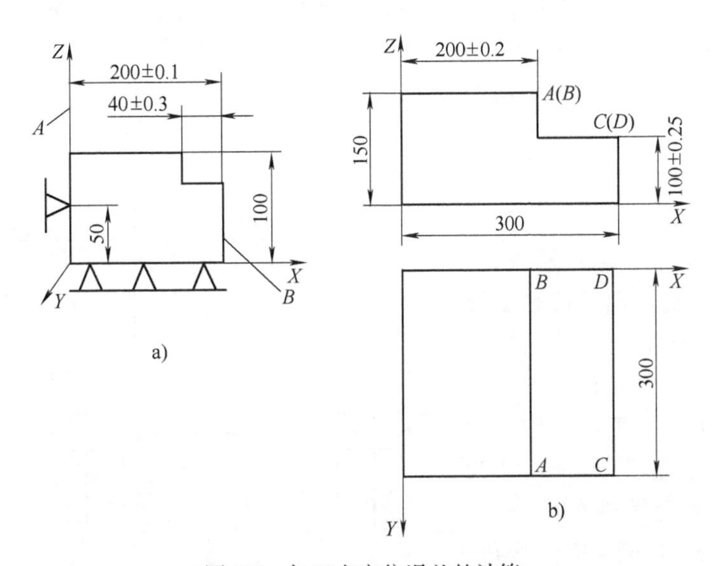

图 2-7　加工点定位误差的计算

又如图 2-7b 所示，用圆铣刀半精铣尺寸 200±0.2mm 和尺寸 100±0.25mm，加工精度等级为 IT10。若工件各定位面分别绕 X、Y、Z 轴的转角正弦值均为 0.0002，计算尺寸 200mm 和尺寸 100mm 的定位误差 δ_{XA}、δ_{XB}、δ_{ZC} 和 δ_{ZD}。各点坐标分别为：A(200,300,150)，B(200,0,150)，C(300,300,100)，D(300,0,100)。这时 Δ_X、Δ_Y、$\Delta_Z=0$。

计算时考虑两个方向的转角误差。

按式(2-1)　$\delta_{XA}=y\theta_Z+z\theta_Y+\Delta_X$

$=\pm(300\times0.0002+150\times0.0002+0)\text{mm}=\pm0.09\text{mm}$

$\delta_{XB}=\pm(0+150\times0.0002+0)\text{mm}=\pm0.03\text{mm}$

按式(2-3)　$\delta_{ZC}=x\theta_Y+y\theta_X+\Delta_Z$

$=\pm(300\times0.0002+300\times0.0002+0)\text{mm}=\pm0.12\text{mm}$

$\delta_{ZD}=\pm(300\times0.0002+0+0)\text{mm}=\pm0.06\text{mm}$

δ_{XA}与尺寸 200±0. 2mm 公差的比值为$\frac{0.09\text{mm}}{0.20\text{mm}}=0.45$，$>\frac{1}{3}$。这时再按第一章的式(1-2)验算定位误差是否小于允许的定位误差 $\varepsilon_L=T-\omega$(T 为工件尺寸公差,ω 为加工该尺寸的加工精度)。

尺寸 200mm 的公差为 0.4(±0.2)mm，加工公差等级为 IT10，$\omega=0.185\text{mm}$，$\varepsilon_L=0.40\text{mm}-0.185\text{mm}=0.215\text{mm}\approx\pm0.11\text{mm}>\delta_{XA}=\pm0.09\text{mm}$。可知按极限法计算的 δ_{XA} 可以接受。

δ_{ZC}与尺寸 100±0. 25mm 公差的比值为$\frac{0.12\text{mm}}{0.25\text{mm}}=0.48>\frac{1}{3}$，这时 $\varepsilon_L=0.50\text{mm}-0.16\text{mm}=0.34\text{mm}=\pm0.17\text{mm}>\delta_{ZC}=\pm0.12\text{mm}$，所以也是可以接受的(对尺寸 100mm 和 IT10,$\omega=0.160\text{mm}$)。

2. 工件的夹紧误差

工件的夹紧误差是指工件夹紧后定位基准有变形和夹紧力不稳定，使工件产生的定位误差。如果夹紧力稳定，夹紧力主要影响加工尺寸分散中心的坐标，不会产生明显的尺寸分散性；如果夹紧力不稳定，则一批工件会产生较大的尺寸分散性。

图 2-8 所示为工件的夹紧误差。当工件与夹具定位支承面的接触变形为最小时(即定位支承面的压缩量最小,处于 $m'n'$位置)，加工出的尺寸为 H'；当夹紧力增大后，工件定位支承面处于 $m''n''$位置，加工出的尺寸为 H''。这时产生尺寸分散性($H''-H'$)，工件的公称尺寸 H 在 $H''\sim H'$ 内变化，产生的夹紧误差为 $\varepsilon_c=H''-H'$。

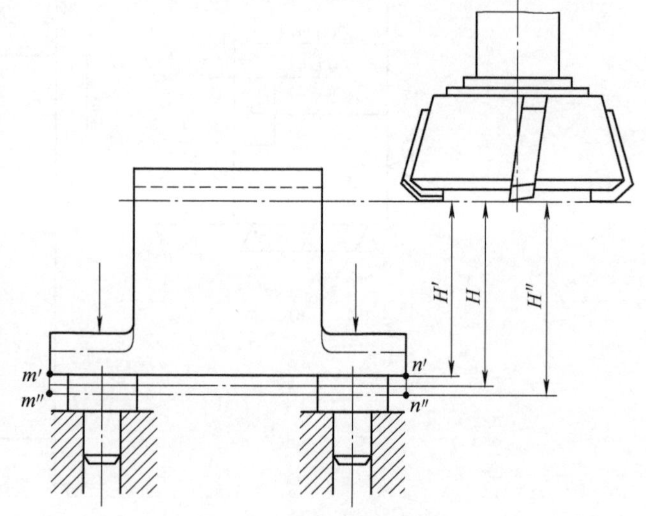

图 2-8 工件的夹紧误差

3. 工件的装夹误差

工件先定位后夹紧，夹紧后的工件定位基准对理想位置的偏移就是工件的装夹误差 ε_{Lc}。如果夹紧误差与定位误差方向一致，则 $\varepsilon_{Lc}=\varepsilon_L+\varepsilon_c$。

若夹紧误差与定位误差的方向是随机的，则

$$\varepsilon_{Lc}=\sqrt{\varepsilon_L^2+\varepsilon_c^2}$$

若一个工件在几个夹具上加工相同的部位，则装夹误差还应考虑各夹具之间的定位差异 ε'_L，这时装夹误差为

$$\varepsilon_{Lc}=\sqrt{\varepsilon_L^2+\varepsilon_c^2+\varepsilon'^2_L}$$

对同时夹紧和定位的夹具，例如自定心卡盘、弹性夹头等，直接以装夹误差表示其定位和夹紧的精度，工件的装夹误差数据主要由试验确定。在本章中在介绍各种定位方式时，将介绍夹紧误差对定位误差的影响和装夹误差的数据。

夹紧误差(单位为 μm)的一般计算式为[19]

$$\varepsilon_c = \overline{C}\,\overline{F}\cos\alpha\sqrt{\left(\frac{\Delta_C}{\overline{C}}\right)^2+\left(\frac{n\Delta_F}{\overline{F}}\right)^2}$$

式中　$\overline{C}$——与材料和接触形状有关的系数 C 的平均值(见表 3-119);

$\overline{F}$——作用在支承上的平均力，单位为 N;

Δ_C 和 Δ_F——系数 C 和力 F 的极限分散值;

n——系数(见表 3-119);

α——最大接触变形方向与定位尺寸方向之间的夹角。

考虑工件基面硬度和表面粗糙度的变化 Δ_{HB} 和 Δ_{Rz}

$$\Delta_c = \sqrt{(K_{HB}\mathrm{HBW}^{P-1}\Delta_{HB})^2+(K_{Rz}\Delta_{Rz})^2}$$

式中　K_{HB} 和 K_{Rz}——各种支承的值，见表 3-119;

P——支钉、平板支承 $P=1$，V 形支承 $P=-1$;

HBW——硬度值。

平面定位支承、V 形块、中心孔等夹紧时的接触变形的计算见第 3 章表 3-117 ~ 表 3-119。

2.2　工件以平面定位

2.2.1　平面定位支承元件

工件以平面定位时，主要定位面应体现三点定位原则，在实际工作中的应用如下所述。

若工件主要定位面为毛坯面，采用三个圆弧定位支承可保证各定位支承都能与工件接触，但一方面由于三个压板不能完全同步夹紧工件，会把工件夹歪；另一方面，工件放在三个支承点上，对有些工件，特别是大型复杂形状的工件会产生不稳定，所以实际生产中大多采用在一个平面上的四个圆弧面作为定位支承点。这时，由于工件可能只与任意三点接触，使工件定位产生随机误差。

若工件主要定位面为经过加工且精度较高的平面，如果工件尺寸不大，可采用平面支承钉，其数量可≥4；如果工件尺寸较大，一般采用定位支承板，其数量根据工件主要定位面的形状和所用支承板的尺寸确定。工件以加工面定位，一般并不是三点支承，这样可增加工艺系统的刚性，防止切削力与夹紧力未对准定位支承而引起较大的工件变形和振动。以平面定位不是三点支承，由于工件定位面的平面度误差(一般为 0.05~0.1mm)和各支承钉(板)定位面的平面度误差(一般为 0.01~0.03mm)较小，这时工件在夹紧力和切削力作用下产生的变形一般在允许范围内。

若工件主要定位面是高精度平面，工件的加工精度要求高，当切削力和夹紧力不大或从结构上能保证各夹紧力作用点对准支承点时，可采用三个小平面定位支承定位。

对工件导向定位面，应体现两点定位原则，若导向定位面是毛坯面，采用两个圆弧面的定位支承；若导向定位面是加工面，可采用两个小平面定位支承，或根据工件尺寸的大小采用 1~2 块支承板定位。

对止动定位面应体现一点定位原则。

常用平面定位元件见表 2-2～表 2-5。

表 2-2　支承钉的规格尺寸　　（单位：mm）

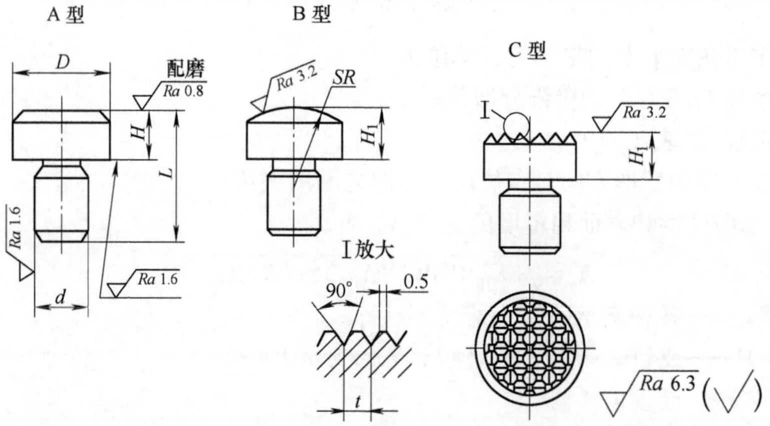

A 型　　B 型　　C 型

D	H	H_1(h11)	L	d(r6)	SR	t
5	2	2	6	3	5	1
	5	5	9			
6	3	3	8	4	6	1
	6	6	11			
8	4	4	12	6	8	1.2
	8	8	16			
12	6	6	16	8	12	1.2
	12	12	22			
16	8	8	20	10	16	1.5
	16	16	28			
20	10	10	25	12	20	1.5
	20	20	35			
25	12	12	32	16	25	2
	25	25	45			
30	16	16	42	20	32	2
	30	30	55			
40	20	20	50	24	40	2
	40	40	70			

注：1. 本表符合 JB/T 8029.2—1999。

2. 材料为 T8，热处理后硬度为 55～60HRC。

表 2-3　支承板的规格尺寸　　　（单位：mm）

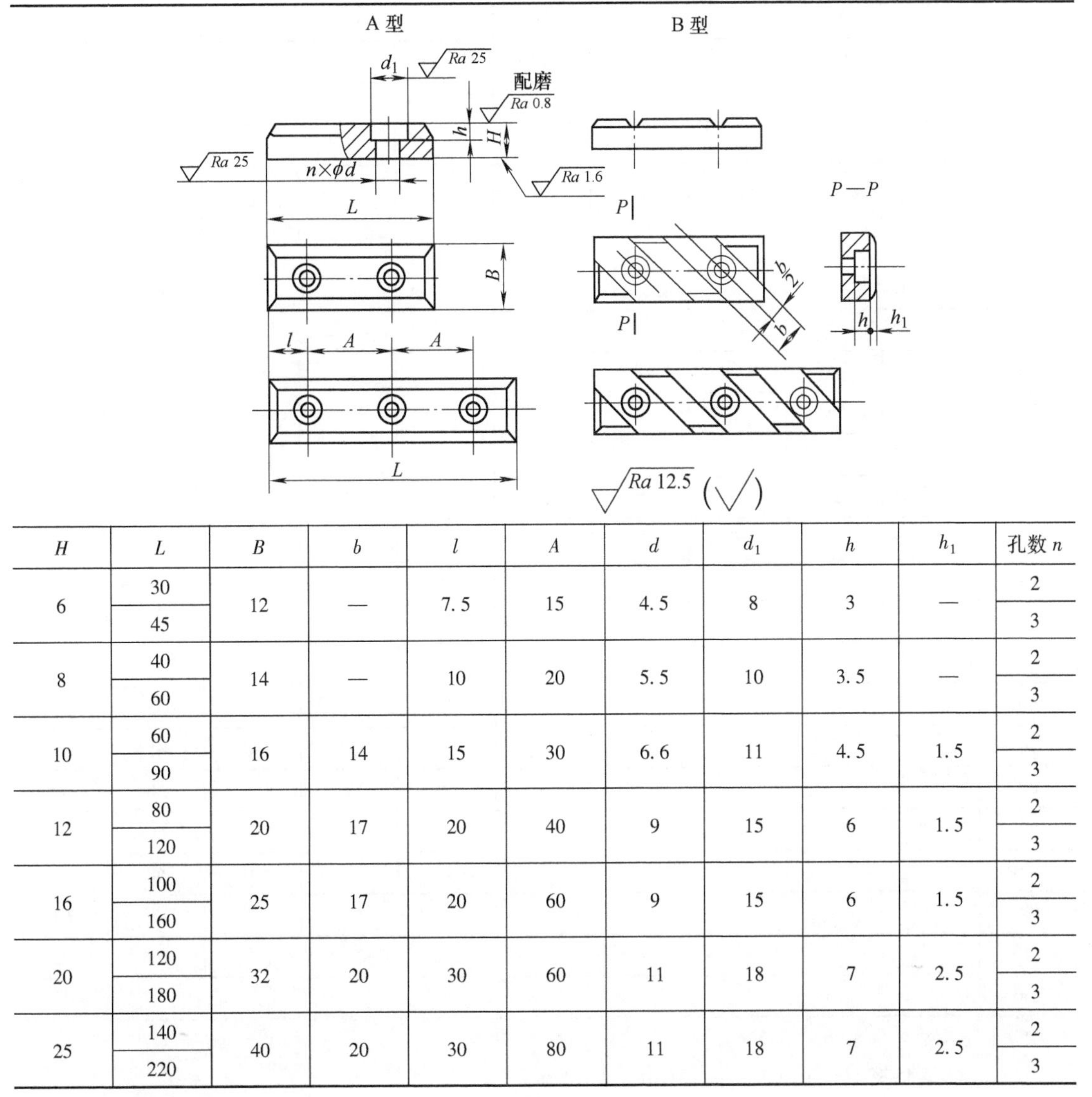

H	L	B	b	l	A	d	d_1	h	h_1	孔数 n
6	30	12	—	7.5	15	4.5	8	3	—	2
	45									3
8	40	14	—	10	20	5.5	10	3.5	—	2
	60									3
10	60	16	14	15	30	6.6	11	4.5	1.5	2
	90									3
12	80	20	17	20	40	9	15	6	1.5	2
	120									3
16	100	25	17	20	60	9	15	6	1.5	2
	160									3
20	120	32	20	30	60	11	18	7	2.5	2
	180									3
25	140	40	20	30	80	11	18	7	2.5	2
	220									3

注：1. 本表符合 JB/T 8029.1—1999。

2. 材料为 T8，热处理后硬度为 55~60HRC。

表 2-4　六角头可调支承螺钉的规格尺寸　　　（单位：mm）

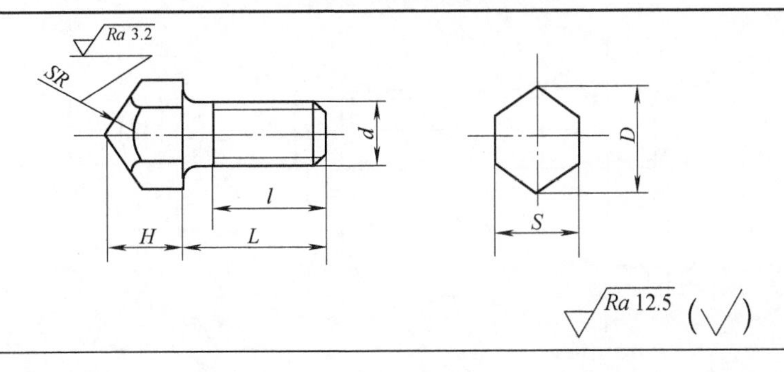

（续）

d		M5	M6	M8	M10	M12	M16	M20	M24	M30	M36
D≈		8.63	10.89	12.7	14.2	17.59	23.35	31.2	37.29	47.3	57.7
H		8	8	10	12	14	16	20	24	30	36
SR		5						12			
S	公称尺寸	8	10	11	13	17	21	27	34	41	50
	极限偏差	0 −0.220		0 −0.270			0 −0.330		0 −0.620		
L		l									
15		12	12								
20		15	15	15							
25		20	20	20	20						
30			25	25	25	25					
35				30	30	30	30				
40				35	35	35	35	30			
45					35	35	35	35	30		
50					40	40	40	35	35		
60						45	45	40	40	35	
70							50	50	50	45	45
80							60	60	55	50	50
90								60	60	60	50
100								70	70	60	60
120									80	70	60
140										100	90
160											100

注：1. 本表符合 JB/T 8026.1—1999。

2. 材料：45 钢，L≤50mm 全部 40~55HRC；L>50mm 头部 40~50HRC。

表 2-5 可调支承螺钉的规格尺寸 （单位：mm）

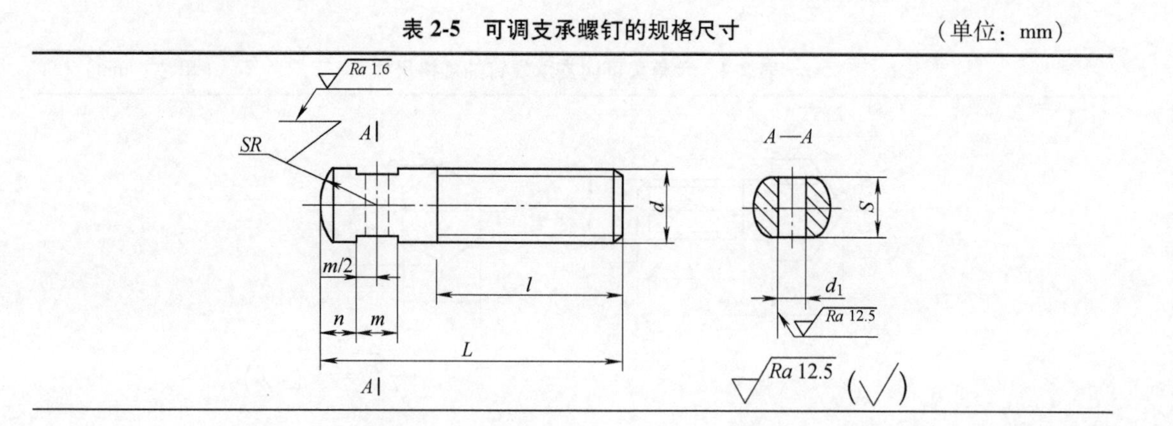

（续）

d		M5	M6	M8	M10	M12	M16	M20	M24	M30	M36
n		2	3	3	4	5	6	8	10	12	18
m		4	4	5	8	8	10	12	14	16	18
S	公称尺寸	3.2	4	5.5	8	10	13	16	18	27	30
	极限偏差	0 -0.180			0 -0.220		0 -0.270		0 -0.330		
d_1		2	2.5	3	3.5	4	5	—	—	—	—
SR		5	6	8	10	12	16	20	24	30	36
L		l									
20		10	10								
25		12	12	12							
30		16	16	16	14						
35			18	18	16						
40			18	20	20	18					
45				25	25	20					
50				30	30	25	25				
60					30	30	30				
70						35	40	35			
80						35	50	45	40		
100							50	50	60	50	
120								50	60	70	60
140								80	90	90	80
160								80	90	90	100
180									90	100	100
200									90	100	100
220										100	150
250										100	150
280											150
320											150

注：1. 本表符合JB/T 8026.4—1999。

2. 材料为45钢；$L \leqslant 50$mm，全部硬度为40~45HRC；$L > 50$mm，头部硬度为40~45HRC。

3. 可调支承钉在夹具上与螺母配套使用，其应用示例略。

表2-2中平头支承钉用于工件的定位面精度较高的情况；球头支承钉用于工件的定位面表面粗糙度大时或毛坯面；齿纹支承钉用于防止工件滑动的场合。支承钉与夹具体或其他相关件的配合为H7/r6或H7/n6，若需经常更换，可在夹具体上加衬套，定位支承钉装在衬套中，衬套内孔与支承钉的配合为H7/js6。

无排屑斜槽的支承板（表 2-3 中的 A 型）适于垂直安装在夹具上；而有斜槽的支承板（表 2-3 中的 B 型）适于水平安装在夹具上，以便排屑去污。为防止碰伤工件表面，定位支承板的棱边应抛光。

对于大型工件，当定位板布置在工件下面时，采用图 2-9a 所示的支承板，与采用普通支承板相比，其优点是便于清理支承板上的切屑，普通支承板用埋头螺钉固定，切屑容易卡在埋头孔中。当定位支承板布置在工件侧面时（图 2-9b），其上部应有斜面，以保证切屑自由落下。

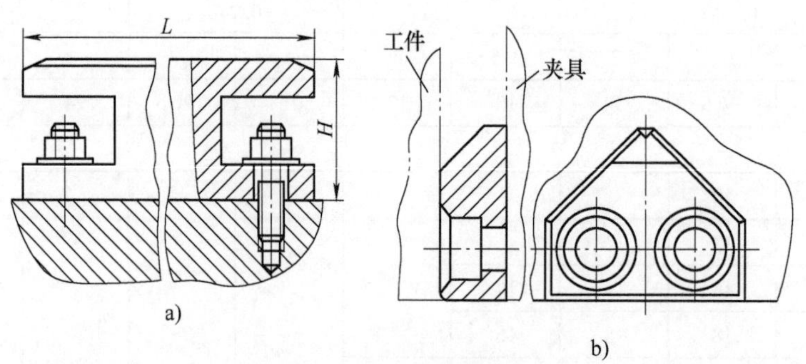

图 2-9　大型工件用支承板

有时由于工件形状等特殊情况可采用自定位支承，如图 2-10 所示。

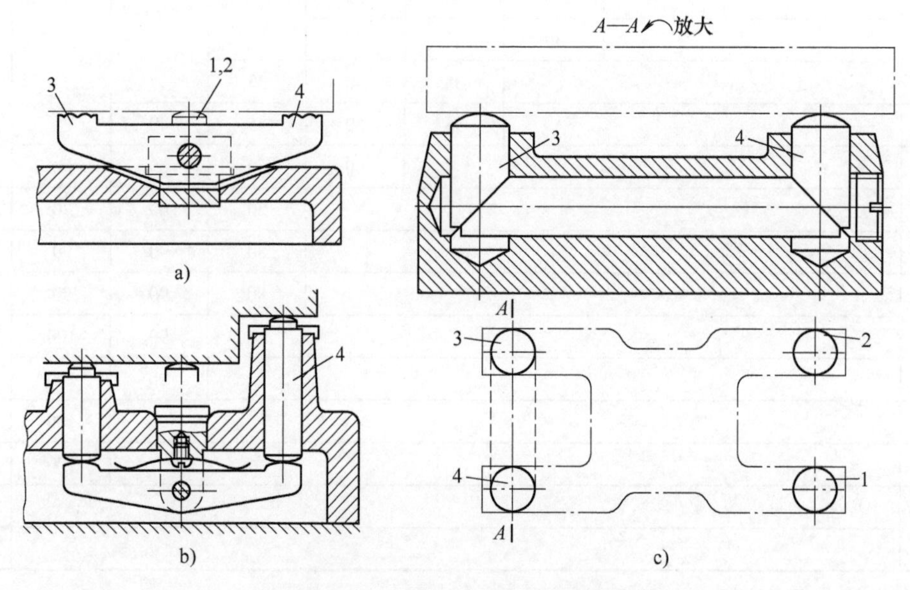

图 2-10　自定位平面支承示意图

1、2—固定支承　3、4—浮动支承

工件以平面定位时，由于有的工件刚性差，有的工件形状特殊，安装定位时处于不稳定状态；有的工件加工时，由于加工面大于支承面，或加工部位与支承点距离较远，就会产生变形，影响加工精度。针对这些情况，需要采用辅助支承。可采用可调支承作为辅助支承，但操作费时、不方便和精度低。图 2-11 所示为几种自调节辅助支承的结构。

图 2-11a 所示为手动式辅助支承，当工件安装在主要定位支承上后，推动手柄 7 使杆 6 向左移动，其斜面（斜角为 6°~8°）使支承钉 1 上升到与工件接触为止；然后转动手柄 7，通

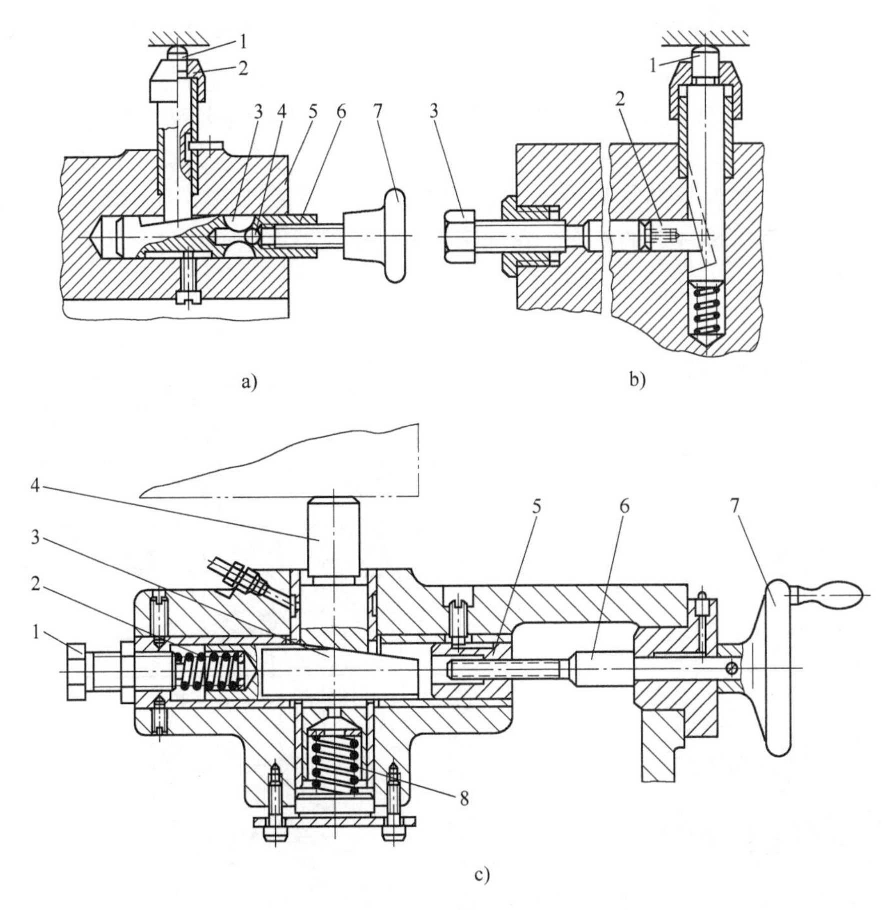

图 2-11　自调节辅助支承

a）1—支承钉　2—保护罩　3—键　4—滚珠　5—夹具体　6—杆　7—手柄

b）1—支承钉　2—杆　3—螺钉

c）1—螺钉　2、8—弹簧　3—杆　4—支承钉　5—滑套　6—螺杆　7—手轮

过滚珠 4 使两半圆键撑开，将杆锁紧。这种结构的刚性好。

图 2-11b 所示为另一种自调节辅助支承，当工件安装在主要定位支承上时，将在自由状态下高于工件支承面的支承钉 1 压下；然后转动螺钉 3，通过杆 2 的斜面将支钉锁紧。这种结构的刚性不如图 2-11a 所示的结构。

图 2-11c 所示为弹簧移动式自调节辅助支承，使用时先转动手轮 7，通过螺杆 6 使滑套 5 向左移动，推动杆 3 斜面脱离支承钉 4 的斜面，在弹簧 8 的作用下使支承钉上端面高出主要定位面。当工件安装在主要定位支承上后，弹簧 8 使支承钉 4 与工件保持良好接触，并且不会将工件抬起。然后反转手轮 7，使滑套 5 与杆 3 分开，在弹簧 2 的作用下，杆 3 的斜面与支承钉的斜面贴合，将支承钉锁紧。用螺钉 1 调节弹簧 2 的作用力。

图 2-12 所示为带液压斜楔的自调节辅助支承，整个支承装在套 3 中，套 3 用螺钉固定在夹具体上。滑套 1 的上端有可调支承螺钉 5，用螺母 6 锁紧，滑套 1 的下端有双向作用液压缸(图中未示出)。在弹簧作用下，滑套 1 处于上面的位置，当工件放在夹具主要支承上后，滑套 1 向下移动，楔销 8 沿套 7 上的斜面移动(这时斜楔 2 并未与楔销 8 接触,处于松开位置)，当油进入液压缸下腔时，杆 9 向上移动，斜楔 2 向上移动，斜楔 2 的斜面与楔

销 8 接触，将滑套 1 的位置固定。当油进入液压缸上腔时，斜楔 2 向下移动，松开辅助支承。

图 2-13 所示为在箱体工件上采用弹簧移动辅助支承，其特点是支承钉的松开和锁紧由夹紧机构带动自动完成，图示为辅助支承处于工作位置，支承钉由弹簧 4 锁紧，工件处于被夹紧状态。当松开工件时，夹紧液压缸 8 带动连接块 9 向上，其斜面压上滚轮 1，使滑柱 3 向左移动，其斜面离开滑柱 5 的斜面，在弹簧 2 力的作用下支承钉 6 向上移动，为下一次辅助定位做好准备。

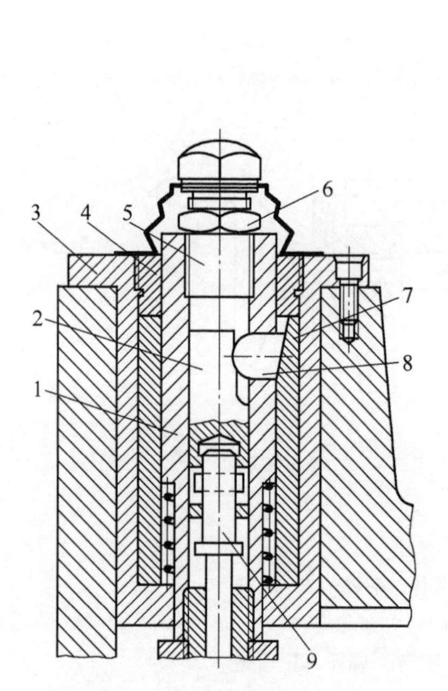

图 2-12 液压自调节辅助支承

1—滑套 2—斜楔 3、7—套 4—螺纹套 5—支承螺钉 6—螺母 8—楔销 9—杆

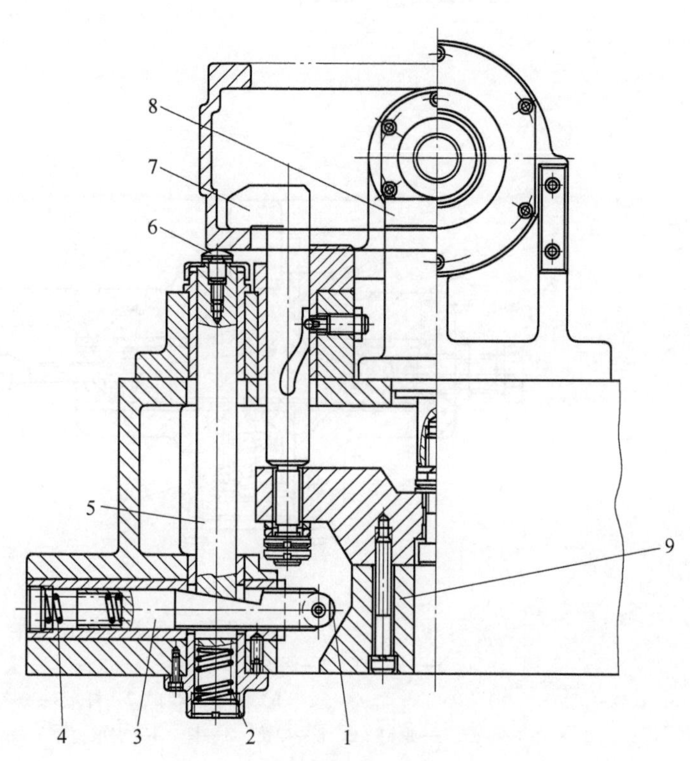

图 2-13 弹簧移动辅助支承的应用

1—滚轮 2、4—弹簧 3、5—滑柱 6—支承钉 7—钩形压板 8—液压缸 9—连接块

2.2.2 定位面几何误差产生的定位误差

当以平面定位时，除尺寸误差是产生定位误差的原因外，工件定位平面的平面度误差、各相关定位面的位置误差，以及夹具支承面的平面度误差、各相关支承面的位置误差也是产生平面定位误差的原因。图 2-14a 表示工件定位面平面度误差 Δ 使工件产生角度偏移 Δ_α $\left(\tan\Delta_\alpha=\dfrac{\Delta}{L}\right)$，使工件产生高度定位误差（$\approx\Delta$）；图 2-14b 表示夹具定位支承面的高度不一致，使工件产生角度偏移 Δ_α；图 2-14c 表示工件两定位面有垂直度误差，使工件在加工尺寸 L 时产生定位误差 $\pm\Delta_L$（止动点在工件侧面的中点）。

由于几何位置误差产生定位误差的大小与工件的形状、夹具的定位结构和加工部位的位置有关，对具体情况应具体分析。下面以矩形棱柱工件为例进行分析。[46]

1）不考虑三个定位面有垂直度误差，分析工件定位面几何误差对加工尺寸 A、B 和 C 定位精度产生的影响，如图 2-15 所示。

工件底面用三个支承定位，其与工件的接触有下列几种情况：

① 所有定位支承与工件表面最高的峰高（凸起部位）接触，这时工件定位面平面度偏差对加工没有影响。

② 所有定位支承与工件表面最低的谷深（低凹部位）接触，工件的位置沿高度（Z 轴）方向向下平移，其最大值等于工件表面平面度公差 T_1。

③ 两个定位支承与工件表面的峰高接触，而第三个定位支承与工件表面谷深接触，这时工件定位面相对 XOY 面产生角度偏差（或接触情况相反，两点谷深，一点谷峰，情况也一样），产生这种情况的概率大，所以按这种情况进行分析。这时工件的主要定位面相对于 XOY 面、导向定位面相对 XOZ 面、止动面相对 YOZ 面都可能产生角度偏差，使加工尺寸 A、B 和 C 产生定位误差。由几何关系可推导出这些误差的计算式。图 2-15a 所示为主要定位面三个定位支承所在的位置，其定位误差分析如图 2-15b 所示。首先分析在Ⅰ—Ⅰ截面上的定位误差。图 2-15 中 D 为工件表面，由于有形状误差 T_1，D 面与夹具定位面 B 产生斜角（$\pm\alpha$），在工件尺寸 A 方向产生定位误差为 Δ_{I}。由于工件可在两个方向倾斜，所以工件在Ⅰ—Ⅰ截面上的定位误差为 Δ_{I}（Ⅰ—Ⅰ方向表示沿 X 方向）。

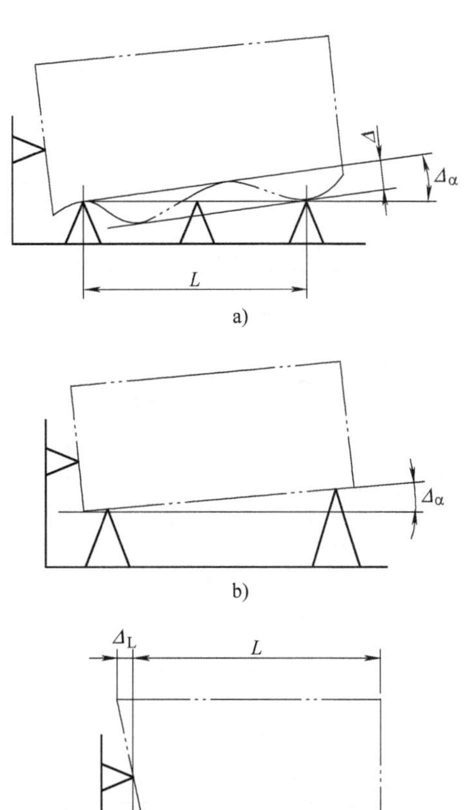

图 2-14　工件定位面几何误差产生定位误差示例

$$\Delta_{\mathrm{I}}=T_1+2\Delta'_{\mathrm{I}}=T_1+2\frac{C_1}{C_0}T_1$$

再分析在Ⅱ—Ⅱ截面上的定位误差，如图 2-5c 所示的 K 向视图，Ⅱ—Ⅱ方向表示对角方向。

$$\Delta_{\mathrm{II}}=T_1+2\Delta'_{\mathrm{II}}=T_1+2\frac{GG_1}{G_2G_3}T_1=T_1\left(1+2\frac{GG_1}{G_2G_3}\right)$$

工件在Ⅱ—Ⅱ（对角方向）的倾斜等于工件在 X 和 Y 方向产生的倾斜之和，Δ_{II} 值与三个支承点的位置有关，所以对图 2-15a，Δ_{II} 也可按下式计算：

$$\Delta_{\mathrm{II}}=\left(T_1+\frac{B_1}{B_0/2}T_1\right)+\left(T_1+\frac{C_1}{C_0}T_1\right)=\left(2+\frac{2B_1}{B_0}+\frac{C_1}{C_0}\right)T_1$$

由后面的计算实例可知，用上面两种计算 Δ_{II} 的公式计算，其计算结果一致。

因 $\Delta_{\mathrm{II}}>\Delta_{\mathrm{I}}$，所以取 Δ_{II} 作为加工尺寸 A 时由于定位面平面度误差产生的定位误差

$\varepsilon_A=\Delta_{\mathrm{II}}$。

对图 2-15d 所示的三定位支承所在的位置

$$\Delta_{\mathrm{II}}=\left(T_1+\frac{B_1}{B_0}T_1\right)+\left(T_1+\frac{C_1}{C_0/2}T_1\right)=\left(2+\frac{B_1}{B_0}+\frac{2C_1}{C_0}\right)T_1$$

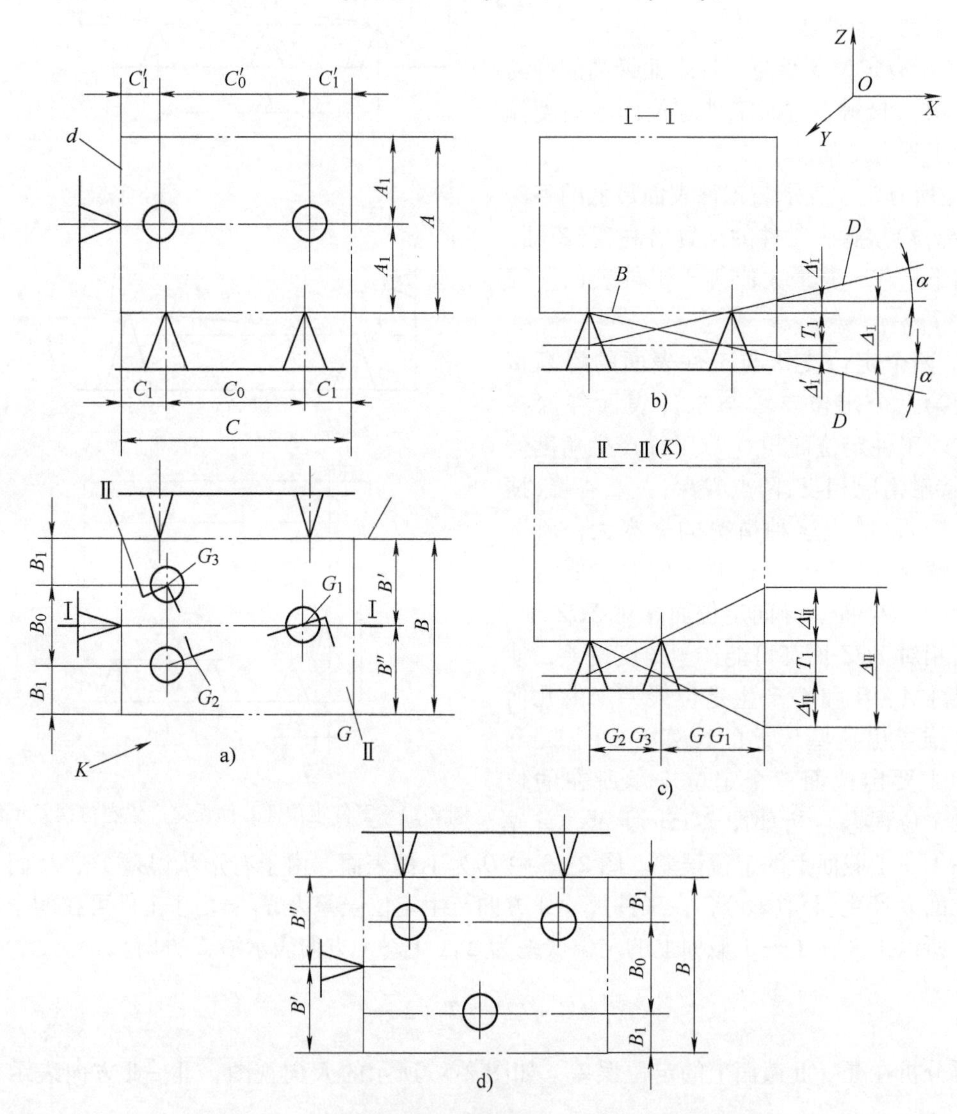

图 2-15　由于工件定位面几何误差产生的定位误差计算图

同样可得到加工尺寸 B 和 C 时的定位误差 ε_B 和 ε_C，见表 2-6。

表 2-6　工件定位面形状误差产生的定位误差计算式(按图 2-15,不考虑各面垂直度误差)

加工尺寸	计算公式	
A	图 2-15a	$\varepsilon_A=K\left(2+\frac{2B_1}{B_0}+\frac{C_1}{C_0}\right)T_1$
	图 2-15d	$\varepsilon_A=K\left(2+\frac{B_1}{B_0}+\frac{2C_1}{C_0}\right)T_1$

（续）

加工尺寸	计 算 公 式
B	当$A_1<A'_1$时 $\varepsilon_B=K\left[\left(1+\frac{2C'}{C'_0}\right)T_2+\frac{2A_1}{B_0}T_1\right]$ 当$A_1>A'_1$时 $\varepsilon_B=K\left[\left(1+\frac{2C'}{C'_0}\right)T_2+\frac{2A'_1}{B_0}T_1\right]$ 当$A_1=A'_1=\frac{A}{2}$时 $\varepsilon_{Bmin}=K\left[\left(1+\frac{2C'}{C'_0}\right)T_2+\frac{A}{B_0}T_1\right]$ 当$A_1=A$或$A'_1=A$（支承靠近上边或下边）时 $\varepsilon_{Bmax}=K\left[\left(1+\frac{2C'}{C'_0}\right)T_2+\frac{2A}{B_0}T_1\right]$
C	当$A_1>A'_1$和$B'>B''$时 $\varepsilon_C=K\left(T_3+\frac{2A_1}{C_0}T_1+\frac{2B'}{C'_0}T_2\right)$ 当$A_1>A'_1$和$B'<B''$时 $\varepsilon_C=K\left(T_3+\frac{2A_1}{C_0}T_1+\frac{2B''}{C'_0}T_2\right)$ 当$A_1<A'_1$和$B'>B''$时 $\varepsilon_C=K\left(T_3+\frac{2A'_1}{C_0}T_1+\frac{2B'}{C'_0}T_2\right)$ 当$A_1<A'_1$和$B'<B''$时 $\varepsilon_C=K\left(T_3+\frac{2A'_1}{C_0}T_1+\frac{2B''}{C'_0}T_2\right)$ 当$A_1=A'_1=\frac{A}{2}$和$B'=B''=\frac{B}{2}$时 $\varepsilon_{Cmin}=K\left(T_3+\frac{A}{C_0}T_1+\frac{B}{C'_0}T_2\right)$ 当A_1或$A'_1=A$和B'或$B''=B$时 $\varepsilon_{Cmax}=K\left(T_3+\frac{2A}{C_0}T_1+\frac{2B}{C'_0}T_2\right)$

注：1. 系数K，锥度点支承$K=1$；小平面支承$K=0.7$；板支承$K=0.3$。

2. T_1、T_2和T_3分别为主要定位面、导向定位面和止动定位面的平面度公差。

3. ε_A、ε_B和ε_C分别为加工尺寸A、B和C的定位误差。

2）不考虑三个定位面有形状误差，分析工件三个定位面有垂直度误差对加工尺寸A、B和C产生的定位误差。因底面D是主要定位面，其他定位面对底面垂直度偏差对

加工尺寸 A 不产生定位误差，即 $\lambda_A=0$。导向定位面 E 对主要定位面 D 有垂直度偏差 T_4，使加工尺寸 B 产生定位误差 λ_B(图 2-16)，其误差只与 T_4 和导向定位面支承点的位置有关。

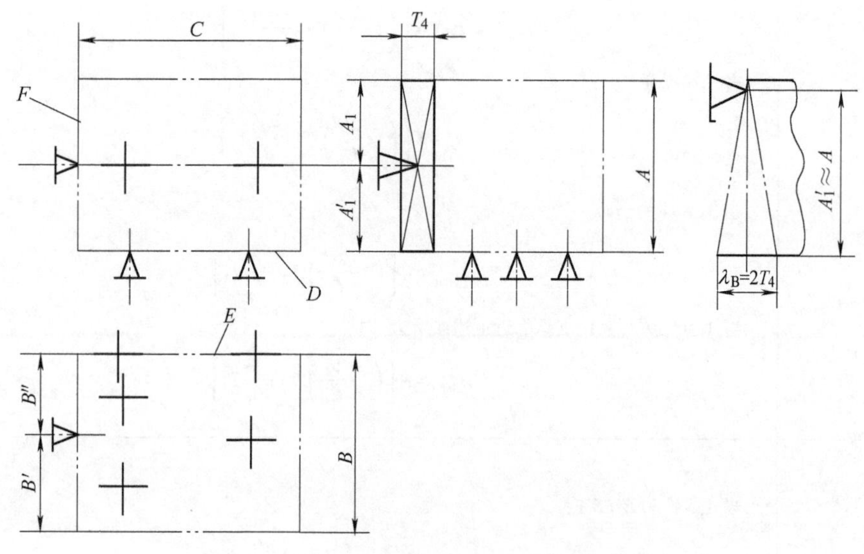

图 2-16　定位面位置误差产生的定位误差计算图

若 $A_1=A'_1$，$\lambda_B=T_4$；若 $A'_1\approx A_1$，$\lambda_B=2T_4$；若 $A_1<A'_1$，则 $\lambda_B=\dfrac{2A'_1}{A}T_4$；若 $A_1>A'_1$，则 $\lambda_B=\dfrac{2A_1}{A}T_4$。

同样可得，当止动面 F 对主要定位面 D 有垂直度误差 T_5 时，加工尺寸 C 产生的定位误差 λ_C 等于由于 E、F 两面对底面 D 垂直度误差产生的定位误差之和，见表 2-7。

表 2-7　工件定位面位置误差产生的定位误差计算式(按图 2-15 和图 2-16 计算)

加工尺寸	计算公式
A	$\lambda_A=0$
B	当 $A_1>A'_1$ 时 $\lambda_B=\dfrac{2A_1}{A}T_4$ 当 $A_1<A'_1$ 时 $\lambda_B=\dfrac{2A'_1}{A}T_4$ 当 $A_1=A'_1=\dfrac{A}{2}$ 时 $\lambda_{Bmin}=T_4$ 当 $A'_1=A$ 或 $A_1=A$ 时 $\lambda_{Bmax}=2T_4$

（续）

加工尺寸	计算公式
C	当 $A_1>A'_1$ 和 $B'>B''$ 时 $$\lambda_C=\frac{2A_1}{A}T_4+\frac{2B'}{B}T_5$$ 当 $A_1>A'_1$ 和 $B'<B''$ 时 $$\lambda_C=\frac{2A_1}{A}T_4+\frac{2B''}{B}T_5$$ 当 $A_1<A'_1$ 和 $B'>B''$ 时 $$\lambda_C=\frac{2A'_1}{A}T_4+\frac{2B'}{B}T_5$$ 当 $A_1<A'_1$ 和 $B'<B''$ 时 $$\lambda_C=\frac{2A'_1}{A}T_4+\frac{2B''}{B}T_5$$ 当 $A_1=A'_1=\frac{A}{2}$ 和 $B'=B''=\frac{B}{2}$ 时 $$\lambda_{Cmin}=T_4+T_5$$ 当 $A_1=A$ 或 $A'_1=A$；$B'=B$ 或 $B''=B$ 时 $$\lambda_{Cmax}=2(T_4+T_5)$$

注：1. T_4 为导向定位面对主要定位面的垂直度公差。

2. T_5 为止动定位面对主要定位面的垂直度公差。

3. λ_B 和 λ_C 为加工尺寸 B 和 C 时由于定位面垂直度误差产生的定位误差（以主要定位面为基准，对加工尺寸 A 没有由于垂直度偏差产生的定位误差，$\lambda_A=0$）。

3）由上面分析，对矩形棱柱工件考虑其各定位面既有平面度误差，又有垂直度误差，则加工尺寸 A、B 和 C 的总误差分别为 Δ_A、Δ_B 和 Δ_C，对图 2-15 和图 2-16 有

$$\Delta_A=\sqrt{\varepsilon_A^2+\lambda_A^2}=\varepsilon_A(\lambda_A=0)$$

$$\Delta_B=\sqrt{\varepsilon_B^2+\lambda_B^2}$$

$$\Delta_C=\sqrt{\varepsilon_C^2+\lambda_C^2}$$

按图 2-15，若矩形工件的尺寸为 $A\times B\times C=200\text{mm}\times300\text{mm}\times400\text{mm}$，其各定位面平面度偏差 $T_1=T_2=T_3=0.1\text{mm}$，各定位面相互垂直度偏差 $T_4=T_5=0.15\text{mm}$；尺寸 $A_1=A'_1=100\text{mm}$；$B'=B''=150\text{mm}$；$B_1=C_1=C'=20\text{mm}$；$B_0=260\text{mm}$；$C_0=C'_0=360\text{mm}$；$K=0.5$（平面支承），计算加工尺寸 A、B 和 C 时由于定位面有形状位置误差而产生的定位误差。

由于定位面形状误差加工尺寸 A 产生的定位误差按表 2-6 中的公式计算。

$$\varepsilon_A=K\left(2+\frac{2B_1}{B_0}+\frac{C_1}{C_0}\right)T_1=0.5\times\left(2+\frac{2\times20}{260}+\frac{20}{360}\right)\times0.1\text{mm}=0.110\text{mm}$$

由前面介绍，也可按 $\varepsilon_A=KT_1\left(1+2\frac{GG_1}{G_2G_3}\right)$（图 2-15c）由已知参数作图和计算，得 $GG_1=150\text{mm}$，$G_2G_3=245\text{mm}$，则

$$\varepsilon_A=0.5\times0.1\times\left(1+2\times\frac{150}{245}\right)\text{mm}=0.111\text{mm}$$

以上说明两种计算 ε_A 的公式是一致的。对本例，其他计算结果见表 2-8。

表 2-8　按图 2-15 计算示例得出的计算结果

误差项目	计算结果
由定位面平面度误差产生的定位误差	$\varepsilon_A=K\left(2+\frac{2B_1}{B_0}+\frac{C_1}{C_0}\right)T_1=0.5\left(2+\frac{2\times20}{260}+\frac{20}{360}\right)\text{mm}=0.110\text{mm}$ $\varepsilon_{Bmin}=K\left[\left(1+\frac{2C'}{C'_0}\right)T_2+\frac{A}{B_0}T_1\right]=0.5\times\left[\left(1+\frac{2\times20}{360}\right)\times0.1+\frac{200}{260}\times0.1\right]\text{mm}$ $=0.094\text{mm}$ $\varepsilon_{Cmin}=K\left(T_3+\frac{A}{C_0}T_1+\frac{B}{C'_0}T_2\right)=0.5\times\left(0.1+\frac{200}{360}\times0.1+\frac{300}{360}\times0.1\right)\text{mm}$ $=0.069\text{mm}$
由定位面垂直度误差产生的定位误差	$\lambda_A=0$ $\lambda_{Bmin}=T_4=0.15\text{mm}$ $\lambda_{Cmin}=T_4+T_5=0.15\text{mm}+0.15\text{mm}=0.30\text{mm}$
由定位面平面度、相互垂直度误差产生的定位误差	$\Delta_A=\sqrt{\varepsilon_A^2+\lambda_A^2}=\sqrt{0.110^2+0^2}\text{mm}=0.110\text{mm}$ $\Delta_B=\sqrt{\varepsilon_B^2+\lambda_B^2}=\sqrt{0.094^2+0.15^2}\text{mm}=0.177\text{mm}$ $\Delta_C=\sqrt{\varepsilon_C^2+\lambda_C^2}=\sqrt{0.069^2+0.30^2}\text{mm}=0.308\text{mm}$

2.2.3　平面定位的夹紧变形和装夹误差

1. 以平面定位时的夹紧变形

下面通过分析和试验数据说明工件以平面定位时的夹紧变形，如图 2-17 所示。

工件在夹具上定位后，在本身重量下与夹具的接触点为在主要定位面上的点 1、2 和 3（点 1、2 位于平行于 Y 轴的直线上）；导向定位面上的点 4 和 5；止动定位面上的点 6（图中未示出），这时工件位于实线位置。工件与夹具接触点的位置是随机的，因为工件和夹具接触表面的形状也是随机的。

在工件重力 G 的作用下，在接触点 1、2 和 3 会产生反作用力 R_1、R_2 和 R_3，这时平衡条件为

$$\Sigma F_Z=G-R_1-R_2-R_3=0$$
$$\Sigma M_Y=GL-R_1l_1-R_2l_3-R_3l_3=0$$

式中　$L=a_0+a_1+a_2+a_3$；$l_1=l_2=a_0+a_1+a_2$；$l_3=L+a_4$。

当先用一个压板在 C 点以力 F_1 夹紧（或初步夹紧）工件（图 2-17a）时，在 C 点产生接触变形，使在 1、2 两点的反作用力变为 R'_1 和 R'_2，接触面积增大，结果使工件相对夹具产生位移，直到 $F_1a_1>Ga_3$ 时（图 2-17a 中工件处于位置Ⅱ，如虚线所示）工件绕新的接触点 3′转动，这时工件与夹具定位面没有完全接触，而在接触点 4、5 和 6 产生大的接触变形和反作用力 R'_4、R'_5 和 R'_6，这时平衡条件为

$$\Sigma F_Z=G+F_1-R'_1-R'_2-R'_3=0$$

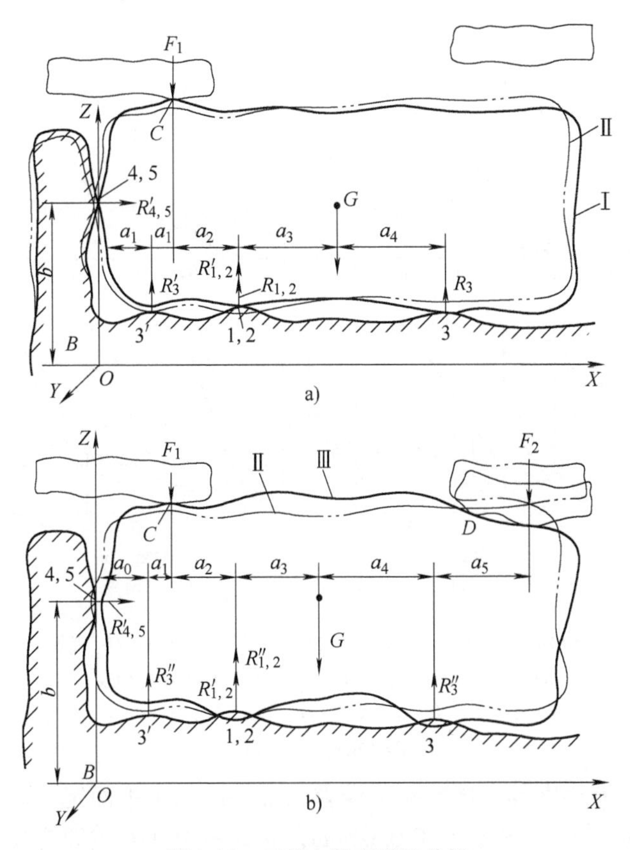

图 2-17　工件夹紧变形的分析

$$\Sigma M_Y = GL - F_1 l_4 + R'_4 b + R'_5 b - R'_1 l_1 - R'_2 l_2 - R_3 a_0 = 0$$

式中　$l_4 = a_0 + a_1$。

当先用一个压板在 C 点夹紧工件后，再用另一个压板在 D 点以力 F_2 夹紧工件时（图 2-17b，虚线为工件在 D 点夹紧前的位置Ⅱ，实线为在 D 点夹紧后工件的位置Ⅲ）。这时工件相对接触点 1 和 2 转动，在接触点 1 和 2 的反作用力变成 R''_1 和 R''_2，其接触面积又增大。

由于力 F_1 和 F_2 产生的力矩使工件可能产生弯曲，导致工件与夹具在导向定位面上点 4、5 处接触不上。在用第二个压板夹紧后，接触点 3 的反作用力变为 R''_3 和产生接触变形，这时平衡条件为

$$\Sigma F_Z = G + F_1 + F_2 - R''_1 - R''_2 - R''_3 = 0$$
$$\Sigma M_Y = GL + F_1 l_4 + F_2 l_5 - R''_1 l_1 - R''_2 l_2 - R''_3 l_3 = 0$$

式中　$l_5 = l_3 + a_5$。

以上说明了夹紧过程接触变形的情况。

夹紧机构的形式对工件夹紧后的位置也有影响，用螺钉和气动夹具夹紧矩形工件（表面粗糙度 Ra 值为 1.6μm）进行试验，得到在不同夹紧力下工件位移 Δ 与负载 M 的关系式，如图 2-18 所示。由图 2-18 可知，用螺钉夹紧工件的位移随负载增大的程度比用气动夹具直接夹紧小；气动和螺钉夹紧使工件产生位移的最大差别出现在夹紧力较小的情况下，随夹紧力增大差别逐渐减小；螺钉夹紧工件产生的位移与夹紧元件表面形式有关的程度比气动夹

紧大。

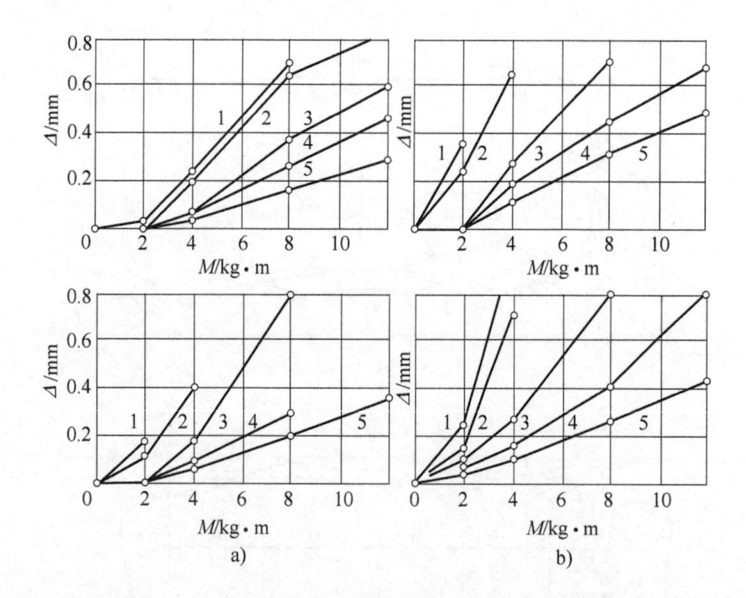

图 2-18 工件夹紧后位移 Δ 与负载 M 的关系（两个分图中上图为螺钉夹紧，下图为气动夹紧）

a）夹紧元件表面为平面 b）夹紧元件表面有刻纹

1—夹紧力 $F=2\text{kN}$ 2—$F=4\text{kN}$ 3—$F=8\text{kN}$

4—$F=12\text{kN}$ 5—$F=16\text{kN}$

图 2-19 所示为在专用夹具上试验夹紧误差，工件以三个平面定位。工件定位面的平面度误差在尺寸 180mm×25mm 内不大于 0.01mm，导向定位面对主要定位面的垂直度误差在 180mm 内不大于 0.01mm，定位面的表面粗糙度 Ra 值为 1.25μm。夹紧力垂直于主要定位面，总的夹紧力为 8kN。

用四个压板在点 1、2 和 1′、2′夹紧工件，每个工件夹紧 15 次，对四组不同工件和压板进行了试验，在点 1~6 测量其位移，其平均值见表 2-9。[36]

表 2-9 夹紧后各点平均位移

表面加工情况		夹紧后各点平均位移/μm（图 2-20）					
工件受压面	压板工作面	1	2	3	4	5	6
未加工	未加工	-26	-27	-28	-23	-13	28
	磨加工	-12	-14	-17	-10	-13	14
粗加工	未加工	-23	-17	-24	14	12	18
	磨加工	-12	-10	-14	-6	-8	10
精加工	未加工	-22	-16	-18	8	21	-8
	磨加工	-12	-8	-11	7	3	8
磨加工	未加工	-14	-17	-23	-14	17	22
	磨加工	-9	-7	-5	8	11	8

由试验可知，当两接触面都是未加工面时，夹紧误差最大；两加工面都是磨削面时，夹紧误差最小。由于工件表面粗糙度由产品设计根据需要确定，所以对大型箱体工件，为减小夹紧误差，应对压板的表面粗糙度提出一定要求。

为确定加工箱体件所需夹紧力的数量和夹紧顺序，按图 2-20 所示方法进行试验，试验时对工件施加不同数量(1~7)的夹紧力，总夹紧力为 8kN，试验数据见表 2-10。

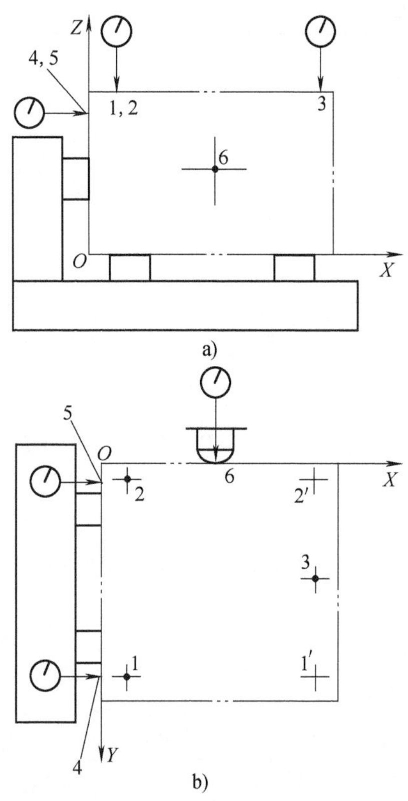

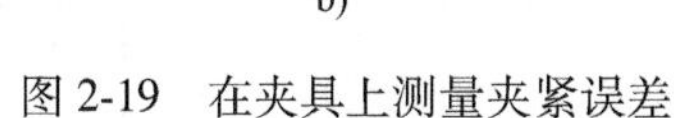

图 2-19　在夹具上测量夹紧误差

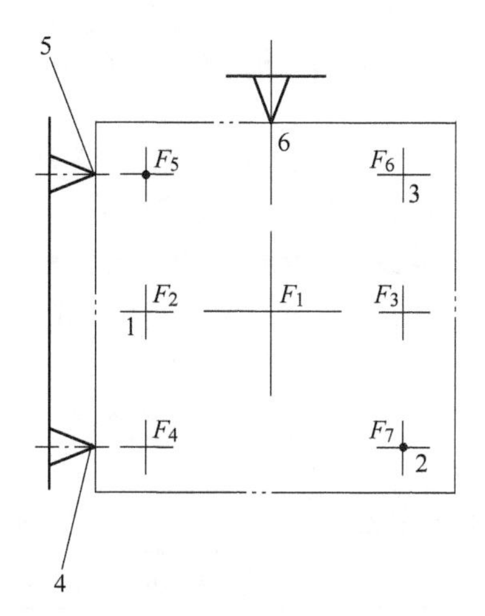

图 2-20　试验确定夹紧力数量和夹紧顺序

表 2-10　夹紧力试验数据

夹紧力数量和施加顺序	夹紧后各点平均位移/μm(图 2-20)					
	1	2	3	4	5	6
F_1	-24/-3	-29/-6	-32/-9	12/3	8/6	15/2
$F_2 \to F_3$	-34/-11	-31/-22	-42/-8	-28/-3	-4/9	42/11
$F_3 \to F_2$	-19/-6	-26/-8	-20/-13	15/-6	10/-3	23/12
$F_4 \to F_5 \to F_3$	-39/-16	-29/-23	-21/-15	21/7	31/14	31/6
$F_7 \to F_6 \to F_2$	-18/-14	-25/-10	-19/-12	15/-4	36/6	32/8
$F_4 \to F_5 \to F_7 \to F_6$	-32/-13	-28/-9	-14/-7	-32/-13	-38/-14	41/24
$F_7 \to F_6 \to F_4 \to F_5$	-28/-6	-22/-11	-16/-5	27/10	15/22	36/7

表 2-10 中列出的数据中分子的数值是在工件的定位面、工件与压板的接触面、压板与工件的接触面均为未加工面条件下的各点平均位移；而分母的数值是在上述各面均为磨加工面条件下的各点平均位移。

由试验结果可知，只施加一个夹紧力 F_1 时的夹紧误差最小，随着夹紧力数量增加，夹紧误差不断增大。夹紧力数量为 2、3 和 4 时，表 2-10 中的分子值比一个夹紧力时分别大 33%、31%和 41%，而表中分母值比一个夹紧力时分别大 55%、65%和 62%。

表 2-11 列出了图 2-20 各测量点相对夹具主要定位面(YOX)、导向定位面(ZOY)和止动定位面(ZOX)的平均位移 Δ_Z、Δ_X、Δ_Y 和平均转角线性值 δ_Z、$\delta_X = \delta_Y$(δ_Z 为在长度 240mm 上

测出的线性值，δ_X 和 δ_Y 为在长度 180mm 上测出的线性值）。

表 2-11 试 验 值

夹紧力施加顺序	各参数的平均值/μm(图 2-20)				
	Δ_Z	Δ_X	Δ_Y	δ_Z	$\delta_X=\delta_Y$
F_1	28/9	10/5.5	15/2	8/6	4/1
$F_2 \to F_3$	36/14	16/6.5	42/11	11/13	24/5
$F_3 \to F_2$	22/9	12.5/4.5	23/12	7/6	5/3
$F_4 \to F_5 \to F_3$	30/18	26/10.5	31/6	18/8	10/7
$F_7 \to F_6 \to F_2$	21/12	25/2	22/8	7/4	21/10
$F_4 \to F_5 \to F_7 \to F_6$	25/10	45/13.5	41/24	18/6	26/2
$F_7 \to F_6 \to F_4 \to F_5$	22/7	21/16	36/7	16/6	12/11

注：上述数据中分子、分母数值产生的条件同前述。

由表 2-11 中的数据可知，夹紧力施加顺序为 $F_3 \to F_2$、$F_7 \to F_6 \to F_2$ 和 $F_7 \to F_6 \to F_4 \to F_3$ 时，各测量点产生的夹紧误差较小。

2. 工件以平面定位时的装夹误差

表 2-12 列出了工件在固定支承销、支承板上定位时的装夹误差(包括定位误差和夹紧误差)；表 2-13 列出了工件在台虎钳上的装夹误差。[19]

表 2-12 工件在定位支承上的装夹误差 （单位：μm）

工件夹紧方式	工件定位面	工件支承高度/mm											
		固定支承钉						支承板					
		6~10	10~18	18~30	30~50	50~80	80~120	6~10	10~18	18~30	30~50	50~80	80~120
螺旋或偏心夹紧	经磨削的表面	60	70	80	90	100	110	20	30	40	50	60	70
	压力铸坯精加工面	70	80	90	100	110	120	30	40	50	60	70	80
	熔模和壳形铸坯粗加工面	80	90	100	110	120	130	40	50	60	70	80	90
	永久铸型毛坯面	—	100	110	120	130	140	55	60	70	80	90	100
	金属模机械造型铸坯面	90	100	125	150	175	200	90	100	110	120	135	150
	冲压、热轧表面												
气动夹紧	经磨削的表面	35	40	50	55	60	70	15	20	25	30	40	50
	压力铸坯精加工面	55	60	65	70	80	100	25	30	35	40	50	60
	熔模和壳形铸坯加工面	65	70	75	80	90	110	35	40	50	55	60	70
	永久铸型毛坯面	—	80	90	100	110	120	50	55	60	65	70	80
	金属模机械造型铸坯面	70	90	100	120	140	160	70	80	90	100	110	120
	冲压、热轧表面												

注：气动夹紧的值比螺旋夹紧低 20%~40%。

表 2-13　工件在台虎钳上的装夹误差(工件尺寸为 60mm 以内)

台虎钳的种类	定位方法	工件的位移/μm
螺旋夹紧	工件在垫板上为自由状态	100~200
	工件在垫板上，夹紧时轻敲	50~80
偏心夹紧	有垫板	40~100
	无垫板	30~50

注：当夹紧力为常数时，误差降低 30%~50%。

2.3　工件以一平面和两销孔定位

2.3.1　一面两销孔定位方式和元件

工件以一平面和两销孔定位常用于中型和大型箱体类工件，这时工件的平面是主要定位面。一般采用一个圆柱销和一个菱形销，圆柱销是主要定位销，如图 2-21a 所示，这时共限制了工件 11 个自由度($Z\downarrow$, $\overset{\frown}{Y}$, $\overset{\frown}{X}$, $\overset{\frown}{Z}$, $\overrightarrow{X}$, $\overrightarrow{Y}$)，达到了完全定位。为避免过定位，两定位销应为短销；菱形销可弥补工件两销孔中心距的误差，增大定位销的计算直径，提高定位精度。

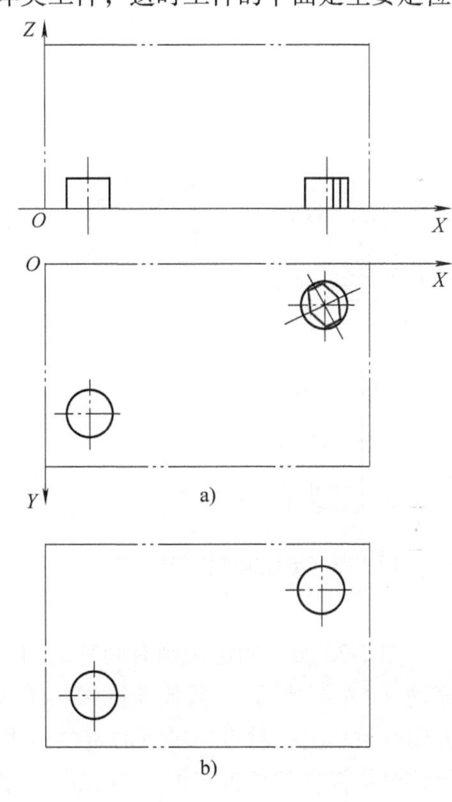

在生产中，由于经常更换工件，为加快生产准备，简化夹具结构，有时可采用一面两圆柱销定位，如图 2-21b 所示。一般一面两圆柱销定位用于精度不高的场合，但也可通过利用与通常计算两圆柱销直径不同的方法提高其定位精度，随后将对其介绍。

图 2-21c 所示为采用一面两菱形销的定位方式，这样工件更容易安装在夹具上。

定位销在夹具上的安装如图 2-22 所示。图中分别表示定位销在夹具上的固定或活动安装，对菱形销活动安装应防止其转动(图中未示)。

当工件的质量大时，为便于安装工件和防止工件放到夹具上碰撞定位销，可采用伸缩式定位销，其安装如图 2-23 所示，图 2-23 表示伸缩定位销处于下面的位置，这时定位销的顶面应低于工件的定位支承面。

考虑排屑和排污定位销的布置参见附录中附图 12。

可采用手动分别控制两定位销伸缩的机构，也可采用图 2-24 所示方式同时控制两销伸缩的机构，具体结构如图 2-25 所示。

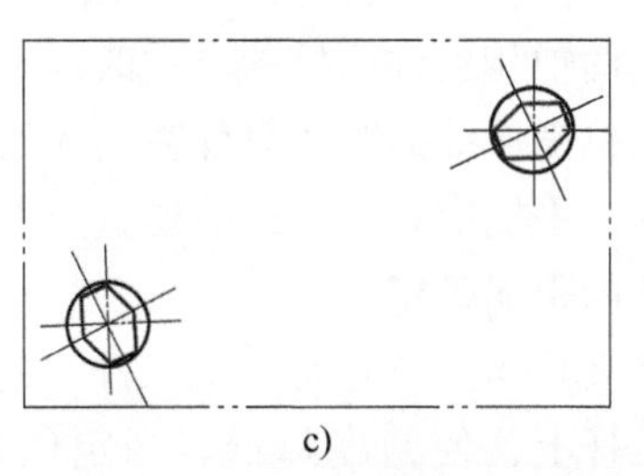

图 2-21　一面两销定位方式

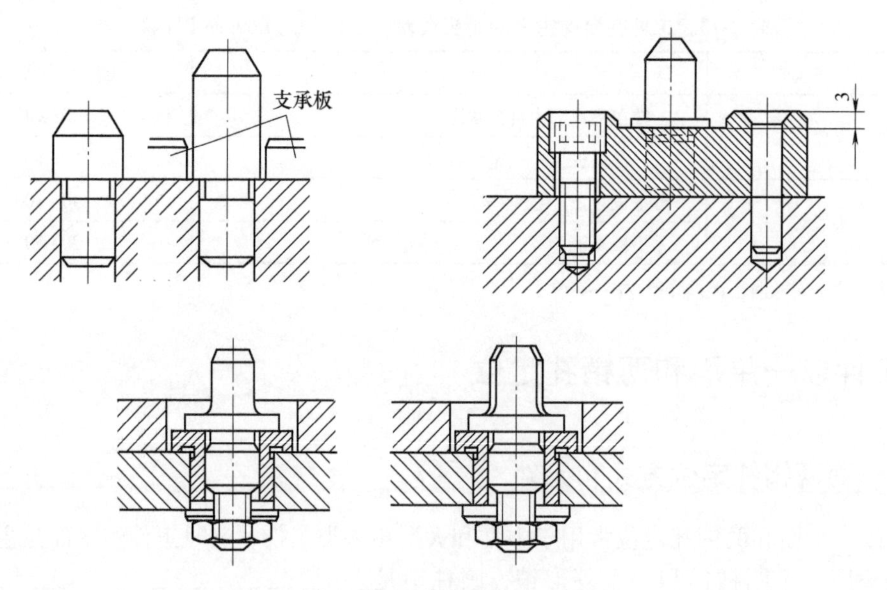

图 2-22　定位销的安装(一)

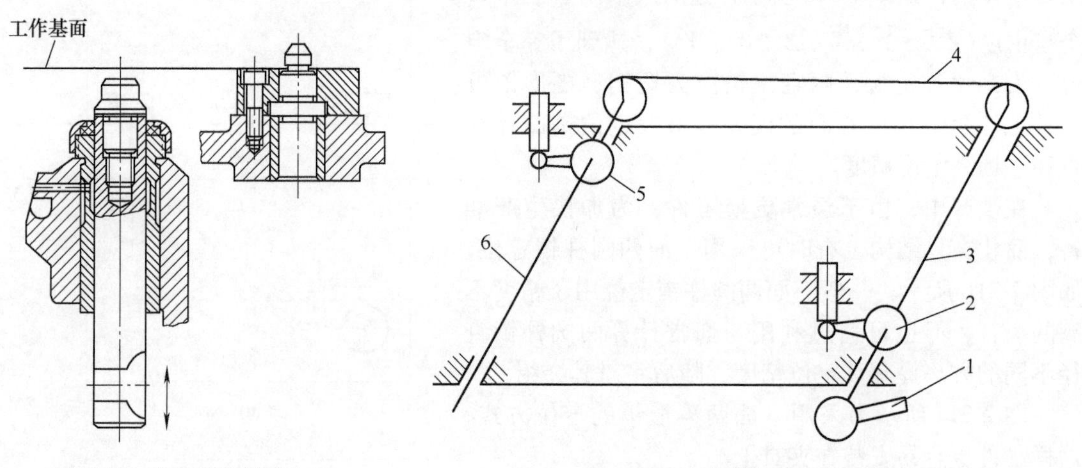

图 2-23　定位销的安装(二)

图 2-24　定位销伸缩机构示意图

1—手柄(或气、液缸控制)　2、5—摆杆　3、6—轴　4—连接板

图 2-25 所示的定位销有两种结构：一种不带防护罩，用于支承板高度为 30mm 时(见左面的 *A—A* 剖视图)，其伸缩机构杠杆的位置与图 2-24 所示的位置一致，即工作时两轴转动方向一致；另一种带防护罩的定位销用于支承板高度为 60mm 时(见右面 *A—A* 剖视图)，其伸缩机构杠杆的位置与图 2-24 所示位置不一致，即工作时两轴转动方向相反，所以这时连接板与两轴相关件连接的方式改成右面 *A—A* 剖视图所示的结构。

定位销伸缩的距离靠弹簧销 8 的位置保证，挡销 9 限制伸缩销的最大工作距离；定位销伸出后，手柄应处于合适的位置，不致因振动而改变。两杠杆 6 在轴上的位置，由工件两定位销孔的距离确定。

在夹具体上开有能取出杠杆 6 的窗口，图 2-25 所示是从夹具后面拆装的。图示定位销装在推杆上，使精度降低。当定位精度要求高时，宜采用整体定位销，其缺点是更换不方便。

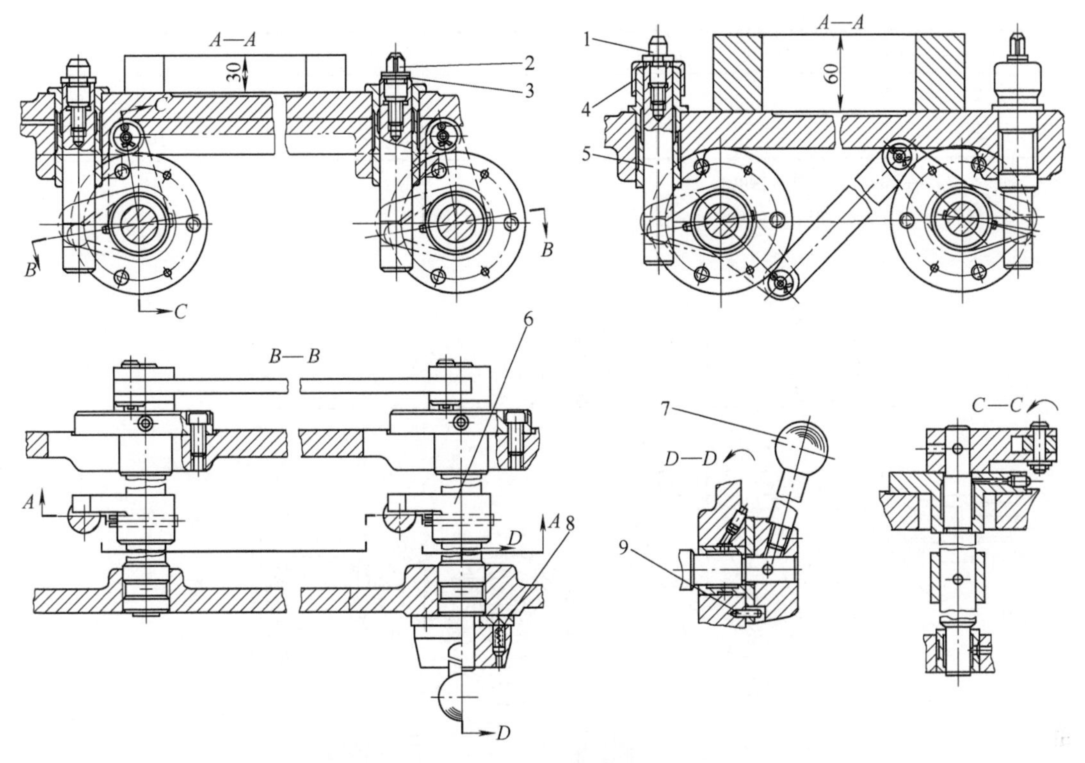

图 2-25　两定位销同时伸缩机构

1—圆柱销　2—菱形销　3—调整垫　4—防护罩　5—推杆　6—杠杆　7—手柄　8—弹簧销　9—挡销

图 2-26 所示为液压驱动两伸缩定位销机构，液压缸活塞杆通过推杆 1 或 2(如图示,当液压缸安装在左侧时用推杆 1,当液压缸安装在右侧时用推杆 2,推杆 1 和 2 的 10°斜角方向不同)带动杠杆 8 使定位销伸缩，调整挡圈 3 和 4 的位置确定伸出和缩回的位置。为确保定位的可靠性，采用花键轴 7 带动杠杆 8 转动时，其上三段花键齿的对称中心线应在同一平面上，允许偏差为 0.10mm。为防止油压过高使机构损坏，工作压力应低于 25MPa。

表 2-14~表 2-17 分别列出了工件定位用的小定位销、固定式定位销、可换定位销和定位插销的规格尺寸。

表 2-14　小定位销的规格尺寸　(单位:mm)

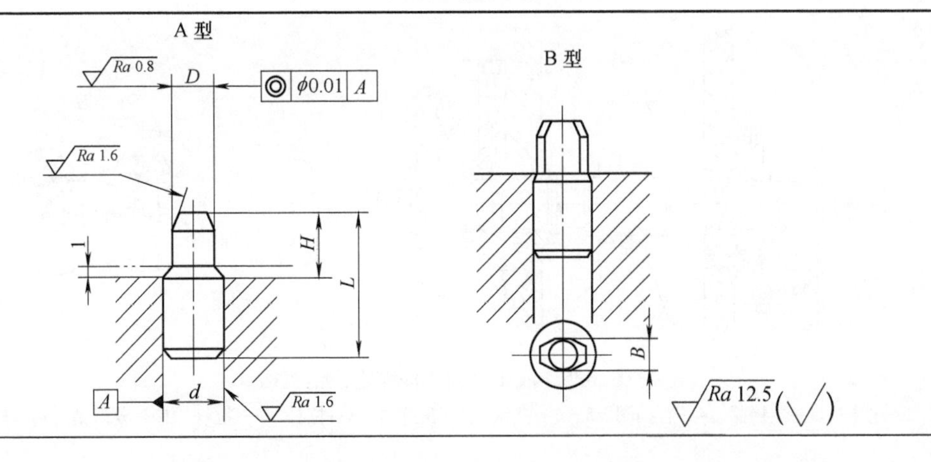

（续）

D	H	d(r6)	L	B
1~2	4	3	10	D-0.3
>2~3	5	5	12	D-0.6

注：1. 本表符合 JB/T 8014.1—1999。

2. 材料为 T8，热处理后硬度为 55~60HRC。

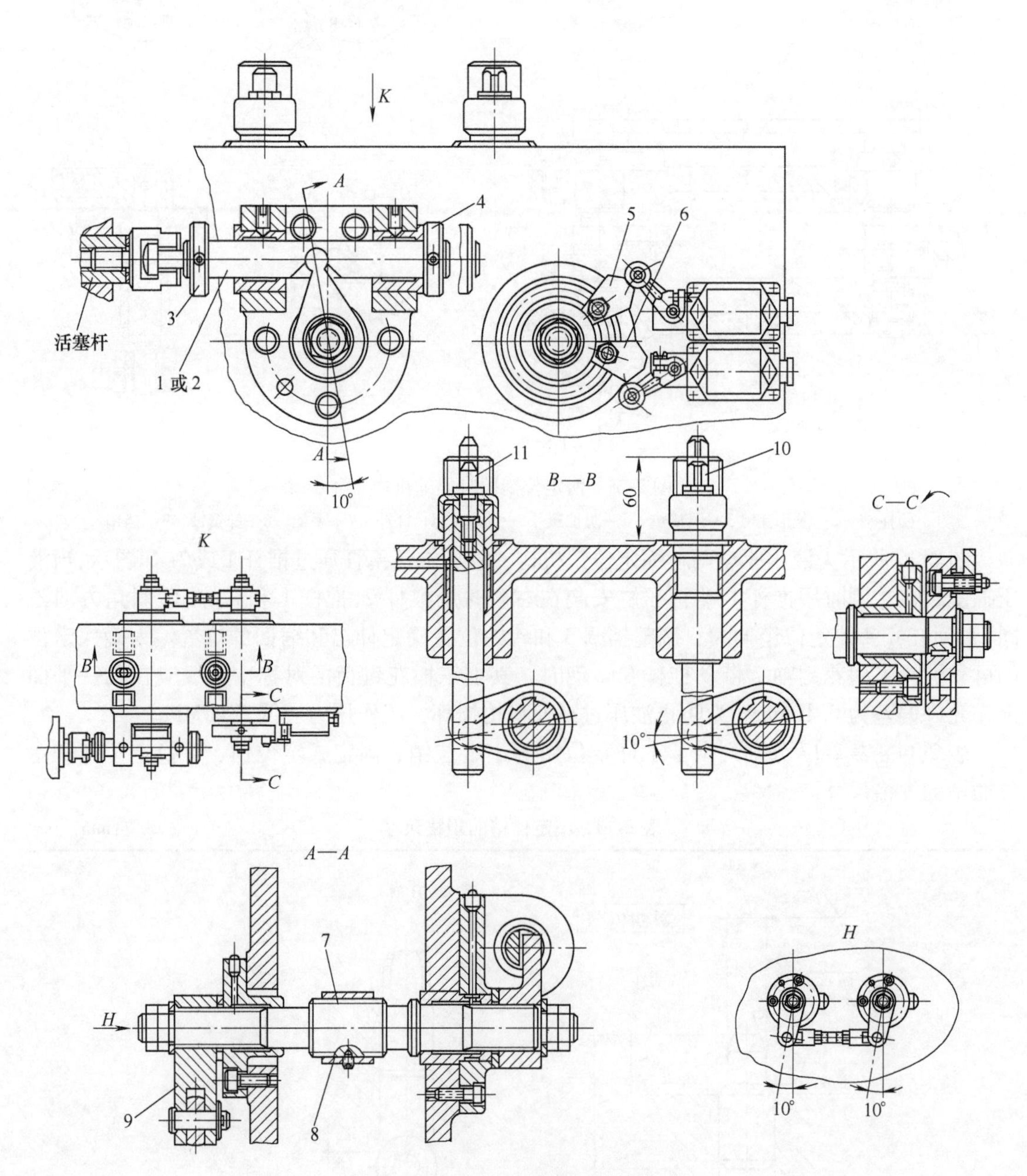

图 2-26 液压驱动两伸缩定位销机构

1、2—推杆 3—左挡圈 4—右挡圈 5、6—挡铁 7—花键轴 8—杠杆 9—拉杆 10—菱形销 11—圆柱销

表 2-15　固定式定位销常用规格尺寸　（单位：mm）

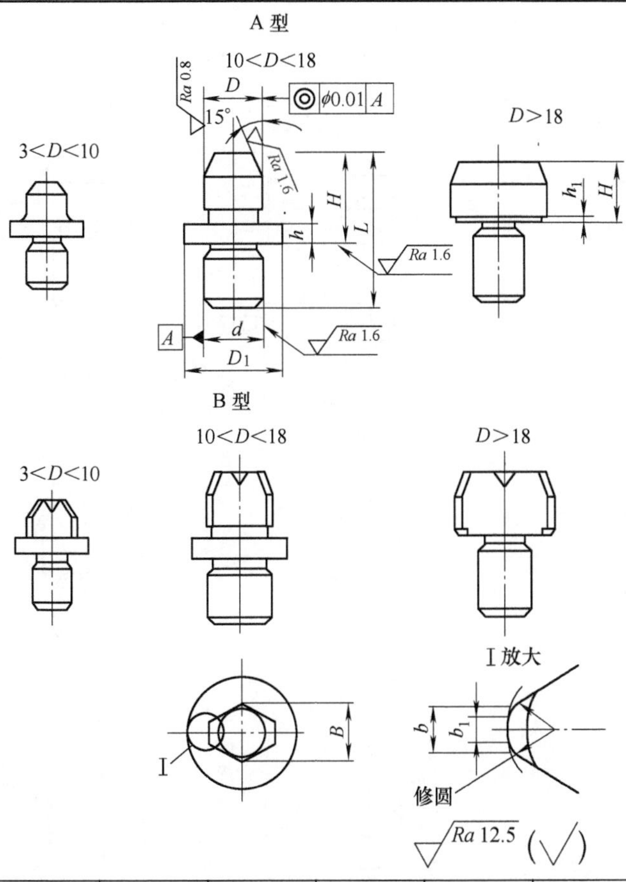

D	H	d(r6)	D_1	L	h	h_1	B	b	b_1
>3~6	8	6	12	16	3		D-0.5	2	1
	14			22	7		D-1	3	2
>6~8	10	8	14	20	3		D-2	4	3
	18			28	7				
>8~10	12	10	16	24	4		D-2	4	3
	22			34	8				
>10~14	14	12	18	26	4		D-2	4	3
	24			36	9				
>14~18	16	15	22	30	5		D-2	4	3
	26			40	10				
>18~20	12	12		26		1	D-2	4	3
	18			32					
	28			42					
>20~24	14	15		36		2	D-3	5	3
	22			45					
	32			54					
>24~30	16	15		36		2	D-4	5	3
	25			45					
	34			54					

注：1. 本表符合 JB/T 8014.2—1999。

2. 材料：D≤18mm 时，为 T8，热处理硬度为 35~60HRC；D>18mm 时，为 20 钢，渗碳深度为 0.8~1.2mm，热处理硬度为 55~60HRC。

表 2-16 可换定位销常用规格尺寸 （单位：mm）

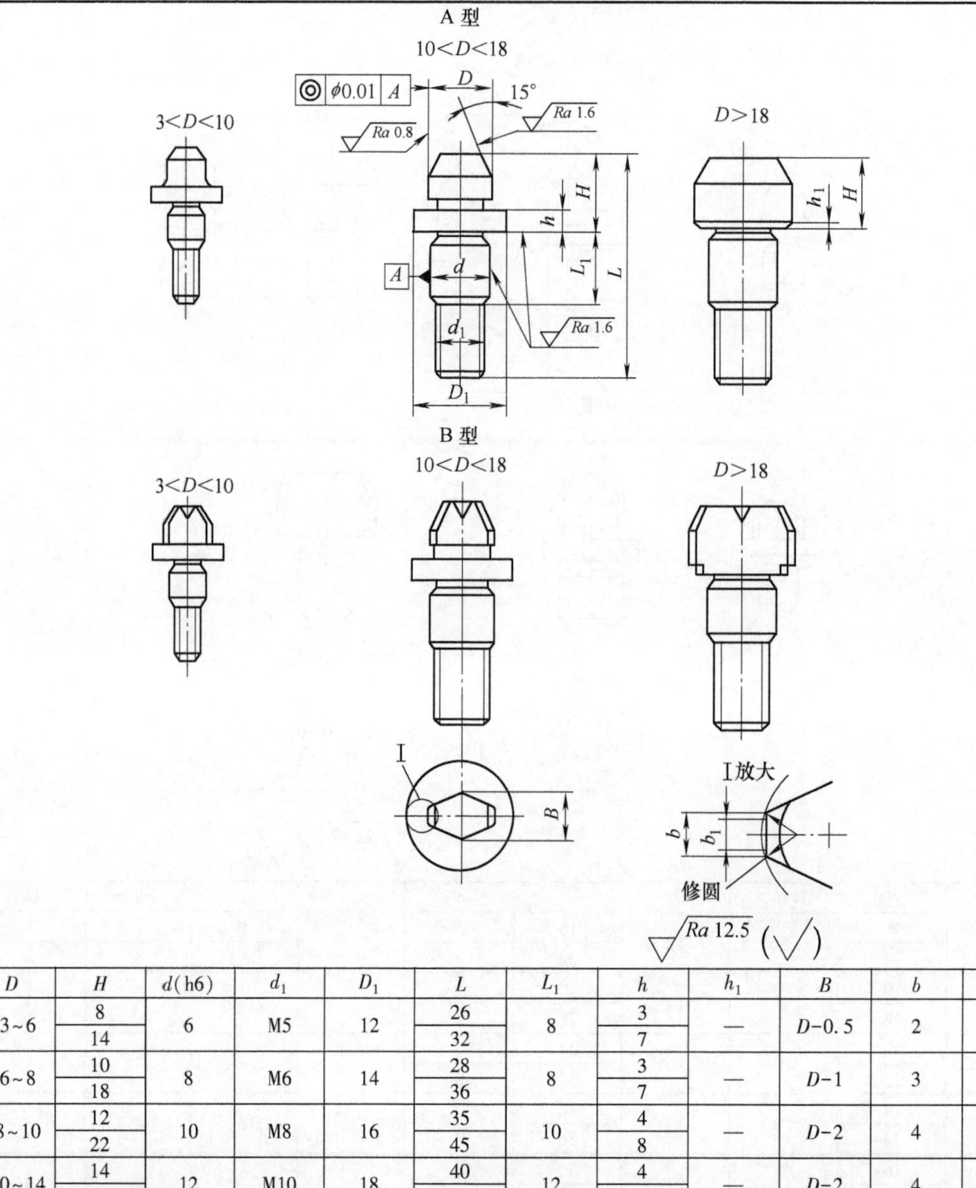

D	H	d(h6)	d_1	D_1	L	L_1	h	h_1	B	b	b_1
>3~6	8	6	M5	12	26	8	3	—	D-0.5	2	1
	14				32		7				
>6~8	10	8	M6	14	28	8	3	—	D-1	3	2
	18				36		7				
>8~10	12	10	M8	16	35	10	4	—	D-2	4	3
	22				45		8				
>10~14	14	12	M10	18	40	12	4	—	D-2	4	3
	24				50		9				
>14~18	10	15	M12	22	46	14	5	—	D-2	4	3
	26				56		10				
>18~20	12	12	M10	—	40	12	—	1	D-2	4	3
	18				46						
	28				55						
>20~24	14	15	M12	—	45	14	—	2	D-3	5	3
	22				53						
	32				63						
>24~30	16	15	M12	—	50	16	—	2	D-4	5	3
	25				60						
	34				68						

注：1. 本表符合 JB/T 8014.3—1999。

2. 材料：D≤18mm，T8，热处理后硬度为 35~60HRC；D>18mm，20 钢，渗碳深度为 0.8~1.2mm，热处理硬度为 55~60HRC。

表 2-17　定位插销常用规格尺寸　（单位：mm）

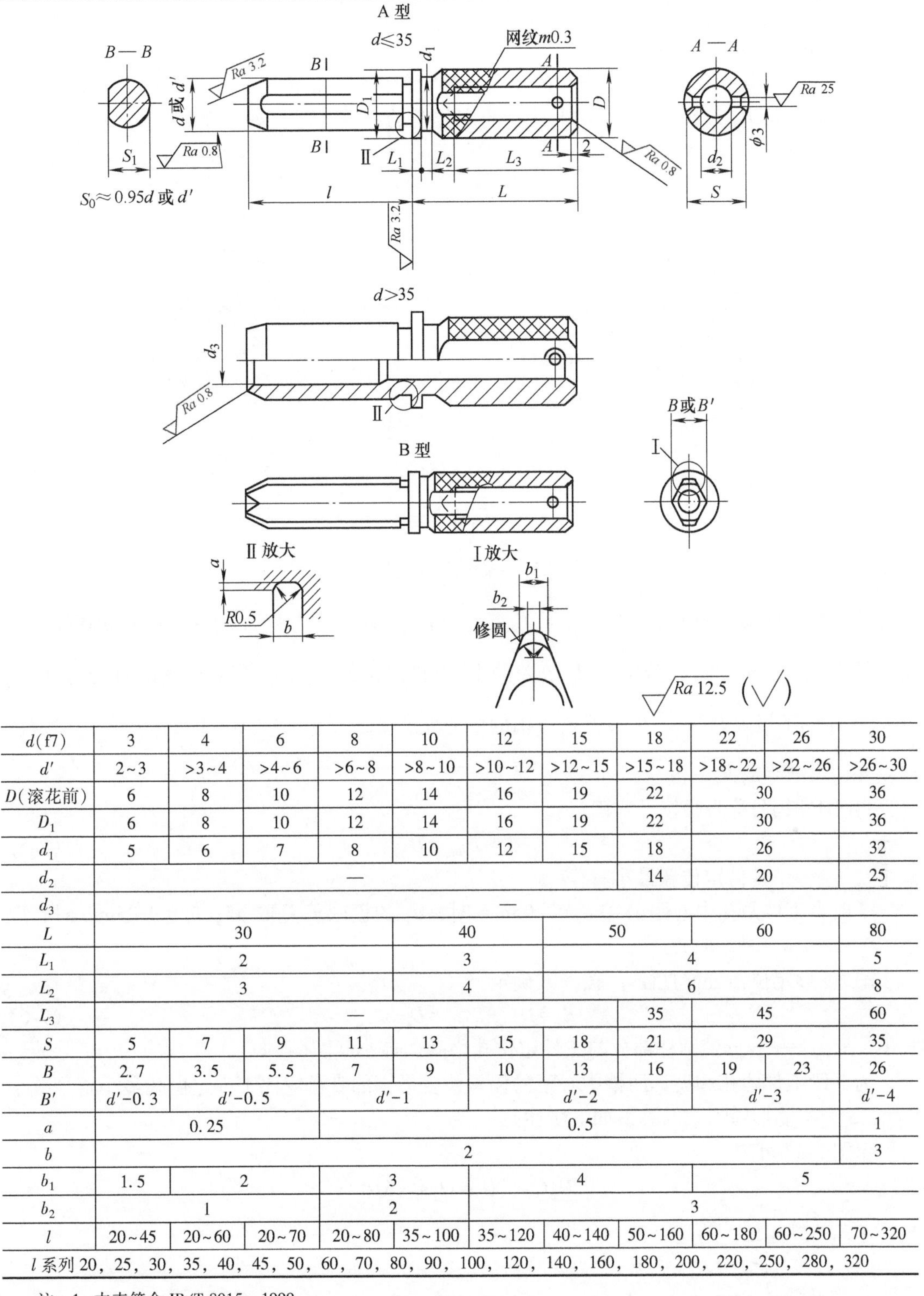

d(f7)	3	4	6	8	10	12	15	18	22	26	30
d'	2~3	>3~4	>4~6	>6~8	>8~10	>10~12	>12~15	>15~18	>18~22	>22~26	>26~30
D(滚花前)	6	8	10	12	14	16	19	22	30		36
D_1	6	8	10	12	14	16	19	22	30		36
d_1	5	6	7	8	10	12	15	18	26		32
d_2	—							14	20		25
d_3	—										
L	30				40		50		60		80
L_1	2				3		4				5
L_2	3				4		6				8
L_3	—							35	45		60
S	5	7	9	11	13	15	18	21	29		35
B	2.7	3.5	5.5	7	9	10	13	16	19	23	26
B'	d'-0.3	d'-0.5		d'-1		d'-2			d'-3		d'-4
a	0.25			0.5							1
b	2										3
b_1	1.5	2		3		4			5		
b_2	1			2		3					
l	20~45	20~60	20~70	20~80	35~100	35~120	40~140	50~160	60~180	60~250	70~320
l 系列 20, 25, 30, 35, 40, 45, 50, 60, 70, 80, 90, 100, 120, 140, 160, 180, 200, 220, 250, 280, 320											

注：1. 本表符合 JB/T 8015—1999。

2. 材料：D≤18mm，T8，热处理硬度为 35~60HRC；D>18mm，20 钢，热处理硬度为 55~60HRC。

2.3.2 工件以圆销和菱形销定位的计算和误差分析

1. 极限计算法

极限计算法是在工件定位孔直径最小、夹具定位销直径最大、工件两孔中心距最小和夹具两销中心距最大(或相反)的条件下计算的定位销的相关尺寸，如图 2-27 所示，这时工件应能放入夹具。

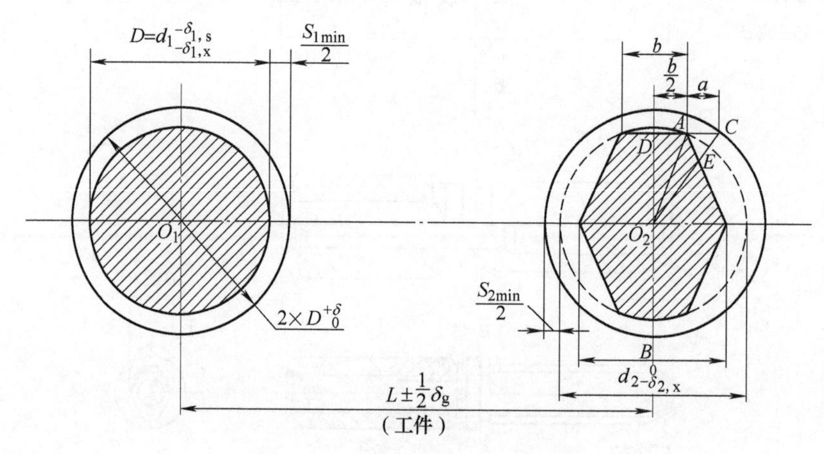

图 2-27 一面两销定位计算图

计算时主要参数如下：工件两定位孔直径为 $D^{+\delta}_{0}$，两孔中心距为 $L\pm\frac{1}{2}\delta_g$；夹具圆柱定位销直径为 $d_1{}^{-\delta_{1,s}}_{-\delta_{1,x}}$($\delta_{1,s}$和 $\delta_{1,x}$分别为 d_1 公差的上、下极限偏差值)，菱形定位销的直径为 $d_2{}^{\ 0}_{-\delta_{2,x}}$ ($\delta_{2,x}$为 d_2 的下极限偏差)；夹具两定位销的中心距为 $L\pm\frac{1}{2}\delta_j$。一般 $\delta_j=\left(\frac{1}{5}\sim\frac{1}{3}\right)\delta_g$，如定位误差允许可适当放大 δ_j 值。

1）圆柱销公称直径按下式确定：

$$d_1=D_{\min}=D \tag{2-5}$$

式中 $D_{\min}$——工件定位孔最小直径。

一般当工件两孔中心距公差 $\delta_g<0.05$mm 时，d_1 的极限偏差取 g5；$\delta_g=0.05$mm 时，取 g6；$\delta_g>0.05$mm 时，取 f7。

2）菱形定位销公称直径 d_2 按下式确定：

$$d_2=D_{\min}-S_{2\min}=D-S_{2\min} \tag{2-6}$$

式中 $S_{2\min}$——菱形销圆柱部分与工件定位孔之间的最小间隙(径向)。

为补偿工件两孔和夹具两销中心距的偏差，菱形销的直径应比工件定位孔最小直径减小 $S_{2\min}$，$S_{2\min}$与菱形销参数的关系如下所述。

由图 2-27 可知

$$O_2C^2-CD^2=O_2A^2-AD^2$$

而 $O_2C=\frac{D_{\min}}{2}=\frac{D}{2}$；$CD=a+\frac{b}{2}$

$O_2A=\frac{d_2}{2}=\frac{D-S_{2\min}}{2}$；$AD=\frac{b}{2}$

由上式可得

$$\left(\frac{D}{2}\right)^2-\left(a+\frac{b}{2}\right)^2=\left(\frac{D-S_{2\min}}{2}\right)^2-\left(\frac{b}{2}\right)^2$$

略去 a 和 $S_{2\min}$的平方项，得

$$S_{2\min}=\frac{2ab}{D} \tag{2-7}$$

式(2-7)中菱形销尺寸 a 用于补偿工件两定位孔和夹具两定位销孔中心距误差，不考虑工件定位孔与圆柱定位销之间的间隙对补偿中心距的作用，$a \geqslant 0.5(\delta_g+\delta_j)$，可取

$$a=0.5(\delta_g+\delta_j)+(0.01\sim0.02)\text{mm} \tag{2-8}$$

菱形销圆柱部分宽度 b 可按标准选取，见表 2-15～表 2-17。

在确定 a 和 b 的值后即可按式(2-7)计算 $S_{2\min}$和按式(2-6)计算菱形销圆柱部分的公称直径 d_2。采用菱形销可达到既补偿中心距误差，又使 d_2 比采用圆柱销增大的目的，提高了定位精度。

在满足式(2-7)的条件下，菱形销圆柱部分宽度 b 可比标准适当宽些，这样可避免菱形销过快磨损，为此菱形销菱边的圆角尺寸也可适当小些。菱边圆角使宽度 b 减小到 b_1(见表 2-15)，又使实际尺寸 a 比计算值增大了(0.1～0.25)a，影响定位精度。

一般工件孔中心距公差 $\delta_g \leqslant 0.05$mm，d_2 的极限偏差取 h5；$\delta_g>0.05$mm，取 h6。

菱形销圆柱部分公称直径 d_2 也可用下述方法确定，取工件定位孔最小直径 $D=d_2$，然后根据工件的定位精度选择 d_2 的极限偏差，可取为 g6、f7 或 e8。这时需根据菱形销圆柱部分的宽度 b 验算尺寸 a(图 2-27)，由式(2-7)得

$$a \geqslant \frac{d_2}{2b}S_{2\min}$$

$$S_{2\min}=D-(d_2-\delta_{2,s})$$

式中　$\delta_{2,s}$——菱形销圆柱部分直径的上极限偏差。

3）定位误差分析。工件对圆柱定位销中心任意方向的位移(位置误差)最大为(图 2-27)

$$\Delta_L=S_{1\max}=(D+\delta)-(d_1-\delta_{1,x})$$

$$\left.\begin{array}{ll}\text{由式(2-5)}\ d_1=D\text{，所以} & \Delta_L=\delta+\delta_{1,x}\\ \text{又因}\ \delta_1+\delta_{1,s}=\delta_{1,x} & \Delta_L=\delta+\delta_1+\delta_{1,s}\end{array}\right\} \tag{2-9}$$

工件相对两销中心连线 O_1O_2 的角度定位误差一般按下式计算：

$$\tan\alpha_{\max}\approx\frac{S_{1\max}+S_{2\max}}{2L} \tag{2-10}$$

$$S_{1\max}=\delta+\delta_1+\delta_{1,s}=\delta+\delta_{1,x}$$

$$S_{2\max}=\delta+\delta_2+S_{2\min}\quad(\delta_2\ \text{为菱形销的直径公差},\delta_2=\delta_{2,x})$$

若圆柱销和菱形销圆柱部分的形状做成锥形，定位时两销由弹簧弹出，这样可消除工件的角度定位误差；或为减小定位误差，采用一个固定圆柱销、一个位置浮动的菱形定位销。

上述位置和角度误差对加工部位的影响应具体分析。

定位孔表面形状误差对定位精度的影响见 2.4.2 节。

4）对转角误差计算的补充。上述以一面两销定位转角误差为近似值，由分析可知[24]：当工件以一面两孔定位时，工件定位孔与菱形销的接触线是变化的，其棱边(宽度 b 的边

缘)与工件定位接触的概率最大，接触情况如图 2-28 所示。

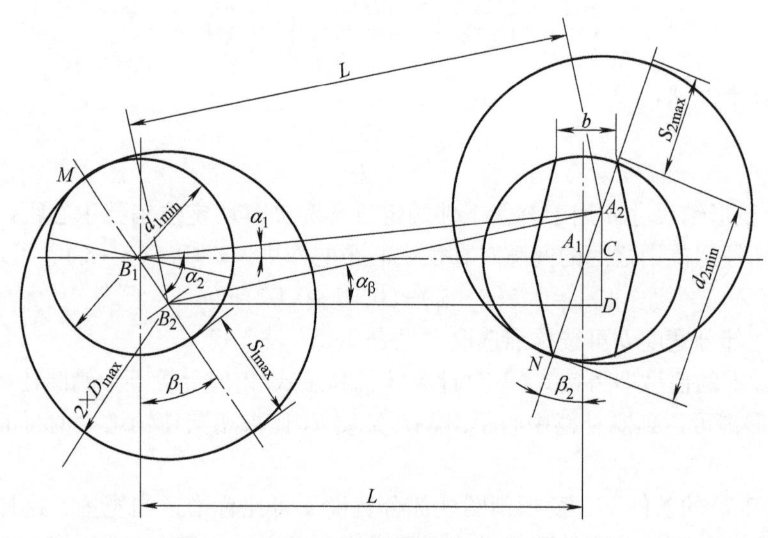

图 2-28 转角误差计算图

菱形销与工件定位孔在 N 点相切，图中，B_1 和 A_1 是夹具两销的中心，B_2 和 A_2 是工件两孔的中心；分析转角误差可忽略中心距误差，所以 $A_1B_1=A_2B_2=L$；$B_1B_2=\frac{1}{2}S_{1max}$，$D_{max}$ 为工件两定位孔最大直径，S_{1max} 和 S_{2max} 分别为两销的最大间隙；M 为圆柱销与工件孔的切点（接触点），β_1 和 β_2 分别为切点 M 和 N 法向与垂直方向的夹角。图中未示出修圆倒角。

$$\beta_2=\arcsin\frac{b}{d_2} \tag{2-11}$$

式中的 b 值应代入修圆后的宽度值，例如表 2-16 中的 b_1。

由三角形 A_1CA_2、A_2CB_1 和 $B_1B_2A_2$ 的数学关系，省去二次微量值，得

$$\alpha_1=\arctan\frac{(S_{2max}/2)\cos\beta_2}{L+(S_{2max}/2)\sin\beta_2}\approx0$$

$$\alpha_2=\arccos\frac{LS_{2max}\sin\beta_2}{\sqrt{(L^2+LS_{2max}\sin\beta_2)}}=\arccos\frac{S_{2max}\sin\beta_2}{S_{1max}}$$

$$\beta_1=90°-\alpha_2+\alpha_1=90°-\arccos\frac{S_{2max}\sin\beta_2}{S_{1max}} \tag{2-12}$$

由图可得工件的转角计算式为

$$\tan\alpha_\beta=\frac{A_2D}{DB_2}=\frac{S_{2max}\cos\beta_2+S_{1max}\cos\beta_1}{2[L-(S_{1max}/2)\sin\beta_1+(S_{2max}/2)\sin\beta_2]}$$

简化得

$$\tan\alpha_\beta=\frac{S_{1max}\cos\beta_1+S_{2max}\cos\beta_2}{2L} \tag{2-13}$$

按式(2-13)计算出的 α_β 小于按式(2-10)计算出的 α_{max}，两者有一定的比例关系，$\tan\alpha_\beta$ 与 $\tan\alpha_{max}$之比为 K，见表 2-18。表 2-18 计算的依据是：工件定位孔公差为 H8，工件两孔中心距尺寸为 200±0. 05mm，菱形销宽度 b 比标准规定值大。由表 2-18 可知，用式(2-13)计算

的值与用式(2-10)计算相差不大，但图 2-28 分析合理。

表 2-18　按图 2-28 计算的数据

D/mm	b/mm	定位销直径偏差		$K=\tan\alpha_\beta/\tan\alpha_{max}$	
		圆柱销	菱形销	平均	最大
6~10	3	g6	g6	0.86~0.94	0.93~0.96
			f7	0.78~0.83	0.89~0.91
			e8	0.89	0.94
10~16	3	g6	g6	0.94~0.97	0.97~0.98
			f7	0.93~0.96	0.96~0.98
			e8	0.88~0.97	0.94~0.98
16~18	6	g6	g6	0.92~0.93	0.96~0.97
			f7	0.87~0.90	0.94~0.95
			e8	0.81~0.87	0.91~0.93
18~20	6	g6	g6	0.96~0.97	0.98~0.99
			f7	0.96~0.97	0.98~0.99
			e8	0.83~0.87	0.91~0.98
20~26	7	g6	g6	0.92~0.96	0.96~0.98
			f7	0.89~0.94	0.94~0.97
			e8	0.83~0.90	0.91~0.95
26~30	8	g6	g6	0.95~0.96	0.97~0.98
			f7	0.91~0.94	0.95~0.97
			e8	0.87~0.91	0.83~0.95

2. 考虑概率的一种计算方法

本方法建立在只考虑工件两定位孔与两定位销同时出现中心距最不利情况的概率极低的基础上。按下述方法计算一面两销的定位，这样可避免对中心距的精度要求过高，即在保持同样定位精度下可适当放宽夹具中心距的公差。

(1) 圆柱销公称直径的确定　与极限法相同，见式(2-5)。

(2) 菱形销公称直径的确定　与极限法相同见式(2-6)~式(2-8)，只是公式中的 a 值按下式计算

$$a=\frac{1}{2}\sqrt{\delta_g^2+\delta_j^2}+(0.01\sim0.02)\text{mm} \tag{2-14}$$

(3) 定位误差分析　工件对圆柱定位销任意方向的位置误差按式(2-9)计算，工件相对工件两销中心连线的角度位置误差按下式计算：

$$\tan\alpha_{max}\approx\frac{\sqrt{S_{1max}^{2}+S_{2max}^{2}}}{2L} \tag{2-15}$$

由计算式可知(见后面计算示例)，用此法计算出的 a、d_2 值与极限法相差不大，但用此法计算出的角度误差比极限法显著减小。

3. 定位销高度的计算

为避免工件卡在定位销上，应合理确定定位销的高度，其计算方法如下。

图 2-29 所示工件安装时会产生斜角 β_1（大于 β_1 时工件孔不能进入销中），其值由定位孔与销的间隙决定，由图 2-29 可知：

$$H_1=BC=AB\sin\beta_1；\ d_1=D-S_{1\min}$$

$$AB=l+0.5D；\ \sin\beta_1=\frac{BE}{BD}=\frac{\sqrt{D^2-(D-S_{1\min})^2}}{D}\approx\frac{\sqrt{2DS_{1\min}}}{D}$$

所以

$$H_1=\frac{(l+0.5D)}{D}\sqrt{2DS_{1\min}} \tag{2-16}$$

式中的 $S_{1\min}$ 和下面的 $S_{2\min}$ 如图 2-27 所示。

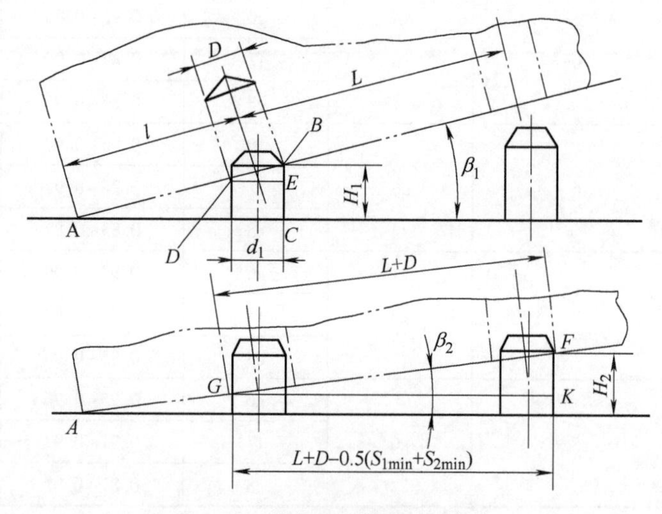

图 2-29　确定两销的高度计算图

另一定位销的高度为

$$H_2=AF\sin\beta_2$$

$$\sin\beta_2=\frac{FK}{FG}=\frac{\sqrt{FG^2-GK^2}}{FG}$$

式中　$FG=L+D$（两定位孔外侧母线距离）；$GK=L+D-\frac{1}{2}(S_{1\min}+S_{2\min})$（两定位销外侧母线距离），可得

$$\sin\beta_2=\frac{\sqrt{(L+D)(S_{1\min}+S_{2\min})}}{L+D}$$

所以

$$H_2=AF\sin\beta_2=\left(l+L+\frac{D}{2}\right)\times\frac{\sqrt{(L+D)(S_{1\min}+S_{2\min})}}{L+D} \tag{2-17}$$

按式(2-16)和式(2-17)计算两定位销的高度，工件的尺寸 l 应有一定的长度，否则计算出的 H_1 太小，计算方法将不适用。

如果按工件先进入圆柱销计算，由于 $S_{1\min}$ 小，计算出的高度 H_1 过小，两销的高度差大；如果按工件先进入菱形销，H_1 可较大，两销高度差也较小。对这两种情况，H_2 值相同。

利用式(2-16)和式(2-17)计算出的 H_1 和 H_2 值比表 2-15～表 2-16 规定的值小，若不按

极限法计算 $S_{1\min}$ 和 $S_{2\min}$，则计算出的 H_1 和 H_2 将较大。

2.3.3　一面两圆柱销定位的计算和误差分析

1. 工件以一孔为主要定位

1）确定主要定位销的公称直径 d_1（图 2-30）。

$$d_1 = d_{1\max} = D_{\min} = D \tag{2-18}$$

d_1 的极限偏差见 2.3.2 节（取 g5、g6 或 f7）。

2）计算另一定位销公称直径 d_2。

$$d_2 = d_{2\max} = D_{\min} - (\delta_g + \delta_j) - S_{2\min} \tag{2-19}$$

$S_{2\min}$ 取为 0.01～0.02mm。

d_2 的极限偏差见 2.3.2 节（取 h5 或 h6）。

3）定位误差分析。工件对主要定位销中心任意方向的位移（位置误差）按式（2-9）确定；工件相对两定位销中心连线的角度定位误差按式（2-10）确定。

用上述两圆销定位，其角度定位误差比采用一圆销和一菱形销大。

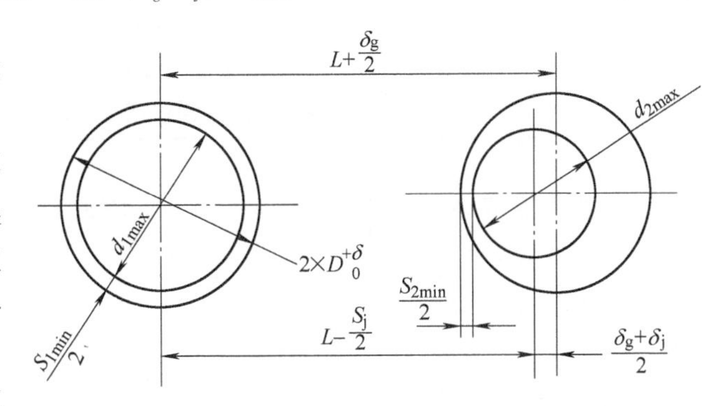

图 2-30　一面两圆销定位计算图

2. 工件以两等径圆销定位

由试验测量定位误差的大小和方向可知，当以一面两圆柱销定位加工箱体件时，工件定位孔与定位销接触线的位置具有一定的稳定性[48]。

表 2-19 表示，箱体以一面两销孔定位，加工时用千分表 1、2 和 3 测量工件的位置变化和方向，各千分表测点通过两圆柱定位销的中心（图 2-31b），表中的数据是加工 25 个工件偏差的平均值。千分表 1 和 2 的示值表示垂直于两圆柱销连线方向上的尺寸分散性，千分表 3 表示平行于两销中心连线方向上的尺寸分散性。

由表 2-19 可知，当工件用一面两圆柱销定位时，使两定位销与定位孔有同样的间隙，在平行于两定位销连线方向的加工精度高。按下式确定两圆柱销的公称直径（图 2-31a）

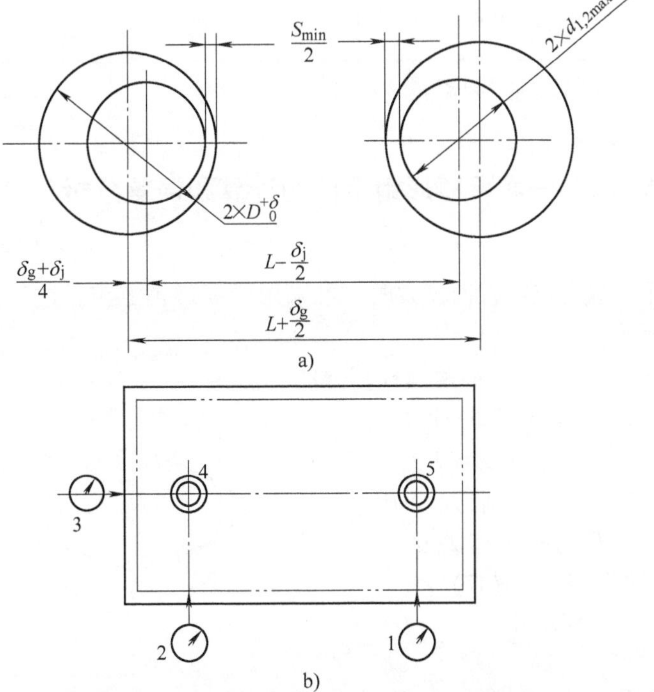

图 2-31　一面两等径圆销定位计算（a）和试验（b）

$$d_{1,2}=D-\frac{1}{2}(\delta_g+\delta_j)-S_{min} \tag{2-20}$$

$$S_{min}=0.01\sim0.02\text{mm}$$

$d_{1,2}$的极限偏差可取 h6 或 h7。

为消除间隙对加工精度的影响，铣削时进给方向应垂直于加工尺寸方向；钻削、镗削时加工尺寸应平行两销中心连线。

这时工件相对两定位销中心在水平或垂直方向的位移(位置误差)为 $S_{max}=D_{max}-d_{1,2min}$，而 $D_{max}=D+\delta$；$d_{1,2min}=d_{1,2}-\delta_{1,2}$($\delta_{1,2}$为圆销制造公差)

工件的角度定位误差

$$\tan\alpha_{max}\approx\frac{2S_{max}}{2L}=\frac{\delta+\delta_{1,2}+S_{min}}{L}$$

表 2-19 一面两圆销定位加工时工件位置的变化

加 工 情 况	夹具	平均值/μm					
		工件孔与定位销的间隙		夹具两销中心距差	千分表示值		
		销 4	销 5		1	2	3
在两销之间平行于两销中心连线方向铣削	A	30	20	2	±14	±3	±9
	B	25	24	4	±1	0	±11
在两销之间垂直于两销中心连线方向铣削	A	29	17	3	±13	±7	±1
	B	23	22	5	±9	±8	0
在两销范围外垂直于两销中心连线方向铣削	A	26	18	3	±11	±7	0
	B	22	22	2	±10	±9	±1
在两销范围内和范围外钻削	A	28	18	3	+12	+7	0
	B	23	24	4	+9	+10	0

注：销 4 和销 5 的总间隙大致相同。

2.3.4 一面两菱形销定位的计算和误差分析

定位时，有时可采用一面两菱形销定位，例如为便于安装工件，在定位精度允许的条件下，或定位销直径较大时，可采用两菱形销定位，这时工件以一孔为主要定位，如图 2-32 所示。

1) 主要菱形销圆柱部分的直径 d_1 由式(2-5)计算。

$$d_1=D_{min}=D^{-\delta_{1,s}}_{-\delta_{1,x}}$$

($\delta_{1,s}$和$\delta_{1,x}$分别为上下限偏差)

d_1 的极限偏差见 2.3.2 节(取为 g5、g6 或 f7)

$$a_{1max}=\frac{(D+\delta)}{2b_1}S_{1min}=\frac{(D+\delta)}{2b_1}\delta_{1,s}$$

a_1 值的大小应适当，其对

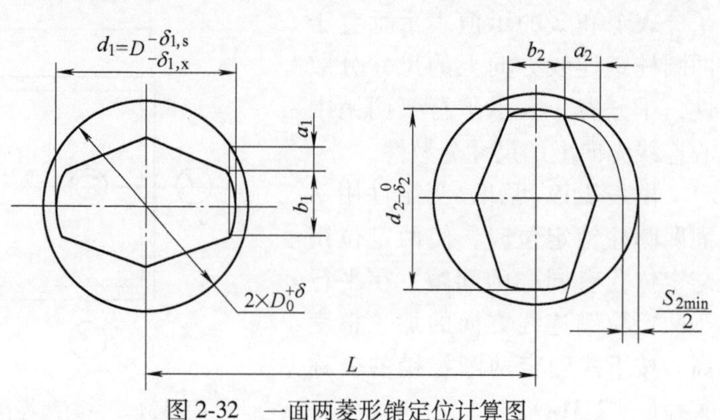

图 2-32 一面两菱形销定位计算图

工件的角度定位误差有影响。

2）另一菱形销圆柱部分的直径 d_2 由式(2-6)计算。

$$d_2=D_{min}-S_{2min}=(D-S_{2min})_{-\delta_2}^{0}$$

d_2 的极限偏差见2.3.2节(取为h5或h6)。

$$S_{2min}=\frac{2a_2b_2}{D}$$

由式(2-8)可得 $a_2=0.5(\delta_g+\delta_j)+(0.01\sim0.02)$mm。

3）工件相对于左边菱形销在水平方向的位移(位置误差)为 $S_{1max}=\delta+\delta_{1,x}$；工件相对右边菱形销在垂直方向的位移为 $S_{2max}=\delta+\delta_2+S_{2min}$；工件的最大位移为$\sqrt{S_{1\,max}^{2}+S_{2\,max}^{2}}$(其方向与水平方向的夹角为 $\arctan\frac{S_{2max}}{S_{1max}}$)。

工件相对于两菱形销中心连线的角度定位误差为

$$\tan\alpha_{max}\approx\frac{2a_{1max}+S_{2max}}{2L}$$

2.3.5　工件以一面两孔定位的计算示例

已知工件两定位孔直径 $D=18H8=18_{0}^{+0.027}$mm($\delta=0.027$mm)；两孔中心距 $L=400\pm0.05$mm($\delta_g=0.10$mm)；夹具两定销中心距 $L_F=400\pm0.015$mm($\delta_j=0.03$mm)。

1. 两销为圆柱销和菱形销

(1) 按极限法计算

1）圆柱销公称直径 $d_1=D_{min}=18$mm。

工件两定位孔中心距公差 $\delta_g=0.10$mm，取 d_1 的极限偏差为f7，圆柱销直径为 $d_1=18f7=18_{-0.034}^{-0.016}$mm($\delta_1=0.018$mm,$\delta_{1,s}=0.016$mm,$\delta_{1,x}=0.034$mm)。

2）按标准(表2-15)取菱形销圆柱部分的宽度 $b=4$mm。

由式(2-8)可得 $a=\frac{1}{2}(\delta_g+\delta_j)+0.015=\frac{1}{2}(0.10+0.03)+0.015=0.08$mm

由式(2-7)可得 $S_{2min}=\frac{2ab}{D}=\frac{2\times0.08\times4}{18}mm=0.036$mm

由式(2-6)可得 $d_2=D_{min}-S_{2min}=18$mm-0.036mm$=17.964$mm

取菱形销圆柱部分直径 d_2 的极限偏差为h6，即其直径为 $17.964_{-0.011}^{0}$mm($\delta_2=0.011$mm)。

3）由式(2-9)得工件相对圆柱销中心任意方向的定位误差为

$$\Delta L=\delta+\delta_1+\delta_{1,s}=0.027\text{mm}+0.018\text{mm}+0.016\text{mm}=0.061\text{mm}$$

由式(2-10)得工件对两销中心连线的角度定位误差为

$$\tan\alpha_{max}\approx\frac{S_{1max}+S_{2max}}{2L}=\frac{(\delta+\delta_1+\delta_{1,s})+(\delta+\delta_2+S_{2min})}{2L}$$

$$=\frac{(0.027+0.018+0.016)+(0.027+0.011+0.036)}{2\times400}=0.000169$$

（2）按概率法计算

1）圆柱销的直径尺寸 $d_1=18_{-0.034}^{-0.016}\text{mm}$。

2）菱形销圆柱部分宽度尺寸 $b=4\text{mm}$。

由式(2-14)得 $a=\dfrac{1}{2}\sqrt{\delta_g^2+\delta_j^2}+0.015\text{mm}$

$$=\frac{1}{2}\sqrt{0.10^2+0.03^2}\text{mm}+0.015\text{mm}=0.067\text{mm}$$

由式(2-7)得
$$S_{2\min}=\frac{2ab}{D}=\frac{2\times0.067\times4}{18}\text{mm}=0.030\text{mm}$$

由式(2-6)计算菱形销圆柱部分直径为

$$d_2=D_{\min}-S_{2\min}=18\text{mm}-0.030\text{mm}=17.970\text{mm}(\text{偏差为 h6})$$

3）工件相对于圆柱销中心的位移 ΔL 与极限法相同，工件的角度定位误差为

$$\tan\alpha_{\max}\approx\frac{\sqrt{S_{1\max}^{\ 2}+S_{2\max}^{\ 2}}}{2L}$$

其中 $S_{1\max}=\delta+\delta_1+\delta_{1s}=0.027\text{mm}+0.018\text{mm}+0.016\text{mm}=0.061\text{mm}$

$S_{2\max}=\delta+\delta_2+S_{2\min}=0.027\text{mm}+0.011\text{mm}+0.036\text{mm}=0.074\text{mm}$

所以
$$\tan\alpha_{\max}\approx\frac{\sqrt{0.061^2+0.074^2}}{2\times400}=0.000096$$

2. 两销各种定位形式的计算

对于上面的示例按两销各种定位形式进行了计算，其结果见表 2-20。

表 2-20　一面两销（各种形式）定位计算结果（列出主要数据）　（单位：mm）

两定位销的形式		定位销直径 d_1	定位销直径 d_2	工件的位移 Δ_L	角度定位误差 $\tan\alpha_{\max}$
圆柱销和菱形销	用极限法	$18_{-0.034}^{-0.016}$	$17.964_{-0.011}^{0}$	任意方向相对 d_1 中心的位移，0.061	0.000169
	用一种概率法计算	$18_{-0.034}^{-0.016}$	$19.970_{-0.011}^{0}$	任意方向相对 d_1 中心的位移，0.061	0.000096
两圆柱销	有一主要定位销（图 2-30）	$18_{-0.034}^{-0.016}$	$17.855_{-0.011}^{0}$	任意方向相对 d_1 中心的位移，0.061	0.000305
	两等径圆柱销（图 2-31）	$17.92_{-0.011}^{0}$	$17.92_{-0.011}^{0}$	相对 d_1 或 d_2 中心在水平或垂直方向的位移，0.122	0.000305 可使工件靠向两销同一侧消除误差
两菱形销（图 2-32）		$18_{-0.034}^{-0.016}$ $a_1=0.048$ $b_1=6$	$17.964_{-0.011}^{0}$ $a_2=0.08$ $b_2=4$	相对 d_1 中心在水平方向位移 0.061 相对 d_2 中心在垂直方向位移，0.074	0.000213

注：1. 工件两定位孔直径为 18H8，其中心距 400±0.05mm，夹具两销中心距 400±0.015mm。

2. 未注明的均采用极限法计算。

2.4　工件以内孔定位

工件以内孔定位，一般指的是以一个孔或在同一轴线上两端孔(包括中心孔)定位，也可包括以一孔和端面的组合定位等。

2.4.1　各种定位心轴的设计和误差分析

1. 锥度心轴

加工用的锥度心轴是小锥度的，主要用于精加工，多用于磨床和车床。图2-33所示为锥度心轴的结构；图2-33a所示为实心的，直径为8~50mm；图2-33b所示为空心的，直径为50~100mm。

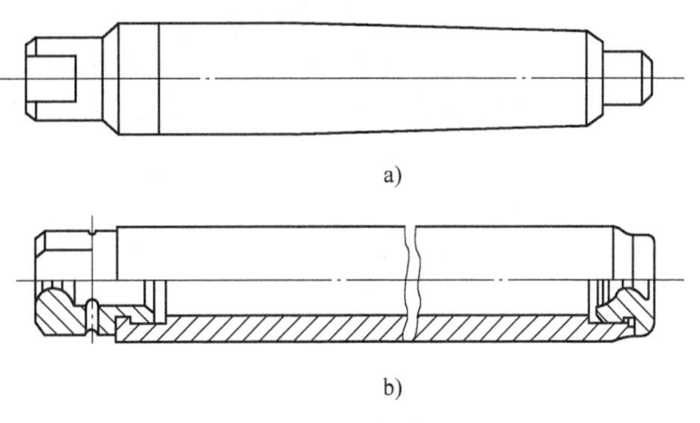

图2-33　锥度心轴的结构

锥度心轴的材料一般为T8A、T10A(直径小于50mm)和20钢(直径大于50mm的无缝钢管)，热处理硬度58~64HRC(T10A)或55~60HRC(无缝钢管，渗碳深度为0.8~1.2mm)，根据需要可镀铬处理。锥度表面对两中心孔的径向跳动在全长上不大于工件加工部位相关公差的$\frac{1}{5}$~$\frac{1}{3}$，一般可取0.003mm。其他心轴的材料和技术要求也应符合上述要求。

工件内孔与锥度心轴在一个截面沿整个圆周接触，受轴向力后由于接触表面发生弹性变形，工件与锥度心轴有一定的接触长度，使工件牢固定位在心轴上，接触长度的大小与轴向力、材料硬度和工件孔的尺寸等因素有关。

由于心轴有小锥度，工件安装到心轴上会产生倾斜，不考虑工件内孔与心轴有一小段直线接触，其倾斜情况如图2-34所示，工件在心轴上的倾斜角等于心轴的斜角(斜度为$K/2$)，这样加工出的工件两端面对内孔轴线将产生垂直度偏差，其线性值$\Delta_1=D\frac{K}{2}$(K为心轴锥度)，相当于端面跳动为Δ_1。若工件的直径为100mm，心轴的锥度$K=1/3000$，则端面B点对工件内孔的垂直度在直径上的偏差为$\Delta_1=D\frac{K}{2}=100\times\frac{1}{2\times3000}\text{mm}=0.017\text{mm}$。

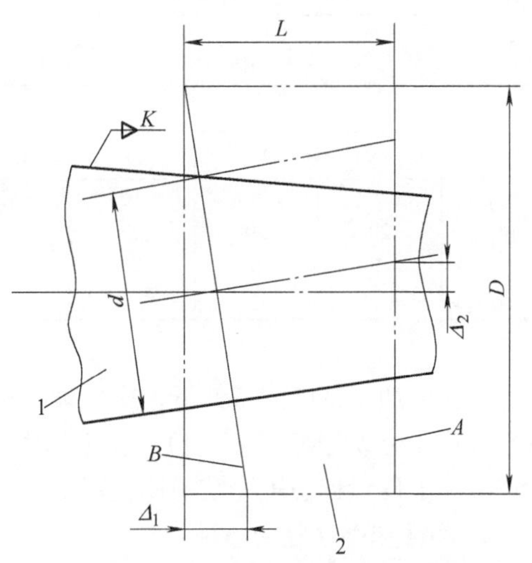

图2-34　工件在锥度心轴上的定位误差
1—锥度心轴　2—工件

这时加工出的外圆表面的轴线对内孔轴线

在长度 L 上产生平行度偏差，$\Delta_2=L\dfrac{K}{2}$，相当于外圆对内孔在端面 B 上的同轴度偏差。若工件长度为 $L=50\text{mm}$，则 $\Delta_2=50\times\dfrac{1}{2\times3000}\text{mm}=0.008\text{mm}$，在端面 A 上的径向圆跳动(同轴度)公差为 0. 016mm。

在设计锥度心轴时，根据工件的精度要求先确定心轴的锥度 K，一般 K 值在 1/1000~1/5000 之间，并且分母取 500 的整数倍。心轴主要尺寸的确定见表 2-21。

表 2-21 锥度心轴计算和参考尺寸 （单位：mm）

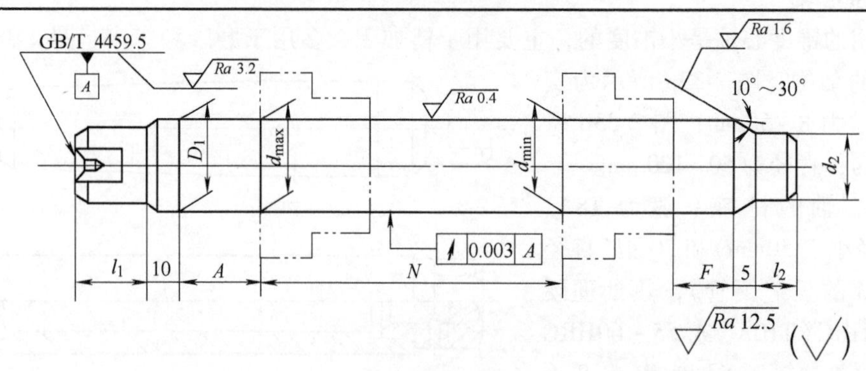

计算参数	计算公式或表格								
D_1	$D_1=(D_{max}+0.2\Delta_d+t)$ D_1 的极限偏差$_{-t}^{\ 0}$ $\Delta_d=D_{wmax}-D_{wmin}$ D_w—工件孔的直径								
d_{max}	$d_{max}=(D_{wmax}+t)$ d_{max}的极限偏差$_{-t}^{\ 0}$								
d_{min}	$d_{min}=(D_{wmin}+t)$ d_{min}的极限偏差$_{-t}^{\ 0}$								
N	$N=(D_{wmax}-D_{wmin})/K$								
A	$A=(D_1-D_{max})/K$								
	K								
	(1/500)~(1/3000)			(1/3500)~(1/7000)			(1/7000) ~ (1/10000)		
F	15			25			40		
t	0. 012			0. 008			0. 005		
	D_1								
	~9	>9~12	>12~15	>15~20	>20~25	>25~30	>30~40	>40~50	>50
d_2	7	8	10	12	16	20	20	32	42
l_1	20	20	25	25	30	30	35	40	40
l_2	5	8	8	10	10	12	12	15	15
中心孔直径	1. 5	2	2. 5	3	4	5	6	6	8

在保证加工精度的条件下，应尽量减小心轴长度，当心轴长度与直径之比大于 8 时，应将心轴按孔公差分组(2~3 组)。在工作中可直接按 GB/T 12875—1991 选用适当的心轴；有时按具体工件设计心轴，结构比较紧凑。

2. 圆锥和圆柱复合心轴

当工件定位孔的长度较长，采用锥度心轴时，若 $LK\geqslant\Delta_d$，则应采用圆锥和圆柱复合心轴；或当$(L/d)>1.5$时(图 2-35)，应考虑采用复合心轴。

复合心轴锥度部分的锥度可取(1/100)~(1/300)，圆柱部分的直径取为 d (d 为工件孔最小直径)，d 的极限偏差一般可取 h6 或 g6。

复合心轴计算示例：若工件内孔直径 $d=40^{+0.025}_{0}$mm，$L=120$mm。要求端面 A 对内孔轴线的垂直度偏差不大于 $\Delta_1=0.03$mm；外圆轴线对内孔轴线的同轴度不大于 $2\Delta_2=\phi0.04$mm(Δ_1、Δ_2 见图2-34)，即 $\Delta_2=0.02$mm。

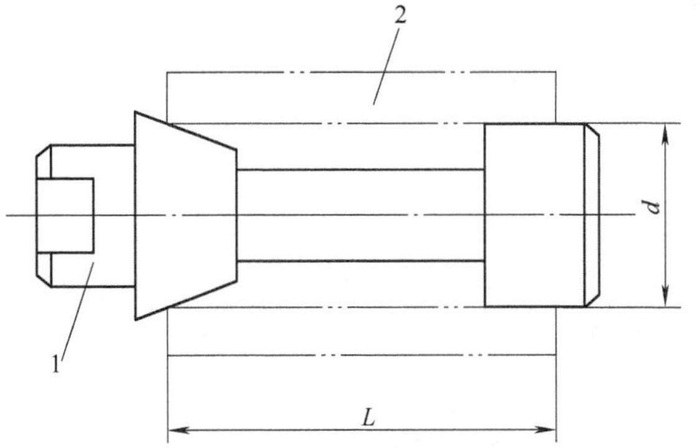

图 2-35　复合定位心轴
1—复合心轴　2—工件

如果采用锥度心轴，对加工端面要求心轴锥度 $K=(2\Delta_1/D)=(2\times0.03/65)=0.00092\approx1:1100$。

对加工外圆，要求心轴锥度应 $K=\dfrac{2\Delta_2}{L}=\dfrac{2\times0.02}{120}=0.00033=1/3030<1/1100$。

因此锥度心轴的锥度应为 1∶3000，这时 $LK=120\text{mm}\times\dfrac{1}{3000}=0.047\text{mm}>0.025\text{mm}=\Delta d$，符合采用复合心轴的条件。取复合心轴圆柱部分的直径为 $25\text{h6}=25^{-0}_{-0.013}$mm，这时工件内孔与心轴的最大间隙 $S=0.025\text{mm}+0.013\text{mm}=0.038\text{mm}$，则工件相当于在锥度 $K=S/L=0.038/120=0.000317\approx1:3000$ 的锥度心轴上定位。

这说明，这时采用复合定位心轴与采用锥度心轴的定位精度相当，而且心轴的长度显著缩短。

3. 圆柱心轴

(1) 过盈心轴　图 2-36a 所示为过盈心轴，工件定位孔与心轴之间有过盈量，这种心轴多用于重切削(例如多刀车床)。对工件长度小于定位孔直径的过盈心轴，$D_1=D_2=d_{max}+\delta_1+\delta_2$，极限偏差 h5；对工件长度大于定位孔直径的过盈心轴，$D_1=d_{max}+\delta_1+\delta_2$，极限偏差 h5

$D_2=d_{min}$，极限偏差 h6

心轴导向部分直径 $D_0=d_{min}$，极限偏差 e8

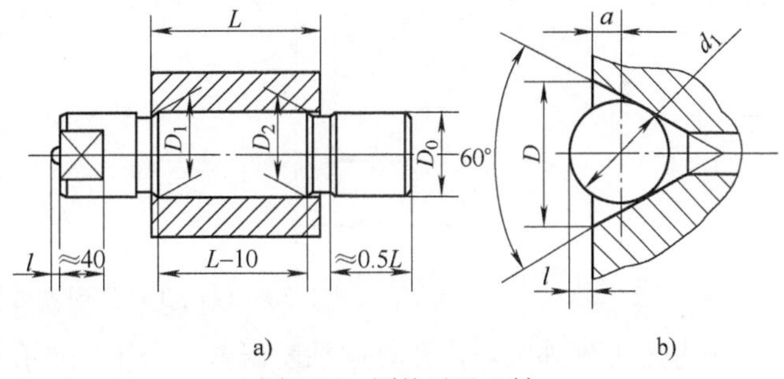

图 2-36　圆柱过盈心轴

式中　d_{max} 和 d_{min}——工件内孔最大和最小直径；

δ_1——H7/r6 配合的最小过盈量；

δ_2——IT6 的标准公差值。

当最大过盈量 $\delta_{max}(\Delta_d+\delta_1=d_{max}-d_{min}+\delta_1)$ 大于 H7/r6 的最大过盈量时，应对定位直径分组，设计≥2 个心轴($\Delta_d=d_{max}-d_{min}$)。

工件在过盈心轴上的位置由压入时保证，对短工件也可在心轴上做出轴向凸台。

采用过盈心轴定位可达到高的径向定心精度，其轴向定位精度与定位端面对孔的垂直度有关。

采用过盈心轴加工时，多用2个(一个在机床外装卸工件,一个在机床上加工)或2个以上的心轴，为使各心轴相对机床刀架位置的变化量在允许范围内，必须保证各心轴中心孔测量球顶点到心轴端面的距离 l(图2-36b)一致，其相差在允许范围内，$l=1.5d_1-0.866D-a$。

(2) 间隙心轴　图2-37所示为工件定位孔与心轴有间隙的定位心轴，图2-37a所示为以光滑孔定位，也可以花键孔定位；图2-37b所示为工件以端面和短孔组合定位。心轴一般在机床两顶尖上定位，也可在机床主轴锥孔中定位。

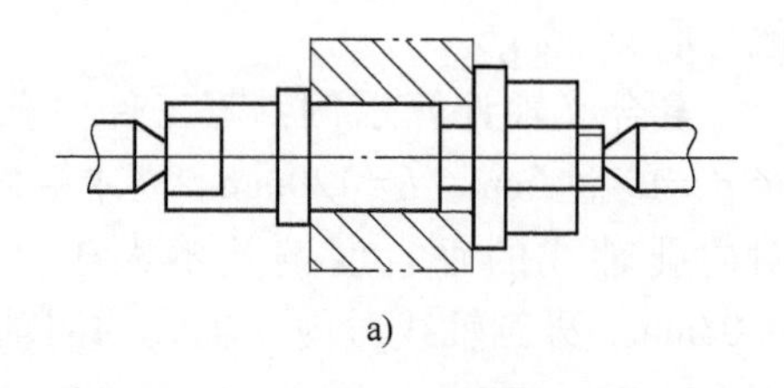

a)

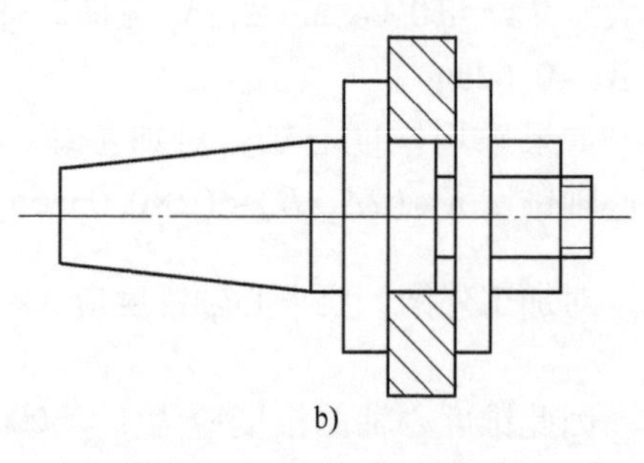

b)

图2-37　圆柱间隙心轴

心轴的公称直径取工件孔的最小尺寸，其极限偏差根据定位精度可取h6、g6或f7。工件中心对定位心轴中心的位移(定位误差)为

$$\Delta_{max}=\frac{1}{2}S_{max}$$

式中　S_{max}——工件定位孔与心轴的最大间隙。

由于 Δ_{max} 使工件加工部位产生的定位误差要具体分析。例如，环形工件以内孔定位在其上铣平面 A，现分析其定位误差(图2-38)，这时工件内孔与心轴外圆始终在垂直方向接触。

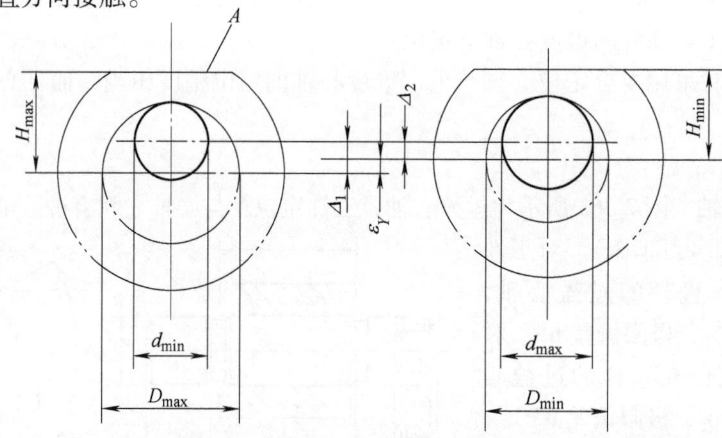

图2-38　以内孔定位误差分析示例

不考虑工件外圆对内孔有同轴度误差，由于工件孔与心轴之间有间隙，工件的定位基准相对于心轴中心产生位移，由图2-38可知工件的定位误差为

$$\begin{aligned}\varepsilon_Y=\Delta_1-\Delta_2&=\frac{1}{2}(D_{max}-D_{min})-\frac{1}{2}(D_{min}-d_{max})\\&=\frac{1}{2}(D_{max}-D_{min})+\frac{1}{2}(d_{max}-d_{min})\\&=\frac{1}{2}(\delta_1+\delta_2)\end{aligned}$$

式中　δ_1 和 δ_2——工件定位孔和心轴的制造公差。

工件以内孔定位加工其他部位的定位误差见表2-22。

表 2-22 过盈和间隙心轴的定位误差

序号	简述	简图	加工尺寸	最大定位误差计算式	
1	间隙心轴垂直安装，工件位置任意	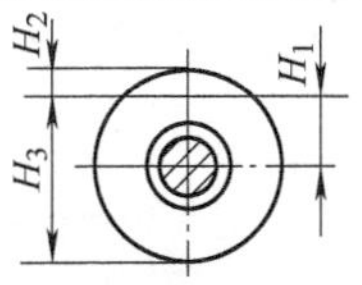	H_1	$\delta_1+\delta_2+2S_{min}$ 或 $\pm\frac{1}{2}[0.5(\delta_1+\delta_2)+S_{min}]$	
			H_2，H_3	$0.5TD+2e+\delta_1+\delta_2+2S_{min}$	
2	同上，工件一母线靠上心轴	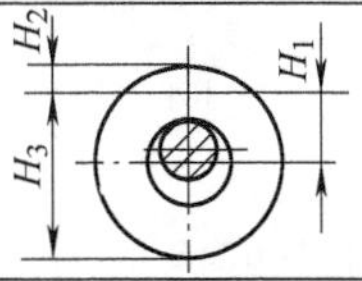	H_1 H_2，H_3	$\frac{1}{2}(\delta_1+\delta_2)$ $0.5TD+2e+0.5\delta_2$	
3	间隙心轴水平安装，工件端面对孔轴线有垂直度偏差，图 a 为工件位置任意，图 b 为工件孔一端靠上心轴	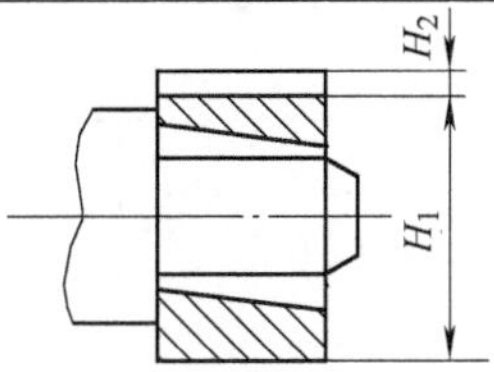 a)	H_1，H_2	$0.5TD+2e+\delta_1+\delta_2+2\Delta-2l\tan\alpha$	
		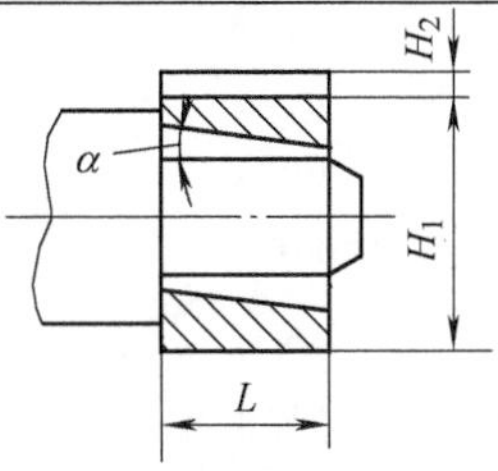 b)	H_1H_2	$0.5TD+2e+0.5\delta_2+l\tan\alpha$	
4	过盈心轴或可胀心轴	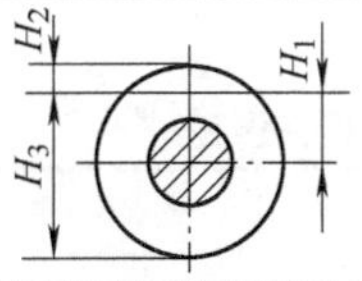	H_1 H_2，H_3	0 $0.5TD+2e$	
5	过盈心轴水平安装，工件端面对孔轴线有垂直度偏差	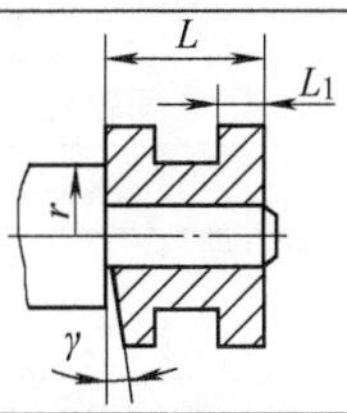	L_1	$\delta_1+2r\tan\gamma$	
6	用过盈心轴多刀加工	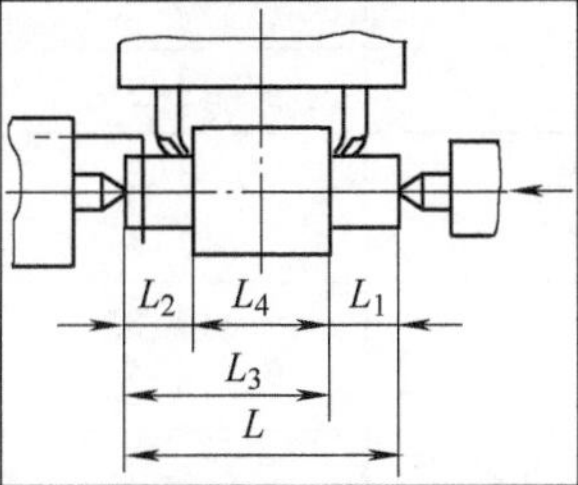		刚性前顶尖	浮动前顶尖
			L_1 L_2，L_3 L_4	$\delta_L+\delta_c$ Δ_c 0	δ_L 0 0

注：TD—工件孔的公差；H_1—被加工表面到工件定位孔轴线的距离；H_2 和 H_3—被加工表面到两母线的距离；δ_1 和 δ_2—分别为工件定位孔和心轴直径的公差；S_{min}—工件定位孔与心轴之间的最小间隙；δ_L—中心孔直径的公差；Δ_c—中心孔的深度误差，其值如下：

中心孔的最大直径/mm	1；2；2.5	4；5；6	7；5；10	12.5；15	20；30
中心孔深度误差 Δ_c/mm	0.11	0.14	0.18	0.21	0.25

当采用端面和短圆柱间隙心轴定位时(图 2-37b)，为使工件便于放在心轴上和避免撞击，心轴定位部位的尺寸应合理确定，如图 2-39a 所示。由图可得 $L^2=(D_1+S_{\min})^2-D_1^2$，忽略 $S_{\min}$ 二次项，$L^2=2D_1S_{\min}$。

定位短圆柱长度为

$$L=\sqrt{2D_1S_{\min}}$$

式中 $S_{\min}$——工件定位孔(直径 D)与心轴(直径 d)之间的最小间隙。

当圆柱心轴前端有沉割槽导向部位时，其尺寸由下述计算确定(图 2-39b)：

$$L_1=\mu d;\ L=\sqrt{2d_1S_{1\min}};\ d_2=0.95d$$

式中 $S_{1\min}$——工件定位孔(直径 D)与心轴导向部位(直径 d_1)之间的最小间隙；

μ——工件与心轴的摩擦因数，钢对钢取 0.15~0.25。

例如，$D=40^{+0.025}_{0}$mm，$d=40^{-0.009}_{-0.025}$mm，若 $d_1=40^{-0.10}_{-0.12}$mm，则 $L_1=\mu d_1=0.2\times40\text{mm}=8\text{mm}$；$d_2=0.95d=0.95\times40\text{mm}=38\text{mm}$；$L=\sqrt{2d_1S_{1\min}}=\sqrt{2\times40\times0.10}\text{mm}=2.8\text{mm}$。

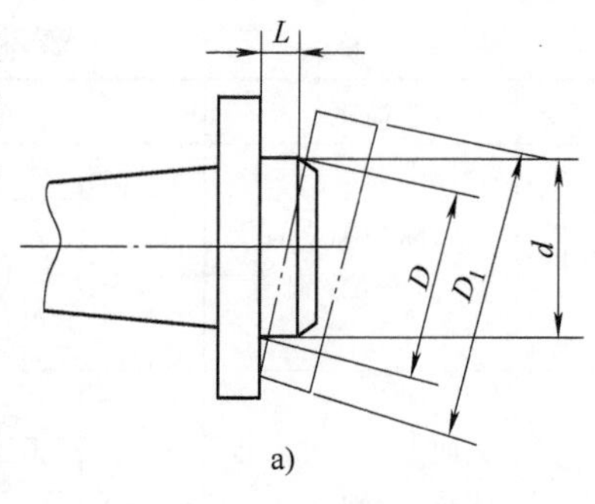

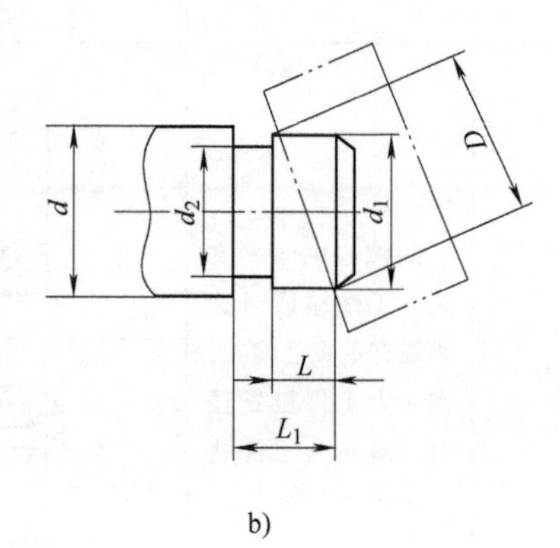

图 2-39 短圆柱间隙心轴尺寸的确定

(3) 各种心轴的定位误差和装夹误差 表 2-22 列出了过盈和间隙心轴加工不同部位的定位误差；表 2-23 列出了各种心轴的装夹误差，其中包括第 3 章介绍的同时夹紧和定位的卡盘和心轴。

表 2-23 各种心轴的装夹误差[19]

心轴形式	工件定位孔的精度等级	装夹误差/μm	
		径向	轴向
带压紧螺母的圆柱间隙心轴	8~11	在间隙公差范围内	10
锥度心轴(定位孔长度小于其直径的 1.5 倍)	7	30	与工件和心轴的尺寸有关
塑料心轴，长度≤0.5 倍直径 长度>3 倍直径	7~9	3~10 10~20	— —
带碟形片簧的心轴	7~11	10~20	—
带弹性套和滚柱的心轴和卡头	7~8	3~8	—
带波纹套的心轴	7~9 5~7	3~5 2~5	—
开槽弹性心轴：直径≤50mm 直径为 50~200mm	7~9	10~35 20~60	20 50
带未淬硬夹爪或开槽套的自定心卡盘(直径为 120mm)	夹紧前各爪间隙误差为 0.02~0.10mm	10~30	10~120
二爪卡盘(直径为 200mm) 螺旋夹紧 齿条夹紧	11~13	100~200 20~60	50~100 15~40

4. 花键心轴

花键心轴包括矩形、渐开线形和三角形花键心轴，下面介绍后两种心轴的设计计算。

图 2-40a 所示为具有渐开线花键孔的工件，图 2-40b 所示为心轴的横向视图。

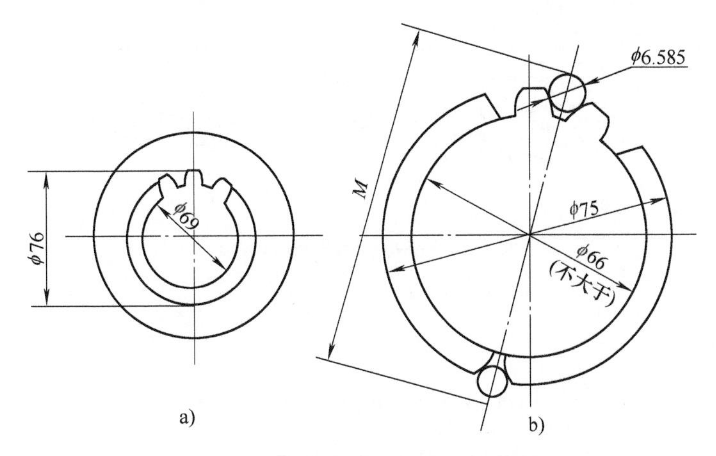

图 2-40　渐开线花键心轴横向视图

a）工件　b）心轴

工件花键内孔的参数：模数 $m=4$mm，齿数 $z=18$，分度圆压力角 $\alpha=20°$，分度圆上的齿槽宽 $s=6.3_{-0.1}^{\ 0}$mm。

心轴在分度圆上的齿厚取工件齿槽宽的最小尺寸，$s_{\min}=6.2$mm。用直径 $d_1=6.585$mm 的量柱测量计算 M 值，量柱与花键接触点的压力角 α_1 由下式确定：

$$\mathrm{inv}\alpha_1=\frac{s_{\min}}{d_1}+\mathrm{inv}\alpha+\frac{d_L}{d_0}-\frac{\pi}{z}$$

式中　d_1、d_0 和 d_L——分别为分度圆、基圆和量柱的直径，单位为 mm。

$$M=\frac{d_0}{\cos\alpha_1}+d_L$$

对本例：

$$\mathrm{inv}\alpha_1=\frac{6.2}{18\times4}+\mathrm{inv}20°+\frac{6.585}{72\times\cos20°}-\frac{\pi}{18}=0.02382$$

$$\alpha_1=23.25°$$

$$M=\frac{72\times\cos20°}{\cos23.25°}\mathrm{mm}+6.585\mathrm{mm}=80.22\mathrm{mm}$$

M 的极限偏差根据加工精度确定，一般可取 h6 或 h7；对心轴齿距、齿形和齿向的要求应高出工件的精度等级。

渐开线花键心轴外径 $D=75$h9；内径 $d=M-2d_L-1\approx66$mm（不大于）。

图 2-41a 表示工件的尖齿（三角形）花键孔的形状和尺寸代号，图 2-41b 表示尖齿花键心轴的齿形。图中角度关系为 $\gamma=\alpha+\beta$，$\alpha=180°/z$（z 为花键孔的齿数）。

当 2γ 为任意角时，齿形平均直径为

$$D_1=\frac{D_0}{2}\left[1+\frac{\sin(\gamma-\alpha)}{\sin\gamma}\right]\text{或 }D_1=\frac{d_0}{2}\left[1+\frac{\sin\gamma}{\sin(\gamma-\alpha)}\right]$$

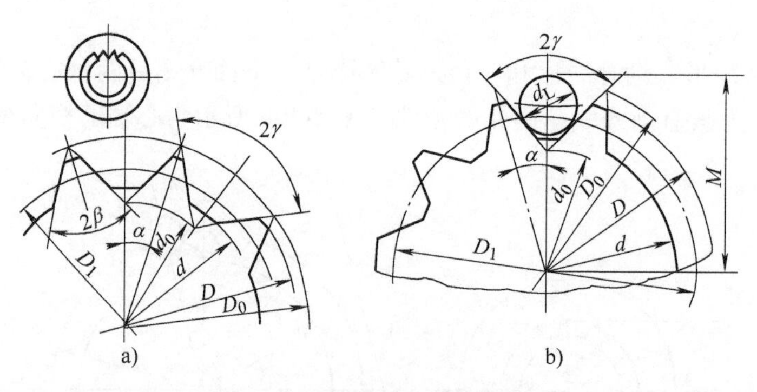

图 2-41　尖齿花键心轴的齿形
a）工件　b）心轴

当 $2\gamma=90°$时

$$D_1=\frac{D_0}{2}(1+\cos\alpha-\sin\alpha)\text{ 或 }D_1=\frac{d_0}{2}\left(1+\frac{1}{\cos\alpha-\sin\alpha}\right)$$

式中　D_0 和 d_0——分别为尖齿花键齿尖外径和齿尖内径。

以上是尖齿花键各参数之间的关系，由于花键心轴平均直径 D_1 与工件的平均直径相差是微量，所以设计尖齿花键心轴时可直接用工件的尺寸确定心轴的尺寸，而不用上面的计算公式。

例如工件尖齿花键孔的参数为：齿尖外径 $D_0=29\text{mm}$，外圆直径 $D=28.6\text{mm}$(最小)，齿形平均直径 $D_1=27.15^{+0.03}_{-0.02}\text{mm}$，内圆直径 $d=25.75^{+0.05}_{-0.03}\text{mm}$，齿尖内径 $d_0=25.3\text{mm}$；$2\gamma=90°$；齿数 26($2\alpha=360°/26$)。

尖齿花键心轴的尺寸确定如下：

心轴齿形平均直径应取工件平均直径的最小值，$D_1=27.15\text{mm}-0.02\text{mm}=27.13\text{mm}$；

心轴齿尖外径 $D_0=29\text{mm}-0.02\text{mm}=28.98\text{mm}$；

心轴外径 $D=28.6\text{mm}-0.02\text{mm}=28.58\text{mm}$；

心轴内径应取工件内孔最小值，$d=25.75\text{mm}-0.03\text{mm}=25.72\text{mm}$；心轴齿尖内径 $d_0=25.28\text{mm}$。

尖齿花键齿的厚度由量柱测量的尺寸 M 控制，则量柱直径为

$$d_L=\frac{D_0\sin\alpha}{2\cos\gamma}\qquad\text{当 }2\gamma=90°,\ d_L=0.70711D_0\sin\alpha$$

$$M=d_0+d_L\left(1+\frac{1}{\sin\gamma}\right)\qquad\text{当 }2\gamma=90°,\ M=d_0+2.41421d_L$$

对本例：$\alpha=\frac{180°}{z}=\frac{180°}{26}=6.923°$

$$\begin{aligned}d_L&=0.70711D_0\sin\alpha=0.70711\times28.98\text{mm}\sin6.923°\\&=2.47\text{mm 取 }d_L=2.595\text{mm}\\M&=d_0+2.41421d_L=25.28\text{mm}+2.41421\times2.595\text{mm}\\&=31.54\text{mm}\end{aligned}$$

M 的极限偏差取 h6 或 h7，角度 2γ 的制造公差为±10′。

2.4.2　定位孔表面形状误差对定位精度的影响

下面介绍一种分析方法[31]，假设心轴（或定位销）没有形状误差，工件和心轴为绝对刚体。

1）工件定位孔表面的形状为抛物线波纹状，工件在间隙圆柱心轴上的接触情况如图2-42a所示。

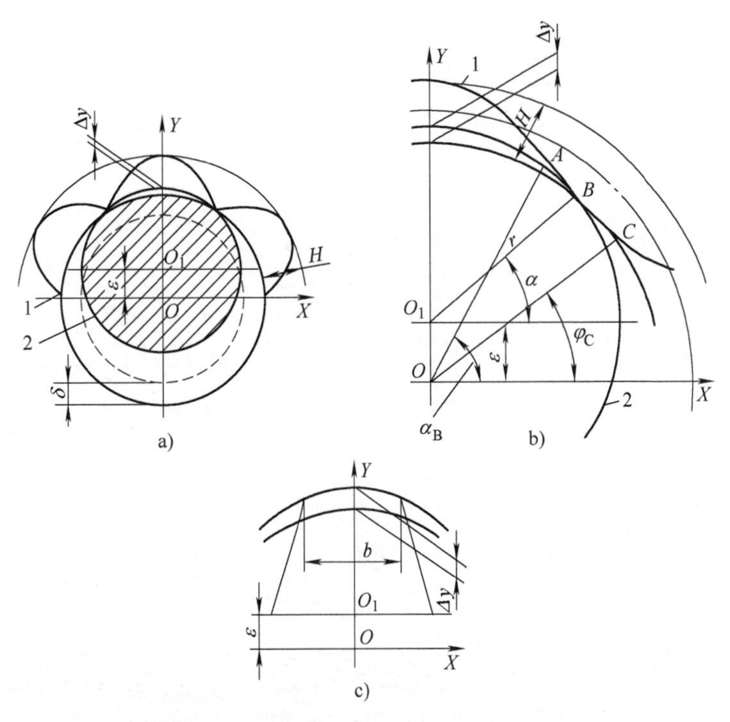

图2-42　有表面形状误差的孔在心轴上的定位
1—工件孔表面　2—心轴

按下式计算抛物线波谷曲率半径：

$$R=(R_B+H)^2/(R_B+H+Hn^2/16200)$$

当定位心轴半径 $r<R$ 时，说明心轴2与工件孔表面1沿波谷接触；当 $r>R$ 时，说明二者沿波峰接触，如图2-42a所示。

由图2-42a可知，当心轴与孔沿波谷接触时（$r<R$），最大定位误差为

$$\varepsilon_{max}=\delta+H（\delta \text{为定位时在半径上工件孔与心轴的间隙}）$$

当 $r>R$ 时，由于孔表面波纹度使心轴母线产生偏移 Δ_y，这时定位误差为

$$\varepsilon=\Delta_y+\delta$$

$$\Delta_y=R_B\cos(180°/n)-r\cos\{\arcsin[(R_B/r)\sin(180°/n)]\}$$

式中　R_B——波纹形成的孔半径；

r——心轴的半径；

n——波纹数。

由分析可知，在不同的 r、R_B、δ 值和 n 值一定的情况下，相对偏移 Δ_y/δ 保持一定，不同 n 值时的 Δ_y/δ 值如下：

n	3	4	5	6	8	10	12	15	18
Δ_y/δ	1.006	0.418	0.235	0.157	0.083	0.052	0.036	0.022	0.015

所以当孔表面形状为抛物线波纹形时，如已知孔的波纹数 n，即可确定 Δ_y 值。

2）工件定位孔表面的形状为正弦波纹状（图 2-42b）。这时工件定位孔与圆柱间隙心轴可能在波谷、波峰或波纹侧面接触，图中表示在 B 点接触。这时定位误差的计算与上述相同，即 $\varepsilon=\Delta_y+\delta$，而 Δ_y 值按下述类比方法求出。

图 2-43 所示为当工件定位孔（直径为 40mm）表面为正弦波纹状时，在不同波纹度高度 H 和波纹数 n 的条件下相对偏移 Δ_y/H 值；并且由图 2-44 可知，孔直径大小对 Δ_y/H 的影响很小，所以图 2-43 也适合于各种直径。

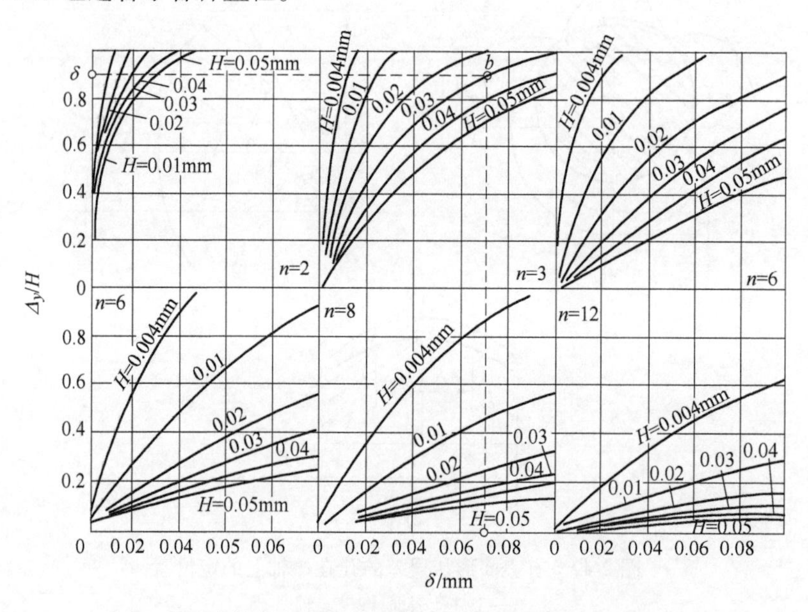

图 2-43 波纹高度 H 和波纹数 n 与相对偏移 Δ_y/H 的关系

现举例说明图 2-43 的应用。工件定位孔直径 $D=75^{+0.12}_{0}$mm，孔表面有正弦形波纹：$H=0.03$mm、$n=3$；定位销直径的下极限偏差为 0.013mm。这时单边径向间隙 $\delta=\dfrac{0.12+0.013}{2}mm=0.067$mm，由图 2-43 按 $\delta=0.067$mm、$n=3$ 和 $H=0.03$mm 查得对应的$(\Delta_y/H)=0.85$，即 $\Delta_y=0.85H=0.025$mm，则定位误差 $\varepsilon=\Delta_y+\delta=0.025\text{mm}+0.067\text{mm}=0.092$mm。

工件定位孔在菱形销上定位（图 2-42c）时，由于定位孔表面有正弦形波纹而产生定位误差 Δ_y，Δ_y/H 值如图 2-45 所示，图中：$K=\dfrac{b}{d}$（b 为菱形销圆柱部分的宽度；d 为菱形销圆柱部分的直径）。

现举例说明图 2-45 的应用：工件定位孔直径 $D=8^{+0.10}_{0}$mm，菱形销圆柱部分直径 $d=8^{-0.020}_{-0.055}$mm，定位孔表面正弦波纹数 $n=2$，波纹高度 $H=0.03$mm。由图 2-45 按 $n=2$ 和 $K=\dfrac{b}{d}=\dfrac{3}{8}=0.375$ 查得$(\Delta_y/H)=0.88$，所以 $\Delta_y=0.03\text{mm}\times0.88=0.026$mm，则定位误差 $\varepsilon=\Delta_y+\delta=$

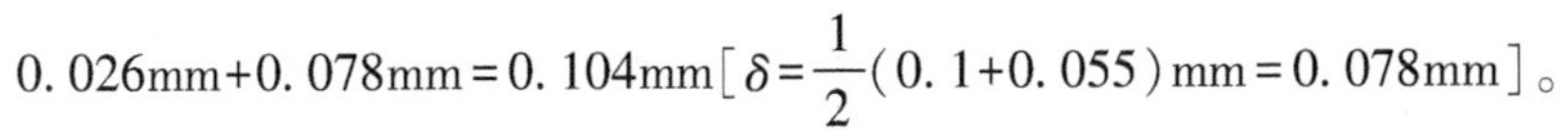

$0.026\text{mm}+0.078\text{mm}=0.104\text{mm}\left[\delta=\frac{1}{2}(0.1+0.055)\text{mm}=0.078\text{mm}\right]$。

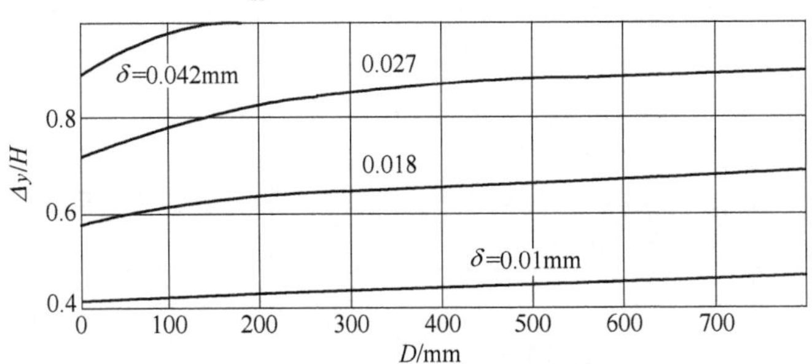

图 2-44　在波纹高度 $H=0.02\text{mm}$ 和不同径向间隙 δ 条件下，相对偏移 Δ_y/H 与定位孔直径 D 的关系

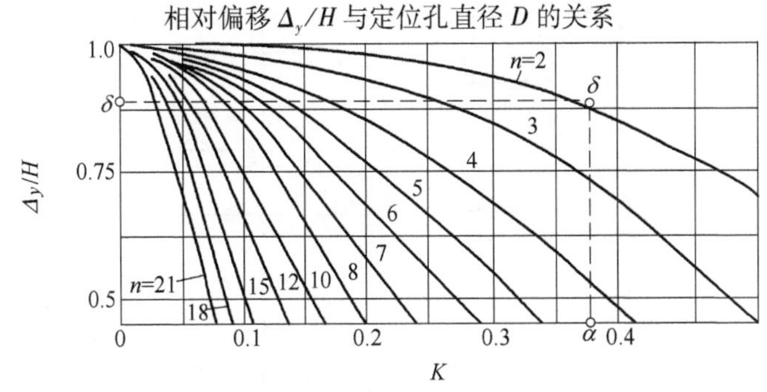

图 2-45　定位孔波纹数 n 和 $K=b/d$ 值与工件在菱形销上相对偏移 Δ_y/H 的关系

2.5　工件以外圆表面定位

2.5.1　工件以外圆表面定位及其误差

1. 各种以外圆定位方式的定位误差

一般以外圆定位是指用一个圆柱表面定位，在 2.1.3 节中为说明定位误差概念，已举例分析外圆在 V 形块上由于直径公差产生的定位误差，包括工件外圆中心、上下母线的定位误差。下面列表介绍工件各种以外圆表面定位的方式和其定位或装夹误差，见表 2-24～表 2-26（定位误差不考虑工件外圆表面的形状误差）。

表 2-24　各种以外圆定位方式的定位误差

序号	定位方式	简　图	加工尺寸	定位误差（表达式）
1	在 V 形块上定位加工斜面或槽		H_1	$\beta=(\alpha/2)\sim90°$ $0.5T_D\left(\dfrac{\sin\beta}{\sin(\alpha/2)}-1\right)$
				$\beta=0\sim(\alpha/2)$ $0.5T_D\left(1-\dfrac{\sin\beta}{\sin(\alpha/2)}\right)$
			H_2	$0.5T_D\dfrac{\sin\beta}{\sin(\alpha/2)}$
			H_3	$0.5T_D\dfrac{\sin\beta}{\sin(\alpha/2)}$

（续）

序号	定位方式	简　图	加工尺寸	定位误差（表达式）
2	在V形块上定位，加工水平面	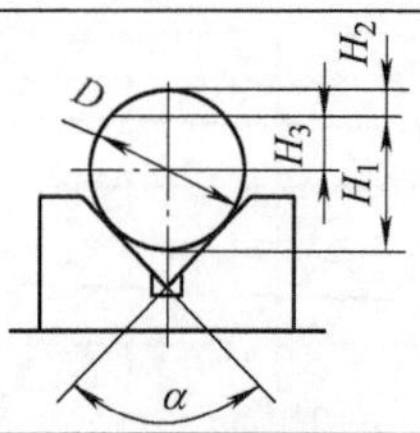	H_1	$0.5TD\left(\frac{1}{\sin(\alpha/2)}-1\right)$
			H_2	$0.5TD\left(\frac{1}{\sin(\alpha/2)}+1\right)$
			H_3	0
3	在V形块上定位，加工垂直面	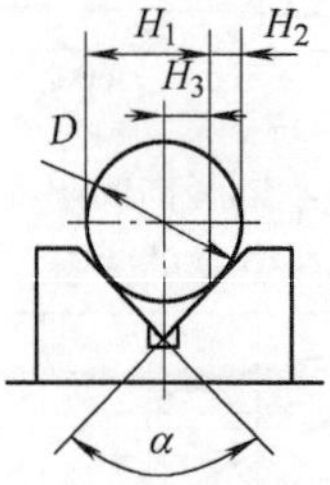	H_1	$0.5TD$
			H_2	$0.5TD$
			H_3	0
4	在直角形块上定位，加工水平面或槽	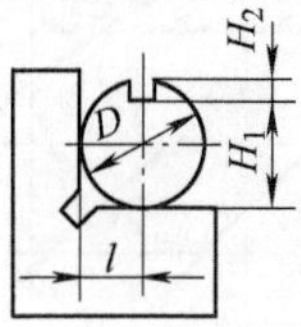	l	$0.5TD$
			H_1	0
			H_2	$0.5TD$
5	V形块做成两球面支承的形式	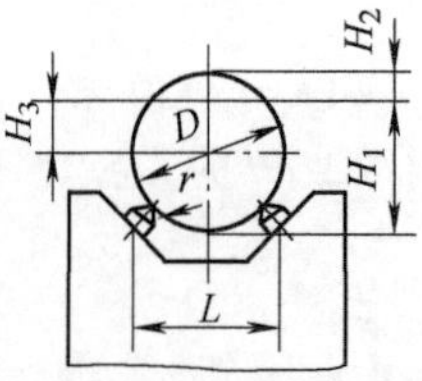	H_1	$A-0.5TD$
			H_2	$A+0.5TD$
			H_3	A
			$A=\sqrt{(r+0.5D_{\min}+0.5TD)^2-0.5L^2}-\sqrt{(r+0.5D_{\min})^2-0.25L^2}$ L——两支承中心距离	
6	在V形块上的钻模板钻孔	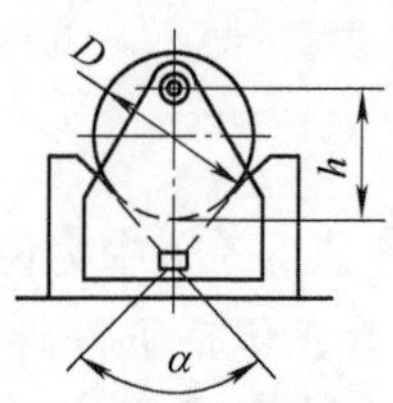	h	$h>0.5D$ $0.5TD\left(\frac{1}{\sin(\alpha/2)}-1\right)$
				$h=0.5D$ $0.5TD\left(\frac{1}{\sin(\alpha/2)}\right)$
				$h<0.5D$ $0.5TD\left(\frac{1}{\sin(\alpha/2)}+1\right)$
7	工件在平面上定位，用V形块夹紧钻孔	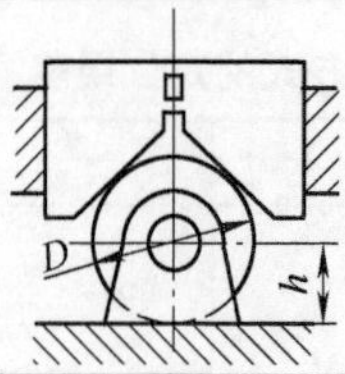	h	$0.5TD$

注：TD为工件外圆直径的公差。

表2-25列出了各种可调V形定位装置在加工尺寸方向（图中尺寸A_Δ的方向）的定位误差，其值是按各装置结构尺寸链公差计算得出的，而各尺寸公差取自装置设计图样上的规定。表中序号1和2是固定V形定位装置，供比较用。

表 2-25　可调 V 形定位装置的定位误差(不考虑工件外圆表面的形状误差)

序号	名称	定位方式和尺寸链	定位误差 A_Δ/mm	
			极限法	概率法
1	固定 V 形块	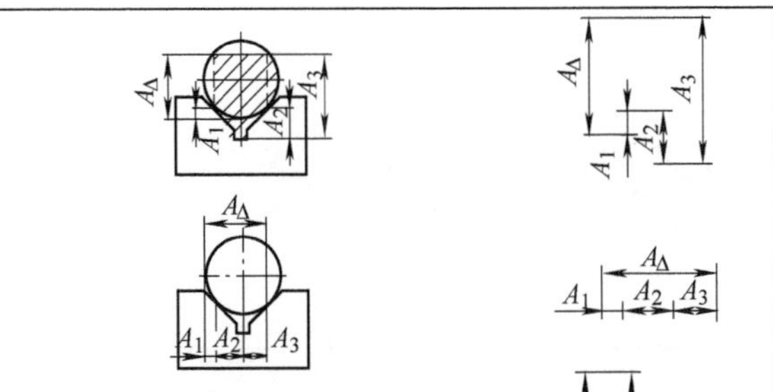 A_Δ A_1 A_2 A_3	0.045	0.028
2		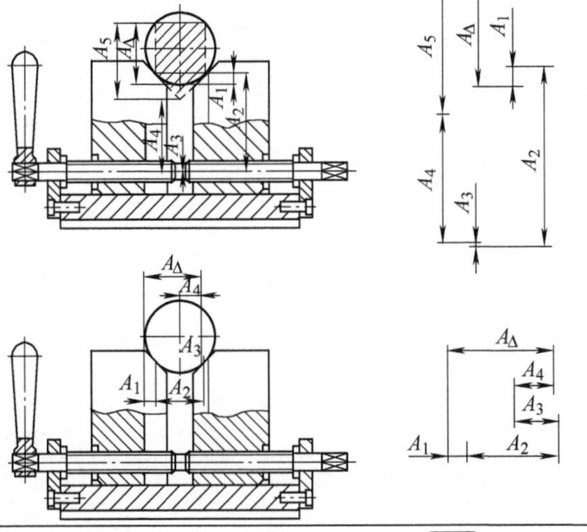 A_Δ A_1 A_2 A_3 A_4 A_5	0.045	0.028
3	可调 V 形块	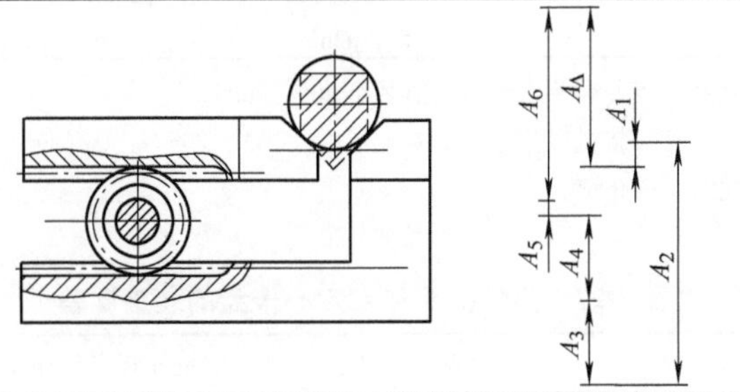 A_Δ A_1 A_2 A_3 A_4 A_5 A_6	0.119	0.056
4			0.103	0.063
5	专用可调台虎钳	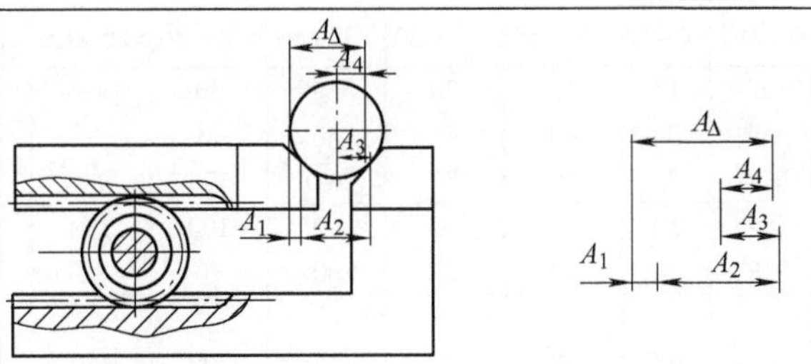 A_Δ A_1 A_2 A_3 A_4	0.162	0.074
6		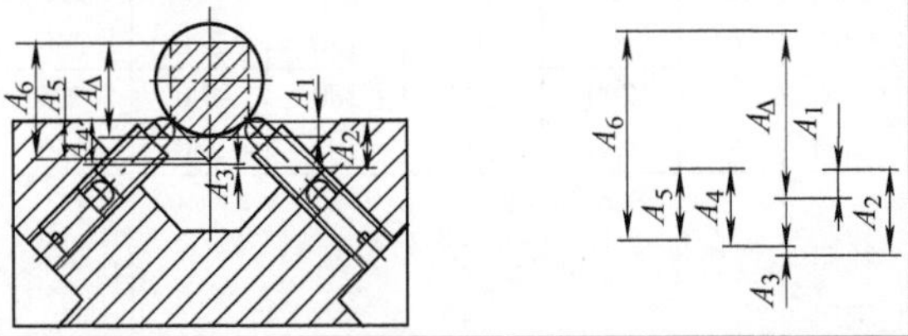 A_Δ A_1 A_2 A_3 A_4 A_5 A_6	0.103	0.063

（续）

序号	名称	定位方式和尺寸链	定位误差 A_Δ/mm	
			极限法	概率法
7	可调V形块		0.231	0.118
8			0.103	0.063

表 2-26 工件以外圆定位时在卡盘（或夹头）中的装夹误差[19]

卡盘或夹头形式	定位外圆精度（级别）	装夹误差/μm	
		径向	轴向
带不淬硬夹爪或切口套筒的自定心卡盘（直径在 120mm 内）	夹紧前与工件的间隙为 0.02~0.10mm	10~30	10~120
二爪卡盘，工件直径为 200mm 螺旋夹紧 齿条夹紧	11~13mm	 100~200 20~60	 50~100 15~40
液体塑料夹头，长度 l: $\leqslant 0.5d$ $>(0.5\sim3)d$	7~9mm	 3~10 10~20	 — —
带弹性套和滚柱的夹头	7~8mm	3~8	—
膜片式卡盘带波纹套夹头	7~9mm 5~7mm	3~5 2~5	— —

注：1. 采用气动或液压夹紧，装夹误差比表中的值减小 20%~40%。
2. 弹性夹头和自定心卡盘的装夹误差见表 2-27。
3. 弹性夹头和卡盘在第 4 章介绍。

表 2-27 弹性夹头和自定心卡盘的装夹误差[19] （单位：μm）

装备名称	工件种类	工件位移方向	定位外圆直径/mm								
			>6~10	>10~18	>18~30	>30~50	>50~80	>80~120	>120~180	>180~260	>260~500
弹性夹头	定位外圆经磨削	L	15	15	20	25	30	—	—	—	—
		径向	20	40	45	50	75	—	—	—	—
		轴向	25	50	80	100	175	—	—	—	—
	经校正的棒料	径向	50	60	70	90	100	120	—	—	—
		轴向	30	40	50	60	70	80	—	—	—
自定心卡盘	热轧棒料： 较高精度	径向	100	120	150	200	300	450	650	—	—
		轴向	70	80	100	130	200	300	420	—	—
	普通精度	径向	—	200	220	280	400	500	800	—	—
		轴向	—	130	150	100	250	350	520	—	—
	单个工件： 定位外圆经磨削	径向	20					30		40	50
		轴向	10					15		25	30

（续）

装备名称	工件种类	工件位移方向	定位外圆直径/mm								
			>6~10	>10~18	>18~30	>30~50	>50~80	>80~120	>120~180	>180~260	>260~500
自定心卡盘	定位基准经精车	径向	50				80		100		120
		轴向	30				50		80		100
	铸造工件：可熔模样或壳形铸造毛坯，基准经粗加工	径向	100				150		200		250
		轴向	50				80		100		120
	永久铸型、曲柄压力机冲压毛坯	径向	200				300		400		500
		轴向	80				100		120		150

注：1. 采用气动和液压夹紧，装夹误差比表中的值减小 20%~40%。
2. 在弹性夹头中装夹单个工件时，轴向装夹误差增加 10~30μm。
3. 弹性夹头固定不动时，轴向位移最小 5~20μm。
4. 夹紧时将工件顶紧，装夹误差比表中值减小了 20%~30%。

外圆用两圆柱定位的优点是：当作为固定定位支承时，磨损后旋转一个角度即可恢复精度；适用于可调定位支承。

工件外圆 2（直径为 d）用两圆柱 1（直径为 $2R$）组成的 V 形定位机构，其定位误差的分析如图 2-46 所示。

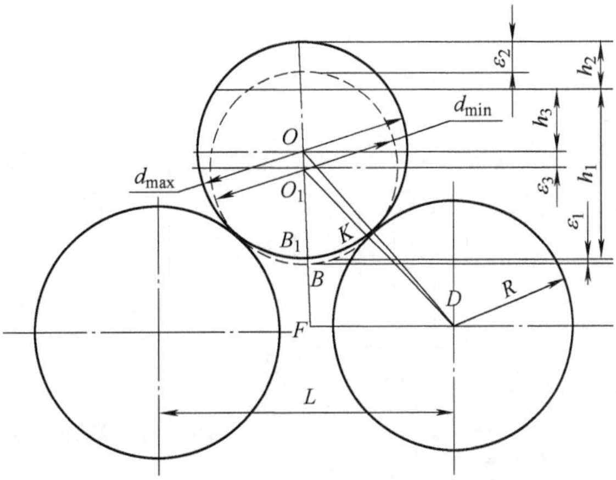

图 2-46　两圆柱组成的 V 形定位机构定位误差

加工尺寸 h_1 的定位误差为

$$\varepsilon_1 = OB - O_1B - OO_1 = \frac{T}{2} - OO_1$$

式中　OO_1——由于一批工件直径的分散性工件轴线的最大位移；

T——工件定位外圆直径的公差。

$$OO_1 = OF - O_1F = \sqrt{OD^2 - FD^2} - \sqrt{O_1D^2 - FD^2}$$

$$OD = \frac{T}{2} + \frac{d_{min}}{2} + R$$

$$O_1D = O_1K + KD = \frac{d_{min}}{2} + R$$

所以

$$OO_1 = \sqrt{\left(\frac{T}{2} + \frac{d_{min}}{2} + R\right)^2 - \left(\frac{L}{2}\right)^2} - \sqrt{\left(\frac{d_{min}}{2} + R\right)^2 - \left(\frac{L}{2}\right)^2}$$

$$\varepsilon_1 = \frac{T}{2} - \left(\sqrt{\left(\frac{T}{2} + \frac{d_{min}}{2} + R\right)^2 - \left(\frac{L}{2}\right)^2} - \sqrt{\left(\frac{d_{min}}{2} + R\right)^2 - \left(\frac{L}{2}\right)^2}\right)$$

同样可得加工尺寸 h_2 的定位误差

$$\varepsilon_2=\frac{T}{2}+\left(\sqrt{\left(\frac{T}{2}+\frac{d_{\min}}{2}+R\right)^2-\left(\frac{L}{2}\right)^2}-\sqrt{\left(\frac{d_{\min}}{2}+R\right)^2-\left(\frac{L}{2}\right)^2}\right)$$

加工尺寸 h_3 的定位误差

$$\varepsilon_3=\sqrt{\left(\frac{T}{2}+\frac{d_{\min}}{2}+R\right)^2-\left(\frac{L}{2}\right)^2}$$

2. 工件以外圆定位用的元件

工件以外圆定位常用 V 形块，长度短的轴类工件用一个长度适当的 V 形块(图 2-47a)，长的轴类工件用两个长度短的 V 形块(图 2-47c)或两段 V 形做在一件上(图 2-47b)。有些铸锻件，其形状也适合用 V 形块定位，例如发动机连杆(图 2-48)，用一个固定 V 形块和一个活动 V 形块的双 V 形定位。V 形块有 60°、90°和 120°三种，一般用 90°的，90°V 形块的优点是：定位稳定性比 120°的好，其适应直径范围比 60°的大。以毛坯外圆或阶梯轴外圆定位时，V 形块做成窄边的，如图 2-47b 所示。

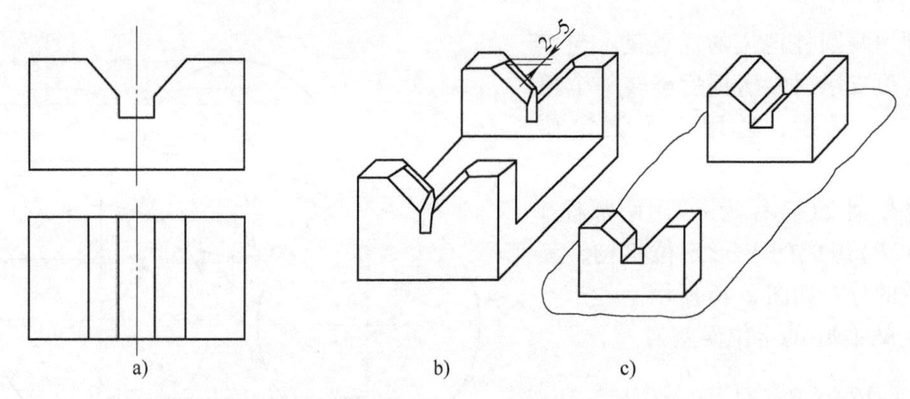

图 2-47 各种 V 形块的应用

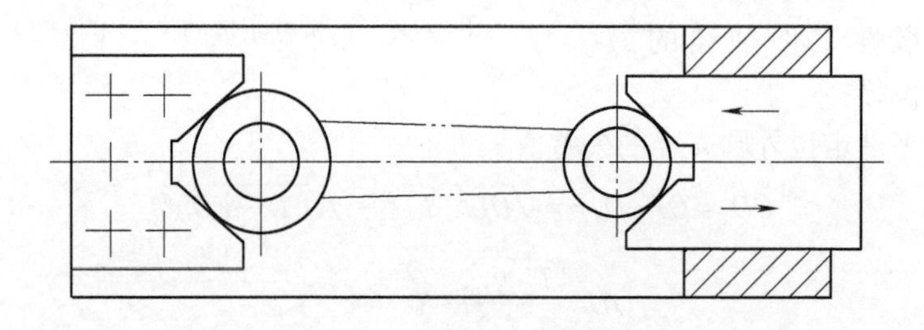

图 2-48 双 V 形定位(固定加移动)

图 2-49 所示为采用一个位置可调的固定 V 形块和一个可移动 V 形块的定位装置。

图 2-50a 所示为一种平面移动 V 形块导轨的结构；图 2-50b 表示 V 形块工作面向下倾斜 β 角(5°~7°)，这样使工件紧贴支承面。V 形块退回时由挡销 1 限位，如图 2-50a 所示。

图 2-50c 所示为用螺钉 2 推动 V 形块，使工件定心夹紧；图 2-50d 所示为用螺钉 3 调整好 V 形块的位置，然后用螺钉 4 通过 V 形块上的 5°斜面将其固定。

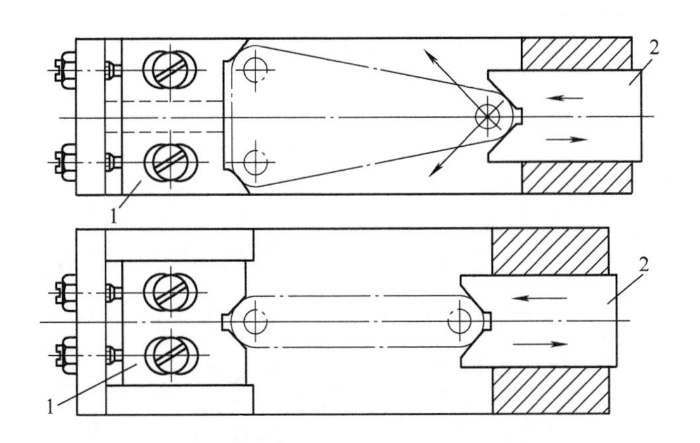

图2-49 双V形定位(固定可调加移动)

1—可调固定V形块 2—可移动V形块

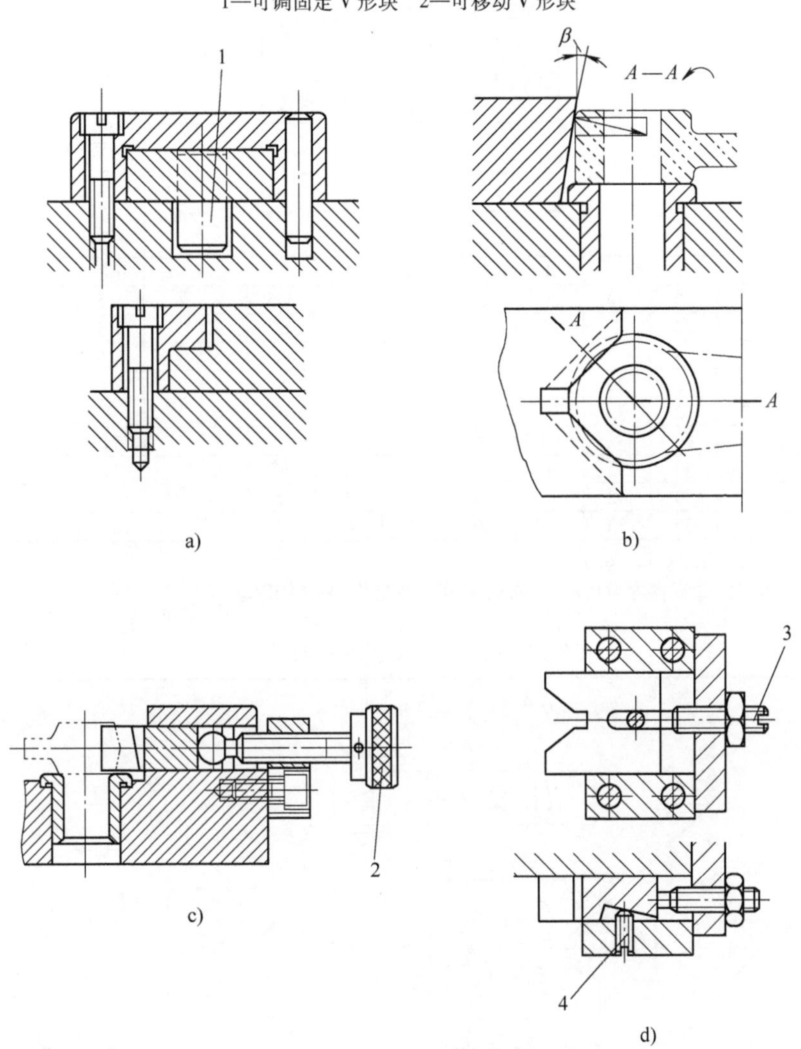

图2-50 V形块的导向和移动

1—挡销 2、3、4—螺钉

两种固定V形块的尺寸规格见表2-28和表2-29。

表2-28 固定V形块的规格尺寸(一) (单位：mm)

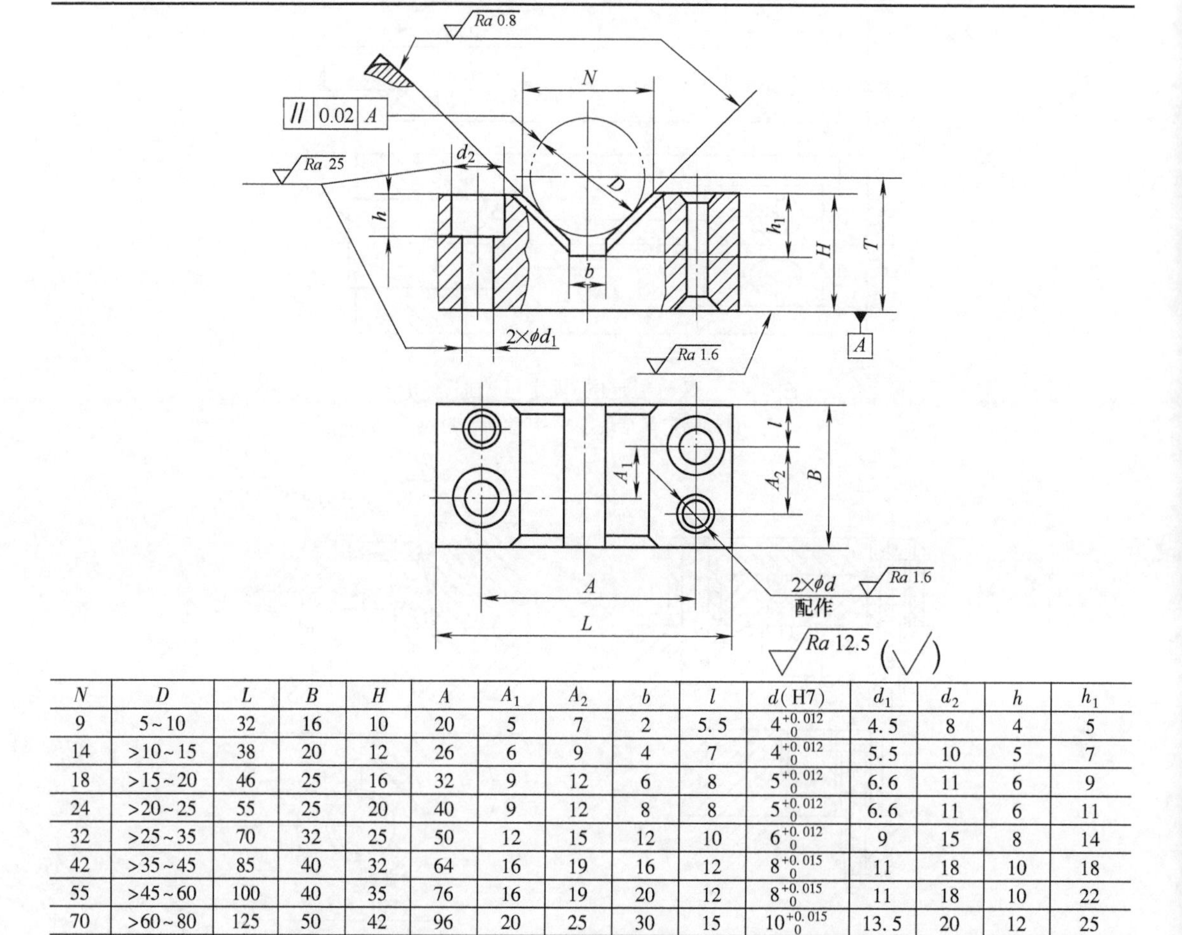

N	D	L	B	H	A	A_1	A_2	b	l	d(H7)	d_1	d_2	h	h_1
9	5~10	32	16	10	20	5	7	2	5.5	$4^{+0.012}_{0}$	4.5	8	4	5
14	>10~15	38	20	12	26	6	9	4	7	$4^{+0.012}_{0}$	5.5	10	5	7
18	>15~20	46	25	16	32	9	12	6	8	$5^{+0.012}_{0}$	6.6	11	6	9
24	>20~25	55	25	20	40	9	12	8	8	$5^{+0.012}_{0}$	6.6	11	6	11
32	>25~35	70	32	25	50	12	15	12	10	$6^{+0.012}_{0}$	9	15	8	14
42	>35~45	85	40	32	64	16	19	16	12	$8^{+0.015}_{0}$	11	18	10	18
55	>45~60	100	40	35	76	16	19	20	12	$8^{+0.015}_{0}$	11	18	10	22
70	>60~80	125	50	42	96	20	25	30	15	$10^{+0.015}_{0}$	13.5	20	12	25
85	>80~100	140	50	50	110	20	25	40	15	$10^{+0.015}_{0}$	13.5	20	12	30

注：1. 本表符合JB/T 8018.1—1999。
2. 材料为20钢，渗碳深度为0.8~1.2mm，热处理硬度为58~64HRC。

表2-29 固定V形块的规格尺寸(二) (单位：mm)

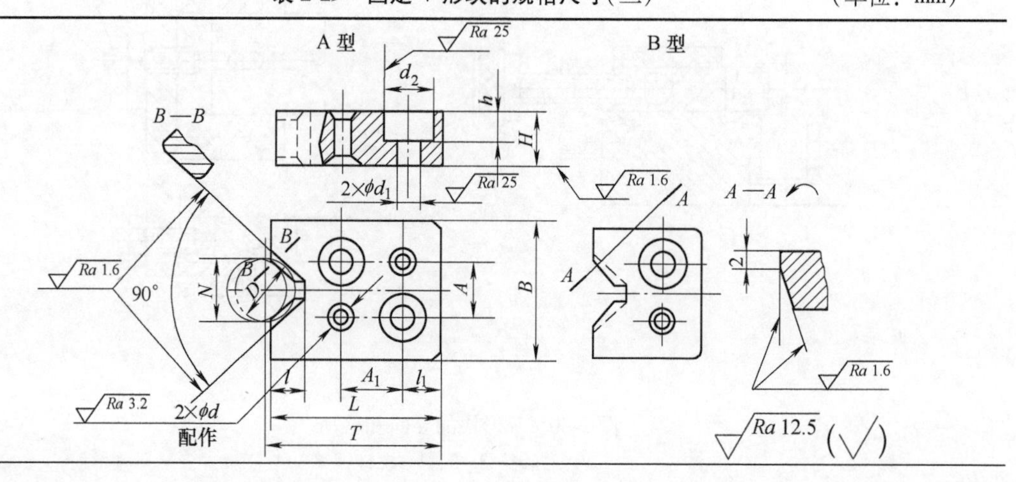

（续）

N	D	B	H	L	l	l_1	A	A_1	d(H7)	d_1	d_2	h
9	5~10	22	10	32	5	6	10	13	$4^{+0.012}_{0}$	4.5	8	4
14	>10~15	24	12	35	7	7	10	14	$5^{+0.012}_{0}$	5.5	10	5
18	>15~20	28	14	40	10	8	12	14	$5^{+0.012}_{0}$	6.6	11	6
24	>20~25	34	16	45	12	10	15	15	$6^{+0.012}_{0}$	6.6	11	6
32	>25~35	42	16	55	16	12	20	18	$8^{+0.015}_{0}$	9	15	8
42	>35~45	52	20	68	20	14	26	22	$10^{+0.015}_{0}$	11	18	10
55	>45~60	65	20	80	25	15	35	28	$10^{+0.015}_{0}$	11	18	10
70	>60~80	80	25	90	32	18	45	35	$12^{+0.018}_{0}$	13.5	20	12

注：1. 本表符合 JB/T 8018.2—1999。

2. 材料为 20 钢，渗碳深度为 0.8~1.2mm，热处理硬度为 58~64HRC。

可调 V 形块和移动 V 形块的规格尺寸见表 2-30 和表 2-31，其所用的导板规格尺寸见表 2-32。

表 2-30　可调 V 形块的规格尺寸　（单位：mm）

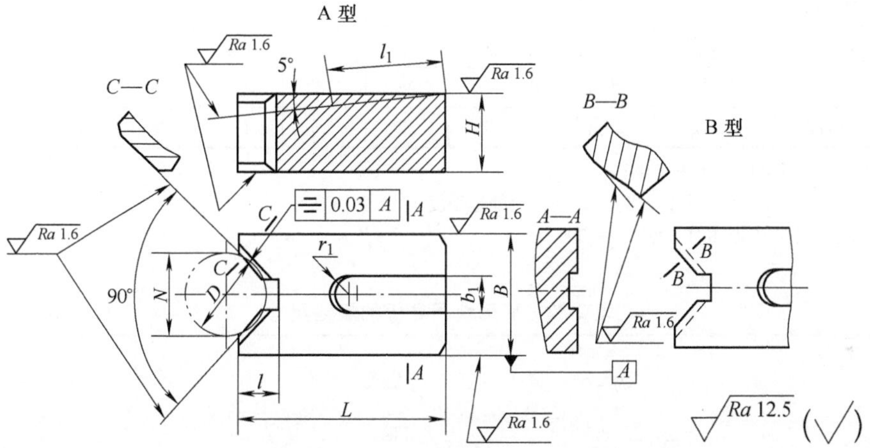

N	D	B(f7)	H(f9)	L	l	l_1	r_1
9	5~10	$18^{-0.016}_{-0.034}$	$10^{-0.013}_{-0.049}$	32	5	22	4.5
14	>10~15	$20^{-0.020}_{-0.041}$	$12^{-0.016}_{-0.059}$	35	7	22	4.5
18	>15~20	$25^{-0.020}_{-0.041}$	$14^{-0.016}_{-0.059}$	40	10	26	4.5
24	>20~25	$34^{-0.025}_{-0.050}$	$16^{-0.016}_{-0.059}$	45	12	28	5.5
32	>25~35	$42^{-0.025}_{-0.050}$	$16^{-0.016}_{-0.059}$	55	16	32	5.5
42	>35~45	$52^{-0.030}_{-0.060}$	$20^{-0.020}_{-0.072}$	70	20	40	6.5
55	>45~60	$65^{-0.030}_{-0.060}$	$20^{-0.020}_{-0.072}$	85	25	46	6.5
70	>60~80	$80^{-0.030}_{-0.060}$	$25^{-0.020}_{-0.072}$	105	32	60	6.5

注：1. 本表符合 JB/T 8018.3—1999。

2. 材料为 20 钢，渗碳深度 0.8~1.2mm，热处理硬度为 58~64HRC。

3. b_1 槽用于螺钉压紧用，螺钉装在导板中。

表 2-31　移动 V 形块的规格尺寸　(单位：mm)

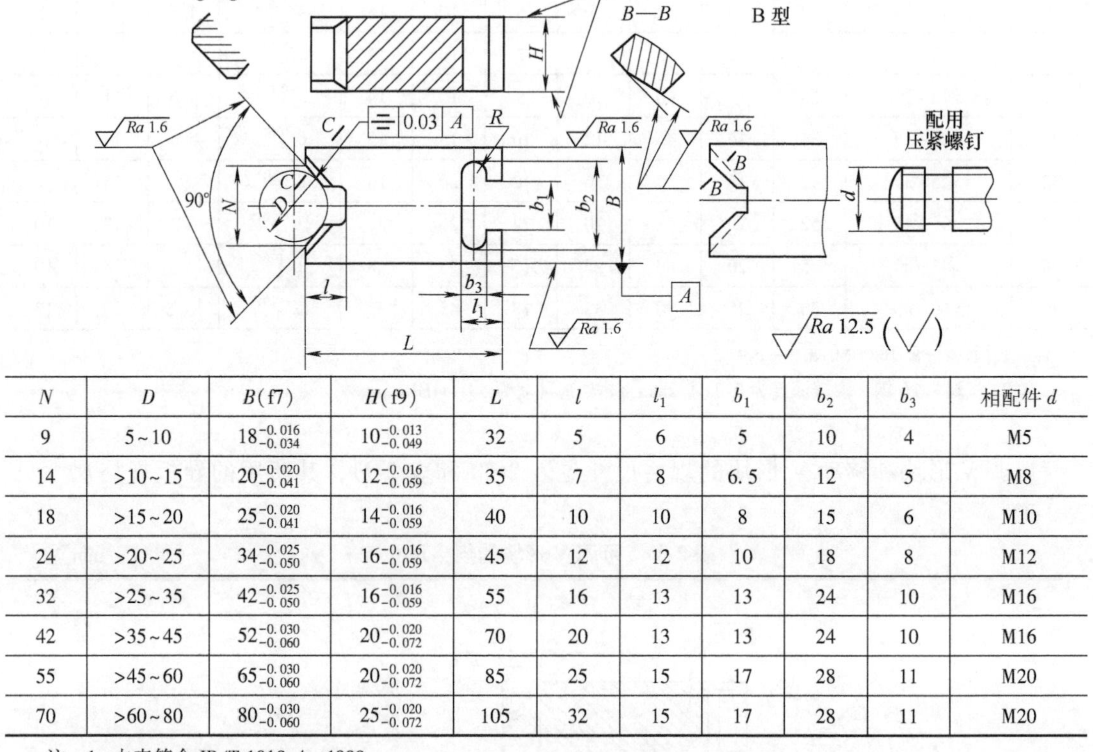

N	D	B(f7)	H(f9)	L	l	l_1	b_1	b_2	b_3	相配件 d
9	5~10	$18^{-0.016}_{-0.034}$	$10^{-0.013}_{-0.049}$	32	5	6	5	10	4	M5
14	>10~15	$20^{-0.020}_{-0.041}$	$12^{-0.016}_{-0.059}$	35	7	8	6.5	12	5	M8
18	>15~20	$25^{-0.020}_{-0.041}$	$14^{-0.016}_{-0.059}$	40	10	10	8	15	6	M10
24	>20~25	$34^{-0.025}_{-0.050}$	$16^{-0.016}_{-0.059}$	45	12	12	10	18	8	M12
32	>25~35	$42^{-0.025}_{-0.050}$	$16^{-0.016}_{-0.059}$	55	16	13	13	24	10	M16
42	>35~45	$52^{-0.030}_{-0.060}$	$20^{-0.020}_{-0.072}$	70	20	13	13	24	10	M16
55	>45~60	$65^{-0.030}_{-0.060}$	$20^{-0.020}_{-0.072}$	85	25	15	17	28	11	M20
70	>60~80	$80^{-0.030}_{-0.060}$	$25^{-0.020}_{-0.072}$	105	32	15	17	28	11	M20

注：1. 本表符合 JB/T 1018.4—1999。

2. 材料为 20 钢，渗碳深度 0.8~1.2mm，热处理硬度 58~64HRC。

3. 配用压紧螺钉见 JB/T 8006.1—1999。

表 2-32　V 形块用导板的规格尺寸　(单位：mm)

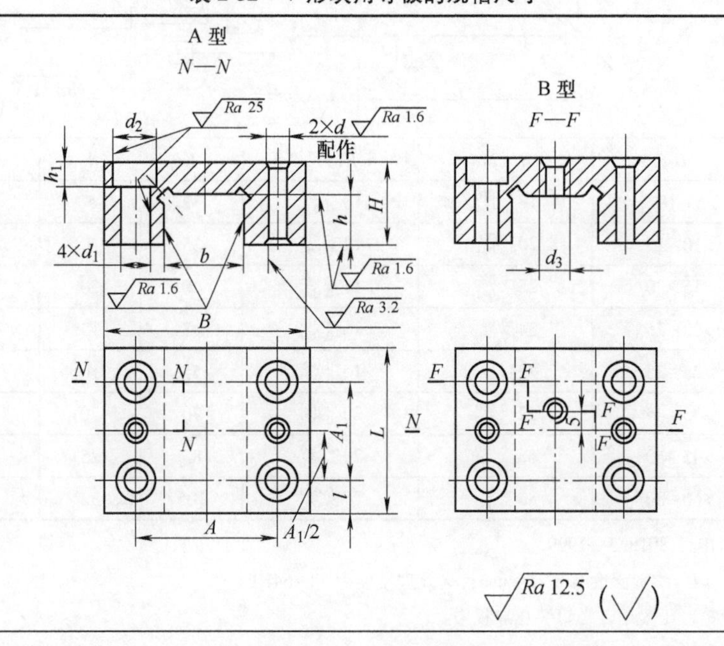

（续）

b(H7)	h(H8)	B	L	H	A	A_1	l	h_1	d(H7)	d_1	d_2	d_3
$18^{+0.018}_{0}$	$10^{+0.022}_{0}$	50	38	18	34	22	8	6	$5^{+0.012}_{0}$	6.6	11	M8
$20^{+0.021}_{0}$	$12^{+0.027}_{0}$	52	40	20	35	22	9	6	$5^{+0.012}_{0}$	6.6	11	M8
$25^{+0.021}_{0}$	$14^{+0.027}_{0}$	60	42	25	42	24	9	6	$6^{+0.012}_{0}$	6.6	11	M8
$34^{+0.025}_{0}$	$16^{+0.027}_{0}$	72	50	28	52	28	11	8	$6^{+0.012}_{0}$	9	15	M10
$42^{+0.025}_{0}$	$16^{+0.027}_{0}$	90	60	32	65	34	13	10	$8^{+0.015}_{0}$	11	18	M10
$52^{+0.030}_{0}$	$20^{+0.035}_{0}$	104	70	35	78	40	15	10	$10^{+0.015}_{0}$	11	18	M12
$65^{+0.030}_{0}$	$20^{+0.033}_{0}$	120	80	35	90	40	15.5	12	$10^{+0.015}_{0}$	13.5	20	M12
$80^{+0.030}_{0}$	$25^{+0.033}_{0}$	140	100	40	110	66	17	12	$12^{+0.018}_{0}$	13.5	20	M12

注：1. 本表符合 JB/T 8019—1999。

2. 材料为 20 钢，渗碳深度 0.8~1.2mm，热处理硬度为 58~64HRC。

3. A 型用于移动 V 形块；B 型用于固定 V 形块。

3. 工件外圆形状误差对定位精度的影响

（1）工件在 V 形块上定位　工件外圆有形状误差，外圆中心产生的最大定位误差如图 2-51 所示(图 2-51a 中 $\alpha=90°$)。

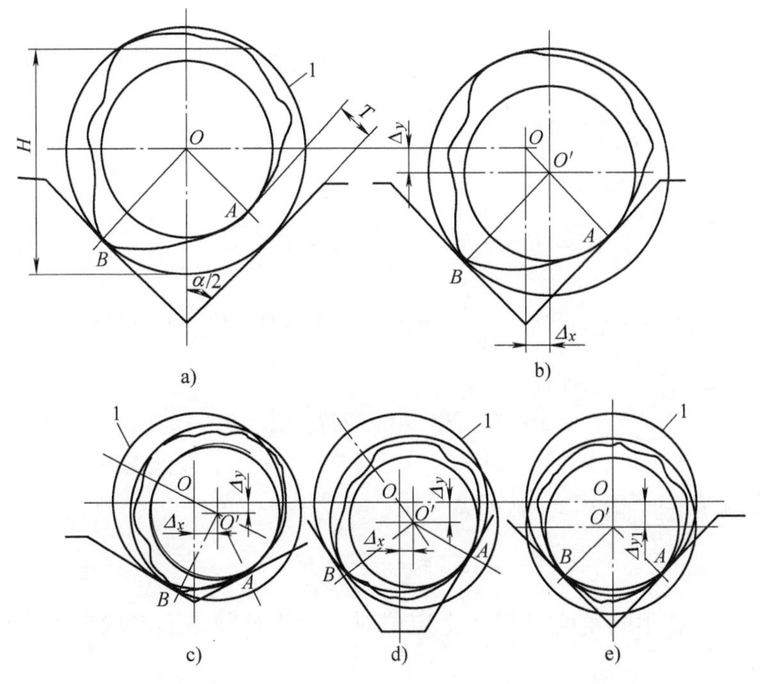

图 2-51　外圆形状误差对在 V 形块上定位的影响(一)

a)、b) $\alpha=90°$　c) $\alpha=120°$　d) $\alpha=60°$　e) α 为任意角

假设工件外圆 B 点(外圆轮廓的最高点)与 V 形面接触，而 A 点(外圆轮廓的最低点)刚好在垂直于右边 V 形面方向离开没有圆度误差的外圆 1 一段距离 T(圆度公差值)，如图 2-51a 所示。当工件沿平行于左边 V 形面移动，外圆表面 A 点和 B 点都靠上 V 形面定位(图 2-51b)，这时工件的中心从 O 移动到 O'，$OO'=T$，中心 O'相对正确位置 O 在水平方向偏移

Δ_x(可左偏或右偏,图示为右偏)，在垂直方向向下偏移 Δ_y。

$$\Delta_x = T\cos(\alpha/2)$$

$$\Delta_y = T\sin(\alpha/2)$$

图 2-51c 和 d 表示当 V 形角 $\alpha=120°$、$60°$时，工件外圆中心相对理想外圆中心 O(正确位置)偏移的情况。这时假设 B 点在理想外圆 1 上，而 A 点刚好在垂直于右边 V 形面方向离开理想外圆 1 一微小距离 T(圆度误差值)。当工件沿平行于左边 V 形面移动，使外圆表面 A 点和 B 点都靠上 V 形定位，这时工件中心 O'相对中心 O 在水平和垂直方向的偏移为 Δ_x 和 Δ_y，其值的计算如图 2-52 所示。

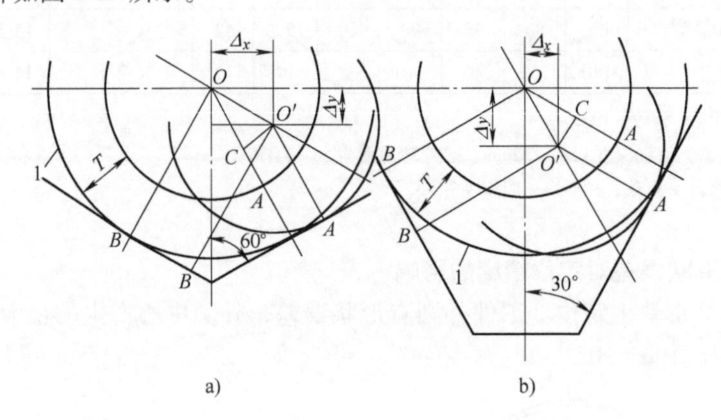

图 2-52 外圆形状误差对在 V 形块上定位的影响(二)

由图 2-52 得，$OO'=\dfrac{OC}{\cos30°}=\dfrac{T}{\cos30°}$

对 $\alpha=120°$V 形(图 2-52a)

$$\Delta_x = OO'\cos30° = \frac{T}{\cos30°}\cos30° \quad \Delta_x = T$$

$$\Delta_y = OO'\sin30° = \frac{T}{\cos30°}\sin30° \quad \Delta_y = T\tan30° = 0.577T$$

对 $\alpha=60°$(图 2-52b)，同样得

$$\Delta_x = T\tan30° = 0.577T \quad \Delta_y = T$$

图 2-51e 表示，当工件外圆轮廓外圆上 A 点和 B 点都处于最低点时，工件外圆中心 O'的位置相对正确位置 O 向下偏移 Δ_{y1}，而 $\Delta_x=0$。

$$\Delta_{y1} = \frac{T}{\sin(\alpha/2)}$$

综上所述，外圆在不同角度 V 形块上定位时，由于外圆表面形状误差产生的外圆中心偏移值见表 2-33。

表 2-33 在不同 V 形块上定位时产生的外圆中心偏移值

α	Δ_x	Δ_y	Δ_{y1}	平均值
60°	0.58T	T	2T	1.2T
90°	0.7T	0.7T	1.4T	0.93T
120°	T	0.58T	1.2T	0.93T

由于工件外圆表面的形状、工件外圆在V形块上的实际位置是随机的，工件的加工方向也不一定是水平或垂直的，所以对每种角度的V形块可取Δ_x、Δ_y、Δ_{y1}的平均值作为定位外圆中心的偏差(定位误差)值，而平均值近似等于工件外圆的圆度误差值T。

一般不考虑工件外圆的形状误差，因为加工精度高需要考虑形状误差时，在分析定位误差时应将上述误差对加工尺寸的影响纳入定位误差的组成部分。例如对图2-51a所示的工件，加工尺寸H，由表2-24可知，不考虑工件外圆形状误差，其定位误差为(表2-24中V形角=2α)

$$\Delta_H=0.5TD\left(\frac{1}{\sin\frac{\alpha}{2}}-1\right)\text{（}TD\text{ 为工件外圆的公差值）}$$

当需要考虑工件外圆形状误差T时，则其定位误差应为

$$\Delta_H=0.5(TD+T)\left(\frac{1}{\sin\frac{\alpha}{2}}-1\right)$$

(2) 外圆在内孔中定位　不考虑工件定位外圆与夹具定位孔之间有间隙，现分析由于工件外圆有形状误差产生的定位误差，如图2-53所示。图中Ⅰ为定位孔(没有圆度误差)，中心为O；Ⅱ为工件外圆，中心为O'。

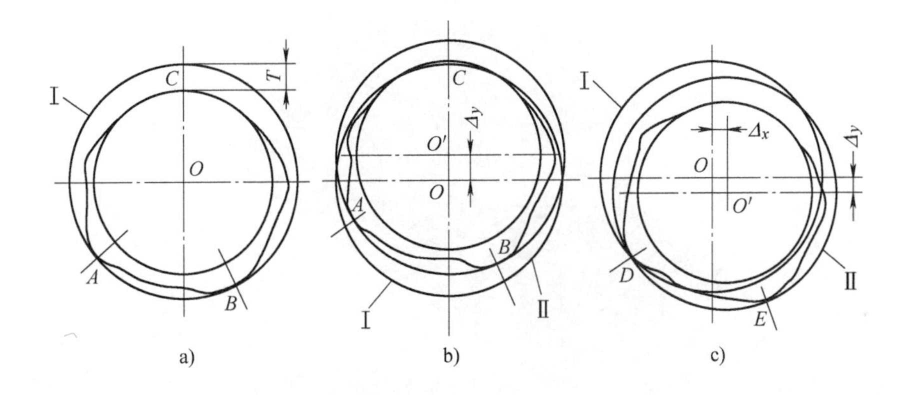

图2-53　外圆形状误差对在内孔中定位的影响

工件外圆的形状误差为T，工件外圆A、B两点与定位孔Ⅰ接触(图2-53a)，这时工件外圆中心与定位孔中心重合，则工件外圆中心处于正确位置。若工件外圆C点与定位内孔接触，A、B两点离开定位孔(图2-53b)，则工件外圆中心处于O'位置，相对正确位置O在垂直方向偏移$\Delta_y=OO'=T$。若工件在D、E两点与定位内孔接触(图2-53c)，则工件外圆中心处于O'位置，相对中心O偏移Δ_x和Δ_y。所以工件以外圆在内孔中定位，外圆形状误差产生的定位误差为$0\sim T$，由于形状误差和工件在夹具中位置的不确定性，可取为$0.5T$。

2.5.2　工件以两外圆表面定位

1. 工件以两外圆表面的应用

有些轴类工件需要以两个外圆表面定位，例如机床主轴内锥孔精磨时以两端主轴外圆定位，精磨曲轴、曲柄轴和其端面时用两端主轴颈定位，多缸曲轴铣端面、钻中心孔时也是以

两端主轴颈定位(以保证后面工序加工余量均匀)。

工件以两外圆表面定位，一般采用两个长度短的V形块(图2-54a)，有时用两个固定圆柱。图2-54b所示为可调圆柱式V形座，转动齿轮1带动齿轮2转动，齿轮2可使两定位圆柱向两个方向对称转到虚线所示的位置，以适应直径在25~100mm范围内的工件。齿轮2与定位圆柱的偏心距为20mm，一般偏心距等于定位圆柱直径的$\frac{1}{8}$~$\frac{1}{4}$。该可调V形座用于外圆直径公差等级为IT6~IT11工件的定位，加工尺寸h_1(图2-46尺寸h_1、h_2和h_3)的定位误差为0.003~0.06mm；加工尺寸h_2的定位误差为0.019~0.266mm；加工尺寸h_3的定位误差为0.011~0.156mm。工件的最大直径为100mm，最小直径为25mm。

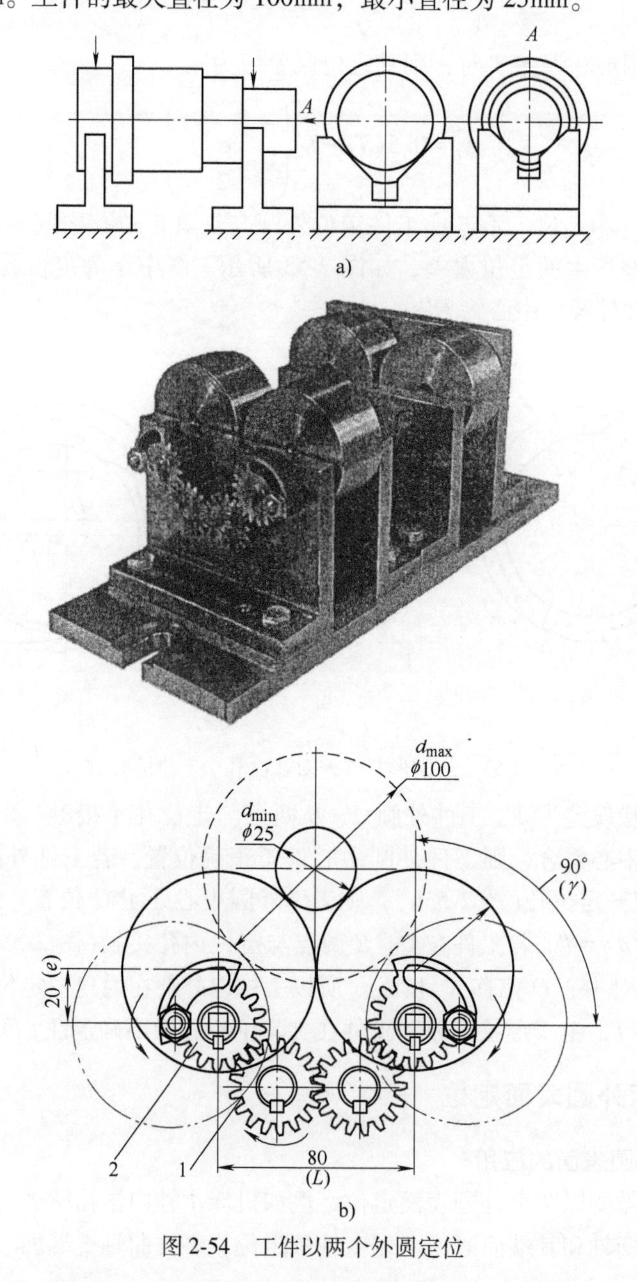

图2-54 工件以两个外圆定位

用可调圆柱 V 形座加工尺寸 h_1、h_2 和 h_3（见前面图 2-46）定位误差的计算式如下：

$$\varepsilon_1=\frac{T}{2}-\left[\sqrt{\left(\frac{T}{2}+\frac{d_{\min}}{2}+R\right)^2-\left(\frac{L}{2}+e\sin\gamma\right)^2}-\sqrt{\left(\frac{d_{\min}}{2}+R\right)^2-\left(\frac{L}{2}+e\sin\gamma\right)^2}\right]$$

$$\varepsilon_2=\frac{T}{2}+\left[\sqrt{\left(\frac{T}{2}+\frac{d_{\min}}{2}+R\right)^2-\left(\frac{L}{2}+e\sin\gamma\right)^2}-\sqrt{\left(\frac{d_{\min}}{2}+R\right)^2-\left(\frac{L}{2}+e\sin\gamma\right)^2}\right]$$

$$\varepsilon_3=\sqrt{\left(\frac{T}{2}+\frac{d_{\min}}{2}+R\right)^2-\left(\frac{L}{2}+e\sin\gamma\right)^2}-\sqrt{\left(\frac{d_{\min}}{2}+R\right)^2-\left(\frac{L}{2}+e\sin\gamma\right)^2}$$

式中　T——工件定位外圆的公差；

$d_{\min}$——可调 V 形座上工件最小直径；

R——定位圆柱的半径；

L——两定位圆柱的距离；

e——齿轮 2 中心相对定位圆柱的偏心量；

γ——在齿轮 1 中心和其回转后位置固定螺母中心之间连线，该连线与定位圆柱垂直中心线的夹角，$\gamma\leqslant90°$。

对精度要求高的以两外圆定位时，可采用液体静压方法定位，图 2-55 所示为在生产中应用的液体静压定位磨削主轴内孔的夹具[49]。

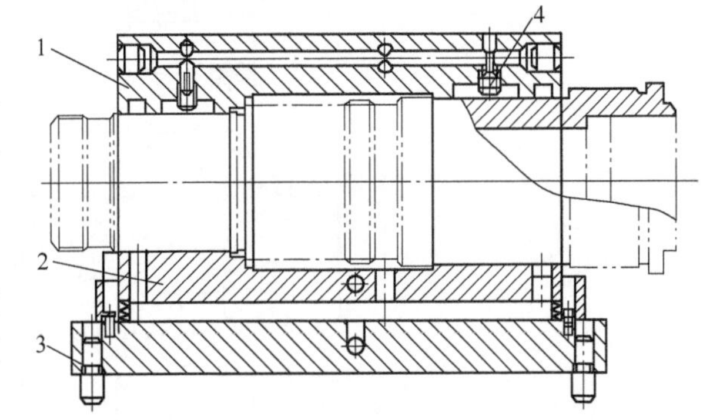

图 2-55　液体静压定位夹具
1、2—本体　3—底板　4—节流阀

在底板 3 上安装上、下本体 1 和 2，通过节流阀 4 向工作腔内供油，使工件（机床主轴）处于浮动状态。在油压为 2MPa 时，工件的刚度为 300N/μm，加工后工件内孔对外圆的跳动小于 1μm。夹具和工件的振动比以前用滚动轴承显著降低，磨出工件的表面粗糙度 Ra 值为 0.63μm，以前为 1.25μm。

一般采用无周向回油的液体静压径向支承（轴承）（图 2-56a），其参数的计算如下所述。

一般支承长度 $L=(0.8\sim1)D$（D 为工件定位轴颈的直径），对工件以两轴颈定位时，应根据工件的尺寸具体确定支承长度，而且有的工件两定位轴颈的直径不相同。

油腔尺寸 $l_0=l_K=0.1D$。

支承孔与工件定位轴之间直径上的间隙 $\Delta=(0.0008\sim0.001)D$（单位为 mm）。

油腔的数量一般取 4，油腔深度 $=(15\sim30)\Delta$。

工作液体采用黏度为 $\mu=(1\sim10)10^3\text{Pa}\cdot\text{s}$ 的矿物油。

油泵供油压力 $p_H=(2\sim3)\text{MPa}$，油室内压力 $p_K=(1\sim1.5)\text{MPa}$，对油滤清的要求是油中最大颗粒不大于最小间隙 $\Delta_{\min}$ 的一半。

液体静压支承的承载能力 F_c（与定位轴承载后在支承中偏移 e 有关）、油的消耗量 Q 和油流动摩擦的损失 p_Σ 的计算如下：

$$F_c=p_HS_cC_F(\varepsilon,k)$$

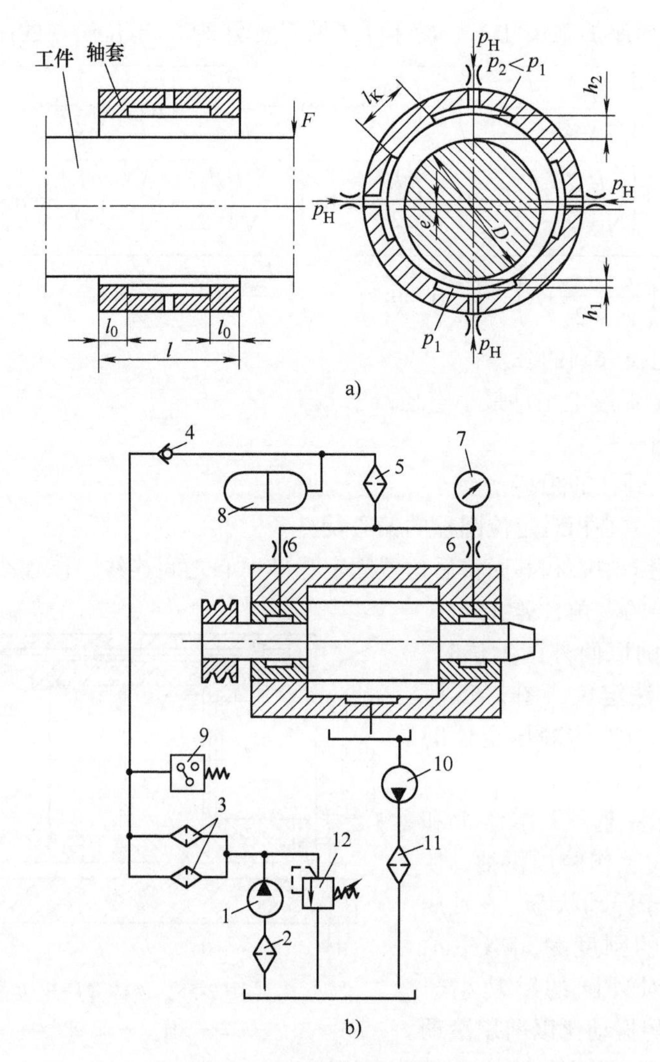

图 2-56 液体静压径向支承

1—油泵 2—粗过滤器 3—精过滤器 4—单向阀 5—高精度滤清器 6—节流阀 7—压力表 8—液压蓄能器 9—压力继电器 11—抽油泵 11—热交换器 12—溢流阀

式中 p_H——液压泵产生的压力，单位为 MPa；

S_c——由于油腔中压力下降，静压支承的有效面积，$S_c=0.5D^2$，单位为 mm^2；

$C_F(\varepsilon,k)$——与相对位移 $\varepsilon=\dfrac{2e}{\Delta}$ 有关的系数，对轻和中等负载 $C_F(\varepsilon,k)=\dfrac{3}{2}\varepsilon$。

可得

$$F_c=0.75\varepsilon D^2p_H=1.5\frac{e}{\Delta}D^2p_H\text{（单位为 N）}$$

润滑层的刚度为

$$j_M=1.5\frac{D^2p_H}{\Delta}\text{（单位为 N/mm）}$$

油的消耗量为

$$Q=10^{8}\frac{\pi D\Delta^{3}p_{\mathrm{H}}}{\mu l_{0}}(\text{单位为 mm}^{3}/\text{s})$$

油流动摩擦总的压力损失为(忽略油腔中不大的损失)

$$p_{\Sigma}=p_{\mathrm{T}}+p_{\mathrm{Q}}=0.072\times10^{-16}\frac{D^{4}\mu n^{2}}{\Delta}+314\frac{p_{\mathrm{H}}^{2}\Delta^{3}}{\mu}$$

式中　p_{T} 和 p_{Q}——分别为工作间隙中的摩擦损失和油流动损失。

对一般液体静压轴承，工作间隙 Δ 是固定的，当工件以静压支承定位时，Δ 有一定变化，应使 Δ 保持在 $(0.0008\sim0.0010)D$ 的范围内。

轴套1用耐磨材料制造，例如青铜，也可用淬火钢。轴套的内表面粗糙度 Ra 值为0.4~0.8μm，而工件2外圆表面的表面粗糙度 Ra 值应不低于0.8μm。轴套外圆表面粗糙度 Ra 值为0.40~0.80μm，与其配合的孔的表面粗糙度 Ra 值为0.80~1.6μm。

轴套1与工件2配合间隙的公差 $\leqslant-\frac{\Delta}{7}$，圆度误差 $\leqslant\left(\frac{1}{3}\sim\frac{1}{10}\right)\Delta$；轴套外圆与其配合孔的过盈量为 $\frac{D}{10000}$(单位为mm)。

采用液体静压轴承应有供油系统(图2-56b)，系统较复杂，这是其缺点。

2. 工件以两外圆定位的误差

工件以两外圆表面定位时，其公共轴线对公称位置 O_1O_2 的偏差情况如图2-57所示(不考虑夹具误差和定位外圆表面的形状误差)。

若两定位外圆公称直径为最大直径，则当工件两定位外圆直径在各自公差范围(T_1 和 T_2)内变化时，其实际公共轴线将在 O_1O_2ab 梯形($T_1\neq T_2$)或矩形($T_1=T_2$)范围内变化(图2-57a所示为 $T_1\neq T_2$)。

$$\varepsilon_1=\frac{T_1}{2\sin\frac{\alpha}{2}}\quad\varepsilon_2=\frac{T_2}{2\sin\frac{\alpha}{2}}$$

式中　α——V形角。

公共轴线对公称位置的最大角度偏移为 β 和 θ。

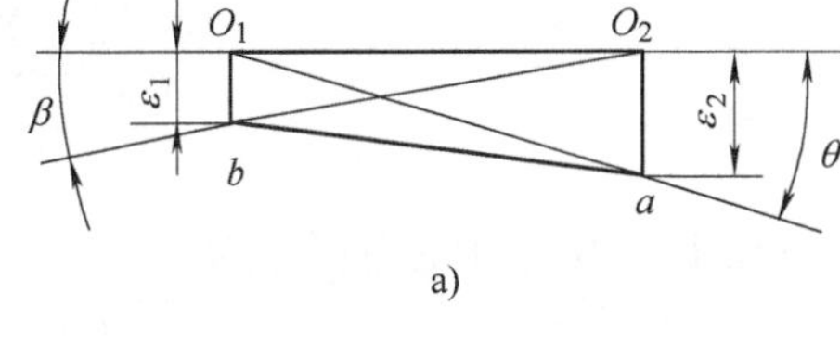

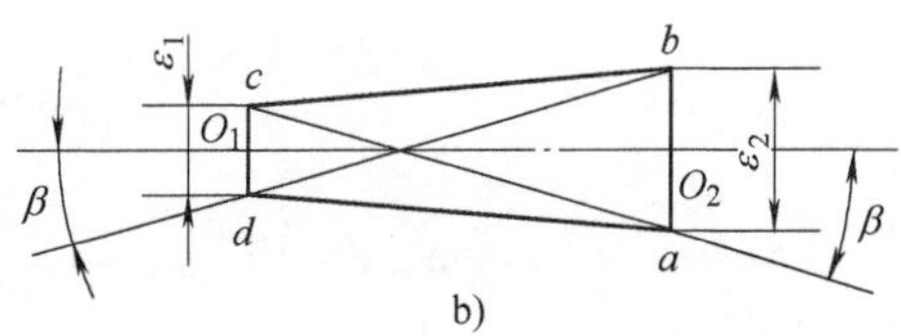

图2-57　两外圆在V形块上公共轴线的定位误差

若定位外圆公称直径为平均直径，则当工件两定位外圆直径在各自公差范围(T_1 和 T_2)内变化时，其实际公共轴线将在 $abcd$ 梯形($T_1\neq T_2$)或矩形($T_1=T_2$)范围内变化(图2-57b所示为 $T_1\neq T_2$)。

$$\varepsilon_1=\pm\frac{T_1}{4\sin\frac{\alpha}{2}}\qquad\varepsilon_2=\pm\frac{T_2}{4\sin\frac{\alpha}{2}}$$

公共轴线对公称位置的最大角度偏移为 $\pm\beta$。

实际公共轴线对公称位置 O_1O_2 的偏移对具体加工的影响要具体分析，下面举例说明。

图2-58所示为工件以两外圆定位加工右端轴颈上的键槽，由尺寸 A 控制键槽深度，计

算定位误差。

在图 2-58 中，ab 为当定位外圆 D 和 d 均为最大直径时的公称轴线，当 D 为最小值和 d 为最大值时，两外圆公共轴线为 bc，与 ab 的夹角为 β；当 D 为最大值和 d 为最小值时，公共轴线 ad 与 ab 的夹角为 θ。

加工尺寸 A 产生的定位误差 Δ 包括：由于工件右端定位外圆直径 d 公差产生的定位误差 Δ_1（Δ_1 图中未示）；由于工件公共轴线对公称位置倾斜 θ 和 β 角产生的定位误差 Δ_2 和 Δ_3。

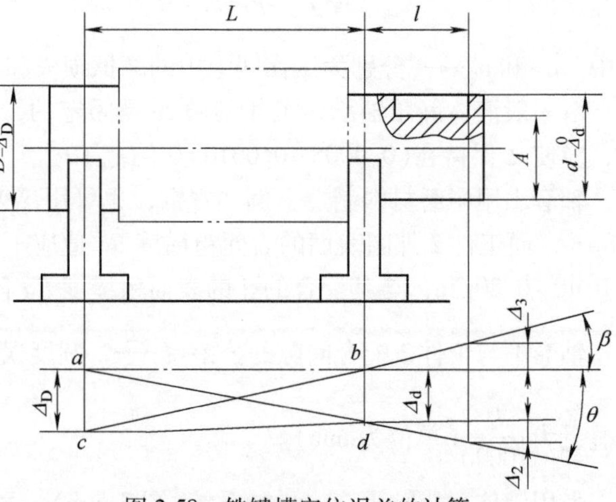

图 2-58 铣键槽定位误差的计算

$$\Delta_1 = T_d\left(\frac{1}{2\sin\frac{\alpha}{2}} - \frac{1}{2}\right)$$

$$\Delta_2 = l\tan\theta = \frac{l}{L}\Delta_d = \frac{l}{2L\sin\frac{\alpha}{2}}T_d$$

$$\Delta_3 = l\tan\beta = \frac{l}{L}\Delta_D = \frac{l}{2L\sin\frac{\alpha}{2}}T_D$$

式中 T_D 和 T_d——分别为直径 D 和 d 的公差。

$$\Delta_D = \frac{T_D}{2\sin\frac{\alpha}{2}};\ \Delta_d = \frac{T_d}{2\sin\frac{\alpha}{2}}$$

所以加工尺寸 A 的总误差为

$$\Delta = \Delta_1 + \Delta_2 + \Delta_3 = \left(\frac{1}{2\sin\frac{\alpha}{2}} + \frac{l}{2L\sin\frac{\alpha}{2}} - \frac{1}{2}\right)T_d + \frac{lT_D}{2L\sin\frac{\alpha}{2}}$$

已知 $D = 35_{-0.062}^{\ 0}$mm，$d = 30_{-0.052}^{\ 0}$mm，加工尺寸 $A = 26_{-0.1}^{\ 0}$mm，$l = 50$mm，$L = 120$mm；$\alpha = 90°$。将有关值代入上式，得

$$\Delta = \left(\frac{1}{2\sin45°} + \frac{50}{2\times120\sin45°} - \frac{1}{2}\right)\times0.052\text{mm} + \frac{50\times0.062}{2\times120\sin45°}\text{mm}$$

$$= 0.044\text{mm（极限法）}$$

按概率法计算

$$\Delta_1 = T_d\left(\frac{1}{2\sin\frac{\alpha}{2}} - \frac{1}{2}\right) = 0.052\left(\frac{1}{2\sin45°} - \frac{1}{2}\right)\text{mm} = 0.011\text{mm}$$

$$\Delta_2 = \frac{l}{2L\sin\frac{\alpha}{2}}T_d = \frac{50}{2\times120\sin45°}\times0.052\text{mm} = 0.015\text{mm}$$

$$\Delta_3=\frac{l}{2L\sin\frac{\alpha}{2}}T_D=\frac{50}{2\times120\sin45^\circ}\times0.062\text{mm}=0.018\text{mm}$$

$$\Delta=\sqrt{\Delta_1^2+\Delta_2^2+\Delta_3^2}=\sqrt{0.011^2+0.015^2+0.018^2}\text{mm}=0.026\text{mm}$$

2.6　工件以两端中心孔或内外锥面定位

2.6.1　工件以两端中心孔定位的应用和元件

一般采用与机床配套的前、后顶尖和外购标准顶尖，必要时设计专用顶尖。表2-34～表2-38分别列出了固定内拨顶尖、夹持式内拨顶尖、外拨顶尖、固定内锥孔顶尖和夹持式内锥孔顶尖的规格尺寸。

表2-34　固定内拨顶尖的规格尺寸　　（单位：mm）

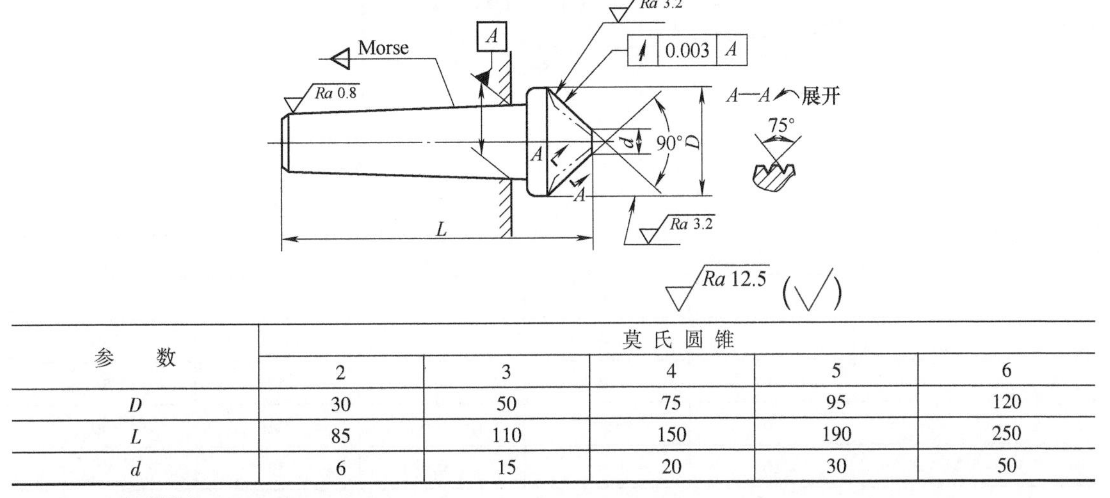

参　　数	莫 氏 圆 锥				
	2	3	4	5	6
D	30	50	75	95	120
L	85	110	150	190	250
d	6	15	20	30	50

注：1. 本表符合JB/T 10117.1—1999。

2. 材料为T8，热处理硬度为55～60HRC，锥柄部硬度为40～45HRC。

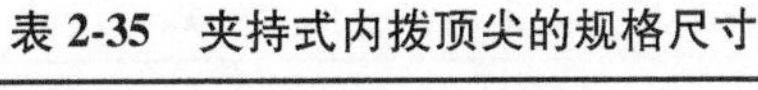

表2-35　夹持式内拨顶尖的规格尺寸　　（单位：mm）

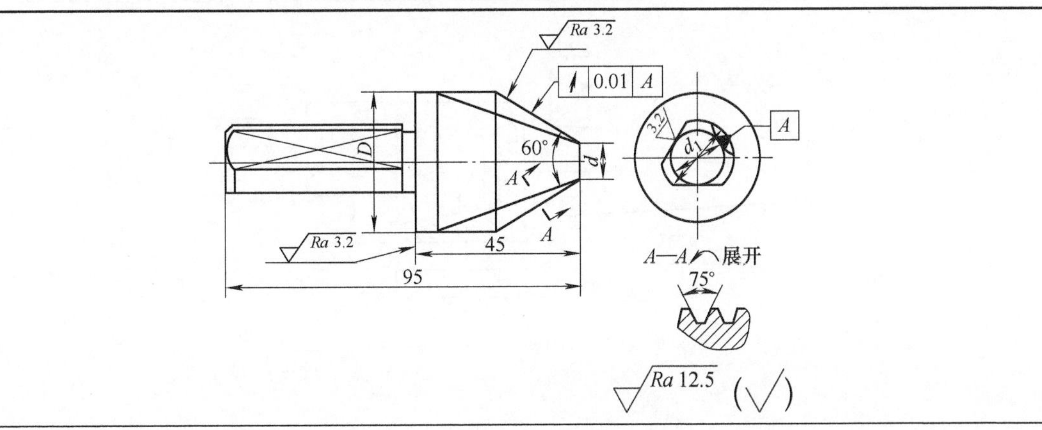

（续）

$d_{-0.5}^{\ 0}$	12	16	20	25	32	40	50	63	80	100
D	35	40	45	50	55	63	75	90	110	125
d_1	20		25	30		45		50		60

注：1. 本表符合 JB/T 10117.2—1999。

2. 材料为 T8A，热处理硬度为 55~60HRC。

表 2-36　外拨顶尖的规格尺寸　（单位：mm）

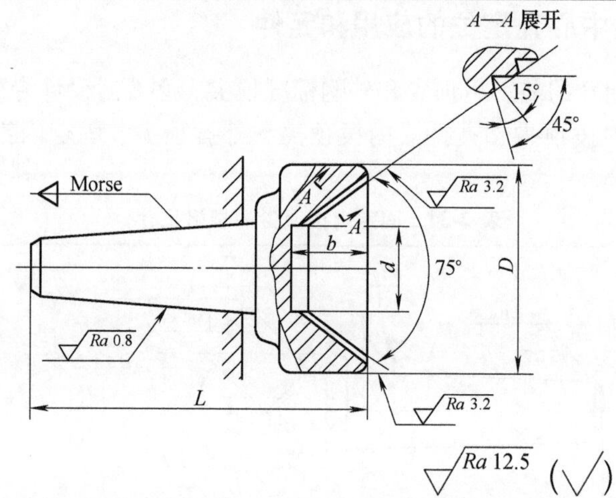

规　格	莫氏圆锥				
	2	3	4	5	6
D	34	64	100	110	140
d	8	12	40	40	70
L	86	120	160	190	250
b	16	30	36	39	42

注：1. 本表符合 JB/T 10117.3—1999。

2. 材料为 T8，热处理硬度为 55~60HRC，锥柄部硬度为 40~45HRC。

表 2-37　固定内锥孔顶尖的规格尺寸　（单位：mm）

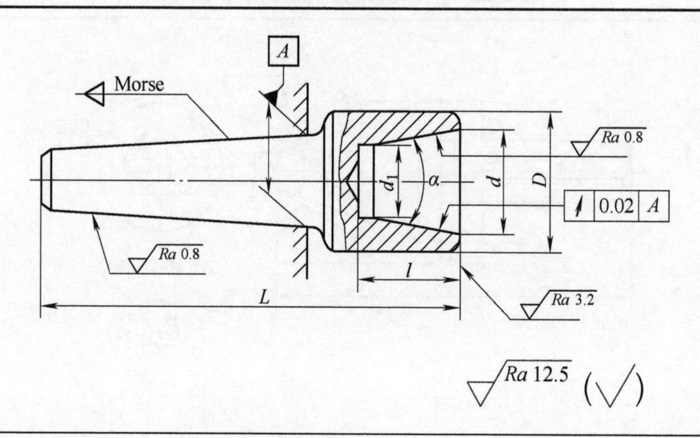

（续）

工件直径	莫氏圆锥	d	D	d_1	α	L	l
8~16	4	18	30	6	16°	140	48
14~24		26	39	12		160	55
22~32		34	48	20		160	55
30~40	5	42	56	28	16°	200	55
38~48		50	65	36		200	
46~56		58	74	44		210	
50~65	5	67	84	48	24°	220	60
60~75		77	95	58			
70~85		87	105	68			
80~95		97	116	78			

注：1. 本表符合 JB/T 10117.4—1999。

2. 材料为 T8，热处理硬度为 55~60HRC，锥柄部硬度为 40~45HRC。

表 2-38　夹持式内锥孔顶尖的规格尺寸　（单位：mm）

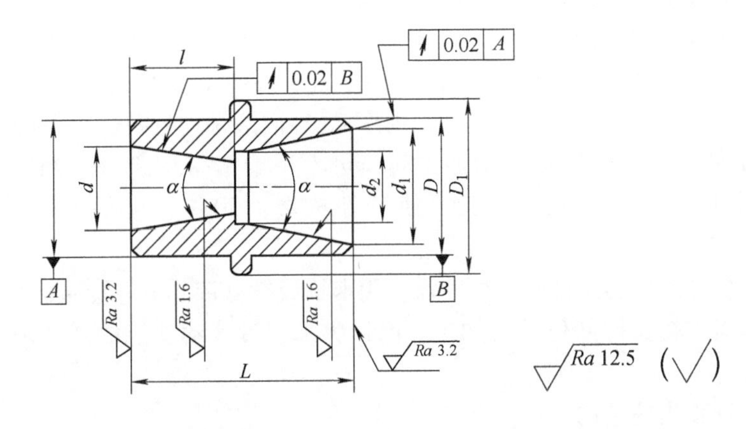

工件直径	d	d_1	d_2	D	D_1	L	l	α
4~10	10	12	4	24	34	60	28.5	16°
8~24	18	26	12	38	48	96	43	
22~40	34	42	28	54	64	104	50	
38~56	50	58	44	70	80	104	50	
50~75	67	77	58	90	100	96	45	24°
70~95	87	97	78	110	120			

注：1. 本表符合 JB/T 10117.5—1999。

2. 材料为 T8，热处理硬度 55~60HRC。

图 2-59 所示为一般回转顶尖的结构，其精度为 0.005mm。

图 2-60 所示为加强回转顶尖的结构，该顶尖刚性高，用于粗车时可提高切削用量，其精度为 0.010~0.015mm。

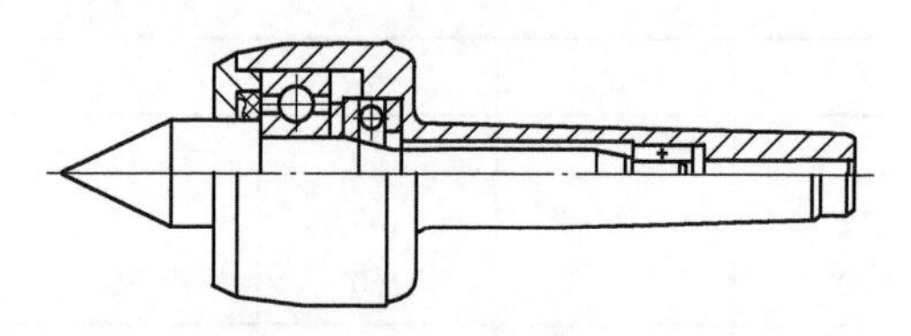
图 2-59 回转顶尖

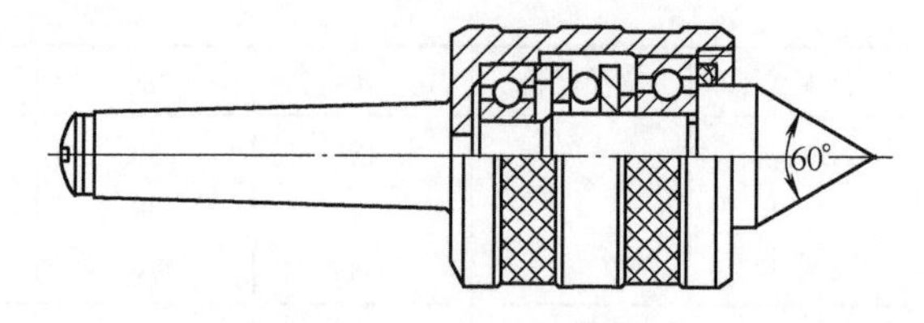

图 2-60 加强回转顶尖

图 2-61 所示为一种用于空心工件的伞形回转顶尖的结构。

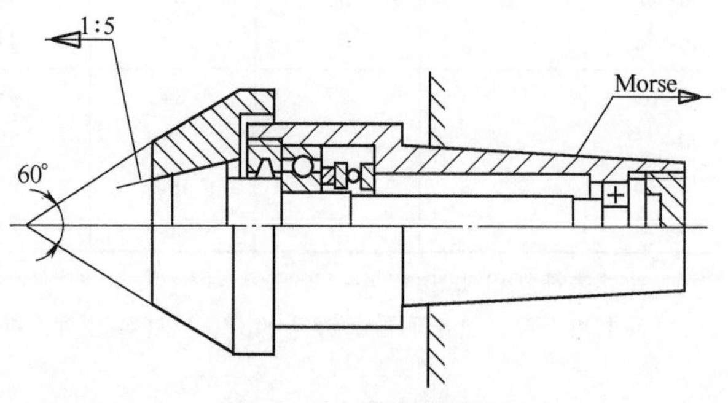

图 2-61 伞形回转顶尖

工件以两中心孔定位应用的一般情况如下：

小型和中型工件用两固定顶尖定位（普通精度径向圆跳动公差为 0.010～0.015mm，高精度径向圆跳动公差为 0.005～0.007mm）；当靠近尾座加工工件端面时，后顶尖采用半顶尖，以利于散热；重型工件高速切削时，后顶尖采用回转顶尖，其精度低于固定顶尖。

套类工件以中间孔两端锥面定位，前顶尖开槽，后顶尖用光面回转顶尖，加工时不用卡箍带动工件，加工整个外圆表面和端面。但采用开槽顶尖时，工件的定位锥面只能用一次，因为使用后锥面受到损坏，如多次利用加工精度低（径向圆跳动公差达 0.5mm）。

对小直径工件，采用内锥顶尖精加工时，可不用卡箍带动工件。当需要时（例如自动加工时），采用轴向浮动的前顶尖，使工件按端面定位，可保证工件的轴向加工精度。

采用普通顶尖加工轴类工件时，同时需要用卡箍或拨盘带动工件转动，其缺点是装卸工件费时间和不能对卡箍夹持部位进行加工。前顶尖采用带拨动功能的浮动顶尖可克服上述缺点。

下面介绍几种顶尖的结构。

通常后回转顶尖做成轴承式的，采用多个轴承结构较复杂，会使顶尖的刚度降低；而当定位表面有缺陷时，其定位误差比固定顶尖大。

对图 2-62 所示的后回转顶尖（用于工件以内孔的倒角定位）的试验表明，该回转顶尖的刚性和使用期限与固定顶尖相当，而其定位精度比固定顶尖高。例如在外圆磨床上加工一工件，用固定顶尖时，其径向圆跳动公差为 0.06mm，而用图 2-62 所示的回转顶尖时，径向圆跳动公差为 0.03mm。加工时通过管接头 6 向滚柱接触区间提供冷却润滑液。

加工时，工件内孔倒角面放在滚柱上，工件开始旋转时，滚柱将工件内孔锥面上的缺陷和毛刺清除，提高了定位精度。

为在大型磨床上磨削冷轧滚压机的轧辊或其他大型工件，设计和应用了图 2-63 所示的固定顶尖。

顶尖 1 的材料为高速工具钢，顶尖压入本体 2 内并熔焊，顶尖工作表面用压入注油器润滑。为加快散热，本体和顶尖的外表面镀铜。此外，在顶尖锥面上应有槽，以在磨损和重磨顶尖时保留有镀铜。

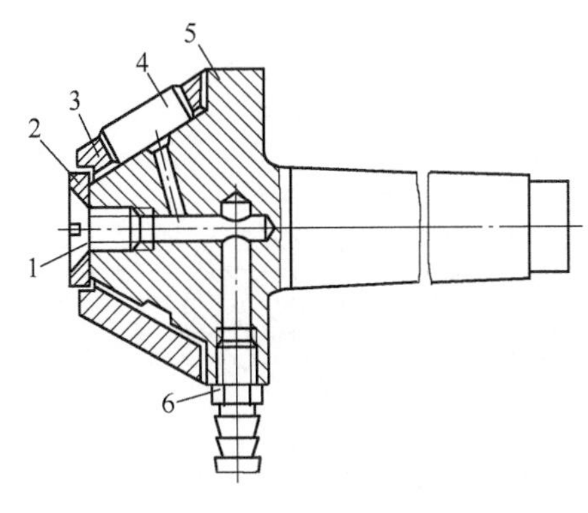

图 2-62　专用回转顶尖

1—螺钉　2—挡圈　3—保持架

4—滚柱(3 个)　5—本体　6—管接头

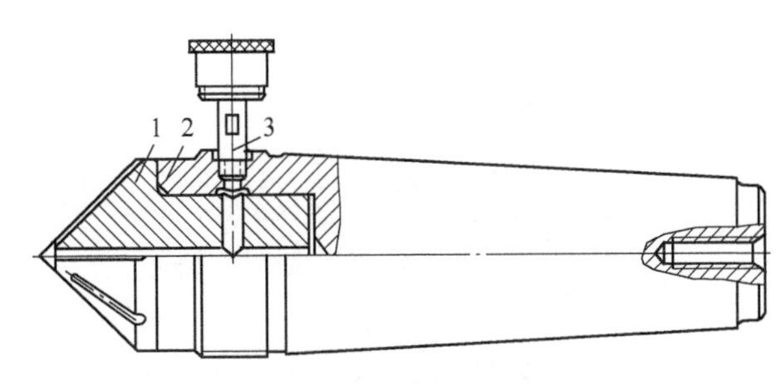

图 2-63　大型工件用固定顶尖

1—顶尖　2—本体　3—注油器

当工件以中心通孔两端倒角锥面定位时，用顶尖直接与工件倒角接触不能加工高精度工件，这是因为加工出高精度锥面(圆度误差小于 5μm)，沿圆周倒角的深度尺寸保持一致比较困难，而接触面上大的摩擦力对回转轴线的稳定性有影响。为提高以中心通孔两端倒角定位时的磨削精度，可采用球面定位元件，如图 2-64 所示。

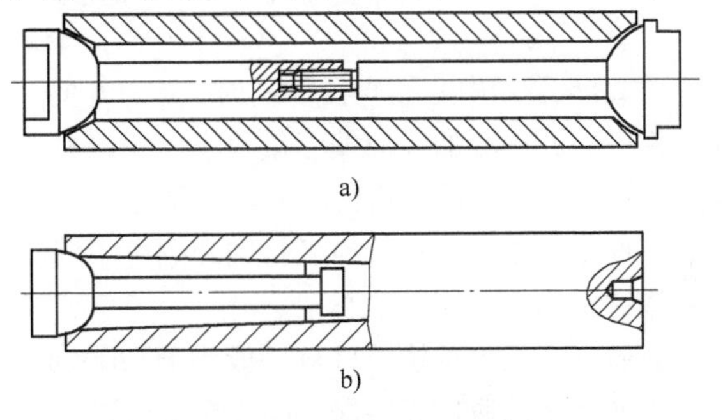

图 2-64　两端锥面用球面定位

试验证明，两端锥面用球面定位可达到高的定位精度，磨削加工圆度误差达 0. 2μm，跳动达 2μm。这种方法既可用于工件有大于 12mm 的通孔(图 2-64a)时，也可用于工件一端有较大孔的倒角、另一端有普通的中心孔(图 2-64b)时。

取球面与工件锥面的接触点 J 在工件倒角长度的中间截面上(图 2-65a)，半径 R 按下式计算：

$$R=\frac{d_2+l_1\tan\alpha}{2\cos\alpha}$$

球面元件中心孔的平均半径为 FG，由图可知 R 的中心到中心孔端面的距离为

$$a=CG-\frac{l}{2}\qquad CG=FG\tan\alpha=\left(\frac{d}{2}+\frac{l}{2}\tan\alpha\right)\tan\alpha$$

所以

$$a=\frac{(d+l\tan\alpha)\tan\alpha-l}{2}$$

下面分析球面定位元件的工作情况。

当处于理想情况时，球面元件 2 的轴线始终与机床顶尖 1 的轴线 $O—O$ 重合。实际上，当有倾斜时，球面元件中心孔大端和小端的 A 和 B 点(或 H 和 D 点)与顶尖不接触，这时球面元件中心孔平均直径的中心产生微量的径向和轴向位移至 G' 点(图 2-65b)，其径向位移 h 与球面元件中心孔轴线倾斜角 β 的关系式为

$$h=\beta^2\frac{\sqrt{(d+l\tan\alpha)^2+L^2}}{2}$$

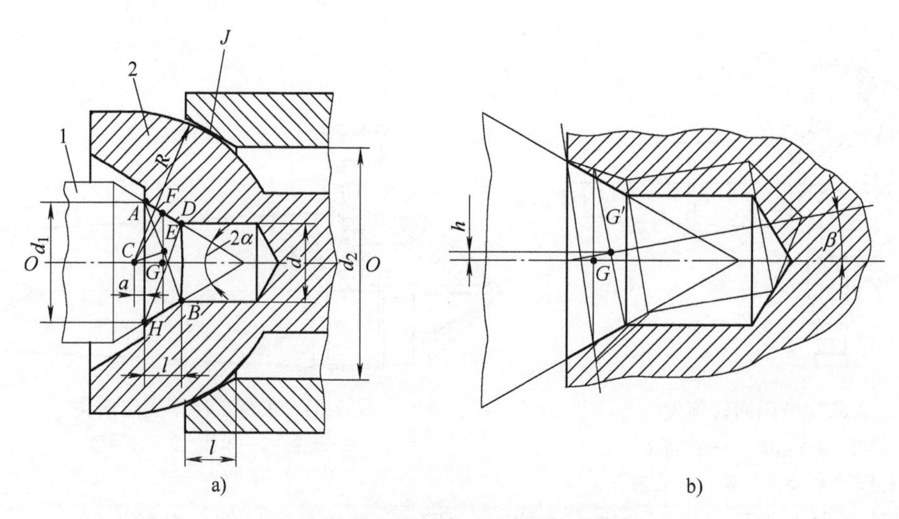

图 2-65　两端用球面定位的计算分析

1—机床顶尖　2—球面元件　J—接触点

图 2-66 表示中心孔直径为 d 时，h 与 β 的关系曲线（计算值），说明当 $\beta=1°\sim2°$时，球面元件中心孔中心的径向偏移量很小，所以只要控制由于球面元件连接处的间隙产生的倾斜角不超过 1°~2°，即可达到高的定位精度。

工件以两中心孔定位加工长轴和刚性不好的工件时，需要采用中心架作为辅助支承，一般采用通用固定或移动中心架。

普通中心架支承块的材料一般为 HT200 或青铜，磨损快，与工件之间产生间隙后振动大，不能满足高速加工要求。图 2-67 所示为对普通中心架的改装。下面两滚珠轴承 7 的位置按工件的直径调整好，然后再用螺母 3 调整杆 4 的位置，用偏心轮 8 将盖 2 压紧。这时弹簧 5 通过上面的两滚珠轴承压向工件，工件圆度引起的跳动由弹簧 5 吸收。

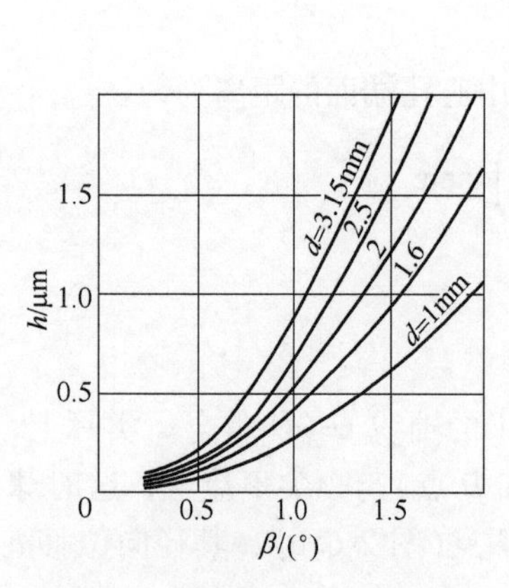

图 2-66　径向位移 h 与球面元件中心孔轴线倾斜角 β 的关系式

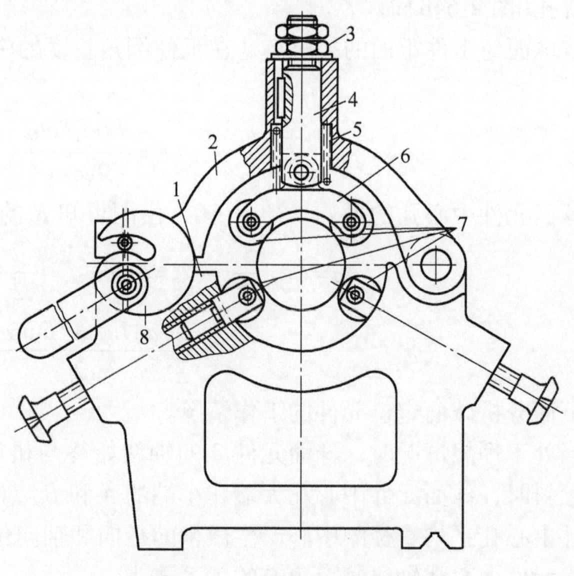

图 2-67　固定中心架的改装

1—本体　2—盖　3—螺母　4—杆

5—弹簧　6—杠杆　7—轴承　8—偏心轮

图 2-68 所示为用于毛坯工件的中心架。在轴承孔内压入套 4，自定位环 6 用三个螺钉 10 浮动固定在套 4 右端法兰上，在环 6 上有两支承块 9 和夹紧螺钉 5（两支承块夹角为 120°）。

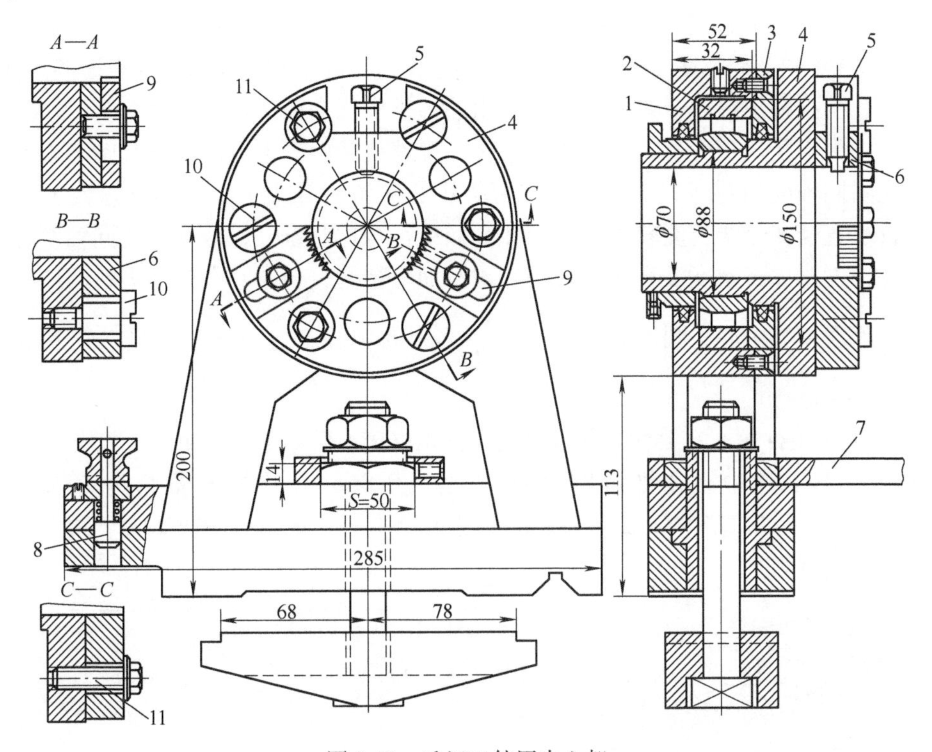

图 2-68　毛坯工件用中心架
1—支座　2—轴承　3—盖　4—套　5—螺钉　6—环　7—手柄　8—定位销
9—支承块　10、11—螺钉

在加工前，先调整好两支承块 9 和螺钉 5 的位置，将工件装在机床两顶尖上，这时环 6 自动按工件定中，用螺钉 5 将工件紧固，然后用三个螺钉 11 将环 6 和套 4 一起进行刚性固定。

图 2-69 所示为在铣曲轴主轴颈和连杆轴颈的机床上采用的中心架[50]，在中心架本体 2 中有两个轴线相互垂直的套 3，并且两套的轴线分别平行于切削力 F_x 和 F_z 的方向。在套 3 中有杆 4，杆上有支承 5（双臂杠杆），杠杆上有两滚柱 6，液压缸 10 带动杠杆进行往返移动，螺钉 8 防止杆转动。两支承轴线 9 在垂直于工件轴线的平面内。

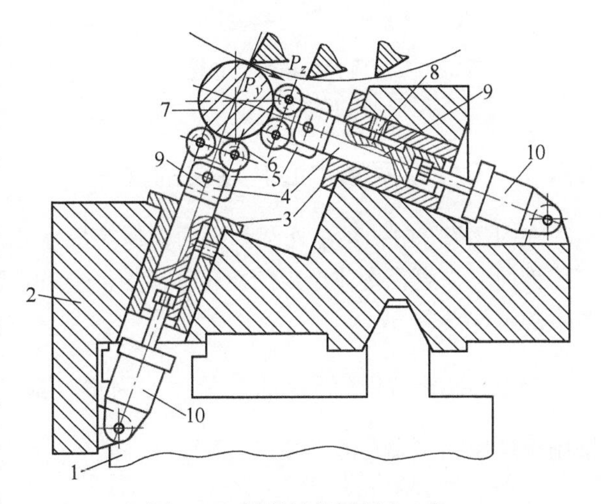

图 2-69　铣曲轴外圆用中心架
1—机床　2—本体　3—套　4—杆　5—支承　6—滚柱
7—工件　8—螺钉　9—支承轴线　10—液压缸

2.6.2 工件以两端中心孔定位的特性

工件在固定顶尖上加工可达到高的精度，固定顶尖在理想情况下(顶尖表面与工件中心孔表面完全贴合)就是滑动轴承，工件绕其轴线转动。实际上由于工件两中心孔和机床两顶尖的同轴度偏差(a 和 b,如图 2-70 所示)、中心孔和顶尖锥角的差异以及其表面的形状误差，顶尖与中心孔的接触情况比较复杂，使加工出的工件外圆表面产生形状误差。

为使工件中心孔与顶尖有较好的接触条件，推荐机床两顶尖的同轴度和圆度误差小于工件两中心孔的同轴度和圆度误差；顶尖和中心孔的锥角相等或中心孔的锥角大于顶尖的锥角；采用较小直径和母线长度较小的中心孔。如果符合这些条件，两中心孔同轴度、直径大小以及工件长度对加工精度没有显著影响，这时加工精度只与中心孔或顶尖的圆度有关。通常工件的圆度误差为中心孔圆度误差的$\frac{1}{10}\sim\frac{1}{20}$(各种加工中心孔的方法和设备达到的中心孔圆度误差为 3~8μm)。

图 2-71 表示工件中心孔锥角(α)与顶尖孔锥角(60°)不一致时，对工件形状误差(Δ_D)的影响：顶尖孔与工件中心孔锥角均为 60°，$\Delta_D=0.96\mu m$；中心孔锥角为 59°24′，$\Delta_D=1.3\mu m$；中心孔锥角为 60°44′，$\Delta_D=1.0\mu m$。这说明中心孔锥角等于或略大于顶尖的锥角比小于顶尖锥角更有利。

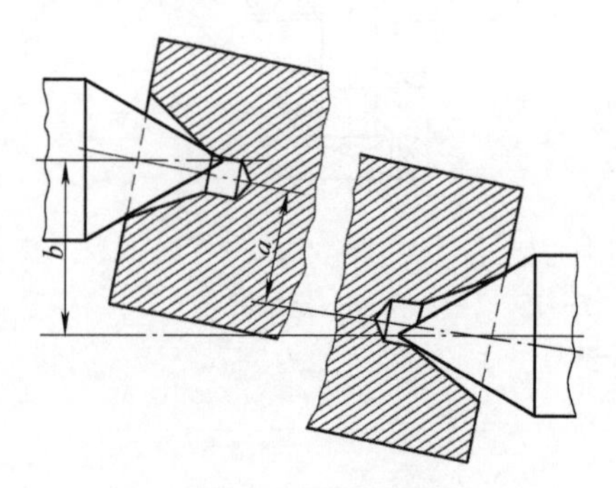

图 2-70 两顶尖孔和两中心孔不同轴时工件的定位

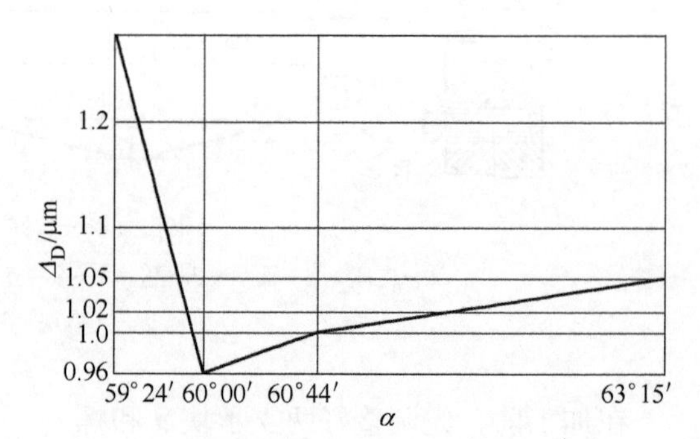

图 2-71 顶尖孔锥角为 60°，中心孔锥角的差异对工件形状误差(Δ_D)的影响

2.6.3 工件以两端中心孔定位的误差

在图 2-72a 中，车小外圆和端面，保持尺寸 A。尺寸 A 的定位误差包括：①由于中心孔定位锥面大头直径变化产生的定位误差 ε_{AL}；②由于工件左端面对两中心孔轴线垂直度偏差产生的定位误差 ε_A。

若中心孔定位锥面大头直径的公差为 T_{D1}(或换算得到的公差值)，则 $\varepsilon_{AL}=\frac{T_{D1}}{2\tan30°}$。如果用滚珠控制中心孔的尺寸(图 2-72c)，则 $\varepsilon_{AL}=\Delta_a$。

若工件左端面对两中心孔轴线在直径上的垂直度偏差为 Δ_A，则 $\varepsilon_A=\frac{D_1}{D}\Delta_A$。

所以尺寸 A 的定位误差为

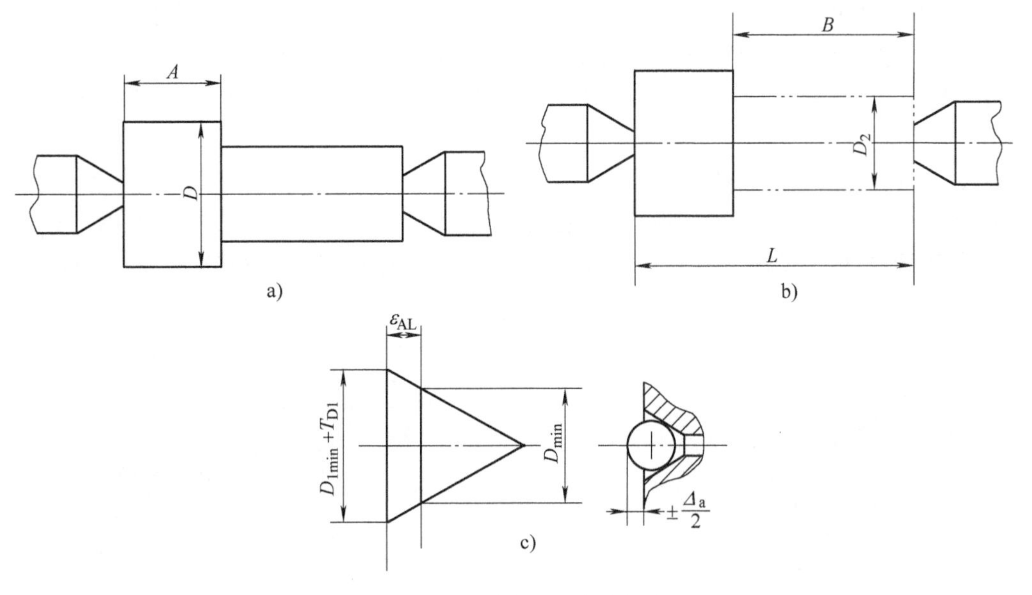

图2-72 以两端中心孔定位的误差

$$\varepsilon_A=\varepsilon_{AL}+\varepsilon_A=\frac{T_{D1}}{2\tan30^\circ}+\frac{D_1}{D}\Delta_A$$

在图2-72b中，加工小外圆和端面，保持尺寸B。这时尺寸B的定位误差包括：①由于中心孔定位锥面大头直径变化产生的定位误差ε_{BL}，$\varepsilon_{BL}=T_{D1}/(2\tan30^\circ)$；②由于工件左端面对两中心孔轴线垂直度偏差产生的定位误差ε_B，$\varepsilon_B=(D_1/D_2)\Delta_A$；③由于工件全长$L$的公差$T_L$产生的定位误差$\varepsilon_L=T_L$，则尺寸$B$的定位误差为

$$\varepsilon_B=\varepsilon_{BL}+\varepsilon_B+\varepsilon_L=\frac{T_{D1}}{2\tan30^\circ}+\frac{D_1}{D_2}\Delta_A+T_L$$

2.7 工件以螺纹表面定位

有时需要以螺纹表面定位，由于螺纹中径的公差大，所以通常以螺纹表面定位时还应利用工件已经加工过的端面，以消除工件的倾斜。

图2-73所示为工件以内螺纹定位的螺纹定位心轴，由紧固在机床法兰盘上的本体1和螺纹定位心轴2组成。工件旋在螺纹上，直到其端面碰到本体1的端面，然后用气缸通过拉杆(图中未示)拉紧心轴2，将工件压紧在本体1的端面上。不考虑螺距误差，心轴2与本体1螺纹各牙形的左面紧密接触，消除由于螺纹间隙使工件产生倾斜的可能，达到定位的作用。由试验可知，径向圆跳动公差达0.02mm，其轴向间隙为0.005mm。

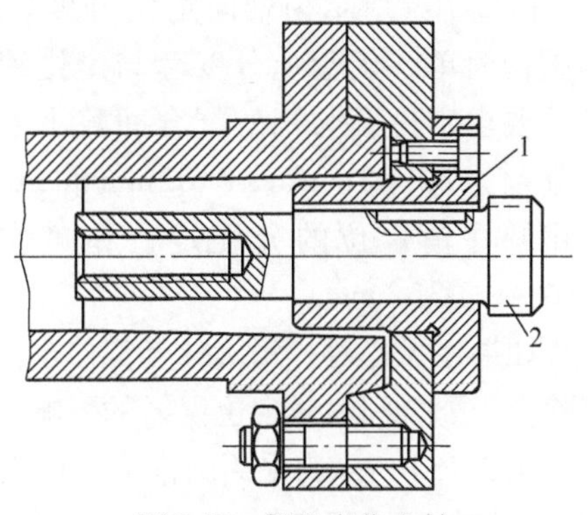

图2-73 螺纹定位心轴
1—本体 2—心轴

图2-74所示为工件以外螺纹定位的螺纹定位装置，由螺纹环1、2和挡圈3组成。环2在槽内转动，

其轴向间隙为0.005~0.015mm；环1和环2的螺纹同时加工，其中径应一致，两环的位置应定向，以保证两环螺纹的连续性。两环的外圆与螺纹中径应同轴。

旋转环2，工件螺纹与环1和环2螺纹单边接触，使工件按螺纹定中和夹紧，该装置在自定心夹头上使用。

图2-75所示为通用外螺纹定位心轴，将工件拧入可换螺纹套6中，转动螺母2，使固定在套8中的螺纹套6和工件(图中未示出)一起被压向端面支承7的端面，使工件与套6上的螺纹单边接触，支承7防止工件倾斜。该心轴用于外螺纹直径为32~45mm的工件。

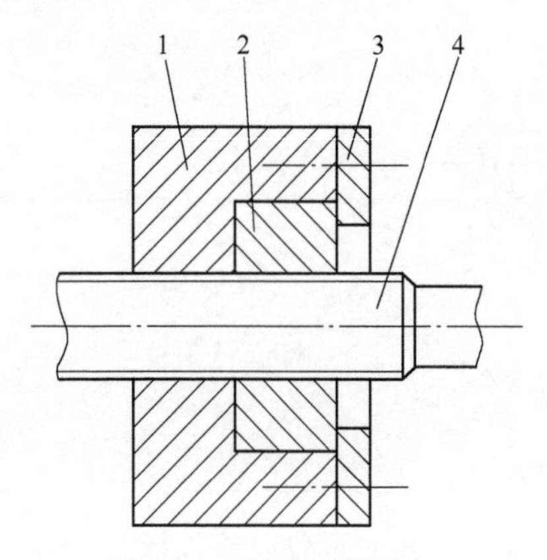

图2-74 外螺纹定位装置
1、2—环 3—挡圈 4—工件

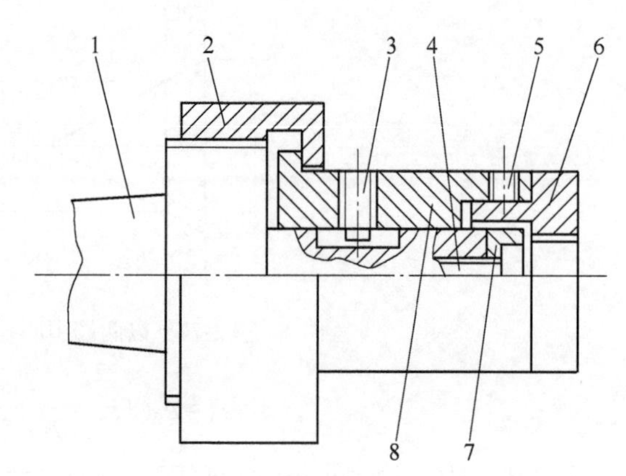

图2-75 通用外螺纹定位心轴
1—心轴 2—螺母 3、4、5—螺钉 6、8—套 7—端面支承

2.8 工件在夹具上的回转分度定位

2.8.1 回转分度定位装置

1. 回转分度定位方式及其精度

对一般精度的工件，大多采用在夹具上设置回转分度定位装置，图2-76所示为几种轴向回转分度的定位方式。

图2-76a所示为轴向定位分度转盘的示意图。图2-76b所示为采用圆柱形定位销，其结构简单，转盘上分度套与定位销的配合一般为H7/g6，精度较高的为H6/h5，高精度的要求定位套与销的配合间隙小于0.01mm。对这三种配合情况，转盘相邻孔距的公差分别为±0.03mm、±0.02mm和±0.015mm。定位销与导向套的间隙应小于0.01mm。采用圆柱销定位的分度定位精度在±10″以内，一般在工作台外圆上的定位误差为0.02~0.035mm。

如果在操作时，每次分度都使定位销靠向定位套的同一侧，然后夹紧转盘，则可减小或消除由于配合间隙对定位误差的影响，如图2-76c所示。

图2-76d所示为采用圆锥形定位销(锥角为10°~15°)，其分度精度比圆柱销高，定位销与分度套的间隙研磨至0.003mm，定位精度可达±0.015mm，持久精度为±0.03mm。采用圆锥定位销时，对防尘的要求较高。

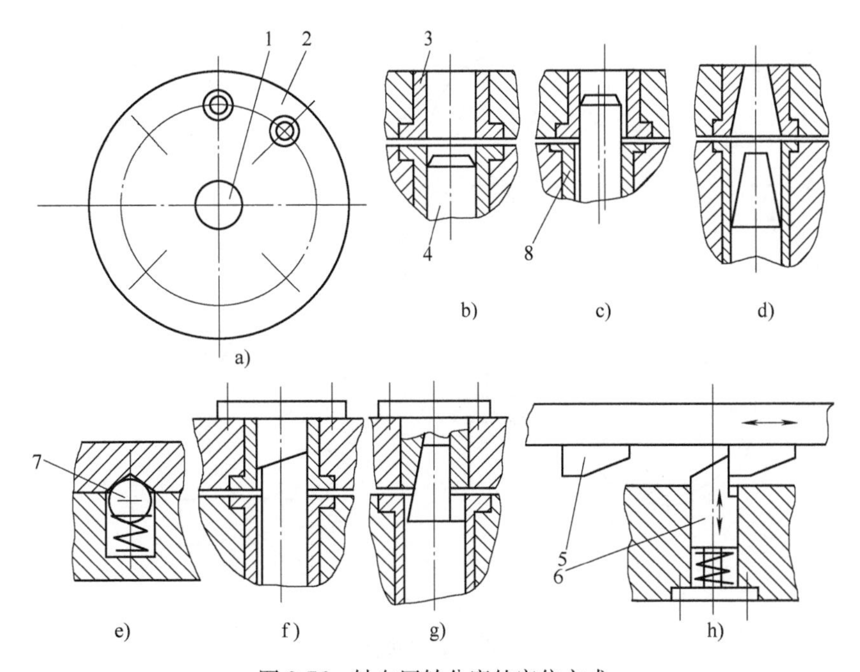

图 2-76　轴向回转分度的定位方式

1—转轴　2—转盘　3—分度套　4—定位销　5—分度块　6—定位块　7—滚珠　8—衬套

图 2-76e 所示为采用弹簧滚珠定位，由于锥窝浅定位稳定性差，一般用于初定位，或用于切削负载小、精度低的场合(例如加工沿圆周分布的小油孔)。

图 2-76f 所示为带斜面的圆柱销，斜面相对水平方向倾斜 15°~18°。由于定位销斜面与固定在转盘上的斜面块接触，在分度时总是使定位销圆柱面的一侧靠在分度套孔中的右侧，销与孔的间隙始终在左侧，提高了定位精度，这种方式多用于较精密分度。

图 2-76g 所示为采用斜面销定位，这时定位销和分度套的定位部分是在圆柱面的一个斜面和一个铅垂面上(平行于销轴线的面)。定位时由定位销上的斜面推动转盘慢速回转，直到其铅垂面与定位套的铅垂面紧密贴合，实现分度定位，达到较高的精度。

图 2-76h 所示为采用反靠定位分度，在转盘上有分度块(其数量等于分度数)，图示为转盘处于分度状态。转盘向右转动，下一个分度块压下定位块；当分度离开定位块时，定位块在弹簧力的作用下向上伸出，这时使转盘反转，分度块靠上定位块，实现分度定位，提高了分度精度，可达±(7″~4″)/800~1400mm。

如果用菱形销代替图 2-76b 所示的圆柱销，这样在同样分度圆直径 D 的情况下，可缩小定位销与定位套之间的间隙，从而提高分度精度。采用弹性可胀缩的定位件，其定位精度与锥销相近，在直径为 700~1500mm 上的定位误差为±0. 025mm。这时菱形销圆柱部分的直径垂直于转盘半径。

图 2-77 所示为径向分度各种方式的示意图：图 2-77a 所示为双锥定位销；图 2-77b 所示为单锥定位销；图 2-77c 所示为用滚珠定位；图 2-77d 所示为用弹性元件定位；图 2-77e 所示为用六面体和斜楔定位。在同样外形直径转盘情况下，径向分度的精度高于轴向分度的精度。

齿盘、钢球回转分度将在下面介绍。

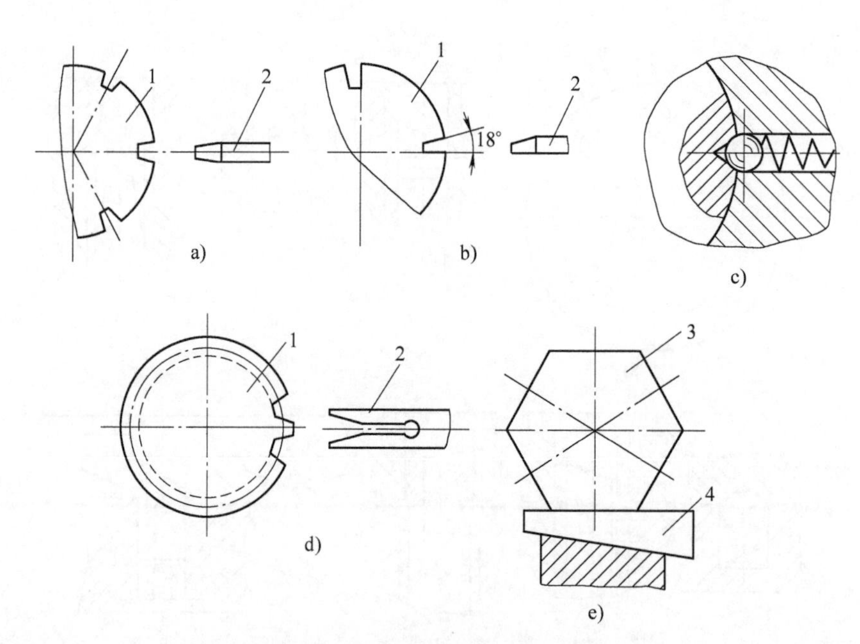

图 2-77　径向回转分度的定位方式

1—转盘　2—定位销　3—六方体　4—楔块

2. 回转分度定位的结构

回转分度定位装置的结构较多，下面介绍几种常用的结构。表 2-39 列出了手拉式分度定位装置。

表 2-39　手拉式分度定位装置　（单位：mm）

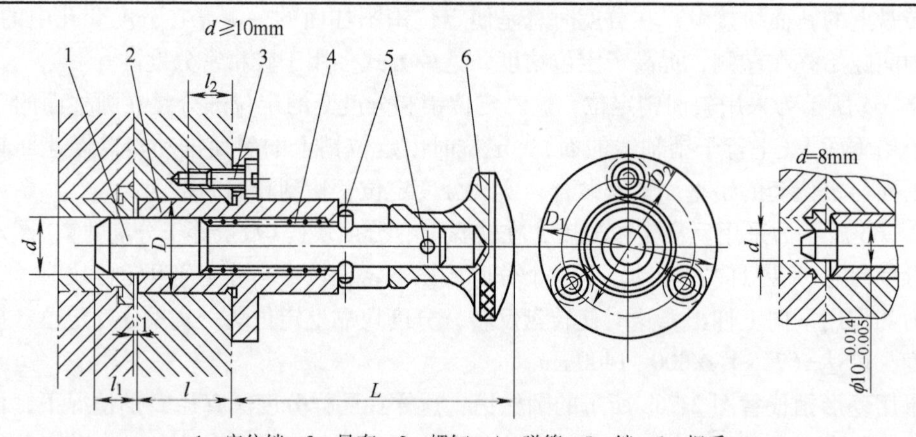

1—定位销　2—导套　3—螺钉　4—弹簧　5—销　6—把手

d	D	D_1	D_2	$L\approx$	l	$l_1\approx$	l_2
8	16	40	28	57	20	9	9
10	16	40	28	57	20	9	9
12	18	45	32	63	24	11	10.5
15	24	50	36	79	28	13	10.5

注：本表符合 JB/T 8021.1—1999。

表 2-40 给出了枪栓式分度定位装置。

表 2-40　枪栓式分度定位装置　　（单位：mm）

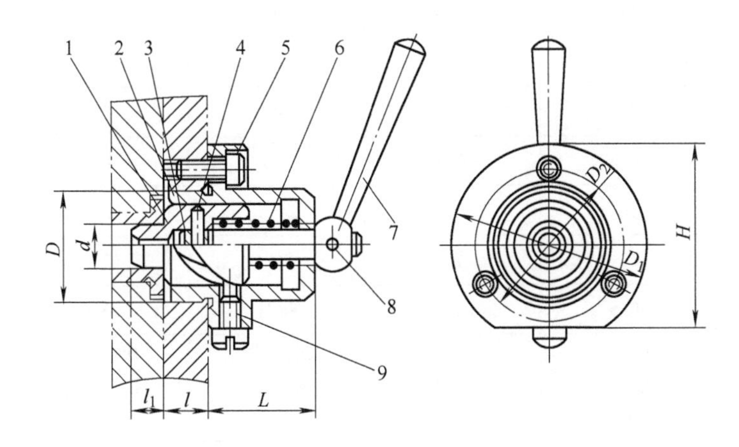

1—定位销　2—壳体　3—轴　4—销　5—螺钉　6—弹簧　7—手柄　8—销　9—螺钉

d	D	$L\approx$	l	$l_1\approx$	D_1	D_2	H
12	32	33	12.5	10	60	46	54
15	38	40	15.5	12	68	52	60
18	40	42	18.5	15	70	55	62

注：本表符合 JB/T 8021.2—1999。

表 2-41 给出了齿轮齿条式分度定位装置。

表 2-41　齿轮齿条式分度定位装置　　（单位：mm）

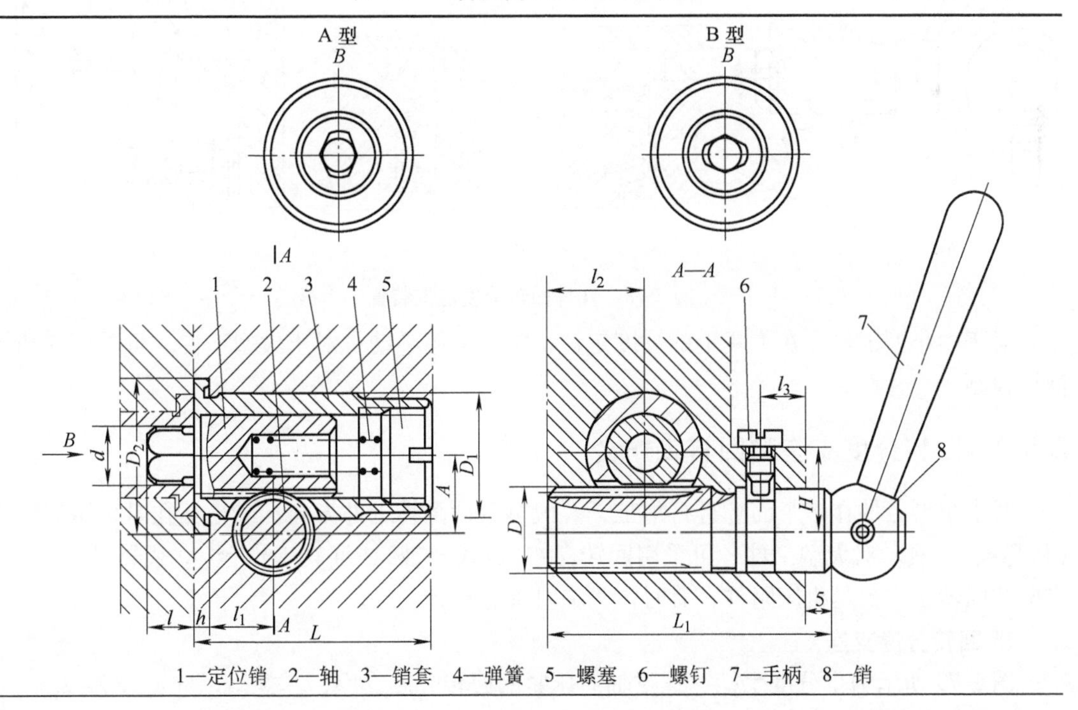

1—定位销　2—轴　3—销套　4—弹簧　5—螺塞　6—螺钉　7—手柄　8—销

（续）

d(H7/g6)	12	16	20	25	32
D(H9/f9)	18	25	30	36	40
D_1(H7/n6)	25	30	35	42	50
D_2	32	36	42	50	60
h	3.5	3.5	4.5	4.5	5.5
$A_{+0.15}^{+0.05}$	16	21	24.5	30	35
H	17	20	24	27	31
L	50.5	62.5	78.5	92.5	108.5
L_1	60，85 110，135 160	70，95 120，145 170	80，105 130，155 180	95，120 145，170 195	110，135 160，185 210
l	10	12	15	18	22
l_1	17	22	30	40	48
l_2	20	22	25	30	35
l_3	8	8	10	10	12

图2-78所示为另外几种回转分度定位装置的结构。

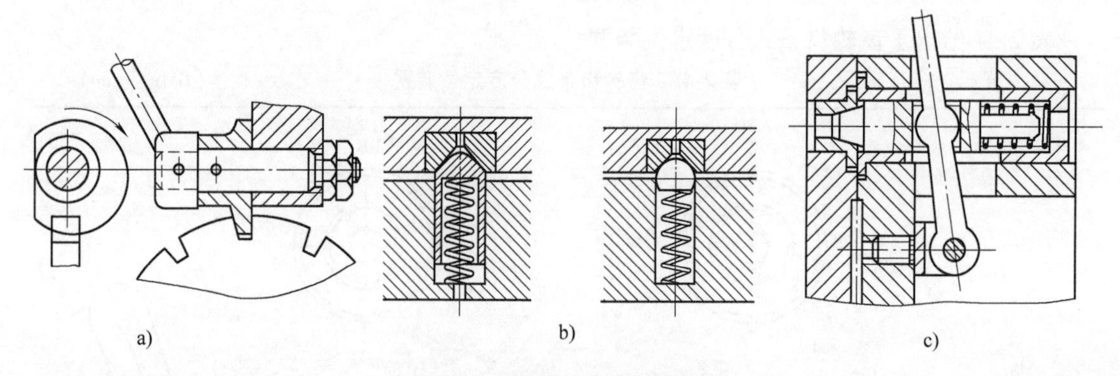

图2-78 几种回转分度定位装置

对于中小型工件，在夹具上的分度定位机构多采用手动；对于大型工件，可采用气动或液压控制。

2.8.2 回转分度支座和回转工作台

对中小型工件在多个面上进行加工，一般可手动翻转工件方向；或当钻孔时采用翻转式（板凳式）钻具。对大型工件，可采用回转支座（卧式转轴）或回转工作台（立式转轴）。回转支座和回转工作台是机床附件，有时作为夹具部分设计。

1. 回转分度支座

图2-79所示为带分度手柄、螺纹轴向压紧的回转分度支座，其规格尺寸见表2-42。

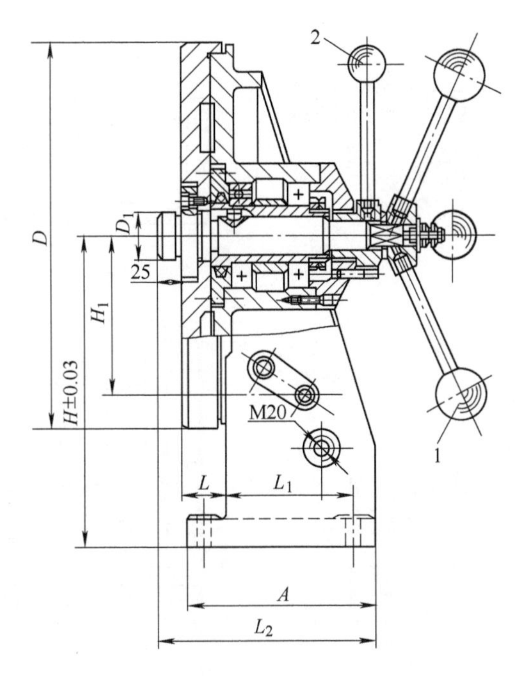

图 2-79　带分度手柄、螺纹轴向压紧的回转分度支座

1—分度手柄　2—压紧转盘手柄

表 2-42　回转分度支座的尺寸　（单位：mm）

D	D_1(f7)	H	$H_1\pm0.01$	L	L_1	L_2	A
400	45	320	165	30	160	240	200
500	50	370	210	25	210	320	260

注：根据参考文献[1]，资料来源为东风汽车有限公司工厂的标准。

轻型工件分度可手动操作，重型工件可通过脚踏板带动杠杆拨动定位销。

图 2-80 所示为双支承回转分度支座（分度圆直径为 300mm）。

两支座可作为专用的装置，与夹具配套使用；也可作为通用的装置，与多个夹具配套使用，这时两支座安装在有 T 形槽的平板或机床工作台上，两支座有定向键。

夹具安装在轴 6 和轴 4 的定位子口 d 上，也可单独使用右面的支座。

图 2-81 所示为压紧与定位联动的回转分度支座，其规格尺寸见表 2-43。

表 2-43　回转分度支座的规格尺寸　（单位：mm）

D	D_1	H	H_1	H_2	A	B	L
100	180	110	195	52	170	175	75
200	230	140	245	75	220	200	100
250	290	175	310	95	260	220	115
320	360	230	390	130	320	250	150

注：根据参考文献[1]，资料来源为东风汽车有限公司工厂标准。

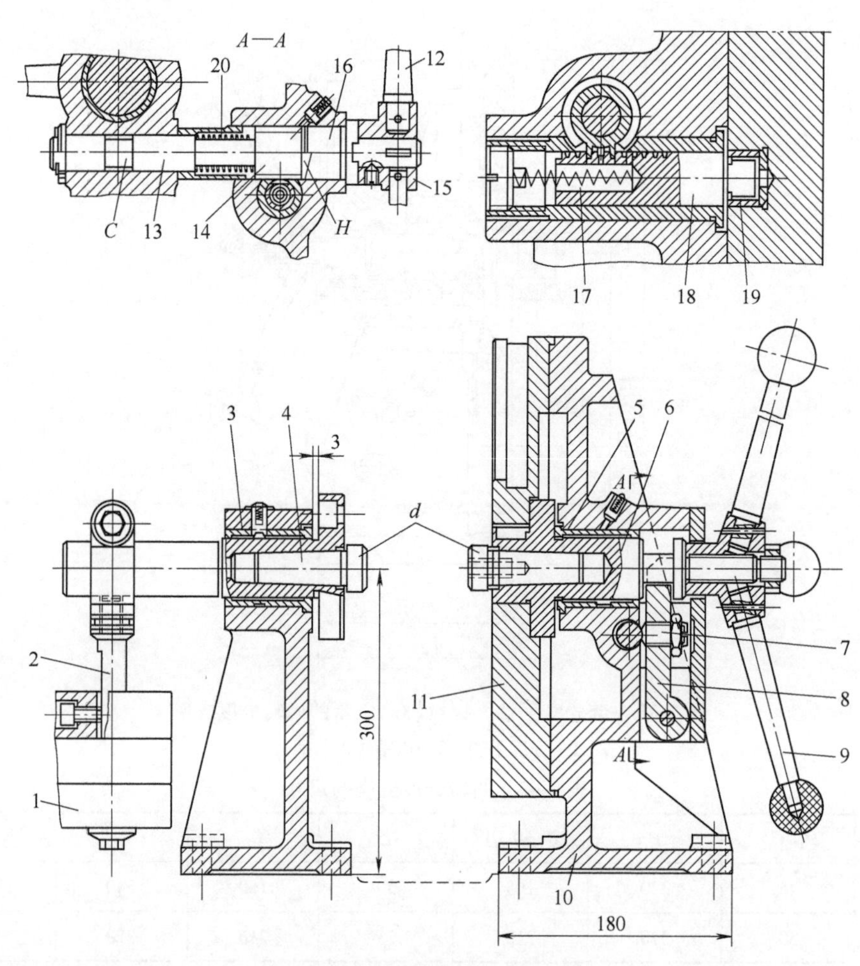

图 2-80 双支承回转分度支座

1—平衡重 2—杆 3、5—轴承 4、6—轴 7—螺钉 8—摆杆 9—手轮 10—支座 11—转盘 12—手柄 13—偏心轴 14—齿轮 15—手柄轴套 16—棘轮离合器 17—弹簧 18—定位销 19—套 20—棘轮

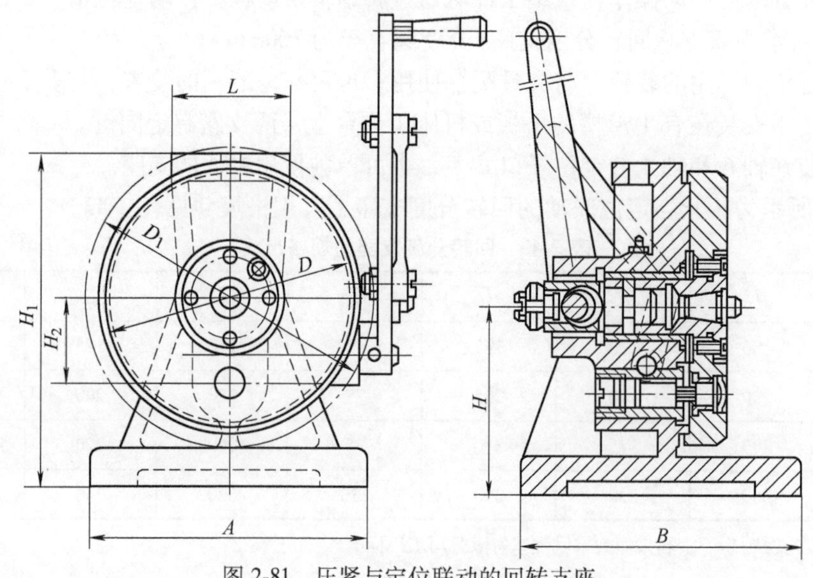

图 2-81 压紧与定位联动的回转支座

图 2-82 所示为回转支座(可与图 2-81 所示回转支座组成双支承回转支座)，其规格尺寸见表 2-44。

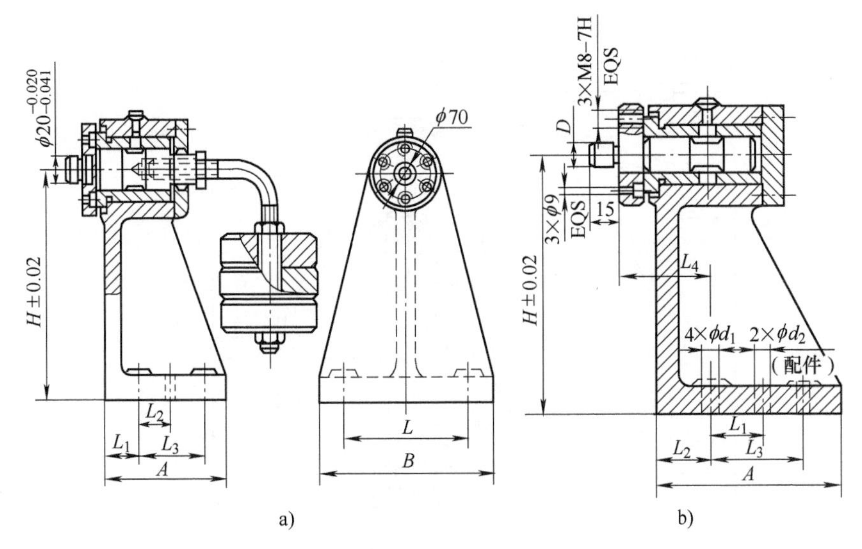

图 2-82　与图 2-81 所示支座配套使用的回转支座(尾座)

表 2-44　回转支座的规格尺寸　(单位：mm)

H	A	B	L	L_1	L_2	L_3	L_4	D	d_1	d_2
175	130	180	130	35	35	70	56	20	17	12
220	140	200	150	35	40	80	56	20	17	12

注：根据参考文献[1]，资料来源为东风汽车有限公司工厂标准。

2. 回转工作台

下面举例说明各种回转工作台的结构。图 2-83 所示为用圆柱定位销定位的手动通用回转工作台。

手柄 9 按逆时针方向转动时，齿轮轴带动定位销从分度套中退出，这时齿轮轴松开锥形圈 13，即松开转盘 2。使转盘转过一个分度角，定位销在弹簧的作用下进入下一个分度定位孔，实现一次分度。手柄顺时针转动通过锥形圈 13 将转盘的位置锁紧。注油器 14 用于润滑回转端面(图中未全示出)。

图 2-84 所示为液压齿轮齿条回转工作台示意图，该工作台采用齿盘分度定位，一种结构如图 2-85 所示。

在图 2-84 中，当液压油进入抬起锁紧液压缸 2 的下腔 1 时，其上有上齿盘的转盘 3 被抬起与下齿盘 4 脱开，同时齿式离合器 5 和 6 啮合，这时回转液压缸的活塞杆 7(其上有齿条)移动，使转盘回转。当完成一个分度后，液压油进入液压缸 2 的上腔，转盘落到定位下齿盘 4 上，并锁紧，实现精确的定位。这时齿式离合器脱开，回转液压缸活塞返回原位。

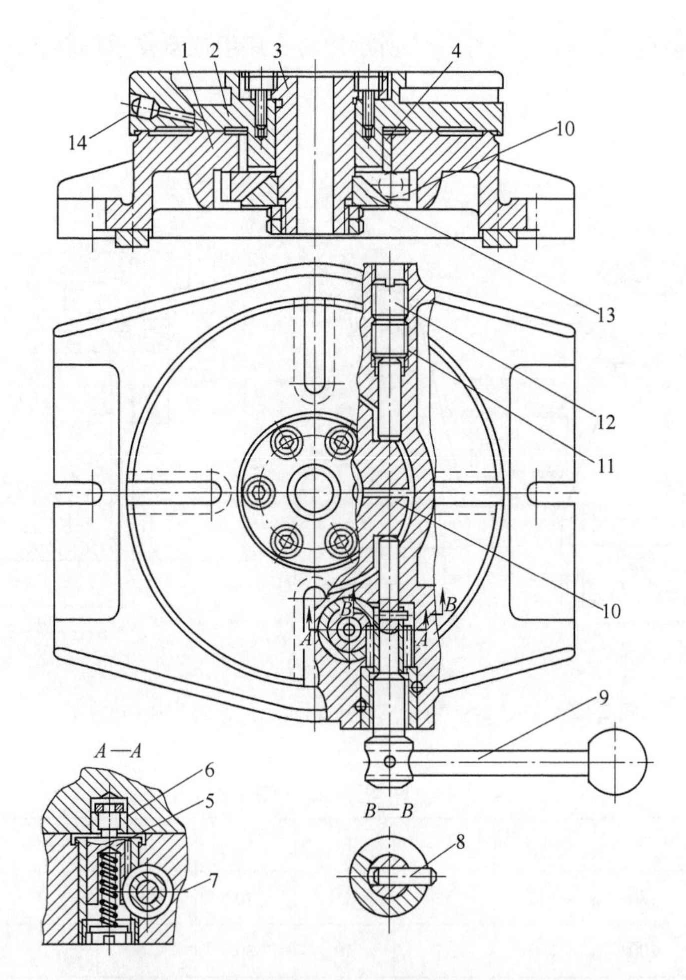

图 2-83 圆柱销定位的手动通用回转工作台

1—本体 2—转盘 3—轴 4、5、7—套 6—定位销 8—挡销 9—手柄 10—锁紧圈 11、12—螺钉 13—锥形圈 14—注油器

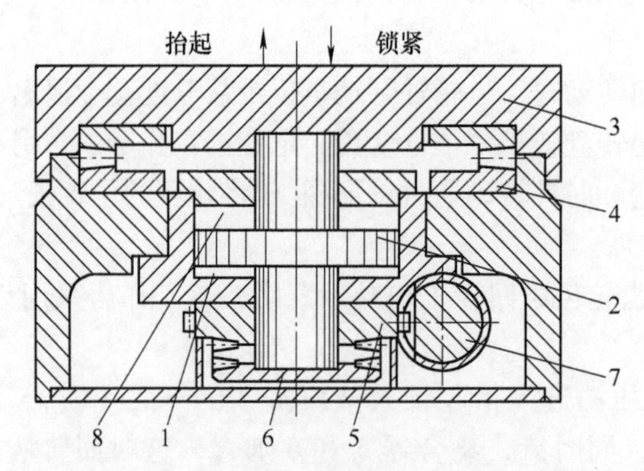

图 2-84 液压齿轮齿条回转工作台示意图

1、8—液压缸的下腔和上腔 2—液压缸 3—转盘 4—下齿盘 5、6—齿式离合器 7—活塞杆

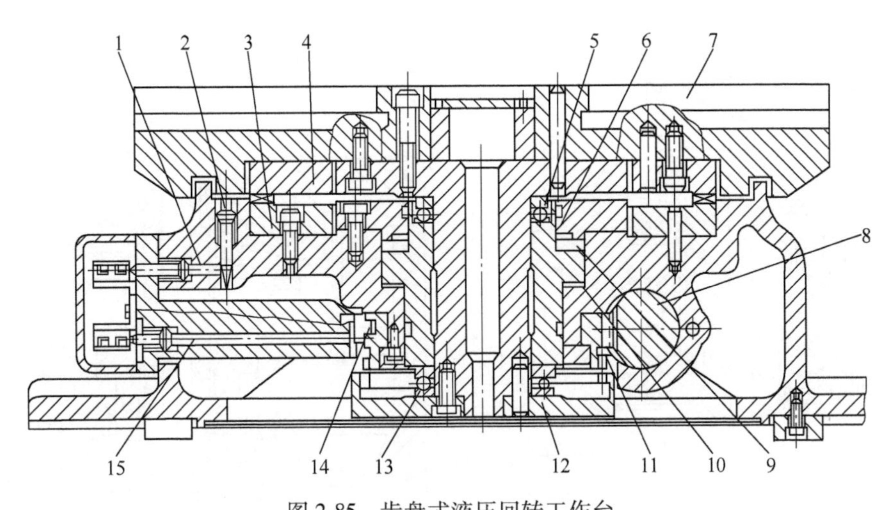

图 2-85　齿盘式液压回转工作台

1、2、15—推杆　3—下齿盘　4—上齿盘　5、13—推力轴承　6—活塞
7—工作台　8—齿条活塞　9、10—升降液压缸上、下腔
11—齿轮　12—齿圈　14—挡块

钢球定位回转工作台的原理和动作顺序(图 2-86)与齿盘定位回转工作台相似，对钢球定位的要求是：在同一圈上的钢球直径应一致，其尺寸差小于 0. 3μm；每个钢球的球度应小于 0. 3μm；与钢球接触的定位圈的硬度应一致。

在图 2-86 中：Ⅰ表示转盘处于定位位置；Ⅱ表示转盘抬起；Ⅲ表示转盘分度回转；Ⅳ表示转盘到达下一分度位置；Ⅴ表示转盘重新落下，完成一次分度。

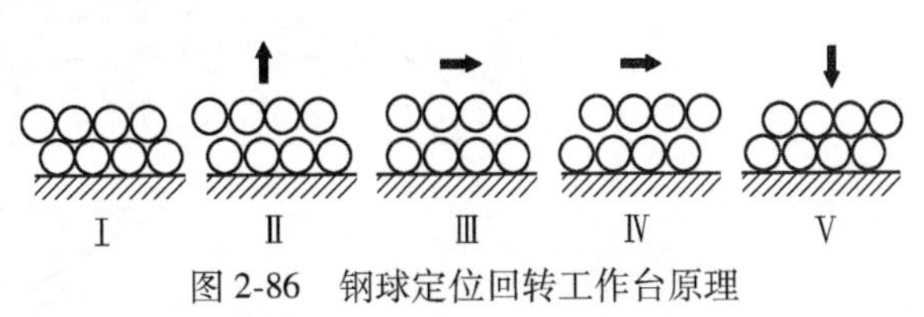

图 2-86　钢球定位回转工作台原理

钢球定位回转工作台结构简单、分度数可调(控制气、液缸行程和光电方法)、分度精度高(最高达±1″)、速度快(1s 内分一个度)，但承载能力低，主要用于加工精度高和负载小的场合。

图 2-87 所示为直径为 220mm 的钢球定位回转工作台，其上圈钢球直径比下圈钢球直径小，上圈钢球嵌入下圈钢球的深度较大，可增大允许径向载荷和传递的转矩。

钢球材料为 GCr15，硬度为 63~67HRC。气动柱塞 5(通过杠杆)和 6 控制转盘的升降和回转，在底座 4 两柱塞伸出处内有终点开关(图中未示出)，维护方便，可防止切屑和冷却液进入，控制可靠。工作台定位精度为±0. 06mm(±20″)；分度时间 0. 8~1s；分度数 4、6、8、9、12、16、24 和 36；承载能力 25kg。

图 2-88 所示为一种滚柱定位回转工作台的结构简图，滚柱定位的承载能力比钢球定位大。

定位机构由安装在本体中的弹性销、安装在转盘槽中的一组标准滚柱组成。弹性销角度位置精度为±10″，径向精度为±0. 01mm，该机构的角度定位误差为 2″。

当依次转完一次分度后，转盘落到本体的上端面上，弹性销的头部进入两相邻滚柱中间，使转盘最终精确定位。

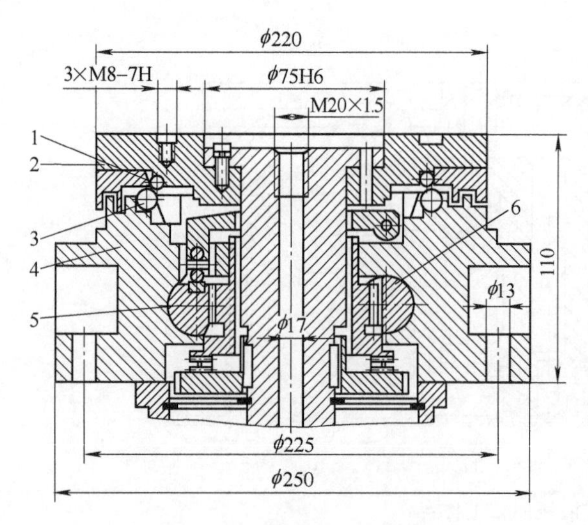

图 2-87 钢球定位回转工作台

1、3—钢球 2—转盘 4—底座 5、6—柱塞

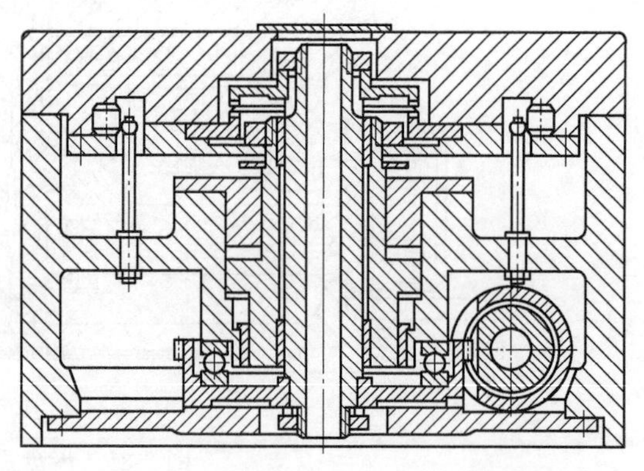

图 2-88 滚柱定位回转工作台简图

图 2-89 所示为可同时定位和夹紧的回转工作台。

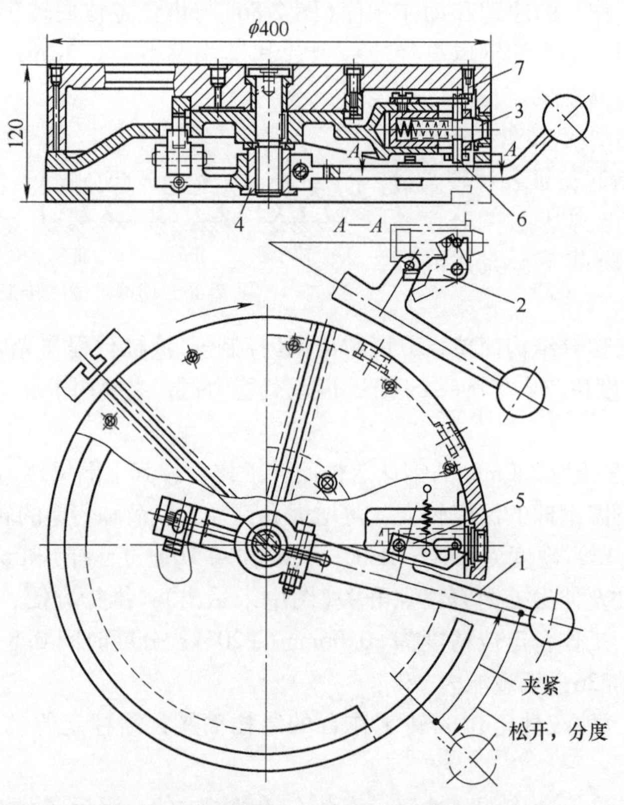

图 2-89 可同时定位和夹紧的回转工作台

1—手柄 2—杠杆 3—定位销 4—螺纹套 5—爪 6—销 7—螺钉

图 2-89 所示位置为回转工作台处于定位位置。为进行分度和松开工作台，顺时针转动手柄 1，杠杆 2 使定位销 3 退出，而螺纹套 4 同时松开工作台和分度；逆时针转动手柄 1，

将工作台夹紧，定位销3又进入定位孔。

为避免定位销3随意退出，爪5通过销6锁住定位销，在回转工作台转动时，螺钉7使爪5离开定位销。

一般机械分度回转工作台的分度精度为：±7″（转盘直径 $D=800\sim900\text{mm}$），±5.5″（$D=1000\sim1120\text{mm}$），±4″（$D=1200\sim1400\text{mm}$）。

齿盘定位回转工作台的精度为：精密型±5″，超精密型±（2″～1″），一般在±30″以内（其精度与一对齿盘对研情况有关），以上是在转盘直径为300～800mm的情况下的值。

对转盘直径为250～630mm的钢球定位回转工作台，其分度精度为±5″（精密型）和1″（超精密型）。

3. 齿盘定位回转工作台的计算和结构

齿盘定位多采用一对直齿齿盘分度，图2-90所示为一对直齿齿盘，压力角$\frac{\alpha_0}{2}$一般为30°或45°，也可取$\alpha_0=50°\sim60°$。图2-91所示为齿盘的结构和齿形，齿盘的主要参数按表2-45确定。

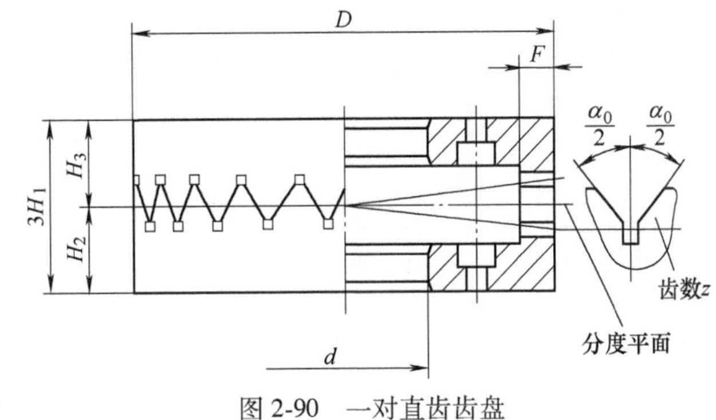

图2-90　一对直齿齿盘

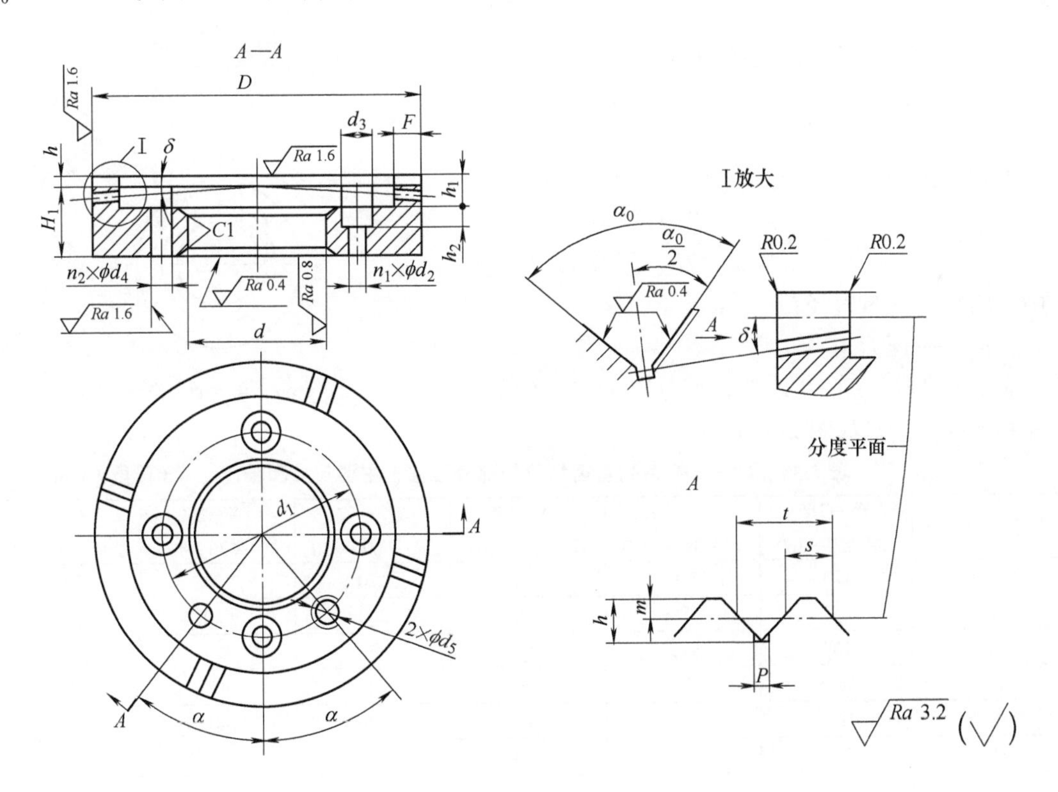

图2-91　齿盘的结构

表 2-45　齿盘参数的确定(参照图 2-91)

参　数	计算式或数值	参　数	计算式或数值
齿距 t	$\pi m=\pi D/Z$	齿槽宽 P	$\leqslant 0.2t$
齿厚 s	$t/2$	齿宽 F	$(2t\sim3t)\leqslant 20\text{mm}$
齿顶高 m	$t/(5\tan\dfrac{\alpha_0}{2})$ $\alpha_0=90°$，$h=0.2t$ $\alpha_0=60°$，$h=0.35t$	齿根角 δ	$\sin\delta=\cot\dfrac{\alpha_0}{2}\tan\dfrac{90°}{Z}$ $\alpha_0=90°$，$\sin\delta=\tan\dfrac{90°}{Z}$ $\alpha_0=60°$，$\sin\delta=\sqrt{3}\tan\dfrac{90°}{Z}$
全齿高 h	$9t/(20\tan\dfrac{\alpha_0}{2})$ $\alpha_0=90°$，$h=0.45t$ $\alpha_0=60°$，$h=0.78t$	分度平面至基面距离 H_1	$\geqslant 10\text{mm}$

注：表中未列出参数按设计需要确定。

图 2-92 所示为齿盘所需锁紧力的计算图，当转盘承受径向切削力 P_1 时，锁紧力为

$$Q_1=\frac{P_1H}{R_N}$$

式中　H——P_1 至 Z 点之间的距离，$H=H_1+H_2$；

R_N——齿盘啮合圆半径，$R_N=\dfrac{D-F}{2}$。

当转盘承受切向切削力 P_2 时，锁紧力为

$$Q_2=P'\tan\frac{\alpha_0}{2}=\frac{P_2D_T}{2R_N}\tan\frac{\alpha_0}{2}$$

式中　D_T——转盘直径；

α_0——压力角。

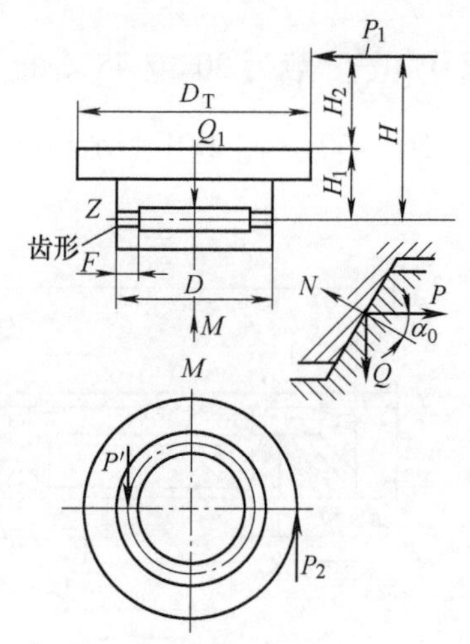

图 2-92　齿盘所需锁紧力计算图

表 2-46 列出 YX—DZ 系列部分直齿齿盘的规格、主要尺寸和精度，齿盘如图 2-93 所示。

表 2-46　YX—DZ 系列直齿齿盘的部分规格、主要尺寸和精度　　(单位：mm)

型　号	YX—DZ 12—250—160	YX—DZ 12—320—220	YX—DZ 12—400—300	YX—DZ 12—500—350	YX—DZ 12—630—450	YX—DZ 120—800—630
齿数 z	120	120	120	120	120	120
D(f9)	250	320	400	500	630	800
d(H7)	160	220	300	350	450	630
齿厚 H	24.5	27	28	38	43	48
H_1	22.5	25	25	35	40	45
D_1	220	280	360	450	580	750
b	17	18	18	25	30	35
S	2	2	3	3	3	3

（续）

型号	YX—DZ 12—250—160	YX—DZ 12—320—220	YX—DZ 12—400—300	YX—DZ 12—500—350	YX—DZ 12—630—450	YX—DZ 120—800—630
F	2.82	5	4.5	5.25	4.74	8
D_2	190	250	340	400	520	700
B	2	2	2	4	5	8
全齿高 h	5.67	7.25	9.06	11.33	14.27	18.13
齿距 T	6.54	8.37	10.47	13.08	16.49	20.94
齿斜角 α①	1°17′56″	1°17′56″	1°17′56″	1°17′56″	1°17′56″	1°17′56″
n	8	8	8	12	12	12
d_2	17	17	17	20	20	26
c	10	10	10	12	12	16
d_1	11	11	11	13	13	17
n_1	3	3	3	3	3	4
d_0	10	10	10	13	13	16
n_2	2	2	2	2	2	2
d_3	M10	M10	M10	M12	M12	M16
γ	30°	30°	30°	15°	15°	15°
啮合高度	45	50	60	70	80	90
精度等级	0	0	Ⅰ	Ⅱ	Ⅱ	Ⅲ
分度精度	4″	4″	6″	10″	10″	20″
工位数	2，3，4，5，6，8，10，12，15，20，30					

注：1. d—连接螺钉孔；d_0—销孔；d_1—拆卸螺钉孔。

2. 表中参数如图2-93所示。

① 齿斜角α在图中未注出。

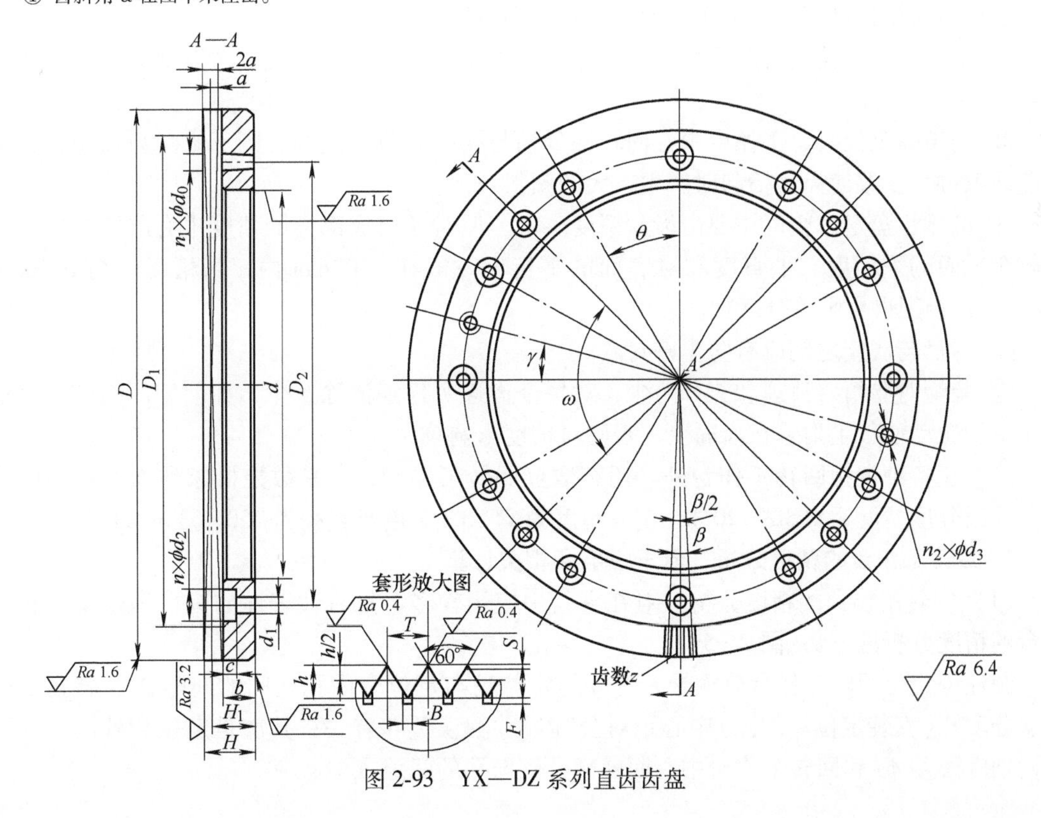

图2-93 YX—DZ系列直齿齿盘

对齿盘的主要技术要求：

① 齿盘下端面平面的平面度不大于0.02mm。

② 齿盘定位孔(直径为d)对下端面的垂直度误差不大于0.006mm。

③ 齿盘外径D表面对定位孔轴线的跳动不大于0.01mm。

④ 任意相邻齿距误差不大于5″，任意两齿累积齿距误差不大于5″。

以上介绍的齿盘，其齿是刚性的，若采用图2-94所示的弹性齿($H=3b$为半弹性的，$H=6b$为弹性的)，则精度可比采用刚性齿提高2~3倍，累积角度误差达±(0.1″~0.2″)，重复定位误差达±0.03″。[2]

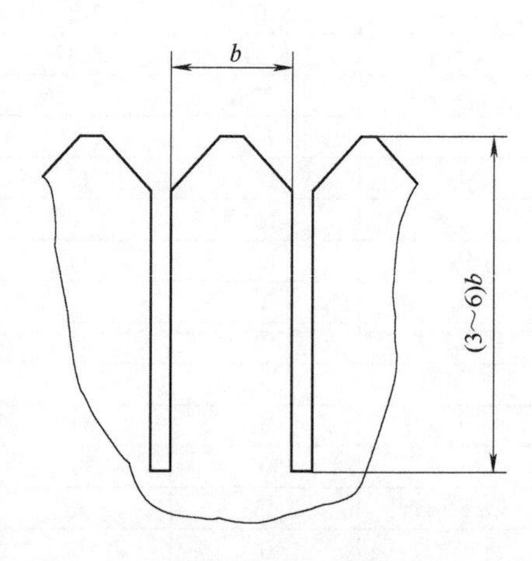

图2-94 弹性齿形

一般齿盘的材料采用40Cr，齿部淬硬45~50HRC；如果采用弹性齿；齿盘材料也可采用45钢，调质硬度为25~28HRC，正火稳定性处理。

采用齿盘定位可均化误差，提高定位精度和长期保持精度，其结构简单，易于实现多种分度。采用齿盘定位，要求加工出合格的齿盘，其粗加工在伞齿轮刨床上进行，上、下两齿盘应进行对研：研磨时两齿盘一方面不停地做轴向运动(啮合和脱开)，上下两齿盘每啮合一次后，上齿盘抬起转动一个齿再啮合，研磨一对齿盘约需20h。通过对研纠正粗加工时的误差，然后用涂色法检查，当啮合齿数达到总齿数百分比(例如90%以上)和每个齿啮合面积达到的百分比(例如75%以上)达到要求时，才认为齿盘合格。

设计和应用齿盘定位回转工作台应注意下列事项：

① 由于上、下齿盘有脱开和落下动作，在工作台底座上应有气孔，否则会产生吸排气噪声。

② 用齿盘定位时，工作台中心回转部分轴与孔的间隙应适当，既不影响齿盘定位，又不能间隙过大，致使齿盘抬起时产生较大的倾斜。

③ 虽然齿盘定位精度主要由齿盘精度决定，但对各组成部分的精度也有严格要求。例如转盘平面的平面度、平直度和对底面的平行度一般在0.02mm内，高精度的为0.005~0.01mm，否则也会影响分度精度。

④ 转盘与底座之间应有防尘密封圈。

⑤ 装配时要精心清理和充分防尘，对每个齿逐个仔细清除灰尘，如使用压缩空气，应防止由于振动使灰尘附着在齿面上，否则对精度影响较大。

除上述各种类型回转工作台外，还有数控回转工作台，它是数控机床和加工中心的附件，一般分度精度为±(30″~20″)，重复精度为7″~5″(分度盘直径为250~630mm)。

4. 回转工作台的精度分析、若干性能和相关计算

(1) 回转工作台的精度分析　对在夹具中应用较多、具有代表性的圆柱销定位回转工作台的精度分析见下文(图2-95)。

圆柱销定位回转工作台分度误差主要与定位销与定位套内孔之间的间隙Δ_s、转盘上两相邻分度孔(安装定位套的孔)中心距对公称尺寸的误差δ有关；其次是定位套外圆与内孔的同轴度误差ϕe和回转工作台中心回转部分轴与孔的间隙Δ_0。

① 当 Δ_0 和 e 为零时，分析 Δ_s 和 δ 对分度误差的影响，图 2-95 所示为分度时产生最大极限误差时的情况。

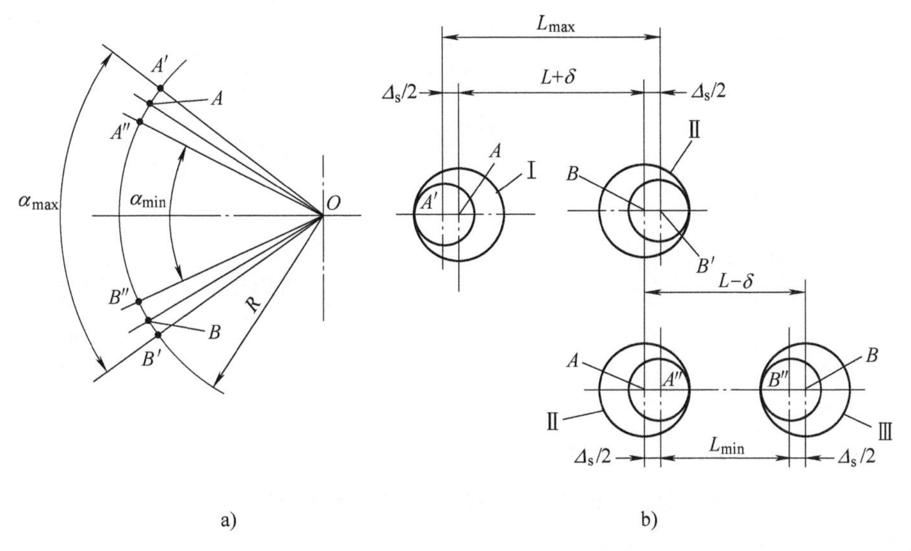

图 2-95　圆柱销定位回转工作台分度精度分析(一)

当转盘第一次分度时，定位销从Ⅰ孔转为插入Ⅱ孔，转盘上的Ⅰ孔和Ⅱ孔的中心距为最大$(L+\delta)$，分度时定位销在Ⅰ孔时与定位孔在左侧接触，而在Ⅱ孔时与定位孔右侧接触，如图 2-95b 所示。当转盘第二次分度时，情况刚好相反，这时转盘上的Ⅱ孔和Ⅲ孔的中心距为最小$(L-\delta)$，分度时定位销分别在Ⅱ孔的右侧和Ⅲ孔的左侧。

由图 2-95b 得

$$L_{max}=L+\delta+\Delta_s$$
$$L_{min}=L-\delta-\Delta_s$$

在半径 R 上分度误差的线性值为

$$\Delta_{L1}=L_{max}-L_{min}=2(\delta+\Delta_s)=\pm(\delta+\Delta_s)\text{（极限法）}$$

或

$$\Delta_{L1}=\pm\sqrt{\delta^2+\Delta_s^2}\text{（概率法）}$$

角度定位误差为

$$\Delta\alpha_1=\pm\arctan\frac{\Delta_{L1}}{2R}$$

② 当 Δ_s 和 δ 为零时，分析定位套外圆对内孔同轴度偏差 ϕe 对分度误差的影响。

图 2-96 所示为分度时由于 ϕe 值产生最大极限误差的情况。

当转盘第一次分度时，定位销从Ⅰ孔转为插入Ⅱ孔，这时两定位套内孔与外圆的偏心量$\frac{e}{2}$使两定位套内孔的中心距增大为$(L+e)$。当转盘第二次分度时，情况刚好相反，两定位套孔的中心距为$(L-e)$。

由图 2-96b 得

$$L_{max}=L+e$$
$$L_{min}=L-e$$

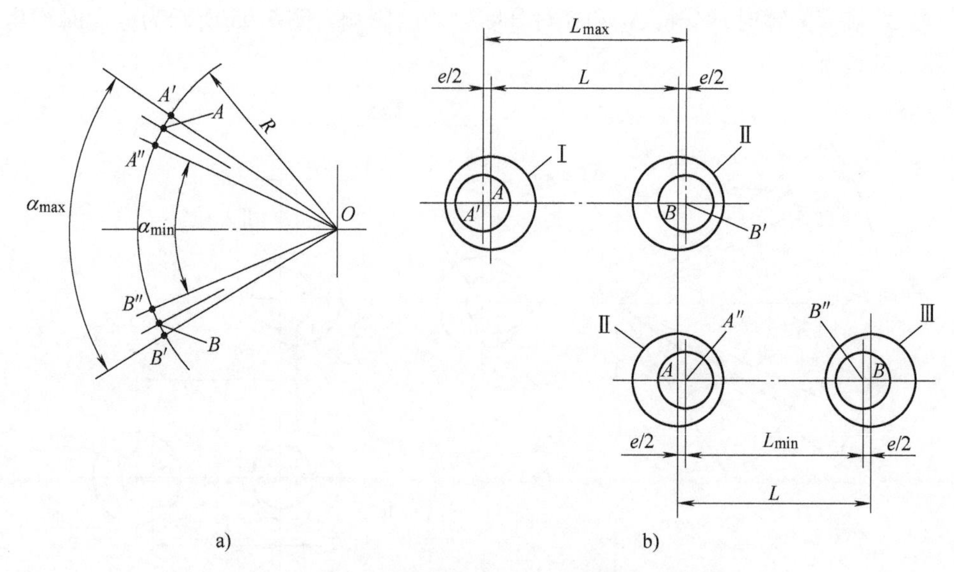

图 2-96　圆柱销定位回转工作台分度精度分析(二)

在半径 R 上分度误差的线性质

$$\Delta_{L2}=L_{max}-L_{min}=2e=\pm e\text{(极限法)}$$

或
$$\Delta_{L2}=e\sqrt{2}=\pm\frac{e\sqrt{2}}{2}\text{(概率法)}$$

角度定位误差为

$$\Delta_{\alpha2}=\pm\frac{\Delta_{L2}}{2R}=\pm\frac{e}{2R}\text{或}\pm\frac{e\sqrt{2}}{4R}$$

③ 当 Δ_s、δ 和 e 均为零时，回转工作台中心回转部分轴与孔的间隙 Δ_0 对分度误差的影响是使转盘产生分度误差

$$\Delta_{\alpha3}=\pm\arctan\frac{\Delta_0}{2R}$$

综上所述，圆柱销定位回转工作台角度分度误差为

$$\Delta_\alpha=\Delta_{\alpha1}+\Delta_{\alpha2}+\Delta_{\alpha3}=\pm\arctan\frac{\delta+\Delta_s+e+\Delta_0}{2R}\text{(极限法)}$$

或
$$\Delta_\alpha=\pm\arctan\frac{\sqrt{\delta^2+\Delta_s^2+e^2+\Delta_0^2}}{2R}\text{(概率法)}$$

例如，如已知分度圆半径 $R=400$mm；定位套内孔与定位销的尺寸和配合为 ϕ25H7/g6，则 $\Delta_s=0.007\sim0.041$mm，取 $\Delta_s=0.03$mm；定位套内孔对外圆的同轴度 $\phi e=\phi0.01$mm；转盘上两相邻安装定位套孔中心距公差 $\delta=\pm0.03$mm；回转工作台中心回转部分轴孔的间隙 $\Delta_0=0.03\sim0.05$mm，取 $\Delta_0=0.04$mm，则回转工作台角度分度误差为

$$\Delta_\alpha=\pm\arctan\frac{\delta+\Delta_s+e+\Delta_0}{2R}=\arctan\frac{0.03+0.03+0.01+0.04}{2\times400}$$

$$=\pm\arctan0.0001375\approx\pm27''\text{(极限法)}$$

或

$$\Delta_{\alpha} = \pm\arctan\frac{\sqrt{\delta^2+\Delta_s^2+e^2+\Delta_0^2}}{2R} = \arctan\frac{\sqrt{0.03^2+0.03^2+0.01^2+0.04^2}}{2\times400}$$

$$= \pm\arctan0.00007375 \approx \pm15''$$

（2）在外力作用下回转工作台转盘的位移　在切削力作用下，由于定位件和中心轴部件间存在间隙，以及由于有弹性变形，使转盘相对工作台本体产生位移和弹性变形。对回转工作台进行试验分析如图 2-97a 所示，用 P' 力确定转盘相对回转导轨的位移（压偏），由千分表Ⅰ和Ⅱ测量；用 P'' 力确定转盘的径向位移，由千分表Ⅲ和Ⅳ测量；用 P''' 力确定工作台定位组件的位移，由千分表Ⅴ和Ⅵ测量（定位组件即转盘定位销部分）。

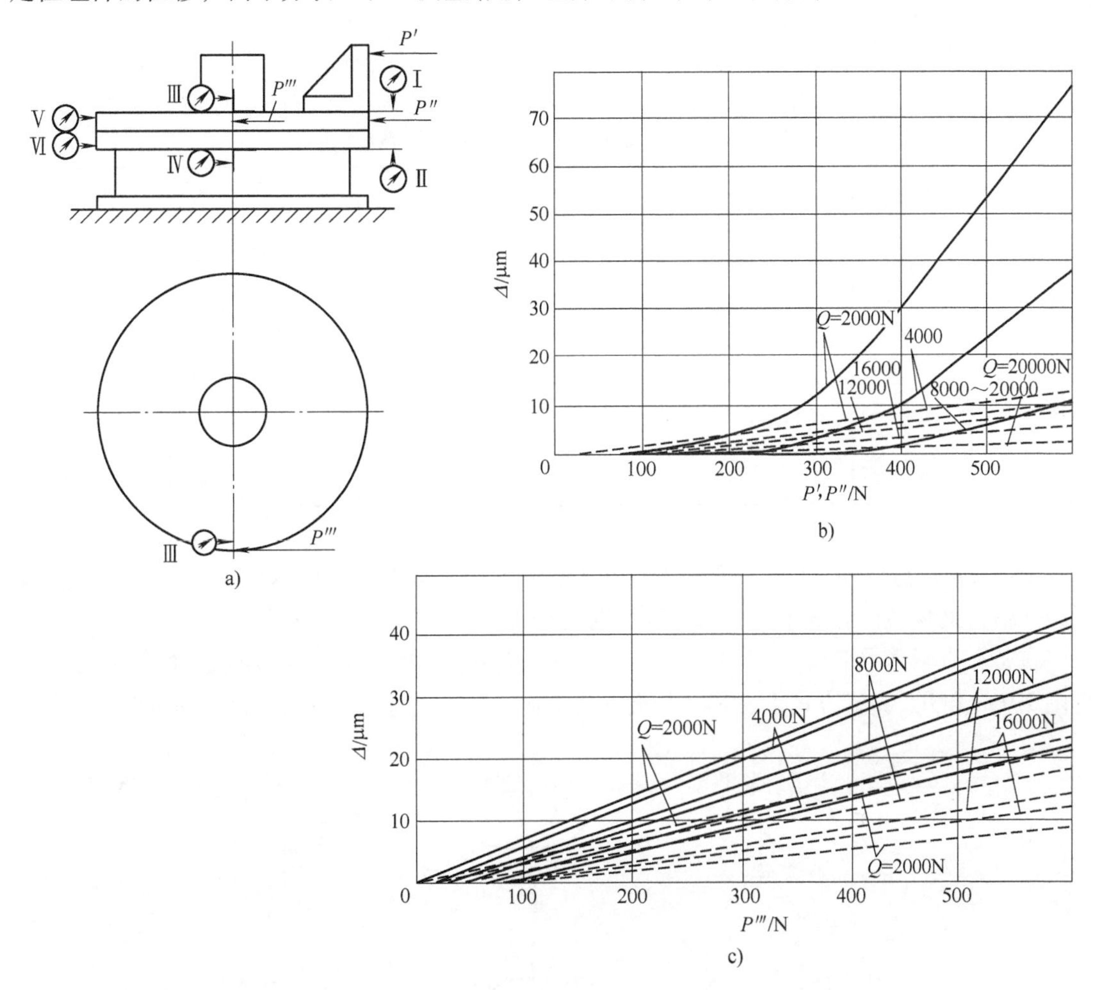

图 2-97　回转工作台受力位移试验

试验结果如图 2-97b 所示，该图表示转盘在不同轴向夹紧力 Q 时转盘相对回转导轨的位移、转盘的径向位移与载荷的关系。没有夹紧时，即只在转盘重力（2000N）的作用下，转盘相对回转导轨的最大位移为 0.076mm；而当夹紧转盘时（从 $Q=8000\text{N}$ 开始），位移为 0.01mm。由图可知，当夹紧转盘的力超过 8000N 时，转盘的刚度不再提高（如图 2-97b 中的实线）。

当没夹紧转盘时，转盘的最大径向位移为 0.013mm，而当夹紧力为 16000N 时，位移没有增大(如图 2-97b 中的虚线)。

由试验结果还可知，采用双圆柱销定位的转盘，定位组件的位移比单圆柱销转盘的位移小，如图 2-97c 所示，实线表示单定位销的转盘，虚线表示双定位销的转盘。单圆柱定位销转盘不夹紧时，定位组件在 P'''力作用下位移(压偏量)为 0.042mm，而双圆柱定位销转盘为 0.02mm；而在最大夹紧力为 20000N 时，单圆柱定位销转盘的位移为 0.02mm，双圆柱定位销转盘的位移为 0.009mm。这说明夹紧转盘使定位组件的位移减小了一半。

由试验可得到下列结论：工件的精加工应靠近定位组件的位置；当多工位加工时，切削合力应通过精加工工位；工件在夹具上的位置应尽量靠近转盘中心；采用双定位销是提高分度精度的一种有效方法。

(3) 回转工作台的结构性能　表 2-47 列出一种回转工作台(转盘半径 600mm,转盘厚度为 50mm,有加强的转盘肋的数量为 8,肋的厚度为 30mm)的角度挠性 e_y 计算值。

表 2-47　ϕ1200mm 回转工作台角度挠性计算值

转盘夹紧方式	有无加强肋	有无径向槽	e_y，10^{11}/[(°)/(N·m)]
刚性	−	+	13.52
	−	−	12.10
	+	+	2.37
	+	−	2.2
铰链	−	+	28.20
	−	−	21.87
	+	+	4.94
	+	−	4.42

由表 2-46 可知，铰链夹紧转盘时的角度挠性大约是刚性夹紧转盘的 2 倍，在转盘上有无径向槽，对挠性的影响不大，无加强肋时的挠性是有加强肋时的 5 倍。

在各种夹紧力方向(图 2-98)下，转盘的角度挠性 e_y 和线挠性 e_L 与加强肋数量 n 的关系见图 2-99a 和 b。夹紧方式Ⅰ、Ⅲ、Ⅴ夹紧力方向一致，其他方式夹紧力方向不同。[38]

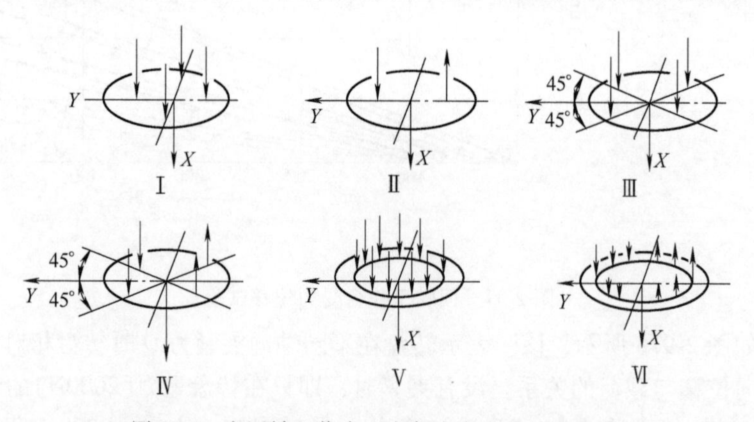

图 2-98　在回转工作台上夹紧力方向的几种方式

在中心有加强轮毂的转盘，其总刚度能提高 13%。由计算和试验分析可知：转盘中心加强轮毂的直径不小于转盘直径的 40%，转盘的厚度与其外圆直径之比为 0.06~0.15，转盘圆周有 6~10 个厚度为 10~30mm、高度为 100~150mm 的加强肋，直径为 500~3000mm 转盘

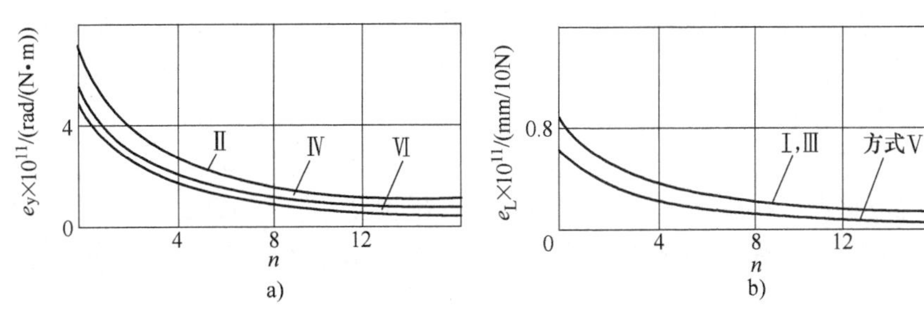

图 2-99　不同夹紧力方向(按图 2-98)下，转盘角度和线挠性与加强肋数量的关系

的刚度不小于 100N/μm。

（4）回转工作台的使用期限　回转工作台定位孔与定位销之间的极限间隙为

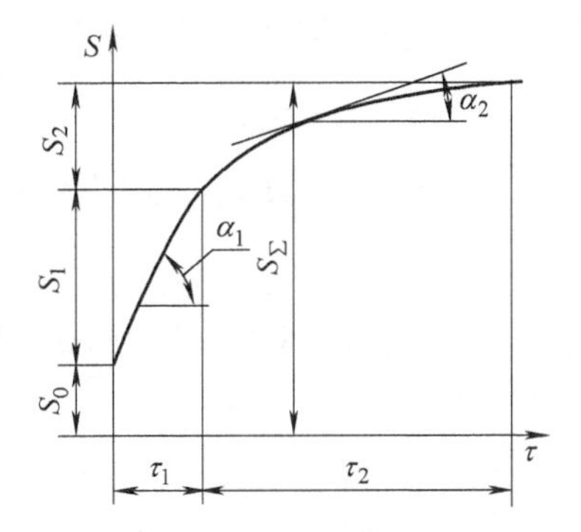

图 2-100　定位孔与定位销间隙随时间的变化

$$S_\Sigma = S_0 + S_1 + S_2$$

式中　S_0——定位孔与定位销之间的初始间隙；

S_1 和 S_2——定位孔与定位销在磨合期 τ_1 和磨损期 τ_2 增加的间隙值

由图 2-100 可得：

$$S_1 = \tau_1 \tan\alpha_1；\ S_2 = \tau_2 \tan\alpha_2$$

$$\tau_2 = \frac{S_\Sigma - S_0}{\tan\alpha_2} - \frac{\tan\alpha_1}{\tan\alpha_2}\tau_1$$

τ_1、$\tan\alpha_1$ 和 $\tan\alpha_2$ 由试验得到。试验时定位销的材料为 20CrMnTi，定位套的材料为 20Cr，高精度回转工作台采用 12CrNi3，表面硬度为 59~62HRC。

图 2-101 所示的计算图可确定定位销组件的使用期限，而回转工作台的使用期限主要与定位销组件的使用期限有关。[51]

图中纵坐标 R 表示工作台中心到被加工表面的距离；横坐标表示定位孔与定位销的间隙 S_0 和 S_Σ；各斜线表示分度精度为 5″~50″；各曲线用于确定精度等级（根据 S_0），或确定 S_Σ（根据被加工孔轴线对定位面的垂直度或平行度的精度等级 Ⅰ ~ XⅢ）。

图 2-101 应用示例：已知定位孔与定位销的初始间隙 S_0 = 30μm，钻孔中心至工作台中心的距离 R = 300mm，钻孔长度 L = 80mm，被加工孔轴线对工件定位面的垂直度极限偏差为 Ⅸ 级精度，确定使用期限。

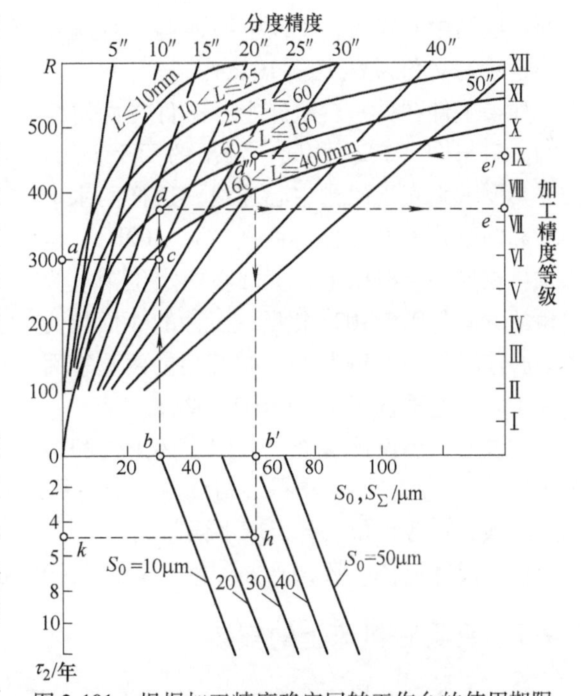

图 2-101　根据加工精度确定回转工作台的使用期限

首先根据 R = 300mm 和 S_0 = 30μm，作

直线 bc 和 ac，得交点 c，c 点在分度误差为 20″的斜线上。延长直线 bc，与曲线(60mm<L<160mm)相交于 d 点；由 d 点作平行线得 e 点，e 点位于Ⅶ和Ⅷ之间，说明 $S_0=30\mu m$ 可保证加工精度等级在Ⅶ~Ⅷ范围内。

工件钻孔要求的精度等级为Ⅸ级，由 e' 点作平行线交曲线(60mm<L<160mm)于 d' 点，由 d' 作垂直线得 b' 点，在横坐标上得 $S_\Sigma=60\mu m$。延长 $d'b'$ 与 $S_0=30\mu m$ 的斜线相交于 h 点，再由 h 点作水平线，与纵坐标下面相交于 k 点，得回转工作台定位组件的磨损期限 $\tau_2=$ 4.7 年。

由试验得 $\tau_1=0.8$ 年(磨合期限)，所以回转工作台定位销组件的使用期限为 5.5 年。

2.9 与工件定位有关的其他问题

2.9.1 同一夹具在不同工位或机床上的使用

有时同一结构夹具在不同工位或机床上同时使用，若加工同一项目，则在各工位或机床上加工出的工件部位都能保持夹具在该项目设计的精度范围内，但如果在不同工位或机床加工工件不同的项目，则应综合考虑。

例如，一工件以一面两销孔定位，先在一台机床上铣两水平面 A，再在另一台机床上铣两垂直面 B(图 2-102)，在两台机床上使用同样结构的夹具。

若在铣两水平面 A 时，工件在两定位销上倾斜 α 角，而铣出的两平面 A 按夹具要求平行于两定位销中心连线，所以平面 A 与工件两孔中心连线的夹角为 α(图 2-102a)。

如果工件在另一台机床上，工件在两定销上的倾斜与图 2-102a 相同，铣出的两平面 B，按夹具要求垂直于两销中心连线，这样两水平面 A 和两垂直面 B 能保持垂直(图 2-102b)。但如果再在另一台机床上，工件在两定位销上倾斜角的方向与图 2-102a 相反，工件的 A 面与两销中心连线的倾斜角为 2α，加工出的两垂直面 B 对 A 面产生垂直度误差(图 2-102c)。

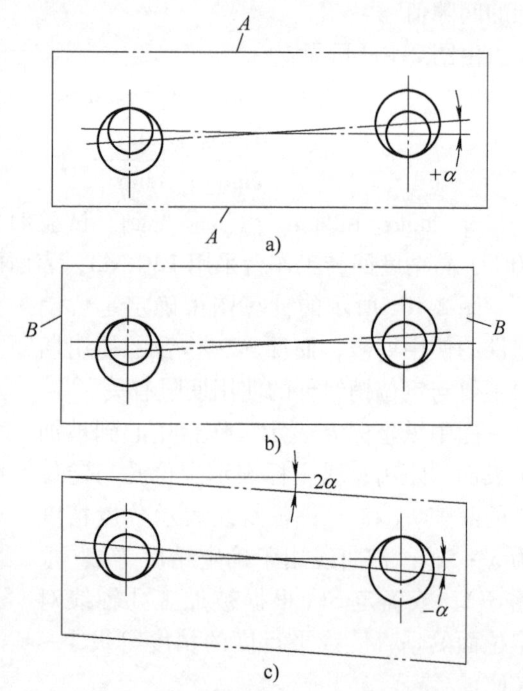

图 2-102 同一夹具多工位加工时误差的相关性

这说明，当设计一个夹具用于多工位和多机床加工一个工件不同项目，与设计一个夹具只用于一个工位和一台机床不同，应综合分析各加工项目在各工位或各机床上误差的相关性。为保证精度应采取一些措施，例如各个夹具上定位销尺寸保持一致，要求在各工位都使工件相对两定位销朝一个方向接触等。

2.9.2 夹具在机床上的安装

为保证工件在机床上的加工精度，应使工件相对于机床切削成形运动和刀具保持正确的位置，即夹具在机床上应安装在正确的位置。该位置能满足一般精度要求，但对较高精度的加工还需作精密调整。

例如，普通车床、内外圆磨床等用的夹具(卡盘、心轴、夹头等)多通过锥柄、连接盘安装在机床主轴上；铣床、卧式镗床和平面磨床等常采用定位键装在夹具底面上，或采用定向键装在机床工作台的定位槽中。夹具在不同机床上的安装误差在 0.005~0.02mm 内。夹具在机床上的定位方法和结构在随后的章节中介绍。

钻床、镗床类夹具以及钻套、镗套的轴线作为对刀基准。

2.9.3　夹具的精度

1. 对夹具精度的一般要求

为保证加工出合格的工件，设计夹具时应正确和合理地制定夹具的精度要求。夹具装配后的精度要求主要与工件的加工精度和夹具的结构有关，也应考虑制造技术水平。

对专用夹具，规定精度的一般方法是对各个相关零件均提出一定的技术要求，夹具总装后即可达到(或稍加调整)要求的精度。这种方法用于零件的加工工时较多的情况，但有利于磨损后的维修。另一种方法是不对各相关零件都提出严格的精度要求，在夹具装配后，经调整、修磨达到精度要求，这种方法对装配工人的技术水平要求较高，夹具维修较麻烦。

一般可参考下列数据确定夹具总图的精度，必要时应进行精度核算。

① 工件定位用的各支承面应在同一平面上，允许误差 0.01~0.03mm(不超过工件定位面平面度误差的 1/2)。

② 各支承板平面应平行于或垂直于夹具底面，其误差不大于 0.01~0.02mm。

③ 镗床导套孔轴线对支承板定位面的平行度或垂直度允许误差为 0.03~0.06mm/300mm，两镗套孔同轴度允许误差不大于 0.02mm。

夹具尺寸的公差见表 2-48。

夹具的角度公差见表 2-49。

表 2-48　夹具尺寸的公差

工件尺寸公差/mm	夹具相应尺寸公差与工件公差的比值
<0.02	3/5
0.02~0.05	1/2
>0.05~0.20	2/5
>0.20~0.30	1/3

表 2-49　夹具的角度公差

工件的角度公差	夹具相应角度公差/工件角度公差
1′~10′	1/2
>10′~1°	2/5
>1°~4°	1/3

车床和磨床夹具定心表面对机床主轴回转轴线的同轴度见表 2-50。

表 2-50　加工部位对基准要求的同轴度　(单位：mm)

加工部位对基准要求的同轴度	有顶尖的夹具	普通车床夹具
0.05~0.1	0.005~0.01	0.01~0.02
>0.1~0.2	0.01~0.015	0.02~0.04
>0.2	0.015~0.03	0.04~0.06

铣床夹具对刀块、定向键对定位元件的位置精度见表 2-51。

表 2-51 位置精度

工件加工部位对基准的位置精度要求(mm/100mm)	对刀块工作面、定向键侧面对定位元件基面的平行度、垂直度允许偏差(mm/100mm)
0.05~0.1	0.01~0.02
>0.1~0.2	0.02~0.05
>0.2	0.05~0.1

钻套轴线对夹具底面的垂直度见表 2-52。

表 2-52 钻套轴线对夹具底面的垂直度

被加工孔对定位基准的垂直度要求(mm/100mm)	钻套孔轴线对夹具底面和定位基面的垂直度允许偏差(mm/100mm)
0.05~0.1	0.01~0.02
>0.1~0.25	0.02~0.05
>0.25	0.05

钻套孔中心到定位面的距离公差见表 2-53。

表 2-53 钻套孔中心到定位面的距离

工件孔中心到定位面距离的公差/mm	夹具钻套孔中心到定位面距离的公差/mm
±0.05~±0.10	±0.005~±0.02
±0.10~±0.25	±0.02~±0.05
>0.25	±0.05~±0.10

夹具的磨损公差见第 7 章；夹具零件的表面粗糙度和热处理一般要求见附录。

2. 夹具精度的校核

图 2-103 所示为铣床夹具，加工工件的尺寸 $L=50\pm0.10$mm。根据前面介绍的对夹具一般的技术要求，在夹具总图上标出主要尺寸公差及精度要求。

根据总图的技术要求，对各相关零件提出一定的技术要求(图 2-103)。零件加工好后，除尺寸 L_1 和$(L-a)$由装配时调整达到要求外(调好后用两定位销固定)，其余技术要求装配后即应达到要求。

首先校核总图技术要求是否满足加工精度的要求，影响工件尺寸 L 的误差有：尺寸$(L-a)$的误差±0.03mm，工件定位面对 E 面的垂直度误差 0.02mm 和塞尺 4 垂直面对 A 面的垂直度误差 0.015mm，总误差±0.065<±0.10mm(极限法)，或总误差±0.04<±0.10mm(概率法)。

其次，校核零件技术要求是否满足夹具总图精度的要求，影响定位件 2 水平定位面对夹具底面 A 平行度的误差有：底板 1 上、下平面的平行度误差 0.02mm，定位件 2 水平定位面与其底面 D 的平行度误差 0.015mm，总的误差为 0.035>0.03mm(极限法)，或为 0.025<0.03mm(概率法)，综合考虑可以接受。

影响定位件 2 垂直定位面对夹具底板 A 面垂直度的误差有：底板上、下平面的平行度误差 0.02mm，定位件 2 垂直面与其底面的垂直度误差 0.015mm，总误差为 0.035mm(极限法)和 0.025mm(概率法)，与夹具总图要求的 0.03mm 比较，综合考虑可以接受。

本例 G 面磨损极限的确定见第 7 章。

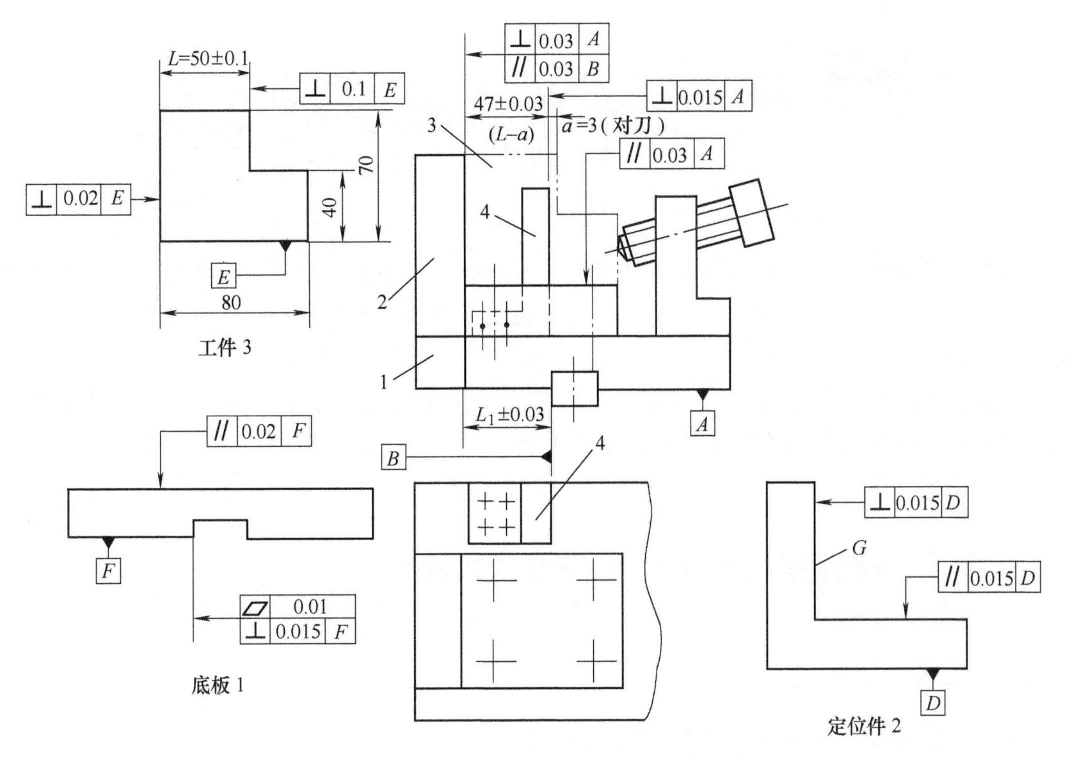

图 2-103　铣床夹具总图和零件的技术要求

1—底板　2—定位件　3—工件　4—塞尺

第3章 工件在夹具上的夹紧

对夹紧装置的基本要求是：在夹紧过程中不改变工件的定位；夹紧力应足以防止由于切削力使工件产生位移和振动；夹紧力的作用点和工件的支承点的数量和位置应合理；夹紧装置应有自锁性。

夹紧装置应有足够的刚度，但刚性不能过大，使夹具重量太大；应选择合理的夹紧方式，例如对小批生产采用气动或液压夹紧在经济上不一定合理；在粗加工时不宜采用膜片夹紧和液性塑料夹紧。

3.1 螺纹、蜗杆蜗轮和齿轮齿条夹紧机构

3.1.1 螺纹夹紧机构

螺纹夹紧装置的基本形式如图3-1所示。

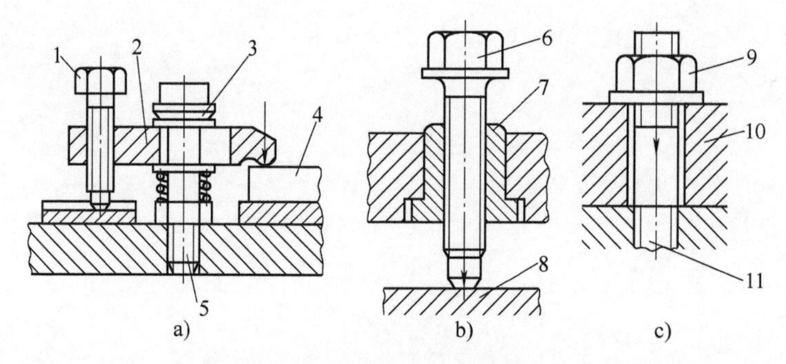

图3-1 螺纹夹紧装置的基本形式

1、5、6、9—螺钉 2—压板 3—球面垫圈 4、8、10—工件
7—螺纹套 11—双头螺柱

螺纹夹紧的优点是夹紧力大，结构简单；缺点是夹紧和松开费时，对大型工件劳动强度大。为减少操作时间，可采用快卸垫圈、回转和铰链翻转压板等；为降低劳动强度，采用动力扳手等。

1. 螺纹夹紧用的主要元件

现举例介绍几种常用夹紧螺钉的形式和规格尺寸，见表3-1。

表3-1　几种常用夹紧螺钉的形式和规格尺寸　（单位：mm）

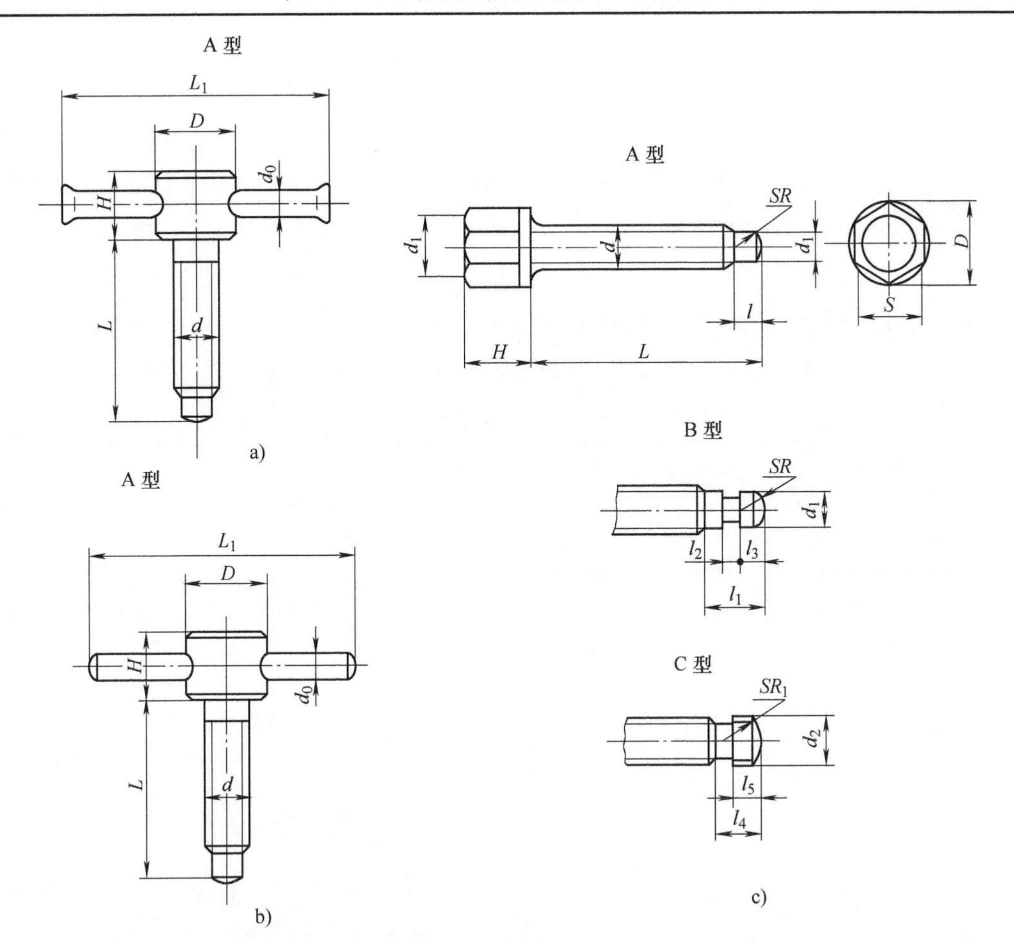

	d	D	d_0	L_1	H	L
图a固定手柄压紧螺钉	M6	12	5	50	10	30，35，40
	M8	15	6	60	12	30，35，40，50，60
	M10	18	8	80	14	40，50，60，70，80，90
	M12	20	10	100	16	50，60，70，80，100
	M16	24	12	120	20	60，70，80，100，120，140
	M20	30	16	160	25	70，80，100，120，140
图b活动手柄夹紧螺钉	M6	12	5	50	10	30，35，40，50
	M8	15	6	60	12	30，35，40，50，60
	M10	18	8	80	14	35，40，50，60，70，80
	M12	20	10	100	16	40，50，60，70，80，90，100，120
	M16	24	12	120	20	50，60，70，80，90，100，120，140，160
	M20	30	16	160	25	60，70，80，90，100，120，140，160
	M24	30	16	200	25	70，80，90，100，120，140，160，180

（续）

	d	D	$D_1\approx$	H	S	d_1	d_2	L	l	l_1	l_2	l_3	l_4	l_5	SR	SR_1
图c六角头夹紧螺钉	M8	12.7	11.5	10	11	6	M8	25~50	5	8.5	2.5	2.6	9	4	6	8
	M10	14.2	13.5	12	13	7	M10	30~60	6	10	2.5	3.2	11	5	7	10
	M12	17.6	16.5	16	16	9	M12	35~90	7	13	2.5	4.8	13.5	6.5	9	12
	M16	23.35	21	18	21	12	M16	40~100	8	15	3.4	6.3	15	8	12	16
	M20	31.2	26	24	27	16	M20	50~120	10	18	5	7.5	17	9	16	20
	M24	37.3	31	30	34	18	M24	60~140	12	20	5	8.5	20	11	18	25
	M30	47.3	39	36	41	18	M24	80~160	12	20	5	8.5	20	11	18	25
	M36	57.7	47.5	40	50	18	M24	100~200	12	20	5	8.5	20	11	18	25

注：1. 表中图a和b只示出A型螺钉，B型和C型螺钉图中未示出。

2. 固定手柄夹紧螺钉的规格尺寸按JB/T 8006.3—1999；活动手柄夹紧螺钉按JB/T 8006.4—1999；六角头夹紧螺钉尺寸按JB/T 8006.2—1999。

3. 螺钉材料为45钢，热处理硬度为35~40HRC。

4. A型螺钉用于螺钉直接夹紧工件；B型螺钉用于通过压块夹紧工件，压块用卡环与螺钉浮动连接(图3-2a)；C型为螺钉夹紧端的螺纹拧入压块的螺纹孔中，使压块与螺钉浮动连接(图3-2b)。这两种压块的尺寸见表3-2。

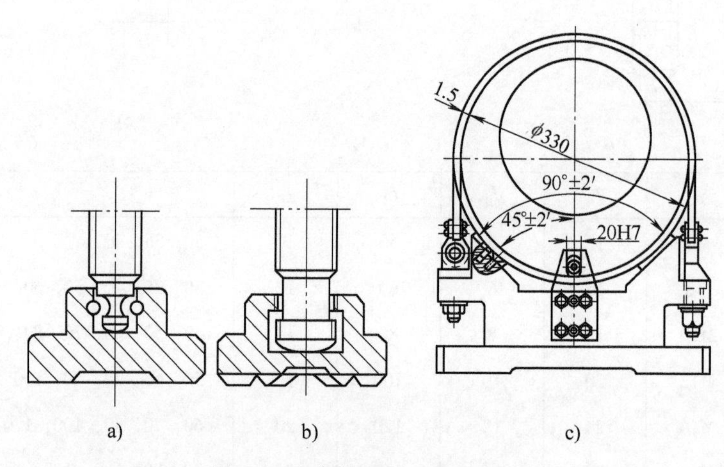

a)　　b)　　c)

图3-2　夹紧螺钉与压块的连接

图3-2c表示螺栓通过钢带夹紧工件，图中所示夹具用于加工压床偏心套。使用钢带夹紧速度快、稳定可靠，可保证加工精度。

螺钉夹紧时采用压块可防止压坏工件表面，并可防止工件可能的偏转(当螺钉直接与工件接触时工件产生偏转的可能性大)；还可改善夹紧元件与工件的接触情况，压块在螺钉上有一定的浮动性，球头夹紧端与压块具有更大的浮动性。端面有槽的压块用于夹紧毛坯表面。

表 3-2　夹紧螺钉用浮动压块的规格尺寸　（单位：mm）

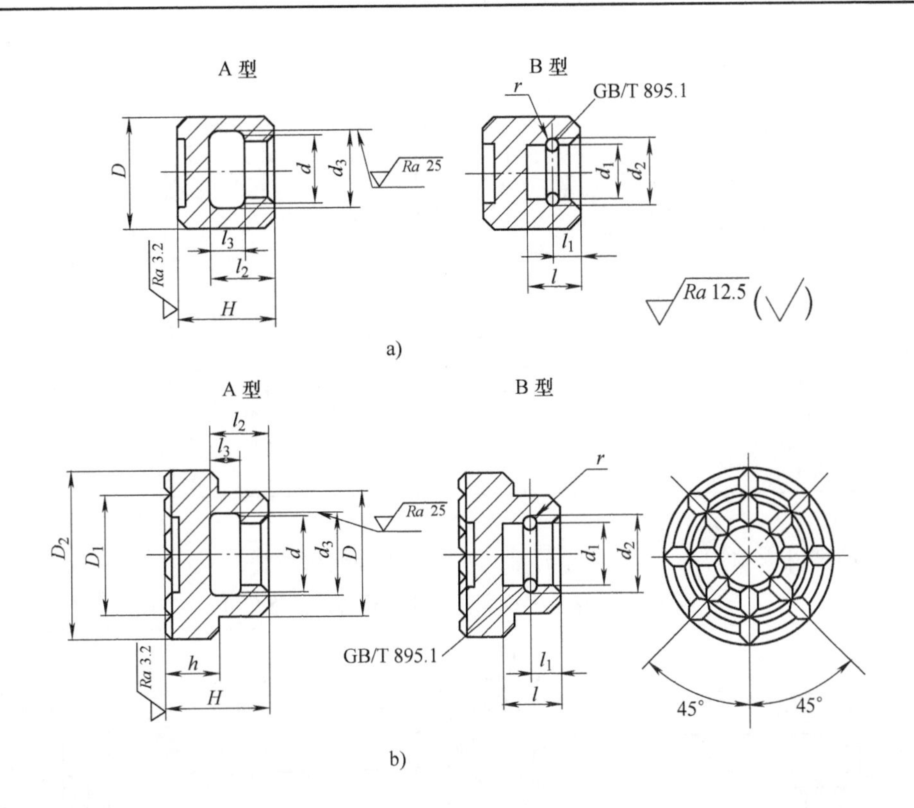

a)

b)

螺钉公称直径	图 a	图 b		H	h	d	d_1	d_2	d_3	l	l_1	l_2	l_3	r	挡圈 GB 895.1—1986
	D	D_1	D_2												d
M4	8	—	—	7	—	M4	—	—	4.5	—	—	4.5	2.5	—	—
M5	10	—	—	9	—	M5	—	—	6	—	—	6	3.5	—	—
M6	12	—	—	9	—	M6	—	—	7	—	—	6	3.5	0.4	—
M8	16	14	20	12	6	M8	6.3	6.9	10	7.5	3.1	8	5	0.4	6
M10	18	18	25	15	8	M10	7.4	7.9	12	8.5	3.5	9	6	0.4	7
M12	20	21	30	18	10	M12	9.5	10	14	10.5	4.2	11.5	7.5	0.4	9
M16	25	25	35	20	12	M16	12.5	13.1	18	13	4.4	13	9	0.6	12
M20	30	30	45	25	12	M20	16.5	17.5	22	16	5.4	15	10.5	1	16
M24	36	38	55	28	14	M24	18.5	19.5	26	18	6.4	17.5	12.5	1	18

注：1. 光面压块（图 a）的规格尺寸符合 GB/T 2171—2008；槽面压块（图 b）的规格尺寸按 JB/T 8009.2—1999。

2. 压块材料为 45 钢，热处理 35~40HRC。

3. M6~M12 螺钉压块，d_2 公差为$^{+0.10}_{0}$mm；M16 螺钉压块 d_2 公差为$^{+0.12}_{0}$mm；M24 螺钉压块，d_2 公差为$^{+0.28}_{0}$mm。

当夹紧螺钉末端的形状为球形时（见表 3-3 右图），螺钉球形表面左端与压块（见表 3-3 左图）110°锥面接触，用螺母（见表 3-3 中间的图）拧在压块上挡住螺钉球头，实现夹紧螺钉与压块的浮动连接，其尺寸见表 3-3。

表 3-3 球形夹紧螺钉用压块和薄螺母，以及螺钉末端的尺寸 （单位：mm）

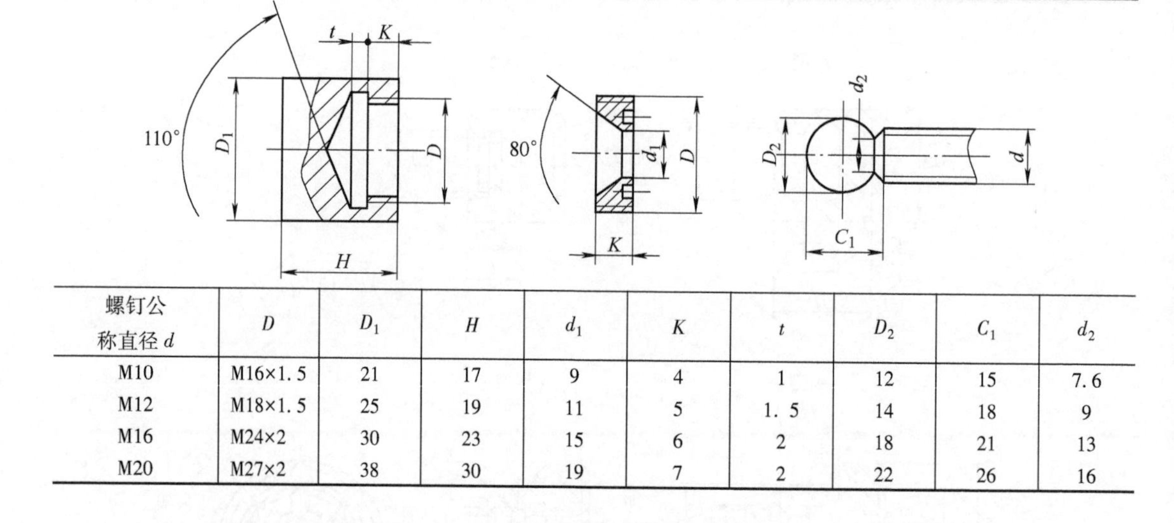

螺钉公称直径 d	D	D_1	H	d_1	K	t	D_2	C_1	d_2
M10	M16×1.5	21	17	9	4	1	12	15	7.6
M12	M18×1.5	25	19	11	5	1.5	14	18	9
M16	M24×2	30	23	15	6	2	18	21	13
M20	M27×2	38	30	19	7	2	22	26	16

可用各种螺母夹紧工件，表 3-4 列出了带手柄螺母的规格尺寸。

表 3-4 带移动手柄和回转手柄螺母的规格尺寸 （单位：mm）

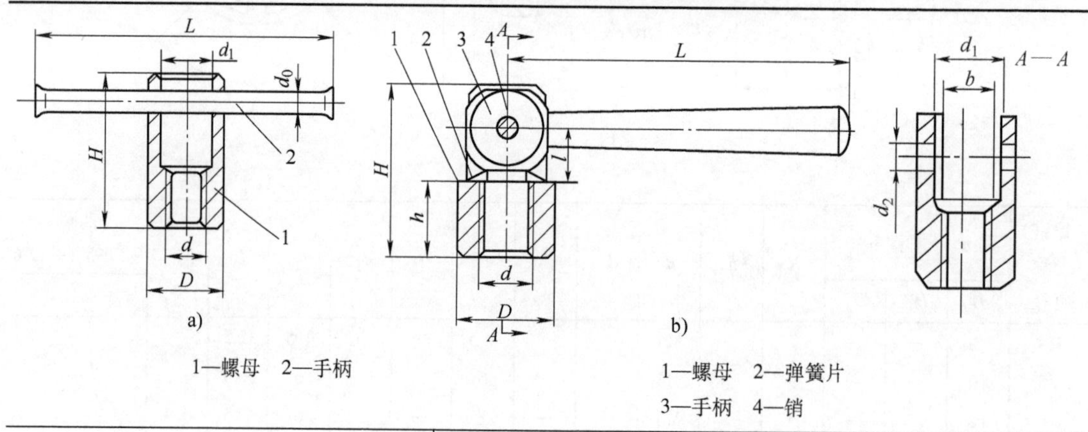

a)

1—螺母 2—手柄

b)

1—螺母 2—弹簧片

3—手柄 4—销

图 a					图 b								
d	D	H	L	d_0	d	D	H	L	h	b	l	d_2(H9)	d_1
M6	15	28，50	50	5	—	—	—	—	—	—	—	—	—
M8	18	32，60	60	6	M8	18	30	65	14	8	8.6	5	10.2
M10	22	45，80	80	8	M10	22	36	80	16	10	10.6	6	12.2
M12	25	50，100	100	10	M12	25	45	100	20	12	13.3	6	14.2
M16	32	60，110	120	12	M16	32	58	120	26	16	17	8	18.2
M20	36	70，120	200	16	M20	40	72	160	32	20	21.5	10	22.2

注：1. 图 a 尺寸按 JB/T 8004.8—1999；图 b 尺寸按 JB/T 8004.9—1999。

2. 螺母材料为 45 钢，热处理 35~40HRC。

3. 图 b 所示弹簧片的尺寸见表 3-5。

4. 图 a 中 d_1 同图 b 中 d_1。

带回转手柄螺母的优点是：夹紧工件后，必要时手柄可回转一定的角度，以腾出空间操作或加工。

表 3-5　带回转手柄螺母(表 3-4)用弹簧片的规格尺寸　　　　(单位:mm)

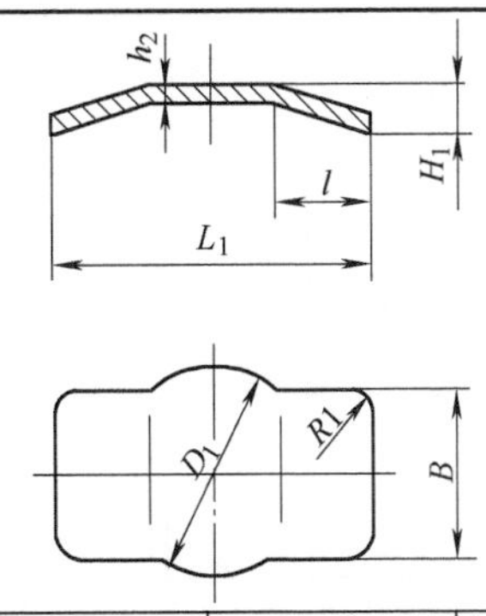

圆螺母规格	D_1	B	L_1	H_1	l	h_2
M8	10	7.8	16	1.6	4	0.4
M10	12	9.8	19	1.6	5	0.4
M12	14	11.8	22	2.3	6	0.5
M16	18	15.8	27	2.5	7	0.6
M20	22	19.8	35	3.5	10	0.8

注：1. 规格尺寸按 JB/T 8004.9—1999。

2. 材料为 65Mn 钢，热处理硬度为 43~48HRC。

螺纹夹紧工件经常要通过压板来实现，三种常用的压板如图 3-3 所示，其尺寸见表 3-6。其他各种移动和转动压板见 JB/T 8010.1~8010.12—1999。

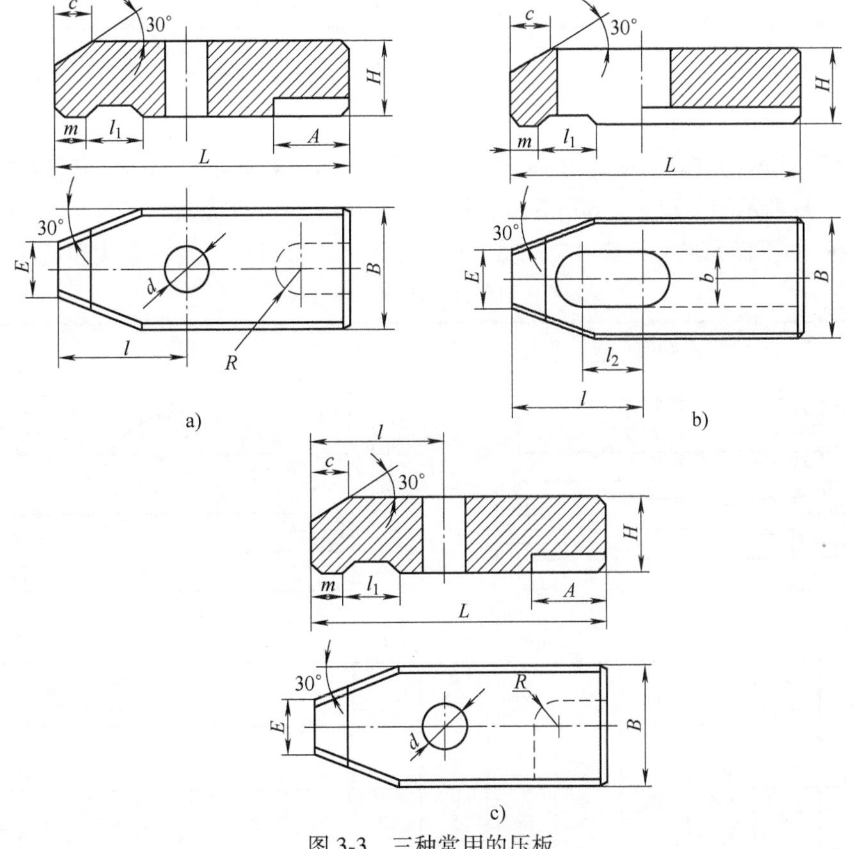

图 3-3　三种常用的压板

表 3-6 三种常用压板(图 3-3)的尺寸 (单位:mm)

所用螺钉公称直径	L	B	H	l	d, b	E	A	c	m	l_1	l_2
M6	40	18	6	17	6，6	6	12	2	5	4	9
M8	50	22	10	22	9	8	14	7	6	6	12
	60	25	14	27				14			17
M10	70	28	12	30	11	10	16	10	6	8	17
	80	30	16	36				14			23
M12	80	32	16	35	14	12	20	14	6	12	20
	100	36	20	45				17	8		30
	120	36	22	55				21	10		43
M16	100	40	22	44	18	16	24	14	8	12	24
	120	45	25	54				17	10	15	36
	160	45	30	74				21	15	15	54
M20	120	50	25	52	22	20	30	12	10	15	30
	160	50	30	72				17	15	15	48
	200	55	35	92				26	20	20	68
M24	160	55	30	70	26	24	35	17	15	20	40
	200	60	35	90				17	20	25	60
	250	60	40	115				26	25	25	85
M30	200	65	35	90	33	30	40	25	20	30	55
	250	70	40	115				30	25	35	80
	300	80	40	140				35	30	40	105

注：图 3-3a 中的 $R=\frac{b}{2}$。

图 3-4 所示为两种铰链压板(图 3-4a 和 b)及其应用示例(图 3-4c 和 d)，可显著缩短工件的装卸时间。图 3-4c 所示的夹紧方式特别适合于大型工件，这时工件需要从上面向下吊装到夹具上。

这两种铰链压板的尺寸见表 3-7，表 3-7 中的 B 型压板所用压块的型式和尺寸见表 3-8。

表 3-7 两种铰链压板的规格尺寸 (单位:mm)

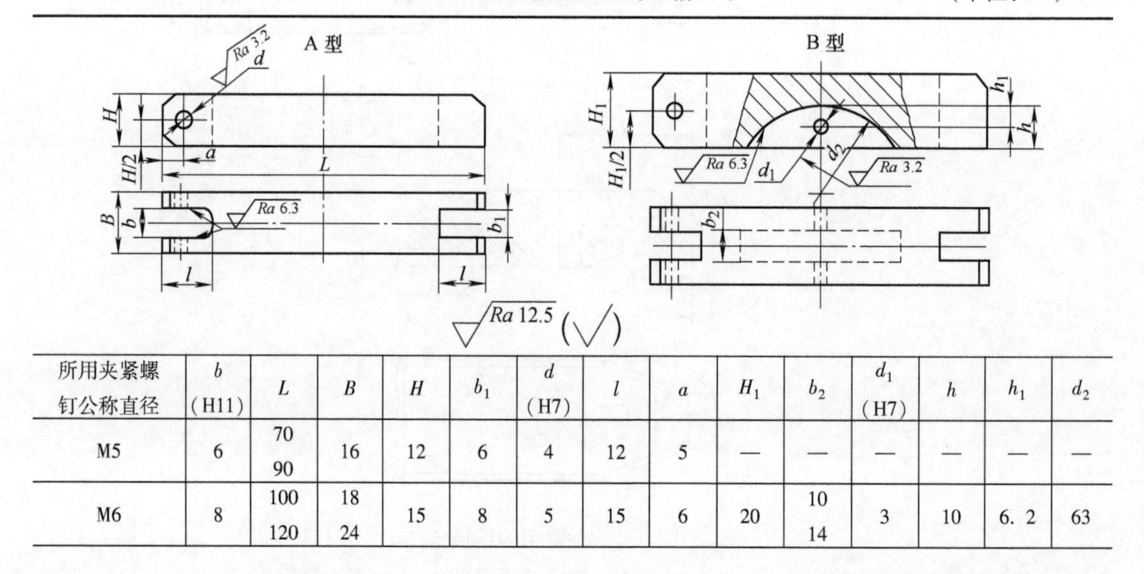

所用夹紧螺钉公称直径	b (H11)	L	B	H	b_1	d (H7)	l	a	H_1	b_2	d_1 (H7)	h	h_1	d_2
M5	6	70	16	12	6	4	12	5	—	—	—	—	—	—
		90												
M6	8	100	18	15	8	5	15	6	20	10	3	10	6. 2	63
		120	24							14				

（续）

所用夹紧螺钉公称直径	b (H11)	L	B	H	b_1	d (H7)	l	a	H_1	b_2	d_1 (H7)	h	h_1	d_2
M8	10	120 140	24	18	10	6	18	7	20	10 14	3	10	6.2	63
M10	12	140 160 180	32	22	12	8	22	9	26	10 14 18	4	14	7.5	80
M12	14	180 200 220	32	26	14	10	25	10	32	10 14 18	5	18	9.5	100
M16	18	220 250 280	40	32	18	12	32	14	38	14 16 20	6	22	10.5	125
M20	22	250 280 300	50	40	22	16	40	18	45	14 16 20	8	26	12.5	160
M24	26	300 320 360	60	45	26	20	48	22	45	16 16 20	8	26	14.5	200

注：1. 尺寸按 JB/T 8010.14—1999。

2. 压板材料为 45 钢，热处理 T215（A 型）和 35~40HRC（B 型）。

3. B 型压板用压块的尺寸见表 3-8。

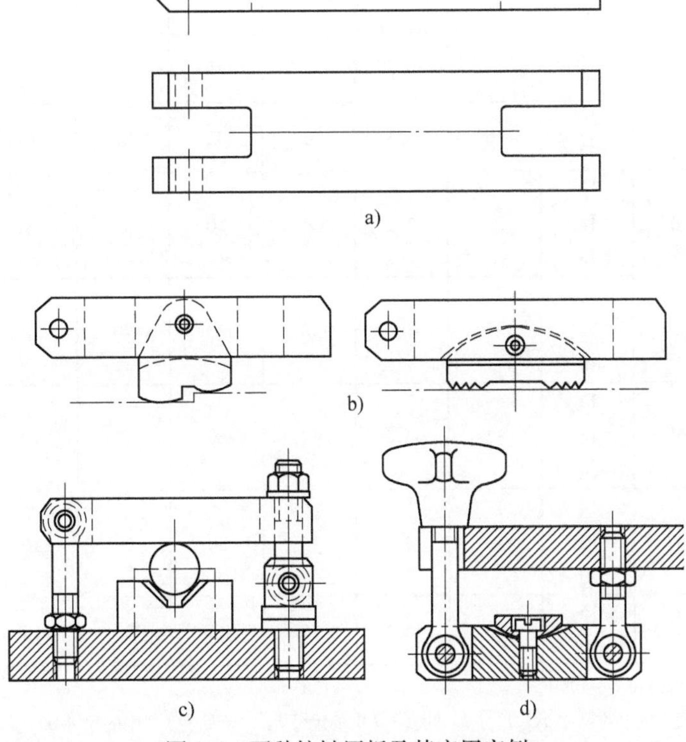

图 3-4　两种铰链压板及其应用实例

表 3-8 铰链压板(表 3-7,B 型)用压块的尺寸 （单位:mm）

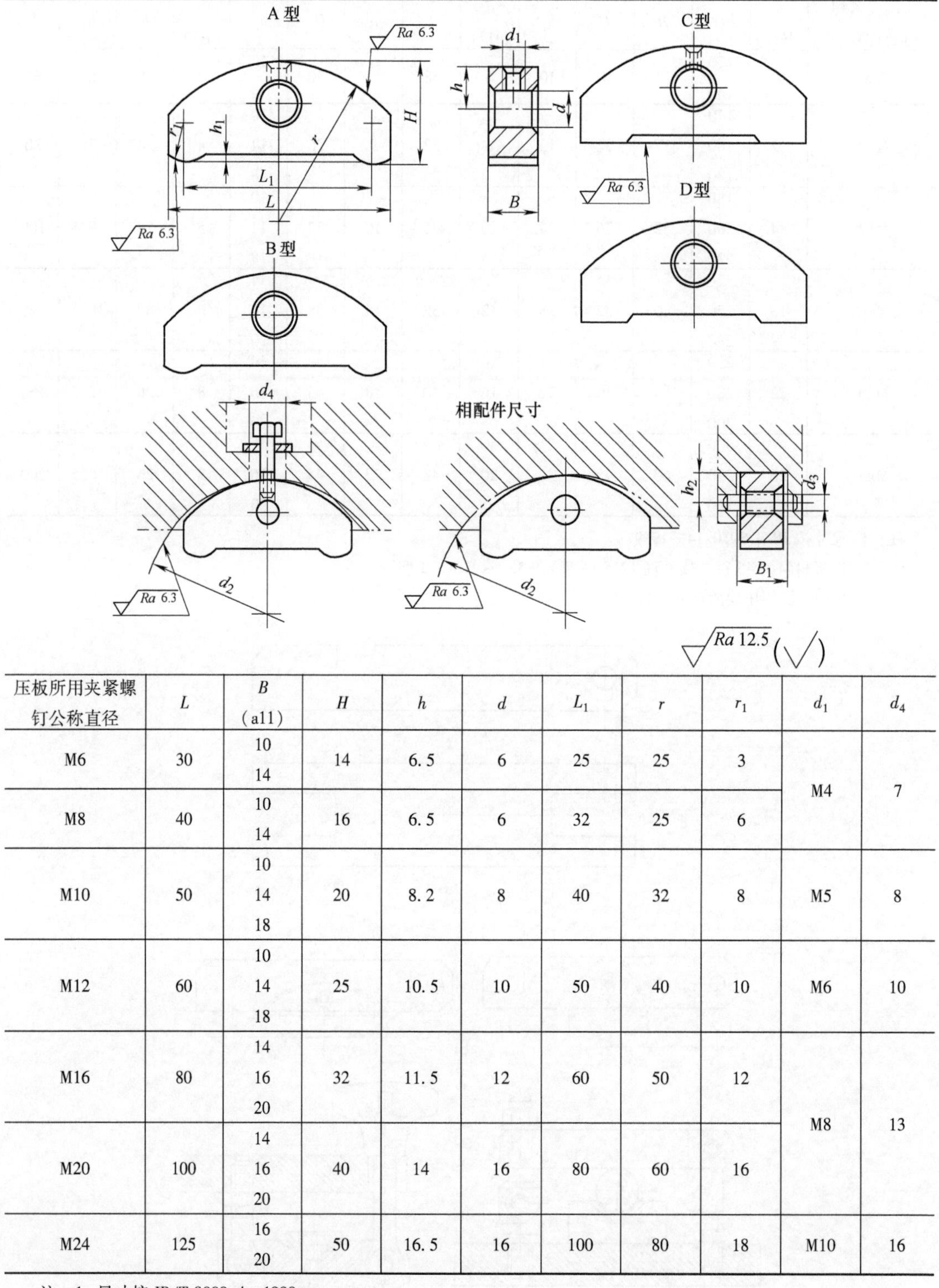

压板所用夹紧螺钉公称直径	L	B (a11)	H	h	d	L_1	r	r_1	d_1	d_4
M6	30	10 14	14	6.5	6	25	25	3	M4	7
M8	40	10 14	16	6.5	6	32	25	6		
M10	50	10 14 18	20	8.2	8	40	32	8	M5	8
M12	60	10 14 18	25	10.5	10	50	40	10	M6	10
M16	80	14 16 20	32	11.5	12	60	50	12	M8	13
M20	100	14 16 20	40	14	16	80	60	16		
M24	125	16 20	50	16.5	16	100	80	18	M10	16

注：1. 尺寸按 JB/T 8009.4—1999。

2. 尺寸 B_1 见表 3-7 中的尺寸 b_2，尺寸 h_2 见表 3-7 中的尺寸 h_1，d_2 见表 3-7 中的尺寸 d_2，d_3 见表 3-7 中的尺寸 d。

3. d_4 为采用 A 型压块时，在压板上钻孔的直径。

各种钩形压板在夹具中应用较多，其特点是结构紧凑，易于采用气、液夹紧，但夹紧力受压板悬臂长度的影响。常用的一种钩形压板组件如图 3-5 所示，A 型压板的主要尺寸见表 3-9；图 3-5 中 B 型压板的尺寸与 A 型压板的尺寸相同，只是钩形压板上端不是光孔，而是螺纹孔(见表 3-10 图 a)，套筒下端不是螺孔，而是光孔(其直径 d_2 见表 3-10)；C 型结构尺寸与 A 型不同之处是套筒内孔形状有变化(见表 3-10 图 b)，其尺寸见表 3-10。对于图 3-5 中的 A 型和 C 型压板，轴套上端开口尺寸见表 3-10 图 c；对 B 型压板，轴套上端开口尺寸见表 3-10 图 d。

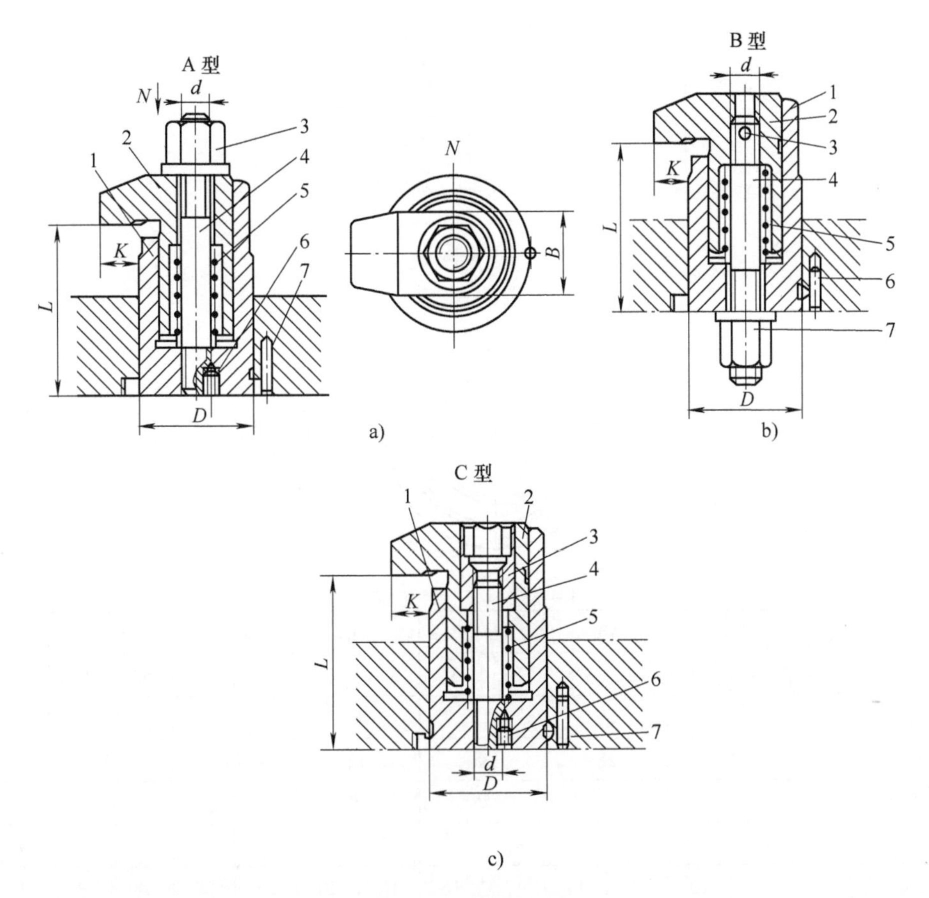

图 3-5　钩形压板组件

1—套筒　2—钩形压板　3—螺母　4—螺柱　5—弹簧　6—螺钉(d_3)　7—销(d_4)

带螺旋槽的钩形压板在气、液传动的夹具中得到应用，图 3-6 所示夹具在连接板 4 上有两个钩形压板夹紧工件(图中只表示了一个)。当双作用气缸或液压缸驱动杆向上移动时，使钩形压板松开工件，然后沿螺旋槽顺时针回转一定角度，取下工件；再装上工件后，驱动杆向下移动，钩形压板逆时针方向转动，夹紧工件。

压板的回转角度根据结构需要可在 30°~90°内变动，在满足让开工件外形的条件下，应取较小的角度，以减小压板的工作行程，并可避免采用大的螺旋角，推荐螺旋角为 30°~40°，以保证压板转动的灵活性。为防止夹紧时产生的转矩使压板产生倾斜，支承套 2 的高度应达到压板的上端。

表 3-9 钩形压板组件(图 3-5a)结构尺寸 (单位:mm)

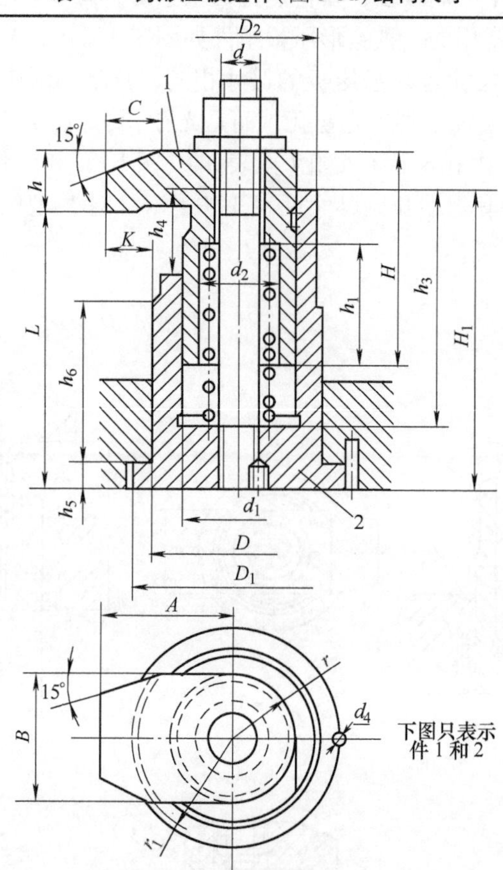

1—钩形压板 2—套筒

d	M6		M8		M10		M12		M16		M20		M24	
A	18	24	24	28	28	35	35	45	45	55	55	65	65	75
B	16		20		25		30		35		40		50	
D(H7/n6)	22		28		35		42		48		55		65	
d_1(H9/f9)	16		20		25		30		35		40		50	
H	28	35	35	45	45	58	55	70	70	90	80	100	95	120
h	8	10	11	13	13	16	16	20	22	25	28	30	32	35
$r(h_{11})$	8		10		12.5		15		17.5		20		25	
r_1	14	20	18	24	22	30	26	36	35	45	42	52	50	60
C	8	12	10	14	12	16	15	18	20	25	25	30	30	35
h_1	16	21	20	28	25	36	30	42	40	60	45	60	50	75
D_1	28		35		45		52		58		65		75	
D_2	21.4		27.4		34.4		41.4		47.4		54.4		64.4	
d_2	10		14		16		18		23		28		34	
件 3：螺钉($d_3×l$)	M3×5		M4×6		M4×6		M6×8		M6×8		M8×10		M10×12	
销($d_4×l$)	3(n6)×10		3(n6)×12		3(n6)×12		4(n6)×16		4(n6)×16		5(n6)×20		5(n6)×20	

（续）

d	M6		M8		M10		M12		M16		M20		M24	
H_1	40	48	50	60	62	75	75	90	95	115	112	132	135	160
h_3	30	38	38	48	48	60	58	72	75	95	85	105	100	125
h_4	10	12	14	16	16	18	20	22	26	30	32	34	38	40
h_5	3		4		5		6		6		8		8	
h_6	22		28		35		42		50		60		70	
L	31~36 36~42		37~44 45~52		48~58 58~70		57~68 70~82		70~86 87~105		81~100 99~120		100~120 125~145	
K	7	13	10	14	10.5	17.5	14	24	21	31	27.5	37.5	32.5	42.5
所用弹簧尺寸	0.8×8×38		1×10×45		1.2×12×52		1.4×14×75		1.6×20×95		2×25×105		2.5×28×115	

注：钩形压板材料为45钢，热处理35~40HRC；套筒材料为45钢，热处理225~255HBW。

表3-10　图3-5中B型和C型钩形压板的部分尺寸和所用销和弹簧规格（单位:mm）

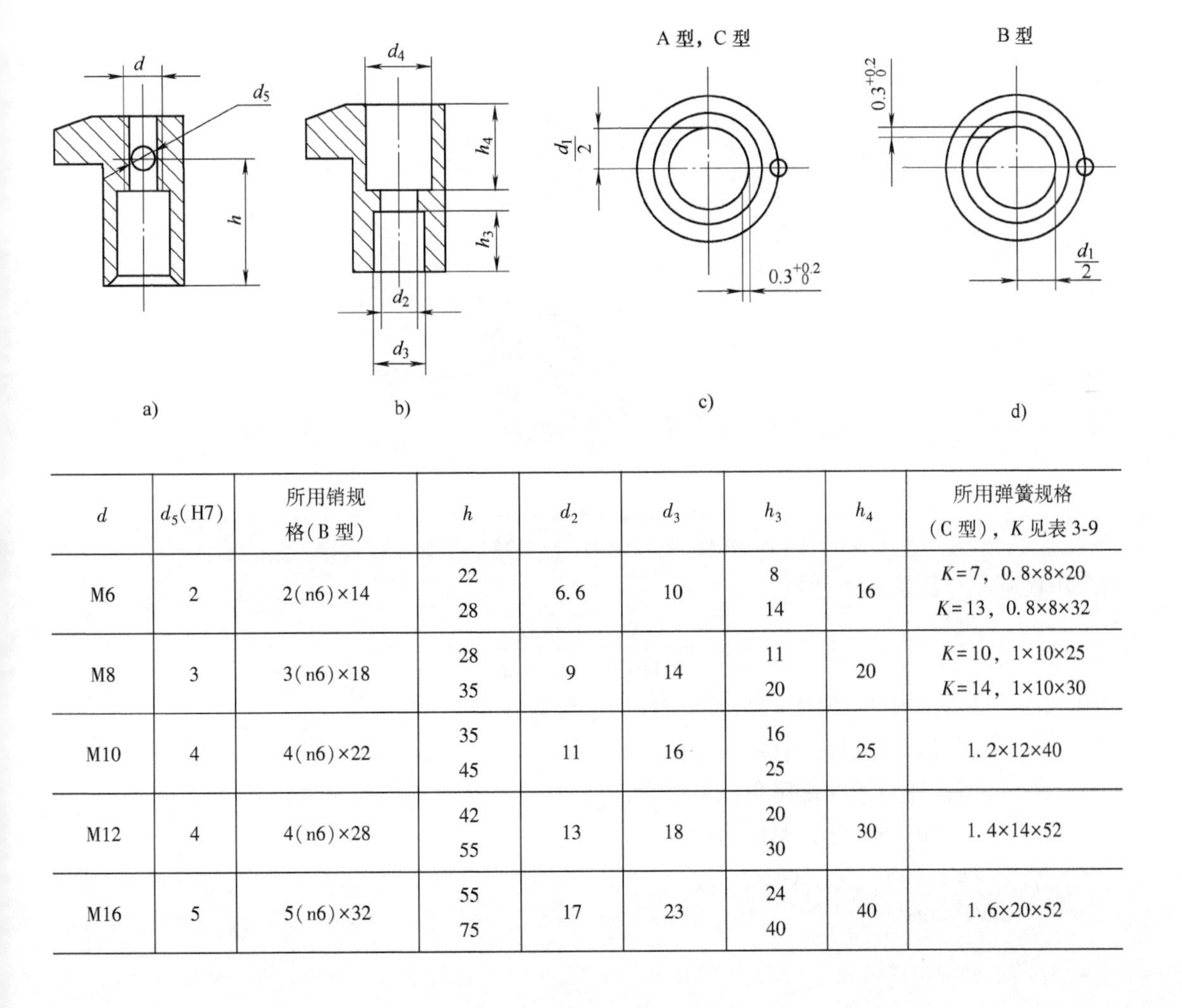

d	d_5(H7)	所用销规格(B型)	h	d_2	d_3	h_3	h_4	所用弹簧规格（C型），K见表3-9
M6	2	2(n6)×14	22 28	6.6	10	8 14	16	K=7，0.8×8×20 K=13，0.8×8×32
M8	3	3(n6)×18	28 35	9	14	11 20	20	K=10，1×10×25 K=14，1×10×30
M10	4	4(n6)×22	35 45	11	16	16 25	25	1.2×12×40
M12	4	4(n6)×28	42 55	13	18	20 30	30	1.4×14×52
M16	5	5(n6)×32	55 75	17	23	24 40	40	1.6×20×52

（续）

d	d_5(H7)	所用销规格(B 型)	h	d_2	d_3	h_3	h_4	所用弹簧规格(C 型)，K 见表 3-9
M20	6	6(n6)×35	60 75	21	28	24 40	50	K=27.5，2×2.5×48 K=37.5，2×2.5×78
M24	6	6(n6)×45	70 75	25	34	28 50	60	K=32.5，2.5×28×65 K=42.5，2.5×28×100

注：1. 尺寸按 JB/T 8012.1—1999。

2. B 型钩形压板所用弹簧尺寸同 A 型(见表 3-9)。

3. 图中尺寸 d_1 见表 3-9。

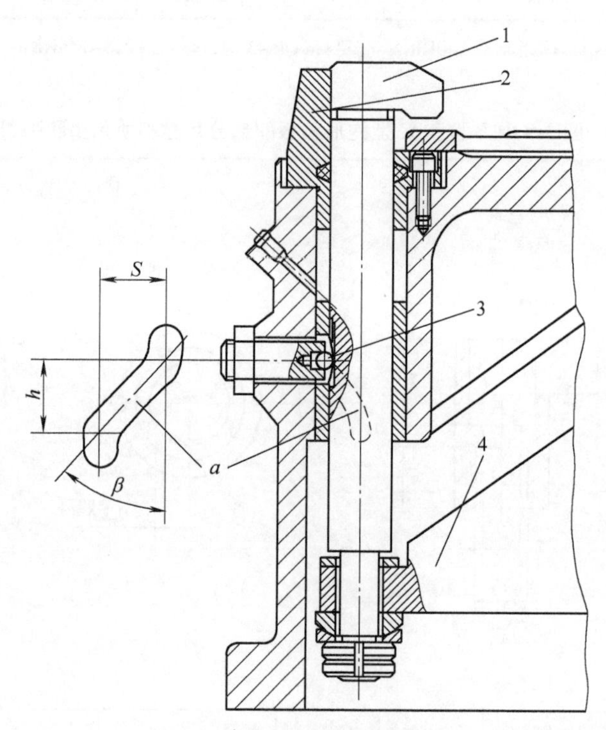

图 3-6 带螺旋槽的钩形压板

1—钩形压板 2—支承套 3—钢球 4—连接板

压板所需行程按下式计算：

$$h=\frac{S}{\tan\beta}=\frac{\pi d\alpha}{360°\tan\beta}$$

式中 S——压板回转时沿圆周转过的行程，单位为 mm；

d——压板导向圆柱的直径，单位为 mm；

β——压板螺旋槽的螺旋角，单位为(°)；

α——压板的回转角，单位为(°)。

设 $K=\frac{\pi\alpha}{360°\tan\beta}$ （K 值见表 3-11）

则

$$h=Kd$$

表3-11　钩形压板导向圆柱螺旋槽 K 值

β	α			
	30°	45°	60°	90°
	K			
30°	0.45	0.68	0.91	1.36
35°	0.37	0.56	0.75	1.12
40°	0.31	0.47	0.62	0.94

当用螺钉直接夹紧工件时，为快速取下和安装工件，可采用图3-7所示的回转压板，夹紧螺钉拧在回转板的螺孔中夹紧工件。松开工件后，按箭头方向转动回转压板，回转压板绕螺钉3的轴线转动，即可取下工件。回转压板1的尺寸见表3-12。

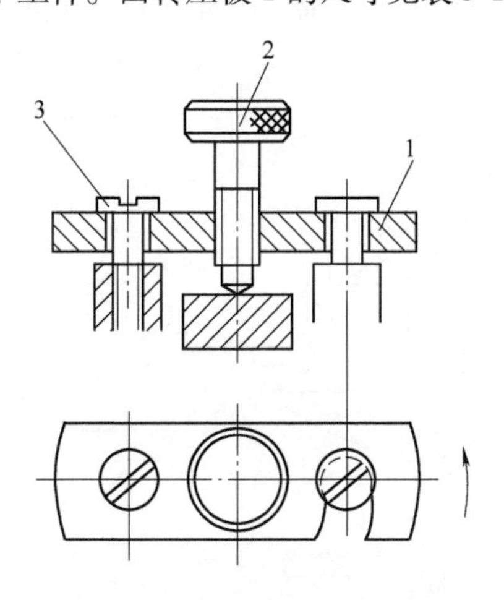

图3-7　夹紧螺钉用回转压板

1—回转压板　2—夹紧螺钉　3—螺钉

表3-12　图3-7所示回转压板的尺寸　（单位：mm）

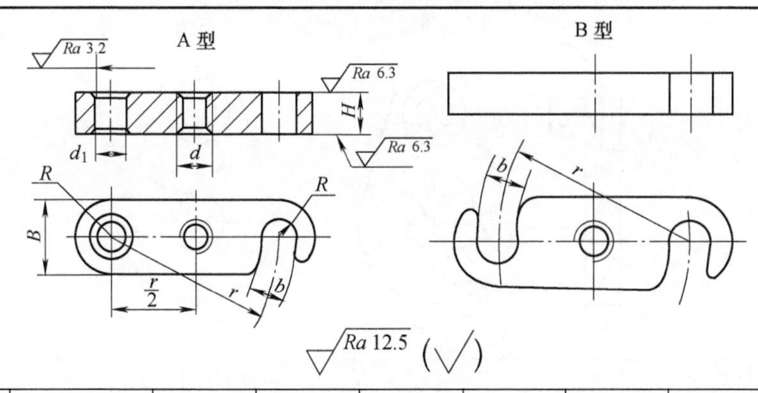

螺钉直径 d	r	B	b	H(h11)	d_1(H11)	R	配用螺钉(图3-7件3)
M5	20~40	14	5.5	6	6	7	M5×6(GB/T 830)
M6	30~50	18	6.6	8	8	9	M6×8(GB/T 830)
M8	40~70	20	9	10	10	10	M8×10(GB/T 830)

（续）

螺钉直径 d	r	B	b	H(h11)	d_1(H11)	R	配用螺钉(图 3-7 件 3)
M10	50~90	20	11	12	12	10	M10×12(GB/T 830)
M12	60~100	25	14	16	16	12.5	M12×16(专用件)
M16	80~120	32	18	20	20	16	M16×20(专用件)

注：1. 尺寸按 JB/T 8010.15—1999。

2. r 尺寸系列在 90 mm 以内按 5 mm 递增，大于 90 mm 按 10 mm 递增。

3. 材料为 45 钢，热处理硬度为 35~40HRC。

在螺纹夹紧机构中，在螺钉或螺母与压板之间采用普通开口垫圈(图 3-8a)或直接用开口压板夹紧工件(图 3-8b)，松开工件后只要取出开口垫圈或开口压板，即可迅速取下工件，而不用将螺母或螺钉取下。开口压板的形式可根据具体情况设计，例如对图 3-9 所示的快卸压板，松开工件后，压板向右移动一段距离，即可取下压板和工件。

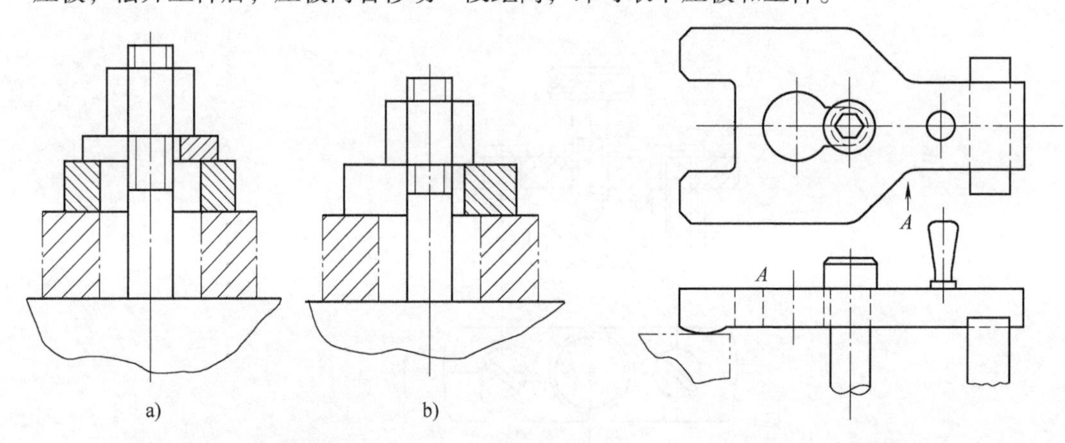

图 3-8 开口垫圈和开口压板　　　　图 3-9 快卸压板

为快速取下和安装工件，还可采用回转垫圈，例如表 3-13 所给出的回转垫圈，当松开工件后，垫圈按箭头方向转动，即可快速取出工件。

表 3-13 回转垫圈的尺寸　　（单位:mm）

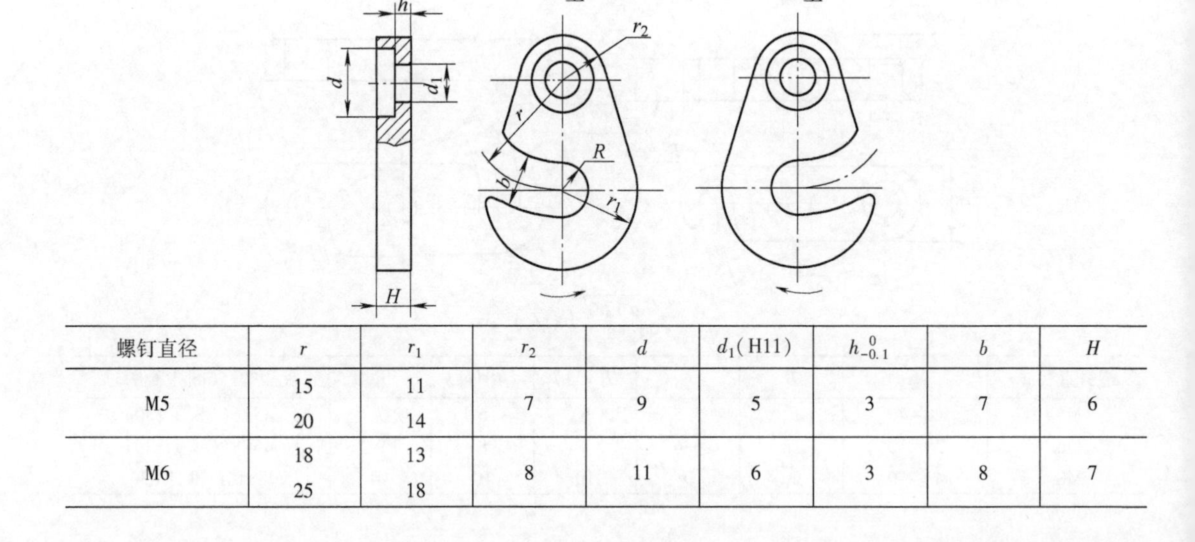

螺钉直径	r	r_1	r_2	d	d_1(H11)	$h_{-0.1}^{0}$	b	H
M5	15 20	11 14	7	9	5	3	7	6
M6	18 25	13 18	8	11	6	3	8	7

（续）

螺钉直径	r	r_1	r_2	d	d_1(H11)	$h_{-0.1}^{0}$	b	H
M8	22 30	16 22	10	14	8	4	10	8
M10	26 35	20 26	13	18	10	4	12	10
M12	32 45	25 32	13	18	10	4	14	10
M16	38 50	28 36	15	22	12	5	18	12
M20	45 60	32 42	15	22	12	6	22	14
M24	50 70	38 50	15	22	12	8	26	16
M30	60 80	45 58	18	26	16	8	32	18
M36	70 95	55 70	18	26	16	10	38	20

注：1. 尺寸按 JB/T 8008.4—1999；$R=\frac{b}{2}$。

2. 材料为 45 钢，热处理硬度为 35～40HRC。

3. 根据使用情况，可不带直径为 d 的沉孔。

支承元件是螺纹夹紧机构的组成部分，有多种形式的支承元件。在图 3-10a 中采用支承

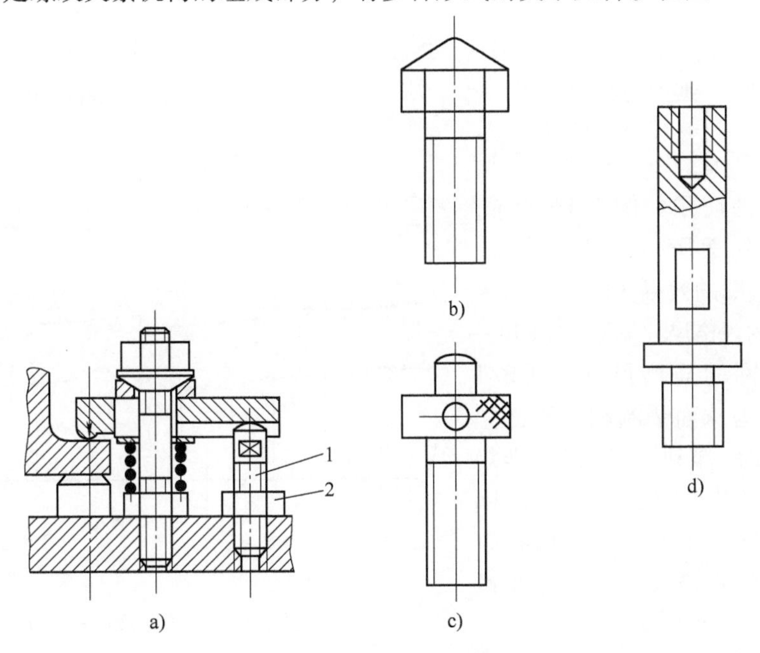

图 3-10　支承螺钉的应用

1—支承螺钉　2—螺母

螺钉 1，支承高度可调，并用螺母 2 锁紧。图 3-10b 所示为六角头可调支承螺钉，图 3-10c 所示为滚花手把可调支承螺钉。当工件高度大时，可将支承螺钉安装在支柱(图 3-10d)上端的螺孔中。支承元件也可做成支钉(支承销)的形式。

图 3-11 所示为一种顶压式夹紧机构。

在螺纹和其他夹紧机构中，经常采用球面垫圈。球面垫圈一般成对(凸形圆弧球面的和凹形 120°锥面的)使用(图 3-12a)；有时 120°锥面沉孔做在相关件上，则这时只用一个凸形球面垫圈即可(图 3-12b)。

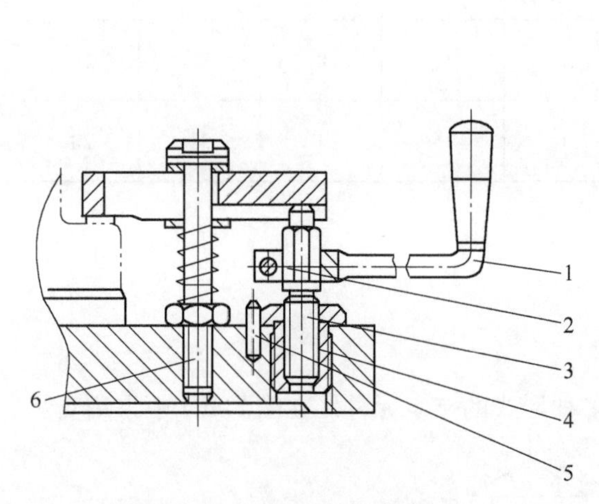

图 3-11 一种顶压式夹紧机构
1—手柄 2—螺钉 3—顶压螺钉
4—螺纹套 5—销 6—螺栓

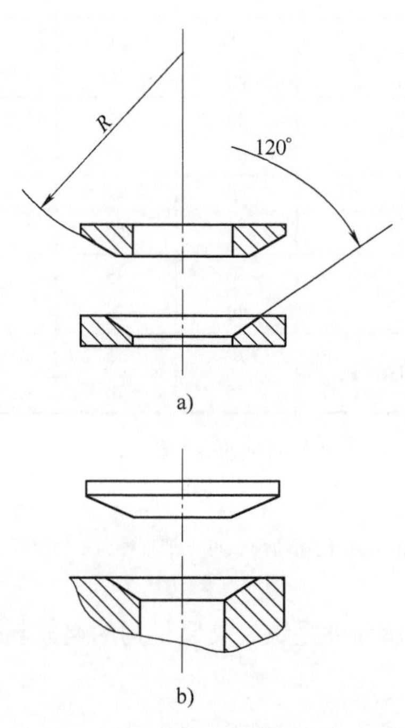

图 3-12 球面垫圈

球面垫圈的应用如图 3-13 所示，有球面垫圈、弧面压板和球面支承。图 3-13b 所示垫圈的效果比图3-13a好。

球面垫圈的规格尺寸见 GB/T 849—1988，锥面垫圈的规格尺寸见 GB/T 850—1988。因为球面垫圈相对锥面垫圈有一定的摆动(浮动)，所以标准规定：球面垫圈内孔的直径与普通垫圈内孔的直径相同，而锥面垫圈内孔直径比球面内孔的直径大，这一点在设计类似结构的相关件时应注意。

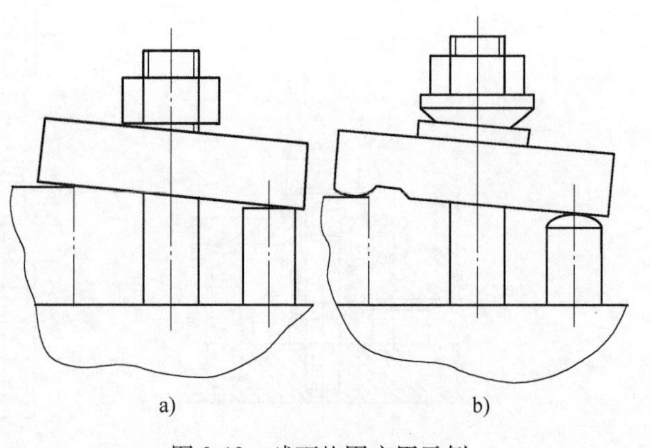

图 3-13 球面垫圈应用示例

图 3-14 所示为从两个方向共 4 点夹紧工件用的铰链压板结构，两个浮动压块与工件的接触均为圆弧形，浮动压块 1 和 2 将工件压在两相互垂直的定位支承上。为取出工件，先松开球面螺母，使活节螺栓按顺时针方向转动，然后使铰链压板 6 绕轴向上转动，即可取下工件和安装工件。对这种结构，在球面螺母下不适合采用一般的锥面垫圈，因为活节螺钉转动离开压板后球面垫圈会落下，给操作带来不便，而应采用悬挂式垫圈 4。悬挂式垫圈上部半圆部分卡在球面螺母的台肩上，螺母的球面与悬挂式垫圈 120°锥孔接触。悬挂式垫圈的规格尺寸见表 3-14。多点浮动夹紧可同时夹紧多个工件，并能补偿各夹紧部位上的尺寸差别，使各点均匀受力。

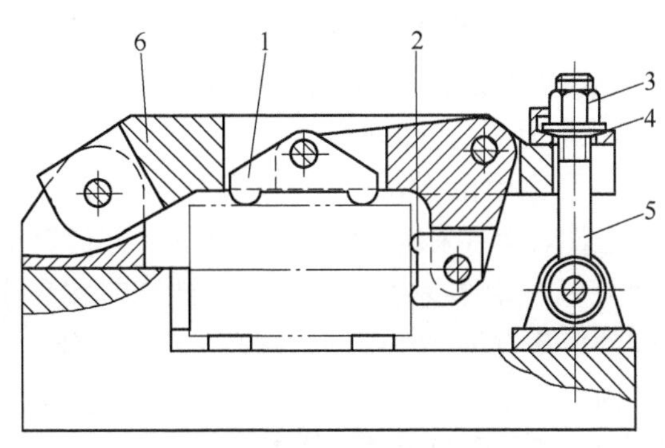

图 3-14　4 点夹紧铰链翻转压板
1、2—浮动压块　3—球面螺母　4—悬挂式垫圈　5—活节螺钉　6—铰链压板

表 3-14　悬挂式 120°锥孔垫圈的规格尺寸　（单位：mm）

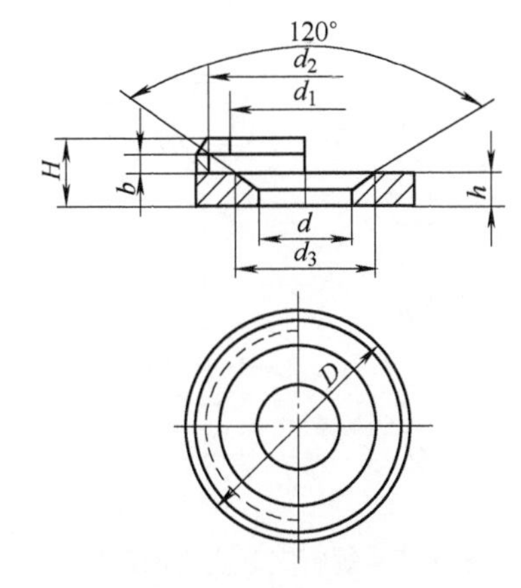

夹紧螺钉直径	D	H	d	d_1	d_2	d_3	b	h
M6	17	6.5	8	11	14	12	2.3	2.6
M8	22	7.5	10	15	18.5	16	2.7	3.2
M10	26	8.5	12.5	19.5	22.5	18	3	4
M12	30	9.5	16	22	26	23.5	3.2	4.7
M16	38	11	20	28	32	29	4	5.1
M20	48	13.5	25	35	40	34	4.4	6.6
M24	55	16.5	30	42	48	38.5	7.5	6.8
M30	63	20.5	36	52	60	45.2	7.5	9.9
M36	80	24	43	62	72	64	7.5	14.3
M42	94	30	50	72	85	69	12.5	14.4
M48	110	37	60	82	100	78.6	15	17.4

注：1. 尺寸按 JB/T 8008.1—1999。
2. 材料为 45 钢，热处理硬度为 35~40HRC。

2. 螺纹夹紧力的计算

螺纹夹紧是斜楔夹紧的一种变型，螺旋面就是绕在圆柱上的斜楔面。下面以螺钉夹紧(图 3-15)为例进行分析。

力 Q 作用在手柄上，产生力矩 $M=QL$。

工件对螺钉末端产生反作用力 F'(其值等于夹紧力 F)，F'的摩擦力为 $F_1=F'\tan\varphi=F\tan\varphi$。摩擦力 F_1 作用在整个接触面上，计算时按集中作用在当量摩擦半径 r' 上。r'的大小与螺钉末端的形状有关。在螺钉末端产生的反力矩 $M_f=F_1r'$。

固定内螺纹对螺钉的反作用力有：垂直于螺旋面的正压力 N 和螺旋面上的摩擦力 F_2，其合力为 R，合力 R 作用在整个螺旋面上，计算时按集中作用在螺纹中径上。R 的水平分力为 R_x、垂直分力为夹紧力 F(图 3-15b)。作用在螺纹中径上的反作用力矩 $M_{f1}=R_xr_2=[F\tan(\alpha+\varphi_1)]r_2$。

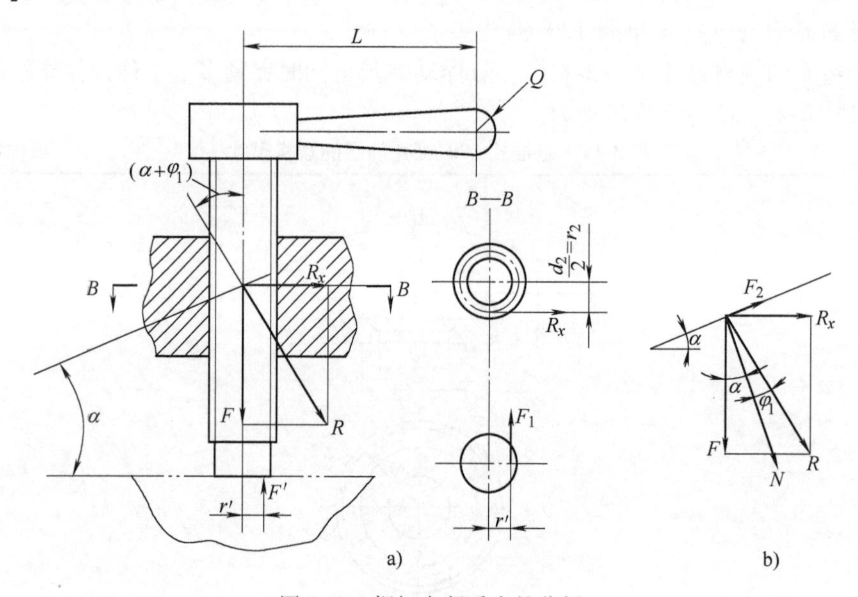

图 3-15　螺钉夹紧受力的分析

由力矩平衡条件得

$$M=M_f+M_{f1} \tag{3-1}$$

$$QL=(F\tan\varphi)r'+[(F\tan(\alpha+\varphi_1)]r_2$$

得

$$F=\frac{QL}{r'\tan\varphi+r_2\tan(\alpha+\varphi_1)} \tag{3-2}$$

式中　F——单个螺钉的夹紧力，单位为 N；

Q——作用在手柄上的力，单位为 N；

L——手柄的长度，单位为 mm；

r'——螺钉末端与工件接触的当量摩擦半径，单位为 mm；

r_2——螺钉螺纹中径的一半，单位为 mm，$r_2=d_2/2$；

α——螺纹升角，单位为(°)；

φ——螺钉末端与工件或支承面的摩擦角，$\varphi=\arctan f$，单位为(°)(当用螺母夹紧时，是螺母与支承面的摩擦角)；

φ_1——内、外螺纹表面当量摩擦角，$\varphi_1=\arctan f_1$，单位为(°)；

f 和 f_1——分别为螺钉与支承面的摩擦系数和螺纹表面的当量摩擦系数。

用螺钉夹紧时，螺钉承受轴向压力；用螺母夹紧时，螺栓、螺柱承受轴向拉力，所以式(3-2)同样适合于用螺母夹紧时的计算。

螺钉末端和螺母与支承面的摩擦系数 f 的参考值为：螺纹材料为钢，对材料为钢和铸铁的干燥加工面，$f=0.10\sim0.16$；对有油的加工面，$f=0.06\sim0.10$；对工件表面有直线刀痕的加工面，$f=0.30$(刀痕方向与所设计夹具切削力的方向一致)和 $f=0.40$(刀痕方向与切削力的方向垂直)；对喷砂处理的钢结构件表面，$f=0.45\sim0.55$；对轧制、钢刷清理的钢结构件表面，$f=0.30\sim0.35$。f 的精确值应通过试验确定。

内、外螺纹表面当量摩擦系数 f_1 为 0.10~0.20，一般取 $f_1=0.15$。

螺纹夹紧常见的形式如图 3-16 所示。图 3-16a 主要用于未加工面；图 3-16b 所示，螺钉主要用于经粗加工的表面；图 3-16c、d 所示的带压块的螺钉，主要用于工件未加工面(用带齿纹的压块)和需要夹紧面积较大、减小对工件表面单位压力、避免工件表面损坏等情况。

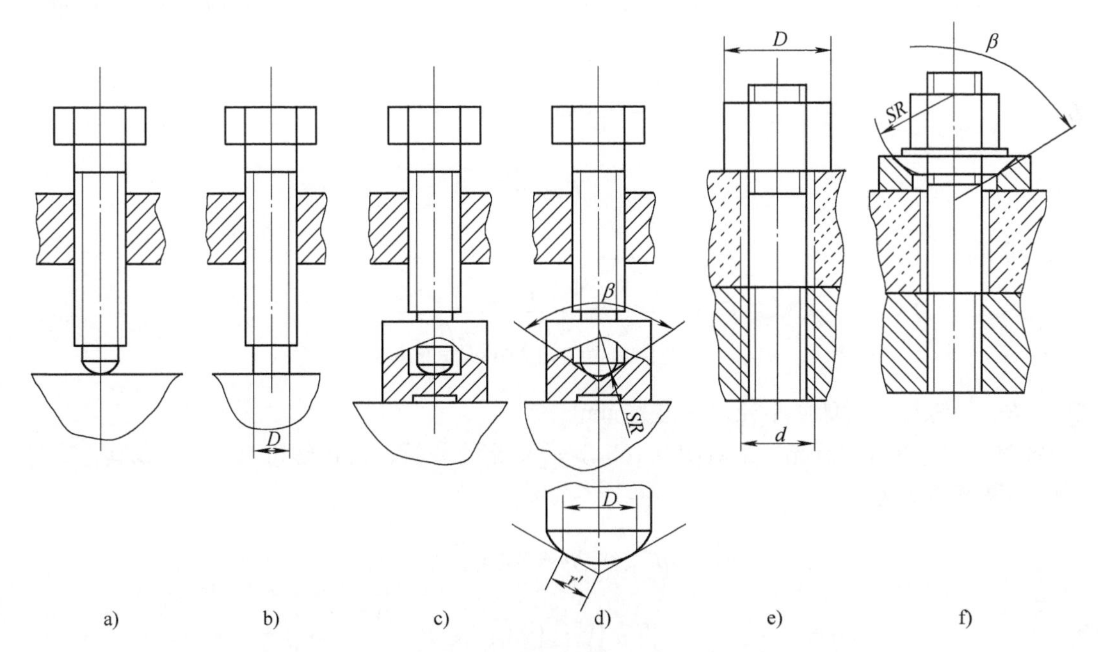

图 3-16　螺纹夹紧的形式

螺钉末端为球面(图 3-16a)时，$r'=0$，所以由式(3-2)得其夹紧力

$$F=Q\frac{L}{r_2\tan(\alpha+\varphi_1)} \tag{3-3}$$

螺钉末端为圆柱端面(图 3-16b)时，在圆柱端面上的单位压力为

$$p=\frac{F}{\pi R^2}\left(R=\frac{D}{2}\right) \tag{3-4}$$

在半径为 ρ，宽度为无限小 $d\rho$ 窄环形上的摩擦力矩为

$$dM=dF\cdot\rho=fp(2\pi\rho)d\rho\cdot\rho=2\pi fp\rho^2 d\rho$$

$$M=2\pi fp\int_0^R\rho^2\mathrm{d}\rho=2\pi fp\frac{R^3}{3}\tag{3-5}$$

将式(3-4)代入式(3-5)，得

$$M=\frac{2}{3}\pi f\left(\frac{F}{\pi R^2}\right)R^3=\frac{2}{3}RfF=\frac{1}{3}DfF=r'fF$$

$$r'=\frac{D}{3}\qquad f=\tan\varphi$$

由式(3-2)得

$$F=Q\frac{L}{r_2\tan(\alpha+\varphi_1)+\frac{1}{3}D\tan\varphi}\tag{3-6}$$

式中 D——螺钉末端圆柱直径，单位为mm。

对图3-16c所示的情况，因为螺钉末端球面与压块平面接触，所以压块对工件产生的夹紧力也按式(3-3)计算。这里需要说明，螺钉产生的夹紧力F作用在压块上，压块作用在工件上的力也是F，与压块下端面的形状无关。

对图3-16d所示的情况，螺钉球面与压块在锥面直径为D的圆周上接触，在锥面(锥角为β)上的摩擦力矩为

$$M=fFR\cot\frac{\beta}{2}=fFr'$$

$$r'=R\cot\frac{\beta}{2}$$

由式(3-2)得

$$F=Q\frac{L}{r_2\tan(\alpha+\varphi_1)+R\cot\frac{\beta}{2}\tan\varphi}\tag{3-7}$$

式中 R——螺钉末端球面半径，单位为mm。

对图3-16e所示的情况，由对图3-16b所示情况的分析，可得螺母与工件(或其他夹紧元件)的摩擦力矩为

$$M=2\pi fp\int_r^R\rho^2\mathrm{d}\rho=2\pi fp\frac{R^3-r^3}{3}$$

而 $p=\dfrac{F}{\pi(R^2-r^2)}$，将$p$代入上式；又$R=\dfrac{D}{2}$，$r=\dfrac{d}{2}$

所以 $$M=\frac{2}{3}\left(\frac{R^3-r^3}{R^2-r^2}\right)fF=\frac{1}{3}\left(\frac{D^3-d^3}{D^2-d^2}\right)fF=r'fF$$

$$r'=\frac{1}{3}\left(\frac{D^3-d^3}{D^2-d^2}\right)$$

由式(3-2)得

$$F=Q\frac{L}{r_2\tan(\alpha+\varphi_1)+\frac{1}{3}\left(\frac{D^3-d^3}{D^2-d^2}\right)\tan\varphi}\tag{3-8}$$

式中 D 和 d——螺母与支承面接触环形面的外径和内径，单位为 mm。

对图 3-16f 所示的情况，因为螺母球面与垫圈上的内锥面接触，螺母对工件产生的夹紧力也按式(3-7)计算，这时 R 为球面螺母球面的半径。

3. 螺纹夹紧强度的计算

螺纹夹紧时螺钉(或螺栓、螺柱)承受拉应力和扭应力。

由于钝轴向夹紧力为 F，螺栓等承受的拉应力为

$$\sigma=\frac{F}{\frac{\pi}{4}d_1^2} \tag{3-9}$$

式中 d_1——螺纹小径，单位为 mm。

由于螺纹表面的摩擦力矩产生的切应力为

$$\tau=\frac{M_{f1}}{W_r}=\frac{F\tan(\alpha+\varphi_1)\frac{d_2}{2}}{\frac{\pi d_1^3}{16}}=\tan(\alpha+\varphi_1)\frac{2d_2}{d_1}\times\frac{F}{\frac{\pi d_1^2}{4}}$$

$$=\frac{\tan\alpha+\tan\varphi_1}{1-\tan\alpha\ \tan\varphi_1}\times\frac{2d_2}{d_1}\sigma$$

式中 M_{f1}——螺纹表面上的摩擦力矩，单位为 N · mm；

W_r——抗扭截面系数，单位为 mm^3；

d_2——螺纹中径，单位为 mm。

设
$$C=\frac{\tan\alpha+\tan\varphi_1}{1-\tan\alpha\tan\varphi_1}\times\frac{2d_2}{d_1} \tag{3-10}$$

则
$$\tau=C\sigma$$

对钢制螺纹，按第四强度理论，得在螺纹小径截面上所承受的合成拉应力为

$$\sigma_R=\sqrt{\sigma^2+3\tau^2}=\sigma\sqrt{1+3C^2}\leqslant[\sigma]$$

设 $\lambda=\sqrt{1+3C^2}$，并将式(3-9)代入上式得

$$\frac{\lambda F}{\frac{\pi}{4}d_1^2}\leqslant[\sigma]=\frac{\sigma_s}{K_s} \tag{3-11}$$

说明：当轴向力为 F 时，应按 λF 值计算螺纹的强度。

式中 F——轴向夹紧力，单位为 N；

λ——考虑切应力，所需夹紧力放大系数(见表 3-15)；

$[\sigma]$——螺纹材料的许用拉应力，单位为 MPa；

σ_s——螺纹材料的弹性极限，单位为 MPa；

K_s——螺纹紧连接对弹性极限的安全系数。

根据上述各式计算得表 3-15 中的数据。

表 3-15　式(3-10)中的系数 C 和式(3-11)中的 λ 的计算值

螺纹公称直径			M6	M8	M10	M12	M16	M20	M24
螺纹参数		d_2	5.350	7.188	9.026	10.863	14.701	18.376	22.051
		d_1	4.917	6.647	8.376	10.106	13.875	17.294	20.752
		α	3.4°	3.2°	3°	3°	2.5°	2.5°	2.5°
$f_1=\tan\varphi_1$ [见式(3-2)]	0.08	C 见式(3-10)	0.31	0.30	0.29	0.29	0.26	0.26	0.26
	0.10		0.35	0.34	0.32	0.33	0.31	0.31	0.31
	0.125		0.40	0.40	0.38	0.38	0.36	0.36	0.36
	0.15		0.46	0.45	0.44	0.44	0.41	0.41	0.41
	0.08	$\lambda=\sqrt{1+3C^2}$	1.14	1.13	1.12	1.12	1.1	1.1	1.1
	0.10		1.17	1.16	1.14	1.15	1.13	1.13	1.13
	0.125		1.22	1.22	1.20	1.20	1.18	1.18	1.18
	0.15		1.28	1.27	1.26	1.25	1.23	1.23	1.23

螺纹连接弹性极限安全系数 K_s 见表 3-16。

表 3-16　螺纹连接弹性极限安全系数 K_s

螺纹材料	螺纹规格	K_s	
		静载荷	变载荷
碳钢	M6~M16	4~3	10~6.5
	>M16~M30	3~2	6.5
合金钢	M6~M16	5~4	7.5~5
	>M16~M30	4~2.5	5

对机床夹具，一般按静载荷取安全系数；对切削力变化大或断续切削的夹具按变载荷取安全系数。

4. 螺纹产生的轴向夹紧力和所需力矩

表 3-17 列出了螺纹在纯拉伸或压缩下的最大轴向载荷 F_1(未考虑安全系数)。

表 3-17　螺纹在纯拉伸或压缩下的最大轴向载荷 F_1(未考虑安全系数)

螺纹公称直径 d/mm	螺纹小径截面积 A_1/mm²	螺纹连接等级				
		5.8	6.8	8.8	10.9	
		螺纹材料屈服强度 R_m/MPa				
		400	480	640	900	1080
		最大轴向载荷 $F_1=A_1\times R_m$(kN)				
M6	18.99	7.60	9.12	12.15	17.09	20.50
M8	34.70	13.88	16.67	22.21	31.23	37.48
M10	55.10	22.04	26.45	35.26	49.59	59.51
M12	80.21	32.08	38.50	51.33	72.19	86.63
M16	150.33	60.13	72.16	96.21	135.30	162.36
M20	234.90	93.96	112.75	150.34	211.41	253.69
M24	338.23	135.27	162.35	216.47	304.41	365.29
螺钉、螺栓和螺柱的材料		低碳钢或中碳钢		中碳钢淬火，回火	低碳合金钢，淬火，回火	合金钢淬火，回火
相配螺母精度等级		5		8	10	12

注：1. 本表数据要求螺纹中径公差不大于 6H/6g。

2. 机床夹具夹紧用螺纹一般采用 5.8 级和 6.8 级。

考虑切应力，可计算出螺纹夹紧在不同条件下允许的最大轴向夹紧力 $F_2=F_1/\lambda$（F_1 见表3-17，λ 见表3-15），计算结果见表3-18和表3-19。

表3-18　用末端为球面的螺钉和用带端面推力轴承的螺母夹紧，考虑切应力允许的最大轴向夹紧力 F_2 和力矩 M_a（未考虑安全系数）

螺纹公称直径 d/mm	螺纹表面当量摩擦系数 f_1	螺纹连接等级和螺纹材料屈服强度 R_m									
		5.8 $R_m=400$MPa		6.8 $R_m=480$MPa		8.8 $R_m=640$MPa		10.9 $R_m=900$MPa		12.9 $R_m=1080$MPa	
		F_2/kN	M_a/N·m	F_2/kN	M_a/N·m	F_2/kN	M_a/N·m	F_2/kN	M_a/N·m	F_2/kN	M_a/N·m
M6	0.08	6.65	2.5	8.0	3.04	10.6	4.0	15.0	5.64	18.0	6.77
	0.10	6.5	2.78	7.8	3.35	10.4	4.45	14.6	6.25	17.5	7.46
	0.125	6.2	3.07	7.5	3.72	9.9	4.91	14.0	6.94	16.8	8.33
	0.15	5.9	3.32	7.1	4.0	9.5	5.36	13.4	7.55	16.0	9.01
M8	0.08	12.3	6.06	14.7	7.24	19.6	9.65	27.6	13.59	33.1	16.29
	0.10	12.0	6.74	14.3	8.05	19.1	10.74	26.9	15.15	32.3	17.76
	0.125	11.4	7.45	13.6	8.88	18.2	11.89	25.6	16.72	30.7	20.05
	0.15	10.8	8.03	13.0	9.68	17.3	12.88	24.4	18.16	29.2	21.73
M10	0.08	19.6	11.80	23.6	14.21	31.5	18.95	44.2	26.68	53.1	31.97
	0.10	19.3	13.33	23.2	16.02	30.9	21.34	43.5	30.04	52.2	36.05
	0.125	18.3	14.71	22.0	17.69	29.3	23.54	41.3	33.20	49.6	39.89
	0.15	17.5	16.23	21.0	19.27	28.0	25.72	39.3	36.08	47.2	43.32
M12	0.08	28.6	19.28	34.4	23.18	45.8	30.89	64.5	43.48	77.3	52.11
	0.10	27.9	21.63	33.5	25.90	44.6	34.47	62.8	48.56	75.3	58.23
	0.125	26.7	24.03	32.1	28.89	42.8	38.51	60.2	54.16	72.2	65.00
	0.15	25.6	26.34	30.8	31.66	41.0	42.23	57.7	59.33	69.3	71.23
M16	0.08	54.6	50.0	65.6	60.09	87.4	80.0	123.0	112.5	147.6	135.2
	0.10	53.2	56.79	63.8	67.80	85.1	90.14	119.7	126.8	143.6	152.3
	0.125	51.0	63.39	61.1	75.95	81.5	101.3	114.6	142.4	137.6	171.0
	0.15	48.9	69.89	58.7	83.90	78.2	111.8	110.0	157.3	132.0	188.5
M20	0.08	85.4	97.7	102.5	117.8	136.7	156.5	192.2	220.1	230.6	263.8
	0.10	83.1	110.1	99.8	132.1	133.0	176.1	187.1	247.7	224.5	297.2
	0.125	79.6	124.1	95.5	148.4	127.4	198.0	179.1	278.5	215.0	334.1
	0.15	76.4	137.3	91.7	163.7	122.2	218.3	171.9	307.2	206.2	368.2
M24	0.08	123.0	168.9	147.6	202.7	196.8	270.3	276.7	379.9	332.1	455.9
	0.10	119.7	190.3	143.7	228.4	191.5	304.3	269.4	427.8	323.2	513.7
	0.125	114.6	213.7	137.6	256.5	183.4	342.0	258.0	480.9	309.5	577.0
	0.15	110.0	235.8	132.0	283.0	176.0	377.3	247.5	530.2	297.0	636.5

注：1. $F_2=\dfrac{F_1}{\lambda}$（F_1 见表3-17，λ 见表3-15）。

2. M_a 按式（3-5）计算。

表 3-19 螺纹连接等级为 6.8 级(σ_s=480MPa)，用末端为圆柱端面的螺钉和用螺母夹紧，考虑切应力允许的最大轴向夹紧力 F_2 和力矩 M_b 和 M_c(未考虑安全系数)

螺纹公称直径/mm	螺纹表面当量摩擦系数f_1	F_2/kN	螺钉或螺母与支承面的摩擦系数f					
			0.10	0.15	0.20	0.10	0.15	0.20
			M_b（柱端螺钉夹紧）/N·m			M_c（螺母夹紧）/N·m		
M6	0.08	8.0	4.2	4.81	5.40	6.33	7.99	9.65
	0.10	7.8	4.45	4.95	5.60	6.61	8.23	9.86
	0.125	7.5	4.85	5.40	5.97	6.83	8.39	9.95
	0.15	7.1	5.06	5.60	6.13	6.96	8.43	9.91
M8	0.08	14.7	10.04	11.49	12.94	15.53	19.69	23.84
	0.10	14.3	10.90	12.32	13.76	16.11	20.14	24.19
	0.125	13.6	11.60	12.97	14.33	16.56	20.40	24.24
	0.15	13.0	12.27	13.57	14.87	17.01	20.69	24.35
M10	0.08	23.6	19.72	22.47	25.25	30.42	38.53	46.63
	0.10	23.2	21.43	24.26	26.86	31.97	39.93	47.09
	0.125	22.0	22.83	25.39	27.96	32.80	40.37	47.91
	0.15	21.0	24.17	26.62	29.07	33.69	40.90	48.11
M12	0.08	34.4	33.52	38.68	43.84	50.14	63.61	77.09
	0.10	33.5	35.95	40.97	45.99	52.13	65.24	78.37
	0.125	32.1	38.53	43.34	48.16	54.03	66.61	79.18
	0.15	30.8	40.90	45.51	50.14	55.78	67.84	79.90
M16	0.08	65.6	86.32	100.1	112.5	125.8	158.7	191.7
	0.10	63.8	93.40	106.3	119.0	132.0	164.1	196.1
	0.125	61.1	100.4	112.7	124.8	137.2	167.8	198.5
	0.15	58.7	107.4	119.1	130.9	142.7	172.2	201.7
M20	0.08	102.5	169.3	195.0	220.7	248.4	313.7	379.1
	0.10	99.8	181.9	206.9	231.9	258.8	322.1	385.4
	0.125	95.5	196.2	220.1	244.0	269.7	330.3	390.9
	0.15	91.7	209.5	232.6	260.0	283.4	342.3	401.2
M24	0.08	147.6	291.3	335.6	379.9	426.3	538.1	649.9
	0.10	143.7	314.7	357.8	400.9	446.1	554.9	663.8
	0.125	137.6	339.0	380.2	421.5	464.8	568.9	673.1
	0.15	132	362.2	401.8	441.4	482.9	582.9	682.9

注：1. M_b 按式(3-5)计算，M_c 按图 3-16e 所示夹紧方式计算 M 的公式计算时，螺钉末端圆柱部位的直径 D(图 3-16b)为：4.5mm(M6)，6mm(M8)，7mm(M10)，9mm(M12)，12mm(M16)，15mm(M20)和 18mm(M24)。

2. 计算时螺母与工件或支承面接触尺寸 $D \times d$(图 3-16f)为：9.5mm×7mm(M6)，13.3mm×19mm(M8)，16.5mm×11mm(M10)，18.05mm×13mm(M12)，22.8mm×17mm(M16)，28.5mm×22mm(M20)和 34.2mm×26mm(M24)。当同一规格螺母尺寸 D 不同时，其计算值与本表相差很小(1%~2%)。

3. 当螺纹连接等级不是 6.8 级时，表中数据应乘以$\left(\frac{\sigma_s}{480}\right)$，这里 σ_s 为其他级别螺纹材料的屈服强度。

已知用螺母、螺柱夹紧工件的力为 F=12kN，螺母与支承面的摩擦系数 f 和螺纹接触表面摩擦系数 f_1 均为 0.15，选择夹紧螺纹的规格和连接等级。

取安全系数 K_s=3.5，则螺纹连接应能产生（承受）的轴向力 F_2=12kN×3.5=42kN。

由表 3-19 可知，在螺纹连接等级为 6.8 级和 R_m=480MPa 的条件下，对 f=f_1=0.15，可选螺纹规格为 M16，F_2=58.7kN>42kN。这时实际安全系数 $K_s=\frac{58.7\text{kN}}{12\text{kN}}\approx 5$，偏大。

改用螺纹连接等级为 5.8 级和 $R_m=400MPa$(见表 3-17)的螺柱，这时应能产生(承受)的轴向力为 $F_2=58.7kN\times\dfrac{400MPa}{480MPa}=48.9kN$，实际安全系数为 $K_s=\dfrac{48.9kN}{12kN}\approx4>3.5$。

所以最后确定选用螺纹连接等级为 5.8 级的 M16 螺柱和精度为 5 级的螺母(见表 3-17)。

5. 对确定螺纹夹紧力的说明

表 3-18 和表 3-19 列出了各种规格螺纹夹紧产生的最大轴向力和所需的力矩，以及利用两表根据工件所需夹紧力选择螺纹直径和连接等级(一般为 5.8 级和 6.8 级)。在很多文献中，按螺纹允许拉伸力 [σ] =80MPa(按安全系数 $K_s=5$,则螺纹材料的屈服极限 $R_m=5\times80MPa=400MPa$,相对于螺纹连接等级为 5.8 级)。单个螺纹夹紧力见表 3-20。

表 3-20　单个螺纹夹紧力(按 $R_m=400MPa$)

夹紧方式	螺纹直径 d/mm	手柄长度/mm	作用力/N	夹紧力/N
图 3-16a	10	120	25	4000
	12	140	35	5500
	16	190	65	10600
	20	240	100	16000
	24	310	130	23000
图 3-16b	10	120	25	3080
	12	140	35	4200
	16	190	65	7900
	20	240	100	12000
	24	310	130	17000
图 3-16d	10	120	25	2300
	12	140	35	3100
	16	190	65	5900
	20	240	100	9200
	24	310	130	13000
带柄螺母(螺母支承面直径为 $2d$,下同)	8	50	50	2050
	10	60	50	2970
	12	80	80	3510
	16	100	100	4140
	20	140	100	4640
六角扳手和螺母	10	120	45	3550
	12	140	70	5380
	16	190	100	7870
	20	240	100	7950
	24	310	150	12840
蝶形螺母	4	8	10	130
	5	9	15	180
	6	11	20	240
	8	14	30	340
	10	17	40	450
	12	20.5	45	510

6. 螺纹夹紧力的特性

1) 由以上各表可知，在同样力矩作用下，各种夹紧方式如单个螺钉、螺栓或螺柱与螺母产生的轴向夹紧力不同，末端为球面的螺钉产生的轴向夹紧力最大，其次是末端为圆柱端面的螺钉，螺母产生的夹紧力最小。在同样的力矩作用下不同夹紧方式产生的轴向夹紧力与末端为球面的螺钉产生的轴向夹紧力的近似平均比值见表 3-21。

表 3-21 不同夹紧方式在同样的力矩作用下产生的轴向夹紧力的近似平均值

夹紧方式	用末端为球面的螺钉	用末端为圆柱端面的螺钉	用末端为球面的螺钉和 120°锥面压块	用普通螺母	用带肩螺母	用球面螺母
夹紧力近似平均比	1	0.68	0.52	0.45	0.40	0.38

2）由表 3-18 和表 3-19 可知，为产生同样的夹紧力，在安全系数允许的条件下，选用较小直径的螺纹所需的力矩小。例如在表 3-19 中，对 M8，$f=f_1=0.15$，$M_b=13.57\text{N}\cdot\text{m}$，$F_2=13\text{kN}$，即为产生 13kN 的轴向力所需转矩为 13.57N · m。若用 M10 的螺纹，为产生 13kN 的轴向力所需力矩为 $M_b=\dfrac{13}{21.0}\times26.62\text{N}\cdot\text{m}=16.5\text{N}\cdot\text{m}$，即用 M10 螺纹达到与 M8 螺纹同样的轴向力 F_2，其力矩较大（对本例大 37%）。

3）手拧螺纹夹紧的夹紧力。表 3-22 列出了几种手拧夹紧方式能达到的力矩值，这些数值是根据人机工程学的要求计算的。[11] 采用表 3-22 中的力矩值所产生的夹紧力可按表 3-18 和表 3-19 推算。

表 3-22 手拧夹紧能达到的力矩[11]

螺纹规格		M6	M8	M10	M12
用滚花平顶螺钉、滚花螺母和菱形螺母	D/mm	20~25	24~30	30~35	36~40
	M/N · mm	145	185	215	235
用带星形手把的螺钉和星形螺母	D/mm	32	40	50	65
	M/N · mm	1570	2000	2450	3000

注：D 为平顶螺钉头部、滚花和菱形螺母和星形手把的直径。

例如，已知螺纹连接等级为 5.8 级，$f_1=f=0.15$，用 M10 末端为球面的带星形手把的螺钉夹紧，其能达到的力矩为 $M=2450\text{N}\cdot\text{mm}$，见表 3-22。由表 3-18 得 $f_1=0.15$ 时，该螺钉考虑切应力允许的最大轴向夹紧力 $F_2=17.5\text{kN}$（未考虑安全系数），所需力矩 $M_a=16.23\text{N}\cdot\text{m}$，则该螺钉在手拧力矩 M 作用下的轴向夹紧力为

$$F=F_2\frac{M}{M_a}=17.5\times\frac{2.45}{16.23}\text{kN}=2.642\text{kN}$$

根据上述推算方法，可得表 3-22 中四种螺纹规格在不同夹紧方式所产生的夹紧力 F，见表 3-23。

表 3-23　手拧夹紧产生的夹紧力 F　　（单位:kN）

螺纹规格		M6	M8	M10	M12
滚花平顶螺钉	末端为球面	0.26	0.25	0.23	0.23
	末端为圆柱端面	0.184	0.177	0.17	0.16
滚花螺母(圆周有小孔)菱形螺母		0.12	0.12	0.11	0.11
带星形手把螺钉	末端为球面	2.79	2.68	2.64	2.91
	末端为圆柱端面	1.91	1.92	1.932	2.03
星形螺母		1.32	1.25	1.26	1.36

由以上分析可知，对某一规格螺纹的手拧夹紧，其产生的夹紧力比其允许值小得多（百分之几到百分之几十），直径小的螺纹利用率较高，所以一般手拧螺钉的直径小于 M10。

7. 螺纹夹紧机构的应用

图 3-17 所示为几种螺纹夹紧机构示例。

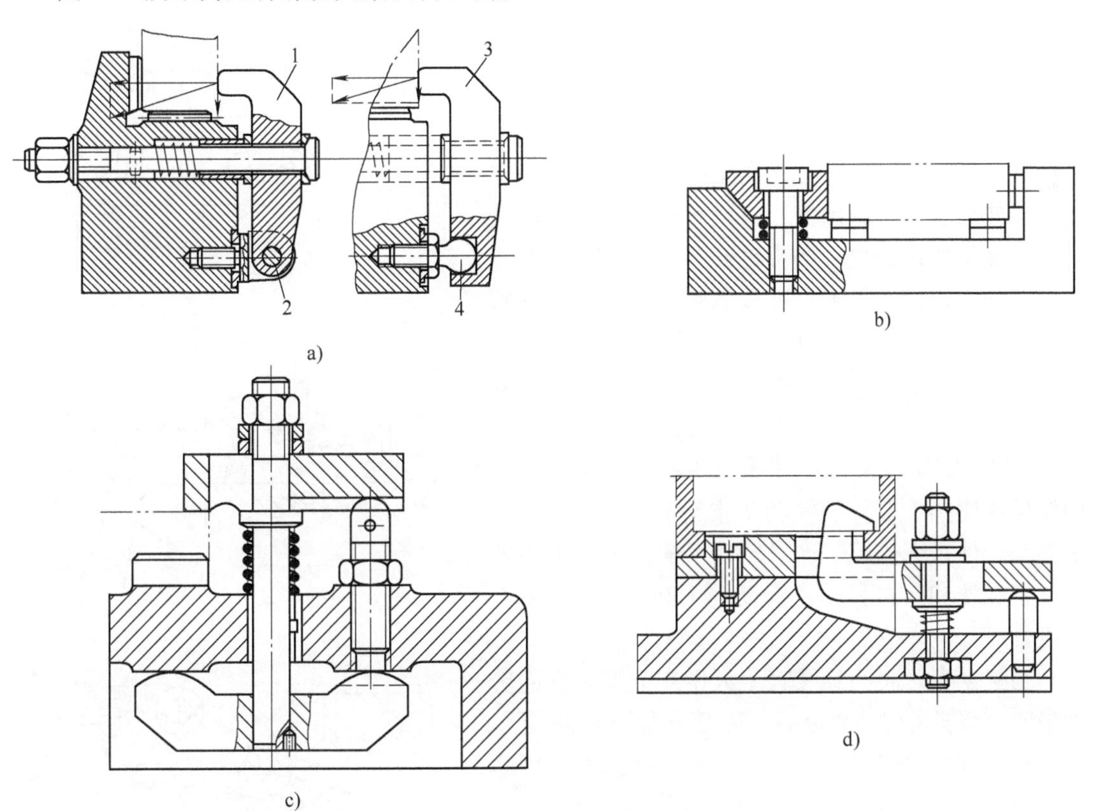

图 3-17　螺纹夹紧机构示例

1、3—压板　2—轴　4—支钉

图 3-18 所示为利用夹紧块 2 和 3 夹紧圆柱形工件的螺纹切向夹紧机构，多用于有一定长度的工件。为增加夹紧块 2 和 3 与工件外圆在切向的接触面积，螺柱 4 的轴线与夹紧块的轴线向远离工件方向偏移一个距离 a。

切向夹紧力 F（单位为 N）按下式计算

$$F=\frac{2M}{D}$$

式中 M——螺钉作用在工件上的力矩，单位为 N · mm；

D——工件的直径，单位为 mm。

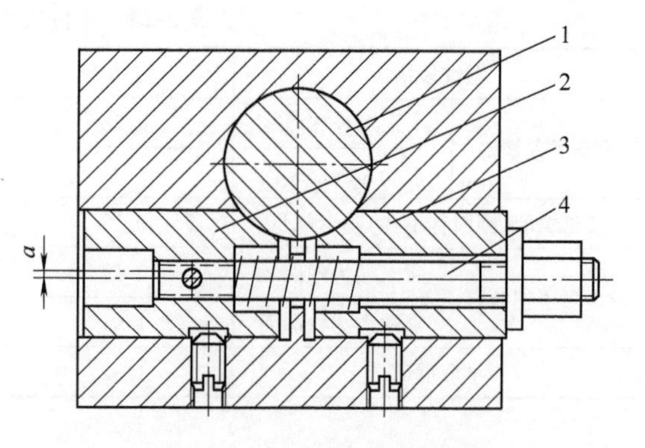

图 3-18 螺纹切向夹紧机构

1—工件 2、3—夹紧块 4—螺柱

$$M=\frac{Pf\left(1+1.07\cos\frac{\alpha}{2}\right)D}{\sin\frac{\alpha}{2}+1.07f\cos\frac{\alpha}{2}}$$

式中 P——螺钉产生的轴向力，单位为 N；

f——夹紧块与工件的摩擦系数，$f=0.10\sim0.15$。

α——螺纹截形角，单位为(°)。

图 3-19 所示为几种快速夹紧机构。

图 3-19a 所示机构处于夹紧工件的位置，松开工件后使压板向左移动，即可使压板绕轴翻转，取出工件。当距离较大时，不宜采用该结构。

图 3-19b 所示为利用螺旋槽快速夹紧机构，在夹紧杆外圆表面上做出槽，一段是直槽，另一段是具有螺旋角的螺旋槽。当夹紧工件时，使夹紧杆 3 向左移动，螺钉 2 的末端进入螺旋槽段，转动手柄使压块 1 的端面与工件的端面接触，继续转动手柄，产生夹紧力，将工件夹紧。这种结构操作方便、迅速，适用于夹紧力不大的场合。

图 3-19c 所示为另一种螺纹快速夹紧机构，推动压杆 4 使销 1 在外螺纹套 2 中滑动，直到压块 3 迅速与工件表面接触。这时转动手柄，销 1 带动外螺纹套旋转和向左移动，推动销 1 和压杆 4，将工件夹紧。

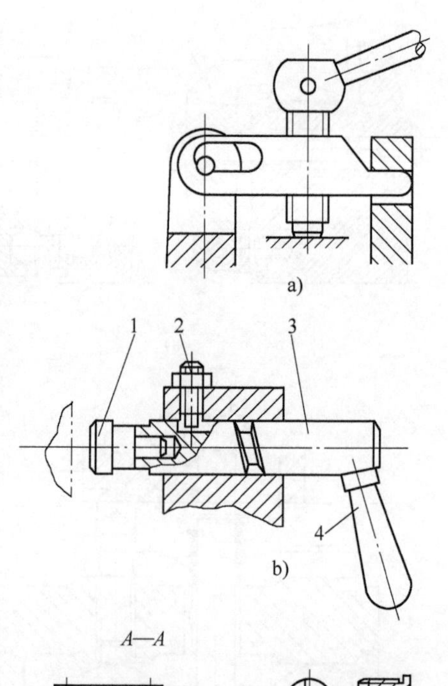

为减少夹紧时间和减轻工人生产大型工件的劳动强度，需要采用动力扳手，常用气动和电动扳手。

当工件需要多点夹紧时，在夹具结构上采用联动压板机构，以便用一个电动扳手同时夹紧各点；如果受空间限制不易实现联动时，应考虑设置电动扳手存放的装置，例如有滑动导轨的滑座或摇臂等（对气动扳手也一样）。

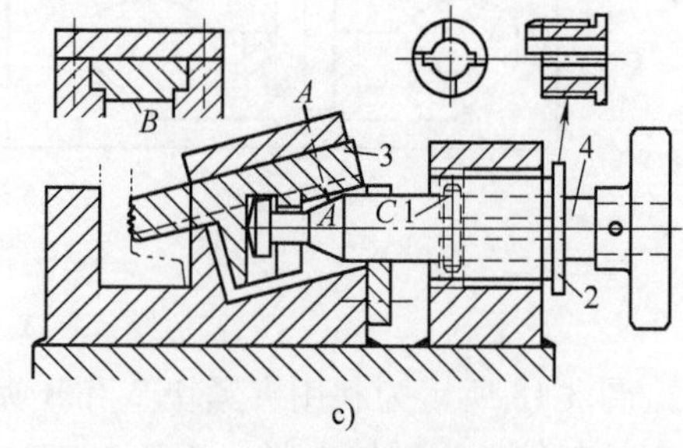

图 3-19 快速夹紧机构

b）1—压块 2—螺钉 3—夹紧杆 4—手柄

c）1—销 2—外螺纹套 3—压块 4—压杆

气动扳手具有起动力大、输出转矩大和便于无级调速的优点；并且还有输出转矩可调、体积小和易于组成多头扳手等特点。单向气动马达的气动扳手只能正转或反转，不能用同一扳手完成夹紧或松开操作；双向气动马达的气动扳手能完成夹紧和松开工件的操作。

有时受到结构限制，夹紧机构需设计成图 3-20 所示的形式，六角头 1 经过一对锥齿轮副 2 用螺杆 4 将工件夹紧。

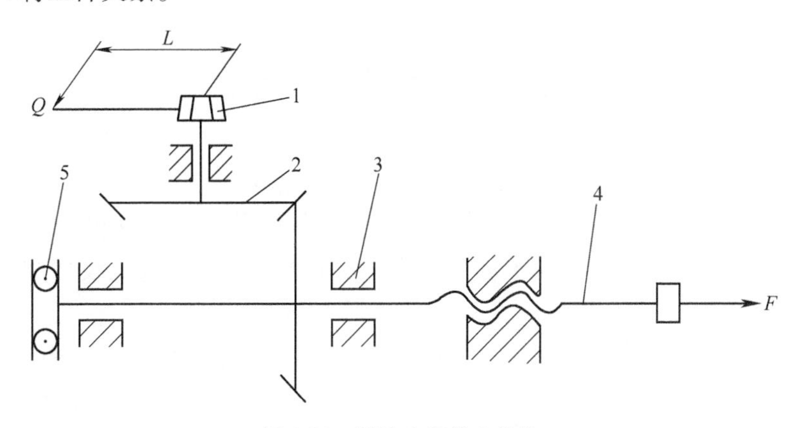

图 3-20　螺旋夹紧传力机构

1—六角头　2—锥齿轮副　3—滑动轴承　4—螺杆　5—推力轴承

为产生夹紧力 F，螺杆 4 应有的转矩按式(3-2)计算，即

$$M=QL=F[r'\tan\varphi+r_2\tan(\alpha+\varphi)]\text{(各参数见前述)}$$

在图 3-20 所示的结构中，有三个滑动轴承 3，其传动效率为 0.94；有一对传动比为 1∶1的锥齿轮，传动效率为 0.95；一个推力滚动轴承，传动效率为 0.98。传动机构的总效率 $\eta=0.94^3\times0.95\times0.98=0.77$。

所以对六角头 1 需要施加的力矩为

$$M_1=\frac{M}{0.77}$$

3.1.2　螺杆虎钳夹紧机构

分析在机械加工中使用的各种夹具发现，很多夹具的形式与各种传统的台虎钳相似。长期以来，各国对机用虎钳的设计和研究给予了极大的关注。机用虎钳已成为一种通用夹具，其应用可减少专用夹具的数量。下面介绍机用虎钳的结构(同时定心夹紧用的虎钳见第 4 章)。

1. 螺杆虎钳的结构

图 3-21 所示为一种螺杆平口虎钳。本体的材料一般采用铸铁 HT300 或铸钢 ZG270-500 等，导轨的硬度为 35~40HRC；钳口的材料一般采用 20Cr，硬度为 55~60HRC。对较高精度和精密平口虎钳，本体采用高韧性球墨铸铁，钳口采用优质合金钢；对尺寸较小、形状简单的精密平口虎钳，整体采用优质合金钢制造，工作面硬度为 58~62HRC。

对平口虎钳的主要技术要求如下所述：

固定钳口的 A 面是工件的定位面，与移动钳口的 C 面应平行：钳口宽度为 63~125mm，其误差小于 0.06mm(普通级)和 0.04mm(提高级)；宽度大于 125~400mm，其误差小于 0.10mm(普通级)和 0.06mm(提高级)。

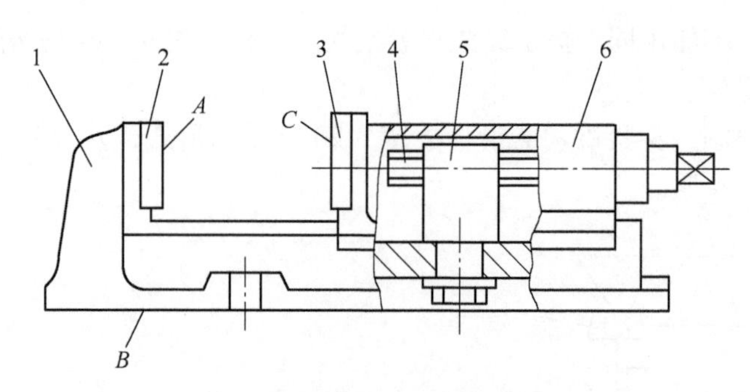

图 3-21 螺杆平口虎钳的结构

1—本体 2—固定钳口 3—移动钳口 4—螺杆 5—螺母座 6—移动座

A、*C* 两平面应垂直于虎钳的基准面 *B*，其误差小于 0.16mm（普通级）和 0.10mm（提高级）。

虎钳导轨定位平面应平行于 *B* 面，其误差小于 0.06mm（普通级）和 0.04mm（提高级）。

纵向定位键槽（或横向定位键槽）对平面 *A* 应垂直（或平行），其偏差小于 0.04mm（普通级）和 0.025mm（提高级）。

对精密平口虎钳：平面 *A* 与 *C* 的平行度公差为 0.025/100，平面 *A* 和 *C* 对导轨面的垂直度公差为 0.025mm；上述平行度和垂直度，有的精密平口虎钳公差分别达到了 0.005/100 和 0.005mm。

固定钳口的上平面和侧平面可作为对刀或调整虎钳位置的基准，对这些表面的几何公差也有一定的要求。

表 3-24 列出了一种螺杆平口虎钳的参数；表 3-25 列出了一种精密螺杆平口虎钳的参数（可用于数控机床和加工中心）。

表 3-24 一种螺杆平口虎钳的参数 （单位：mm）

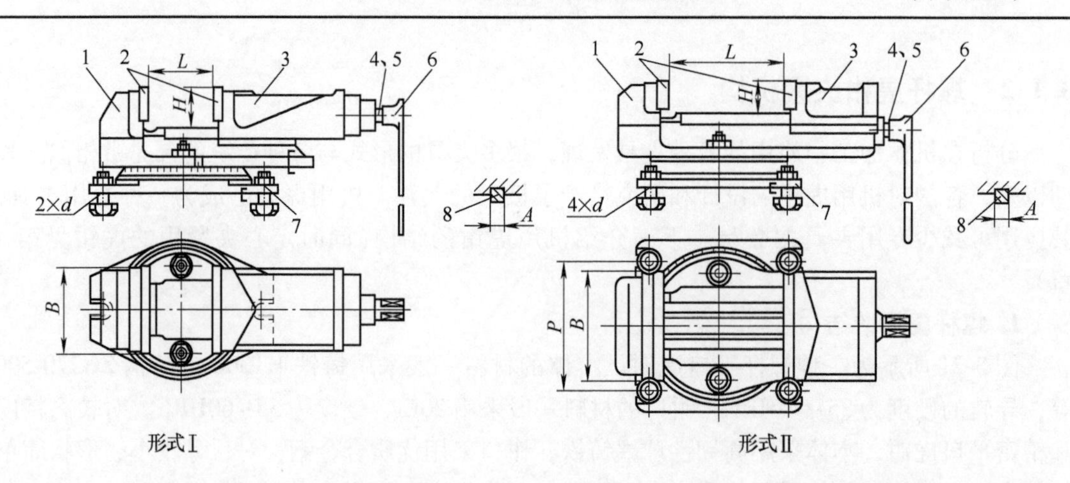

1—箱体 2—钳口垫 3—活动钳口 4—螺杆 5—螺母 6—扳手 7—底座 8—定位键

钳口宽度 *B*	形式Ⅰ	63	80	100	125	160	200	250	—	—
	形式Ⅱ	—	—	—	125	160	200	250	315，320	400
钳口高度 *H*≥		20	25	32	40	50	63	63	80	80

（续）

钳口最大开度 $L\geqslant$	形式Ⅰ	50	65	80	100	125	160	200	—	—
	形式Ⅱ	—	—	—	140	180	220	280	360	450
定位键槽宽度 A	形式Ⅰ	12	12	14	14	18	18	22	—	—
	形式Ⅱ	—	—	—	14，12	14	18	18	22	22
螺栓直径 d	形式Ⅰ	M10	M10	M12	M12	M16	M16	M20	—	—
	形式Ⅱ	—	—	—	M12，M10	M12	M16	M16	M20	M20
型式Ⅱ螺栓间距 P		—	—	—	—	160，180	200，400	250，240	320，240	320，240

注：本表符合 GB/T 6289—2013。

表 3-25　一种精密螺杆组合平口虎钳的性能参数

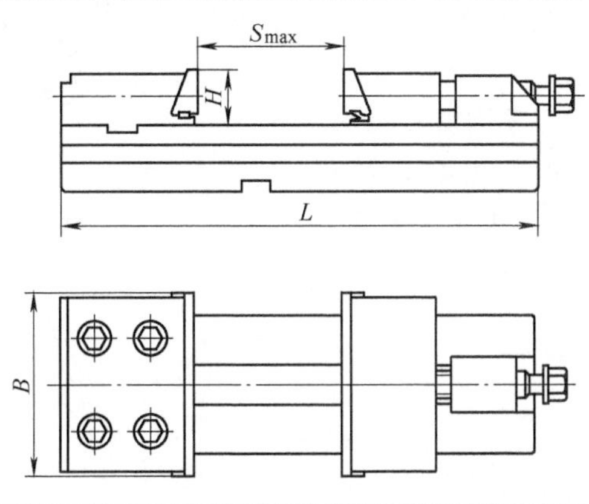

B/mm	H/mm	S_{max}/mm	L/mm	最大夹紧力/kN
100	30	100	270	30
125	40	150	345	30
150	50	200；300	420；520	50
175	60	200；300；400；500；600	455；555；655；755；855	60
200	65	200；300；400；500；600	495；595；695；795；895	100

表 3-25 所示平口虎钳的夹紧力比表 3-24 所示平口虎钳的夹紧力大得多。

现代精密组合平口虎钳的钳口多采用表 3-25 中图示的形状，钳口与钳体的接触面做成倾角为 10°±40″的斜面。有的精密虎钳（例如法国 SAGOP 公司生产的虎钳）将钳口与工件的接触面也做成向下倾斜 0.01mm 的微小斜面，靠这两种斜面将工件压向虎钳的工作面，这样在夹紧工件时就无需用外力使工作向下运动。图 3-22 所示为带转盘的平口虎钳。

除普通平口虎钳外，还有可倾斜一定角度的正弦平口虎钳，用于角度磨加工；具有两个夹紧工位的平口虎钳，可夹紧两个尺寸或夹紧位置相同或不相同的工件；带定位销快速可调平口虎钳；先将螺杆的球头与活动钳口脱开，根据工件尺寸将活动钳口置于适当位置。

2. 螺杆虎钳的应用

螺杆虎钳作为夹紧工件的基本部件，得到了广泛的应用，重新设计和制造专用钳口或增加一些元件（定位销、轴套和平板等），可显著扩大虎钳的用途，使虎钳成为高效和专用的夹具。

普通平口虎钳适合于夹紧平面工件；V 形钳口可夹紧圆形工件（轴类和管类）；将虎钳

放在回转工作台上，可对工件进行分度加工。

立式虎钳可完成一般铣床虎钳不能完成的特殊加工。图 3-23a 所示为铣工件上的槽，工件的高度按一排定位轴 1 定位，定位轴可上下移动，其步距为 12.7mm，定位轴根据钳口距离范围有多套(例如 10 套)。

双向夹紧的平口虎钳可同时夹紧两个尺寸相同(图 3-23b)或两个尺寸不同(图 3-23c)的工件；也可同时夹紧两个相同的工件，但是夹紧部位不同，可以在两个工位同时加工工件的上面和侧面，如图 3-23d 和 e 所示。

在卧式和立式机床上，可采用能夹紧多个工件的虎钳(两个以上工件，例如 4、8 或更多相同或不同的工件)，虎钳的钳口可更换，为适合特殊形状的工件可以采用软钳口。

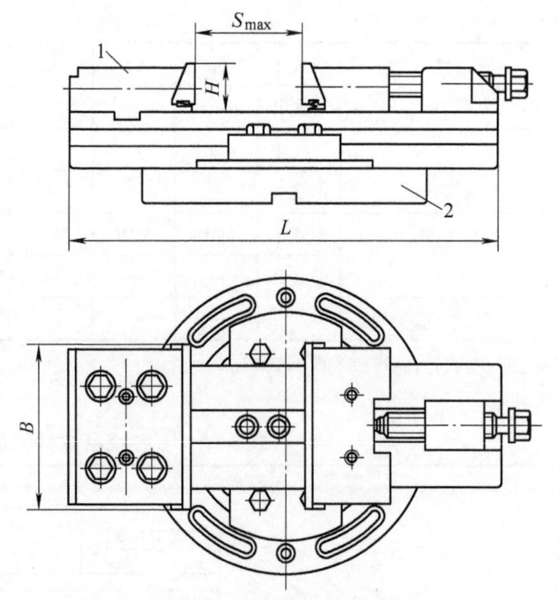

图 3-22 带转盘的平口虎钳

1—平口虎钳 2—转盘

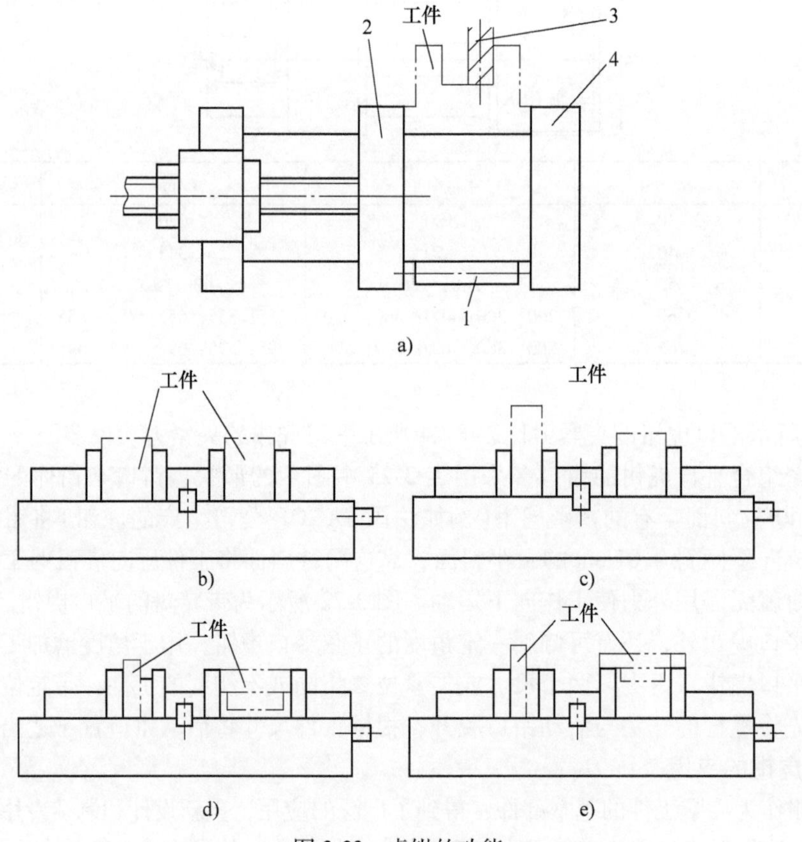

图 3-23 虎钳的功能

1—定位轴 2—夹紧钳口 3—立铣刀 4—固定钳口

一般平口虎钳不能满足有些工件形状的要求和夹紧多件的要求。为减少专用夹具的数量，可采用图3-24a所示夹紧钳口的虎钳，在该虎钳移动座4上有两个移动钳口体3，在其上安装有夹紧钳口2，移动钳口体3可绕移动座4上的轴 O 摆动一定角度，使两钳口具有浮动作用。这种虎钳具有多种功能，如图3-24b～k所示。

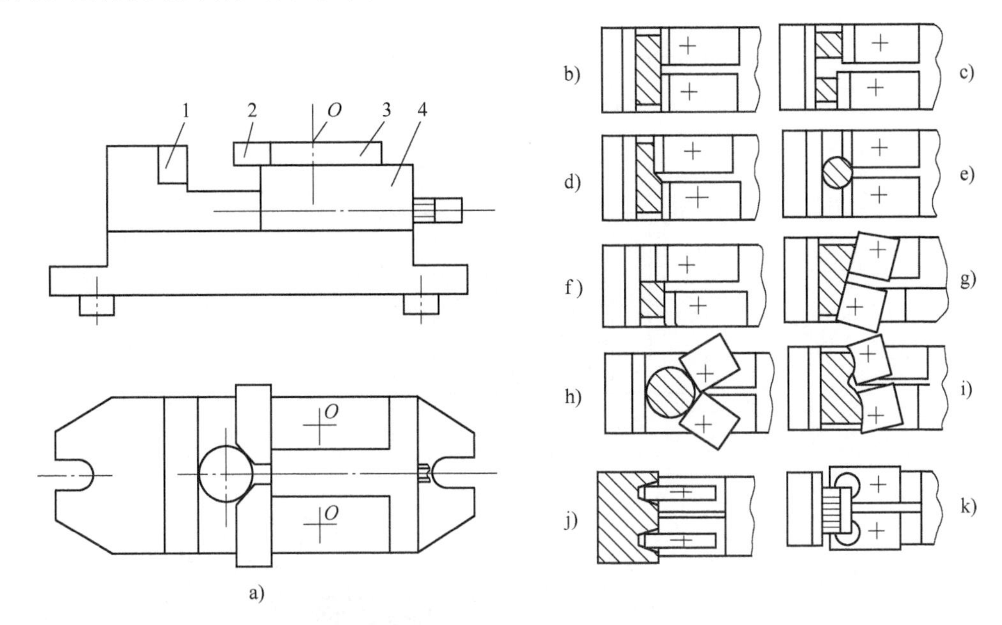

图3-24　双夹紧钳口虎钳及其性能示意图

1—固定钳口　2—夹紧钳口　3—移动钳口体　4—移动座

注：图中符号“+”表示移动钳口体摆动中心；剖面线部分表示被夹紧工件。

图3-24a所示虎钳各部件及功能如下：

图3-24b表示夹紧矩形工件。

图3-24c表示夹紧两个矩形工件，在固定钳口可装可换挡块，作为工件的定位基准。

图3-24d表示一个工件有两个不同的夹紧面。

图3-24e表示夹紧圆形工件，每个夹紧钳口与移动钳口体用键连接。

图3-24f表示上面钳口的小型工件的定位面，另一钳口夹紧工件。

图3-24g表示夹紧工件的斜面，在夹紧钳口上有多个摆动轴孔，以适应各种角度(在图3-24h和图3-24i也一样)。

图3-24h表示夹紧大直径工件。

图3-24i表示用两个软成形夹紧钳口夹紧成形工件。

图3-24j表示夹紧工件槽的部位，以加工工件的上平面和两侧面。

图3-24k表示利用有弹性的夹紧钳口从三面（右面和两侧面）同时夹紧多个小型工件。

双夹紧钳口虎钳的具体结构(例如夹紧钳口的形状,浮动结构等)应根据具体情况确定。下面介绍的虎钳的应用实例。

图3-25a所示为在虎钳上夹紧法兰型铸件2，铣工件的上平面。在固定钳口体1和移动钳口体4上固定有两个可换大角度V形块，其下部有支承面 A，用V形块将工件夹紧。

图3-25b所示为在虎钳上夹紧连杆形工件，夹紧情况与图3-25a相似，因工件较长，在

虎钳中间增加支承座 5。

图 3-25c 所示为在虎钳上夹紧铸件 2，在固定钳口体 1 上装有支座 7 和带齿纹的摆动压板 6；在移动钳口体 4 上装有直角夹紧钳口 8，使工件在高度方向定位。

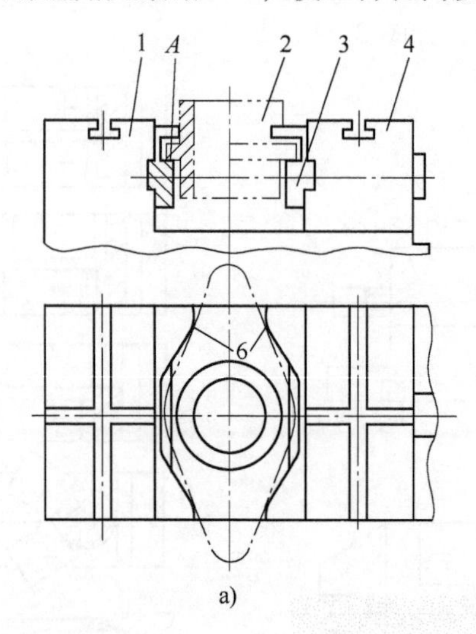

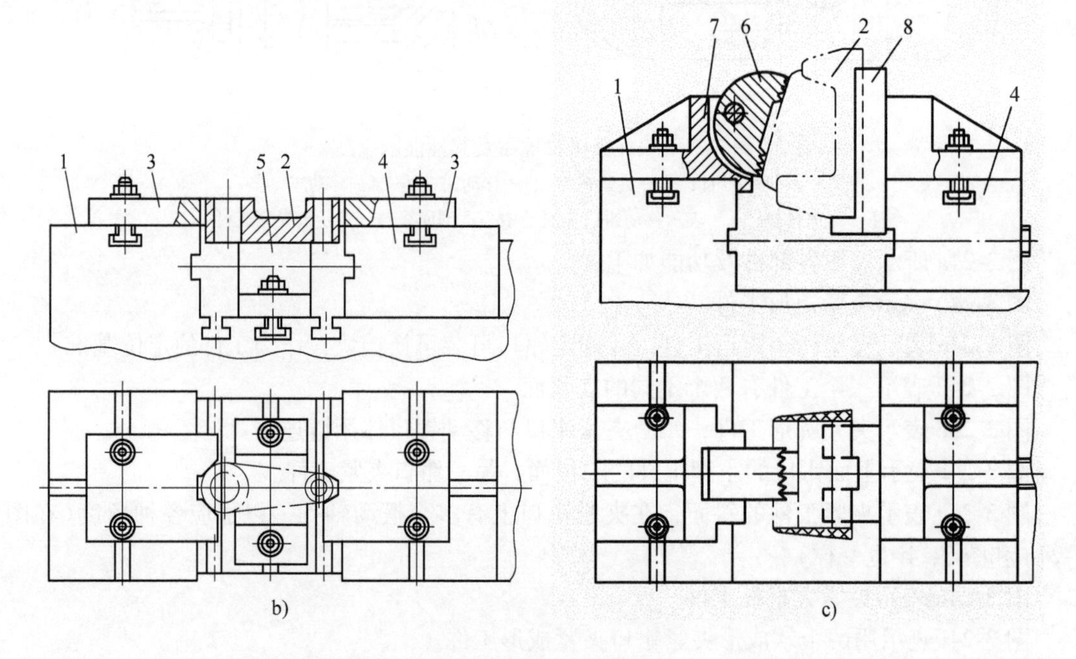

图 3-25　虎钳应用实例

1—固定钳口体　2—铸件　3—V 形块　4—移动钳口体　5—支承座　6—摆动压板　7—支座　8—夹紧钳口

图 3-26a 所示为在虎钳上同时夹紧四个工件 2 的简图。

图 3-26b 所示为在虎钳上同时夹紧五个工件，工件装在各 V 形块中，各 V 形块装在专用的盒中，盒在夹紧时与工件一起同时被夹紧。工件可在两个工件(Ⅰ和Ⅱ)定位，在工位Ⅱ中，工件按加工过的平面在定位块 5 的槽中定位。当取下和装上工件时，为使各工件保持位置不变，用端面偏心轮 2 预压工件。如果在结构上采用盒直接与钳口连接的方式，则无需预压工件的机构。

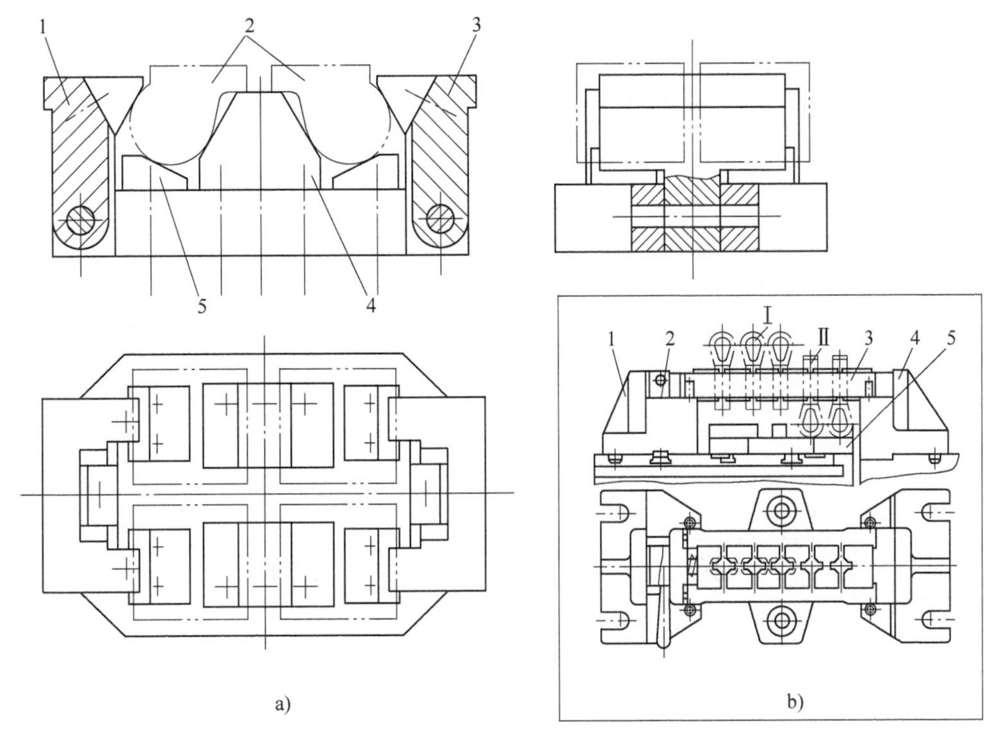

图 3-26　虎钳应用实例

a）1、3—铰链压板　2—工件　4、5—斜面定位块

b）1—移动钳口体　2—偏心轮　3—V 形块　4—固定钳口体　5—定位块

在虎钳上加工多个工件时，夹紧机构应具有浮动性，现举例说明，如图 3-27 所示。

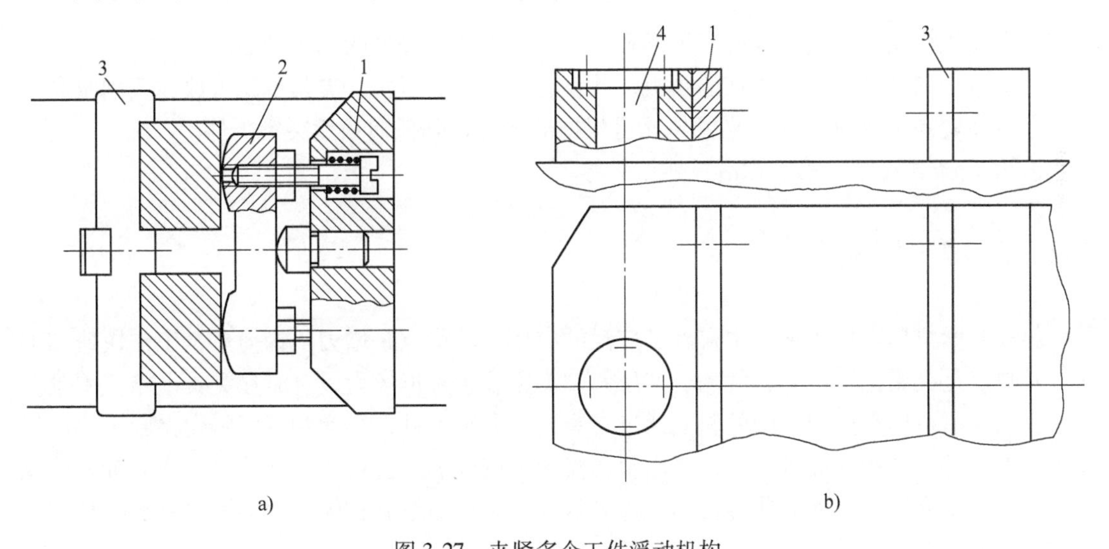

图 3-27　夹紧多个工件浮动机构

1—移动钳口　2—靠弹簧浮动压板　3—固定钳口　4—移动钳口浮动转轴

为夹紧管接头等工件的螺纹部分，可采用铸造方法制造虎钳的钳口，用工件作模型，浇注低温合金。图 3-28 所示为夹紧工件螺纹部位，采用加注塑料的金属铸造钳口。

3.1.3 蜗杆蜗轮夹紧机构

图3-29所示为一种蜗杆蜗轮夹紧机构的示意图，其中图3-29a所示为结构原理，图3-29b所示为单个夹紧单元。

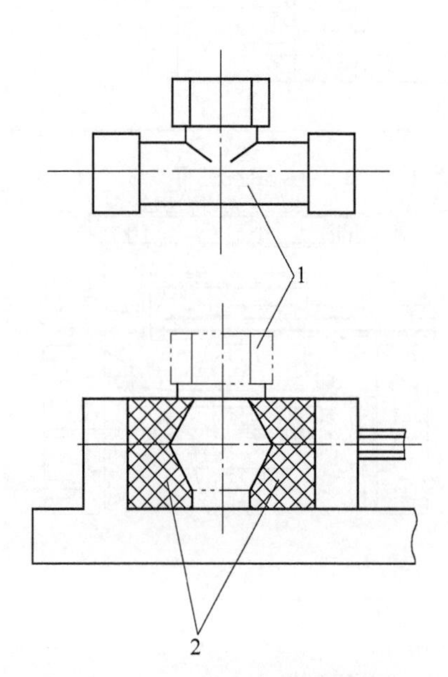

图3-28 加注塑料的金属铸造钳口

1—工件 2—加注塑料的金属

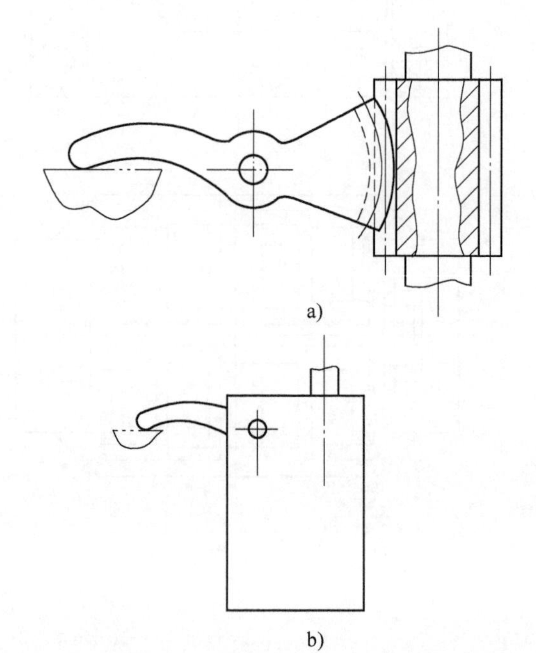

图3-29 蜗杆蜗轮夹紧机构示意图

蜗杆蜗轮夹紧机构的原理是转动蜗杆带动蜗轮形压板夹紧工件，其特点是：夹紧范围和可调性大。蜗杆蜗轮夹紧机构有三种形式：一般常用的、轻型的和重型的。

一般常用的形式有不同臂长的压板，并备有加长臂的压板。夹紧单元可放在系列垫高块上，最大夹紧高度达300mm；夹紧单元可根据需要旋转到任何角度夹紧工件。

齿轮-齿条式夹紧见第5章滑柱式钻具等。

3.2 斜楔夹紧机构

斜楔夹紧机构在机床夹具中得到了广泛的应用，其优点是增力机构简单，工作快速和可靠；其缺点是夹紧范围不大，气动、液压斜楔夹紧装置外形较大，有时在夹具上布置困难。

斜楔夹紧机构是利用斜楔的斜面通过夹紧元件夹紧工件，单面和双面斜楔夹紧主要用于加工较大工件的气动和液压夹具，多面斜楔夹紧多用于加工旋转体工件的卡盘或心轴式的夹具。本节主要介绍斜楔夹紧非旋转体工件夹具的应用，而对旋转体工件斜楔夹紧的夹具在其他相关章节中介绍。

3.2.1 斜楔夹紧的形式和力的分析

1. 斜楔夹紧的形式

斜楔夹紧主要有以下各种形式，见表3-26，非旋转体工件多采用单斜面的斜楔(形式a~j)。

表 3-26　斜楔夹紧的形式和夹紧力计算式代号

形式		简图	计算公式
单斜面	a	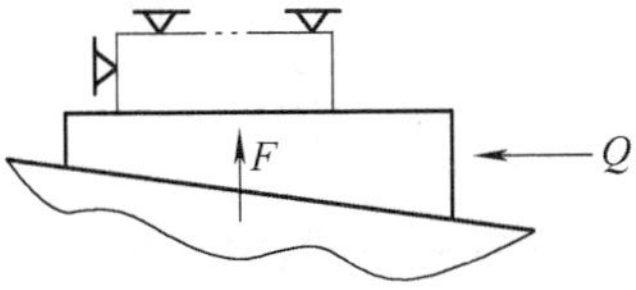F Q	式(3-13)
单斜面	b	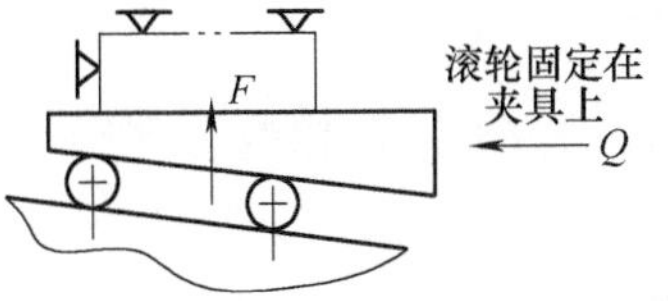F 滚轮固定在 夹具上 Q	式(3-17)
单斜面	c	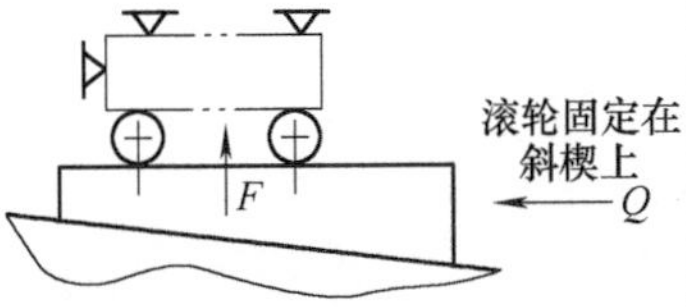F 滚轮固定在 斜楔上 Q	式(3-18)
单斜面	d	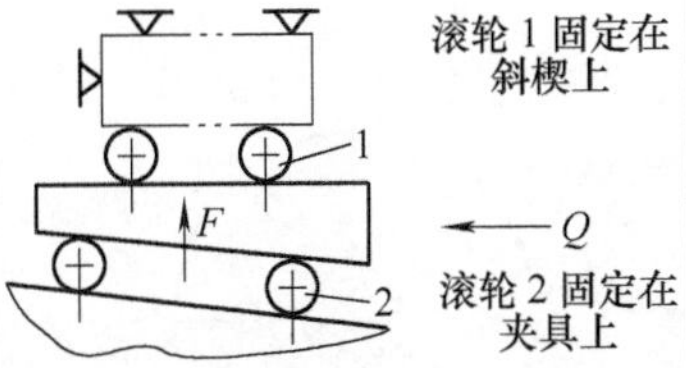滚轮 1 固定在 斜楔上 1 F Q 2 滚轮 2 固定在 夹具上	式(3-16)
单斜面	e	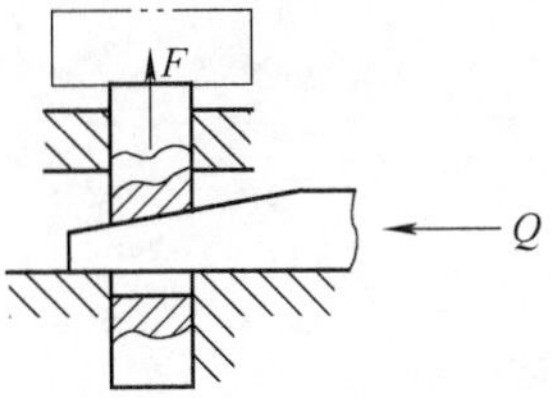F Q	式(3-19)
单斜面	f	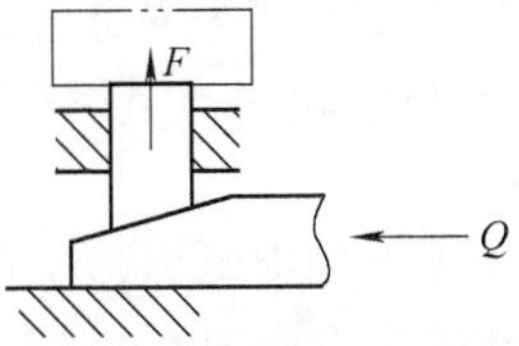F Q	式(3-21)
单斜面	g	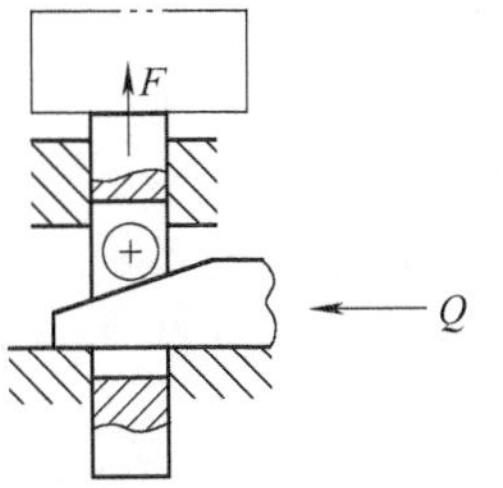F Q	式(3-22)
单斜面	h	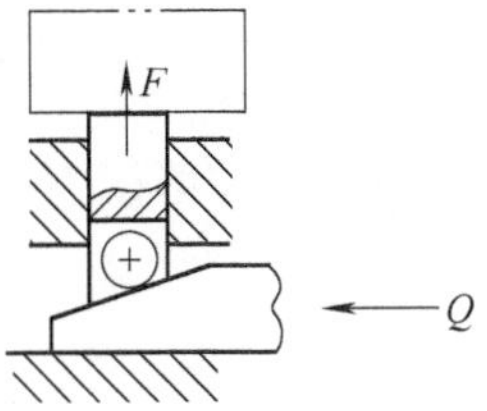F Q	式(3-23)
单斜面	i	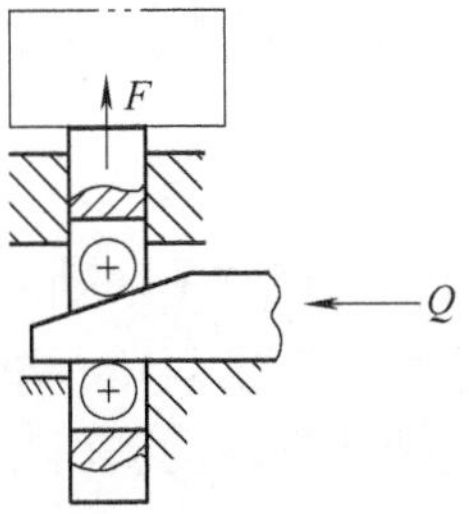F Q	式(3-24)
单斜面	j	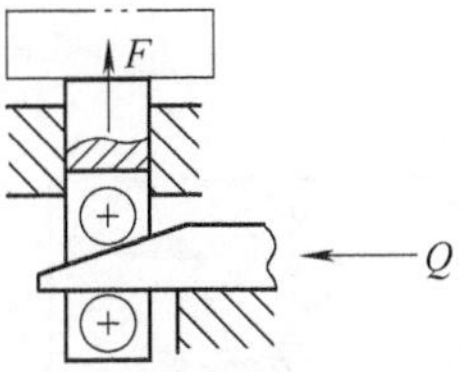F Q	式(3-25)
多斜面	k	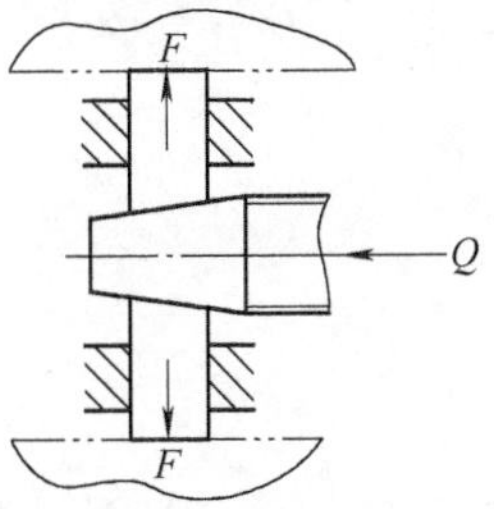F Q F	式(3-26)
多斜面	l	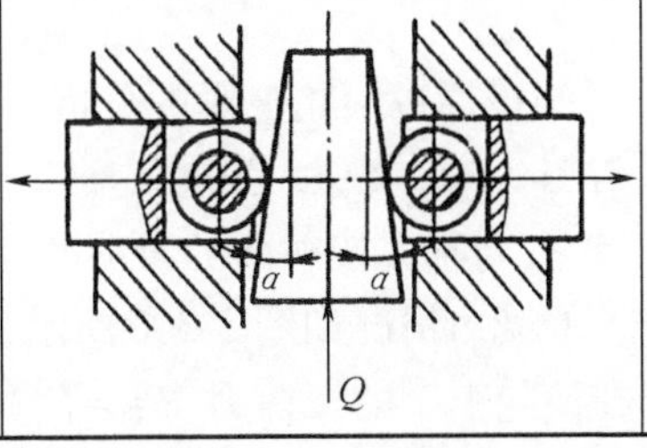α α Q	式(3-27)

（1）对表3-26中形式a的分析　这种形式不通过其他元件，直接用斜楔夹紧工件，斜楔与工件和夹具的接触面均为滑动摩擦。

在力Q的作用下，斜楔受到下列各力的作用(图3-30a)。在斜面上夹具对斜楔的反作用力为N，其摩擦力为F_{α}，N和F_{α}的合力为R，F和P分别为R的垂直分力和水平分力，F是斜楔产生的夹紧力；在水平面上有工件对斜楔的反作用力F_1及其摩擦力F_x，F_1和F_x的合力为R_1。由力的平衡关系得

$F_1=F-F_{\alpha}\sin\alpha$（$F_{\alpha}\sin\alpha$为斜面摩擦力$F_{\alpha}$的向下的垂直分力，图中未示）

而
$$F_{\alpha}=N\tan\varphi=\left[\frac{F}{\cos(\alpha+\varphi)}\cos\varphi\right]\tan\varphi=F\frac{\sin\varphi}{\cos(\alpha+\varphi)}$$

所以
$$F_1=F\left(1-\frac{\sin\varphi}{\cos(\alpha+\varphi)}\sin\alpha\right) \tag{3-12}$$

一般φ和α值不大，可认为$F_1=F$（当$\varphi=8.5°$、$\alpha=10°$时，F_1与F相差2.5%）

$$P=F\tan(\alpha+\varphi)$$
$$F_x=F_1\tan\varphi_1=F\tan\varphi_1$$
$$Q=P+F_x=[\tan(\alpha+\varphi)+\tan\varphi_1]F$$

得形式a（斜楔直接夹紧）斜楔产生的夹紧力为

$$F=Q\frac{1}{\tan(\alpha+\varphi)+\tan\varphi_1} \tag{3-13}$$

式中　Q——作用在斜楔上的轴向力，单位为N；

α——斜楔斜面的斜角，单位为(°)；

φ和φ_1——分别为斜楔的斜面和水平面与夹具和工件的滑动摩擦角，单位为(°)。

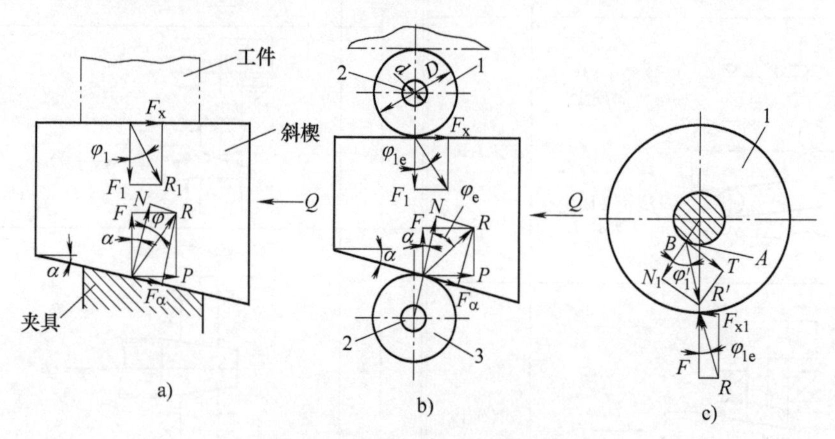

图3-30　斜楔夹紧工件受力图

a）直接夹紧　b）通过滚轮夹紧　c）滚轮受力分析

1、3—滚轮　2—滚轮轴

（2）对斜楔通过滚轮夹紧的分析　图3-30b所示为斜楔的斜面和水平面都有滚轮，斜楔受力情况与图3-30a类似，滚轮在轴2上滑动摩擦转动，斜楔与滚轮的当量滚动摩擦角φ_{1e}和φ_e与滚轮孔与轴2接触面的滑动摩擦角φ_1和φ有一定关系。

滚轮1的受力情况如图3-30c所示，F为斜楔作用在滚轮1上的夹紧力（$F=F_1$），F_{x1}为斜楔作用在滚轮上1的摩擦力（$F_{x1}=F_x$）。在F_{x1}方向朝左的情况下，作用在轴2上A点不大

的面积上的压力分布情况是：从 A 点向右压力逐渐减小，从 A 点向左压力逐渐增大，所以轴2对滚轮1的总的反作用力 N_1 的位置偏离 A 点到 B 点。力 N_1 及其摩擦力 T 之和为 R'，$R'=R$，这样就建立了完整的力平衡体系，由力矩相等得

$$F_{x1}\frac{D}{2}=T\frac{d}{2},\quad F_{x1}=R\sin\varphi_{1e},\quad T=R'\sin\varphi_1=R\sin\varphi_1$$

所以 $(R\sin\varphi_{1e})\frac{D}{2}=(R\sin\varphi_1)\frac{d}{2}$，得 $\sin\varphi_{1e}=\frac{d}{D}\sin\varphi_1$　　(3-14)

同样对滚轮3可得

$$\sin\varphi_e=\frac{d}{D}\sin\varphi \qquad (3\text{-}15)$$

式中　φ_1 和 φ——分别为滚轮1和滚轮3的孔与轴2接触面的摩擦角，单位为(°)［这里 φ_1 和 φ 含义与式(3-13)不同］。

应说明，式(3-14)和式(3-15)与很多文献介绍的公式不同，对此后面补充说明。

将式(3-13)中的 φ 和 φ_1 用 φ_e 和 φ_{1e} 代替，即可得表3-26中形式d（斜楔通过双滚轮夹紧）产生的夹紧力为

$$F=Q\frac{1}{\tan(\alpha+\varphi_e)+\tan\varphi_{1e}} \qquad (3\text{-}16)$$

式中　φ_e 和 φ_{1e}——斜楔的斜面和水平面与滚轮接触的当量滚动摩擦角，单位为(°)；

式(3-16)中其余参数的含义同式(3-13)。

由式(3-16)可得表3-26中形式b和c的斜楔产生的夹紧力计算式：

对形式b(斜楔的水平面为滑动摩擦,斜面为滚动摩擦)

$$F=Q\frac{1}{\tan(\alpha+\varphi_e)+\tan\varphi_1} \qquad (3\text{-}17)$$

对形式c(斜楔的水平面为滚动摩擦,斜面为滑动摩擦)

$$F=Q\frac{1}{\tan(\alpha+\varphi)+\tan\varphi_{1e}} \qquad (3\text{-}18)$$

由对形式b和c的计算(取 $\tan\varphi=\tan\varphi_1=0.15$，$\varphi=8.5°$，按 $\frac{d}{D}=0.5$，$\tan\varphi_e=\tan\varphi_{1e}=0.074$)可知，两种形式的 F 值 $(0.413Q$ 和 $0.409Q)$ 相差1%，因此可认为：对有滚轮的斜楔，不管滚轮在斜面上，还是在水平面上，F 值近似相等。

(3) 对表3-26中形式e的分析　这种形式的斜楔通过滑动件（滑柱或滑块）夹紧工件，滑动件在斜楔上面和下面均有导向孔或槽（双导向），其力的分析如图3-31所示。

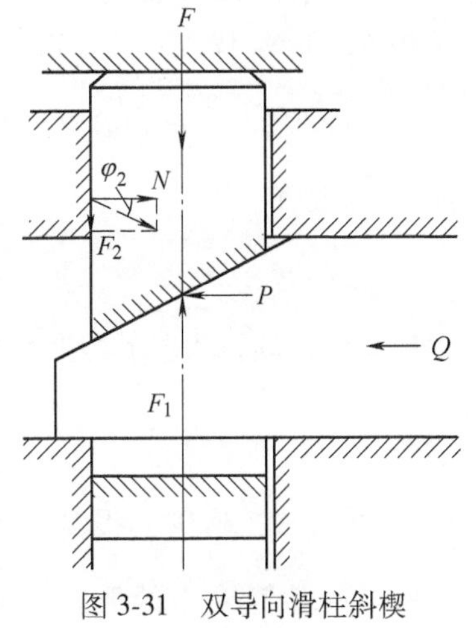

图3-31　双导向滑柱斜楔夹紧受力图

这时按作用在滑柱上的力来分析，在力 Q 的作用下，滑柱被压向左边，单向受力，N 为夹具对滑柱的反作用力，其摩擦力为 F_2，P 和 F_1 为斜楔作用在滑柱上的力，F（其值等于夹紧力）为工件作用在滑柱上的反作用力，由力平衡关系得

$$N=P$$

$$F=F_1-F_2=F_1-N\tan\varphi_2=F_1-P\tan\varphi_2$$

对图 3-30a 的分析也适合图 3-31，即 F_1 和 P 分别为

$$F_1=Q\frac{1}{\tan(\alpha+\varphi)+\tan\varphi_1}$$

$$P=F_1\tan(\alpha+\varphi)=Q\frac{1}{\tan(\alpha+\varphi)+\tan\varphi_1}\times\tan(\alpha+\varphi)$$

则表 3-26 中形式 e（双导向滑柱）斜楔产生的夹紧力计算式为

$$F=F_1-P\tan\varphi_2=Q\frac{1-\tan(\alpha+\varphi)\tan\varphi_2}{\tan(\alpha+\varphi)+\tan\varphi_1} \tag{3-19}$$

式中　φ_2——滑柱与夹具导向孔的摩擦角，单位为(°)。其余参数的含义与式(3-13)相同。

（4）对表 3-26 中形式 f 的分析　与形式 e 的不同点是滑动件只在斜楔斜面一侧有导向孔或槽(单导向)，其力的分析如图 3-32 所示。

与上述双导向滑柱与夹具孔的接触情况不同，力 Q 使滑柱在与孔配合间隙内产生倾斜，其受力情况如图 3-32 所示。

F 为工件对滑柱的反作用力（夹紧力），F_1 为斜楔作作用在滑柱上的垂直力，N_A 和 N_B 为夹具孔对滑柱的反作用力，力 P 为斜楔作用在滑柱上的水平力，F_A 和 F_B 为 N_A 和 N_B 产生的摩擦力。

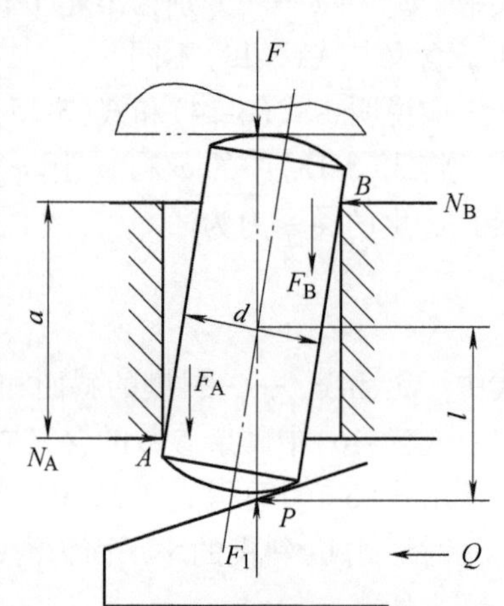

图 3-32　单导向滑柱斜楔夹紧受力图

由于力 P 比夹紧力小得多，滑柱在与孔之间的间隙范围内产生倾斜时，滑柱与孔在 A 和 B 两点的接触面积很小，可认为是两点接触。这样对滑柱有下列力平衡关系：

$$Pl+F_B\frac{d}{2}=N_B\frac{a}{2}+N_A\frac{a}{2}+F_A\frac{d}{2}$$

而　　$N_A=F_A/\tan\varphi_2$；$N_B=F_B/\tan\varphi_2$（$\tan\varphi_2$ 为滑柱与孔接触面的摩擦系数）

将 N_A 和 N_B 代入上式，得

$$F_A+F_B=P\left(\frac{2l}{a}-\frac{d}{a}\tan\varphi_2\right)\tan\varphi_2$$

忽略 $\tan^2\varphi$ 的值，得

$$F_A+F_B=P\frac{2l}{a}\tan\varphi_2=P\tan\varphi_{2e}$$

即滑柱在倾斜状态下与夹具孔的当量摩擦系数为

$$\tan\varphi_{2e}=\frac{2l}{a}\tan\varphi_2 \tag{3-20}$$

应说明，式(3-20)与很多文献介绍的公式($\tan\varphi_{2e}=\frac{3l}{a}\tan\varphi_2$)不同，对此以后将补充说明。

所以对表 3-26 中的形式 f，为得到单导向滑柱斜楔产生夹紧力的计算式，只要将式(3-19)中的 $\tan\varphi_2$ 用 $\tan\varphi_{2e}$ 代替即可，得

$$F=Q\frac{1-\tan(\alpha+\varphi)\tan\varphi_{2e}}{\tan(\alpha+\varphi)+\tan\varphi_1} \tag{3-21}$$

式中　Q、α、φ 和 φ_1——见式(3-13)。

根据上述，并以式(3-19)为基础，可得表3-26其余形式斜楔夹紧产生的夹紧力 F 的计算式。

对表3-26中的形式g(双导向单滚轮)，将式(3-19)中的 φ 用 φ_e 代替，即可得 F 的计算式

$$F=Q\frac{1-\tan(\alpha+\varphi_e)\tan\varphi_2}{\tan(\alpha+\varphi_e)+\tan\varphi_1} \tag{3-22}$$

对表3-26中的形式h(单导向单滚轮)，将式(3-19)中的 φ_2 和 φ 用 φ_{2e} 和 φ_e 代替，即可得 F 的计算式

$$F=Q\frac{1-\tan(\alpha+\varphi_e)\tan\varphi_{2e}}{\tan(\alpha+\varphi_e)+\tan\varphi_1} \tag{3-23}$$

对表3-26中的形式i(双导向双滚轮)，将式(3-19)中的 φ 和 φ_1 用 φ_e 和 φ_{1e} 代替，即可得 F 的计算式

$$F=Q\frac{1-\tan(\alpha+\varphi_e)\tan\varphi_2}{\tan(\alpha+\varphi_e)+\tan\varphi_{1e}} \tag{3-24}$$

对于表3-26中的形式j(单导向双滚轮)，将式(3-19)中的 φ、$\tan\varphi_1$ 和 $\tan\varphi_2$ 用 φ_e、$\tan\varphi_{1e}$ 和 $\tan\varphi_{2e}$ 代替，即可得 F 的计算式

$$F=Q\frac{1-\tan(\alpha+\varphi_e)\tan\varphi_{2e}}{\tan(\alpha+\varphi_e)+\tan\varphi_{1e}} \tag{3-25}$$

对表3-26中形式k(双斜面双滑柱)，因为没有水平面摩擦，即相当于式(3-21)中的 $\tan\varphi_1=0$，所以形式k斜楔产生的夹紧力按下式计算

$$F=Q\frac{1-\tan(\alpha+\varphi)\tan\varphi_{2e}}{\tan(\alpha+\varphi)} \tag{3-26}$$

同样由式(3-23)得表3-26中形式l(双斜面双滚轮)斜楔产生的夹紧力为

$$F=Q\frac{1-\tan(\alpha+\varphi_e)\tan\varphi_{2e}}{\tan(\alpha+\varphi_e)} \tag{3-27}$$

式(3-22)~式(3-27)各式中的 Q、α、φ_{1e} 的含义和式(3-16)中相同；φ_e 和 φ_{1e} 的含义见式(3-14)和式(3-15)；φ_2 和 φ_{2e} 的含义见式(3-19)和式(3-20)。

2. 斜楔夹紧的其他形式

除表3-26所列各种形式外，也可采用表3-27列出的通过长度较长的斜楔夹紧工件的形式，其所产生的夹紧力计算式见表3-27。

表3-27　斜楔长滑块夹紧形式和夹紧力的计算式[23]

形　式	简　图	计算公式
a	F　f3　f2　α　Q　α　f1	$F=Q\frac{1-\tan(\alpha+\varphi_2)\tan\varphi_3}{\tan(\alpha+\varphi_1)+\tan(\alpha+\varphi_2)}$

（续）

形　式	简　图	计算公式
b	F, f_3, f_2, α, Q, f_1	$F=Q\dfrac{1-\tan(\alpha+\varphi_2)\tan\varphi_3}{\tan\varphi_1+\tan(\alpha+\varphi_2)}$
c	F, f_3, f_2, α_2, Q, α_1, f_1	$F=Q\dfrac{1-\tan(\alpha_2+\varphi_2)\tan\varphi_3}{\tan(\varphi_1-\alpha_1)+\tan(\alpha_2+\varphi_2)}$

注：1. $\varphi_1=\arctan f_1$，$\varphi_2=\arctan f_2$，$\varphi_3=\arctan f_3$。

2. f_1、f_2 和 f_3 分别代表斜楔与夹具表面、斜楔与滑块斜面和滑块侧面与夹具配合面之间的摩擦系数。

对式(3-14)和式(3-15)和式(3-20)的补充说明[52]如下：

在很多文献中，与式(3-14)和式(3-15)不同，按 $\tan\varphi_{1e}=\left(\dfrac{d}{D}\right)\tan\varphi_1$ 和 $\tan\varphi_e=\left(\dfrac{d}{D}\right)\tan\varphi$ 计算滚轮与斜楔面的当量滚动摩擦角。滚轮受力的情况如图 3-33a 所示，认为作用在滚轮上的摩擦力 F_{x_1}(与作用在斜楔上的摩擦力方向相反)和轴对滚轮的摩擦阻力 T 对滚轮中心的力矩相等，即

$$F_{x_1}\frac{D}{2}=T\frac{d}{2}$$

将 $F_{x_1}=F\tan\varphi_{1e}$ 和 $T=F\tan\varphi_1$ 代入上式得

$$\tan\varphi_{1e}=\frac{d}{D}\tan\varphi_1$$

同样可得

$$\tan\varphi_e=\frac{d}{D}\tan\varphi$$

注：斜楔与滚轮的接触面与斜楔运动方向成 α 角。

图 3-33a 所示的分析没有遵守平面力系平衡条件($T-F_x\neq0$)。不过由于 φ 或 φ_1 值很小，$\sin\varphi\approx\tan\varphi$，所以按 $\tan\varphi_{1e}=\dfrac{d}{D}\tan\varphi_1$ 和 $\tan\varphi_e=\dfrac{d}{D}\tan\varphi$ 的计算值与按式(3-14)和式(3-15)相差不大，但其分析论证不充分。

在很多文献中，与式(3-20)不同，按 $\tan\varphi_{2e}=\dfrac{3l}{a}\tan\varphi_2$ 计算单导向滑柱在与孔间隙范围内产生倾斜时的当量摩擦系数。滑柱受力情况如图 3-33b 所示，并根据

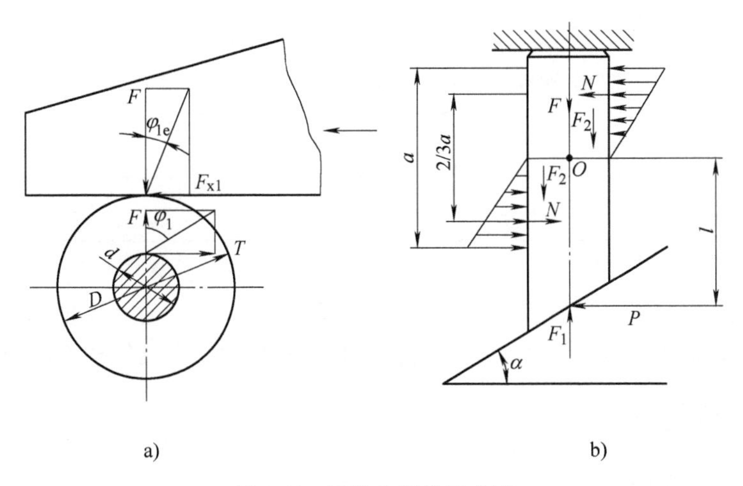

图 3-33　滚轮和滑柱受力图

a）滚轮　b）滑柱

$$Pl=N\frac{2}{3}a$$

将 $N=\frac{F_2}{f_2}=\frac{F_2}{\tan\varphi_2}$　代入上式，得

$$2F_2=P\frac{3l}{a}\tan\varphi_2=P\tan\varphi_{2e}$$

所以

$$\varphi_{2e}=\frac{3l}{a}\tan\varphi_2$$

但这不符合力的平衡条件，应有 $N_1-N_2=P$（图 3-30b）；力 N 的分布也不可能为三角形，因为力 P 相对夹紧力 F 很小，力 N 的接触面积很小，所以滑柱与夹具孔应为点接触（图 3-32）。

为进行比较，对单导向双滚轮夹紧产生的夹紧力按式（3-25）进行了计算。

$$F=Q\frac{1-\tan(\alpha+\varphi_e)+\tan\varphi_{2e}}{\tan(\alpha+\varphi_e)+\tan\varphi_{1e}}$$

设 $\varphi=\varphi_1=\varphi_2=5.72°$，$\frac{d}{D}=0.5$，$\frac{l}{a}=0.7$；并取两种 α 值（10°和 15°），则由式（3-14）和式（3-15）得

$$\varphi_e=\varphi_{1e}=\frac{d}{D}\sin\varphi=0.5\times\sin5.72°=0.05\text{rad}$$

所以

$$\varphi_e=\varphi_{1e}=2.86°$$

由式（3-20）得

$$\tan\varphi_{2e}=\frac{2l}{a}\tan\varphi_2=0.14$$

按有些文献的计算方法，则

$$\tan\varphi_{2e}=\frac{3l}{a}\tan\varphi_2=0.21$$

夹紧力计算结果如下：

α	F 按 $\tan\varphi_{2e}=\frac{2l}{a}\tan\varphi_2$ 计算	F 按 $\tan\varphi_{2e}=\frac{3l}{a}\tan\varphi_2$ 计算
10°	$F=3.276Q$	$F=3.527Q$
15°	$F=2.197Q$	$F=2.385Q$

$\alpha=10°$时，两种计算方法所得 F 值之比为 0.93∶1；$\alpha=15°$时，比值为 0.92∶1。虽然用后一种方法计算与式(3-20)相比，估算夹紧力相差不算大，但其推理不恰当。

3.2.2 斜楔夹紧的特性

1. 斜楔夹紧的自锁条件

斜楔在外力作用下处于夹紧状态，当外力撤销后作用在斜楔上的力如图 3-34 所示。

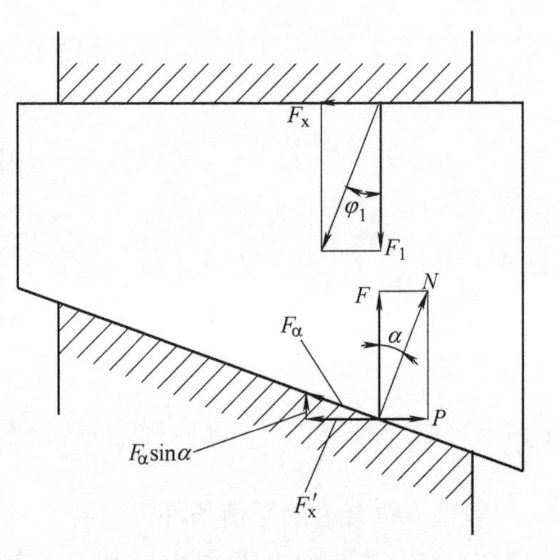

图 3-34 外力撤销后斜楔受力图

斜楔水平面摩擦力 F_x 和斜面摩擦力 F_α 的水平分力 F_x'阻止斜楔松开，而垂直于斜面力 N 的水平分力 P 促使斜楔松开，所以斜楔自锁的条件是

$$F_x+F_x'\geqslant P \tag{3-28}$$

$$F_\alpha=N\tan\varphi=\frac{F}{\cos\alpha}\tan\varphi$$

$$F_x'=F_\alpha\cos\alpha=F\tan\varphi \tag{3-29}$$

$$F_1=F+F_\alpha\sin\alpha=F+\left(\frac{F}{\cos\alpha}\tan\varphi\right)\sin\alpha=F(1+\tan\alpha\tan\varphi) \tag{3-30}$$

$$F_x=F_1\tan\varphi_1=F\tan\varphi_1(1+\tan\alpha\tan\varphi) \tag{3-31}$$

由式(3-28)可知，由自锁到不自锁的临界情况有

$$P=F_x+F_x' \tag{3-32}$$

将式(3-29)和式(3-31)代入式(3-32)，得

$$F\tan\alpha=F\tan\varphi+F\tan\varphi_1(1+\tan\alpha\tan\varphi)$$

$$\tan\alpha=\tan\varphi+\tan\varphi_1+\tan\alpha\tan\varphi\tan\varphi_1$$

由于 α、φ 和 φ_1 值不大，可简化为

$$\alpha=\varphi+\varphi_1$$

一般 $\varphi=\varphi_1$，也可得

$$\alpha=2\varphi$$

所以为使斜楔自锁，应满足下式

$$\alpha<\varphi+\varphi_1 \text{ 或 } \alpha<2\varphi$$

为保证斜楔自锁，当有润滑时，摩擦系数取 0.1，即 $\tan\varphi=0.1$，则 $\varphi=5.72°$，$\alpha<11.44°$，可取 $\alpha<11°$；当没有润滑时，摩擦系数取 0.15，即 $\tan\varphi=0.15$，则 $\varphi=8.5°$，取 $\alpha<17°$。

如果斜楔只有一个面是滑动摩擦，另一个面接触的滚轮在滚动轴承上转动，摩擦系数接近于零，则当滑动摩擦系数为 0.1 或 0.15 时，可取 $\alpha<5.72°$或 $\alpha<8.5°$；如果斜楔的一个面(例如水平面)是滑动摩擦，另一个面(斜面)接触的滚轮在滑动轴承上转动，则该面的摩擦系数不为零，应按式(3-15)计算其当量滚动摩擦系数 φ_e，再按式 $\alpha<\varphi_e+\varphi_1$ 来确定 α 值。

2. 斜楔夹紧各参数的关系

斜楔斜面的斜角 α 越小，力传动比 $i=F/Q$ 的值越大(F 和 Q 见表 3-26 中的图)，斜楔轴向移动距离与其径向位置改变距离之比 $i_n=\tan\alpha$ 越小，斜楔所需移动距离越大，传动效率 $\eta=ii_n$ 越低。

表 3-28 和表 3-29 分别列出了各种形式楔夹紧的参数值。

表 3-28　一般斜楔夹紧的参数值

斜角 α / 参数 / 夹紧形式	2°		5°		10°		15°	
	i	η	i	η	i	η	i	η
单斜面，无滑柱，无滚轮(表 3-26 形式 a)	4.25	0.15	3.46	0.30	2.62	0.42	2.19	0.59
单斜面，斜面或水平面有滚轮(表 3-26 形式 b 和 c)	5.4	0.19	4.20	0.36	3.05	0.54	2.37	0.64
单斜面，斜面和水平面都有滚轮(表 3-26 形式 d)	7.4	0.26	5.32	0.46	3.60	0.63	2.69	0.73

表 3-29　带滑柱斜楔夹紧的参数值

斜角 α / 参数 / 夹紧形式	2°		5°		10°		15°	
	i	η	i	η	i	η	i	η
双导向滑柱，无滚轮(表 3-26 形式 e)	4.2	0.15	3.4	0.30	2.55	0.47	2.00	0.54
双向导柱，无滚轮，在斜面上有滚轮(表 3-26 形式 g)	5.35	0.19	4.15	0.36	3.00	0.53	2.30	0.62
双向导柱，在斜面和水平面都有滚轮(表 3-26 形式 i)	7.35	0.26	5.25	0.46	3.50	0.62	2.60	0.70
单导向滑柱，无滚轮(表 3-26 形式 f)	4.15	0.14	3.30	0.29	2.47	0.44	1.92	0.52
单向滑柱，在斜面上有滚轮(表 3-26 形式 h)	5.30	0.18	4.10	0.36	2.90	0.51	2.20	0.59
单向滑柱，在斜面和水平面都有滚轮(表 3-26 形式 j)	6.60	0.23	5.16	0.45	3.40	0.60	2.50	0.67

3. 松开斜楔所需的力

图 3-35 所示为松开时斜楔的受力图，作用在斜楔水平面上的力有垂直力 F_1 和摩擦力 F_x；作用在斜面上的力有垂直力 F 和水平力 F'_α(垂直于斜面的力 N 和摩擦力 F_α)；Q_d 为松开斜楔的力，摩擦力能阻止斜楔松开，由力的平衡得

$$Q_d = F'_\alpha + F_x$$

$$F'_\alpha = F\tan(\varphi-\alpha)$$

由式(3-30)得

$$F_1 = F(1+\tan\alpha\tan\varphi)$$

$$F_x = F_1\tan\varphi_1 = F(1+\tan\alpha\tan\varphi)\tan\varphi_1$$

$$= F\tan\varphi_1 + F\tan\alpha\tan\varphi\tan\varphi_1$$

因 α、φ 和 φ_1 值较小，可认为

$$F_x = F\tan\varphi_1$$

所以 $$Q_d = F[\tan(\varphi-\alpha)+\tan\varphi_1]$$

若斜楔两个面不全是滑动摩擦，则应考虑具体情况确定松开的力，例如斜楔水平面与在滚动轴承上转动的滚轮接触，则

$$Q_d = F_1\tan(\varphi-\alpha)$$

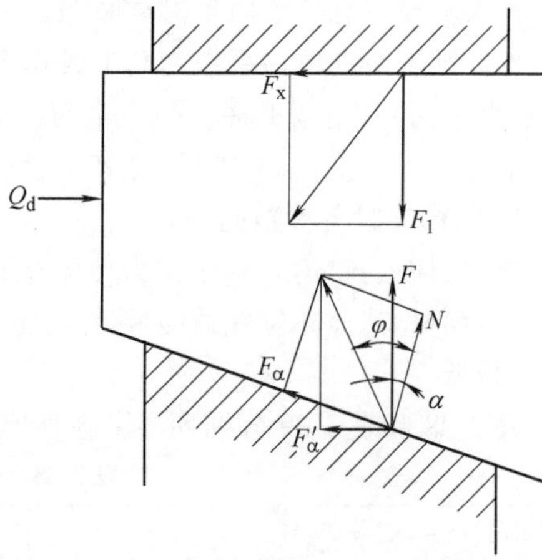

图 3-35 松开斜楔的受力图

若斜楔水平面与在滑动轴承上转动的滚轮接触，则

$$Q_d = F_1[\tan(\varphi-\alpha)+\tan\varphi_{1e}]$$

式中 φ_{1e}——滚轮在滑动轴承上的当量滚动摩擦角。

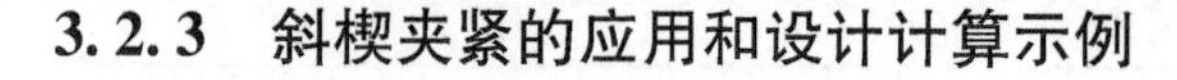

3.2.3 斜楔夹紧的应用和设计计算示例

1. 斜楔夹紧的应用

斜楔直接夹紧可用于夹紧力不大的小型较简单的夹具，例如图 3-36 所示为用斜楔直接夹紧工件的可翻转钻孔夹具，用式(3-13)计算其产生的夹紧力。

图 3-37 所示为利用平面楔形压板直接夹紧工件，当压板 1 在水平面上顺时针绕螺栓 2 轴线摆动时，压板上的斜面(2°~4°)与球面支承 3 接触，使压板在垂直平面上逆时针方向转动一定角度，将工件可靠地夹紧。当压板逆时针方向摆动时，松开工件。这时只在压板斜面上有滑动摩擦，按式(3-17)计算斜楔产生的力。

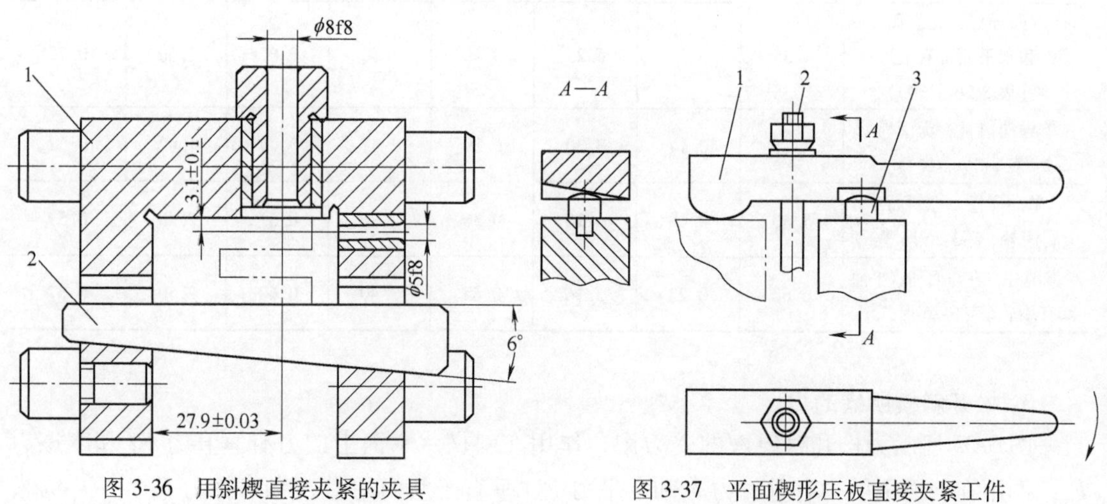

图 3-36 用斜楔直接夹紧的夹具

1—夹具体 2—斜楔

图 3-37 平面楔形压板直接夹紧工件

1—压板 2—螺栓 3—球面支承

图 3-38 所示为螺纹斜楔夹紧装置，旋转螺钉 1，使斜楔 2 向右和双导向滑柱 3 向上移动，带动杠杆 4 旋转，将工件夹紧。夹紧时限位螺钉与斜楔有间隙(图中未示出)。这种结构的斜楔不要求自锁，其斜角可取较大的值，斜楔产生的力按式(3-22)计算。

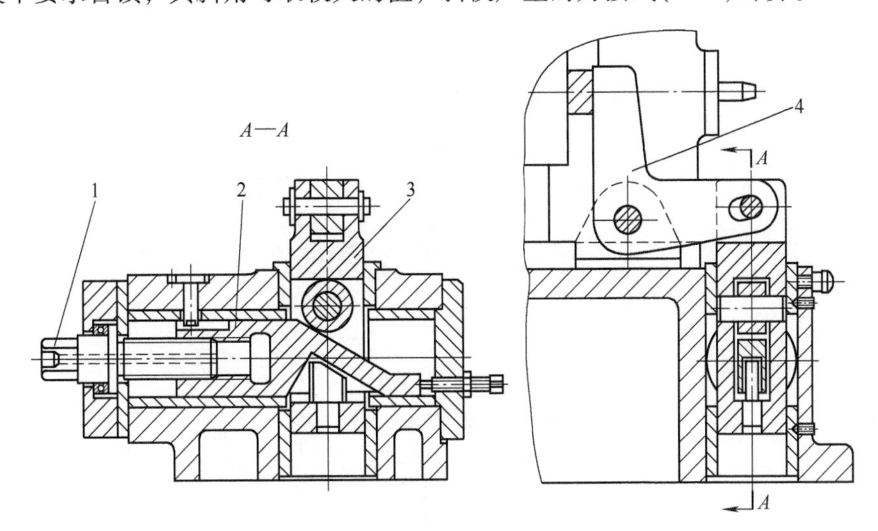

图 3-38　螺纹斜楔夹紧装置

1—螺钉　2—斜楔　3—滑柱　4—杠杆

图 3-39 所示为带滚轮斜楔杠杆气动夹紧装置，用式(3-18)计算斜楔产生的力 F。

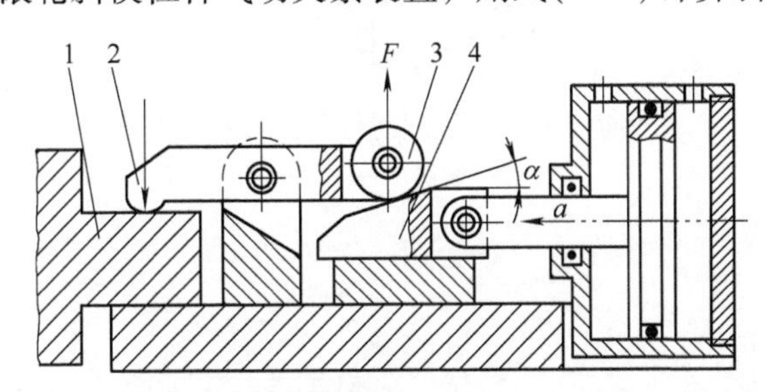

图 3-39　带滚轮斜楔杠杆气动夹紧装置

1—工件　2—压板　3—滚轮　4—斜楔

图 3-40 所示为双斜面、双滑柱斜楔夹紧的夹具，工件按二定位销定位。斜楔 1 按箭头方向移动时，二滑柱 2 推动二铰链压板 4 绕轴转动，夹紧工件；松开工件后，拉簧 3 使压板复位。

斜楔产生的力按式(3-26)计算。

图 3-41 所示为组合机床带滚轮和双导向滑柱的斜楔气动夹紧装置。此装置可用于其他专用机床上，也可用于加工较大工件，斜楔的夹紧斜角为 8°。为增大斜楔工作行程和方便装卸工件，经常采用图 3-42 所示的有两个斜角的斜楔，另一个斜角为 35°(有滚轮)和 30°(无滚轮)。

在螺钉 1 与斜楔 2 的开槽部分之间有空行程 K，使松开斜楔时有冲击量，以便顺利松开工件。当斜楔 2 向左移动时，键 4 使滑柱 3 向下移动，在滑柱 3 上有 M30 的螺孔，用以连接夹紧元件。用式(3-22)计算斜楔产生的力。

图 3-43 所示为不带滚轮、双导向滑柱的斜楔夹紧装置，斜楔的夹紧斜角为 10°，按式(3-19)计算斜楔产生的力。

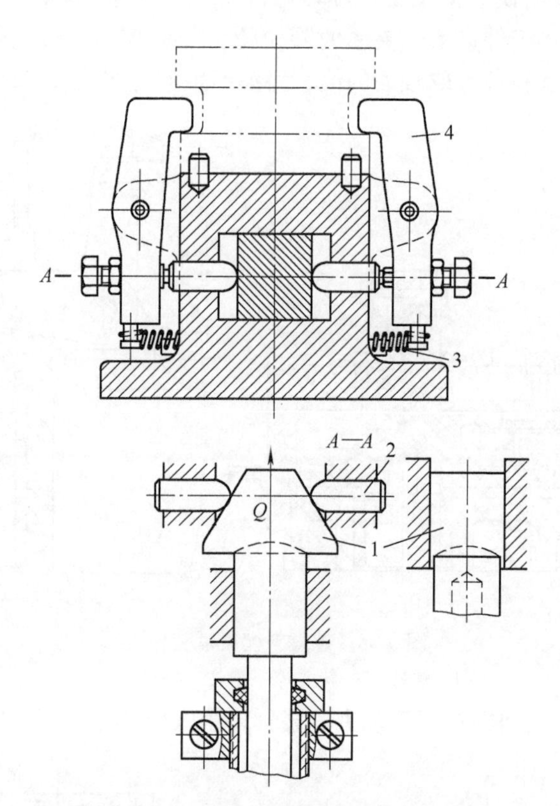

图 3-40 双斜面、双滑柱斜楔夹紧的夹具

1—斜楔 2—滑柱 3—拉簧 4—压板

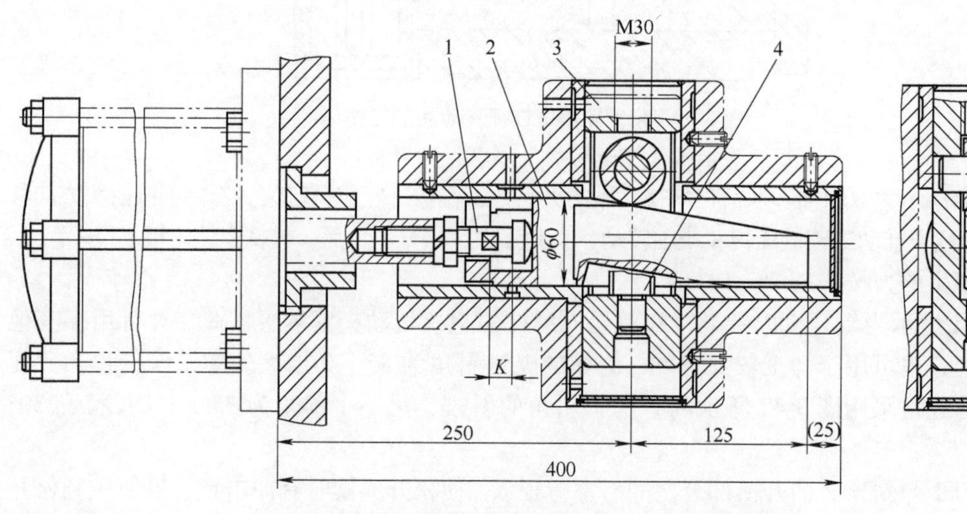

图 3-41 带滚轮和双导向滑柱的斜楔气动夹紧装置

1—螺钉 2—斜楔 3—滑柱 4—键

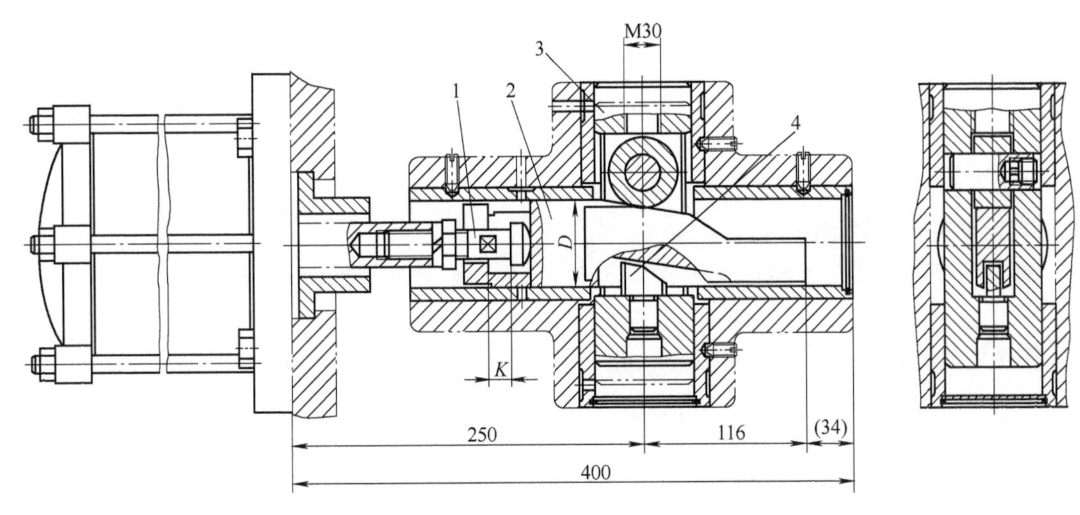

图 3-42　有两斜角斜楔的气动夹紧装置

1—螺钉　2—斜楔　3—滑柱　4—键

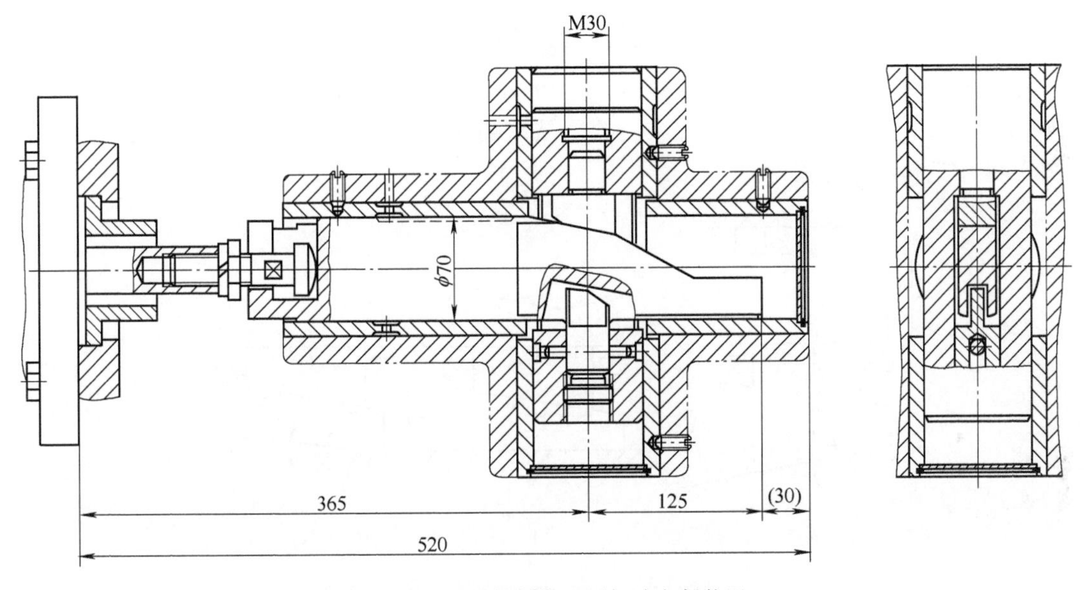

图 3-43　无滚轮斜楔通用气动夹紧装置

通用斜楔气动夹紧装置的参数见下表。

<table>
<tr><th rowspan="3">装置形式</th><th rowspan="3">有无滚轮</th><th rowspan="3">斜楔圆柱直径/mm</th><th rowspan="3">滑柱直径/mm</th><th rowspan="3">斜楔行程/mm</th><th rowspan="3">滑柱最大行程/mm</th><th rowspan="3">夹紧自锁范围/mm</th><th rowspan="3">斜楔向前备量/mm</th><th colspan="3">滑柱上的力/kN
(工作气压 0.4MPa)</th></tr>
<tr><th colspan="3">气缸直径/mm</th></tr>
<tr><th>105</th><th>150</th><th>200</th></tr>
<tr><td rowspan="3">图 3-41 和图 3-42</td><td rowspan="3">有</td><td>60</td><td rowspan="3">70</td><td>75</td><td>9</td><td>8(1~8)</td><td>5</td><td rowspan="3">6.7</td><td rowspan="3">13.5</td><td rowspan="3">24</td></tr>
<tr><td>60</td><td>66</td><td>13</td><td>5(8~13)</td><td>5</td></tr>
<tr><td>70</td><td>75</td><td>20</td><td>5(15~20)</td><td>5</td></tr>
<tr><td>图 3-43</td><td>无</td><td>70</td><td>80</td><td>66</td><td>20</td><td>7(13~20)</td><td>8</td><td>5.5</td><td>11</td><td>20</td></tr>
</table>

通用斜楔夹紧装置与通用夹紧气缸配套使用，当需要较大的夹紧力时，可采用液压夹紧。

斜楔的材料一般用20Cr或20钢，渗碳淬火至56~62HRC；滑柱可采用45钢，表面硬度为52~58HRC。

斜楔和滑柱运动部分要求有充分的润滑。

2. 斜楔夹紧计算示例

以图3-39所示带滚轮斜楔夹紧装置为例，已知气缸活塞杆推力$Q=3000\text{N}$，斜楔的斜角$\alpha=10°$。

斜楔产生的力F按式(3-18)计算，即

$$F=Q\frac{1}{\tan(\alpha+\varphi)+\tan\varphi_{1e}}$$

该装置无润滑装置，按$\tan\varphi=0.15$，则$\varphi=8.5°$。通常滚轮直径D与其转轴直径d的关系是$\frac{d}{D}=0.5$，这时$\tan\varphi_{1e}\approx\tan\varphi_1\times0.5=\tan\varphi\times0.5=0.075$因此

$$F=3000\text{N}\times\frac{1}{\tan(10°+8.5°)+0.075}=7324\text{N}$$

为用斜楔夹紧工件，已知$Q=3000\text{N}$，$f_1=0.12$，$f_2=0.14$，$f_3=0.10$(即$\varphi_1=6.86°,\varphi_2=7.96°,\varphi_3=5.72°$)；$\alpha=5°$，$\alpha_1=5°$，$\alpha_2=6°$，要求夹紧力不小于8000N(已考虑安全系数)，从图3-44中选择一个方案。

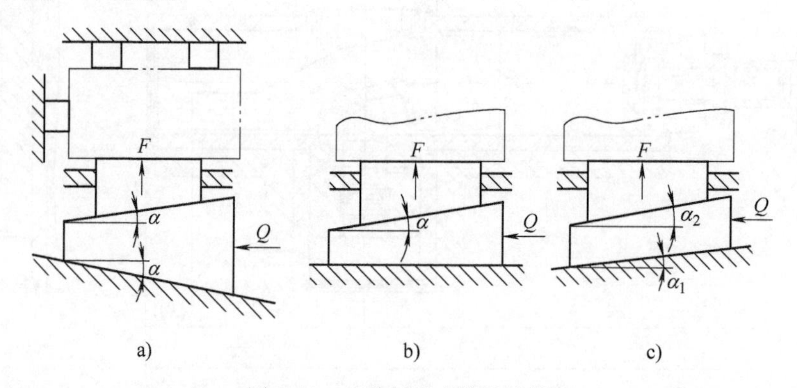

图3-44 三种斜楔方案的比较

由表3-27可知，对于图3-44a有

$$F=Q\frac{1-\tan(\alpha+\varphi_2)\tan\varphi_3}{\tan(\alpha+\varphi_1)+\tan(\alpha+\varphi_2)}$$

$$=3000\text{N}\times\left[\frac{1-\tan(5°+7.96°)\times\tan5.72°}{\tan(5°+6.86°)+\tan(5°+7.96°)}\right]\text{N}=6664.73\text{N}$$

对图3-44b有

$$F=Q\left[\frac{1-\tan(\alpha+\varphi_2)\tan\varphi_3}{\tan\varphi_1+\tan(\alpha+\varphi_2)}\right]$$

$$=3000\text{N}\times\left[\frac{1-\tan(5°+7.96°)\times\tan5.72°}{\tan6.86°+\tan(5°+7.96°)}\right]=8372.18\text{N}$$

对图 3-44c 有

$$F=Q\left[\frac{1-\tan(\alpha_2+\varphi_2)\tan\varphi_3}{\tan(\varphi_1-\alpha_1)+\tan(\alpha_2+\varphi_2)}\right]$$

$$=3000\text{N}\times\left[\frac{1-\tan(6°+7.96°)\times\tan5.72°}{\tan(6.86°-5°)+\tan(6°+7.96°)}\right]=10421.48\text{N}$$

由计算结果可知，图 3-44a 和 c 满足 F 大于 8000N 的要求，前者略超过 8000N，结构比较简单，可选用；后者超出 8000N 约 20%，结构较复杂，$(\alpha_2-\alpha_1)=1°$，所需行程长，适合用于自锁安全系数大的情况。

3.3　圆偏心轮、曲线凸轮和端面凸轮夹紧

可利用圆偏心轮(图 3-45a)、曲线凸轮(螺旋线)和端面凸轮(图 3-45b)夹紧工件。夹紧速度快，但夹紧力小，多用于中小载荷的夹紧。一般多用圆偏心轮，制造简单。

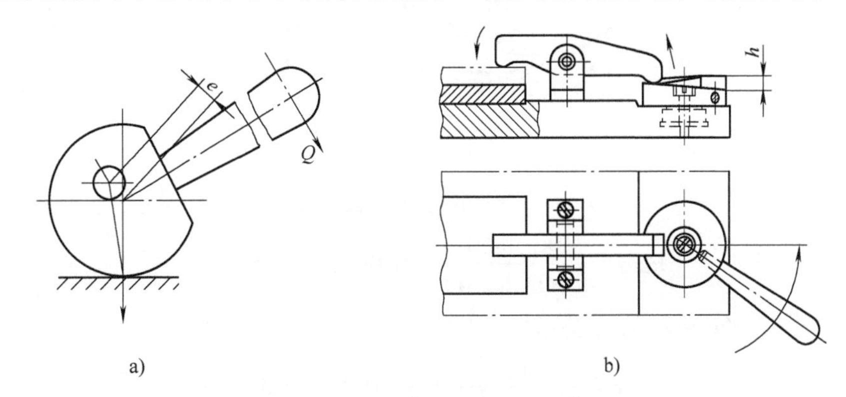

图 3-45　圆偏心轮和端面凸轮夹紧

e—偏心量　h—凸轮升程

3.3.1　圆偏心轮夹紧原理和特性

1. 圆偏心轮夹紧原理

直径为 D 的外圆(夹紧工件)与基圆(直径为 d)两圆中心的距离为 e(偏心距)。由图 3-46d 可知，回转中心 O_1 到夹紧圆上各点的距离 $R_x=O_1A$ 不同，当顺时针方向回转时，中心 O_1 到工件表面的距离不断增大，利用圆偏心轮在基圆上形成的楔面，即可夹紧工件。图 3-46b 和图 3-46c 分别为手柄从非夹紧位置($\theta=0°$,图 3-46a)转到夹紧位置的情况($\theta=60°$和 90°,夹紧外圆中心 O_2 绕回转中心 O_1 转 θ 角)。

现分析当夹紧工件时，被夹紧表面与圆偏心轮回转半径法线的夹角(升角)α 与夹紧外圆直径 D 和偏心距 e 的关系如图 3-46d 所示。

当在任一点夹紧工件时，偏心轮相对图 3-46a 位置顺时针方向转过 θ 角，则有

$$\tan\alpha=\frac{O_1B}{AB}=\frac{e\sin\theta}{\dfrac{D}{2}-e\cos\theta}=\frac{2e\sin\theta}{D-2e\cos\theta} \tag{3-33}$$

若 $D=40\text{mm}$，$e=2\text{mm}$，则当 $\theta=60°$(图 3-46b 所示的位置)时

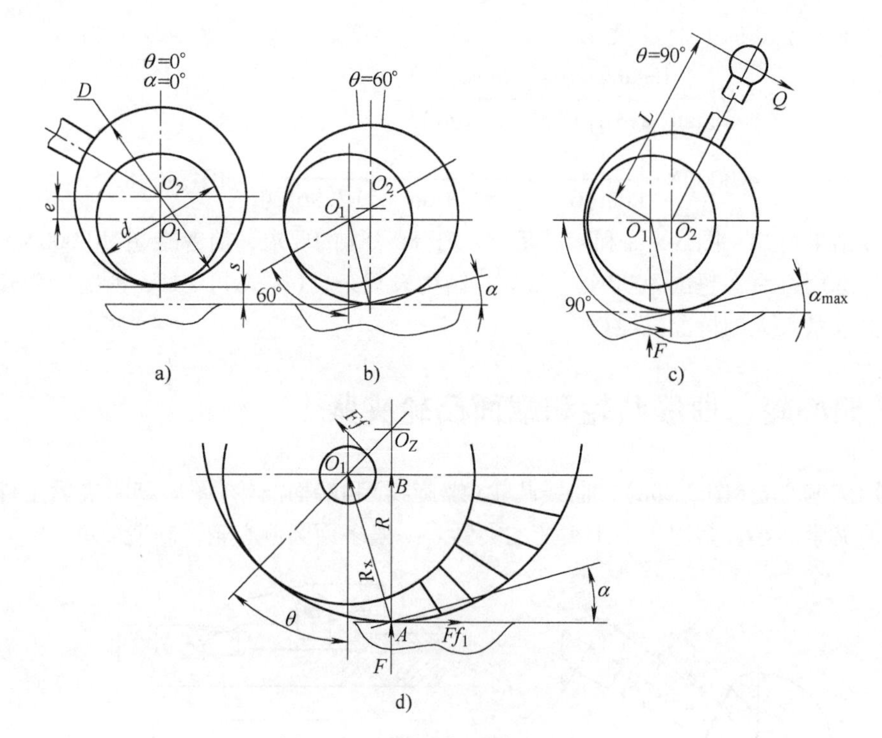

图 3-46 圆偏心在不同位置夹紧

$$\tan\alpha=\frac{2\times2\sin60^{\circ}}{40-2\times2\cos60^{\circ}}=0.0912,\ \alpha=5.2^{\circ}$$

当 $\theta=90^{\circ}$（图 3-46c 所示的位置）时

$$\tan\alpha=\frac{2e\sin90^{\circ}}{D-2e\cos90^{\circ}}=\frac{2e}{D}=0.1,\ \alpha=5.8^{\circ}$$

由以上分析可知，圆偏心轮外圆上各点夹紧时的升角不同，当转角 $\theta=0^{\circ}$时，升角 $\alpha=0^{\circ}$（图 3-46a），随着 θ 角的增大，升角 α 也逐渐增大，当 $\theta=90^{\circ}$时，α 值最大；θ 值逐渐增大，α 值逐渐减小，当 $\theta=180^{\circ}$时，$\alpha=0^{\circ}$。升角 θ 变化曲线如图 3-47a 所示。

2. 圆偏心轮夹紧的自锁条件

1）与前述楔夹紧情况相同，圆偏心轮夹紧自锁的条件是

$$\alpha_{max}\leqslant\varphi+\varphi_1 \tag{3-34}$$

式中 α_{max}——圆偏心轮工作段的最大升角，单位为(°)；

φ——圆偏心轮与工件（或垫板）的摩擦角，单位为(°)；

φ_1——圆偏心轮回转部位的摩擦角，单位为(°)。

通常按 $\tan\varphi=\tan\varphi_1=0.1$（$\varphi=\varphi_1=5.72^{\circ}$）来确定 α 角，即

$$\alpha_{max}\leqslant2\times5.72^{\circ}\approx11.4^{\circ}$$

为有一定安全储备，实际可取 $\alpha_{max}\leqslant8.5^{\circ}$，即当圆偏心轮从图 3-46a 所示的位置转过 $\theta=90^{\circ}$角的位置时，其升角不超过 8.5°，则在各个位置均能可靠自锁。

$\theta=90^{\circ}$时，$\tan\alpha=\dfrac{2e}{D}$，按 $\alpha=8.5^{\circ}$得

$$\frac{D}{e}=13.3，取\frac{D}{e}\geqslant 14$$

若工件表面较粗糙，取 $\tan\varphi_1=0.10$，$\tan\varphi=0.15$

$\alpha_{max}\leqslant(5.72°+8.5°)=14.22°$，可取 $\alpha_{max}\leqslant 11.2°$，则 $\frac{2e}{D}=0.2$，取 $\frac{D}{e}\geqslant 10$。

2）采用另一种方法也能确定升角 α_{max}，对于图 3-46c 所示的圆偏心轮位置（$\theta=90°$），圆偏心轮夹紧工件，外力撤销后，夹紧力反作用力对回转中心 O_1 的力矩为 Fe，其方向会使工件松开；而圆偏心轮夹紧外圆与工件（或垫板）的摩擦力矩（$F\cdot f\frac{D}{2}$）和在圆偏心轮回转部位的摩擦力矩（$F\cdot f_1\frac{d}{2}$）则阻止圆偏心轮自动松开工件，即圆偏心轮自锁的条件是

$$Fe\leqslant(F\cdot f)\frac{D}{2}+(F\cdot f_1)\frac{d}{2}$$

式中　F——圆偏心轮产生的夹紧力，单位为 N；
Ff 和 Ff_1——分别为圆偏心轮与工件（或垫板）和在圆偏心轮回转部位的摩擦力，单位为 N；
f 和 f_1——分别为圆偏心轮与工件（或垫板）和回转部位的摩擦系数；
D 和 d——分别为圆偏心轮夹紧外圆和转轴的直径，单位为 mm。

由上式可得各参数的关系式和保证圆偏心轮自锁 $\frac{D}{e}$ 的计算值，见表 3-30。

表 3-30　各参数的关系式和保证圆偏心轮自锁 $\frac{D}{e}$ 的计算值

摩擦系数 f_1、f	关系式	$\frac{D}{e}$ 的计算值	
		$\frac{D}{d}=4$	$\frac{D}{d}=6$
$f_1=f=0.1$	$\frac{d+D}{e}=\frac{2}{f_1}$	16	17
$f_1=1.5f_1=0.15$ $f_1=0.1$	$\frac{d+1.5D}{e}=\frac{2}{f_1}$	11.4	12

D 与 e 的比值称为圆偏心轮的特性值，$\frac{D}{e}$ 值不同，其升角不同，夹紧力和夹紧行程也不同。

综上所述，若圆偏心轮与工件（或垫板）之间的摩擦系数 f 在 0.10～0.15 范围内，一般取 $\frac{D}{e}=14\sim20$ 就能实现圆偏心轮在整个转角范围内的自锁。根据具体情况，有时并不要求在整个转角内实现自锁。

3. 圆偏心轮的工作行程

由图 3-47 可知，圆偏心轮从原始位置Ⅰ（$\theta=0°,\alpha=0°$）顺时针转过 θ 角后到达位置Ⅱ，其行程为

$$s=\overline{BC}=\overline{AF}-\overline{O_1C}=(\overline{O_2A}-\overline{O_2F})-\overline{O_1C}$$

$$=(R-e\cos\theta)-\frac{d}{2}$$

已知 $2R=D$，$d=D-2e$，化简上式得

$$s=e(1-\cos\theta) \tag{3-35}$$

对图 3-46 所示的圆偏心轮，以图 3-46a 所示的位置为起点，当圆偏心轮转过不同的 θ 角时，其夹紧行程 s 分别为

$\theta=0°$，　$s=e(1-\cos0°)=0$（图 3-46a）

$\theta=30°$，　$s=e(1-\cos30°)=0.13e$

$\theta=60°$，　$s=e(1-\cos60°)=0.5e$（图 3-46b）

$\theta=75°$，　$s=e(1-\cos75°)=0.74e$

$\theta=90°$，　$s=e(1-\cos90°)=e$（图 3-46c）

$\theta=120°$，$s=e(1-\cos120°)=1.5e$

$\theta=180°$，$s=e(1-\cos180°)=2e$

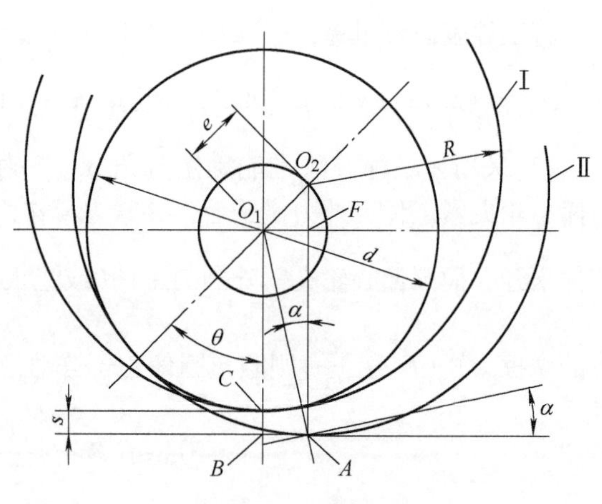

图 3-47　夹紧行程的分析

在实际工作中，往往利用圆偏心轮某一段作为工作行程，如果利用 $\theta_1 \sim \theta_2$ 段，则这段的行程为

$$s_{1-2}=s_2-s_1=e(1-\cos\theta_2)-e(1-\cos\theta_1)$$

所以

$$s_{1-2}=e(\cos\theta_1-\cos\theta_2) \tag{3-36}$$

例如，利用 $\theta=60°\sim120°$ 段作为工作段，则在这段内的行程为

$$s_{1-2}=e(\cos60°-\cos120°)=e$$

4. 圆偏心轮的夹紧力

夹紧力有三种分析方法。

1）圆偏心轮夹紧相当于杠杆（臂长为 l）和斜楔夹紧的组合。目前大多采用的方法认为，圆偏心轮夹紧相当于斜楔在两个表面上为滑动摩擦，见下面分析。

在图 3-48a 中，假设单面斜楔作用在工件被夹紧表面和圆偏心轮回转轴之间，以回转中心 O_1 为支点，作用在手柄上的力矩为 QL，相当于假设斜楔产生的力矩 $Q'R_x$，两力矩的大小相等方向相反，所以

$$QL=Q'R_x$$

Q' 的水平分力 $Q'\cos\alpha$ 是作用在斜楔上的水平方向力，因 α 角小，取 $Q'\cos\alpha\approx Q'$，参考式（3-13）得圆偏心轮的夹紧力为

$$F=Q'\frac{1}{\tan(\alpha+\varphi)+\tan\varphi_1}$$

将 $Q'=Q\dfrac{L}{R_x}$ 代入上式，得

$$F=Q\frac{L}{R_x[\tan(\alpha+\varphi)+\tan\varphi_1]} \tag{3-37}$$

式中　Q——作用于手柄上的力，单位为 N；

L——手柄施力点到回转中心 O_1 的距离，单位为 mm(结构上手柄轴线往往不通过回转中心 O_1，而通过夹紧外圆的中心 O_2(图 3-46)，因 e 值相对 D 值小，对操作无妨碍)；

R_x——圆偏心轮在某一回转角 θ 时的回转半径，单位为 mm；

φ_1——圆偏心轮与工件表面的摩擦角；单位为(°)(相当于假设斜楔水平面为滑动摩擦)；

φ——圆偏心轮在回转部位的摩擦角，单位为(°)(相当于假想斜楔斜面为滑动摩擦)。

由图 3-46d 可知

$$R_x=\frac{\overline{AB}}{\cos\alpha}=\frac{\overline{O_2A}-\overline{O_2B}}{\cos\alpha}$$

已知$\overline{O_2A}=R$，$\overline{O_2B}=e\cos\theta$，代入上式得

$$R_x=\frac{R-e\cos\theta}{\cos\alpha}\approx R-e\cos\theta \tag{3-38}$$

2）另一种分析方法如图 3-48b 所示，此方法认为圆偏心轮夹紧外圆在假想斜楔斜面上有滚动，其摩擦角应是当量滚动摩擦角 φ_e[见式(3-15)]，即圆偏心轮夹紧相当于表 3-26b 所示的斜楔夹紧，参考式(3-37)得圆偏心轮的夹紧力为

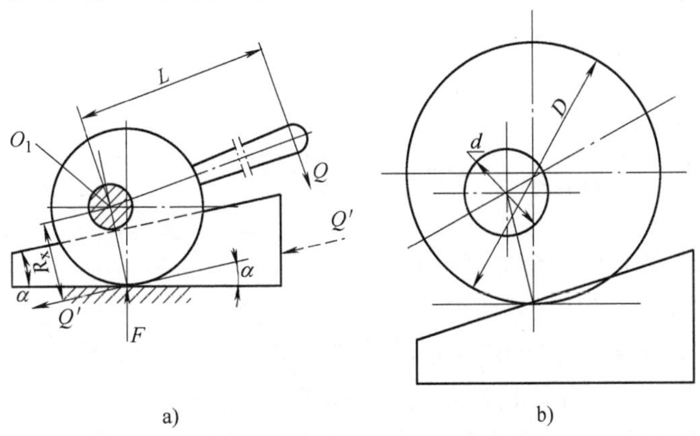

图 3-48　圆偏心轮夹紧力的分析

$$F=Q\frac{L}{R_x[\tan(\alpha+\varphi_e)+\tan\varphi_1]} \tag{3-39}$$

式中　φ_e——圆偏心轮在假想斜楔斜面上的当量滚动摩擦角，单位为(°)($\sin\varphi_e=\frac{d}{2R_x}\tan\varphi$)。

3）圆偏心轮夹紧外圆上各点产生的夹紧力也可按下述方法计算[23]，作用在圆偏心轮中心 O_1 上的力矩之和为零，对图 3-46d 有

$$Fe\sin\theta+(Ff_1)(R-e\cos\theta)+(Ff)\frac{d}{2}-QL=0$$

可得

$$F=\frac{QL}{e\sin\theta+f_1(R-e\cos\theta)+f\frac{d}{2}} \tag{3-40}$$

式中　Q、L——见式(3-37)的说明；

f_1 和 f——分别为圆偏心轮与工件(或垫板)和在圆偏心轮回转部位的摩擦系数；

F——圆偏心轮产生的夹紧力，单位为 N；

d——圆偏心轮转轴直径，单位为 mm；

θ——圆偏心轮从图 3-46a 所示位置顺时针的转角，单位为(°)；

R——凸轮外圆半径，单位为 mm；

e——凸轮的偏心距，单位为 mm。

由式(3-37)可知，圆偏心轮在不同转角时，夹紧外圆各点夹紧力的大小与升角 α 和回转半径 R_x 的变化有关；而由式(3-39)可知，各点夹紧力的大小不仅与斜角 α 和回转半径 R_x 有关，还与回转轴直径 d 与夹紧外圆直径 D 的比值有关(因为计算 φ_e 值时与 $\frac{d}{D}$ 值有关)。一般圆偏心轮的 $\frac{d}{D}$ 值为 $\frac{1}{4}$ ~ $\frac{1}{3}$。

若被夹紧表面尺寸公差大，可按工作段起始点计算平均夹紧力。

5. 圆偏心轮夹紧工作段的选择

对在 180°范围内满足自锁的圆偏心轮，为避免使用升角小于自锁角的量不大的或小于自锁角的量过大的工作段，应在 0°~180°之间选择合理的工作段。

对图 3-46 所示的圆偏心轮，大多取 θ = 75°~165°，用于夹紧行程和自锁范围较大的情况；对要求夹紧力较稳定的情况，采用升角变化较小的工作段，取 θ = 60°~120°或[(45°~60°)~(120°~135°)]；工件被夹紧表面的尺寸公差较小，适合取 θ = 60°~90°或 150°~180°。

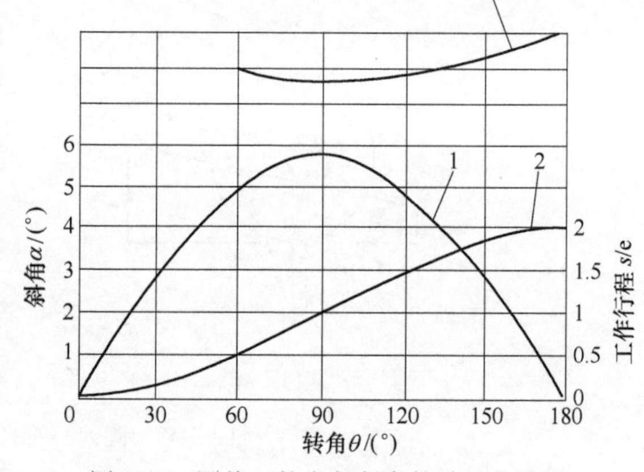

图 3-49 圆偏心轮夹紧各参数关系曲线图

1—升角曲线 2—夹紧行程曲线 3—夹紧力曲线

图 3-49 所示为圆偏心轮升角夹紧行程 s、夹紧力 F 与回转角 θ 之间的关系曲线图。

表 3-31 列出了当 $Q \times L$ = 14700N · mm 和 $\tan\varphi = \tan\varphi_1$ = 0. 1 时，各种规格圆偏心轮的主要参数，夹紧力按式(3-37)计算。

表 3-32 列出了各种直径 D 在不同 $\frac{D}{e}$ 值(6~20)条件下，圆偏心轮自锁范围角 β(即当转角 $\theta>\beta$ 时不再自锁)和其工作行程 s。

表 3-31 各种规格圆偏心轮的行程、升角和夹紧力

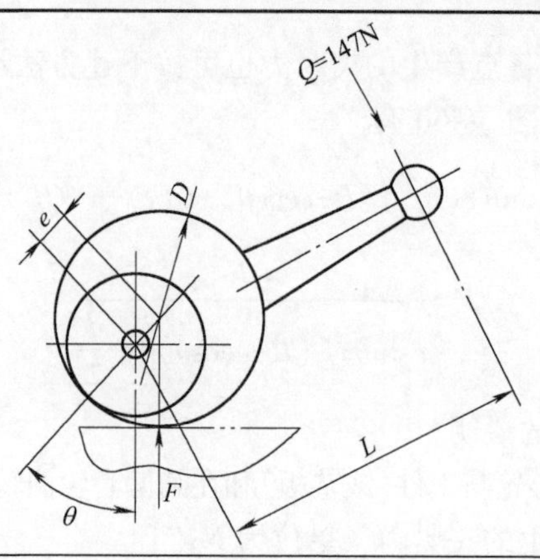

（续）

偏心轮直径 $\frac{D}{mm}$	偏心特性系数 $\frac{D}{e}$	偏心距 $\frac{e}{mm}$	圆偏心轮转角 θ																	
			45°			60°			75°			90°			120°			150°		
			行程 $\frac{s}{mm}$	升角/(°)	夹紧力 $\frac{F}{N}$	行程 $\frac{s}{mm}$	升角/(°)	夹紧力 $\frac{F}{N}$	行程 $\frac{s}{mm}$	升角/(°)	夹紧力 $\frac{F}{N}$	行程 $\frac{s}{mm}$	升角/(°)	夹紧力 $\frac{F}{N}$	行程 $\frac{s}{mm}$	升角/(°)	夹紧力 $\frac{F}{N}$	行程 $\frac{s}{mm}$	升角/(°)	夹紧力 $\frac{F}{N}$
32	18.8	1.7	0.50	4°39′	3500	0.85	5°33′	3226	1.26	6°01′	3050	1.70	6°04′	2961	2.55	4°49′	3040	3.17	2°47′	3373
40	20	2.0	0.59	4°21′	2844	1.00	5°13′	2628	1.48	5°40′	2481	2.00	5°43′	2422	3.00	4°43′	2461	3.73	2°38′	2736
50	20	2.5	0.73	4°21′	2275	1.25	5°13′	2099	1.85	5°40′	1990	2.50	5°43′	1932	3.75	4°43′	1971	4.66	2°38′	2187
60	20	3.0	0.88	4°21′	1893	1.40	5°13′	1745	2.23	5°40′	1647	3.00	5°43′	1608	4.50	4°43′	1638	5.59	2°38′	1824
65	18.55	3.5	1.03	4°21′	1706	1.75	5°39′	1598	2.60	6°06′	1490	3.50	6°10′	1451	5.25	5°02′	1480	6.53	2°49′	1647
70	20	3.5	1.03	4°21′	1598	1.75	5°13′	1471	2.60	5°40′	1421	3.50	5°43′	1382	5.25	4°43′	1402	6.53	2°38′	1559
80	20	4.0	1.18	4°21′	1422	2.00	5°13′	1314	2.97	5°40′	1245	4.00	5°43′	1206	6.00	4°43′	1225	7.46	2°38′	1373
80	16	5.0	1.47	5°32′	1343	2.50	6°34′	1196	3.71	7°04′	1128	5.00	7°07′	1118	7.50	5°49′	1137	9.33	3°12′	1294
100	20	5.0	1.47	4°21′	1157	2.50	5°13′	1059	3.71	5°40′	1000	5.00	5°43′	971	7.50	4°43′	980	9.33	2°38′	1088
100	16.55	6.0	1.76	5°09′	1088	3.00	6°17′	990	4.45	6°48′	941	6.00	6°51′	912	9.00	5°56′	902	11.19	3°06′	1030

注：1. 表中夹紧力 F 值按式(3-37)计算。

2. 表中按 $Q \times L = 147\text{N} \times 100\text{mm} = 14700\text{N} \cdot \text{mm}$，$\tan\varphi = \tan\varphi_1 = 0.1$ 计算。

表 3-32 各种直径 D 在不同 $\frac{D}{e}$ 值条件下圆偏心轮自锁范围角 β 和工作行程 s

$\frac{D}{e}$	β/(°)	D/mm	e/mm	转角 θ 时的行程 s/mm			$\frac{D}{e}$	β/(°)	D/mm	e/mm	转角 θ 时的行程 s/mm		
				$\theta=\beta°$	$\theta=90°$	$\theta=180°$					$\theta=\beta°$	$\theta=90°$	$\theta=180°$
6	23	16	2.7	0.22	2.7	5.4	6	23	32	5.3	0.42	5.3	10.6
8	29		2	0.25	2	4	8	29		4	0.50	4	8
10	36		1.6	0.31	1.6	3.2	10	36		3.2	0.61	3.2	6.4
12	43		1.3	0.35	1.3	2.6	12	43		2.7	0.73	2.7	5.4
16	58		1	0.47	1	2	16	58		2	0.94	2	4
20	180		0.8	1.6	0.8	1.6	20	180		1.6	3.2	1.6	3.2
6	23	20	3.3	0.26	3.3	6.6	6	23	40	6.7	0.53	6.7	13.4
8	29		2.5	0.31	2.5	5	8	29		5	0.63	5	10
10	36		2	0.38	2	4	10	36		4	0.77	4	8
12	43		1.7	0.40	1.7	3.4	12	43		3.3	0.89	3.3	6.6
16	58		1.3	0.61	1.3	2.6	16	58		2.5	1.18	2.5	5
20	180		1	2	1	2	20	180		2	4	2	4
6	23	25	4.2	0.33	4.2	8.4	6	23	50	8.3	0.66	8.3	16.6
8	29		3.1	0.39	3.1	6.2	8	29		6.3	0.79	6.3	12.6
10	36		2.5	0.48	2.5	5	10	36		5	0.96	5	10
12	43		2.1	0.56	2.1	4.2	12	43		4.2	1.13	4.2	8.4
16	58		1.6	0.75	1.6	3.2	16	58		3.1	1.45	3.1	6.2
20	180		1.3	2.6	1.3	2.6	20	180		2.5	5	2.5	5

（续）

$\frac{D}{e}$	β/(°)	D/mm	e/mm	转角θ时的行程s/mm			$\frac{D}{e}$	β/(°)	D/mm	e/mm	转角θ时的行程s/mm		
				θ=β°	θ=90°	θ=180°					θ=β°	θ=90°	θ=180°
6	23	63	10.5	0.83	10.5	21	6	23	100	16.7	1.33	16.7	33.4
8	29		7.9	0.99	7.9	15.8	8	29		12.5	1.58	12.5	25
10	36		6.3	1.20	6.3	12.6	10	36		10	1.91	10	20
12	43		5.2	1.40	5.2	10.4	12	43		8.3	2.23	8.3	16.6
16	58		3.9	1.83	3.9	7.8	16	58		6.3	2.96	6.3	12.6
20	180		3.2	6.4	3.2	6.4	20	180		5	10	5	10
6	23	80	13.3	1.06	13.3	26.6							
8	29		10	1.25	10	20							
10	36		8	1.53	8	16							
12	43		6.7	1.80	6.7	13.4							
16	58		5	2.35	5	10							
20	180		4	8	4	8							

注：1. 当圆偏心轮转角 $\theta>\beta$ 时不再自锁。

2. 对该表进行计算可知，各种直径的圆偏心轮在不同 $\frac{D}{e}$ 值条件下，当转角 $\theta=\beta$ 时，升角 α 大致相等，其值如下(β 为自锁角)：

$\frac{D}{e}$	6	8	10	12	16	20
β	23°	29°	36°	43°	58°	180°
α	10°50′	8°50′	8°	7°10′	6°30′	0°

3.3.2 曲线面径向凸轮夹紧

曲线面径向凸轮(以下称曲线面凸轮)的工作面是在基圆上形成曲线表面(图 3-50)，可采用阿基米德螺旋线和对数螺旋线等。曲线面凸轮的优点是升角为常数或接近常数，工作段可大于 180°，以增大工作行程，同时便于安装工件；随数控机床的应用其制造困难减小。

1. 阿基米德螺旋线曲面凸轮

阿基米德螺旋线曲面凸轮如图 3-50 所示，以 O 为圆心和以 r_0 为半径作基圆，将基圆工作段部分分成 n 个等分角，在各个辐射线上取 $r_1=r_0+a$，$r_2=r_0+2a$，…，$r_n=r_0+na$，连接各 r 上的点，所形成的曲线就是阿基米德螺旋线，设 $na=s$，则曲线方程为

$$r_x=r_0+\frac{\beta_x}{\beta}s \tag{3-41}$$

式中 r_x——曲线上任意点的极坐标半径，单位为 mm；

r_0——基圆半径，单位为 mm；

β_x——曲线上任一点的极坐标角($1<x<n$)，单位为(°)；

β——曲线起点半径 r_0 与终点半径 r_n 之间的角度(即曲线终点的极坐标角)($\beta=\beta_n$)，单位为(°)；

s——凸轮整个工作段的行程，单位为 mm，($s=s_n=na$)。

曲线上任一点的升角由下面关系式求出：

$$\tan\alpha=\frac{\dfrac{\mathrm{d}r_x}{\mathrm{d}\widehat{\beta}_x}}{r_x}=\frac{1}{r_n}\times\frac{s}{\widehat{\beta}}\qquad(3\text{-}42)$$

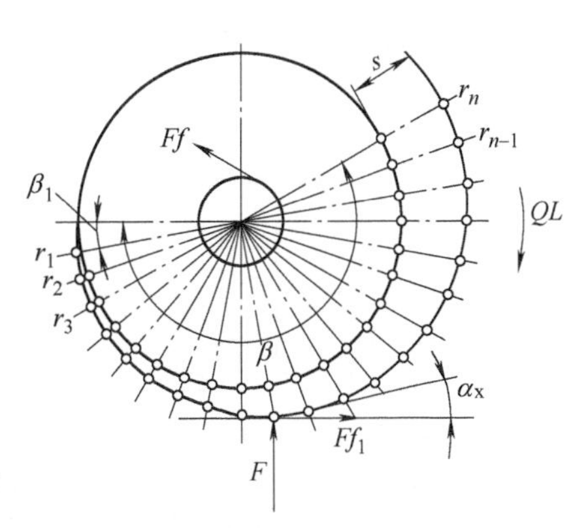

图 3-50　阿基米德螺旋线曲面凸轮

式中，s 和 $\widehat{\beta}$ 是常数，r_x 是变数，因此升角 α 有变化，并随 r_x 值增大而减小，所以对阿基米德螺旋线曲面凸轮，只要在 r 为小值时升角附和自销条件即可，其自锁升角值确定的方法与圆偏心轮相同。

式(3-42)中的 s 和 $\widehat{\beta}$ 是指凸轮整个曲线工作段的行程 s 和半径 r_0 与 r_n 的夹角；对曲线上任何一部分工作段的行程 s_n 和该段起、终点半径 r_{x-1} 与 r_x 之间的夹角 $\widehat{\beta}_x$ 有下列关系($1<x<n$)

$$\frac{s}{\widehat{\beta}}=\frac{s_n}{\widehat{\beta}_x}$$

表 3-33 列出了阿基米德螺旋线曲面凸轮在不同基圆直径和不同转角时的工作行程。[23]

表 3-33　阿基米德螺旋线曲面凸轮在不同基圆直径和不同转角时的工作行程

(单位：mm)

转角 θ/(°)	基圆半径 r_0								
	8	10	12	16	20	25	32	40	50
5	0.06	0.08	0.09	0.13	0.16	0.2	0.26	0.32	0.4
10	0.13	0.16	0.19	0.26	0.32	0.4	0.51	0.64	0.8
15	0.19	0.24	0.29	0.38	0.48	0.6	0.77	0.96	1.2
30	0.38	0.48	0.58	0.79	0.96	1.2	1.54	1.92	2.4
45	0.58	0.72	0.86	1.15	1.44	1.8	2.3	2.88	3.6
60	0.77	0.96	1.15	1.54	1.92	2.4	3.07	3.84	4.8
75	0.96	1.2	1.44	1.92	2.4	3	3.84	4.8	6
90	1.15	1.44	1.79	2.3	2.88	3.6	4.61	5.76	7.2
105	1.34	1.68	2.02	2.69	3.36	4.2	5.38	6.72	8.4
120	1.54	1.92	2.3	3.07	3.84	4.8	6.14	7.68	9.6
135	1.73	2.16	2.59	3.46	4.32	5.4	6.91	8.64	10.8
150	1.9	2.4	2.88	3.84	4.8	6	7.68	9.6	12
165	2.11	2.64	3.17	4.22	5.28	6.6	8.45	10.56	13.2
180	2.3	2.88	3.46	4.61	5.76	7.2	9.21	11.52	14.4
195	2.5	3.12	3.74	5.06	6.24	7.8	10.11	12.48	15.6
210	2.69	3.36	4.03	5.38	6.72	8.4	10.75	13.44	16.8
225	2.88	3.6	4.32	5.76	7.2	9	11.52	14.4	18
240	3.07	3.84	4.61	6.14	7.68	9.6	12.2	15.36	19.2
255	3.26	4.08	4.9	6.53	8.18	10.2	13.06	16.32	20.4
270	3.46	4.32	5.18	6.91	8.64	10.8	13.82	17.28	21.6
360	4.6	5.76	6.91	9.22	11.52	14.4	18.42	23.04	28.8

对表 3-33 中基圆半径为 8mm 和 50mm 的阿基米德螺旋线曲面凸轮，在转角 $\theta=30°$、60° 和 120°时的升角按式(3-42)进行计算，结果见表 3-34。

表 3-34 曲面凸轮的升角 α

基圆半径 r_0/mm	转角 θ		
	30°	60°	120°
8	4°57′ ($\tan\alpha=0.0866$)	4°42′ ($\tan\alpha=0.0838$)	3°55′ ($\tan\alpha=0.0187$)
50	5° ($\tan\alpha=0.0875$)	4°35′ ($\tan\alpha=0.0801$)	3°53′ ($\tan\alpha=0.0686$)

注：表中括号内的 $\tan\alpha$ 值是按式(3-42)计算所得。

现举例说明表 3-34 中的计算，例如 $r_0=50\text{mm}$，$\theta=30°$，查表 3-33 得 $s=2.4\text{mm}$，利用式(3-42)计算

$$\tan\alpha=\frac{1}{r_n}\times\frac{s}{\widehat{\beta}}=\frac{1}{50+2.4}\times\frac{2.4}{\frac{2\pi}{360}\times30}=0.0875$$

由上述计算结果可知，阿基米德螺旋线曲面凸轮的升角变化很小，在转角 30°~120°范围内相差约 1°，而圆偏心轮在 180°范围内相差 3°~4°，所以可近似认为前者的升角在较小范围内是不变的，对夹紧力的影响小。

阿基米德螺旋线曲面凸轮的夹紧力可按式(3-37)计算，将式中 R_x 用阿基米德螺旋线相应点的极坐标半径 r_x 代替。根据作用在凸轮回转中心 O 的力矩之和为零(图 3-50)也可以得

$$F(r_x+s_x)\sin\alpha+Ff_1(r_x+s_x)+Ff\frac{d}{2}-QL=0$$

$$F=\frac{QL}{(r_x+s_x)\sin\alpha_x+f_1(r_x+s_x)+f\frac{d}{2}}$$

式中 F、Q、L——含义同式(3-37)；

r_x——凸轮转角为 θ 时夹紧点的极坐标半径，单位为 mm；

s_x——凸轮转角为 θ 时的工作行程，单位为 mm；

α_x——凸轮转角为 θ 时曲线在夹紧点的升角，单位为(°)［按式(3-42)计算］；

d——凸轮回转轴直径，单位为 mm；

f 和 f_1——含义同式(3-40)。

2. 对数螺旋线曲面凸轮[53]

对数螺旋线曲面凸轮如图 3-51 所示。

以 O 为中心，以 r_0 为半径作基圆(图中表示工作段为 110°,也可取更大的工作段)，凸轮轮廓曲线各点的极坐标方程为

$$r=r_0e^{(\tan\alpha)\theta} \tag{3-43}$$

式中 r——曲线上任一点极坐标半径，单位为 mm；

r_0——基圆半径，单位为 mm；

e——对数的底(e=2.7183)；

α——曲线任一点的升角，单位为 rad；

θ——凸轮的转角，单位为(°)。

在设计对数螺旋线曲面凸轮时，应确定基圆半径 r_0，由式(3-43)得

$$r_0=\frac{r}{e^{(\tan\alpha)\theta}}=\frac{r_0+s}{e^{(\tan\alpha)\theta}}$$

所以

$$r_0=\frac{s}{e^{(\tan\alpha)\theta}-1} \tag{3-44}$$

式中　s——凸轮在转角为 θ 时的工作行程，单位为 mm。

与圆偏心轮自锁条件相同，若凸轮与工件被夹紧表面和在凸轮回转部位的摩擦系数 $\tan\varphi=\tan\varphi_1=0.1$，则凸轮的升角取为 $\alpha\leqslant 8.5°$，则

$$\tan\alpha=\tan 8.5°=0.15$$

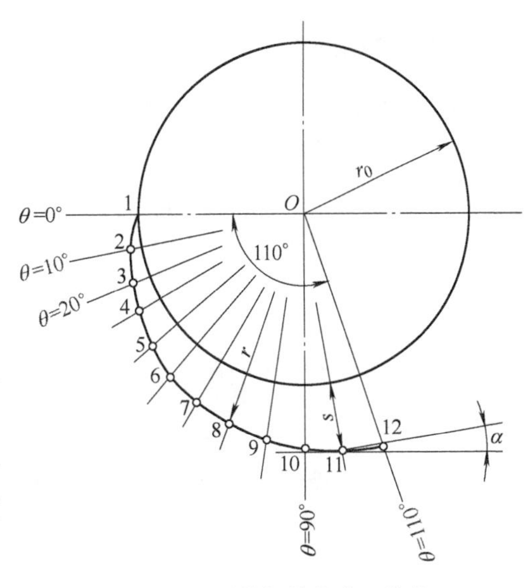

图 3-51　对数螺旋线曲面凸轮

$$r_0=\frac{s}{e^{0.15\theta}-1}$$

若 $\tan\varphi=0.15$，$\tan\varphi_1=0.1$，取 $\alpha\leqslant 11.2°$，$\tan\alpha=\tan 11.2°=0.2$，则

$$r_0=\frac{s}{e^{0.2\theta}-1}$$

对数螺旋线曲面凸轮的优点是，曲线上各点的升角为常数，其夹紧力在各个转角的变化不大。

现举例说明对数螺旋线曲面凸轮的计算(图 3-51)。

当凸轮工作行程 $s=5\text{mm}$ 时，回转角 $\theta=110°(1.92\text{rad})$，若 $\tan\varphi=\tan\varphi_1=0.1$，则基圆半径为

$$r_0=\frac{s}{e^{0.15\theta}-1}=\frac{5\text{mm}}{e^{0.15\times 0.192}-1}=\frac{5\text{mm}}{1.334-1}=14.97\text{mm}$$

这样得到凸轮轮廓曲线各点的极坐标方程为

$$r=r_0 e^{(\tan\alpha)\theta}=14.5^{0.15\theta}$$

所求曲线各点(两点间的夹角为 10°)的半径 r 值见表 3-35。

表 3-35　曲线各点的半径值

曲线上的点号	θ/rad	$e^{0.15\theta}$	r/mm	曲线上的点号	θ/rad	$e^{0.15\theta}$	r/mm
1	0	1	14.97	7	1.0470	1.1700	17.52
2	0.1745	1.0267	15.37	8	1.2215	1.2010	17.98
3	0.3490	1.0540	15.78	9	1.3960	1.2332	18.46
4	0.5235	1.0818	16.19	10	1.5705	1.2660	18.95
5	0.6980	1.1110	16.63	11	1.7450	1.3000	19.46
6	0.8725	1.1400	17.07	12	1.9195	1.3340	19.97

3.3.3 端面轴向凸轮

端面轴向凸轮(下称端面凸轮)是利用垂直于回转轴线的端面上沿圆周形成的斜面，从轴向夹紧工件，回转轴可采用立式或水平布置。图 3-52 所示为端面凸轮夹紧工件示意图，当用手柄带动回转轴转动时，端面凸轮通过螺钉 3 推动压板 1，在销轴 2 上转动，将工件夹紧。

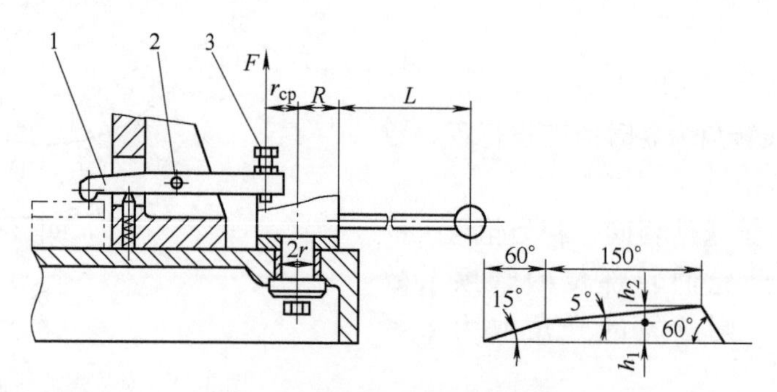

图 3-52 端面凸轮夹紧示意图

1—压板 2—销轴 3—螺钉

端面凸轮的工作斜面有两段：左面为使压板较快靠近工件的一段，一般取 $\alpha_1=15°$；用于夹紧工件的一段，考虑自锁条件一般取 $\alpha_2=5°$。

工作行程根据工件被夹紧面的尺寸公差和所需的工作间隙决定，一般斜角为 α_1 的斜面所占圆周角为 $\beta_1=60°$，所以其行程为

$$s_1=R_1\frac{\pi}{180°}\beta_1$$

斜角为 α_2 的斜面占圆周角 $\beta_2=150°$，所以夹紧行程为

$$s_2=R_1\frac{\pi}{180°}\beta_2$$

端面凸轮传给杠杆压板的力为

$$F_0=Q\frac{L+R}{R_1}\times\frac{1}{\tan(\alpha_2+\varphi)+2\times\dfrac{R^3-r^3}{3(R^2-r^2)}\tan\varphi_1}$$

若铰链压板的传动比为 1，则作用在工件上的夹紧力为

$$F=F_0\eta$$

式中 Q——作用在手柄上的力，单位为 N；

L——手柄球头中心到回转轴轴线的距离，单位为 mm；

R——端面凸轮的半径，单位为 mm；

R_1——端面凸轮轴线与螺钉接触点的距离，单位为 mm；

α_2——端面凸轮夹紧段的斜角，单位为(°)；

φ——端面凸轮与螺钉接触的摩擦角，单位为(°)；

φ_1——端面凸轮回转部位支承面之间(上、下共两处)的摩擦角，单位为(°)；

r——端面凸轮回转轴半径，单位为 mm；

η——铰链杠杆转轴传动效率，取 0.8~0.95。

3.3.4　圆偏心轮夹紧机构的应用和计算示例

1. 圆偏心轮的形式

图 3-53 所示为常用的几种圆偏心轮的形式。

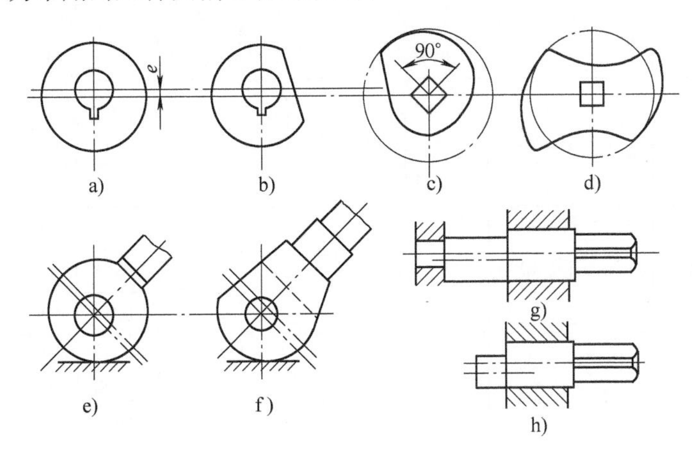

图 3-53　圆偏心轮的几种形式

图 3-53a~d 所示的圆偏心轮安装在轴上，用扳手转动轴带动凸轮转动；图 3-53e 和 f 所示为手柄直接装在圆偏心轮上，使其在轴上转动；图 3-53g 和 h 所示为将圆偏心轮直接做在轴上，可采用单支承或双支承。

圆偏心轮可做成整圆的、大部分圆的和一小部分圆的，去掉部分非工作段可增大夹具的操作空间，有时也可节省材料；双面圆偏心轮(图 3-53d)用于同时夹紧位于两面的工件。

表 3-36~表 3-38 列出了几种圆偏心轮的规格尺寸和性能。

表 3-36　圆偏心轮(JB/T 8011.1—1999)的规格尺寸和性能

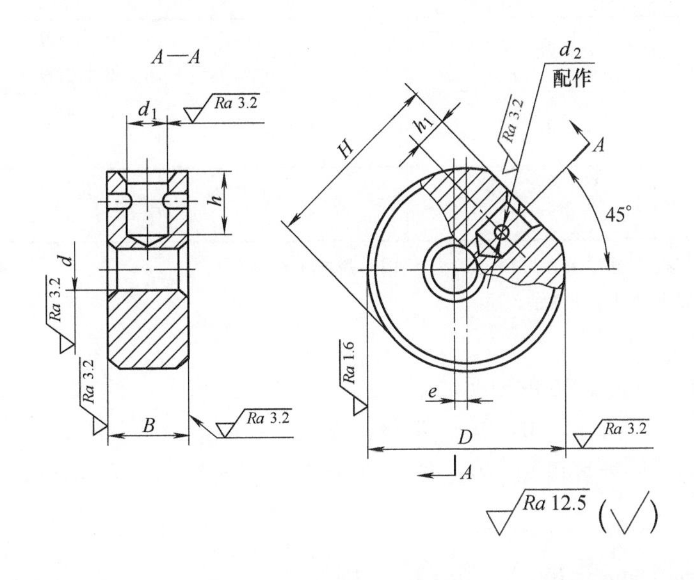

（续）

尺寸规格/mm									性能参数			
D	e （±0.2）	B （d11）	d （D9）	d_1 （H7）	d_2 （H7）	H	h	h_1	$\tan\varphi$	$\tan\varphi_1$	M_{max}	M_{min}
25	1.3	12	6	6	2	24	9	4	0.1	0.1	3.874F	2.76F
									0.15	0.1	4.47F	3.48F
									0.15	0.15	5.128F	4.14F
32	1.7	14	8	8	3	31	11	5	0.1	0.1	4.963F	3.54F
									0.15	0.1	5.721F	4.45F
									0.15	0.15	6.603F	5.31F
40	2	16	10	10	3	38.5	14	6	0.1	0.1	6.07F	4.40F
									0.15	0.1	7.152F	5.56F
									0.15	0.15	8.116F	6.60F
50	2.5	18	12	12	4	48	18	8	0.1	0.1	7.588F	5.50F
									0.15	0.1	8.94F	6.95F
									0.15	0.15	10.145F	8.25F
60	3	22	16	16	5	58	22	10	0.1	0.1	9.106F	6.60F
									0.15	0.1	10.728F	8.34F
									0.15	0.15	12.175F	9.90F
70	3.5	24	16	16	5	68	24	10	0.1	0.1	10.623F	7.70F
									0.15	0.1	12.516F	9.73F
									0.15	0.15	14.204F	11.55F

M_{max}和M_{min}的计算式

偏心特性系数$\frac{D}{e}$	$\tan\varphi$	$\tan\varphi_1$	M_{max}/(N·mm)	M_{min}/(N·mm)
20	0.1	0.1	0.152FD	0.110FD
14			0.175FD	0.114FD
20	0.15	0.1	0.178FD	0.130FD
14			0.202FD	0.139FD
20	0.15	0.15	0.203FD	0.165FD
14			0.237FD	0.171FD

注：1. 表中M为圆偏心轮在夹紧力为F(单位为N)时所需施加的力矩。

2. M_{max}和M_{min}的计算式见下文的说明。

根据式(3-31)，对表3-36的说明如下：

$$M=QL=FR_x[\tan(\alpha+\varphi)+\tan\varphi_1] \tag{3-45}$$

由对表3-36的分析计算可知，M_{max}按转角$\theta=90°$时计算，M_{min}按$\theta=20°$时计算，现说明如下。

当$\frac{D}{e}=20$，$\tan\varphi=\tan\varphi_1=0.1$时，$\theta=90°$，则

$$\tan\alpha=\frac{2e\sin\theta}{D-2e\cos\theta}=\frac{2e}{D}=0.1,\ \alpha=5.72°$$

$$R_x=\sqrt{R^2+e^2}=10.05e=0.5025D$$

将各有关值代入 M 计算式得

$$M_{max}=0.152FD$$

当 $\theta=20°$时

$$\tan\alpha=\frac{2e\sin\theta}{D-2e\cos\theta}=\frac{2e\sin20°}{D-2e\cos20°}=0.0377,\ \alpha=2.16°$$

$$R_x=\frac{(R-e\cos\theta)}{\cos\alpha}=0.907R=0.4535D$$

所以

$$M_{min}=0.110FD$$

表 3-37 叉形圆偏心轮(JB/T 8011.2—1999)的规格尺寸和性能 (单位:mm)

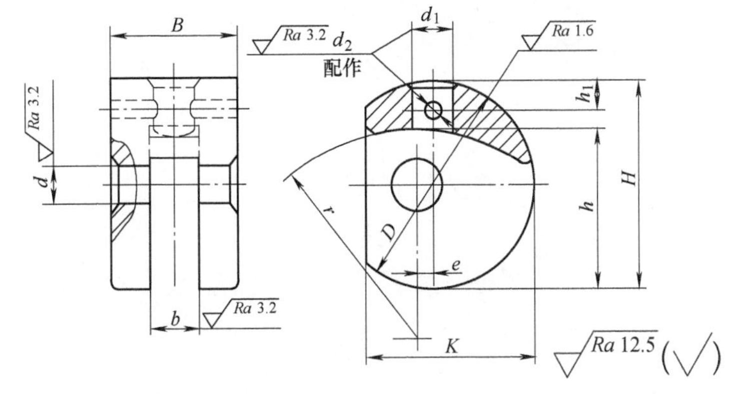

D	e±0.2	B	b	d (H7)	d_1 (H7)	d_2 (H7)	H	h	h_1	K	r
25	1.3	14	6	4	5	1.5	24	18	3	20	32
32	1.7	18	8	5	6	2	31	24	4	27	45
40	2	25	10	6	8	3	39	30	5	34	50
50	2.5	32	12	8	10	3	49	36	6	42	62
65	3.5	38	14	10	12	4	64	47	8	55	70
80	5	45	18	12	16	5	78	58	10	65	88
100	6	52	22	16	20	6	98	72	12	80	100

夹紧力为 F 时所需夹紧力矩 M_{max} 和 M_{min}(单位为 N·mm)的计算式

$\tan\varphi$	$\tan\varphi_1$	D	25	32	40	50	65	80	100
		e	1.3	1.7	2	2.5	3.5	5	6
0.1	0.1	M_{max}	3.874F	4.963F	6.07F	7.588F	10.132F	13.216F	16.249F
		M_{min}	2.76F	3.54F	4.40F	5.50F	7.2F	9.0F	11.2F
0.15	0.1	M_{max}	4.47F	5.721F	7.152F	8.94F	11.77F	15.16F	19.13F
		M_{min}	3.48F	4.45F	5.56F	6.95F	9.26F	11.96F	14.87F
0.15	0.15	M_{max}	5.128F	6.603F	8.116F	10.145F	13.465F	17.344F	21.34F
		M_{min}	4.14F	5.31F	6.60F	8.25F	10.8F	13.5F	16.8F

注：$D=25\sim50$mm，M_{max} 和 M_{min} 值与表 3-36 相同(这时$\frac{D}{e}=20$)；$D=65\sim80$mm，M_{max} 和 M_{min} 按式(3-45)和上述对表 3-36 说明中的方法计算的。

表 3-38 单面和双面圆偏心轮(JB/T 8011.4—1999)的规格尺寸和性能 (单位:mm)

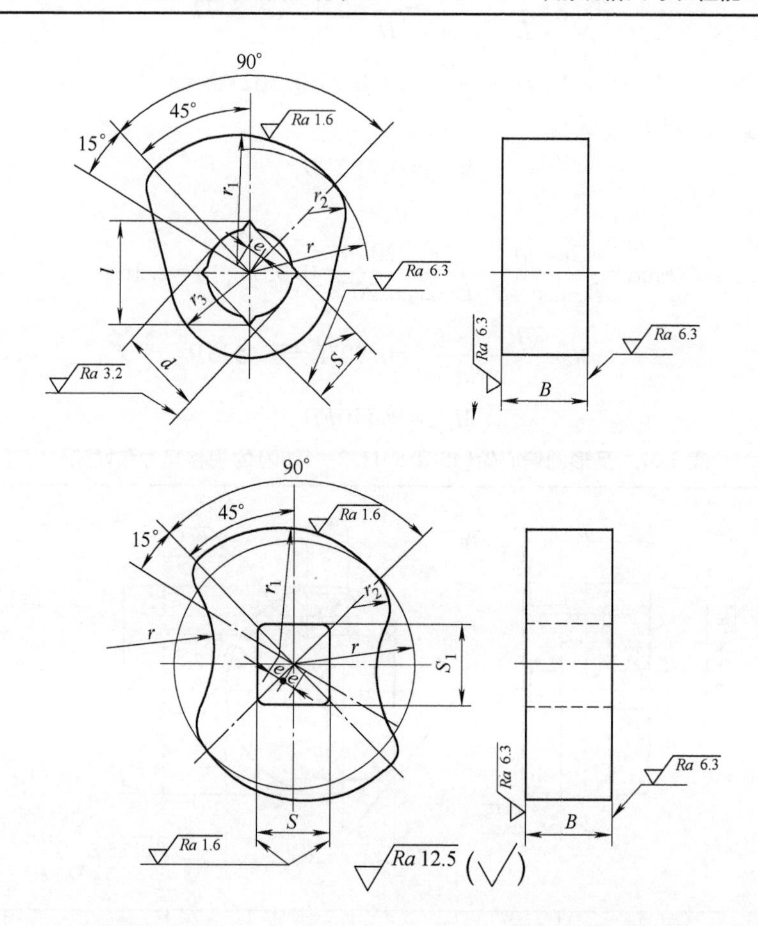

单、双面共用尺寸						单面尺寸			双面尺寸
r	r_1	r_2	e±0.2	B(d11)	S(H11)	d(H9)	r_3	l	S_1
30	30.9	10	3	22	17	20	20	24	20
40	41.2	15	4	22	22	25	25	31.1	25
50	51.5	18	5	24	24	27	30	33.9	28
60	61.8	22	6	24	24	27	35	33.9	28
70	72.1	25	7	29	27	30	38	38.1	32

夹紧力为 F 时所需夹紧力矩 M_{max} 和 M_{min}(单位为 N·mm)的计算式

$\tan\varphi$	$\tan\varphi_1$	$D=2r_1$	61.8	82.4	103	123.6	144.2
		e	3	4	5	6	7
0.1	0.1	M_{max}	9.283F	12.377F	15.472F	18.566F	21.661F
		M_{min}	6.78F	9.04F	11.3F	13.56F	15.82F
0.15	0.1	M_{max}	10.926F	14.563F	18.202F	21.838F	25.478F
		M_{min}	8.493F	11.332F	14.152F	16.98F	19.809F
0.15	0.15	M_{max}	12.441F	16.588F	20.735F	24.882F	29.029F
		M_{min}	10.17F	13.56F	16.95F	20.34F	23.73F

表3-39列出了可从正、反两个旋转方向夹紧工件的圆偏心轮。根据具体情况，可选择使用上半部或下半部(这时夹具上应有限位机构)。表3-39中图a所示为使用偏心轮的上半部，图b和图c所示为偏心轮2和压板1的规格尺寸。

表3-39 可正、反转夹紧工件的圆偏心轮 (单位:mm)

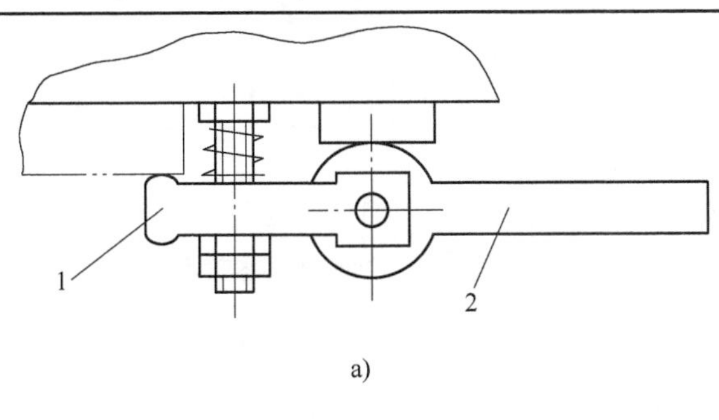

a)

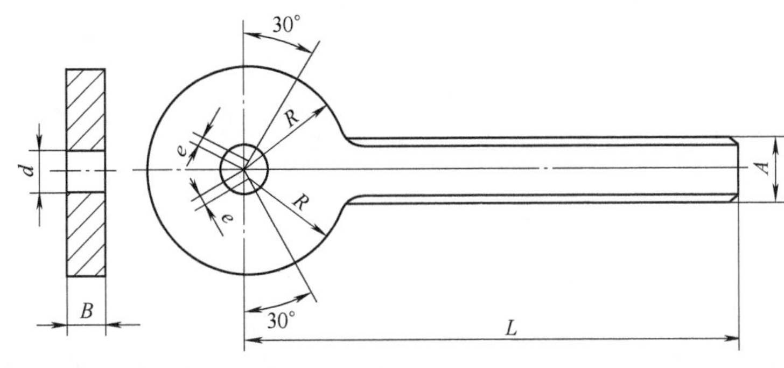

b) 件1

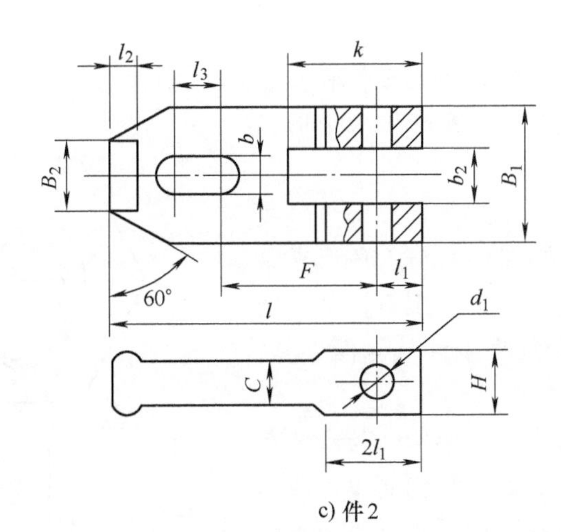

c) 件2

件1						件2												
B	d	e	L	A	R	b	B_1	C	l	F	l_1	B_2	l_2	l_3	k	b_2	H	d_1
8	8	1.7	90	12	17.5	10	32	13	70	32	10	16	6	12	32	8	20	8
						10	32	16	90	42	10	16	10	22	32	8	20	8
10	10	2	115	16	22	12	38	16	95	42	12	20	12	20	40	10	25	10
						12	38	20	115	50	12	20	12	25	40	10	25	10

（续）

件1						件2												
B	d	e	L	A	R	b	B_1	C	l	F	l_1	B_2	l_2	l_3	k	b_2	H	d_1
12	12	2.5	130	20	32	16	45	20	115	50	16	22	16	20	50	12	32	12
						16	45	25	145	65	16	22	16	30	50	12	32	12
16	16	3.2	155	22	35	20	50	25	145	65	20	25	16	30	56	16	38	16
						20	50	30	180	75	20	25	16	38	56	16	38	16

图3-54所示为一种形状与普通圆偏心轮不同的叉式偏心轮，图3-54a所示为这种偏心轮的应用实例，多用于“盒式”夹具以及其他需要的情况；图3-54b所示为叉式偏心轮的尺寸。

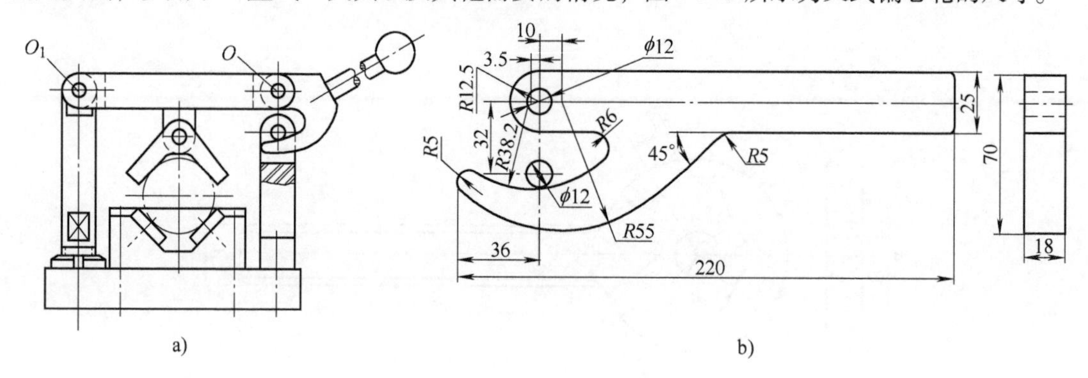

图3-54 特殊形状的圆偏心轮

叉式偏心轮夹紧的特点是，当偏心轮向下转动时，偏心表面与固定在夹具上的圆销表面产生楔夹紧作用，使偏心轮回转中心 O(对夹具是活动的)产生一定的位移，带动铰链压板绕 O_1 点向下转动，将工件夹紧。

为解决薄片类工件的夹紧，特别是其多件和多点的夹紧，可采用图3-55所示的偏心螺钉和六角形夹紧元件的组合。

偏心螺钉就是其杆部外圆 A 轴线与螺纹部分轴线相互偏移一个距离 e，而螺钉杆部外圆与六角形夹紧元件的孔配合。这样，当转动螺钉时，螺钉杆部外圆使夹紧元件的面靠上工件，直到将工件从侧面夹紧，夹紧力可达18kN。

偏心螺钉螺纹部分可通过机床T形槽，与安装在梯形槽宽槽处的内螺纹件啮合。这种结构简单，成本低，节省空间。夹紧元件的材料可用不锈钢；当不能损坏工件表面时，可采用黄铜。

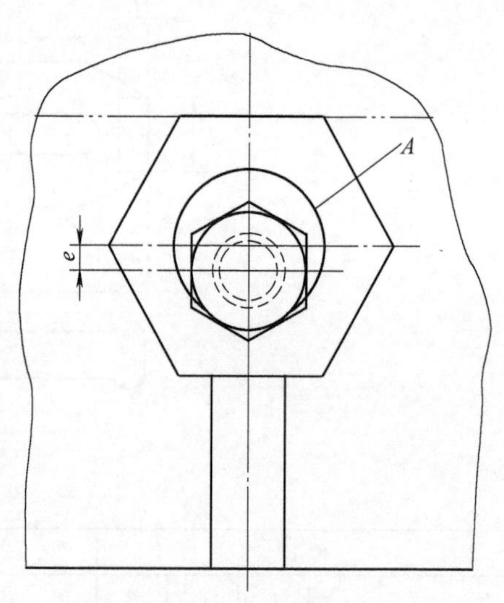

图3-55 偏心螺钉夹紧示意图

2. 圆偏心轮在夹具中的应用

在夹具中广泛采用圆偏心轮，图3-56所示为几种典型的圆偏心轮夹紧机构及其示意图。端面凸轮夹紧如图3-52所示。

3. 圆偏心轮夹紧机构的设计

设计圆偏心轮夹紧机构的步骤如下：

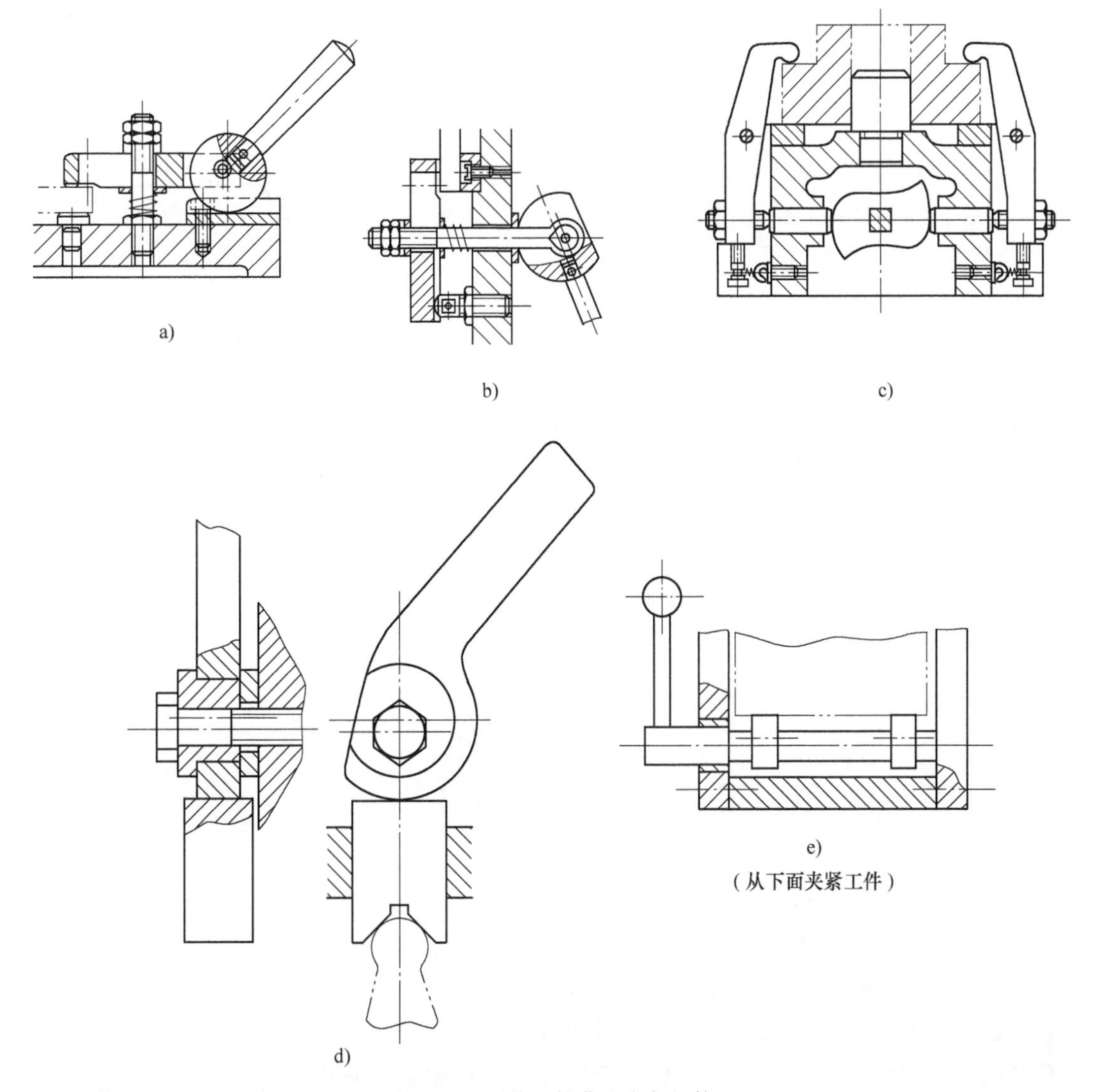

图 3-56　圆偏心轮典型夹紧机构

1）首先确定工件被夹紧面的尺寸公差 δ、夹紧传动方式和圆偏心轮需要产生的夹紧力 F。

2）确定圆偏心轮的工作行程 s。按圆偏心轮直接压在工件的表面上来分析夹紧行程，对其他情况应考虑具体情况，例如对图 3-56a，应考虑杠杆的传动比；对图 3-56d，应考虑滑块的行程与工件圆形部位的关系等。根据图 3-57 可得

$$s \geqslant \delta + \Delta \tag{3-46}$$

式中　δ——工件被夹紧表面的尺寸公差，单位为 mm；

Δ——工件与偏心轮之间的最小间隙，单位为 mm，一般 $\Delta = 1 \sim 3$mm。

考虑磨损、制造误差等因素，需有一定的保险行程，一般取 $\delta = (0.5 \sim 0.75) e$。

在图 3-57 中，圆偏心轮外圆上 A 点与最大尺寸的工件平面接触，B 点与最小尺寸的工件平面接触，夹紧段为 $\widehat{AB}$。由圆偏心轮外圆上 m 点到 A 点之间的夹角为空转角 β_{Δ}，在有

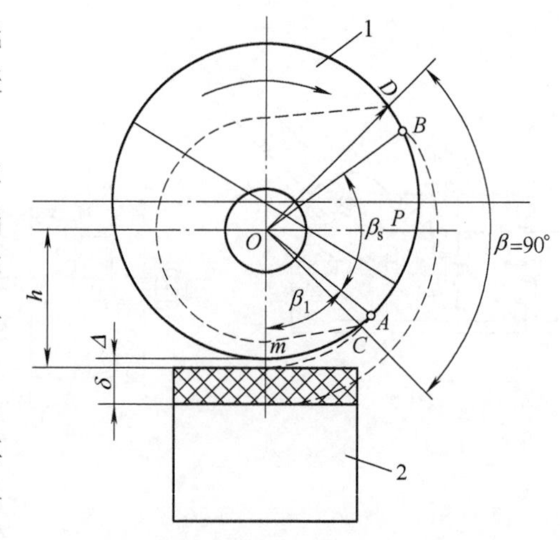

图 3-57 圆偏心轮直接压紧平面表面时相对工件的位置

1—偏心轮 2—工件

一定余量的基础上可将直径为 D 的圆削成虚线所示的形状，这样又可增大圆偏心轮与工件表面之间的间隙。

3）确定圆偏心轮的参数。在满足上述要求的条件下，选择圆偏心轮的结构参数（外径 D 偏心量 e，旋转部位的结构和尺寸，圆偏心轮的工作段和宽度等），可选用标准圆偏心轮，或根据具体情况设计专用圆偏心轮。

关于圆偏心轮工作段的选择前面已经介绍，在 P 点（图 3-57）夹紧力最小，在 P 点附近的点其升角和夹紧力的变化也较小，通常取 P 点上下各 30°~45°作为工作段，图中所示为取 P 点上下各 45°（C、D 两点回转半径的夹角为 $\beta=90°$）作为圆偏心轮整个工作段，$\widehat{AB}$ 为其夹紧段（夹角为 β_s）。

当圆偏心轮用于较重的切削场合或结构受到限制其宽度较小时，应按下式对圆偏心轮的宽度进行校核，使其表面的挤压应力在允许值内。

在圆偏心轮宽度 B 上所承受的最大挤压应力为[54]

$$\sigma_{max}=0.564\sqrt{\frac{F/BR}{\dfrac{1-\mu_1^{\ 2}}{E_1}+\dfrac{1-\mu_2^{\ 2}}{E_2}}}$$

式中 σ_{max}——圆偏心轮承受的最大挤压应力，单位为 MPa；

F——圆偏心轮的夹紧力，单位为 N；

B——圆偏心轮的宽度，单位为 mm；

R——圆偏心轮外圆的半径，单位为 mm；

μ_1 和 μ_2——分别为圆偏心轮和工件材料的泊松比；

E_1 和 E_2——分别为圆偏心轮和工件的弹性模量，单位为 N/mm^2。

若 $E_1=E_2=E$，$\mu_1=\mu_2=0.3$，则

$$\sigma_{max}=0.418\sqrt{\frac{FE}{RB}}$$

σ_{max}应小于允许的挤压应力$[\sigma_{bs}]$，当钢对钢接触时，$[\sigma_{bs}]=(1.5\sim2.5)[\sigma]$（$[\sigma]$为许用拉应力），可按 $\sigma_{max}<2[\sigma]$。

4）圆偏心轮的材料。与普通压板不同，要求保持其工作段尺寸的耐磨性，一般采用 20 钢或 20Cr 钢，热处理表面硬度为 55~60HRC 或 58~64HRC；对尺寸较小的圆偏心轮或轴采用 T7A 和 T8A 钢等。

4. 圆偏心轮设计计算示例（图 3-57）

已知工件为毛坯面，被夹紧表面尺寸公差为 $\delta=1.5$mm，所需夹紧力不小于 1500N。用圆偏心轮直接压在工件表面上，这时可选表 3-31 中 $D=70$mm，$e=3.5$mm 的圆偏心轮，取工作段 $\theta=60°\sim120°$；作用在手柄上的力 $Q=160$N，手柄力臂长度 $L=140$mm；取圆偏心轮与工

件的最小间隙$\Delta=2\text{mm}$。

$\delta=1.5<0.5e=1.75\text{mm}$，符合要求。

由表3-31可得圆偏心轮在工作段内的工作行程为：$\theta=60°$，相对$\theta=0°$的位置，行程$s_C=1.75\text{mm}$；$\theta=120°$，$s_D=5.25\text{mm}$，所以夹紧行程为(θ见图3-46，s见图3-47)。

$$s_{CD}=s_D-s_C=5.25\text{mm}-1.75\text{mm}=3.5\text{mm}>\delta=1.5\text{mm}$$

$$s_D=5.25\text{mm}>\delta+\Delta=1.5\text{mm}+2.5\text{mm}=4.0\text{mm}$$

圆偏心轮回转中心至工件尺寸为最大时与表面的距离为

$$h=R-e+\Delta=35\text{mm}-3.5\text{mm}+2.5\text{mm}=34\text{mm}$$

一般在夹具结构上大多考虑尺寸h可调。

下面计算所设计圆偏心轮的夹紧力。

圆偏心轮与工件毛坯面的摩擦系数$\tan\varphi_1=0.19(\varphi_1=11°)$，圆偏心轮与夹具件的摩擦系数$\tan\varphi=0.1(\varphi=5.72°)$。

①首先用第一种方法，即按式(3-37)计算。

圆偏心轮A点压上最大尺寸工件的表面时，回转中心O_1到工件表面的距离尺寸为(参见图3-47)

$$h_A=h=R-e\cos\theta_A，即\ 34=35-3.5\cos\theta_A$$

所以
$$\cos\theta_A=0.285714，\theta_A=73.4°$$

这时 $\tan\alpha=\dfrac{2e\sin\theta_A}{D-2e\cos\theta_A}=\dfrac{2\times3.5\sin73.4°}{70-2\times3.5\cos73.4°}=0.098651，\alpha=5.6°$

由式(3-38)得　$R_x=\dfrac{R-e\cos\theta_A}{\cos\alpha}=\dfrac{35-3.5\times\cos73.4°}{\cos5.6°}\text{mm}=34\text{mm}$

由式(3-37)得A点夹紧力为

$$F=Q\frac{L}{R_x[\tan(\alpha+\varphi)+\tan\varphi_1]}=160\times\frac{140}{34\times[\tan(5.6°+5.72°)+\tan11°]}\text{N}$$
$$=1670\text{N}$$

同样可求出偏心轮B点压上最小尺寸工件的夹紧力，可得$\theta_B=98.2°$，$R_x=34.5\text{mm}$，$\alpha=5.57°$，$F=1636\text{N}$。

②按式(3-39)计算所设计圆偏心轮在A点和B点夹紧时的夹紧力，这时按$\sin\varphi_e\approx\tan\varphi_e=\dfrac{d}{2R_x}\sin\varphi$计算假想斜楔的斜面与圆偏心轮当量滚动摩擦系数(图3-48)。本例对A点可得$\varphi_e=1.35°$，$R_x=34\text{mm}$，$\alpha=5.6°$，$F=2112\text{N}$；对B点可得$\varphi_e=1.35°$，$R_x=34.5\text{mm}$，$\alpha=5.57°$，$F=2085\text{N}$。

③按式(3-40)计算。对A点，$F=2110\text{N}$；对B点，$F=2035\text{N}$。

由上述可知，第二种和第三种计算方法的计算结果基本相同，最大差值(2085N与2035N)在2.5%内；而第一种方法的计算值比另两种方法的计算值小15%~20%。

3.3.5　圆偏心轮夹紧的抗振及其结构

圆偏心轮夹紧的优点是夹紧速度快和结构简单，但其抗振性差，一般只用于振动不大的加工中。例如车削和钻削等，但对铣削和磨削加工，在加工过程中，圆偏心轮夹紧的自锁条件会受到破坏。

在有振动加工情况下，满足圆偏心轮夹紧自锁的条件是[55]

$$f_c = f\ [1-A^{2V+1}]$$

式中 f_c——圆偏心轮工作面与其接触面在振动条件下的有效摩擦系数；

f——圆偏心轮工作面与其接触面的静态摩擦系数；

$$A = \frac{\omega_\tau}{\omega_{\tau 0}}$$

ω_τ——加工时切向振动的频率；

$\omega_{\tau 0}$——圆偏心轮工作面与其接触面接触处在切向平面上的固有频率；

V——工件或垫板表面形状参数 $V=(2t_m \dfrac{Rp}{Ra}-1)$；

t_m——工件或垫板表面轮廓按中线相对支承长度；

Ra——工件或垫板表面轮廓算术平均偏差；

Rp——工件或垫板在支承长度内表面轮廓最大的峰高。

抗振圆偏心轮夹紧自锁条件为

$$\frac{2e}{D} \leqslant f|1-A^{2V+1}|$$

即

$$\frac{D}{e} \geqslant \frac{2}{f|1-A^{2V+1}|}$$

下面列出当 $f=0.12$、$V=2$ 时，D/e 的值

A	0.2	0.4	0.6	0.8	0.9	0.95	1.05	1.1	1.2
D/e	16.67	16.8	18.07	24.79	40.7	73.67	60	27.3	11.2

采用抗振圆偏心轮需要确定 A、V 和 f 值，D/e 值过大有时在结构上不允许，所以为提高圆偏心轮在铣削和磨削时夹紧的稳定性，在结构中增加了锁紧机构。锁紧机构既可用于同时具有圆偏心轮自锁和附加锁紧的场合，又可用于放宽或放弃对圆偏心轮自锁的要求，只用锁紧机构锁紧，这样可使圆偏心轮的工作范围增大。但增加锁紧机构使圆偏心轮夹紧结构的复杂性增大，因此锁紧机构应简单可靠，下面介绍几种结构，供参考。

图 3-58 所示为两种锁紧圆偏心轮的结构[25]。

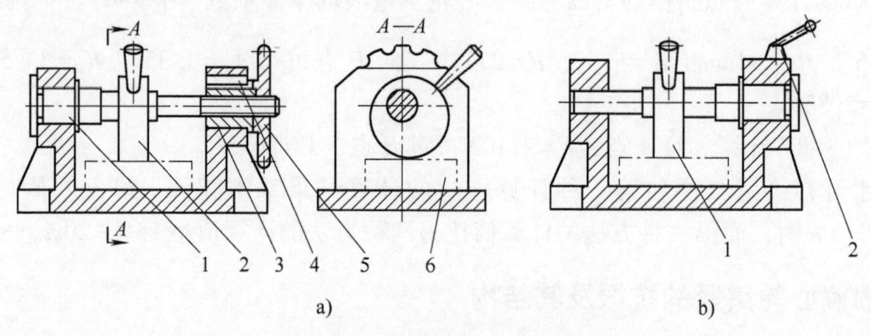

图 3-58 锁紧圆偏心轮的结构

a）1—弹簧挡圈 2—圆偏心轮 3—螺母 4—键 5—手轮 6—工件

b）1—圆偏心轮 2—手柄

图 3-58a 所示为轴向锁紧机构，当圆偏心轮夹紧工件后，因螺母 3 的键槽上有键 4，不能转动，转动手轮 5 后，手轮与螺母 3 和螺杆一起锁住圆偏心轮。为消除键 4 与键槽之间的间隙对自锁的影响，手轮转动方向与圆偏心轮夹紧方向应相反。

图 3-58b 所示为径向锁紧机构，当圆偏心轮夹紧工件后，用手柄 2 通过螺栓和上下两夹紧套从切线方向夹住圆偏心轮支承轴(图中具体结构未示出)，将圆偏心轮锁住。

图 3-59 所示为另外两种锁紧圆偏心轮的机构[55]。

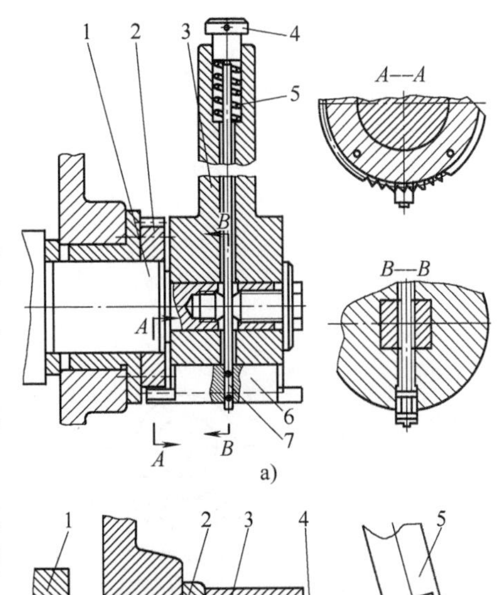

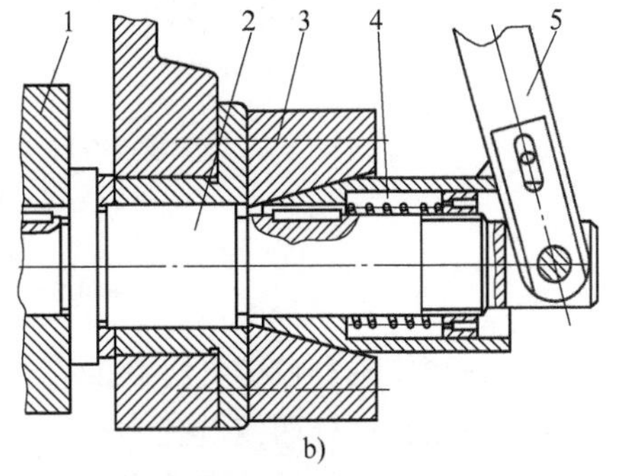

图 3-59　锁紧圆偏心轮的机构

a）1—圆偏心轮支承轴　2—棘轮　3—手柄　4—按钉　5—弹簧　6—定位块　7—杆

b）1—圆偏心轮　2—支承轴　3—锥套　4—锥销　5—手柄

图 3-59a 所示为棘轮锁紧机构，在圆偏心轮支承轴 1 上有棘轮 2，用弹簧制动器将棘轮固定在圆偏心轮夹紧的位置。弹簧制动器由手柄 3、按钉 4、弹簧 5、定位块 6 和杆 7 组成。根据夹具所需的夹紧力，棘轮 2 的齿形可用切削或挤压方法加工。

一次操作(转动圆偏心轮)即可夹紧工件，这时棘轮与圆偏心轮同时转动；而松开工件需要二次操作，先按下按钉使杆 7 转 90°，使定位块 6 与棘轮脱离接触，再转动圆偏心轮松开工件。这种结构适合用于升角较小的圆偏心轮和阿基米德螺旋线曲面凸轮。

图 3-59b 所示为用锥套 3 和锥销 4 在弹簧力的作用下锁紧圆偏心轮。为松开工件，先顺时针转动手柄 5，使锥销 4 向右移动，即可转动圆偏心轮；为夹紧工件，则先转动圆偏心轮，再转动手柄 5 锁紧。

3.4　铰链杠杆夹紧机构

3.4.1　铰链杠杆的原理和计算

铰链杠杆夹紧是通过铰链连接元件，改变杠杆角度位置以传递力和得到夹紧位移行程。

1. 单铰链杠杆夹紧(图 3-60a)

单铰链杠杆是指力源只带动一个杠杆 1，而杠杆 1 又通过铰链压板 2(或其他夹紧元件)夹紧工件。图 3-60a 所示为带滚轮的单铰链杠杆示意图。

力源的力从杠杆 1 的 A 点传到铰链轴中心 B 点(图 3-60a)，由于铰链轴的摩擦损失，使力的传递方向与$\overline{AB}$偏斜了 β 角(铰链轴处的摩擦力矩与杠杆 1 的摆动方向相反,合力 R 的方向与两铰链摩擦圆相切)，β 角的计算如图 3-60b 所示。由图 3-60 可得

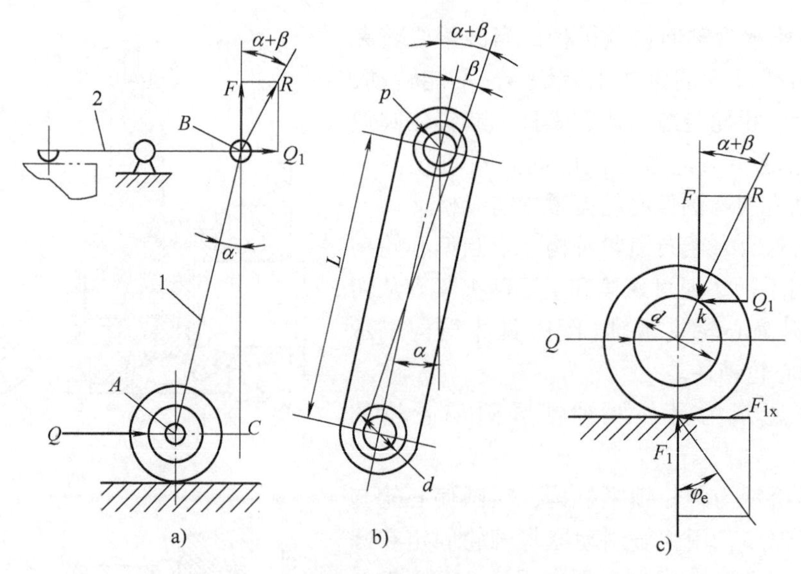

图 3-60　单铰链杠杆夹紧机构示意图

1—杠杆　2—铰链压板

$$\sin\beta=\frac{2\rho}{L}=\frac{2rf}{L}=\frac{d}{L}f=\frac{d}{L}\tan\varphi \tag{3-47}$$

式中　d——滚轮轴和铰链杠杆孔的直径，单位为 mm；

L——铰链杠杆两铰链孔中心距离，单位为 mm；

$\rho=rf$——铰链孔与轴的摩擦半径，单位为 mm；

f——铰链孔与轴的滑动摩擦系数(摩擦角为 φ)；

r——铰链孔的半径，单位为 mm。

β 角一般不大，例如当 $f=0.1$、$\frac{d}{L}=0.2$ 时，$\beta=1°10'$。

夹紧时作用在支承滚轮上的力有(图 3-60c)：力源的推力 Q，支承对滚轮的反作用力为 F_1 和其摩擦力为 F_{1x}；在 K 点有铰链中心 B 力 R 的反作用力，其垂直和水平分力为 F 和 Q_1。由图得

$$F=F_1$$

$$Q_1=F\tan(\alpha+\beta)$$

$$F_{1x}=F_1\tan\varphi_e=F\tan\varphi_e$$

$$Q=Q_1+F_x=F\tan(\alpha+\beta)+F\tan\varphi_e$$

所以单铰链杠杆输出的夹紧力为

$$F=\frac{Q}{\tan(\alpha+\beta)+\tan\varphi_e} \tag{3-48}$$

式中　F——单铰链杠杆的夹紧力，单位为 N；

Q——力源作用在支承滚轮上的力，单位为 N；

α——夹紧时杠杆的斜角，单位为(°)；

β——杠杆铰链孔表面与轴表面的摩擦角，单位为(°)；

φ_e——滚轮外圆与支承面的当量滚动摩擦角，单位为(°)。

由前面介绍可知

$$\sin\varphi_e\approx\tan\varphi_e=\frac{d}{D}\tan\varphi=\frac{d}{D}f \tag{3-49}$$

式中　D——滚轮外圆直径，单位为 mm；

d、f——见式(3-47)说明。

铰链杠杆的夹紧行程有一定的储备量，即当杠杆从夹紧位置(图 3-60a)移动到垂直位置时($\alpha=0°$)，力 Q 的作用点 A 移动的距离为

$$S_Q=AC=L\sin\beta$$

而力 F 的作用点 B 向上移动的距离(图中未示出)为

$$S_F=L-BC=L-L\cos\alpha=L(1-\cos\alpha)$$

带滚轮单铰链杠杆的传动效率为

$$\eta=\frac{\tan\alpha}{\tan(\alpha+\beta)+\tan\varphi_e}$$

若 $L=100$mm，$\alpha=5°$，$S_F=0.5$mm；若 $\alpha=10°$，$S_F=1.5$mm，说明行程备量与选择 α 角的大小有关。

带滑块单铰链杠杆的结构与带滚轮单铰链杠杆的结构相同，只是用滑块代替图 3-60a 中的滚轮，其输出夹紧力和传动效率分别为

$$F=\frac{Q}{\tan(\alpha+\beta)+\tan\varphi}$$

$$\eta=\frac{\tan\alpha}{\tan(\alpha+\beta)+\tan\varphi}$$

式中　$\tan\varphi$——滑块与支承的摩擦系数；

α——夹紧时杠杆的斜角，单位为(°)；

β——杠杆铰链孔表面与轴表面的摩擦角，单位为(°)。

2. 双铰链杠杆夹紧

双铰链杠杆夹紧是指一个力源带动两个杠杆，如图 3-61 所示，其夹紧形式分为单作用

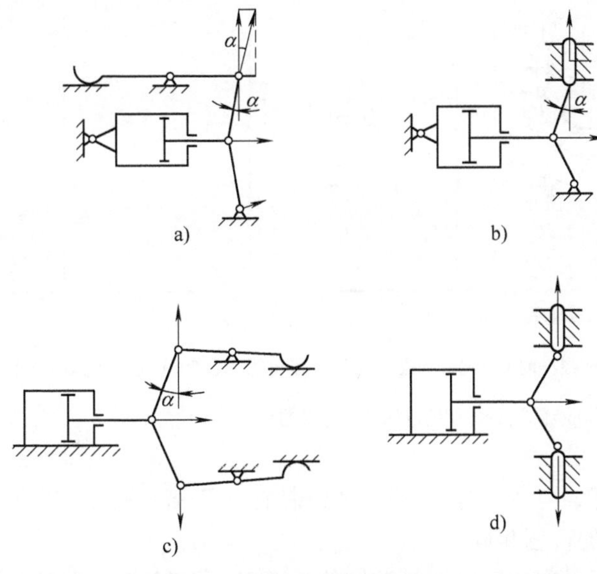

图 3-61　双铰链杠杆夹紧示意图

式(只用一个杠杆夹紧)和双作用式(用两个杠杆夹紧)，每种形式又分为有滑柱的和无滑柱的。双铰链杠杆夹紧的计算见表3-40，几种铰链的传动比和K值见表3-41。

表3-40 双铰链杠杆简图及相关计算

夹紧形式		夹紧力F的计算式	杠杆A点的行程	传动效率η计算式
双杠杆单作用	无滑柱	$F=\dfrac{Q}{2\tan(\alpha+\beta)}$	$S_F=2L(1-\cos\alpha)$	$\eta=\dfrac{\tan\alpha}{\tan(\alpha+\beta)}$
	有滑柱	$F=\dfrac{Q}{2}\left[\dfrac{1}{\tan(\alpha+\beta)}-\tan\varphi_{2e}\right]$		$\eta=\dfrac{\tan\alpha\left[1-\tan(\alpha+\beta)\tan\varphi_{2e}\right]}{\tan(\alpha+\beta)}$
双杠杆双作用	无滑柱	$F=\dfrac{Q}{2\tan(\alpha+\beta)}$	$S_F=L(1-\cos\alpha)$	$\eta=\dfrac{\tan\alpha}{\tan(\alpha+\beta)}$
	有滑柱	$F=Q\left[\dfrac{1}{\tan(\alpha+\beta)}-\tan\varphi_{2e}\right]$ $F_1=\dfrac{F}{2}$		$\eta=\dfrac{\tan\alpha\left[1-\tan(\alpha+\beta)\tan\varphi_{2e}\right]}{\tan(\alpha+\beta)}$

注：1. F、Q、α和β的含义见式(3-48)。

2. φ_{2e}—单作用双铰链杠杆的滑柱与导向孔的当量摩擦角[见式(3-20)]，$\tan\varphi_{2e}=\dfrac{2l}{a}\tan\varphi_2$；$L$—杠杆两铰接点之间的距离，单位为mm；$l$—铰接点到滑柱导向中点的距离，单位为mm；$a$—滑柱的导向长度，单位为mm。

单作用双铰链杠杆A点的行程S_F是单铰链杠杆的2倍；而双作用双铰链杠杆两A点的行程S_F与单铰链杠杆的行程相同。

单作用双铰链杠杆采用的动力缸是铰接的，而双作用双铰链杠杆则采用固定式气缸。

表 3-41　几种铰链杠杆力传动比和 $K=(1-\cos\alpha)$ 值

夹紧形式	夹紧时杠杆的斜角 α											
	2°	5°	8°	10°	12°	15°	20°	25°	30°	35°	40°	45°
	$i=\dfrac{F}{Q}$											
单铰链杠杆 带滑块 带滚轮	6.45 9.5	4.80 6.33	3.83 4.73	3.36 4.05	3.00 3.52	2.56 2.94	2.05 2.28	1.69 1.84	1.42 1.53	1.20 1.28	1.02 1.08	0.87 0.92
双杠杆单作用 (见表 3-40) 无滑柱 有滑柱	9.03 8.93	4.63 4.52	3.10 3.00	2.53 2.42	2.14 2.03	1.72 1.62	1.29 1.18	1.01 0.91	0.82 0.72	0.68 0.58	0.52 0.46	0.48 0.38
双杠杆双作用 (见表 3-40) 无滑柱 有滑柱	18.07 17.86	9.26 9.05	6.20 6.00	5.06 4.85	4.28 4.07	3.45 3.24	2.58 2.37	2.03 1.82	1.65 1.44	1.37 1.16	1.14 0.93	0.96 0.76
$K=(1-\cos\alpha)$	0.0006	0.0038	0.0097	0.0152	0.0219	0.0341	0.0603	0.0937	0.134	0.181	0.234	0.293

由表 3-41 可知，有滑柱和无滑柱时的 i 值很接近，所以图 3-61b 也适用于无滑柱的单作用双杠杆。

3.4.2　铰链杠杆夹紧机构的设计、应用和计算示例

1. 铰链杠杆夹紧结构的设计

设计时首先确定杠杆两铰接孔的中心距离 L；通常取夹紧工件后的斜角 $\alpha_c=5°\sim10°$，α_c 为夹紧储备角；按工件被夹紧表面的最小尺寸(图 3-61 的情况)确定开始夹紧时杠杆所处位置的斜角 α_j，则当工件被夹紧表面尺寸较大时，斜角 $\alpha_c<\alpha<\alpha_j$，这样铰链杠杆就能正常工作(表 3-42 图)。

铰链杠杆在原位时的斜角 α_0 的大小，可按空行程 S_1 确定，也可与选择动力缸适当的行程综合考虑。动力缸的行程为

$$S_0=L(\sin\alpha_0-\sin\alpha_c)$$

铰链杠杆结构有关参数的计算见表 3-42。

表 3-42　铰链杠杆结构有关参数的计算

夹紧形式	简图	计算公式	备注
单杠杆铰链机构		$\alpha_j=\arccos\dfrac{L\cos\alpha_c-(S_2+S_3)}{L}$ $\alpha_0=\arccos\dfrac{L\cos\alpha_j-S_1}{L}$ $S_c=L(1-\cos\alpha)$	适用于带滑块单杠杆铰链机构

（续）

夹紧形式	简图	计算公式	备注
双杠杆单作用铰链杠杆机构		$\alpha_j=\arccos\dfrac{2L\cos\alpha_c-(S_2+S_3)}{2L}$ $\alpha_0=\arccos\dfrac{2L\cos\alpha_j-S_1}{2L}$ $S_c=2L(1-\cos\alpha)$	适用于带滑柱双杠杆铰链机构
双杠杆双作用铰链杠杆机构	$F_1=\dfrac{F}{2}$	$\alpha_j=\arccos\dfrac{L\cos\alpha_c-(S_2+S_3)}{L}$ $\alpha_0=\arccos\dfrac{L\cos\alpha_j-S_1}{L}$ $S_c=L(1-\cos\alpha)$	

注：α_c—夹紧储备角，单位为(°)；α_j—开始夹紧时的斜角，单位为(°)；α_0—杠杆未工作前的原始位置，单位为(°)；S_1—杠杆夹紧端空行程，单位为 mm；S_2—工件被夹紧面的尺寸公差，单位为 mm；S_3—系统的变形量，单位为 mm[一般取$(5\sim15)\times10^{-2}$mm]；S_c—夹紧端储备行程，单位为 mm。

铰链杠杆的材料采用 45 钢，热处理 35～40HRC。在铰链杠杆夹紧机构中常用的铰链支座见表 3-43。

表 3-43 铰链杠杆夹紧机构用铰链支座尺寸 （单位：mm）

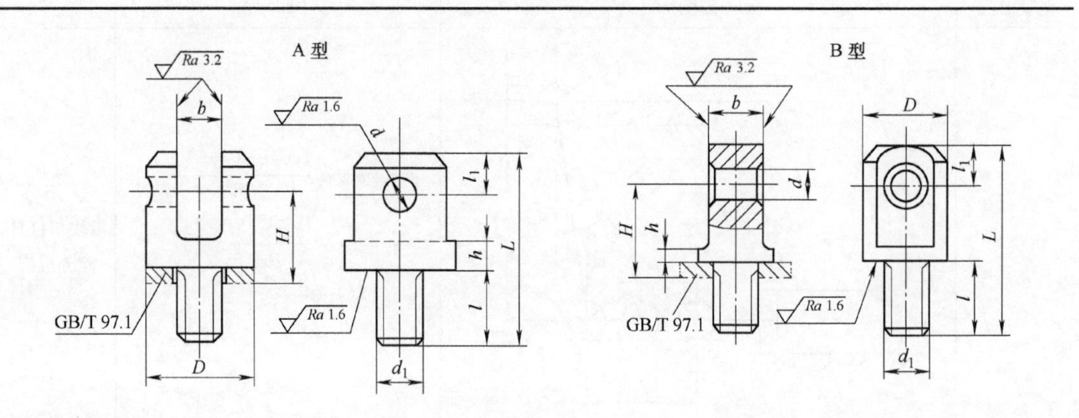

（续）

A 型				B 型				公用尺寸				
b(H11)	D	d(H7)	h	b(d11)	D	d	h	d_1	L	l_1	l	$H\approx$
6	14	4	3	6	10	4.1	2	M5	25	5	10	11
8	18	5	4	8	12	5.2	2	M6	30	6	12	13.5
10	20	6	5	10	14	6.2	3	M8	35	7	14	15.5
12	25	8	6	12	18	8.2	3	M10	42	9	16	19
14	30	10	7	14	20	10.2	4	M12	50	10	20	22
18	38	12	9	18	28	12.2	5	M16	65	14	25	29
22	48	16	10	22	34	16.2	5	M20	80	17	33	33
26	55	20	12	26	42	20.2	7	M24	95	21	38	40

注：1. 尺寸按 JB/T 8035—1999。
2. 材料为 45 钢，热处理硬度为 35~40HRC。

2. 铰链杠杆夹紧机构的应用

铰链杠杆夹紧机构多用于较大工件和需要夹紧力较大的夹具，并多采用气压缸作为力源。

图 3-62 所示为采用带滚轮单铰链杠杆夹紧机构的夹具。

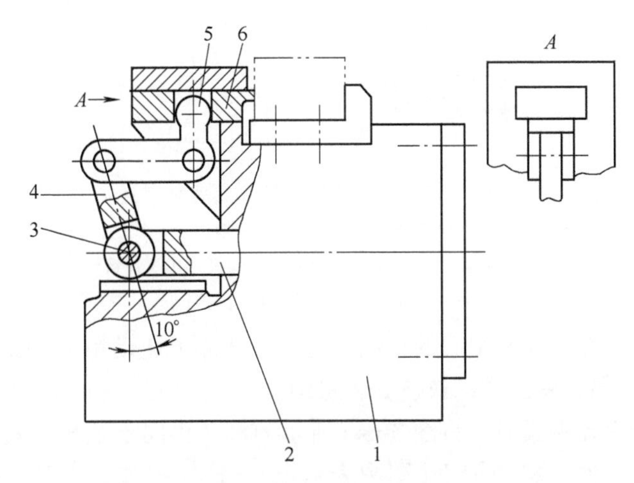

图 3-62　带滚轮单铰链杠杆夹具

1—本体　2—活塞杆　3—轴　4、5—杠杆　6—滑块

图 3-63 所示为采用带滑柱双铰链杠杆双面夹紧的夹具。因为工件已按定位盘 6 精确定位，所以铰链压板 5 的孔与轴 8 之间应有一定的间隙，并可用螺柱 4 调节。由 A 向视图虚线可知，铰链压板孔两端为喇叭口形，使其压紧外圆两点具有浮动性。

滑柱通过螺柱 4 与铰链压板的连接也应有浮动性，其结构见 B 处放大图，在螺柱 4 左端拧入螺钉 9，其右面有成对球面垫圈 12，左面有弹簧 10 和平垫圈 11。

图 3-64 所示为翻转式和水平式铰链杠杆夹紧机构，具有一定的通用性，可用于机加工、焊接和装配等。

如图 3-64a 所示，夹紧销 1 用于铰链压板 6 和杆 8，施力销 2 是用于连接杆 7 和 8 与活塞杆的铰链连接。在活塞杆 9 的作用下，杆 7 从松开位置(图 3-64b)转到垂直夹紧位置(图 3-64a)，当销 1、2 和 3 的中心在一条直线上时夹紧力最大，但位置处于不稳定状态。应使

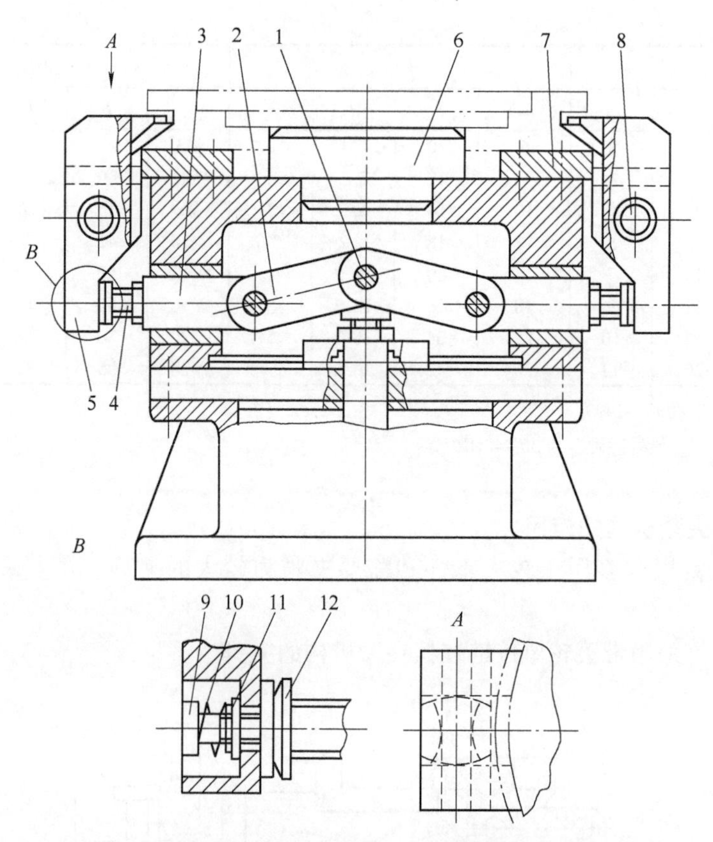

图 3-63 带滑柱双铰链杠杆双面夹紧夹具

1—叉形铰链 2—杠杆 3—滑柱 4—螺柱 5—铰链压板

6—定位盘 7—支架 8—轴 9—螺钉 10—弹簧

11—平垫圈 12—成对球面垫圈

销 2 中心稍微偏过销 1 与销 3 两中心的连线，这时杆 7 靠上止动销 5，以防止夹紧松动。图 3-64e 所示为从水平方向夹紧工件的铰链夹紧机构。

翻转式铰链杠杆手动夹紧时，将图 3-64a 所示的杆 7 再向上加长，其形状如图 3-64c 所示，并在手柄上装上其他材料的把手(图中未示出)，便于操作。有时为防止过压(列如装配、焊接等)也可用弹簧力夹紧，如图 3-64d 所示。

图 3-65 所示为另一种双杠杆单作用的翻转式铰链杠杆夹紧机构，图示为夹紧位置。当活塞杆 1 向下移动时，通过铰链杠杆使压板 2 翻转，取下工件。该机构的活塞杆 1 与杆的铰接中心 B 在固定销中心 A 与固定销中心 C 中间，又有止动销 3，所以具有较好的防松作用。

3. 铰链杠杆夹紧机构计算示例

图 3-66 所示为手动带滑柱单作用双铰链杠杆夹紧机构，已知作用在手柄上的力 $Q_h=150\text{N}$，$l_1=60\text{mm}$，$l_2=100\text{mm}$，铰链轴直径 $d=5\text{mm}$，铰链轴与杠杆孔的摩擦系数 $f=0.2$，夹紧时杠杆斜角 $\alpha=10°$，$\dfrac{l}{a}=0.7$，计算夹紧机构对工件的夹紧力。

作用在杆上的力(图 3-66b)有外力 Q_h 和铰链轴对杆的反作用力 Q_1，而 $Q_1=Q$(铰链杠杆作用在直径为 d 的铰链轴上的力)，铰链孔上的摩擦阻力 Q_1f，由对 O 点力矩平衡条件得

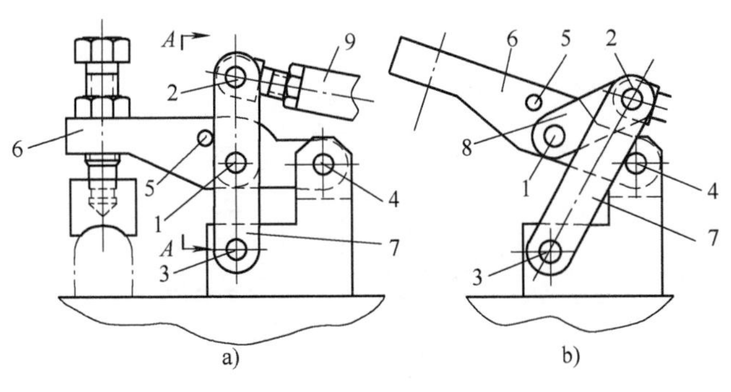

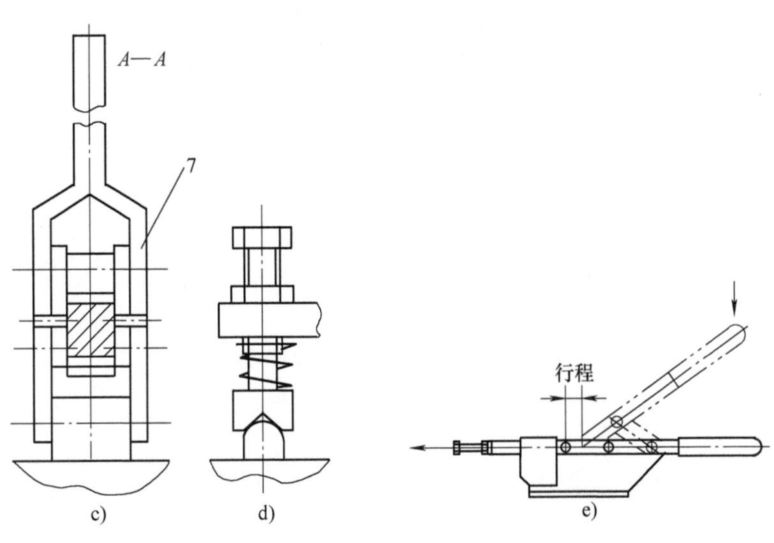

图 3-64　翻转式和水平式铰链夹紧机构

1—夹紧销　2—施力销　3、4—位置固定销　5—止动销

6—铰链压板　7、8—杆（2 件）　9—活塞杆

$$Q_h(l_1+l_2)=Ql_1+Qfl_1\tan\alpha=Ql_1(1+f\tan\alpha)$$

$$=Ql_1(1+0.2\times\tan10°)=1.035Ql_1$$

所以
$$Q=\frac{Q_h(l_1+l_2)}{1.035l_1}=\frac{150\times(60+100)}{1.035\times60}\text{N}=386\text{N}$$

由式（3-47）得铰链杠杆孔与铰链轴之间的摩擦角 β 和滑柱与孔的当量摩擦系数 $\tan\varphi_{2e}$ 为

$$\beta=\arcsin\frac{d}{l_3}f=\arcsin\frac{5}{\frac{60}{\cos10°}}\times0.2=0.016413,\ \beta=0.94°$$

$$\tan\varphi_{2e}=\frac{2l}{a}\tan\varphi=2\times0.7\times0.2=0.28$$

按表 3-40 所示相关公式，计算夹紧机构对工件产生的夹紧力。

$$F=\frac{Q}{2}\left[\frac{1}{\tan(\alpha+\beta)}-\tan\varphi_{2e}\right]=\frac{386}{2}\left[\frac{1}{\tan(10°+0.94°)}-0.28\right]\text{N}=945\text{N}$$

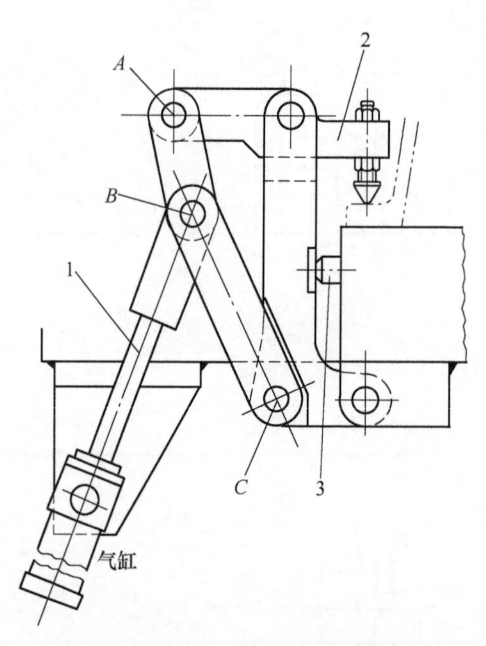

图 3-65 翻转式铰链杠杆夹紧机构简图
1—活塞杆 2—压板 3—止动销

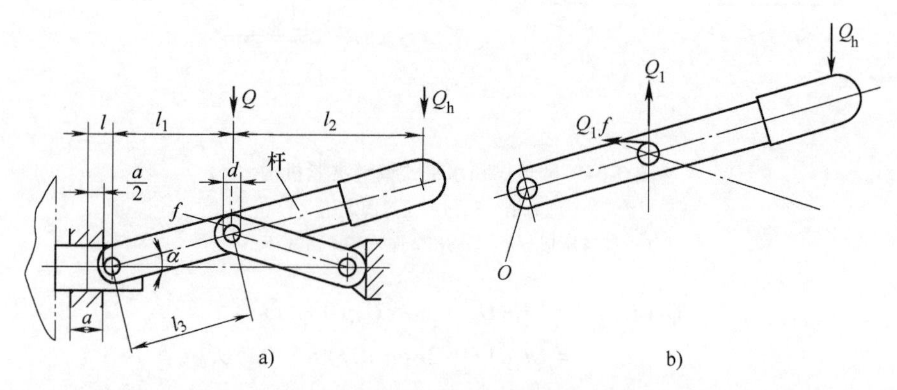

图 3-66 手动双铰链杠杆夹紧机构计算

3.5 弹簧夹紧机构

在机床夹具中，利用弹簧(主要是圆柱螺旋压缩弹簧和碟形弹簧)夹紧工件获得了一定的应用，本节主要介绍其应用和弹簧的设计和选择。

3.5.1 弹簧夹紧机构的应用

图 3-67a 所示为用弹簧夹紧工件的示意图，当铰链盖板 1 靠在本体 3 的侧壁上，并用铰链卡锁锁住(或采用可快速装卸的铰链螺钉压紧盖板)时，装在盖板 1 中的弹簧夹紧装置 4 (图 3-67b) 中的弹簧通过压紧套 5(其数量根据需要确定)将工件夹紧。

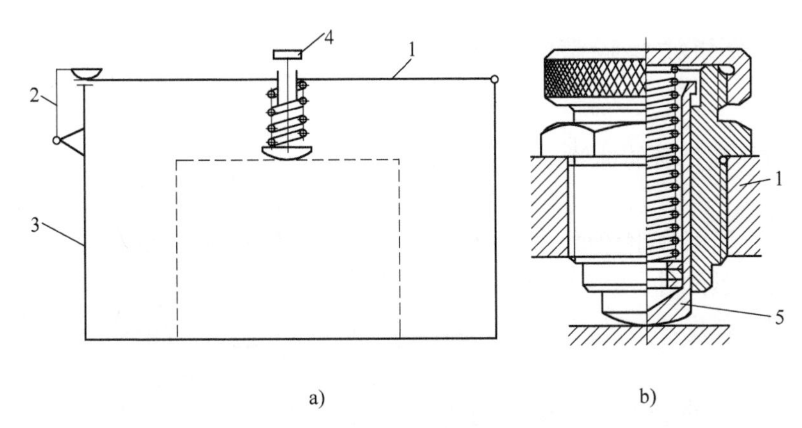

图 3-67　壳体件用弹簧夹紧示意图

1—铰链盖板　2—卡锁　3—本体　4—弹簧夹紧装置　5—压紧套

图 3-68 所示为用弹簧 2 通过轴 3 和快换垫圈将工件 4 夹紧的夹具，推杆 1 推动轴 3，使轴 3 向右移动一个较小的距离，取下快换垫圈，即可取下工件。弹簧 2 具有较大的夹紧力，为推动推杆 1 采用螺钉或气动装置。

图 3-69 所示为连续铣削螺母槽用弹簧夹紧的夹具，当螺母在回转盘 1 上接近加工区时，弹簧 3 的力使压板 2 同时压紧两个螺母，在压板 2 上有槽，以通过铣刀 4。

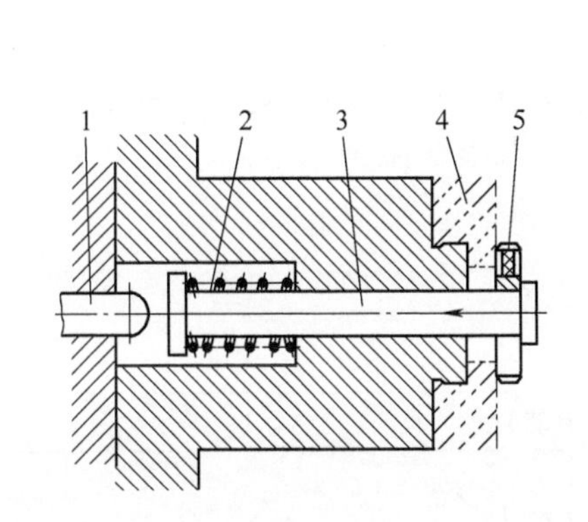

图 3-68　车床和钻床用弹簧夹紧的夹具简图

1—推杆　2—弹簧　3—轴　4—工件　5—开口垫圈

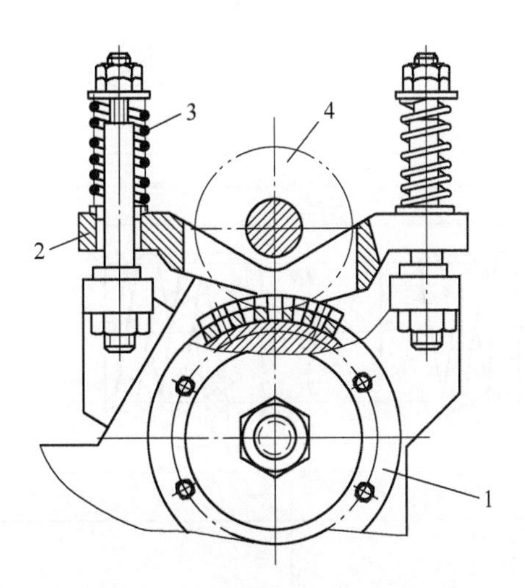

图 3-69　铣削螺母槽弹簧夹紧夹具

1—回转盘　2—压板　3—弹簧　4—铣刀

图 3-70 所示为碟形弹簧夹紧装置，图示为夹紧位置，工件与 A 面有间隙（A 面用于工件的限位）。在轴套 2 上有螺旋槽，与在本体 1 上的销 4 滑动配合，转动手柄 7 使轴套向右并带动轴 3 压缩碟形弹簧组合 5，松开工件。

螺旋槽有两段：一段在图示左边，其螺旋角约为 15°；另一段为在轴套 2 端面达到 B 面之前有$\frac{1}{4}$转的螺旋槽，其螺旋角约为 5°，以保证夹紧工件时自锁。螺塞 6 可调整弹簧力，垫圈 9 可调整装置的轴向相关位置。组合碟簧由若干碟簧组（每组有 2 个碟簧叠加）异向交替叠合组成。

3.5.2 弹簧夹紧机构中弹簧的设计和计算示例

1. 圆柱螺旋压缩弹簧的性能、设计计算和实例

在夹具中主要用圆柱钢丝做成的圆柱螺旋压缩弹簧作为夹紧元件，其载荷与变形量呈线性关系，刚度稳定，这种弹簧主要承受扭转变形。

表3-44列出圆柱螺旋压缩弹簧(以下可简称圆柱压簧)的计算项目和计算公式，通过该表可了解圆柱压簧的基本计算。在夹具设计中可利用有关图表(例如表3-45等)选择弹簧的性能参数，不一定都要经过计算。

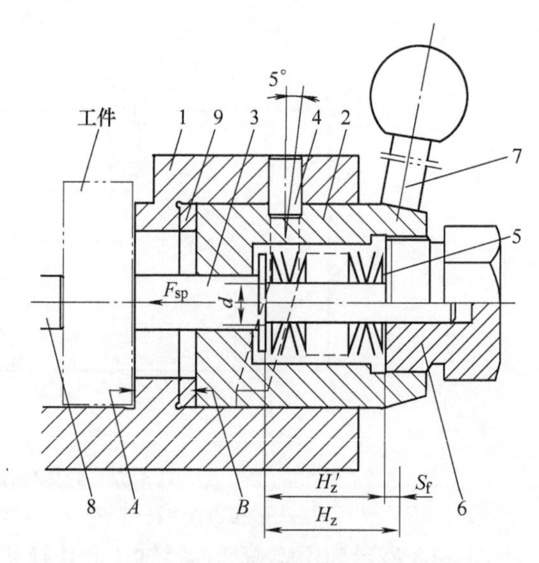

图3-70 碟形弹簧夹紧装置

1—本体 2—轴套 3—轴 4—销 5—碟形弹簧组合 6—螺塞 7—手柄 8—工件定位支承 9—垫圈

表3-44 圆柱螺旋压缩弹簧计算表

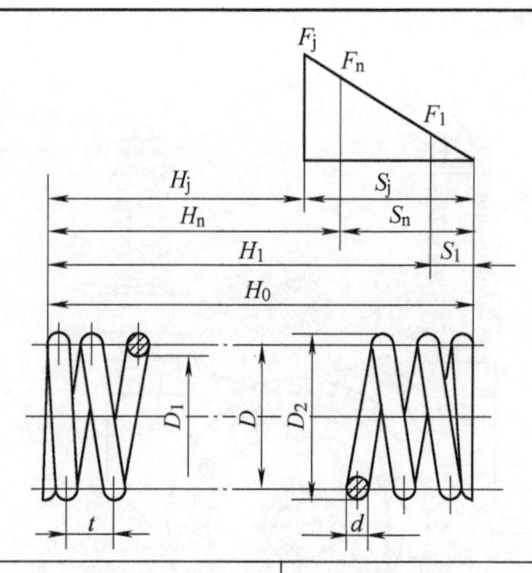

F_1、F_n 和 F_j——弹簧最小工作载荷、最大工作载荷和极限载荷，单位为N；一般，$F_n \leqslant 0.8F_j$，$F_1 \geqslant 0.2F_j$

S_1、S_n 和 S_j——弹簧在载荷为 F_1、F_n 和 F_j 时的压缩变形量，单位为mm。

项目	计算公式
弹簧钢丝直径 d/mm	$d \geqslant 1.6\sqrt{\dfrac{F_n KC}{\tau_p}}$ 式中 τ_p——许用切应力，单位为MPa $K=\dfrac{4C-1}{4C-4}+\dfrac{0.165}{C}$，$C=\dfrac{D}{d}$，可初选为5~8 若已知 D_2 或 D_1，也可先按下式近似计算，以后再进行强度校核 $d \approx K_1\sqrt[3]{F_n D_2}$ 或 $d \approx K_1\sqrt[3]{F_n D_1}+K_2$ 对碳素钢弹簧钢丝：$d<5$mm，$K_1 \approx 0.15$；$d=5\sim14$mm，$K_1 \approx 0.16$ 对淬火、回火弹簧钢丝：$d<5$mm，$K_1 \approx 0.17$；$d=5\sim14$mm，$K_1 \approx 0.18$ $K_2 \approx \dfrac{2(K_1\sqrt[3]{FD_1})^2}{3D_1}$

（续）

项目	计算公式
有效圈数 n/圈	$$n=\frac{Gd^4S_n}{8F_nD^3}=\frac{GDS_n}{8F_nC^4}=\frac{P'_d}{P'}$$ 式中　G——弹簧钢丝材料的切变模量，$G=79000\text{N/mm}^2$ P'_d——弹簧单圈的刚度，单位为 N/mm，见表 3-45
弹簧刚度 P'/(N/mm)	$$P'=\frac{Gd^4}{8D^3n}=\frac{GD}{8C^4n}=\frac{F_n-F_1}{S}$$ 式中　S——弹簧的工作行程，$S=S_n-S_1$
弹簧中径 D/mm	按表 3-45 选常用直径
弹簧内径 D_1/mm	$D_1=D-d$
弹簧外径 D_2/mm	$D_2=D+d$
总圈数 n_1/圈	在夹具中一般要求两端磨平，支承圈为 1 圈，$n_1=n+2$；支承圈为 $1\frac{1}{4}$圈，$n_1=n+2.5$
节距 t/mm	两端并紧磨平，$t=\frac{H_0-(1\sim2)d}{n}$
自由长度的间距 δ/mm	$\delta=t-d$
间距 δ_n(在载荷为 F_n 时两圈之间的距离)/mm	$\delta_n=t_n-d$ $\delta_n \geqslant \left[0.0015\left(\frac{D^2}{d}\right)+0.1d\right]$，如小于该值将导致弹簧特性变成剧烈的刚度渐增形
自由长度 H_0/mm	两端磨平，支承圈为 1 圈：$H_0=nt+1.5d$ 两端磨平，支承圈为 $1\frac{1}{4}$圈：$H_0=nt+2d$
最小工作载荷 F_1 时的长度 H_1/mm	$H_1=H_0-S_1$ 式中　$S_1=\frac{8nF_1D^3}{Gd^4}=\frac{8nF_1C^4}{GD}$或 $S_1=\frac{F_1}{P'}$
最大工作载荷为 F_n 时的长度 H_n/mm	$H_n=H_0-S_n$ 式中　$S_n=\frac{8nF_nD^3}{Gd^4}=\frac{8nF_nC^4}{GD}$或 $S_n=\frac{F_n}{P'}$
极限载荷为 F_j 时的长度 H_j/mm	$H_j=H_0-S_j$ 式中　$S_j=\frac{8nF_jD^3}{Gd^4}=\frac{8nF_jC^4}{GD}$或 $S_j=\frac{F_j}{P'}$
压并(圈碰圈)时的长度 H_b/mm	两端磨平，支承圈为 1 圈：$H_b=(n+1.5)d$ 两端磨平，支承圈为 $1\frac{1}{4}$圈：$H_b=(n+2)d$
弹簧展开长度 L/mm	$$L=\frac{\pi Dn_1}{\cos\alpha}$$ $\alpha=\arctan\frac{t}{\pi d}$，一般 $\alpha=5°\sim9°$

2. 圆柱螺旋压缩弹簧的验算

在夹具结构中利用圆柱压缩弹簧夹紧一般都有导柱或导套(长度足够大)当弹簧的$\frac{H_0}{D}$值较大时，对保持弹簧的稳定性有利，导柱或导套与弹簧之间的间隙值见表3-47。如果结构中没有导柱或导套，$\frac{H_0}{D}$值应符合下述要求：当弹簧两端固定时(两端有短导向,弹簧两端面始终平行,垂直于弹簧原始轴线)，$\frac{H_0}{D}>5.3$；当弹簧一端固定，另一端浮动时(一端有短导向,弹簧一端面始终垂直于原始轴线,另一端面相对原始轴线可能倾斜)，$\frac{H_0}{D}<3.7$；当两端浮动

表 3-45 夹具夹紧常用螺旋压缩弹簧主要性能参数

钢丝直径 d/mm	中径 D/mm	许用切应力 τ_p/MPa	极限载荷 F_j/N	极限载荷时单圈变形量 S_d/mm	单圈刚度 P'_d/N·mm^{-1}	心轴最大外径 D_{smax}/mm	套筒最小内径 d_{smin}/mm
2.0	10	855	204.88	1.297	158	7	13
	12		178.61	1.954	91.4	8	16
	14		158.20	1.923	57.6	10	18
	16		141.80	3.676	38.6	12	20
	18		128.40	4.740	27.1	14	22
	20		117.29	5.939	19.8	15	25
	22		107.96	7.275	14.9	17	27
	25		96.41	9.542	10.1	20	30
2.5	12	830	320.30	1.435	223.0	7.5	16.5
	14		285.78	2.033	141.0	9.5	18.5
	16		257.73	2.733	94.2	11.5	20.5
	18		234.58	3.547	66.1	13.5	22.5
	20		215.03	4.460	48.2	14.5	25.5
	22		198.54	5.480	36.2	16.5	27.5
	25		177.90	7.206	24.7	19.5	30.5
	28		161.26	9.175	17.6	22.5	33.5
	32		143.16	12.16	11.8	25.5	38.5
3.0	14	785	444.99	1.527	291.0	9	19
	16		403.88	2.068	195.0	11	21
	18		369.03	2.690	137.0	13	23
	20		339.76	3.398	100.0	14	26
	22		314.73	4.190	75.1	16	28
	25		283.08	5.531	51.2	19	31
	28		264.50	7.258	36.4	22	34
	32		229.16	9.392	24.4	25	39
	35		211.75	11.35	18.7	28	42
	38		196.77	13.50	14.6	31	45
3.5	18	785	564.41	2.221	254.0	12.5	23.5
	20		521.63	2.816	185.0	13.5	26.5
	22		484.52	3.481	139.0	15.5	28.5
	25		437.67	4.614	94.8	18.5	31.5
	28		398.65	5.960	67.5	21.5	34.5
	32		356.30	7.880	45.2	24.5	39.5
	35		329.78	9.546	34.6	27.5	42.5
	38		306.97	11.37	27.0	30.5	45.5
	40		293.40	12.67	23.2	32.5	47.5

（续）

钢丝直径 d/mm	中径 D/mm	许用切应力 τ_p/MPa	极限载荷 F_j/N	极限载荷时单圈变形量 S_d/mm	单圈刚度 P'_d/N·mm^{-1}	心轴最大外径 D_{smax}/mm	套筒最小内径 d_{smin}/mm
4.0	22	760	679.34	2.861	237	15	29
	25		615.63	3.804	162	18	32
	28		562.40	4.884	115	21	35
	32		504.14	6.535	77.1	24	40
	35		467.60	7.931	59.0	27	43
	40		417.0	10.56	39.5	32	48
	45		376.3	13.56	27.7	37	53
	50		342.9	16.96	20.2	42	58
4.5	25	760	933.3	3.293	259.0	17.5	32.5
	28		780.2	4.234	184	20.5	35.5
	32		702.9	5.688	124	23.5	40.5
	35		652.9	6.913	94.4	26.5	43.5
	40		584.1	9.235	63.3	41.5	48.5
	45		527.8	11.88	44.4	46.5	53.5
	50		481.3	14.86	32.4	51.5	58.5
	55		442.7	18.19	24.3	55.5	64.5
5.0	28	735	1012.5	3.60	281.0	20	36
	32		912.6	4.847	188.0	23	41
	35		850.0	5.903	144.0	26	44
	40		761.8	7.90	96.4	31	49
	45		690.0	10.19	67.7	36	54
	50		630.2	12.76	49.4	41	59
	55		580.0	15.1	37.1	45	65
	60		537.3	18.8	28.6	50	70
6.0	32	710	1461.1	3.741	391.0	22	42
	35		1364.8	4.572	298.0	25	45
	40		1209.6	6.047	200.0	30	50
	45		1117.8	7.901	140.0	35	55
	50		1023.8	10.00	102.0	40	60
	55		944.78	12.28	76.9	44	66
	60		876.9	14.79	59.3	49	71
	70		766.1	20.53	37.3	59	81

注：1. 表中许用切应力 $\tau_p=0.5R_m$，而 R_m 是按材料为C级碳素弹簧钢丝确定的，当材料不同时表中 F_j 和 S_d 应进行修正，修正系数见表3-46。

2. 表中弹簧极限载荷 $F_j=\dfrac{\pi d^3\tau_p}{8DK}$，例如 $d=2$mm 和 $D=20$mm 的弹簧，$C=\dfrac{D}{d}=\dfrac{10}{1}=10$，$K=\dfrac{4C-1}{4C-4}+\dfrac{0.615}{C}=1.145$，$\tau_p=855$MPa，所以 $F_j=\dfrac{\pi\times2^3\times855}{8\times20\times1.145}N=117.29$N。

3. 表中单圈刚度 $P'_d=\dfrac{Gd^4}{8D^3}$，例如对上述弹簧，$P'_d=\dfrac{79000\times2^4}{8\times20^3}N/mm^2=19.8$N/mm^2。

4. 表中极限载荷下的单圈变形量 $S_d=\dfrac{\pi D^2\tau_j}{KG}$(按变载荷循环次数$<10^4$，$\tau_j=\tau_p$，所以当变载荷循环次数$\geqslant10^4$时，表中 S_d 值也应修正，因为 τ_j 值有变化，见表3-50)。

5. 材质为碳素钢丝的弹簧经喷丸处理，许用切应力可提高20%。

时，$\frac{H_0}{D}<2.6$。当$\frac{H_0}{D}$值超过上述规定时，应对弹簧的临界载荷 F_{cr} 进行验算，其值应大于弹簧的最大工作载荷，即

$$F_{cr}=C_B P' H_0 > F_n$$

式中　C_B——不稳定系数，其值根据图 3-71 选取。

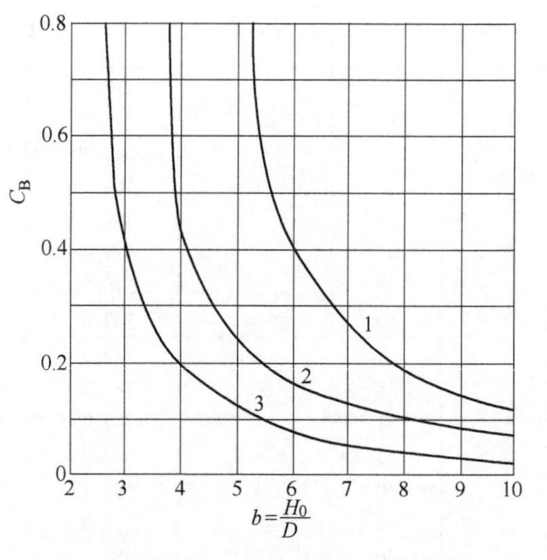

图 3-71　圆柱螺旋压缩弹簧不稳定系数 C_B

1—两端固定　2—一端固定　3—两端浮动

对承受静载荷（载荷不随工作时间发生变化）的圆柱压缩弹簧（例如图 3-68），应验算其切应力小于允许的切应力；如果查表选用弹簧，性能参数没有变化，可不用验算。

对受循环载荷（载荷随工作时间发生变化），当载荷变化不大于 $10\%F_j$，或虽然载荷变化较大，但循环次数 $N<10^4$，仍按弹簧受静载荷验算其切应力；当载荷变化大于 $10\%F_j$，并且载荷循环次数 $N\geq10^4$ 时，除验算其切应力外（当循环次数为 10^4、10^5、10^6 和 10^7 时的允许切应力 τ_0 见表 3-49），还应验算其疲劳强度安全系数 K_f

$$K_f=\frac{\tau_0+0.75\tau_{min}}{\tau_{max}}\geq[K_f]$$

式中　τ_0——弹簧在循环载荷下的剪切疲劳强度，见表 3-49；

τ_{max}——弹簧最大工作载荷时的切应力，$\tau_{max}=\frac{8KD}{\pi d^3}P_n$；

τ_{min}——弹簧最小工作载荷时的切应力，$\tau_{min}=\frac{8KD}{\pi d^3}P_1$，$K$ 见表 3-44；

$[K_f]$——弹簧循环载荷允许的疲劳强度安全系数，对夹具取 $[K_f]=1.8\sim2.2$。

表 3-45 列出了较常用的钢丝直径和弹簧中径的圆柱螺旋压缩弹簧的主要性能参数。

表 3-46　材料的抗拉强度 R'_m 与 C 级碳素钢弹簧的 R_m 值不同时，表 3-45 中 F_j 和 S_d 的修正系数（$d=1\sim6$mm）

钢丝直径 d/mm	1.0	1.2	1.6	2.0	2.5	3.0	3.5	4	4.5	5.0	6.0
C 级碳素弹簧钢丝的 R'_m/MPa①	1960	1910	1810	1710	1660	1570	1570	1520	1520	1470	1420
对表 3-45 中 F_j 的修正系数	$K_j=\frac{R'_m}{R_m}$										
对表 3-45 中 S_d 的修正系数 K_s	41K	42K	44K	47K	48K	51K	51K	53K	53K	54K	56K
	$K=\frac{R'_m}{G}$										

注：$d=1$mm，抗拉强度为 R'_m，表 3-45 中 S_d 的修正系数 $K_s=41K=41\times\frac{R'_m}{G}$。

① 部分数据参考表 3-48。

表 3-47　圆柱螺旋压缩弹簧有关参数表

项目	数值								
有效圈数系列/圈数	2	2.25	2.5	2.75	3	3.25	3.5	3.75	
	4	4.25	4.5	4.75	5	5.5	6	6.5	
	7	7.5	8	8.5	9	9.5	10	10.5	
	11.5	12.5	13.5	14.5	15	16	18	20	
	22	25	28	30					
自由长度部分系列尺寸 H_0/mm	4	5	6	7	8	9	10	11	12
	13	14	15	16	17	18	19	20	22
	24	26	28	30	32	35	38	40	42
	45	48	50	52	55	58	60	65	70
	75	80	85	90	95	100	105	110	115
	120	130	140	150	160	170	180	190	200
弹簧与心轴等外圆，或与轴套等内孔之间的直径间隙	弹簧中径 D/mm	≤5	>5~10	>10~18	>18~30	>30~50	>50~80	>80~120	>120~150
	间隙 Δ/mm	0.5~1	1~2	2~3	3~4	4~5	5~6	6~7	7~8

表 3-48　夹紧用圆柱螺旋压缩弹簧常用钢丝的抗拉强度 R_m(MPa)

钢丝直径 d/mm	碳素弹簧钢丝			弹簧用不锈钢丝		
	B 级	C 级	D 级	A 组	B 组	C 组
2.0	1470	1710	1910	1324	1667	1567
2.5	1420	1660	1760	—	—	—
3.0	1370	1570	1710	—	—	—
3.5	1320	1370	1660	1177	1471	1373
4.0	1320	1520	1620	1177	1471	1373
4.5	1320	1520	1620	1079	1373	1273
5.0	1320	1520	1620	1079	1373	1273
6.0	1220	1420	1520	1079	1373	1273

注：1. 碳素弹簧钢丝的强度高、性能好，B 级材料为 65Mn 或 70 钢，用于较低应力的弹簧；C 级材料为 72A 或 72B，用于中等应力的弹簧；D 级材料为 82A 或 82B，用于较高应力的弹簧。这类弹簧冷成形后经消除内应力低温回火处理。

2. 不锈钢丝耐腐蚀，耐高温和低温，用于易腐蚀和高、低温场合下。A 组材料为 12Cr18Ni9、022Cr19Ni10 等；B 组材料为 12Cr18Ni9、07Cr17Ni12Mo 等；C 组材料为 07Cr17Ni12Al 等。

3. 表中数据符合 GB/T 1239.6—1992。

表 3-48 中各种材料钢丝的弹簧在循环载荷下的剪切强度见表 3-49。压缩弹簧的极限切应力 τ_j 和极限载荷 F_j 的计算式见表 3-50。

表 3-49　在循环载荷下弹簧的剪切疲劳强度 τ_0

循环次数	10^4	10^5	10^6	10^7
τ_0/MPa	$0.45R_m$	$0.35R_m$	$0.33R_m$	$0.3R_m$

表 3-50 压缩弹簧的极限切应力 τ_j 和极限载荷 F_j 的计算式

载荷种类	τ_j	F_j
Ⅰ载荷变化大于 $10\%F_j$，循环次数 $N>10^7$	$\leqslant 1.67\tau_p$	
Ⅱ载荷变化大于 $10\%F_j$，循环次数 $N>10^4$	$\leqslant 1.25\tau_p$	$\geqslant 1.25F_n$
Ⅲ载荷不变或变化小于 $10\%F_j$，循环次数 $N<10^4$	$\leqslant 1.12\tau_p$	$\geqslant F_n$

注：τ_p 为弹簧材料的许用切应力；F_n 为弹簧的最大工作载荷。

下面举例说明夹紧用圆柱压缩弹簧的设计。

在夹具上有一带导柱的压缩弹簧，已知弹簧的工作行程 $S\approx 40$mm，最小工作载荷 $F_1=100$N，最大工作载荷 $F_n=400$N，夹具导柱直径 $D_s=40$mm，弹簧中径 $D=50$mm。

弹簧材料采用 C 级碳素弹簧钢丝，根据表 3-44 和表 3-45 计算。

初步计算弹簧刚度：

$$P'=\frac{F_n-F_1}{S}=\frac{400-100}{40}\text{N/mm}=7.5\text{N/mm}$$

按表 3-50 Ⅱ类载荷，弹簧的极限载荷为

$$F_j=1.25F_n=1.25\times 400\text{N}=500\text{N}$$

由 $F_j=500$N 和 $D_s=40$mm，查表 3-45，选直径为 $d=6$mm、$F_j=1023.8$N、极限载荷时单圈压缩变形量 $S_d=10$mm 和单圈刚度为 $P'_d=102\text{N/mm}^2$ 的弹簧，则弹簧的有效圈数为

$$n=\frac{P'_d}{P'}=\frac{102}{7.5}=13.6 \quad \text{取 } n=14$$

弹簧两端并紧磨平，支承圈数为 $1\frac{1}{4}$，则弹簧的总圈数为

$$n_1=n+2.5=9.5$$

弹簧的刚度（按 $n=14$）为

$$P'=\frac{P'_d}{n}=\frac{102}{14}\text{N/mm}=7.29\text{N/mm}$$

在极限载荷下弹簧的总压缩变形量为

$$S_j=nS_d=14\times 10\text{mm}=140\text{mm}$$

弹簧的节距为

$$t=\frac{S_j}{n}+d=\frac{140}{14}\text{mm}+6\text{mm}=16\text{mm}$$

弹簧的内径和外径分别为

$$D_2=50\text{mm}-6\text{mm}=44\text{mm}$$

$$D_1=50\text{mm}+6\text{mm}=56\text{mm}$$

弹簧的自由长度为

$$H_0=nt+2d=14\times 16\text{mm}+2\times 6\text{mm}=236\text{mm}$$

弹簧的螺旋角为

$$\alpha=\arctan\frac{t}{\pi D}=\arctan\frac{16}{\pi\times50}=5.81^{\circ}$$

弹簧的展开长度为

$$L=\frac{\pi D n_1}{\cos\alpha}=\frac{\pi\times50\times16.5}{\cos5.81^{\circ}}\mathrm{mm}=2650\mathrm{mm}$$

对弹簧的验算如下:

最小载荷(预紧力)时弹簧的长度为

$$H_1=H_0-\frac{F_1}{P'}=236\mathrm{mm}-\frac{100}{7.29}\mathrm{mm}=222.3\mathrm{mm}$$

最大载荷(夹紧力)时弹簧的长度为

$$H_n=H_0-\frac{F_n}{P'}=236\mathrm{mm}-\frac{400}{7.29}\mathrm{mm}=181.1\mathrm{mm}$$

实际工作行程为

$$S=H_1-H_n=222.3\mathrm{mm}-181.1\mathrm{mm}=41.2\approx40\mathrm{mm}$$

最大载荷时的节距为

$$t_n=\frac{H_n-2d}{n}=\frac{181.1\mathrm{mm}-2\times6\mathrm{mm}}{14}=12.08\mathrm{mm}$$

这时弹簧圈与圈之间的距离为

$$\delta_n=t_n-d=12.08\mathrm{mm}-6\mathrm{mm}=6.08\mathrm{mm}$$

按表 3-44 得

$$\delta=6.08>[(0.0015D^2/d)+0.1d]=[(0.0015\times50^2/6)\mathrm{mm}+0.1\times6\mathrm{mm}]$$
$$=1.23\mathrm{mm}$$

该弹簧两端固定，$(H_0/D)=4.72<5.3$，又有导柱，无需验算其稳定性。

弹簧变负荷，其变化幅度为(400−100)N=300N，相当于 $F_j=1023.8$ 的 30%；其使用次数 $N>10^4$，应对其切应力和疲劳安全系数进行验算。

当工作载荷为最大值时，弹簧承受的切应力为

$$\tau_{max}=\frac{8KD}{\pi d^3}F_n=\frac{8\times1.175\times50}{\pi\times6^3}\times400\mathrm{MPa}=277\mathrm{MPa}$$

按表 3-49，这时弹簧允许的切应力 τ_0 为 $0.45R_m$

$$\tau_0=540\mathrm{MPa}>0.45R_m=0.45\times1420\mathrm{MPa}=639\mathrm{MPa}$$

当工作载荷为最小值时，弹簧承受的切应力为

$$\tau_{min}=\frac{8KD}{\pi d^3}F_1=\frac{8\times1.175\times50}{\pi\times6^3}\times100\mathrm{MPa}=69.3\mathrm{MPa}$$

则疲劳安全系数为

$$K_f=\frac{\tau_0+0.75\tau_{min}}{\tau_{max}}=\frac{639+0.75\times69.3}{277}$$
$$=2.4>[K_f]=1.8\sim2.2$$

所设计弹簧的工作图如图 3-72 所示。

3. 碟形弹簧的性能、设计和实例[7,8]

碟形弹簧是盘状弯曲的弹簧（图3-73），与纯弯曲不同，碟形弹簧横截面没有中性层，只有中性点 S_p，可将其变形看作是绕 S_p 点的一维翻卷，平均翻卷直径 $D_0=(D-d)/\ln\delta(\delta=D/d)$。碟簧尺寸 h_0、t 和比值 D/t 决定碟簧的承载能力，t 越大、h_0 越小，载荷能力大，即使弹簧被压平，也不会超过材料的许用应力，要求压平碟簧后，在 OM 点的应力接近并小于材料的屈服极限 σ_s，碟簧材料常用60Si2MnA或50CrVA。$\sigma_s=1400\sim1600\text{MPa}$，淬火、回火42~52HRC。当碟簧的直径比 $\delta=\dfrac{D}{d}=1.7\sim2.5$ 时，弹簧材料的利用率和工作性能都很好。一般当 δ 较小时，D/t 值也应小，相反则都较大。

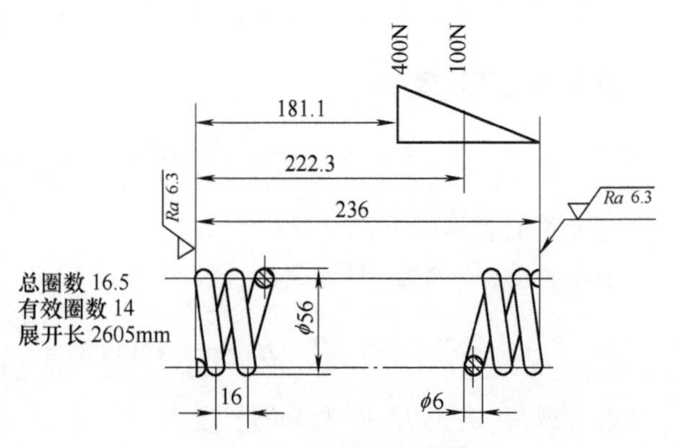

图3-72　弹簧的工作图

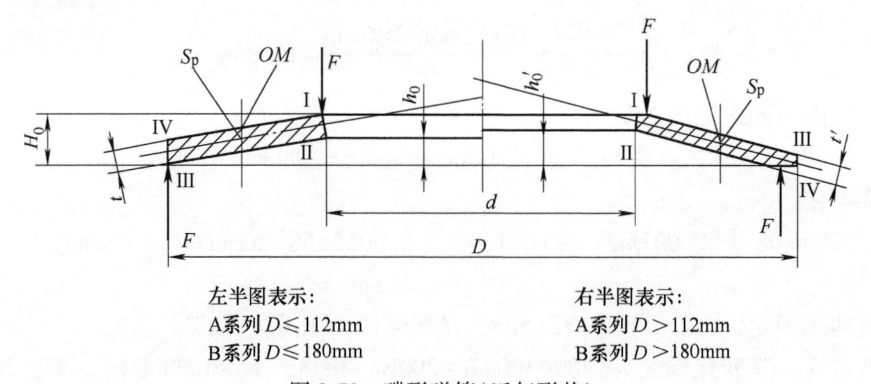

图3-73　碟形弹簧（近似形状）

图3-74表示对给定的 δ 值，当 h_0/t 值不同时碟簧的特性曲线。

当 $h_0/t\leqslant0.4$ 时，在单片碟簧变形量为 $(0\sim0.75)h_0$ 范围内，载荷变化与变形变化为直线关系；当 h_0/t 较大时，呈刚度渐减特性；当 $h_0/t=1.4$ 时，曲线顶端几乎为水平，变形再增大，载荷不再增加；当 $h_0/t>1.4$ 时，在载荷达到最大值后，变形再增大，载荷反而下降。所以一般碟簧的变形量只利用到 $S=(0.75\sim0.80)h_0$。

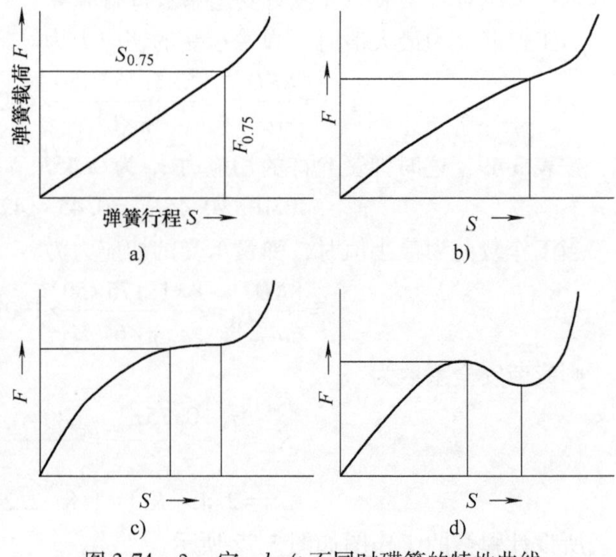

图3-74　δ 一定、h_0/t 不同时碟簧的特性曲线
a) $h_0/t\leqslant0.4$　b) h_0/t 较大　c) $h_0/t=1.4$　d) $h_0/t>1.4$

图3-75所示为碟形弹簧 S/h_0（变形量与尺寸 h_0 之比）与 F/F_{h0}（弹簧变形量为 S 时的载荷 F 与变形量为 $S=$

h_0(压平)时的载荷 F_{h0}之比)的特性曲线。

根据图 3-76，在已知碟簧$\frac{S}{h_0}$比值的情况下，可查表得到 F/F_{h0}的比值；或相反已知 F/F_{h0}，可查表得到$\frac{S}{h_0}$，其应用见后面实例。

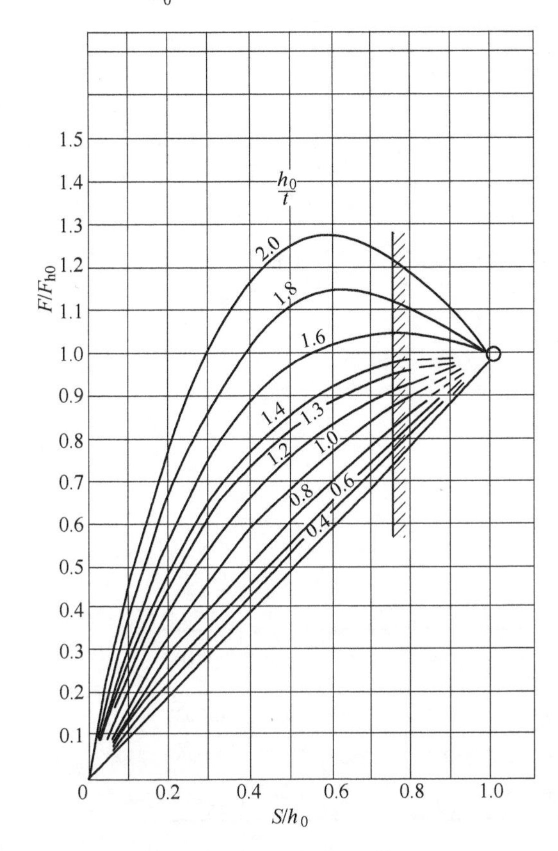

图 3-75　单片碟形弹簧$\frac{S}{h_0}$与$\frac{F}{F_{h0}}$特性曲线

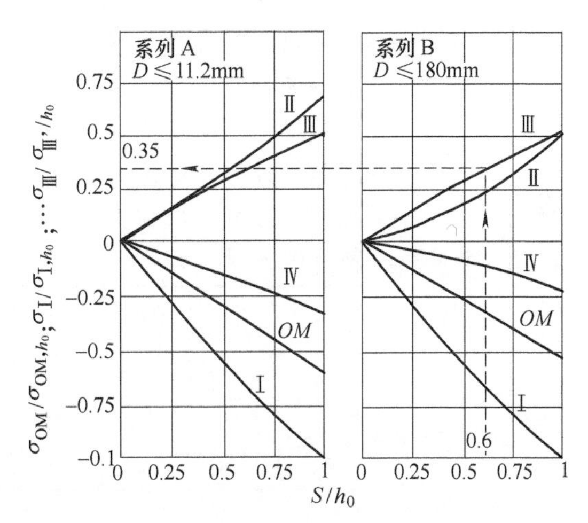

图 3-76　单片碟簧$\frac{S}{h_0}$与$\frac{\sigma_{OM}}{\sigma_{OM,h_0}}$、$\frac{\sigma_{Ⅰ}}{\sigma_{Ⅰ,h_0}}$等特性曲线

根据 S/h_0 比值，查图 3-76 可得到在碟簧各位置(*OM* 点和Ⅰ、Ⅱ、Ⅲ、Ⅳ处)的应力 σ_{OM}，$\sigma_{Ⅰ}$、$\sigma_{Ⅱ}$、$\sigma_{Ⅲ}$、$\sigma_{Ⅳ}$等与碟簧压平时各相同位置的应力 σ_{OM,h_0}、$\sigma_{Ⅰ,h_0}$、$\sigma_{Ⅱ,h_0}$、$\sigma_{Ⅲ,h_0}$、$\sigma_{Ⅳ,h_0}$等之比。例如，当$\frac{S}{h_0}=0.6$时，$\frac{\sigma_{Ⅲ}}{\sigma_{Ⅲ,h_0}}=0.35$。

碟形弹簧的优点是刚度大，能以较小的变形承受大的载荷，并且缓冲吸振能力强，适合轴向空间小的场合。采用对合、叠合等组合方式，以满足使用要求。但碟簧制造精度要求高，制造误差对其性能影响大，对于一般工厂来说比制造圆柱压缩弹簧困难，应以专业厂生产为主。

下面列出单片碟簧载荷(力)的计算公式。

当碟簧变形量为f时，作用在上平面Ⅰ处的载荷为

$$F_1=\frac{4E}{1-\mu^2}\frac{t^4}{K_1D^2}K_4^2\frac{f}{t}\left[K_4^2\left(\frac{h_0}{t}-\frac{f}{t}\right)\left(\frac{h_0}{t}-\frac{f}{2t}\right)+1\right] \tag{3-50}$$

压平碟簧时在上平面Ⅰ处的载荷为

$$F_{\mathrm{I,h0}}=\frac{4E}{1-\mu^2}\frac{h_0t^3}{K_1D^2}K_4^2 \tag{3-51}$$

判断碟簧是否安全，要看当变形量为f时上表面OM点和位置Ⅰ~Ⅳ处的应力σ_{OM}和$\sigma_{\mathrm{I}}\sim\sigma_{\mathrm{IV}}$。

$$\sigma_{\mathrm{OM}}=-\frac{4E}{1-\mu^2}\frac{t^2}{K_1D^2}K_4\frac{f}{t}\frac{3}{\pi} \tag{3-52}$$

$$\sigma_{\mathrm{I,II}}=-\frac{4E}{1-\mu^2}\frac{t^2}{K_1D^2}K_4\frac{f}{t}\left[K_4K_2\left(\frac{h_0}{t}-\frac{f}{2t}\right)\pm K_3\right] \tag{3-53}$$

位置Ⅰ取“$+K_3$”，位置Ⅱ取“$-K_3$”。

$$\sigma_{\mathrm{III,IV}}=-\frac{4E}{1-\mu^2}\frac{t^2}{K_1D^2}K_4\frac{f}{t}\frac{1}{\delta}\left[K_4(K_2-2K_3)\left(\frac{h_0}{t}-\frac{f}{2t}\right)\mp K_3\right] \tag{3-54}$$

位置Ⅲ取“$-K_3$”，位置Ⅳ取“$+K_3$”。

计算结果为正值，为拉应力；计算结果为负值，为压应力。

式中　E——碟簧材料的弹性模量，单位为MPa；

f——单碟的弹簧行程，单位为mm；

μ——碟簧材料的泊松比；

D——碟簧的外径，单位为mm；

t——碟簧的厚度，单位为mm；

K_1、K_2和K_3——特性值，见下表：

$\frac{D}{d}$	1.9	1.92	1.94	1.96	1.98	2.00	2.02	2.04
K_1	0.672	0.677	0.682	0.686	0.690	0.694	0.698	0.702
K_2	1.197	1.201	1.206	1.211	1.215	1.220	1.224	1.229
K_3	1.339	1.347	1.355	1.362	1.370	1.378	1.385	1.393

K_4——特性值，$D\leqslant 112$mm（系列A）和$D\leqslant 180$mm（系列B）的碟簧$K_4=1$；$D>112$mm（系列A）和$D>180$mm（系列B）的碟簧（有支承面）K_4按下式计算：

$$K_4=\sqrt{-0.5C_1+\sqrt{(0.5C_1)^2+C_2}}$$

对系列A和B（$t'=0.94t$）

$$C_1=\frac{\left(\frac{t'}{t}\right)^2}{\left[\left(0.25\frac{h_0}{t}\right)-\frac{t'}{t}+0.75\right]\left[\left(0.625\frac{h_0}{t}\right)-\frac{t'}{t}+0.375\right]}$$

$$=\frac{0.884}{\left[\left(0.25\frac{h_0}{t}\right)-0.19\right]\left[\left(0.625\frac{h_0}{t}\right)-0.565\right]}$$

$$C_2=\left[0.156\left(\frac{h_0}{t}-1\right)^2+1\right]\frac{C_1}{\left(\frac{t'}{t}\right)}=\left[0.156\left(\frac{h_0}{t}-1\right)^2+1\right]\frac{C_1}{0.83}$$

碟形弹簧有三种系列(A、B 和 C)，通常用 A 和 B 两种系列，见表 3-51 和表 3-52，碟簧图如图 3-73 所示。

表 3-51　系列 A$\left(\frac{D}{t}\approx 18,\ \frac{h_0}{t}\approx 0.4,\ E=2.06\times 10^5\text{MPa},\ \mu=0.3\right)$碟形弹簧的规格和性能

D /mm	d /mm	t /mm	h_0 /mm	H_0 /mm	$f=0.75h_0$				
					$F_{0.75}$ /N	$f_{0.75}$ /mm	$H_0-f_{0.75}$ /mm	$\sigma_{OM}=\sigma_{0.75}$ /MPa	σ_{II} /MPa
8	4.2	0.4	0.2	0.6	210	0.15	0.45	-1200	1220
10	5.2	0.5	0.25	0.75	329	0.19	0.56	-1210	1240
12.5	6.2	0.7	0.3	1	673	0.23	0.77	-1280	1420
14	7.2	0.8	0.3	1.1	813	0.23	0.87	-1190	1340
16	8.2	0.9	0.35	1.25	1010	0.26	0.99	-1160	1290
18	9.2	1	0.4	1.4	1250	0.30	1.10	-1170	1300
20	10.2	1.1	0.45	1.55	1530	0.34	1.21	-1180	1300
22.5	11.2	1.25	0.5	1.75	1950	0.38	1.37	-1170	1320
25	12.2	1.5	0.55	2.05	2910	0.41	1.64	-1210	1410
28	14.2	1.5	0.65	2.15	2850	0.49	1.66	-1180	1280
31.5	16.3	1.75	0.70	2.45	3900	0.53	1.92	-1190	1310
35.5	18.3	2	0.80	2.80	5190	0.60	2.20	-1210	1330
40	20.4	2.25	0.90	3.15	6540	0.68	2.47	-1210	1340
45	22.4	2.5	1.00	3.50	7720	0.75	2.75	-1150	1300
50	25.4	3	1.10	4.10	12000	0.83	3.27	-1250	1430
56	28.5	3	1.30	4.30	11400	0.98	3.32	-1180	1280
63	31	3.5	1.4	4.9	15000	1.05	3.85	-1140	1300
71	36	4	1.6	5.6	20500	1.2	4.4	-1200	1330
80	41	5	1.7	6.7	33700	1.28	5.42	-1260	1460
90	46	5	2.0	7	31400	1.5	5.5	-1170	1300
100	51	6	2.2	8.2	48000	1.65	6.55	-1250	1420
112	57	6	2.5	8.5	43800	1.88	6.62	-1130	1240
125	64	8	2.6	10.6	85900	1.95	8.65	-1280	1330
140	72	8	3.2	11.2	85300	2.4	8.8	-1260	1280
160	82	10	3.5	13.5	139000	2.6	10.9	-1320	1340
180	92	10	4.0	14.0	125000	3.0	11.0	-1180	1200
200	102	12	4.2	16.2	183000	3.15	13.05	-1210	1230
225	112	12	5.0	17	171000	3.75	13.25	-1120	1140
250	127	14	5.6	19.6	249000	4.2	15.4	-1200	1220

注：1. 本表符合 GB/T 1972—2005。

2. $F_{0.75}$为碟形弹簧变形量$f=0.75h_0$时允许载荷，在$f=(0\sim0.75)h_0$范围内 F 与f接近线性关系，通常把$F_{0.75}$作为单片碟簧产生的最大轴向夹紧力。

3. σ_{OM}和σ_{II}分别为变形量$f=0.75h_0$时，在 OM 点和位置Ⅱ处的应力，正值为拉应力，负值为压应力。

4. 对 A 系列，$\frac{h_0}{t}\approx0.4$，$\frac{D}{d}\approx2$，在Ⅱ处为危险位置(图 3-73)。

5. 表中 E 为材料的弹性模量，μ 为泊松比。

6. $t<1.25$mm，冷成形，不加工，$Ra<12.5\mu$m；$t=1.25\sim6$mm，冷成形，外圆表面 $Ra<6.3\mu$m，内孔表面 $Ra<3.2\mu$m；$t=6\sim14$mm，冷成形或热成形，在位置Ⅰ和Ⅲ有支承面$\left(\text{面积均为}\frac{D}{150}\right)$，将碟形弹簧厚度从表上的数值 t 减小到$t'=0.94t$，尺寸 h_0 也从表上的数值变为 h_0'(t'和 h_0'表中未示出)。

7. 对碟簧的技术要求见表 3-53。

表 3-52 系列 B$\left(\frac{D}{t}\approx 28, \frac{h_0}{t}\approx 0.75, E=2.06\times 10^5\mathrm{MPa}, \mu=0.3\right)$碟形弹簧的规格和性能

D /mm	d /mm	t /mm	h_0 /mm	H_0 /mm	$f=0.75h_0$					$f=0.5h_0$		$f=0.25h_0$	
					$F_{0.75}$ /N	σ_{OM} /MPa	f /mm	H_0-f /mm	σ_{II} /MPa	$F_{0.5}$ /N	σ_{III} /MPa	$F_{0.25}$ /N	σ_{III} /MPa
8	4.2	0.3	0.25	0.55	119	−1140	0.19	0.36	1330	89	945	52	505
10	5.2	0.4	0.3	0.7	213	−1170	0.23	0.47	1300	155	919	88	489
12.5	6.2	0.5	0.35	0.85	291	−1000	0.26	0.59	1110	215	798	120	423
14	7.2	0.5	0.4	0.9	279	−970	0.3	0.60	1100	210	792	120	423
16	8.2	0.6	0.45	1.05	412	−1010	0.34	0.71	1120	304	796	172	423
18	9.2	0.7	0.5	1.2	572	−1040	0.38	0.82	1130	417	798	233	424
20	10.2	0.8	0.55	1.35	745	−1030	0.41	0.94	1110	547	799	304	424
22.5	11.2	0.8	0.65	1.45	710	−962	0.49	0.96	1080	533	778	306	415
25	12.2	0.9	0.7	1.6	868	−938	0.53	1.07	1030	644	736	367	392
28	14.2	1	0.8	1.8	1110	−961	0.60	1.20	1090	832	781	476	417
31.5	16.3	1.25	0.9	2.15	1920	−1090	0.68	1.47	1190	1410	850	791	452
35.5	18.3	1.25	1	2.25	1700	−944	0.75	1.50	1070	1280	772	731	412
40	20.4	1.5	1.15	2.65	2620	−1020	0.86	1.79	1130	1950	816	1110	435
45	22.4	1.75	1.3	3.05	3660	−1050	0.97	2.08	1150	2700	821	1520	437
50	25.4	2	1.4	3.4	4760	−1060	1.05	2.35	1140	3490	816	1950	433
56	28.5	2	1.6	3.6	4440	−963	1.20	2.40	1090	3340	784	1910	418
63	31	2.5	1.75	4.25	7180	−1020	1.31	2.94	1090	5270	779	2940	414
71	36	2.5	2	4.5	6730	−934	1.5	3.0	1060	5050	759	2890	405
80	41	3	2.3	5.3	10500	−1030	1.72	3.58	1140	7890	820	4450	437
90	46	3.5	2.5	6.0	14200	−1030	1.88	4.12	1120	10400	798	5840	424
100	51	3.5	2.8	6.3	13100	−926	2.1	4.2	1050	9820	749	5620	402
112	57	4	3.2	7.2	17800	−963	2.4	4.8	1090	13300	784	7640	418
125	64	5	3.5	8.5	30000	−1060	2.65	5.85	1150	21900	823	12200	437
140	72	5	4	9.0	27900	−970	3	6.0	1110	21000	792	12000	423
160	82	6	4.5	10.5	41100	−1000	3.4	7.1	1110	30400	828	17200	445
180	92	6	5.1	11.1	37500	−895	3.8	7.3	1040	28600	776	16600	419
200	102	8	5.6	13.6	76400	−1060	4.2	9.4	1250	58000	892	33400	475
225	112	8	6.5	14.5	70800	−951	4.85	9.65	1180	55400	842	32900	450
250	127	10	7	17	119000	−1050	5.25	11.75	1240	90200	886	52000	470

注：1. 表中符号的含义与表 3-51 相同。

2. 对系列 B，$\frac{h_0}{t}\approx 0.15$，$\frac{D}{d}\approx 2$，在Ⅲ处是危险位置(图 3-73)。

3. 该系列 F 与 f 的关系为刚度渐近型。

4. 其余说明见表 3-51。

表 3-53 对碟形弹簧的技术要求 （单位：mm）

项目	要求				
外径 D	一级精度尺寸偏差为 h12，二级精度为 h13				
内径 d	一级精度尺寸偏差为 H12，二级精度为 H13				
厚度 t	0.2~0.6	>0.6、<1.25	1.25~3.8	>3.8~6	>6~16
	+0.02 −0.06	+0.03 −0.09	+0.04 −0.12	+0.05 −0.15	±0.10

（续）

项目	要求					
高度 H_0	t	<1.25	1.25~2	>2~3	>3~6	>6~14
	偏差	+0.10 -0.05	+0.15 -0.08	+0.20 -0.10	+0.30 -0.15	±0.30
$f=0.75h_0$ 时 $F_{0.75}$ 的波动范围 %	t	<1.25	1.25~3	>3~6	>6~16	
	一级精度	+25 -7.5	+15 -7.5	+10 -5	±5	
	二级精度	+30 -10	+20 -10	+15 -7.5	±10	

注：在保证 $F_{0.75}$ 值前提下，t 值可适当调整，但公差带不能超出本表规定。

一般，单片碟形弹簧的载荷和变形量不能满足结构的需要，需要用多个碟形弹簧的组合，常用组合形式及其特性和计算公式见表 3-54。

表 3-54　碟形弹簧的组合形式及其特性和计算公式

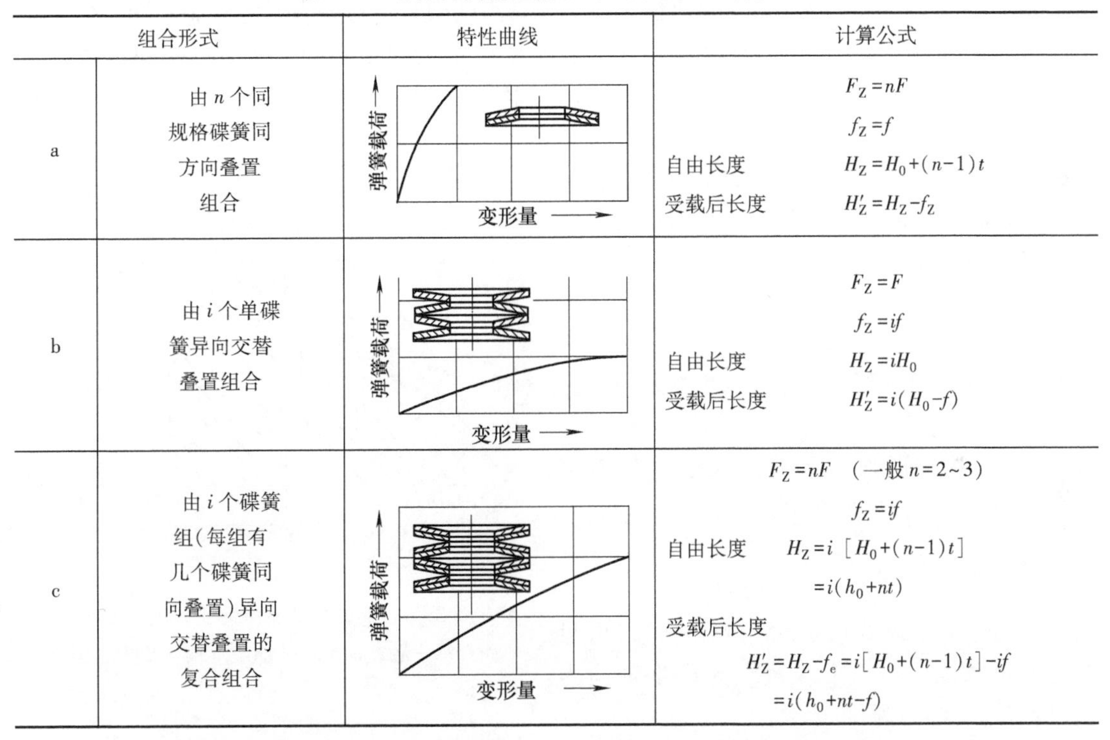

组合形式		特性曲线	计算公式
a	由 n 个同规格碟簧同方向叠置组合	弹簧载荷—变形量	$F_Z=nF$ $f_Z=f$ 自由长度 $H_Z=H_0+(n-1)t$ 受载后长度 $H'_Z=H_Z-f_Z$
b	由 i 个单碟簧异向交替叠置组合	弹簧载荷—变形量	$F_Z=F$ $f_Z=if$ 自由长度 $H_Z=iH_0$ 受载后长度 $H'_Z=i(H_0-f)$
c	由 i 个碟簧组(每组有几个碟簧同向叠置)异向交替叠置的复合组合	弹簧载荷—变形量	$F_Z=nF$ （一般 $n=2\sim3$） $f_Z=if$ 自由长度 $H_Z=i\left[H_0+(n-1)t\right]$ $=i(h_0+nt)$ 受载后长度 $H'_Z=H_Z-f_e=i[H_0+(n-1)t]-if$ $=i(h_0+nt-f)$

注：1. F_Z 为组合碟形弹簧在单片碟形弹簧变形量为 f 时的载荷，而 f 为单片碟形弹簧在载荷为 F 时的变形量。

2. f_Z 为组合碟形弹簧在载荷为 F_Z 时的变形量。

3. H_Z 和 H'_Z 分别为组合碟形弹簧的自由长度和在载荷为 F_Z 时的长度。

4. 此表未考虑摩擦损失，如考虑摩擦损失，式中 F_Z 值应乘以摩擦系数 K_B，对形式 a，$K_B=\dfrac{n}{1-f_M(n-1)-f_R}$；对形式 b，$K_B=\dfrac{n}{1-f_M(n-1)}$；$f_M$ 和 f_R 见表 3-55。

组合碟形弹簧的长度越长，随使用次数增加，单片碟形弹簧之间产生侧滑的可能性越大，所以当组合碟形弹簧长度较长时，应尽量减少单片碟形弹簧的数量和适当增大外径 D。考虑稳定性，在组合两端的碟形弹簧都应以外径 D 与支承面接触，如图 3-77a 所示；或者对图 3-77b 所示的情况，应使其上端的单片碟形弹簧与压板的支承面接触。

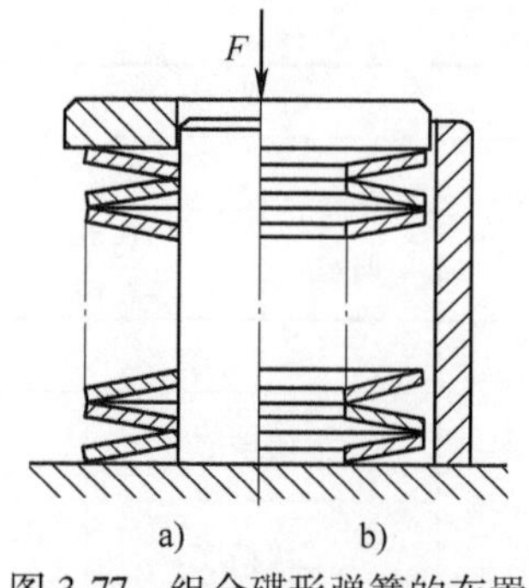

图 3-77　组合碟形弹簧的布置

采用多片碟形弹簧组合，应有导套或导柱，在承受动载荷时还应有预紧，以防止其侧滑。导套或导柱的工作面应有高的硬度(55~60HRC)，表面经磨削。碟形弹簧的内孔与导杆或其外圆与导套之间的间隙值推荐如下：

d 或 D/mm	~16	>16~20	>20~26	>26~31.5	>31.5~50	>50~80	>80~140	>140~250
间隙/mm	0.2	0.3	0.4	0.5	0.6	0.8	1	1.6

在组合碟形弹簧中，各单片接触面和承载边缘处产生的摩擦对其载荷有影响，摩擦的大小与碟形弹簧组中单片碟形弹簧的数量、碟形弹簧组的数量、接触表面的状态和润滑情况有关。由于有摩擦，为达到一定的载荷 F，加载时所施加的载荷必须大于 F；而卸载时则相反，施加的载荷小于 F。摩擦越大，加载与卸载特性曲线之间的差别就越大，如图 3-78 所示。

考虑摩擦的影响，一个碟簧组为产生轴向力 F，所需施加的力应为 F_B，对叠合组合形式(表 3-54,形式 a)

$$F_B = F\frac{n}{1-f_M(n-1)-f_R} = FK_B \tag{3-55}$$

式中　f_M——碟形弹簧锥面间的摩擦系数，见表 3-55；

f_R——碟形弹簧承载边缘处的摩擦系数，见表 3-55。

卸载时，$F_E = F\frac{n}{1+f_M(n-1)+f_R} = FK_E$。

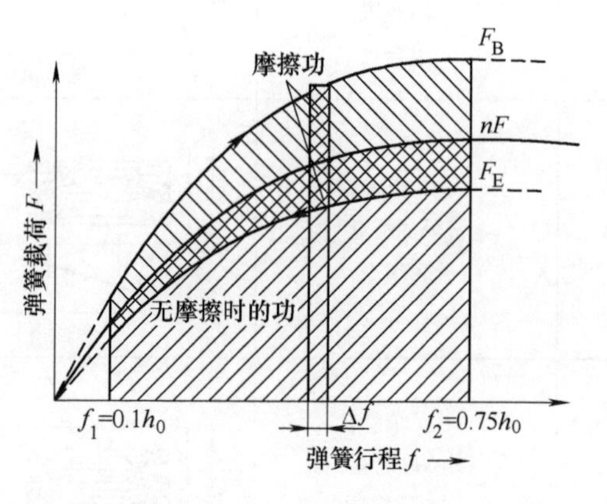

图 3-78　碟簧组摩擦特性曲线示意图
nF—无摩擦　F_B—加载　F_E—卸载

对复合组合形式(表 3-54,形式 c)，可只考虑锥面摩擦，则一个碟簧组为产生轴向力 F，所需施加的力为

$$F_B = F\frac{n}{1-f_M(n-1)} = FK_B \tag{3-56}$$

卸载时所需施加的力为

$$F_E = F\frac{n}{1+f_M(n-1)} = FK_E$$

但式(3-55)和式(3-56)不适用于 $n=1$ 的碟簧组(表 3-54,形式 b)，单碟簧的摩擦特性必须另外给定。

表 3-55　组合碟簧接触处的摩擦系数

碟簧系列	f_M			f_R		
	油	脂	二硫化钼+油	油	脂	二硫化钼+油
A	0.015~0.032	0.012~0.027	0.005~0.022	0.027~0.040	0.024~0.037	0.027~0.030
B	0.010~0.022	0.008~0.019	0.003~0.015	0.017~0.026	0.016~0.024	0.017~0.021

4. 碟形弹簧的校核

对承受静载荷（载荷无变化或载荷变化使变形量小于 $0.1h_0$，或虽有较大变化但变化次数<10^4）的碟簧，应校核其上表面 OM 点的应力 $1400<\sigma_{OM}<1600$MPa，以保持尺寸 H_0 的稳定，应力过大会产生附加变形。当选用表 3-51 和表 3-52 中的碟形弹簧时，在保证变形量 $f=0.75h_0$ 的情况下，无需校核静载荷强度。但当采用组合碟形弹簧时，不允许超过最大许用组合应力，其Ⅰ处的组合应力应小于－2600MPa$\left(\delta=\dfrac{D}{d}=1.5\right)$、－3400MPa（$\delta=2$）或－3600MPa（$\delta=2.5$）。

对承受变载荷（载荷变化较大，变化次数为 $10^4\leqslant N<10^6$）的碟簧，应校核其变化次数。碟形弹簧下表面Ⅱ或Ⅲ处是危险位置，裂纹总是从Ⅱ或Ⅲ处开始。为防止横截面在Ⅰ处产生裂纹（由制造时产生的拉应力引起），应使碟形弹簧有足够大的预应力 $\sigma_{\mathrm{I}}=-600$N（经验数据），这时预紧变形量 $f_1=(0.15\sim0.2)h_0$。

图 3-79 所示为根据$\dfrac{D}{d}$和$\dfrac{h_0}{t}$两比值的关系可判断的最大应力位置的曲线，由两比值在纵横两坐标系上的交点位置判断危险位置。如交点在曲线Ⅰ上面，最大危险出现在Ⅲ处；如交点在曲线Ⅱ下面，则其出现在Ⅱ处；如交点在两曲线之间，则在Ⅱ、Ⅲ处都有可能。根据判断结果，核算相应位置的应力。

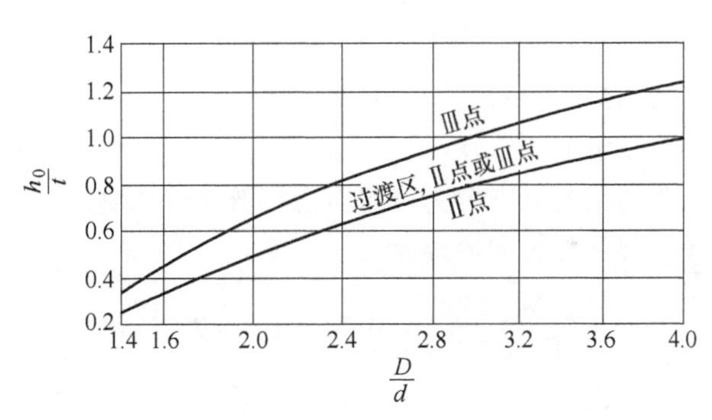

图 3-79　碟形弹簧疲劳危险位置

为分析单片碟形弹簧耐疲劳的性能，应确定当工件载荷为 F_2 和预紧载荷为 F_1、变形量为 f_2 和 f_1 时的危险位置的应力 σ_2 和 σ_1，然后按碟形弹簧厚度 t 查图 3-80、图 3-81 或图 3-82（也适用于载荷近似于正弦曲线、$i\leqslant10$、导向和润滑良好的组合碟形弹簧），在图中横坐标上取点（$\sigma_m=\sigma_1$），根据 σ_m 按一定的循环次数 N，得到与之对应的纵坐标上的点 σ_M（σ_m 和 σ_M 分别为疲劳强度下限应力和上限应力），如果 $\sigma_M>\sigma_2$，则说明该碟形弹簧在循环数为 N 时有足够的疲劳强度。

下面以图 3-70 所示的碟形弹簧夹紧机构为例，选择、设计和计算其所用的组合碟簧，校核其使用次数。

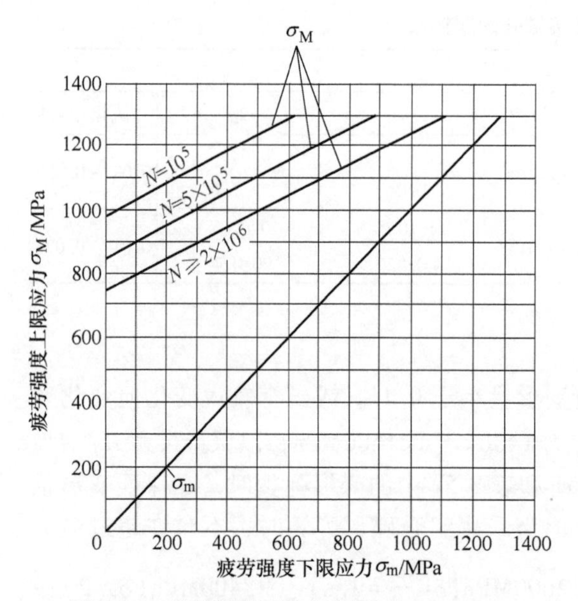

图 3-80　碟形弹簧极限应力图($t \leqslant 1.25$mm)

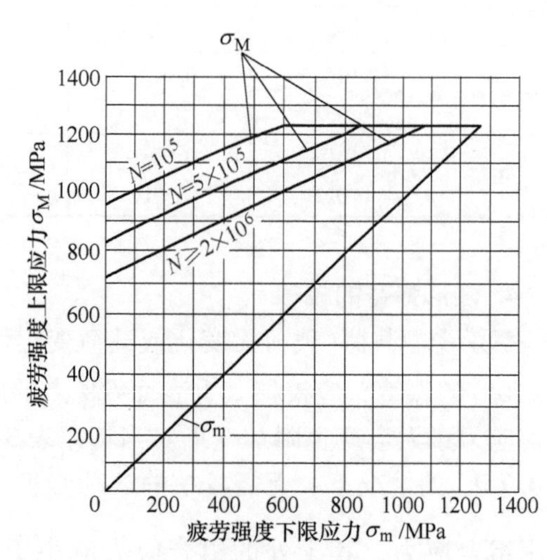

图 3-81　碟形弹簧极限应力图($1.25<t \leqslant 6$mm)

已知所需夹紧力 $F_f=3000$N，安装碟形弹簧轴的直径 $d_F=16$mm，夹具轴的行程 $S_f=5$mm，取预压变形量 $f_1=0.25h_0$，夹紧时的变形量 $f_2=0.75h_0$。

由表 3-52 选择系列 B 的碟形弹簧：$D=31.5$mm，$d=16.3$mm，$t=1.25$mm，$h_0=0.9$mm，$H_0=2.15$mm，$F_{0.75}=1920$N，$f_{0.75}=0.68$mm，$f_{0.25}=0.23$mm。

为达到所需夹紧力，组合碟形弹簧中每组所需单片碟形弹簧的数量为

$$n=\frac{F_f}{F_{0.75}}=\frac{3000}{1920}=1.57，取 n=2$$

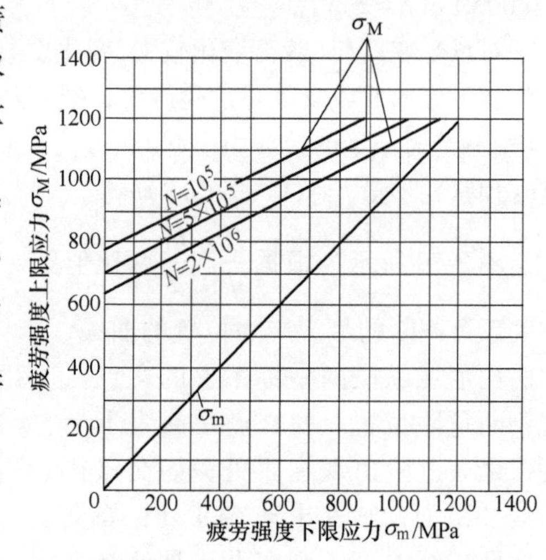

图 3-82　碟形弹簧极限应力图($6<t \leqslant 14$mm)

未考虑摩擦损失，2 个碟形弹簧叠加产生的夹紧力为

$$F_f'=nF=2\times1920\text{N}=3840\text{N}>F_f=3000\text{N}$$

若考虑碟簧的摩擦损失，该组合碟形弹簧为表 3-54 中的形式 c，按式(3-56)和表(3-55)，碟形弹簧用油润滑，则需要增大的夹紧力为

$$F_f''=F\frac{n}{1+f_M(n-1)}=1920\text{N}\times\frac{2}{1+0.022\times(2-1)}$$
$$=3738\text{N}$$

由于 $F_f''=3738\text{N}<F_f'=3820\text{N}$，说明即使考虑摩擦，所设计的碟形弹簧组也能满足要求。

为满足夹具轴的行程，所需碟形弹簧组的数量为

$$i=\frac{S_f}{f_{0.75}-f_{0.25}}=\frac{5}{0.68-0.23}=11.1，取 i=12$$

则实际轴的行程　$S'_f=i(f_{0.75}-f_{0.25})=12\times(0.68-0.23)\text{mm}=5.4\text{mm}$

组合碟簧的自由长度为

$$H_Z=i[H_0+(n-1)t]=12\times[2.15+(2-1)\times1.25]=40.8\text{mm}$$

组合碟形弹簧夹紧时的长度为

$$H'_Z=H_Z-S'_f=54.4\text{mm}-5.4\text{mm}=49\text{mm}$$

该组合碟形弹簧中的单片碟形弹簧选自表3-52，又在$f=0.75h_0$内工作，其静载荷不用校核。这时$\sigma_{OM}=-1090\text{MPa}$，$\sigma_{Ⅲ}(f=0.75)=1190\text{MPa}$，$\sigma_{Ⅲ}(f=0.5)=850\text{MPa}$，$\sigma_{Ⅲ}(f=0.25)=452\text{MPa}$。

单片碟形弹簧$\dfrac{D}{d}=\dfrac{31.5}{16.3}=1.93\approx2$，$\dfrac{h_0}{t}=\dfrac{0.9}{1.25}\approx0.7$，由图3-79可知，在Ⅲ处为疲劳危险位置。现已知疲劳强度下限$\sigma_1=\sigma_{Ⅲ}(f=0.25h_0)=452\text{MPa}$。又已知$\sigma_2=\sigma_{Ⅲ}(f=0.75h_0)=1190\text{MPa}$。

查图3-80($t\leqslant1.25\text{mm}$)，在图中横坐标上取疲劳强度下限$\sigma_m=\sigma_1=452\text{MPa}$的点，取其垂直于横坐标的直线与$N=10^5$的曲线的交点，与该交点对应的纵坐标上的点(疲劳强度上限)$\sigma_M=1210\text{MPa}$

$$\sigma_M=1210\text{MPa}>\sigma_{Ⅱ}=1190\text{MPa}$$

以上结果说明该组合碟形弹簧在工作循环次数为10^5时有足够的疲劳强度。

3.6　液性塑料夹紧机构

3.6.1　液性塑料夹紧的原理和特性

液性塑料是一种半透明冻胶状的介质，其成分见表3-56。液性塑料具有一定的弹性和流动性，性能稳定，能长期使用，在高压下容积缩小极微(0.5%/10MPa)，可将压力均匀分布到各处。液性塑料在高压下不易泄漏，不会粘附在金属壁上；远距离夹紧压力降低小(10mm柱塞传输长度1000mm压力降低2%~5%)。其夹紧原理如图3-83所示。

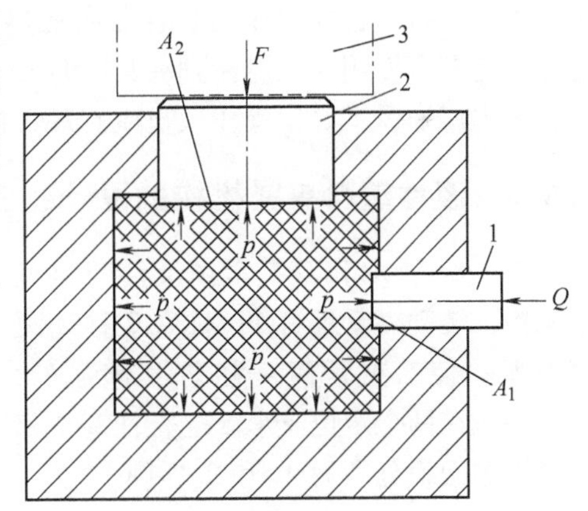

图3-83　液性塑料夹紧原理
1—柱塞　2—夹紧销　3—工件

栓塞1将力Q传递给液性塑料，液性塑料将力传给夹紧销2(或多个夹紧销)，其压力为p。

栓塞1施加的力$Q=pA_1$(A_1为柱塞的面积)

夹紧销产生的夹紧力为

$$F=pA_2\text{(}A_2\text{为夹紧销的面积)}$$

如果有n个夹紧销，则总夹紧力为$F=npA_2$。

柱塞能产生的压力达50~100MPa，一般采用的压力在50MPa内。液性塑料夹紧的力源一般采用螺栓、螺钉或螺柱。

采用液性塑料传递力，比用其他方法简单和紧凑，夹紧多个工件时能补偿各工件尺寸的差异，不影响各工件同时夹紧；但应避免液性塑料直接承受切削力。因液性塑料的可压缩性会使工件产生位移。由于液性塑料夹紧机构有一定的泄漏，所以要定期补充液性塑料。

液性塑料夹紧机构在同时加工多个小型工件的夹具上获得了较多的应用，多用于轻型旋转体工件的同时定心和夹紧(例如精加工车、磨夹具)。本节主要介绍部分液性塑料夹紧机构，同时定心和夹紧工件的机构见第4章。

表 3-56 液性塑料的成分

成分	质量分数(%)			
	配方Ⅰ	配方Ⅱ	配方Ⅲ	配方Ⅳ
聚氯乙烯树脂	18	15	12	10
磷苯二甲酸二丁酯	80	83	86	88
硬脂酸钙	2	2	2	2

聚氯乙烯树脂具有较大的机械强度和不黏性，由于有树脂液性塑料，能很好地传递压力，不会粘附在管道上。磷苯二甲酸二丁酯无色，是不挥发油性液体，作为增塑剂使用。硬脂酸钙不溶于水，作为稳定剂，使聚氯乙烯树脂受热后不致分解。

配方Ⅰ的液性塑料性质较硬，稠度和韧性较大，适合一般短距离夹紧或可作填料。

配方Ⅱ适合传递距离较近的液性塑料夹具和定心夹紧心轴等。

配方Ⅲ的液性塑料性质较软，柔韧性好，适用于通道长的场合。

配方Ⅳ的液性塑料流动性大，适合于通道更长的塑料夹具。

对配方Ⅰ的液性塑料，当压力分别为30MPa、40MPa和50MPa时，柱塞与孔的间隙分别为0.03mm、0.02mm和0.01mm时，开始有塑料泄漏。对于配方Ⅳ，柱塞与孔的间隙为0.01mm、压力为12.5MPa时开始有塑料泄漏。

液性塑料的配制方法是：先将磷苯二甲酸二丁酯与适量真空油均匀混合(真空油不与配料化合,作为稀释剂浮在表面,可减小流动时的阻力)，再将聚氯乙烯树脂与硬脂酸钙均匀混合，然后将两种混合物均匀混合在一起，并将其放置一天，使聚氯乙烯树脂在增塑剂中充分膨胀扩散。将混合物放在铝制容器内加热至150~160℃，用玻璃棒缓慢搅拌，保温30min，排除气泡即可使用。在浇注到夹具中时，夹具相关件应预热到130~140℃，浇注时会产生毒气，室内应通风良好，操作人员应有环保措施。

3.6.2 液性塑料夹紧机构的设计、应用和计算示例

图3-84所示为双夹紧销液性塑料夹紧机构，转动夹紧螺钉1；柱塞2移动距离为h_1，使二夹紧销4移动距离为h_2，将工件压在两个定位支承5上，柱塞2和夹紧销的面积分别为A_1和A_2，则

$$A_1 \cdot h_1 = 2A_2 \cdot h_2 \qquad h_1 = \frac{2A_2h_2}{A_1}$$

松开工件时夹紧螺钉反转，靠弹簧力使夹紧销回到原始位置。

对一般非旋转体工件的夹紧机构，柱塞2的直径为10~20mm，其长度为(1.5~2)倍直径。一般柱塞与孔的配合为

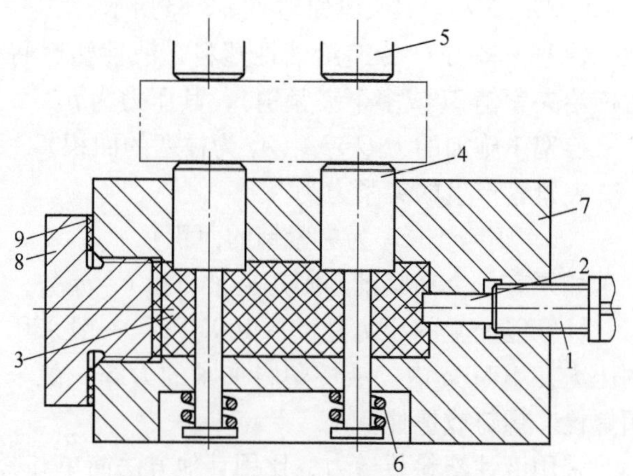

图3-84 双夹紧销液性塑料夹紧机构
1—夹紧螺钉 2—柱塞 3—液性塑料 4—夹紧销 5—定位支承 6—弹簧 7—本体 8—螺塞 9—密封垫

H7/h6，或配作间隙不大于0.010~0.015mm，其圆度和圆柱度公差在0.005mm内。对较硬的液性塑料(例如聚氯乙烯树脂质量分数为18%)，压力为2~2.5MPa时，柱塞与孔的间隙允许达到0.05mm；压力为12.5~30MPa时，柱塞与孔的间隙允许达到0.03mm；压力为40MPa和50MPa时，柱塞与孔的间隙分别允许达到0.02mm和0.01mm。而对聚氯乙烯质量分数为10%的软液性塑料，则在上述各压力下允许间隙均为0.01mm。

夹紧销与孔的配合与施力柱塞与孔的配合相同。

液性塑料夹具用螺钉、内六角圆柱头螺钉和柱塞的规格尺寸见表3-57、表3-58和表3-59。柱塞用左旋螺纹拧入螺钉中，以保证螺纹内端面与柱塞头部的接触。

表3-57　液性塑料夹具用螺钉的规格尺寸　(单位：mm)

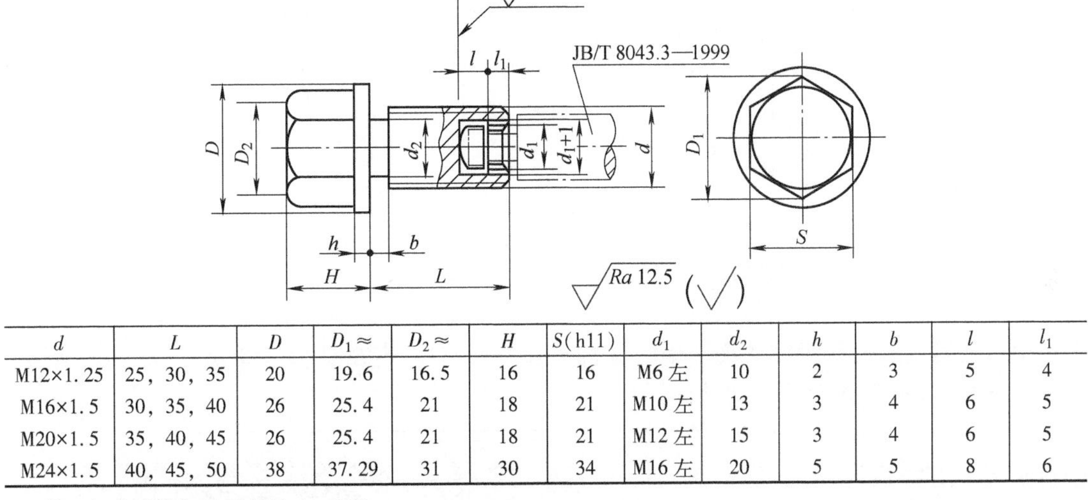

d	L	D	$D_1\approx$	$D_2\approx$	H	S(h11)	d_1	d_2	h	b	l	l_1
M12×1.25	25，30，35	20	19.6	16.5	16	16	M6左	10	2	3	5	4
M16×1.5	30，35，40	26	25.4	21	18	21	M10左	13	3	4	6	5
M20×1.5	35，40，45	26	25.4	21	18	21	M12左	15	3	4	6	5
M24×1.5	40，45，50	38	37.29	31	30	34	M16左	20	5	5	8	6

注：1. 本表符合JB/T 8043.1—1999。
2. 材料为45钢，热处理硬度为35~40HRC。

表3-58　液性塑料夹具用内六角圆柱头螺钉的规格尺寸　(单位：mm)

d	L	D	$D_1\approx$	S/D13	d_1	d_2	l	l_1	l_2	l_3
M12×1.25	25，30	7.2	6.86	6	M6左	5.5	10	8	5	4
M16×1.5	30，35	9.5	9.15	8	M10左	7.5	12	10	6	5
M20×1.5	35，40	12	11.43	10	M12左	10	14	12	6	5
M24×1.5	45，50	14	13.72	12	M16左	11	18	16	8	6

注：1. 本表符合JB/T 8043.2—1999。
2. 材料为45钢，热处理硬度为35~40HRC。

表 3-59 液性塑料夹具用柱塞的规格尺寸 （单位：mm）

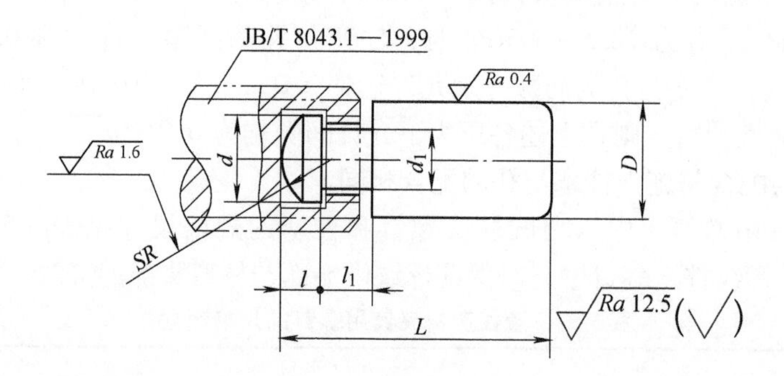

D	L	d	d_1	l	l_1	SR
10	20，25，30	M6 左	4. 2	4	6	6
13	30，35，40	M10 左	7	5	7	10
15	35，40，45	M12 左	9	5	7	12
18	40，45，50	M16 左	13	7	8	16
20	45，50，55	M16 左	13	7	8	16

注：1. 本表符合 JB/T 8043. 3—1999。

2. 材料为 45 钢，热处理硬度为 35~40HRC。

用于夹紧钢和铸铁工件的夹紧销的材料一般为 45 钢，热处理 35~40HRC。

图 3-85 所示为在双面 V 形块两侧同时夹紧 10 个工件(每侧 5 个)的液性塑料夹具(图中顶视图只绘出一半)，夹具有两个铰链压板 3，在铰链压板中有液性塑料和五个夹紧销(夹紧销应有防止从压板中掉下的机构,图中未示)。旋紧螺母 4，当各夹紧销与工件接触后，压缩液性塑料，其压力使各夹紧销均匀压在各工件上，二铰链压板各将五个工件夹紧，不受工件尺寸差异的影响。用两对铣刀同时加工各工件(轴)的双扁平面(*A—A* 剖视图)，用螺塞 8 调节液性塑料的容积。

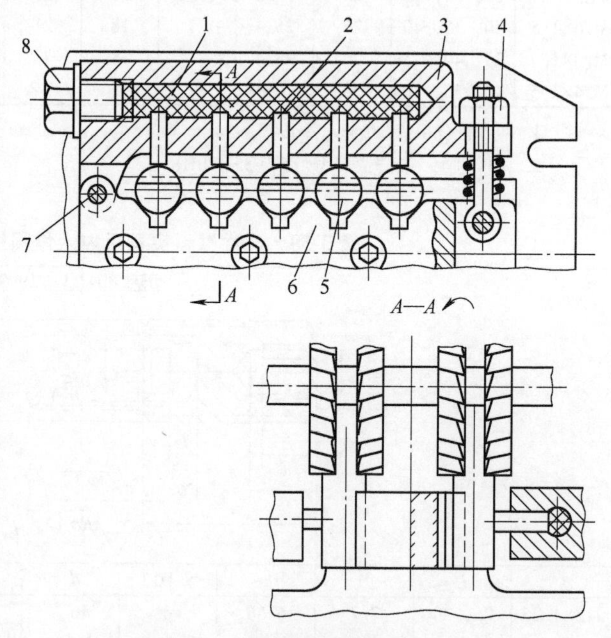

图 3-85 多位液性塑料夹具(一)

1—液性塑料 2—夹紧销 3—铰链压板 4—螺母 5—工件 6—双侧 V 形块 7—轴 8—螺塞

图 3-86 所示为加工同时夹紧六个方形工件的液性塑料夹具，从两侧面加工孔。顶板 7 用于松开工件后将工件顶出；螺塞 1 右端有柱塞 8，这样防漏性能好。

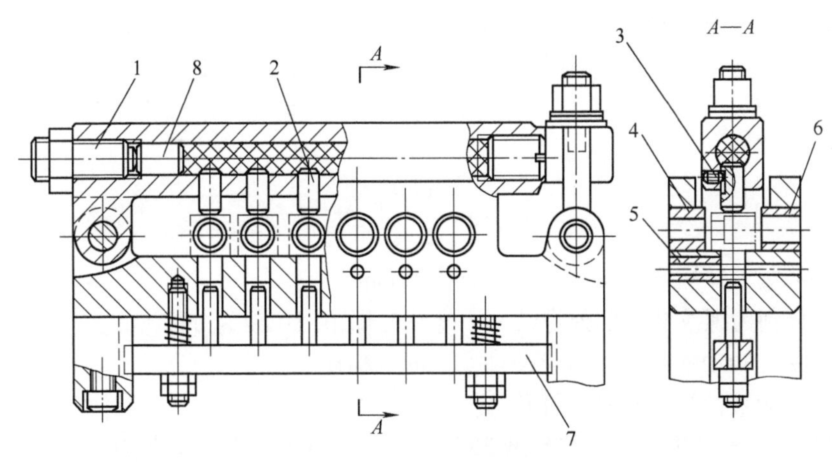

图 3-86　多位液体塑料夹具(二)

1—螺塞　2—夹紧销　3—螺钉

4、5、6—钻套　7—顶板　8—柱塞

对上述多位液性塑料夹具，夹紧销应位于图 3-87b 所示的位置，这样压力损失较小，工件夹紧牢靠；如夹紧销位于图 3-87a 所示的位置，将使液性塑料通道内的压力显著降低，影响夹紧的可靠性。

设计液性塑料夹具时应注意：夹具体内腔的体积和通道的尺寸要适当大，以满足所需夹紧力的需要和浇注时通道流畅，但内腔尺寸不要过大，因为过大不仅要多浇注塑料，而且会增加夹紧螺钉的行程；应考虑浇注时排除夹具体内腔中空气的问题，一般利用夹紧柱塞孔或调节螺钉孔作为浇注通道，在夹具体内腔容易形成气泡处设置排气孔通道，浇注孔和排气孔的位置应高于液性塑料其他部位(可参见第 4 章中塑料心轴的设计)。

通常，塑料夹紧施力螺钉的行程较大，需要螺钉转动多圈，图 3-88 所示的夹紧机构可

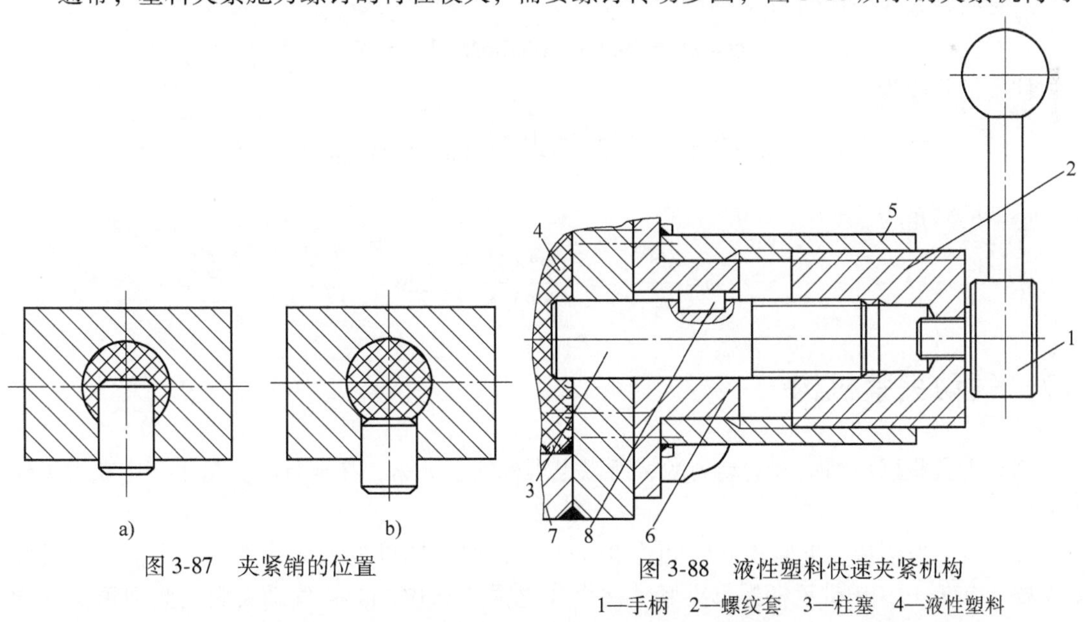

图 3-87　夹紧销的位置

图 3-88　液性塑料快速夹紧机构

1—手柄　2—螺纹套　3—柱塞　4—液性塑料

5—套　6—法兰套　7—本体　8—键

节省时间。法兰套6固定在本体7上，套5固定在法兰套6上，柱塞3上有防止本身转动的键8，柱塞3的左旋螺纹与螺纹套2的内左旋螺纹连接，而螺纹套2的外螺纹(右旋)与套5的内螺纹连接。手柄1拧紧在螺纹套2的端面上，转动手柄，螺纹套2转动，并向左移动；螺纹套2转动时，又使柱塞3相对螺纹套2向左移动，所以为夹紧工件手柄所需的转角为

$$\varphi=\frac{360h_1}{t_1+t_2}$$

式中 h_1——夹紧工件柱塞3所需行程，单位为mm；

t_1和t_2——分别为螺纹套2的外螺纹和内螺纹的螺距，单位为mm。

为松开工件，转动螺纹套2即可使柱塞3向右移动。

下面举例说明液性塑料夹具的计算。

对图3-88所示夹紧机构，已知柱塞3的直径$d_1=30$mm，要求夹紧力$F=100$kN，夹紧销的直径$d_2=20$mm，夹紧销数$n=12$，夹紧销的行程$h_2=1$mm，螺纹套2的外螺纹为M60×5、内螺纹为M30×3.5左(图3-88中未表示夹紧工件的销)。

由已知数据得，柱塞的面积为

$$A_1=\frac{\pi d_1{}^2}{4}=\frac{\pi\times30^2}{4}\text{mm}^2=706.86\text{mm}^2$$

一个夹紧销的面积为

$$A_2=\frac{\pi d_2{}^2}{4}=\frac{\pi\times20^2}{4}\text{mm}^2=314.16\text{mm}^2$$

作用在12个夹紧销上的压力为

$$p=\frac{F}{nA_2}=\frac{100000}{12\times314.16}=26.53\text{MPa}$$

夹紧时柱塞3施加的力为

$$Q=pA_1=26.53\times706.86\text{N}=18753\text{N}$$

柱塞的行程为

$$h_1=\frac{nA_2h_2}{A_1}=\frac{12\times314.16\times1}{706.86}\text{mm}=5.33\text{mm}$$

手柄的转角为

$$\varphi=\frac{360°h_1}{t_1+t_2}=\frac{360°\times5.33}{5+3.5}=226°$$

3.7 气动夹紧机构

气动夹紧是以压缩空气的动力源，所以也可称气压夹紧，在成批和大量生产中获得了较多的应用。

气动夹紧速度快，夹紧松开时间为0.022min，而用螺母扳手夹紧工件一次操作的时间就需要0.072min，用带手柄螺母夹紧一次操作也需要0.042min；气动夹紧夹紧力恒定和便于远距离控制，对环境温度、湿度和尘埃的适应性比液压夹紧强；气动夹紧使用期限长

[$(1\sim2)10^4$h 或$(1\sim5)10^8$ 次循环][56]。但是气动夹紧的力小，所以气动直接夹紧仅用于切削力小的情况。例如在钻床上加工中小型工件；切削力较大时气动夹紧则需通过增力机构夹紧工件。

与一般手动夹紧相比，气动夹紧的成本要高 50%~100%。

与液压夹紧相比，气动夹紧时气压在管道中压力损失小，其阻力损失不到油路的千分之一[2]；介质清洁，不易堵塞，对气动元件的精度要求比液压件低。但为达到同样的夹紧力，气动元件的外形比液压大得多。由于气体的可压缩性，气动夹紧的刚性低于液压夹紧，所以气动夹紧不适用于切削力较大的情况。

3.7.1 气动夹紧系统的组成

合格的气源是气动夹紧系统可靠和持久工作的保证，对机床夹具气缸用压缩空气的要求推荐值为：过滤度≤40μm，最大含油量为 25mg/m³，露点温度为+3℃[7]。

图 3-89 所示为一般机械加工工厂采用有油润滑的空气压的气路系统示意图。在空气压缩机 2 的进口处安装有阻力不大于 500Pa 的主管道空气过滤器 1，压缩机产生的压缩空气具有较高的温度，达 140~180℃，并有一定量的水和油，后冷却装置 3(有风冷式和水冷式)不仅使油、水变成滴状，而且降低了压缩空气中的微颗粒杂质；压缩空气再经过油水分离器 4，进一步净化；然后进入气罐 5，稳定压力，气罐应有一定的压缩空气储备量。油水分离器 4 为筒形，有的用旋转分离式、阻挡式和水溶分离式，也有的气路系统将油水分离器安装在气罐之后。

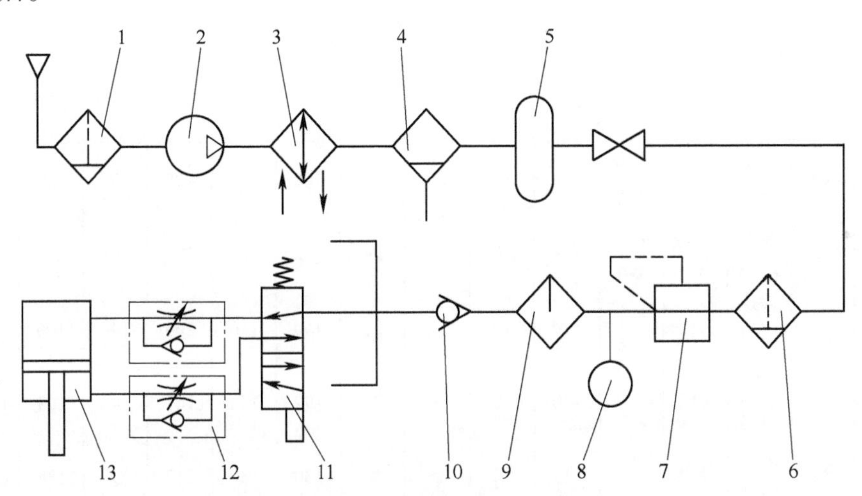

图 3-89 气动夹紧气路简图

1—空气过滤器(粗) 2—空气压缩机 3—后冷却器 4—油水分离器
5—气罐 6—分水滤气器 7—减压阀 8—压力表 9—油雾器
10—单向阀 11—配气阀 12—调速阀 13—气缸

压缩空气从气罐 5 输出后，输送到各用户，这时的压力一般不低于 0.7~0.8MPa，夹具一般使用的压力为 0.4~0.5MPa，试验时的压力为 0.6MPa。

各用户在使用前，压缩空气再经精度符合要求的分水滤气器 6(进一步净化空气，消除压缩空气中的残留水分、油污和尘埃，达到使用标准的要求)、减压阀 7(调整到所需压力)和油雾器 9(6、7 和 9 俗称“三大件”，有三件连为一体的组件；由于过滤减压阀的出现，又有二联件,图中压力表 8 一般为减压阀的附件)，再经过单向阀 10，供给多个夹紧气缸使用。

与机床夹具设计有关的工作有：根据要求设计从图 3-89 气罐 5 以后的气动系统，选择所用的气动元件(“三大件”,控制阀和连接管件等)；设计气动夹具。

3.7.2 活塞式气缸的结构、设计和计算

夹具用气缸主要有活塞式和薄膜式，每类气缸又有单向作用、双向作用和旋转气缸。

1. 活塞式气缸的结构

(1) 固定式气缸　表 3-60 所示为 QGA 系列固定式基本型气缸的结构和主要尺寸。

表 3-60　QGA 系列气缸结构尺寸

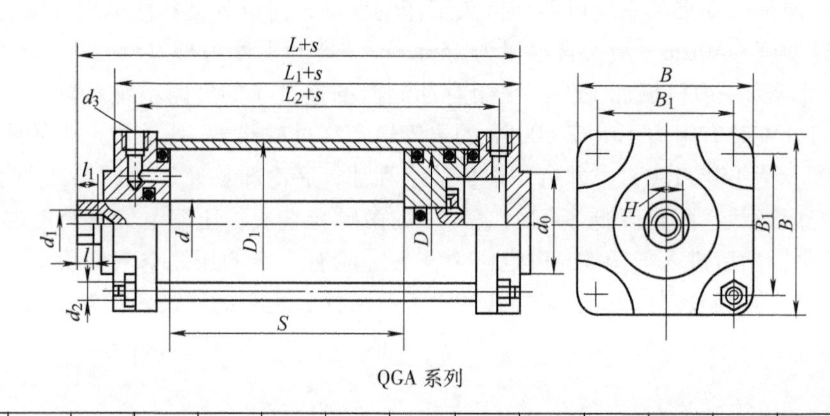

QGA 系列

D/mm	d/mm	d_0/mm	d_1/mm	d_2/mm	d_3/mm	D_1/mm	l/mm	l_1/mm	H/mm	B/mm	B_1/mm	L/mm	L_1/mm	L_2/mm	推力/kN	拉力/kN
80	25	40	M20×1.5	M10	M14×1.5	89	10	25	24	100	75	128	108	83	2.01	1.82
100	25	62	M20×1.5	M10	M14×1.5	112	10	25	24	115	90	128	108	83	3.14	2.95
125	30	75	M24×1.5	M12	M14×1.5	140	10	30	27	150	110	164	144	106	4.90	4.60
160	30	75	M24×1.5	M16	M18×1.5	180	10	30	27	190	144	164	144	109	8.03	7.76
200	40	80	M30×1.5	M20	M18×1.5	219	10	35	36	230	180	212	192	138	12.56	12.10
250	40	80	M30×1.5	M20	M22×1.5	273	10	35	36	280	224	212	192	138	19.62	19.13

表 3-60 所示 QGA 系列为固定式基本型气缸，气缸有无缓冲的、带缓冲的和各种连接方式的。气缸固定的方式如图 3-90 所示。

图 3-91a 所示为固定式双活塞气缸的原理，气缸套中间有连接臂，将气腔分成两部分。当压缩空气进入二气缸右腔时，活塞杆向左移动；当压缩空气进入二气缸左腔时，活塞杆反向移动。在同样直径下，双活塞气缸产生的力约为单活塞气缸产生力的 1.9 倍。

双活塞(或多活塞)的气缸，主要用于气缸直径小、不适合采用大直径而又需要较大力的情况，例如高度较小的气动虎钳等。

增大力的气缸也可做成复合型活塞/活塞杆的形式，其示意图如图3-91b所示。压缩空气从A孔同时进入腔1和腔2使活塞杆向左伸出，输出力增大近一倍；返回时，压缩空气从B孔进入腔3。

(2) 旋转气缸　为适应车、磨等机床夹紧旋转体工件等的需要，要求气缸与主轴或其他件同时转动，这就需要采用旋转气缸。下面介绍旋转气缸的结构及其在机床上的安装。表3-61和表3-62给出了单活塞和双活塞双向作用旋转气缸的结构和主要尺寸。

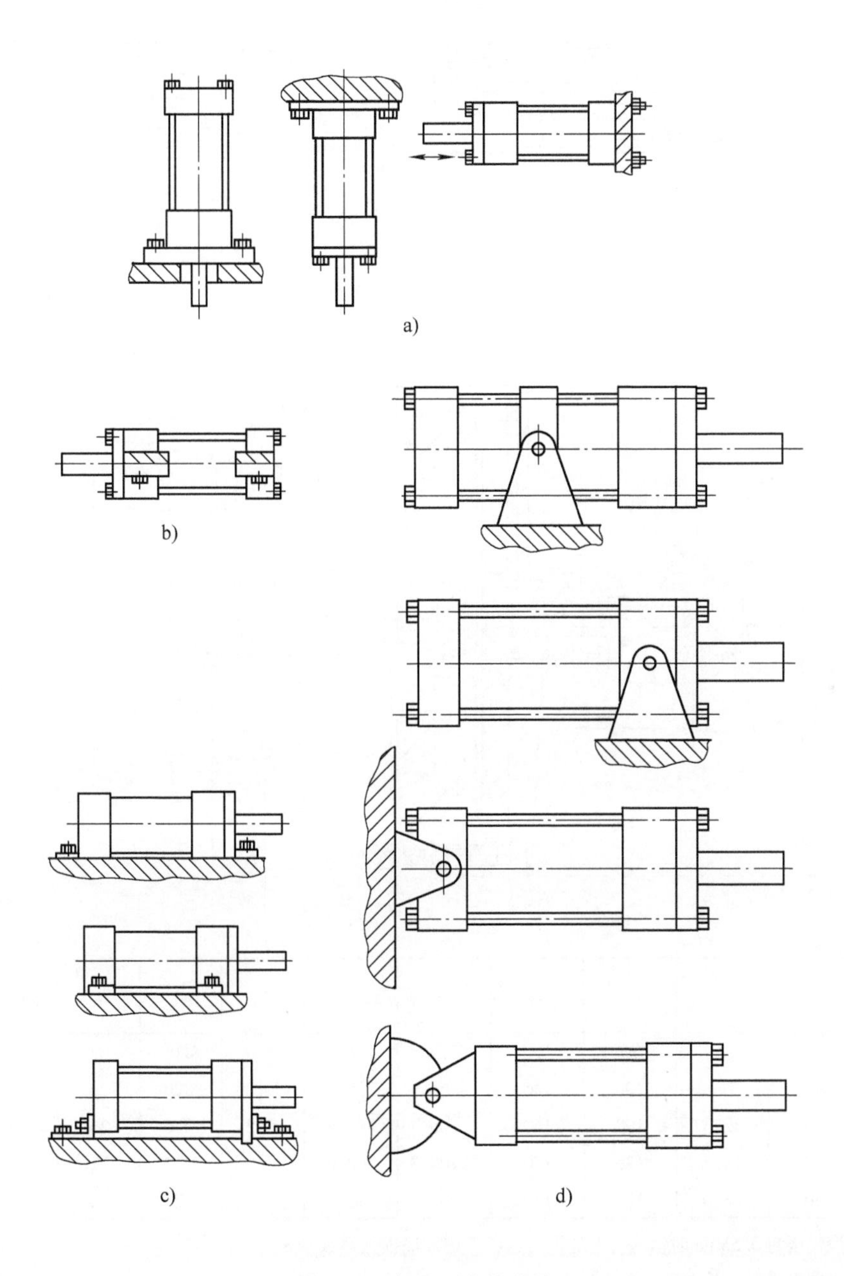

图3-90　气缸固定的方式

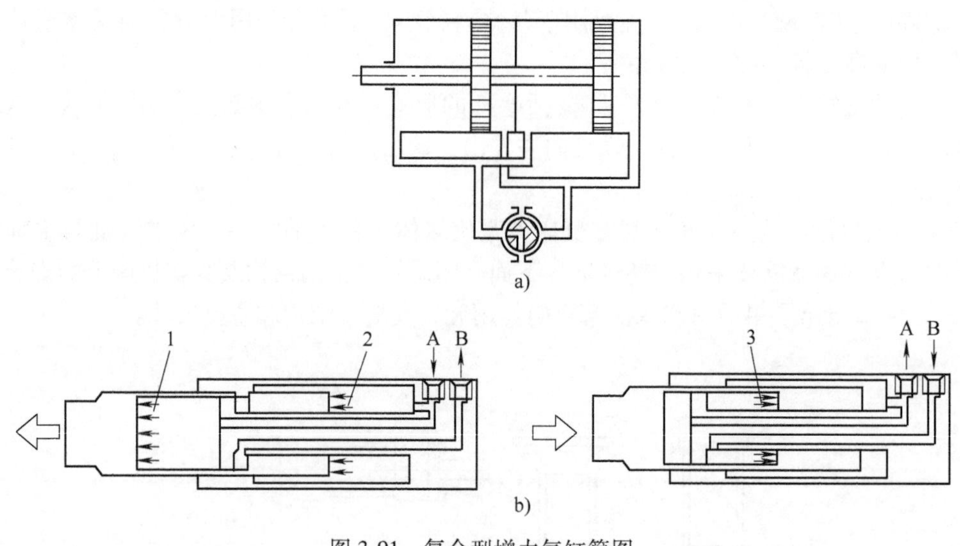

图 3-91 复合型增力气缸简图

1、2、3—腔

表 3-61 单活塞双向作用旋转气缸 （单位：mm）

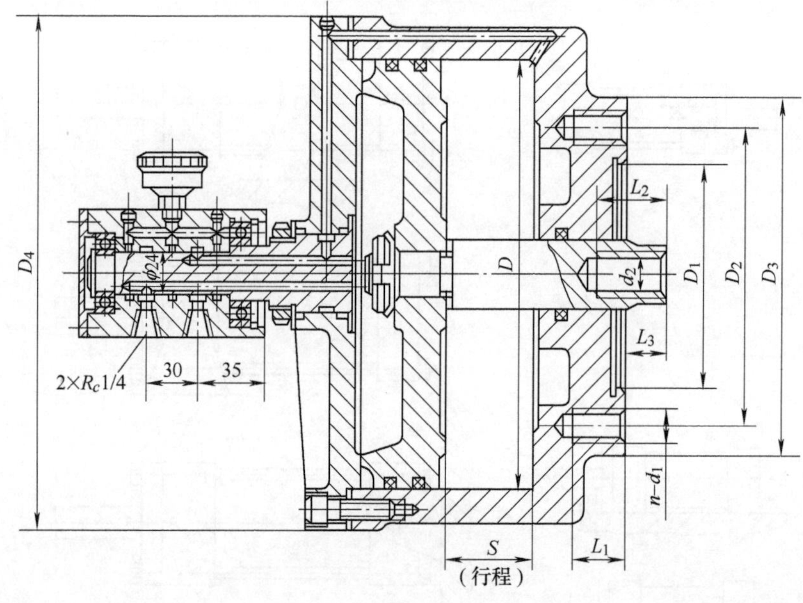

D	S	Q/kN	D_1	D_2	D_3	D_4	d_1	d_2	L_1	L_2	L_3
100	35	3.1	75	100	125	135.4	M10	M16	22	30	23
150	40	7.0	100	140	165	185.4	M12	M20	26	35	25
200	40	12.5	100	140	165	240.4	M12	M20	26	35	25
250	50	19.5	125	170	200	290.6	M16	M27	32	40	35
300	50	28.0	125	170	200	345.6	M16	M27	32	40	35

注：1. Q 为气压为 0.5MPa 时活塞杆上的推力，已考虑摩擦损失系数 0.8。

2. 本表资料来源：长春第一汽车制造厂。

表 3-62　双活塞双向作用旋转气缸　　（单位：mm）

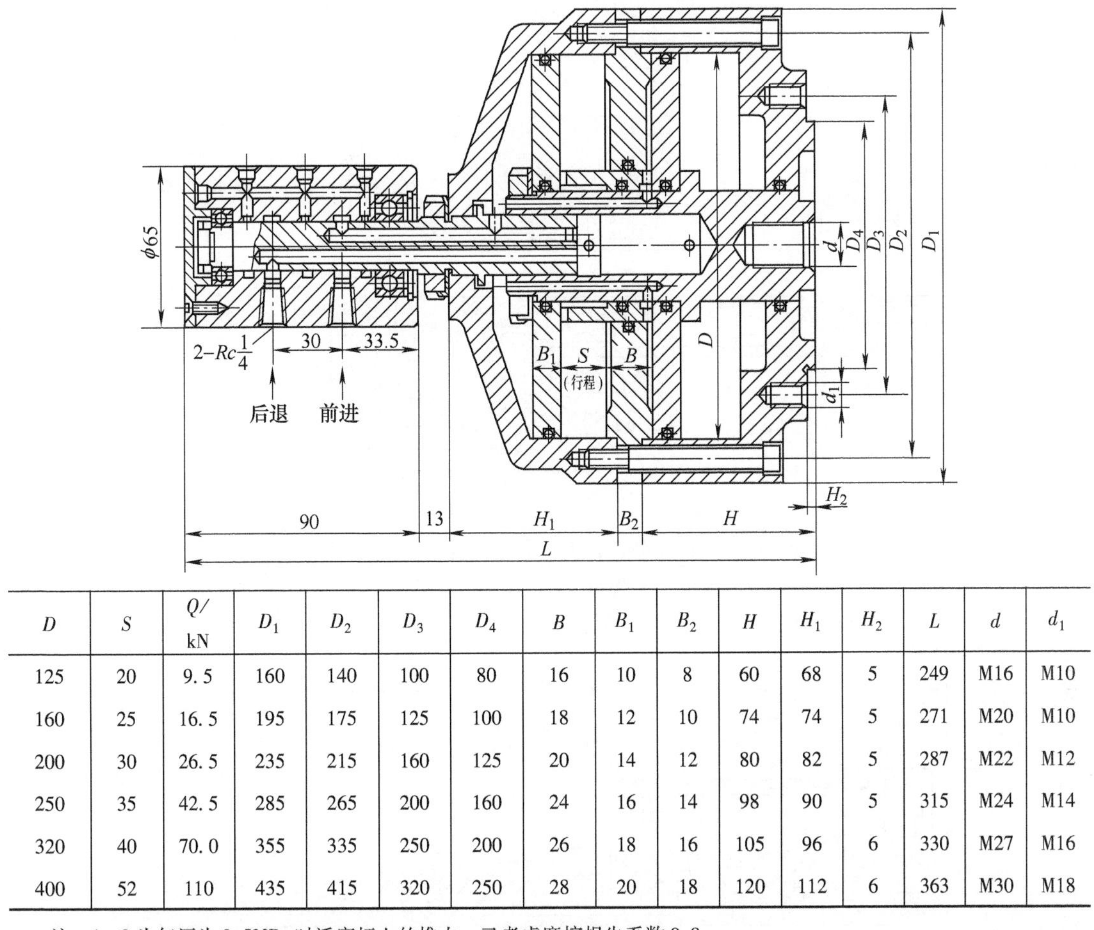

D	S	Q/kN	D_1	D_2	D_3	D_4	B	B_1	B_2	H	H_1	H_2	L	d	d_1
125	20	9.5	160	140	100	80	16	10	8	60	68	5	249	M16	M10
160	25	16.5	195	175	125	100	18	12	10	74	74	5	271	M20	M10
200	30	26.5	235	215	160	125	20	14	12	80	82	5	287	M22	M12
250	35	42.5	285	265	200	160	24	16	14	98	90	5	315	M24	M14
320	40	70.0	355	335	250	200	26	18	16	105	96	6	330	M27	M16
400	52	110	435	415	320	250	28	20	18	120	112	6	363	M30	M18

注：1. Q 为气压为 0.5MPa 时活塞杆上的推力，已考虑摩擦损失系数 0.8。

2. 本表资料来源：武汉工模夹具厂。

图 3-92 所示为一种单向作用单活塞旋转气缸，该结构可用于两种工作状态：拉或压。

若要调整到活塞杆为压的工作状态，则转动与空心轴连为一体的螺母 8，空心轴 7 右端螺纹在轴套 13 的螺孔中轴向移动，使螺母 8 外圆左面的环形小刻槽中线的位置与端盖 9 的端面重合，这时调整垫圈离开端盖 9 一段距离，而垫环 6 右端面靠在本体 2 内孔的端面 B 上（图中 $O—O$ 以上的位置）。这时压缩空气进入活塞 3 的左腔，使活塞与其连接的轴套 13 向右移动，夹紧工件时活塞与缸盖 1 端面有小距离，这时活塞右腔的空气经阀 14 的孔排向大气。当停止供给压缩空气后，弹簧 11 使活塞和轴套回到左面位置。

若要调整到活塞杆为拉的工作状态，则使螺母 8 右面的环形小刻槽中线的位置与端盖 9 的端面重合，这时调整垫圈与端盖 9 的端面 A 接触，而在空心轴 7 法兰的推动下，垫环 6 的端面离开本体 2 内孔端面 B 一段距离（图 $O—O$ 以下的位置）。这样即可实现活塞杆拉动卡盘或夹具的夹紧杆，此处不再赘述。

图 3-93 所示为 $n_{max}=1200$r/min 的配气装置，用螺母 1 将配气装置支承轴 2 固定在气缸本体左端的孔中，在支承轴 2 上有两对 V 形皮碗 6 和 8、滚珠轴承 5。当气缸与支承轴一起

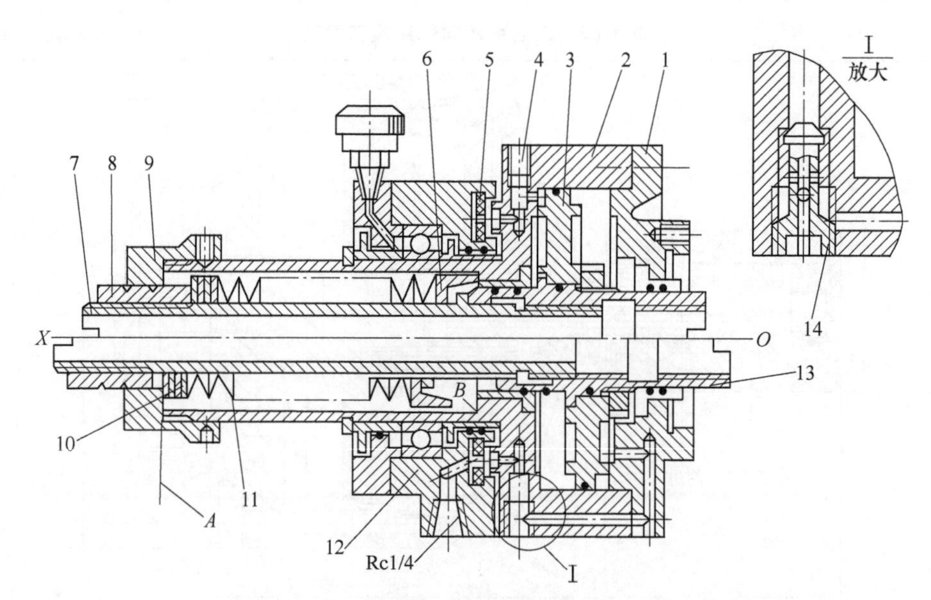

图 3-92 单向作用单活塞旋转气缸(拉、压两用)

1—缸盖 2—本体 3—活塞 4—螺塞 5—密封圈 6—垫环 7—空心轴 8—螺母 9—端盖 10—垫片 11—弹簧 12—配气装置 13—轴套 14—阀

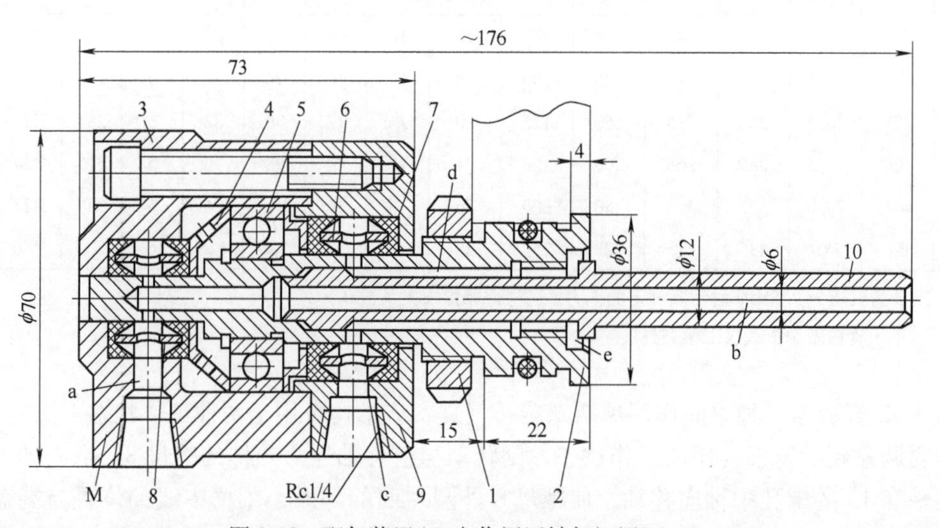

图 3-93 配气装置(双向作用回转气缸用)(一)

1—螺母 2—支承轴 3—本体 4—挡圈 5—滚珠轴承 6、8—V 形皮碗 7—隔离环 9—盖 10—管道

旋转时，配气装置本体 3 保持不动。在两对 V 形皮碗 6 和 8 之间有带径向孔的隔离环 7，在支承轴 2 的孔中压入空气输送管道 10，在本体 3 和盖 9 上有 Rc1/4 螺孔，连接头与控制气路相连(图中未示)。

压缩空气从配气装置左面的螺孔沿通道 a、b，并经过活塞杆上相应通道进入气缸的右腔，活塞向左移动；当压缩空气从配气装置右面的螺孔沿通道 c、d 和 e 进入气缸左腔时，活塞向左移动。

图 3-94 所示为采用滑动轴承的配气装置，$n_{max}=2000r/min$，支承轴 1 与青铜套 3 的间隙为 0.005~0.010mm，压力注油杯 4 用于向支承轴与青铜套之间的间隙填充耐热压力润滑脂，

以防止其发热和漏气。

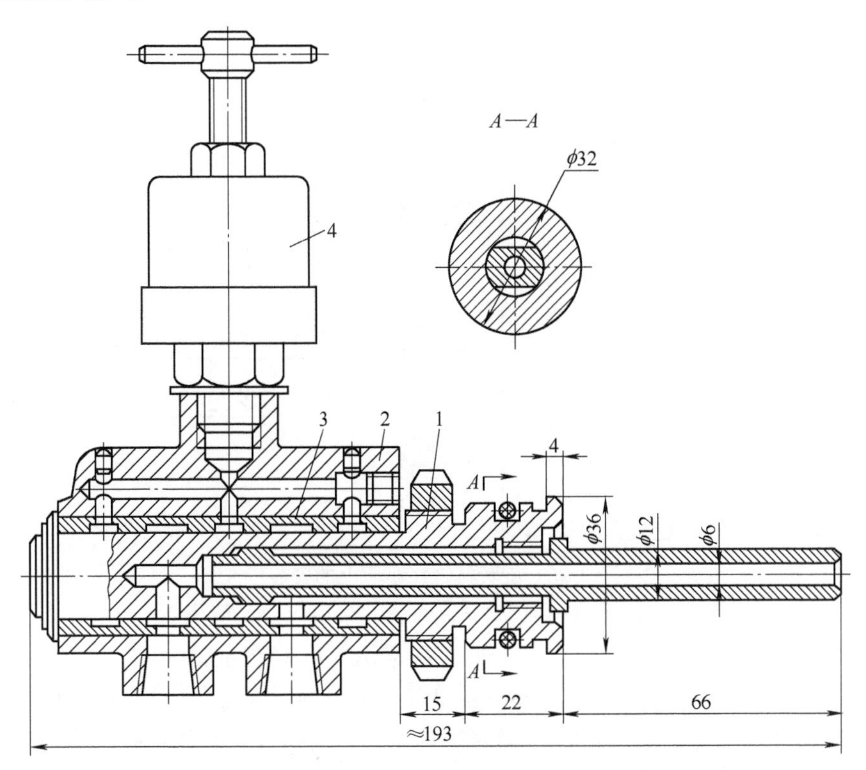

图 3-94　配气装置(双向作用回转气缸用)(二)

1—支承轴　2—本体　3—套　4—压力注油杯

图 3-95 所示为三活塞旋转气缸简图，气缸由两端套筒和中间套筒组成，三个活塞 2(中间有隔套)安装在同一个活塞杆 3 上。活塞杆右端有螺纹套 4，其螺孔与机床卡盘或心轴的拉杆连接；活塞的左端固定有带槽的销 5，销与气缸一起相对固定不动的配气装置 6 旋转。

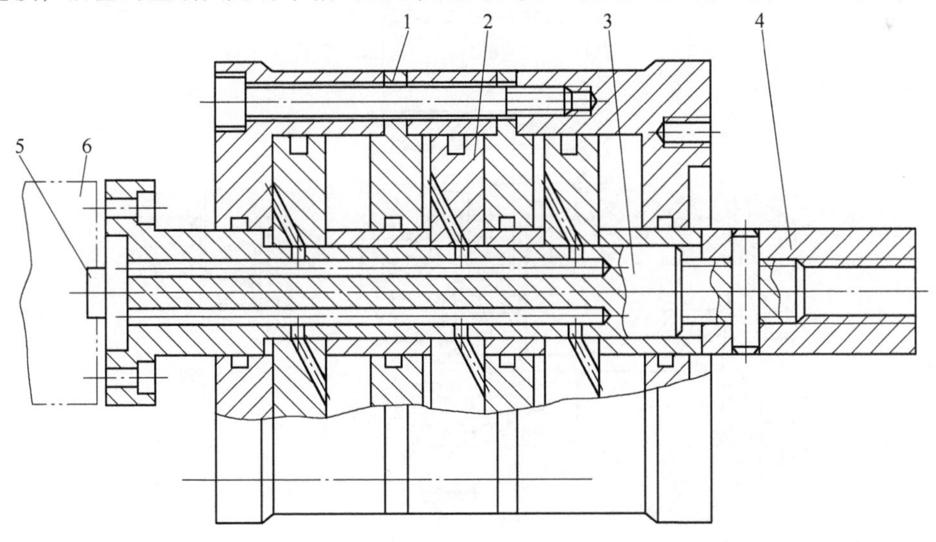

图 3-95　三活塞旋转气缸简图

1—中间隔盘　2—活塞　3—活塞杆　4—螺纹套　5—销　6—配气装置

当气压为0.4MPa时，气缸活塞杆的推力和拉力约为8800N，活塞杆行程为15mm。活塞杆上有销，与活塞孔上的槽配合，防止活塞相对杆转动。

旋转气缸在车床上的安装如图3-96所示。

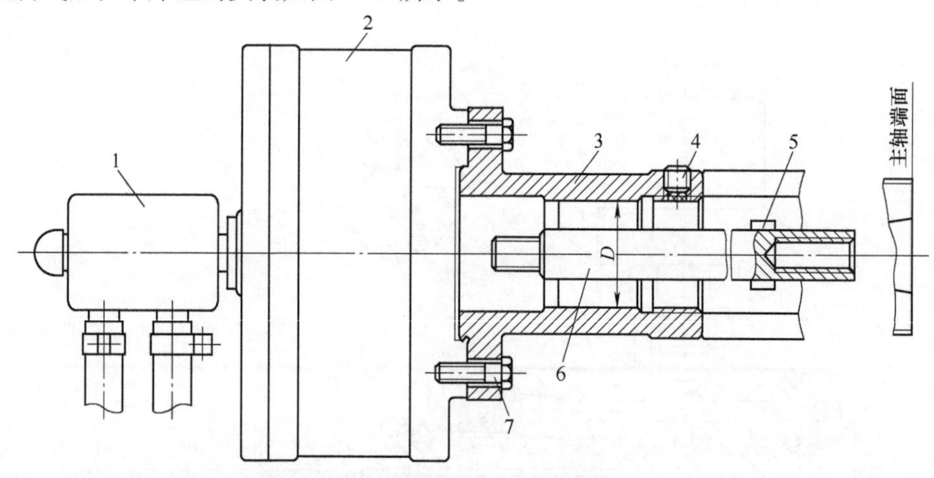

图3-96 旋转气缸在车床上的安装

1—配气装置 2—旋转气缸 3—过渡法兰盘 4—螺钉 5—环 6—拉杆 7—螺钉

过渡法兰盘3安装在车床主轴上，以轴颈D定位，旋紧在主轴螺纹上，并用螺钉4(下面有衬垫)锁紧。其上有配气装置的旋转气缸2用螺钉7固定在法兰盘上；拉杆6通过主轴孔，拉杆左端螺纹部分与气缸活塞杆右端的螺孔连接，而拉杆右端的螺孔与卡盘或心轴的杆件相连，在主轴内安装环5支承拉杆。

(3) 专用活塞式气缸 除上述固定和旋转气缸外，根据夹具结构的需要，在成批、大量生产中，或在通用夹具中需要设计专用气缸。

图3-97所示为拉削连杆大头接合面和半孔的气动夹具，专用浮动气缸1固定在摆动块5

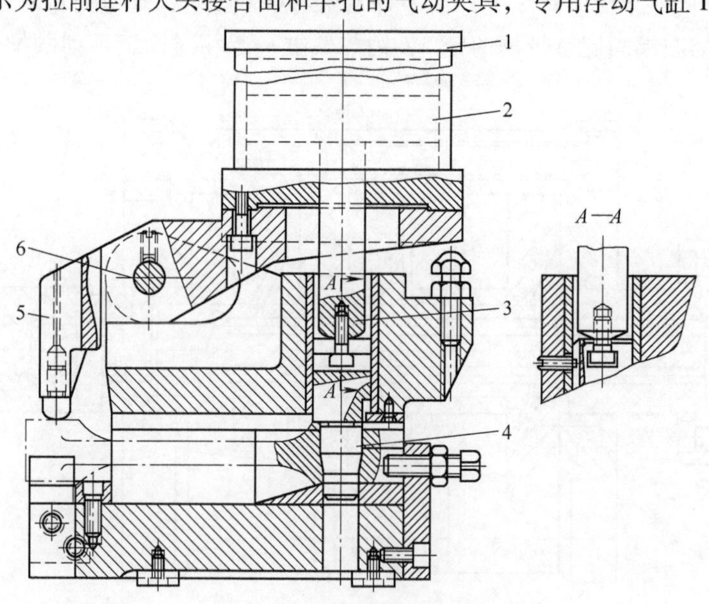

图3-97 夹具专用浮动气缸

1—浮动气缸 2—活塞 3—活塞杆 4—压紧销 5—摆动块 6—轴

上，摆动块安装在轴 6 上，压紧销 4 与活塞杆 3 浮动连接(活塞杆端面为圆弧面)。当压缩空气进入活塞 2 上腔时，气缸 1 向上移动，使摆动块逆时针摆动，将连杆大头压紧，气缸 1 停止向上移动，与此同时活塞向下移动，压紧销 4 压紧连杆小头。

对长度较长的工件，为加工工件外圆需要以内孔两个截面定位，如图 3-98 所示。转动手把 4，管 2 和拉杆同时向相反方向移动，拉杆 3 使右面的各滑块张开夹紧工件，管 2 使左面的各滑块夹紧工件。

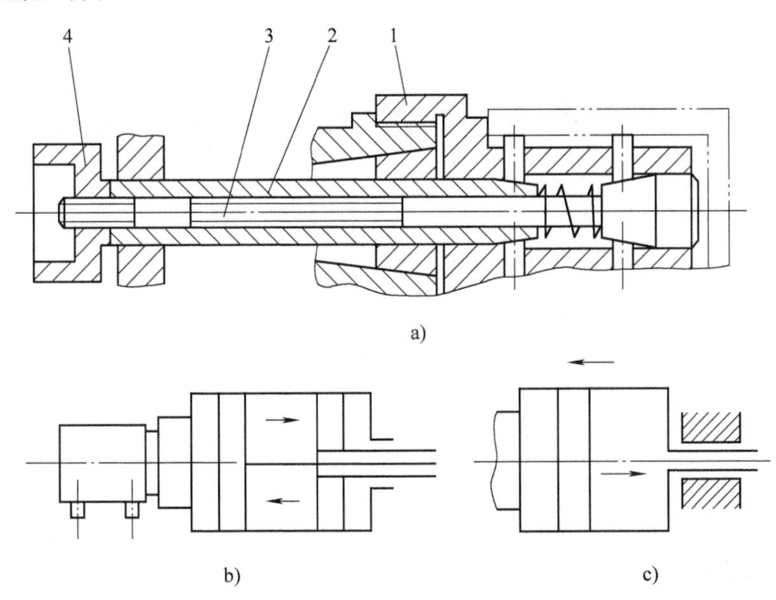

图 3-98　用专用气缸实现内圆按两个截面定位

1—工件　2—管　3—拉杆　4—手把

为提高生产率，减少辅助时间，可采用两个分开活塞的气缸(图 3-98b)；或采用浮动气缸(气缸可沿轴线移动)，也可达到同时在内孔两个截面上定心夹紧的目的(图 3-98c)。

图 3-99 所示为两个分开活塞的气缸同时夹紧两个工件的示意图，压缩空气从分配阀沿管道 1 和中间接头进入气缸，使两个活塞 2 向不同方向移动，通过斜楔 3 同时夹紧两个工件。切换气源后，压缩空气从管道 5 和气缸两端上的接头进入气缸，使两个活塞回到原始位置，靠在中间挡圈上，松开工件。

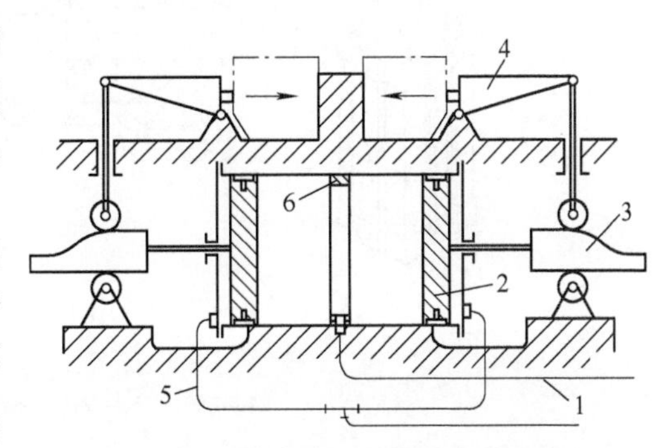

图 3-99　两个分开活塞气缸示意图

1、5—管道　2—活塞　3—斜楔

4—铰链压板　6—挡圈

图 3-100 所示为单向作用、二分开活塞气缸的原理(图 3-100a)及其在夹具上的应用(图 3-100b)。图 3-100b 左面表示杠杆 4 压紧工件的位置，右面表示压板松开工件的原始位置。工件以平面和两孔定位，杠杆 4 上的轴 2 装在铰链板 3 上，铰链板通过轴 5 与夹具体连接。当压缩空气进入中间腔时，在两个杆 7 的作用下，板 3 处于垂直位置，两个杠杆 4 夹紧工件；当切断分配阀时，压缩空气排到大气，在弹簧 6 的作用下两个杠杆 4 和板 3 回到原始位置。对这种结构，应合理确定尺寸 l_1 与 l_2 之比，并使其不妨碍工件的装卸。如果工件较长，

则可再增加同样结构夹紧装置的数量。

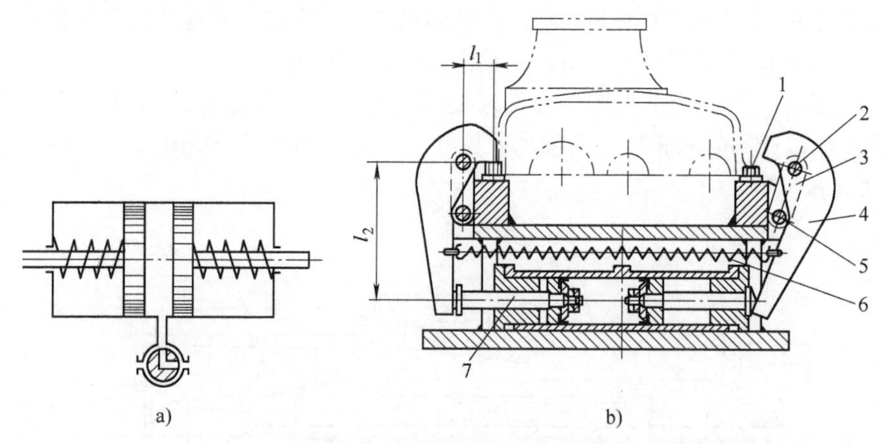

图 3-100 单向作用、二分开活塞气缸

1—螺钉 2、5—轴 3—板 4—杠杆 6—弹簧 7—杆

图 3-101 所示为直线式摆动夹紧气缸，在导套 5 上有两个槽(每个槽都有直线部分和螺旋部分)，缸套 3 上装有导向螺钉(尾部与槽配合)，导套 5 与活塞杆固定连接。活塞直线移动的同时沿螺旋槽旋转(90°±1°)，带动压板夹紧工件。导向螺钉对准的槽不同，压板的旋转方向也不同。

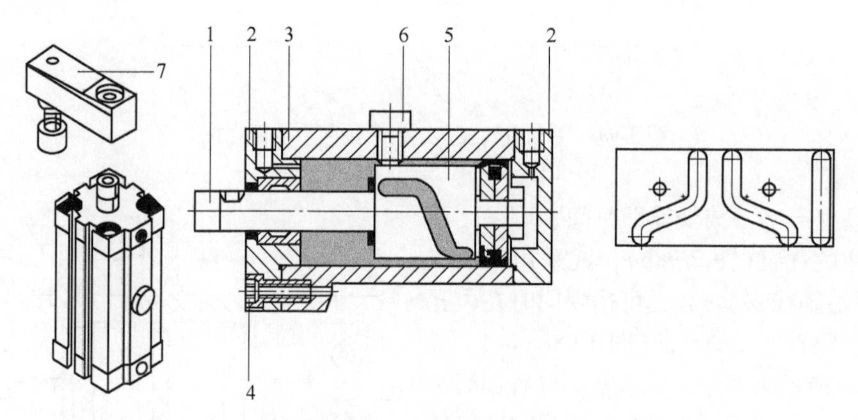

图 3-101 直线式摆动气缸

1—活塞杆 2—缸盖 3—缸套

4—螺钉 5—导套 6—导向螺钉 7—压紧块

直线式摆动气缸的规格见表 3-63。

表 3-63 直线式摆动气缸的规格

缸径/mm	32	40	50	63
滑块行程/mm	28/38	28/38	41/71	41/71
夹紧行程/mm	10/20	10/20	20/50	20/50
夹紧力/N	362	633	990	1682

(4) 气缸的缓冲和气液阻尼缸 机床夹具气缸活塞速度不超过 500mm/s，行程一般也不大，而且夹紧工件时活塞不会撞击缸盖，调试时可能碰撞，但次数很少，所以一般夹具气

缸不用缓冲，必要时可在活塞回程方向的缸盖上设置缓冲垫；但有时要求活塞移动到终端前运动平稳(例如回转分度机构)，则需采用缓冲结构或采用气液阻尼缸。

气缸活塞缓冲结构如图 3-102a 所示，当活塞 2 向右移动到柱塞 1 时开始进入缸盖孔，压缩空气只能通过缸盖上的小孔经节流阀 4 排向大气，这样在活塞移动到终端前，其速度得到缓冲。国产气缸常用柱塞缓冲结构尺寸见表 3-64。[7]

表 3-64　国产气缸常用柱塞缓冲结构尺寸　　(单位:mm)

气缸内孔直径 D	32	40	50	63	80	100	125	160，200	250，320
柱塞直径 d_1	16	20	24	25	30	32	38	55	63
缓冲柱塞长度 L	10~15	15	20	20	25~30	25~30	25~30	25~30	30~35

图 3-102b 所示为一种双向缓冲气缸，在缓冲孔口有密封圈 4。

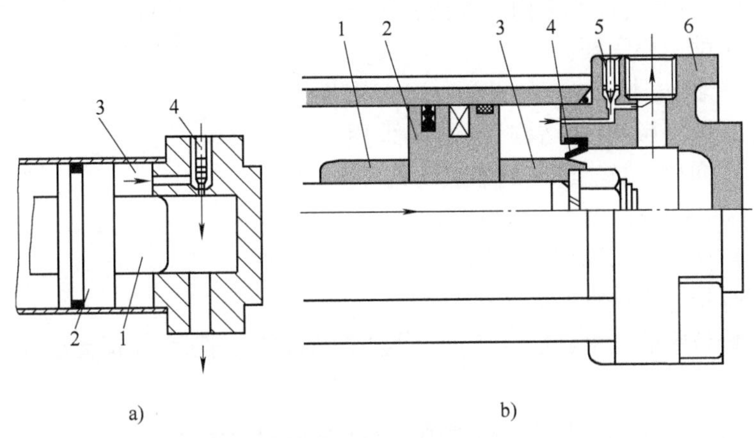

图 3-102　活塞式气缸缓冲结构

a) 1—柱塞　2—活塞　3—缓冲气室　4—节流阀

b) 1、3—缓冲套　2—活塞　4—缓冲密封圈　5—缓冲阀　6—缸盖

在要求速度平稳时，可采用气液阻尼缸，如图 3-103 所示。当活塞向左移动夹紧工件时，活塞的速度受到单向节流阀 3 的限制，使活塞平稳移动；活塞向右返回时，单向节流阀

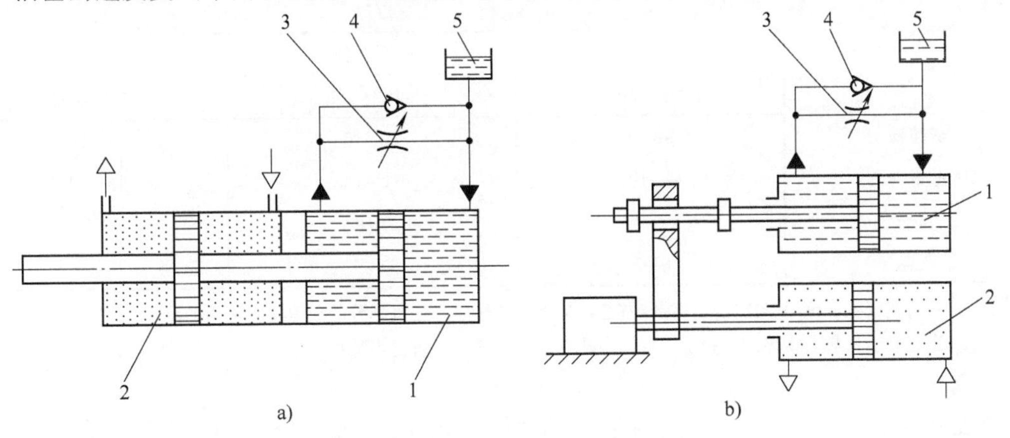

图 3-103　气液阻尼缸原理

1—油缸　2—气缸　3—节流阀　4—单向阀　5—油杯

打开，活塞以较快速度平稳返回。

油杯5的作用是补偿油缸中的油可能的泄漏，避免在油缸腔中产生气泡。

图3-104所示为环形并联式气液阻尼缸，其结构紧凑，可用在回转分度机构中，活塞在整个行程中移动平稳。

对这种气液阻尼缸，应使环形活塞2液压腔的容积大于活塞5气腔的容积，以补偿油可能产生的泄漏。该气液缸的优点是，具有一定程度上液压传动的优点，成本低。

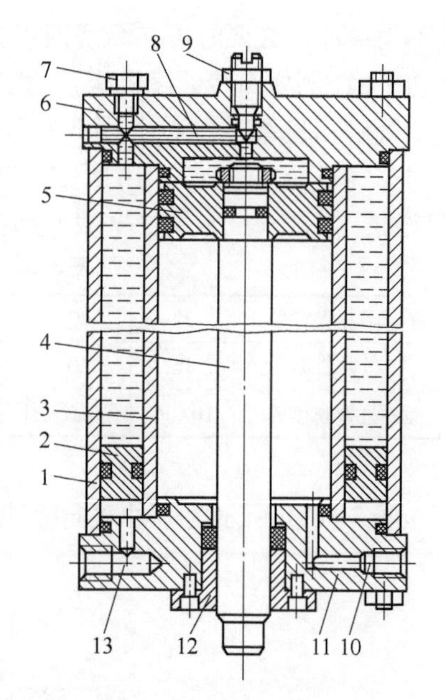

图3-104 气液阻尼缸
1、3—缸套 2、5—活塞 4—活塞杆 6、11—盖 7—螺塞 8—油孔 9—节流阀 10、13—气孔 12—衬套

2. 活塞式气缸的设计

前面已介绍了各种气缸的结构，下面介绍气缸各主要元件结构设计中的主要问题：

(1) 活塞式气缸缸体或缸套的设计　一般带连接法兰气缸缸体(例如表3-62中的结构)的材料采用灰铸铁HT150、HT250，有时为减轻重量(例如摆动式气缸)采用铸造铝合金ZAlSi9Mg(ZL104)、ZAlSi8Cu1Mg(ZL105)，也可用35钢、45钢(28~32HRC)焊接制造。对铸件应进行时效处理，对焊接件应进行退火处理。

对采用长螺栓拉紧的气缸(表3-60图)，缸套的材料一般为20钢无缝钢管，或用铝合金管。

为防止缸孔腐蚀和提高耐磨性，对钢制缸套可镀硬铬，厚度为0.01~0.03mm。

气缸内孔直径D按活塞杆所需产生的力来确定，并应符合标准尺寸。气缸的长度应满足活塞的行程比所需行程大10~20mm的条件。对靠弹簧返回的单向作用气缸，其活塞行程一般为(0.8~1.5)D。气缸的壁厚一般可按表3-65确定。

表3-65 气缸缸体或缸套的壁厚 (单位：mm)

缸体或缸套的材料	壁厚		
	缸孔直径		
	80~150	>150~250	>250~400
灰铸铁	8~10	12~15	15~18
铸造铝合金	8~10	12~15	15~18
无缝钢管	6~7	7~9	9~12
铝合金管	6~7	7~9	9~12

注：1. 对铸造气缸的壁厚非指气缸两端与缸盖连接部分的壁厚，连接部分的壁厚还要适当加厚。
2. 当缸套压入夹具本体后再精加工缸套内孔时，缸套的壁厚可适当减小。

对缸体或缸套的主要技术要求是：铸造气缸不允许有砂眼、气孔和疏松等缺陷；内孔尺寸公差一般为H8(其与活塞外圆的配合一般为H8/f7，也可以是H9/f8、H9/d8)；用O形密封圈密封时，内孔表面粗糙度为Ra0.4~0.2μm；用Y形、V形密封圈密封时，内孔表面粗糙度为 Ra1.6～0.8μm；缸孔的圆度误差不大于其直径公差的一半；两端面的垂直度（对内孔轴线）误差不大于其直径公差的$\frac{2}{3}$（≤0.1mm）；缸孔在装配后在大于工作压力 50%的压力下，其漏气量不应超过 1.2dm^3/h（气缸直径为 32～50mm）、2dm^3/h（气缸直径为 63～100mm）、3dm^3/h（气缸直径为 125～200mm）和 5dm^3/h（气缸直径为 250～320mm）。

气缸内孔上应有适当的倒角，棱边并倒圆，以防止活塞上密封圈的损伤，最小倒角长度见表 3-66。

表 3-66　气动活塞与缸套径向动密封 O 形密封圈的沟槽（GB/T 3452.3—2005，下同）（单位：mm）

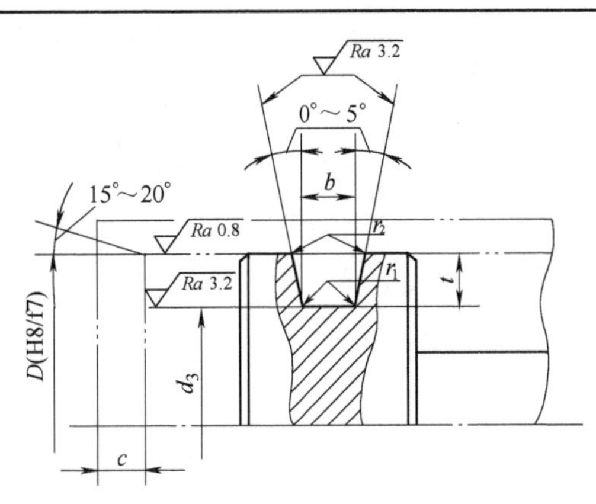

活塞公称直径 D	19～44	24～200	50～250	125～270
O 形密封圈截面直径 d_2	2.65	3.55	5.30	7.00
槽宽（不加挡圈）$b^{+0.25}_{0}$	3.4	4.6	6.9	9.3
槽深 t	2.15	2.95	4.5	6.1
缸孔最小倒角长度 c	1.5	1.8	2.7	3.6
沟槽底圆角半径 r_1	0.2～0.4	0.4～0.8	0.4～0.8	0.8～1.2
沟槽棱角半径 r_2	0.1～0.3	0.1～0.3	0.1～0.3	0.1～0.3

注：d_2 参见 GB/T 3452.1—2005。

（2）活塞式气缸活塞的设计　活塞材料一般采用 HT150、HT200（加工后磷化处理）或 35 钢、45 钢（加工后氧化处理），也可采用铸造铝合金 ZAlSi9Mg（ZL104）、ZAlSiCu1Mg（ZL105），对铸件的要求同上述。

活塞一般做成整体式的，也可做成组合式的。整体式活塞可采用纤维树脂塑料制造，也可在活塞与缸孔接触的外圆上熔堆聚异丁烯（树脂）。

采用 O 形密封圈（GB/T 3452.1—2005，下同）活塞沟槽的尺寸应符合表 3-67。

按下式计算沟槽底部直径 d_3（公差为 h9）

$$d_{3\max}=D_{\min}-2t$$

式中　$d_{3\max}$——沟槽底部最大直径，单位为 mm；

$D_{\min}$——气缸内孔最小直径，单位为 mm；

t——沟槽深度，单位为 mm。

例如，气缸内孔直径 $D=80\text{H8}$，选用 $d_2=3.55\text{mm}$ 的 O 形密封圈，则沟槽深度 $t=2.95\text{mm}$，沟槽底部直径为

$$d_{3\max}=D_{\min}-2t=80\text{mm}-2\times2.95\text{mm}=74.1\text{mm}$$

对活塞的技术要求是：外圆（直径为 D）对安装活塞杆内孔（直径 d）的同轴度误差为 $\phi(0.02\sim0.03)\text{mm}$（对 O 形密封圈）或 $\phi(0.04\sim0.06)\text{mm}$（对 Y 形、V 形密封圈）；外圆（直径 D）的圆度误差不大于其直径公差的一半；沟槽底径 d_3 对外圆 D 的同轴度误差为 $\phi0.025\text{mm}$（$d_3<50\text{mm}$）或 $\phi0.05\text{mm}$（$d_3>50\text{mm}$）；活塞两端面对外圆 D 轴线的垂直度误差为 0.03mm（$D<60\text{mm}$）或 0.05mm（$D>60\text{mm}$）。

表 3-67　常用气缸活塞上 O 形密封沟槽的尺寸（d_3 和 b）　（单位：mm）

气缸孔直径 D/(H8)	活塞外圆直径 D/(f7)	O 形密封圈截面直径 3.55			5.3			7.0		
		d_1	d_3/(h9)	b	d_1	d_3/(h9)	b	d_1	d_3/(h9)	b
63		56	57.1		53	54				
80		73	74.1		69	71				
100		92.5	94.1	4.6	90	91	6.9			
125		118	119.1		115	116		109	112.8	
160		152.5	154.1		147.5	151		145	147.8	9.3
200		190	194.1		187.5	191		185	187.8	
250					239	241		236	237.8	

注：1. r_1 和 r_2 见表 3-66。

2. d_3 值可按实际需要确定（下面 d_4、d_5 相同）。

3. d_1 为 O 形圈的内径。

（3）活塞式气缸活塞杆的设计　活塞杆的材料一般为 45、45Cr 钢，热处理 38～48HRC 或 30～35HRC，在外圆移动部分的长度上镀硬铬，厚度为 0.01～0.02mm。一般活塞杆的直径 d 和 d_c（图 3-105）可参考表 3-68 确定。

表 3-68　一般活塞杆的直径

气缸直径 D/mm	32	40	50	63	80	100	125	160	200	250	280	320
活塞杆直径 d/mm	12	16	20	20 25	25 30	25 30	32 40	40 50	50 63	63 70	75 80	80
连接螺纹 d_c/mm	M8×1.25	M12×1.25	M16×1.5	M16×1.5	M20×1.5 M27×2	M24×2	M27×2 M36×2	M36×2 M42×3	M42×3 M56×3	M56×3 M64×4	M64×4 M72×4	

如果在活塞杆直径为 d_p 的外圆上安装 O 形密封圈实现与活塞轴向静密封，活塞杆上的沟槽应符合表 3-69，其常用沟槽尺寸、活塞杆直径公差和表面粗糙度见表 3-70。

当缸盖（或衬套）内孔中有密封圈时，活塞杆外圆伸出端应有适当的倒角，棱边并倒圆，以免损伤密封圈。

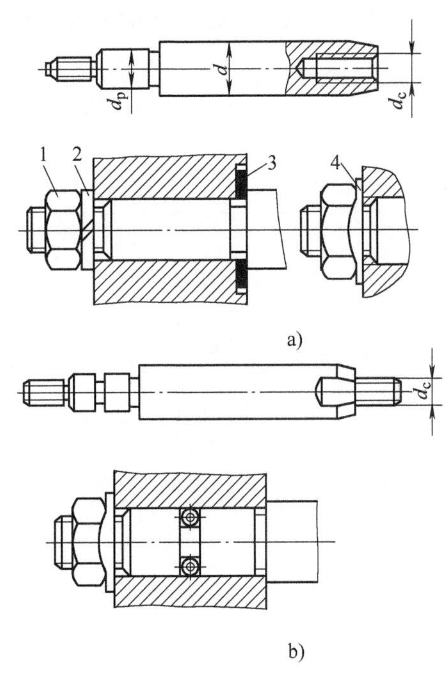

图 3-105　活塞杆与活塞的连接

1—螺母　2、4—垫圈　3—密封圈

表 3-69　常用活塞杆与活塞径向静密封 O 形密封圈沟槽　　（单位：mm）

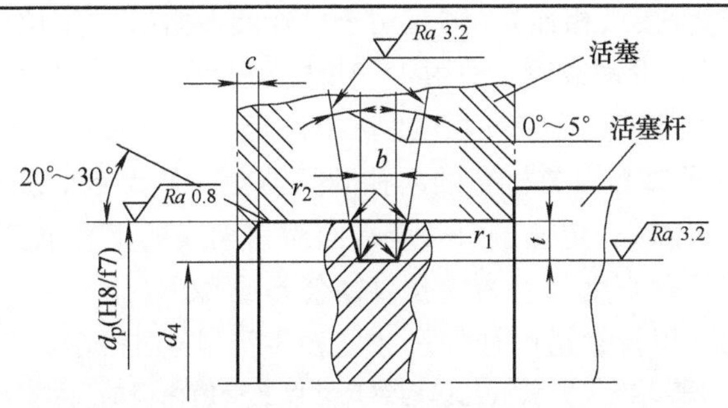

活塞杆连接直径 d_p	7～20	19～44	24～200	50～250
O 形密封圈截面直径 d_2	1.8	2.65	3.55	5.3
槽宽 $b_{0}^{+0.25}$	2.2	3.4	4.6	6.9
槽深 t	1.32	2	2.9	4.31
活塞内孔最小倒角长度 c	1.1	1.5	1.8	2.7
沟槽底倒角半径 r_1	0.2～0.4	0.2～0.4	0.4～0.8	0.4～0.8
沟槽棱角倒角半径 r_2	0.1～0.3	0.1～0.3	0.1～0.3	0.1～0.3

注：d_2 参见 GB/T 3452.1—2005。

对活塞杆的主要技术要求：活塞杆与缸盖内孔衬套孔的配合一般为 H8/f7，H9/f8、H9/d9 也可以，活塞杆导向外圆抛光；ϕd 轴线与 ϕd_p 轴线的同轴度误差为 ϕ0.02mm（对 O 形密封圈）或 0.04mm（对 Y、V 形密封圈）；ϕd_p 外圆轴肩端面对 ϕd 轴线的垂直度公差为 0.04/100。

表 3-70　常用活塞杆连接直径 d_p 外圆上 O 形密封圈静密封沟槽尺寸(参见表 3-69 图)

(单位:mm)

活塞杆连接直径 d_p	O 形密封圈截面直径 d_2								
	1.8			2.65			5.3		
	d_1	d_4(h9)	$b^{+0.25}_{0}$	d_1	d_4(h9)	$b^{+0.25}_{0}$	d_1	d_4(h9)	$b^{+0.25}_{0}$
18	15	15.4	2.2						
22				17	18				
25				20	21		19	19.6	
28				23.6	24	3.4	21.2	22.6	
32				27.3	28		25.8	26.6	4.6
35				30	31		28	29.6	
38				33.5	34		31.5	32.6	
45							38.7	39.6	

注：1. $d_4=d_p-2t$(t 见表 3-69)。

2. d_1 为 O 形圈内径。d_2 和 d_1 参见 GB/T 3452.1—2005。

(4) 活塞式气缸缸盖的设计　缸盖的材料一般为 HT150(磷化处理)、35 钢(氧化处理)，有时可采用铝合金(同前述)。

一般缸盖有前盖(活塞杆伸出端，中间有孔)和后盖(一般是封闭的)，在前后缸盖上均有气孔(孔口有螺纹，与管接头相连)。缸盖用子口外圆在缸孔中定位(H8/f7)，缸盖活塞伸出端的孔中有衬套(材料为青铜或钢，采用 45 钢时，硬度为 40~45HRC)。

缸盖定位子口外圆和端面、缸盖内孔或安装衬套的内孔和端面的表面粗糙度 Ra 值为 0.4μm 或 0.2μm；定位子口与安装衬套的内孔的同轴度误差为 ϕ0.02mm(对 O 形密封圈)或 ϕ0.04mm(对 Y、V 形密封圈)；定位子口安装端面对其轴线的垂直度公差为 0.04/100；安装衬套孔的端面对其轴线的垂直度公差为内孔直径公差的 2/3。

缸盖气孔口螺纹尺寸以及管道内径的尺寸见表 3-71(ISO 标准)。

表 3-71　缸盖气孔口螺纹尺寸以及管道内径的尺寸　(单位:mm)

气缸直径	32	40	50	63	80	100	125	150	200	250	320
孔口螺纹	M10×1 $R\frac{1}{8}$	M14×1.5 $R\frac{1}{4}$	M14×1.5 $R\frac{1}{4}$	M18×1.5 $R\frac{3}{8}$	M18×1.5 $R\frac{3}{8}$	M22×1.5 $R\frac{1}{2}$	M22×1.5 $R\frac{1}{2}$	M27×2 $R\frac{3}{4}$	M27×2 $R\frac{3}{4}$	M33×2 R1	M33×2 R1
管道最大内径	8	12	12	16	16	18.8	18.8	24.8	24.8	30	30

如果在气缸前缸盖内孔(或衬套内孔)中安装 O 形密封圈，以实现与活塞杆的轴向动密封(见表 3-60 图)，则其沟槽应符合表 3-72。

表 3-72　内孔中 O 形密封圈径向动密封沟槽标准　（单位：mm）

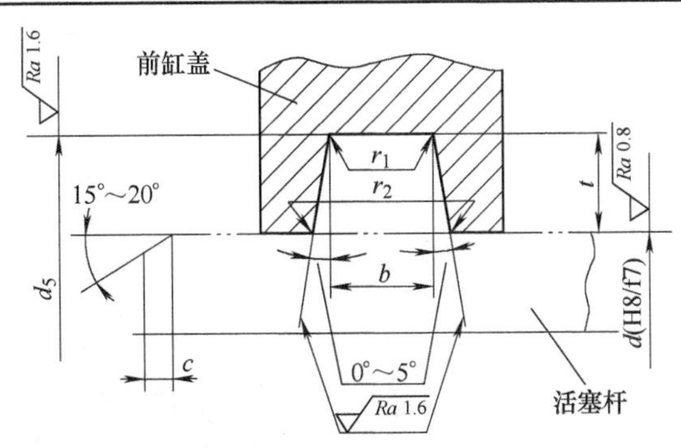

活塞杆直径 d	7～20	19～44	24～200	50～150
O 形密封圈截面直径 d_2	1.8	2.65	3.55	5.3
槽宽 $b_{0}^{+0.25}$	2.2	3.4	4.6	6.9
槽深 t	1.4	2.15	2.95	4.5
配合外圆最小倒角 c	1.1	1.5	1.8	2.7
沟槽底圆弧半径 r_1	0.2～0.4	0.2～0.4	0.4～0.8	0.4～0.8
沟槽棱角圆弧半径 r_2	0.1～0.3	0.1～0.3	0.1～0.3	0.1～0.3

注：d_2 参见 GB/T 3452.1—2005。

常用气缸前盖内孔中 O 形密封圈动密封的沟槽尺寸（d 和 b）见表 3-73。

表 3-73　常用气缸前盖内孔 O 形密封圈动密封沟槽尺寸　（单位：mm）

活塞杆直径 d(f8)	O 形密封圈截面直径 d_2								
	2.65			3.55			5.3		
	d_1	d_5(H9)	$b_{0}^{+0.25}$	d_1	d_5(H9)	$b_{0}^{+0.25}$	d_1	d_5(H9)	$b_{0}^{+0.25}$
20	20	24.3		20	25.9				
25	25	29.3	2.65	25	30.9				
30	30	33.3		30	35.9				
32				32.5	37.9				
40				40	45.9	4.6	41.2	49	
50				51.5	55.9		51.2	59	6.9
63				65	68.9		65	72	
70				71	75.9		71	79	

注：1. $d_5=d+2t$（t 见表 3-69）。

2. d_1 为 O 形圈内径。

缸盖定位子口与缸体或缸套的静密封，采用在子口外圆上安装 O 形密封圈的方式，子口外圆上的沟槽尺寸按表 3-69 确定。如果采用 O 形密封圈在端面上轴向密封（在缸盖与缸体之间），其密封沟槽的尺寸见后面的介绍。

（5）关于活塞式气缸缸孔与活塞的密封　气缸的密封直接影响气缸的性能和使用期限，缸孔与活塞之间的密封可采用 O 形密封圈（截面为圆形，GB/T 3452.3—2005），Y 形（GB/T 10708.1—2000，L_1，Y 形圈）、Y_X 形（GB/T 10708.1—2000，L_2，Y 形圈）和 V 形（GB/T 10708.1—2000，L_3，V 形圈）密封圈等。

对气动夹具用气缸，因压力低无需在沟槽侧面安装挡圈(高压>10MPa 时才需要)，压力在0.4MPa 内可用一个密封圈，压力大于0.4MPa 用两个O形密封圈密封。专门用于气动密封的O形密封圈见JB/T 6659—2007。

除O形密封圈外，可满足双向密封的密封圈还有鼓形和山形密封圈(见JB/T 10708.2—2000)等；另外还有X形和T形密封圈，其特点是接触面小，其摩擦阻力比O形密封圈还小。各种密封圈的形状如图3-106所示。

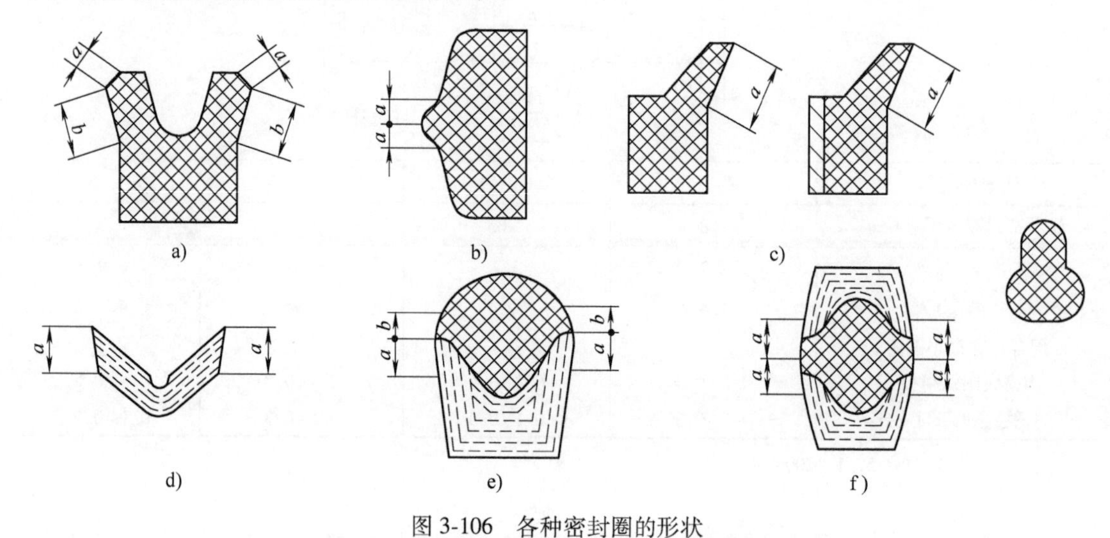

图3-106 各种密封圈的形状

a) Y形 b) 山形 c) 防尘圈 d) V形 e) 蕾形 f) 鼓形

(6) 关于活塞杆与活塞的密封 在前面图3-105中已表示活塞杆与活塞孔的两种密封结构。

图3-107a 所示为活塞杆与活塞的静密封采用端面密封垫。图3-107b 所示为活塞杆与缸盖(其上有衬套)内孔用Y形密封圈密封，左图从气缸外面安装衬套，并用毛毡圈防尘；右图从气缸里面安装衬套，并有防护板。图3-107c 所示为活塞杆与缸盖用O形密封圈轴向密封，这时衬套内孔中的沟槽尺寸参考表3-74。

表3-74 O形密封圈轴向密封沟槽尺寸(GB/T 3452.3—2005) (单位:mm)

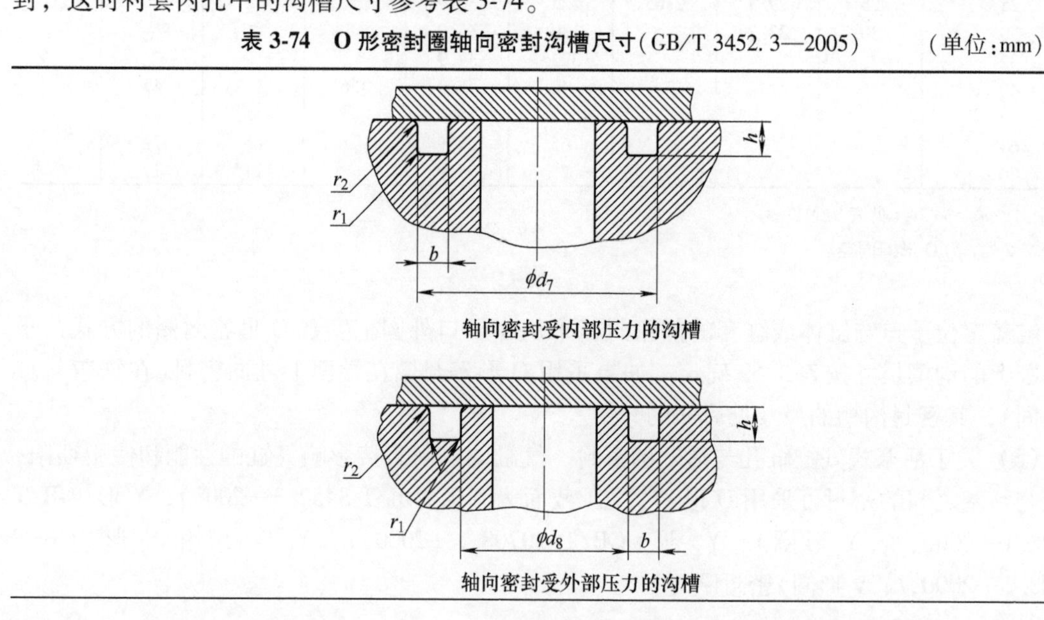

（续）

O形密封圈截面直径 d_2	1.8	2.65	3.55	5.3	7.0
沟槽宽度 $b^{+0.25}_{0}$	2.6	3.8	5.0	7.3	9.7
沟槽深度 h	1.28	1.97	2.75	4.24	5.72
沟槽底圆角半径 r_1	0.2~0.4	0.2~0.4	0.4~0.8	0.4~0.8	0.8~1.2
沟槽棱圆角半径 r_2	0.1~0.3	0.1~0.3	0.1~0.3	0.1~0.3	0.1~0.3

注：1. 受内部压力 时，$d_7 \leqslant d_1+2d_2$，d_7 公差为H11。

2. 受外部压力时，$d_8 \geqslant d_1$，d_8 公差为h11。

3. d_7 和 d_8 对活塞杆定心内孔的同轴度 ϕ0.025mm（直径小于50mm）或0.05mm（直径大于或等于50mm）。

4. d_1 为O形圈内径。d_2 参见GB/T 3452.1—2005。

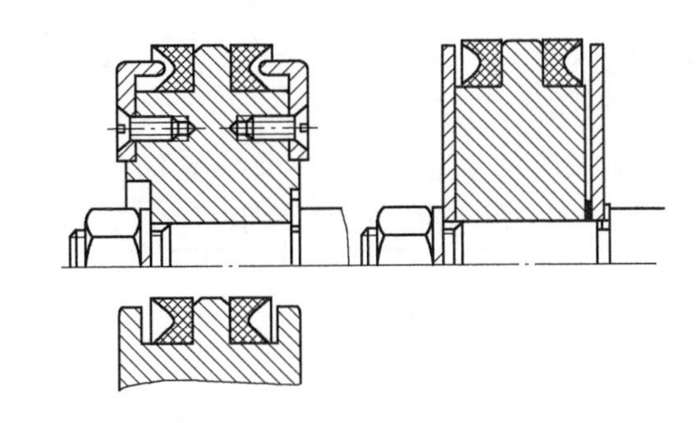

a)

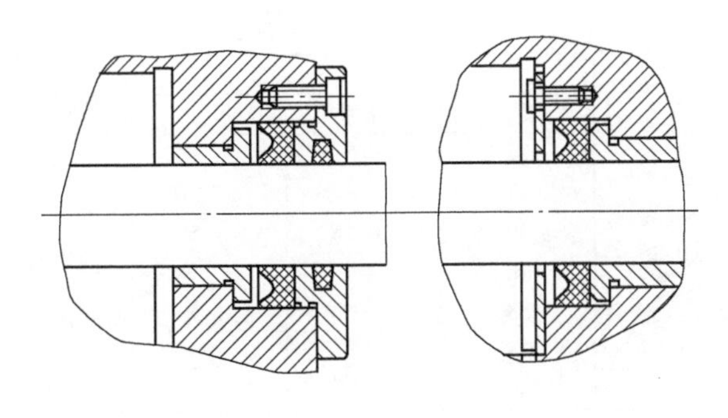

b)

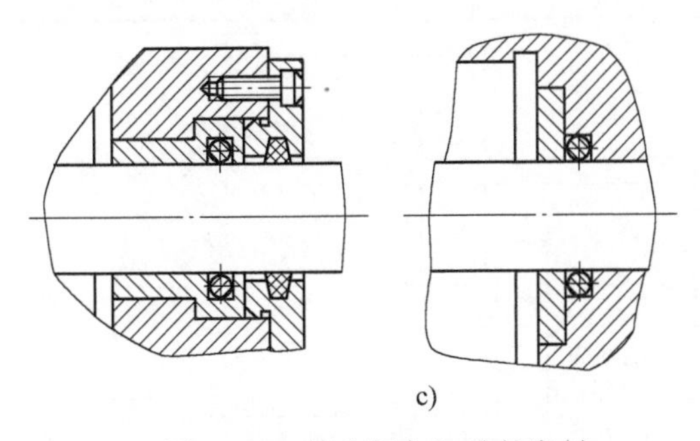

c)

图3-107　活塞杆与缸盖的密封

除上述密封圈外，在活塞杆伸出端应有防尘密封，可采用防尘密封圈(GB/T 10708. 3—2000)，其中 A 型为单唇无骨架，B 型为单唇有骨架和 C 型为双唇(防尘和辅助密封)，如图 3-108 所示。

轴向密封还可采用 V_D 形橡胶密封圈(JB/T 6994—2000)，有 S 型和 A 型，如图 3-109 所示。被密封平面的表面粗糙度为 $Ra0.4 \sim 2.5\mu m$，轴可粗糙，这样密封圈固定效果更好。

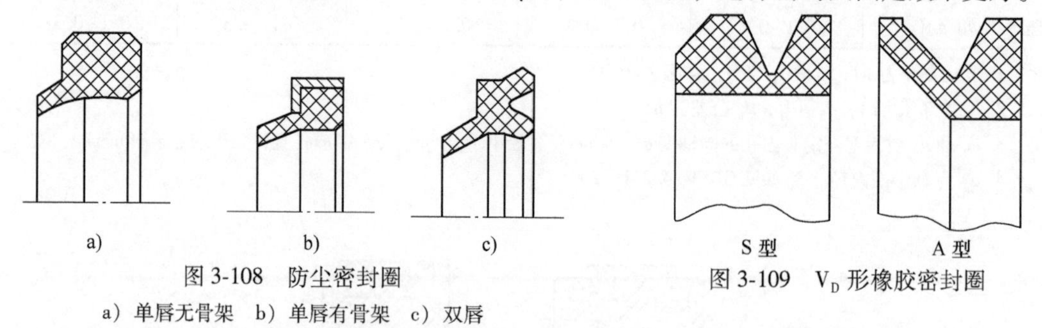

图 3-108　防尘密封圈

a）单唇无骨架　b）单唇有骨架　c）双唇

图 3-109　V_D 形橡胶密封圈

常用气缸 A 型防尘密封圈的尺寸见表 3-75，其缸盖上的沟槽尺寸见表 3-76。

表 3-75　气缸常用 A 型防尘密封圈尺寸(GB/T 10780—2000)　(单位:mm)

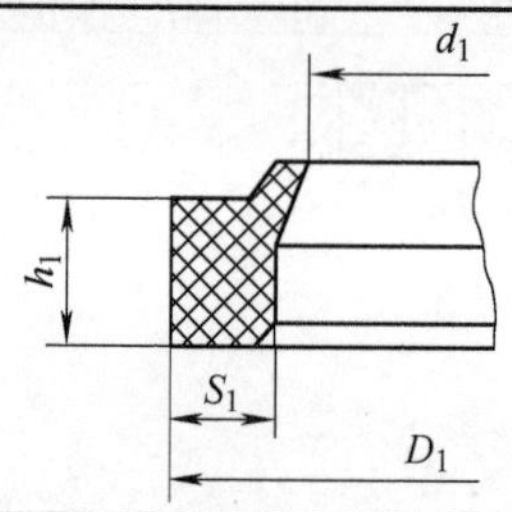

活塞杆直径 d	d_1 尺寸	d_1 偏差	D_1 尺寸	D_1 偏差	S_1 尺寸	S_1 偏差	h_1 尺寸	h_1 偏差
20	18.5	±0.25	28	±0.15	3.5	±0.15	5	0 -0.3
25	23.5		33					
32	30.5		40					
40	38.5		48					
50	48.5		58					
63	61		73	±0.35	4.3		6.3	
70	68	±0.35	80					

表 3-76　气缸常用 A 型防尘圈沟槽尺寸　(单位:mm)

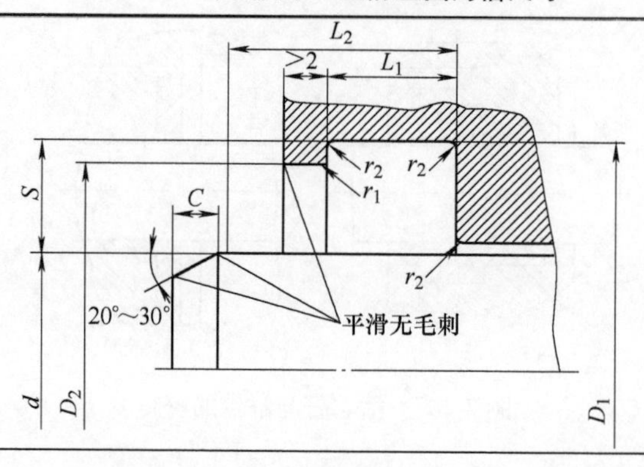

（续）

活塞杆直径 d	沟槽深度 S	沟槽底径 D_1(H11)	沟槽宽度 L_1	防尘圈长度 L_2(max)	沟槽端部孔径 D_2(H11)	r_1 (max)	r_2 (max)
20	4	28	$5^{+0.2}_{0}$	8	25.5	0.3	0.5
25		33			30.5		
32		40			37.5		
40		48			45.5		
50		58			55.5		
63		73	$6.3^{+0.2}_{0}$	10	70	0.4	
70	5	80			77		

（7）关于缸盖与缸体（或缸套）的密封　缸套与缸体的密封方式如图 3-110 所示。图 3-110a 所示为在法兰端面上用端面密封垫圈，材料可采用石棉橡胶板、耐油橡胶和氟塑料等；图 3-110b 所示为在缸盖定位子口上和在气孔处用 O 形密封圈；图 3-110c 所示为在气缸后盖上安装减振橡皮圈，防止活塞对缸盖的冲击。

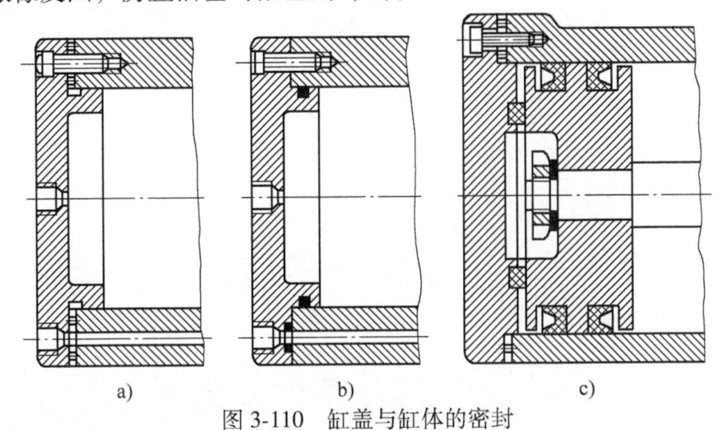

a)　　b)　　c)

图 3-110　缸盖与缸体的密封

3. 活塞式气缸的计算

（1）活塞杆力的计算　若已知气缸直径，可以求作用在活塞杆上力。

对单活塞单向作用的气缸（图 3-111a），作用在活塞杆上的力为

$$F=\frac{\pi}{4}D^2p\eta-R\text{（推力）} \tag{3-57}$$

对单活塞双向作用的气缸（图 3-111b）

$$F=\frac{\pi}{4}D^2p\eta\text{（推力）} \tag{3-58}$$

$$F'=\frac{\pi}{4}(D^2-d^2)p\eta\text{（拉力）} \tag{3-59}$$

对双活塞双向作用气缸（图 3-111c）

$$F=\frac{\pi}{4}(2D^2-d^2)p\eta\text{（推力）} \tag{3-60}$$

$$F'=\frac{\pi}{4}(2D^2-d^2-d_1^2)p\eta\text{（拉力）} \tag{3-61}$$

式中　F 和 F'——分别为活塞杆的推力和拉力，单位为 N；

D——气缸缸孔的直径，单位为 mm；

p——空气的压力，单位为 MPa；

d 和 d_1——活塞杆的直径，单位为 mm；

η——气缸力传递效率，$D>100$mm，$\eta=0.85\sim0.9$；$D<100$mm，$\eta=0.65\sim0.80$；

R——活塞移动到终点时弹簧的阻力，单位为 N。

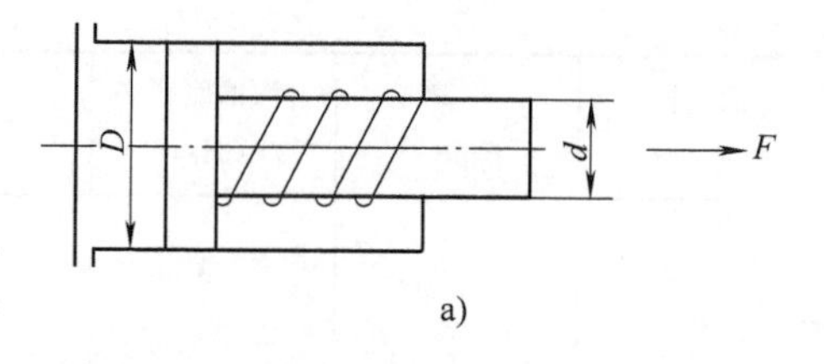

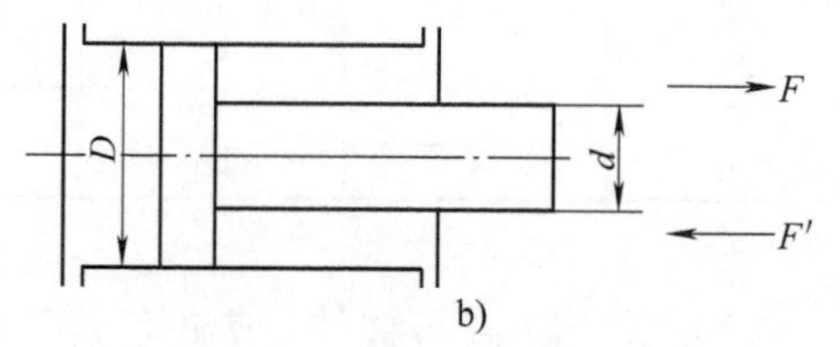

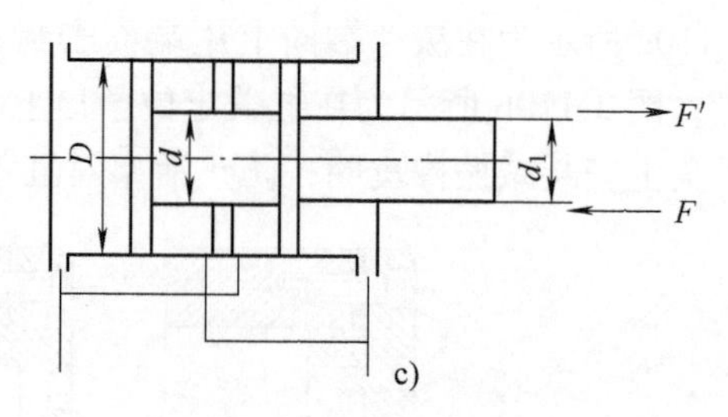

图 3-111 活塞式气缸受力图

当活塞速度 $v<0.2$m/s 时，气缸力传递效率 η 取大值，当 $v>0.2$m/s 时，η 取小值。

可按下述方法选择弹簧的阻力 R：当活塞向右移动到极限位置时，R 等于夹紧时作用在活塞杆上力的 5%（气缸直径大时）~20%（气缸直径小时）；当活塞在最左面位置时，弹簧的预紧力为其夹紧时阻力的 10%~30%。

由式(3-57)~式(3-61)得，当已知所需气缸活塞杆的力时，可以得到计算气缸缸孔直径的计算式。

对单活塞单向作用气缸（图 3-111a），计算式为

$$D=\sqrt{\frac{4(F+R)}{\pi p\eta}}=1.13\sqrt{\frac{F+R}{p\eta}}$$

对单活塞双向作用气缸（图 3-111b），计算式为

$$D=\sqrt{\frac{4F}{\pi p\eta}}=1.13\sqrt{\frac{F}{p\eta}} \text{或} D=\sqrt{\frac{4F'}{\pi p\eta}+d^2}$$

对双活塞双向作用气缸（图 3-111c），计算式为

$$D=\sqrt{\frac{2F}{\pi p\eta}+\frac{d^2}{2}} \quad \text{或} D=\sqrt{\frac{2F'}{\pi p\eta}+\frac{d^2+{d_1}^2}{2}}$$

常用气缸活塞杆推力和拉力的计算值（未考虑传动效率 η）见表 3-77。

表 3-77 常用气缸活塞杆推力和拉力计算值（未考虑传动效率）

气缸直径/mm	活塞杆直径/mm	气压/MPa							
		0.3	0.4	0.5	0.63	0.3	0.4	0.5	0.63
		推力/N				拉力/N			
63	22	930	1240	1550	1960	820	1094	1368	1752
	25					788	1050	1313	1654
80	25	1510	2010	2510	3170	1360	1810	2270	2860
	30					1296	1728	2160	2720
100	25	2350	3140	3920	4950	2210	2950	3680	4640
	32					2114	2820	3525	4440
125	32	3680	4910	6130	7730	3440	4590	5730	7230
	40					3305	4406	5508	6940
160	40	6030	8040	10050	12670	5650	7540	9420	11810
	50					5442	7257	9070	11430

（续）

气缸直径/mm	活塞杆直径/mm	气压/MPa							
		0.3	0.4	0.5	0.63	0.3	0.4	0.5	0.63
		推力/N				拉力/N			
200	50	9430	12560	15710	19790	8830	11770	14720	18560
	63					8490	11320	14150	17830
250	63	14720	19640	24530	30920	13780	18390	22970	28960
	70					13570	18095	22620	28500
320	70	24130	32170	40210	50670	22970	30630	38290	48240
	90					22220	29625	37032	46660

（2）缸盖与缸套（缸体）连接螺钉或螺柱的计算　缸盖与缸套或缸体用螺钉或螺柱连接，其螺纹的强度应符合下式的关系：

$$\frac{1.3KF}{\frac{\pi}{4}d^2Z} \leqslant [\sigma]$$

式中　F——气缸产生的力，单位为N；

d——螺钉或螺柱螺纹的小径，单位为mm；

Z——螺钉或螺柱的数量；

K——拧紧螺纹系数，$K=1.25 \sim 1.5$；

$[\sigma]$——螺钉或螺柱材料的许用应力，单位为MPa。

（3）气路管道直径的计算　气缸和气路的气孔直径 d_0 一般按标准选取，其计算式为

$$d_0 = 2\sqrt{\frac{Q_f}{\pi v_f}}$$

式中　Q_f——压缩空气通过管道的流量，单位为 m^3/s；

v_f——压缩空气在管道中的速度，单位为m/s。

管道壁厚的计算式为

$$\delta = \frac{pd_0}{2[\sigma]}$$

式中　p——管道内压力，单位为Pa；

d_0——管道内径，单位为m；

$[\sigma]$——管道材料许用应力，单位为Pa（$[\sigma]$等于材料强度抗拉强度乘以安全系数 K，$K=6 \sim 8$）。

（4）活塞杆的稳定性　在夹具结构中，活塞杆的行程不大，但有时由于结构需要也会出现活塞杆伸出较长的情况，如图3-112所示或其他情况。

活塞杆受压时的稳定条件为

$$F_c \leqslant \frac{F_k}{n_k} \tag{3-62}$$

式中　F_c——活塞杆允许的最大推力，单位为N；

F_k——活塞杆不失稳定性的临界载荷，单位为N；

n_k——稳定性安全系数，一般 $n_k = 2 \sim 4$。

活塞杆不失稳定性的临界载荷与活塞杆材料、长度、刚度和气缸与活塞杆的支承情况（末端条件系数 m）有关，图 3-113 列出了气缸安装的几种方式和其末端条件系数 m 值。

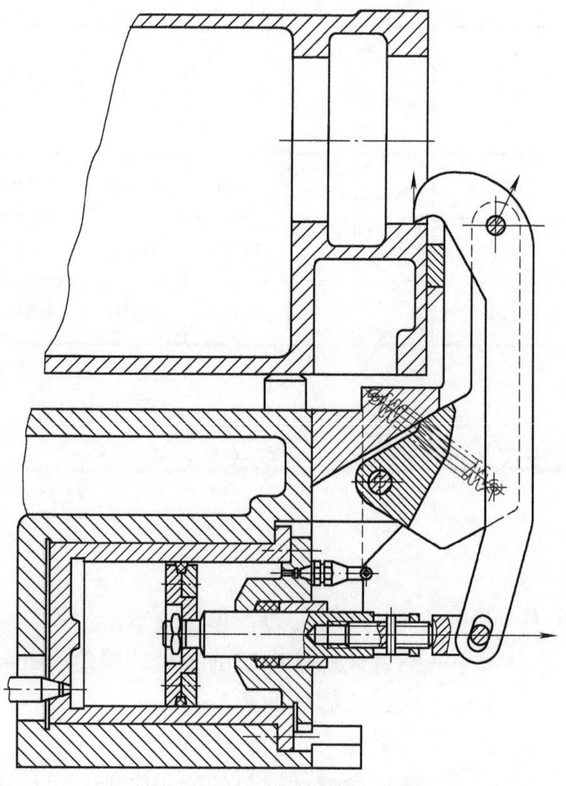

图 3-112 活塞杆伸出距离大的夹具

当活塞杆不承受偏心载荷时

$$\left.\begin{aligned} F_k &= \frac{m\pi^2 EJ}{L^2}\left(\lambda=\frac{L}{K}\geqslant 85\sqrt{m}\right) \\ \text{或}\quad F_k &= \frac{R_m A}{1+\dfrac{\alpha}{m}(\lambda)^2}\left(\lambda<85\sqrt{m}\right) \end{aligned}\right\} \tag{3-63}$$

式中 L——活塞杆稳定性计算长度（图 3-113），单位为 mm；

K——活塞杆截面回转半径，单位为 mm；

λ——活塞杆的柔性系数；

E——活塞杆材料的弹性模量，单位为 MPa，对钢 $E=2.1\times10^5$MPa；

J——活塞杆横截面惯性矩，单位为 mm^4，对实心杆，$J=\dfrac{\pi d^4}{64}$；对空心杆 $J=\dfrac{\pi(d^4-d_0^4)}{64}$（$d_0$ 为空心杆内径）；

R_m——活塞杆材料的抗压强度，单位为 MPa，对中碳钢 $R_m=480$MPa；

α——试验系数，中碳钢 $\alpha=1/5000$。

活塞杆截面回转半径 $K=\sqrt{\dfrac{J}{A}}$（A 为活塞杆面积），对实心杆 $K=\dfrac{d}{4}$；对空心杆 $K=\dfrac{\sqrt{d^2-d_0{}^2}}{4}$。

当活塞杆有偏心载荷时，F_k 按下式计算：

$$F_k=\frac{\sigma_s A}{1+8\dfrac{e}{d}\sec\beta} \tag{3-64}$$

式中 σ_s——活塞杆材料的屈服极限，单位为 Pa；

e——负载偏心量，单位为 m；

β——活塞杆的挠度，$\beta=cL\sqrt{F/EJ}$，夹紧方式为 a、b、c、d 时，c 值分别为 0.5、1、

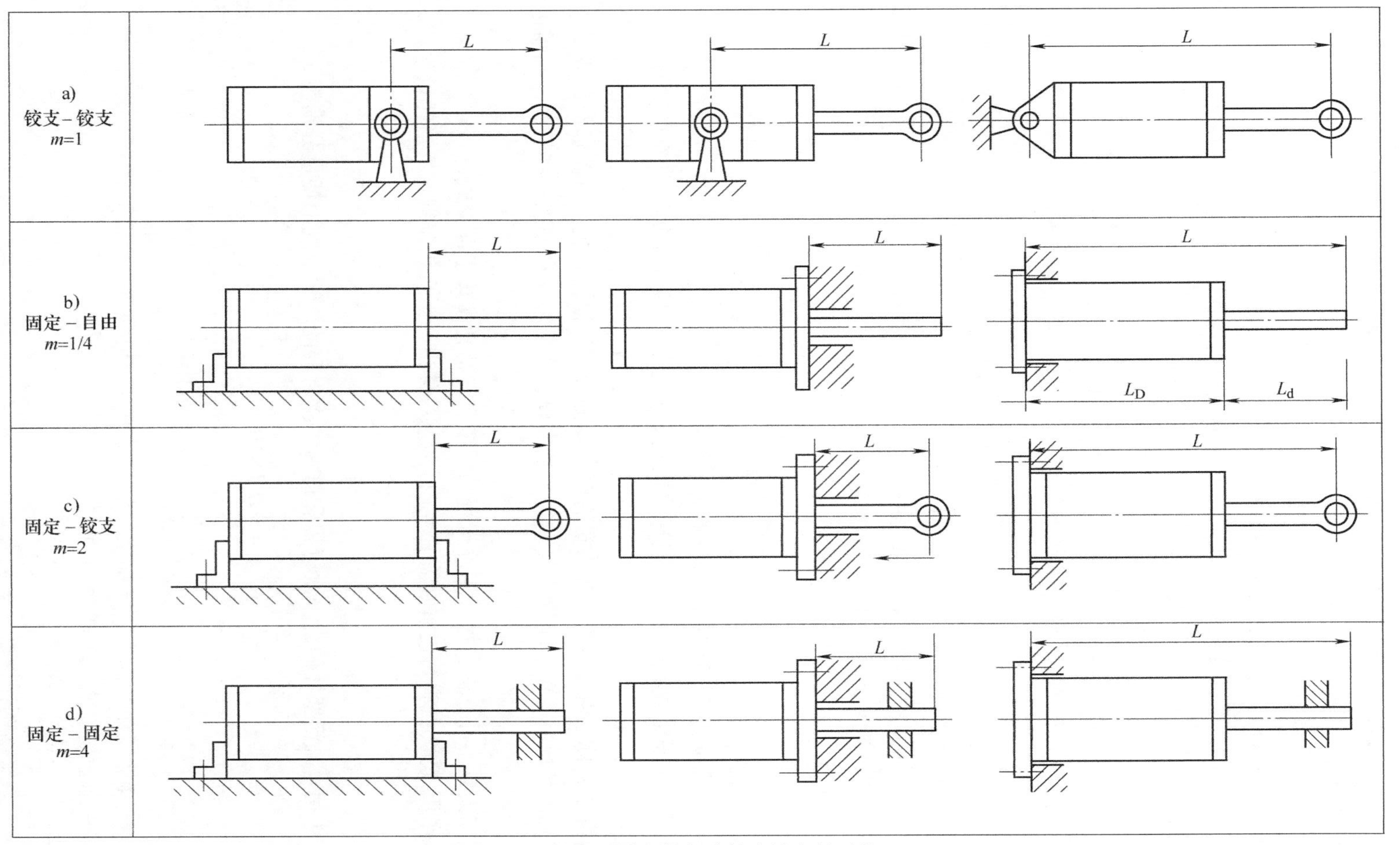

图 3-113　气缸不同安装方式的末端条件系数

0.35、和0.85；

A 和 d——分别为活塞杆截面面积和活塞杆直径，单位分别为 m^2 和 m；

F——活塞杆的推力，单位为 N；

E——活塞杆的弹性模量，单位为 Pa；

J——活塞杆横截面惯性矩，单位为 m^4。

（5）计算气缸管道的内径、气缸入口处压缩空气的流速。

已知 t_a、D 和 v_B，可按下式计算气缸气路管道的内径 d_0

$$d_0=\sqrt{\frac{D^2L}{t_a v_B\times100}} \tag{3-65}$$

已知 t_a、D、L 和 d_0，可按下式计算气缸入口处压缩空气的流速

$$v_B=\frac{D^2L}{t_a {d_0}^2\times100} \tag{3-66}$$

式中 D——气缸缸孔直径，单位为 cm；

L——气缸活塞夹紧行程，单位为 cm；

t_a——气缸活塞夹紧工件时间，单位为 s，（一般 t_a=0.5~1.5s）；

v_B——压缩空气在管道中的速度，单位为 m/s。

$$v_B=\frac{D^2}{{d_0}^2}v$$

式中 v——夹紧时活塞移动速度，单位为 m/s。

（6）气缸压缩空气消耗量　在机床夹具设计阶段，一般并不需要计算气缸压缩空气消耗量。对生产厂，在工厂设计阶段，对空气压缩站已做了规划，应满足全厂对压缩空气的需要，包括机床夹具在内。夹具设计人员有时需要配合工厂设计，提出有关资料；或根据现有空气压缩站的情况，考虑能否满足气动夹具的需要；或为建立小型独立的气源，则需进行相关的计算。

气缸在夹紧工件行程和松开工件行程的压缩空气消耗量按下面公式计算。

单向作用气缸(按弹簧设置在有杆腔内)活塞杆伸出一次行程压缩空气消耗量为

$$V=\frac{\pi}{4}D^2L\times10^{-6} \tag{3-67}$$

双向作用气缸活塞杆伸出一次行程和返回一次行程的压缩空气消耗量分别为

$$\left.\begin{aligned}V&=\frac{\pi}{4}D^2L\times10^{-6}\\V&=\frac{\pi}{4}(D^2-d^2)L\times10^{-6}\end{aligned}\right\} \tag{3-68}$$

式中 V——单个气缸单向行程压缩空气的消耗量，单位为 L；

D——气缸缸孔直径，单位为 cm；

d——气缸活塞杆直径，单位为 cm；

L——气缸活塞杆行程，单位为 cm。

由气缸在夹紧行程压缩空气消耗量，可计算出气缸夹紧时所需管道的流量

$$Q=\frac{V}{t_a}$$

式中　Q——气缸夹紧时所需压缩空气的流量，单位为L/s；

t_a——气缸夹紧工件的作用时间，单位为s。

对一台机床夹具，如果有i个气缸在同一时间同时工作，设这些气缸参数相同，则单行程压缩空气的消耗量为iV。

如果有多台机床同时使用气动夹具，并设在每一台机床上的气缸参数相同，由于各机床夹具气缸不一定同时工作，这时压缩空气消耗量按下式计算：

$$V_s=\lambda(i_1V_1+i_2V_2+\cdots+i_nV_n)$$

式中　V_s——多台机床气动夹具同时工作时压缩空气的消耗量，单位为L；

$i_1\sim i_n$——各台机床夹具同时工作气缸的数量；

$V_1\sim V_n$——各台机床夹具单个气缸单向行程压缩空气的消耗量，单位为L，按式(3-67)或式(3-68)计算；

λ——气缸利用系数，其参考值为：$n=1$，$\lambda=1$；$n=2$，$\lambda=0.7$；$n=5$，$\lambda=0.45$；$n=7$，$\lambda=0.38$；$n=10$，$\lambda=0.32$；$n=20$，$\lambda=0.25$。

考虑气动元件和管道的消耗，上述压缩空气消耗量计算值应加大10%~20%。

应说明，上面计算的V、iV或V_s是压缩空气消耗量，这时大气压下自由空气的消耗量V_0(以单缸为例)为

$$V_0=V\frac{(p+0.1)}{0.1}$$

式中　p——气缸工作压力(表压)，单位为MPa。

气动夹具用气属于间隙用气，上述V、iV和V_s分别为单个气缸、一台夹具多个气缸和多台机床多个气缸同时工作时在瞬时内的压缩空气消耗量。为向气动夹具供气，考虑气源时，需要每小时的耗气量，下面介绍单个气缸每小时的耗气量V_h的计算。

活塞杆向外伸出夹紧工件时间为t_a，加工时间为t_b，活塞杆退回松开工件时间为t_c，装卸工件时间为t_d，则活塞杆往返一次的周期为

$$T=t_a+t_w+t_c+t_d$$

$$V_h=NV_c$$

式中　N——活塞杆往返次数，单位为1/h，$N=\frac{3600}{T}$；

V_c——气缸活塞杆一次往返行程压缩空气的消耗量，单位为L。

单向作用气缸　$$V_c=\frac{\pi}{4}D^2L$$

双向作用气缸　$$V_c=\frac{\pi}{4}(2D^2-d^2)L$$

由上述可相应计算出一台机床多个气缸、多台机床多个气缸等情况下每小时压缩空气的消耗量。

3.7.3　膜片式气缸

膜片式气缸与活塞式气缸相比，其优点是：单向作用膜片式气缸没有漏气问题，而双向

作用膜片式气缸只要求传动杆有密封；结构紧凑，重量轻，制造简单和成本较低；膜片式气缸使用次数达 6×10^5 次，而活塞式气缸使用次数约为 10^4 次[17]，由于密封圈磨损会造成停机。薄膜式气缸的缺点是行程小，夹紧力不是常数。

1. 膜片式气缸的结构

图 3-114 所示为单向作用膜片式气缸的结构。当压缩空气从盖上的接头(图中未示出)孔进入气缸左腔时，使碟形膜片和杆向右移动，这时气缸右腔的空气从本体上的小孔(图中未示出)排出，将工件夹紧。当转换控制气路时，在气腔右腔弹簧力作用下，膜片恢复原位，松开工件。膜片式气缸的主要规格见表 3-78。[1]

表 3-78 膜片式气缸的主要规格

D/mm	F/N	S_{max}/mm	$S=0.85S_{max}$/mm
180	2500	45	36
206	4000	50	46

注：F 为在气压为 0.4MPa 时杆的推力。

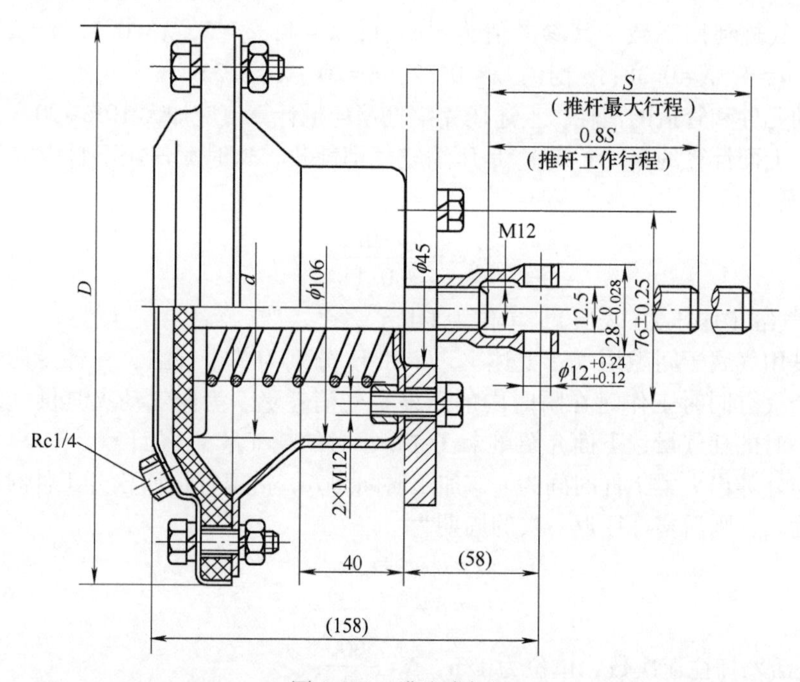

图 3-114 膜片式气缸

图 3-115 所示为双向作用膜片式回转气缸，采用两个膜片可防止当双向行程时圆盘 5 损坏。这种回转气缸的主要规格见表 3-79。

表 3-79 双向作用膜片式回转气缸的主要规格

D	L		L_1	D_1	d	d_1	l	F/N
	max	min						
400	230	206	96	150	40	M24	20	24000
320	235	215	109	100	30	M20	20	18500
400	245	221	113	125	40	M24	24	31500

注：同表 3-78。

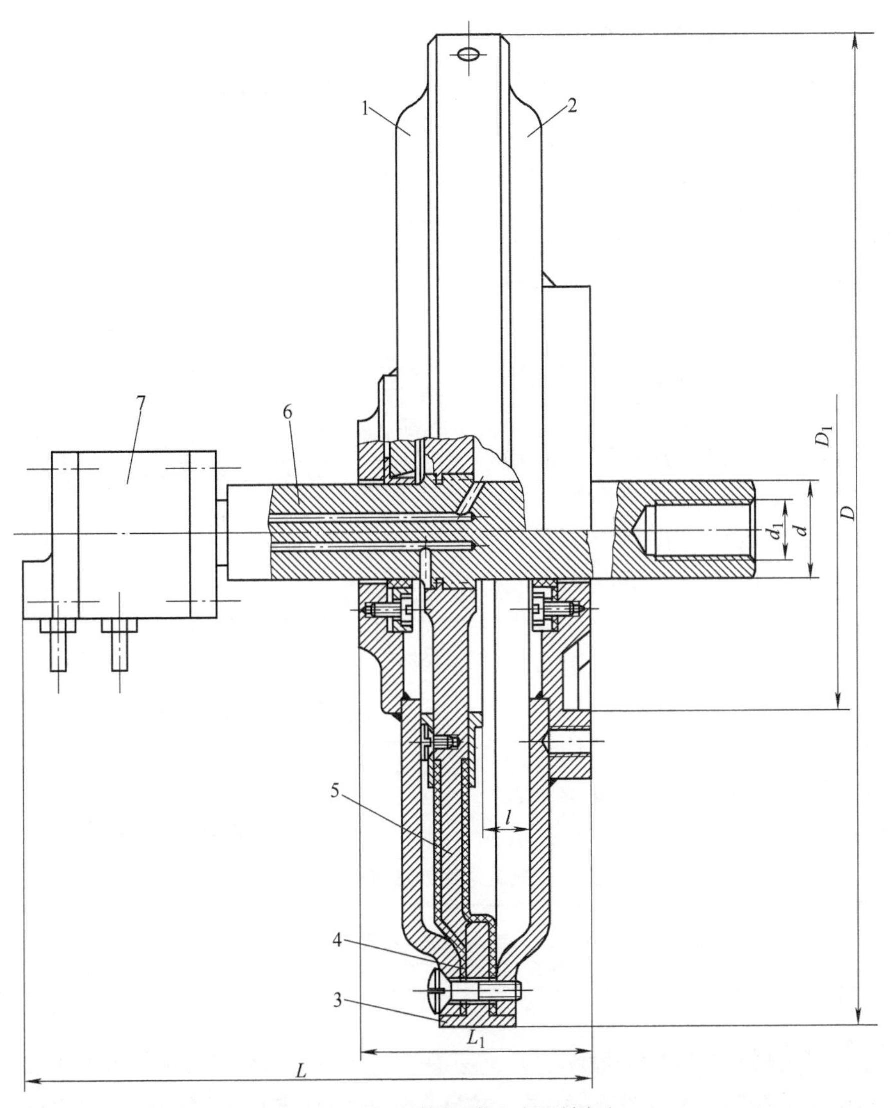

图 3-115 双向作用膜片式回转气缸

1、2—前、后盖 3—中间盘 4—膜片 5—圆盘 6—杆 7—配气装置

图 3-116 所示为将膜片式气缸内装在夹具本体内的几种结构。

当气缸工作腔的方向与杆的位置相反时，用盖将膜片压住(图 3-116a)；当气缸工作腔的方向与杆的位置一致时，用环形件将膜片压住(图 3-116b)。对图 3-116b 所示的情况，为防止膜片损坏和考虑安全，用螺母和带排气孔的盖压住膜片(图 3-116c)。

国内生产有 QGV(D)型薄膜式气缸(肇庆方大气动有限公司)，工作压力为 0.1～0.63MPa，其性能见表 3-80。

表 3-80 QGV(D)型薄膜式气缸

气缸直径/mm		140	160
气缸推力(p=0.5MPa)/N	起点	7716	5648
	终点	9810	7198
弹簧反力/N	起点	89.4	180
	终点	120	230

国内生产的还有 QGBM 型膜片式气缸(无锡气动研究所),其性能与规格与上述基本相同。

2. 膜片式气缸的设计

(1) 膜片式气缸零件的材料 气缸本体和盖可用灰铸铁或铝合金铸造,也可用低碳钢板冲压制成,或用非金属材料(例如树脂塑料等)制造。

碟形膜片在压模上成形,材料用抗拉强度为 16MPa 的夹织橡胶(例如厚度为 6~7mm,中间有四层棉线编的织带,两端覆盖耐油橡胶)或工业用耐油橡胶。平面膜片由板料切割成形,材料为工业用耐油橡胶,也可采用输送胶带或帆布胶皮带。支承盘(图 3-115 件 5)的材料为 35 钢(氧化);其他衬垫的材料可用石棉橡胶板。

(2) 膜片式气缸的参数 膜片式气缸常用计算直径 D 和其膜片厚度 t 见表 3-81,气缸尺寸如图 3-114 所示。

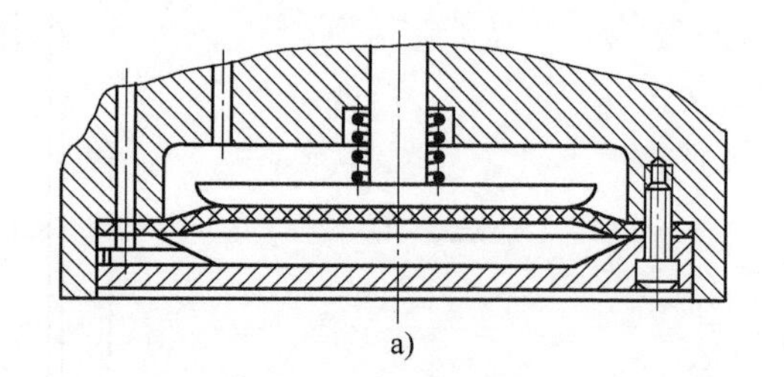

a)

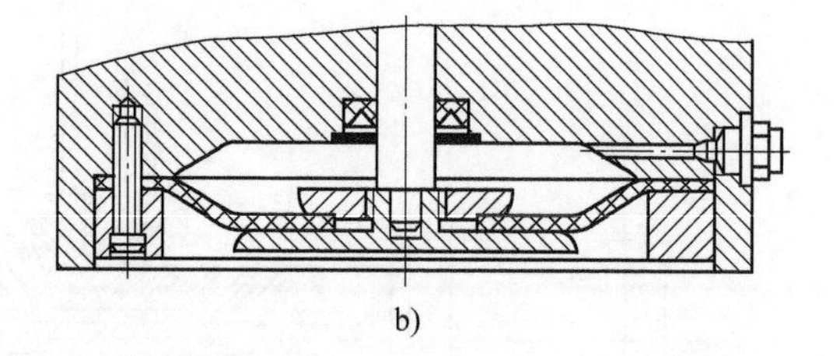

b)

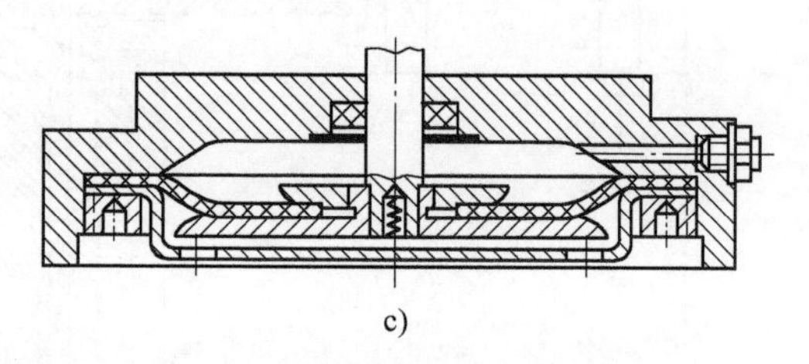

c)

图 3-116 内装式膜片式气缸

表 3-81 膜片式气缸常用计算直径和其膜片厚度

计算直径 D/mm	90~160	200	250	320	400
膜片厚度 t/mm	3~4	4~5	5~6	6~8	8~10

在设计材料为耐油橡胶的平面膜片时,考虑膜片受压后的变形,在设计图上应说明膜片外圆直径的尺寸下料时应增大 5%~10%,并且在活塞杆与支承盘固定在一起之前,对平面膜片进行拉伸。

支承盘的直径 d(图 3-114)可按下述确定:对夹织橡胶膜片 $d=0.7D$;对耐油橡胶膜片,$d=D-2t-(2\sim4)$ mm。对直径 $D=125\sim400$mm 的膜片式气缸,其支承盘直径 d 推荐见表 3-82。

表 3-82 膜片式气缸的支承盘直径

D/mm		125	160	200	250	320	400
d/mm	夹织橡胶膜片	88	115	140	175	225	280
	耐油橡胶膜片	115	150	186	235	300	375

(3) 支承盘与膜片的连接和膜片在本体上的紧固 单向作用气缸膜片与支承盘的连接如图 3-117 所示。图 3-117a 所示为,杆 1 不在气缸压力腔内,支承盘 2 浮动在膜片 3 的平面上;图 3-117b 所示为,杆 1 在气缸压力腔内,则用螺母 4 使支承盘与膜片连接;图 3-117c

所示为，杆 1 在气缸压力腔内，若气缸为单件生产，也可用铝或铜铆钉连接。

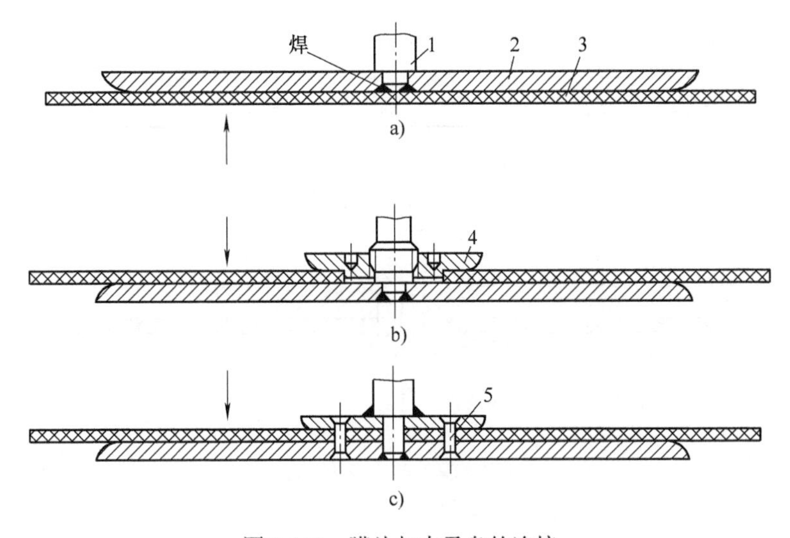

图 3-117　膜片与支承盘的连接

1—杆　2、5—支承盘　3—膜片　4—支承螺母

双向作用膜片式气缸的支承盘与膜片的连接如图 3-118 所示，这时将膜片固定在二支承盘 1 之间(图 3-118a)，直径 d_K 与膜片厚度有关，尺寸 K 见表 3-83。

表 3-83　不同膜片厚度时各参数的变化　　（单位：mm）

膜片厚度	K	a_1	S	r_1	a_2，c	a_3	r_2
3	9	3. 5	1. 4	0. 4	0. 4	5	3
4	12	5	1. 8	0. 5	0. 5	6	4
5	14	5. 5	2. 0	0. 6	0. 6	7	5
6	16	6. 5	2. 4	0. 7	0. 7	8	6
8	20	8	3. 2	0. 8	0. 8	10	8
10	25	10	4. 0	1. 0	1. 0	12	10

图 3-118b 表示，如果膜片材料为耐油橡胶，可在一个支承盘 1 上用支承螺母 2 固定两个膜片。

支承盘与杆采用螺母和石棉橡胶垫圈(图 3-118a)和焊接(图 3-118b)进行连接。

图 3-119 所示为在本体上固定膜片的几种方法。图 3-119a 表示用螺钉 1 通过膜片上的孔将材料为夹织橡胶的膜片 2 固定，为保证密封和紧固可靠性，两螺钉孔之间的壁厚等于螺钉直径的二倍，沿圆周螺钉的数量应满足两螺孔中心距在 40~50mm 范围内的要求；图 3-119b 表示用螺钉固定耐油橡胶膜片；图 3-119c 表示用环形螺母固定耐油橡胶膜片，在本体上加工内螺纹工艺性不好，适合单件生产。

图 3-120 所示为在本体上和在杆上固定耐油橡胶膜片的连接结构，为使固定可靠，有深度 a_2 和槽距为 S 的槽(90°V 形、底部圆弧 r_1)。为提高使用期限，本体、支承盘和紧固螺母在膜片弯曲处的边缘有圆角(半径为膜片厚度)，圆角抛光(Ra0. 8~0. 4μm)。固定耐油橡胶膜片的结构参数如图 3-120 所示。

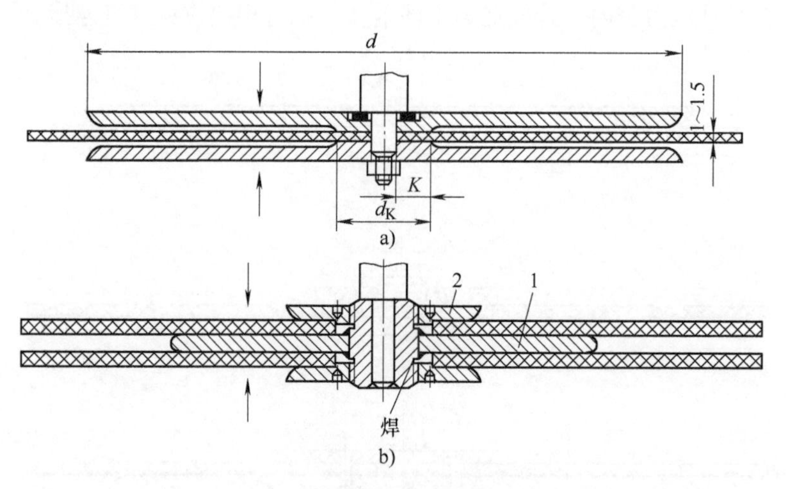

图 3-118　膜片与支承盘的连接

1—支承盘　2—支承螺母

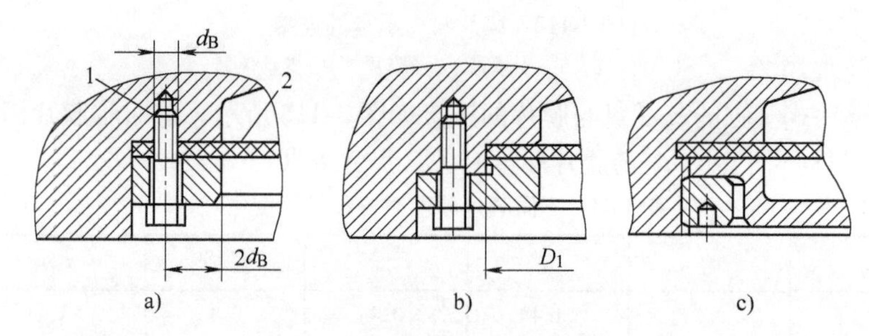

图 3-119　膜片在本体上的固定

1—螺钉　2—膜片

制造膜片时，紧固螺钉孔和气孔必须用专用的冲孔工具，防止孔边有裂缝和切口。

3. 膜片式气缸的计算

膜片式气缸杆输出力随杆伸出长度增大而减小，因为膜片阻力逐渐增大，并且输出力减小的程度与直径 d 与 D 之比有关，例如对膜片直径 $D=178\text{mm}$、膜片厚度 $t=6\text{mm}$、碟形高度 $E=27\text{mm}$ 和有回程弹簧(内径为 55mm,节距为 25mm,钢丝直径为 4mm,圈数为 6)的单向作用膜片式气缸，其杆的输出力 F(推力)与行程 L 的关系如图 3-121 所示。

作用在膜片式气缸杆上力的近似计算见下文(图 3-121 所示为在膜片参数符合前面介绍的数据时,膜片从原始位置移动的合理行程长度)。

(1) 作用在单向作用气缸杆上的力　对膜片材料为夹布橡胶的碟形膜片式或平面膜片式气缸，当杆在原始位置时(图 3-122a)，受力为

$$F=\frac{\pi}{4}\left(\frac{D+d}{2}\right)^2 p-P=\frac{\pi}{16}(D+d)^2 p-P$$

当杆从原始位置(下同)移动距离为 0. 3D(对碟形膜片)或 0. 07D(对平面膜片)时

$$F=\frac{0.75\pi}{16}(D+d)^2 p-P$$

对膜片材料为耐油橡胶的平面膜片气缸，当杆在原始位置时(图 3-122c)

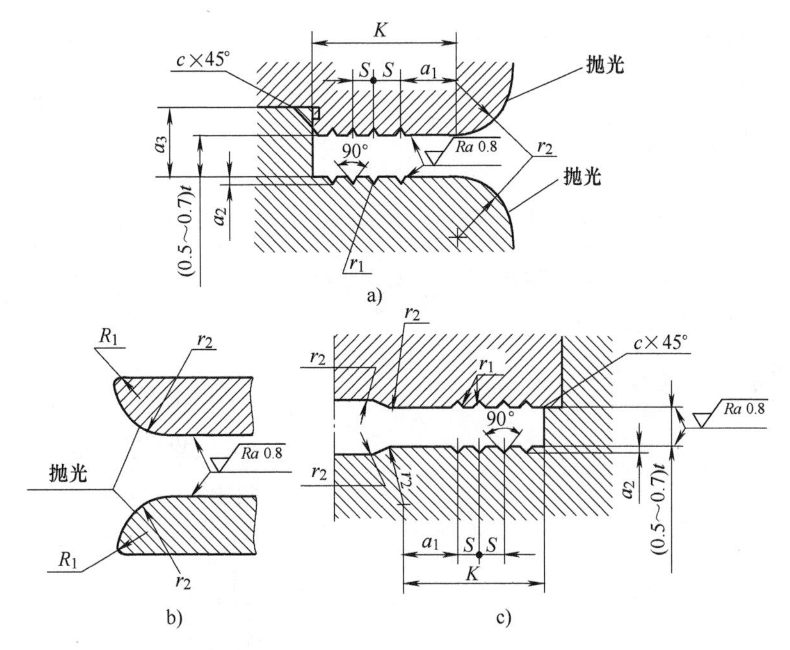

图 3-120　固定耐油橡胶膜片结构参数

a）膜片在本体上(图 3-118a)　b）膜片在杆上(图 3-116b)　c）支承盘边缘倒圆角(图 3-118a)

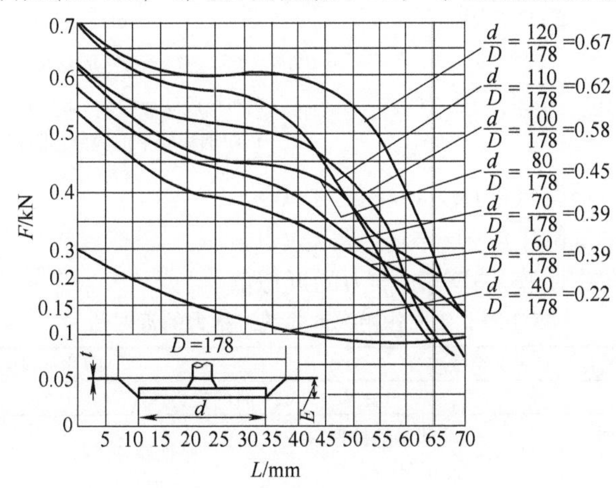

图 3-121　膜片式气缸推力与行程的关系

$$F=\frac{\pi}{4}d^2p-P$$

当杆移动距离为 0. 22D 时

$$F=\frac{0.9\pi}{4}d^2p-P$$

(2) 作用在双向气缸杆上的力　对膜片材料为夹织橡胶的碟形膜片式或平面膜片式气缸，当杆在原始位置时(图 3-122b)

$$F=\frac{\pi}{4}\left(\frac{D+d}{2}\right)^2p=\frac{\pi}{16}(D+d)^2p\quad(推力)$$

$$F'=\frac{\pi}{16}\left[(D+d)^2-4d_1^2\right]p\quad(拉力)$$

当杆移动距离为 0.3D(对碟形膜片)和 0.07D(对平面膜片)时

$$F=\frac{0.75\pi}{16}(D+d)^2p \quad (推力)$$

$$F'=\frac{0.75\pi}{16}\left[(D+d)^2-4d_1^2\right] \quad (拉力)$$

对膜片材料为耐油橡胶的平面膜片气缸，当杆在原始位置时(图 3-122c)

$$F=\frac{\pi}{4}d^2p \quad (推力)$$

$$F'=\frac{\pi}{4}(d^2-d_1^2)p \quad (拉力)$$

当杆移动距离为 0.22D 时

$$F=\frac{0.9\pi}{4}d^2p \quad (推力)$$

$$F'=\frac{0.9\pi}{4}(d^2-d_1^2)p \quad (拉力)$$

式中 D——膜片作用直径，单位为 mm；

d——支承盘的直径，单位为 mm；

p——气缸中压缩空气的压力，单位为 MPa；

P——单向作用气缸中的弹簧力，单位为 N。

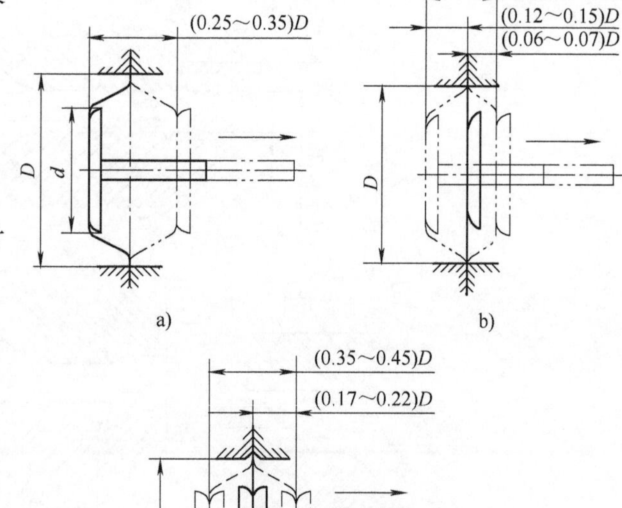

图 3-122 膜片式气缸从原始位置移动范围

a）夹布橡胶碟形膜片 b）夹布橡胶平面膜片

c）耐油橡胶平面膜片(带或不带编织带)

表 3-84 列出了双向作用膜片式气缸推力的近似值。

表 3-84 双向作用膜片式气缸推力的近似值

膜片作用直径 D/mm	膜片材料为夹织橡胶		膜片材料为耐油橡胶	
	气压为 0.4MPa 时的推力/kN			
	碟形和平面形膜片气缸在原始位置	左述气缸行程为 0.3D(碟形)和 0.07D(平面)	平面膜片气缸在原始位置	左述气缸行程为 0.02D
125	3.5	2.7	4.5	4.0
160	5.7	4.35	7.2	6.5
200	9.0	6.8	11.3	10.2
250	14.0	11.0	18.0	16.2
320	23.0	17.5	29.4	26.4
400	36.0	27.0	46.5	42.0

注：本表数据按 $d=0.7D$(夹织橡胶膜片)和 $d=D-2t-(2\sim4)$mm(耐油橡胶膜片)计算；t 为膜片厚度，按 D 的顺序依次为 3mm、4mm、5mm、5mm、6mm 和 8mm。

3.7.4 气液增压装置的原理、结构、设计和计算

气液增压装置(又称气压放大器,气液转换器)的特点是：利用压力低的气源达到高的油

压，能长时间保持油压，而不消耗能源，也不会发热；只在夹紧和松开工件时才消耗能源；与液压系统相比，不需要供油系统，成本低。

1. 气液增压装置的原理

（1）单级气液增压装置的原理（图 3-123）　压缩空气进入直径为 D_1 的气缸的左腔，推动直径为 d 的活塞杆移动，活塞推力 $F_1=\frac{\pi}{4}D_1^2p_1$，则活塞杆上的单位压力为 $p=\left(\frac{D_1}{d_1}\right)^2p_1$，而直径为 D 的夹紧缸活塞在油压作用下的推力（夹紧力）为（不考虑摩擦损失）

$$F=\frac{\pi D^2}{4}\left(\frac{D_1}{d_1}\right)^2p_1=F_1\left(\frac{D}{d_1^2}\right)^2$$

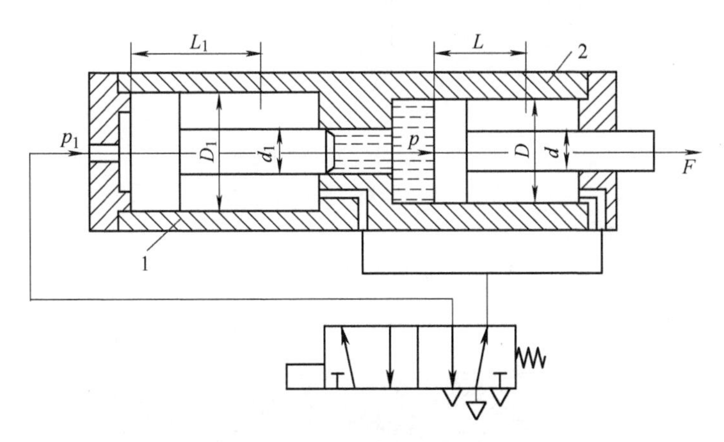

图 3-123　单级气液增压原理

1—增压缸　2—夹紧缸

这说明经气压增压，使夹紧力 F 比气缸产生的力 F_1 大$\left(\frac{D}{d_1}\right)^2$倍。

根据夹紧缸油腔中直径为 d_1 的活塞杆与直径为 D 活塞的移动容积相等，得夹紧行程为

$$L=\left(\frac{d_1}{D}\right)^2L_1$$

式中，L 和 L_1 分别为活塞杆 d_1 和夹紧缸活塞移动的距离。这说明气液夹紧行程比气缸行程小$\left[1-\left(\frac{d_1}{D}\right)^2\right]$%。

单级气液夹紧装置结构简单，适用于供给夹紧缸数量少、活塞行程不大的场合，这时油的容量小，高压油的流量与压缩空气流量之比为$\frac{D^2}{D_1^2}$，如果要增大容量和行程，将使装置外形增大。

（2）双级气液增压装置的原理　双级气液增压装置的原理如图 3-124 所示。

换向阀 5 换向压缩空气进入气液缸 1，使无杆活塞向右移动，将低压油压出进入增压缸 2 的油腔，并进入夹紧缸 4 的油腔，使夹紧缸活塞杆快速伸出，预夹紧工件；换向阀 3 换向，压缩空气又进入增压缸的气腔，这时增压缸活塞杆向右移动，同时切断气液缸 1 与增压缸的通路，高压油进入夹紧缸将工件夹紧。换向阀 5 复位时，压缩空气同时进入增压缸右腔和夹紧缸的气腔，使增压缸和夹紧缸活塞返回，松开工件。

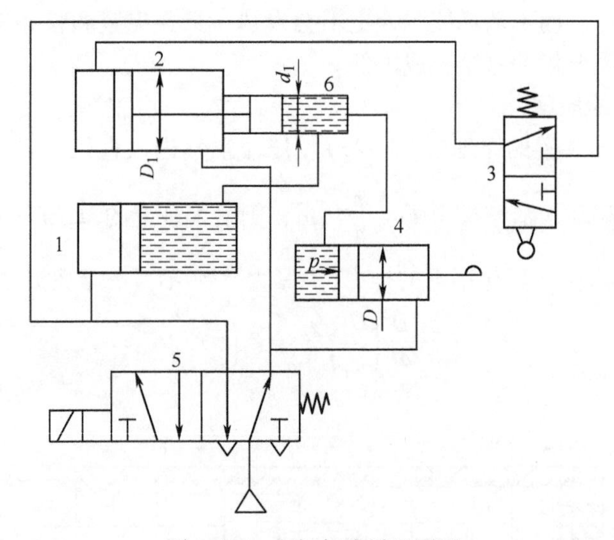

图 3-124　双级气液增压原理

1—气液缸　2—增压缸　3、5—换向阀　4—夹紧缸　6—低压缸

2. 气液夹紧装置的结构

图 3-125 所示为可供给四个夹紧液压缸的单级气液增压装置。

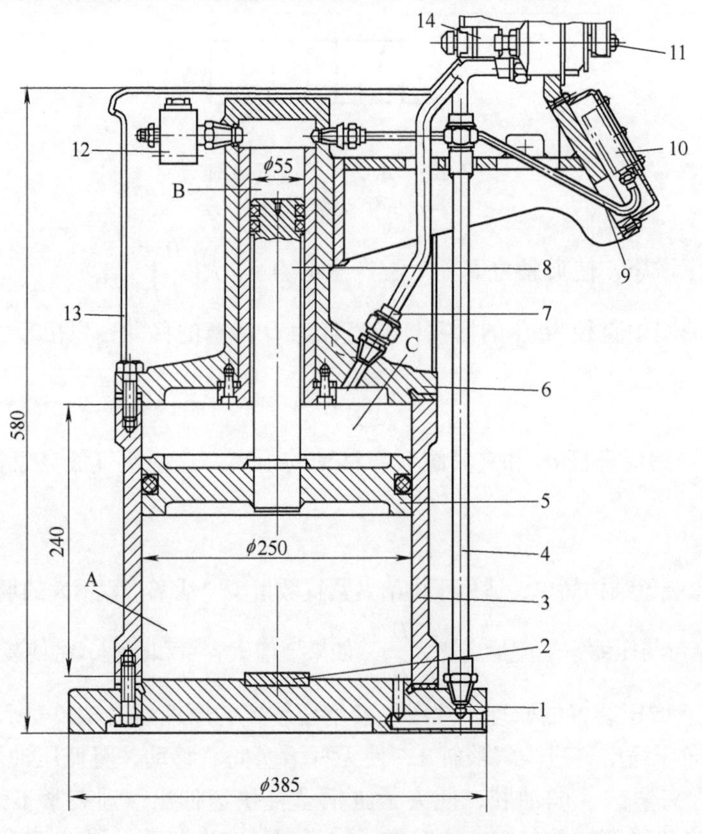

图 3-125　单级气液增压装置

1、6—缸盖　2—橡皮垫　3—缸套　4、7、9—管道　5—活塞　8—柱塞

10—压力表　11—换向阀　12—分配器　13—罩　14—单向阀

压缩空气从单向阀14、换向阀11和管道4进入气腔的下腔A，活塞5向上移动，活塞杆上的柱塞8将腔B中的油高压压入分配器12，通过软管分配到四个夹紧油缸(图中未示)；这时气腔上腔C的空气经管道7排向大气，用与油管9相连的压力表10观察油的压力。

转换换向阀手柄的位置，压缩空气进入气缸的上腔C，下腔A的空气排向大气，这时夹具油缸在弹簧力的作用回到原始位置，松开工件。

该装置开始使用时，从分配器12的一个孔注入油，分配器的排气孔应打开，这时活塞5应位于下面终端位置。在装置上面有储油器(图中未示)用于补偿油的泄漏；单向阀14用于当压力升高时油从油路进入储油器；橡皮垫2防止缸盖1受活塞杆的冲击。

图3-126所示为外形尺寸小、结构紧凑的单级气液增压装置的简图，该装置的气液增压和夹紧液压缸均装在一个本体5内。压缩空气使活塞1向左移动，活塞杆2就是气液增压油缸的柱塞，油沿槽A作用在套筒状活塞3直径为D的右端上，同时也作用在活塞3内端面上，其油压面积为$\frac{\pi}{4}D^2$。

图3-127所示为立式双级气液增压装置，图示为松开位置。

当换向阀处于“预紧”位置时，压缩空气先进入低压缸的A腔，低压油经C孔进入增压缸3的B腔，然后进入夹具夹紧缸(图中未示)，预夹紧工件。当换向阀处于“夹紧”位置时，压缩空气从下缸沿气孔进入活塞下部，活塞向上移动，柱塞将连接增压缸与低压缸的通孔C封闭，B腔内的油压升高，将工件夹紧。当换向阀处于“松开”位置时，压缩空气进入低压缸活塞上腔D，使活塞向下移动到原始位置(如图所示)，同时活塞下腔的压缩空气进入夹具夹紧缸气腔，使夹紧缸活塞回到原始位置，而夹紧缸油腔的油则返回增压缸B腔。

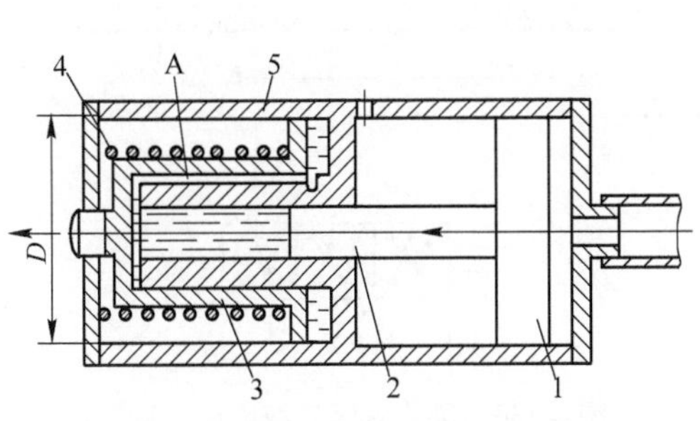

图3-126　小型单级气液增压装置简图
1、3—活塞　2—活塞杆　4—弹簧　5—本体

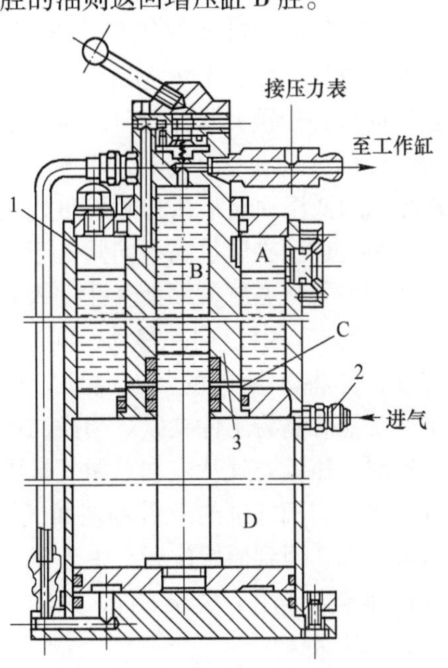

图3-127　立式双级气液增压装置
1—低压缸　2—接头　3—增压缸

该装置低压缸中油的容量为2800cm³，增压缸的容量为200cm³；当压缩空气的压力为0.4MPa时，高压油压为7.5MPa，可供多个夹紧缸使用。双级气液增压装置与夹具夹紧缸

的连接如图 3-128 和图 3-129 所示。

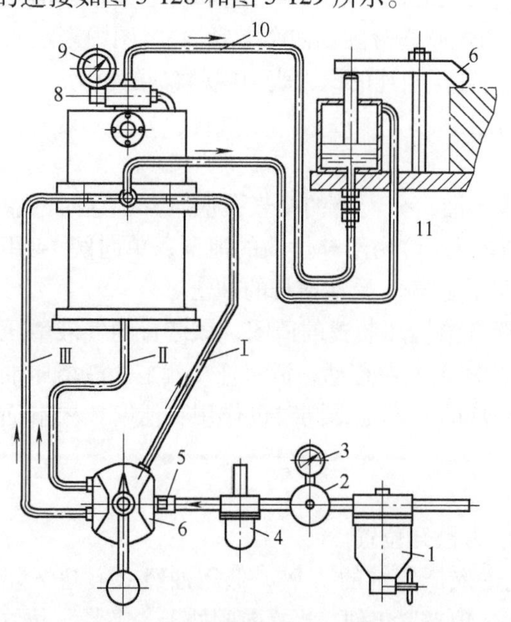

图 3-128 双级气液增压装置与夹具双向作用气缸的连接
Ⅰ—预夹紧 Ⅱ—夹紧 Ⅲ—松开 1—分水过滤器
2—减压阀 3—压力表 4—油雾器 5—单向阀
6—换向阀 7—软管(3 个) 8—高压低隔离阀
9—压力表 10—软管 11—快换接头

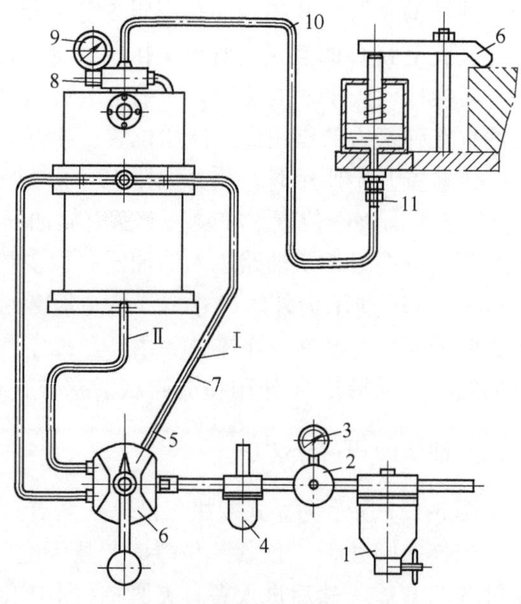

图 3-129 双级气液增压装置与夹具单向作用气缸的连接
注：图注与图 3-128 相同。

图 3-130 所示为卧式双级气液增压装置，装置由两个缸体组成，图示为松开位置。

当换向阀处于预夹紧位置时，压缩空气从左缸盖端面气孔进入左面气缸，活塞 1 向右移动，B 腔内的低压油经小孔和 C 腔进入夹紧缸的油腔，将工件预夹紧。当换向阀处于夹紧位置时，压缩空气从右缸盖端面气孔进入右面气缸，柱塞(活塞 2 的杆)向左移动；同时活塞 1 向右移动，并将 A 腔内的气孔封闭，形成封闭油室，油压升高将工件夹紧。当换向阀处于松开位置时，压缩空气从左和右两气缸下面的气孔分别进入右面气缸的 D 腔和左面气缸的 B 腔，活塞 1 和 2 回到原始位置，由于压力降低夹紧缸在弹簧力作用下松开工件，夹紧缸的油则流回 A 和 C 腔。

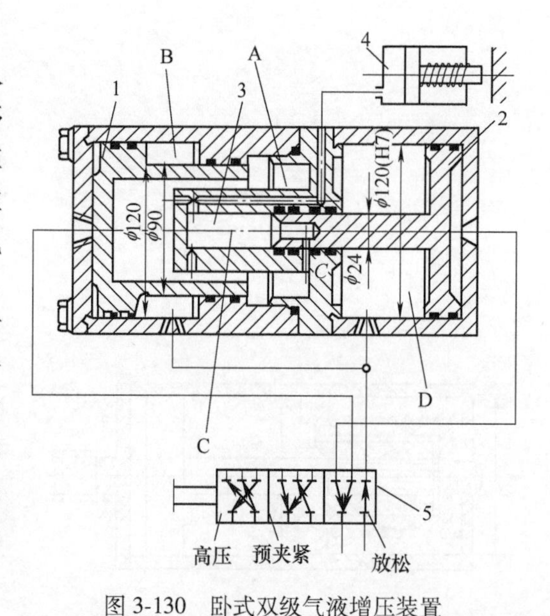

图 3-130 卧式双级气液增压装置
1、2—活塞 3—增压缸 4—夹紧缸 5—三位五通阀

3. 气液增压装置的计算和示例

机床夹具用气液增压装置的计算包括：确定夹具夹紧缸和气液增压缸的直径、压缩空气的消耗量和所需油的容量。需要的原始数据有夹紧工件所需的夹紧力和夹紧元件的行程。

（1）单级气液增压装置的计算　考虑气液增压装置的外形不要过大和对密封的要求也不要太高，p 一般取 6~15MPa。下面的计算符号如图 3-123 所示。

单向作用夹紧缸的直径按下式计算

$$D=1.13\sqrt{\frac{F+R}{p\eta}} \tag{3-69}$$

双向作用夹紧缸的直径按下式计算

$$D=1.13\sqrt{\frac{F}{p\eta}} \tag{3-70}$$

式中　D——夹具夹紧缸的直径，单位为 mm；

F——夹紧缸活塞杆需要产生的推力，单位为 N；

p——夹紧腔油腔的压强，单位为 MPa；

η——夹紧缸的传动效率；

R——夹紧缸活塞到达终点时的弹簧阻力，其确定方法见活塞式气缸的计算。

最终夹紧工件时，夹紧缸活塞不动，油的泄漏很小，油的阻力接近为零，所以夹紧缸的油压 p 等于气液增压的油压，即 $p=p_1$。

气液增压装置气缸活塞直径 D_1 和油缸柱塞直径 d_1 根据气源压强 p_1 和增压后的油压 p 来计算

$$\frac{p}{p_1}=\frac{A_1}{A}\eta_1=\frac{D_1^{\ 2}}{d_1^{\ 2}}\eta_1$$

$$D_1=d_1\sqrt{\frac{p}{p_1\eta_1}} \tag{3-71}$$

式中　A_1 和 A——分别为气缸活塞直径和增压油缸柱塞的面积，单位为 mm^2；

η_1——气液转换传递效率，$\eta=0.8\sim0.9$（气源压强高时取大值），$p_1=0.4$MPa 时，取 $\eta_1=0.85$。

计算 D_1 时，气源压力 p_1 一般取 0.35~0.45MPa；柱塞直径（活塞杆）d_1 取 30~50mm，最大不超过 70mm；一般 $\frac{D_1}{d_1}=3\sim5.5$。

当增压缸柱塞带动一个夹紧缸活塞移动时，其容量变化相等，同时考虑容积效率系数 η_0，得

$$L_1\frac{\pi d_1^{\ 2}}{4}\eta_0=L\frac{\pi D^2}{4}$$

已知 L，可得增压缸柱塞（即气缸活塞杆）的行程计算式为

$$L_1=L\left(\frac{D}{d_1}\right)^2\frac{1}{\eta_0}=1.05L\left(\frac{D}{d_1}\right)^2 \tag{3-72}$$

式中　L_1——增压缸柱塞的行程，单位为 mm；

L——夹紧缸活塞的行程，单位为 mm；

D 和 d_1——分别为夹紧缸活塞和增压缸柱塞的直径，单位为 mm；

η_0——从增压缸到夹紧缸油的容积效率，$\eta_0=0.90\sim0.95$。

式(3-71)适用于一个夹紧缸，如果气液增压装置同时供给 n 个同样直径和行程的夹紧缸，则柱塞的行程为

$$L_1 = nL\left(\frac{D}{d_1}\right)^2 \frac{1}{\eta_0} = 1.05nL\left(\frac{D}{d_1}\right)^2 \tag{3-73}$$

单级气液增压装置所需油的容量为

$$V = V_1 + V'_1 + \Delta V$$

式中 V——气液增压装置所需的容量，单位为 L；

V_1——夹具夹紧缸所需油的容量，单位为 L；

V'_1——油路管道、油缸和软管的膨胀、夹紧机构的变形和泄漏所消耗的容量，单位为 L；

ΔV——由于油的压缩性产生的油容积变化(油压缩性很小,但考虑气液装置的油中会有空气)，单位为 L。

$$V_1 = \frac{\pi}{4}\sum_{i=1}^{n} D_i L_i \times 10^{-6} \tag{3-74}$$

式中 n——夹紧缸的数量；

D_i 和 L_i——分别为夹紧缸的直径和行程，单位为 mm；

气液增压装置的容积效率为

$$\eta_0 = \frac{V_1}{V_1 + V + \Delta V} = \frac{V_1}{V} = 0.9 \sim 0.95$$

所以已知 V_1 可直接计算 V 值 $V = \frac{V_1}{\eta_0} = (1.05 \sim 1.1)V_1$ (3-75)

即 $V'_1 + \Delta V = (0.05 \sim 0.1)V_1$

应指出，气液增压装置中油的容量和活塞行程应大于计算值，特别是当在装置中没有补充泄漏的储油室的情况下，否则由于油量不足可能使工件未被夹紧。对图 3-123 所示增压装置的空气消耗量如下所述

单级气液增压装置在一个夹紧行程压缩空气消耗量为(D_1、L_1 单位为 mm)

$$Q_1 = A_1 L_1 = \frac{\pi D_1^2}{4} L_1 \times 10^{-6} \tag{3-76}$$

气缸返回行程压缩空气消耗量为(D_1、d_1 单位为 mm)

$$Q_2 = \frac{\pi(D_1^2 - d_1^2)}{4} L_1 \times 10^{-6} \tag{3-77}$$

夹紧缸的返回腔为气腔，返回时压缩空气消耗量为(D、d 单位为 mm)

$$Q_3 = \frac{\pi(D^2 - d^2)}{4} L \times 10^{-6} \tag{3-78}$$

考虑管道等的消耗，一个增压气缸活塞往返行程压缩空气消耗量为 $Q = Q_1 + Q_2 + Q_3 + 2\Delta Q_1$，$\Delta Q_1$ 为往返行程其他消耗，对单向作用夹紧缸用弹簧返回，则 $Q_3 = 0$。

(2) 双级气液增压装置的计算(按图 3-124) 夹紧缸的直径 D、低压气缸的直径 D_1、增压缸柱塞直径 d_1 和增压后的压强 p 的计算见式(3-69)~式(3-71)等。

双级气液增压装置所需油量的容积为

$$V=V_1+V_2$$

式中　V_1——夹紧缸预夹紧所需低压油的容量，单位为L，按式(3-74 计算)；

V_2——最终夹紧工件所需高压油的容量，单位为L，$V_2=V_1'+\Delta V$。

$$V_1=\frac{\pi}{4}\sum_{i=1}^{n}D_i^2L_i^2\times10^{-6}$$

$$V_2=V'_1+\Delta V=(0.05\sim0.1)V_1$$

($V_1'+\Delta V$) 见单级气液增压装置的计算。

已知夹紧缸行程 L 和增压缸柱塞直径 d_1，按式(3-73)计算低压气缸活塞预夹紧行程 L_1，即

$$L_1=\eta L\left(\frac{D}{d_1}\right)^2\frac{1}{\eta_0}=1.05nL\left(\frac{D}{d_1}\right)^2$$

增压缸柱塞最终夹紧工件的行程 L_2 按下式计算(V_2 单位为L,d_1 和 L 单位为mm：

$$L_2=\frac{4V_2\times10^6}{\pi d_1{}^2}+l$$

式中　l——增压缸柱塞由起始位置到挡住高低压油通孔所需的行程(图3-130中未示出)。

对图3-130，压缩空气的消耗量包括：预夹紧活塞1往返行程和最终夹紧活塞2往返行程的消耗；双向作用夹紧缸用压缩空气松开工件时的消耗，其计算根据参数 D_1、d_1、D、d、L 和 L_1 进行，不再详述。

(3) 气液增压装置计算示例　以图3-123为例进行计算：夹紧缸活塞直接压紧工件，需要夹紧力为6kN，夹紧行程20mm，气源压力为0.4MPa。

初取增压后油的压强为6MPa，由式(3-70)得双向作用夹紧缸的直径 D 为

$$D=1.13\sqrt{\frac{F}{p\eta}}=1.13\sqrt{\frac{6}{6\times0.85}}\text{mm}\approx38.76\text{mm}$$

取 $D=40$mm，按式(3-71)计算增压装置气缸的直径 D_1，并取 $d_1=30$mm

$$D_1=d_1\sqrt{\frac{p}{p_1\eta_1}}=30\times\sqrt{\frac{6}{0.4\times0.85}}\text{mm}\approx125\text{mm}$$

按式(3-73)计算气液增压装置柱塞(气缸活塞)的行程 L_1 为

$$L_1=1.05L(\frac{D}{d_1})^2=1.05\times20\times(\frac{40}{30})^2\text{mm}=37.3\text{mm}$$

按式(3-76)计算一个气缸夹紧行程压缩空气的消耗量 Q_1

$$Q_1=A_1L_1=\frac{\pi D_1{}^2}{4}L_1=\frac{\pi\times125^2}{4}\times37.3\text{mm}^3\approx46\times10^4\text{mm}^3=0.46\text{L}$$

一个气缸返回行程(松开工件)压缩空气的消耗量按式(3-77)计算

$$Q_2=\frac{\pi(D_1{}^2-d_1{}^2)}{4}L_1\times10^{-6}=\frac{\pi(125^2-30^2)}{4}\times37.3\times10^{-6}\text{L}=0.43\text{L}$$

夹紧缸松开工件压缩空气消耗量 Q_3 为

$$Q_3=\frac{\pi(D^2-d^2)}{4}L\times10^{-6}=\frac{\pi(40^2-20^2)}{4}\times20\times10^{-6}\text{L}=0.02\text{L}$$

取 $\Delta Q=0.1Q_1$，气缸往返一次总的压缩空气消耗量为(ΔQ 见前述)

$$Q=Q_1+Q_2+Q_3+2\Delta Q=0.46\text{L}+0.43\text{L}+0.02\text{L}+2\times0.46\times0.1\text{L}=1.01\text{L}$$

按式(3-74)计算夹紧缸所需的油容量为

$$V_1=\frac{\pi D^2}{4}L\times10^{-6}=\frac{\pi\times40^2}{4}\times20\times10^{-6}\text{L}=0.025\text{L}$$

按式(3-75)得单级气液增压装置所需总的油容量，取 $\eta_0=0.9$，得

$$V=\frac{V_1}{\eta_0}=\frac{V_1}{0.9}=1.1V_1=1.1\times0.025\text{L}=0.028\text{L}$$

由上述计算得 $D=40\text{mm}$，$D_1=125\text{mm}$，$d_1=30\text{mm}$，按这些数据核算夹紧缸的压强为

$$p=\frac{{D_1}^2}{{d_1}^2}p_1\eta_1=\frac{125^2}{30^2}\times0.4\times0.85\text{MPa}=5.90\text{MPa}$$

夹紧缸油缸的推力为

$$F=p\,\frac{\pi D^2}{4}\eta=5.9\times\frac{\pi\times40^2}{4}\times0.9\text{N}=6672\text{N}>6\text{kN}$$

3.7.5 气动夹紧机构的应用

1. 活塞式气缸夹紧装置

图 3-131 所示为活塞式气缸带增力压板的夹紧装置。杠杆臂长比$\frac{a}{b}=2$，用螺柱 5 调节高度 H，其范围为 30mm，这样可使夹紧时活塞的行程最小，一般可取行程为 6mm。

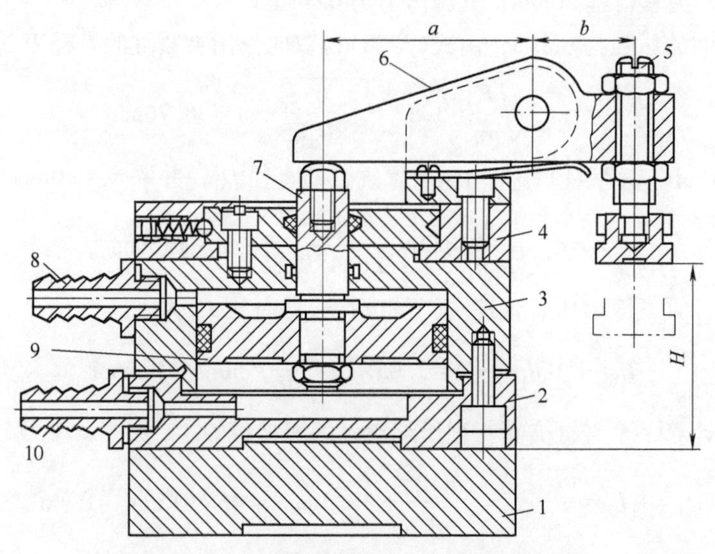

图 3-131 活塞式气缸带增力压板的夹紧装置
1—底座 2—下盖 3—气缸 4—转盘 5—螺柱
6—杠杆 7—轴(活塞杆) 8、10—接头 9—活塞

图 3-132 所示为内装活塞式气缸带增力杠杆 4 和滑柱 5 的夹紧装置。

内装活塞式气缸带杠杆和滑柱夹紧装置的尺寸见表 3-85。

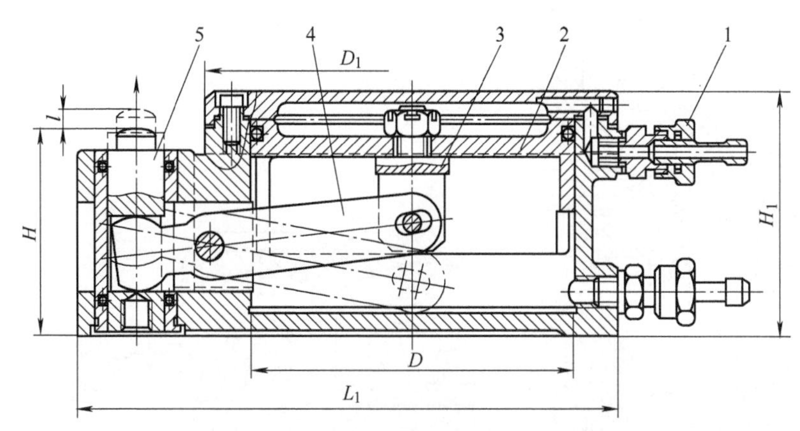

图 3-132　内装活塞式气缸带增力杠杆和滑柱夹紧装置

1—接头　2—活塞　3—支座　4—增力杠杆　5—滑柱

表 3-85　内装活塞式气缸带杠杆和滑柱夹紧装置

D/mm	D_1/mm	H/mm	H_1/mm	l	L_1	F/kN
105	146	100	126	11	212	7.5
165	208	100	128	12	280	15
180	230	122	132	12	305	24

注：F 为当气压为 0.4MPa 时滑柱产生的推力。

内装活塞式气缸带增力杠杆在气动虎钳上的应用如图 3-133 所示。

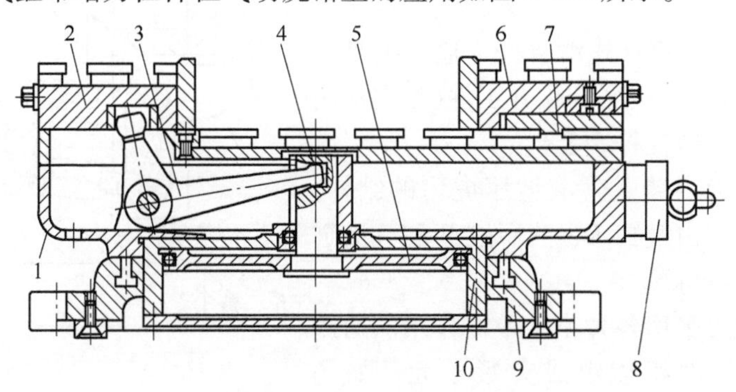

图 3-133　内装活塞式气缸在气动虎钳上的应用

1—本体　2—移动钳口　3—杠杆　4—活塞杆　5—活塞

6—固定钳口　7—垫板　8—气阀　9—支座　10—气缸

图 3-134 所示为气缸内装在夹具本体内。夹紧时，活塞 1 向下移动，压板 4 左端平面靠在支座 3 的圆弧面上；压板右端的圆弧面则靠在工件 6 的平面上，将工件夹紧。松开工件时，活塞向上移动，同时压板绕轴 5 转动，即可取下工件。

图 3-135 所示为气动杠杆夹紧夹具，夹紧时活塞杆拉动铰链压板，松开工件时活塞杆伸出，使压板抬起。

图 3-136 所示为气缸通过上、下杠杆，同时从两个方向夹紧工件。

2. 膜片式气缸夹紧装置

图 3-137 所示为通用膜片式气缸夹紧装置，在气缸本体 1 上下两端面上各装有膜片 3，在两膜片之间有支架 4，在支架的开口中有轴 5，杠杆 2 的一端装在轴 5 上。气动分配阀 6

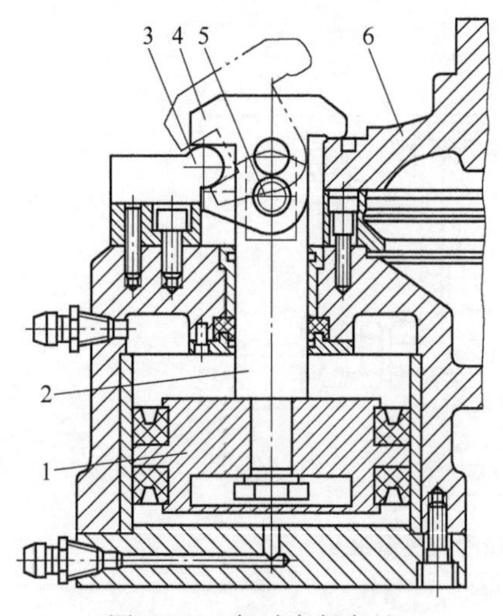

图 3-134　气动夹紧夹具

1—活塞　2—活塞杆　3—支座

4—压板　5—轴　6—工件

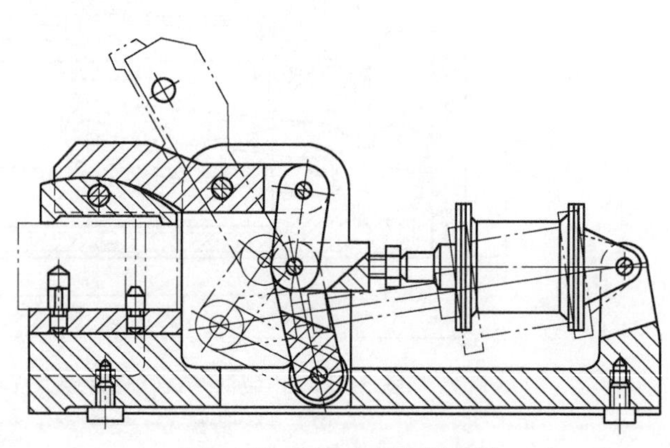

图 3-135　气动杠杆夹紧夹具

装在本体上，用手柄 7 操作，为减小杠杆夹紧面的磨损，装有滚轮 8。当气源压力为 0.4MPa、杠杆夹紧行程为 15mm 时，杠杆产生的力为 30kN。该装置的应用实例如图 3-138 所示，用于夹紧行程小于 12mm 的情况。

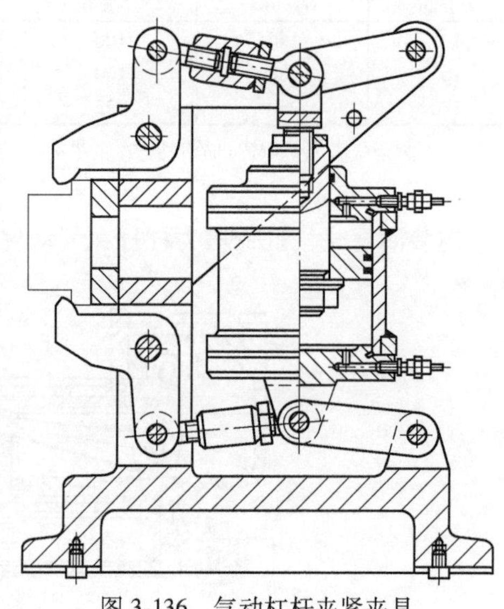

图 3-136　气动杠杆夹紧夹具

图 3-139 所示为用膜片式活塞杆 1 通过夹具上的滑柱 2，使杠杆 3 摆动夹紧和松开工件(单向作用膜片式气缸固定在铰链杠杆 3 上)。

图 3-140 所示为内装式气液增压虎钳的结构，采用单级气液增压，由气缸 A、液压缸 B 和气液缸 C 组成，夹紧力 $F=68$kN。

气液增压装置可采用各种小型单向作用的通用夹紧缸，与夹紧元件相连组成夹紧单元，如图

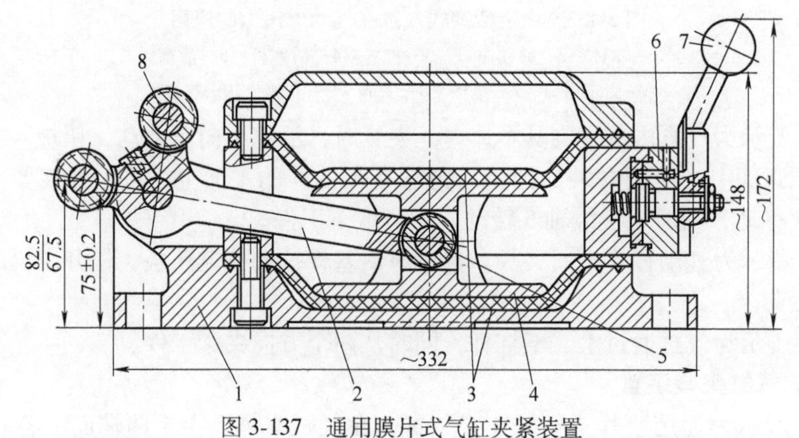

图 3-137　通用膜片式气缸夹紧装置

1—本体　2—杠杆　3—膜片　4—支架　5—轴　6—分配阀　7—手柄　8—滚轮

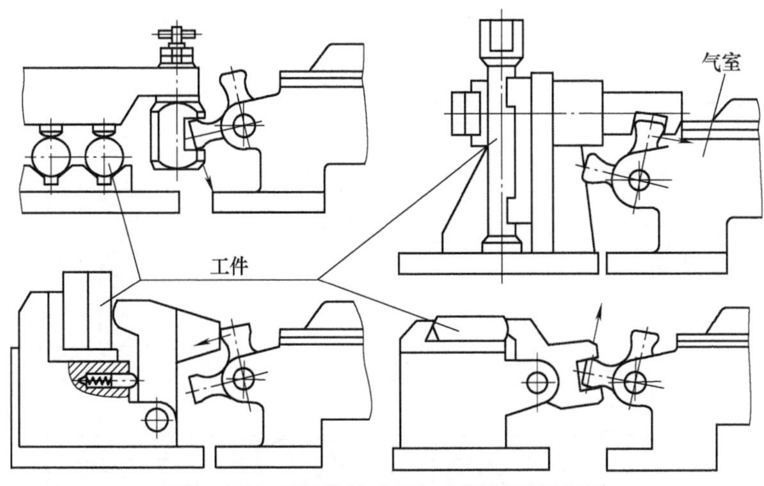

图 3-138　通用膜片式气缸夹紧装置的应用

3-141所示。其中图 3-141b 所示的夹紧缸可固定在机床 T 形槽上；图 3-141d 所示为矩形夹紧缸，左图为夹紧位置，右图为松开位置。

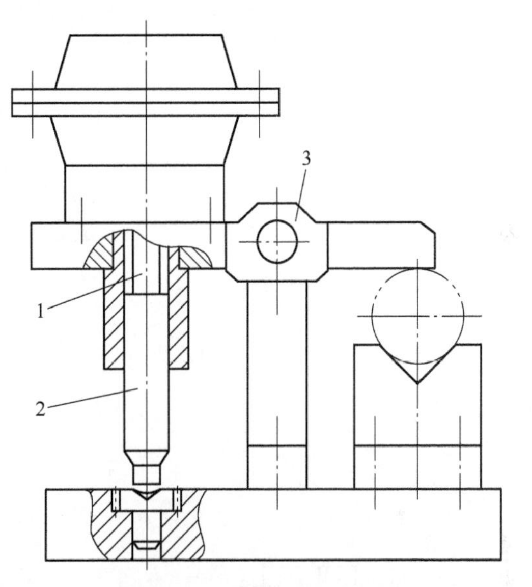

图 3-139　膜片式气缸夹具简图
1—活塞杆　2—滑柱　3—杠杆

3.7.6　气动夹紧装置的控制

1. 夹具常用气动控制回路

夹具常用气动控制回路如图 3-142 ~ 图 3-151 所示。

图 3-151 所示为双级气液增压装置的控制回路。

压下行程开关 7，压缩空气从气源通过二位五通换向阀 5 进入蓄能器 1，油从蓄能器 1 经过气液增压缸 2 的下腔进入夹紧缸 9 的左腔，这时夹紧缸活塞杆快速接近工件，夹紧缸活塞右腔的油进入蓄能器 3。在夹紧元件未接触工

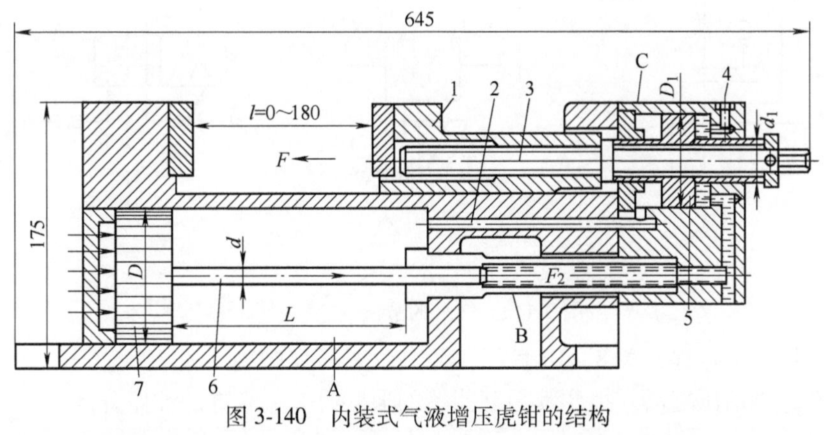

图 3-140　内装式气液增压虎钳的结构
1—钳口　2—孔　3—螺杆　4—螺塞　5、7—活塞　6—活塞杆

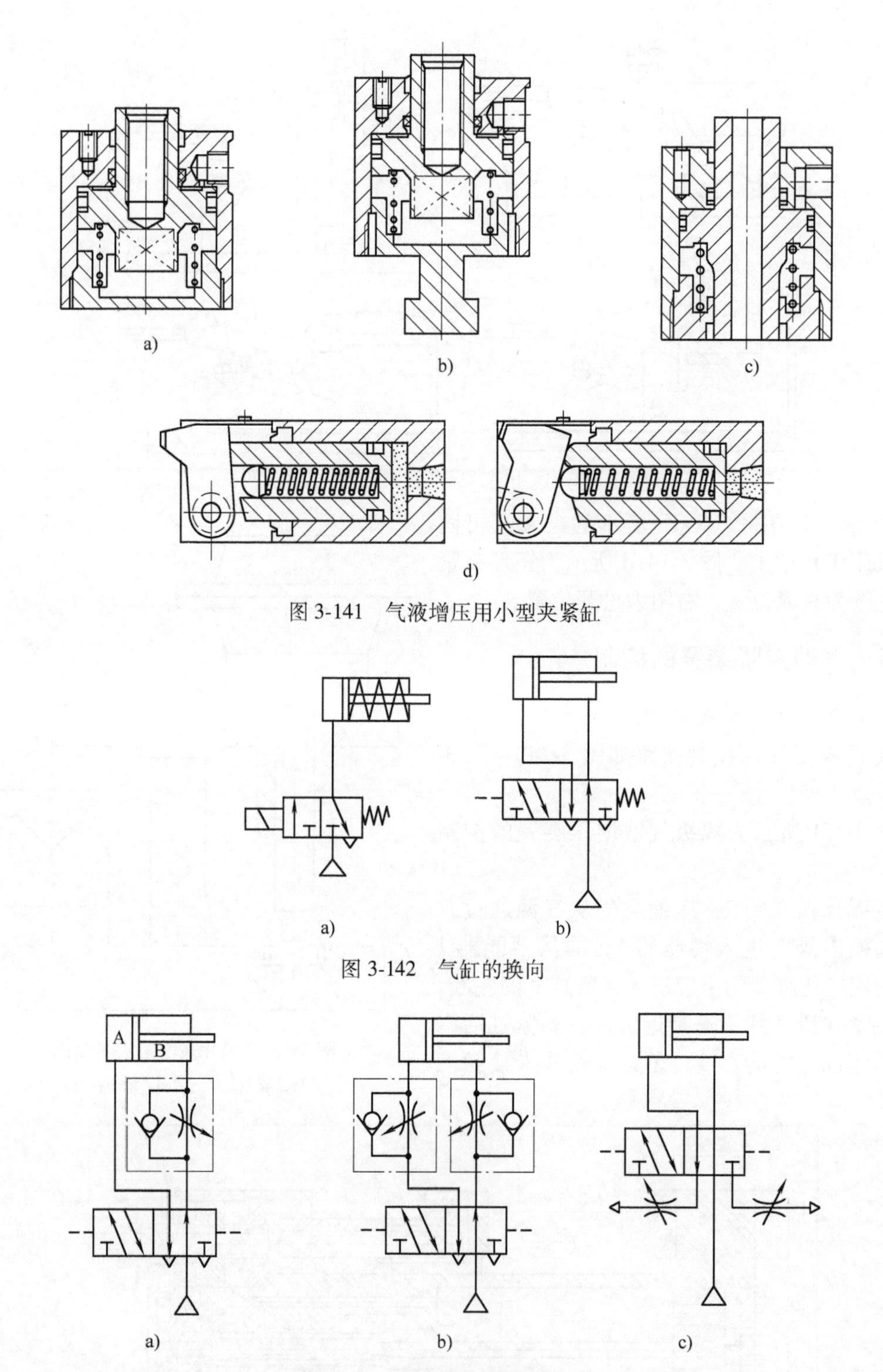

图 3-141 气液增压用小型夹紧缸

图 3-142 气缸的换向

图 3-143 气缸的节流调速(一)

件之前，活塞杆压下行程开关 8，压缩空气经二位五通换向阀 4 进入气缸 10 的上腔，气缸活塞向下移动，当增压缸活塞挡住其与蓄能器的通路时，夹紧缸的油压升高，将工件夹紧。

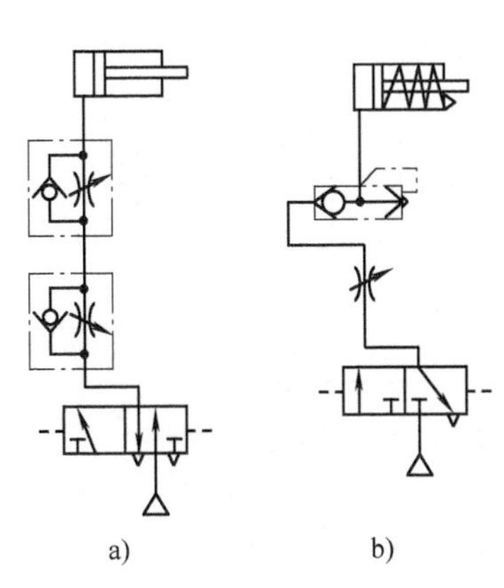

图 3-144　气缸的节流调速(二)

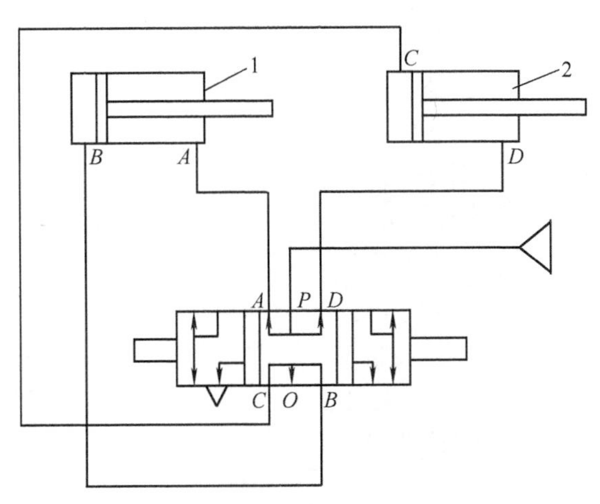

图 3-145　气缸顺序动作

1、2—气缸

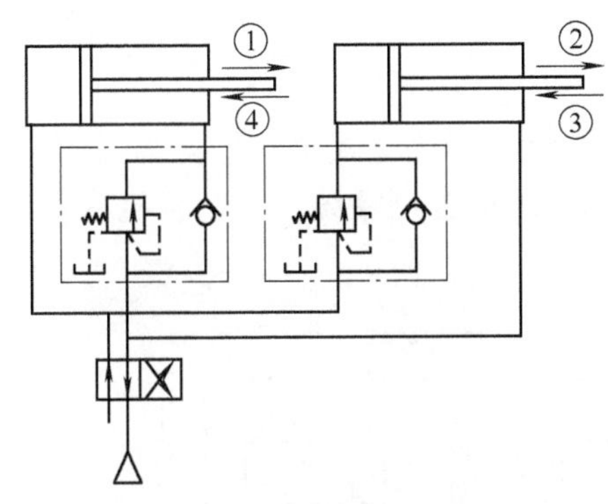

图 3-146　压力控制顺序回路

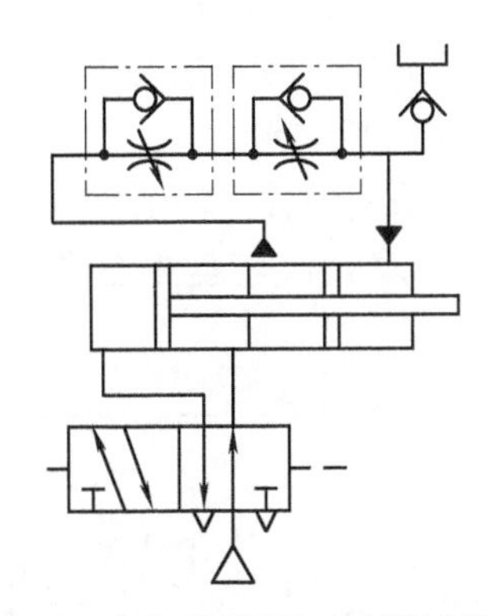

图 3-147　气液阻尼缸速度控制回路

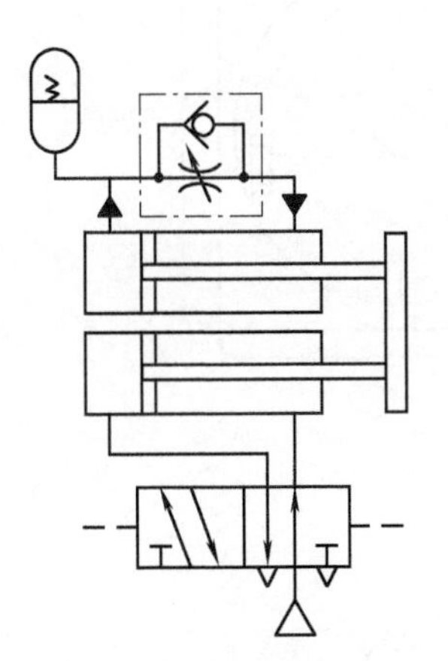

图 3-148　气液阻尼缸速度控制回路

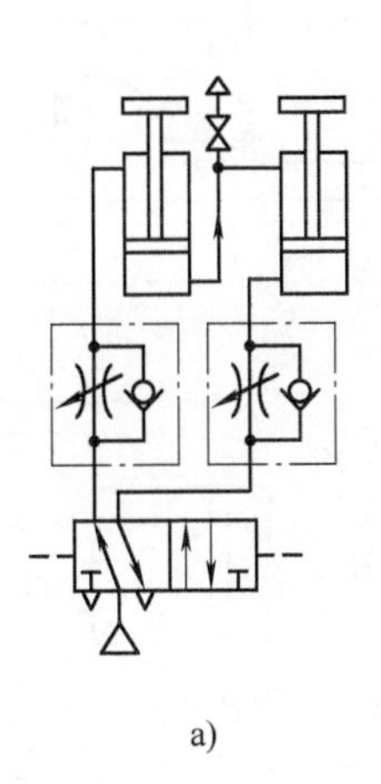

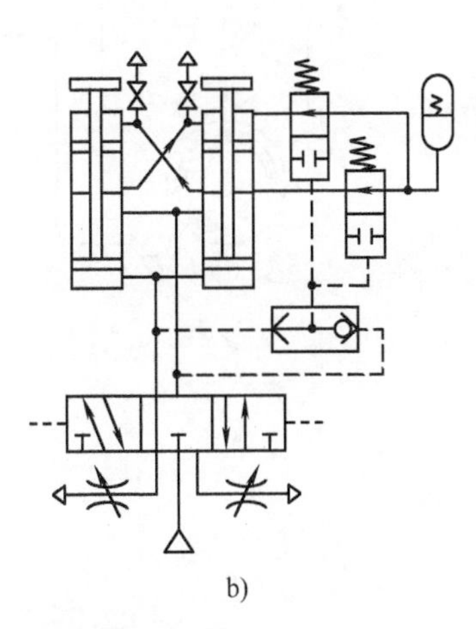

图 3-149　气液阻尼缸同步控制回路

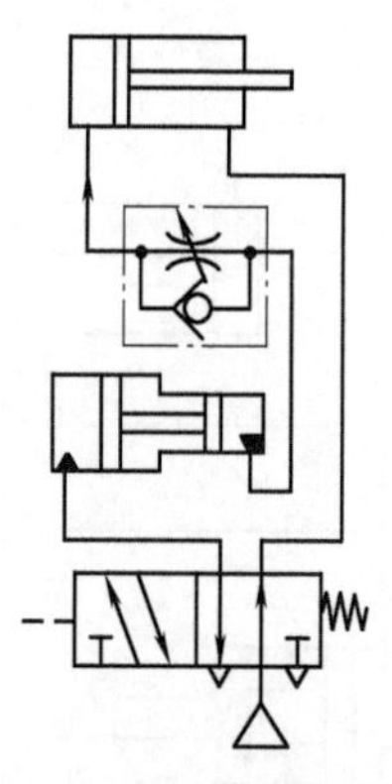

图 3-150 气液增压速度控制回路

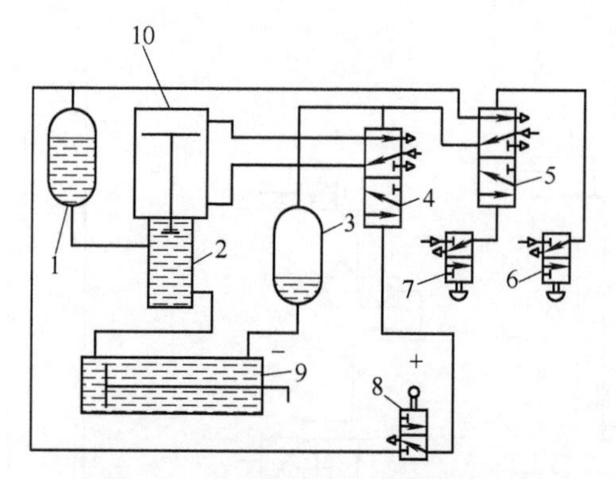

图 3-151 双级气液增压装置控制回路
1、3—蓄能器 2—增压缸 4、5—换向阀
6、7、8—行程开关 9—夹紧缸 10—气缸

为松开工件，压下行程开关 6，压缩空气经阀 5 和阀 4 进入蓄能器 3 和气缸的下腔，返回时蓄能器 1 和气缸 10 的上腔与大气相连，油从蓄能器 3 进入夹紧缸 9 的有杆腔，松开工件，而夹紧缸无杆腔的油进入夹压缸的下腔和蓄能器 1。

2. 气动夹具控制系统

在夹具中采用各种回转工作台和回转支座，图 3-152 所示为立式单支承支座（转盘直径为 800mm 和 1200mm，转盘中心高度为 500mm 和 700mm）的控制系统，图示各机构在原始位置。

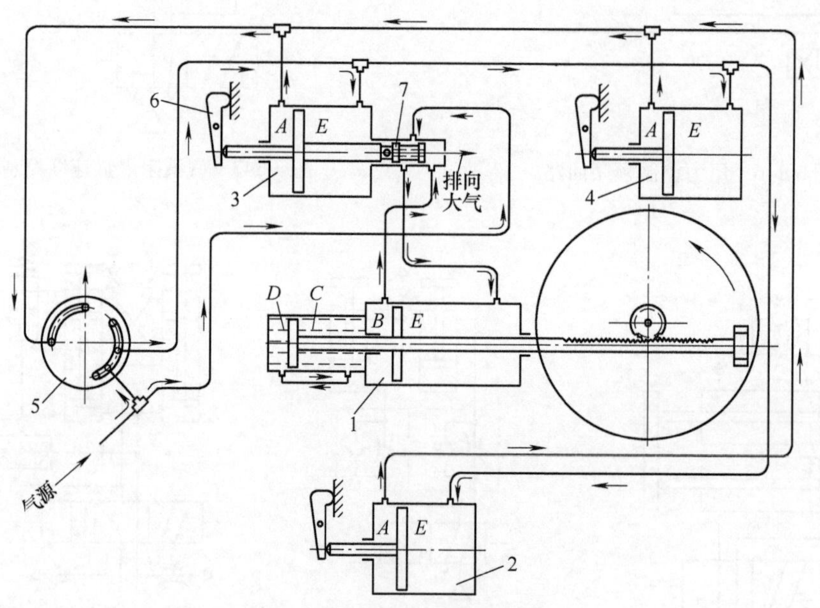

图 3-152 回转支座控制系统
1—气液缸 2、3、4—气缸 5—控制阀 6—杠杆 7—滑阀

转动控制阀 5，使定位销从转盘中退出，压缩空气进入气缸 2、3、4 的 A 腔，各活塞杆向右移动，各杠杆 6 处于不受力状态，松开转盘。在气缸 3 活塞杆向右行程终端，与活塞为一体的滑阀 7 打开压缩空气从气路进入滑阀体的孔，然后进入气液缸 1 的 B 腔，活塞杆向右

移动，其上的齿条通过超越离合器使转盘分度转动。这时气液缸 C 腔的油经节流阀(图中未示)进入 D 腔。转盘转动时，定位销在弹簧力的作用下进入下一个分度孔内，并通过定位销机构上的齿轮(图中未示)使控制阀 5 回到原始位置。这时压缩空气进入气缸 2、3、4 的 E 腔，将转盘用杠杆固定在支座体上；同时压缩空气经过气缸 3 的滑阀进入气-液阻尼缸的 E 腔，齿条在超越离合器空行程下与活塞杆一起返回原位。

图 3-153 所示为钻孔时回转工作台控制系统，回转工作台的动作包括：拔出分度定位销；松开回转工作台；使回转工作台回转一个分度角；定位销插入定位孔和锁紧回转工作台。

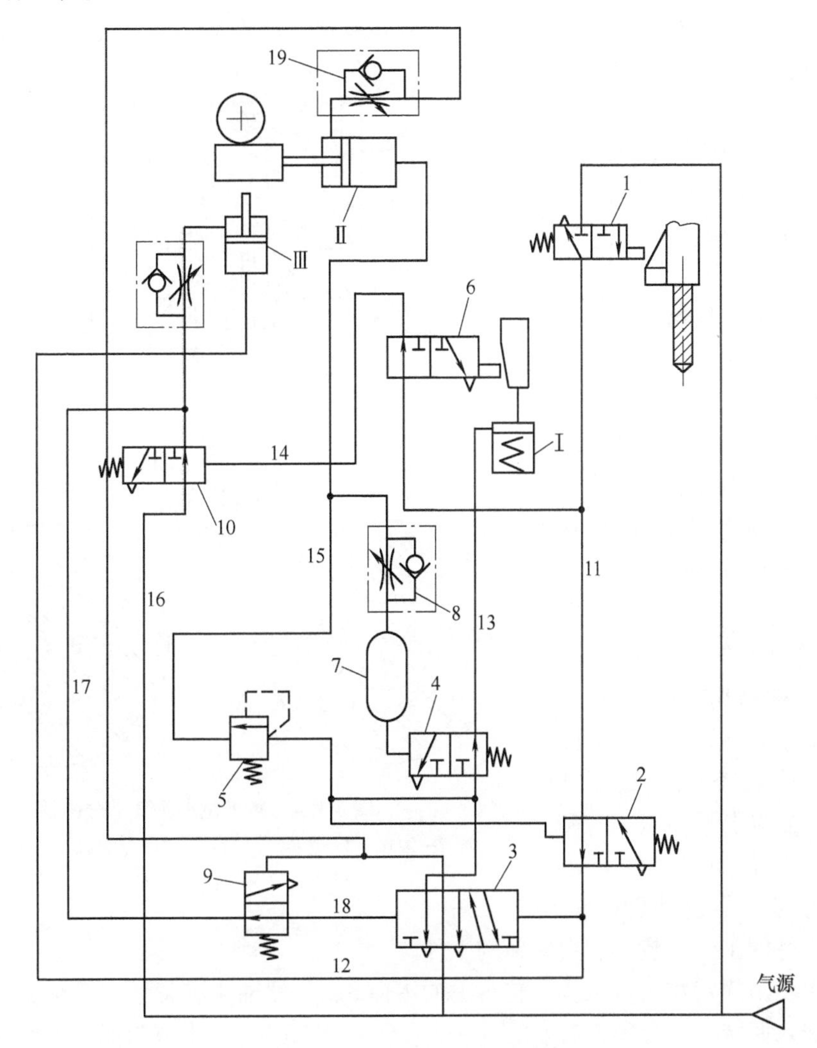

图 3-153　钻床回转工作台控制系统

1~4、6、9、10—换向阀　5—顺序阀　7—储气室　8、19—单向节流阀　11~18—气路

当加工完一个工件后，主轴向上返回，碰块使换向阀 1 右位工作，气路 11 被接通，压缩空气经换向阀 2，使换向阀 3 右位工作，气路 13 被接通，压缩空气经换向阀 4 至气缸Ⅰ的上腔，气缸Ⅰ的活塞向下，将定位销拔出。这时定位销伸缩机构上的斜面使换向阀 6 右位工作，气路 14 卸荷，阀 10 左位工作，使换向阀 10 排空。从气路 12 来的压缩空气进入气缸Ⅲ的下腔，气缸Ⅲ的活塞向上，使工作台抬起(松开)。

将定位销拔出后，气路13的压力不断升高，当升到一定的气压后，气动顺序阀5接通，压缩空气经气路15进入回转工作台分度气缸Ⅱ的右腔，活塞向左移动，带动齿条和分度齿轮进行分度，而气缸Ⅱ左腔的空气经单向节流阀19、气阀3和9排向大气。这时储气室7开始储气，当到达一定压力后，气阀4被推到左位工作，气路13排空，在气缸Ⅰ弹簧力作用下回转工作台定位销向上移动到与回转工作台接触；而这时分度动作还在进行，当回转工作台转到第二个分度孔位置时，定位销弹入定位孔中。

当定位销弹入定位孔时，伸缩机构的斜面使换向阀6左位工作，气路14被接通，在压缩空气作用下，使换向阀10右位工作，气路16被接通，压缩空气进入气缸Ⅲ上腔，气缸Ⅲ活塞向下移动，回转工作台落下，并被锁紧。当气缸Ⅲ有杆腔达到一定压力时，换向阀9被打开，接通气路17、18，这时可手动操作加工工件，也可通压力继电器，自动加工工件。

开始加工时，碰块离开换向阀1的推杆，气路11排空，使换向阀3向右移动左位工作，气路13、15排空，换向阀9向下移动，气路18也排空，等待下一次循环。

为介绍在回转工作台上多工位夹具的控制系统，先介绍一种自动夹紧分配器。图3-154所示为安装在回转工作台转盘上的多工位夹具气动分配器的一种结构，图示为五工位(工位数可有3~8)，其中有四个夹紧工位和一个装卸工位(位于*A—A*和*B—B*剖面的水平面上)。该分配器可始终接通各加工工位夹具的气路，在装卸工位通过辅助手柄松开、取下加工好的工件，装上、夹紧新的工件。

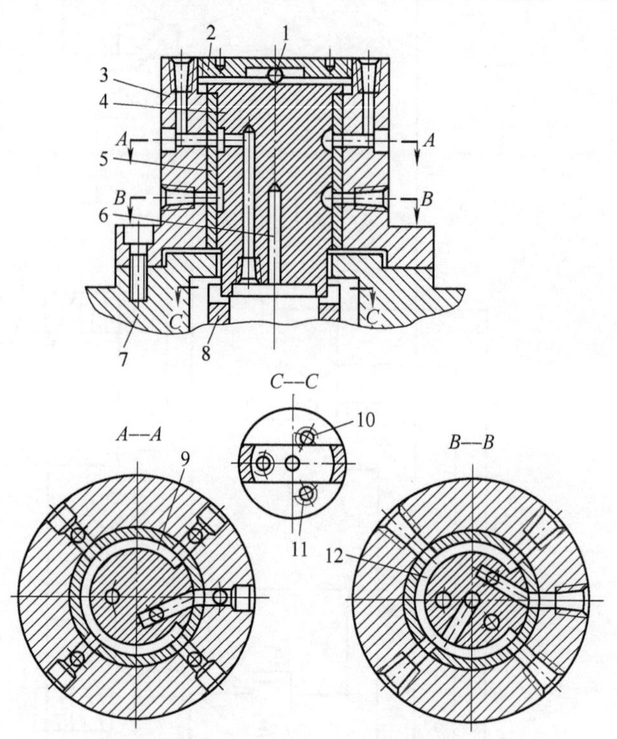

图3-154 多工位夹具气动分配器

1—滚珠 2—螺母 3—本体 4—分配轴 5—青铜套 6、10、11—气孔 7—机床 8—固定套 9、12—气环槽

分配器主要由固定在回转工作台转盘上的本体3、分配轴4和青铜套5组成。分配轴下端二扁平面嵌入回转工作台固定套8的槽中(见*C—C*剖面)，当本体与回转工作台一起回转时，分配轴固定不动。用螺母2通过滚珠1调节分配器的轴向间隙。

压缩空气从分配轴进入槽9(见*A—A*剖面)，槽9与四个加工工位上夹具气缸的夹紧腔相连，夹紧工件，而这些夹具气缸的松开腔通过槽12(见*B—B*剖面)和孔6与大气相通。

在装卸工位，将分配器辅助手柄转到“松开”位置，压缩空气经过孔10进入在装卸工位的夹具气缸的松开腔，而该夹具夹紧腔的空气经孔11排向大气，这时松开和取下加工好的工件。然后装上新的工件，将分配器辅助手柄转到“夹紧”位置，又将新的工件夹紧。

图3-155所示为四工位(三个加工工位,一个装卸工位)回转工作台夹具的控制系统。

在回转工作台中间有气动分配器，结构如图3-154所示。当夹具在各加工工位(Ⅱ、Ⅲ和Ⅳ)时，各夹具气缸无杆腔始终与环形槽A相通，工件保持被夹紧状态；而其有杆腔与环形槽B相通，并与大气保持相通。

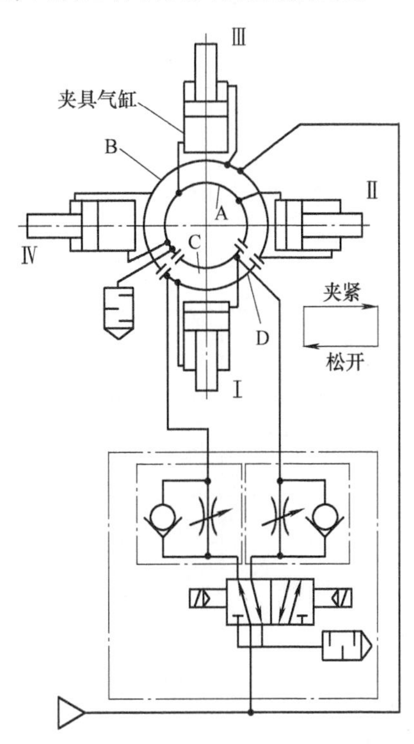

图3-155　回转工作台夹具控制系统

当夹具在装卸工位Ⅰ时，使二位五通阀左位工作，压缩空气从环形槽D进入夹具有杆腔，使在工位Ⅰ夹具上的工件松开，这时无杆腔与环形槽C相通，并与大气相通。更换工件后，使二位五通阀右位工作，将工件夹紧。

气源部分有单向阀和压力继电器(图中未示出)，当气源压力急剧下降时，压力继电器发出停机信号，在一定时间内保持夹具的夹紧力，工件仍保持被夹紧状态，提高了安全性。

3. 气动夹具的控制注意事项

从车间空气压缩站经初步处理的压缩空气，在输入夹具气缸之前还要进行过滤、调压和油雾，这时应注意安装顺序，先安装分水滤气器，再安装减压阀，最后在换向阀之前安装油雾器，并尽量靠近换向阀和高于被润滑的气缸。分水滤气器应安装在设备温度较低处。气源压力应比减压后最大工作压力大0.1MPa，气缸的工作压力应在减压阀上限工作压力的30%~50%内，并使用符合该范围的压力表，其读数超过减压阀上限工作压力的20%。

对油雾器使用的要求如下：采用在40℃黏度为32mm^2/S的矿物油(例如透平油)，油雾浓度不超过25mg/m^3，因过度润滑会使气动系统元件寿命缩短和损坏；为稳定供给润滑油，应使油雾器与气缸的连接管道不超过气缸一次行程所耗空气量的50%[56]；压缩空气油雾浓度为2~4滴/m^3。为检查是否过度润滑，可在气缸控制阀排气口(取下消声器)附近(距离≈100mm)用白纸停留一定时间来检查；或观察消声器的颜色和状态，如有明显黄色，甚至滴下油，则说明已过度润滑。

在选用气动元件时，应考虑各元件单位时间流过空气量的通过能力(通过能力以有效面积或流量表示)，并注意管道安装长度不宜超过与管道有效面积相当的当量长度。但要注意，不能完全按接口尺寸相同来选择元件，因为各元件即使接口尺寸相同，通过能力可能不相同，要注意产品的性能说明。为说明这个问题，列出了几种气动元件的有关参数，见表3-86。

表3-86　气动元件的参数[56]

名称	管道直径/mm	单位时间流量/(m^3/h)	有效面积/mm^2	有效面积当量长度/m
气动换向阀	4	0.25	5	1.04
	4	0.33	6.6	
	4	0.6	12	

（续）

名称	管道直径/mm	单位时间流量/(m^3/h)	有效面积/mm^2	有效面积当量长度/m
气动换向阀	6	0.9	18	
	10	1.9	38	10.8
	10	1.25	25	
	10	1.65	33	
	16	2.8	56	12.64
	16	3.6	72	
气动节流阀	4	0.16	3.2	1.6
	6	0.35	7	3.3
	10	0.9	18	10.5
	16	1.7	34	11.2
	25	4.0	80	13.75
气动单向阀	4	0.28	5.6	
	6	0.8	16	
	10	1.6	32	
	16	4.0	80	13.75
	20	7.5	150	

图 3-156、图 3-157 所示为不同材料的气路管道的有效面积。

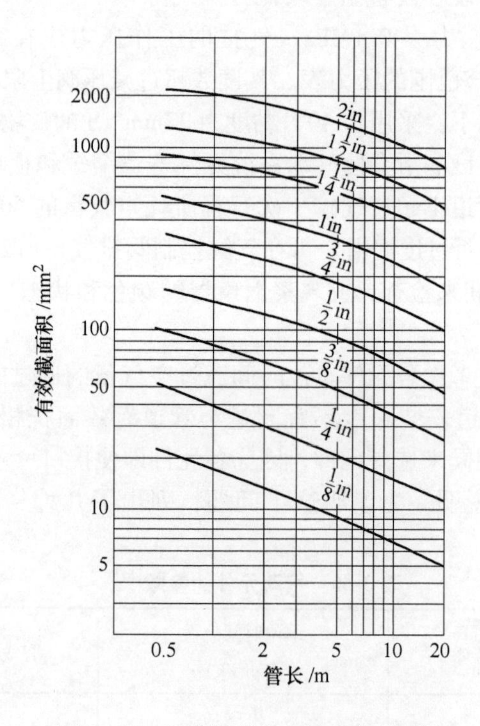

图 3-156　气路管道的有效面积（钢管）

图 3-158 所示为根据不同输出压力和不同直径金属管道，确定减压阀流量的计算图。

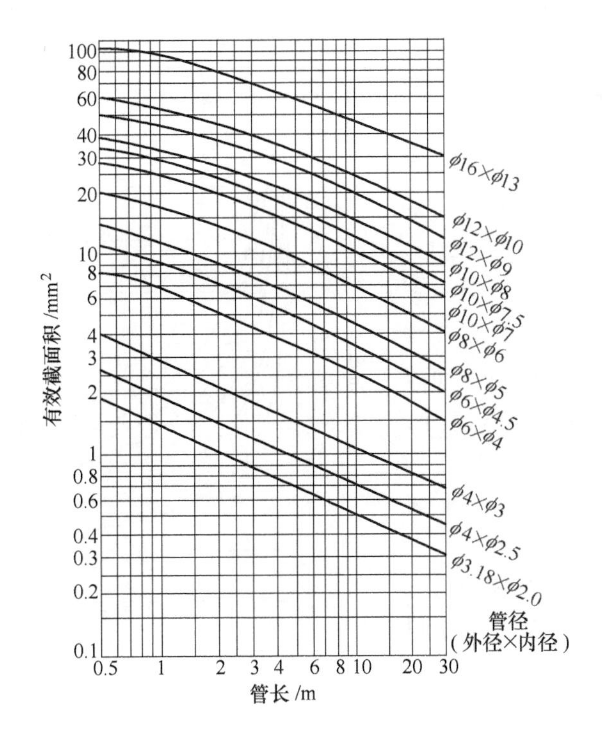

图 3-157　气路管道的有效面积(尼龙管)

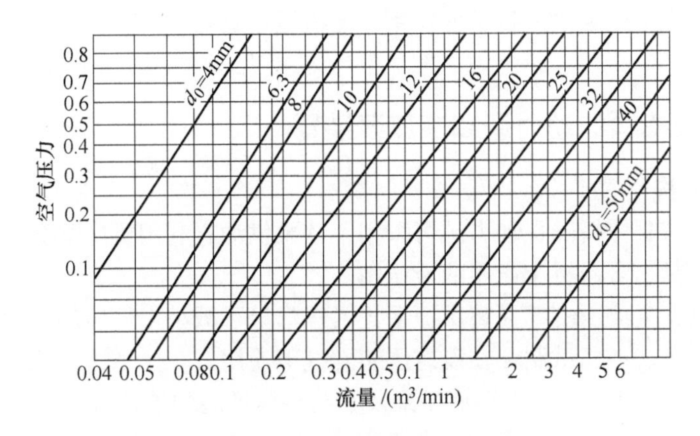

图 3-158　减压阀流量计算图

根据图 3-158 可得，当减压阀出口压力为 0.4MPa 时，不同直径 d_0 管道的流量见表 3-87。

表 3-87　减压阀出口压力为 0.4MPa 时，不同直径管道的流量

管道内径 d_0/mm	流量/(m^3/min)	管道内径 d_0/mm	流量/(m^3/min)
4	0.063	20	1.600
6.3	0.160	25	2.500
8	0.250	32	4.000
10	0.400	40	6.300
12	0.630	50	10.000
16	1.000		

3.8 液压夹紧机构

液压夹紧是以油压为动力源，与机械夹紧相比，液压夹紧具有与气动夹紧同样的优点。液压夹紧的优点是：压力高，一般为 3～5MPa，最大不超过 10MPa，因为压力再大活塞直径减小的程度显著降低(图 3-159)，油压为气动的 10～15 倍；液压缸尺寸小，结构紧凑，夹紧力稳定，对一批工件夹紧误差小；工作平稳，对环境影响小(但要防止泄漏)。液压夹紧与气动夹紧相比其缺点是：液压夹紧动力源不如气动方便，不便于远距离集中供油；成本较高；对液压缸的密封要求比气动夹紧高，油的泄漏会污染环境。

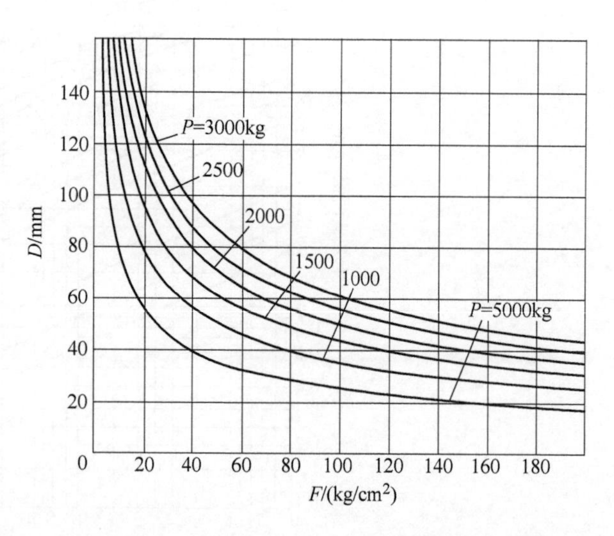

图 3-159 液压缸直径 D 与力 F 和油压的关系

液压夹紧在机床夹具中获得了一定的应用，特别是在有液压系统的机床和自动线上应用较多；随着液压缸小型化和气液技术的应用，使液压夹具对成批生产和小批生产的适应性得到很大提高。

3.8.1 液压夹紧机构的动力源和液压泵装置

1. 液压夹紧机构

根据生产规模和具体情况，动力源可采用手动泵供油；利用机床配套的液压系统；或采用供给一定数量夹具、多台机床通用的液压站。

用手动泵控制夹紧液压缸，代替用扳手拧紧螺母等可减小工件装卸时间和降低工人劳动强度，适合小批生产、产品试制和在没有压缩空气下使用。

图 3-160 所示为杠杆式手动单级液压泵及其与夹紧油腔的连接。

活塞向上时，泵的排油量为 $V_1=\frac{\pi}{4}(D^2-d^2)H$；活塞向下时，泵的排油量为 $V_2=\frac{\pi}{4}d^2H$(D 和 d 分别为活塞和活塞杆的直径)。活塞一次往返行程，泵的排油量为 $V=V_1+V_2=\frac{\pi}{4}D^2H$。

当活塞向上时，泵压出油的压力 $p=\frac{4F(l_1+l_2)}{\pi(D^2-d^2)l_1}\eta=\frac{1.27F(l_1+l_2)}{(D^2-d^2)l_1}\eta$；当活塞向下时，泵压出油的压力 $p=\frac{1.27F(l_1+l_2)}{d^2l_1}\eta$($F$ 为作用在杠杆上的力，l_1 和 l_2 为杠杆臂长，η 为传动效率，$\eta=0.8\sim0.85$)。

为得到所需的油压，需施加力 $F=\frac{0.78p(D^2-d^2)l_1}{(l_1+l_2)\eta}$(向上)；$F=\frac{0.78d^2l_1}{(l_1+l_2)\eta}$(向下)。

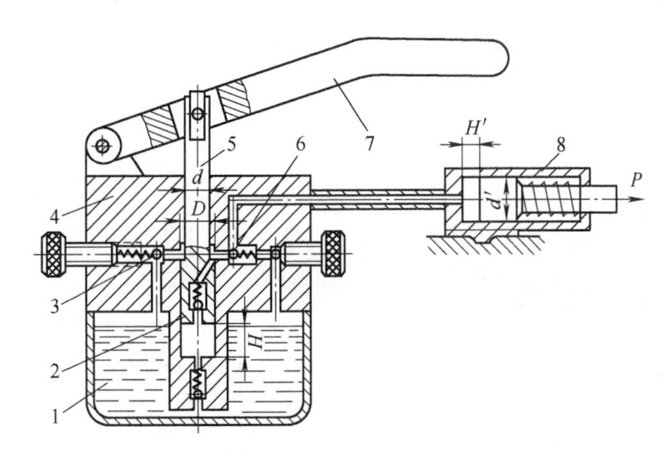

图3-160　杠杆式液压泵

1—油室　2—活塞　3—安全阀　4—本体　5—活塞杆

6—单向阀　7—手柄　8—液压缸

当杠杆泵的油室容积为160~320cm^{3}时，产生的压力达17MPa。

图3-161a所示为一种简单的螺旋式单级泵。图3-161b所示为通用螺旋式单级手动泵。

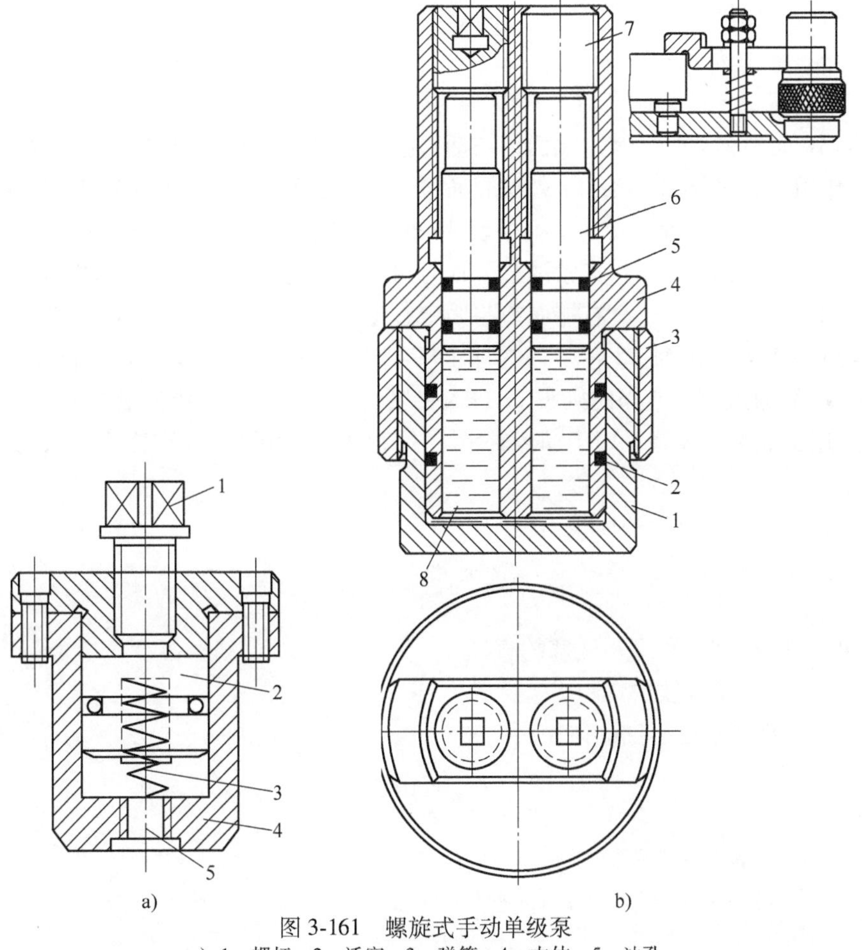

图3-161　螺旋式手动单级泵

a）1—螺杆　2—活塞　3—弹簧　4—本体　5—油孔

b）1、8—液压缸　2、5—密封圈　3—螺母　4—套　6—柱塞　7—螺钉

图 3-162 所示为一种螺旋式双级手动泵，可实现对工件低压预夹紧和高压最终夹紧。

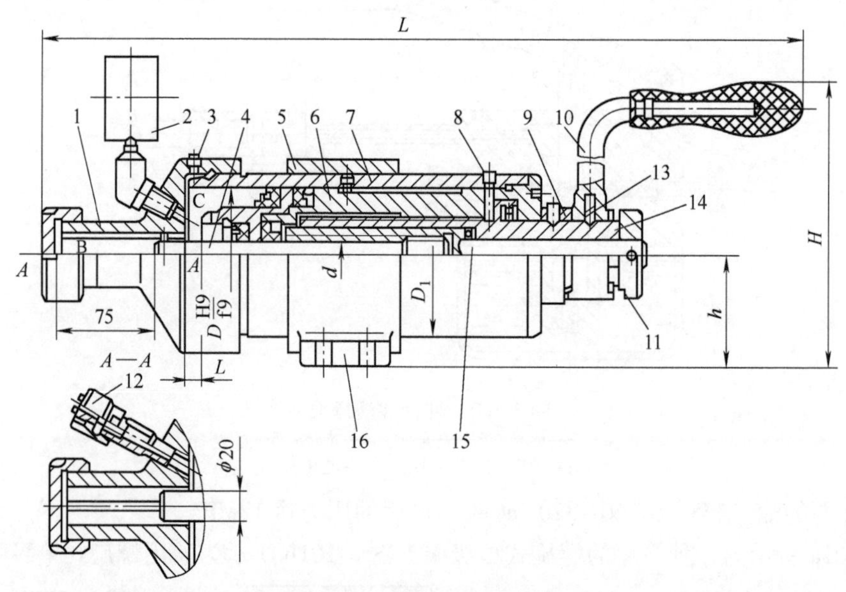

图 3-162　螺旋式双级手动泵

1—高压液压缸　2　压力表　3、8　螺塞　4　柱塞　5　支座　6　活塞　7—低压液压缸　9—活塞接合盘　10—手柄　11—柱塞接合盘　12—带单向阀的接头　13—销　14—套　15—空心轴　16—支座

当手柄 10 向左移动时，其左端面齿与活塞接合盘 9 的端面齿啮合，销 13 在弹簧(图中未示出)力作用下，其下部与套 14 外圆锥面接触(锥面窝沿轴向有两个,图中只表示了一个)，将手柄固定在该位置。转动手柄使套 14 转动，同时活塞 6 向左移动，将油从 C 腔通过带单向节流阀的接头 12 压入夹紧油缸，这时对工件进行预夹紧，轴向力由推力轴承承受。

当手柄 10 向右移动时，其右端面齿与固定在空心轴 15 阶台端面上的柱塞接合盘 11 的齿啮合，转动手柄使空心轴 15 转动，这时柱塞 4 向左移动(柱塞不转动)，将液压油从 B 腔压入 C 腔，然后通过带单向阀的接头 12 进入夹紧油缸，这时以高压油最终夹紧工件。

螺塞 3 用于加油，螺塞 8 用于润滑轴承，手动油缸使其固定在支座 16 上，其底面宽度为 160mm。

手柄转一转低压缸压出油的体积为

$$V=\frac{\pi}{4}(D^2-d^2)S$$

式中　D 和 d——分别为活塞和柱塞的直径；

　　　S——活塞螺纹的螺距。

手柄转一转高压缸压出油的体积为

$$V_1=\frac{\pi}{4}d^2S_1$$

式中　S_1——柱塞螺纹的螺距。

手柄转一转双级手动泵压出的油体积比单级螺杆手动泵大，其比值为

$$\frac{V}{V_1}=\left(\frac{D^2}{d^2}-1\right)\frac{S}{S_1}$$

对图3-162所示的手动泵，不考虑摩擦损失，其预夹紧时油的压力为

$$p=\frac{4QR}{\pi r_2\tan(\alpha+\varphi)(D^2-d^2)}$$

最终夹紧时的压力为

$$p_1=\frac{4QR}{\pi r_2'\tan(\alpha_1+\varphi_1)d^2}$$

式中 Q——作用在手柄上的力；

R——手柄的半径；

r_2 和 r_2'——分别为活塞和柱塞螺纹中径的一半；

α、α_1、φ 和 φ_1——分别为活塞和柱塞的螺纹升角和摩擦角；

D 和 d——分别为活塞和柱塞的直径。

图3-162所示手动泵的主要参数见表3-88。

表3-88 手动泵的主要参数

低压缸						L_1/mm	H/mm	h/mm	高压缸		
V/L	D_1/mm	D/mm	L/mm	Q/N	p/MPa				V_1/L	Q_1/N	p_1/MPa
80	70	85	25	40	0.5	495	220	58	23.5	40	10
150	70	85	50	40	0.5	520	220	58	23.5	40	10
320	70	85	95	40	0.5	565	220	58	23.5	40	10
500	90	105	85	60	0.5	565	250	78	23.5	40	10

图3-163所示为上述双级手动泵通过管道2和三通接头3与多工位夹具的八个夹紧油缸的连接，同时夹紧四个工件，油缸为单向作用油缸。

2. 液压泵装置

向液压夹具供油，采用液压泵及其配套件组成的装置统称液压泵装置。小型液压泵装置适用于机床夹具的供油，可减小管道的长度。对大型供油设备称为液压泵站或液压站。

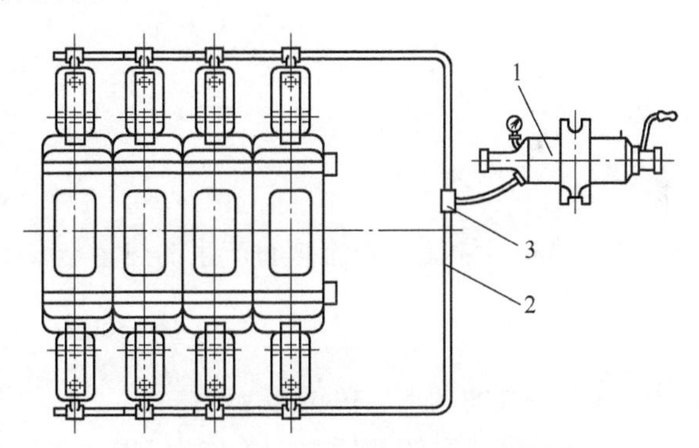

图3-163 双级手动泵与夹具的连接

1—双级手动泵 2—管道 3—接头

（1）机床夹具用液压泵供油的几种典型回路 图3-164a所示为采用一个油泵的供油回路，图示为松开工件位置，溢流阀Ⅱ使低压油在保持支承活塞自重情况下流回油箱（若为水平液压缸，则不用溢流阀Ⅱ）。

图3-164a所示的回路主要用于夹紧机构中有自锁的情况，液压缸只是在夹紧和松开工件期间才工作。

如果夹紧机构不自锁，如果始终在高压下工作，液压缸磨损很快。只有在油泵的排量很小，流经溢流阀的高压油不会使油温升得太快的情况下，才能采用这种回路，这时油箱的尺寸较大。

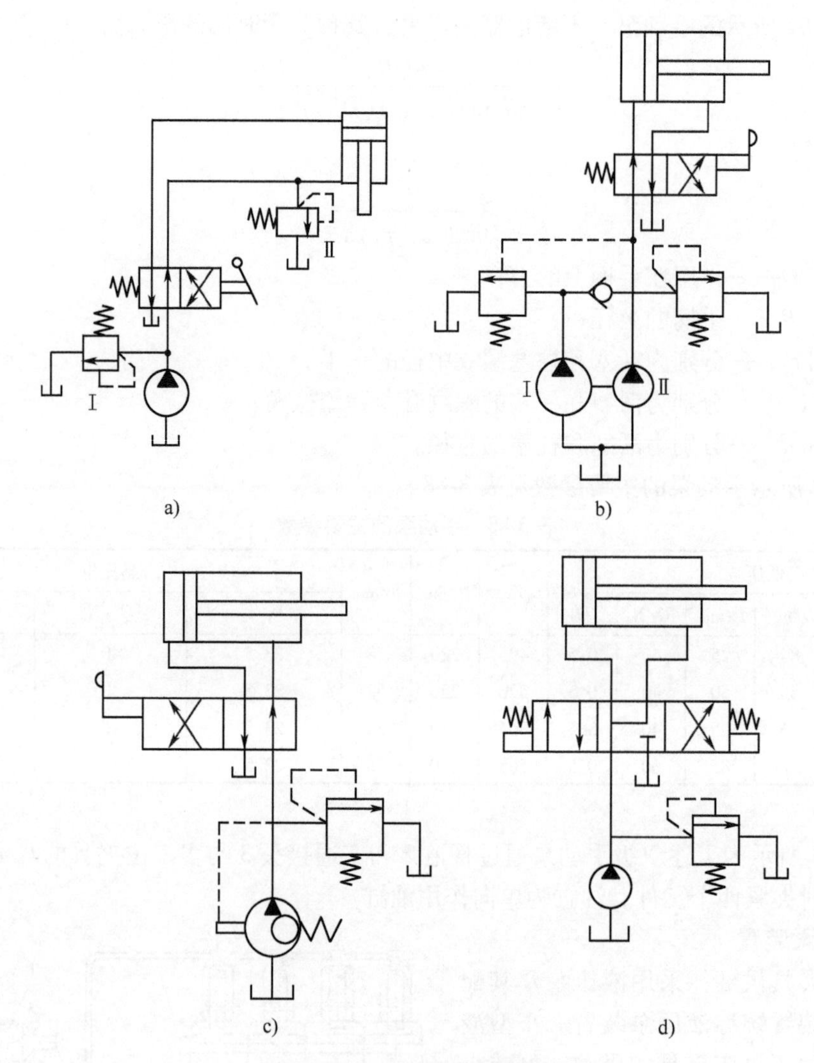

图 3-164 几种油泵供油回路

当全部高压油流经溢流阀时产生的热量与泵的功率和其工作时间成正比

$$Q = 860Nt = 1.4\frac{pqt}{\eta}$$

式中 N——泵的功率，单位为 kW；

p——液压系统的压力，单位为 MPa；

q——泵在压力为 p 时的排油量，单位为 L/min；

t——液压缸工作时间，单位为 h；

η——泵总效率，对压力为 5MPa 和排油量为 8L/min 的泵，$\eta \approx 0.6$；而排油量为 12L/min 的泵，$\eta \approx 0.8$。

图 3-164b 所示为采用两个液压泵的供油回路，包括大流量的低压泵Ⅰ和小流量的高压泵Ⅱ。换向阀处于图示位置时，系统压力低于左面溢流阀调定的压力，两个泵同时向液压缸左腔供油，活塞杆快速接近工件；当液压缸左腔压力升高到超过左面溢流阀调定的压力时，左面溢流阀被接通，泵Ⅰ卸荷。泵Ⅱ以高压小流量油将工件最终夹紧，当液压缸左腔压力超

过右面溢流阀调定的压力时，多余的油流入油箱。左面溢流阀调定的压力最少比右面溢流阀调定的压力低 10%~20%，大流量泵的卸荷减少动力消耗和降低油的温度升高。

图 3-164c 所示为采用变量叶片泵的供油回路，图示为松开工件位置。使换向阀左位工作，在低压下叶片泵以大流量向液压缸左腔供油，活塞杆快速接近工件，预夹紧工件；当液压缸左腔压力达到一定值时，叶片泵流量随压力增大而减小，直至为零。这期间泵以小流量向液压缸左腔供油，将工件最终夹紧。这种回路耗能低，不会产生高温，可用于不自锁的夹紧机构。图 3-164d 所示为液压缸差动连接快速夹紧回路。

图 3-165 所示为带蓄能器的供油回路。

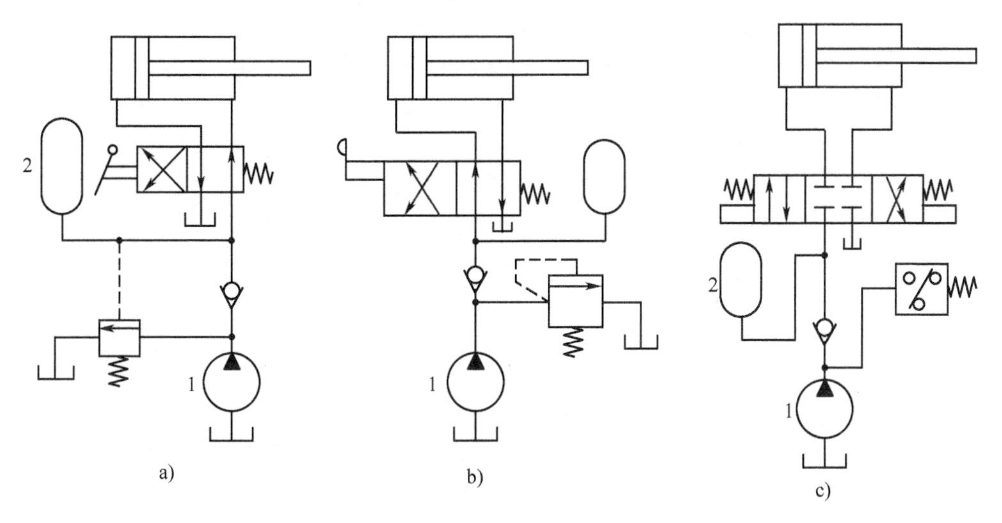

图 3-165　带蓄能器的供油回路

1—油泵　2—蓄能器

图 3-165a 所示为采用一个油泵 1 和蓄能器 2 的供油回路。这种回路适用于需要大的夹紧速度的情况，由于有蓄能器可用较小功率的泵。

图 3-165b 所示为带蓄能器保压的供油回路，蓄能器用于保持油压和补充泄漏。

图 3-165c 所示为采用周期工作液压泵 1 和带蓄能器 2 的供油回路。这种回路适合用于不自锁的夹紧机构，油泵只在夹紧和松开工件时工作，减少了电动机的消耗。

蓄能器用于在加工过程中保持压力，但并不能保证安全，因为当管道损坏时蓄能器保持压力的时间有限。

（2）液压泵装置的结构　图 3-166 所示为可供几十台夹具使用的液压泵站外观图。

该液压泵站主要规格见表 3-89。

表 3-89　液压泵站主要规格

容量/L	A_1/mm	l_1/mm	L_1/mm	L_2/mm	H_1/mm	H_2/mm	h/mm	表面散热量/(K·cal/h)
10	345	350	430		650		280	225
25	445	450	530	660	700	820	320	300
40	525	530	610	740	790	860	360	350

注：油箱散热量是在周围环境为+20℃和油箱温度为+50℃的条件下确定的。

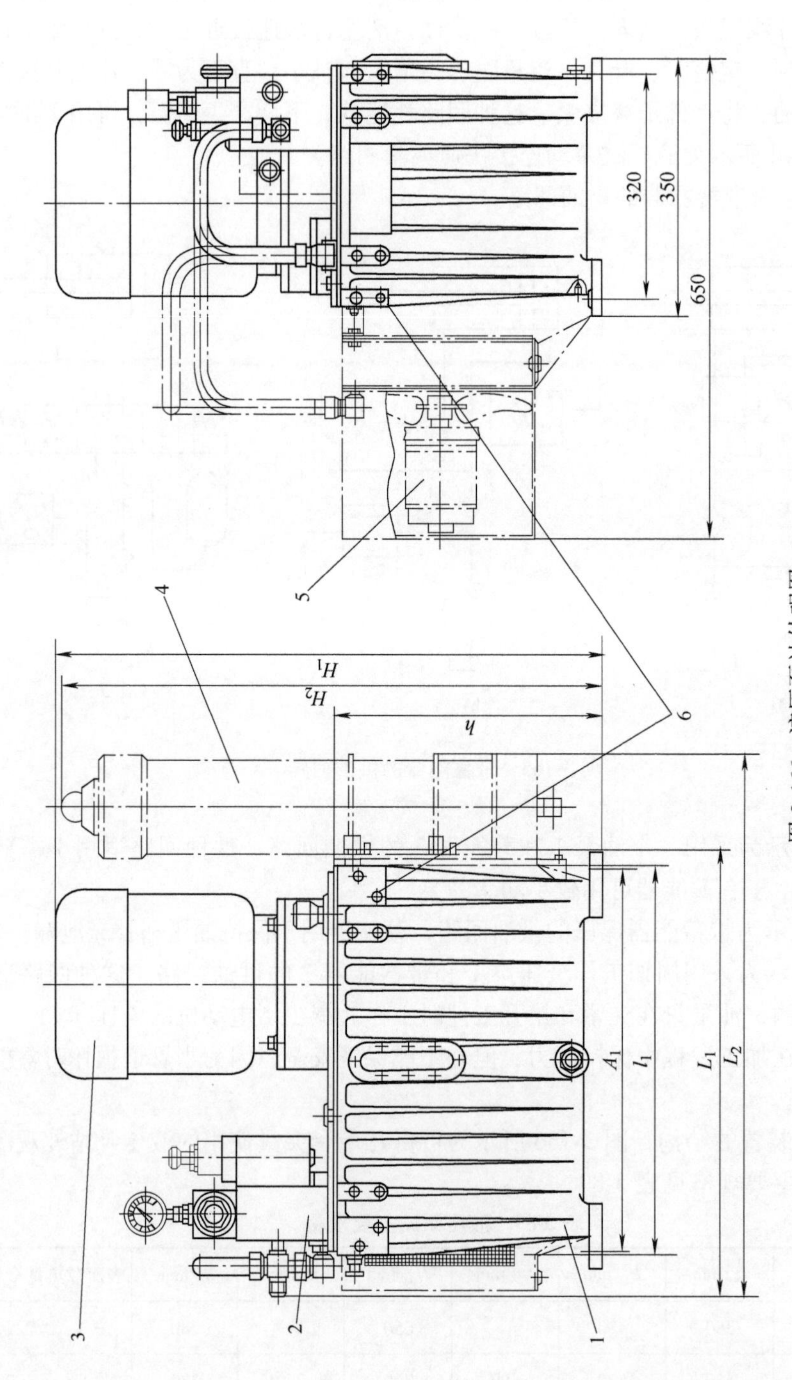

图 3-166 液压泵站外观图

1—油箱 2—检查装置 3—带液压泵的电动机 4—蓄能器 5—热交换器 6—凸台

图3-167所示为可供30~40台夹具使用的液压泵站示意图。

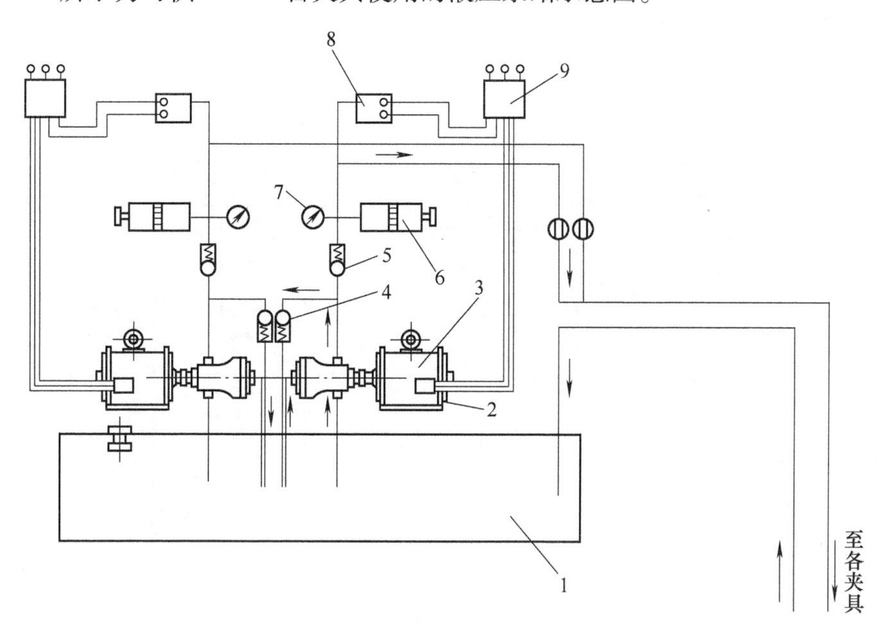

图3-167　液压泵站示意图

1—油箱　2—电动机(N=1.7kW,n=930r/min)　3—液压缸　4—安全阀　5—单向阀　6—蓄能器　7—压力表　8—压力继电器　9—启动器

该液压泵站的技术特征是：系统压力为5MPa；油箱容量为160L；各液压缸总的供油量为20L；管道孔直径为20mm；外形尺寸为1330mm×1240mm×750mm；质量为510kg。

图3-168所示为小型液压泵站，工作容量V=20L，电机功率为1.1kW，泵的排量Q=10L/min，工作压力p=4MPa，油过滤精细度10μm。该装置有三个叠加阀控制夹具液压缸动作。

采用功率较小的液压泵站，便于安装，能缩短管道长度，降低能量损失和噪声。

(3) 液压泵站的设计和计算　液压泵站经常由液压专业人员设计，或向专业生产单位订货，这时需要夹具设计人员提供原始资料。本节对液压泵站的设计作一简单介绍。

液压泵站包括液压泵、油箱和相应的控制装置等，根据需要选择下列元件：蓄能器(当用一个泵时)、压力阀(例如用于泄压,以及在有两个泵的系统中切断低压泵)、过滤器(油进入油箱前应经过滤,一般为40μm)、安全阀、压力继电器(例如,当压力低于允许值时切断泵的电动机)、单向阀(例如,防止工作时蓄能器的油流向油箱)、压力计、安全压力继电器(当电动机、泵、管路和电路等出现损坏或故障时切断机床电机)和热交换器(一般油温大于55~65℃时应采用热交换器)。

对一个泵供油(没有蓄能器)，所需的排油量(相当于系统的最大流量)按下式计算

$$Q_p = K\left(\sum_{i=1}^{n} Q_i\right)$$

式中　Q_i——第i个液压缸所需的流量，单位为L/min；

　　K——系统泄漏系数，K=1.1~1.3。

Q_i的计算见后面油缸的计算。

对其他情况应作具体分析，例如对有蓄能器的供油回路，应按系统在一个循环周期内平

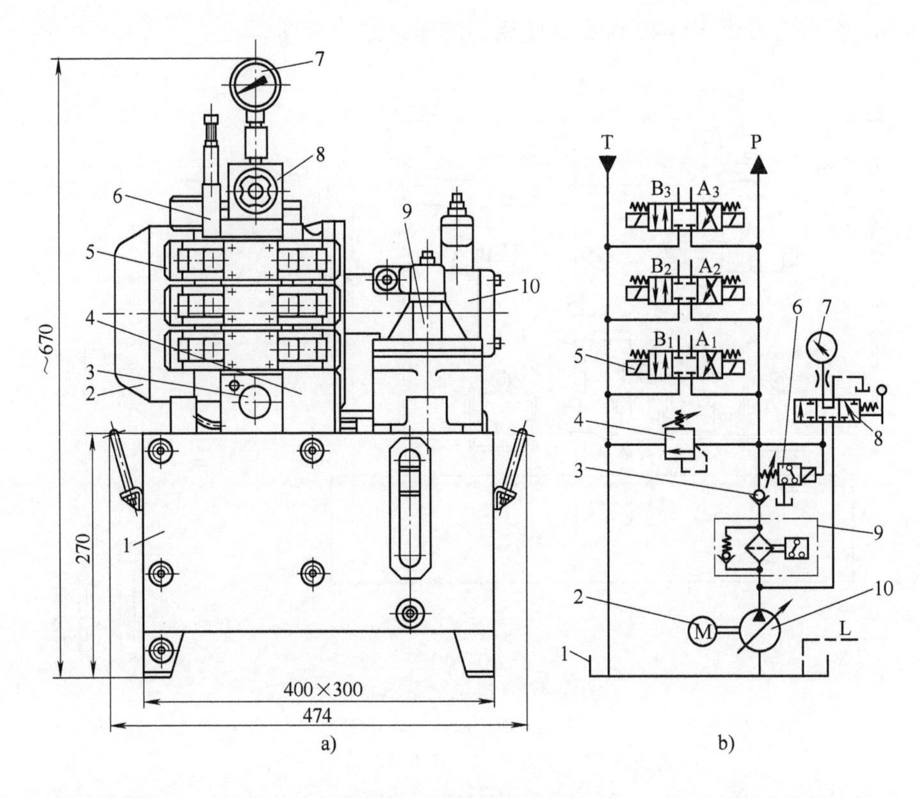

图 3-168 小型液压泵站

1—油箱 2—电动机 3—单向阀 4—压力阀 5—换向阀

6—压力继电器 7—压力表 8—转换开关 9—过滤器 10—液压泵

均流量来确定油泵排油量。

$$Q_{\mathrm{p}}=\frac{K}{T}\sum_{i=1}^{n}V_{i}$$

式中 T——工作循环周期，单位为 min；

V_i——第 i 个液压缸在一个循环中的耗油量，单位为 L。

如果采用两个泵供油，则分别计算低压泵和高压泵的排油量，分别为

$$Q_{\mathrm{d}}=(v_{\mathrm{k}}-v_{\mathrm{g}})A \text{ 和 } Q_{\mathrm{g}}=v_{\mathrm{g}}A$$

式中 v_{k} 和 v_{g}——分别为低压和高压时活塞的速度，单位为 cm/min；

A——液压缸的有效面积，单位为 cm^2。

根据液压缸额定工作压力 p 可估算油泵所需的工作压力 p_{e} 为

$$p_{\mathrm{e}}=K_1(p+\Delta p)\times(1.05\sim1.15)$$

式中 Δp——系统中各种控制元件的压力损失，单位为 MPa，一般 Δp 值见表 3-90；

K_1——考虑管道沿程损失系数，$K_1=1.05\sim1.15$。

表 3-90 控制元件的压力损失 （单位：MPa）

单向阀	行程阀	换向阀		节流阀	调速阀	背压阀
		$Q<63$L/min	$Q>63$L/min			
0.1~0.15	0.15~0.2	0.15~0.2	0.2~0.3	0.2~0.25	0.4~0.5	0.2~0.4

所选液压泵的额定压力 p_p 应大于 p（气缸额定工作压力）。

所需液压泵的功率为

$$N_p=\frac{p_pQ_p}{60\eta}$$

式中　η——液压泵的总效率，一般 $\eta=0.5\sim0.8$，对压力低、流量小的泵，η 取小值。

油箱是液压泵站的基础部分，其功能是保存液压系统所需的油，同时起散热作用。对机床夹具，油箱的容量一般为液压泵流量的3~5倍，当液压系统各部分充满油时，油箱的液面应高出过滤器50~100mm，油箱的宽度、高度和长度的比例一般约为1∶2∶3。

油箱的发热功率为 $N_H=N_p-N_e$（N_p 和 N_e 分别为泵的输入功率和各执行元件的有效功率）。

在平衡状态下，油在油箱中的温度为 T，即

$$T=T_R+\frac{N_H}{K_sA_s} \tag{3-79}$$

式中　T_R——环境温度，一般取20℃；

K_s——散热系数，$K_s=15\times10^{-3}\text{kW/m}^2\cdot℃$；

A_s——油箱散热面积，单位为 m^2。

对黏度为(17~213)Cr的油和环境温度为10~40℃，油温应为10~55℃，若油温超过55~65℃，则应设置热交换器。

油箱的散热面积 $A_s=2ac+2bc+ab$（a、b 和 c 分别为油箱的长度、宽度和高度，单位为m）。如果油箱三边的尺寸为1∶1∶1~1∶2∶3，而且油位高度为油箱的80%时，其散热面积近似计算式为

$$A=0.065\sqrt[3]{V^2}$$

式中　A——油箱散热面积，单位为 m^2；

V——油箱有效容积，单位为L。

油箱的结构示意图如图3-169所示。

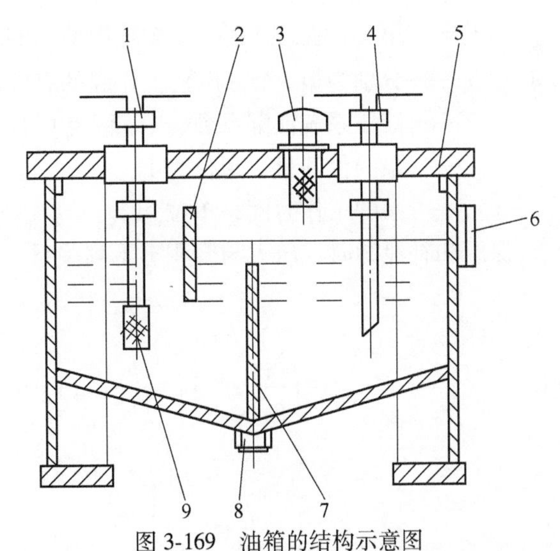

图3-169　油箱的结构示意图

1—吸油管　2—板　3—空气滤清器　4—回油管　5—上盖　6—油面指示器　7—隔板　8—放油阀　9—过滤器

对于图3-170所示的较大的油箱，采用上、下两块隔板3，将油箱分隔为三部分，这时油箱底面从中间向两边倾斜，有两个放油口4和5。

对图3-169所示的油箱，隔板7用于阻挡沉淀杂物，将吸油区与回油区隔开；板2用于阻挡泡沫进入吸油管1，污物从油箱底放油阀排出。空气滤清器3在回油管的上面，兼有加油和通气的作用。当需要彻底清洗时，将上盖5卸下。吸油管1（内孔直径 d_1）和回油管4（内孔直径 d_2）的轴线与油箱两侧壁之间的距离分别大于 $3d_1$ 和 $3d_2$；

而两油管下端距油箱底面的距离不小于(2~3)d_1 和(2~3)d_2；两油管的斜口应朝向侧壁，以有利于散热和杂质的沉淀。

蓄能器工作情况是：当压力为基准压力 p_0 时，其有效容积为 V_0(图 3-171)；当工作压力为 p_1(下限值)时，其有效容积为 V_1；当工作压力为 p_2(上限值)时，其有效容积为 V_2。

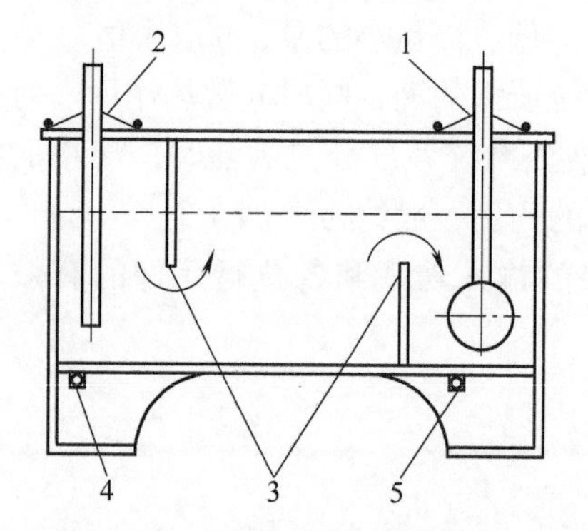

图 3-170 大型油箱结构示意图

1—吸油管 2—回油管 3—隔板 4、5—放油口

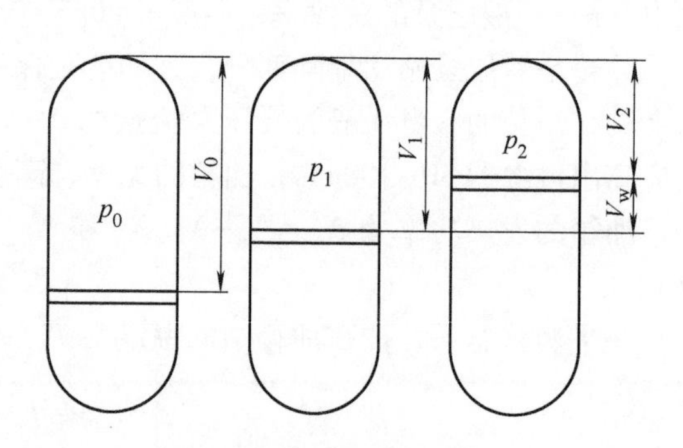

图 3-171 蓄能器工作情况图

对活塞式蓄能器，$p_0=(0.8\sim0.9)p_1$。

为使液压系统压力相对稳定，取 $p_1=(0.6\sim0.8)p_2$。

在夹具液压缸一次循环中，其工作压力在上限和下限压力之间变化，这时蓄能器向液压系统排出的油量 V_w 称为蓄能器的工作容积(有效容积)，根据蓄能器的功能计算 V_w 值。

如果蓄能器用于辅助动力源和补充泄漏，则按下式计算

$$V_w=\sum_{i=1}^{n}V_i K-\frac{Q_p t}{60} \tag{3-80}$$

式中 V_w——蓄能器的有效容积，单位为 L；

V_i——第 i 个液压缸在一个循环周期内的耗油量，单位为 L，$V_i=A_iS_i\times10^3$；

A_i 和 S_i——分别为第 i 个液压缸工作腔的有效面积和其工作行程距离，单位为 cm^2 和 cm；

K——液压系统泄漏系数，一般 $K=1.2$；

Q_p——泵的供油量，单位为 L；

t——泵的工作时间，单位为 s。

保压和补泄漏时，压力与容积有下列关系：

$$pV_0^{\,n}=p_1V_1^{\,n}=p_2V_2^{\,n}\qquad V_w=p_1-p_2$$

则

$$V_0=\left(\frac{p_1}{p_0}\right)^{\frac{1}{n}}\qquad V_1=\left(\frac{p_1}{p_0}\right)^{\frac{1}{n}}(V_2+V_w)=\left(\frac{p_1}{p_0}\right)^{\frac{1}{n}}\left[\left(\frac{p_0}{p_2}\right)^{\frac{1}{n}}V_0+V_w\right]$$

得

$$V_0=\frac{V_w\left(\dfrac{p_1}{p_0}\right)^{\frac{1}{n}}}{1-\left(\dfrac{p_1}{p_2}\right)^{\frac{1}{n}}}=\frac{V_w}{p_0^{\frac{1}{n}}\left[\left(\dfrac{1}{p_1}\right)^{\frac{1}{n}}-\left(\dfrac{1}{p_2}\right)^{\frac{1}{n}}\right]} \tag{3-81}$$

$$V_w = V_0 p_0^{\frac{1}{n}} \left[\left(\frac{1}{p_1} \right)^{\frac{1}{n}} - \left(\frac{1}{p_2} \right)^{\frac{1}{n}} \right] \tag{3-82}$$

式中　p_0、p_1 和 p_2——分别为蓄能器的基本压力、下限和上限压力(绝对压力)，单位为 MPa。

一般认为，当蓄能器用于保压和补漏时，气体膨胀缓慢，是等温过程，$n=1$，所以由上式得

$$\left. \begin{aligned} V_0 &= \frac{V_w}{p_0 \left[\frac{1}{p_1} - \frac{1}{p_2} \right]} \\ V_w &= V_0 p_0 \left(\frac{1}{p_1} - \frac{1}{p_2} \right) \end{aligned} \right\} \tag{3-83}$$

图 3-172 所示为一种活塞式蓄能器结构图，其规格尺寸见表 3-91。

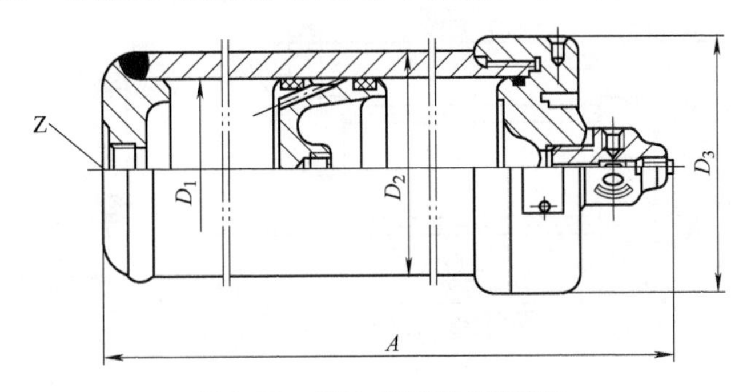

图 3-172　HXQ 型活塞式蓄能器

表 3-91　HXQ 型活塞式蓄能器

型　　号	容量/L	A/mm	D_1/mm	D_2/mm	D_3/mm	Z	重量/kg
HXQ-A1. 0D	1	327	100	127	145	Rc $\frac{3}{4}$	18
HXQ-A1. 6D	1. 6	402					20
HXQ-A2. 5D	2. 5	517					24
HXQ-B4. 0D	4	537	125	152	185	Rc1	44
HXQ-B6. 3D	6. 3	747					55
HXQ-B10D	10	1057					73
HXQ-C16D	16	1177	150	194	220	Rc1	126
HXQ-C25D	25	1687					173
HXQ-C39D	39	2480					246

活塞式蓄能器的壁厚按下式计算

$$\delta = \frac{D}{2} \left[\sqrt{\frac{[\sigma] + p_2(1-2\mu)}{[\sigma] - p_2(1+\mu)}} - 1 \right]$$

式中　δ——活塞式蓄能器缸筒壁厚，单位为 mm；

D——蓄能器活塞直径，单位为 mm；

$[\sigma]$——缸筒材料许用应力，单位为 MPa，一般取 $[\sigma]=110\sim120$MPa；

μ——缸筒材料的泊松比，对钢 $\mu=0.3$；

p_2——蓄能器的上限压力，单位为 MPa。

3.8.2 液压缸结构设计和计算

1. 夹具用液压缸的结构

一般通用液压缸的形式和安装方式与气缸基本相同，主要区别是液压缸的外形尺寸小，安装方式更多，更灵活，例如小型液压缸可安装在螺栓或螺柱上，或以外圆上的螺纹拧在夹具体上等。

表 3-92 列出了国内生产的标准型拉杆式液压缸的性能参数(可供夹具使用)。

表 3-92 标准型(C 型)拉杆式液压缸性能参数

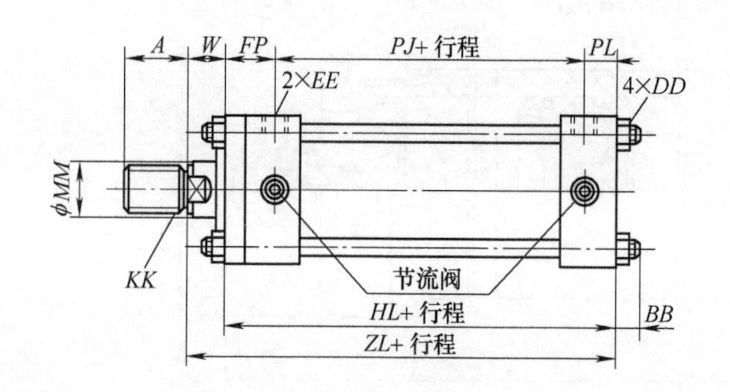

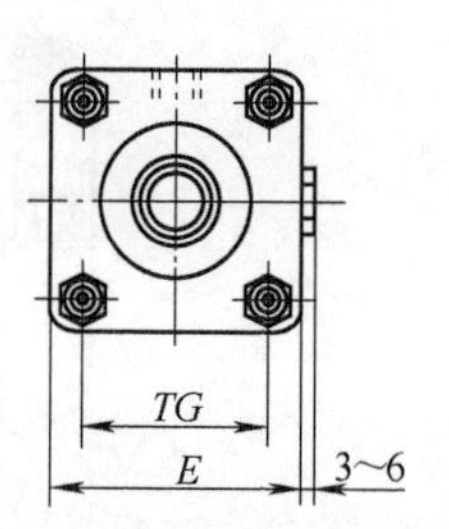

额定压力/MPa			3.5			6.3			7			14		
最低工作压力/MPa 最高工作压力/MPa			≤0.1 5			≤0.3 10			≤0.3 10.5			≤0.3 21		
允许最高工作速度/mm·s^{-1}						300								
允许最低工作速度/mm·s^{-1}						8								
缸径/mm			32	40	50	63	(80)	100	125	150	160	(180)	200	250
活塞杆直径/mm			16	18	22	28	35	45	55	65	70	80	90	100
推力/kN	额定压力	14MPa	11.26	17.64	27.44	43.68	70.42	110.5	171.8	247.8	281.4	356.3	439.8	687.2
		7MPa	5.63	88.2	13.72	21.84	35.21	54.98	85.9	123.7	140.1	178.1	219.9	315.6
		3.5MPa	2.81	44.9	7.01	11.13	17.94	28.04	43.8					
拉力/kN	额定压力	14MPa	8.4	14.0	22.2	35.0	56.8	87.7	138	200	228	286	350	578
		7MPa	4.22	7.02	11.1	17.5	28.4	43.8	69.2	100	114	143	175	289
		3.5MPa	2.11	3.51	5.54	8.76	14.2	21.92	34.6	50	57	71.5	87.5	144.5

（续）

缸径/mm			32	40	50	63	(80)	100	125	150	160	(180)	200	250
单活塞SD基本型	C型杆	*KK*		M16×1.5	M20×1.5	M24×1.5	M30×1.5	M39×1.5	M48×1.5	M60×2	M64×2	M72×2	M80×2	M100×2
		ϕMM/mm		18	22.4	28	35.5	45	56	67	71	80	90	112
		BB/mm		11	11	13	16	18	21	25	25	27	29	37
		DD/mm		M10×1.25	M10×1.25	M12×1.5	M16×1.5	M18×1.5	M22×1.5	M27×1.5	M27×1.5	M30×1.5	M33×1.5	M42×1.5
		E/mm		65	76	90	110	135	165	196	210	235	262	325
		EE/(′)		$R_1 3/8$	$R_1 1/2$	$R_1 1/2$	$R_1 3/4$	$R_1 3/4$	$R_1 1$	$R_1 1$	$R_1 1$	$R_1 1\frac{1}{4}$	$R_1 1\frac{1}{2}$	$R_1 2$
		FP/mm		38	42	46	56	58	69	71	74	75	85	106
		HL/mm		141	155	163	184	192	220	240	253	275	301	346
		PJ/mm		90	98	102	110	116	130	146	156	172	184	200
		PL/mm		13	15	15	18	18	23	23	23	28	32	40
		TG/mm		45	52	63	80	102	122	148	160	182	200	250
		W/mm		30	30	35	35	40	45	50	55	55	55	65
		ZL/mm		171	185	198	219	232	265	290	308	330	356	411
		A/mm		25	30	35	45	60	75	85	95	100	120	150

注：1. 表中推力和拉力未考虑液压缸效率。

2. 拉杆式液压缸的安装形式除基本型外，还有地脚式（切向或轴向），前、后法兰式和前、后、中耳环式等。

下面介绍机床夹具用其他液压缸的结构和主要规格尺寸。图 3-173 所示为切向地脚固定式双向作用液压缸，适用于较大型夹具使用，其主要尺寸见表 3-93。

表 3-93 地脚固定式液压缸主要尺寸（单位：mm）

D	*d*	*l*	*A*	D_1	D_2	D_3	D_4	*R*	d_1	d_2	d_3
45	25	30 100	50	90	74	70	58	35	18	M16	M14×1.5
65	35	30 100	65	120	80	98	66	45	25	M20	M18×1.5
90	45	30 100	75	145	98	118	80	60	30	M24	M18×1.5
D	*L*	L_1	L_2	l_1	l_2	l_3	*B*	B_1	*b*	安装用	
										螺钉	销
45	147 217	5	85 155	23	9	55 125	120	94	20	M10×30	12×40
65	170 240	10	100 170	24	9	70 140	150	120	40	M12×35	12×45
90	180 250	10	105 175	26	12	75 145	180	150	40	M12×40	12×50

注：结构图如图 3-173 所示。

图 3-174 和图 3-175 所示为前法兰和后法兰式液压缸的结构，其主要尺寸见表 3-94。

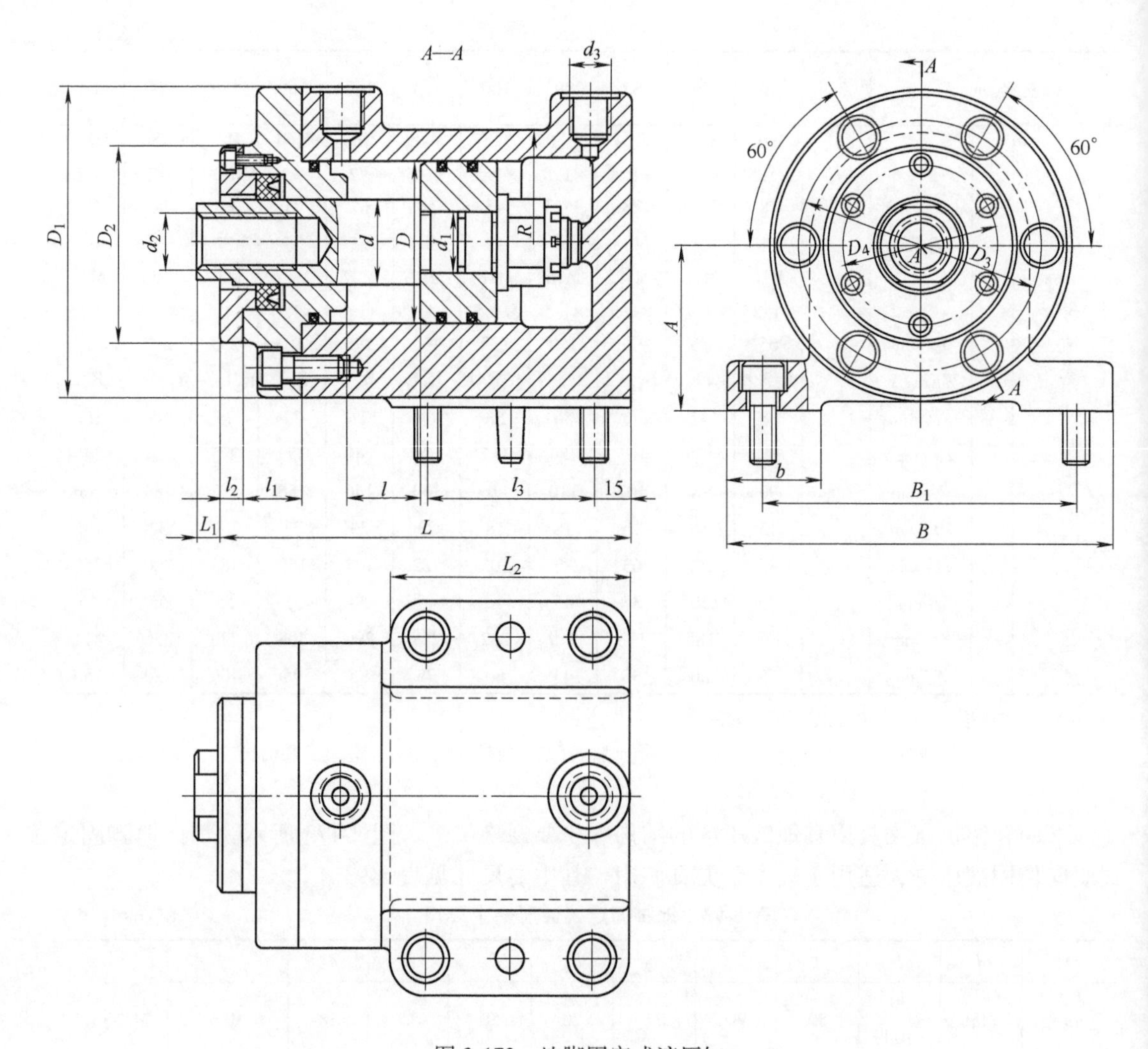

图 3-173　地脚固定式液压缸

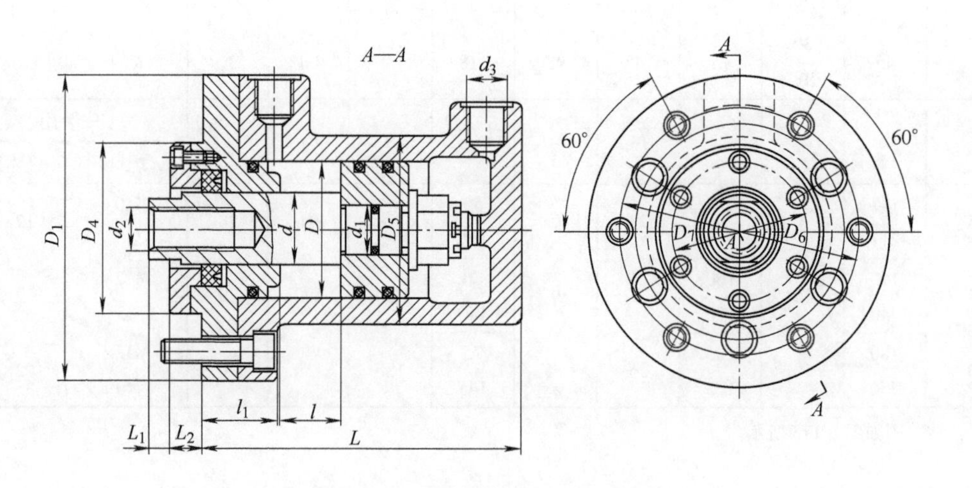

图 3-174　前法兰式液压缸的结构

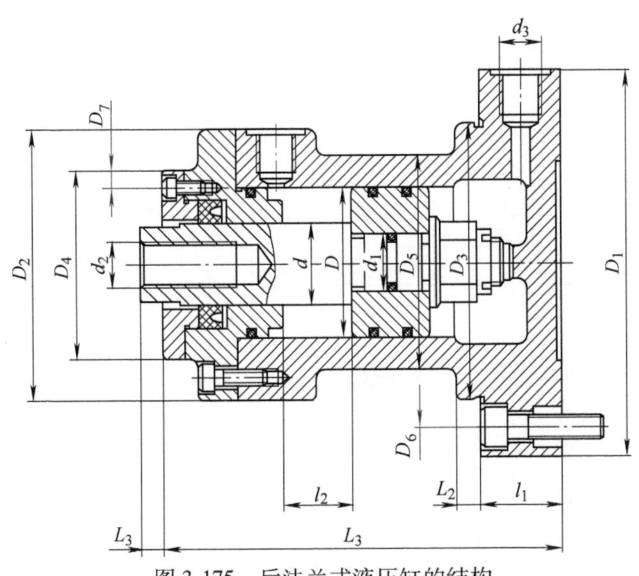

图 3-175　后法兰式液压缸的结构

表 3-94　前、后法兰式液压缸的主要尺寸

D	d	l	D_1	D_2	D_3	D_4	D_5	d_1	d_2	D_6	D_7
45	25	30	120	90	95	75	72	18	M16	120	58
		100									
65	35	30	145	120	125	80	90	25	M20	140	66
		100									
90	45	30	175	145	150	100	120	30	M24	170	80
		100									
D	d_3	L	L_1	L_2	l_1	L_3	l_2	安装螺钉(6 个)			
45	M14×1.5	133	5	14	38	149	30	M10×45			
		203				219					
65	M18×1.5	135	10	15	38	170	34	M12×45			
		225				240					
90	M18×1.5	162	10	18	40	185	36	M12×50			
		232				255					

图 3-176 所示为液压缸与缸盖之间和液压缸与夹具之间用螺纹连接，其主要尺寸见表 3-95。

表 3-95　螺纹连接液压缸(图 3-176)主要尺寸　(单位:mm)

液压缸型式	D	l	D_1	L	d	d_1	d_2	l_1	液压缸面积/cm²	
									无杆腔	有杆腔
图 3-176 a，b，c	40	10	55	85	20	M12	M39×1.5	35	12.56	9.42
		10		85						
		20		95						
		30		105						
	50	15	65	90	25	M16	M45×1.5	35	19.62	14.72
		15		90						
		25		100						
		45		120						

（续）

液压缸型式	D	l	D_1	L	d	d_1	d_2	l_1	液压缸面积/cm²	
									无杆腔	有杆腔
图 3-176 a，b，c	60	15 15 30 50	75	90 90 100 120	25	M16	M45×1.5	35	28.26	23.35
	75	15 18 20 40 60	90	93 93 98 118 138	30	M20	M52×1.5	45	44.15	36.50
	100	25 50 75	115	103 128 153	35	M24	M60×1.5	50	78.5	68.9
图 3-176 d	40	10 25 40	55	68 83 98	20	M12	—	30	12.56	9.42
	50	15 30 50	65	73 88 108	25	M16	—	40	19.62	14.72
	60	15 45 75	75	73 103 133	25	M16	—	40	28.26	23.35
	75	20 60 100	90	81 121 161	30	M20	—	45	44.15	36.50

图 3-177 所示为可利用螺孔（直径为 d）在螺栓上安装的单向作用液压缸的结构，其主要尺寸见表 3-96。

表 3-96 用螺栓固定的液压缸的规格 （单位：mm）

D	D_1	d	活塞杆行程	活塞杆推力/kN	
				压力 5MPa	压力 6MPa
55	70	M20	15	11.8	14.0
65	80	M20	15	16.5	19.9
75	90	M24	15	22.0	26.4

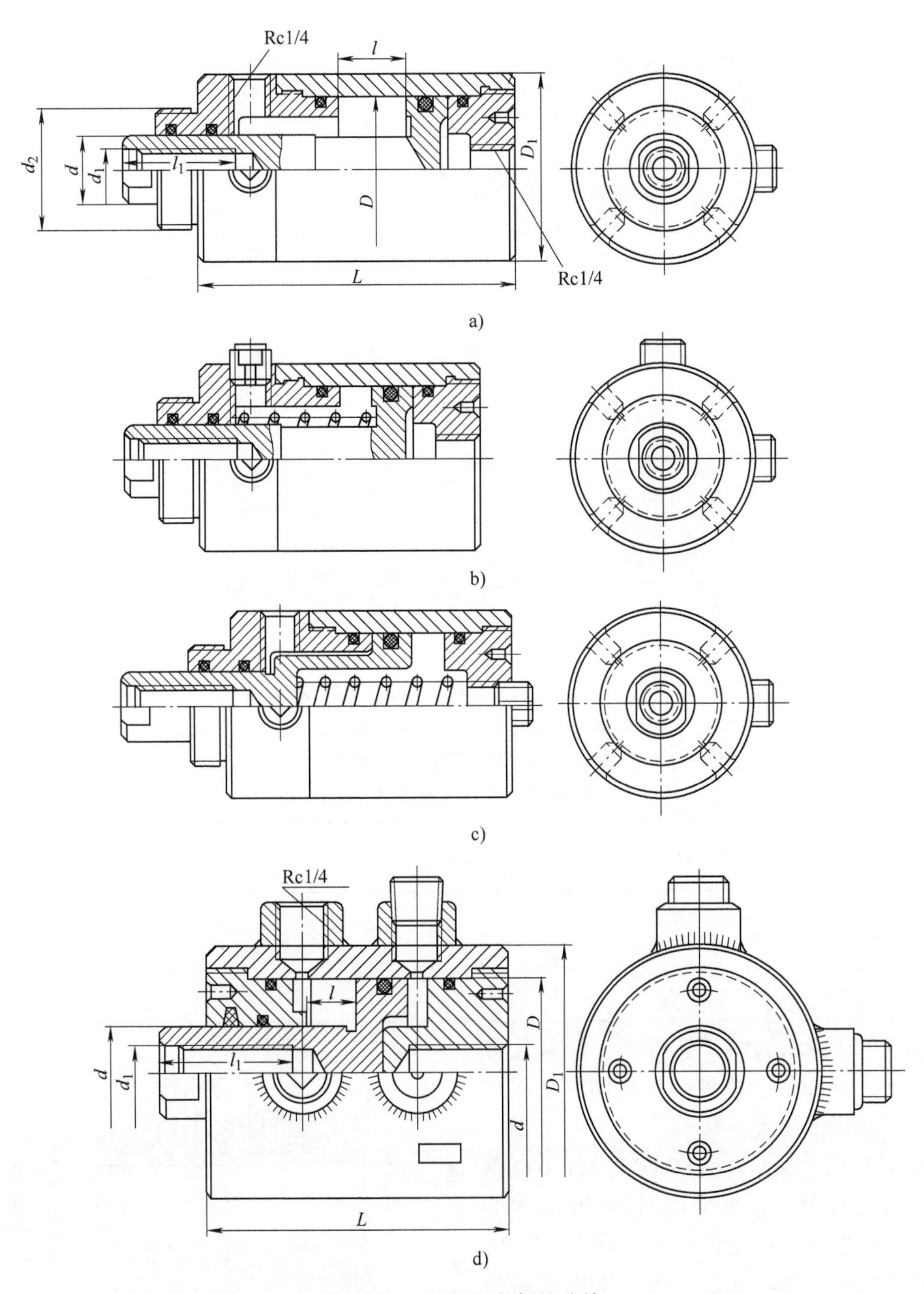

图3-176　液压缸的螺纹连接

图3-177所示液压缸结构的缺点是在端面接软管操作不方便，图3-178所示液压缸可消除这个缺点。转动导向轴2(其上有键,图中未示出)，使轴2与本体1一起转动，将液压缸拧紧在螺栓或螺柱上。螺塞11用于加油时排气，可通过两个锥螺纹孔加油，其中一个锥螺纹孔与其他液压缸串联使用，如果不需要则用螺塞堵住。这种液压缸的规格见表3-97。

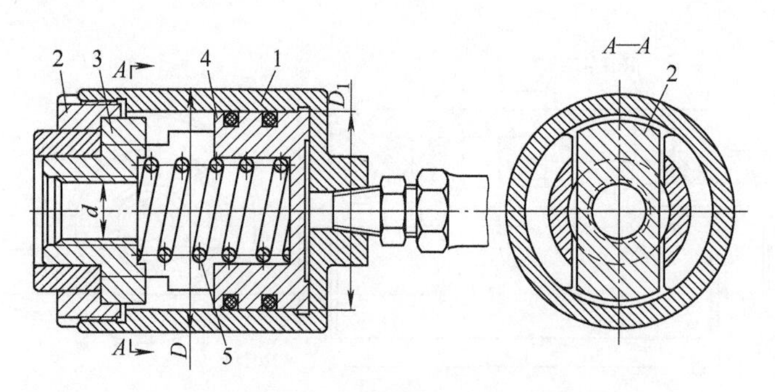

图 3-177　用螺栓固定的液压缸

1—本体　2—螺母　3—螺纹套　4—活塞　5—弹簧

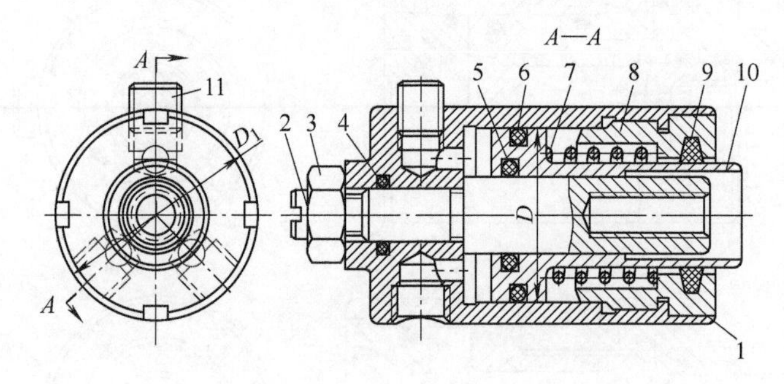

图 3-178　用螺栓或螺柱固定的液压缸

1—本体　2—导向轴　3—螺母　4、5、6—密封圈　7—弹簧　8—缸盖　9—防尘圈　10—活塞　11—螺塞

表 3-97　用螺栓或螺柱固定的液压缸的规格

D/mm	D_1/mm	活塞行程/mm	活塞推力/kN(压力 5MPa)
40	50	15	6.08
50	65	15	9.61
60	75	15	13.73
70	85	15	18.63

图 3-179 所示为便于在螺栓上调整位置的单向作用液压缸。这种结构在调整液压缸位置时不用拆下油管。

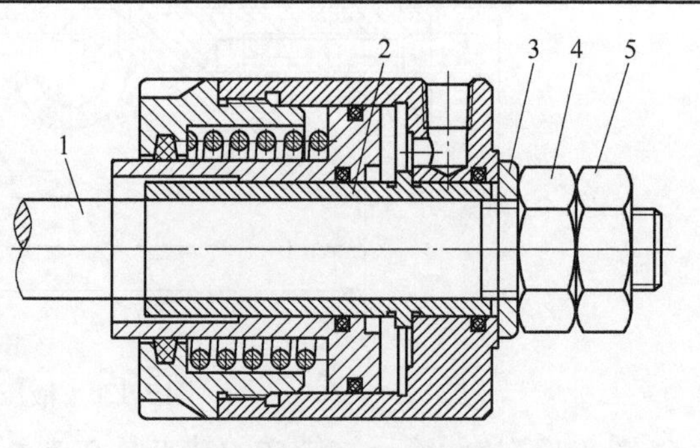

图 3-179　便于在螺栓上调整位置的单向作用液压缸

1—夹具上的螺栓或螺柱　2—导套　3—垫圈　4—防松螺母　5—螺母

在切断压力源后，为在夹紧元件不自锁情况下保持夹紧力，可采用图 3-180 所示的用螺母 2 锁紧活塞杆的液压缸。图 3-180a 所示为推力情况下的液压缸，图 3-180b 所示为拉力情况下的液压缸。

图 3-181 所示为旋转液压缸，用于控制车床卡盘夹紧和松开工件。

液压缸通过法兰盘安装在机床主轴上，液压油进入配油装置的 1 的一个环槽，然后进入液压缸的右腔，活塞向左移动，夹紧工件；为松开工件，液压油进入配油装置的另一个环槽。用泄漏的油润滑轴承，泄漏的油沿排油管道流回油箱。活塞杆采用耐油橡胶密封圈，承受压力为10MPa。为保证液压缸的可靠性，活塞、本体和法兰盘材料为20Cr钢，罩和盖用铝合金，还应规定有防腐保护层。

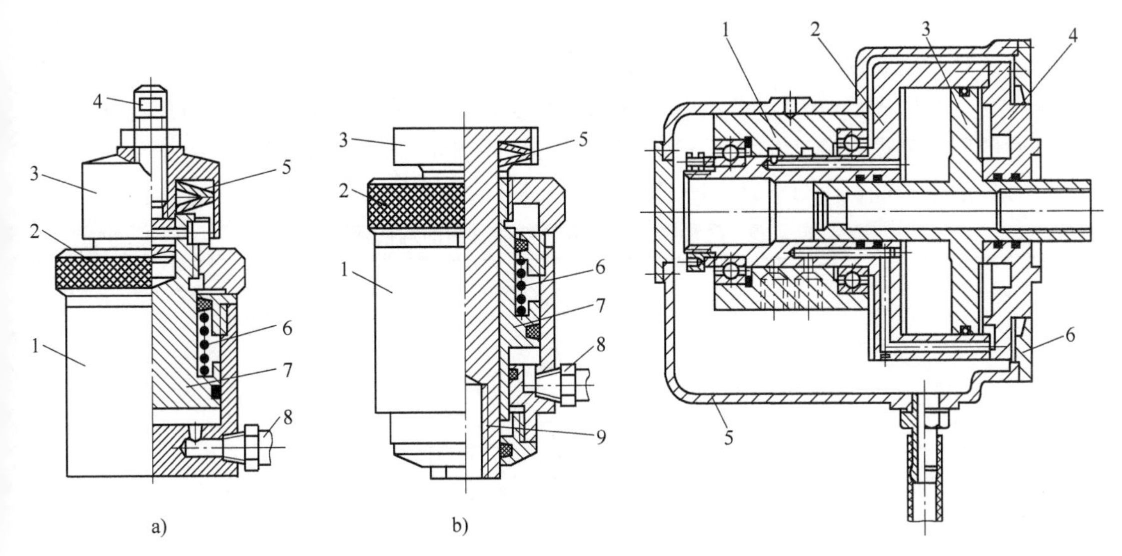

图3-180　带销紧螺母的推力和拉力情况下的液压缸
1—液压缸　2—螺母　3—缸盖　4—螺栓
5—碟簧　6—弹簧　7—活塞　8—接头　9—螺孔

图3-181　旋转液压缸（$n=3200$r/min）
1—配油装置　2—本体　3—活塞
4—法兰盘　5—罩　6—盖

这种液压缸的规格为：活塞直径为160mm，公称压力为6.3MPa，活塞杆拉力为100kN，活塞行程为35mm，油的泄漏量为6.5L/min，最大转速3200r/min，不平衡量小于350g/cm，外形尺寸（直径×长度）230mm×276mm，质量为43kg。

2. 液压缸的设计

前面已经介绍了部分液压缸的结构，下面介绍液压缸主要元件的设计。

（1）液压缸缸套的设计　一般液压缸缸套的材料可选用20钢、35钢、45钢、35CrMo和38CrMoAl，ZL105铸造铝合金等；选用退火冷拔或热轧无缝钢管（20、35和45钢）等，缸套硬度要求≥246~285HBW。

液压缸套内孔直径公差一般为H8，表面粗糙度Ra值为0.16~0.32μm；其端面对孔轴线垂直度公差、内孔圆度公差不大于0.01mm；内孔锥度和圆柱度公差不大于0.01mm/100mm；内孔倒角的表面粗糙度Ra值为0.32~0.64μm，内孔倒角的过渡棱角应抛光，以免液压缸装配时划伤密封圈。

液压缸缸套壁厚可参考前面的结构实例，或按表3-98选择。

表3-98　夹具用液压缸缸套外径　（单位：mm）

缸套内径	40	50	63	80	100	125	140	160	180	200
外径	50	60	76	95	121	146	168	144	219	245

注：此表适用于工作压力≤16MPa的情况。

（2）液压缸活塞的设计　夹具用液压缸的直径较小，特别是小型液压缸，所以在液压缸中采用带杆的活塞较多。液压缸无杆活塞的材料一般采用铸铁 HT200~HT300、铸造铝合金 ZL105 或 40 钢(调质)；有杆活塞采用 40 钢(调质)。

活塞外圆和活塞杆外圆直径公差一般为 f9，活塞外圆 D 表面的圆度、圆柱度公差小于直径公差的一半；杆部(或安装活塞杆的内孔)对活塞外圆的同轴度误差不大于 0.02~0.03mm(对 O 形密封圈)或 0.04~0.06mm(对 Y、V 形等密封圈)；活塞端面对外圆轴线的垂直度偏差不大于 0.03mm(活塞直径小于 60mm)和 0.05mm(活塞直径大于 60mm)；沟槽底径 d_3 对外圆的同轴度误差为 ϕ0.025mm(d_3<50mm)或 ϕ0.05mm(d_3>50mm)。

采用 O 形密封圈(GB/T 3452.1—2005)密封时，活塞沟槽应符合表 3-99 的规定。

表 3-99 O 形密封圈活塞径向动密封的沟槽标准 (单位:mm)

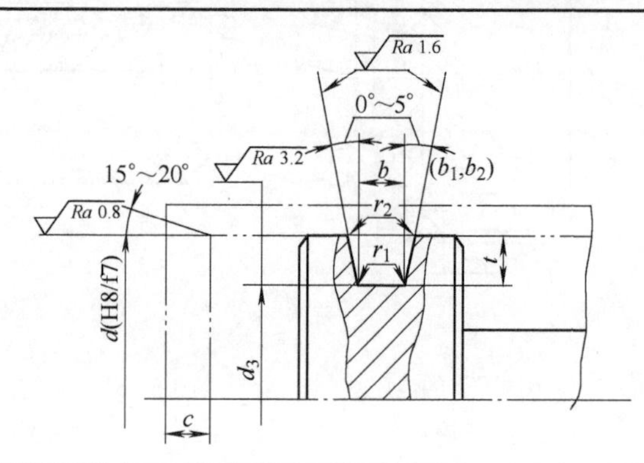

活塞直径 d			19~44	24~200	50~200	125~270
O 形密封圈截面直径			2.65	3.55	5.3	7.0
槽宽	b	不加挡圈	3.6	4.8	7.1	9.5
	b_1	一个挡圈	5	6.2	9.0	12.3
	b_2	二个挡圈	6.4	7.6	10.9	15.1
槽深 t			2.1	2.85	4.35	5.85
最小倒角长度 c_{min}			1.5	1.8	2.7	3.6
沟槽底圆角半径 r_1			0.2~0.4	0.4~0.8	0.4~0.8	0.8~1.2
沟槽棱圆角半径 r_2			0.1~0.3			

注：本表符合 GB/T 3452.3—2005。

按下式计算活塞沟槽底部的直径：

$$d_{3\max}=D_{\min}-2t$$

式中 $d_{3\max}$——沟槽底部最大直径，单位为 mm；

$D_{\min}$——液压缸内孔最小直径，单位为 mm；

t——沟槽深度，单位为 mm。

例如，液压缸内孔直径 D=40H8，采用 d_2=3.55mm 的 O 形密封圈，由表 3-99 得沟槽深 t=2.85mm，则沟槽底径为

$$d_{3\min}=D_{\min}-2t=40\text{mm}-2\times2.85\text{mm}=34.3\text{mm}$$

表 3-100 列出了当采用 O 形密封圈(GB/T 3452.1—2005)径向动密封时，夹具常用液压缸活塞的沟槽尺寸。

表 3-100 夹具常用液压缸活塞(表 3-99 图)径向动密封沟槽尺寸 (单位:mm)

液压缸直径 D (H8)	O 形密封圈截面直径 d_2																			
	2.65					3.55					5.3					7.0				
	d_1	d_3	b	b_1	b_2	d_1	d_3	b	b_1	b_2	d_1	d_3	b	b_1	b_2	d_1	d_3	b	b_1	b_2
32	27.3	27.9	3.6	5	6.4	25.8	26.3													
40	35.5	35.9	3.6			33.5	34.3													
50						43.7	44.3				40	41.3								
63						56	57.3	4.8	6.2	7.6	53	54.3								
80						73	74.3				69	71.3								
100						92.5	94.3				90	91.3	7.1	9.0	10.9					
125						118	119.3				115	116.3				112	113.3	9.5	12.3	15.1
150						142.5	144.3				140	141.5				136	138.3			

注:1. r_1 和 r_2 见表 3-99。d_1 和 d_2 见 GB/T 3452.1—2005。

2. d_3 值可按实际需要确定。

3. d_1 为 O 形圈的内径。

(3) 液压缸活塞杆的设计 实心活塞杆的材料一般采用 35 钢、45 钢和 35CrMo 钢等;空心活塞杆采用无缝钢管,表面镀硬铬,厚度为 0.02~0.03mm。

根据液压缸无杆腔活塞面积与有杆腔活塞面积之比 φ(即往复运动速度比)可按下式计算活塞杆的直径 d(其值见表 3-101)

$$d=D\sqrt{\frac{\varphi-1}{\varphi}}$$

式中 D——活塞直径。

表 3-101 活塞杆直径

活塞直径 D/mm	活塞杆直径 d/mm				
	2	1.46	1.33	1.25	1.15
	φ(无杆腔与有杆腔活塞面积之比				
40	28	22	20	18	14
50	36	28	25	22	18
63	45	36	32	28	22
80	56	45	40	36	28
100	70	56	50	45	36
125	90	70	(60)	56	45
160	110	90	80	70	56

为使液压缸活塞杆与活塞中心内孔实现静密封,在活塞杆上设有沟槽,其尺寸与气动静密封相同,见表 3-67;活塞杆伸出端还需采用防尘密封圈,参照 GB/T 10708.3—2000,其尺寸见表 3-73,这时缸盖上的沟槽尺寸见表 3-76。

活塞杆与缸盖导向孔(或导向套孔)的配合一般为 H8/f7,也可采用 H9/f8、H9/d9 的配合;其圆度和圆柱度误差不大于尺寸公差的一半,表面粗糙度为 Ra0.40~0.20μm;活塞杆导向外圆与其定位外圆(与活塞内孔配合的外圆)的同轴度误差为 ϕ0.02mm(对采用 O 形密封圈）或ϕ 0. 04mm（对 Y、V 形等密封圈）；活塞杆定位外圆轴肩端面对其导向外圆轴线的垂直度公差为 0. 04/100。

（4）液压缸缸盖的设计　由于液压缸的尺寸较小，所以机床夹具上用的液压缸的缸盖大多没有活塞杆的导向套，活塞杆外圆直接与缸盖孔配合，液压缸前、后盖的材料可采用 35 钢、45 钢和 40Cr 钢，也可采用 HT200～HT300 铸铁。活塞杆直径小于 60mm，推荐采用 40Cr，调质处理。缸盖孔与活塞杆的配合如上述，孔的直径公差一般为 H8，孔表面粗糙度 *Ra* 值为 0. 4～0. 2μm；气缸与缸套的定位外圆（子口）对内孔的同轴度公差为 ϕ0. 02mm（对 O 形密封圈）或 ϕ0. 04mm（对 Y、V 形密封圈），定位外圆安装端面对内孔轴线的垂直度公差为 0. 04/100。

在液压缸上有进出油孔，双向作用液压缸在两个缸盖上都有油孔。设计液压缸时，应将进出油孔设在缸盖两侧缸盖最高处，这样可使可能渗入油中的空气随油液流回油箱。对夹具采用液压缸，这样可满足排气的要求，不需要设置专门的排气装置，但对单向作用液压缸只在缸盖上设有一个油孔，以及如果由于结构需要将进出油孔布置在较低的位置，则应有专门的排气的螺孔，以安装排气阀。如果液压缸垂直安装，则排气阀应布置在缸盖的上方。表 3-102 列出了液压缸油孔管螺纹规格。

表 3-102　液压缸油孔管螺纹规格　（单位：mm）

液压缸内径	25	32	40，50	63，80	100，125	160，200
油孔管螺纹	M14×1. 5	M18×1. 5	M22×1. 5	M27×2	M33×2	M42×2
管道内径	12	16	18. 8	24. 8	30	
管道外径×壁厚	14×1	18×1	22×1. 6	28×1. 6	34×2	

如果缸盖内孔与活塞杆用 O 形密封圈密封，在缸盖内孔上的沟槽标准见表 3-103。

表 3-103　液压缸盖内孔 O 形密封圈动密封沟槽标准　（单位：mm）

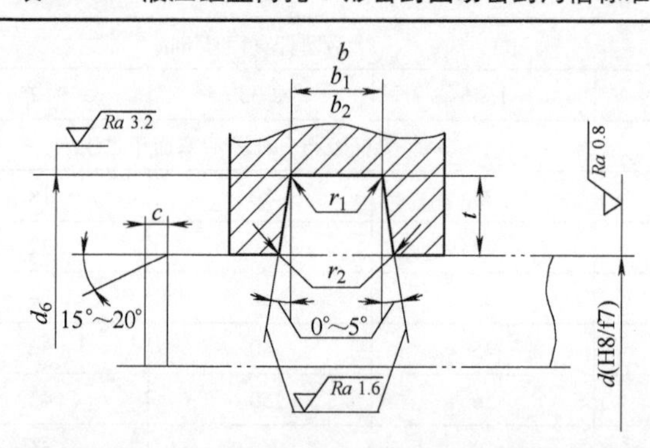

活塞杆直径 d	7～20	19～44	24～200	50～250
O 形密封圈截面直径 d_2	1. 8	2. 65	3. 55	5. 3
槽宽 b，b_1，b_2	2. 4，3. 8，5. 2	3. 6，5. 0，6. 4	4. 8，6. 2，7. 6	7. 1，9. 0，10. 9
槽深 t	1. 35	2. 10	2. 85	4. 35
最小倒角长度 c	1. 1	1. 5	1. 8	2. 7
沟槽底圆弧半径 r_1	0. 2～0. 4		0. 4～0. 8	
沟槽棱边圆角半径 r_2	0. 1～0. 3			

注：1. t 值允许按实际需要确定，d_2 见 GB/T 3452. 1—2005。

2. 本表符合 GB/T 3452. 3—2005。

3. b、b_1 和 b_2 分别为无挡圈、有 1 个挡圈和 2 个挡圈的槽宽。

表 3-104 列出了部分液压缸缸盖内孔径向动密封时 O 形密封圈的沟槽尺寸。

表 3-104　常用液压缸缸盖内孔径向动密封沟槽尺寸(参见表 3-103 图)　(单位:mm)

活塞杆直径 d	O 形密封圈截面直径 d_2								
	2.65			3.55			5.3		
	d_1	d_6	b, b_1, b_2	d_1	d_6	b, b_1, b_2	d_1	d_6	b, b_1, b_2
18	18	22.1	3.6, 5.0, 6.4	18	23.7	4.8, 6.2, 7.6			7.1, 9.0, 10.9
22	22.4	26.1		22.4	27.7				
28	28	32.1		28	33.7				
36	36.5	40.1		36.5	41.7				
45				46.2	50.7		45	53.7	
56				58	61.7		58	64.7	
70				71	75.7		71	78.7	
85				58	90.7		87.5	93.7	
100				103	105.7		103	108.7	
110				112	115.7		112	118.7	

注：1. d_1 为 O 形密封圈内径。
2. d_6 可按实际情况确定。

如果在液压缸缸盖的结构中需要采用 O 形密封圈实现液压缸的轴向密封，其尺寸见表 3-74。

(5) 关于液压缸的密封　液压缸各元件之间的密封结构与气缸密封结构有很多相同之处。液压缸的压力比气动高 10~15 倍。夹具用液压缸最大压力不超过 8~10MPa，而液压用 O 形密封圈一般规定大于 10MPa 时应在其侧面设置挡圈，所以夹具用液压缸可采用不设置挡圈的 O 形密封圈，但考虑液压缸试验压力比工作压力高 50%，所以当压力较大时往往也可采用设置挡圈的 O 形密封圈。单向作用的液压缸用一个挡圈，双向作用的液压缸用两个挡圈。

对带氟塑料挡圈的 O 形密封圈(35×3.6)在压力为 10MPa 和活塞移动速度为 0.3m/s 的条件下进行试验，由试验得到 O 形密封圈在不同往返次数 n 时的磨损情况(图 3-182a)[58]。当活塞往返次数 $n<3000$ 时，O 形密封圈的磨损很小；当 $n=3000\sim4000$ 时，磨损较小；而当 $n=5000\sim6000$ 时，磨损显著增大，甚至出现小凹槽。

图 3-182b 表示在不同工作压力下，液压缸 O 形密封圈的摩擦力 F 与活塞移动速度 v 的关系。由图 3-182b 可知在活塞移动速度为 16.8~19.6mm/s 时，O 形密封圈的摩擦力最小；减小工作压力可减小 O 形密封圈的摩擦力。可通过控制液压缸的压力和活塞移动速度，提高 O 形圈的寿命。

Y 形密封圈的寿命比 O 形密封圈高，阻力小，运动比 O 形密封圈平稳。V 形密封圈主要用于液压缸孔与活塞的密封，阻力小，密封可靠，使用期限长，但其结构尺寸较大，对压环和支承环的精度要求较高，不适合小型缸。

液压缸活塞和活塞杆移动密封结构形式较多，皮碗密封得到了广泛应用[59]。皮碗的材料弹性好，工作温度范围大(-68~200℃)，使用时间长(使用 1000h 后仍能保持原始压力的 90%;使用 8000h 后,能保持原始压力的 70%)。皮碗的材料更多采用热塑性聚氨酯，并添加

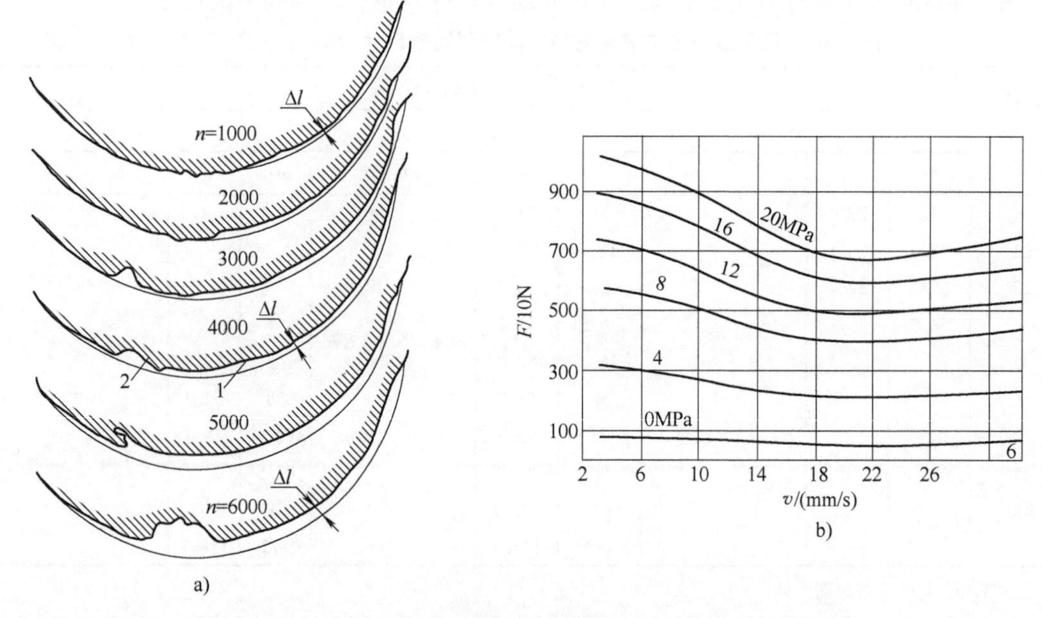

图 3-182　液压缸 O 形密封圈的磨损性能

石墨、二氧化钼、氟纶等，以降低摩擦系数，比橡胶密封圈的耐磨性提高一倍；其硬度达 70~95HS，这种密封皮碗对各种油的性能保持稳定；在压力为 40MPa 下密封可靠，并具有大的密封储备量，这种皮碗的几种结构如图 3-183 所示。

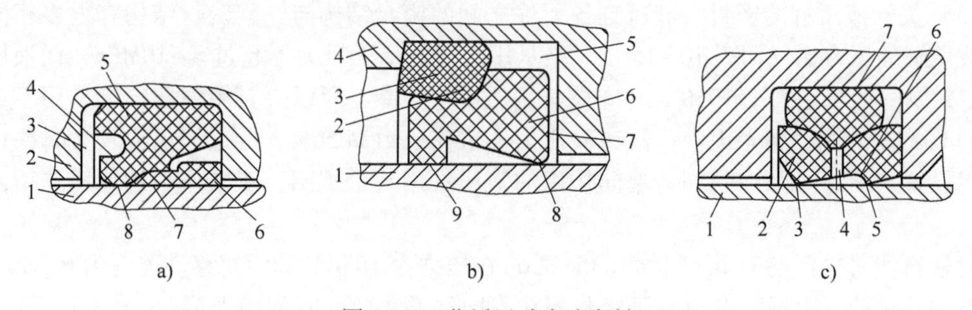

图 3-183　往返运动皮碗密封

a）1—活塞杆　2—缸盖　3—槽　4—环表面　5—皮碗　6—环　7、8—环的宽和窄密封面

b）1—活塞杆　2—凸台　3—密封圈　4—缸盖　5—槽　6—皮碗　7—皮碗端面　8—棱边　9—密封面

c）1—活塞杆　2—皮碗　3、5—棱边　4—孔　6—皮碗槽　7—密封面

3. 液压缸的计算

（1）活塞杆力和缸套壁厚的计算　若已知液压缸直径和油的压力，可计算作用在活塞杆上的力；或已知液压缸所需的力和油的压力，可计算液压缸的直径。

对单向作用的液压缸

$$\left.\begin{aligned} F&=\frac{\pi D^2}{4}p\eta-R \quad (\text{推力}) \\ D&=\sqrt{\frac{4(F+R)}{\pi p\eta}}\approx 1.13\sqrt{\frac{F+R}{p\eta}} \end{aligned}\right\} \tag{3-84}$$

或

$$F'=\frac{\pi(D^2-d^2)}{4}p\eta-R \quad（拉力） \tag{3-85}$$

对双向作用液压缸

$$\left.\begin{aligned}F&=\frac{\pi D^2}{4}p\eta（推力）\\ D&=1.13\sqrt{\frac{F}{p\eta}}\end{aligned}\right\} \tag{3-86}$$

或

$$F'=\frac{\pi(D^2-d^2)}{4}p\eta \quad（拉力） \tag{3-87}$$

式中　F 和 F'——分别为活塞杆的推力和拉力，单位为N；

D——液压缸直径，单位为mm；

p——液压缸的工作压力，单位为MPa；

R——返回弹簧的阻力，单位为N；

d——活塞杆直径，单位为mm；

η——液压缸的传动总效率，$\eta=0.7\sim0.95$，对机床夹具，$\eta=0.8\sim0.85$。

一般 $p=1.5\sim5$MPa。但也可按以下方法选取：外载荷 $F=10$kN，$p=0.8\sim1.2$MPa；$F=10\sim20$kN，$p=1.5\sim2.5$MPa；$F=20\sim30$kN，$p=3\sim4$MPa；$F=30\sim50$kN，$p=4\sim5$MPa；$F>50$kN，$p>5$MPa（但对小型夹紧液压缸不受此限制）。

按式（3-84）~式（3-87）计算出的力 F 应大于夹具液压缸所需的力 F_c。

$F=F_c/\varphi=(1.5\sim2)F_c$（$\varphi$ 为负载率，一般 $\varphi=0.5\sim0.7$），而按式（3-84）和式（3-86）计算液压缸直径时，应按 $(1.5\sim2)F_c$ 的值代入 F 值。

对 $\frac{\delta}{D}\leqslant0.08$ 的液压缸壁厚 δ，按薄壁套计算：

$$\delta\geqslant\frac{Dp_r}{2[\sigma]} \tag{3-88}$$

对 $\frac{\delta}{D}=0.08\sim0.30$ 的液压缸，壁厚 δ 按薄壁套的实用公式计算：

$$\delta\geqslant\frac{Dp_r}{2.3[\sigma]-3p_r} \tag{3-89}$$

对平底液压缸，底部的厚度按下式计算：

$$\delta\geqslant0.433\sqrt{\frac{p_r}{[\sigma]}} \tag{3-90}$$

式中　δ——液压缸的壁厚，单位为mm；

D——液压缸活塞的直径，单位为mm；

p_r——液压缸工作压力，单位为MPa（取 $p_r=1.5p$）；

$[\sigma]$——缸套材料的许用应力，单位为MPa（$[\sigma]=\sigma/n$，σ 为抗拉强度，$n=6\sim8$）。

例如，液压缸活塞直径 $D=60$mm，试验压力 $p_r=15$MPa，缸套材料的许用应力为 $[\sigma]=610/6\approx100$MPa。若 $\frac{\delta}{D}<0.08$，则壁厚为

$$\delta \geqslant \frac{Dp_r}{2[\sigma]} = \frac{60\times15}{2\times100}\text{mm} = 4.5\text{mm}$$

（2）活塞杆直径的计算　如果活塞杆长度 $L\leqslant 10d$，由 $[\sigma]=F/\left(\frac{\pi}{4}d^2\right)$ 和 $F=\frac{\pi D^2}{4}p$ 可得

$$d=\sqrt{\frac{4F}{\pi[\sigma]}}=\sqrt{\frac{D^2p}{[\sigma]}}=D\sqrt{\frac{p}{[\sigma]}}$$

式中　$[\sigma]$——活塞杆材料的许用应力，单位为 MPa。

如果活塞杆的长度超过 $10d$，需要核算杆的稳定性，其方法见 3.7.2 节。

液压缸缸盖与缸套用螺钉或螺柱连接的强度计算见 3.7.2 节。

（3）液压管油路管道直径的计算　油路管道内径按下式计算：

$$d_0=4.6\sqrt{\frac{Q}{v}} \tag{3-91}$$

式中　d_0——油路管道内径，单位为 mm；

Q——通过油路管道的流量，单位为 L/min；

v——油路管道中油的流速，单位为 m/s，对夹具吸油管道取 $v=1.5\sim2$m/s，压油管道取 $v=3.5\sim5$m/s，油在管中的压力损失随速度提高而增大。

油管内孔直径 d_0 与油在管中的流速和流量之间的关系见表 3-105。油在光滑钢油管内流动时流量和压力损失的关系见表 3-106。

表 3-105　流经油管的流量

油管内径/mm	油管面积/cm²	流　速/(m/s)									
		0.5	1	1.5	2	2.5	3	3.5	4	4.5	5
		流　量/(L/min)									
3	0.07	0.21	0.42	0.63	0.84	1.05	1.26	1.47	1.68	1.89	2.1
6	0.28	0.84	1.68	2.52	3.36	4.2	5.05	5.89	6.72	7.56	8.4
8	0.51	1.51	3.02	4.52	6.03	7.54	9.05	10.6	12.1	13.6	15.1
10	0.78	2.34	4.70	7.05	9.38	11.7	14.0	16.3	18.7	21.0	23.4
15	1.77	5.28	10.6	15.8	21.1	26.4	31.7	36.0	41.3	46.6	52.8
20	3.14	9.42	18.8	28.3	37.6	47.1	56.5	65.9	75.3	84.7	94.2
25	4.91	14.8	29.5	44.2	58.9	73.7	88.4	103	118	133	148
32	8.04	24.1	48.2	72.4	96.5	121	144	168	192	216	241
40	12.6	37.7	75.4	113	151	188	226	264	302	340	377
50	19.6	58.9	118	177	235	299	352	413	470	529	589

注：在阶梯线以下为湍流。

表 3-106　油在光滑钢管中的压力损失

管内径/mm	8	11	15	20	27
流量/(L/min)	管长 1m 时的压力损失/MPa				
5.0	0.029	0.0075	0.0035	0.001	0.0004
6.3	0.037	0.096	0.0044	0.0013	0.0005
8.0	0.045	0.012	0.0054	0.0016	0.00065
10	0.056	0.015	0.0067	0.002	0.0008
12.5	0.069	0.018	0.0083	0.0025	0.0010

（续）

管内径/mm	8	11	15	20	27
流量/(L/min)	管长 1m 时的压力损失/MPa				
16	0.100	0.025	0.010	0.0031	0.0013
20	0.140	0.0032	0.013	0.0038	0.0015
25	0.210	0.0046	0.017	0.0046	0.002
28	0.230	0.0057	0.021	0.0054	0.0023
32		0.069	0.025	0.0063	0.0026
36		0.090	0.032	0.0076	0.0029
40		0.110	0.400	0.0094	0.0033

注：阶梯形上部为层流状态，下部为湍流状态；第二个阶梯形中间为过渡状态。

（4）液压缸活塞移动速度、流量和行程时间的计算　活塞杆伸出时的速度(流量 Q 与面积 A 之比)

$$v_d = \frac{10Q}{A} = \frac{40Q}{\pi D^2} \tag{3-92}$$

活塞杆收缩时的速度为

$$v_D = \frac{40Q}{\pi(D^2-d^2)} \tag{3-93}$$

一般 $v_{min} \geqslant (0.1 \sim 0.2)$ m/min，对夹具 v 一般为 0.5~4m/min，活塞杆伸出时的流量为

$$Q_D = \frac{\pi}{40}D^2 v \tag{3-94}$$

活塞杆收缩时的流量为

$$Q_d = \frac{\pi}{40}(D^2-d^2)v \tag{3-95}$$

式中　Q_D 和 Q_d——单位时间内油液通过液压缸无杆腔和有杆腔的体积，单位为 L/min；

A——液压缸无杆腔的有效面积，单位为 cm^2；

D 和 d——活塞和活塞杆的直径，单位为 cm；

v_D 和 v_d——分别为活塞杆伸出和收缩时的速度，单位为 m/min。

一次行程进入无杆腔油的体积

$$V = \frac{\pi D^2}{4} S \times 10^{-3} \quad (\text{单位为 L}) \tag{3-96}$$

一次行程进入有杆腔油的体积

$$V = \frac{\pi(D^2-d^2)}{4} S \times 10^{-3} \quad (\text{单位为 L}) \tag{3-97}$$

式中　S——活塞的行程，单位为 cm；

液压缸活塞一次工作行程的时间可近似按下式计算：

$$t = \frac{v}{L} \times 10^{-3} \tag{3-98}$$

式中　v——活塞移动速度，单位为 m/min；

L——活塞工作行程长度，单位为 mm。

活塞杆伸出时间为

$$t=\frac{1.5\pi D^2S}{Q_D}$$

活塞杆缩回时间为

$$t=\frac{1.5\pi(D^2-d^2)}{Q_d}$$

3.8.3 液压夹紧机构的应用

1. 液压缸的安装方式

液压缸在夹具上的安装方式与气缸安装方式基本相同(图 3-90)，但小型液压缸的安装方式较灵活，前面在介绍液压缸结构时已有相关介绍，现补充如下。

图 3-184 所示为液压缸在夹具上安装的几种方式。图 3-184a 表示用液压缸 1 的轴肩和卡圈槽固定；图 3-184b 表示用带法兰盘的套 3 和螺钉固定，这时用卡圈 2 将套固定在液压缸上，再用螺钉将套固定在夹具上；可通过支座将液压缸倾斜一个角度或垂直和水平固定安装；图 3-184c 所示为铰链安装。

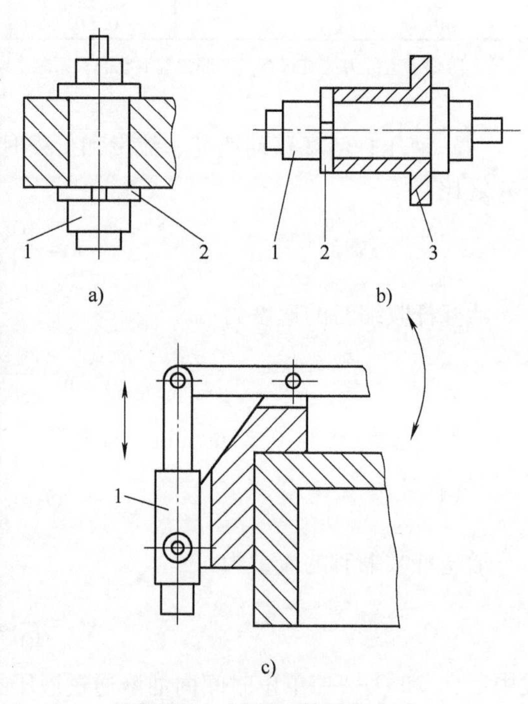

图 3-184 液压缸的固定方式
1—液压缸 2—卡圈 3—套

图 3-185 所示为液压缸在夹具上安装的另外几种方式，图 3-185f 所示为在工件下面有液压辅助支承。

在小批生产中，可将液压缸直接安装在机床上，如图 3-186 所示。图 3-186a 采用螺杆泵；图 3-186b 采用杠杆泵。

图 3-187 所示为几种液压缸与夹具的连接。

2. 液压夹紧单元

为在机床工作台上或夹具上夹紧工件可设计和采用各种通用液压夹紧单元，如图 3-188 所示。

图 3-188c 表示有两个凸耳的液压缸夹紧装置，在凸耳上有螺孔，可安装夹紧螺钉(图中未示出)，当向液压缸供液压油时，双向作用液压缸缸体向下移动(因活塞杆固定在底座上)，压紧工件(图中未示出)。液压缸体回转 90°，另一凸耳上的螺钉夹紧另一个工件，这种装置可夹紧高度不同的工件。液压缸直径为 40mm，工作压力为 16MPa，夹紧力达 14kN。

图 3-188d 表示夹紧装置有一个垂直液压缸和两个水平液压缸。水平液压缸通过铰链使压板靠近和离开工件，垂直液压缸使铰链压板压紧工件。

为在直径为 50~170mm 的轴类工件上铣削扁平面，采用图 3-189 所示的通用液压夹紧单元，该单元装在夹具上，同时夹紧 2 个工件。

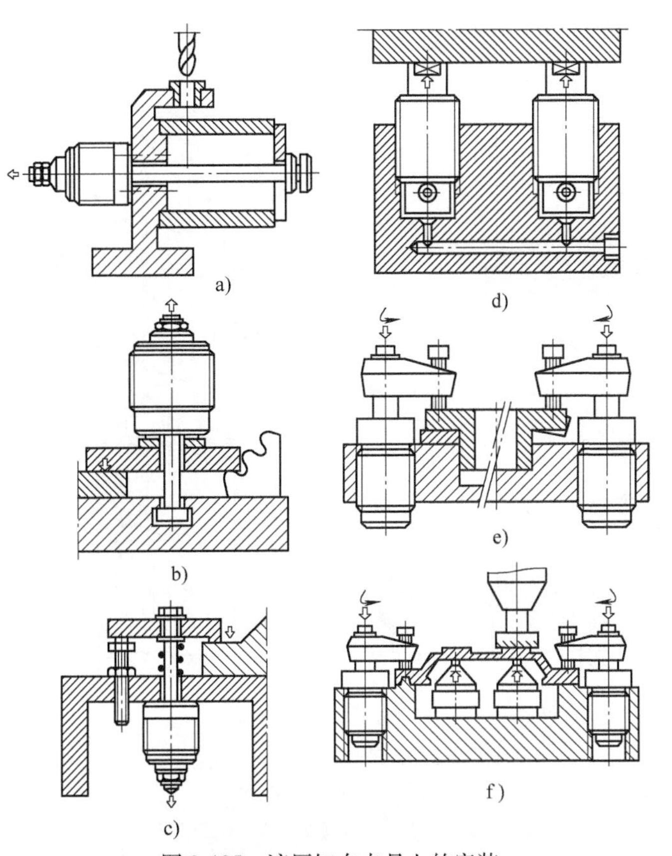

图 3-185　液压缸在夹具上的安装

a)

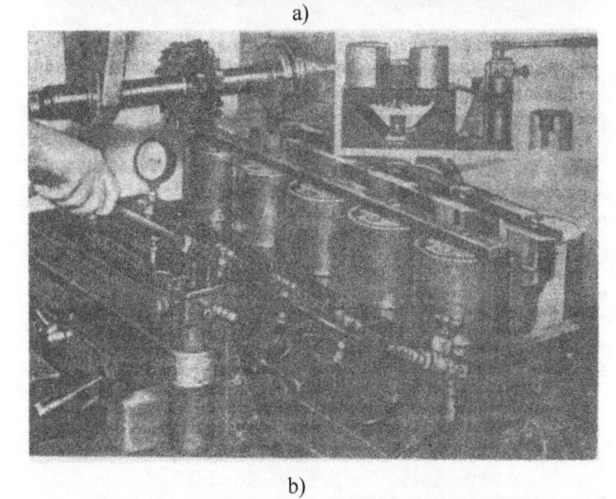

b)

图 3-186　液压缸安装在机床上

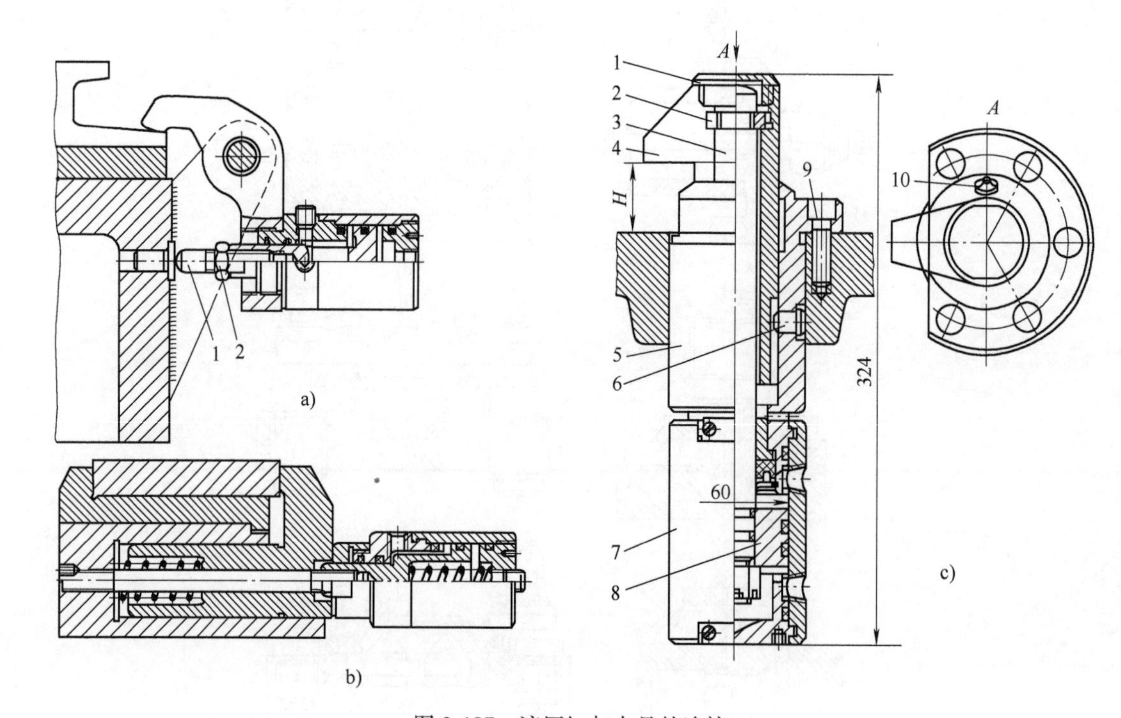

图 3-187 液压缸与夹具的连接

a）1—支承 2—螺母

c）1—螺塞 2—挡圈 3—活塞杆 4—钩形压板 5—套筒 6—销 7—液压缸 8—活塞 9—螺钉 10—油杯

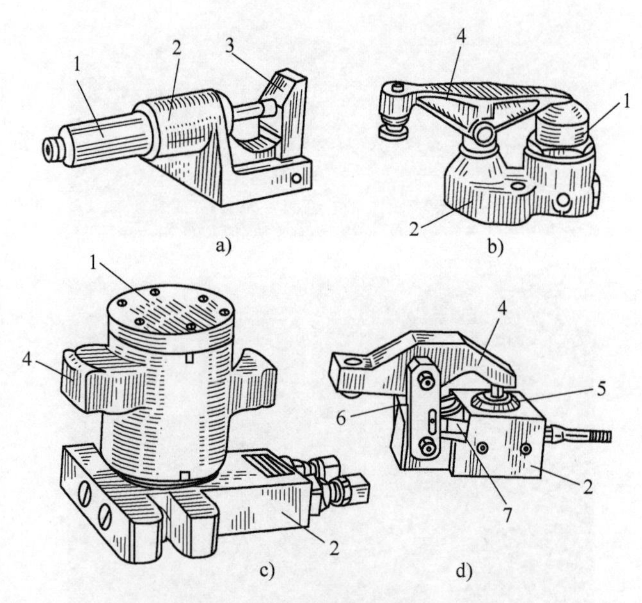

图 3-188 通用液压夹紧单元外观图

1—液压缸 2—本体 3—支承板 4—压板 5—垂直液压缸 6—铰链 7—水平液压缸(2 个)

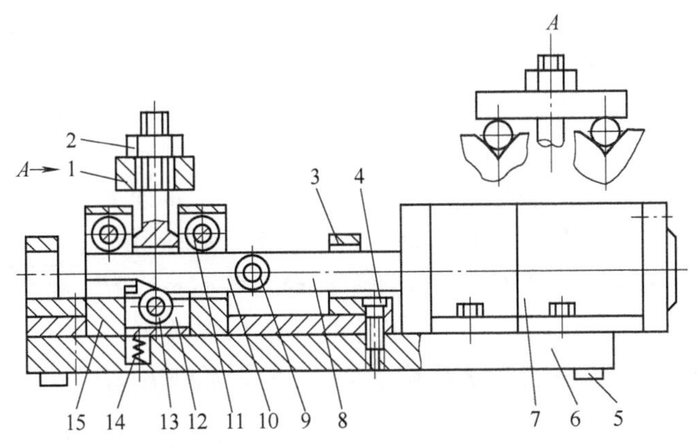

图 3-189　通用夹紧单元在夹具上的应用

1—压板　2—螺母　3—可换 V 形座　4—螺钉　5—键
6—底板　7—液压缸　8—活塞杆　9—轴　10—斜楔
11、13—滚轮　12—拉杆　14—弹簧(多个)　15—支座

3. 液压夹紧夹具

在 3.7 节中介绍了气动夹紧在夹具中应用的情况，很多情况也适用于液压夹紧。由于液压缸体积小、压力大，所以其应用可适用于气动夹具不易实现的一些夹紧机构，例如直接夹紧、多工位夹紧等。

图 3-190 所示为同时在两个方向夹紧工件的液压夹具。当油进入液压缸左腔时，活塞 1 开始向右移动，螺钉 7 离开杠杆 8，在弹簧 10 的作用下，使滑柱 11 向上移动，滑柱上的斜面使滑块 13 向右移动，推动工件使其靠在 V 形块 14 的定位支承面上；活塞 1 继续向右移动，通过活塞杆的斜面，滑柱 5 向上使压板 6 将工件压向主要定位支承面。

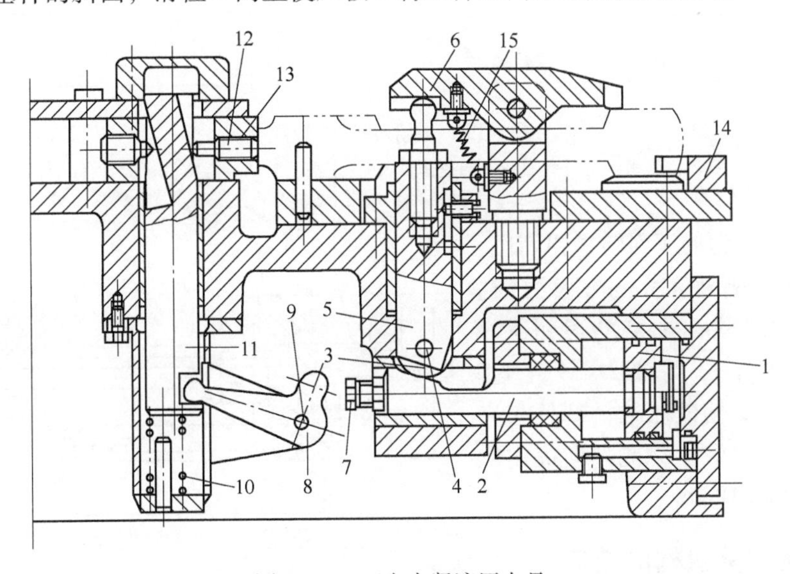

图 3-190　双向夹紧液压夹具

1—活塞　2—活塞杆　3—滚轮　4、9—轴　5、11—滑柱　6—压板
7、12—螺钉　8—杠杆　10、15—弹簧　13—滑块　14—V 形块

图 3-191 所示为多工件加工液压夹具的简图，油从板 1 的油孔向多个液压缸 2 供油，夹

紧工件。这种结构用单向作用的液压缸拧入夹具本体(或用螺钉固定在夹具体上)，各液压缸相互间的距离较小。

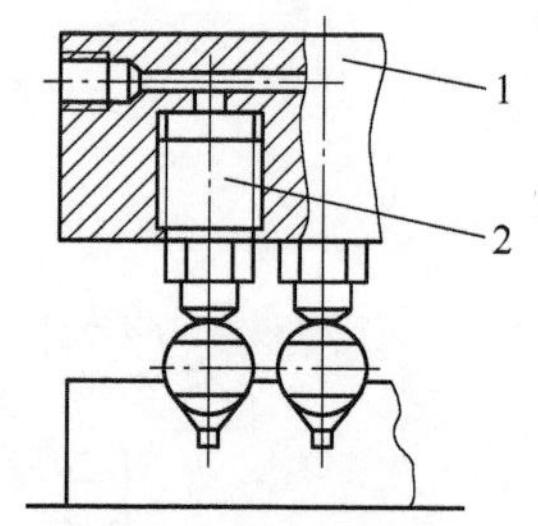

图 3-191 多工件液压夹具简图

1—板 2—液压缸

图 3-192 所示为加工大型圆壳体工件，以工件中心大孔和另一圆周上的小孔(图中未示出)定位，大孔采用塑料心轴定位，液压缸 12 的活塞杆 8 通过柱塞 11 对塑料 10 加压，实现定中。在夹具体下面沿圆周有六个液压缸 7，每个液压缸通过杠杆 6 使带销 2 的压板 4 朝工件中心方向径向移动，并通过固定在液压缸活塞杆上的叉形铰链座 3 将工件的一个位置夹紧(图中双点画线部分表示工件被夹紧部位,其余工件形状图中未示出)。

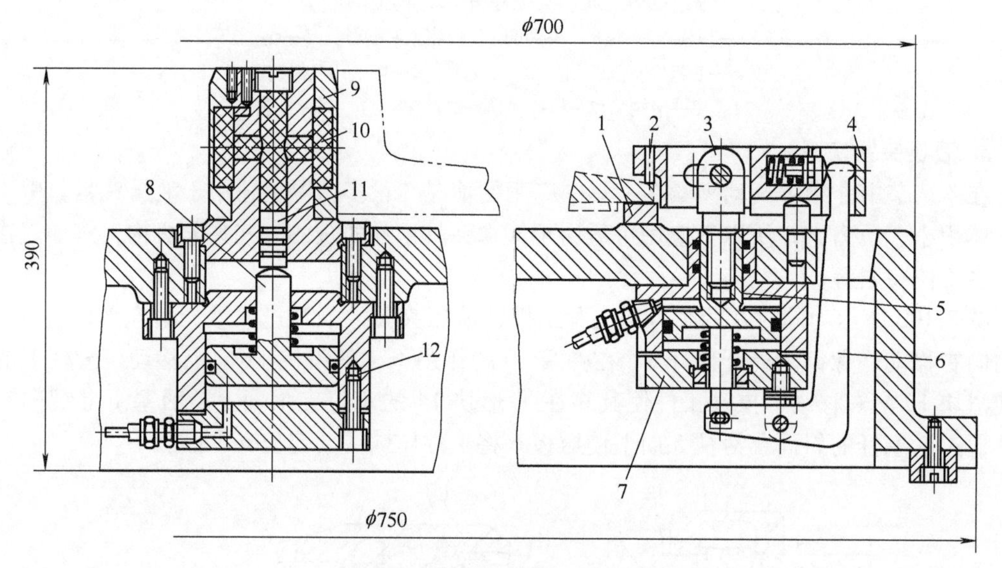

图 3-192 圆形壳体件液压夹具

1—定位支承 2—销 3—叉形铰链座 4—压板 5、8—活塞杆 6—杠杆 7、12—液压缸 9—心轴 10—塑料 11—柱塞

图 3-193 所示为液压回转虎钳简图，该虎钳具有大的刚性和大的夹紧力(达 100kN)，比一般同样规格的虎钳大 1 倍。该虎钳由本体 1、底座 2、铰链座 3 组成，用连接套 5 使液压缸活塞杆与夹紧丝杠 7 相连，由液压蓄能站向虎钳供油，压力可达 50MPa。

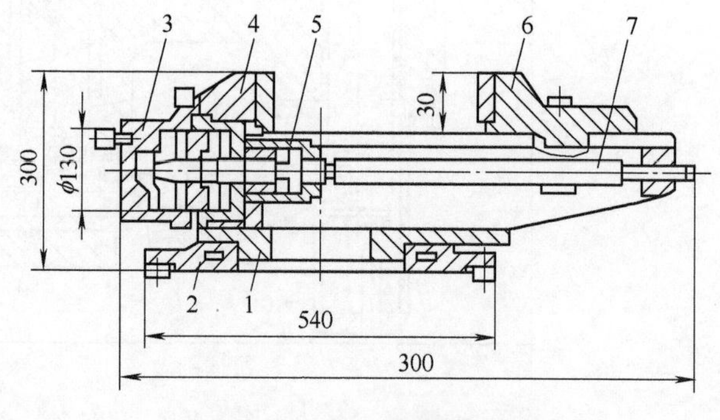

图 3-193 液压回转虎钳简图

1—本体 2—底座 3—铰链座 4—固定座 5—连接套 6—移动座 7—丝杠

3.8.4 液压夹紧机构的控制

为使液压夹具正常工作，在液压控制系统中应有调节、检测和保证安全的器件。

1. 液压夹紧控制回路

前面已介绍了几种液压泵向夹紧液压缸供油的几种典型回路，下面介绍机床夹具液压夹紧控制的实例。

图 3-194 所示为带弹性夹头锁紧钩形压板的液压夹紧机构的控制回路。

当换向阀 3 左位工作时，液压油进入活塞 6 的上腔，活塞向下移动夹紧工件，这时活塞下腔的油经单向阀 5 和换向阀 3 流回油箱。夹紧时压力升高，当达到顺序阀 8 预先调好的压力时，顺序阀 8 打开，液压油进入弹性夹头 7 的下腔，使其向上移动，锁紧活塞杆，这时弹性夹头上腔的油经换向阀流回油箱，然后进行加工。

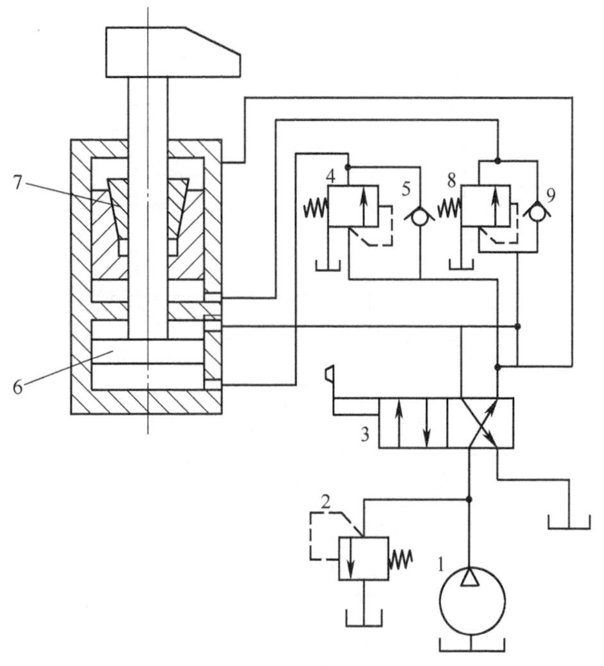

图 3-194　带弹性夹头锁紧钩形压板的液压夹紧机构的控制回路

1—液压泵　2—主溢流阀　3—换向阀　4、8—顺序阀　5、9—单向阀　6—活塞　7—弹性夹头

当加工结束后，换向阀右位工作，液压油进入弹性夹头的上腔，使其向下移动，松开活塞杆，弹性夹头下腔的油经单向阀 9 和换向阀 3 流回油箱。当弹性夹头到达终端，压力升高到顺序阀 4 预先调好的压力时，顺序阀 4 打开，液压油进入活塞 6 的下腔，活塞向上移动，松开工件，这时活塞 6 上腔的油经换向阀流回油箱。

顺序阀 4 和 8 的压力应调整到比先动作的液压缸的工作压力高 0.8~1MPa。

图 3-195 所示为用于箱体工件定位夹紧的液压控制回路，控制的动作为：二定位销插入工件定位孔(定位)；将工件夹紧；工件加工完后，同时完成两销的拔出和松开。

图 3-195 所示位置为液压缸 1 处于拔销位置，液压缸 2 处于松开位置。将工件放在夹具上后，自动或手动使换向阀 6 左位工作，两泵的油经换向阀进入液压缸 1 的无杆腔，二定位销插入工件定位孔。当压力升高到一定值时，顺序阀 3 打开，两泵的油又进入液压缸 2 的无杆腔，将工件夹紧；压力升高到一定值后，右面的安全阀 7 打开，低压油泵 8 卸荷，只有高压泵供油。

加工结束后，换向阀处于右位工作(如图所示)，两泵的油经换向阀 6 同时进入液压缸 1 和 2 的有杆腔，二定位销退出工件定位孔和松开工件。顺序阀的压力应大于液压缸 1 定位时的工作压力 10%~15%，以避免发生误动作和事故。

在具有立轴回转工作台的多工位机床上，夹具固定在机床工作台上，为控制多工位夹具的动作，采用图 3-196 所示的液压分配器，图示为六工位的(有 4、6、8 等工位)。

分配轴 1 固定在机床或夹具上固定不动的部位，而分配套 2 固定在回转工作台上，分配套的孔与分配轴外圆转动配合，并密封。工作时，分配套 2 随回转工作台绕分配轴的轴线转动。在分配轴的两个截面上(*A—A* 和 *B—B*)各有六个径向孔，通过接头与各夹具的液压缸

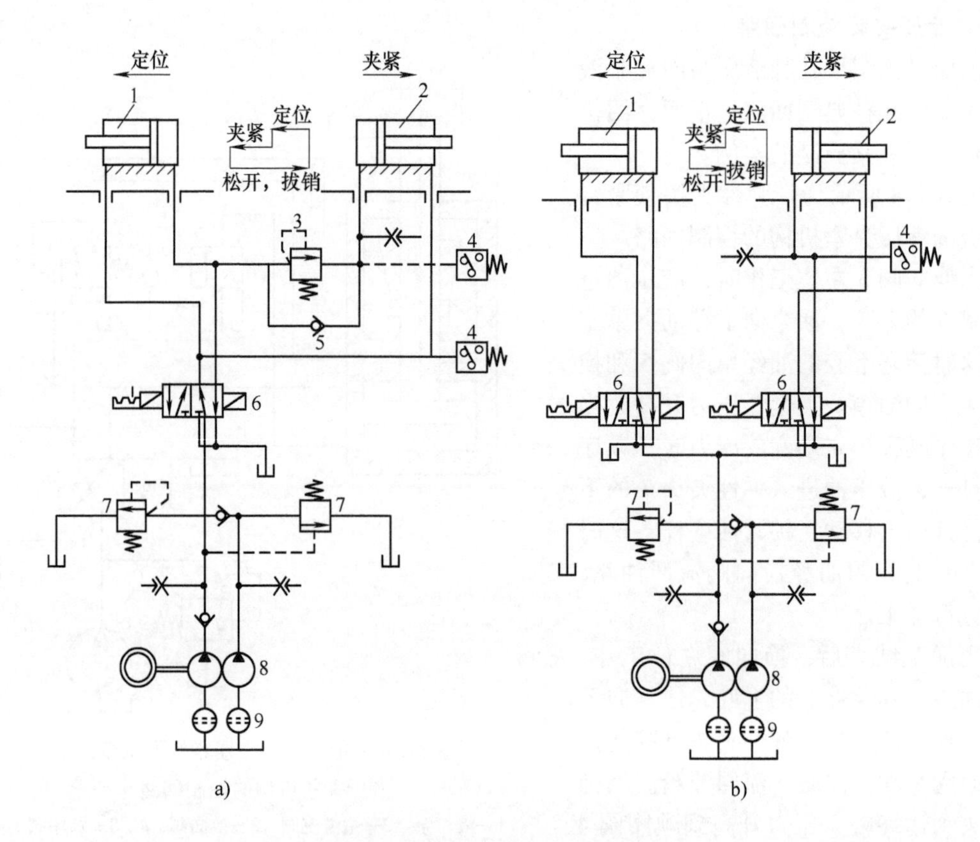

图 3-195 夹具定位夹紧控制回路

1—定位液压缸 2—夹紧液压缸 3—顺序阀 4—压力继电器 5—单向阀 6—电动换向阀 7—安全阀 8—低压油泵 9—滤油器

相连。

图 3-197 所示为采用上述液压分配器控制四工位回转工作台。

工作时高压油不断向分配轴(图 3-196 中件 1)供油，通过分配套(图 3-196 中件 2)的各油孔与在加工工位Ⅰ~Ⅲ的各液压缸无杆腔相连，又通过换向阀 6 和分配套的油孔与在装卸工位Ⅳ的液压缸相连。所以在工位Ⅰ~Ⅲ工件始终处于夹紧状态。

当被夹紧的工件进入装卸工位时，按下松开按钮，换向阀右位工作(如图所示)，液压油进入液压缸 4 的无杆腔，松开工件。装上新的工件后，按下夹紧按钮，换向阀左位工作，液压油经过分配套的孔进入液压缸 4 的有杆腔，夹紧工件(夹紧力由压力继电器控制)，然后即可使回转工作台回转分度。

2. 液压夹具控制方式

图 3-198 所示为单向作用液压缸在几个工位夹紧工件的情况。图 3-199 所示为双向作用液压缸在几个工位夹紧工件。

图 3-200 表示，电动泵 1 经单向阀 3 向各单向作用液压缸活塞腔供油，安全阀 2 能防止过载，泵只在夹紧工件时工作。在加工过程中，液压系统由单向阀 3 封闭，当因泄漏导致油压下降时，压力继电器 4 自动接通电泵。

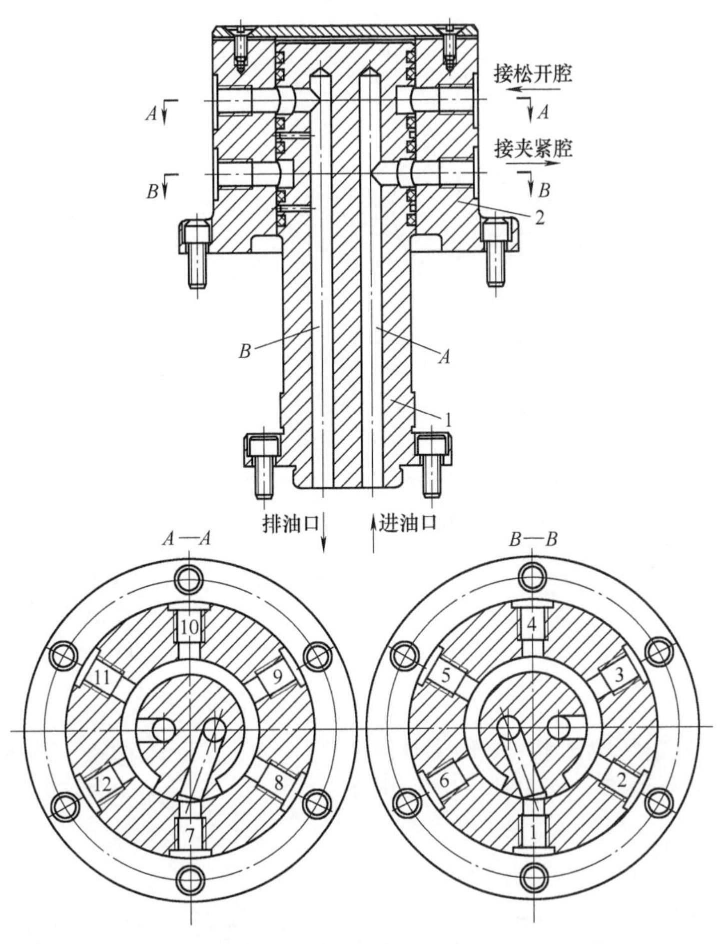

图3-196　液压夹具液压分配器

1—分配轴　2—分配套

图3-201所示为加工箱体夹具液压控制回路，当接通电动机后，液压油开始进入液压缸1的活塞腔，将工件推向夹具的挡块；当压力达到5MPa时，顺序阀4打开通向第二个推动工件的液压缸2的油路；当压力达到10MPa时，顺序阀5打开通向各夹紧工件液压缸3的活塞腔的油路。当达到最大工作压力后，压力继电器切断油泵电机。如果由于泄漏，系统压力下降10%~12%，压力继电器重新接通油泵电机。加工结束后，油通过电磁分配器6同时进入液压缸1、2和3的活塞杆腔，油从液压缸1直接流回油箱，从液压缸2和3经单向阀流回油箱。

3.8.5　液压夹具控制系统设计计算示例

为加工尺寸、外形相近的工件，需要设计一小型液压泵装置，向5台分别独立操作的机床夹具供油，各机床均采用相同直径的通用液压缸夹紧。每台机床夹具有两个双向作用的液压缸，由一个换向阀同时控制，各液压缸的夹紧行程$S=30$mm，其推力$F\geqslant 6.5$kN。液压缸夹紧时间在2s以内，考虑加工时间显著大于夹紧时间，出现多台机床夹具同时夹紧工件的概率极低，所以按最多2台机床夹具共4个气缸同时工作来选择泵的排油量。夹紧时间按1.5s确定活塞移动速度v，即

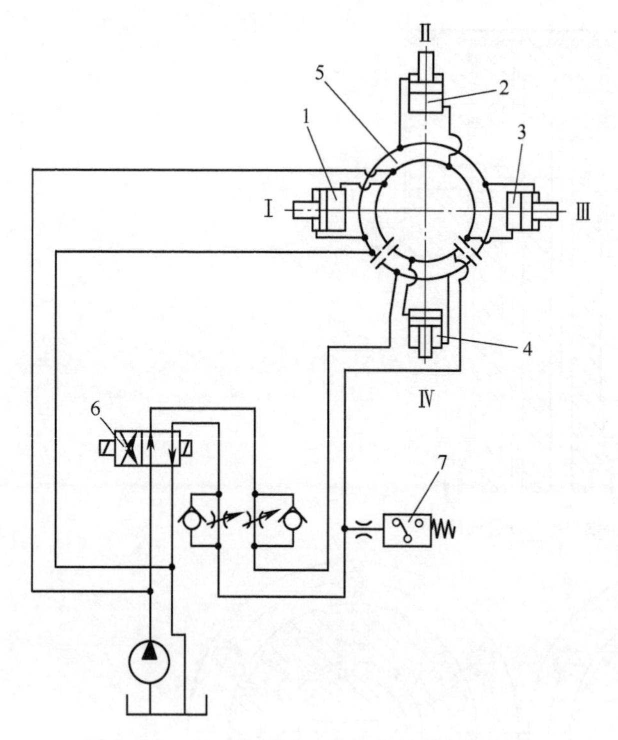

图 3-197 四工位回转工作台夹具的控制回路

1~4—液压缸 5—分配器 6—换向阀 7—压力继电器

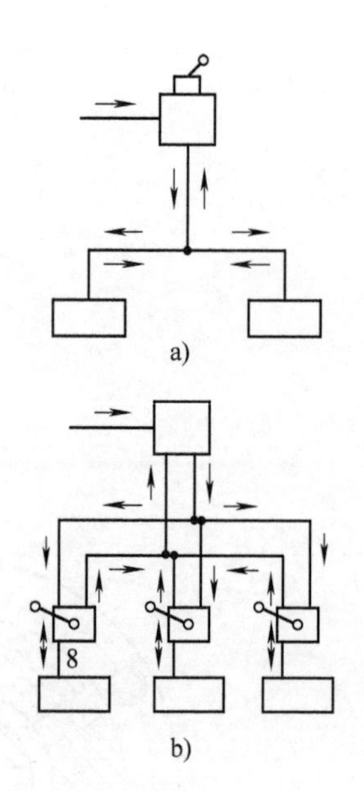

图 3-198 单向液压缸的控制

a）同时夹紧 b）不同时夹紧

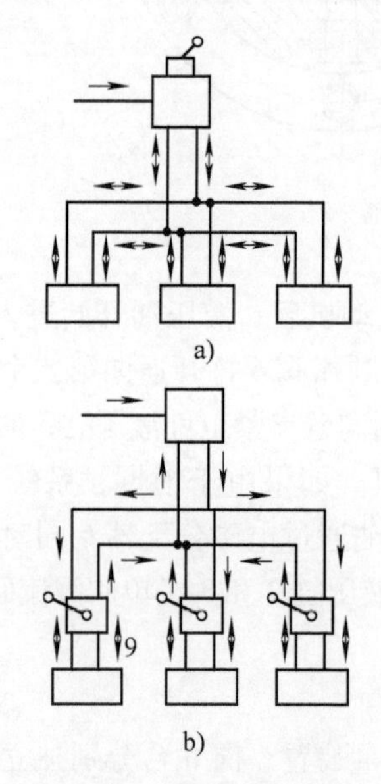

图 3-199 双向液压缸的控制

a）同时夹紧 b）不同时夹紧

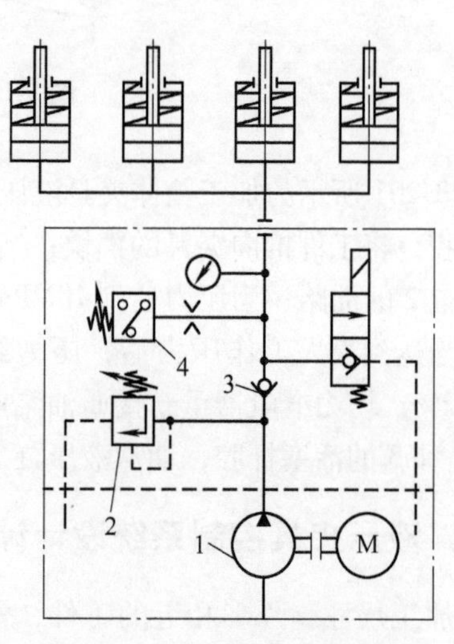

图 3-200 单向液压缸控制回路

1—电动泵 2—安全阀

3—单向阀 4—压力继电器

$$v=\frac{S}{t}=\frac{30\text{mm}}{1.5\text{s}}=20\text{mm/s}=1.2\text{m/min}$$

图 3-202 所示为所设计液压泵装置及其与夹具的连接系统图。

当打开截止阀 11 时，泵 2 排出的油经单向阀 4 和 9、换向阀 12 进入各液压缸 13，其回油经换向阀 12 流回油箱。夹紧工件后，当压力升高到最大工作压力时，压力继电器 8 切断电源，泵停止供油，由蓄能器 6 补充在加工时油的泄漏，保持夹紧压力；当压力降到最小工作压力后，压力继电器 7 接通电源，泵恢复供油。

在每台机床的供油支路上有压力继电器 10，当每台机床夹具出现定位故障或管道损坏时，切断故障机床的电动机。

参考表 3-92，取液压缸直径 $D=50$mm 和活塞杆直径 $d=22$mm，额定工作压力 $p=3.5$MPa，这时推力 $F=7.01$kN，液压缸最高工作压力 5MPa。下面按 3.8.1 节中介绍的内容计算。

取液压缸活塞移动速度 $v=1.1$m/min

按式(3-94)求得每个液压缸活塞杆伸出时所需的流量

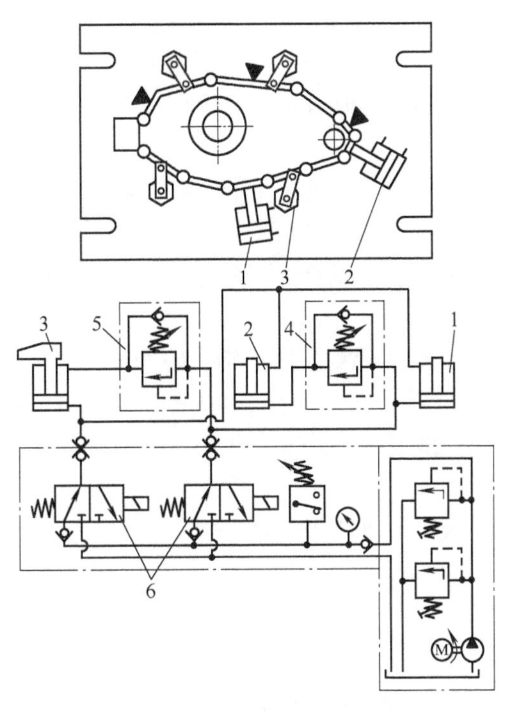

图 3-201　加工箱体液压夹具控制回路

1、2、3—液压缸　4、5—顺序阀

6—电磁分配器

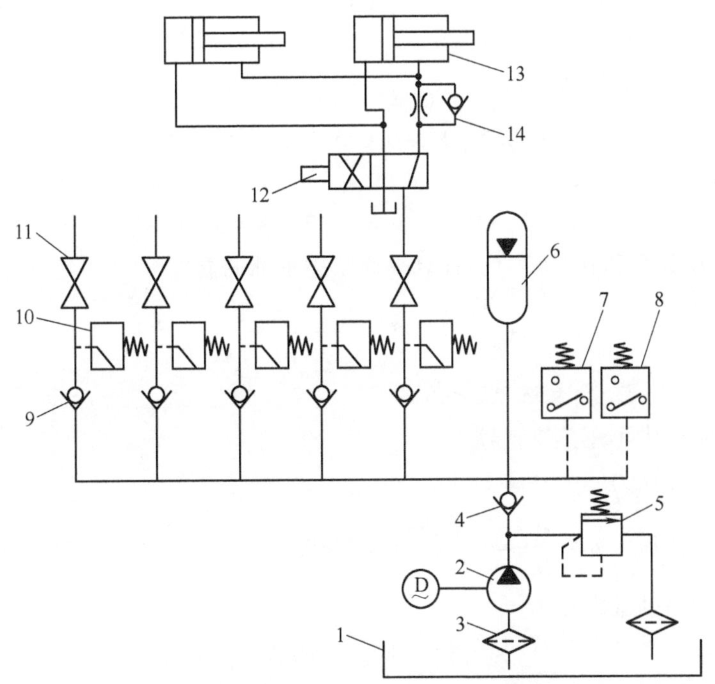

图 3-202　液压泵装置及其与夹具的连接系统图

1—油箱　2—泵　3—过滤器　4、9—单向阀　5—安全阀　6—蓄能器

7、8、10—压力继电器　11—截止阀　12—换向阀　13—夹具液压缸　14—单向节流阀

$$Q_D=\frac{\pi}{40}D^2v=\frac{\pi}{40}\times5^2\times1.1\text{L/min}=2.16\text{L/min}$$

按最多同时有 4 个液压缸夹紧工件，所以泵的排油量为

$$Q_p=\sum Q=4\times2.16\text{L/min}=8.64\text{L/min}$$

按同时两台机床 4 个油缸夹紧时，液压系统的压力损失主要有：3 个单向阀(阀 4 和 2 个阀 9)压力损失为 3×0.12MPa=0.36MPa；2 个单向节流阀 13 的压力损失为 2×0.2MPa=0.4MPa；2 个换向阀 12 的压力损失为 2×0.17MPa=0.34MPa；安全阀 5 的压力损失为 0.3MPa，以上各项总和为 Δp=0.36MPa+0.4MPa+0.34MPa+0.3MPa=1.4MPa。管道压力损失在计算液压泵所需工作压力时应予以考虑，即乘以系数 K_1 为

$$p_e=K_1(p+\Delta p)=1.1\times(3.5+1.4)\text{MPa}=5.39\text{MPa}$$

一般泵的总效率为 0.6~0.8，同时考虑单作用叶片泵的 $\eta=0.54\sim0.81$ 和 Q_p 较小，取 $\eta=0.6$。

液压泵驱动功率为

$$N_e=\frac{p_eQ_p}{60\eta}=\frac{5.39\times8.64}{60\times0.6}\text{kW}=1.29\text{kW}$$

按参考文献[7]选择 YB_1—6 的单作用叶片泵，其排量为 1450×6mL/min=8700mL/min=8.7L/min>8.64L/min；其驱动功率 $N_p=1.5\text{kW}>N_e=1.29\text{kW}$。

取油箱有效容积

$$V=5Q_p=5\text{min}\times8.64\text{L/min}=43.2\text{L}$$

按参考文献［7］选 V=50L 的微型液压站，电机功率为 1.5kW，转速为 1400r/min，其油箱外形尺寸 $L\times B\times H$ 为 500mm×400mm×420mm，散热面积 $A_s=2AH+2BH+AB=2\times0.5\times0.37\text{m}^2+2\times0.4\times0.37\text{m}^2+0.5\times0.4\text{m}^2=0.87\text{m}^2$。

或 $$A_s=0.065\sqrt[3]{V^2}=0.065\sqrt[3]{50^2}\text{m}^2=0.88\text{m}^2$$

油箱的发热功率

$$N_H=N_p-N_e=1.5\text{kW}-1.29\text{kW}=0.21\text{kW}$$

按环境温度为 20℃和式(3-79)，计算平衡状态下油的温度

$$T=T_R+\frac{N_H}{K_sA_s}=20℃+\frac{0.21}{(15\times10^{-3})\times0.88}℃$$
$$=35.9℃<65℃$$

所以在油箱结构中不用热交换器。

蓄能器下限工作压力 $p_1=p=3.5\text{MPa}$。

蓄能器上限工作压力 $p_2=\frac{p_1}{0.7}=\frac{3.5\text{MPa}}{0.7}=5.0\text{MPa}$。

向蓄能器充气时的基准压力

$$p_0=0.85p_1=3\text{MPa}$$

蓄能器的功能是保压和补充泄漏，取蓄能器的有效工作容积为泵排油量的 40%，即

$$V_w=0.4Q_p=0.4\times8.64\text{L}=3.48\text{L}\approx3.5\text{L}$$

按式(3-81)计算 $V_0(n=1)$

$$V_0 = \frac{V_w}{p_0^{\frac{1}{n}}\left[\left(\frac{1}{p}\right)^{\frac{1}{n}}-\left(\frac{1}{p_2}\right)^{\frac{1}{n}}\right]} = \frac{V_w}{p_0\left[\left(\frac{1}{p_1}\right)-\left(\frac{1}{p}\right)\right]}$$

$$= \frac{3.5}{3\times\left(\frac{1}{3.5}-\frac{1}{5}\right)}L = 13.6L$$

按表 3-91，选用 HXQ-C16D 型活塞式蓄能器，其外形尺寸为 ϕ194mm×1177mm。

3.9　磁力、电动、静电和真空夹紧机构

3.9.1　磁力夹紧机构概述

与其他夹紧机构相比，磁力夹紧机构的优点是：不用人工或机构施加外力，磁力作用在整个工件支承面上，磁引力分布均匀，夹紧刚度大；加工时工件加工面的通过性好；磁夹紧结构简单，无需复杂的辅助装置，成本低。磁力夹紧主要用于精加工和半精加工。下面以磁盘为例说明磁力夹紧的原理、结构和计算。

1. 电磁吸盘的原理、结构和计算

图 3-203 所示为多线圈电磁吸盘的原理图。本体 2 固定在底板 1 上(底板材料为软钢)，在本体 2 上有长孔，在各长孔内有铁心 3，铁心固定在底板上。在各铁心上有电磁线圈 5，在本体与铁心之间有非磁性填料[4]。填料可采用有色金属、焊剂、塑料等，对其要求是：有足够的流动性，保证填满槽；熔解温度适当，不能太高以致熔化，不能太低，以免磨削加工时受热熔化，采用 95%的锌和 5%的铝合金可满足要求，其熔解温度为 440℃。

电磁吸盘的电源为直流电源，电压为 36V、110V 或 220V。根据线圈 5 的连接顺序，可

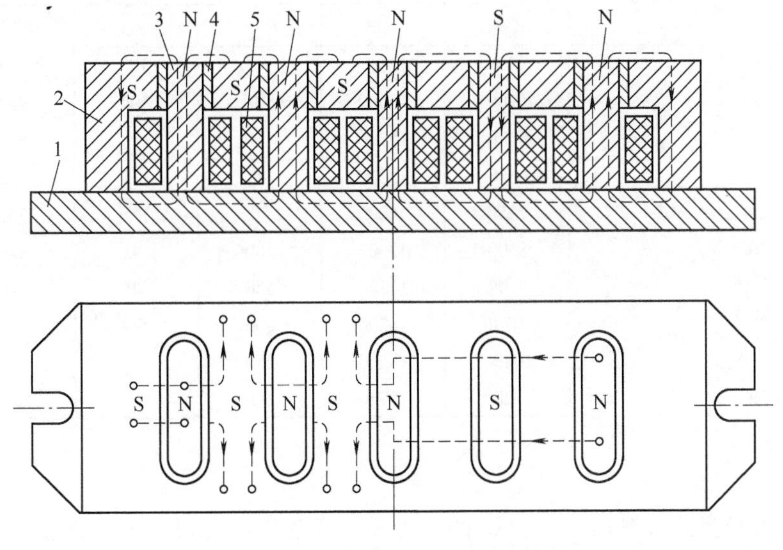

图 3-203　多线圈电磁吸盘原理图

1—底板　2—本体　3—铁心　4—垫(填料)　5—线圈

产生两种磁通回路。如果所有线圈的起始端与引线正极相连，而所有线圈终端与引线负极相连(图中左半部)，则每个线圈中的磁流方向都一样，所有铁心在本体上平面(镜面)都是正极，而夹具本体是负极。当工件或夹具放在磁盘本体上平面时，通电后磁通经过工件支承面，产生磁力，夹紧工件或将夹具固定在磁盘上。工件在电磁盘上加工完成后，切断电源，在取下工件前需退磁，电磁吸盘备有退磁装置。每次从机床上取下电磁吸盘，以后再重新装在机床上时，都需在使用机床上重磨，以保证加工精度。本体是磁导体，为得到较大的夹紧力，本体和底板的材料应采用软钢，而不采用铸铁。

如果第一个线圈的起始端与引线正极相连，终端与引线负极相连，而第二个线圈的起始端和终端分别与引线的负极和正极相连，则各铁心在本体上平面交替出现 N 和 S 极(图中右半部)。在这种情况下工件的尺寸应大于两相邻铁心之间的距离。这时本体不是磁导体，本体的材料采用铸铁或钢均可。

电磁夹紧的吸力按下式计算:

$$F=39.8\frac{\phi^2}{A_c}\text{或 }F=39.8B^2A_c \tag{3-99}$$

式中 F——电磁夹紧吸力，单位为 N;

ϕ——穿过工件支承面的磁通量，单位为 Wb;

A_c——工件支承面的面积，单位为 cm^2;

B——磁通密度，单位为 Wb/cm^2。

磁性材料的饱和磁通密度 B 值为 2.1~2.2T($1T=1Wb/m^2$)，各种材料的实用 B 值小于其饱和值，见表 3-107。[1]

表 3-107 各种材料的磁通密度

磁场强度 H/(A/m)	材料磁感应强度 B/GS①			相对磁导率 μ		
	铸铁	软铁	空气	铸铁	软铁	空气
10	4900	13000	10	521	1150	1
20	5900	14400	20	300	740	
30	6400	15200	30	228	530	
40	6850	15700	40	185	435	
50	7250	16000	50	155	350	
100	8500	17000	100	145	246	
150	9500	17700	150	70	140	
200	10250	18200	200	50	91	
250	10800	18500	250	43	74	
290	11200	18750	290	40	64	

① $1GS=10^{-4}T$。

工件与磁力吸盘的接触面积(支承面积)为 A_c，而磁力线通过工件的面积为 A，一般 $A=(0.5\sim0.7)A_c$，若饱和时磁感应强度 $B=2.2T(Wb/m^2)$，则磁极单位吸力为 $p_{y\cdot m}=39.8\times10^4B^2\approx193N/cm^2=0.193MPa$。按工件与磁盘接触面积计算单位吸力为

$$p_{y \cdot m} = (0.097 \sim 0.135)\text{MPa}$$

即磁盘对工件的最大吸力在0.097~0.135MPa范围内。工件是磁通回路中的一部分，所以磁通量的大小不仅与磁盘的结构有关，而且与工件尺寸(长度、厚度)、材料和与磁盘接触面积有关。

电磁盘上平板工作表面和底板平面的平面度，其相互平行度；试件表面的平面度和平行度偏差应符合表3-108。

表3-108 矩形电磁盘和试件各表面平面度和平行度偏差[17]

测量长度/mm	在测量长度上的偏差/μm			试件直径/mm
	普通精度	较高精度	高精度	
到200	5	3	2	
>200~320	6	4	3.5	
>320~500	8	5	3	
>500~800	10	6	4	<35
>800~1200	12	8	5	<35
>1200~2000	16	10	6	<50
>2000	20	12	—	<70
单位压力/MPa	0.35	0.25	0.16	

注：1. 电磁盘工作表面和试件工作表面不允许有凸起。
2. 电磁盘绝缘试验电压应大于10倍的公称电压，但在1min内不小于150V交流电。

随着电磁盘的尺寸和精度等级的变化，磁盘所需功率在50~2800W范围内变化(尺寸小和精度高的磁盘功率小)。在没有冷却液的情况下，电磁盘工作表面的温度超过周边环境温度应小于等于25℃(普通精度)、15℃(较高精度)和7℃(高精度)。矩形和圆形电磁吸盘的参数见JB/T 10577—2006。

2. 永久磁铁吸盘的原理、结构和计算

对永久磁铁的要求是：矫顽力为500~550A/m，剩余感应B_r=12300T(高斯)。永久磁铁吸盘(以下可简称永磁吸盘)的材料有铸造磁铁(含镍、铝、钴、铜，有的还有钛、铌等)和氧化物永磁材料(例如氧化钡磁铁，广泛用于夹紧钢和铸铁工件)；硼化钕铁(NdFed)可达到高的吸力。

永磁吸盘由一定数量的槽形单元组成(图3-204)，每个单元由永久磁铁1和两个磁导体(磁极)组成。工件装在磁导体上平面上，磁通回路ϕ_p如图所示。夹紧力的大小与在具体使用时通过的磁通量有关，工件与磁导率有关参数的任何变化都会引起吸力的变化。图3-205表示永久磁吸盘的一段，有三个n形单元。

为从永磁吸盘上取下工件，可采用使磁铁完全退磁的方法，也可以采用改变磁通从N极到S极路线的方法。在氧化钡磁盘夹紧装置中就是采用后面的方法，而所用的方法称为中和方法(图3-206)。

用中和方法切断磁通，将磁吸盘分成固定部分2和移动部分3，移动部分可向箭头方向K移动一段距离t。当接通磁通时，移动部分应处于磁铁上下部分都是磁性相同(图3-206a)的位置。当切断磁通时，移动部分处于上下部分的磁性相反(图3-206b)的位置。

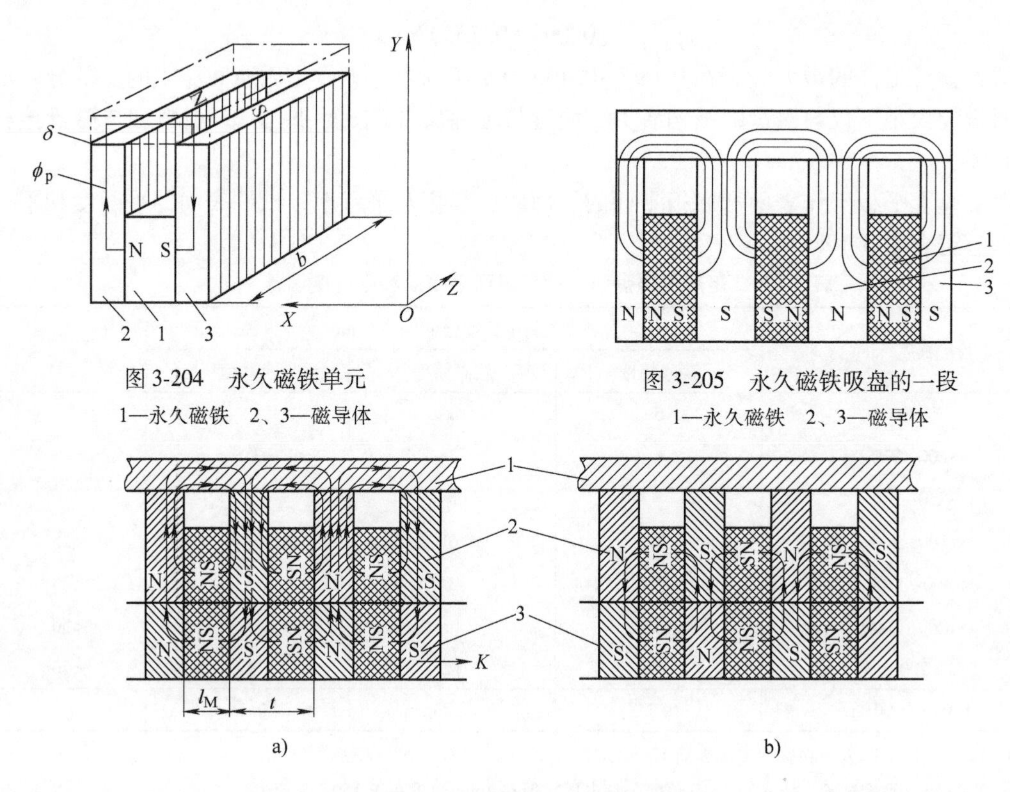

图 3-204 永久磁铁单元

1—永久磁铁 2、3—磁导体

图 3-205 永久磁铁吸盘的一段

1—永久磁铁 2、3—磁导体

图 3-206 用中和方法切断磁通原理图

1—工件 2—固定部分 3—移动部分

永磁吸盘对固定在其上工件的吸力一般按下式计算：

$$F=39.8ab(1+B_0-K)^2K\left(\frac{l}{t}+1\right) \tag{3-100}$$

式中 F——永磁吸盘对工件的引力，单位为 N；

a——永磁极体的宽度，单位为 cm；

b——永磁极体的长度(磁板宽度)，单位为 cm；

B_0——永磁盘磁力特性，单位为 Wb/m^2；

l——工件的长度，单位为 cm；

$K=(b_w/b)$——覆盖系数(b_w 为工件宽,单位为 mm)；

t——两磁极之间的距离，单位为 cm。

对永磁吸盘，参数 a、b、t 和 B_0 为固定值。

磁盘的磁力特性 B_0 表示当工件完全覆盖磁吸盘工作面时磁极的磁通密度，其计算式为

$$B_0=\sqrt{p\frac{t+a}{8.12a}}$$

式中 p——永磁吸盘对工件的单位引力，单位为 MPa，一般为 0.16~0.30MPa，高压烧结陶瓷永久磁铁可达 0.8MPa。

图 3-207a 所示为一种永久磁铁吸盘的结构，吸盘由本体 2、上平板 6、底板 1、磁力组件、挡板 3 和 4，以及磁铁移装置(图 3-207b)组成。本体、上平板和底板用埋头螺钉连接，组成封闭盒体，盒内安装磁力部件；上平板与本体之间用两定位销定位。

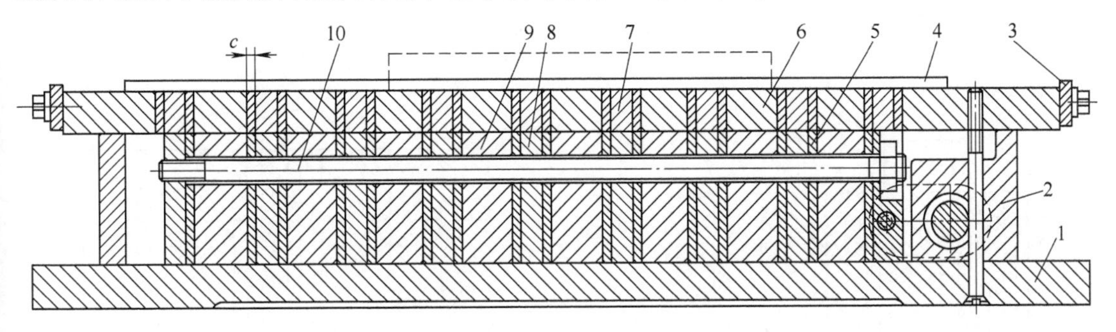

a)

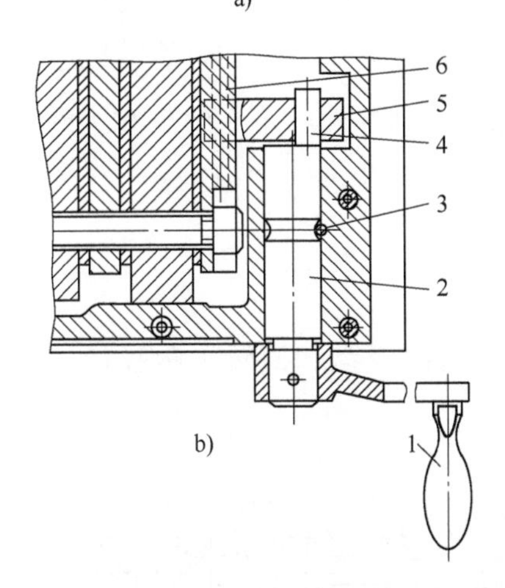

b)

图 3-207　永久磁铁吸盘

a）1—底板　2—本体　3、4—挡板　5—非磁性隔板　6—上平板　7—镶块　8—纯铁隔板　9—永久磁铁　10—双头螺柱

b）1—手柄　2—轴　3、4、6—销　5—杆

磁力组件包括一排永久磁铁 9(由试验可知其高度为 52~53mm 时吸力大)、纯铁隔板 8 和非磁性隔板 5，用两个双头螺柱 10 将这些件连接在一起。非磁性隔板的材料为黄铜，板 8 的材料为工业用纯铁(具有高的磁通性)。在上平板的成形槽中焊入纯铁镶块 7，非磁性隔板 5 和上平板上焊剂的厚度为 2.5~3mm。磁力组件在本体内移动，磁力组件与上平板底面的间隙为 0.02~0.03mm(图中未示)。

永久磁铁的厚度应比纯铁板 8 的厚度大，其比值为 2.1~2.3(板 8 的厚度取 10~11mm)。上平板成形槽与镶块的间隙应均匀，焊前镶块在电解槽中涂锡。

磁铁移动装置如图 3-207b 所示，销 4 偏心装在轴 2 上，杆 5 用销 6 与磁力部件铰链相连，转动手柄 1，销 4 通过杆 5 使磁力组件移动，从而控制磁盘的接通或切断，手柄正、反转动的两个位置，有挡销定位。

图 3-207a 所示为磁盘处于接通位置，永久磁铁处于两纯铁镶块之间，而全部非磁性隔板 5 与上平板的非磁性层 c 的位置重合，这时全部磁通量通过工件，达到大的吸引力。要求

平板两个成形槽之间距离的准确度为±0.10mm，两成形槽之间的距离等于永久磁铁的厚度。上平板与磁力组件的位置准确度为±0.15mm。

图3-208表示小型工件放在磁盘两焊剂层中间时，磁力线穿过空气，夹紧力小；当工件放在一个焊剂层中间时，经过空气的磁力线少，夹紧力大(图3-209)。

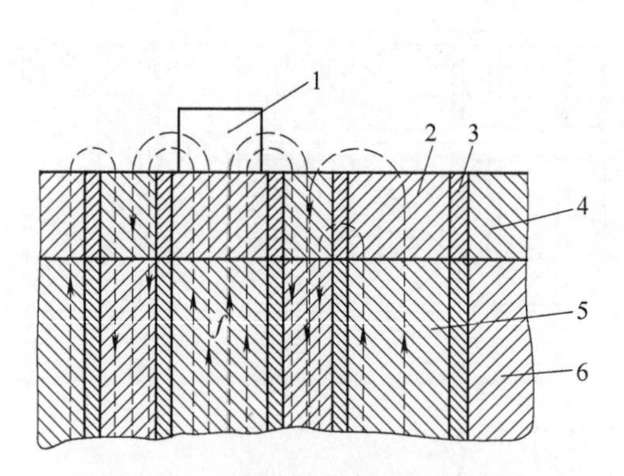

图3-208 小型工件在磁盘上的夹紧
(位于两焊剂层中间)
1—工件 2—上平板 3—焊剂层
4—镶块 5—永久磁铁 6—纯铁板

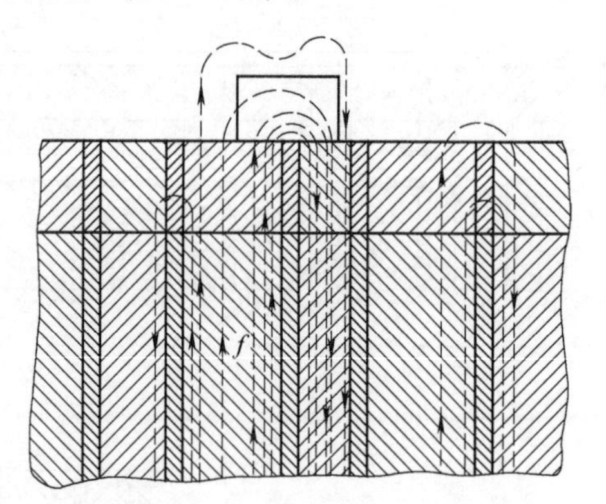

图3-209 小型工件在磁盘上的夹紧
(位于一个焊剂层中间)

3. 其他形式的永磁吸盘

除平面磁盘外，还有正弦永磁吸盘和回转永磁吸盘。图3-210所示为一种正弦永磁吸盘。

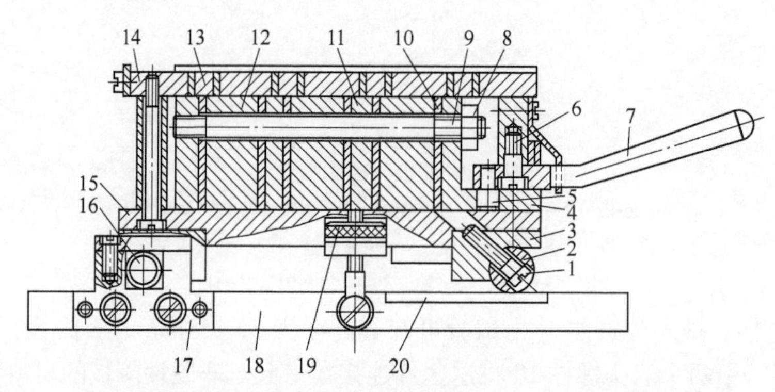

图3-210 正弦永磁吸盘
1—螺钉 2、16—定位柱 3—定位块 4—支座 5—偏心销 6—螺钉
7—手柄 8—螺母 9—螺柱 10—隔板 11—纯铁板 12—永久磁铁
13—镶块 14—上平板 15—下平板 17—支座 18—底座 19—螺母 20—基准板

正弦永磁吸盘的回转部分装在下平板15上，在下平板两端固定有材料为青铜的定位块3，用螺钉1将定位柱2和16(直径为20mm±0.01mm)固定在定位块3上。

图3-211所示为永磁回转吸盘，工件放在工作台上，由四个开关1控制夹紧或松开。工作台能向左和向右各倾斜90°(见*A*向视图)，也可绕横向水平轴转动5°，使左端升高30mm。若工件过长，可将螺母2松开，装上接长支架3。该吸盘可用于磨床和刨床，加工V形块、镶条和双角度平条等。

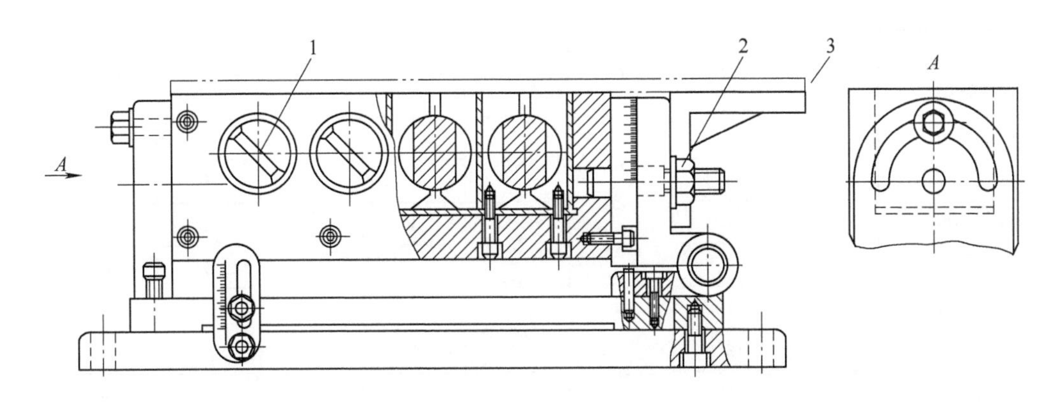

图3-211　永磁回转吸盘

1—开关　2—螺母　3—接长支架

4. 电磁吸盘与永磁吸盘的比较

电磁吸盘的主要优点是单位吸力比永磁吸盘大，电磁吸盘零件的材料不用稀有金属，不需要使磁力部件移动的机构，控制方便，成本低。

电磁吸盘需要直流电源，在吸盘本体内需要电磁线圈装置；电磁吸盘上平板成形槽必须密封良好，否则会因冷却液进入使吸盘产生故障，造成停机；由于部分线圈损坏或由于停电可能产生事故。

永久磁铁吸盘一次充磁可长期使用，使用方便，普通永磁吸盘的吸力较小，但对一般磨加工完全适用；永磁吸盘使用安全，维修也较方便，但制造永久磁铁需要稀有金属，成本高。

3.9.2　磁力夹紧装置和磁性夹具

1. 导磁铁

为在磁盘上使工件定位和夹紧，扩大磁盘的使用范围，采用各种导磁铁，其应用如图3-212和图3-213所示。各种导磁铁形状简单、精度很高，对其工作表面的相互平行度、垂直度要求高，在使用中的调整精度要求高。导磁铁是高精度定位元件，V形导磁铁有15°、30°、45°、60°和90°，其制造精度为±30″。

表3-109列出了一种V形导磁铁的结构和尺寸。

表3-109　V形导磁铁的结构和尺寸[21]　　（单位：mm）

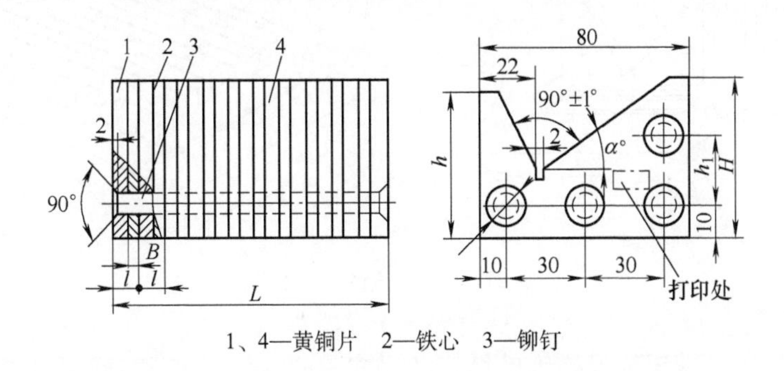

1、4—黄铜片　2—铁心　3—铆钉

（续）

规格 $H\times80\times L$	α	l	h	h_1	B	铆钉长度 L	零件数量		
							件 2	件 4	件 1
45×80×106 $\alpha=25°$	25°	10	45	20	4	111	10	9	2
		18.5			5		5	4	
50×80×106 $\alpha=30°$	30°	10		22	4		10	9	
		18.5			5		5	4	
55×80×106 $\alpha=35°$	35°	10	40	25	4		10	9	
		18.5			5		5	4	
60×80×106 $\alpha=40°$	40°	10		28	4		10	9	
		18.5			5		5	4	

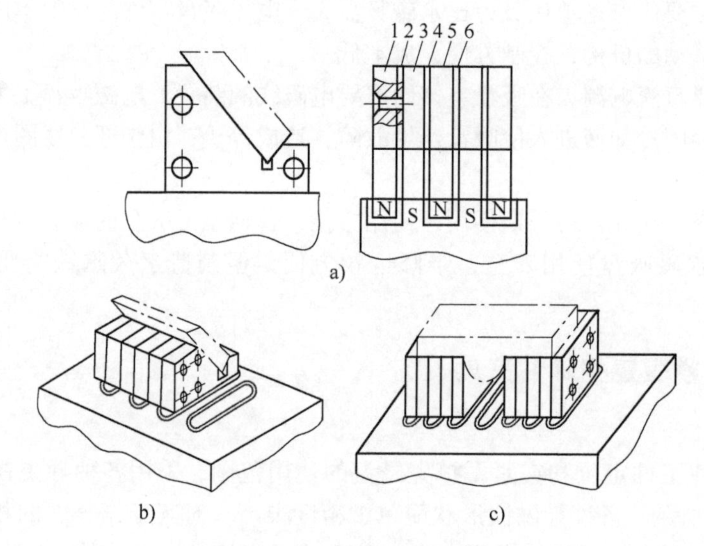

图 3-212 导磁铁的应用（一）

1、3、5—平板 2、4、6—非磁性隔板

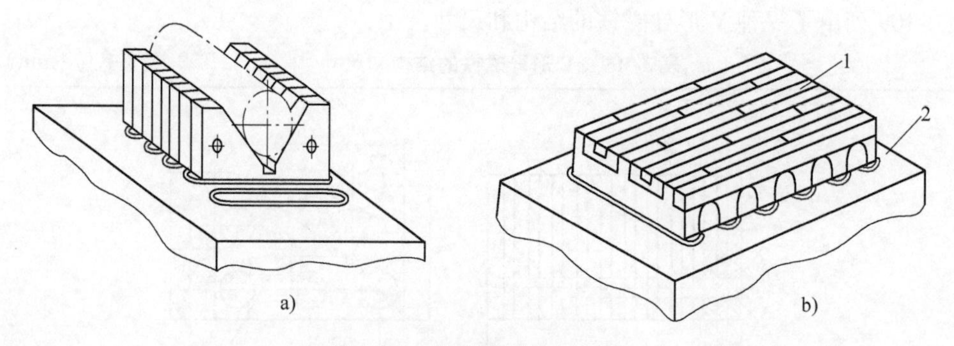

图 3-213 导磁铁的应用（二）

1—导磁铁 2—磁吸盘

表 3-110 列出了一种矩形导磁铁的结构和尺寸。

表 3-110　矩形导磁铁的结构和尺寸[21]

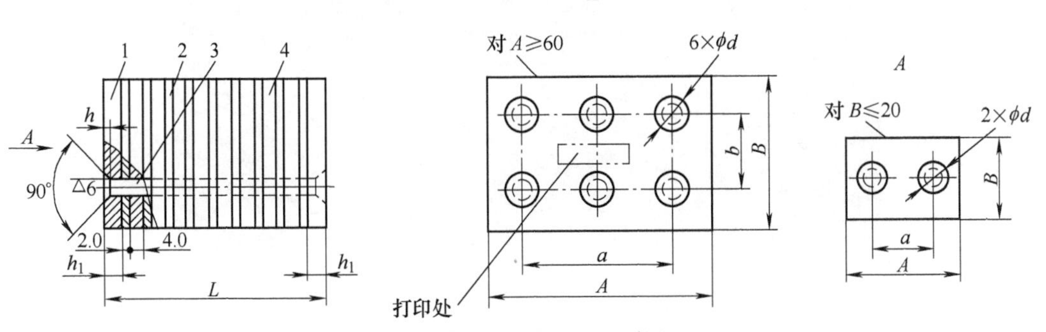

1、4—黄铜片　2—铁心　3—铆钉

规格 B×A×L/ mm×mm×mm	a/ mm	b/ mm	d(H8) mm	h/ mm	h_1/ mm	铆钉长度 L/mm	数量			
							铆钉	件 2	件 4	件 1
15×30×50	16	—	5	1	6	53	2	7	6	2
15×60×120	40	—	5	1.5	5	125	3	19	18	
20×30×50	16	—	5	1	6	53	2	7	6	
20×40×150	24	—	9	1.5	5	125	3	19	18	
30×40×50	24	16	4	1	6	52.5	4	7	6	
30×40×100	24	16	4	1	7	102.5	4	15	14	
30×80×150	56	16	5	1.5	5	155	6	24	23	
40×60×60	40	20	5	1.5	5	63	6	9	8	
40×60×120	40	20	5	1.5	5	123	6	19	18	
60×80×80	56	36	6	2	6	84	6	12	11	
60×80×160	56	36	6	2	7	164	6	25	24	
80×100×100	75	50	8	2.5	7	105	6	15	14	
80×100×200	75	50	8	2.5	6	205	6	32	31	
100×120×120	90	70	8	2.5	5	125	6	19	18	
100×120×220	90	70	8	2.5	7	225	6	35	34	

为夹紧长度大的薄形工件，其窄边端面需要磨加工(图 3-214a)，在机床磁吸盘上安装两个矩形导磁铁(在工件右边)，工件与导磁铁侧面接触。当工件与导磁铁相互位置调好后，接通磁通，通过机床磁吸盘底面和导磁铁侧面的磁通将工件夹紧。

图 3-214b 所示为夹紧高度大的薄形工件，这时一个导磁铁用于夹紧工件，另一个导磁铁用于使工件定位，保持在垂直位置。为使工件紧贴定位导磁铁，工件放在一个滚珠上，而滚珠与磁吸盘为一点接触。

图 3-214c 所示为采用标准 V 形导磁铁夹紧半圆形和三角形薄壁工件。这种 V 形导磁铁也可用于图 3-214a 和 b 的场合。

图 3-214d 所示为用两个矩形导磁铁支承薄板工件。

2. 磁力卡盘

磁力卡盘在内圆磨床、车床和钻床上得到应用，可夹紧材料为磁性的盘类工件和形状复杂的工件，主要用于精加工和半精加工。

磁力卡盘直径范围为 80~500mm，其内孔直径为 8~50mm，高度为 50~120mm。磁力卡盘的精度要求是：卡盘工作表面平面度的偏差、工作端面对其基面平行度偏差和工作面的轴

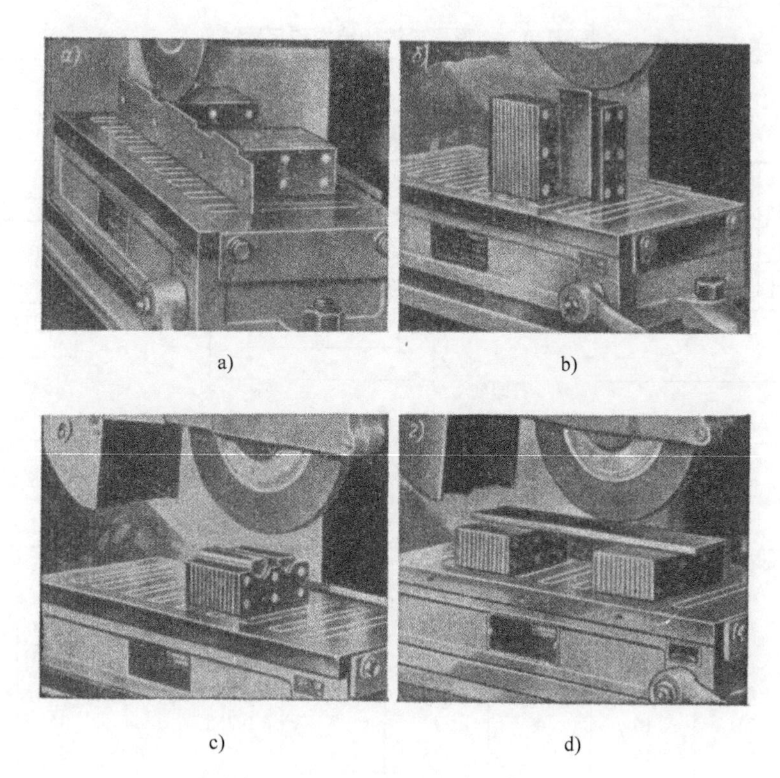

图 3-214 薄形工件在磁吸盘上的夹紧

向圆跳动 δ_1，卡盘外圆表面的径向跳动 δ_2 见表 3-111。

表 3-111 磁力卡盘精度

精度	偏差 /μm	卡盘外圆直径/mm			
		~125	>125~200	>200~320	>320
普通 高精度	轴向圆跳动 δ_1	8 3	10 4	12 5	16 6
普通 高精度	径向跳动 δ_2	25 10	32 12	40 15	50 20

磁力卡盘的吸力理论上可按下式计算

$$F=\frac{B^2S}{8\pi} \tag{3-101}$$

式中 F——磁力卡盘的吸力，单位为 N；

B——磁通量密度，单位为 Wb/m^2；

S——卡盘表面积，单位为 m^2。

实际磁力卡盘的吸力与工件和卡盘接触表面的状态有关，工件表面应经粗磨或去毛刺。当沿卡盘平面方向作用在工件上的切削力大于 Ff（f 为工件与磁盘的摩擦系数）时，工件会产生移动；为防止工件移动，在卡盘上采用挡销。工件在磁力卡盘上的摩擦系数为：工件摩擦面为粗加工面时，$f=0.15\sim0.2$；工件支承面为未加工面时，$f=0.22\sim0.4$。工件与磁力卡盘的接触面表面粗糙度 Ra 值从 1.6μm 降低到 12.5μm，卡盘的吸力可提高 15%。

在磁力卡盘上常见的加工形式如图 3-215 所示。图 3-215a 所示为加工带轴肩的工件，工件在卡盘孔中定位，卡盘由本体和铁心两部分组成，在两部分中间有非磁性填料（图中粗线），这样可得到较大的磁通量；图 3-215b 和图 3-215c 分别为加工环形工件和盘类工件，铁心和本体的布置应如图所示。

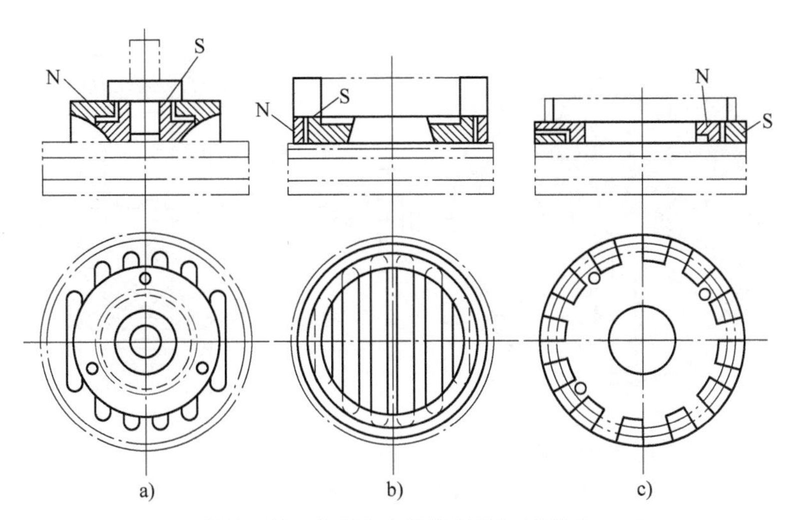

图 3-215　在磁力卡盘常见的加工形式

图 3-216 所示为一种永久磁铁磁力卡盘，卡盘上面固定不动的磁力组件 1 由各径向布置

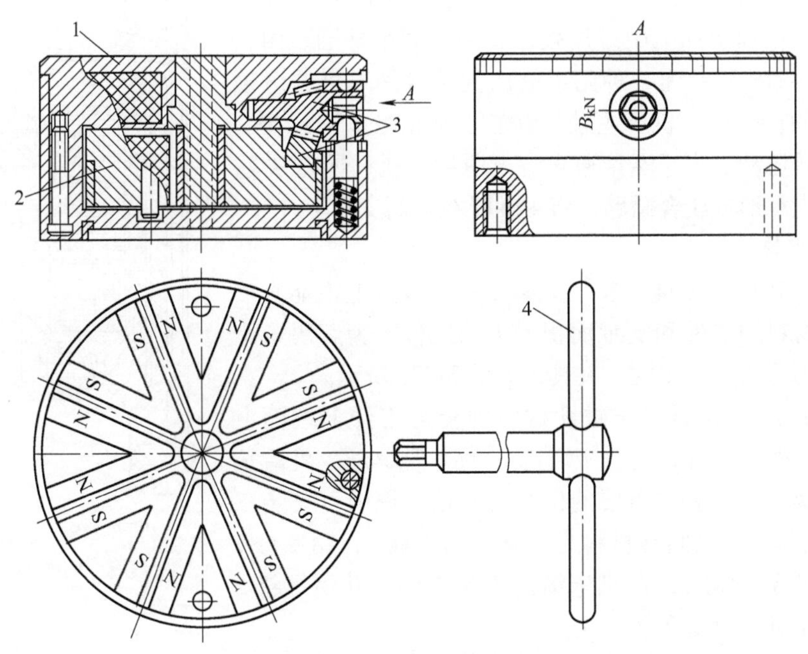

图 3-216　永久磁铁磁力卡盘

1—磁力组件　2—转动部分　3—锥齿轮　4—手柄

的磁单元组成，用手柄4通过一对锥齿轮3使转动部分2处于接通或切断磁通装置的状态。该卡盘在机床空行程下圆周速度应小于500m/min。

图3-217所示为在车床上加工薄形盘类工件的磁力卡盘，其锥度柄部安装在机床主轴中，用螺钉拉紧。卡头有本体1(材料为软铁)，在本体内用环氧树脂胶固定六块永久磁铁2，使环4转动一定角度，以接通和切断磁通。

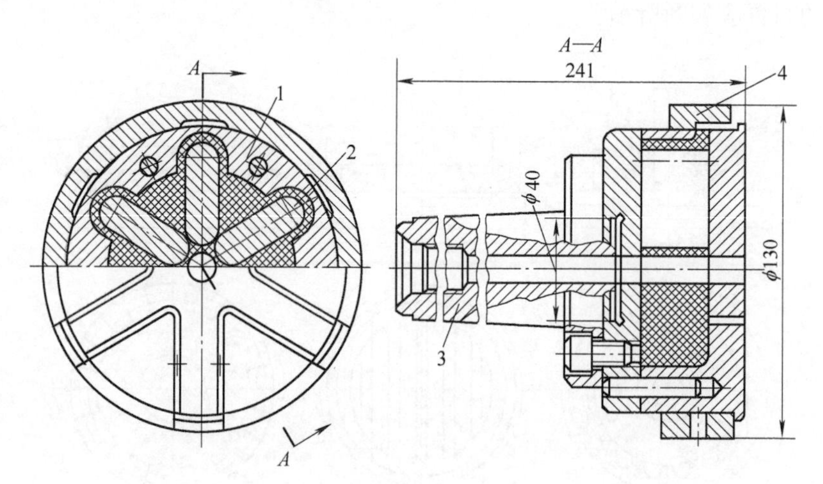

图3-217 在车床上加工薄形盘类工件的磁力卡盘

1—本体 2—永久磁铁 3—锥柄 4—环

电磁卡盘在车床上多用于加工薄形工件和形状特殊的工件。图3-218所示为一种电磁卡盘。当直流电通过线圈1时，在铁心上产生磁通，通过工件形成封闭回路，将工件吸住。

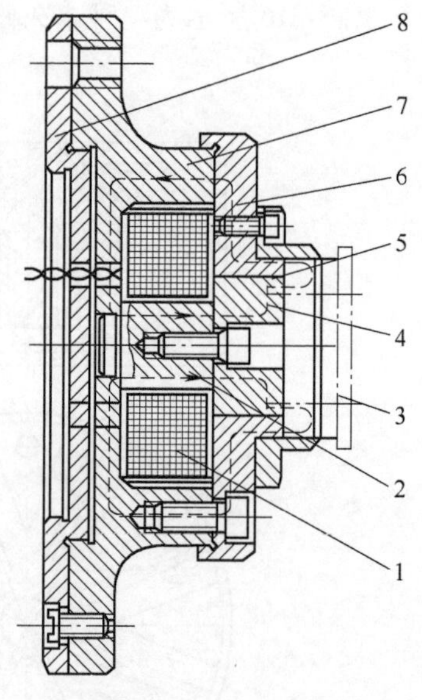

图3-218 电磁卡盘

1—线圈 2—铁心 3—工件 4—磁力线 5—隔磁套 6—吸盘 7—底盘 8—连接盘

电磁卡盘在轴承加工中应用较多，用于磨削外圆、内孔和端面，图3-219所示为一种用于磨床的单线圈单极式电磁吸盘(电磁无心夹具)。机床主轴与铁心1和磁盘2固定在一起，传递旋转运动。当线圈接通直流电源后，通过导磁铁7，工件与端面支承形成闭合磁路，将工件吸在端面支承上。

3. 磁力夹具

(1) 磨床用磁力夹具 在平面磨床磁力吸盘上不能直接夹紧非磁性材料的工件和支承面积不大的工件，为解决这个问题，可采用通用或专用磁力夹具，如图3-220所示。

图3-220a所示为磨削非磁性材料轴套类工件上端面夹具，在夹具框架2中有长槽，带肩部E的方形螺母7可沿长槽移动，将螺母7安装在需要的位置上。在方框内可安装三排工件3，两排工件之间有材料为低碳钢的压板4，用螺母7和螺钉8通过V形块1，在机床纵向夹紧工件，并用螺钉5通过压板4在机床横向夹紧工件。

图3-220b所示为在磁吸盘上夹紧非磁性材料薄板形工件夹具的简图。

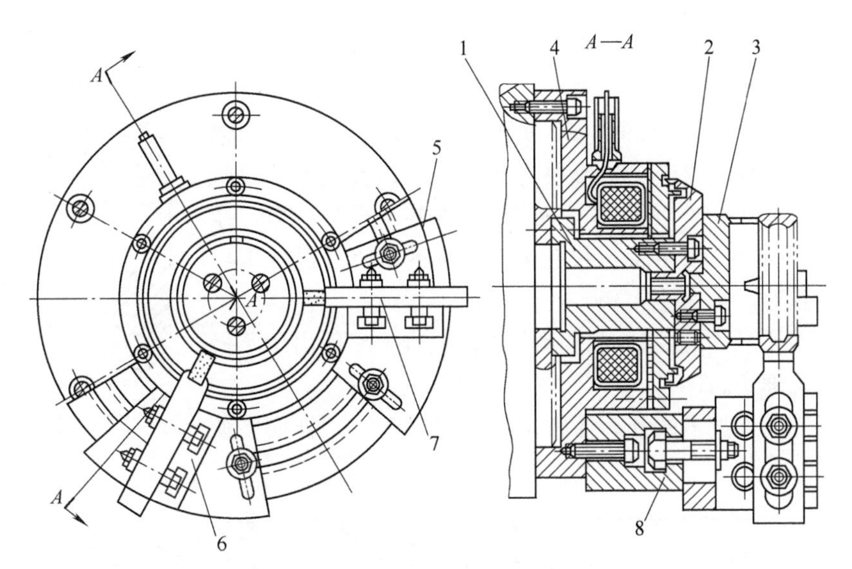

图3-219　单磁极式电磁无心夹具

1—铁心　2—磁盘　3—单磁极　4—夹具体

5、6—支承座　7—导磁铁（支承块）　8—半圆块

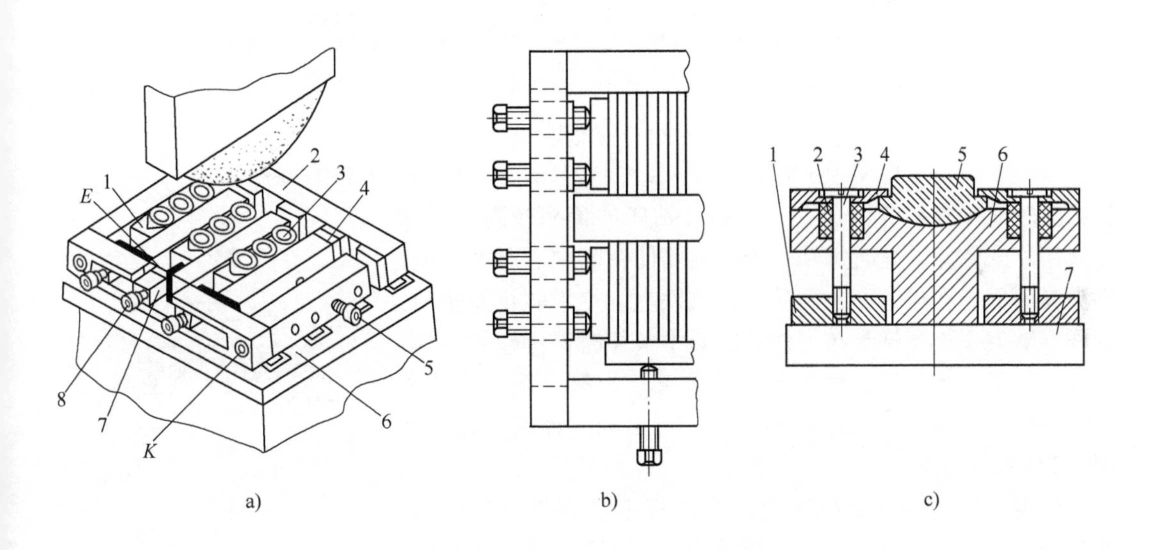

图3-220　在磁吸盘上加工小型工件夹具

a）1—V形块　2—框架　3—工件　4—压板　5—螺钉　6—磁吸盘　7—方螺母　8—螺钉

c）1—传力板　2—垫环　3—螺钉　4—压板　5—工件　6—本体　7—磁吸盘

图3-220c所示为安装在磁吸盘上的快速夹紧工件的夹具，其材料为不锈钢、有色金属、塑料等非磁性材料。磁吸盘本体6、传力板1和螺钉3的材料为磁钢或铁磁合金。接通磁吸盘传力板1，使螺钉3向下压住压板，将工件夹紧，这时压板也压住软橡皮垫环2。切断磁吸盘时，压板4被橡皮垫环向上抬起，取下工件。图3-220c所示为磁力吸盘的横

截面。

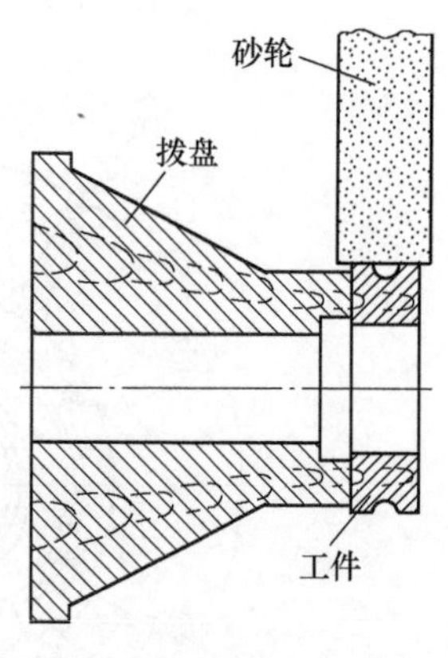

图 3-221 电磁拨盘示意图

图 3-221 所示为一种在磨床上使用的电磁拨盘示意图，可将工件的端面吸到拨盘的端面上。由电控制可保证当砂轮靠近工件时，使拨盘充磁；当砂轮离开工件后，使拨盘退磁，取下工件。

（2）钻床用磁力夹具 图 3-222 所示为在钻床上使用的永磁 V 形块，V 形块由两个“半”V 形块 1 和 5 组成，其间有非磁性隔板 3，用螺钉 6 和铆钉 4（材料均为黄铜）将各个零件拉紧。永久磁铁 2（材料为纯铁）装在 V 形块孔中，用手柄 7 使其回转 90°，以接通或切断磁通。

计算永磁 V 形块对轴类工件的吸力比较困难，一般由用不同直径的试棒试验确定。

为加工工件上数量多的孔，通常采用摇臂钻床，这样便于使

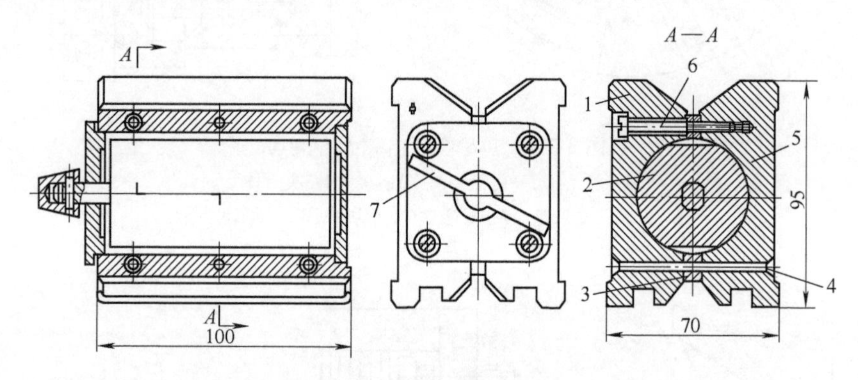

图 3-222 钻床用永磁 V 形块

1、5—半 V 形块 2—永久磁铁 3—隔板 4—铆钉 6—螺钉 7—手柄

机床主轴对准夹具的钻套孔。但摇臂钻床的价格较高，所以也常用立式钻床，这时每钻一个孔需要使钻套中心对准主轴，钻夹具不固定在机床上，而是靠在挡铁上，用手防止其转动，这样不够安全。当钻头在工件或钻套中卡住时，可能使夹具、工件与钻头一起转动，对工人造成伤害。为解决用立式钻床代替摇臂钻床加工多孔存在的问题，可采用气浮磁吸盘，如图 3-223 所示。[61]

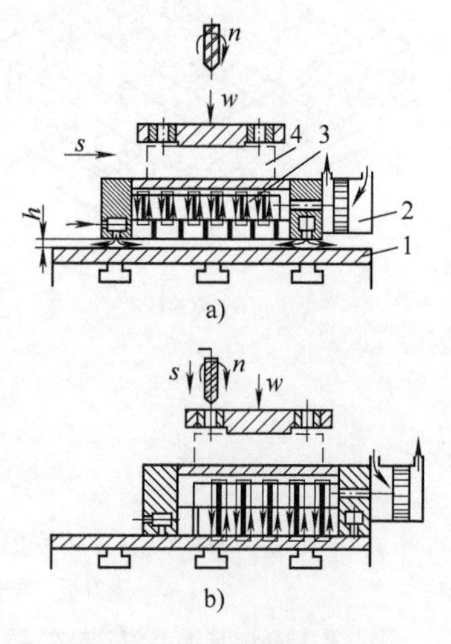

图 3-223 气浮磁吸盘

1—底板 2—气缸 3—吸盘 4—工件

底板 1 固定在立式钻床上，在底板上装有气浮工作台，在其上固定有夹具和工件 4。压缩空气同时进入气浮磁吸盘本体和气缸 2 的右腔，在吸盘 3 下面产生厚度为 h 的气垫，带永久磁铁的移动组件向左移动，接通磁通。这样浮动吸盘与工件可轻便地快速移动，例如向右移动，使钻套轴线对准机床主轴轴线。然后切断气垫的气源，接通气缸 2 的左腔，这时浮动磁吸盘被吸到底板 1 上，并牢固地将工件固定在机床上，即可进行钻孔。钻完一个孔后，切断磁吸盘和接通气垫的气源，准备钻另一个孔。

气浮磁吸盘在长度为360mm和宽度为205mm的工作台上使用，为产生气垫有16个喷嘴孔，在每个孔中有结构简单便于调节的节流阀，喷嘴孔的直径变化范围为0~1.5mm。永久磁铁的尺寸为125mm×360mm，吸力为22.5kN，保证安全钻孔的转矩为225N·m。

钻孔直径在35mm以内时，气浮磁吸盘可牢固地固定在机床上，使用气浮磁吸盘降低了工人的劳动强度，提高了工作安全性和生产率，降低了生产成本。

另外，在直径为180mm的磁力卡盘上可钻削$\phi10$~$\phi32$mm的孔，转速为600~235r/min，钻头进给量为0.1~0.3mm/r。

（3）铣床磁力夹具 在铣床上可采用通用可调气动传动的永磁吸盘，可同时加工多个工件。应用这种磁吸盘可解决形状复杂、刚性小的工件的加工难题，特别是厚度小的工件。

为在立式铣床上连续铣削用薄板制成的工件的端面（板厚6mm），采用图3-224所示的磁力夹具（图为结构示意图）。

在直径为1000mm的转盘6上有四个带陶瓷磁铁的磁力装置7；在转盘传动轴4上有双臂杠杆12，在杠杆的一个臂端有带磁力装置8的镶块9（装在铰链10上）。在镶块的槽中有滚轮5，滚轮与固定在转盘端面3上的端面凸轮11接触。磁力装置2在支架1上可移动，安装工件时，转盘上的一个磁力装置7的磁极与磁力装置2的磁极相反。

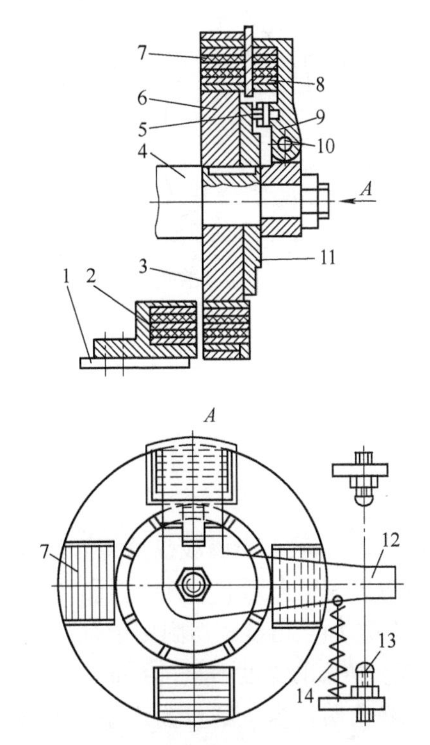

图3-224 立式铣床连续铣磁力夹具示意图

1—支架 2、7、8—磁力装置 3—转盘端面 4—传动轴 5—滚轮 6—转盘 9—镶块 10—铰链 11—端面凸轮 12—杠杆 13—死挡 14—弹簧

当转盘转动时，工件离开磁力装置2作用的磁场，将工件吸到磁力装置7上。为更可靠地夹紧工件，在加工区有辅加磁力装置8，这时滚轮5与端面凸轮11接触，保证带磁力装置8的镶块9转动。当转盘继续转动时，与滚轮5接触的端面凸轮11使磁力装置8离开工件，弹簧14使杠杆12转动到死挡13上。磁力装置8的磁容量小于磁力装置7的磁容量，这样即可利用磁力装置8削除工件从磁力装置7离开的可能性。

3.9.3 磁力夹紧的特性

1. 使用条件对电磁吸盘吸力的影响[62]

图3-225a表示工件尺寸对电磁吸盘夹紧力的影响，由图可知：在长度为L和两相邻磁极之间的距离为38mm的电磁吸盘上，直径d为35mm的工件，其最小单位吸力p低于要求值（0.25MPa），并且吸力变化范围大；而直径50mm和70mm的工件，最小单位吸力p增大，不同长度电磁吸盘的吸力也较平稳。这说明，为使工件可靠地夹紧，应尽可能将工件支承面覆盖两个不同磁性的磁极上。夹紧尺寸小的工件，应采用两相邻极距离小于工件尺寸的

电磁吸盘，而用这种吸盘加工大尺寸工件在经济上不合理。

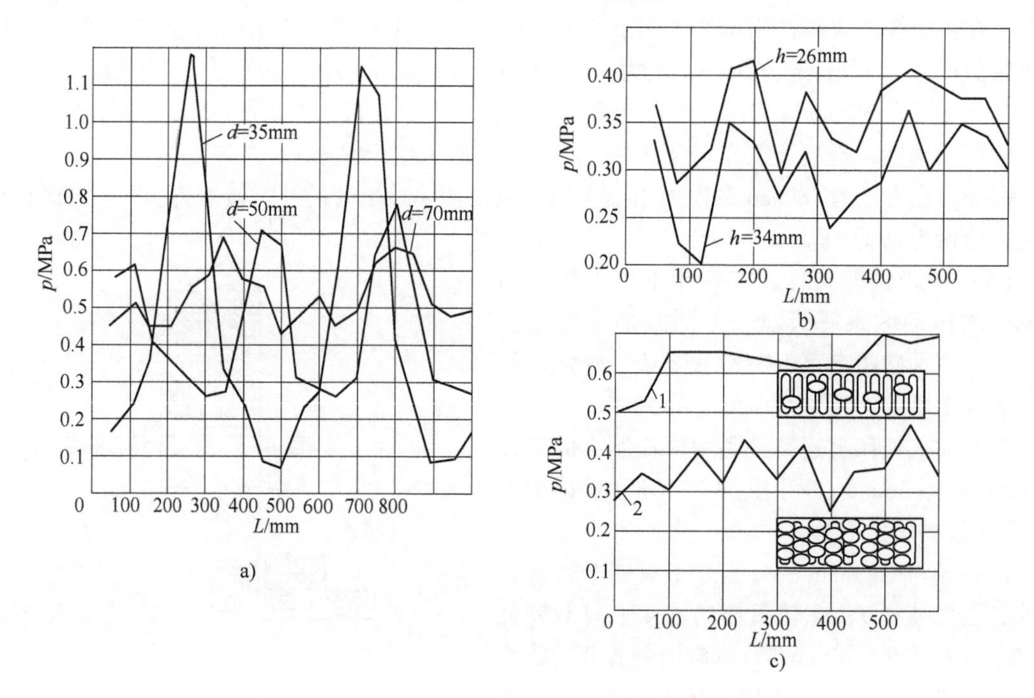

图 3-225 支承面尺寸、重磨和载荷对吸力的影响

图 3-225b 表示电磁吸盘重磨对磁盘吸力的影响。磁吸盘上平板的尺寸、材料和结构对磁吸盘吸力有很大影响，其主要影响高度 h，而高度随重磨次数不断减小。重磨的次数和深度与工件的加工精度和切削用量有关，通常每周不多于一次，一般规定在电磁吸盘使用期内(六年)重磨总的深度不超过 6mm。

试验表明，当重磨量为上平板高度的 25%时，电磁吸盘的吸力没有减小，反而增大，这说明上平板的使用期与其磨损的关系不大。

图 3-225c 表示电磁吸盘载荷对其吸力的影响。试验表明：当在每对磁极上只放一个工件时(图中曲线 1)，单位吸力最大；当在磁吸盘上装满工件时(曲线 2)，单位吸力最小。

2. 磁吸盘上平板底面与磁力组件的间隙 δ 和工件支承面平面度偏差对单位吸力的影响

当上平板底面与磁力组件的间隙 δ 小于 0.03mm 时，永久磁铁和电磁吸盘对工件的吸力为 $P_y=0.5\sim0.75$MPa。

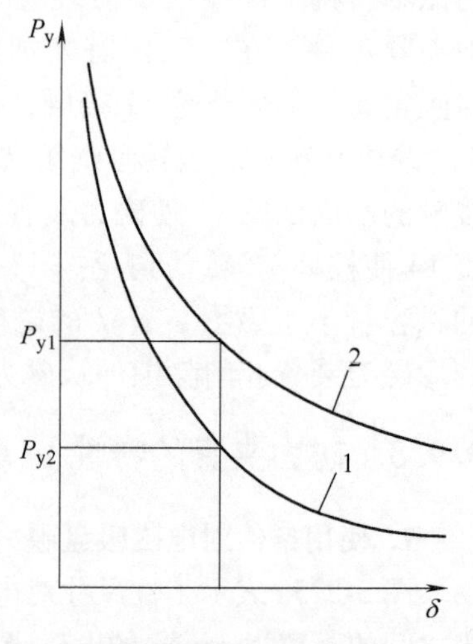

图 3-226 磁吸盘上平板底面间隙对吸力的影响

由试验得到均匀间隙 δ 值对单位吸力的影响(图 3-226，曲线 2)；同时得到实际间隙($\delta+\Delta$)对单位吸力的影响(曲线 1)。曲线 1 近似为双曲线。由曲线 1 和 2 可确定：工件支承面平面度偏差 Δ 对单位吸力的影响，即由 P_{y1}降低到 P_{y2}。

3. 铣加工采用磁力吸盘的问题

铣削时，特别是粗铣，吸力降低与工件支承面与吸盘之间的间隙值增大有关；另外，在加工中由于工件与吸盘接触点位置不稳定，也是一个重要原因。

在确定在磁力吸盘上铣加工的适用性时，要满足以下条件：

$$P_T \leqslant KF$$

式中　P_T——端面铣削时圆周切削力；

K——工件平衡系数，当 K 值大于一定值后工件失去平衡。

检查工件相对 X 轴和 Y 轴倒翻时的系数 K 分别为

$$K_X=\frac{l}{2K_1h};\qquad K_Y=\frac{b}{2K_2h}$$

式中　K_1 和 K_2——分别为在 Y 和 X 轴上的切削力与圆周切削力之比；

l 和 b——分别为工件的长度和宽度。

相对 Z 轴不产生回转的平衡系数为

$$K_Z=\frac{fl}{2[l(K_1-fK_3)+K_2hf]}$$

式中　f——工件与磁吸盘的摩擦系数；

K_3——Z 轴切削分力与圆周切削力之比。

4. 对磁力吸盘参数的试验研究

为进一步改善磁夹紧的特性，对采用磁各向异性材料(用粉末冶金方法制造)的磁吸盘进行了试验研究，如图 3-227 所示。[63]

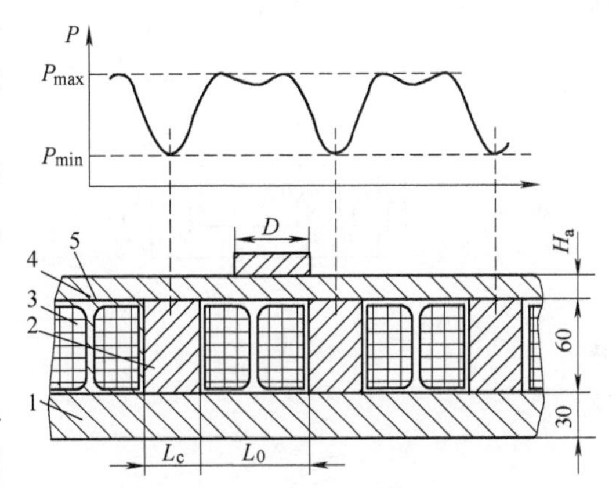

图 3-227　磁力夹紧特性试验用吸盘
1—底板　2—铁心　3—线圈　4—吸盘
5—开口　P—沿吸盘工作面的单位吸力

试验时电流强度为 2A/mm^2，磁力吸盘的宽度为 500mm，对吸盘厚度 H_a、铁心宽度 L_c 和开口长度 L_0 取不同值。

设 $h_a=\dfrac{H_a}{D}$；$l_c=\dfrac{L_c}{D}$；$l_0=\dfrac{L_0}{D}$；$\eta=\dfrac{P_{max}}{P_{min}}$

吸盘对试件单位吸力的分布图。如图 3-228 所示。当 $l_c=0.5$，P_{min} 与 l_0 的关系如图 3-228a 所示；当 $l_0=2$，η 与 l_c 的关系如图 3-228b 所示。

由图 3-228 可知，为使磁力吸盘单位吸力不小于 25N/cm^2，各系数应为：$l_a=0.2\sim0.3$；$l_c=0.5\sim0.7$；$l_0=1.5\sim2$。

考虑吸盘的磨损和所需的刚度，H_a 应不小于 12mm，这样对所试验吸盘，为保证夹紧的可靠性，被夹紧工件的直径 $D\geqslant12\times3\text{mm}=36\text{mm}$，取为 40mm。

5. 磁力夹紧的可靠性

在设计新的磁力夹紧装置和使用现有磁力吸盘时，应对其可靠性进行分析，即对作用在工件上的切削力与磁力的平衡进行分析。

磁力夹具经常用试验方法确定其参数，或用试验方法与计算相结合，而用计算机可解决磁力夹紧的设计和使用问题。

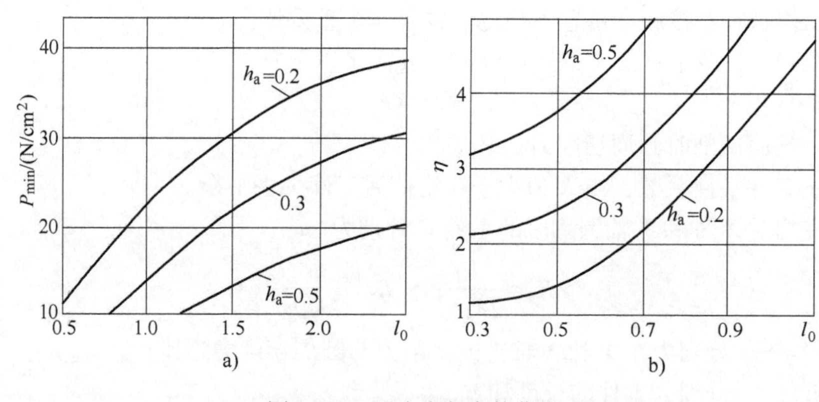

图 3-228 磁力夹紧参数曲线

图 3-229 所示为在夹具上工件安装的几种方式。

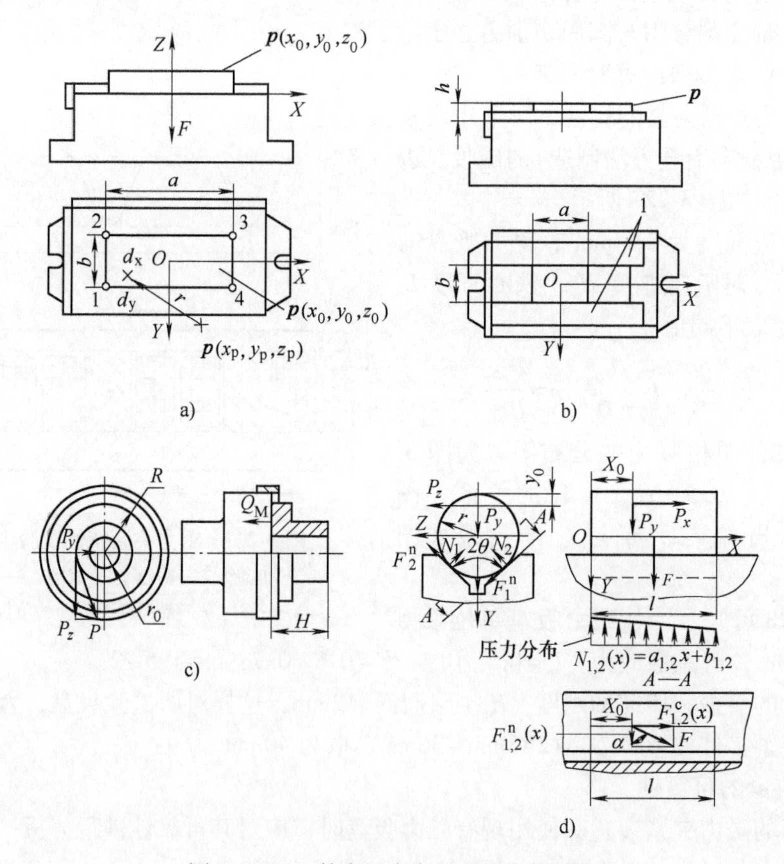

图 3-229 工件在磁力夹具上的安装方式

这几种安装方式切削力与磁力平衡条件的公式见表 3-112。

表 3-112　切削力与磁力的平衡式

安装方式图号	力平衡计算式和说明
图 3-229a	工件不产生移动：$K\sqrt{P_x^2+P_y^2}\leqslant fF$ 工件不产生侧翻：$K\sqrt{P_x^2+P_y^2}\leqslant 0.5aF$ 精确计算 $\varphi(x,y)>0$ $$\varphi(x,y)=\frac{M_{Oy}}{I_x}+\frac{M_{Ox}}{I_y}+\frac{F}{A}$$ 式中　$M_{Ox}=y_0P_z-z_0P_y+y_w(F+g)$ $M_{Oy}=x_0P_z-z_0P_x+x_w(F+g)$ I_x 和 I_y——分别为工件平面对 O_X 轴和 O_Y 轴的惯性矩 x_w 和 y_w——工件惯性中心 O 的坐标 对支承面积 $A=ab$ 的工件 $$\varphi(x,y)=\frac{12M_{Oy}}{ab^3}x+\frac{12M_{Ox}}{a^3b}+\frac{F}{ab}$$ 对 1、2、3 和 4 点不产生转动 计算在吸盘平面上不转动的条件 $$M_r\leqslant f\iint_A \varphi(x,y)r\mathrm{d}x\mathrm{d}y$$ 式中　$r=\sqrt{(x-x_p)^2+(y-y_p)^2}$ x_p 和 y_p——摩擦极点 p 的坐标，用下面公式用叠代法求解 $$f\iint_A (x-x_p)/r\varphi(x,y)\mathrm{d}x\mathrm{d}y=P_x$$ $$f\iint_A (y-y_p)/r\varphi(x,y)\mathrm{d}x\mathrm{d}y=P_y$$
图 3-229b	多个工件在两挡铁 1 之间，工件不产生移动和侧翻的条件是 $$P_x\leqslant(21.2b+23.2h)0.5P_yA/a$$ $$\varphi(x,y)=\frac{M_{Oy}}{I_x}+\frac{F}{A}\geqslant0$$ $$=\frac{12M_{Or}}{ab^3}+\frac{F}{A}\geqslant0$$
图 3-229c	工件在磁力卡盘上不产生移动和转动的条件 $$KP\leqslant fP_y\pi(R^2-r_0^2)$$ $$KP_z\leqslant0.67\pi fP_y(R^3-r_0^3)$$ 工件不产生侧翻的条件 $$PH\leqslant KP_y(3.56R^3-2.22r_0^3-1.33R^2r_0)$$ 车外圆时 $K=1$；车内孔时，$K=0.7\sim0.9$
图 3-229d	工件在 V 形块上，工件不产生移动的条件 $$0<\alpha<90^\circ$$ 工件不产生绕本身轴线转动的条件 $$P_z(r-y_0)+r\left[A_1(\cos^2\theta+f\sin^2\theta\cos\alpha)-A_2\sin^2\theta\right]\leqslant0$$ 工件不离开 V 形块的条件 $$a_1l+b_1>0;\ b_1>0$$ $$a_2l+b_2>0;\ b_2>0$$

（续）

安装方式图号	力平衡计算式和说明
图 3-229d	式中 r——工件半径 l——工件的长度 计算 α 角 $\tan\alpha=\left[\dfrac{P_x\sin\theta}{f\cos\alpha}-f(P_z\sin\alpha+P_x\cos\alpha-\sin\theta)\right]\times\dfrac{1}{(P_y+g)}$（用叠代法求解 α 值） $A_1=P_x/f\sin\alpha$;　$A_2=(P_z+P_x\cos\theta\cos\alpha)/\cos\theta$ $A_3=-(A_2rf\sin\alpha\cos\theta+P_zx_0)/\cos\theta(1+f\cos\alpha)$ $A_4=[P_x(r-y_0)+P_yx_0+0.5lg+A_1rf\sin\theta-A_3\cos\theta]/f\cos\alpha\cos\theta$; a_1 和 $a_2=[0.5(A_3\pm A_4)-0.5l(A_1\pm A_2)]12/l^3$ b_1 和 $b_2=0.5(A_1\pm A_2)-6[0.5(A_3\pm A_4)-0.25l(A_1\pm A_2)]/l^2$

注：P—切削力；x_0，y_0，z_0—切削力作用点；P_x、P_y、P_z—切削分力；f—滑动摩擦系数；K—安全系数，$K>1$；$\varphi(x,y)$—点(坐标为 x 和 y)上的单位磁吸力；A—工件支承面积；F—磁力吸盘对工件的吸力；g—工件的重力。

6. 电磁吸盘的设计

其步骤和方法如下：[1]

1）确定作用在工件上的切削力。

2）确定电磁吸盘的吸力 P_m 和单位面积吸力 P_1。

$P_m\geqslant F/f$(F 为工件与磁盘之间的摩擦力，单位为 N；f 为工件与磁盘之间的摩擦系数)。

$P_1=P_m/A$(A 为磁极面积，单位为 cm^2)。

3）确定磁性材料。$P_1<40N/cm^2$ 时，采用铸钢；$P_1>40N/cm^2$ 时，采用软钢。

4）确定磁极面积 A。$A=25P_2 10^7/B^2$[P_2 为每个磁极吸力，单位为 N；B 为磁心材料感应强度，单位为 Gs(10^{-4}T)，B 值见前面介绍]。

两磁极间的距离约等于磁心直径的两倍。

5）确定线圈尺寸，$IW=(S\phi)/(0.4\pi)$(I 为电流，单位为 A；W 为线圈匝数；S 为磁阻，单位为 l/H；ϕ 为总磁通，单位为 Wb)。

$\phi=BA$；$S=l/(\mu A')$　(l 为磁阻的导磁体某一段长度，单位为 m；μ 为该段材料磁导率，单位为 H/m；A'为该段的横截面积，单位为 m^2)。

6）校验线圈温度，要求在该温度下，允许 $10cm^2$ 冷却面积承受 1W 功率，$R=\rho(L/q)$(R 为绕线电阻，单位为 Ω；L 为导线长度，单位为 m；q 为导线的横截面积，单位为 mm^2；ρ 为铜的电阻率，单位为 Ω)。根据电阻和电压求出电流和功率，然后求出线圈的冷却表面积。

3.9.4 电动机械夹紧机构

1. 电动机械夹紧机构的应用

电动机械夹紧在夹具中得到了广泛应用，其优点是：电容量小，可靠性高，夹紧力和移动速度不受限制，动作快；与气动、液压夹紧相比，体积小，无复杂的外围设备；装配简单，使用期限长，成本低(只在夹紧和松开时耗电)。

除电动扳手外，电动机械夹紧常用于控制机床卡盘和夹具心轴等夹紧元件的移动；控制铣床锥柄工具、刀具、车床尾座套筒和虎钳钳口的移动等。

2. 电动机械夹紧装置的结构

以在车床上应用为例，电动机械夹紧装置的结构如图3-230所示，该图表示了电动机械夹紧装置的典型结构原理。

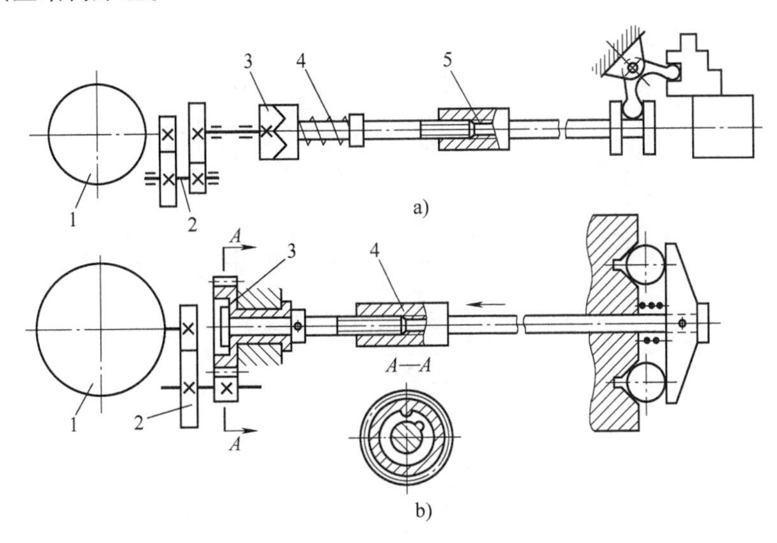

图3-230 车床电动机械夹紧装置的结构

a）1—电动机 2—齿轮组 3—联轴节 4—弹簧 5—螺旋副

b）1—电动机 2—齿轮组 3—齿轮 4—螺旋副

电动机1通过减速齿轮组2和用带端面齿的联轴节3驱动轴转动(图3-230a)，或用带凸齿的齿轮3驱动轴转动(图3-230b)。对图3-230a，当达到所需的夹紧力时，联轴节右盘克服弹簧4的压力，向右离开，发出切断电动机电源的信号。对图3-230b，当夹紧工件时，作用在电动机轴上的转矩急剧增大，电流强度也增大，电流继电器切断电动机。螺旋副5和4将旋转运动转变为往复运动。

电机机械夹紧装置产生的轴向力F按下式计算：

$$F=\frac{2M}{d_2}t_s\eta_1\eta_2$$

式中 F——作用在夹紧元件上的力，单位为N；

M——电动机轴的转矩，单位为N·m；

t_s——螺旋副的力比；

η_1和η_2——分别为减速器和联轴节的传动效率；

d_2——螺纹的中径，单位为m。

图3-231所示为一种电动虎钳(图3-231a)和其电动机械夹紧的传动装置(图3-231b)，带短路转子三相异步电动机驱动减速器齿轮轴1，轴1带动三个滑动行星齿轮2，而行星齿轮2与固定不动的内齿轮3啮合；行星齿轮2同时带动齿轮4转动，齿轮4带动虎钳上的丝杠转动，其连接部位图中未示。

采用极限转矩离合器5调整传动装置的输出转矩，当达到所需的转矩时，滚珠发出一定的声音，表示工件已夹紧；当超载时，固定内齿轮3旋转，行星齿轮2不再带动齿轮4旋

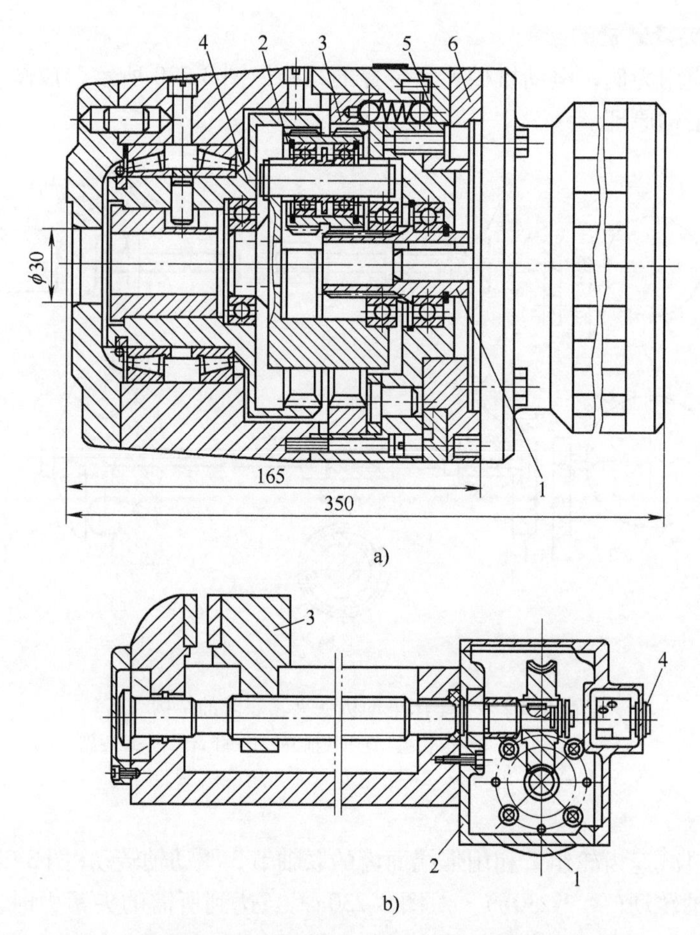

图 3-231 电动虎钳和其夹紧传动装置

a）1—齿轮轴 2—行星齿轮 3—内齿轮 4—齿轮 5—离合器 6—螺母

b）1—微型电动机 2—蜗轮减速器 3—钳口 4—按钮

转。当虎钳夹紧时，可自动或手动切断电源。该传动装置输出转矩达 300N · m（有四级调整），也可用于控制车床自定心卡盘和后顶尖套筒的动作等。

图 3-232 所示为另外一种电动虎钳的结构。

3. 电动机械夹具

图 3-233 所示为电动机械夹具的基本形式。

3.9.5 真空夹紧机构

真空夹紧是气动技术的一个重要领域。在机床夹具中，真空夹紧主要用于夹紧非磁性材料薄板件、形状特殊和刚性较差的薄壳轻型工件；真空夹紧多用于大量和成批生产中。真空夹紧机构通用性差，一般都是专用的。

1. 真空夹紧机构的原理

图 3-234 所示为产生真空的系统，真空罐 4 用于在夹具中迅速产生真空和当真空泵中断时瞬时夹紧工件；控制阀 2 用于当泵不工作时切断泵与真空罐的通路，以防止将预真空油吸入真空罐 4。

图3-232　电动虎钳的结构

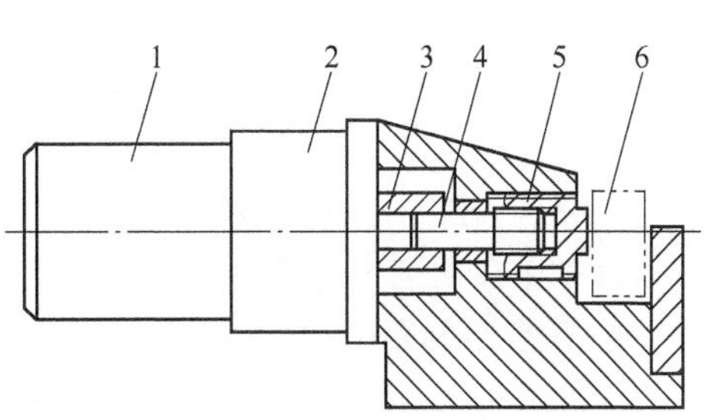

图3-233　电动机械夹具简图

1—电动机　2—传动装置　3—离合器

4—螺杆　5—螺母　6—工件

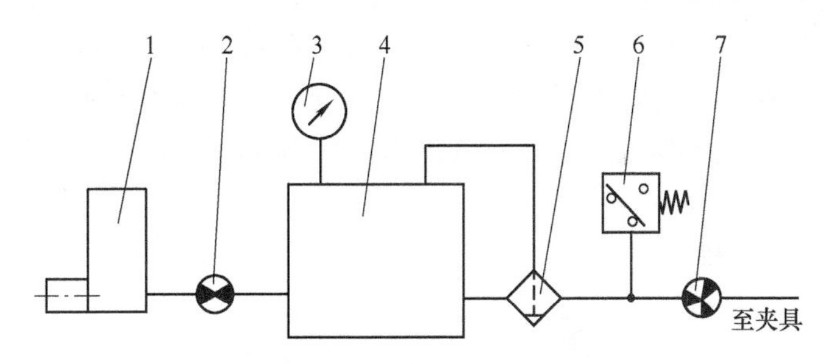

图3-234　真空夹紧系统

1—真空泵　2、7—控制阀　3—真空压力表

4—真空罐　5—空气过滤器　6—压力开关

图3-235a所示为工件放在真空夹具密封圈的支承面上，密封圈高出夹具定位面ΔH。密封圈的形状根据工件定位面的形状确定，可以是圆形的、矩形的或其他形状的。

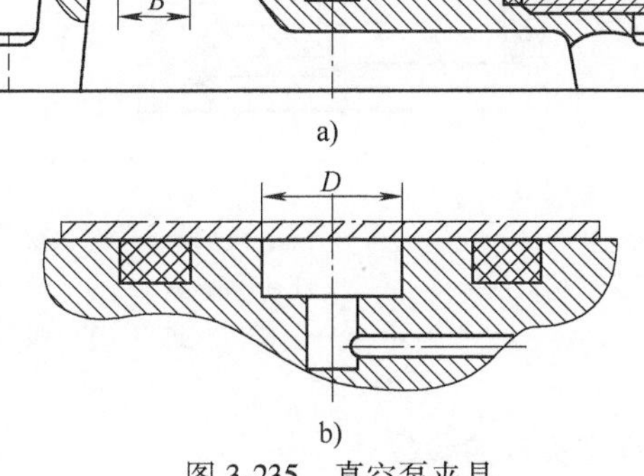

图3-235　真空泵夹具

1—夹具　2—工件　3—密封圈

当用真空泵使夹具密封腔A内产生一定的真空时，利用大气压力与腔内的压力差(真空吸力)将工件吸紧在夹具平面上，吸力一般为0.07~0.08MPa(图3-235b)。

2. 真空吸力的计算

真空吸力按下式计算：

$$F=(p_a-p_0)AK$$

式中　F——真空夹紧装置的真空吸力，单位为N；

p_a和p_0——分别为大气压力和真空腔内的剩余压力，单位为Pa；

A——密封圈内真空腔的有效面积，单位为m^2；

K——密封系数，一般取$K=0.5\sim0.85$。

一般$p_0=(1\sim1.5)10^4$Pa；$p_a=9.81\times10^4$Pa。

加工时工件不产生移动的条件为

$$K_sF \leqslant (p_a - p_0)AKf$$

式中 K_s——可靠性系数；

F——切削力；

f——工件与夹具支承面的摩擦系数，$f=0.3\sim0.4$ 或试验确定。

为防止在切削力作用下工件可能产生的移动，根据需要应增加侧面挡销或挡块。

3. 真空泵装置

真空泵等元件有专业厂生产，其真空罐的容量为夹具真空腔的 15~20 倍。

当所需真空度容量较小时，也可不用真空泵装置，而用双活塞式气缸代替(图 3-236a)，气缸抽真空产生的真空度较低，但可满足一般的要求。分别将 A 腔和 C 腔中的两个活塞 1 装在活塞杆 2 上，接头 5 与夹具相连。夹具开始工作前，压缩空气经换向阀从接头 4 进入气缸 B 腔，活塞向上移动，将 C 腔中的空气排向大气。夹紧工件时，压缩空气从接头 3 进入气缸 A 腔，活塞向下移动，气缸 C 腔被抽成真空，即夹具夹紧内腔被抽成真空，将工件紧固。图 3-236b 所示为小型真空发生器，供气压力为 0.4MPa。

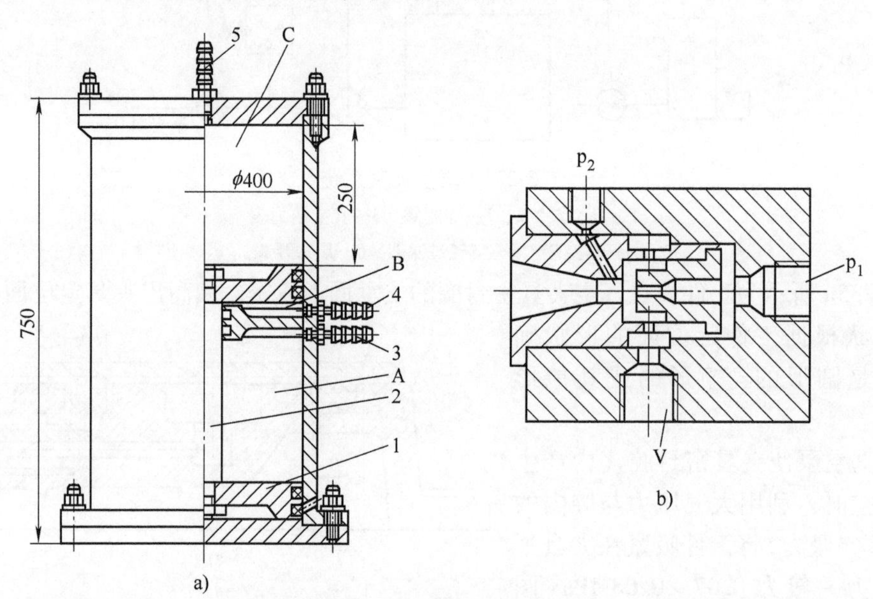

图 3-236 双活塞真空装置

a) 1—活塞(两个) 2—活塞杆 3、4、5—接头

b) p_1—压缩空气进口 V—吸盘口 p_2—强制脱离工件吹气口

4. 真空夹具的参数

在设计真空夹具时首先要选择密封圈的形状、材料和尺寸。对尺寸不大和刚度较低的工件，可采用直径不小于 5mm 的圆形实心或空心且截面易于变形的密封圈；对大型刚性好的工件，最好采用尺寸不小于 4mm×4mm 的方形密封圈。密封圈材料的硬度为 40~65HS(肖氏硬度)，相对压缩量 $\varepsilon=\dfrac{\Delta H}{H}=5\%\sim7\%$($H$ 为密封圈高度或直径，ΔH 为工作时的压缩量，这时夹具与工件接触的表面粗糙度 Ra 值 $=0.63\sim3.2\mu m$)；$\varepsilon=5\%$(当上述接触表面粗糙度 Ra 值

<0. 63μm 时)；$\varepsilon=10\%\sim15\%$($Ra>3.2$μm 时)。密封沟槽的高度尺寸 $h=H-\Delta H=H(1-\varepsilon)$；沟槽的宽度 $B=d+\Delta d$(Δd 为槽宽尺寸比密封圈直径或宽度的增大值)，以上各尺寸如图3-235所示。

Δd 值应满足当工件与夹具支承面接触后密封圈应填满沟槽，以保证高的真空度，其理论值的计算非常复杂，所 以对具体结构可用试验方法确定。

为防止工件被吸附产生变形，槽宽通常取 2～8mm(工件的刚度大取大值)。与真空腔相通的气孔应对称分布，当工件与夹具接触面较大时，抽气孔的数量应较多，以保证均匀吸附。

5. 真空夹具示例

图 3-237 所示为矩形工件用的真空夹具，厚度较小、刚性差的工件应采用由较多的或密集的吸附槽组成的真空腔。圆形工件采用的真空夹具采用一个直径为 D 的真空腔，不同直径 D 的真空吸力 F 如下：

D/mm	30	50	80	100	120	150	200
F/N	56. 5	157	402	628	905	1412	2513

图 3-238 所示为精车磁盘端面真空夹具示意图，夹具体的材料为铝合金，磁盘外径为 360mm，厚度为 2mm。夹具吸盘的精度要求高，应在机床上进行终加工夹具，并进行动平衡试验。采用真空吸盘解决了用一般方法难以解决的工件定位夹紧的问题。

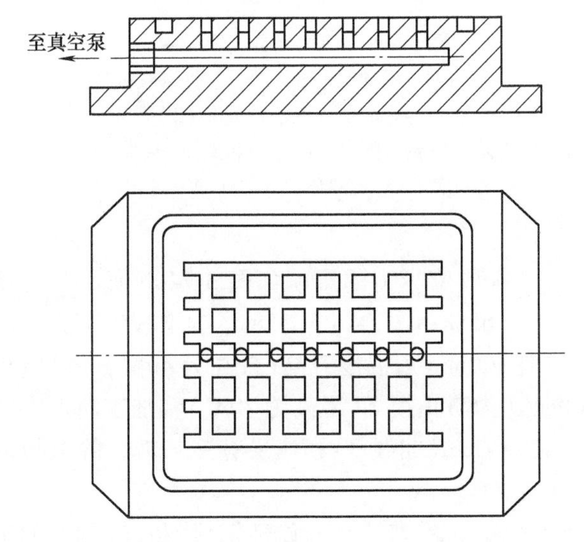

图 3-237　真空夹具(矩形工件用)示意图

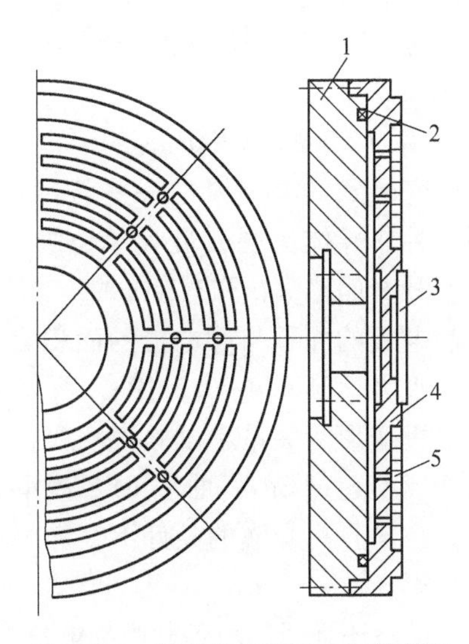

图 3-238　精车磁盘端面夹具示意图

1—连接盘　2—密封圈　3—挡板

4—吸盘　5—工件

3. 9. 6　静电夹紧机构

静电夹紧在工业中获得了广泛的应用，静电夹紧可用于夹紧非磁性材料和非金属材料，也可用于夹紧任何导电金属(如钢件)，这时工件不会磁化。静电夹紧多用于磨床和铣床上，下面进行简单介绍。

静电夹紧的原理是：将高压直流电源的电场能转化为夹紧工件的力。静电夹紧装置可做成平板(图3-239a)、卡盘(图3-239b)或心轴等。

最早的静电板(直流电源电压为3000V和非导电涂层厚度为30μm)的单位吸力在22天内保持0.2MPa，而且各点吸力不均匀。这时非导电涂层的材料采用带填充剂的硝化纤维漆。后来在这种漆中加入了质量分数为4%~5%的增塑剂(蓖麻油)，使单位吸力在30天内保持在0.4~0.6MPa。在单位吸力稳定后，吸力下降到原来的80%~70%，这就要对非导电涂层进行重磨，磨削量为0.02~0.05mm，以使静电板恢复到原来的单位吸力。静电板经过一定次数的重磨后，需要重新涂层。非导电涂层的厚度为0.2~2.5mm时，不影响静电板的单位吸力；厚度在2.5~3mm时，单位吸力略有下降，所以涂层厚度不大于3mm。

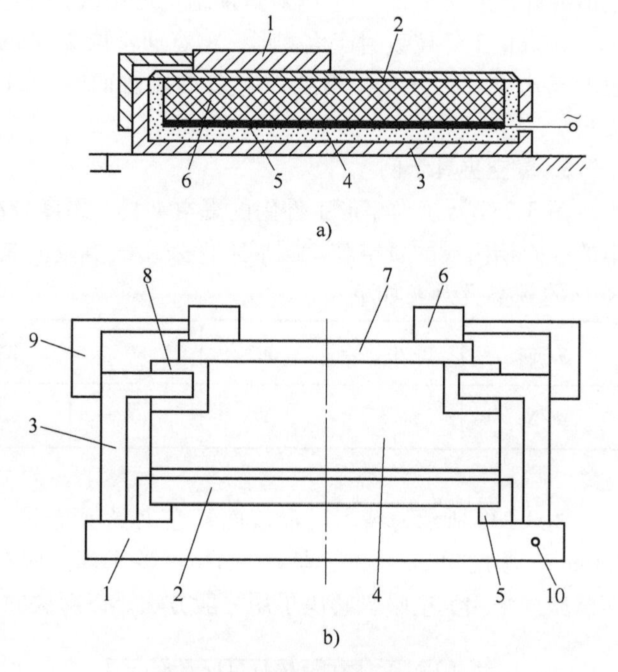

图3-239 静电夹紧装置简图

a) 1—工件 2—非导电涂层 3—本体 4—绝缘层 5—导电电极 6—导体(或半导体)

b) 1—底座 2—绝缘板 3—罩 4—电极 5—夹头 6—钢轨 7—塑料涂层 8—绝缘环 9—侧轨 10—直流电源

由对500mm×200mm的静电板试验研究得到静电夹紧的一些特性：对同一种非导体涂层，最大单位吸力随温度升高而增大(图3-240a)；工件覆盖静电板的面积与静电板的面积之比为S(%)对单位吸力的影响如图3-240b所示，为使单位吸力达到0.4~0.5MPa，覆盖率应为50%~65%；图3-240c表示了静电板温度升高与静电板变形的关系，试验说明只在磨削和铣削100min后温度升高(最高为40℃)，静电板的变形不超过6μm(曲线1)；静电板外部发热(为防止损坏，最高为70℃)和加工时温度升高，在没有冷却液的条件下，静电板的变形达12mm(曲线3)；如果有冷却液，静电板的变形<9μm。

试验还证明，对各种由导电材料(铜合金和铝合金、非磁性和磁性钢、锗和硅)制作的工件，静电吸力的大小与材料无关，这些材料的电阻均为$10^5\Omega\cdot cm$，为夹紧材料电阻大于上述值的工件，必须在工件的基面和侧面涂上薄的导电层(例如导电漆，烘干1~2min)，其黏附力不小于0.8MPa，吸力略有下降。

对材料为铝合金、尺寸为100mm×100mm×2mm的工件夹紧进行磨加工，同时也对同样尺寸的磁性钢件在静电板上夹紧进行磨加工。对这几种夹紧方式和加工情况的比较见表3-112。

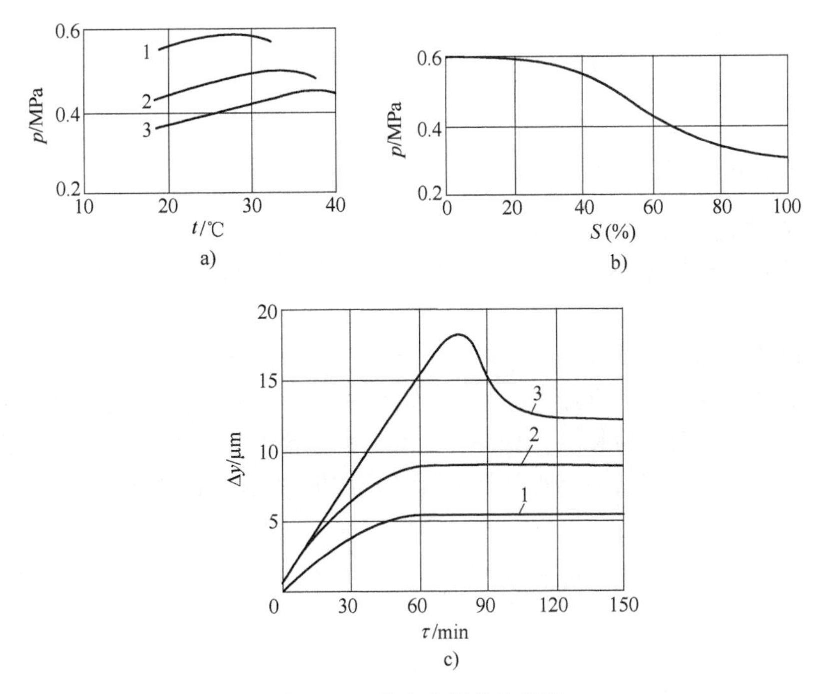

图 3-240　静电夹紧特性曲线

a）非导体涂层温度与单位吸力曲线（1—从涂层日开始使用期限为 5d　2—20d　3—30d）

b）工件覆盖静电板面积比 S 与单位吸力曲线

c）静电板变形与加热时间曲线（1—用内加热器　2—用带冷却的内加热器和外加热器　3—不带冷却的内加热器和外加热器）

表 3-113　对几种夹紧方式和加工情况的比较

工件材料	夹紧方法	加工时间/min	辅助时间/min				时间合计/min	生产率个/h
			平整基面	安装和取下工件	夹紧工件	松开工件		
非磁性	粘合	5	0.5	0.4	8	8	21.9	2.75
	铸入	5	0.7	0.4	7	4	17.1	3.5
	冻结	7	0.8	0.2	6	3	17.0	3.5
	磁板	10	0.3	0.5	6	0.2	11.6	5.2
	机械	8	0.15	0.2	1.1	1.2	10.65	5.8
	静电	9	0.15	0.2	0.4	0.15	9.9	6.1
	真空	8	0.1	0.2	0.3	0.6	7.2	8.3
磁性	静电	6	0.1	0.1	0.2	0.3	6.7	9

由表 3-113 中的数据可知，对非磁性材料的工件，静电夹紧的方式和磁夹紧方式相比也有一定的优势，而且当工件厚度小时还优于磁夹紧。

3.10 夹紧机构设计中的几个问题

3.10.1 夹紧力的方向、作用点和大小

1. 夹紧力的方向

夹紧力的方向应保持工件定位的稳定，夹紧力应朝向工件的主要定位面；夹紧力应尽量与切削力方向一致。

2. 夹紧力的作用点

夹紧力的作用点应尽量靠近加工部位，以提高加工部位的刚性，减小切削力对夹紧点的力矩，防止和减小加工时产生振动，如图 3-241 所示。若工件的加工部位悬于工件定位面外，则应除主要夹紧力 F 外还要增加辅助夹紧力 F' 和辅助支承(图 3-241b)。

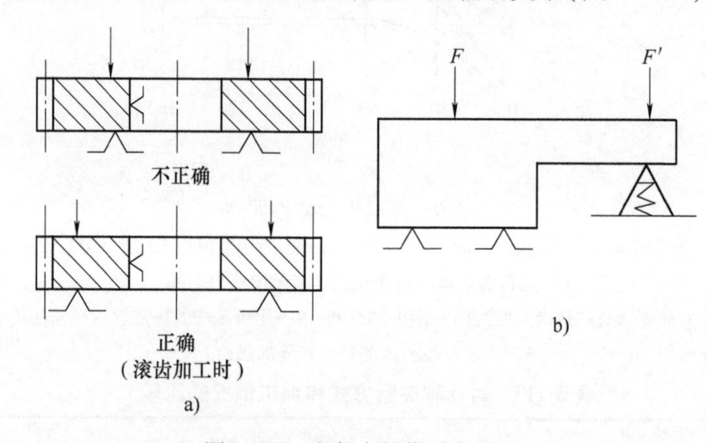

图 3-241 夹紧力的作用点(一)

夹紧力的作用点应选择适当，例如对图 3-242a 所示的刚性较差的工件，夹紧点应在两端凸缘上的 A 和 B 点，而不能在刚性最差的顶部中间点 C。如果工件以未加工面定位，定位支承头部为圆弧面，工件定位面的厚度又较薄，则压紧点尽量与支承点在同一轴线上(图 3-242a)，而不要偏离一段距离 e 或 e 应尽量小(图 3-242b)。为避免从侧面夹紧工件时产生侧翻，侧压力作用点到侧面支承点的距离 a 应尽量小，以减小工件绕侧面支承点的转矩(图 3-242c)。

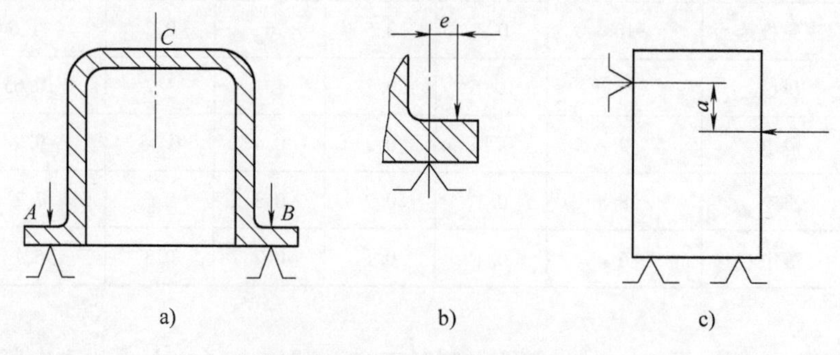

图 3-242 夹紧力的作用点(二)

3. 夹紧力的大小

夹紧力的大小对夹具的可靠性、工件和夹具的变形等有很大影响。夹紧力的大小主要与

切削力、支承反作用力和摩擦力有关。对重量大的工件或工件不是垂直放在水平台面上的情况，还应考虑工件的重力，高速加工时还要考虑惯性力。

在设计夹具时，主要考虑切削力对夹紧的影响，并假设工艺系统是刚性的，切削过程是稳定的，然后找出在加工过程中最不利的因素，按静力平衡原理计算夹紧力 F_1 的大小，再乘以安全系数 K 作为所需夹紧力的值，即

$$F_w = KF_1$$

式中　F_w——考虑安全系数时夹具所需的夹紧力，单位为N；

F_1——由静力平衡关系计算出的夹紧力，单位为kN；

K——安全系数，一般在精加工、连续切削和刀具锋利条件下取 $K=1.5\sim2$；在粗加工、断续加工和刀具钝化条件下，取 $K=2.5\sim3.5$。

若全面分析考虑，安全系数 K 按下式估算：

$$K=K_0K_1K_2K_3K_4K_5K_6$$

式中　K_0——基本安全系数，$K_0=1.5\sim2$；

K_1——考虑切削力波动的安全系数，对粗加工，$K_1=1.2$；

K_2——考虑刀具的安全系数，$K_2=1.1\sim1.8$，具体值见表3-114；

K_3——考虑断续切削的安全系数，对车加工、铣端面，$K_3=1.2$；

K_4——考虑夹紧力变化的安全系数，对手动、气动和液压夹紧(单向作用)，$K_4=1.3$；由于工件的尺寸偏差影响夹紧力时(例如气动杠杆夹紧)，$K_4=1.2$；对双向作用的气动和液压、电机械、磁力和真空夹紧，$K_4=1.0$；

K_5——考虑操作方便性的安全系数，对操作不方便的手动夹紧，$K_5=1.2$；

K_6——考虑力矩会使工件转动时的安全系数，若工件以一面两销定位，$K_6=1$，若没有定位销 $K_6=1.5$。

要确定夹紧力，需已知切削力，切削力多用经验公式计算。在实际工作中，往往采用类比方法选用一定规格的夹紧元件。对于一些关键性夹具，有时通过试验确定夹紧力的大小。对具体夹具夹紧状态的分析是计算和估算夹紧力大小的依据。

表3-114　计算切削力用安全系数中刀具钝化系数 K_2[19]

加工类型	工件材料	负载	K_2	加工类型	工件材料	负载	K_2
钻削	铸铁	转矩 轴向力	1.15 1.0	精车精镗	钢 铸铁	P_z	1.0 1.05
粗铰(铰钻后面磨损1.5mm)	铸铁	转矩 轴向力	1.3 1.2	精车精镗	钢 铸铁	P_y	1.05 1.4
精铰(后面磨损0.7~0.8mm)	铸铁	转矩 轴向力	1.2 1.0	精车精镗	钢 铸铁	P_x	1.0 1.3
粗车粗镗	钢 铸铁	P_z	1.0	圆柱铣刀铣削	钢 铸铁	圆周力	1.6~1.8 1.2~1.4
粗车粗镗	钢 铸铁	P_y	1.4 1.2	端面铣刀铣削	钢 铸铁	切向力	1.6~1.8 1.2~1.4
粗车粗镗	钢 铸铁	P_x	1.6 1.25	磨削 拉削	钢 铸铁	圆周力 拉削力	1.15~1.2 1.5

确定夹紧力的一般原则如下：

1）当夹紧力与切削力方向一致时，由于这时所需夹紧力只用于防止工件在加工时产生振动和转动，因此只需较小的夹紧力，一般不进行计算。

2）当夹紧力 F_w 与切削力方向相反时，夹紧力应大于切削力，即 $F_w=KF_1$（见前述）。

3）当采用自锁夹紧机构时，考虑自锁机构有变形，所需夹紧力为

$$F_w=KF_1\frac{J_1}{J_1+J_2}$$

式中　J_1 和 J_2——分别为夹具定位支承系统和夹紧机构的刚性。

一般夹具定位支承刚性显著大于夹紧机构的刚性，J_2 可忽略，则 $\frac{J_1}{J_1+J_2}\approx1$。

若夹紧机构的刚性接近于定位支承的刚性，则 $\frac{J_1}{J_1+J_2}\approx0.5$。

4）当夹紧力与切削力的方向互相垂直时，工件在切削力作用下有产生平移、转动和颠覆的可能，应按这三种情况分别计算其所需夹紧力，然后对计算结果进行比较，取大值作为夹紧力。

下面举例说明夹具夹紧力的确定方法，如图 3-243 所示。

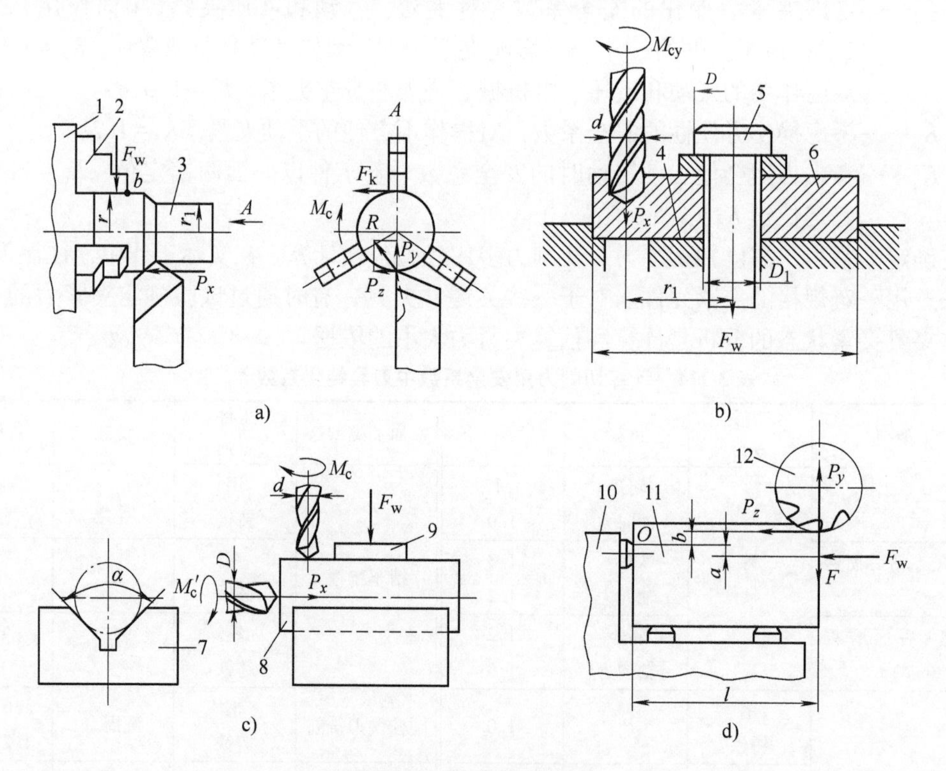

图 3-243　夹紧力计算图

1—自定心卡盘　2—卡爪　3、6、8、11—工件　4—支承　5—拉杆

7—V 形块　9—压板　10—夹具　12—铣刀

图 3-243a 所示为在车床上车削长度小的工件的外圆，这时工件悬伸长度与其直径之比

$\frac{L}{D}$在0.5内。将工件3夹持在自定心卡盘1中，作用在工件上的切削力矩M_c和轴向力P_x会使工件绕轴线转动和沿轴线移动。一般按工件不产生转动的条件计算夹紧力F_w，只有当P_x值大的情况下才考虑工件轴向移动的问题。按自定心卡盘夹紧工件时产生的摩擦力矩与主切削力P_z对工件轴线产生的力矩相平衡（考虑安全系数）计算夹紧力

$$F_w fr = KM_c$$

式中　F_w——自定心卡盘全部卡爪对工件的夹紧力，单位为N；

f——卡爪表面与工件表面的摩擦系数；

r——工件被夹紧部位的半径，单位为mm；

K——安全系数；

M_c——切削力矩，单位为N·mm。

$$M_c = P_z r_1$$

式中　P_z——切向切削力，单位为N；

r_1——工件加工后的半径，单位为mm。

$F_w = KM_c/(fr)$，每个卡爪的夹紧力为F_w/z，z为卡爪数量。

按下式校核工件的轴向移动：

$$F_w \geqslant KP_x/f \text{（}P_x\text{为轴向切削力）}$$

当工件悬伸长度增大（$\frac{L}{D}>0.5$）时，夹紧力值随$\frac{L}{D}$增大而增大，所需夹紧力为$F'_w \approx K'F_w$，K'为补偿系数，其值如下：

L/D	0.5	1.0	1.5	2
K'	1	1.5	2.5	4

当高速切削时，卡盘因离心力的作用使夹紧力下降。例如当转速达1500~2000r/min时，切削力下降15%~30%。因此对高速切削，如果卡盘没有离心力平衡装置，也要使夹紧力适当增大。

图3-243b所示为在钻床上钻孔，拉杆5将工件6压紧。钻削力矩M_c使工件绕钻头中心转动，进给力P_x与夹紧力方向相同，增大了夹紧力，使工件靠向支承面；拉杆夹紧力F的摩擦力阻止了工件的转动，由下式确定所需夹紧力的大小

$$(F_w + P_x) fr = K\frac{2M_c}{d} r_1$$

$$F_w = \frac{2KM_c r_1}{dfr} - P_x$$

式中　F_w和P_x——分别为拉杆的夹紧力和钻削时轴向进给力，单位为N；

f——拉杆端面与下面垫圈端面的摩擦系数；

r——摩擦力的力臂，单位为mm，$r \approx \frac{D-D_1}{2}$；

K——安全系数；

M_c——钻削力矩，单位为 N · mm；

r_1——钻孔轴线到拉杆轴线的距离，单位为 mm；

d——钻头直径，单位为 mm。

图 3-243c 所示为钻削在 V 形块上工件的孔，当钻削径向孔时，钻削力矩 M_c 使工件绕钻头中心转动和从 V 形块 7 上抬起，夹紧后 F_w 作用在压板 9 上，不考虑进给力按下式计算夹紧力 F_w

$$F_w=\frac{2KM_c}{f_1+f_2\sin\dfrac{\alpha}{2}}$$

式中 F_w——夹紧力，单位为 N；

K——安全系数；

M_c——钻削径向孔力矩，单位为 N · mm；

f_1 和 f_2——分别为工件与 V 形支承面和工件与压板的摩擦系数；

α——V 形角，单位为(°)；

d——钻头直径，单位为 mm。

当钻削轴向孔时

$$F_w=\frac{2KM'_c}{D\left(f_1+f_2\sin\dfrac{\alpha}{2}\right)}$$

式中 M'_c——钻削轴向孔力矩，单位为 N · mm；

D——钻削轴向孔钻头直径，单位为 mm。

在 V 形块上钻削轴向孔时，按下式校核工件是否会发生轴向移动

$$F_w=\frac{KP_x}{f_2+f_1\sin\dfrac{\alpha}{2}}$$

图 3-243d 所示为铣削在夹具 10 上工件的平面，切削力 P_z 和 P_y 使工件绕 O 点转动，夹紧力 F_w 和摩擦力 F 使工件绕 O 点相反转动(工件在支承上的摩擦力忽略不计)，对 O 点

$$F_wa+Fl=P_zb+P_yl$$

式中 a——夹紧力 F_w 的力臂，单位为 mm；

P_z 和 P_y——圆周和径向切削力，单位为 N；

b——圆周切削力 P_z 的力臂，单位为 mm；

l——径向切削力 P_y 和摩擦力 F 的力臂(工件的长度)，单位为 mm。

由于摩擦力 $F=F_wf$(f 为摩擦系数)，所以

$$F_w=\frac{K(P_zb+P_yl)}{a+fl}\quad(K\text{ 为安全系数})$$

工件与夹具支承面和工件与夹紧元件接触面的摩擦系数 f 见表 3-115。

表 3-115　工件与支承面和工件夹紧元件接触面的摩擦系数 f

摩擦条件	f	摩擦条件		f
工件为加工面	0.10~0.15	工件在卡盘上夹紧	卡爪为光滑面	0.16~0.18
工件为未加工面	0.20~0.25		工件是未加工面，卡爪有环形槽	0.3~0.4
工件为未加工面，支承面有相互垂直的槽	0.4~0.5		工件是未加工面，卡爪有相互垂直的槽	0.4~0.5
工件为未加工面，支承面有尖齿槽	0.7~0.8		工件是未加工面，卡爪有尖齿槽	0.7~1.0

注：支承面和夹紧元件接触面是加工面。

下面再列出部分典型夹紧形式所需夹紧力的计算式，见表 3-116。

表 3-116　部分典型夹紧形式夹紧力的计算式

简要说明	简　图	夹紧力 F_w 计算式（各符号除说明的，其余的见表注）
切削力为水平方向	F_W, P	$F_w=\dfrac{KP}{(f_1+f_2)}$
切削力为水平和垂直方向	F_W, P_2, P_1	对Ⅰ型夹紧装置(见注 2) $F_w=\dfrac{[KP_2+0.5P_1(f_1-f_2)]}{f_1+f_2}$ 对Ⅱ型夹紧装置 $F_w=\dfrac{[KP_2+0.5P_1(f_1-f_2)]}{(f_1+f_2)}$
切削力为水平和垂直方向，P_y 方向向下	F_W, P_1, P_2	对Ⅰ型夹紧装置 $F_w=0.7KP_y$ 或 $F_w=\dfrac{[KP_2-0.5P_1(f_2-f_1)]}{(f_2+f_1)}$ 对Ⅱ型夹紧装置 $F_w=KP_1$ 或 $F_w=\dfrac{(P_1f_2+KP_2)}{(f_1+f_2)}$
夹紧力 F_w 与侧支点有距离 a	l, P_1, P_2, o, a, t, F_W, $F_W \cdot f$	$F_w=\dfrac{K(P_2t-P_1l)}{(a+f_2l)}$

（续）

简要说明	简　图	夹紧力 F_w 计算式 （各符号除说明的，其余的见表注）
切削力为水平和垂直方向，夹紧力作用在三支承的重心上或偏离重心	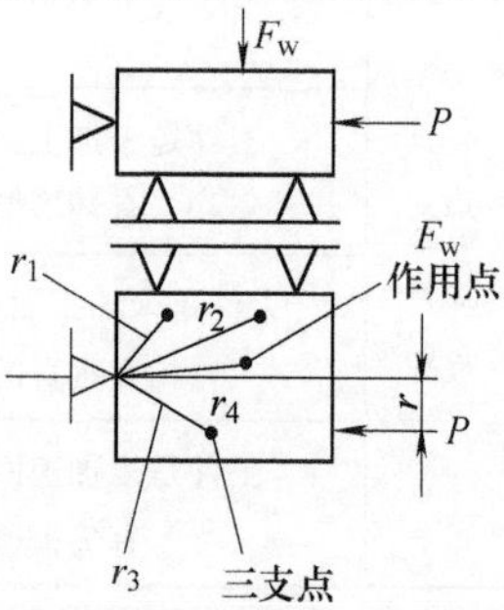 F_W　P　F_W　r_1　r_2　作用点　r　r_4　P　r_3　三支点	如果夹紧力作用在三支承重心上，则 $$F_w=\frac{3KPr}{[f_1(r_1+r_2+r_3)+3f_2r_4]}$$ 如果夹紧力偏离重心，则 $$F_w=KPr\ [f_1(ar_1+br_2+cr_3)+f_2r_4]$$ （系数 $a+b+c=1$，由静力方程求出）
工件以一面两孔定位，切削力 P 与夹紧力 F_w 相互垂直	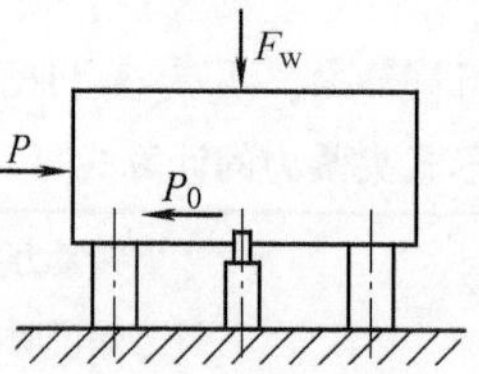 F_W　P　P_0	为避免加工时工件移动定位销承受大的力（P_0），所需夹紧力 $$F_w=\frac{K(P-P_0)}{f_1+f_2}$$ 对精加工，$P_0=0$ 对粗加工，定位销可承受部分切削力，$P_0=dh\ [\sigma]_{挤}$（单位为 N）；d 和 h 分别为定位销直径和接触长度（单位为 m）；$[\sigma]_{挤}$ 为定位销材料许用挤压应力（单位为 Pa）
	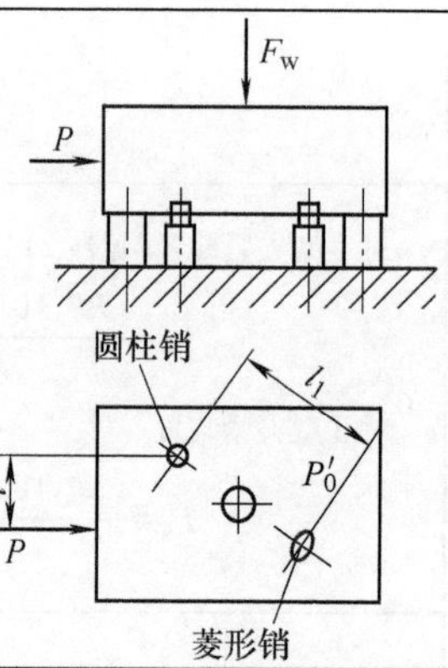 F_W　P　圆柱销　l_1　l　P　P'_0　菱形销	为防止加工时在切削力作用下工件绕圆柱销转动，所需的夹紧力为 $$F_w=\frac{KPl-P'_0l_1}{R(f_1+f_2)}$$ 对粗加工允许棱形销承受部分切削力，$P'_0=bh\ [\sigma]_{挤}$（单位为 N），b 为菱形销宽度（单位为 m）
	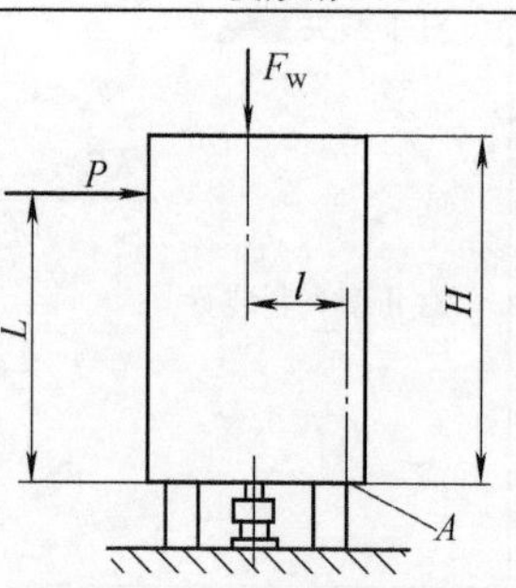 F_W　P　l　L　H　A	为防止工件在力矩 Pl 作用下绕 A 点倾斜，所需夹紧力 $$F_w=\frac{KPL}{f_2H+l}$$（单位为 N） 式中，L、H 和 l 的单位为 m 防止工件平移的条件为 $$F_w=\frac{KP\left(1+\frac{L}{l}f_1\right)}{f_1+f_2}$$ （f_1 和 f_2 见表注 1）
长工件以外圆定位（在卡盘上，无顶尖）	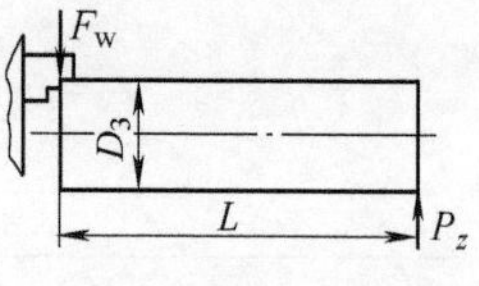 F_W　D_3　L　P_z	对自定心卡盘 $$F_w=\frac{1.33KP_z}{(Df_2)}$$ 对单动卡盘 $$F_w=\frac{0.7KLP_z}{(Df_2)}$$

（续）

简要说明	简 图	夹紧力 F_w 计算式（各符号除说明的，见表注）
工件在液性塑料夹头或心轴中定位	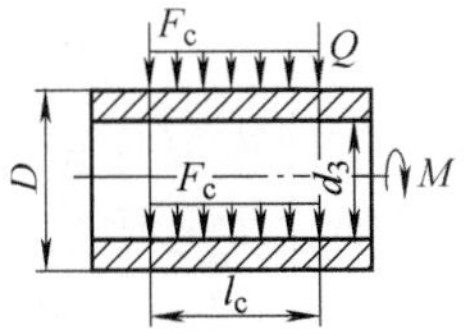	对夹头，作用在工件外圆上的接触压力为 $F_c=\dfrac{0.64KM}{(\pi D^2 l_c f_2)}$ 对心轴，作用在工件内孔上的接触压力为 $F_c=\dfrac{0.64KM}{(\pi d^2 l_c f_2)}$
工件在两顶尖上定位（轴向顶紧力 F_w，切削分力 P_x、P_y）	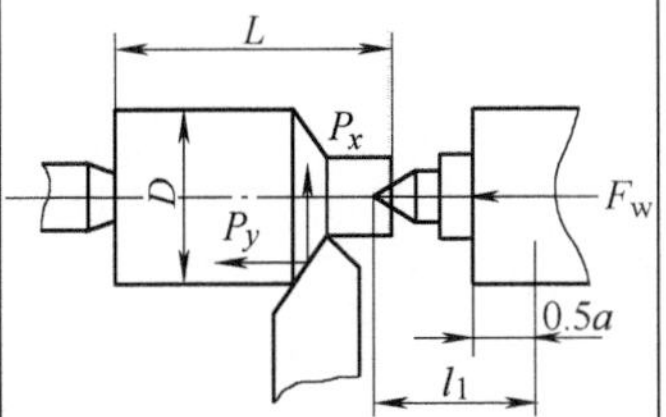	$F_w=K\left[1-3\tan(\beta+\varphi)\tan\varphi_2\times\dfrac{l_1}{a}\right]\cot(\beta+\varphi_1)\times\sqrt{P_z^{\ 2}+\left(P_y-0.5P_x\dfrac{D}{L}\right)^2}$ 式中，a 为套筒长度；$\beta=90°-\dfrac{\varphi}{2}$（$\varphi$ 为顶尖锥角）；φ_1 和 φ_2 分别为顶尖和套筒锥度表面的摩擦角
工件用卡盘夹紧，轴向切削力大	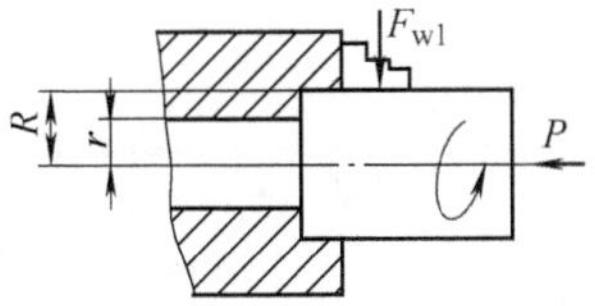	每爪夹紧力 $F_{w1}=\dfrac{K\left[M-\dfrac{2}{3}Pf_2\dfrac{R^3-r^3}{R^2-r^2}\right]}{3fR-2f_1f_2\dfrac{R^3-r^3}{R^2-r^2}}$ 式中，f 为工件与卡爪之间在圆周方向的摩擦系数；f_1 和 f_2 分别为工件与夹爪在轴向和工件与卡盘在端面上的摩擦系数
工件以内孔定位，端面夹紧	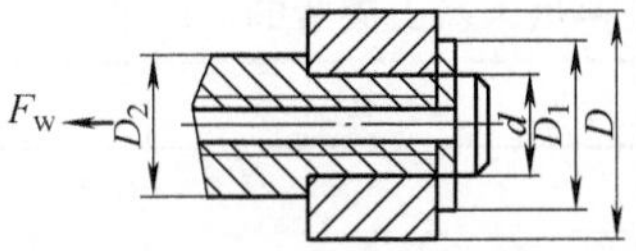	$F_w=\dfrac{3KP_zD}{2\left(f_2\dfrac{D_1^{\ 3}-d^3}{D_1^{\ 2}-d^2}+f_1\dfrac{D_2^{\ 3}-d^3}{D_2^{\ 2}-d^2}\right)}$
工件以内孔定位，锥套夹紧	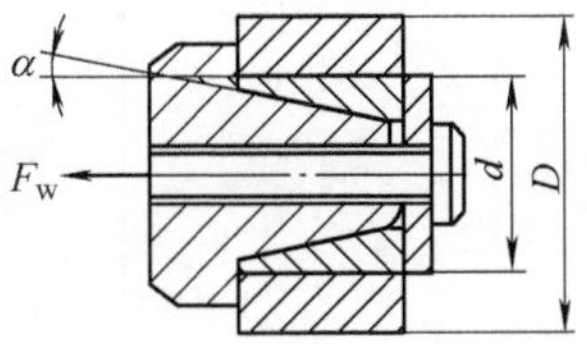	$F_w=\dfrac{KP_zD}{\tan\phi_2 d}\left[\tan(\alpha+\varphi)+\tan\varphi_1\right]$ 式中 ϕ——锥面上摩擦角 $\tan\varphi_1$ 和 $\tan\varphi_2$ 分别为工件与心轴在轴向和圆周方向的摩擦系数

注：1. P—切削力（切削力分力为 P_x、P_y、P_z）；K—安全系数；f_1 和 f_2—分别为工件与定位支承和与夹紧元件接触面的摩擦系数；F_w—夹紧力。

2. Ⅱ型夹紧装置是指气动和液压夹紧；Ⅰ型夹紧装置是指螺旋、斜楔和偏心夹紧。

3. 弹性夹头、偏心、波纹套、碟簧等夹紧力的计算见第 4 章。

4. 当用锥角为 60°的夹持式内拨顶尖时，$F_w=K\dfrac{4P_x\tan\left(\dfrac{r}{2}\right)D}{d}$（$D$—工件直径；$d$—中心孔直径；$r$—内拨顶尖槽形角）。

3.10.2 工件在夹紧过程中的变形

工件在夹紧过程中，可能产生两种变形，一种是夹具(特别是夹紧机构)刚性不够的变形；另一种是工件在夹紧过程中的变形。设计夹具时应使夹具有足够的刚性，下面主要介绍工件在夹紧过程中的变形。

夹紧时工件产生弹性变形，加工后松开工件，工件恢复原来的形状，但对加工部位尺寸和形状有影响，会产生误差。对各种加工，工件在夹紧中的变形特点不同，例如对环形工件，在卡盘上夹紧会产生弹性变形，其变形系数 K 与夹爪数量 n 的关系如图 3-244 所示，表 3-117 和表 3-118 分别列出在两爪卡盘和在 3~6 爪卡盘上夹紧时薄壁环形工件的变形情况。

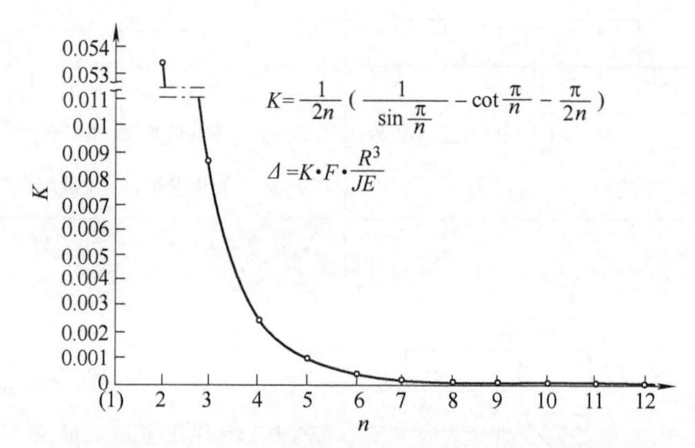

图 3-244 卡盘夹爪数 n 与变形系数 K 的关系

F—各夹爪夹紧内之和 R—工件变形后的中心层半径 J—环形横截面惯性矩

E—工件材料弹性模数 Δ——变形量

表 3-117 薄壁环形工件在两爪卡盘上夹紧的变形量

夹紧方式	α (°)	Δ_{2-2}	Δ_{3-3}	Δ_{4-4}	C_m
		摩擦系数 $f=0.2$			
	0	0.149C	0.149C	−0.137C	0.255C
	10	0.143C	0.141C	−0.132C	0.277C
	20	0.133C	0.124C	−0.124C	0.262C
	30	0.118C	0.102C	−0.112C	0.238C
	40	0.099C	0.077C	−0.101C	0.213C
	50	0.078C	0.053C	−0.081C	0.175C
	60	0.054C	0.032C	−0.061C	0.133C
	70	0.030C	0.015C	−0.031C	0.084C
	80	0.005C	0.001C	−0.015C	0.027C

注：1. $C=\frac{FR^3}{JE}$(F 为各爪夹紧力之和，单位为 N；R 为工件平均半径，单位为 mm；J 为工件截面转动惯量，单位为 $N\cdot mm^2$；E 为工件材料弹性模量，单位为 MPa)。

2. C_m 为工件夹紧后的形状误差，单位为 mm。

3. 夹紧时卡盘传给工件的转矩为常数。

表 3-118　薄壁环形工件在 3~6 爪卡盘上夹紧的变形量

夹紧条件	变形量	(三爪)	(四爪)	(六爪)
夹紧力 F 为常数	最大凹入 Δ_{1-1}	0.016C	0.006C	−0.0017C
	最大凸出 Δ_{2-2}	−0.014C	−0.005C	−0.0016C
	形状误差 Δ_{ϕ}	0.06C	0.023C	0.006C
卡盘转矩为常数	最大凹入 Δ_{1-1}	0.011C	0.003C	0.0006C
	最大凸出 Δ_{2-2}	−0.009C	−0.003C	−0.0005C
	形状误差 Δ_{ϕ}	0.04C	0.011C	0.0022C

注：1. C 见表 3-117。
2. $\Delta_{\phi}=2\ [\ |\Delta_{H}|+|\Delta_{2-2}|]$。
3. 未考虑摩擦力。

一般增加卡爪数可减小环形工件的变形，而弹性夹头能近乎达到全面夹紧，但弹性夹头不适合夹紧毛坯件。在加工薄壁套外圆时，在套内装入一个配合较紧的心轴可起到避免工件产生或减小变形的效果。

由于工件定位基准面和夹具定位支承面有形状误差和一定的表面粗糙度，使夹紧时在两接触表面产生接触变形(特别对于形状复杂、刚性较差和大型箱体件等)，这是工件产生尺寸和形状误差的主要原因之一。一般对接触变形不做计算，而是采取措施尽量减小接触变形，或由试验确定接触变形及其对精度的影响。

接触变形的一般表达式为

$$\lambda_{F}=CF^{n}\cos\alpha \tag{3-102}$$

式中　C——与材料和接触表面形状有关的系数，表面粗糙度值大，C 值大；

F——作用在夹具支承面上的单位压力，单位为 N；

n——指数(见表 3-119)，取 0.3~0.5；

α——最大接触变形方向与定位尺寸的夹角。

工件在各种支承元件上的接触变形的计算式和数据见表 3-119。

表 3-119　工件在各种支承元件上的接触变形计算式和数据

在固定支钉和支承板上定位

$$\lambda_{F}=\left[(K_{Rz}Rz+K_{HBW}\mathrm{HBW})+C\right]\left(\frac{F}{9.8}\right)^{n}\frac{1}{A^{m}}$$

支承种类	材料	K_{Rz}	K_{HBW}	C	n	m
(图：F, D, r=D, H)	钢	0	—0.003	$0.67+\frac{6.23}{r}$	0.8	0
	铸铁	0	—0.008	$2.70+\frac{9.23}{r}$	0.6	0

（续）

支承种类	材料	K_{Rz}	K_{HBW}	C	n	m
	钢 铸铁	0 0	-0.004 -0.008	$0.38+0.034D$ $1.76-0.03D$	0.6 0.6	0 0
	钢	0.004	-0.0016	$0.40+0.012A$	0.7	0.7
	铸铁	0.016	-0.0043	$0.776+0.053A$	0.6	0.6

在 90°V 形块上定位

$$\lambda_F=\left[\left(K_{Rz}Rz+\frac{K_{HBW}}{HBW}\right)+C\right]\left(\frac{F}{19.61}\right)^n$$

支承种类	材料	K_{Rz}	K_{HBW}	C	n
	钢	0.005	15	$0.086+\frac{8.4}{D}$ （D 为工件直径）	0.7

材料为 45 钢的工件在两顶尖上定位，在接触处的压力不大于 0.8MPa

$$\lambda_F=C\left(\frac{F}{9.8}\right)^{0.5}$$

支承种类	变形方向	在不同中心孔直径时的 C 值												
		d/mm	1	2	2.5	4	5	6	7.5	10	12.5	15	20	30
	径向 轴向	C	15.7 12.1	11.8 8.6	8.6 6.6	5.8 4.1	3.8 2.9	3.2 2.5	2.9 2.2	2.1 1.6	1.7 1.3	1.4 1.1	1.0 0.8	0.7 0.55

注：HBW—工件材料的布氏硬度；F—作用在支承上的力，单位为 N；A—工件与支承的接触面积，单位为 cm^2；L—接触母线长度，单位为 cm；Rz—工件表面粗糙度，单位为 μm；$P_r P_z$—产生接触变形方向的切削分力，单位为 N；r—支承球面半径，单位为 mm。

作用在定位支承上的最大允许载荷见表 3-120。

表 3-120　定位支承允许最大载荷

支钉直径/mm	12	16	25	40
作用在球面支承上的最大载荷/kN	2	5	12	30
作用在带网纹平面支承上的最大载荷/kN	4	10	25	60

3.10.3　机械加工切削力的计算

为计算工件夹紧力，首先应确定工件加工时的切削力或转矩。

1. 车削切削力的计算

车削外圆时的切削力有三个分力：主切削力 P_c(圆周方向)；进给力 F_f(轴向力)；背向力 F_p(径向力)，如图 3-245 所示。图中所示为切削外圆时，切削力作用在刀具上，同样大小、方向相反的力作用在工件上。三个切削分力大小的近似比例见表 3-121。

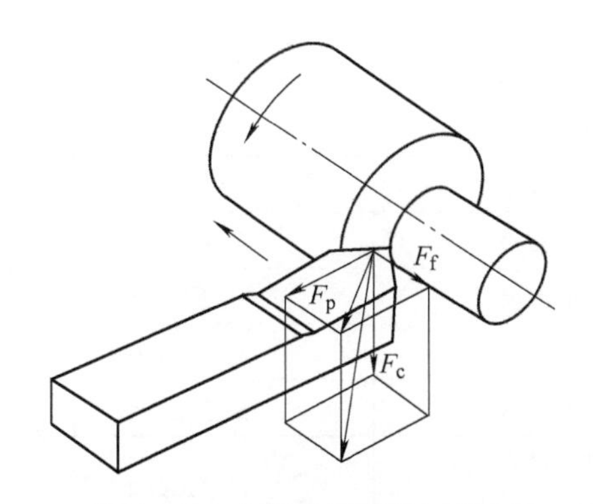

图 3-245　车削外圆时的切削力

表 3-121　切削钢和铸铁时$\frac{F_p}{F_c}$和$\frac{F_f}{F_c}$的近似值

工件材料	参数	主偏角		
		45°	75°	90°
钢	$\frac{F_p}{F_c}$	0.55~0.65	0.35~0.5	0.25~0.4
	$\frac{F_f}{F_c}$	0.25~0.4	0.35~0.5	0.4~0.55
铸铁	$\frac{F_p}{F_c}$	0.3~0.45	0.2~0.35	0.15~0.3
	$\frac{F_f}{F_c}$	0.1~0.2	0.15~0.3	0.2~0.35

注：1. 在 $a_p=1\sim6$mm 范围内切削深度 a_p 较大时，$\frac{F_p}{F_c}$取小值，$\frac{F_f}{F_c}$取大值；相反 a_p 较小时$\frac{F_p}{F_c}$取大值，$\frac{F_f}{F_c}$取小值。

2. 在$f=0.1\sim0.6\frac{\text{mm}}{\text{r}}$范围内，$f$较大时两比值均取小值；$f$较小时两比值均取最大值。

3. 切断加工时两比值$\frac{F_p}{F_c}=0.4\sim0.55$。

对车床夹具，主要根据主切削力 F_c 计算所需夹紧力，各种加工项目主切削力的计算式见表 3-122。

表 3-122 车削主切削力的计算

工件材料	加工项目	刀具材料	计算式
结构钢铸钢（$R_m = 750$MPa）	纵向和横向车削、镗孔	硬质合金	$F_c = 2650a_p f^{0.75} v^{-0.15} K_p$
		高速工具钢	$F_c = 1770a_p f^{0.75} K_p$
	带修光刃车刀纵向切削	硬质合金	$F_c = 3570a_p^{0.9} f^{0.9} v^{-0.15} K_p$
	切断和切割	硬质合金 高速工具钢	$F_c = 3570a_p^{072} f^{0.8} K_p$ $F_c = 2170a_p f K_p$
	车螺纹		$F_c = 1480a_p^{1.7} i^{-0.71}$
	成形车削	高速工具钢	$F_c = 1870a_p f^{0.75} K_p$
耐热钢 1Cr18Ni9Ti（141HBW）	纵向和横向车削镗孔	硬质合金	$F_c = 2000a_p f^{0.75} K_p$
灰铸铁	纵向和横向车削、镗孔	硬质合金	$F_c = 900a_p f^{0.85} K_p$
	带修光刃车刀纵向切削	硬质合金	$F_c = 1200a_p f^{0.85} K_p$
	车螺纹	硬质合金	$F_c = 1030f^{1.8} i^{-0.82} K_p$
	切断和切槽	高速工具钢	$F_c = 1550a_p f K_p$
可锻铸铁 150HBW	纵向和横向车削、镗孔	硬质合金	$F_c = 790a_p f^{0.75} K_p$
		高速工具钢	$F_c = 980a_p f^{0.75} K_p$
	切断和切槽	高速工具钢	$F_c = 1360a_p f K_p$
铜合金 120HBW	纵向和横向车削、镗孔	高速工具钢	$F_c = 540a_p f^{0.66} K_p$
	切断和切槽	高速工具钢	$F_c = 735a_p f K_p$
青铜 200~240HBW	纵向和横向切削、镗孔	高速工具钢	$F_c = 405a_p f^{0.66} K_p$
铝硅铝合金	纵向和横向切削、镗孔	高速工具钢	$F_c = 390a_p f^{0.75} K_p$
	切断和切槽	高速工具钢	$F_c = 490a_p f K_p$

注：F_c—圆周切向主切削力，单位为 N；a_p—切削深度，单位为 mm；f—进给量，单位为$\frac{mm}{r}$；v—切削速度，单位为$\frac{m}{min}$；i—螺纹加工次数；K_p—修正系数，$K_p = K_m K_\varphi K_\gamma K_\lambda K_r$（$K_m$ 见表 3-123，对 F_c，$K_\lambda = 1$，其余见表 3-124）。

表 3-123 与工件材料有关的系数 K_m

工 件 材 料	K_m
结构钢	$\left(\frac{R_m}{75}\right)^n$（硬质合金刀具 $n = 1.0$，高速工具钢刀具 $n = 1.5$）
灰铸铁	$\left(\frac{HBW}{130}\right)^n$（$n$ 的值同结构钢）

（续）

工件材料			K_m
可锻铸铁			$\left(\frac{HBW}{150}\right)^n$（硬质合金刀具 $n=0.8$，高速工具钢刀具 $n=1.1$）
铜合金	多相合金组织	硬度 = 120HBW 硬度 > 120HBW	1.0 0.75
	铅质量分数 < 10% 的铜铅合金		0.65~0.70
	单相金相组织		1.8~2.2
	铅质量分数 < 15% 的铜铅合金		0.25~0.43
铜			1.7~2.1
铝合金	铝硅铝合金		1.0
	硬铝（杜拉铝）	$R_m=250MPa$ $R_m=300MPa$ $R_m=350MPa$	1.5 2.0 2.75

表 3-124　与刀具有关的修正系数

刀具参数		刀具材料	系数	数值
名称	数值			
主偏角 φ/(°)	30 45 60 90	硬质合金	K_φ	1.08 1.0 0.94 0.80
	30 45 60 90	高速工具钢	K_φ	1.08 1.0 0.98 1.08
前角 γ/(°)	−15 0 10	硬质合金	K_γ	1.25 1.1 1.0
	12~15 20~25	高速工具钢	K_γ	1.15 1.0
刀尖圆弧 r/mm	0.5 1.0 2.0 3.0 5.0	高速工具钢	K_r	0.87 0.98 1.0 1.04 1.10

2. 铣削切削力的计算

铣削时刀齿上的切削力也可分解为三个力：切削力 F_c（总切削力在铣刀主运动方向上的分力），横向进给力 F_e（铣刀轴线方向）和背向力 F_p（铣刀半径方向）。

在铣削过程中，切削面积不断变化，切削分力是指各齿切削力之和。表 3-125 列出了铣削时各切削分力与切削力的近似比值。

表 3-125 铣削时各切削分力与切削力的近似比值

铣削方式	参数	对称铣削	不对称铣削	
			逆铣	顺铣
端面铣削 $a_e=(0.4\sim0.8)d_0$ $f_z=(0.1\sim0.2)$mm(每齿)	F_f/F_c F_{fn}/F_c F_e/F_c	0.3~0.4 0.85~0.95 0.50~0.55	0.6~09 0.45~0.7 0.5~0.55	0.15~0.3 0.9~1.0 0.5~0.55
立铣、圆柱铣、盘铣成形铣 $a_e=0.05d_0$ $f_z=(0.1\sim0.2)$mm(每齿)	F_f/F_c F_{fn}/F_c F_e/F_c	—	1.0~1.2 0.2~0.3 0.35~0.4	0.8~0.9 0.75~0.8 0.35~0.4

注：F_f 和 F_{fn} 分别为铣削径向分力的水平分力(沿进给方向)和垂直分力(垂直于进给方向)。

铣削时圆周切削力的计算见表 3-126。

表 3-126 铣削时圆周切削力的计算

工件材料	铣刀类型	刀具材料	计算式
碳钢、青铜 铝合金 可锻铸铁	面铣刀	高速工具钢	$F_c=C_F a_e^{1.1} f_z^{0.8} D^{-1.1} BzK_p$
	立铣刀、圆柱铣刀、三面刃铣刀、锯片铣刀、角度铣刀、成形铣刀		$F_c=C_F a_e^{0.86} f_z^{0.72} D^{-0.86} BzK_p$
灰铸铁	面铣刀	高速工具钢	$F_c=C_F a_e^{0.83} f_z^{0.65} D^{-0.83} BzK_p$
	立铣刀、圆柱铣刀、三面刃铣刀、锯片铣刀		$F_c=C_F a_e^{0.86} f_z^{0.72} D^{-0.86} BzK_p$
碳钢	面铣刀 圆柱铣刀 三面刃铣刀 两面刃铣刀 立铣刀	硬质合金	$F_c=11281 a_e^{1.06} f_z^{0.88} D^{-1.3} B^{0.9} n^{-0.18} z$ $F_c=912 a_e^{0.88} f_z^{0.8} D^{-0.87} Bz$ $F_c=2335 a_e^{0.9} f_z^{0.8} D^{-1.1} B^{1.1} n^{-0.1} z$ $F_c=2452 a_e^{0.8} f_z^{0.7} D^{-1.1} B^{0.85} z$ $F_c=118 a_e^{0.85} f_z^{0.75} D^{-0.73} Bn^{-0.18} z$
可锻铸铁	面铣刀	硬质合金	$F_c=4434 a_e^{1.1} f_z^{0.75} D^{-1.3} Bn^{-0.2} z$
灰铸铁	面铣刀 圆柱铣刀		$F_c=490 a_e^{1.0} f_z^{0.74} D^{-1.0} B^{0.9} z$ $F_c=510 a_e^{0.9} f_z^{0.8} D^{-0.9} Bz$

注：F_c—铣削圆周切向力，单位为 N；C_F—高速工具钢铣刀铣削时的铣刀类型系数，见表 3-127；a_e—铣削深度，单位为 mm；f_z—每齿进刀量，单位为 mm；D—铣刀直径，单位为 mm；B—铣削宽度，单位为 mm；z—铣刀齿数；n—铣刀转速，$\frac{r}{min}$；K_p—高速工具钢铣刀铣削时的修正系数，对结构钢、铸钢，$K_p=\left(\frac{R_m}{736}\right)^{0.8}$；对灰铸铁，$K_p=\left(\frac{HBW}{190}\right)^{0.55}$。

表 3-127　C_F 值

铣刀类型	碳钢	可锻铸铁	灰铸铁	青铜	石美合金
圆盘铣刀、锯片铣刀	808	510	510	398	177
圆柱铣刀，立铣刀等	669	294	294	222	167
角度铣刀	382				
半圆成形铣刀	461				
面铣刀	670	294	294	221	167

3. 钻削切削转矩和轴向力的计算

钻削时切削转矩和轴向力计算式见表 3-128。

表 3-128　钻削时切削转矩和轴向力计算式

工件材料	刀具材料	加工方式	转矩计算式	轴向力计算式
结构钢 铸钢 $R_m=750MPa$	高速工具钢	钻	$M=345D^2f^{0.8}K_p$	$F_f=680Df^{0.7}K_p$
		扩钻	$M=900Da_p{}^{0.9}f^{0.8}K_p$	$F_f=378a_p{}^{1.3}f^{0.7}K_p$
耐热钢 (1Cr18Ni9Ti 141HBW)	高速工具钢	钻	$M=410D^2f^{0.7}K_p$	$F_f=1430Df^{0.7}K_p$
灰铸铁 (190HBW)	高速工具钢	钻	$M=210D^2f^{0.8}K_p$	$F_f=427Df^{0.8}K_p$
	硬质合金	钻	$M=120D^{2.2}f^{0.8}K_p$	$F_f=420D^{1.2}f^{0.75}K_p$
	高速工具钢	扩钻	$M=850D^2a_p{}^{0.75}f^{0.8}K_p$	$F_f=135a_p{}^{1.2}f^{0.4}K_p$
可锻铸铁 (150HBW)	高速工具钢	钻	$M=210D^2f^{0.8}K_p$	$F_f=433Df^{0.8}K_p$
	硬质合金	钻	$M=100D^{2.2}f^{0.8}K_p$	$F_f=325D^{1.2}f^{0.75}K_p$
铜合金 (120HBW)	高速工具钢	钻	$M=120D^2f^{0.8}K_p$	$F_f=315Df^{0.8}K_p$

注：1. M—切削转矩，单位为 N · mm；F_f—轴向切削力，单位为 N；D—钻头直径，单位为 mm；f—每转进给量，单位为$\frac{mm}{r}$；K_p—修正系数，见表 3-129。

2. 当钻头横刃未经刃磨，轴向切削力比计算值大 33%。

表 3-129　K_p 值

材料	结构钢 铸钢	灰铸铁	可锻铸铁	铜合金	铜
K_p	$\left(\frac{R_m}{750}\right)^{0.75}$	$\left(\frac{HBW}{190}\right)^{0.6}$	$\left(\frac{HBW}{150}\right)^{0.6}$	K_p 计算式见表 3-122	

4. 其他加工切削力或转矩

1）刨削力和插削力按下式计算：

$$\left.\begin{aligned} F_c &= 1.1Fa_pfK_fK_\gamma K_{VB} \quad (\lambda_s=0°) \\ F_c &= \frac{1.1K}{\cos\lambda_s}Fa_pfK_fK_\gamma K_{VB} \quad (\lambda_s\neq0°) \end{aligned}\right\} \tag{3-103}$$

式中 F_c——刨削或插削时主切削力，单位为 N；

F——单位切削面积上的主切削力，单位为 MPa(见表 3-130)；

a_p——切削深度，单位为 mm；

f——进给量，单位为 mm/r；

K_f——进给量修正系数(见表 3-131)；

K_γ——前角修正系数(见表 3-132)；

K_{VB}——刀具后刀面磨损修正系数(见表 3-133)；

λ_s——刀刃倾角，单位为(°)；

$K=1-\frac{\gamma_e-\gamma_n}{100}$——由刃前角确定的实际前角影响系数)；

γ_e——实际切削前角(在切屑流向和切削速度方向构成的截面内测量)，可近似由下式计算：$\sin\gamma_e=\sin^2\lambda_s+\cos^2\lambda_s\sin\gamma_n$；

γ_n——法向前角(在垂直于切削刃的法向截面内测量)，$\tan\gamma_n=\tan\gamma_o\cos\lambda_s$。

表 3-130 常用材料的单位切削力

工件材料		硬度(HBW)	单位切削力/MPa
碳素结构钢	Q235	134~137	1920
	45	187	2000
		229	2350
		44HRC	2700
	40Cr	212	2000
		285	2350
	38CrNi	292	2240
铸铁	HT200	170	1140
	QT450-10	170~207	1440
	KTH300-06	170	1370
铜及其合金	H62	80	1450
	QSn6. 5-0. 4	74	700
	T2	85~90	1650
铝合金	ZL101	45	830($\gamma=15°$)；720($\gamma=25°$)
	ZL102	107	850($\gamma=15°$)；780($\gamma=25°$)

注：γ 为刀具前刀面角。

表 3-131 进给量修正系数

进给量/mm	0. 1	0. 15	0. 2	0. 25	0. 3	0. 35	0. 4	0. 45	0. 5
K_f	1. 18	1. 11	1. 06	1. 03	1	0. 97	0. 96	0. 94	0. 92

注：表中数据用于式(3-103)。

表 3-132　前角修正系数 K_{γ}

工件材料	前角							
	-10°	0°	5°	10°	15°	20°	25°	30°
45 钢	1.28	1.18		1.05	1	0.95	0.89	0.85
灰铸铁 HT200	1.37	1.21		1.65	1	0.95		0.84
纯铜 H62			1.34	1.15	1	0.93	0.80	0.65
铅黄铜 HPb59-1		1.06	1.04	1.02	1	0.98		

注：表中数据用于式(3-103)。

表 3-133　刀具后刀面磨损修正系数 K_{VB}

工件材料	钢	后刀面磨损，VB/mm	0	0.10	0.20	0.30	0.40		
		K_{VB}	1	1.1	1.2	1.3	1.4		
	铸铁	后刀面磨损，VB/mm	0	0.25	0.40	0.60	0.80	1.0	1.3
		K_{VB}	1	1.13	1.15	1.17	1.19	1.25	1.34

注：表中数据用于式(3-103)。

2）拉削切削力计算。拉削时最大纵向拉力按下式计算：

$$F_c = FBz \tag{3-104}$$

式中　F_c——最大纵向切削力(拉力)，单位为 N；

F——拉刀每齿 1mm 刃宽切削力，单位为$\frac{\mathrm{N}}{\mathrm{mm}}$，见表 3-134；

B——拉削宽度，单位为 mm；

z——拉刀同时拉削的最大齿数。

表 3-134　拉刀每齿 1mm 刃宽的切削力　　(单位：N/mm)

拉刀每齿升高量/mm	工件材料								
	碳素结构钢			合金钢			灰铸铁		可锻铸铁
	硬度　HBW								
	≤197	198~229	>229	≤197	198~229	>229	≤180	>180	
0.01	65	71	85	76	85	91	55	75	63
0.02	95	105	125	126	136	158	81	89	73
0.03	123	136	161	157	169	186	104	115	94
0.04	143	158	187	184	198	218	121	134	109
0.06	177	195	232	238	255	282	151	166	134
0.08	213	235	280	280	302	335	180	200	164
0.10	247	273	325	328	354	390	207	236	192
0.12	285	315	375	378	407	450	243	268	220
0.14	324	357	425	423	457	505	273	303	250
0.16	360	398	472	471	510	560	305	336	276
0.18	395	436	520	525	565	625	334	370	302
0.20	427	473	562	576	620	685	360	402	326
0.22	456	503	600	620	667	738	385	427	349
0.25	495	545	650	680	730	810	421	465	376
0.30	564	615	730	785	845	913	476	522	431

利用表3-134应考虑刀齿的前角、后角的合理性和刀齿后面的磨损，图3-246a表示前角对单位刃宽拉削力的影响；图3-246b表示拉刀刀齿后面磨损量与拉刀速度的关系（这时$\gamma=15°$，后角$\alpha=2°$，拉削累计长度200mm，用切削油）。

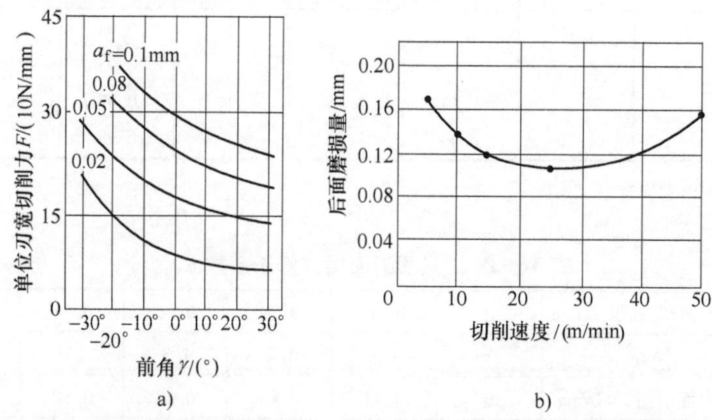

图3-246 前角与单位刃宽拉削力F和刀齿后刀面磨损与拉削速度的关系

a）前角对单位刃宽拉削力的影响 b）拉刀刀齿后面磨损量与拉刀速度的关系（$\gamma=15°$）

3）磨削切削力的计算。磨削力可分为切向分力F_c、径向力F_p和进给力F_f，通常$F_f=\left(\frac{1}{6}\sim\frac{1}{4}\right)F_c$，一般不需考虑；而通常$F_p=(1.5\sim3)F_c$，这是磨削不同于车、铣加工的特点。

磨削时径向磨削分力按下式计算

$$F_p=Z_wB \tag{3-105}$$

式中 F_p——径向磨削分力，即径向力，单位为N；

Z_w——单位长度金属切除率，单位为$\frac{mm^3}{mm \cdot s}$，即单位时间内单位宽度砂轮所切除金属的体积；

B——磨削宽度，单位为mm。

一般外圆磨削时的Z_w可按表3-135选用。

表3-135 磨削金属切除率Z_w（工件材料为45钢，调质250HBW）

砂轮线速度/(m/s)	40	60	80
Z_w/[mm^3/(mm·s)]	6~7.5	8~10	11~13

注：被磨削材料强度和硬度高，Z_w取小值；砂轮直径较大（>400mm），Z_w取较大值。

4）攻螺纹切削转矩的计算。按下式计算用丝锥在铸件上攻螺纹时的切削转矩：

$$M=195d^{1.4}S^{1.5}K \tag{3-106}$$

式中 M——攻螺纹时的切削转矩，单位为N·mm；

d——丝锥直径，单位为mm；

S——丝锥螺距，单位为mm；

K——修正系数（见表3-136）。

表 3-136　修正系数 K

硬度(HBW)	有冷却润滑液	无冷却润滑液
120~140	0.66	0.82
140~180	0.80	1.00
180~220	1.00	1.25
220~240	1.13	1.41

注：表中数据用于式(3-106)。

按下式计算用丝锥在钢件上攻螺纹时的切削转矩：

$$M=270d^{1.4}S^{1.5}K \tag{3-107}$$

式(3-106)中，M、d、S 和 K 的含义与式(3-106)相同，K 值见表 3-137。

表 3-137　修正系数 K

所加工钢的牌号	10	20	35	45	40Cr
K	1.7	1.3	0	1	1

注：表中数据用于式(3-107)。

5）刮端面切削力计算。刮端面是指，用宽刃刀具加工内孔端面上的环形端面，当用高速工具钢刀具在灰铸铁上刮端面时，切削力和转矩的计算式为

$$\left.\begin{aligned} F_z &= 894zf_z^{0.64}B^{0.95}K_{HBZ}K_v \\ F_x &= 411zf_z^{0.52}B^{0.98}K_{HBX} \\ M &= \frac{zF_zD}{2} \end{aligned}\right\} \tag{3-108}$$

式中　F_z、F_x——分别为每齿圆周和轴向切削力，单位为 N；

M——切削转矩，单位为 N · mm；

f_z——每齿进给量，$\frac{mm}{z}$；

z——刀齿数；

D——被加工端面的平均直径，单位为 mm；

B——切削宽度，单位为 mm；

$K_{HB}=\left(\frac{HBW}{200}\right)^{0.54}$——硬度修正系数(见表 3-138)；

$K_v=\left(\frac{20}{v}\right)^{0.08}$——切削速度修正系数(见表 3-138)($v$ 为切削速度,单位为 mm/min)。

表 3-138　修正系数 K_{HB} 和 K_v

HBW	120	140	160	180	200	220	240	v/(mm/min)	10	20	30	40
K_{HBZ}	0.76	0.85	0.89	0.95	1	1.05	1.10	K_v	1.06	1	0.97	0.95
K_{HBX}	0.89	0.92	0.95	0.98	1	1.02	1.04					

注：表中数据用于式(3-108)。

当用硬质合金刀具在灰铸铁上刮削端面时，其切削力和转矩的计算式为

$$\left.\begin{aligned} F_z &= 600z \cdot f_z^{0.65} B^{1.17} K_{HBZ} K_v \\ F_x &= 188z \cdot f_z^{0.37} B^{1.14} K_{HBX} \\ M &= \frac{zF_z D}{2} \end{aligned}\right\} \tag{3-109}$$

式(3-109)中各代号的含义同式(3-108)，这时

$$K_{HBZ} = \left(\frac{HBW}{200}\right)^{0.55}; \quad K_{HBX} = \left(\frac{HBW}{200}\right)^{0.30}; \quad K_v = \left(\frac{30}{v}\right)^{0.05}$$

修正系数 K_{HBZ}、K_{HBX} 和 K_v 见表 3-139。

表 3-139 修正系数 K_{HBZ}、K_{HBX} 和 K_v

HBW	120	140	160	180	200	220	240	v/(mm/min)	10	20	30	40
K_{HBZ}	0.75	0.82	0.89	0.94	1	1.05	1.10	K_v	1.06	1.02	1	0.99
K_{HBX}	0.85	0.90	0.94	0.97	1	1.03	1.07					

注：表中数据用于式(3-109)。

6）滚齿切削转矩的计算。用齿轮滚刀加工齿轮时，按下式计算最大滚切转矩：

$$M_{max} = 9.1m^{1.75} f^{0.65} a_p^{0.8} v^{-0.26} z^{0.27} K_1 K_2 K_3 \tag{3-110}$$

式中 M_{max}——最大滚切转矩，单位为 N·m；

f——滚齿进给量，单位为$\frac{mm}{r}$；

a_p——滚齿深度，单位为 mm；

v——滚齿切削速度，单位为$\frac{m}{min}$；

m——滚齿模数，单位为 mm；

K_1、K_2 和 K_3——分别为工件材料、硬度和螺旋角的修正系数，见表 3-140。

表 3-140 修正系数 K_1、K_2 和 K_3

工件材料	硬度(HBW)	K_1	工件材料	硬度(HBW)	K_2	工件材料	螺旋角	K_3
45	220	1	45	180	1.05	45	0°	1
40Cr	221	1.08	40Cr	200	1.03	40Cr	10°	1.07
T8	269	1.11	T8	220	1	T8	20°	1.11
20CrMnTi	265	1.34	20CrMnTi	240	1.18	20CrMnTi		
30CrMnSiA	265	1.24	30CrMnSiA	260	1.13	30CrMnSiA		
07Cr19Ni11Ti	150	1.28	07Cr19Ni11Ti	280	1.07	07Cr19Ni11Ti		
95Cr18	262	1.25	95Cr18	300	1	95Cr18		
W18Cr4	318	1.68	W18Cr4			W18Cr4		
灰铸铁	190	0.48	灰铸铁			灰铸铁		

注：表中数据用于式(3-110)。

7）高强度钢切削力的计算。按下式计算高强度钢的切削力

$$F = KF_{45} a_p f \tag{3-111}$$

式中　F——高强度钢的切削力，单位为 N；

F_{45}——在相同条件下切削正火 45 钢的单位切削力，单位为 MPa；

K——所加工高强度钢单位切削力与 F_{45}的比值，见表 3-141；

a_p——切削深度，单位为 mm；

f——进给量，单位为$\frac{mm}{r}$。

表 3-141　几种钢单位切削力与 F_{45}的比值 K

工件材料	硬度 HRC	R_m/MPa	K
20CrNiMo	18~19	>688	1.05
40CrNiMoA	35~40	>882	1.17
45CrNiMoVA	38~42	1080~1120	1.2
30CrMnSiA	42~47	≥1080	1.24
60Si2Mn	38~42	≥1300	1.27
35CrMnSiA	44~49	≥1320	1.30
45Cr14Ni14W2Mo		700~880	1.49

注：45 钢，热处理硬度为 20HRC，R_m=600MPa，K=1。

3.10.4　夹紧力的传递及其计算

在本章中对各种夹紧力源做了介绍，很多夹紧力源并不直接作用在工件上，而是经过中间一个或多个传递环节将夹紧力传到工件上。在设计机床夹具时，已知工件所需夹紧力时，应根据夹具结构确定夹紧力源产生多大的力。

图 3-247 所示为一夹紧机构简图，已知工件所需夹紧力为 Q，根据力臂关系，可得用螺母夹紧时应产生力 F 的计算式为

$$F=Q\frac{l+l_1}{l_1}\frac{1}{\eta}(\eta\ 为传动效率)$$

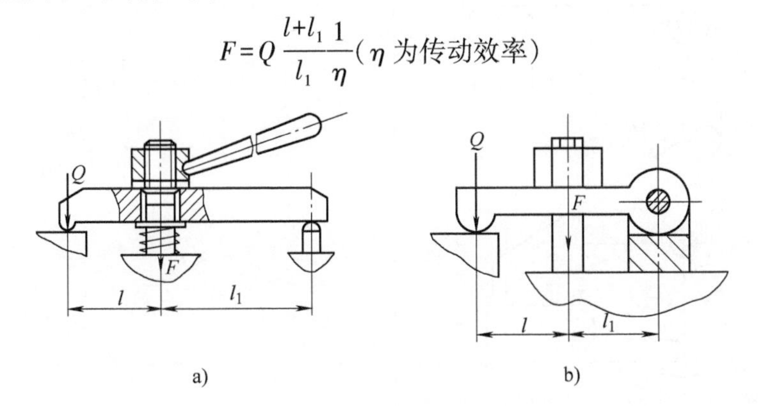

图 3-247　压板夹紧力

对图 3-247a，夹紧力源采用螺母-螺栓夹紧机构，其产生的夹紧力未经中间环节作用在工件上和支承钉上，并且支承钉是球面的，没有摩擦；而压板与工件为线接触（压板为圆弧形），所以 $\eta=1$。

对图 3-247b，螺母产生的夹紧力经铰链作用在工件上，有滑动摩擦，所以 $\eta=0.95$。

下面举例说明部分夹紧机构力的传递和其计算式，见表 3-142 和表 3-144（分别表示铰链

杠杆、螺旋和偏心以及联动夹紧力的传递和计算式）。

表 3-142 铰链杠杆压板夹紧力计算式

序号	杠杆形式	计算公式
1	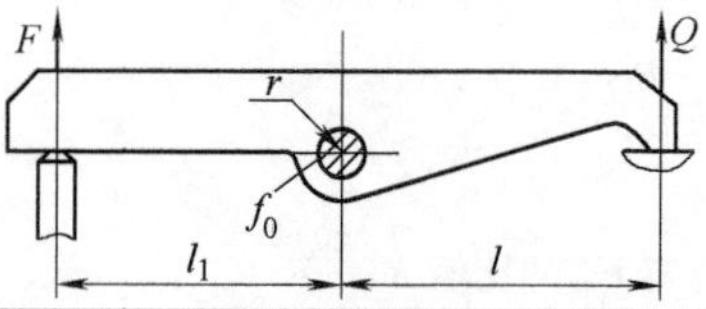 F Q r f_0 l_1 l	$F=Q\dfrac{l+rf_0}{l_1-rf_0}$ 式中 f_0——铰链摩擦力，单位为N； F——力源产生的作用力，单位为N； Q——工件夹紧力，单位为N
2	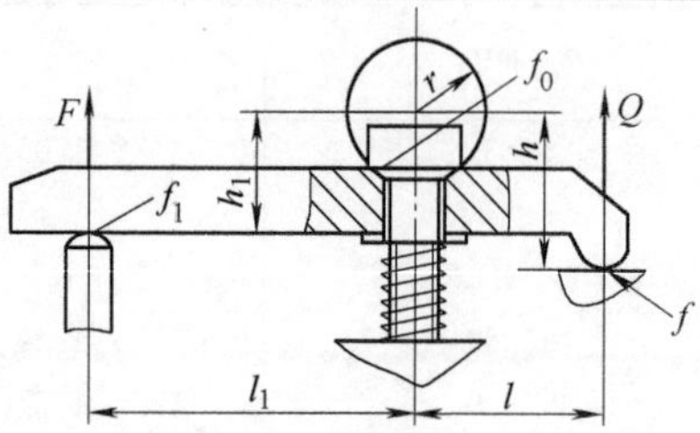 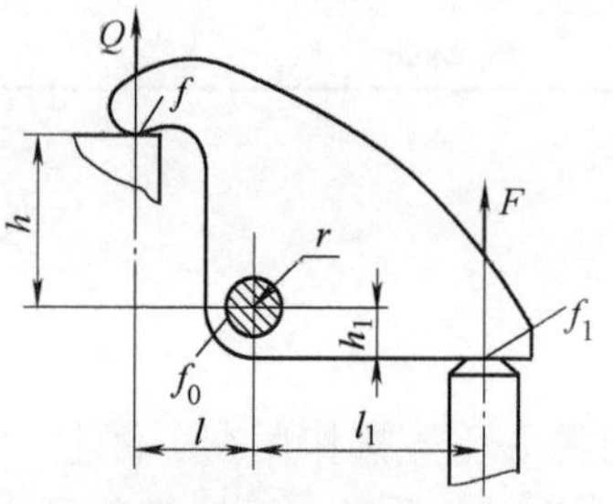 F r f_0 Q h h_1 f_1 f l_1 l Q f h F r f_1 h_1 f_0 l l_1	$F=Q\dfrac{l+hf+rf_0}{l_1-h_1f_1-rf_0}$
3	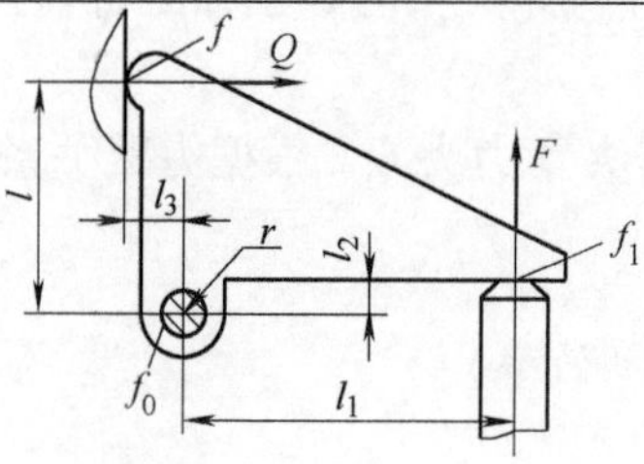 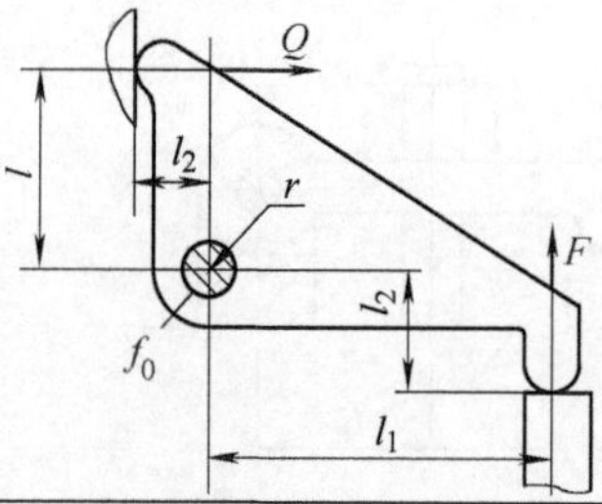 f Q l F l_3 f_1 l_2 r f_0 l_1 Q l l_2 r F l_2 f_0 l_1	$l_1>l$ $F=Q\dfrac{l+l_3f+0.96rf_0}{l_1-l_2f_1-0.4rf_0}$ $l_1=l$ $F=Q\dfrac{l+l_3f+1.4rf_0}{l_1-l_2f_1}$
4	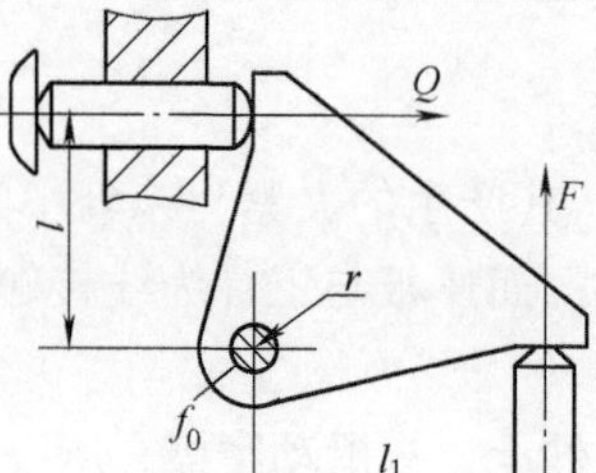 Q F l r f_0 l_1	$l_1>l$ $F=Q\dfrac{l+0.96rf_0}{l_1-0.4rf_0}$ $l_1=l$ $F=Q\dfrac{l+1.4rf_0}{l_1}$

（续）

序号	杠杆形式	计算公式
5	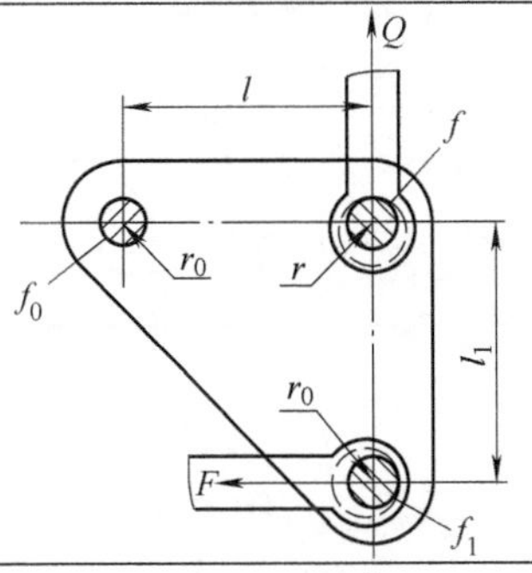	$l=l_1 \quad F=Q\dfrac{l+rf+1.41r_0f_0}{l_1-r_1f_1}$
6	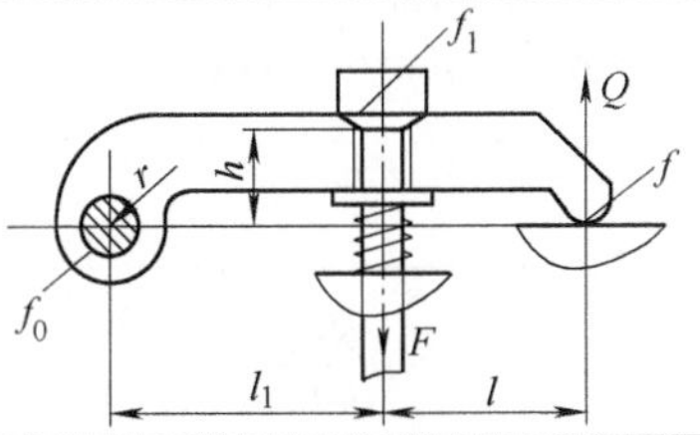	$F=Q\dfrac{(l+l_1)+\left(\dfrac{l+l_1}{l_1}-1\right)f_0r}{l_1-hf_1}$
7	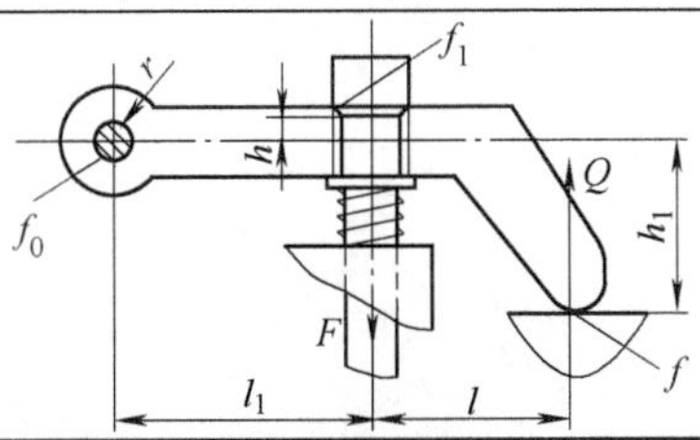	$F=Q\dfrac{(l+l_1)+\left(\dfrac{l+l_1}{l_1}-1\right)f_0r+h_1f}{l_1-hf_1}$

注：上述各机构均可按下式近似计算：

$F=QK_1$（序号 1~5）或 $F=QK_2$（序号 6~7），$K_1=\dfrac{l}{l_1}\times\dfrac{1}{\eta}$；$K_2=\dfrac{l+l_1}{l_1}\times\dfrac{1}{\eta}$。

K_1 和 K_2 值见表 3-143。

表 3-143　K_1 值和 K_2 值

K_1 值

η	l/l_1										
	1.2	1.6	2.0	2.4	2.8	3.0	3.2	3.4	3.6	3.8	4.0
0.95	0.877	0.658	0.526	0.439	0.376	0.351	0.329	0.31	0.292	0.277	0.263
0.90	0.926	0.694	0.555	0.463	0.397	0.37	0.347	0.327	0.309	0.292	0.278
0.85	0.98	0.735	0.588	0.49	0.42	0.392	0.368	0.346	0.327	0.31	0.294
0.80	1.04	0.781	0.625	0.521	0.446	0.417	0.391	0.368	0.347	0.329	0.312

K_2 值

η	l_1/l										
	3.0	2.8	2.6	2.4	2.2	2.0	1.8	1.6	1.4	1.2	1.0
0.95	1.40	1.43	1.46	1.49	1.53	1.58	1.63	1.71	1.80	1.93	2.10
0.90	1.48	1.51	1.54	1.57	1.62	1.67	1.73	1.80	1.90	2.04	2.22
0.85	1.57	1.60	1.63	1.67	1.71	1.76	1.83	1.91	2.02	2.16	2.35
0.80	1.67	1.70	1.73	1.77	1.82	1.88	1.94	2.0	2.14	2.29	2.50

注：表中数据用于表 3-142。

表 3-144 螺旋和偏心夹紧机构所需作用力 F 或转矩 M 计算式

序号	夹紧形式	计算式
1	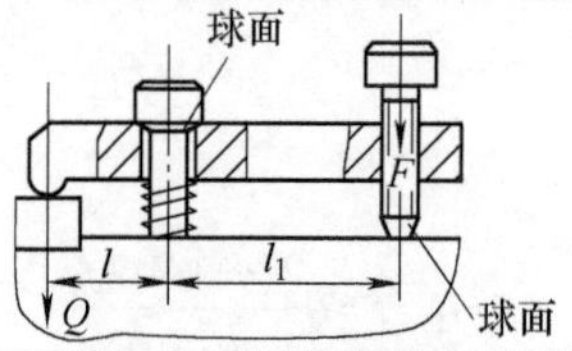	$F=Q\dfrac{l}{l_1}\dfrac{1}{\eta}$（$Q$ 为工件夹紧力） $M=F\dfrac{d_2}{2}\tan(\alpha+\varphi)$
2	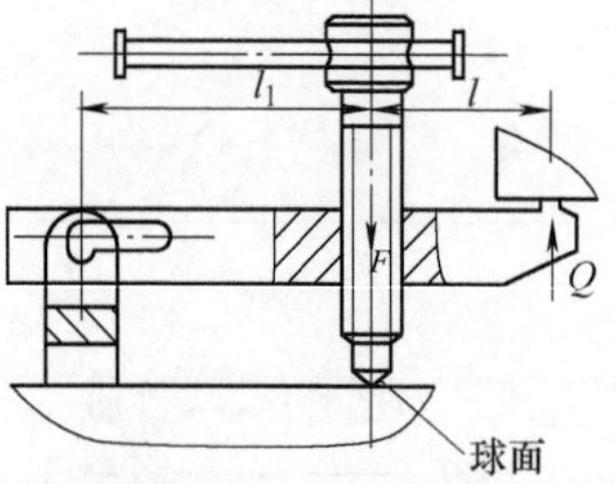	$F=Q\dfrac{l+l_1}{l}\dfrac{1}{\eta}$ $M=FQ\tan(\alpha+\varphi)$
3	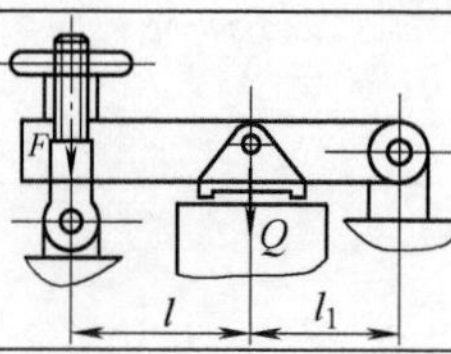	$F=Q\dfrac{l_1}{l+l_1}\dfrac{1}{\eta}$ $M=Q\left[\dfrac{d_2}{2}\tan(\alpha+\varphi)+\dfrac{2}{3}\dfrac{R^3-r^3}{R^2-r^2}\right]$
4	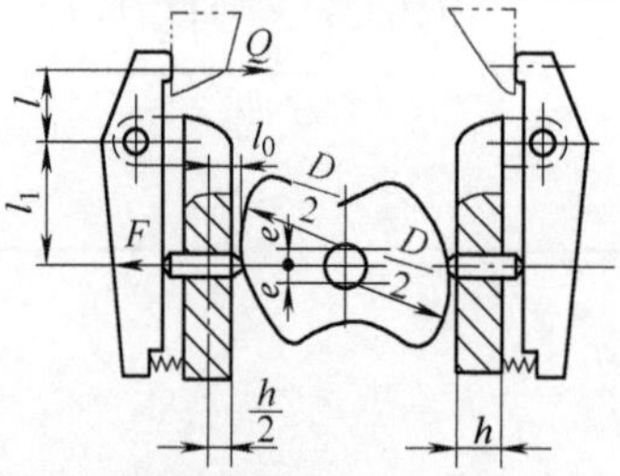	$F=Q\dfrac{l}{l_1}\dfrac{1}{\eta}$（$Q$ 为工件夹紧力） $M=2F\rho\dfrac{\tan(\alpha+\varphi_1)+\tan\varphi_2}{l-\tan(\alpha+\varphi_1)\dfrac{3l_0}{h}\tan\varphi_3}\dfrac{l}{l_1}\dfrac{1}{\eta}$
5	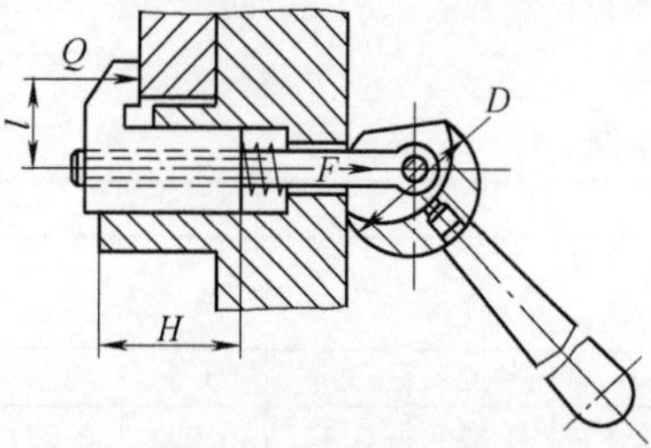	$F=Q\left[\left(1+\dfrac{3l}{H}f\right)+q\right]$ $M=\left[Q\left(1+\dfrac{3l}{H}f\right)+q\right]\times[\tan(\alpha+\varphi_1)+\tan\varphi_2]\rho$
6	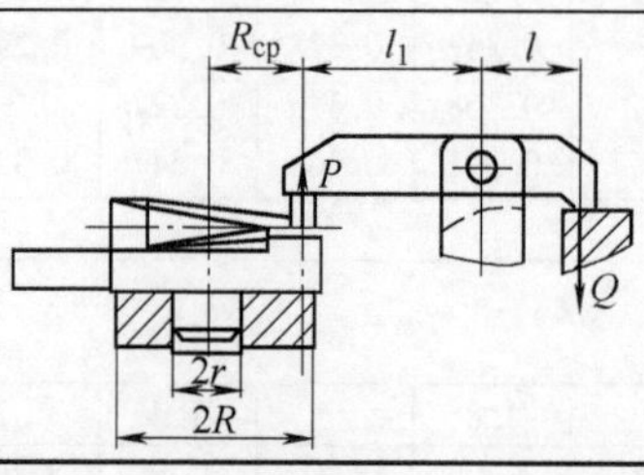	$F=Q\dfrac{l}{l_1}\dfrac{1}{\eta}$ $M=F\left[R_1\tan(\alpha+\varphi_1)+\dfrac{2}{3}\dfrac{R^3-r^3}{R^2-r^2}f_3\right]\dfrac{l}{l_1}\dfrac{1}{\eta}$

注：对序号 1~3，d_2 为螺纹中径；α 为螺纹升角；φ 为螺纹表面摩擦角；R 和 r 分别为螺母支承面的外圆和内圆半径。对序号 4~6，α 为偏心轮上夹紧点升角；φ_1 为偏心轮与夹紧表面间的摩擦角；φ_2 为偏心轮回转轴间的摩擦角；φ_3 为双滑柱导向时导向孔与滑柱间的摩擦角；ρ 为夹紧时偏心轮的回转半径（回转中心到夹紧的距离）；f 为钩形压板导向部分的摩擦系数。

第4章 工件在夹具上同时定位和夹紧

工件在夹具上同时定位和夹紧主要用于车床和磨床上，常用的夹具有各种卡盘、弹性夹头和其他弹性元件(包括塑料心轴)等。

对于一般生产单位，卡盘、弹性夹头等自定心元件或部件，大都由生产单位外购。在本章中，对上述各种定心夹紧装置的结构、性能和应用等作适当的介绍，以供选用、使用和设计专用夹具时应用。

4.1 三爪和多爪卡盘定心夹紧

4.1.1 几种常见的卡盘

自定心卡盘是最常见的自定心夹紧装置。

图4-1所示为大量生产使用较多的楔夹紧自定心卡盘。在本体1的径向槽中有三个滑块5，夹爪6装在滑块5的定位槽中，用螺钉固定。滑体3有三个与轴线成15°的槽，当滑套移动时，夹爪即可夹紧或松开工件。当用内扳手使滑体3反时针转15°后，即可取出夹爪6。图4-1所示卡盘的主要尺寸见表4-1。

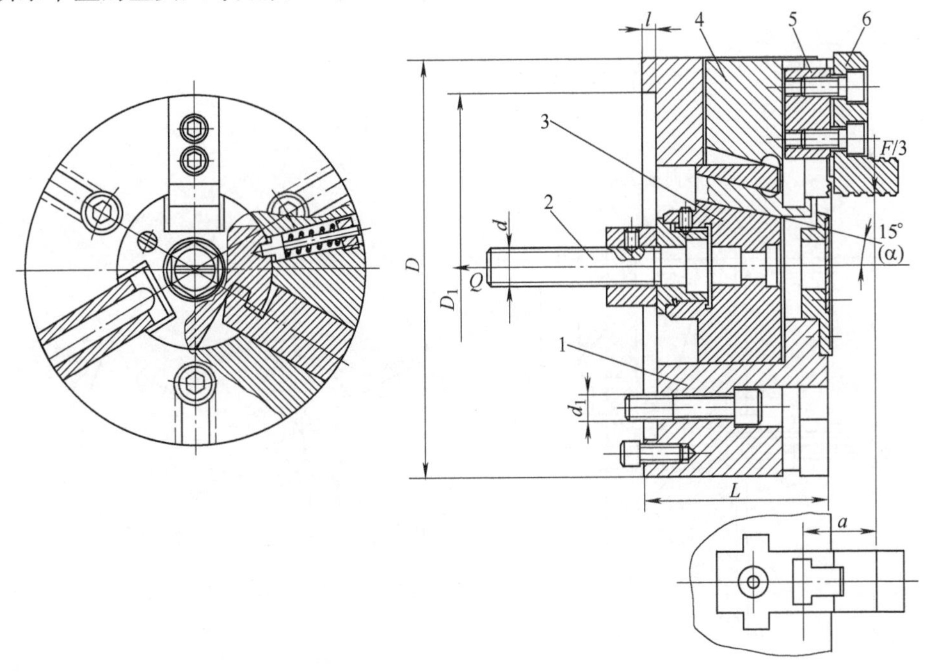

图4-1 楔夹紧自定心卡盘

1—本体 2—拉杆 3—滑体 4—滑座 5—T形滑块 6—夹爪

楔式自定心卡盘在轴向力 Q 作用下产生的总夹紧力 F 按下式计算[64]（每个夹爪的夹紧力为$\frac{F}{3}$）

$$F=\frac{Q}{K\left(1+\frac{3af}{l}\right)\tan(\alpha+\varphi)}$$

式中　a 和 l——见图 4-1；

f——夹爪与工件表面的摩擦系数；

K——安全系数。

表 4-1　楔式自定心卡盘的主要尺寸　（单位：mm）

D	D_1(H7)	L	l	件 3 的螺纹直径	d	d_1	夹爪行程
100	72	70	6	M39	M12	M10	3
125(130)	95(100)	80	6	M45	M12	M10	4
160	130	90	8	M52,M60	M16	M10	5
200	165	100	8	M68,M76,M90	M20	M12	6
250	210	110	8	M62,M68,M75	M24	M16	7
315(320)	270	125	10	M90,M105,M120	M27	M16	8
400	340	145	10	M120,M135	M27	M16	10
500	440	175	12	M135,M150	M36	M20	12
630	560	210	12	M150	M36	M20	14

图 4-2 所示为杠杆夹紧自定心卡盘，滑套 1 移动，杠杆 3 在轴上摆动，夹紧或松开工件。其主要尺寸同表 4-1。在轴向力 Q 作用下，产生的总夹紧 F 按下式计算：

$$F=\frac{Q}{K\left(1+\frac{3a}{h}f_1\right)\frac{b}{c}}$$

式中　K——安全系数；

f_1——夹爪导向表面的摩擦系数；

a、h、b、c——参见图 4-2。

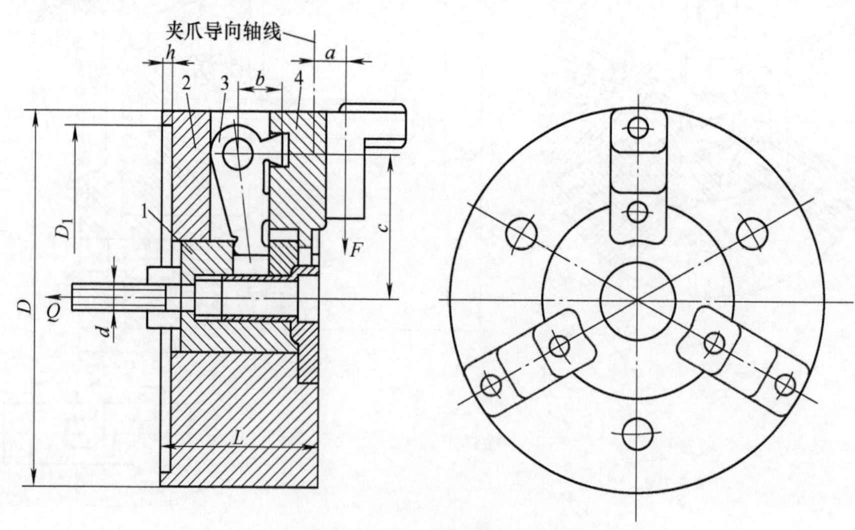

图 4-2　杠杆夹紧自定心卡盘

1—滑套　2—本体　3—杠杆　4—主夹爪

杠杆-楔面夹紧自定心卡盘的结构是：当中心杆向左移动时，轴套带动杠杆转动，夹紧工件；而当中心杆向右移动时，轴套向右移动，通过轴套右端上的斜面使夹爪向上，松开工件。表 4-2 列出了这种卡盘的主要尺寸。

表 4-2　杠杆-楔面夹紧自定心卡盘的结构和主要尺寸　（单位：mm）

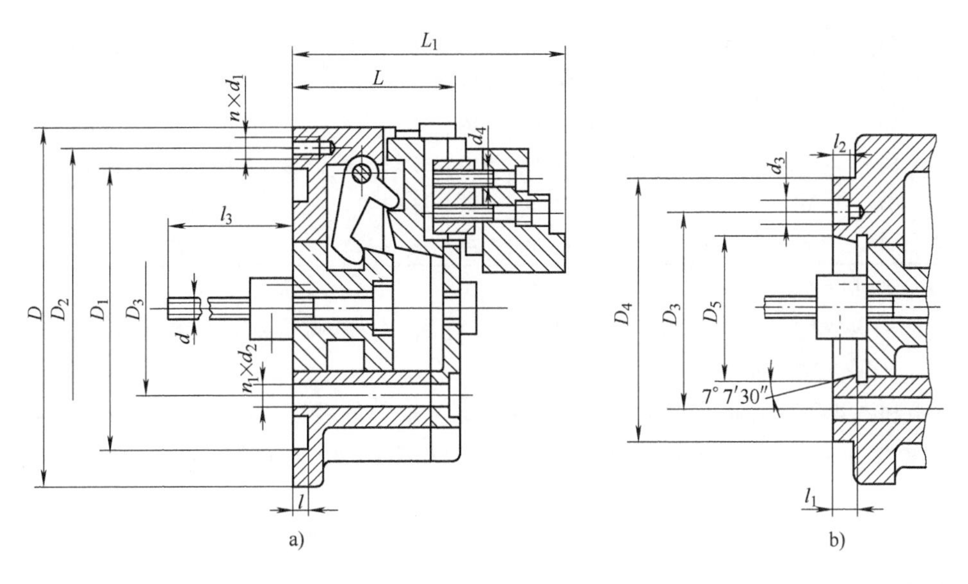

D	D_1(H7)	D_2	D_3	D_4	D_5		L(不大于)		L_1(不大于)	
					公称尺寸	极限偏差	图 a	图 b	图 a	图 b
125	95	108	70.6	92	53.975	+0.003 -0.005	75	85	115	125
160	130	142	82.6	108	65.513	+0.003 -0.005	80	95	125	140
200	165	180	104.8	133	82.563	+0.004 -0.006	100	115	160	175
250	210	226	104.8	133	82.563	+0.004 -0.006	110	125	165	180
315	270	290	133.4	165	106.375	+0.004 -0.006	125	140	190	210
400	340	368	171.4	210	139.719	+0.004 -0.008	145	165	230	250
500	440	465	235.0	280	196.869	+0.004 -0.010	170	190	260	280
630	560	595	330.2	380	285.775	+0.004 -0.012	200	230	300	330

（续）

D	夹爪宽度 B	d	d_1	d_2	d_3 $\left(\begin{smallmatrix}+0.1\\0\end{smallmatrix}\right)$	d_4	l	l_1	l_2	l_3	孔数		夹爪行程
											n	n_1	
125	28	M12	M8	11	—	M8	4	—	—	167	3	3	4
160	34	M12	M8	11	14.70	M10	4	—	6.5	168	3	3	5
200	40	M20	M10	11	16.30	M12	4	16	6.5	200	3	6	6
250	40	M20	M12	11	16.30	M12	5	16	6.5	201	3	6	7
315	50	M24	M12	13	19.45	M16	5	18	6.5	276	3	6	8
400	60	M24	M16	17	24.20	M20	5	18	8.0	285	3	6	10
500	60	M24	M16	19	29.40	M20	6	20	10.0	324	6	6	12
630	80	M24	M16	24	35.70	M24	6	22	10.0	367	6	6	14

注：夹爪宽度图中未示。

楔夹紧卡盘的优点是：刚性好，耐磨性好，受离心力影响使夹紧力减小的程度比杠杆夹紧的卡盘小，但夹紧行程小。

图 4-1 和图 4-2 所示的卡盘动力源固定在车床主轴箱的后端，这样就无法加工棒料和需要伸入主轴内的工件。图 4-3 所示为 K55 型高速通孔楔式动力卡盘的结构，部分规格的主要尺寸见表 4-3。

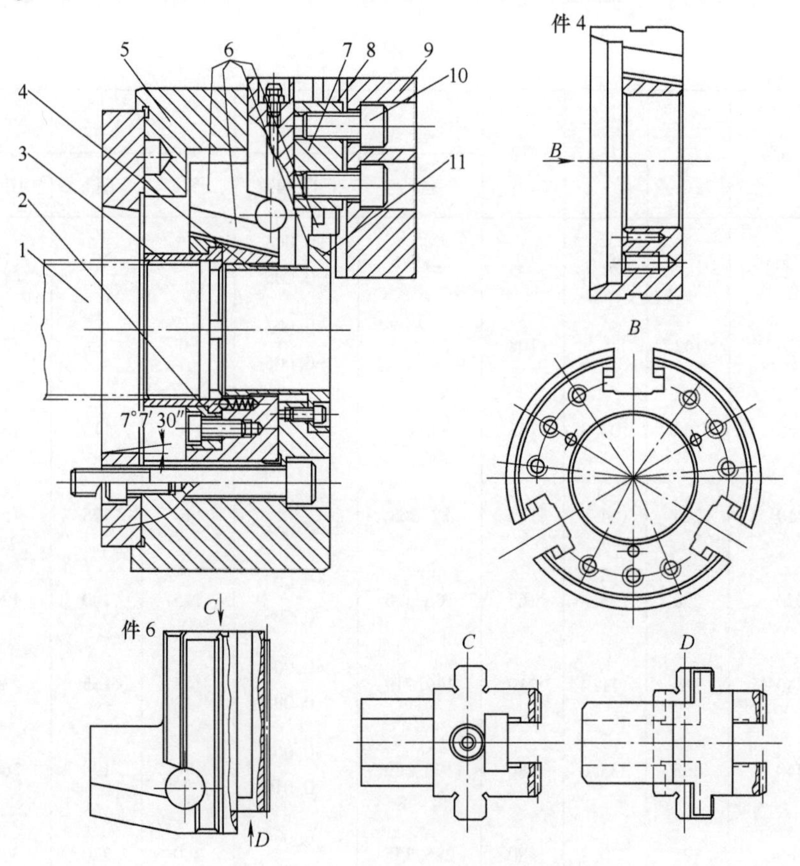

图 4-3　K55 型高速通孔楔式动力卡盘

1—推拉管　2—压盖　3—推拉螺母　4—楔形套　5—盘体　6—滑座

7—T 形块　8—梳形齿　9—卡爪　10—内六角圆柱头螺钉　11—防护套

表 4-3　K55 型高速通孔楔式动力卡盘部分规格的主要尺寸

型号	K55160—Ⅳ	K55220—Ⅳ	K55250—Ⅳ	K55315—Ⅳ
卡盘外径×高度/mm×mm	160×122	200×137	250×144	315×170
中孔直径/mm	35	48	68	85
定位子口直径/mm	140	170	200	300
螺钉个数×规格	4×M12	4×M14	4×M16	4×M18
螺孔分布直径/mm	104.8	133.4	171.4	235.0
推拉杆螺纹	M42×1.5	M55×1.5	M78×2	M100×3
楔心套最大行程/mm	17.5	20	20	25
最大夹紧力/N	4×10^4	7.5×10^4	9.6×10^4	12×10^4
最高转速/(r/min)	4500	4000	3500	2500

在中小批和单件生产中广泛采用手动夹紧的通用自定心夹紧卡盘，常用平面螺旋-齿条夹紧的结构，其结构如图 4-4a 所示。用内扳手转动锥齿轮 3，带动锥齿盘 4 转动，锥齿盘右端面上的平面螺旋槽带动夹爪 2(其上有齿条)径向移动，夹紧或松开工件。自定心卡盘的标准见 GB/T 4346—2008。

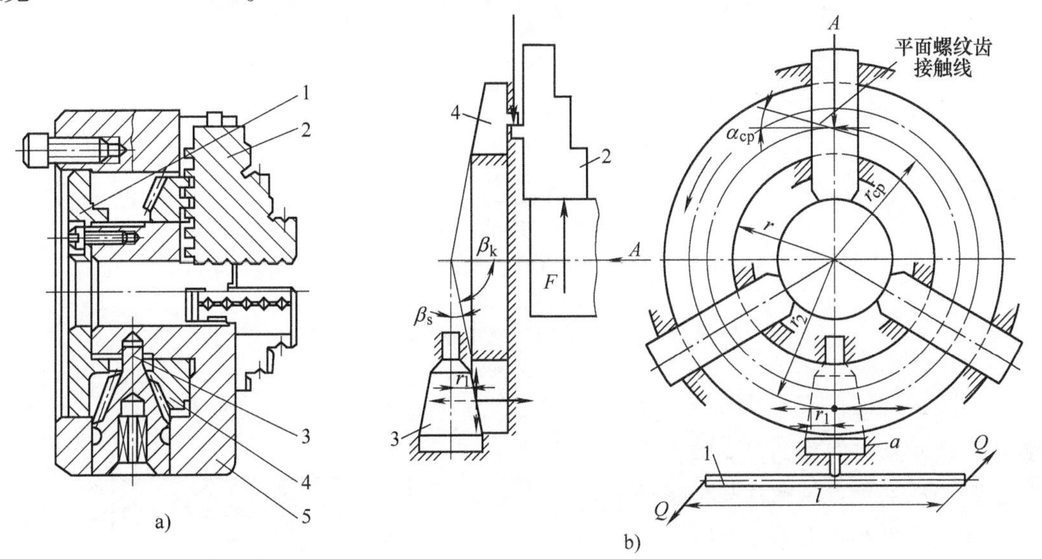

图 4-4　平面螺旋-齿条卡盘及其力计算图

a) 平面螺旋 -齿条卡盘

1—压盖　2—夹爪　3—锥齿轮　4—锥齿盘　5—本体

b) 力计算图

1—手柄　2—夹爪　3—锥齿轮　4—齿盘

平面螺旋-齿条卡盘的总夹紧力由下式确定：

$$F=Q\ \eta_1\ \eta_2\ \eta_3\ i_1\ i_2\ i_3$$

式中　Q——作用在手柄上的力(图 4-4)；

i_1、i_2、i_3——分别为手柄 1 与锥齿轮 3、锥齿轮 3 与齿盘 4、齿盘 4 与夹爪 2 之间力的传动比；

η_1、η_2、η_3——分别为上述三个传递环节的传动效率。

例如，$Q=250\text{N}$，$r=55\text{mm}$，$r_1=12\text{mm}$，$\beta_s=10°25'$，锥齿轮 3 的齿数 $z_s=10$，$r_2=85\text{mm}$，

$\beta_k=90°-\beta_s$，平面螺旋平均啮合角 $\alpha_{cp}=25°35'$，平面螺旋平均半径 $r_{cp}=75$mm，螺旋的螺距 $t=9.52$mm(3/8″)，$\alpha_{cp}=1°12'$，$Q=250$N。

由计算得，$i_1=16.4$，$i_2=0.89$，$i_3=6.65$；而 $\eta_1=0.96$，$\eta_2=0.153$，$\eta_3=0.81$。

卡盘的总夹紧为　$F=205\text{N}\times0.96\times0.153\times0.81\times16.4\times0.89\times6.65=2887\text{N}$

平面螺旋-齿条卡盘的缺点是：锥齿盘上的平面螺旋与夹爪上的齿条齿是线接触，磨损快，磨损后精度降低。为解决这个问题，需要对相关件进行淬火和磨加工，但这需要有专门的设备。

采用螺杆夹紧的自定心夹紧卡盘可克服平面螺旋-齿条夹紧卡盘的缺点，如图 4-5c 所示。在夹爪 1 的基面上做出半螺母，与固定在本体中的螺杆 2 啮合；螺杆 2 的下端做出锥齿轮，与中心齿轮端面锥齿轮啮合。在中心齿轮外圆上做出蜗轮圈，与蜗杆 5 啮合。用扳手转动蜗杆，使夹爪径向移动，夹紧或松开工件。这种结构的优点是螺杆与半螺母形式的夹爪螺旋表面在夹爪整个宽度上为面接触，因此耐磨性好，并且易于在普通设备上磨削加工；缺点是定心精度与两个传动副有关，而平面螺旋-齿条夹紧卡盘的定心精度只与一个传动副有关。

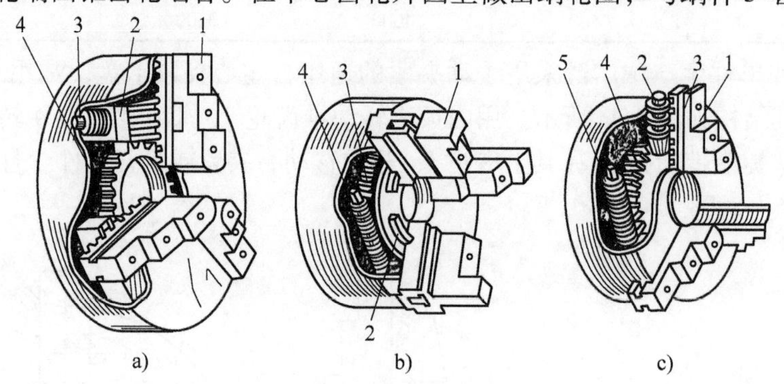

图 4-5　几种自定心夹紧卡盘

a）楔夹紧（齿轮齿条传动）

1—夹爪　2—齿条　3—螺杆　4—中心齿轮（在夹爪 1 和齿条 2 的端面上做出楔面）

b）偏心夹紧

1—夹爪　2—偏心凸块　3—中心蜗轮　4—蜗杆

c）螺杆夹紧

1—夹爪　2—螺杆（下端做出锥齿轮 3）　3—锥齿轮　4—中心锥齿轮　5—蜗杆

图 4-5b 所示为偏心夹紧自定心卡盘，在夹爪 1（组件）中有三个圆偏心槽，与在中心蜗轮右端面上的三个圆偏心凸块配合，蜗杆转动时，通过蜗轮转动，使各夹爪沿圆偏心导轨作径向移动，夹紧或松开工件。

图 4-6 所示为 KD 型电动自定心卡盘的结构，其主要技术参数见表 4-4。

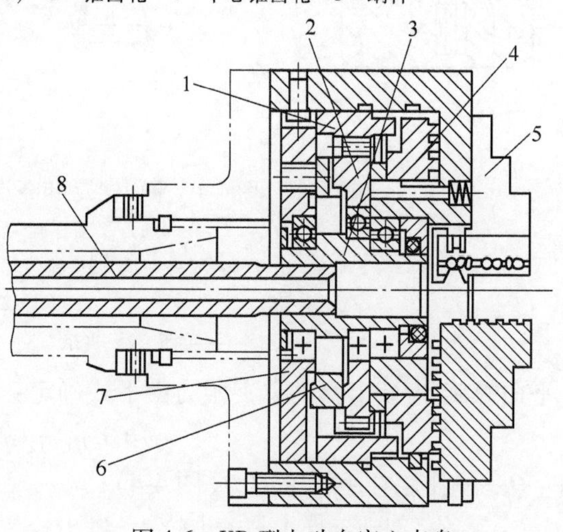

图 4-6　KD 型电动自定心卡盘

1、2—齿轮　3—偏心套　4—平面螺旋盘　5—夹爪

6—十字连接盘　7—连接盘　8—空心轴

表 4-4　KD 型电动自定心卡盘的技术参数

型号	卡盘外径×长　度/mm×mm	中孔直径/mm	正爪夹紧范围（直径）/mm	正爪撑紧范围（直径）/mm	反爪夹紧范围（直径）/mm	定位子口直径×深度/mm×mm	沿圆周连接螺钉个数×直径	连接螺钉螺孔中心位置直径/mm
KD11160	160×96.5	20	3~55	50~160	55~145	130×4	3×M8	142
KD11200	200×114	30	4~85	65~200	65~200	155×4	3×M10	180
	200×125	21				165×4		
KD11250	250×122.5	40	6~110	80~250	80~250	206×4	3×M12	226
KD11320	250×129.0	28	6~110	80~250	80~250	210×5	3×M12	226
	320×154.0	50	10~140	95~320	100~330	270×4	3×M16	290

除自定心卡盘外，二爪卡盘、单动卡盘和六爪卡盘等也获得了一定的应用：二爪卡盘多用于成形毛坯工件的自定心夹紧；六爪卡盘（包括八爪卡盘）主要用于加工壁厚较小的套类工件；单动卡盘一般不用于自定心。

二爪卡盘除有侧面双头螺杆夹紧的外，还有楔夹紧的和杠杆夹紧的。侧面双头螺杆夹紧时的作用力会引起夹爪在结构间隙内产生倾斜，由于螺纹磨损快，所以精度不高，主要适用于精度要求不高的粗加工。

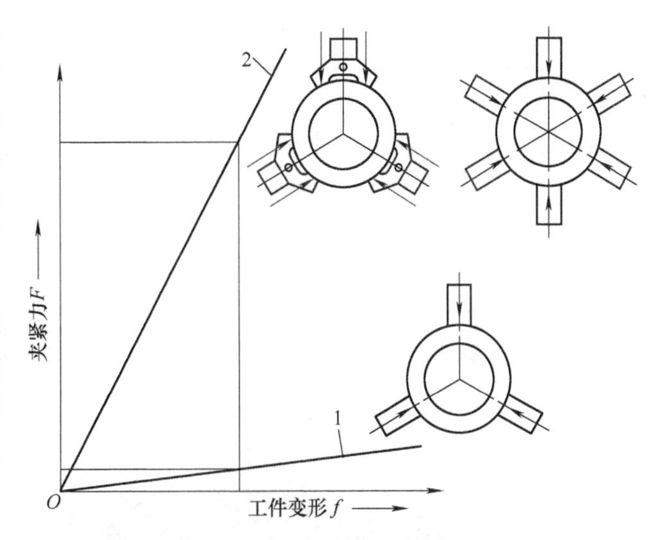

图 4-7　用自定心卡盘和六爪卡盘时夹紧力和加工后的变形
1—自定心卡盘　2—六爪卡盘

在工件加工后允许同样变形值的情况下，用六爪卡盘加工允许的切削力，比用自定心卡盘加工允许的切削力大得多，如图 4-7 所示。

图 4-8a 和 b 分别表示在自定心卡盘和六爪卡盘上，采用同样的夹紧力加工后内孔表面

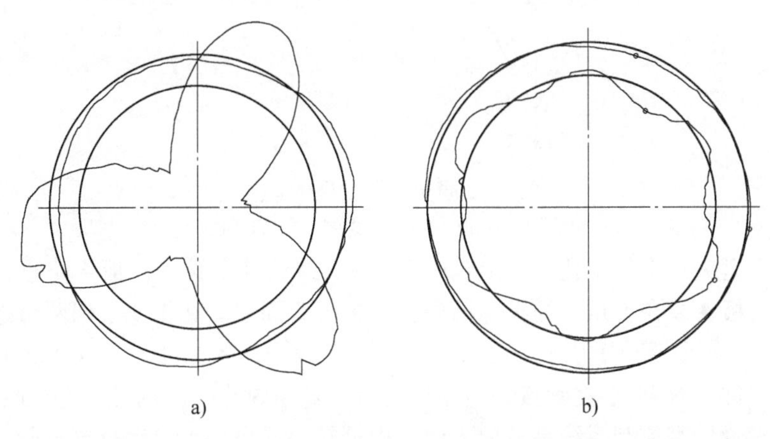

图 4-8　自定心卡盘和六爪卡盘夹紧时工件的变形曲线
a）自定心卡盘　b）六爪卡盘

的变形曲线，前者要比后者大8~9倍。

环形工件在卡盘上夹紧后，外圆表面会产生弹性变形，加工出圆孔的工件从卡盘上取下后，由于外圆表面恢复原状，将夹紧时外圆的变形传到内孔，使内孔产生变形Δd(圆度误差)，Δd与工件的刚性、夹紧力F和夹爪数量n有关，可按下式计算：[105]

$$\Delta d = K_n F \frac{R^3}{J \cdot E}$$

式中 K_n——与夹爪数量有关的系数；

F——卡盘各夹爪力的总和；

R——环形工件的平均直径；

J——工件横截面轴向惯性力矩；

E——工件材料的压缩弹性模量。

K_n 值见下表：

夹爪数 n	2	3	4	6	12
系数 K_n	0.285	0.06	0.023	0.0066	0.00075

六爪卡盘（直径为165~800mm）用于加工薄壁套类工件。

在没有六爪卡盘时，采用其他方法，例如用弹性夹头、波纹套或在自定心卡盘中加上弹性开槽套等，也可以解决加工薄壁套工件的问题，但在小批生产中经济上不合适。图4-9所示为在自定心卡盘的夹爪上装上附加夹紧装置是比较经济和简单的方法。

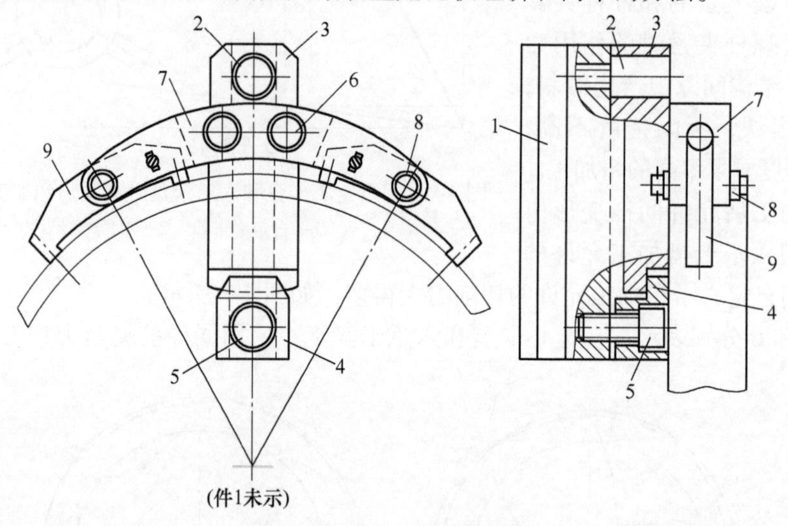

图4-9 自定心卡盘附加装置

1—夹爪 2—销轴 3、4—板 5、6、8—螺钉 7—扇形板 9—活动压块

在自定心卡盘夹爪1的螺孔中装上销轴2，板3绕销轴2转动，板4防止在切削力作用下使板3翻转，板4装在夹爪1的纵向槽中，用螺钉5固定。在板3上用两个螺钉6固定扇形板7，在其上有两个活动压块9，在每个压块上有两个压紧凸块。图4-9所示结构用于夹紧大直径薄壁工件，有12个夹紧点。当需要夹紧大直径内孔时，也可采用类似的结构。

在卡盘中设置检测控制系统是发展方向，根据转速或离心力自动控制夹紧力，不但可减小夹紧变形，而且可采用最佳切削速度加工不同直径的工件。

为了从几个方向加工轴线相互垂直的工件(例如十字轴、管接头等)，可采用二爪回转卡盘，如手动或自动液压二爪回转卡盘。液压回转二爪卡盘如图 4-10 所示，图中工件为三通管接头。

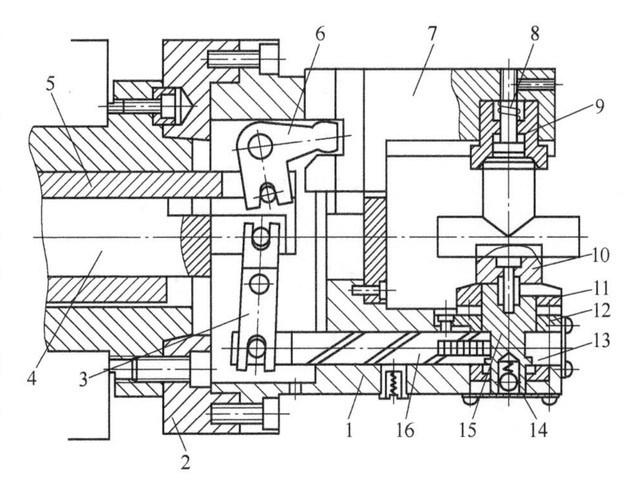

图 4-10　液压回转二爪卡盘

1—本体　2—过渡盘　3、6—杠杆　4、5—拉杆　7—夹爪　8、14—弹簧　9—定位套　10—V 形块　11—定位盘　12—盘　13—齿轮　15—轴　16—齿条

本体 1 通过过渡盘 2 固定在机床主轴法兰盘上。为使工件回转和夹紧，在主轴箱左端有两个液压缸(图中未示)，分别通过拉杆 5、4 和杠杆 6、3 与夹爪 7 和齿条 16 相连。

夹紧液压缸套形拉杆 5 向左移动，使固定在夹爪 7 上的 V 形定位套 9 向下移动，将工件夹紧。当加工完工件一端的加工部位后，主轴停止转动，拉杆 5 向右移动，松开工件。这时在弹簧 14 的作用下，轴 15 向上移动，定位盘 11(端面有爪的半离合器)脱开；而齿轮 13 向上移动到与齿条 16 啮合，松开的工件在弹簧 14 和 8 的作用下保持在一定的位置。然后，回转液压缸拉杆 4 向左移动，齿条 16 带动齿轮 13，使其上固定有 V 形块 10 的轴 15 转动 90°；这时通过拉杆 5 又将工件夹紧，夹紧力迫使轴 15 向下移动，齿轮 13 与齿条 16 脱开，定位盘 11 与固定在本体 1 上的盘 12 贴合，将工件定位好和夹紧，随后齿条 16 回到原始位置。该卡盘可提高生产率 50%~100%。

4.1.2　自定心夹紧卡盘结构的改进和发展

图 4-11 所示为可扩大夹紧力范围的自定心夹紧卡盘，可加工直径为 25~215mm 的工件。滑套 7 移动时，通过摆杆 3 和滑块 5，使夹爪 6 径向移动，夹紧或松开工件。用锥齿轮 10 使在右端面上有平面螺旋槽的锥齿盘 9 转动，即可调节夹爪的位置，而不用重新安装调整。摆杆 3 和 4 相对位置的改变，夹紧力也随之发生变化，夹紧力的范围为 70~120kN。[16]

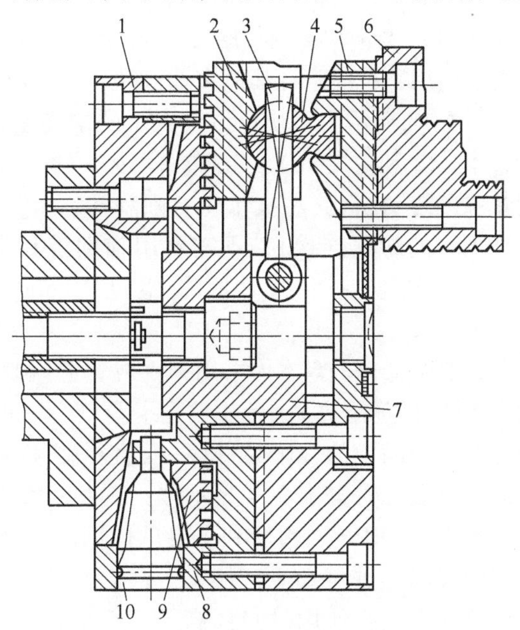

图 4-11　可扩大夹紧力的自定心卡盘

1—法兰盘　2—齿条　3、4—摆杆　5—滑块　6—夹爪　7—滑套　8—本体　9—锥齿盘　10—锥齿轮

该卡盘用于粗加工和半精加工，可提高切削力和扩大机床的工艺范围，调整方便。

图 4-12 所示为另一种夹紧直径范围大的自定心夹紧卡盘。[65]

杆 1 与滑柱 2 上的槽连接，在滑块 4 表

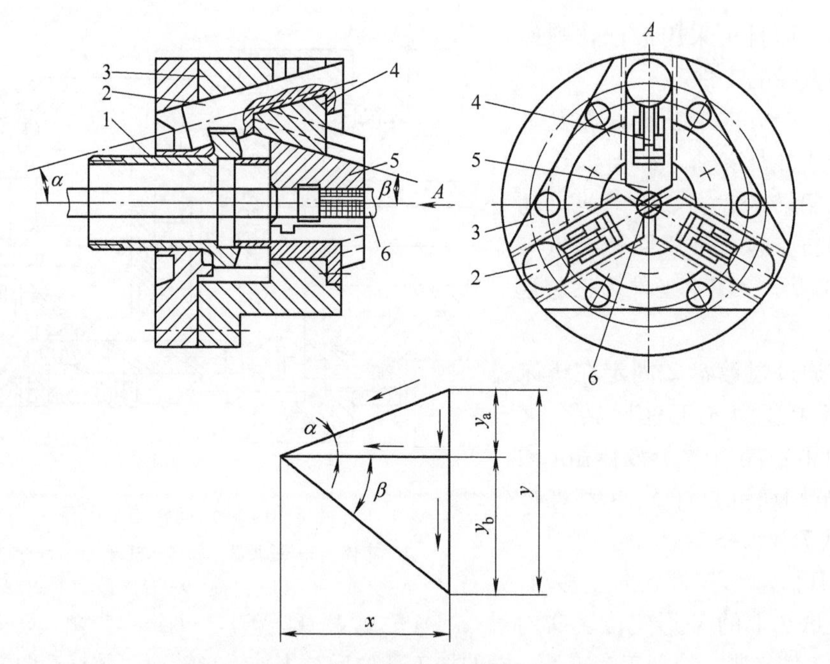

图 4-12 夹紧直径范围大的自定心夹紧卡盘

1—杆 2—滑柱 3—本体 4—滑块 5—夹爪 6—工件

面上做出 T 形楔平面，与夹爪 5 的楔面接触。卡盘有两个放大环节(滑柱和滑块)，这样可扩大夹紧工件的直径范围。

杆 1 向左移动时，滑柱 2 沿轴向和径向移动，同时夹爪 5 沿本体 3 的导轨向卡盘中心移动，夹紧棒料(工件)；杆 1 向右移动时，夹爪松开工件。夹爪总的径向移动 y 等于滑柱 2 的径向移动 y_a 与滑块 4 的径向移动 y_b 之和，而传动装置的行程为 x。这种卡盘在转塔车床上获得了应用，也适合在其他多轴自动车床和数控机床上应用。

图 4-13 所示为可快速调整夹爪的楔夹紧自定心卡盘，本体 2 和主夹爪 1 的工作面淬硬。调整夹爪时利用特殊的螺钉机构(主夹爪 1 有削扁螺钉,可快速与淬硬夹爪 4 的螺纹连接)，不需要用辅助工具沿卡盘圆周调整，更换夹爪的时间从超过 10min，减少到 2～3min。

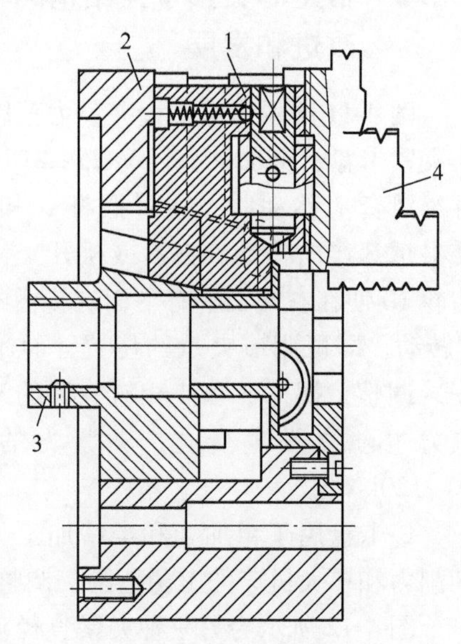

图 4-13 可快速调整夹爪的自定心卡盘

1—主夹爪 2—本体 3—滑套 4—可换夹爪

一般中低速卡盘本体采用铸铁或普通钢制造(工作面未淬硬,硬度不高)，目前钢壳卡盘(工作面淬硬)已成为卡盘产品中的一个品种(一般直径在 400mm 内)。例如，对楔夹紧自定心卡盘本体，安装滑套的孔表面淬硬至 55～60HRC；滑套和主夹爪体用高耐磨钢制造，其工作表面淬硬至 56～62HRC。这样，卡盘比工作面不淬硬的卡盘，使用时间提高了 2.5 倍，定心精度提高了 40%～60%。

材料对卡盘的质量和性能有很大影响，国外动力卡盘本体一般采用 40CrMo4 钢，粗加工后正火，半精加工后对摩擦面采用高频淬火，不采用整体调质或淬火；夹爪材料用45钢或40Cr钢容易淬裂，国外一般采用渗碳钢或渗氮钢；例如14NiCr14（表面硬，内部韧性和强度高）。

为提高卡盘的效率，在卡盘本体、主夹爪等移动件的工作面上镀二硫化钼，可使摩擦系数从0.15减小到0.08，提高卡盘夹爪的夹紧力20%~25%。高速卡盘本体采用铬钼钢，安全可靠。采用优质润滑剂，可延长使用周期。

当转速达2000~4000r/min时，由于夹爪组件的离心力增大，一般卡盘的动态夹紧力显著下降，因此必须采用适合高速要求的卡盘，才能保证安全。

图4-14a所示为具有平衡重装置的自定心卡盘。楔式滑套2同时与主夹爪5和平衡重3接触，楔式滑套2向左移动，通过平衡重3、杠杆4夹紧工件的外圆表面；夹紧内孔表面时，滑套2的力直接作用在主夹爪5上。根据作用在平衡重上的离心力大致等于作用在主夹爪5和可换夹爪6在距离轴线最大距离处的离心力，来确定平衡重的质量。卡盘旋转时，把平衡重产生的离心力通过杠杆4转变为夹爪的向心力，以抵消夹爪产生的离心力。

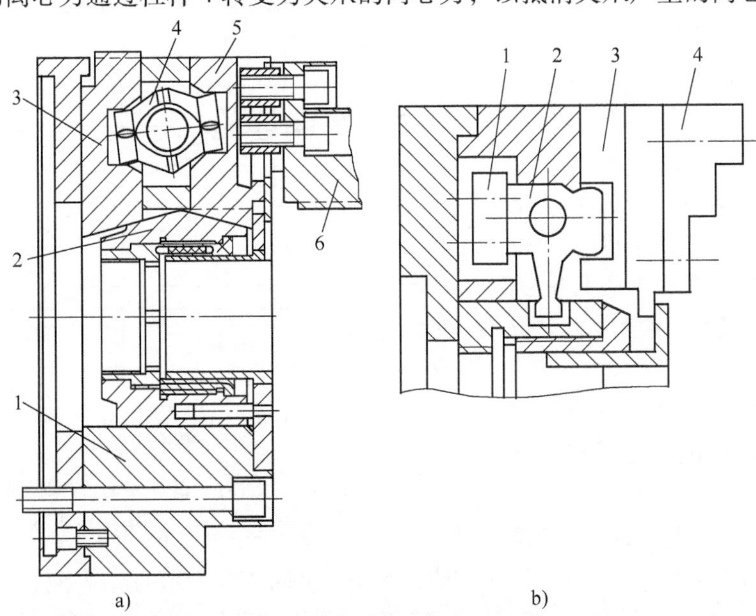

图4-14　具有离心力平衡装置的自定心卡盘

a）1—本体　2—楔式滑套　3—平衡重　4—杠杆　5—主夹爪　6—可换夹爪

b）1—平衡重　2—杠杆　3—主夹爪　4—可换夹爪

图4-14b所示为平衡离心力的另一种杠杆结构，其平衡重1便于更换。

4.1.3　自定心夹紧卡盘工作的特性

1. 卡盘夹紧力与转速的关系

一般动力卡盘的直径为200mm时，最大夹紧力(各夹爪夹紧力之和)为45~68kN；直径为250mm时，夹紧力为75~106kN；直径为315mm时，夹紧力为105~140kN；直径为400mm时，夹紧力为120~163kN。

由试验得卡盘夹紧力与转速的关系，如图4-15和图4-16所示(卡盘直径为315mm,工件直径为70mm,在空载未加工情况下试验)。

在图4-15和图4-16中：水平直线1表示剩余压夹紧力33%；曲线2表示试验时使用

16MnCr5钢的硬夹爪；曲线3表示用铝的软夹爪；曲线4表示用16MnCr5的软夹爪。

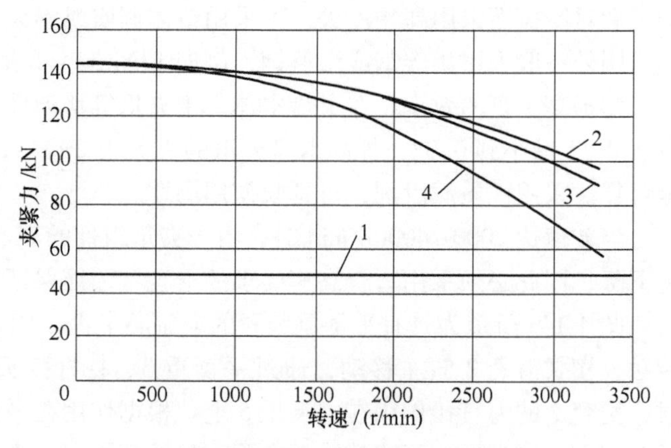

图4-15 动力卡盘夹紧力-转速曲线
(夹爪齿纹深1.5mm,齿纹角为60°)

试验表明，最大夹紧力随转速增大而减小，其减小的程度对各种卡盘变化不大；用16MnCr5软夹爪时，最大夹紧力减小较多(曲线4)。夹爪齿纹形状对试验影响不大。

2. 夹爪工作面半径值对卡盘精度、夹紧力和刚度等的影响

在转速为4000r/min和轴向夹紧力为40kN的情况下，对直径为200mm的卡盘进行的试验表明，当用内径等于工件(淬硬轴)外圆最小直径为d_{max}的夹爪夹紧工件时，其接触应力(图4-17a)比用内径等于工件外圆最大直径为d_{max}的夹爪夹紧工件时的接触应力(图4-17b)大得多。因为图4-17a所示为工件在夹爪宽度两边直线接触(接触应力单位为MPa)。

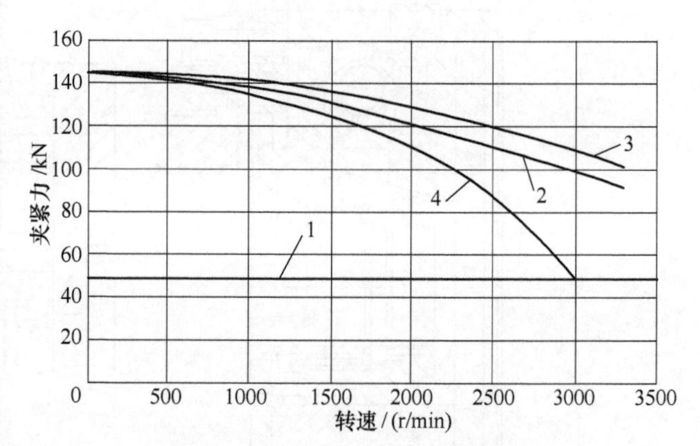

图4-16 动力卡盘夹紧力-转速曲线
(夹爪齿纹深2.0mm,齿纹角为90°)

对其他两种不同型号的直径为200mm的卡盘进行试验，得到同样的结果。[67]

试验还说明，在图4-17a所示情况下的工件径向圆跳动Δp(图4-18所示的曲线5)比在图4-17b所示的情况下(图4-18所示的曲线1~4)大得多，这是由于对图4-17a在夹紧过程中弹性和塑性变形大。试验分别在夹紧力为13.6kN(曲线1)、20.4kN(曲线2)、27.2kN(曲线3)和34kN(曲线4)条件下进行的。

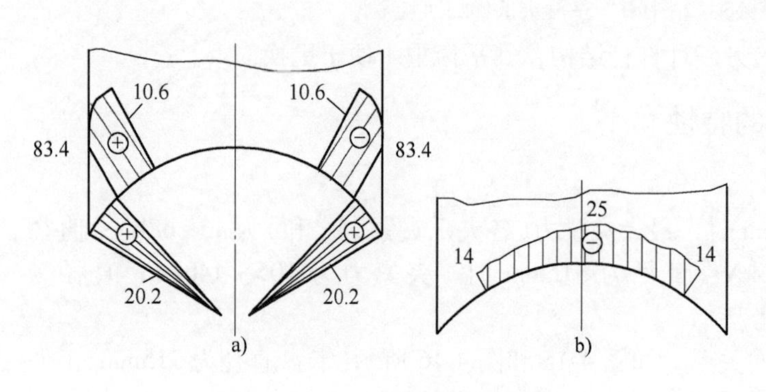

图4-17 夹爪工作时受力的情况

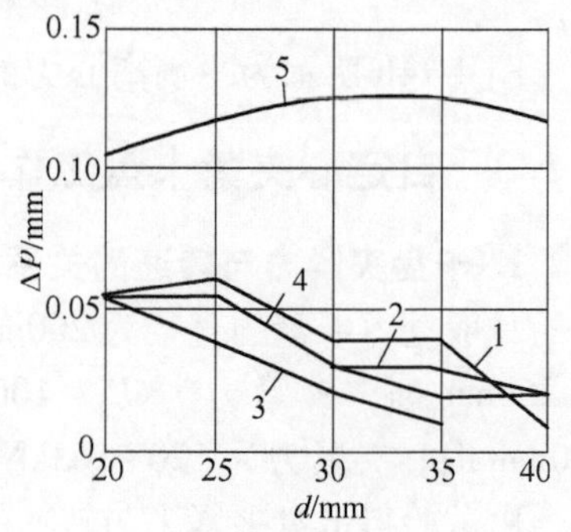

图4-18 卡盘夹紧时工件的径向圆跳动

图 4-19 所示为夹爪对工件的挤压力 P_r 和刚度 C_r 的曲线(试验时夹紧力同上,工件直径为 25~35mm)。由图 4-19 可知，在图 4-17a 所示的情况下，P_r(图 4-19a 曲线 5~8)比在图 4-17b 所示的情况下的 P_r(图 4-19a 曲线 1~4)显著增大。而前者的 C_r(图 4-19b 曲线 4~6)比后者的 C_r(图 4-19b 曲线 1~3)减小。当工件直径小时，两种情况下的刚度差异不大。

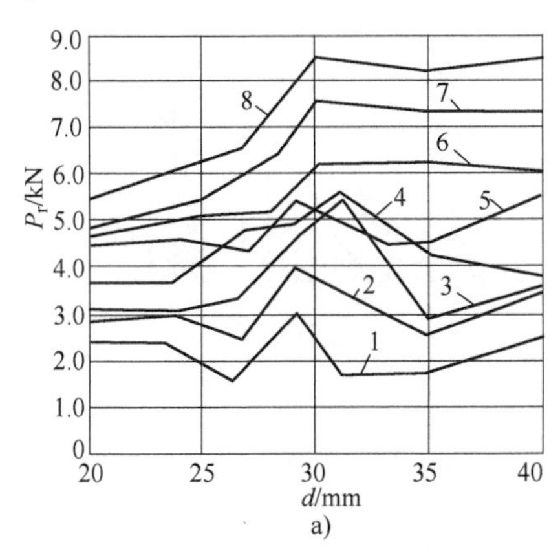

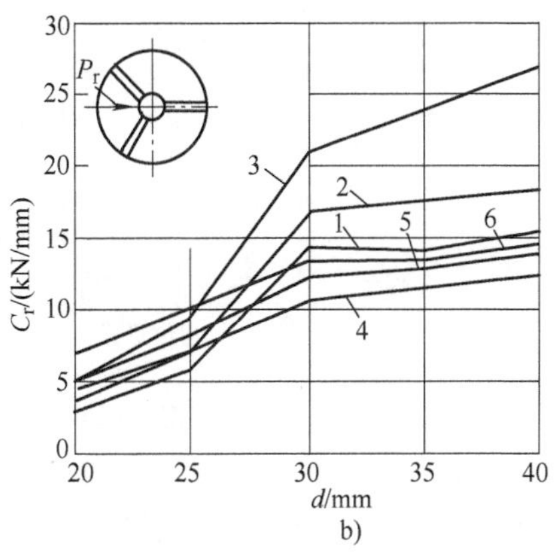

图 4-19　夹爪的径向挤压力 P_r 和刚度 C_r

在夹爪工作面直径与工件直径不同的比值和在不同负载下，对夹爪与工件接触弹性应力的分析表明，接触应力一般与卡盘传动装置的轴向力和主轴转速成非线性关系，推荐夹爪工作表面的直径按工件直径的最大尺寸加工。

3. 影响夹爪与工件啮合系数 f_c 的因素

啮合系数也称咬合系数，就是夹爪与工件在受力情况下的摩擦系数。由试验确定，按下式计算:[68]

$$f_c=\frac{F_f}{P_\Sigma}=\frac{M_f}{RP_\Sigma}$$

式中　M_f——夹爪与工件接触面实际摩擦力矩;

F_f——夹紧时工件表面开始滑动时的摩擦力;

P_Σ——各夹爪实际夹紧力之和;

R——工件夹紧部位的半径。

研究表明，工件滑动时的摩擦力矩与啮合系数有很大关系，而啮合系数主要与夹紧力和工件的表面粗糙度有关。

夹爪与工件的啮合系数 f_c 与夹紧力的关系如图 4-20 所示，试验是在直径为 320mm 的卡盘上进行的。

试验工件的直径为 30mm，表面粗糙度为 $Ra15\mu m$。其中曲线 1 的工件材料为 18CrMnTi；曲线 2 的工件材料为普通碳素结构钢；曲线 3 的工件材料为 T8A，工件为光面；曲线 4 的工件材料为 T8A，工件为毛面。

由图 4-20 可知，啮合系数与工件材料关系不大，与夹紧力 P_Σ 成正比。

夹爪与工件的啮合系数 f_c 与在夹爪上齿纹型式

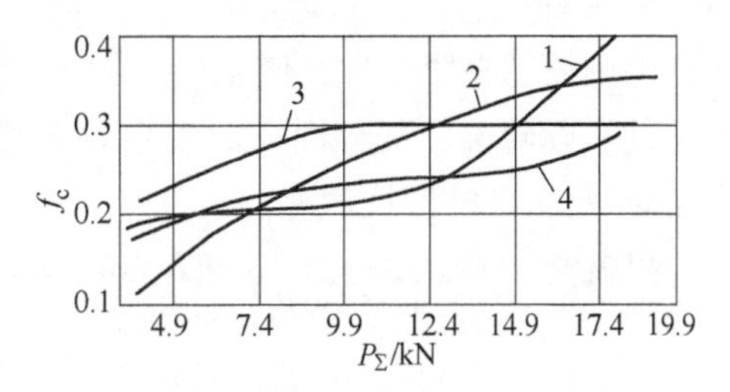

图 4-20　夹爪与工件啮合系数 f_c 与夹紧力 P_Σ 的关系

的关系如图4-21所示。由图可知，对未加工过表面的工件，夹爪为Ⅲ型齿纹时啮合系数值最大；对已加工过表面的工件，夹爪为Ⅳ型时啮合系数最大；对未加工过表面的工件，其啮合系数总是比加工过表面工件的啮合系数大，这是因为前者的夹爪齿纹易于嵌入工件。图4-21的试验条件是，卡盘直径为250mm，夹紧力$P_{\Sigma}=26\text{kN}$。

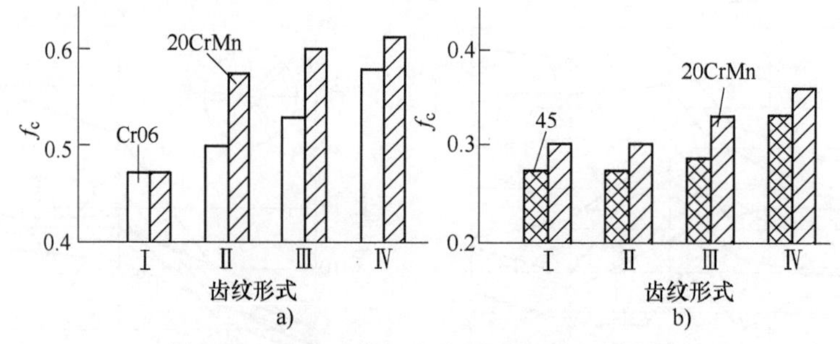

图4-21 啮合系数f_c与夹爪齿纹型式的关系

a）夹紧未加工表面的工件 b）夹紧已加工表面的工件

Ⅰ—直齿（2mm×4mm，槽距5mm） Ⅱ—斜15°齿（同Ⅰ） Ⅲ—双向斜45°（60°，槽距4mm） Ⅳ—斜45°齿（同Ⅰ）

啮合系数f_c与工件表面粗糙度的关系如图4-22所示。试验时工件材料为普通碳素结构钢，工件直径为65mm，夹紧力$P_{\Sigma}=17\text{kN}$，卡盘直径为320mm，夹爪齿纹为Ⅰ型。由图可知，表面粗糙度较小的工件与夹爪的啮合系数较大，这是因为工件与夹爪的接触面积较大。

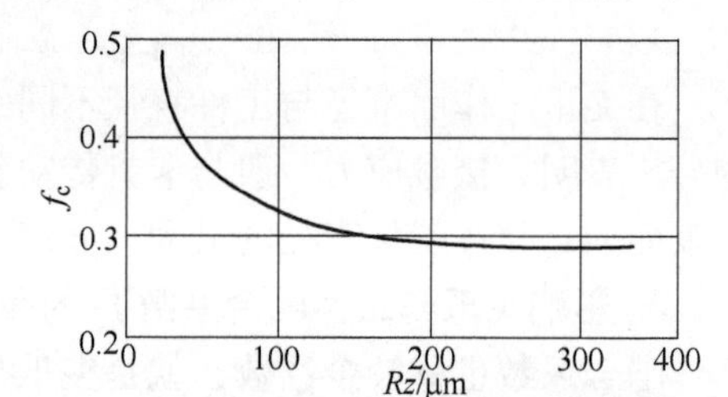

图4-22 啮合系数f_c与工件表面粗糙度的关系

图4-23所示为啮合系数f_c与工件直径的关系，试验时工件为普通碳素结构钢，工件表面未加工，夹紧力$P_{\Sigma}=25\text{kN}$，夹爪齿纹为Ⅰ型。由图可知，啮合系数随工件直径增大而增大。因为工件直径变化，其与夹爪的接触情况也会发生改变。

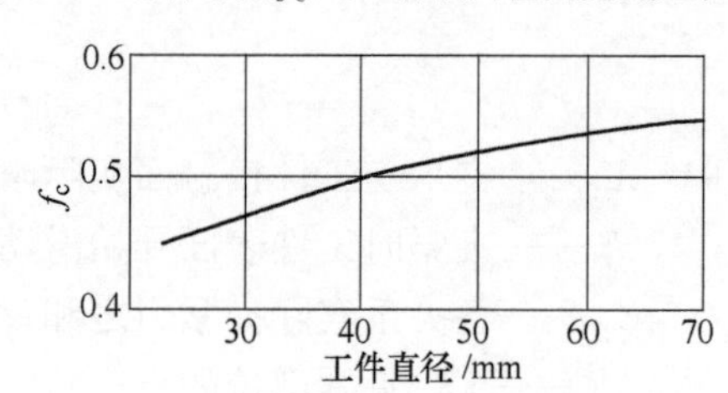

图4-23 啮合系数f_c与工件直径的关系

另外，当夹紧未加工过表面的工件时，应尽可能采用具有较小接触面积的夹爪。

4. 自定心夹紧卡盘的定位误差

用自定心卡盘定位时，工件最大误差出现在图4-24所示的情况，即三爪分别在A、B和C三点夹紧工件。这时，自定心卡盘按通过A、B、C三点的虚线圆夹紧工件，使工件1的中心定在O_1，与工件实际轮廓2的外圆3的中心O产生误差Δ，图中T_d是工件的圆度误差。

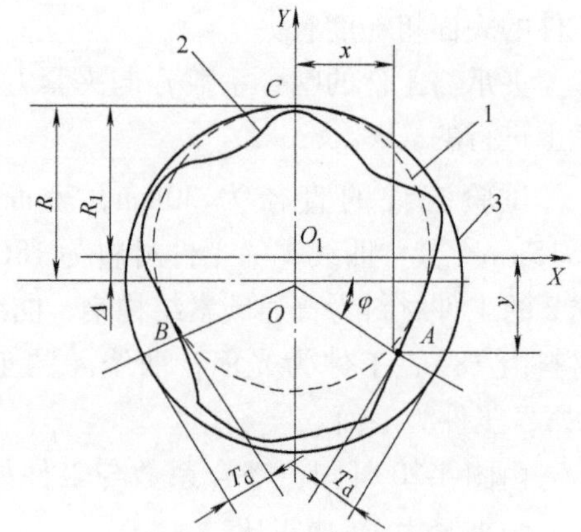

图4-24 自定心卡盘的定位误差

1—工件 2—实际轮廓 3—外圆

以虚线圆的圆心为原点，A和B点的坐标分别为

$$x=(R-T_d)\cos\varphi$$

$$y=(R-T_d)\sin\varphi+\Delta$$

所以虚线圆的方程为

$$x^2+y^2=R_1^2$$

对自定心卡盘，$\varphi=30°$，将有关数据代入虚线圆方程，因 T_d 很小，T_d^2 可忽略不计，经运算得

$$\Delta=\frac{2RT_d}{3R-T_d}$$

一般可按 $\Delta\approx0.67T_d$ 计算，其误差小于 1%。

上述分析对夹紧内圆表面也适用。此外，为避免斜楔式自定心卡盘夹爪工作时在槽形截面产生裂缝或断裂，应正确选择其材料和热处理。夹爪在发生断裂前的工作次数 $N=\sqrt{3.5\frac{\sigma_B}{\sigma_p}}$（$\sigma_B$ 为材料的强度极限，σ_p 为作用在夹爪槽截面的实际正应力）。当夹爪硬度为 60～61HRC 时，金相组织出现大颗粒边界渗碳体，$N=14520$；当夹爪硬度为 58～59HRC 时，金相组织呈堆积奥氏体，$N=53180$；当夹爪硬度为 59～60HRC 时，金相组织呈针状奥氏体，$N=10990$[100]。

4.1.4　自定心夹紧装置的应用

在单件和小批生产中使用手动卡盘时，装夹工作时间为 20～25s，约占辅助时间的 30%，为节省时间和体力一般采用气动或电动扳手，以及为方便使用这些扳手可在机床上配备附加装置等。采用气动、液压或电动传动装置夹紧的卡盘比手动夹紧卡盘可节省时间 60%～80%。

图 4-25 所示为加工棒料时旋转气缸 2 与自定心卡盘的连接，旋转气缸 2 固定在车床主轴箱的后端，自定心卡盘的滑套 1 与活塞杆 4 用空心拉杆 3 连接，气动传动系统如图 4-26 所示。

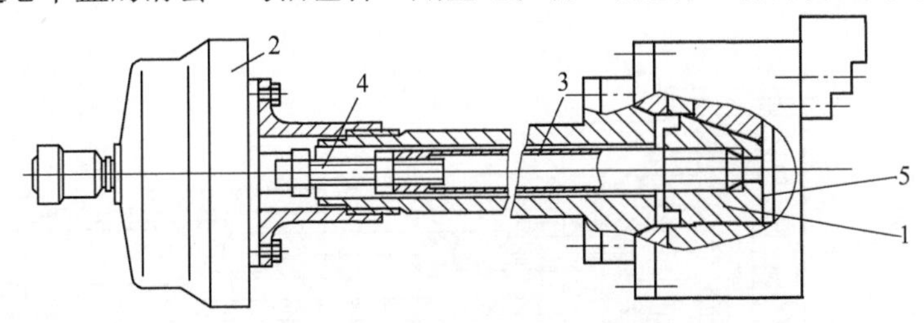

图 4-25　气动卡盘的连接结构

1—滑套　2—旋转气缸　3—空心拉杆　4—活塞杆　5—防污盖

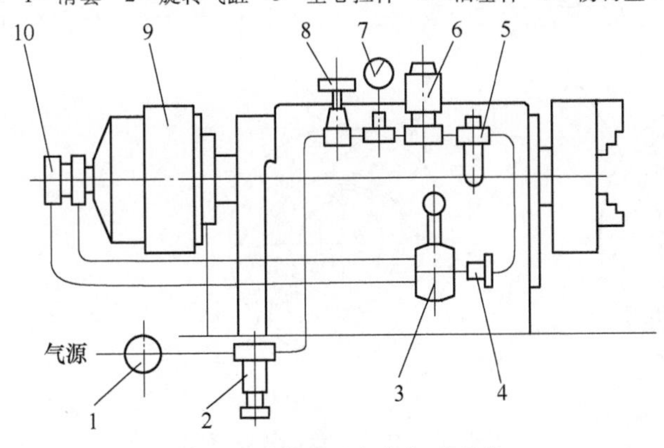

图 4-26　自定心卡盘气动系统

1—旋转开关或针阀　2—油水分离过滤器　3—分配阀　4—反向阀　5—喷雾器或气动油杯　6—压力继电器　7—气压针　8—气压调节阀　9—旋转气缸　10—气路接头

在图 4-26 中，双位四通分配阀 3 分别接至气源、旋转气缸正向腔、反向腔和大气，以控制双向工作的气缸。如果控制单向作用的气缸，则采用单位三通阀；如果控制顺序工作的两个气缸，则采用三位多通路阀。

为防止气源压力突然下降，采用反向阀 4 和压力继电器 6，压力继电器用于当出现压力突然下降时切断机床主电动机，反向阀起到延迟压缩空气从夹紧腔排出的作用。

图 4-27 所示为自定心卡盘的液压控制系统，液压源包括电动机、叶片泵和蓄能器，蓄能器的作用是保证在任何情况下都能可靠地夹紧工件，同时也能实现快速夹紧和松开。

图 4-28 所示为电动传动装置与杠杆夹紧自定心卡盘的连接，电动机 1 通过减速齿轮 2~6 带动空套在螺纹套 9 上的齿轮 7，在螺纹套 9 和齿轮 7 上各有凸块 8 和 10，形成单向转动离合器。螺纹套 9 与安装在减速器本体上的螺杆 11 相连，当齿轮 7 正向或反向转动时，螺杆 11 移动，并通过拉杆 12 带动杠杆 13 回转和使夹爪 14 径向移动。

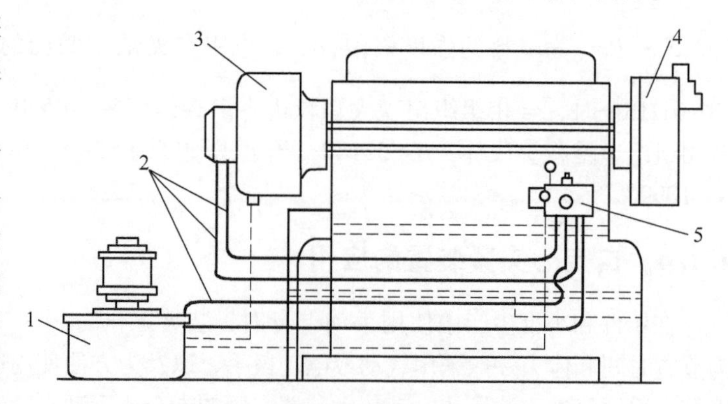

图 4-27 自定心卡盘的液压系统

1—液压源 2—油路 3—旋转油缸 4—卡盘 5—滑阀

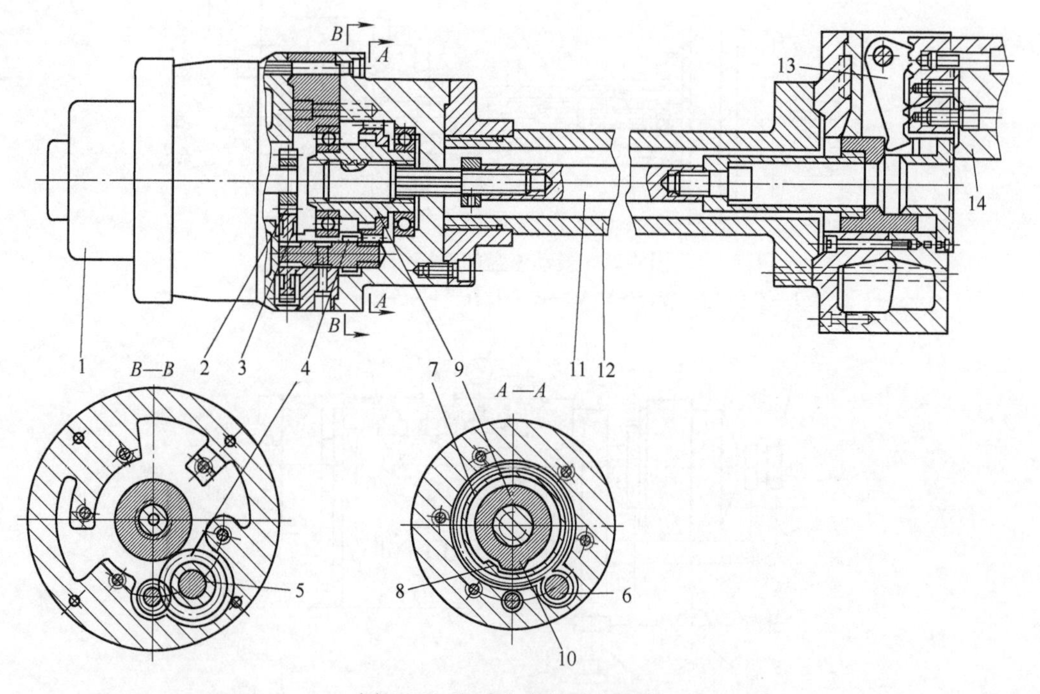

图 4-28 电动卡盘的连接系统

1—电动机 2~7—齿轮 8、10—凸块 9—螺纹套

11—螺杆 12—拉杆 13—杠杆 14—夹爪

采用单向作用的气缸或油缸控制卡盘的动作，夹紧工件时用碟形弹簧，松开工件时用气缸或油缸的作用，这种方法的优点是夹紧可靠，在失压或失电的情况下能保证安全。但有时在结构上会导致主轴受力，影响机床精度，甚至过早出现故障，当在没有机动控制卡盘装置的机床上增加这种装置时，设计者应考虑这个问题。

现以单作用气缸为例来说明上述问题，如图 4-29 所示的结构示意图。

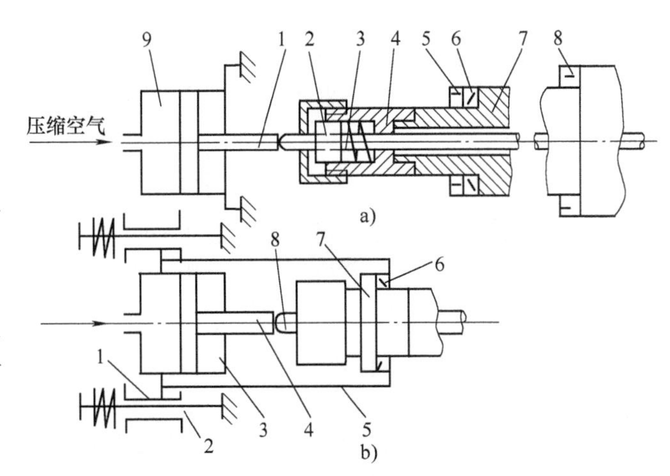

图 4-29　单作用气缸在主轴上的安装示意图

a）1—活塞杆　2—杆　3—弹簧　4—轴套　5—径向轴承　6—推力轴承　7——机床主轴　8—径向轴承　9—旋转气缸

b）1—导套　2—导柱　3—气缸　4—活塞杆　5—滑架　6—推力轴承　7—轴套　8—杆

对图 4-29a，旋转气缸 9 安装在车床主轴箱后端面上，套 4 拧在主轴的末端，压缩空气进入气缸左腔，活塞杆 1 推动杆 2，弹簧 3(多用碟形弹簧)被压缩，松开工件 。当压缩空气从气缸左腔排出时，弹簧张开，弹簧力通过杆 2 使卡盘各夹爪(图中未示出)夹紧工件，这时杆 2 与活塞杆 1 之间应有一小段距离。这种结构杆 2 作用在卡盘上的力直接传到主轴各轴承上，对主轴保持精度不利，为此可采用图 4-29b 所示的结构。

在图 4-29b 中，导柱 2 安装在主轴箱箱体上，气缸 3 安装在导柱 2 的导套 1 上，压缩空气进入气缸 3 的左腔，气缸本体在导柱上向左移动，直到滑架 5 碰到轴套 7 轴肩上的推力轴承 6(滑架的死挡)，如图示位置。瞬间平衡后，活塞杆 4 向右移动，推动杆 8，压缩装置内的弹簧，杆 8 使工件松开。同样，当压缩空气从气缸左腔排出时，弹簧力使卡盘各夹爪夹紧工件。这种结构弹簧力由轴套 7 的轴肩和推力轴承 6 承受，主轴轴承不受力的影响。

图 4-30 所示为二爪卡盘的应用示例，可用于加工圆形、矩形和方形等工件。根据工件的形状，在夹爪 2 上可选择安装 V 形夹爪 1、平面夹爪 3 等，图中所示为加工不对称的矩形工件，用挡块 4 侧面定位，定位块 5 距卡盘的中心距离可调。

图 4-31 所示的二爪卡盘中，固定夹爪 1 是固定的，而摆动夹爪 2 是绕轴转动的，以保证四点均匀夹紧工件；对于形状不对称的工件，夹爪应专门设计。

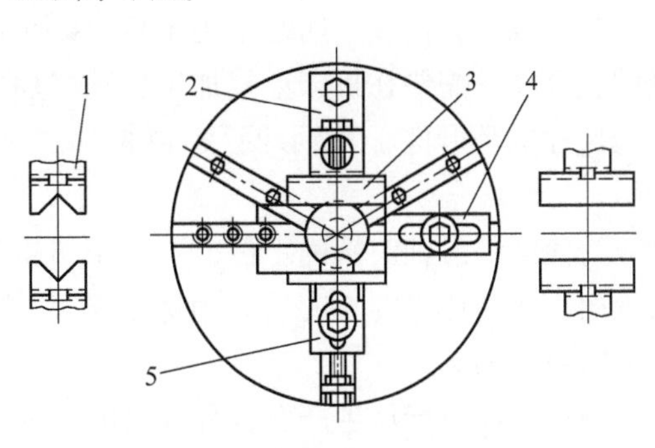

图 4-30　二爪卡盘夹爪应用示例(一)

1—V 形夹爪　2—夹爪　3—平面夹爪　4—挡块　5—定位块

螺旋-齿条式和螺旋式自定心卡盘适合工件直径的范围大，便于调整到所需的尺寸。其他形式的卡盘一般夹爪行程小(3~12mm)，工件品种改变时应重新调整或更换夹爪，对形状复杂和薄壁工件需设计专用的夹爪。

图 4-32 和图 4-33 所示为自定心卡盘所用的专用夹爪示例。

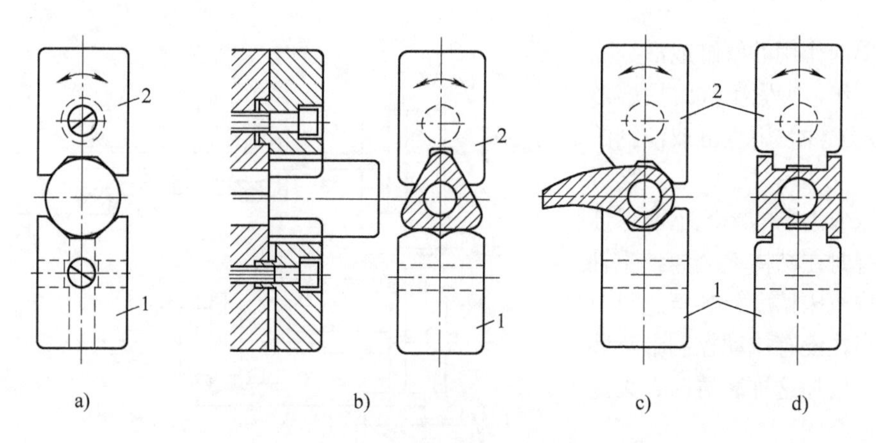

图 4-31　二爪卡盘夹爪应用示例（二）

1—固定夹爪　2—摆动夹爪

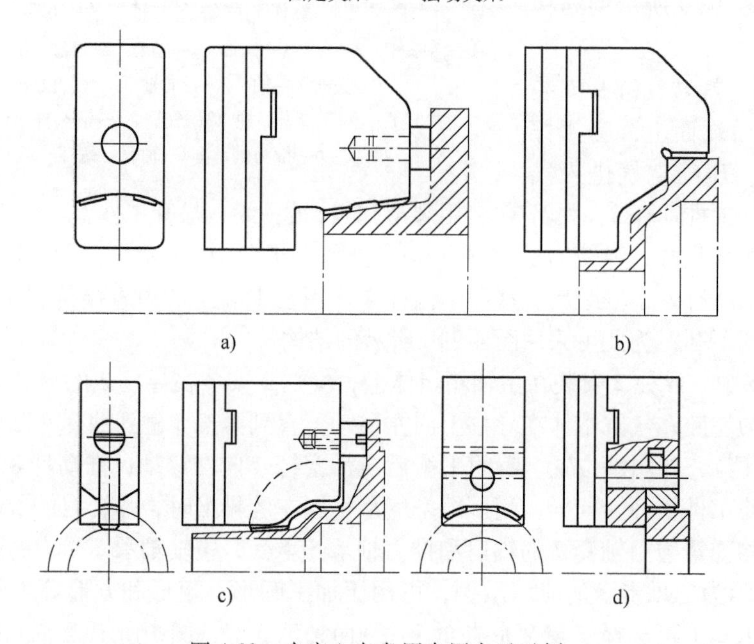

图 4-32　自定心卡盘用专用夹爪示例

为提高定心精度，通常采用生爪(未加工到所需直径的夹爪)，这时定心夹爪的夹紧表面的直径尺寸需要在机床上精加工，选好加工余量，用自定心卡盘夹爪的一个部位夹紧适当直径尺寸的环形件 1(成形圈)，再精加工夹爪所需要部位到要求的直径尺寸，如图 4-34a 所示。

为使工件沿轴向精确定位，可采用图 4-34b 所示的端面支承装置。根据需要在调整好可换端面支承 4 伸出的长度后，为保证精度支承 4 的端面在装置装入机床主轴孔内再精加工(图 4-34b下方)。

现在卡盘生产厂生产有各种规格的成形圈，供加工夹爪时使用，使用成形圈可外夹、内胀；另外还可利用液压生爪成形盘，可先在一般车床上粗加工生爪，再在精密车床上精加工生爪，可减少精密车床由于断续粗加工振动所引起的损耗。

在小批生产条件下，为适应多品种采用在淬硬夹爪体上装上可换镶块。

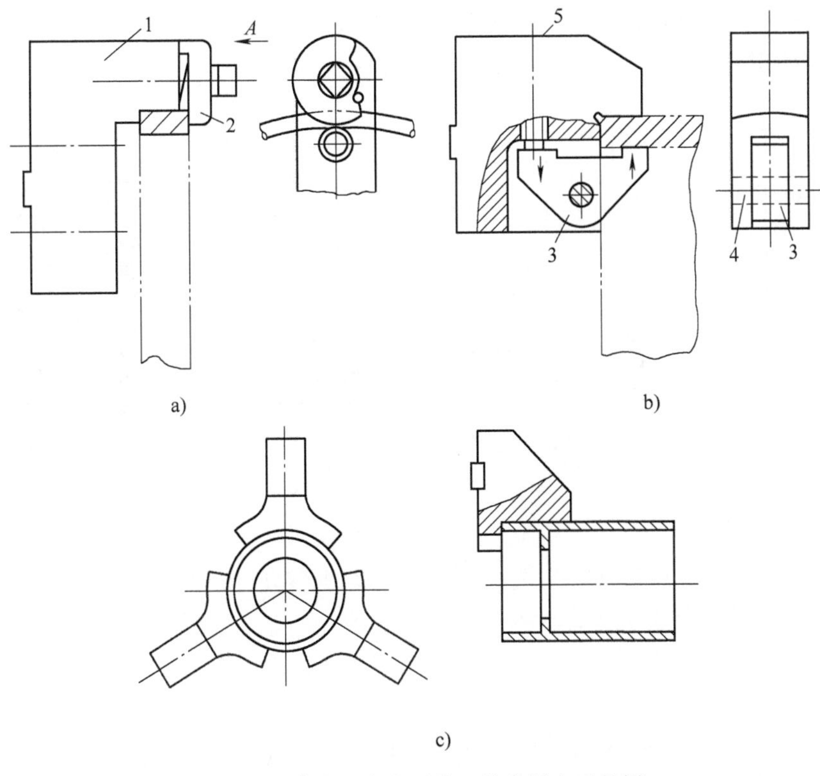

图 4-33　自定心卡盘环类工件专用夹爪示例

1—夹爪　2—压板　3—摆动压板　4—夹爪　5—螺钉

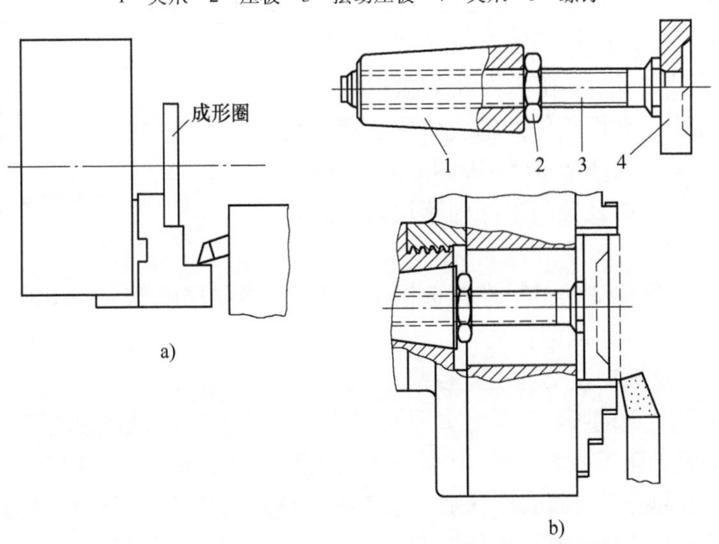

图 4-34　在机床上加工夹爪和端面支承

1—锥轴　2—螺母　3—螺杆　4—端面支承

图 4-35a 所示为具有未淬硬圆柱表面镶块的夹爪，用于加工小直径的工件。镶块 2 可做成具有同一个直径的通孔表面，也可做成在两端具有两个不同直径的浅孔表面，以适应不同直径的工件。每个型号的卡盘应配备若干镶块，推荐淬硬镶块不少于 2 个，未淬硬镶块不少于 10 个。

图4-35b所示为在夹爪体上有两个安装镶块的孔，下面的镶块夹紧直径为100~150mm的工件，上面的镶块夹紧直径为150~200mm的工件。

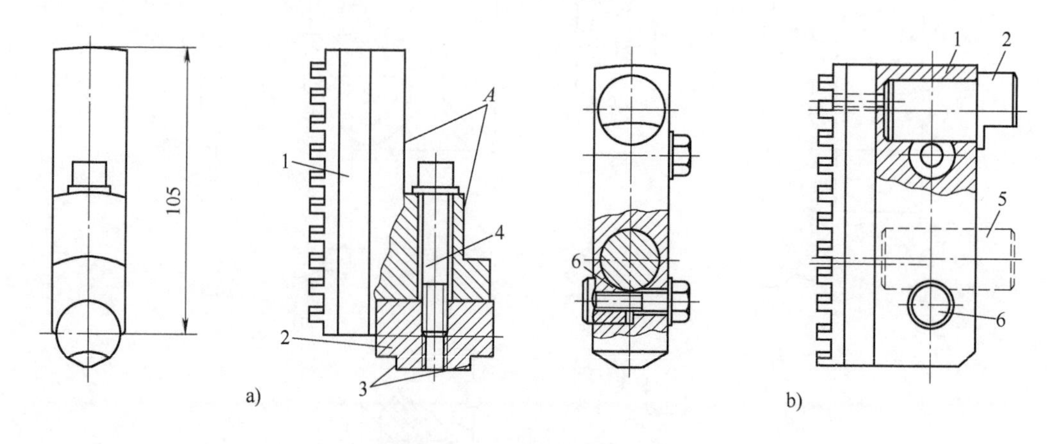

图4-35 具有镶块的夹爪(一)

1—夹爪体 2、5—镶块 3—镗孔端面 4—螺钉 6—螺纹套

上述方法比制造整个夹爪节省材料和工时，一般加工毛坯表面的工件采用淬硬镶块，其他情况采用未淬硬镶块。

图4-36所示为另一种镶块的结构，为保证镶块与夹爪体的紧密贴合，夹爪体的角度做成$75°{}^{0}_{-10'}$，而镶块的角度做成$75°{}^{+10'}_{0}$，并用两个螺钉固定。

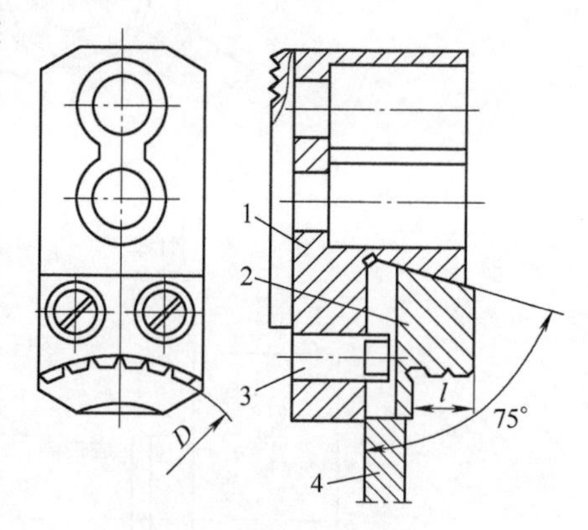

图4-36 具有镶块的夹爪(二)

1—夹爪体 2—镶块 3—定位销 4—成形圈

采用未淬硬镶块(其夹紧工件表面在加工一批工件之前直接在车床上镗出)，在工件在卡盘中多次改变夹紧位置的情况下，光面工件的轴线位置达到较高精度，轴线跳动公差不大于0.015~0.04mm。当磨削整体淬硬夹爪或镶块，以及镗削未淬硬镶块时，必须采用工艺成形圈4。

夹爪体1和淬硬镶块2的材料推荐选用12CrNi3，渗碳淬硬56~60HRC；不淬硬的材料用45钢。所有夹爪应做好标记：夹爪、卡盘、卡盘本体槽的编号，夹爪的配套号(当有两套以上夹爪时)，以及被夹紧工件的直径范围等。

夹爪或镶块夹紧表面的形状和尺寸如图4-37所示。图4-37a所示为夹紧毛坯表面(有毛边、外表面不平或有铸造斜角等)时，夹爪夹紧表面的两种形状，适用于直径为315~500mm的卡盘。图4-37b所示五种夹紧表面的形状适用于模锻、热轧的工件，用于直径为160~500mm的卡盘。图4-37c所示夹紧表面的五种形状适用于精加工的工件，适用范围同图4-37b。

从我国卡盘生产情况来看，国内使用一般自定心卡盘，使用动力卡盘占少数，例如2010年我国生产一般自定心卡盘数量为961076(出口251531)，动力卡盘数量为31307(无出口)㊀；而发达国家手动卡盘的需求量不断下降，主要生产卡盘工厂已很少生产手动卡盘。

㊀ 数字引自2011年《中国机床工业年鉴》。

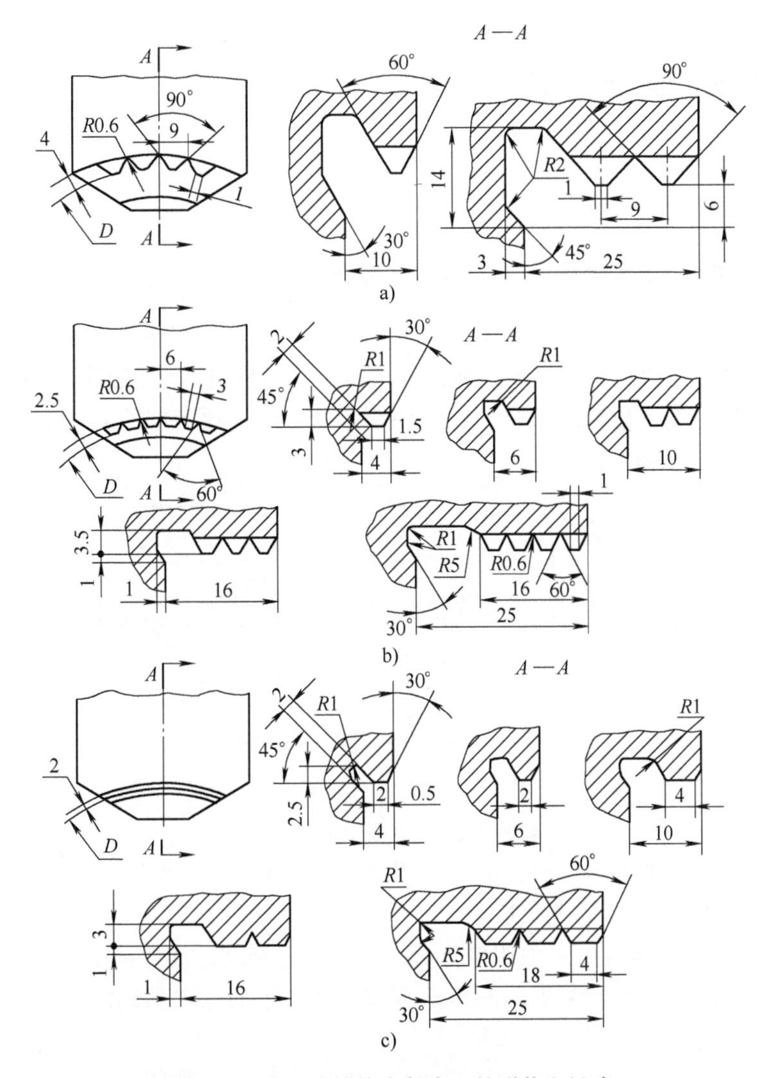

图 4-37　夹爪或镶块夹紧表面的形状和尺寸

对卡盘使用情况分析表明，[69] 用于粗加工的卡盘占 9%；用于一般精度加工的卡盘占 28%；用于较高精度加工的卡盘占 51%；用于高精度加工的卡盘占 10%；用于超高精度加工的卡盘占 2%。

按精度合理使用卡盘的优点是：有利于提高工件的加工精度，扩大其使用范围和降低精加工余量(包括磨加工)等。采用相应精度的经济合理性可通过计算验证，可按下式确定卡盘从较高一级精度转到下一级精度使用前所加工工件的最低数量

$$n_{\min}=\frac{C_1-C_2}{C_{t1}-C_{t2}}$$

式中　C_1——较高一级精度卡盘的成本；

C_2——下一级精度卡盘的成本；

C_{t1}——较高一级卡盘加工时的工艺成本；

C_{t2}——下一级卡盘加工时的工艺成本。

如果实际生产数量大于 $n_{\min}$，则在确定卡盘精度等级时，选用较高一级精度的卡盘是适当的。

4.2 双面自定心夹紧虎钳(或装置)

关于夹紧虎钳在第3章中已进行了介绍，本节主要介绍双面自定心夹紧虎钳(或装置)的结构及其误差分析。

4.2.1 双面自定心夹紧虎钳(或装置)的结构

图4-38所示为双面螺旋夹紧自定心虎钳，转动其上有左、右螺纹的螺杆1，使V形块2和3在导向槽中双向移动，实现自定心夹紧。用两个调整螺钉5调整定位键4的位置，使其对称轴线与两V形块的对称轴线重合，然后用锁紧螺钉6锁死定位键的位置。

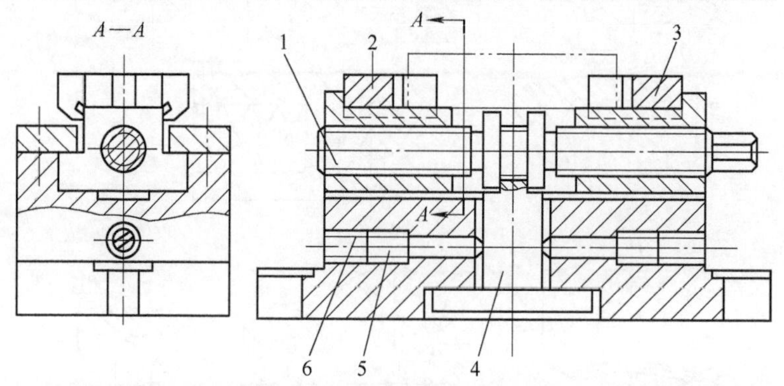

图4-38 双面螺旋夹紧自定心虎钳

1—螺杆 2、3—V形块 4—定位键 5—调整螺钉 6—锁紧螺钉

图4-39所示为另一种双面螺旋夹紧自定心虎钳，用一个V形块1和一个平面(平面的上端有斜面大倒角)钳口2定位。平面钳口2可在水平面上转动；为保证工件的定中，螺杆左、右螺纹的螺距不同，其比值与V形块的角β有关，即和平面钳口移动距离m与V形块移动距离k之比有关。

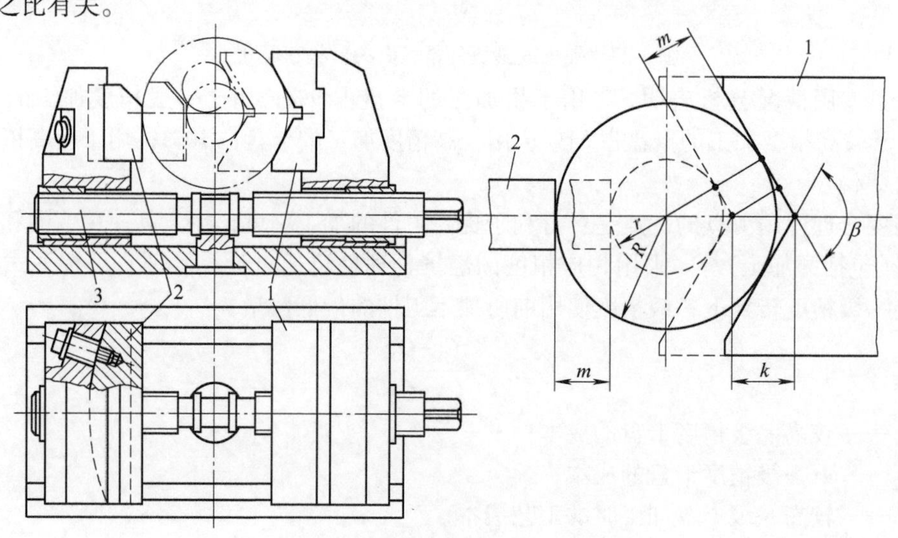

图4-39 双面螺旋夹紧自定心虎钳

1—V形块 2—平面钳口 3—螺杆

$$\frac{m}{k}=\sin\frac{\beta}{2}$$

如果螺杆左、右螺纹的螺距分别为 5mm 和 6mm，可计算得 $\beta=113°$。

为方便从虎钳上取下工件，一般两个钳口应离开工件一段距离，例如对直径为 40～100mm 的工件，两钳口移动距离之和为 6～10mm。这时，采用具有平面钳口的虎钳只需要转动半圈到一圈，而采用双 V 形需要转动 3～4 圈。

另外，这种虎钳用于铸锻毛坯定位时，其定位精度比用双 V 形虎钳高。

为在轴类工件上加工键槽、扁平面和端面上的径向槽，采用图 4-40 所示的双面螺杆自定心装置。可换 V 形块 4 装在装置本体中间固定不动的部位，两个杠杆型夹爪 2 装在轴 5 上；两夹爪的下臂用浮动螺母 6(螺母两侧面上有销轴，夹爪下臂为叉形，其上的孔在螺母销轴上转动)与螺杆 7 相连。螺杆的两端为左、右螺纹，中间部分为与齿条 1 啮合的齿轮，这样即可用手轮或气缸实现工件的夹紧和松开。可调轴向定位挡销 3 调好后用螺钉固定，使工件轴向定位。

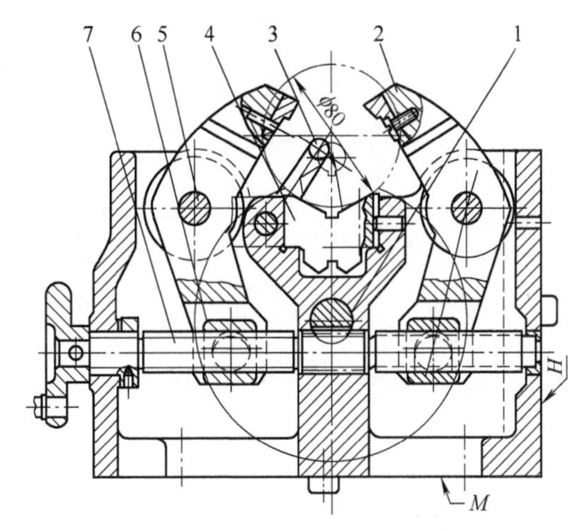

图 4-40　双面螺旋杠杆夹紧自定心装置

1—齿条　2—夹爪　3—挡销　4—可换 V 形块　5—轴　6—浮动螺母　7—螺杆

该装置可用平面 M 水平使用，也可用平面 H 垂直使用，既可用于卧铣，又可用于立铣。该装置用于加工直径为 16～80mm 的轴类工件。齿条 1 与气缸活塞杆相连，带动螺杆 7 转动(活塞在图中未示出)。

图 4-41 所示为液压双面夹紧自定心回转虎钳，可用于在铣床、镗床等成组加工，使工件定位和夹紧。当活塞向下移动时，杠杆 7 和 5 绕本身轴 6 转动，通过螺杆 3 和 4 使两个钳口座 2 同步靠近。在两钳口座的上面和侧面有 T 形槽，以根据工件的具体情况安装相应的可换钳口，使工件定位和夹紧。用螺杆 3 和 4 预先调整两钳口对回转轴线的对称性，本体 1 相

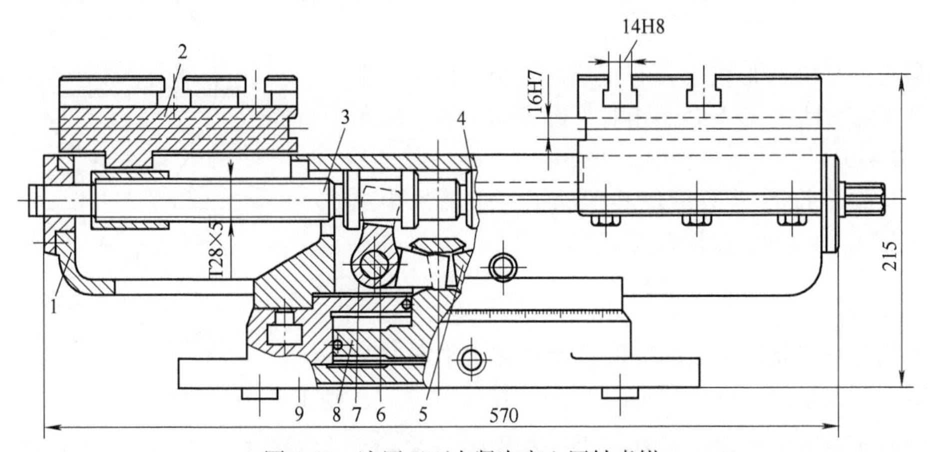

图 4-41　液压双面夹紧自定心回转虎钳

1—本体　2—钳口座　3、4—螺杆　5、7—杠杆　6—轴　8—活塞　9—底座

对底座 9 可回转 360°，即可使工件回转。

图 4-42 所示为气动齿条-齿轮双面自定心夹紧虎钳，齿条 1 与 V 形块 5 相连，齿条 2 与活塞杆 4 相连，活塞(图中未示)移动时通过齿轮 3 使两 V 形块同步移动，夹紧或松开工件。

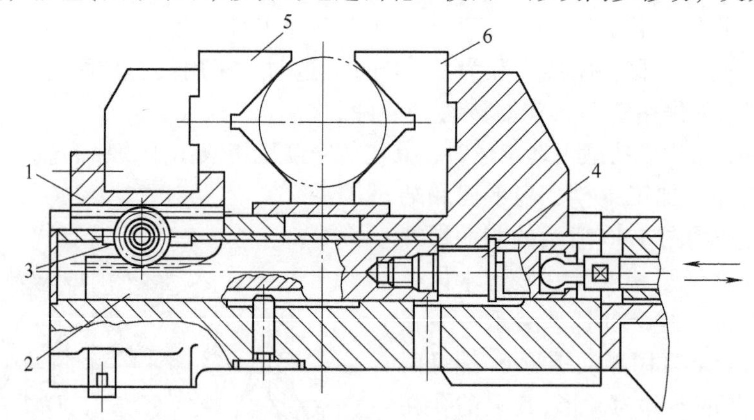

图 4-42　气动齿条-齿轮双面自定心夹紧虎钳

1、2—齿条　3—齿轮　4—活塞杆　5、6—V 形块

4.2.2　双面自定心夹紧虎钳的定位误差

当工件外圆没有形状误差时，则没有由于工件外圆形状误差而产生的定位误差；这时工件外圆具有正确的圆表面形状，如图 4-43a 所示的外圆表面 1。如果工件与左面 V 形块有正确的接触定位，即工件外圆与 V 形块的接触点与外圆 1 重合；而工件右边外圆表面与右面 V 形块表面相对外圆表面 1 有一段距离 T_d(圆度误差)。这样在定位时，两 V 形块共移动了一个辅助距离 A，即每个 V 形块各移动了 $\frac{A}{2}$的距离。为简化图形，将移动距离 A 只画在右 V 形块一边，如虚线所示，这时所产生的横向定位误差为

$$\Delta_x=\frac{A}{2}=\frac{T_d}{2\sin\alpha}$$

如果工件在两 V 形块下面有正确的定位，而工件上面的外圆表面与两 V 形上表面相对外圆表面 1 有一段距离 T_d(图 4-43b)，在夹紧过程中，工件将沿 y 轴方向向上移动。这样在定位时两 V 形块共移动了一个辅助距离 $B\cos\alpha$，则产生的纵向定位误差为

$$\Delta_y=\frac{T_d}{2\cos\alpha}$$

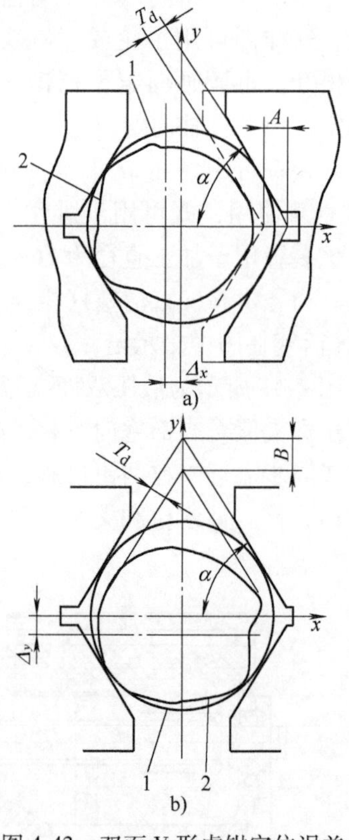

图 4-43　双面 V 形虎钳定位误差

1—正确的圆表面形状　2—实际圆表面形状

以上的分析只是针对当圆度误差出现在水平方向和垂直方向时。如果圆度误差相对两 V 形块在任意方向，则工件中心将既有水平方向的定位误差，又有垂直方向的定位误差，其合成误差($\sqrt{\Delta_x^2+\Delta_y^2}$)将不会超过上述 Δ_x 和 Δ_y 值。

对较长的工件，工件定位误差可能出现轴线平行偏移和轴线倾斜偏移。

4.3　弹性夹头定心夹紧

弹性夹头具有结构简单、不易损坏工件表面和具有一定的定心精度(一般精度为 0.05~0.10mm,较高精度达 0.02~0.04mm,高精达 0.01~0.02mm)等优点。

在各种棒料加工的自动和半自动车床上，广泛采用弹性夹头，弹性夹头控制机构是这些机床主轴的一个组成部分。同时，弹性夹头也是现代机床夹持刀具的重要辅具。在机床夹具中，一些工件(主要是厚度较薄类等轻型零件)当以外圆和内圆表面定位时，经常采用弹性夹头作为夹具的定心夹紧元件。本节主要介绍弹性夹头在机床夹具上的应用。

4.3.1　弹性夹头的结构形式

弹性夹头就是具有几个(一般为 3~8)开槽的弹性套，开槽分为单面开槽和双面开槽。弹性夹头夹紧工件相当于多楔面夹紧，在夹紧钳口段有内锥面或外锥面，其锥角一般为 12°~30°，个别也有 40°的，例如德国 DIN6341 型夹头。弹性夹头一般有一个夹紧钳口，有的弹性夹头为夹紧长的工件，有两个夹紧钳口。

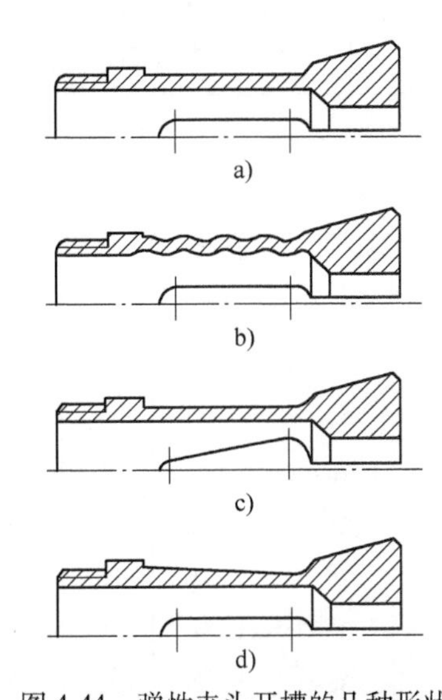

图 4-44　弹性夹头开槽的几种形状

弹性夹头开槽后形成几个瓣片，利用其径向弹性将工件夹紧，弹性夹头弹性段的几种形状如图 4-44 所示。图 4-44a 所示瓣片在纵向截面上的形状固定不变，其应用广泛。图 4-44b 所示瓣片形状为波纹形，可增加瓣片的挠性。图 4-44c 所示瓣片在各横向截面上的 φ 角不同(φ 角见后面图 4-54)，例如德国 DIN6343 型夹头。图 4-44d 所示瓣片在各横截面上的壁厚不同，相当于等弯曲强度梁(包括图 4-44c)。还有其他开槽的形式，见后面弹性夹头结构举例。

图 4-45 所示为弹性夹头夹紧钳口的几种形式。图 4-45a 表示内孔为光滑孔(图中实线)，或在孔的左端有凸台作为工件轴向定位，也可在孔中加工沉割槽以改变与工件的接触情况(图中虚线)。图 4-45b 表示内孔中有环形槽。图 4-45c表示在纵向和横向截面上有齿纹。图 4-45d所示为具有镶块的钳口。图 4-45e所示为可快换的钳口。图 4-45f表示，为提高耐磨性嵌装两耐磨圆销。图 4-45g所示

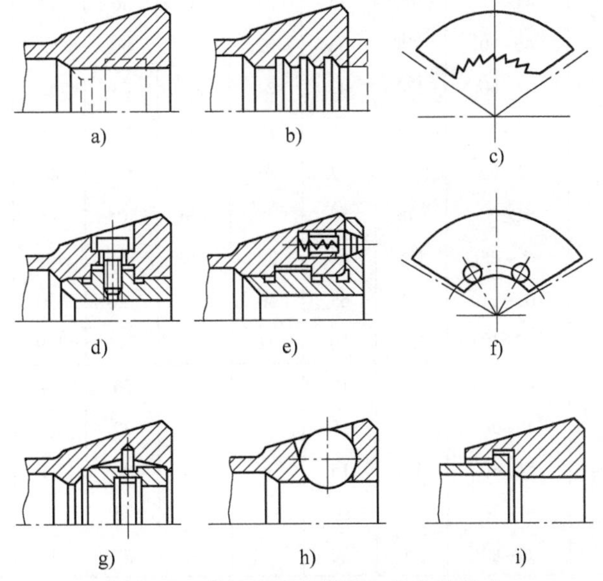

图 4-45　弹性夹头夹紧钳口的几种形式

为内孔在浮动球面的镶块上。图 4-45h 所示为用于夹紧小直径工件的钳口。图 4-45i 表示，夹紧钳口与夹头体是分开的。

弹性夹头的结构形式较多，表 4-5 列出了三种典型的形式和尺寸。

表 4-5 三种典型弹性夹头的尺寸 （单位：mm）

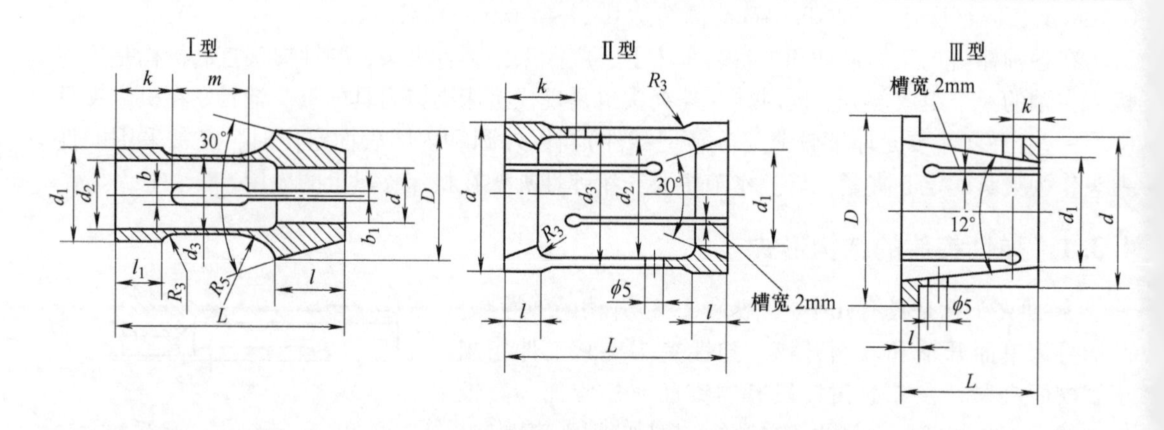

形式	尺寸 / d	L	l	l_1	D	d_1	d_2	d_3	b	b_1	m	k	单面槽数
Ⅰ型	5~10	42	10	8	17	14	11	13	2	1	17	11	3
	11~15	52	15	12	23	19	15.5	18	2.5	1.5	20	14	3
	16~20	62	18	14	31	25	21	23	3	1.5	22	16	3
	21~25	70	22	15	40	31	26	29.5	3.5	1.5	25	18	3
	26~30	80	25	16	47	37	31	35	4	1.5	27	20	3
	31~35	90	28	18	56	44	37	41	4.5	2	30	22	3
	36~40	98	32	19	62	49	42	46.5	4.5	2	32	24	4
	41~45	108	34	20	70	56	47	52	5	2	34	25	4
	46~50	118	36	22	77	60	52	57	5.5	2	36	28	4
	51~60	130	42	24	87	73	63	69	6	2	38	30	4
	61~70	145	46	25	99	83	73	79	6.5	2.5	41	32	4
	71~80	160	52	27	112	95	83	90	6.5	2.5	44	35	4
	81~90	175	55	28	126	105	93	100	7	2.5	46	36	4
	91~100	185	60	29	140	116	104	111	7.5	3	48	38	6
	101~110	200	65	30	153	126	114	121	8	3	50	40	6
	110~125	220	70	32	166	143	129	137	8.5	3	54	45	6
Ⅱ型	41~45	62	10	—	—	30	34	38	—	—	—	20	4
	46~50	70	15	—	—	32	37	42	—	—	—	23	4
	51~60	80	15	—	—	36	43	49	—	—	—	23	4
	61~70	100	20	—	—	45	52	58	—	—	—	30	4
	71~80	120	20	—	—	53	61	70	—	—	—	35	4

（续）

形式	尺寸 d	L	l	l_1	D	d_1	d_2	d_3	b	b_1	m	k	单面槽数
Ⅲ型	21~25	28	5	—	30	9.5	—	—	—	—	—	8	3
	26~30	28	5	—	35	16.5	—	—	—	—	—	8	3
	31~35	32	5	—	40	19.5	—	—	—	—	—	8	3
	36~40	32	5	—	45	26.5	—	—	—	—	—	8	4
	41~45	38	5	—	50	30	—	—	—	—	—	8	4
	46~50	38	5	—	55	34.5	—	—	—	—	—	8	4
	51~60	48	5	—	63	38	—	—	—	—	—	8	4
	61~70	52	8	—	76	47	—	—	—	—	—	11	4
	71~80	52	8	—	88	57	—	—	—	—	—	11	4

用于机床上的弹性夹头主要有：各种车床加工棒料用的圆孔（直径 1~60mm）、方孔（边长 2~42mm）和六方孔（边长 2~52mm）弹性夹头；锥度为 7∶24 的铣夹头（夹持直径 2~27mm）；各种攻螺纹夹头（锥面 16°）；双面夹头等；以及与夹头配套的各种压紧螺母、扳手等附件。

下面举例说明机床用弹性夹头的形式，对设计夹具用弹性夹头有一定参考作用。图 4-46 所示为几种送料弹性夹头。

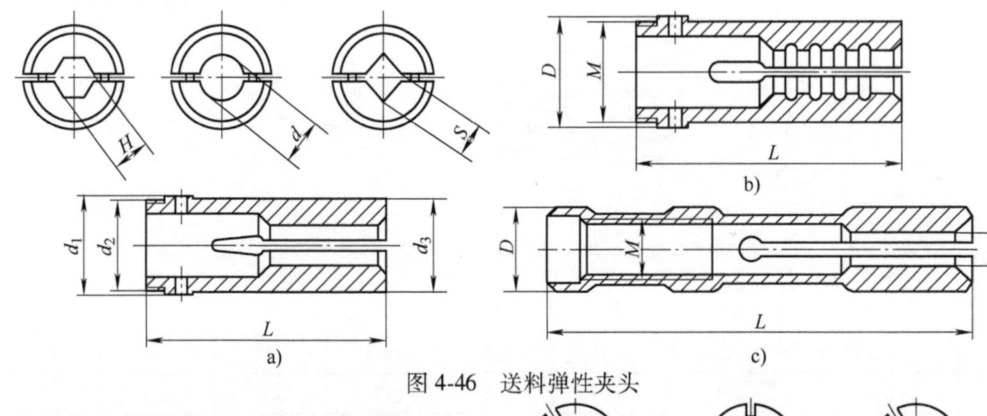

图 4-46 送料弹性夹头

图 4-47 所示的 $R8$ 弹性夹头适用于主轴锥孔为 $R8$ 的各种铣床（例如 X6325 和 X5325 型铣床）。

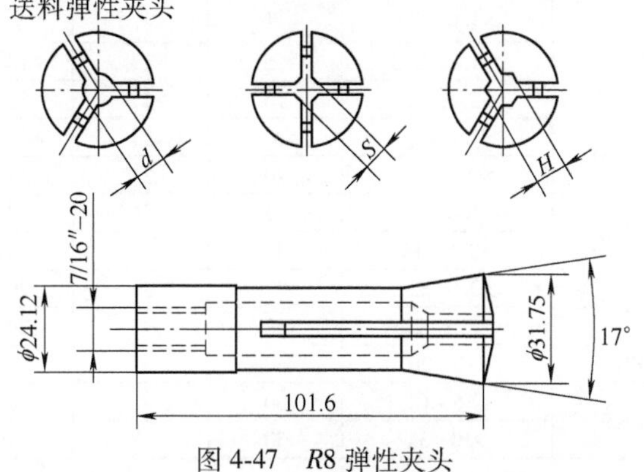

图 4-47 $R8$ 弹性夹头

图 4-48 所示 DIN6343 型弹性夹头适用于各种车床、转塔车床等。这种夹头头部有压紧螺母导向圆柱部分，前端螺母用平面压紧夹头的支承肩平面，对中性好，精度保持时间长。

图 4-49 所示的双面弹性夹头适用于

夹持细长杆类的工件，例如发动机气门杆等。

图 4-50 所示的弹性夹头用于加工棒料的自动车床，其内孔表面有齿纹。

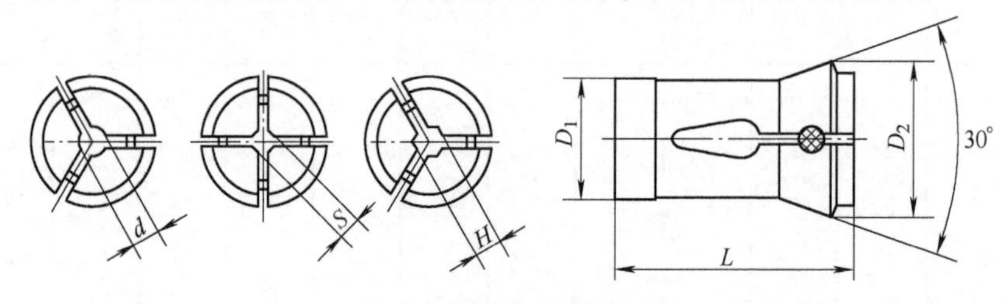

图 4-48 DIN6343 型弹性夹头

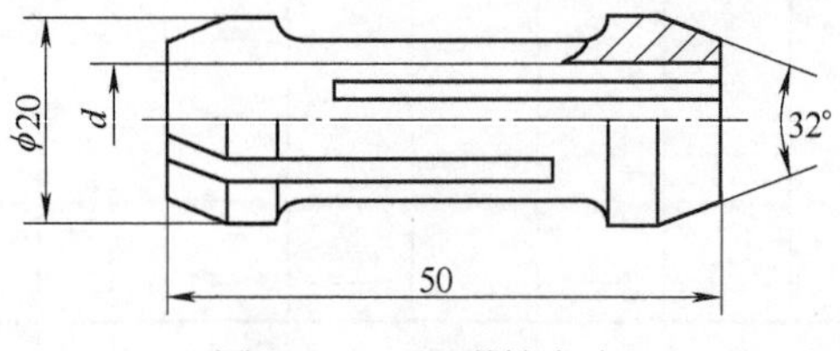

图 4-49 双面弹性夹头

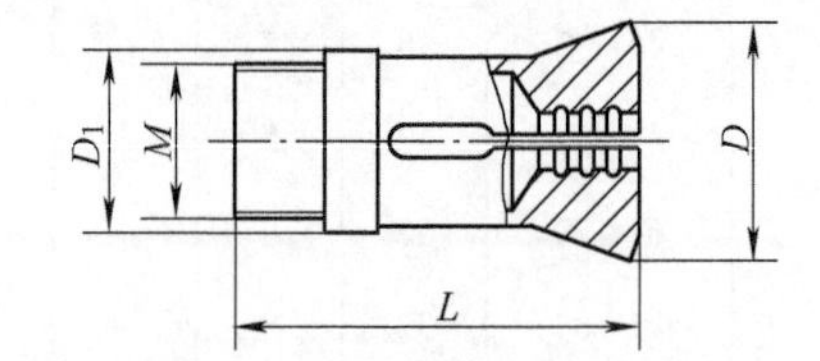

图 4-50 内孔有齿纹的弹性夹头

表 4-6 给出的 ER 系列弹性夹头广泛用于镗、铣、钻、攻螺纹、磨和雕刻等加工，但这种夹头因为头部没有导向圆柱部分，用螺母锥面压紧夹头前端的锥面时，可能产生偏斜，对中性不如图 4-48 所示的夹头好，使用时操作必须注意。

表 4-6 DIN6499 标准 ER 系列弹性夹头 （单位：mm）

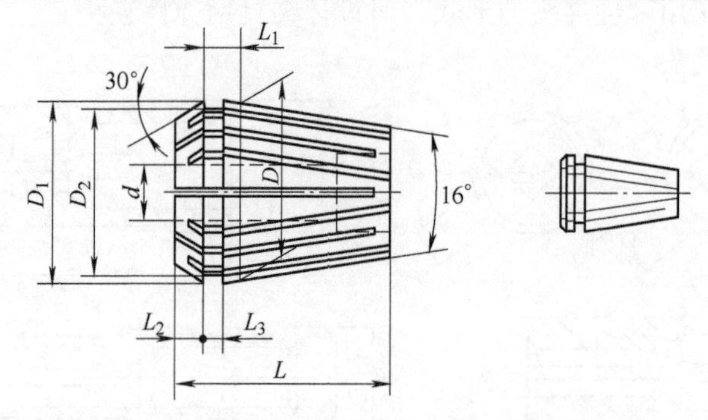

型　号	d（H7）	D	D_1	D_2	L	L_1	L_2	L_3
ER8	≥1.0~5.0	8	8.45	6.5	13.5	2.98	1.5	1.2
ER11	≥1.0~7.0	11	11.5	9.5	18	3.8	2.5	2
ER16	≥1.0~2.5	16	17	13.8	27.5	6.26	4	2.7
	>2.5~10	16	17	13.8	27.5	6.26	4	2.7
ER20	≥1.0~2.5	20	21	17.4	31.5	6.36	4.8	2.8
	>2.5~13	20	21	17.4	31.5	6.36	4.8	2.8
ER25	≥1.0~2.5	25	26	22	34	6.66	5	3.1
	>2.5~16	25	26	22	34	6.66	5	3.1
ER32	≥2.0~2.5	32	33	29.2	40	7.16	5.5	3.6
	>2.5~20	32	33	29.2	40	7.16	5.5	3.6
ER40	≥3~26	40	41	36.2	46	7.66	7	4.1
ER50	≥6~10	50	52	46	60	12.6	8.5	5.5
	>10~34	50	52	46	60	12.6	8.5	5.5

4.3.2　弹性夹头主要参数及其确定

本节介绍弹性夹头的主要参数及其确定的方法，主要以夹紧工件外圆的弹性夹头为例。

1. 弹性夹头的主要参数

（1）瓣数　对机床夹具，一般当工件定位表面直径小于40mm时，单面开槽数取3；随着直径的增大，单面开槽数取4、6、8；对直径和长度较大工件用的弹性夹头采用双面开槽的结构(表4-5中的Ⅱ型夹头)；对锥角小的弹性夹头开槽较多(表4-6)；机床送料弹性夹头通常只开两个槽，但采用多瓣送料夹头时，其使用期限高于两个槽的弹性夹头。

双面开槽的弹性夹头夹紧直径的范围大。因为这时对某一瓣片，其相邻瓣片变形时，也使该瓣片在与相邻瓣片连接部位也产生变形。所以夹紧同样直径的工件，双面开槽的弹性夹头瓣片实际变形量(对双面六槽,单面三槽交错)接近单面开槽弹性夹头的一半，这样就可使夹紧工件的公差增大1倍。

图4-44列出了几种开槽的形式，整个槽由弹性部分的宽槽和夹紧钳口部分的窄槽组成。还有其他形式的开槽，例如对送料夹头(图4-46)、尺寸较小的弹性夹头(图4-47)和双面开槽的弹性夹头(表4-5中的Ⅱ型)在槽的全长上只开一个窄槽，而这其中有的在槽的终端钻一个较大直径的孔。

（2）夹紧工件钳口段的内孔直径d和长度l(表4-5中的Ⅰ型)　在夹具中，弹性夹头主要用于半精加工和精加工，为保证夹紧精度和刚性，弹性夹头夹紧内孔最小直径与工件定位外圆最大直径(或弹性夹头夹紧外圆最大直径与工件定位内孔最小直径)之间的间隙Δ_s，见表4-7。

表4-7　弹性夹头夹紧内孔最小直径与工件定位外圆最大直径之间的间隙Δ_s　（单位：mm）

工件定位部位直径d_0	定位部位为加工过的或公差在IT10内	工件为棒料或公差大于IT10
	Δ_s	Δ_s
5~14	0.02~0.04	0.08~0.10
>14~30	0.04~0.06	0.10~0.13
>30~60	0.06~0.08	0.13~0.18
>60~100	0.08~0.12	0.18~0.25
>100	0.12~0.18	0.25~0.40

注：1. 工件定位直径公差小，Δ_s取小值；反之，取较大值。

2. 本表Δ_s值也适用于弹性夹头夹紧外圆最大直径与工件定位内孔最小直径之间的间隙。

以夹紧工件外圆为例，在夹具中弹性夹头的内孔直径一般为

$$d=(d_{0\max}+\Delta_s)\ (H8)$$

其中，$d_{0\max}$为工件定位外圆最大直径，当工件定位外圆直径的公差较小时，直径d的公差可取H7；而当工件定位外圆直径的公差较大时，d的公差可取H9。

直径d是在弹性夹头没有完全切开瓣(一般留2~3mm)之前，经热处理后精磨内孔达到直径d。

适当增大弹性夹头夹紧内孔的长度l可提高工件的定位精度，但当$l>2d$时增加了加工的困难。在机床夹具中，具体长度与工件的长度和形状有关，一般$d\leqslant3$mm，$l=3\sim5$mm；$d>3\sim10$mm，$l=(1.2\sim1.7)d$；$d>10\sim30$mm，$l=(0.8\sim1.2)d$；$d>30\sim50$mm，$l=(0.7\sim0.9)d$；$d>50\sim80$mm，$l=(0.6\sim0.8)d$；$d>80\sim120$mm，$l=(0.5\sim0.7)d$。

（3）弹性夹头的锥角 2α　在没有强制松开弹性夹头的装置时，为便于取下工件，一般锥角取 30°（如两锥面材料均为钢，摩擦系数为 0.15，2α 相当于 34°，但考虑加工时振动或交替负荷，所以取小些）。

为减小夹紧工件时弹性夹头所需的轴向力，适合减小 2α 值。另外，对工件以内孔定位的弹性夹头式的心轴常取锥角为 5°～15°，当锥角小于 12°时，它须有强制松开装置。锥角大的夹头在同样轴向位移下，其径向移动比锥度小的夹头大。

对加工棒料等定位部位直径偏差较大的工件，夹头外锥面的锥角常取 31°，而轴套内锥面的锥角取 30°。两锥角差值大（30′～1°30′）的好处是加工锥面角度的精度要求不高，二锥面在大头首先接触，也能达到一定的定位精度和夹紧刚性，但精度不如二锥角公称值相同的情况，详见对弹性夹头性能的分析。

当工件定位部位直径公差较小和工件精度要求较高时，弹性夹头外锥面和轴套内锥面的锥角均取相同的公称值，例如 30°。为保证二锥面的贴合性，保证夹紧刚性，以及为使二锥面开始接触的位置靠近工件的加工位置（即在锥面大头先接触），应规定弹性夹头外锥面的锥角大于轴套内锥面的锥角，其差值在 0′～2′内可达到高的定位精度，一般应在 5′～15′内。

（4）锥度部分的长度 l　弹性夹头锥度部分的长度 l 一般等于夹紧钳口（内孔或外圆）的长度（例如表 4-5 中的Ⅰ型），并且轴向位置重合，但有时其长度和位置有不同，这时应保证轴套锥面作用在弹性夹头锥面的反作用力通过夹头夹紧内孔（或外圆）表面，并尽量靠近其中点，以保证夹紧径向精度和刚性（图 4-51）。

（5）瓣的长度 m　瓣的长度应满足在瓣开槽终端截面上，由于轴向力和弯矩的作用而产生的正应力 σ 应小于弹性夹头材料的允许值 $[\sigma]$。在一定范围内增加瓣的长度，可增大夹紧力和提高夹紧刚性，也有利于夹紧直径公差较大的工件，并可减小夹紧时工件的伸长。

一般
$$\frac{L-k}{d_3}=1.5\sim2.5$$

这里 $(L-k)$ 就是整个开槽的长度，d_3 为夹头弹性部分的外径（表 4-5 中的Ⅰ型）。宽槽长度 $m\approx4.5\sqrt{d_1}$（单位为 mm，d_1 为弹性夹头的导向直径）。

（6）与弹性夹头结构有关的其他问题　图 4-51 表示，由于结构需要弹性夹头内孔的位置相对于夹头外圆锥度向前移动一段距离 a，由于轴套锥面对夹头锥面的反作用合力与夹头轴线成 $(\alpha+\rho)$ 角（α 为夹头斜角，ρ 为摩擦角），所以取

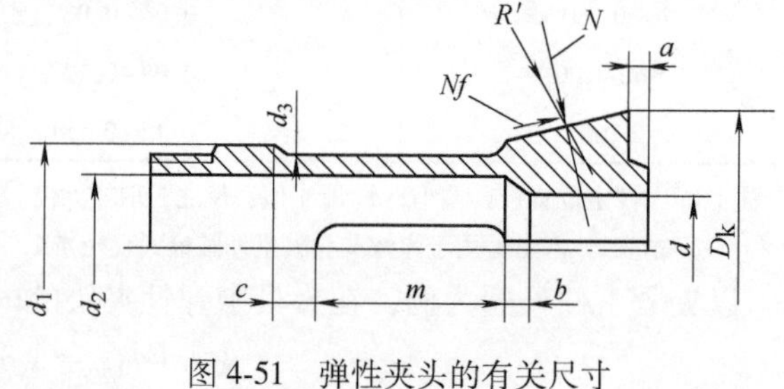

图 4-51　弹性夹头的有关尺寸

$$a=0.5(D-d_1)\tan(\alpha+\rho)$$
$$b=0.5(d_2-d)$$

为避免开槽弹性段的延长段的变形对导向部分的影响，特别对高精度的弹性夹头，导向部位到槽的终端应有一段过渡距离 c，可按下式计算：[70]

$$c=\frac{1}{\lambda}[\pi-\arctan(1+2\lambda m)]$$

式中　λ——弹性衰减系数（单位为 1/mm）。

当 c 值等于弹性衰减的长度时

$$\lambda=\frac{1.815}{\sqrt{\left(\frac{d_3}{2}\right)^2-\left(\frac{d_2}{2}\right)^2}}$$

应指出，表4-5列出的Ⅰ型弹性夹头，其 c 值偏小，一般 c 值可取计算值的50%～100%。

对表4-5中直径为50mm的Ⅰ型夹头按上述方法计算得：

$$\lambda=\frac{1.185}{\sqrt{28.5^2-26^2}}=0.1555/\text{mm}$$

$$c=\frac{1}{0.1555}[c\pi-\arctan(1+2\times0.1555\times36)]=10.6\text{mm}$$

而表4-5中 $d=50$mm 时，$c=K-l_1=28\text{mm}-22\text{mm}=6\text{mm}$。

在弹性夹头产品中，有些产品有明显的距离 c，也有些产品的距离 c 较小。

对表4-5所示Ⅰ型类似的弹性夹头，其尾部有导向部分 d_1，要求导向部位与轴套的间隙不大于0.01mm。

为与夹紧传动装置连接，弹性夹头尾部还应有连接部位，可有各种形式。

图4-52所示为几种连接方式。图4-52a、b和c分别为用普通螺纹、锥度螺纹和锯齿形螺纹连接(锥度螺纹易于实现无间隙连接;锯齿形螺纹具有比普通螺纹牙根高的强度,在实际应用中有螺纹部位损坏的情况,所以有时用锯齿形螺纹)；图4-52d所示为一种槽-键连接，当弹性夹头左端轴向槽通过键，直到碰上环形槽的侧面时，转动弹性夹头后即实现了夹头与固定在轴套上键的连接；图4-52e和f为传动元件直接压在弹性夹头的端面上，不用机械连接；图4-52g也是一种槽-键连接的方法。

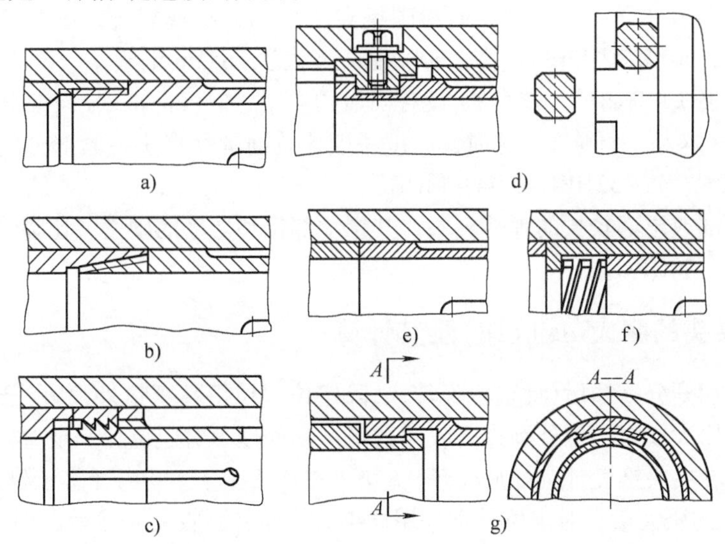

图4-52　弹性夹头尾部与传动装置的连接

2. 弹性夹头的材料和硬度要求

弹性夹头的材料早期多采用优质碳素工具钢，有T7A(夹紧部分硬度为43～52HRC，弹性部分硬度为30～32HRC)、T8A(夹紧部分硬度为55～60HRC或58～62HRC,弹性部分硬度为 32~35HRC 或 38~43HRC)、T10A(夹紧部分硬度为 52~56HRC,弹性部分硬度为 40~45HRC),其中 T8A 应用较多。

碳素工具钢不易保证硬度的均匀性和耐磨性，目前多采用弹簧钢 65Mn(夹紧部分硬度为 55~60HRC 或 57~62HRC,弹性部分硬度为 38~43HRC 或 40~45HRC)、合金工具钢 9SiCr(夹紧部分硬度为 56~62HRC 或 60~65HRC,弹性部分硬度为 38~43HRC 或 40~45HRC)和 60Si2MnA 等。

有应用说明，用 9SiCr 钢制造的弹性夹头，其工作性能和精度比 T8A 和 65Mn 钢都好[71]。

可用轴承钢 GCr15 代替 65Mn 钢，但如果热处理不适当，会使弹性夹头早期折断，可采用的热处理工艺是：淬火前在 400~450℃空气炉中预热(保温时间 2min/mm)；淬火温度 840~845℃(加热时间 0.5min/mm)；尾部快速回火，温度为 750~800℃ (保温时间 8~10s/mm)；最后快速冷却。这样处理后的弹性夹头(夹紧部分硬度为 60~63HRC,弹性部分硬度为 40~45HRC,尾部硬度为 20~30HRC)，其工作性能达到和超过了用 65Mn 钢制造的弹性夹头[32]。

另外，采用 GCr15 钢制造整体单一硬度的弹性夹头，采用贝氏体等温淬火(淬火后硬度为 48~52HRC,回火后硬度为 45~48HRC,可加工 4000 个工件)，与采用常规热处理工艺淬火(淬火后硬度为 58~60HRC,回火后硬度为 55~57HRC,可加工 1500~2000 个工件)相比，虽然前者硬度降低了，但使用期限提高了 1~1.67 倍，这是因为解决了弹性夹头的脆裂问题。

多年来国内、外多采用弹簧钢和合金钢制造弹性夹头，但也存在有时夹紧部分硬度偏低、磨损加快，以及弹性部分断裂的问题。采用低碳钢和渗碳合金钢 20CrNiMo 制造弹性夹头取得了好的效果。

对低碳钢弹性夹头进行气体渗碳淬火，夹紧部分硬度为 58~62HRC，具有高的疲劳强度，其循环次数达 15×10^3 次，而合金钢 60Si2Mn 夹头的循环次数只有 2.25×10^3 次。另外，合金钢夹头损坏多为夹紧钳口断裂，而渗碳钢夹头损坏为出现裂纹，还能继续使用一段时间。有试验说明，20 钢疲劳寿命最高，60Si2Mn 钢次之，65Mn 钢最差。

对有些弹性夹头(例如尺寸较小的,没有明显的夹紧、弹性部分和导向部分没有明显区别的弹性夹头等)整体为一个硬度，这时其硬度一般比普通弹性夹头夹紧部分的硬度低，整体硬度为 52~56HRC、48~52HRC 或 44~48HRC。

对有螺纹尾部或尾部较长的弹性夹头，其螺纹部位和尾部的硬度又比弹性部分的硬度还要低，一般为 20~30HRC。

4.3.3 弹性夹头的胀大(或收缩)及其计算

弹性夹头在切开分瓣槽后(此前已经淬火,除定位部位留精磨量外,其余已基本加工好)，应对定位孔进行胀大或对定位外圆进行收缩的定型热处理。对定位孔，定型处理时用锥度心轴插入孔内，并在夹头锥度外圆处放套环(见第 8 章图 8-19)，其内径等于锥度大头直径 D_k (图 4-51)加上孔的胀大量。对定位外圆采用捆绑方式使外圆收缩，然后进行定形热处理。

胀大或收缩量一般由经验确定：对加工棒料的自动车床上的弹性夹头(用于加工比本身孔径大和小的棒料,例如 39.6H8 的弹性夹头用于加工 $\phi39.2\sim\phi40.4$mm 的棒料)，一般要求在自由状态下孔径胀大 1.5~2.5mm，定型处理时胀大 2~2.5mm；对夹具用的专用弹性夹头，内孔在自由状态下胀大 0.1~0.3mm，定型处理时胀大 1~1.5mm；对高精度夹具，定型处理时胀大 0.5~0.8mm[71]。

定形热处理工艺示例如下：对材料为65Mn的弹性夹头，加热到410~440℃，保温2~4min，然后在空气中冷却。[92]对材料为9CrSi的高精度弹性夹头，可采用在夹头开槽末端10~15mm圆周区间用专用夹具局部加热到400~450℃(在4~5s内)；或采用时效处理，加热到180~200℃，保温10~12h。

弹性夹头的胀大或收缩量的计算式推导如下述[93](图4-53d)。当在试验装置上拉紧没有工件的弹性夹头时，钳口的C点与轴套接触，这时弹性夹头瓣(在长度AB上为固定不变的截面)的回转角为

$$\theta(x)=\frac{P}{2EJ_{x1}}(l^2-x^2)+\theta_B$$

瓣的弹性线方程为

$$y(x)=-\frac{P}{6EJ_{x1}}(l^3-x^3)+\left(\frac{Pl^2}{2EJ_{x1}}+\theta_B\right)(l-x)+y_B$$

式中　l——瓣的长度；

x——点A到所计算截面的距离；

E——弹性模量；

J_{x1}——每瓣截面相对中性轴x的惯性矩[其计算式见式(4-7)]；

θ_B——瓣在B点的回转角；

P——拉紧弹性夹头时(没有工件)，作用在A点上的径向力。

$$\theta_B=\frac{\varepsilon(1+2\lambda l)}{3E}P$$

式中　λ——衰减系数，对于钢，$\lambda=\frac{1.815}{\sqrt{R^2-r^2}}$；

ε——瓣的连接系数，对钢$\varepsilon=\frac{16300}{(2\varphi)^2(R-r)^2}[0.01745(2\varphi)+\sin2\varphi]$。

在ε的计算式中φ的单位为(°)；φ、R和r如图4-54所示，R和r单位为mm。

$$P=Q\frac{(l+a)\cot(\alpha+\rho_1)+Y_k}{z\cdot l}\left(Y_k=\frac{D_k}{2}-Y_s\right)$$

(Y_s如图4-54所示，Y_k和D_k如图4-53d所示，Y_k、Y_s和D_k单位为mm)

式中　ρ_1——弹性夹头锥面与轴套之间的摩擦角(°)，摩擦系数为$\tan\rho_1$；

z——弹性夹头的瓣数。

$$f_1=\tan\rho_1=\tan\left(\arctan\frac{Q}{z\Delta_r C}\right)\quad(图4\text{-}53d)$$

式中　Δ_r——由于轴向拉紧力Q瓣在测量处产生的径向变形；

C——瓣在测量处的径向刚度。

由试验可知，$\rho_1=10°\sim13°$，$f_1=\tan\rho_1=0.18\sim0.23$。可取$f_1=0.2$，$\rho_1=11°20'$。

由前面计算$\theta(x)$和$y(x)$的公式，将θ_B的计算式代入后得

$$\theta_A=\frac{P}{6EJ_{x1}}[3l^2+2J_{x1}\varepsilon(1+2\lambda l)]$$

$$y_A=\frac{P}{3EJ_{x1}}[l^3+J_{x1}\varepsilon l(1+2\lambda l)]$$

对瓣小的回转角，y_A 与 θ_A 的比值可确定点 A 到瓣回转中心 O 的距离（θ_A 取弧度值）

$$x_{OA}=\frac{y_A}{\theta_A}=\frac{2}{3}\frac{l^3+J_{x1}\varepsilon l(1+2\lambda l)}{l^2+\frac{2}{3}J_{x1}\varepsilon(1+2\lambda l)}$$

利用上述分析根据保证使弹性夹头从轴套孔中退出所需轴向力 Q'（与拉紧力 Q 方向相反）这个条件，由 θ_A 和 x_{OA}的计算式可求出弹性夹头瓣的变形量（缩小或胀大量）和变形角度值。

在点 A 的变形量为（在半径上）

$$\delta_0=\frac{0.01Q'(l+a)\cot(\alpha-\rho_1)+0.1\left(\frac{D_k}{2}-Y_s\right)}{10^{-4}\times 3EJ_{x1}zl}\times[10^{-3}l^3+10^{-3}J_{x1}\varepsilon l(1+2\lambda l)]+\Delta'_s$$

式中　δ_0、l、a——变形量、瓣的长度和弹性夹头的长度，单位为 mm；

Q'——轴向力，单位为 N；

E——弹性夹头材料的弹性模量，单位为 N/mm²；

J_{x1}——弹性夹头瓣横截面对中性轴的惯性矩，单位为 mm⁴；

λ 和 ε——同前面计算 θ_B 的公式；

Δ'_s——见 4.3.5 节，单位为 mm。

瓣的变形角度为

$$\theta_p=\frac{\delta_0}{x_{OA}}=\frac{3\delta_0}{2}\frac{l^2+\frac{2}{3}J_{x1}\varepsilon(1+2\lambda l)}{l^3+J_{x1}\varepsilon l(1+2\lambda l)}$$

式中　δ_0——弹性夹头在 A 点的变形量，单位为 mm；

x_{OA}——参见图 4-53d，单位为 mm；

λ、l、J_{x1}——同前面公式。

弹性夹头瓣的前端面变形量为

$$\delta_p=\delta_0+\theta_p a\text{（在半径上）}$$

在 A 点和前端面在直径上的变形量分别为 $2\delta_0$ 和 $2\delta_p$。

弹性夹头热处理定形变形量在计算实例见 4.3.6 节。

4.3.4 对弹性夹头的技术要求

弹性夹头弹性部分的壁厚应均匀，一般允许误差应小于 0.10mm；各个开槽的宽度应一致，允许误差应小于 0.10mm；各槽沿圆周应等分，允许误差在±10′内；各槽对夹头端面的长度应一致，允许误差小于 0.2mm；过渡连接圆角须光滑。

影响弹性夹头精度的因素主要有：弹性部分的壁厚、弹性部分的直径与长度之比、夹头夹紧工件外圆（或孔）的长度和热处理的质量等。

弹性夹头的性能由许多因素（尺寸、形状、材料及热处理等）决定，应对其进行综合检验。在一定扭转力矩下，检验其推力或拉力、径向夹紧力和具有极限尺寸偏差工件的径向圆跳动等。

表 4-8 给出了加工棒料或定位部位公差大于 IT10 的工件时所用的弹性夹头的精度。表 4-9列出了较高精度弹性夹头的精度。

表 4-8　加工棒料和定位部位公差大于 IT10 的工件时所用弹性夹头的精度　（单位：mm）

夹头孔直径	夹头定位孔直径公差(H10)	测量距离(距夹头端面)	检验心轴的径向圆跳动
<6	$^{+0.048}_{0}$	25	0. 02
>6~10	$^{+0.058}_{0}$	35	0. 03
>10~18	$^{+0.070}_{0}$	50	0. 05
>18~30	$^{+0.084}_{0}$	80	0. 07
>30~50	$^{+0.10}_{0}$	100	0. 09
>50~80	$^{+0.12}_{0}$	120	0. 10
>80~120	$^{+0.14}_{0}$	150	0. 12

注：检验心轴直径接近工件被夹紧部位直径的上限。

表 4-9　较高精度弹性夹头的精度　（单位：mm）

夹头孔直径	测量距离(距夹头端面)	检验心轴的径向圆跳动	
		Ⅰ级	Ⅱ级
>1. 0~1. 6	6	0. 010	0. 015
>1. 6~3. 0	10		
>3. 0~6. 0	16		
>6. 0~10	25		
>10~18	40	0. 015	0. 020
>18~26	50		
>24~30	60		
>30~50	80	0. 020	0. 030
>50~80	100	0. 030	0. 040
>80~120	120		

注：夹头孔直径公差一般为 H7 或 H8。

4. 3. 5　弹性夹头夹紧力的计算

1. 弹性夹头夹紧工件所需的径向夹紧力

弹性夹头夹紧工件所需总的径向夹紧力按下式计算：

$$F=\frac{KM_{c}}{(f_{2}r)} \tag{4-1}$$

式中　K——安全储备系数；

M_c——切削力矩，单位为 N · mm；

f_2——弹性夹头与工件的摩擦系数（工件为加工面，$f_2=0.10\sim0.15$；工件为毛坯面，$f_2=0.2\sim0.3$；工件为毛坯面，夹头孔有齿纹，$f_2=0.5\sim0.7$）；

r——工件被夹紧部位的半径，单位为 mm。

由式（4-1）可知，夹紧力所产生的摩擦力矩大于切削力矩 K 倍。

当工件加工时主要是圆周切削力矩(一般车加工轴向力只占总切削力的 1%～5%，弹性夹头夹具又多用于半精和精加工内、外圆，可忽略不计)，则

$$M_c = P_z r_1$$

当工件加工时同时有切削力矩和轴向力（例如，既车外圆又钻孔），则

$$M_c = r_1\sqrt{P_z^2 + P_x^2}$$

式中　P_z 和 P_x——分别为切向切削力和轴向切削力，单位为 N；

r_1——工件被加工部位的半径，单位为 mm。

弹性夹头每个钳口的夹紧力为 F/z(z—弹性夹头的瓣数)。由图 4-53a 得

$$\Sigma X = 0 \quad Ff_2 + Nf_1\cos\alpha + N\sin\alpha - Q = 0$$

$$\Sigma Y = 0 \quad N\cos\alpha - Nf_1\sin\alpha - F - R_c = 0$$

式中　N——轴套作用于弹性夹头锥面上的力，单位为 N；

R_c——夹爪径向弹性变形力，作用在锥套上，单位为 N；

f_1——弹性夹头与轴套的摩擦系数(由前述 $f_1 = 0.18 \sim 0.23$，可取 $f_1 = 0.2$)；

F——工件对弹性夹头的反作用力(径向夹紧力)，单位为 N；

f_2——弹性夹头与工件的摩擦系数(工件为加工面，$f_2 = 0.1 \sim 0.15$；工件为毛坯面，$f_2 = 0.2 \sim 0.3$；工件为毛坯面，夹头有齿纹 $f_2 = 0.5 \sim 0.7$)。

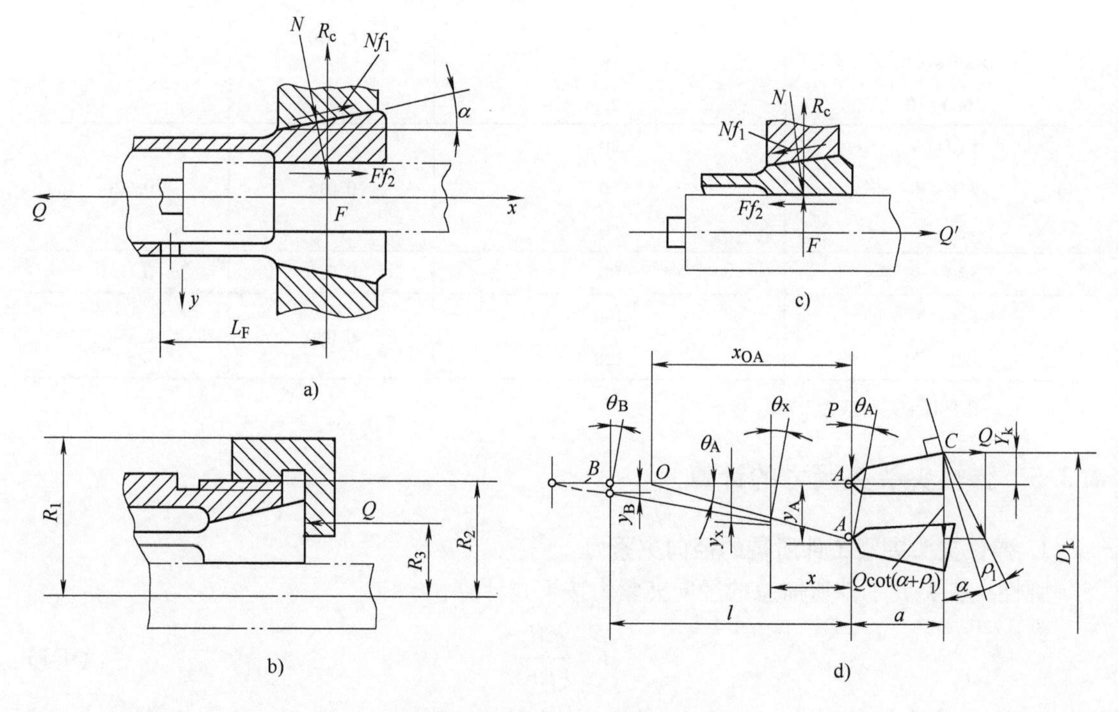

图 4-53　作用在弹性夹头上的力

由上面两式得到夹紧工件所需的轴向力 Q 为

$$Q = (F + R_c)\tan(\alpha + \rho_1) + F\tan\rho_2 \text{（工件有轴向定位）} \tag{4-2}$$

$$Q = (F + R_c)\tan(\alpha + \rho_1) \text{（工件无轴向定位）} \tag{4-3}$$

式中　ρ_1 和 ρ_2——分别为弹性夹头与轴套锥面和与工件表面的摩擦角，单位为(°)。

需说明，式（4-2）与有的文献中 $Q=(F+R_c)[\tan(\alpha+\rho_1)+\tan\rho_2]$ 不同，因为在瓣与工件之间没有 R_c 力的作用。

对具有自锁角度的弹性夹头，其松开工件所需的轴向力为 Q'，由图 4-53c 得

$$Q'=(F+R_c)\tan(\rho_1-\alpha)+F\ \tan\rho_2(\text{工件有轴向定位}) \tag{4-4}$$

$$Q'=(F+R_c)\tan(\rho_1-\alpha)(\text{工件无轴向定位})$$

2. 弹性夹头锥面作用在轴套上的弹力计算

图 4-54 所示为弹性夹头弹性部分瓣的横截面，图中 $R=\frac{1}{2}d_3$；$r=\frac{1}{2}d_2$(d_3 和 d_2 加图 4-51 所示)。

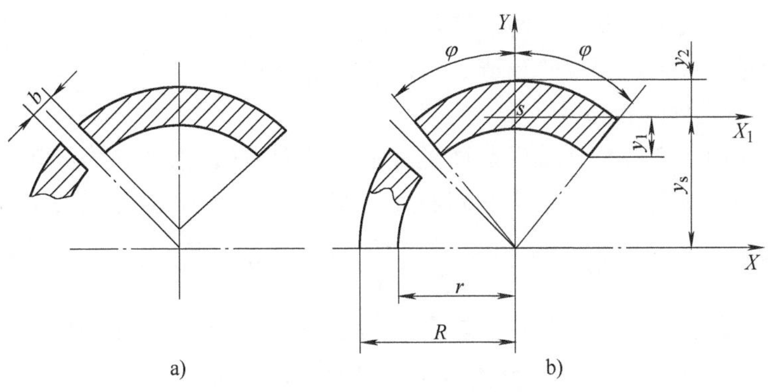

图 4-54　弹性夹头瓣的横截面

图 4-54a 所示为开槽后剖面的实际形状，而在相关计算时，一般都简化为图 4-54b 所示的扇形，这时 φ 角按下式计算。

$$\varphi=\frac{1}{2}\left(\frac{360°}{z}-2\text{arc}\ \sin\frac{b}{R+r}\right) \tag{4-5}$$

弹性夹头每瓣的弹性力为 R_{c1}，弹性夹头总的弹性力为 $R_c=zR_{c1}$，单位为 N(z 为瓣数)。

$$R_{c1}=\frac{3EJ_{x1}\left(\frac{1}{2}\Delta'_s\right)}{L_F^3} \tag{4-6}$$

式中　E——弹性夹头材料的弹性模量，单位为 N/mm²；

J_{x1}——弹性夹头每瓣横截面对中性轴的惯性矩，单位为 mm⁴；

Δ'_s——弹性夹头夹紧内孔与工件被夹紧外圆(或夹紧外圆与被夹紧内孔)的最大间隙，单位为 mm；

L_F——弹性夹头开槽终端到夹紧钳口中点的距离，单位为 mm。

$$J_{x1}=J_x-Fy_s^2 \tag{4-7}$$

式中　J_x——弹性夹头开槽终端每瓣横截面对 x 轴的惯性矩，$J_x=\frac{R^4-r^4}{8}\left(\frac{\pi\varphi}{90°}+\sin2\varphi\right)$ 单位为 mm⁴；

y_s——弹性夹头开槽终端每瓣横截面重心到其轴线的距离，$y_s=38.197\times\frac{(R^3-r^3)\sin\varphi}{(R^2-r^2)\varphi}$，单位为 mm。

将 J_x 和 y_s 的计算式代入式(4-7)，得

$$J_{x1}=K_1(R^4-r^4)-K_2\frac{(R^3-r^3)^2}{R^2-r^2} \tag{4-8}$$

式中 $K_1=\frac{1}{8}\left(\frac{\pi\varphi}{90°}+\sin2\varphi\right)=0.125\ (0.0349\varphi+\sin2\varphi)$

$$K_2=(38.197)^2\frac{\pi\varphi}{180°}\left(\frac{\sin\varphi}{\varphi}\right)^2=25.4648\left(\frac{1-\cos2\varphi}{2\varphi}\right)$$

$$\Delta'_s=\Delta_s+\Delta_d+\Delta_u+\Delta_c$$

其中 Δ_s——弹性夹头夹紧部位与工件被夹紧部位最大实体之间的间隙(见表4-7)，单位为mm；

Δ_d——被夹紧部位的公差，单位为mm；

Δ_u——弹性夹头定位部位的磨损储备，单位为mm；

Δ_c——弹性夹头夹紧部位的制造公差，单位为mm。

3. 弹性夹头瓣强度的校核

弹性夹头夹紧时，在开槽终端横截面上，由于轴向力(压力或拉力)和夹紧力弯矩联合作用而产生的正应力 σ 应小于弹性夹头材料允许的正应力[σ]。对弹性夹头，由于夹紧力弯矩产生的正应力是 σ 的主要组成部分(即$\frac{M}{W_{x1}}>\frac{Q}{A}$,见表4-10)。

图4-55a和b表示，弹性夹头用于夹紧工件的外圆；图4-55c和d表示，弹性夹头用于夹紧工件的内孔。表4-10列出了各种形式正应力的计算公式。

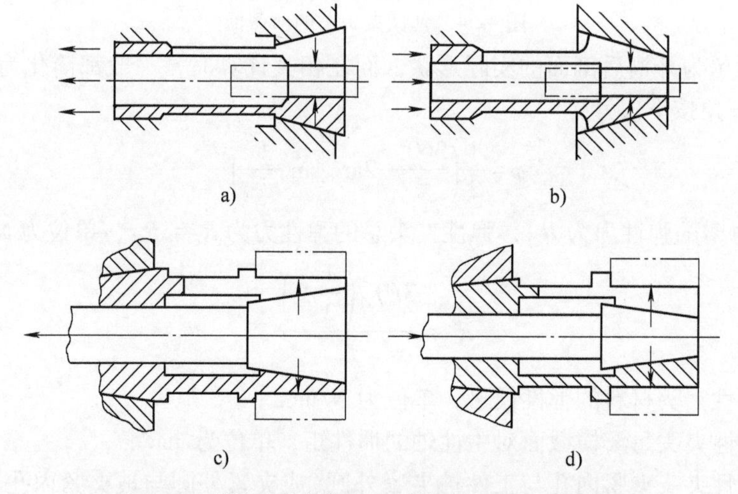

图4-55 弹性夹头夹紧时承受轴向力和弯矩的形式

表4-10 弹性夹头夹紧时开槽终端每瓣横截面正应力的计算式

夹紧受力型式	弹性夹头开槽终端每瓣横截面		备注
	外边的正应力/MPa	内边的正应力/MPa	
图4-55a	$\sigma=\frac{M}{W_{x1}}-\frac{Q}{nA}$ (拉力)	$\sigma=\frac{M}{W_{x1}}+\frac{Q}{nA}$ (压力)	$W_{x1}=\frac{J_{x1}}{y_1}$
图4-55b	$\sigma=\frac{M}{W_{x1}}+\frac{Q}{nA}$ (拉力)	$\sigma=\frac{M}{W_{x1}}-\frac{Q}{nA}$ (压力)	

（续）

夹紧受力型式	弹性夹头开槽终端每瓣横截面		备注
	外边的正应力/MPa	内边的正应力/MPa	
图 4-55c	$\sigma=\dfrac{M}{W_{x1}}+\dfrac{Q}{nA}$ （压力）	$\sigma=\dfrac{M}{W_{x1}}-\dfrac{Q}{nA}$ （拉力）	$W_{x1}=\dfrac{J_{x1}}{y_2}$
图 4-55d	$\sigma=\dfrac{M}{W_{x1}}-\dfrac{Q}{nA}$ （压力）	$\sigma=\dfrac{M}{W_{x1}}+\dfrac{Q}{nA}$ （拉力）	

注：W_{x1}——弹性夹头开槽终端每瓣横截面的截面系数，单位为 mm^3；

M——夹紧力作用在一个瓣片上的弯矩，$M=\dfrac{F}{n}L_F$（单位为 N·mm），F 为夹头总夹紧力，n 为瓣数，L_F 如图 4-53所示；

A——弹性夹头开槽终端每瓣横截面的面积，（单位为 mm^2），$A=0.01745\varphi\ (R^2-r^2)$；

Q——夹紧时的轴向力（单位为 N）；

y_1——弹性夹头开槽终端每瓣横截面重心到内壁端点的距离，单位为 mm，$y_1=y_s-y\cos\varphi$（见图 3-54）；

y_2——弹性夹头开槽终端每瓣截面重心到外壁顶点的距离，单位为 mm，$y_2=R-y_s$（见图 3-54）。

计算出的正应力应不超过弹性夹头材料许用的正应力（$0.6\sigma_s$，σ_s 为材料的屈服极限）。

4.3.6　弹性夹头设计计算示例

图 4-56 所示为用于夹具上弹性夹头的设计示例。该夹头主要尺寸参考表 4-5 中Ⅰ型夹头，并增加尾部螺纹连接部分。该夹头用于半精车钢件，工件定位外圆直径 $d_0=2r_0=50_{-0.08}^{\ 0}$mm，加工到直径为 $2r_1$。切向切削力 $P_z=100$N，切削转矩 $M_c=P_zr_1\approx P_zr=2500$N·mm。按表 4-7，取 $\Delta_s=0.06$mm，弹性夹头的瓣数为 4，其定位内孔直径 $d=(d_{0max}+\Delta_s)$H8$=\phi50.06$H8，弹性夹头其余主要尺寸和需要计算的参数如图 4-56 所示。

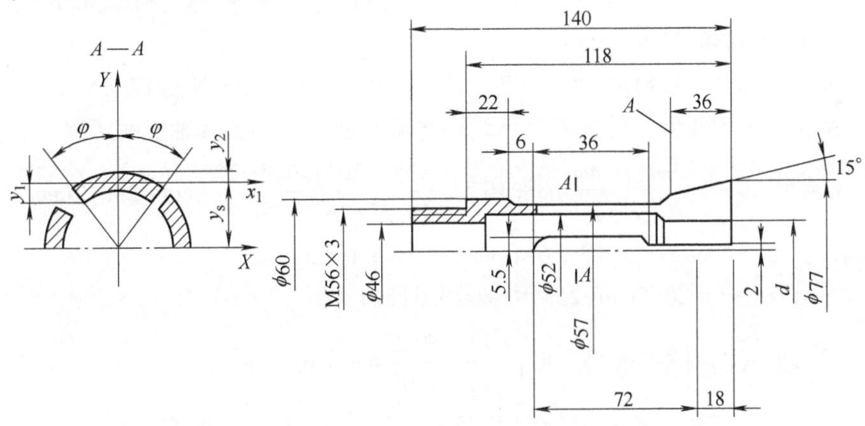

图 4-56　弹性夹头设计示例

按式（4-1），取 $K=2.5$，$f_2=0.15$，则夹头总的径向夹紧力为

$$F=\frac{KM_c}{f_2r}=\frac{2.5\times2500}{0.15\times26}\text{N}=1603\text{N}$$

弹性夹头每瓣的圆周半角 φ 按式（4-5）计算（图 4-54）

$$\varphi = \frac{1}{2}\left(\frac{360°}{z} - 2\arcsin\frac{b}{R+r}\right) = \frac{1}{2}\left(\frac{360°}{4} - 2\arcsin\frac{5.5}{28.5+26}\right) = 39.22°$$

由式(4-8)得

$$J_{x1} = K_1(R^4 - r^4) - K_2\frac{(R^3 - r^3)^2}{R^2 - r^2}$$

而 $K_1 = 0.125(0.0349\varphi + \sin 2\varphi) = 0.125(0.0349 \times 39.22 + \sin 78.44°) = 0.2935$

$$K_2 = 25.4648\left(\frac{1-\cos 2\varphi}{2\varphi}\right) = 25.4648 \times \left(\frac{1-\cos 78.44°}{78.44}\right) = 0.2595$$

所以 $J_{x1} = 0.2935(28.5^4 - 26^4) - 0.2595\left[\frac{(28.5^3 - 26^3)^2}{28.5^2 - 26^2}\right] = 59514 - 59156 = 358\text{mm}^4$

已知 $\Delta'_s = \Delta_s + \Delta_d + \Delta_u + \Delta_c$[已知 $\Delta_s = 0.06\text{mm}$，$\Delta_d = 0.08\text{mm}$，夹头内孔直径 dH8($\Delta_c = 0.039\text{mm}$)，取 $\Delta_u = 0.08\text{mm}$]，所以

$$\Delta'_s = 0.06\text{mm} + 0.08\text{mm} + 0.08\text{mm} + 0.039\text{mm} = 0.26\text{mm}$$

$$E = 2.1 \times 10^5 \text{N/mm}^2$$

$$L_F = 118\text{mm} - 28\text{mm} - \frac{36}{2}\text{mm} = 72\text{mm}$$

由式(4-6)得 $R_{c1} = \dfrac{3EJ_{x1}\left(\frac{1}{2}\Delta'_s\right)}{L_F^3} = \dfrac{3 \times 2.1 \times 10^5 \times 358 \times 0.5 \times 0.26}{72^3}\text{N} = 78.56\text{N}$

弹性夹头各瓣作用在轴套上总的弹性力

$$R_c = 4 \times 78.56\text{N} \approx 314\text{N}$$

工件有轴向定位，则按式(4-2)计算的夹紧工件所需轴向力为

$$Q = (F + R_c)\tan(\alpha + \rho_1) + F\tan\rho_2 = (1603 + 314) \times \tan(15° + 11.33°) + 1603\tan 8.53°$$
$$= 958.5\text{N} + 240.5\text{N} = 1199\text{N}$$

松开力为 $Q = (1603 + 314) \times \tan(11.33° - 15°)\text{N} + 1603 \times \tan 8.53°\text{N} = 117.8\text{N}$

为校核弹性夹头的强度，计算其开槽终端每瓣横截面重心到其轴线的距离 y_s，由前述

$$y_s = 38.197\frac{(R^3 - r^3)\sin\varphi}{(R^2 - r^2)\varphi} = 38.197\frac{(28.5^3 - 26^3)\sin 39.22°}{(28.5^2 - 26^2) \times 39.22}\text{mm} = 25.19\text{mm}$$

由图 4-54 得 $y_1 = y_s - r\cos\varphi = 25.19 - 26 \times \cos 39.22° = 5.05\text{mm}$

$$y_2 = R - y_s = 28.5\text{mm} - 25.19\text{mm} = 3.31\text{mm}$$

由表 4-10，受力形式按图 4-55a 得 $W_{x1} = \dfrac{J_{x1}}{y_1} = \dfrac{352}{5.05}\text{mm}^3 = 69.70\text{mm}^3$

$$A = 0.01745\varphi(R^2 - r^2) = 0.01745 \times 39.22 \times (28.5^2 - 26^2) = 93.26\text{mm}^2$$

$$M = \frac{F}{n}L_F = \frac{1603}{4} \times 72\text{N} \cdot \text{mm} = 28854\text{N} \cdot \text{mm}$$

弹性夹头开槽终端每瓣横截面外边的正应力为

$$\sigma = \frac{M}{W_{x1}} - \frac{Q}{A} = \frac{28854}{69.70}\text{N/mm}^2 - \frac{1199}{4 \times 93.2}\text{N/mm}^2$$
$$= 413.97\text{N/mm}^2 - 3.22\text{N/mm}^2 = 410.75\text{N/mm}^2 = 427.5\text{MPa(拉力)}$$

其内边的正应力为

$$\sigma=\frac{M}{W_{x1}}+\frac{Q}{A}=\frac{28854}{69.70}\text{N/mm}^2+\frac{1199}{4\times93.2}\text{N/mm}^2$$
$$=413.97\text{N/mm}^2+3.22\text{N/mm}^2=417.19\text{N/mm}^2\approx417\text{MPa}(\text{压力})$$

已知弹簧钢 65Mn 的抗拉强度 R_m 为 980MPa，屈服强度 σ_s 为 785MPa；而弹簧钢 60Si2MnA 的抗拉强度 R_m 为 1570MPa，屈服强度 σ_s 为 1375MPa。

材料允许的正应力按 $0.6\sigma_s$ 计算，若选用 65Mn 钢，$0.6\sigma_s=471\text{MPa}$，略大于以上计算值，可选用。若选用 60Si2MnA 钢，$0.6\sigma_s=825\text{MPa}$，显著大于以上计算值，而且 60Si2MnA 钢的疲劳寿命比 65Mn 钢高(见前述)，有一定优点。选用材料时，可根据具体情况决定。

下面计算图 4-56 所示弹性夹头定形热处理孔的变形量。在 A 截面上的胀大量按下式计算(见 4.3.3 节)

$$\delta_0=\frac{0.01Q'(l+a)\cot(\alpha-\rho_1)+0.1\left(\frac{D_k}{2}-y_s\right)}{10^{-4}\times3EJ_{x1}zl}\times\left[10^{-3}l^3+10^{-3}J_{x1}\varepsilon l(1+2\lambda l)\right]+\Delta'_s$$

对图 4-56，上式中：$l=72\text{mm}+18\text{mm}-36\text{mm}=54\text{mm}$；$a=36\text{mm}$；$\alpha=15°$；$\rho_1=11°20'$；$D_k=77\text{mm}$；$y_s=25.19\text{mm}$；$\varepsilon=\frac{16300}{(2\varphi)^2(R-r)^2}[0.01745\times(2\varphi)+\sin(2\varphi)]=\frac{16300}{(28.5^2-26^2)\times4\times39.22^2}[(0.01745\times2\times39.22)+\sin(2\times39.22°)]=0.0995\approx0.11/\text{mm}^2$(其中 R 和 r 如图 4-54 所示)；$\lambda=\frac{1.815}{\sqrt{R^2-r^2}}=\frac{1.815}{\sqrt{28.5^2-26^2}}=0.156/\text{mm}$；$J_{x1}=358\text{mm}^4$；$\Delta'_s=0.26\text{mm}$；$Q'=124\text{N}$。

将各数值代入计算式，得 $\delta_0=0.34\text{mm}$（单边值）

弹性夹头瓣的胀开角按下式计算

$$\theta_p=\frac{3\delta_0}{2}\times\frac{l^2+\frac{2}{3}J_{x1}\varepsilon(1+2\lambda l)}{l^3+J_{x1}\varepsilon l(1+2\lambda l)}=\frac{3\times0.34}{2}\times\frac{54^2+\frac{2}{3}\times358\times0.11(1+2\times0.156\times54)}{54^3+358\times0.10\times54(1+2\times0.156\times54)}$$
$$=0.0089\text{rad}$$

弹性夹头前端面孔单边的胀大量为

$$\delta_p=\delta_0+\theta_p a=0.34\text{mm}+0.0089\times36\text{mm}=0.66\text{mm}$$

孔在自由状态下，其前直径的胀大量为 $2\delta_p=1.32\text{mm}$。

另一计算示例：已知 $Q'=500\sim800\text{N}$，$l=80\text{mm}$，$a=45\text{mm}$，$D_k=84\text{mm}$，$y_s=25\text{mm}$，$J_{x1}=2100\text{mm}^4$，$z=3$，$\alpha=15°$，$\varphi=100°$，$R=30\text{mm}$，$r=25.5\text{mm}$，$\rho_1=10°\sim13°$，$\Delta'_s=0.36\text{mm}$，$\lambda=0.11/\text{mm}$，$\varepsilon=0.175/\text{mm}^2$。

计算结果如下：$\delta_0=0.65\sim0.73\text{mm}$；$\theta_p=0.0097\sim0.0108\text{ rad}(0°33'\sim0°37')$；$\delta_p=1.1\sim1.25\text{mm}$。取 $2\delta_p=2.5\text{mm}$。

4.3.7 弹性夹头的特性

下面以夹紧外圆的弹性夹头为例进行分析。

1. 弹性夹头与轴套和工件的接触(图 4-57)

若轴套锥面和夹头锥面的锥角相等，即在夹头切开槽之前，两锥面完全贴合，则在夹头切开槽之后，夹紧工件时：若工件外圆直径 d_0 小于夹头内孔直径，夹头内孔表面 3 与工件外圆表面 4 共有三个点(每瓣一点)接触，而夹头外锥表面 2 与轴套内锥表面 1 共有六个点(每瓣两点)接触，如图 4-57a 所示；若 $d_0>d$，则夹头内孔与工件外圆每瓣有两个点接触，而夹头外锥面与轴套内锥面每瓣有一个点接触(图 4-57b)。

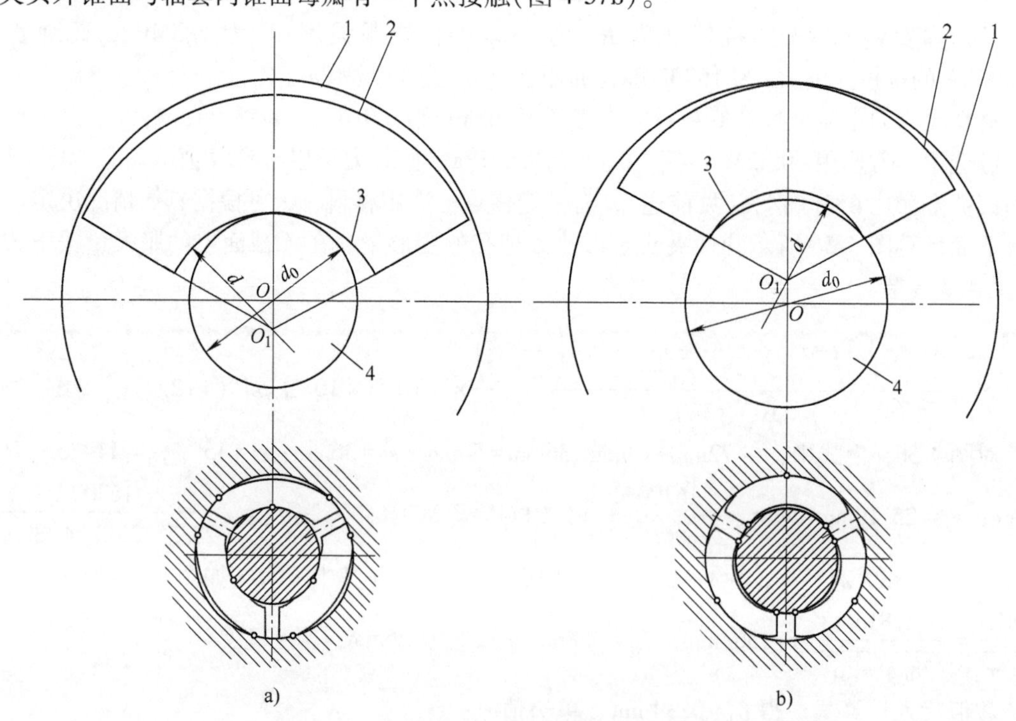

图 4-57　弹性夹头与轴套和工件的轴向接触

1—轴套内锥表面　2—夹头外锥表面　3—夹头内孔表面　4—工件外圆表面

下面对图 4-57a 所示夹头轴向接触的情况作进一步分析，如图 4-58 所示。

夹头三瓣的内孔中心分别从 O 移到 O_1、O_2、O_3，夹头锥面大头直径 D 的截面 Ⅰ 与轴套锥面直径为 D 的截面 Ⅱ 不重合，Ⅰ 面埋入轴套一段距 Δa。这样夹头每瓣半径为 R_1 的锥度外圆截面 Ⅰ 与轴套内孔锥面半径为 R_2 的截面重合，即在两个 B 点接触。

这时夹头小头直径为 $2R'_1=D-2a\ \tan15°$ 的截面 Ⅲ 与直径为 $2R'_2$ 的截面重合，即在两个 C 点接触。

对图 4-57b 所示情况作同样的分析，可得到类似的结果，不同之处是图 4-58a 所示的 Ⅰ 面将凸出轴套端面 Ⅱ 一段距离 Δa。

由分析可知，若轴套内锥面与夹头外锥面的斜角相等，夹头内孔母线与轴套轴线平行，其轴向接触情况与图 4-58b 所示情况近似，轴套与夹头和夹头与工件的接触面大，精度和刚性好；若两锥角不同，其接触情况如图 4-58c 和 d 所示，轴套与夹头和夹头与工件的接触面小，精度和刚性差。

2. 弹性夹头内孔与工件外圆直径差 Δd 和夹头外锥面与轴套内锥面锥角差 $\Delta\alpha$ 对其精度和刚性的影响

试验表明[96]；当 $\Delta d \leqslant 0.10$mm 和 $\Delta\alpha=0'\sim2'$时，可取得好的定位效果。

夹头内孔径向圆跳动可在 0.03mm 以内(在距夹头端面 80mm 处测量)；在施加 50N · m

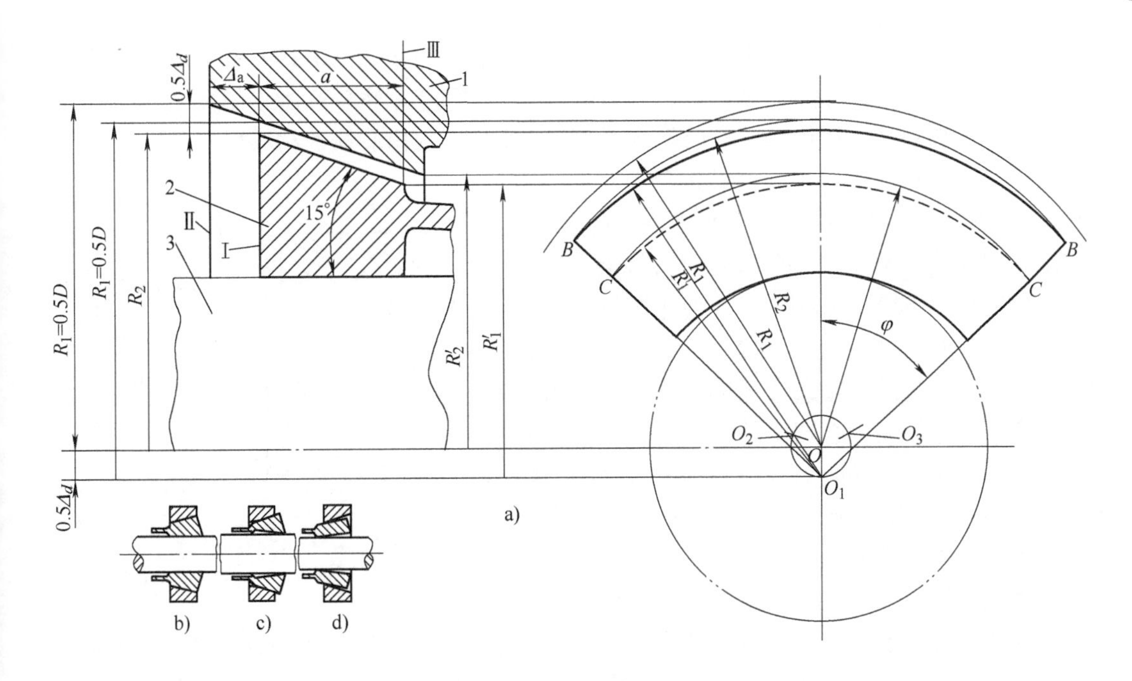

图4-58 $d_0<d$ 时夹头与轴套和工件的轴向接触

1—轴套 2—弹性夹头 3—工件

的力矩后，在上述距离测量的心轴位移值在0.10mm内。

当Δd=0.20~0.30mm和$\Delta\alpha$=10′~30′时，夹头内孔径向圆跳动达0.05~0.12mm，其刚性也显著下降，按上述加力矩后，心轴位移值达0.15~0.25mm。

虽然Δd值为一定的负值(即$d<d_0$)时也可以达到良好的定位效果，但由于夹头每瓣内孔在横截面上以两个边缘点与工件接触(图4-57b)，对工件定位面有损坏，而且会很快磨损，所以在有精度要求的夹具上不适用。在夹具上Δd多为一定的正值，但这时弹性夹头外锥面以两个边缘点与轴套内锥面接触(图4-57a)，也会很快磨损，使夹头失去原始精度。对高精度夹头为解决这一问题，可采取下述方法。

在弹性夹头各个开槽处做出一个对称于槽的小平面(图4-59d)，将原来的尖角边改成钝角边（如图4-59中a、c两点)，这样可适当改善两锥面的接触情况，提高夹头的工作性能。

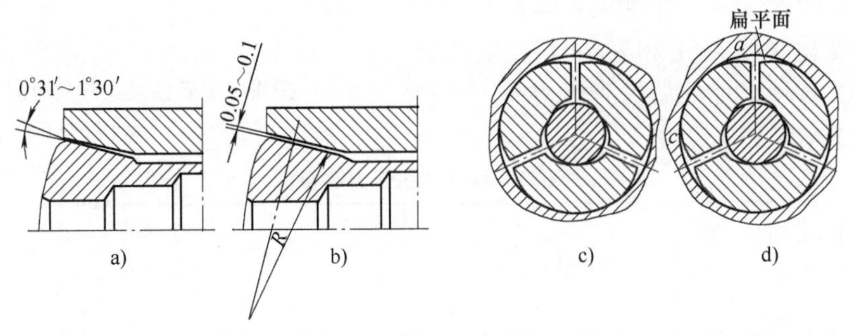

图4-59 弹性夹头锥面接触情况的改进

最好的方法是使弹性夹头外锥面在横截面上每瓣也有一点与轴套内锥面接触(图4-59c)。为此，与一般方法(一般在完全切开瓣之后不再加工)不同，在弹性夹头完全切开瓣之前，内孔留磨量，在夹头完全切开瓣后，用直径为（$d-\Delta_1+0.15$）mm 的心棒插入夹头内孔中(d 为夹头内孔公称直径,Δ_1 为其留磨量)，然后装入图 4-60 所示的磨夹头内孔夹具中定位，即使各瓣与心棒接触，然后保持夹头位置不变，取出心棒，精磨内孔。

由于心棒直径大于夹头孔磨孔前的直径（$d-\Delta_1$）0.15mm，所以心棒插入后相当于上述 $d<d_0$(图 4-57b)的情况，即夹头外锥面与轴套内锥面为每瓣一个点接触。在这种情况下磨出内孔，以后使用时夹头外锥面也与其相配轴套内锥面为一点接触。应注意的是，应用这种方法时内孔的留磨量应足够。同时对磨内孔夹具的精度要求也较高，心轴 1 的锥度与机床主轴的锥度精密配作；夹头 3 导向部位与心轴配合孔的间隙不大于 0.01mm；心轴内锥面和导向孔对其外锥度表面的跳动不大于 0.005mm 等。

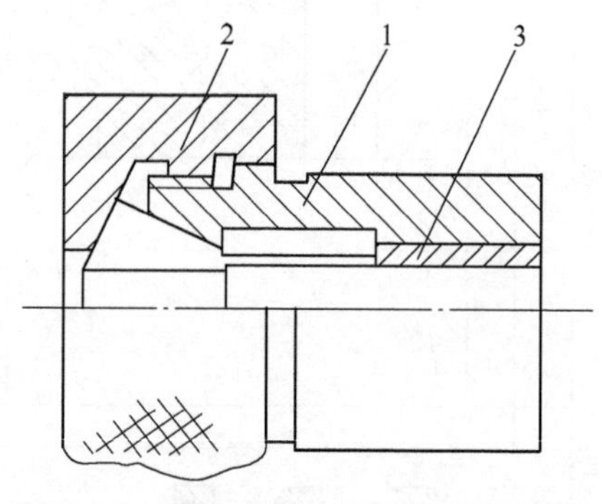

图 4-60　磨弹性夹头内孔夹具示意图

1—心轴　2—螺母　3—被磨内孔的弹性夹头

为达到上述目的，还可采用另一种方法：弹性夹头内孔在切开瓣之前已加工到最终尺寸，而夹头的外锥面留有适当的磨量，夹头切开瓣后，用直径适当小于被加工工件最小直径的心棒定位，精磨夹头外锥面，也可实现当 $d>d_0$ 时夹头外锥面与轴套内锥每瓣一个点接触。

对两锥角有差异的情况，为消除夹头锥面大头端面的锐边接触，将夹头锥面做成圆弧面(图 4-59b)，其凸起量为 0.05~0.10mm，最大不超过 0.20mm；或在夹头锥面大头做出倒角或圆弧倒角(图 4-59a)。

3. 对不同弹性夹头试验研究

研究表明：弹性夹头各瓣所承受的夹紧力不均匀，其差别可达 30%，这是由于制造(包括热处理)误差和夹头本身结构形式的问题。

弹性夹头锥度母线的实际接触位置，以及夹头夹紧钳口与工件的实际接触位置，对弹性夹头的受力情况有很大影响，随尺寸 l_1、l_2 和 l_3 的增大使夹紧力增大，而弹性夹头瓣的受力情况也有显著变化（图 4-61 和表 4-11）。为进行试验，制造了各种尺寸的铸铁弹性夹头，试验是在管料加工车床上进行的。

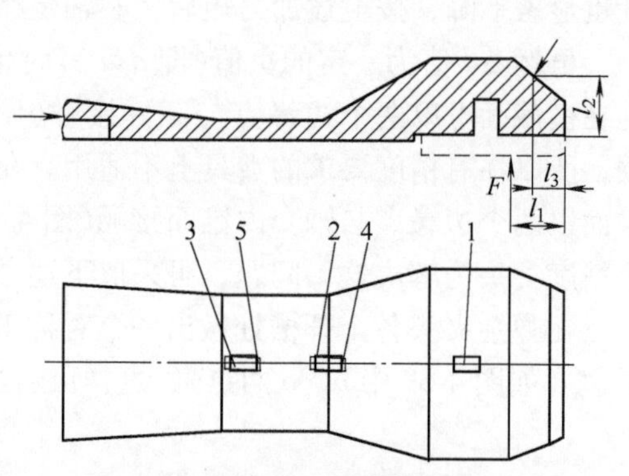

图 4-61　弹性夹头的受力测量

注：1~5 见表 4-11。

表 4-11　弹性夹头受力测量值

尺寸/mm			夹紧力 F/kN	弹性夹头瓣的受力/MPa				
				传感器位置号				
l_1	l_2	l_3		1	2	3	4	5
11	31	15	3.2	11	-73	-203	58	129
22	38		4.1	-6.5	-38	-123	56	36
32	45		4.1	-34	-200	-140	92	37

（续）

尺寸/mm			夹紧力 F/kN	弹性夹头瓣的受力/MPa				
				传感器位置号				
l_1	l_2	l_3		1	2	3	4	5
11	31	43	4.3	41	2	-34	-15	10
22	38		4.7	19	-52	-79	8.5	15
32	45		4.7	0.2	-176	-151	78	46
11	31	75	5.8	107	181	55	-104	-68
22	38		5.75	60	119	15	-39	-20
32	45		6.2	49	18	-74	-36	-7

4. 双面开槽弹性夹头变形量的特点

单面开槽的弹性夹头夹紧工件或工具的直径范围一般不大于0.4mm，双面开槽的弹性夹头可扩大夹紧工件直径的范围，其特点是在夹紧同样直径公差范围的工件时，其所产生的实际变形比单面开槽的弹性夹头小，现分析如下。

以每面与另一面均匀错开各开三个槽的弹性夹头为例，如图4-62所示的分析计算示意图。

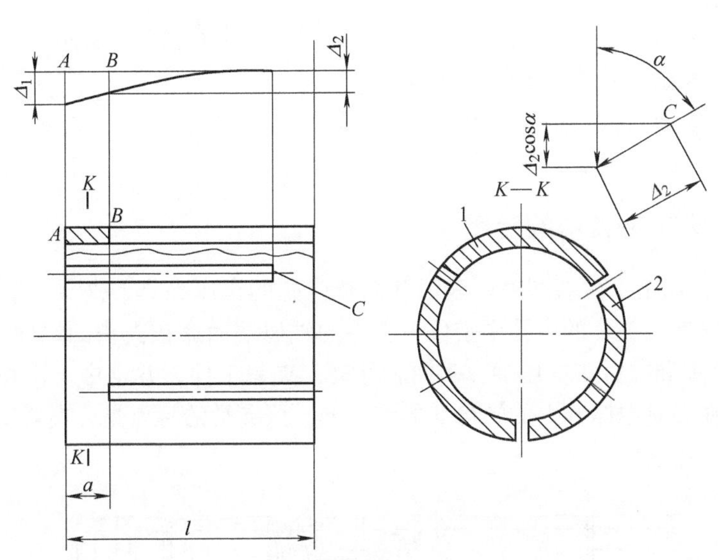

图4-62　双面开槽弹性夹头变形分析示意图

1、2—瓣片

双面开槽弹性夹头在力的作用下，各瓣片产生位移，例如瓣片1的A点产生位移Δ_1，B点产生位移Δ_2。

各瓣片相邻，双面承受弯曲的各瓣片的变形相互影响，例如B点和C点分别在瓣片1和瓣片2上，对瓣片1来说，还存在由于瓣片2在点C的变形Δ_2(与点B的位移相等)所产生的附加变形$\Delta_2\cos\alpha$。

因此，瓣片1的实际变形量为

$$\Delta=\Delta_1-\Delta_2\cos\alpha$$

而
$$\frac{\Delta_1}{\Delta_2}\approx\frac{l}{l-a}$$

所以
$$\Delta_2=\frac{\Delta_1(l-a)}{l}$$

将 $\Delta_2=\frac{\Delta_1\ (2-a)}{l}$ 代入 $\Delta=\Delta_1-\Delta_2\cos\alpha$ 得 $\frac{\Delta}{\Delta_1}=1-\cos\alpha+\frac{a}{l}\cos\alpha$

当 $\alpha=60°$ 时，$\frac{\Delta}{\Delta_1}=0.5\left(1+\frac{a}{l}\right)$；$a$ 值小时，$\frac{\Delta_1}{\Delta_2}\approx\frac{1}{2}$。

以上结果说明当夹紧同样直径公差范围的工件时，双面开槽夹头的实际变形量约等于单面开槽夹头变形的一半，有利于夹紧直径公差大的工件。并且双面开槽夹头的使用期限也显著提高，例如对双面开槽夹头可加工 20 万个工件[9]。

计算弹性夹头所需轴向力的式(4-2)和式(4-3)是按图 4-53a 所示结构分析的，对其他结构应作具体分析。例如对图 4-53b 应考虑螺纹夹紧的特点，取螺母端面与夹头端面的摩擦系数等于式(4-2)中的 f_1，则图 4-53b 所示结构所需轴向夹紧力按下式近似计算。

工件有轴向定位 $Q=[(F+R_c)\tan(\alpha+\rho_1)+F\tan\rho_2]\frac{R_2}{R_1(1+f_1^2)}\left[\tan(\psi+\varphi)+f_1\frac{R_2}{R_3}\right]$

工件无轴向定位 $Q=[(F+R_c)\tan(\alpha+\rho_1)]\frac{R_2}{R_1(1+f_1^2)}\left[\tan(\psi+\varphi)+f_1\frac{R_2}{R_3}\right]$

式中 ψ——螺母螺纹的升角，单位为（°）；

φ——螺纹表面当量摩擦角，单位为（°）。

其余符号含义见式（4-2）等。

4.3.8 弹性夹头在夹具中的应用

图 4-63 所示，加工工件右端外圆表面和两端内孔的车床夹具，夹具安装在车床主轴法兰盘上。工件在弹性夹头 8 的内孔中定位，工件的轴肩端面靠在夹头的端面上。气缸(图中未示出)通过拉杆 1 和螺钉 2 推压轴套 7 向右移动，夹紧工件，并定中。用弹簧 5 始终使弹性夹头 8 紧贴拧在夹具本体 6 上的螺母 9 的锥面上。该夹具的特点是，夹紧工件时夹头不移动，保证轴向定位精度。

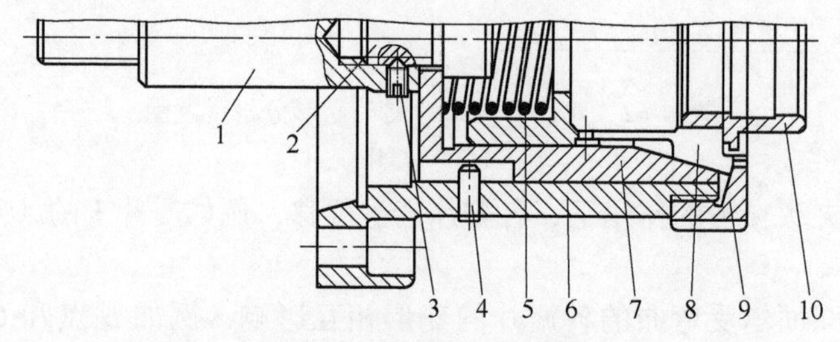

图 4-63 弹性夹头车夹具

1—拉杆 2—螺钉 3—止动螺钉 4—防转销 5—弹簧
6—本体 7—轴套 8—弹性夹头 9—螺母 10—工件

图4-64a和b所示为另两种弹性夹头车夹具。

图4-65所示为双锥面弹性夹头车夹具，工件8装入夹头7的孔中，用挡销1轴向定位，用螺母4使轴套5移动，在两端夹紧工件；松开时用弹簧2使轴套回到初始位置，销3和6防止轴套和夹头转动。

图4-66a所示为另一种双面锥度弹性夹头车夹具的结构。弹性夹头用拉紧套筒2和管件与夹紧液压缸相连，在拉紧套筒2右端面加工出三个凸条状的块，伸入夹头的纵向槽中，并与轴套4的槽相连，用螺钉防止轴套4转动。

弹性夹头5前端的锥角为30°，后端的锥角为90°，这样可保证前后端所需夹紧力的比例，后端为前端的15%~30%。应用该弹性夹头，使夹具-工件系统的径向刚性提高1.6~2.5倍，工件的圆度误差减小50%~80%，延长夹头使用期限。

图4-66b所示为又一种夹紧心轴。当拉力Q作用时，拉杆3右端的锥度压紧锥套2，夹紧工件。这时作用在推套7上的推力使开口锥套6夹紧锥

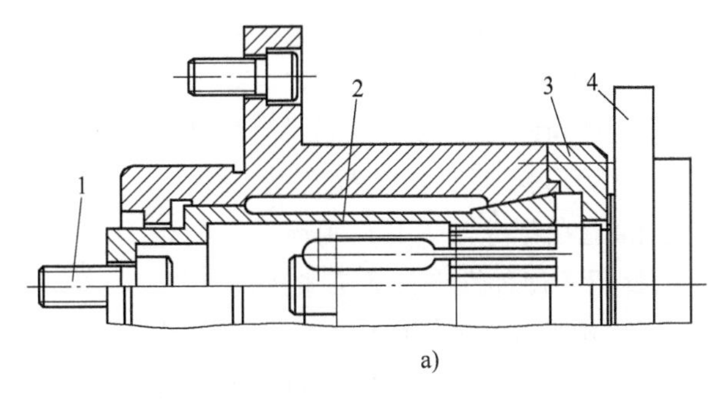

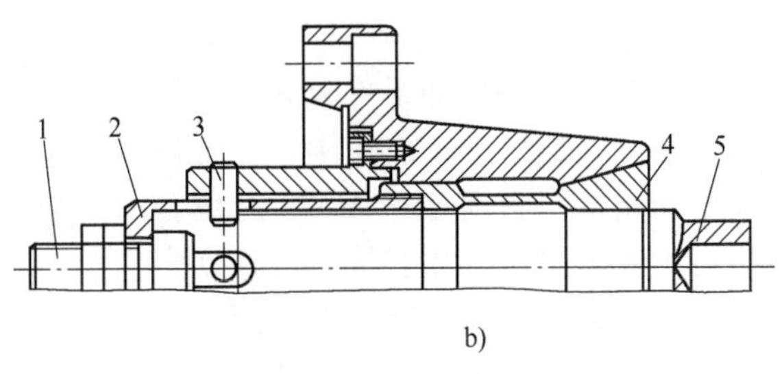

图4-64　弹性夹头车夹具

a）1—拉紧螺钉　2—弹性夹头　3—轴向定位环　4—工件

b）1—拉紧螺钉　2—套　3—挡销　4—弹性夹头　5—工件

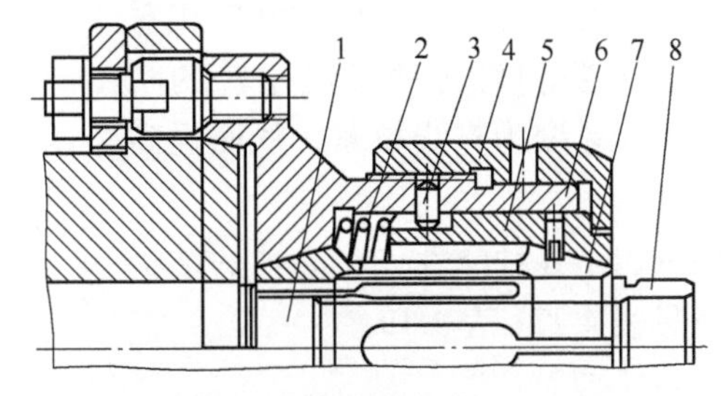

图4-65　双锥面弹性夹头车夹具

1—挡销　2—弹簧　3、6—销　4—螺母

5—轴套　7—弹性夹头　8—工件

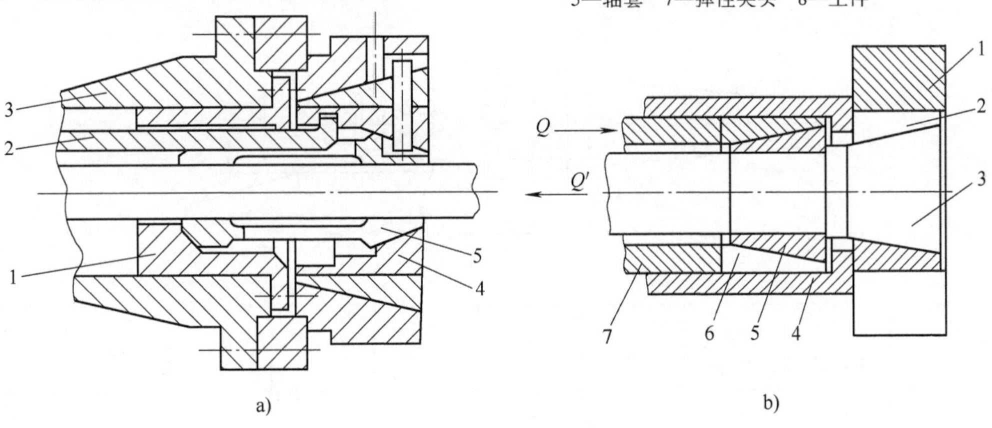

图4-66　双锥弹性夹头车夹具

a）1—轴套　2—拉紧套筒　3—机床主轴　4—轴套　5—弹性夹头

b）1—工件　2、6—开口锥套　3—拉杆　4—心轴体　5—锥套　7—推套

套5，这样就使拉杆牢固地固定在心轴体4上，承受切削力。

图4-67所示为长形工件同时以内孔和外圆定位的车床夹具，工件3先用内孔（花键孔）套在花键轴2上，用环1轴向定位，用螺母4使弹性夹头5夹紧工件。

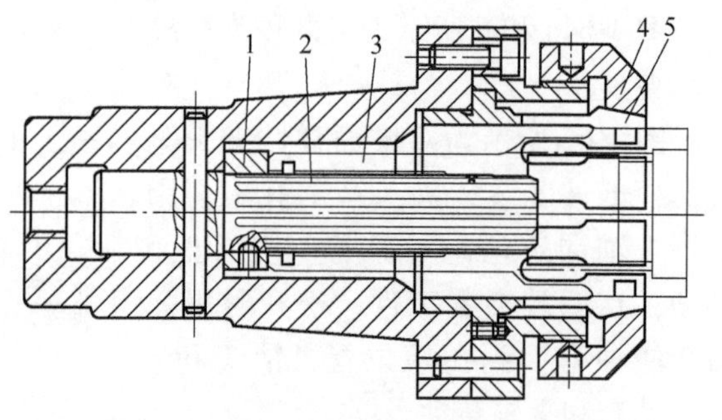

图4-67 长形工件弹性夹头车夹具
1—定位环 2—花键轴 3—工件 4—螺母 5—弹性夹头

图4-68所示为工件以内孔定位用的小锥度弹性夹头心轴。这种结构的心轴的加工精度达0.02mm。

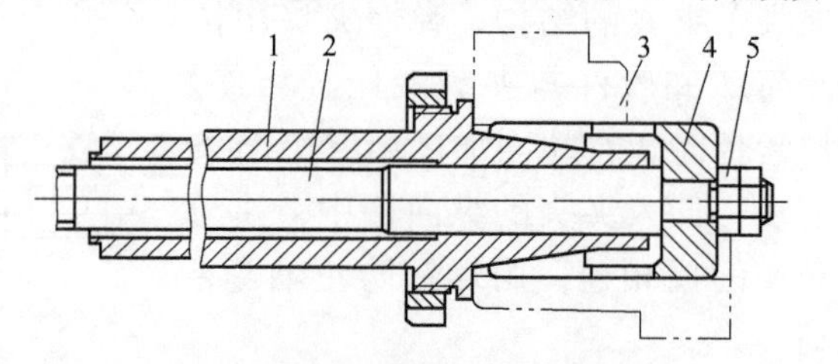

图4-68 弹性夹头心轴
1—本体 2—拉杆 3—工件 4—弹性夹头 5—螺母

图4-69所示为用于加工外圆的弹性夹头心轴，其优点是：在心轴本体1与弹性夹头4之间增加了过渡定位套3，定位套与弹性夹头4之间有键2连接。当转动定位套时，弹性夹头与其同时转动，而弹性夹头尾端螺纹拧入心轴本体的螺纹孔内，使弹性夹头在转动的同时，又在定位套内轴向移动，从而夹紧工件。这样就避免了一般弹性夹头心轴在夹紧工件时既要相对轴线移动，又要相对转动形成扭转的状态，将摩擦压紧变为直线拉紧，从而提高定心精度。

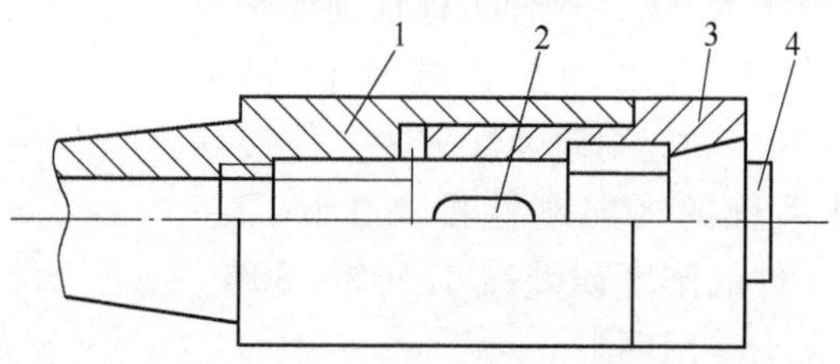

图4-69 加工外圆弹性夹头心轴
1—本体 2—键 3—过渡定位套 4—弹性夹头

下面列出了几种弹性夹头心轴的结构和尺寸，见表4-12~表4-19。

表4-12 以短孔定位弹性夹头心轴 （单位：mm）

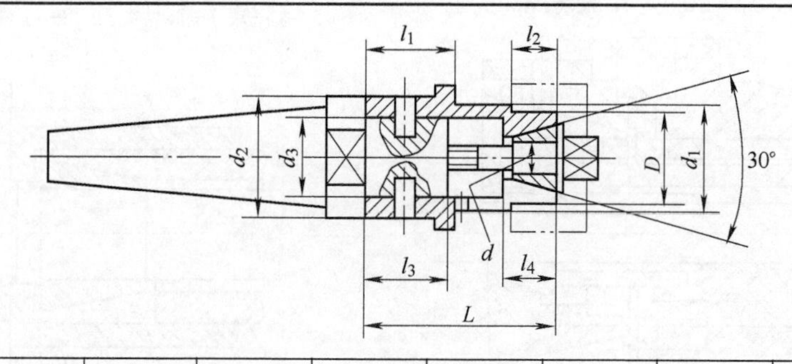

D	d (H7/h6)	d_3 (H7/g6)	d_1	d_2	l_1	l_2	l_3	l_4	L
15~20	6.5	17	22	27	19	7	17	10	36
21~25	8.5	23	28	33	22	10	20	13	47
26~30	10.5	28	33	38	24	12	22	17	54

（续）

D	d (H7/h6)	d_3 (H7/g6)	d_1	d_2	l_1	l_2	l_3	l_4	L
31~35	10.5	33	38	43	26	15	24	20	61
36~40	12.5	38	43	48	29	20	27	25	74
41~45	16.5	45	50	55	32	20	30	25	82

表 4-13　以长孔定位弹性夹头心轴　（单位：mm）

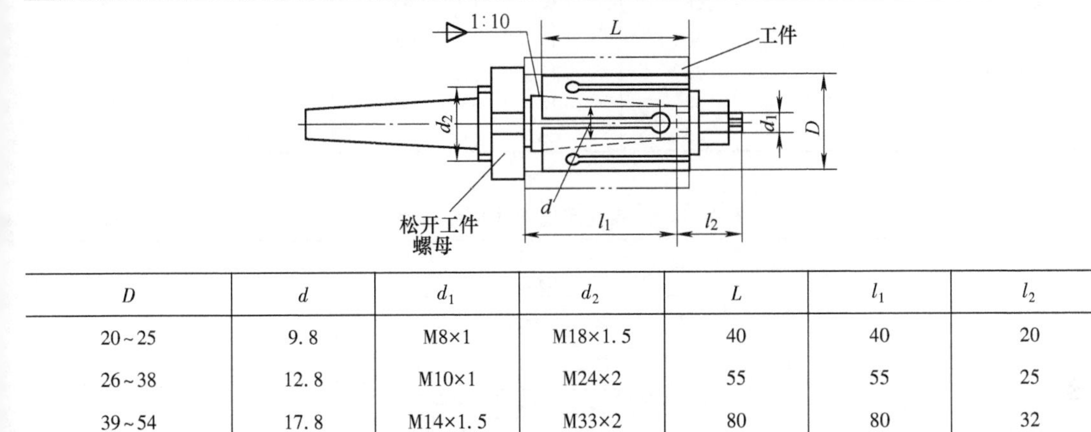

D	d	d_1	d_2	L	l_1	l_2
20~25	9.8	M8×1	M18×1.5	40	40	20
26~38	12.8	M10×1	M24×2	55	55	25
39~54	17.8	M14×1.5	M33×2	80	80	32
55~78	27.7	M20×1.5	M48×3	115	115	43

注：用该心轴工件加工精度 IT7，心轴柄部左端有螺孔。

表 4-14　利用顶尖工作的弹性夹头心轴　（单位：mm）

D	d	d_1	L	l	l_1	l_2
30~34	26	M20×1.5	65	32	27	16
35~39	33	M20×1.5	65	32	27	16
40~44	37	M24×2	75	38	31	17
45~49	43	M30×2	80	38	31	22
50~54	48	M42×3	90	48	41	22
55~60	53	M42×3	90	48	41	22

注：用该心轴工件加工精度 IT7，心轴右端 d_1 端面上有中心孔。

表 4-15 双面弹性夹头心轴 （单位：mm）

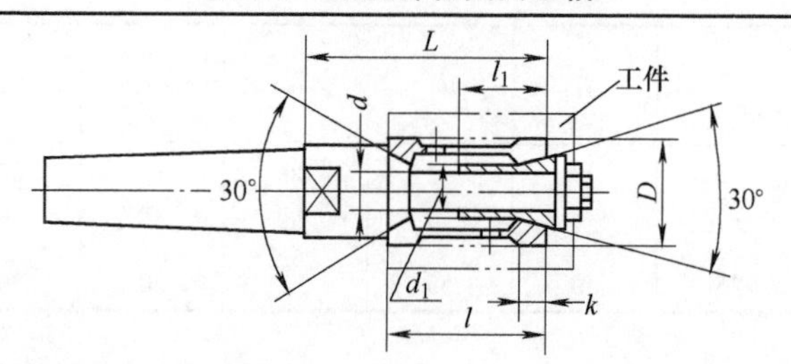

D	d(H7/h6)	d_1	k	L	l	l_1
40~44	20	28	10	90	62	35
45~49	20	30	15	100	70	35
50~54	25	33	15	110	80	45
55~59	30	38	15	110	80	45
60~65	30	46	20	125	100	45

表 4-16 阶梯孔定位弹性夹头心轴 （单位：mm）

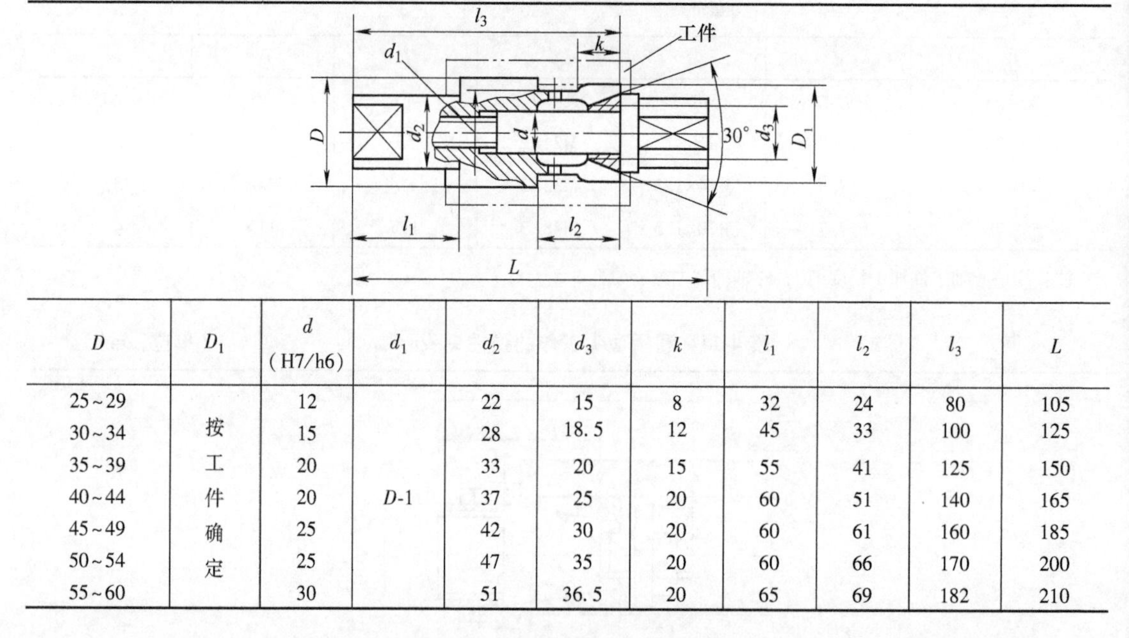

D	D_1	d (H7/h6)	d_1	d_2	d_3	k	l_1	l_2	l_3	L
25~29	按工件确定	12	D-1	22	15	8	32	24	80	105
30~34		15		28	18.5	12	45	33	100	125
35~39		20		33	20	15	55	41	125	150
40~44		20		37	25	20	60	51	140	165
45~49		25		42	30	20	60	61	160	185
50~54		25		47	35	20	60	66	170	200
55~60		30		51	36.5	20	65	69	182	210

表 4-17 带挡销弹性夹头心轴 （单位：mm）

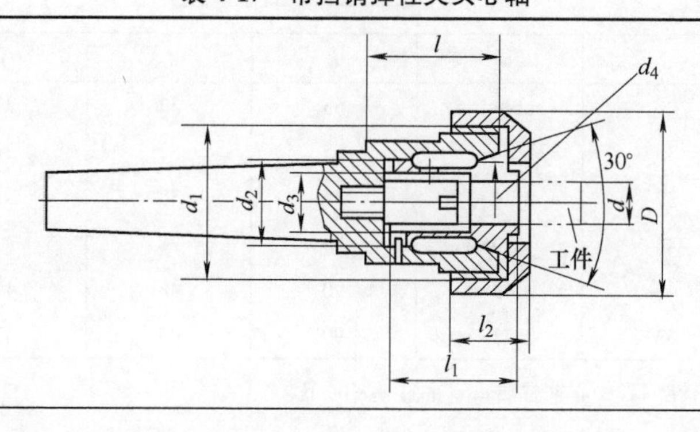

（续）

d	d_1	d_3	d_4	D	d_2（H7/h6）	l	l_1	l_2
10~12	33×1.5	12	16	48	20	40	35	25
13~14	42×1.5	18	22	58	25	40	35	25
15~16	42×1.5	18	22	58	25	40	35	25
17~18	52×1.5	25	30	72	32	55	50	30
19~20	52×1.5	25	30	72	32	55	50	30
21~22	52×1.5	25	30	72	32	55	50	30
23~24	52×1.5	25	30	72	32	55	50	30
25~26	64×1.5	33	38	85	40	65	60	30

注：用该心轴工件加工公差等级为 IT7，也可不带挡销。

表 4-18　通过主轴拉动弹性夹头心轴　（单位：mm）

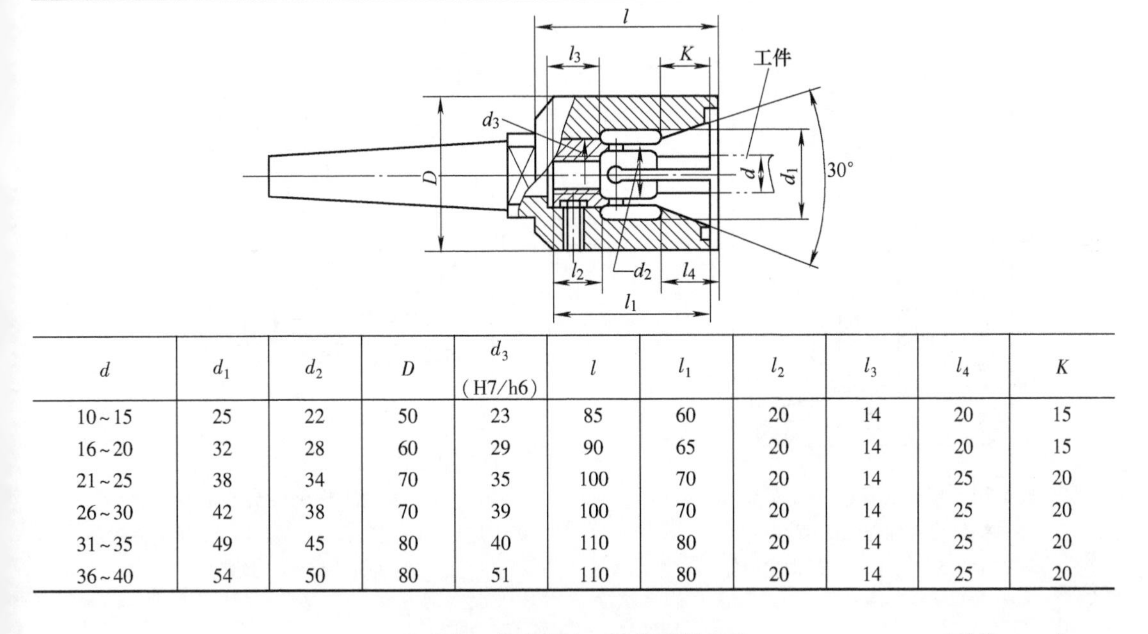

d	d_1	d_2	D	d_3（H7/h6）	l	l_1	l_2	l_3	l_4	K
10~15	25	22	50	23	85	60	20	14	20	15
16~20	32	28	60	29	90	65	20	14	20	15
21~25	38	34	70	35	100	70	20	14	25	20
26~30	42	38	70	39	100	70	20	14	25	20
31~35	49	45	80	40	110	80	20	14	25	20
36~40	54	50	80	51	110	80	20	14	25	20

表 4-19　锥度为 1∶16 的弹性夹头　（单位：mm）

D	C	L_1	D	C	L_1
5.5~7	19.5	12	24.7~28.7	69	42.5
7.5~9	23	16	29.7~33.7	72	46
9.5~11.5	28	20	34.7~38.7	79	52.5
12~14	31	26	39.7~43.7	87	58
14.5~19	38	30	44.7~53.7	96	76.5
			54.7~63.7	107	86
19.5~24.5	47	36	64.7~78.7	130	96

图 4-70 所示为膜片式弹性夹头车轴承圈内孔夹具。与一般结构不同，弹性夹头 3 的锥面与在弹簧作用下的轴套 2 的内锥面接触，这样可起到附加弹性的作用。弹性夹头开始与工件外圆表面接触后，与工件一起轴向移动，使工件靠上轴向定位面（这时轴套 2 左端面与本体 1 之间应有一小段距离，图中未绘出），拉杆 5 使工件 4 定中夹紧（轴向定位件 6 用三个螺钉固定在本体 1 上）。这种结构能保证即使在安装时工件未靠上定位端面，也能在夹紧过程中靠上。因此其轴向定位误差在 0.01mm 内，而一般结构的弹性夹头轴向定位误差达 0.10mm；该结构的加工精度也比一般自定心卡盘提高了 2 倍。

图 4-71 所示为加工大型工件采用弹性夹头的卡盘结构。拉杆 7 控制弹性夹头的夹紧和松开，因工件大，套 4 用于工件的预定位，销 5 插入工件槽中，防止工件转动。

为磨削大法兰形工件，可采用图 4-72 所示的弹性夹头心轴。转动螺母 10 使盘 3 移动，弹性夹头 4 夹紧工件，这时工件大的内孔端面靠在支承盘 13 的端面上。应用这种心轴提高了加工质量和生产率。

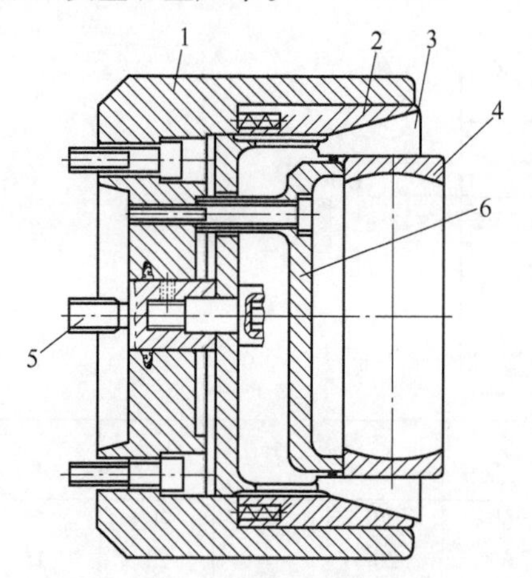

图 4-70 膜片式弹性夹头车夹具

1—本体 2—轴套 3—弹性夹头

4—工件 5—拉杆 6—轴向定位件

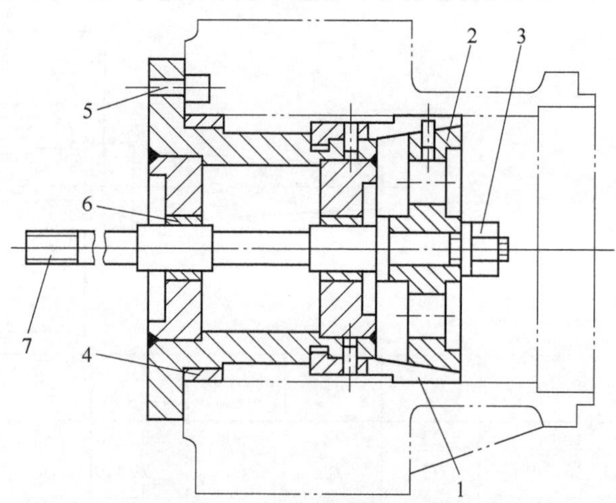

图 4-71 大型工件弹性夹头卡盘

1—弹性夹头 2—压紧套 3—螺母 4—预定位套

5—销 6—导套 7—拉杆

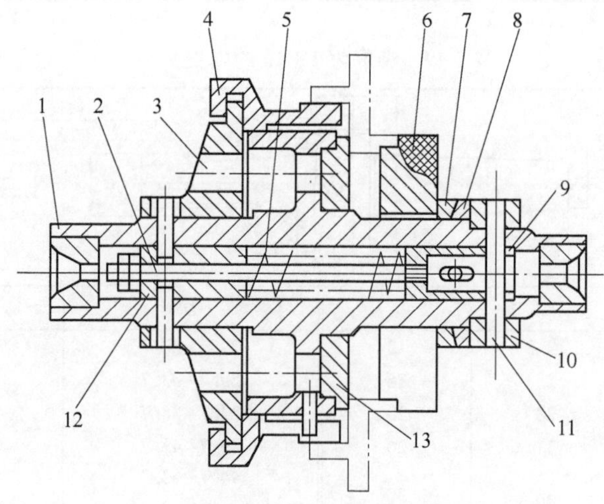

图 4-72 大法兰形工件磨加工弹性夹头心轴

1—空心轴体 2—双头螺柱 3—移动盘 4—弹性夹头 5—弹簧 6—开口压板

7、8—球面垫圈 9—滑套 10—螺母 11—销 12—滑套 13—支承盘

4.4　弹性膜片卡盘定心夹紧

4.4.1　弹性膜片卡盘的结构及应用

弹性膜片自定心夹紧卡盘具有定心精度高（一般精度为0.01～0.02mm，高精度可达0.003～0.005mm）、夹紧速度快的特点，多用于环类、齿轮等工件的精加工。

这种卡盘的工作原理就是利用圆盘1的薄壁环形部分2在受到轴向压力后产生的弯曲变形，使其上的夹爪部分3沿径向向外张开（图4-73a），其张开的距离大于工件定位部位的直径，这时将工件4放入。撤销加力后夹爪径向收缩，由于夹爪处于自由状态时的直径小于工件定位部分直径一定的值，使工件定心和夹紧。图4-73b表示，内孔夹爪6的形状为夹紧内孔表面，这时应对膜片施加拉力。这时外力用于松开工件，也可以是相反的：外力用于夹紧工件。

在磨削夹爪工作表面时，对图4-73a所示夹爪，应使用预胀环，一般直径方向的预张量为0.4mm；对图4-73b所示夹爪，则应使夹爪有一定的收缩量。

夹爪可以是与膜片为一体的，也可做成分开的（固定式或可调的）。对可调夹爪，调整完后，应按工件定位直径重磨夹爪。

图4-74所示为弹性膜片卡盘的典型结构。在法兰盘1上固定有圆膜片2，在膜片上有10个夹爪，在各夹爪上有螺钉3，在法兰盘上有四个工件轴向定位销4。该卡盘用于磨削外径为80mm的径向轴承外圈的内沟槽，在轴承外圈外圆表面符合技术要求时，定位外圆表面的形状误差对磨削沟槽的精度没有显著影响。

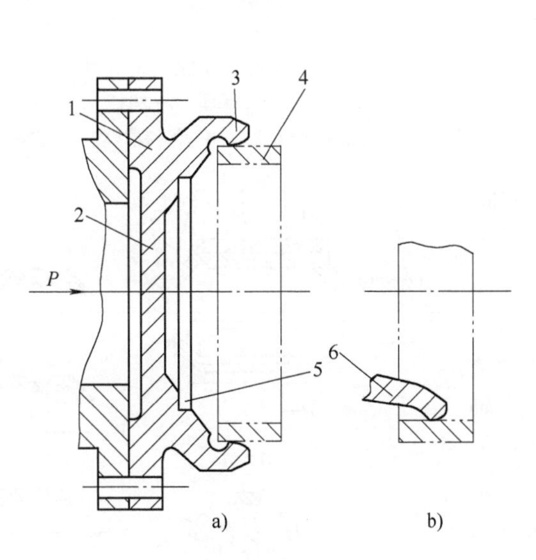

图4-73　弹性膜片卡盘工作原理

1—圆盘　2—薄壁环形部分（膜片）　3—夹爪部分　4—工件　5—预张盘　6—内孔夹爪

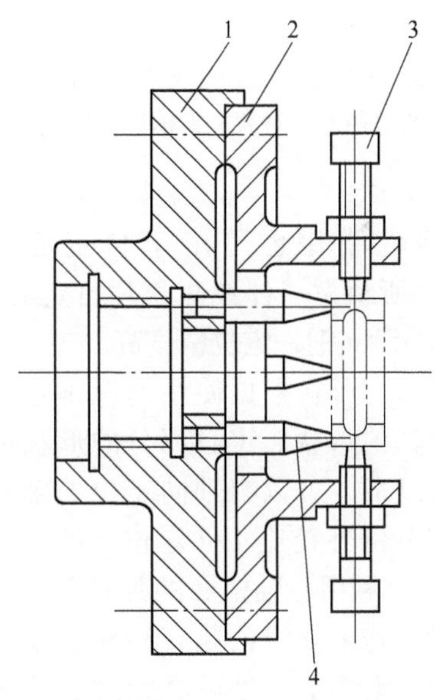

图4-74　磨轴承外圈沟槽弹性膜片卡盘

1—法兰盘　2—膜片　3—螺钉　4—轴向定位销

采用这种卡盘，工件定位部位的直径与二螺钉之间在自由状态下的距离尺寸的差值（反应夹紧力的大小）对加工后沟槽圆度的影响如图4-75所示。图4-75中曲线1表示工件为40mm×

80mm×18mm 径向轴承的外圈，曲线 2 表示工件为 35mm×80mm×21mm 径向轴承的外圈。

当加工薄壁环形工件时，不宜采用螺钉作为夹爪，应采用在膜片上安装具有圆弧面的夹爪。

图 4-76 所示为磨齿轮孔弹性膜片卡盘。用扳手转动蜗杆 4，使夹紧力传到蜗轮螺母 3 上，从而使拉杆 2 向右移动，使夹爪张开，装上工件，拉杆向左移动得到所需的夹紧力。环 5 可使可换夹爪 7 夹紧工件的表面径向圆跳动达 0.002mm，使用该夹具加工，齿轮孔表面对齿轮分圆的径向圆跳动不大于 0.005mm[72]。

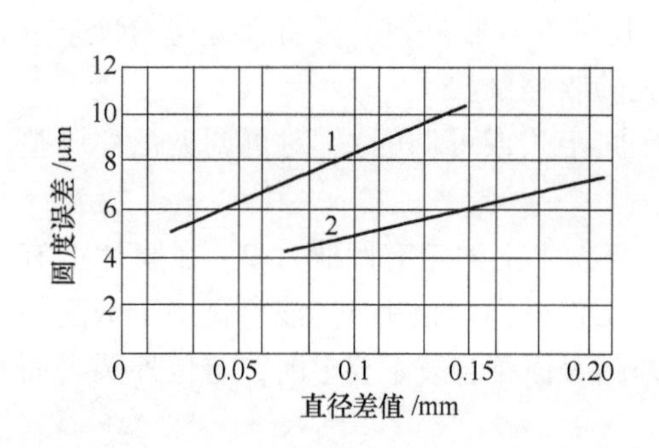

图 4-75 工件定位直径与夹爪在自由状态下的直径差值对磨加工精度的影响

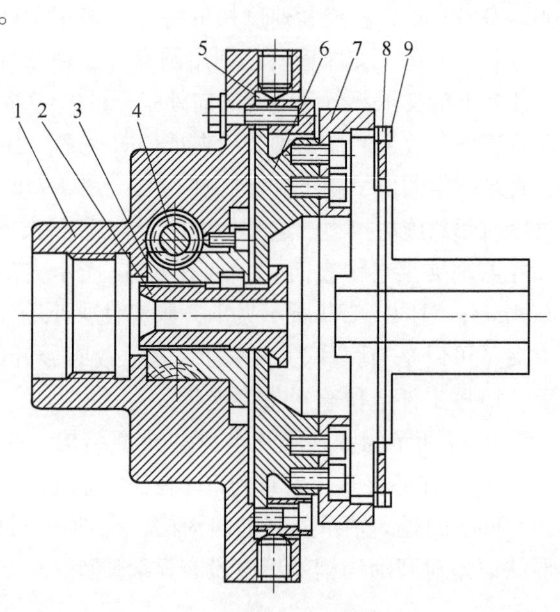

图 4-76 磨齿轮孔弹性膜片卡盘

1—本体 2—拉杆 3—螺母 4—蜗杆 5—环 6—膜片 7—可换夹爪(6 个) 8—保持器 9—定位滚柱

弹性膜片也可用于自定心夹紧心轴，图 4-77a所示为一种弹性膜片自定心夹紧心轴，材料为 65Mn 钢，定位精度高。

柄部的形状根据使用情况确定，也可以是锥形或其他形状。定心部分的形状可以是光滑面或网纹面，可以有轴向定位的轴肩等。心轴定位部分的外径比工件定位孔的直径大 0.01~0.10mm，利用心轴锥面的弹性变形，将工件定心夹紧。若工件定位孔直径比心轴定位部分的直径大，则装上工件后必须对心轴圆柱部分施加压力，这时定位部分将沿径向且平行于心轴轴线移动，使工件定心夹紧。利用该心轴还可同时加工工件的两个端面。

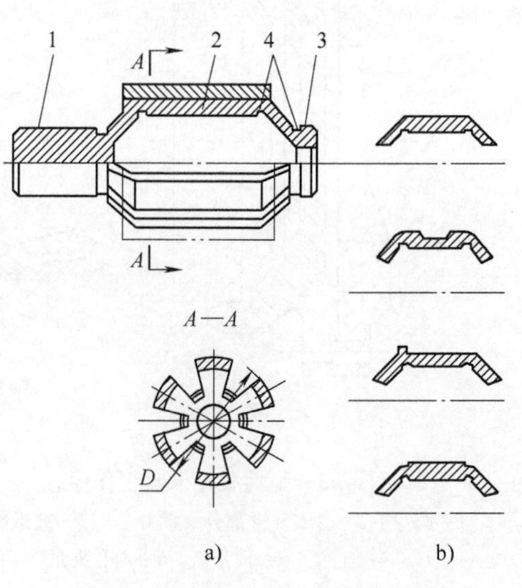

图 4-77 弹性膜片自定心夹紧心轴

1—柄部 2—定心部分 3—压紧端 4—圆弧槽

图 4-78 所示为另一种弹性膜片心轴。为保证膜片与本体和压紧盘很好地贴合，在其间有

薄的弹性材料(例如橡胶)垫7，销6用于防止膜片转动。当气缸施加轴向力 P 时，拉杆4通过压紧盘使膜片外径增大，使工件定心夹紧，这时膜片内径缩小，消除其与定位轴的间隙。使用该心轴使夹紧刚度提高，并提高加工精度。

图4-79所示为夹紧外圆(图4-79a)和夹紧内孔(图4-79b)的弹性膜片卡盘的一种结构。

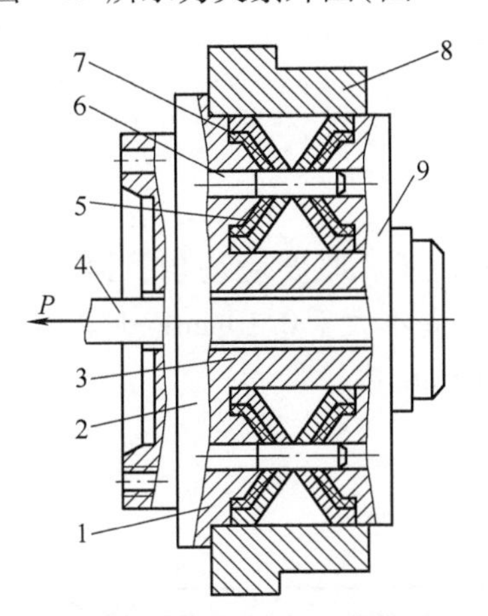

图4-78　弹性膜片定心夹紧心轴

1、2、3—本体　4—拉杆　5—膜片　6—销　7—橡胶垫　8—工件　9—压紧盘

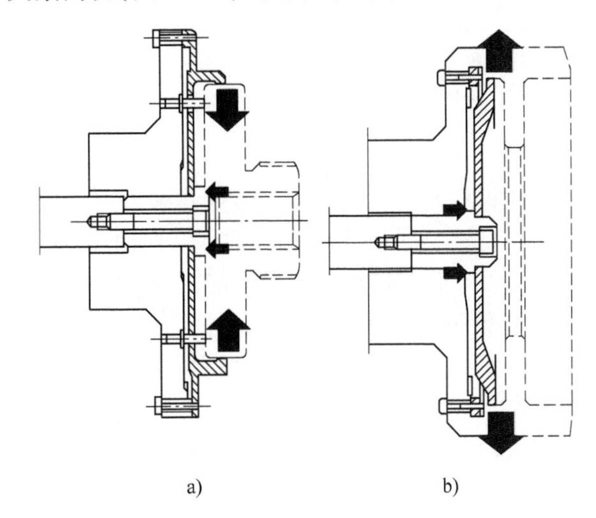

图4-79　弹性膜片卡盘

4.4.2　弹性膜片卡盘的设计与计算[1]

1. 弹性膜片卡盘的主要结构参数(表4-20)

表4-20　弹性膜片卡盘的主要结构参数

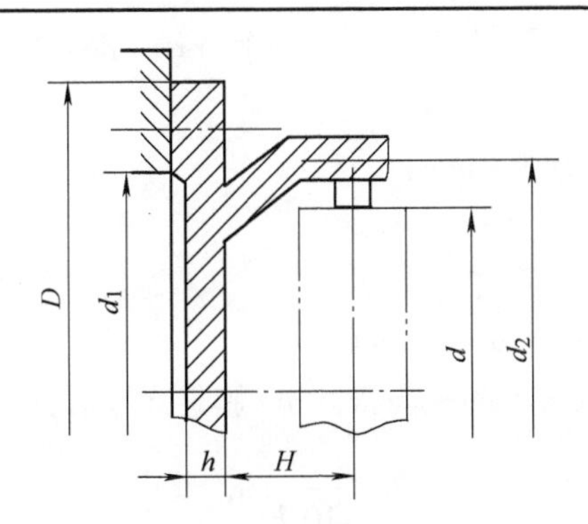

工件定位直径 d/mm	膜片外圆直径 D/mm	膜片厚度 h/mm	夹爪数量 n
10~35	105	4~6	8
30~52	125	5~7	8
55~100	155	6~8	8
80~140	220	8~11	10
140~200	280	9~11	10
200~260	320	11~13	10

（续）

工件定位直径 d/mm	膜片外圆直径 D/mm	膜片厚度 h/mm	夹爪数量 n
260~320	380	13~15	16
380~420	480	15~17	16

注：1. 一般 $H=(0.25\sim0.5)D$。
2. 一般 $(d_1/d)=1.2\sim1.65$。
3. d_2 值设计时确定。

膜片材料多选用65Mn，热处理硬度为45~50HRC。膜片厚度应均匀，误差不大于0.10mm；膜片各夹爪部分的几何形状对回转轴线的跳动公差不大于0.10mm；夹紧表面对回转轴线的跳动公差按加工要求确定，一般应在0.005~0.01mm内。

2. 弹性膜片的计算

弹性膜片卡盘的夹紧变形如图4-80所示。

在自由状态下两夹爪之间的距离（直径）比工件小 $2c$，膜片在力 Q 的作用下产生变形，使其上的夹爪旋转一个微小的角度 φ，并产生径向位移，这时两夹爪的直径大于工件的最大直径。

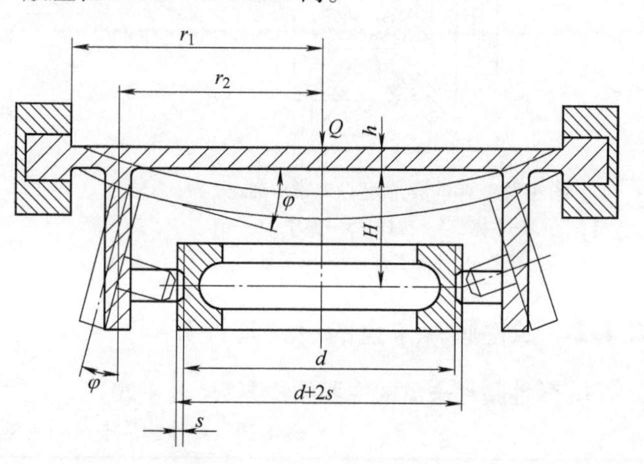

图4-80 弹性膜片卡盘的夹紧变形

每个夹爪所需的径向夹紧力为

$$F_1=\frac{2KM}{nfd} \tag{4-9}$$

式中 K——安全系数；
M——切削力矩，单位为N·mm；
n——夹爪数量；
f——夹爪与工件的摩擦系数；
d——工件定位外圆直径，单位为mm。

为达到所需夹紧力，夹爪需要的径向张开量（膜片无中心孔）为

$$2c=\frac{F_1nH^2}{10^5h^3}K_1 \tag{4-10}$$

夹爪所需径向张开量（膜片有中心孔）为

$$2c=\frac{F_1nH^2}{10^5h^3}K_2 \tag{4-11}$$

式中，$K_1=\frac{2.6}{\pi}\left(1-\frac{1}{m^2}\right)$，$K_2=\frac{5.2(1-m^2)(1.3+0.7y^2)}{\pi(1.3+0.7y^2)(1.3+0.7m^2)+0.91(1-y^2)(1-m^2)}$

K_1 和 K_2 值可参见参考文献[1]。

$m=\frac{r_1}{r_2}$；$y=\frac{r_2}{r_3}$

r_1、r_2 分别为表4-20图中直径 d_1、d_2 值的一半，r_3 为膜片有中心孔时孔的半径。

$2c$ 值只是考虑产生夹紧力的需要，夹爪实际需要的张开量 $2s$ 见下述。

弹性膜片卡盘所需的轴向力(膜片无中心孔)为

$$Q=\frac{4\pi K_e s}{r_2 H \ln \frac{r_1}{r_2}} \tag{4-12}$$

弹性膜片卡盘所需的轴向力(膜片有中心孔)为

$$Q=\frac{4\pi K_e s}{r_3 H \ln \frac{r_1}{r_2}}K_3 \tag{4-13}$$

式中 K_e——系数，$K_e=\frac{Eh^3}{12(1-\mu^2)}$，单位为N·mm(膜片抗弯强度)；

E——膜片材料的弹性模量，单位为 N/mm^2，对钢取 $2.1\times10^5 N/mm^2$；

μ——膜片材料的泊松比，取0.3；

s——夹爪实际所需张量，单位为mm，

$$s=\frac{1}{2}(2c+\Delta_d+\Delta_0);$$

式中 Δ_d——工件定位外圆直径的公差，单位为mm；

Δ_0——夹爪定位内孔最小直径与工件最大外圆应有的间隙，$\Delta_0=0.03\sim0.05$mm；

式(4-13)中的 K_3 值见表4-21。

表4-21 计算轴向力的系数 K_3

r_1/r_3 \ r_1/r_2	1.25	1.5	1.75	2.0	2.25	2.5	2.75	3.0
10	0.93	0.92	0.90	0.89	0.87	0.86	0.84	0.83
5	0.87	0.84	0.82	0.90	0.78	0.75	0.67	0.60
4	0.87	0.83	0.80	0.79	0.77	0.74	0.65	
3	0.88	0.83	0.83	0.81	0.79			
2.5	0.92	0.90	0.88					

弹性膜片(无中心孔)的厚度按下式进行验算：

$$h^2 \geqslant \frac{3Q(1+\mu)}{2\pi[\sigma]}\left(\ln\frac{r_1}{r_0}+\frac{r_0^2}{4r_1^2}\right) \tag{4-14}$$

式中 r_0——推(或拉)杆与膜片接触面的半径，单位为mm，取 $r_0=3\sim5$mm；

$[\sigma]$——膜片材料的许用应力，单位为MPa。

膜片轴线上有中心孔时，厚度按下式验算：

$$h^2 \geqslant \frac{Q}{[\sigma]}K_4 \tag{4-15}$$

$$K_4=\frac{3}{2\pi}\left[\mu+\frac{(1-\mu)\alpha^2-(1+\mu)-2(1-\mu^2)\alpha^2\ln\alpha}{(1+\mu)+(1-\mu)\alpha^2}\right] \tag{4-16}$$

式(4-16)中，$\alpha=r_1/r_3$，r_3 为中心孔半径。

对无中心孔弹性膜片，所需的径向张开量和轴向力也可按下列两式进行估算[101]：

$$2c=\frac{10.92F_1H^2}{\pi fEh^3}\left(1-\frac{r_2}{r_1}\right) \tag{4-17}$$

$$Q=\frac{sEh^3}{0.218Hr_1^2} \tag{4-18}$$

式(4-17)和式(4-18)中各符号含义见前述，估算 Q 值时按膜片中心的变形近似为$\frac{sr_1}{H}$。

3. 弹性膜片计算示例

按表 4-20 的图，已知工件被夹紧外圆直径 $d=100\text{mm}$，$H=50\text{mm}$，$h=8\text{mm}$，$r_1=90\text{mm}$，$r_2=64\text{mm}$，磨削孔的直径 $d_0=80\text{mm}$，夹爪数 $n=8$，膜片无中心孔。

若径向磨削力 $P_z=300\text{N}$，则磨削力矩 $M\approx P_z\left(\frac{d_0}{2}\right)=300\times400\text{N}\cdot\text{mm}=1200\text{N}\cdot\text{mm}$。

由式(4-9)计算膜片无中心孔时膜片每个夹爪的径向力

$$F_1=\frac{2KM}{nfd_0}=\frac{2\times2\times12000}{8\times0.15\times80}\text{N}=500\text{N}$$

由式(4-10)计算夹爪所需张开量为

$$2c=\frac{F_1nH^2}{10^5\cdot h^3}K_1=\frac{500\times8\times50^2}{10^5\times8^3}\times0.405\text{mm}=0.079\text{mm}\approx0.08\text{mm}$$

其中，$K_1=\frac{2.6}{\pi}\left(1-\frac{1}{m^2}\right)=0.4053\left(m=\frac{r_1}{r_2}=\frac{90}{64}\approx1.4\right)$。

由式(4-11)得膜片所需轴向力为

$$Q=\frac{4\pi K_e s}{r_2H\ln\frac{r_1}{r_2}}=\frac{4\pi\times9846153.85\times0.08}{64\times50\times0.3368}\text{N}=9184.3\text{N}$$

其中，$K_e=\frac{Eh^3}{12(1-\mu^2)}=\frac{2.1\times10^5\times8^3}{12(1-0.3^2)}\text{N}\cdot\text{mm}=9846153.85\text{N}\cdot\text{mm}$；

$\ln\frac{r_1}{r_2}=\ln\frac{90}{64}=0.3368$；$s=\frac{1}{2}(2c+\Delta_d+\Delta_0)=\frac{1}{2}(0.08+0.04+0.04)\text{mm}=0.08\text{mm}$。

弹性膜片的厚度按式(4-14)验算。

$$h^2=64>\frac{3Q(1+\mu)}{2\pi[\sigma]}\left(\ln\frac{r_1}{r_0}+\frac{r_0^2}{4r_1^2}\right)$$

$$=\frac{3\times9184.3(1+0.3)}{2\pi\times600}\left(\ln\frac{90}{5}+\frac{5^2}{4\times90^2}\right)\text{mm}^2=27.5\text{mm}^2$$

上式取膜片材料 65Mn 钢的许用应力为 600MPa。

对上例再按式（4-17）和式（4-18）估算夹爪所需径向张开量和所需轴向夹紧力。

$$2c=\frac{10.92F_1H^2}{\pi fEh^3}\left(1-\frac{r_2}{r_1}\right)=\frac{10.92\times500\times50^2}{\pi\times0.15\times2.1\times10^5\times8^3}\left(1-\frac{64}{90}\right)=0.082\approx0.08\text{mm}$$

$$Q=\frac{sEh^3}{0.218Hr_1^2}=\frac{0.08\times2.1\times10^5\times8^3}{0.218\times50\times90^2}\text{N}=8768\text{N}$$

另外，又对三种不同尺寸和加工情况的膜片按上述两种计算方法，对夹爪所需张开量和轴向力进行了计算，包括上述例子在内，现将四种膜片的计算结果列于表4-22。

表4-22 四种膜片夹爪所需张开量和轴向力按两种方法计算结果

工件定位外圆直径 d/mm	加工孔直径 d_0/mm	径向切削力 P_z/N	膜片尺寸/mm				夹爪数	计算结果		
			H	r_1	r_2	h		夹紧力所需张开量 $2c$/mm	实际需要张开量 $2s$/mm	夹紧所需轴向力 Q/N
100	80	300	50	90	64	8	8	0.0792	0.16	9184
								0.0817		8768
120	90	400	60	100	75	10	10	0.063	0.14	11420
								0.052		11145
150	120	400	75	130	100	11	10	0.076	0.16	13404
								0.057		11380
180	150	500	80	160	105	11	10	0.139	0.36	16997
								0.122		17964

注：$2c$ 和 Q 上面的值按式(4-10)和式(4-12)计算；下面的值按式(4-17)和式(4-18)估算。

4.5 薄壁波纹套定心夹紧

薄壁波纹套(又称蛇腹套,以下简称波纹套)是一种具有内外环形沟槽的圆柱薄壁套筒，能承受较高的径向和轴向负荷，有较高的径向刚度，在机床夹具上采用波纹套定位夹紧具有高的精度(一般在0.01mm内,高精度可达0.003~0.005mm)，并且保持精度的时间长和夹紧力均匀。下面介绍波纹套定位夹紧的工作原理及其工作性能，波纹套的形式和其在机床夹具中的应用等。

4.5.1 波纹套定心夹紧的工作原理及其性能

波纹套工作原理是当工件装在心轴上时，波纹套的内孔表面与心轴外圆表面有一定间隙，在波纹套外圆表面与工件内孔表面也有一定间隙(图4-81a)；当用螺母压紧波纹套时，其内孔、外圆表面产生变形，外径扩大，内径缩小，分别与工件内孔和心轴外圆接触(图4-81b,接触时波纹面呈曲线凸圆弧形,图中未示出)，使工件定心夹紧。图4-81a和b用一个波纹套定位夹紧，图4-81c和d用两个波纹套夹紧。

具有一个环槽的波纹套(图4-81所示为具有两个环槽的波纹套)可认为是两个端面连在一起在碟形弹簧，但其定心长度比碟形弹簧长，适合于长孔定位。波纹套的内孔和外圆的加工与普通套类加工相似，其适用直径范围也比较大，一般为20~250mm。

波纹套直径 D 受力后的增量 $\Delta_D \leqslant 0.003D$，其应用范围受到一定限制。一般 $D \leqslant 30$mm，工件定位部位的公差等级 Δ_1 不超过IT7；$D>30\sim50$mm，Δ_1 不大于IT8；$D>50\sim80$mm，Δ_1 不大于IT9；$D>80\sim120$mm，Δ_1 不大于IT10。波纹套多用于车磨夹具，也可作为其他夹具的定位元件。

应用波纹套时，应考虑 $\Delta_D \geqslant \Delta_1+\Delta_2+\Delta_3$。$\Delta_1$ 为工件定位部位的公差，Δ_2 为波纹套定中

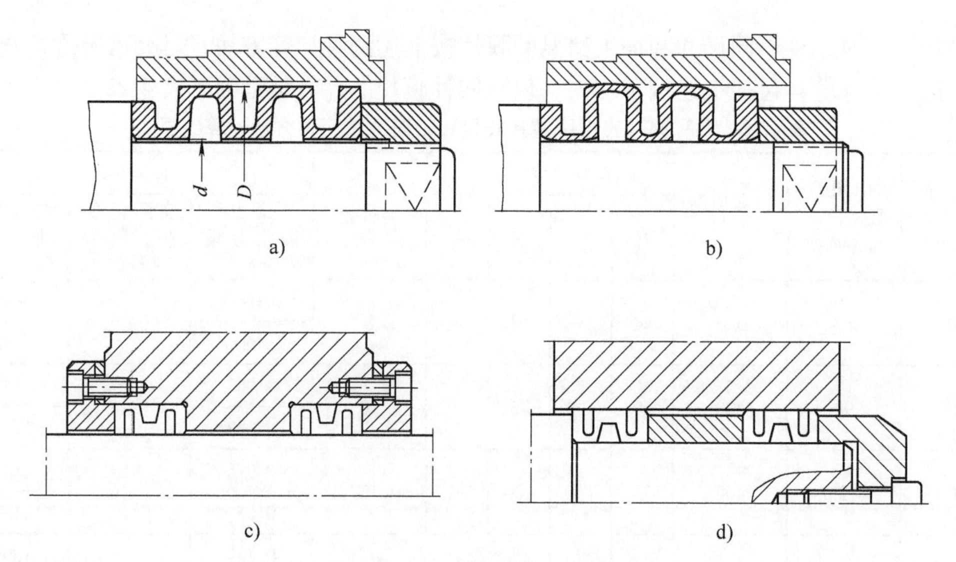

图 4-81 用波纹套定心夹紧

a)、b)、d) 夹紧内孔 c) 夹紧外圆

夹紧部位的制造公差，Δ_3 为工件安装时与波纹套定中夹紧部位应有的最小间隙，Δ_2 和 Δ_3 可参考表 4-23 确定。

表 4-23 波纹套定位部位制造公差 Δ_2 和其与工件之间的最小间隙 Δ_3 （单位：mm）

D	<22	>22~50	>50~80	>80~120	>120~180	>180
Δ_2	0.0025~0.005	0.004~0.008	0.006~0.012	0.008~0.015	0.012~0.020	0.020~0.03
D	<30		>30~100		>100	
Δ_3	0.010~0.02		0.020~0.03		0.03~0.05	

一般，波纹套内、外径之比为$\dfrac{2}{3}$~$\dfrac{3}{4}$；波纹套厚度 δ 为：外径 D 在 150mm 内，$L>\dfrac{D}{2}$时 $\delta=(0.02D+0.5)$mm；$\dfrac{D}{4}<L<\dfrac{D}{2}$时，$\delta=(0.015D+0.5)$mm（$L$ 为单环波纹套的长度）。

在机床夹具结构中，根据 Δ_D 的大小和工件的加工精度，波纹套非定位部位（内孔或外圆）与其在夹具中相配的孔或轴的配合一般为 H6/h5、H7/h6 或 H7/g6 等；也可相互配作，其间间隙 s 为：$D\leqslant 30$mm，$s=0.010\sim0.015$mm；$D\leqslant 100$mm，$s=0.015\sim0.025$mm；$D>100$mm；$s=0.030\sim0.050$mm。

4.5.2 波纹套的结构形式、材料和技术要求

波纹套有各种形式，图 4-81 所示是双环形式，还可有三环或多环形式。

表 4-24 列出了一种单环波纹套（用于工件以内孔定位）的尺寸。这种形式有两种壁厚，可根据需要采用，也可以两种壁厚的波纹套组合使用，这时壁厚大的波纹套用于外端，直接与压紧元件接触，壁厚小的用于内端。这种形式的波纹套，其环槽的斜角为 8°~10°，这时其内壁环槽的形状就不是直槽，其侧面也是倾斜 8°~10°的斜面。

表 4-24　一种单环波纹套的尺寸　　（单位：mm）

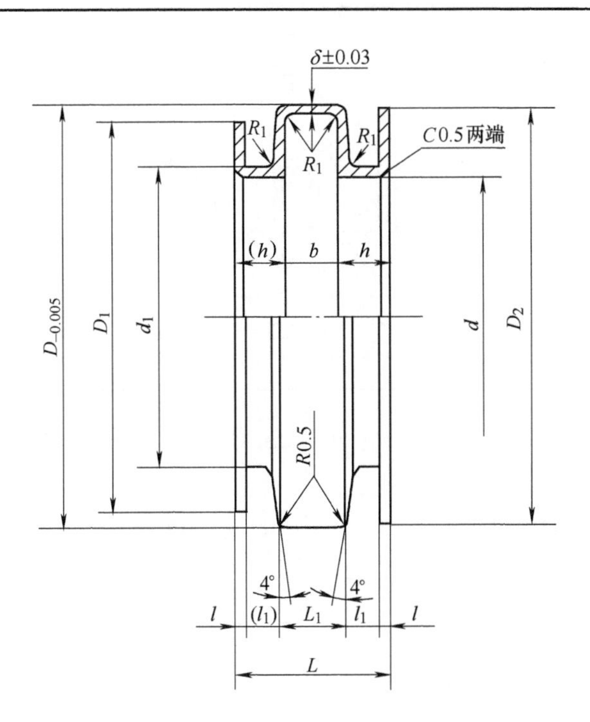

D	δ	d		L	D_1	D_2	d_1	L_1	l_1	l	b	h
		公称尺寸	公差									
20~25	0.3	12	+0.018	12	18	18	14	6	1.6	1.4	4.8	3.6
	0.6					D						
>25~30	0.3	16			23	23	18					
	0.6					D						
>30~35	0.4	20	+0.021	16	28	28	22	8	2.6		5.8	5.2
	0.7					D						
>35~40	0.4	24			33	33	26					
	0.7					D						
>40~45	0.4	27			38	38	29					
	0.7					D						
>45~50	0.5	30		21	43	43	33	9	3.5		7.4	6.8
	0.8					D						
>50~55	0.5	34	+0.025		48	48	37					
	0.8					D						
>55~60	0.5	38			53	53	41				8.4	7.8
	0.8					D						
>60~65	0.6	42		24	58	58	45	10	4.6			
	1.0					D						
>65~70	0.6	45			63	63	48					
	1.0					D						

表 4-25 列出了另一种单环型波纹套（用于以内孔定位）的主要尺寸，其特点是在波纹套两端有较厚尺寸（l_2）的轴肩，在右轴肩有缺口用于防止波纹套在夹具结构中转动。

表 4-25 另一种单环波纹套的主要尺寸[1] （单位:mm）

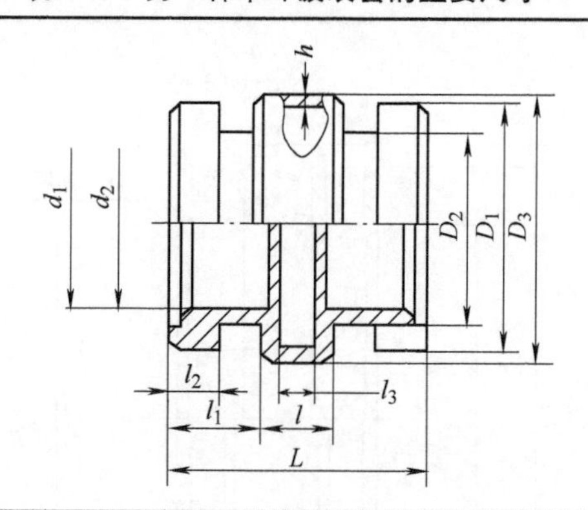

工件定位部位直径 D_g 自	至	D_1(h9)	D_2(h9)	h	d_1(H9)	d_2(h9)	L	l	l_1	l_2	l_3
20	24		12.8	0.4		12	19.4		6.5	3.5	4
24	30		15.8	0.45		12	19.4		6.5	3.5	4
30	32		18.9	0.45		18	21	6.4	6.5	3.5	4
32	36		20.9	0.45		20	24		8	4	5
36	41	D_g-0.2	26	0.50	D_g-0.4	25	25		8		5
41	45		32.2	0.50		31.2	29	10	9.5		5.5
45	50		35.5	0.75		34	29.5		9.5	4.5	
50	53		39.5	0.75		38	30.5		10.9		6
53	59		41.6	0.8		40	30.5	10.5	10		
59	65		46.8	0.9	D_g-4.3	45	31.5		10.5		
65	75		52	1.0	D_g-4.3	50	34	13	10.5	5.5	7
75	80		55.2	1.1	D_g-4.5	53	37	14	11.6	6.5	7
80	90	D_g-0.5	58.4	1.2	D_g-4.5	56	42	15	13.5	7.5	7
90	100		62.6	1.3	D_g-5.5	60	51	18	16.5	8.5	10
100	125		74	1.5	D_g-6.5	71	54	21	16.5	8.5	11

注：使用该表中的波纹套时，夹紧工件轴向力 $Q=\frac{D_p}{x}\approx\frac{D_g}{x}$，单位为 N，$D_p=D_g-\Delta_3$，$\Delta_3$ 为工件定位部位与波纹套的最小间隙，x 为计算系数；波纹套在轴向力作用下的最大应力 $\sigma_{max}=Q\psi$，单位为 MPa（ψ 为计算系数），x 和 ψ 见表 4-26。波纹套能传递转矩 $M=1.5\pi D_g Qn10^{-4}$ N · mm（n 为波纹套数量）。D_3 值按前述内容确定。

表 4-26　用于表 4-25 的计算系数 x 和 ψ 值[1]

工件定位部位直径 D_g/mm		计算系数		工件定位部位直径 D_g/mm		计算系数	
自	至	x/(μm/N)	ψ/(1/mm²)	自	至	x/(μm/N)	ψ/(1/mm²)
20	21	0.0162	0.767	49	50	0.0092	0.117
21	22	0.0180	0.841	50	51	0.0090	0.115
22	23	0.0211	0.917	51	52	0.0098	0.124
23	24	0.0236	0.989	52	53	0.0106	0.134
24	25	0.0200	0.714	53	55	0.0083	0.118
25	26	0.0240	0.779	55	57	0.0109	0.131
26	27	0.0248	0.841	57	59	0.0121	0.145
27	28	0.0272	0.900	59	61	0.0080	0.091
28	29	0.0296	0.952	61	63	0.0091	0.101
29	30	0.0319	0.986	63	65	0.0101	0.112
30	31	0.0210	0.629	65	67	0.0057	0.060
31	32	0.0229	0.648	67	69	0.0063	0.068
32	33	0.0204	0.552	69	71	0.0077	0.082
33	34	0.0223	0.588	71	73	0.0084	0.089
34	35	0.0240	0.623	73	75	0.0092	0.097
35	36	0.0260	0.665	75	77	0.0072	0.072
36	37	0.0133	0.280	77	79	0.0080	0.080
37	38	0.0144	0.302	79	80	0.0088	0.090
38	39	0.0155	0.321	80	82	0.0088	0.060
39	40	0.0167	0.343	82	84	0.0095	0.065
40	41	0.0178	0.354	84	86	0.0098	0.071
41	42	0.0082	0.122	86	88	0.0104	0.076
42	43	0.0088	0.134	88	90	0.0109	0.082
43	44	0.0097	0.148	90	92	0.0087	0.072
44	45	0.0105	0.160	92	94	0.0092	0.076
45	46	0.0059	0.081	94	96	0.0097	0.081
46	47	0.0067	0.090	96	98	0.0101	0.086
47	48	0.0075	0.100	98	100	0.0106	0.090
48	49	0.0083	0.109	100	105	0.0093	0.078

表 4-27 列出了德国 AK-AL-IK-IL 系列波纹套的规格尺寸，其中图 4-27a 和图 4-27b 所示波纹套分别用于工件以内孔定位和工件以外圆定位，两种波纹套有长系列的(三环)和短系列的(二环)。在表中同时列出，波纹套所需的轴向预压紧力 F_v，能传递的转矩 M 和轴向力 F。

表 4-27 AK-AL-IK-IL 系列波纹套[23]

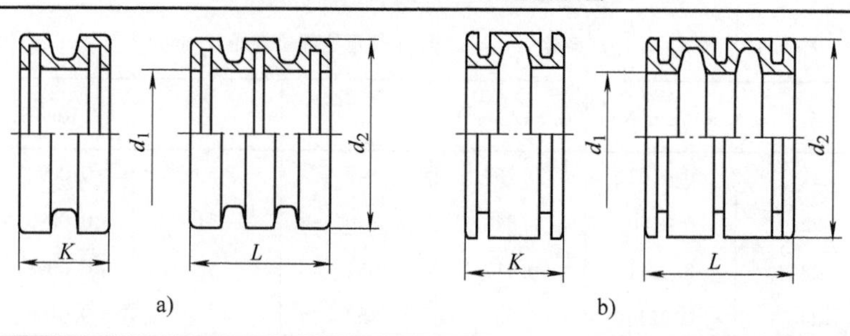

a) b)

短系列						长系列					
d_1/mm (H6)	d_2/mm (h5)	K/mm	F_v/N	M/N·m	F/N	d_1/mm (h6)	d_2/mm (h5)	L/mm	F_v/N	M/N·m	F/N
8	12		10000	7	1750	8	12		10000	12	3000
10	15	12	11000	11	2200	10	15	19	11000	21	4200
12	18		11800	18	2950	12	18		11800	35	5900
14	20		13400	25	3620	14	20		13400	49	6970
15	22	12	13700	29	3840	15	22	19	13700	54	7620
16	22	12	14900	35	4320	16	22	19	14900	64	8050
18	25	12	15900	44	4930	18	25	19	15900	80	8900
20	32	16	20600	82	8240	20	32	26	20600	124	12360
22	35	16	21700	95	8680	22	35	26	21700	143	13020
25	37	16	24500	128	10290	25	37	26	24500	190	15190
30	42	16	28300	187	12450	30	42	26	28300	272	18110
35	52	21	34400	307	17540	35	52	35	34400	457	26140
40	56	21	38900	404	20230	40	56	35	38900	599	29950
45	68	26	44700	553	24590	45	68	42	44700	804	35760
50	72	26	49400	679	22170	50	72	42	49400	988	39520
55	80		59000	908	33040	55	80		59000	1314	47790
60	85	31	63300	1082	36080	60	85	52	63300	1557	51910
65	90		67700	1298	39940	65	90		67700	1848	56870
70	100		78800	1682	48070	70	100		78800	2372	67770
75	105	38	83400	1907	50870	75	105	62	83400	2690	71720
80	110		88100	2185	54620	80	110		88100	3065	76650
85	115		92700	2442	57470	85	115		92700	3427	80650
90	120	38	97200	2799	62200	90	120	62	97200	3802	84500
100	130		106500	3460	69200	100	130		106500	4685	93700
110	140		115700	4136	75200	110	140		115700	5599	101800
120	150	38	125000	4950	82500	120	150	62	125000	6672	111200
125	155		129600	5343	85500	125	155		129600	7206	115300

（续）

短系列						长系列					
d_1/mm	d_2/mm	K/mm	F_v/N	M/N·m	F/N	d_1/mm	d_2/mm	L/mm	F_v/N	M/N·m	F/N
130	160	38	134300	5759	88600	130	160	62	134300	7767	119500
140	170		143500	6727	96100	140	170		143500	9037	129100
150	180		152800	7627	102300	150	180		152800	10314	137520

波纹套的材料可采用T10A、65Mn、30CrMnSi和38CrSiA钢等，热处理硬度45~50HRC。

对波纹套的主要技术要求：外径表面对内孔轴线的径向圆跳动按2~3级精度(对高精度)，一般可在0.005mm以内(不超过工件要求的1/3)；波纹套两端面对内孔轴线的轴向圆跳动按4~5级；波纹套的壁厚公差在±0.03mm内；轮廓过渡圆角的尺寸应一致，表面光滑。

4.5.3　波纹套在机床夹具中的应用

根据工件的形状和夹具的结构，波纹套可设计成所需要的结构形式，如图4-82所示。

当采用两个波纹套时，根据情况可分别压紧（图4-81c）或一起压紧（图4-81d）。

在设计高精度波纹套夹具时，保证定心精度，在波纹套压紧螺母(或拉杆等)与波纹套之间可采用球面垫圈(其表面粗糙度比一般球面垫圈小)，以使波纹套均匀受压。

图4-83所示为压紧两个波纹套的结构，螺母1产生的轴向力通过垫圈2、各个滚珠3和垫圈4均匀传到波纹套，并可避免波纹套在夹紧过程中受力后扭曲变形。这时对螺母、垫圈端面的平行度有相应的要求。

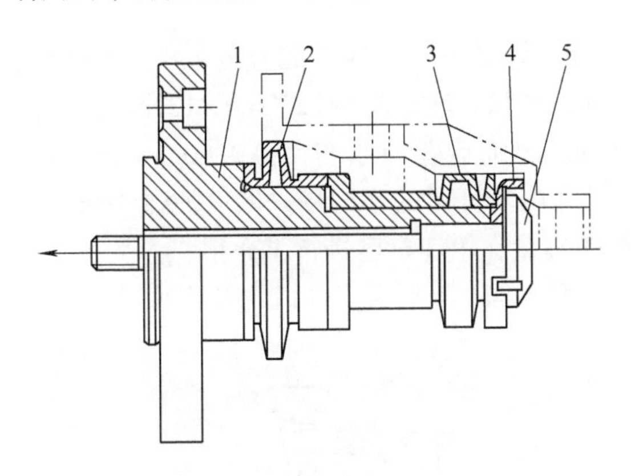

图4-82　专用波纹套夹具

1—心轴　2、3—波纹套　4—轴向定位件　5—工件

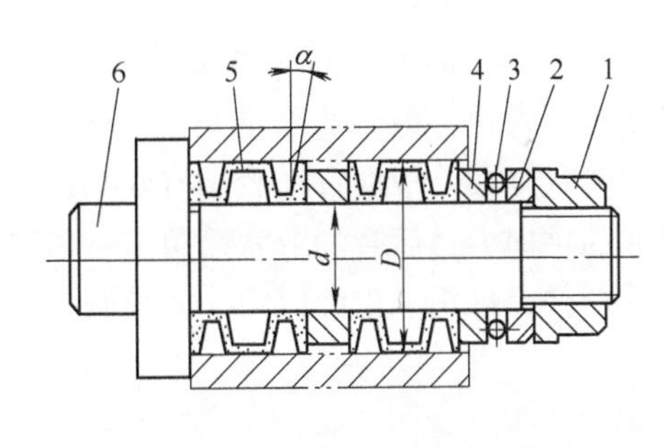

图4-83　波纹套滚珠压紧

1—螺母　2、4—垫圈　3—滚珠

5—波纹套　6—轴

在波纹套压紧机构中，若同时采用球面垫圈和布置滚珠，则效果更好。

为便于人工通用精密测量工具测量波纹套的壁厚，可在波纹套上加工若干个槽(类似于花键形)，要求分度均匀和尺寸一致。

4.5.4　波纹套的选用和计算

采用一个波纹套时，如果工件只承受转矩M_a、则M_a应小于波纹套能传递的转矩M；如果工件只承受轴向力 F_a，则 F_a 应小于波纹套能传递的轴向力 F。

采用两个波纹套时，则分别为 $M_a \leqslant 2M$ 和 $F_a \leqslant 2F$。

如果波纹套同时要承受转矩 M_a 和轴向力 F_a，则合成转矩为

$$M_R = \sqrt{M_a^2 + \left(\frac{F_a d}{2}\right)^2}$$

则 $M \geqslant M_R$(对一个波纹套)

则 $2M \geqslant M_R$(对两个波纹套)

计算工件以外圆定位的波纹套，已知工件外圆直径 $d=50\text{mm}$，需要传递的转矩 $M_a=1400\text{N}\cdot\text{m}$，需要承受的轴向力 $F_a=55000\text{N}$。

按表 4-26，对 $d_1=50\text{mm}$，转矩和转向力计算如下：

短系列波纹套　$M=679\text{N}\cdot\text{m}$；$F=27170\text{N}$

长系列波纹套　$M=988\text{N}\cdot\text{m}$；$F=39520\text{N}$

波纹套承受合成转矩为

$$M_R = \sqrt{M_a^2 + \left(\frac{F_a d}{2}\right)^2} = \sqrt{1400^2 + \left(\frac{55000\times 0.050}{2}\right)^2}\ \text{N}\cdot\text{m} = 1962.3\text{N}\cdot\text{m}$$

由计算结果可知，应选两个长波纹套才能满足要求：

$2M \geqslant M_R$，即 $2\times 988\text{N}\cdot\text{m}=1976\text{N}\cdot\text{m}>1962.3\text{N}\cdot\text{m}$

$2F \geqslant F_a$，即 $2\times 39520\text{N}=79040\text{N}>55000\text{N}$

4.6　碟形弹簧定心夹紧

在机床夹具上定心夹紧用的碟形弹簧与一般碟形弹簧不同；前者的直径范围(外径×内径)一般在(18mm×4mm)~(130mm×100mm)内，而后者的范围大，到250mm×127mm；同样直径的碟形弹簧，前者的厚度小(一般0.5~1.5mm)，而后者的厚度大得多(0.5~14mm)；前者的形状复杂，根据直径大小有6~48个均匀分布的不开通的径向槽，以增加弹性和减小夹紧时的轴向力，后者的形状简单。一般碟形弹簧夹紧在第3章已进行了介绍。

碟形弹簧可用于工件以内孔或外圆定心夹紧(图4-84a所示为工件以内孔定位，图4-84b

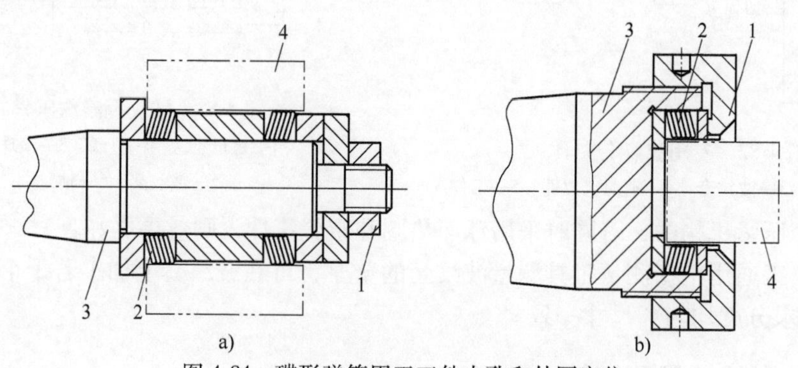

图4-84　碟形弹簧用于工件内孔和外圆定位

a）以内孔定位　b）以外圆定位

1—压紧螺母　2—碟形弹簧　3—心轴　4—工件

所示为工件以外圆定位)，其定位精度一般达 0.01~0.02mm，高精度达 0.005~0.002mm。

碟形弹簧压缩后外径 D 的增量不大于 $0.0067D$。[97]

采用碟形弹簧定心夹紧的特点除具有高精度外，在专业厂制造碟形弹簧时用冲压方法可以成批加工，成本较低。下面介绍定心用碟形弹簧的形式及其在机床夹具上的应用。

4.6.1　碟形弹簧的形式和性能

表 4-28 所示为一种定心夹紧用的碟形弹簧的尺寸和性能，可用于夹紧工件的内孔，也可用于夹紧工件的外圆。

表 4-28　碟形弹簧(一)的尺寸和性能[17]　　(单位:mm)

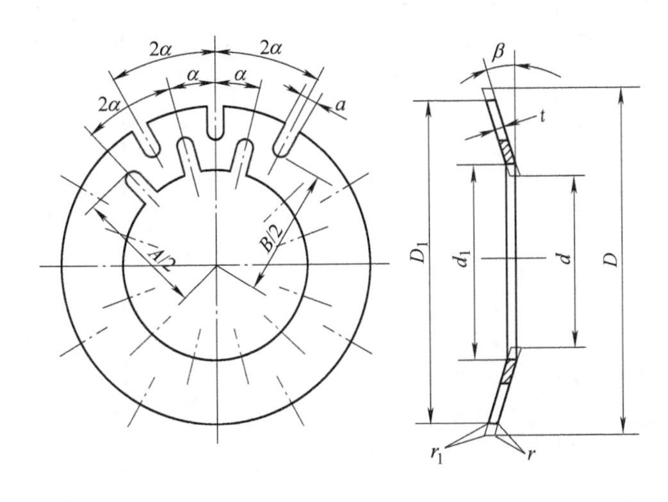

型式	d	D	d_1	D_1	β	A	B	t	r	a	r_1	α	一片弹簧能传递的转矩/N·m	一片弹簧所需轴向压紧力/N
	4	18	7	14		11	11		0.2	1.0		30°	0.13~0.18	127~216
	7	22	11	18	9°	15	14	0.5	0.2	1.0		30°	0.38~0.93	216~343
	10	27	15	22		19	18		0.4				0.78~1.76	314~461
	10	32	15	27		23	19		0.4	1.5	0.2	20°	1.18~2.65	461~686
	15	37	20	32		28	24		0.4				2.65~4.70	686~980
窄	20	42	25	37		33	29						4.70~7.35	980~1176
型	25	47	30	42		38	34						7.35~10.55	1176~1372
	30	52	35	47	10°	43	39	0.75	0.5				10.55~14.41	1372~1666
	35	57	40	52		48	44			2.0			14.41~18.62	1666~1862
	40	62	45	57		53	49					15°	18.62~23.52	1862~2058
	45	67	50	62		58	54						23.52~24.4	2058~2352
	50	70	55	67		62	58				0.2	12°	24.4~35.28	2532~2584

续表

型式	d	D	d_1	D_1	β	A	B	t	r	a	r_1	α	一片弹簧能传递的转矩/N·m	一片弹簧所需轴向压紧力/N
宽型	45	75	50	70	12°	63	57	1.0	0.5	2.0	0.2	12°	30.77~38.22	2793~3087
	50	80	55	75		68	62						38.22~40.06	3087~3381
	55	85	60	80		73	67						40.06~54.88	3381~3724
	60	90	65	85		78	72						54.88~64.19	3724~4018
	65	95	70	90		83	77						64.19~73.5	4018~4312
	70	100	75	95		88	82						73.5~85.26	4312~4655
	75	105	80	100		93	87		1.0	3	0.25	10°	85.26~98	4655~4949
	80	110	85	105		98	92						98~110.8	4949~5243
	85	115	90	110		103	97						110.8~124.5	5243~5537
	90	120	95	115		108	102						124.5~138.2	5537~5880
	95	125	100	120		113	107						138.2~153.9	5880~6174
	100	130	105	125		118	112						153.9~169.5	6174~6468
特宽型	95	135	100	130		117	112	1.25				9°	135.2~149	5880~6125
	100	140	105	135		122	117						149~162.7	6125~6370
	105	145	110	140		127	122						162.7~176.4	6370~6615
	110	150	115	145		132	127						176.4~192.1	6615~6860
	115	155	120	150		137	132						192.1~206.8	6860~7105
	120	160	125	155		142	137					7°30′	206.8~223.4	7105~7350
	125	165	130	160		147	142						223.4~240.1	7350~7399
	130	170	135	165		152	147			4			240.1~256.8	7399~7840
	135	175	140	170		157	152						256.8~274.4	7840~8055
	140	180	145	175		162	157						274.4~293	8055~8330
	145	185	150	180		167	162						293~312.6	8330~8575
	150	190	155	185		172	167						312.6~332.2	8575~8820
	155	195	160	190		177	172						332.2~352.8	8820~9065
	160	200	165	195		182	177						352.8~373.4	9065~9310

表4-28列出了38种规格尺寸的碟形弹簧，最小规格的是外径$D=18$mm和内径$d=4$mm，该规格的碟形弹簧经过加工，外径可加工到$D_1=14$mm，内径可加工到$d_1=7$mm，对各种规格都规定了D_1和d_1的尺寸。

对36种中间规格的碟形弹簧，每种规格碟形弹簧的内径都可增大到下一规格碟形弹簧的初始内径，即每规格的直径d_1等于下规格的直径d；同时，每种规格的直径D又与下一规格的直径D_1相等。这样，在外径为14~200mm和内径为4~165mm之间可选择任意尺寸的碟形弹簧。

表4-28所示的碟形弹簧，既可用于工件以外圆定位，又可用于工件以内孔定位，这样碟形弹簧必须沿外圆圆周和沿内圆圆周都有径向槽，如表4-28中图所示。为便于制造，也可将碟形弹簧设计成只用于工件以外圆定位(图4-85a)和只用于工件以内孔定位(图4-85b)的两种型式，这样对每种型式就减少了径向槽的数量。

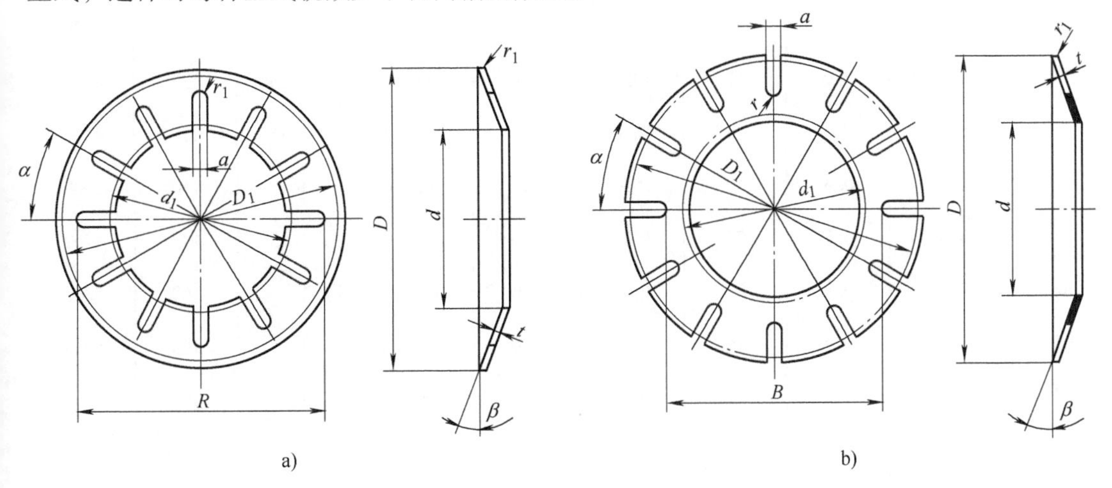

图4-85　碟形弹簧

表4-29列出了另一种碟形弹簧的规格和性能(一片碟形弹簧能传递的转矩 M 和所需轴向压紧力 F)。这种碟形弹簧可用于内孔或外圆定位。

表4-29　碟形弹簧(二)的尺寸和性能[23]

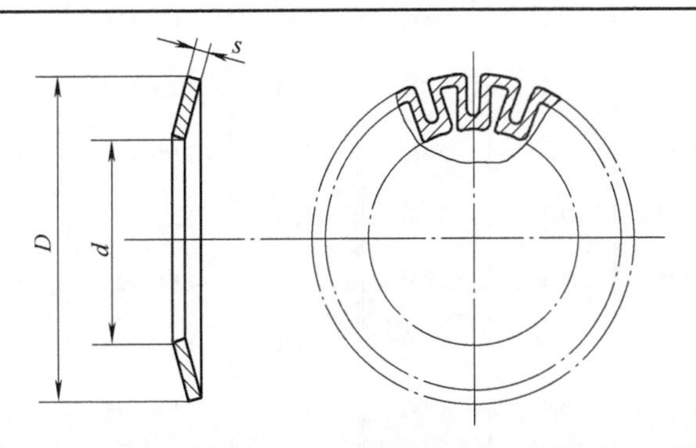

D/mm	d/mm	S/mm	M/N·m	F/N	D/mm	d/mm	S/mm	M/N·m	F/N
18	7~10	0.6	0.29	120	32	15~20	0.9	2.5	510
18	10~11	0.6	0.29	120	37	15~20	0.9	2.5	480
22	7~10	0.6	0.29	110	37	20~25	0.9	4.7	730
22	10~15	0.9	0.7	190	42	20~25	0.9	4.7	680
27	10~15	0.9	1	320	42	25~30	0.9	7.5	930
32	10~15	0.9	1	300	47	25~30	0.9	7.5	870

（续）

D/mm	d/mm	S/mm	M/N·m	F/N	D/mm	d/mm	S/mm	M/N·m	F/N
47	30~35	0.9	10	1100	105	80~85	1.15	110	4400
52	30~35	0.9	10	1050	110	80~85	1.15	110	4100
52	35~40	0.9	15	1350	110	85~90	1.15	130	4700
57	35~40	0.9	15	1250	115	85~90	1.15	130	4400
57	40~45	0.9	20	1550	115	90~95	1.15	140	5000
62	40~45	0.9	20	1450	120	90~95	1.15	140	4700
62	45~50	0.9	26	1800	120	95~100	1.15	160	5300
67	45~50	0.9	26	1650	125	95~100	1.15	160	5000
67	50~55	0.9	32	2000	125	100~105	1.15	180	5600
70	50~55	0.9	32	1900	130	95~100	1.5	170	5500
70	45~50	1.15	34	2350	130	100~105	1.5	190	6100
75	45~50	1.15	34	2200	140	95~100	1.5	170	5200
75	50~55	1.15	42	2600	140	100~105	1.5	190	5700
80	50~55	1.15	42	2450	140	105~110	1.5	210	6200
80	55~60	1.15	51	2900	140	110~115	1.5	230	6800
85	55~60	1.15	51	2700	150	105~110	1.5	210	5800
85	60~65	1.15	62	3200	150	110~115	1.5	230	6400
90	60~65	1.15	62	3000	150	115~120	1.5	260	7000
90	65~70	1.15	73	3500	150	120~125	1.5	290	7700
95	65~70	1.15	73	3300	160	115~120	1.5	260	6600
95	70~75	1.15	85	3800	160	120~125	1.5	290	7200
100	70~75	1.15	85	3600	160	125~130	1.5	310	7600
100	75~80	1.15	98	4100	160	130~135	1.5	340	8400
105	75~80	1.15	98	3800					

利用表4-29设计机床夹具时，为计算夹具所需碟形弹簧的数量，如果工件的材料硬度低于180HBW和弹性极限小于300MPa，应在计算值的基础上增加一定的数量，其修正系数见表4-30。

另外，碟形弹簧允许工件定位部位的公差较大，当被夹紧工件表面比较粗糙（呈波纹状）时，同样规格的碟形弹簧可传递的转矩和承受的轴向力较大。这时所用碟形弹簧的规格和性能见表4-31（表中图未示出，与表4-29相同）。

表 4-30　所需碟形弹簧数量的修正系数 K_1

工件材料硬度	180HBW	150HBW	120HBW	100HBW	80HBW
弹性极限/MPa	300	270	230	190	170
材料示例	Q275 45 HT350 QT500-7	Q235 25 HT250	Q215 15 HT200 KTH300-6	Q195	ZAlSi9Mg
按计算值增加的量	0	20%	50%	80%	125%
修正系数 K_1	1	1.2	1.5	1.8	2.25

表 4-31　碟形弹簧的规格和性能 [23]

（用于工件表面粗糙）

D/mm	d/mm	S/mm	M/N·m	F/N	D/mm	d/mm	S/mm	M/N·m	F/N
14	3	0.5	0.07	80	52	28	1.15	21	2550
14	4		0.16	140	52	30		25	2900
14	5		0.29	210	52	32		28.5	3300
18	6	0.5	0.34	180	52	35		33.5	3750
18	7		0.32	250	62	38	1.15	40.5	3600
18	8		0.72	310	62	40		45.5	4000
22	9	0.6	0.99	370	62	42		51	4450
22	10		1.26	430	62	45		60	5200
22	11		1.33	500	70	48	1.15	68	5000
27	12	0.65	1.95	520	70	50		75	5500
27	13		2.4	590	70	55		93	7000
27	14		2.8	680	80	60	1.15	112	6800
27	15		3.3	770	90	65		131	6700
37	16	0.9	5.1	1030	90	70		154	8000
37	17		5.9	1150	100	75		176	7800
37	18		6.8	1270	100	80		205	9300
37	20		8.7	1540	110	85		230	9000
42	22	0.9	9.9	1490	110	90		260	10600
42	24		12.2	1760	120	100		325	11900

碟形弹簧的材料应具有高的弹性极限、屈服极限和大的塑性变形能力，可选用 65Mn、30CrMnSi 和 60Si2MnA 钢等，热处理硬度 35~40HRC 或 45~50HRC，并经强压处理(使碟形弹簧压缩到水平位置的 75%，保持 12h；或短时加压，不少于 5 次）以保持碟形弹簧高度的稳定。

4.6.2 碟形弹簧在机床夹具中的应用

在机床夹具中，一般都用成组(一组或两组)碟形弹簧实现工件的定位夹紧。碟形弹簧与夹具安装部位的配合一般取 H7/h6 或 H7/g6。碟形弹簧夹紧工件的部位，应在装配后一起磨加工，其直径应与工件定位部位有一定的微量过盈或微量间隙，以保证工件的定心，并在此基础上，进一步压缩碟形弹簧，使工件定心夹紧。

在设计采用碟形弹簧的夹具时应注意：对定位孔短的工件(图 4-86)，碟形弹簧的位置应能使工件的一个端面在压紧碟形弹簧时自动靠上轴向定位支承 1，支承 1 可在碟形弹簧的前面(图 4-86a)，也可以在碟形弹簧的后面(图 4-86b)。

对定位孔长的工件(图 4-87)采用相互距离尽量远的两组碟形弹簧，并使左面碟形弹簧的位置应能使工件的一个端面在压紧碟形弹簧时自动靠上轴向定位支承 1。同时，左边碟形弹簧的数量应少于右边的数量。

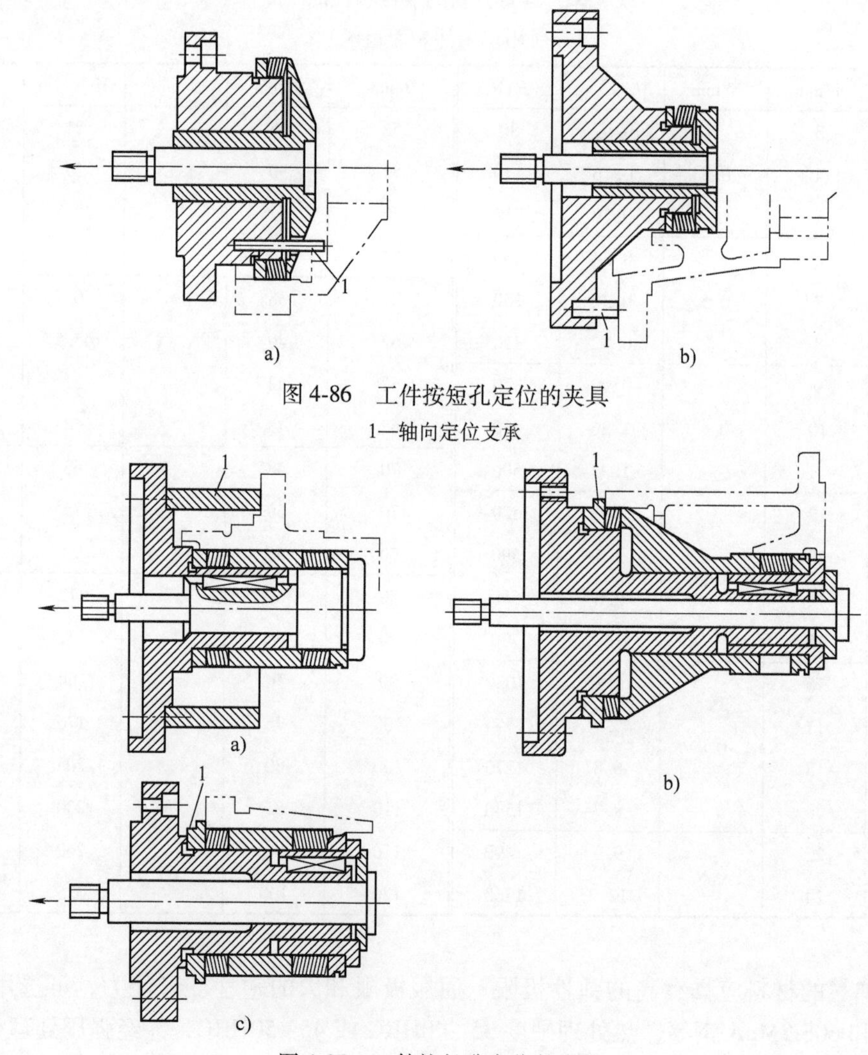

图 4-86 工件按短孔定位的夹具

1—轴向定位支承

图 4-87 工件按长孔定位的夹具

1—轴向定位支承

以外径定心的花键孔可采用图 4-88 所示的开限位槽的花键碟形弹簧作为定心夹紧元件，与通常采用的花键锥度心轴定位相比，具有装卸方便和工件端面不残留未加工掉的凸台的优点。

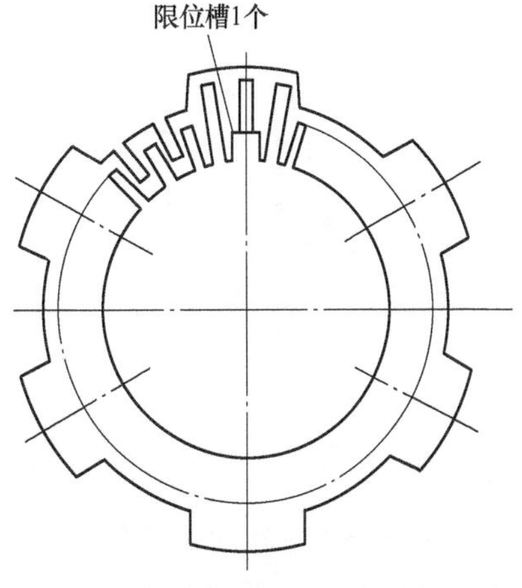

图 4-88　花键孔用定心夹紧碟形弹簧的开槽形式

4.6.3　碟形弹簧的选用和计算

工件所需径向夹紧力 F_w 为

$$F_w=\frac{K M_c}{f R}$$

式中　M_c——切削转矩，单位为 N · mm；

f——碟形弹簧与工件之间的摩擦系数；

R——工件加工部位的半径，单位为 mm；

K——安全系数。

由第 3 章可知，对理想的双面铰链杠杆夹紧机构，其水平(轴向)力 Q 与垂直方向总夹紧力 F_w 的关系为 $F_w=\dfrac{Q}{\tan\beta}$（β 为夹紧时杠杆与垂直方向的夹角）。

开槽碟形弹簧与双面铰链杠杆夹紧机构近似，在有足够精度的前提下，对碟形弹簧有以下关系：$F_w=0.75Q/\tan\beta_1$，所以为保证夹紧力 F_w，碟形弹簧所需轴向力 Q 为

$$Q=1.33F_w\tan\beta_1=1.33\tan\beta_1\frac{KM_c}{fR}$$

式中，$\beta_1=\beta-2°$（β 为碟形弹簧的斜角）。

在夹具中，所需碟形弹簧的数量，一般先按所需传递的转矩确定，再验算其所传递的轴向力。

所需弹簧的数量初步计算为 n'

$$n'=\frac{M_c}{M}$$

其中　M_c——切削转矩，单位为 N · mm；

M——单片碟形弹簧能传递的转矩，单位为 N · mm，由表 4-29 查得。

实际需要碟形弹簧的数量 n 为

$$n=K_1n'$$

式中　K_1——修正系数，查表 4-30。

一组碟形弹簧片能承受的轴向力大小与轴向力的形式有关，如图 4-89 所示。

图 4-89a 表示碟形弹簧承受轴向力 F_a 的方向与压紧碟形弹簧力 F_b 的方向相同；在图 4-89b中，F_a 与 F_b 的方向相反；在图 4-89c 中，F_a 的方向是变化的。则碟形弹簧所能承受的轴向力分别为

$$F_a=\frac{F_b}{\dfrac{dF}{2M}-1}=\frac{2F_bM}{dF-2M}\qquad F_a=\frac{F_b}{\dfrac{dF}{2M}+1}=\frac{2F_bM}{dF+2M}\qquad F_a=\frac{F_b}{\dfrac{dF}{2M}}=\frac{2F_bM}{dF}$$

式中　F_a——一组碟形弹簧所需的轴向压紧力，单位为 N；

F_b——压紧弹簧力，单位为 N，$F_b=nF$，F 为表 4-29 中一片碟形弹簧承受的轴向夹紧力；

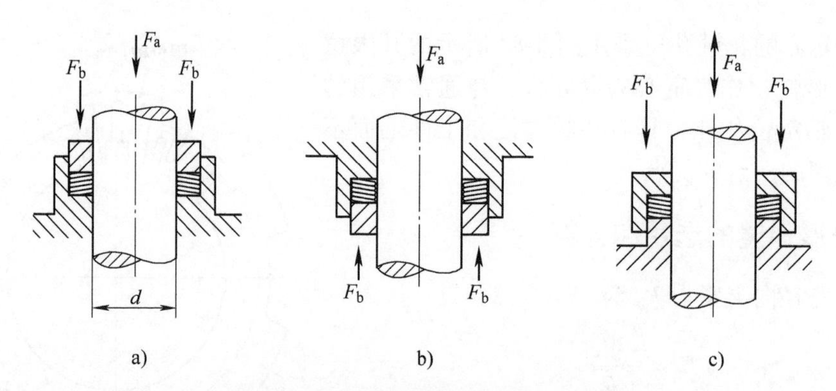

图 4-89　碟形弹簧承受轴向力的形式

d——工件定位部位的直径，单位为 mm；

M——一片弹簧能传递的转矩(见表 4-29)，单位为 N·mm。

下面根据表 4-29，举例说明在夹具设计中碟形弹簧的选用和计算。

已知工件用 ϕ80mm 的轴定位，加工时切削转矩 $M_c=800\text{N}\cdot\text{m}=8\times10^5\text{N}\cdot\text{mm}$，工件材料为 Q235 钢，夹具结构如图 4-84b 所示。

按表 4-29，选用 $d=80\text{mm}$、$D=110\text{mm}$ 和 $S=1.15\text{mm}$ 的碟形弹簧。该碟形弹簧片能传递的转矩 $M=110\text{N}\cdot\text{m}=1.1\times10^5\text{N}\cdot\text{mm}$，所需的轴向压紧力 $F=4100\text{N}$，弹簧与工件之间的摩擦系数为 0.15。

工件的材料为 Q235，查表 4-30 得修正系数 $K_1=1.2$，所需碟形弹簧的数量为

$$n=1.2n'=1.2\times\frac{800}{110}=8.72\text{，取 }n=9$$

一组碟形弹簧轴向压紧力为

$$F_b=n\times F=9\times4100\text{N}=36900\text{N}$$

对图 4-84b 所示的夹具，碟形弹簧承受切削轴向力的方向与压紧碟形弹簧力的方向相同，所以一组碟形弹簧能承受的轴向力按图 4-89a 的形式计算为

$$F_a=\frac{2F_bM}{dF-2M}=\frac{2\times36900\times1.1\times10^5}{80\times4100-2\times1.1\times10^5}\text{N}=75166.67\text{N}$$

按前述计算碟形弹簧轴向夹紧力的公式，取 $f=0.15$，根据切削转矩 M_c 计算所需轴向压紧力如下：

$$Q=1.33\tan\beta_1\frac{K\ M_c}{fR}=1.33\tan10°\frac{2\times8\times10^5}{0.15\times40}\text{N}=62537.3\text{N}$$

$$Q=62537.3<F_a=75166.67\text{N}$$

即夹紧工件时所需轴向力小于一组碟形弹簧能承受的轴向力。

4.7　薄壁锥套定心夹紧

在机床夹具中，可采用多种圆柱形或锥形的薄壁套使工件定心夹紧，本节介绍采用薄壁锥套定心夹紧。对其他形式的薄壁套定心夹紧也作简单介绍。

在夹具中利用在轴与孔之间布置一对或数对内、外锥贴合的薄壁套，在轴向力作用下，

内套缩小、外套胀大，实现工件的定心夹紧，其优点是具有高的定心精度(低于 0.01mm)，承载能力大，其缺点是装卸工件的时间长。

4.7.1　薄壁锥套的规格和性能

表 4-32 列出了薄壁锥套的规格和性能，配合图 4-90。

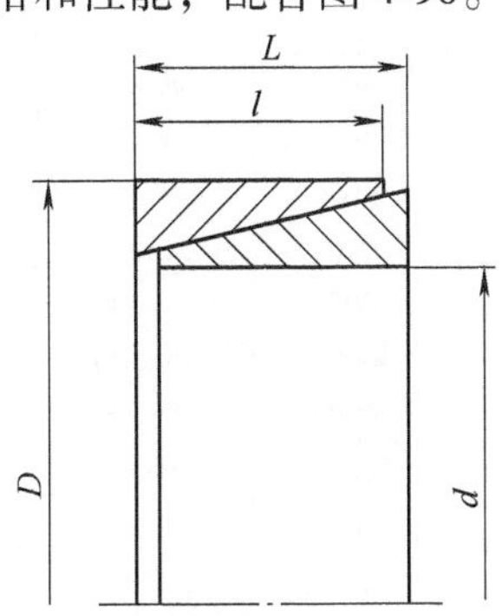

图 4-90　薄壁锥套规格图

表 4-32　薄壁锥套的规格与性能[7][23]

<table>
<tr><th colspan="4" rowspan="2">规格尺寸/mm(图 4-90)</th><th rowspan="2">消除两套间隙所需压紧力</th><th colspan="3" rowspan="2">锥套与轴表面压强 p_f = 100MPa 时的额定载荷</th><th colspan="4">成对锥套数量</th></tr>
<tr><th>1</th><th>2</th><th>3</th><th>4</th></tr>
<tr><th>d</th><th>D</th><th>L</th><th>l</th><th>F_{vs}/N</th><th>传递转矩所需轴向力 F_v/N</th><th>能传递的转矩 M/N·m</th><th>承受的轴向力 F_t/N</th><th colspan="4">距离尺寸/mm(图 4-90)</th></tr>
<tr><td>9</td><td>12</td><td rowspan="3">4.5</td><td rowspan="3">3.7</td><td>7600</td><td>5700</td><td>5.7</td><td>1250</td><td rowspan="24">3</td><td rowspan="16">3</td><td rowspan="16">4</td><td rowspan="16">5</td></tr>
<tr><td>10</td><td>13</td><td>6950</td><td>6300</td><td>7</td><td>1390</td></tr>
<tr><td>12</td><td>15</td><td>6950</td><td>7500</td><td>10</td><td>1670</td></tr>
<tr><td>14</td><td>18</td><td rowspan="3">6.3</td><td rowspan="3">5.3</td><td>11200</td><td>12600</td><td>19.6</td><td>2800</td></tr>
<tr><td>15</td><td>19</td><td>10750</td><td>13500</td><td>22.5</td><td>3000</td></tr>
<tr><td>16</td><td>20</td><td>10100</td><td>14400</td><td>25.5</td><td>3200</td></tr>
<tr><td>18</td><td>22</td><td rowspan="3">6.3</td><td rowspan="3">5.3</td><td>9100</td><td>16200</td><td>32.4</td><td>3600</td></tr>
<tr><td>19</td><td>24</td><td>12600</td><td>17100</td><td>36</td><td>3800</td></tr>
<tr><td>20</td><td>25</td><td>12050</td><td>18000</td><td>40</td><td>4000</td></tr>
<tr><td>22</td><td>26</td><td rowspan="3">6.3</td><td rowspan="3">5.3</td><td>9050</td><td>19800</td><td>48</td><td>4500</td></tr>
<tr><td>24</td><td>28</td><td>8350</td><td>21600</td><td>58</td><td>4900</td></tr>
<tr><td>25</td><td>30</td><td>9900</td><td>22500</td><td>62</td><td>5100</td></tr>
<tr><td>28</td><td>32</td><td rowspan="3">6.3</td><td rowspan="3">5.3</td><td>7400</td><td>25200</td><td>78</td><td>5600</td></tr>
<tr><td>30</td><td>35</td><td>8500</td><td>27000</td><td>90</td><td>6000</td></tr>
<tr><td>32</td><td>36</td><td>7850</td><td>28800</td><td>102</td><td>6400</td></tr>
<tr><td>35</td><td>40</td><td rowspan="3">7</td><td rowspan="3">6</td><td>10100</td><td>35600</td><td>138</td><td>8200</td></tr>
<tr><td>36</td><td>42</td><td>11600</td><td>36600</td><td>147</td><td>8430</td><td rowspan="8">4</td><td rowspan="8">5</td><td rowspan="7">6</td></tr>
<tr><td>38</td><td>44</td><td>11000</td><td>38700</td><td>163</td><td>8900</td></tr>
<tr><td>40</td><td>45</td><td>8</td><td>6.6</td><td>13800</td><td>45000</td><td>199</td><td>9900</td></tr>
<tr><td>42</td><td>48</td><td>8</td><td>6.6</td><td>15600</td><td>47000</td><td>219</td><td>10400</td></tr>
<tr><td>45</td><td>52</td><td>10</td><td>8.6</td><td>28200</td><td>66000</td><td>328</td><td>14600</td></tr>
<tr><td>48</td><td>55</td><td rowspan="3">10</td><td rowspan="3">8.6</td><td>24600</td><td>70000</td><td>373</td><td>15500</td></tr>
<tr><td>50</td><td>57</td><td>23500</td><td>73000</td><td>405</td><td>16200</td></tr>
<tr><td>55</td><td>62</td><td>21800</td><td>80000</td><td>490</td><td>17800</td><td>7</td></tr>
</table>

（续）

<table>
<tr><th colspan="4" rowspan="2">规格尺寸/mm(图 4-90)</th><th rowspan="2">消除两套间隙所需压紧力</th><th colspan="3" rowspan="2">锥套与轴表面压强 $p_f=100\text{MPa}$ 时的额定载荷</th><th colspan="4">成对锥套数量</th></tr>
<tr><th>1</th><th>2</th><th>3</th><th>4</th></tr>
<tr><th>d</th><th>D</th><th>L</th><th>l</th><th>F_{vs}/N</th><th>传递转矩所需轴向力 F_v/N</th><th>能传递的转矩 M/N·m</th><th>承受的轴向力 F_t/N</th><th colspan="4">距离尺寸/mm（图 4-90）</th></tr>
<tr><td>56</td><td>64</td><td rowspan="3">12</td><td rowspan="3">10.4</td><td>29400</td><td>99000</td><td>615</td><td>21900</td><td rowspan="4">3</td><td rowspan="4">4</td><td rowspan="4">5</td><td rowspan="6">7</td></tr>
<tr><td>60</td><td>68</td><td>27400</td><td>106000</td><td>705</td><td>23500</td></tr>
<tr><td>65</td><td>73</td><td>25400</td><td>115000</td><td>830</td><td>25600</td></tr>
<tr><td>70</td><td>79</td><td>14</td><td>12.2</td><td>31000</td><td>145000</td><td>1120</td><td>32000</td></tr>
<tr><td>71</td><td>80</td><td>14</td><td>12.2</td><td>31000</td><td>147000</td><td>1160</td><td>32500</td><td rowspan="8">4</td><td rowspan="6">5</td><td rowspan="6">6</td></tr>
<tr><td>75</td><td>84</td><td>14</td><td>12.2</td><td>34600</td><td>155000</td><td>1290</td><td>34400</td></tr>
<tr><td>80</td><td>91</td><td>17</td><td>15</td><td>48000</td><td>203000</td><td>1810</td><td>45000</td><td rowspan="4">8</td></tr>
<tr><td>85</td><td>96</td><td rowspan="3">17</td><td rowspan="3">15</td><td>45600</td><td>216000</td><td>2040</td><td>48000</td></tr>
<tr><td>90</td><td>101</td><td>43400</td><td>229000</td><td>2290</td><td>51000</td></tr>
<tr><td>95</td><td>106</td><td>41200</td><td>242000</td><td>2550</td><td>54000</td></tr>
<tr><td>100</td><td>114</td><td rowspan="3">21</td><td rowspan="3">18.7</td><td>60700</td><td>317000</td><td>3520</td><td>70000</td><td rowspan="3">6</td><td rowspan="3">7</td><td rowspan="3">9</td></tr>
<tr><td>110</td><td>124</td><td>66000</td><td>349000</td><td>4250</td><td>77000</td></tr>
<tr><td>120</td><td>134</td><td>60200</td><td>380000</td><td>5050</td><td>84000</td></tr>
<tr><td>130</td><td>148</td><td rowspan="3">28</td><td rowspan="3">25.3</td><td>96200</td><td>558000</td><td>8050</td><td>124000</td><td rowspan="3">5</td><td rowspan="3">7</td><td rowspan="3">9</td><td rowspan="3">11</td></tr>
<tr><td>140</td><td>158</td><td>89000</td><td>600000</td><td>9350</td><td>134000</td></tr>
<tr><td>150</td><td>168</td><td>84500</td><td>643000</td><td>10700</td><td>143000</td></tr>
</table>

注：1. 表中 p_f 是作用在与锥套内径 d 接触面上的值。

2. 表中 F_{vs} 为使配对锥套在夹紧过程中消除间隙所需的压紧力；F_v 为传递压强 $p_f=100\text{MPa}$ 时的额定转矩 M，还需要再施加的压紧力。所以，为传递转矩 M 总的压紧力为 $F_{vs}+F_v$。

3. 当压强 $p_f\neq100\text{MPa}$ 时，表中 F_v、F_t 和 M 值应按线性关系作相应的修正（在静力作用下，钢和铸铁材料结合面允许压强不大于 180MPa）。

薄壁锥套可用螺母压紧，当轴颈尺寸较大时，可在轴端或毂体的端面上加装端盖，用几个螺钉压紧，如图 4-91 所示。

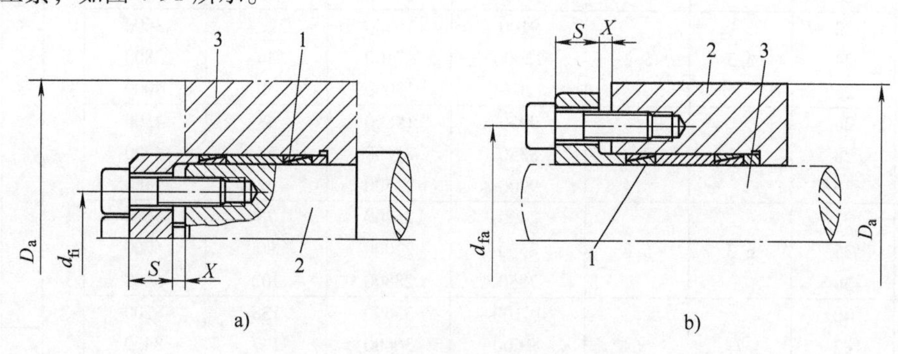

图 4-91　工件用薄壁锥套定心夹紧

a）工件以内孔定位　b）工件以外圆定位

1—薄壁锥套　2—轴（图 a），毂体（图 b）　3—工件

由于内、外薄壁套与轴和孔接触面有摩擦力，从压紧端起各套所承受的压力依次递减，各套接触面的压强也相应递减，因此薄壁锥套的对数一般不超过 3~4 对。

薄壁锥套的材料可用 65Mn、55Cr2、60Cr2 和 65、70 等钢，并经热处理，硬度为 40~45HRC。

薄壁锥套的锥角一般为 14°~17°。

对图 4-92 所示锥套，通过用螺母拧紧螺钉对锥套加载，然后测量锥套直径的增量。由于锥套壁厚不一致，外锥套直径 D 在锥孔的大头、中间和小头横截面上的增量不一致，分别为 Δ_{D1}、Δ_{D2} 和 Δ_{D3}，在锥孔大头横截面的增量最大。Δ_{D2} 值见表 4-33。

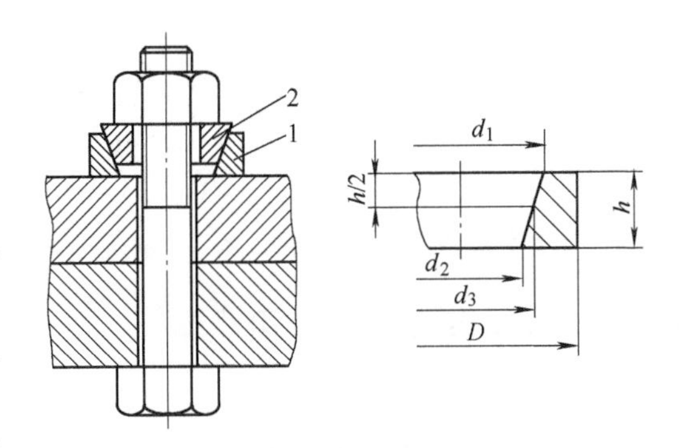

图 4-92　锥套外径增量试验装置简图
1—外锥套　2—内锥套

表 4-33　外锥套中间横截面直径 D 增量 Δ_{D2}

螺栓直径	轴向力 F/N	螺栓材料	螺栓许用应力/MPa	外锥套参数/mm				Δ_{D2}/μm	内、外套摩擦系数
				D	d_2	d_3	h		
M12	44880	40Cr	557	35	26	24.772	10	90~100	0.11~0.14
M24	188400	40Cr	650	65	47	44.851	7.5	170~188	0.15~0.18

外锥套外圆直径 D 在三个横截面上的增量可分别按下列各式计算：[98]

$$\Delta_{D1}=\frac{FD}{\pi hE\tan(\beta+\rho)(D-d_3-2h\tan\beta)}$$

$$\Delta_{D2}=\frac{FD}{\pi hE\tan(\beta+\rho)(D-d_3-h\tan\beta)}$$

$$\Delta_{D3}=\frac{FD}{\pi hE\tan(\beta+\rho)(D-d_3)}$$

式中　β——外锥套内孔锥角的一半，单位为 rad；

E——锥套材料的弹性模量，单位为 N/mm^2；

ρ——内、外锥套的摩擦角，单位为 rad；

d_3——外锥套锥孔小头的直径，单位为 mm。

现对表 4-33 所列的两种外锥套直径 D 的增量计算如下（按 $\beta=7°,\rho=8°$）：

对 $D=35$mm 的外锥套，按 $F=188400$N：

$$\Delta_{D1}=\frac{FD}{\pi hE\tan\ (\beta+\rho)\ (D-d_3-2h\tan\beta)}$$

$$=\frac{FD}{\pi\times10\times2.1\times10^5\tan\ (7°+8°)\ \times\ (35-24.772-2\times10\tan7°)}$$

$$=0.110\mu\text{m}$$

$$\Delta_{D2}=0.100\mu\text{m}$$

$$\Delta_{D3}=0.085\mu\text{m}$$

对 $D=65$mm 的外锥套：

$$\Delta_{D1}=0.219\mu m$$
$$\Delta_{D2}=0.188\mu m$$
$$\Delta_{D3}=0.158\mu m$$

由以上计算可知，Δ_{D2}的计算值与表 4-33 的试验值近似。

4.7.2 薄壁锥套的选用和计算

设计薄壁锥套定心夹紧装置时，应先确定所需传递的转矩 M_a 和轴向力 F_a，根据被夹紧工件的直径(D 或 d)，选择薄壁锥套的规格。

如果装置只承受转矩 M_a，则所需成对薄壁套的数量按 M_a/M 值查表 4-34 确定(M 为表 4-32 中一对薄壁锥套能传递的转矩)。

如果装置同时承受转矩 M_a 和轴向力 F_a，则合成转矩为

$$M_R=\sqrt{M_a^2+\left(\frac{F_a d}{2}\right)^2}\ (\mathrm{N\cdot m})$$

则所需成对薄壁套的数量按 M_R/M 值查表 4-34 确定。

表 4-34 所需成对锥套的数量 n

载荷系数 $m=M_a/M$ 或 M_R/M	n
1	1
>1~1.56	2
>1.56~1.86	3
>1.86~2.03	4

当采用多对锥套时，能传递的转矩 M_n 为

$$M_n=m\,M(\mathrm{N\cdot m})$$

这时为传递转矩 M_a 所需的轴向压紧力 F_{va} 为

$$F_{va}=\frac{F_v M_a}{M}(\mathrm{N})$$

F_v 和 M 的值查表 4-32 确定。

为传递转矩 M_a，所需总的压紧力 F_{vR} 为

$$F_{vR}=F_{vs}+F_{va}(\mathrm{N})$$

F_{vs}查表 4-32 确定。

定心夹紧装置的压紧轴向力应不小于 F_{vR}

对图 4-90 所示的薄壁锥套定心夹紧装置，所需压紧螺钉的数量由下式确定：

$$z=\frac{F_{vR}}{F_1}$$

式中 F_1——每个螺钉允许压紧力，单位为 N，见表 4-35。

表 4-35　每个螺钉允许压紧力 F_1 和拧紧转矩 M_1

螺钉直径	螺纹连接性能等级					
	8.8 级		10.9 级		12.9 级	
	F_1/N	M_1/N·m	F_1/N	M_1/N·m	F_1/N	M_1/N·m
M4	3900	2.9	5450	4.1	6550	4.9
M5	6400	6	8430	8	10300	9.7
M6	9000	40	12600	14	15100	17
M8	16500	25	23200	35	27900	41
M10	26200	49	36900	69	44300	83
M12	38300	86	54000	120	64500	145
M16	73000	210	102000	295	123000	355
M20	114000	410	160000	580	192000	690
M24	164000	710	230000	1000	276000	1200
M30	262000	1450	368000	2000	442000	2400

螺钉材料推荐使用 45Cr 钢 、65Mn 钢或优质高碳钢，以减少螺钉的数量和降低薄壁锥套定心夹紧装置的辅助时间。

图 4-91 所示螺钉分布直径可按下式确定：

$$d_{fi}=D-10-d$$

$$d_{fa}=D+10+d$$

式中　D——图 4-90 所示薄壁锥套的外径，单位为 mm；

d——图 4-90 所示螺钉直径，单位为 mm。

压紧圆盘的厚度 s 可按下式确定：

$$s\geqslant d\left(a_1+\frac{a}{z}\right)$$

式中　a_1——系数，当螺纹连接性能等级为 8.8 级时，$a_1=1$；当圆盘材料的屈服极限 $\sigma_3\geqslant$ 345MPa、螺纹连接性能等级为 10.9 级和 12.9 级时，$a_1=1.5$；

a——螺钉布置系数，见表 3-36。

表 4-36　压紧薄壁锥套圆盘螺钉布置系数 a[7] 和圆盘螺钉分布直径

系数 a	螺钉直径 d/mm							
	M5	M6	M8	M10	M12	M16	M20	M24
	d_{fa} 或 d_{fi}/mm(图 4-91)							
3	18	19	26	30	33	41	51	60
4	22	23	32	37	41	50	63	74
5	26	28	38	44	49	60	75	88
6	30	32	44	52	58	71	88	104
7	35	37	51	60	66	82	102	119
8	39	42	58	68	75	92	115	135
9	44	47	65	76	84	103	129	152
10	49	52	72	84	93	114	143	168

（续）

系数 a	螺钉直径 d/mm							
	M5	M6	M8	M10	M12	M16	M20	M24
	d_{fa}或 d_{fi}/mm(图 4-91)							
11	53	57	78	92	102	125	156	184
12	58	62	85	100	111	136	170	200
13	63	67	92	108	119	147	184	216
14	67	72	99	116	128	158	198	222
15	72	77	106	124	138	170	212	249
16	77	82	113	133	147	181	226	266
17	81	87	120	141	156	192	240	281
18	86	93	127	149	165	203	254	298
19	91	98	134	157	174	214	268	314
20	96	103	141	165	183	225	282	330
21	100	108	148	174	192	237	296	347
22	105	113	155	182	201	247	309	363
23	110	118	162	190	211	259	324	380
24	115	123	169	198	219	270	338	396
25	119	128	176	206	228	281	351	412
26	124	133	183	215	238	293	365	429
27	129	138	190	222	246	304	379	445
28	134	143	197	231	256	315	394	463
29	138	148	204	239	265	326	407	479
30	143	153	211	247	274	337	421	495

工件(图 4-91a)和夹具毂体件(图 4-91b)不产生塑性变形允许的最大压强 p'_{fmax} 按下列两式计算：

$$p'_{fmax}=\frac{\sigma_s}{C}\times\frac{(D_a^2-D^2)}{(D_a^2+D^2)}$$

$$p'_{fmax}=\frac{\sigma_s}{C}\times\frac{(D_a-d_1)^2-D^2}{(D_a-d_1)^2+D^2}$$

式中　σ_s——压紧圆盘材料的屈服极限，单位为 MPa；

C——系数，成对锥套数量为 1、2 和≥3 时，C 值分别为 0.6、0.8 和 1；

D——成对锥套的外径(图 4-90)，单位为 mm；

D_a——压紧圆盘的外径(图 4-91)，单位为 mm；

d_1——压紧圆盘螺钉的直径，单位为 mm。

由于表 4-32 中压强 $p_f=100$MPa 是对锥套内径 d 的接触面的值，所以应有下列关系：

$$p_f\frac{d}{D}\leqslant p'_{fmax}<180\text{MPa}$$

在符合上述要求的情况下，可考虑适当增大 p_f 值。

当采用薄壁锥套夹紧空心轴类工件时，其内孔直径 d_0 与外圆直径 D_0 的关系应符合下式：

$$d_0 \leqslant D_0 \sqrt{\frac{\sigma_s - 2p_f C}{\sigma_s}}$$

式中　σ_s——空心工件材料的屈服极限，单位为 MPa；

p_f——薄壁锥套内孔与工件外圆接触面的压强，单位为 MPa；

C——系数，当成对锥套数量为 1、2 和≥3 时，C 值分别为 0.6、0.8 和 1。

下面举例说明在夹具设计中薄壁锥套的计算。

已知在一定心夹紧装置中，工件定位外圆的直径 $d_0=60\text{mm}$，加工时转矩 $M_a=1000\text{N}\cdot\text{m}$，轴向力 $F_a=20000\text{N}$；夹具毂体材料为 35 钢($\sigma_s=315\text{MPa}$)，如图 4-91b 所示。

首先，按薄壁锥套与工件外圆表面(直径 d_0)的压强符合表 4-32(即 $p_f=100\text{MPa}$)进行计算。

按表 4-32，选用 $d=60\text{mm}$、$D=68\text{mm}$ 的成对薄壁锥套，可知下列参数：

配对锥套消除间隙所需的压紧力 $F_{vs}=27400\text{N}$；

一对锥套能传递的转矩 $M=705\text{N}\cdot\text{m}$；

为传递转矩 M 需要再施加的压紧力 $F_v=106000\text{N}$；

一对锥套能承受的轴向力 $F_t=23.5\text{kN}$。

在转矩 M_a 和轴向力 F_a 同时作用下产生的合成转矩 M_R 为

$$M_R=\sqrt{M_a^2+\left(\frac{F_a d}{2}\right)^2}=\sqrt{1000^2+\left(\frac{20000\times0.06}{2}\right)^2}\text{N}\cdot\text{m}=1166.19\text{N}\cdot\text{m}$$

$$\frac{M_R}{M}=m=\frac{1166.19}{705}=1.65$$

由表 4-34 确定所需成对薄壁锥套的数量为 3

传递转矩 $M_a=1000\text{N}\cdot\text{m}$ 所需压紧力 F_{va} 应为

$$F_{va}=\frac{F_v M_a}{M}=\frac{106000\times1000}{705}\text{N}=150354.6\text{N}$$

所以，总的压紧力 F_{vR} 为

$$F_{vR}=F_{vs}+F_{va}=27400\text{N}+150354.6\text{N}=177754.6\text{N}$$

按表 4-35 选用 M12 螺钉，其螺纹连接性能等级为 12.9 级，则每个螺钉允许的压紧力 $F_1=64500\text{N}$，所需压紧螺钉的数量 z 为

$$z=\frac{F_{vR}}{F_1}=\frac{177754.6\text{N}}{64500\text{N}}=2.75\text{，取 } z=3$$

螺钉分布直径 $d_{fa}=D+10+d_1=68\text{mm}+10\text{mm}+12\text{mm}=90\text{mm}$

取 $D_a=120\text{mm}$。

按图 4-91b 的结构，夹具毂体不产生塑性变形允许的最大压强 p'_{fmax} 为

$$p'_{fmax}=\frac{\sigma_s}{C}\times\frac{(D_a-d_1)^2-D^2}{(D_a-d_1)^2+D^2}=\frac{315}{1}\times\frac{(120-12)^2-68^2}{(120-12)^2+68^2}\text{MPa}$$

$$=136\text{MPa}>100\times\frac{60}{68}=88.2\text{MPa}$$

压紧圆盘的厚度 s 为

$s=d_1\left(a_1+\frac{a}{z}\right)=12\times\left(1.5+\frac{10}{3}\right)\text{mm}=58\text{mm}$

其中 a 值根据 $d_{fa}=90\text{mm}$ 和 M12 查表 4-36 取得。

由表 4-32，按 $d=60\text{mm}$、$D=68\text{mm}$ 和薄壁锥套的数量为 3，得压紧圆盘与夹具毂体之间应有的距离 $X=5\text{mm}$。

三对薄壁锥套能传递转矩 $M_n=M_{max}M=1.86\times705\text{N}\cdot\text{m}=1311.3\text{N}\cdot\text{m}>M_R=1166.19\text{N}\cdot\text{m}$。

三对薄壁锥套能承受的轴向力 $F_{tn}=m_{max}F_t=1.86\times23500\text{N}=43710\text{N}>F_a=2000\text{N}$。

由以上计算已知，夹具毂体不产生塑性变形的压强 $p'_{fmax}=136\text{MPa}$，该值为在锥套直径 D 上的压强，折算到锥套直径 d 上的压强 p_{fmax} 为

$$p_{fmax}=p'_{fmax}\frac{D}{d}=136\text{MPa}\times\frac{68}{60}=154\text{MPa}$$

所以，可使薄壁锥套在直径 d 上的压强提高到 $130\text{MPa}=p_f$。

这时，对 $d=60\text{mm}$ 和 $D=68\text{mm}$ 的薄壁锥套相应的数据修正为

一对薄壁锥套能传递的转矩 $M=705\text{N}\cdot\text{m}\times\frac{130}{100}=916.5\text{N}\cdot\text{m}$；

传递转矩 M 需要再施加的轴向力 $F_v=106000\times\frac{130}{100}\text{N}=137800\text{N}$；

一对薄壁锥套能承受的轴向力 $F_t=23.5\times\frac{130}{100}\text{N}=30.55\text{kN}$。

由以上计算可知合成转矩 $M_R=1166.19\text{N}\cdot\text{m}$，则 $\frac{M_R}{M}=\frac{1166.19}{916.5}=1.27$

根据表 4-34，取成对薄壁锥套的数量 $n=2$。

为传递转矩 $M_a=1000\text{N}\cdot\text{m}$ 所需的压紧力 F_{va} 为

$$F_{va}=\frac{F_v M_a}{M}=\frac{137800\times1000}{916.5}\text{N}=150354.6\text{N}$$

由于 F_v 和 M 值都比表 4-32 中的值增加了 1.3 倍，所以 F_{va} 值与上述计算相同，因此总的压紧力 F_{vR} 值也与上述相同，即 $F_{vR}=177754.6\text{N}$。

同样，对压紧圆盘的计算也如上述。

由于这时成套薄壁锥套的数量 $n=2$，由表 4-32，得压紧圆盘与夹具毂体之间应有的距离 $X=4\text{mm}$。

4.7.3 薄壁锥套在机床夹具中的应用

由表 4-33 可知，在受力情况下薄壁锥套直径的变化量大致与波纹套直径的变化量相同（$0.003D$），因此其应用范围（指工件的尺寸和公差范围）可参考波纹套的应用范围确定。

应用薄壁锥套时，也应符合 $\Delta_D\geqslant\Delta_1+\Delta_2+\Delta_3$（$\Delta_1$ 为工件定位部位的公差，Δ_2 为薄壁锥套定心夹紧部位直径尺寸 D 或 d 的制造公差，Δ_3 为工件安装时与薄壁锥套定位部位应有的最小间隙，Δ_2 和 Δ_3 可参考表 4-23 确定）。

例如，对图 4-91a，若工件内孔直径 $D_0=60^{+0.074}_{0}\text{mm}$，即 $\Delta_1=0.074\text{mm}$；由表 4-23，取薄壁锥套直径 D 的制造公差 $\Delta_2=0.012\text{mm}$（即制造尺寸为 $\phi60^{0}_{-0.012}\text{mm}$）和工件与薄壁锥套外套直径 D 的最

小间隙 $\Delta_3=0.03\text{mm}$。这时，$\Delta_1+\Delta_2+\Delta_3=0.074\text{mm}+0.012\text{mm}+0.03\text{mm}=0.116\text{mm}<0.18\text{mm}\ (0.003\text{mm}\times60\text{mm})$，说明可采用薄壁锥套定心夹紧。

薄壁锥套的定位部位（内孔或外圆）与夹具相配的部位（外圆或内孔）的配合可取 H7/h6、H7/h7 或 H8/h7 等。

为保证一对薄壁锥套两锥面的贴合性和在大头的接触，内锥套的外锥面的锥角公差取$^{+2'}_{0}$，外锥套的内锥角公差取$^{0}_{-2'}$；内、外锥套两大头端面应保持距离$(L-l)$，见表4-32，其偏差不大于$0.15(L-l)$。

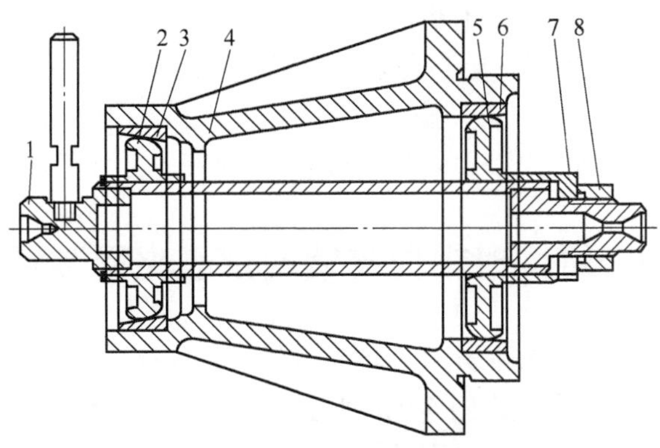

图4-93　磨加工心轴（锥套定心夹紧）
1—心轴　2—固定压盘　3、6—锥套　4—工件
5—活动压盘　7—快换垫圈　8—螺母

内、外锥套锥度表面分别对锥套内孔（直径 d）和外圆（直径 D）的圆跳动，内、外锥度大头端面对 d 和 D 的轴向圆跳动，按 IT6～IT7 级公差等级选取。提高锥面的加工质量，对夹紧力的稳定性有利。

图4-93所示为磨加工夹具（心轴），工件以两个孔定心夹紧，每个孔用一个锥套（利用滚锥轴承外圈）。当拧紧螺母8时，使活动压盘5与锥套6接触，并拉紧固定压盘2与锥套3接触，使工件按两个不同直径的孔定心夹紧。采用该心轴，保证了加工精度。

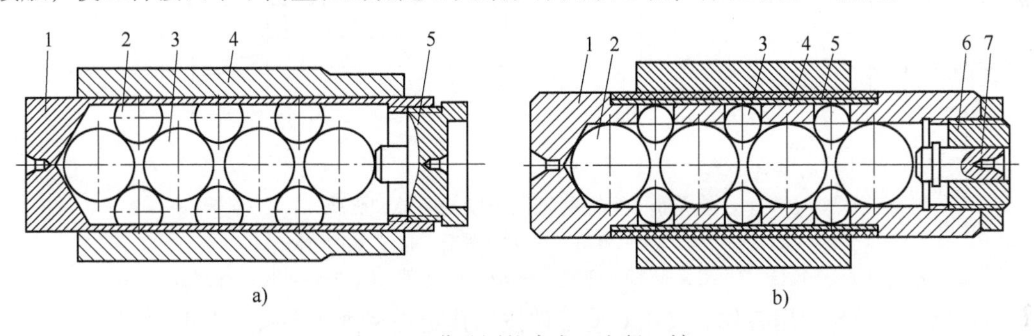

图4-94　薄壁圆柱套定心夹紧心轴
a）1—薄壁圆柱套　2—带圆弧面的滚珠　3—滚珠　4—工件　5—螺钉
b）1—心轴　2、3—滚珠　4、5—薄壁圆柱套　6—螺母　7—压头

在图4-94a中，沿薄壁圆柱套1圆周均匀分布有带圆弧表面的滚珠2（其圆弧与圆柱套1内孔表面接触），在心轴轴线上有较大直径的滚珠3。拧紧螺钉5，滚珠3轴向移动使带圆弧面的滚珠2向外移动和使薄壁套弹性变形，夹紧工件，并定心。

在图4-94b中，为避免被夹紧工件表面损坏，夹紧工件薄壁圆柱套5用软材料制成，滚珠通过弹性薄壁圆柱套4和5夹紧工件。这种结构与图4-94a比较，不用加工带圆弧面的滚珠，还可提高定位精度和夹紧刚性。拧紧螺母6推动压头7，也可用车床尾座顶尖推动压头7，以夹紧工件。

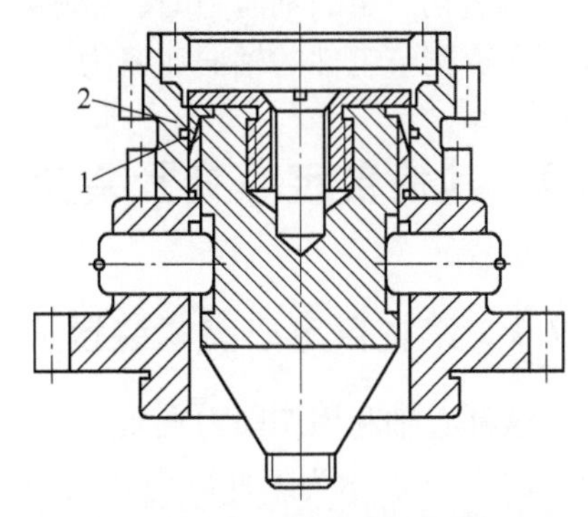

图4-95　薄壁开口锥套定心夹紧插齿夹具
1—锥套　2—工件

薄壁锥套也有做成开口的，在图 4-95 所示的插齿夹具中使用薄壁开口锥套 1(即开通一个窄槽)使工件定心夹紧。使用这种夹具比用一般插齿心轴省去了拆装垫圈等辅助时间和方便排屑，生产效率显著提高(加工外齿圈辅助时间节省了 50%,加工内齿圈辅助时间节省 65%)，便于实现多机床管理，更换相应零件可加工其他工件。

4.8 可同时轴向夹紧的定心夹紧装置

当工件在胀开式心轴上定位时，往往需要人工将工件靠在轴向定位支承面上，有时会产生较大的误差。图 4-96a 所示为楔块定心夹紧心轴，在各夹紧楔块 1 中间部位加工出槽，在槽内有在轴 5 上的回转块 2，轴 5 装在楔块 1 的孔中。在楔块槽底与回转块之间有片状弹簧 3，各楔块用弹簧圈 4 沿圆周包住。将工件放到一定位置，夹紧工件时楔块 1 径向胀开，回转块 2 靠在工件孔的表面上，绕轴 5 逆时针方向转动，利用摩擦力带动工件向左移动，使工件紧靠在轴向定位面上。

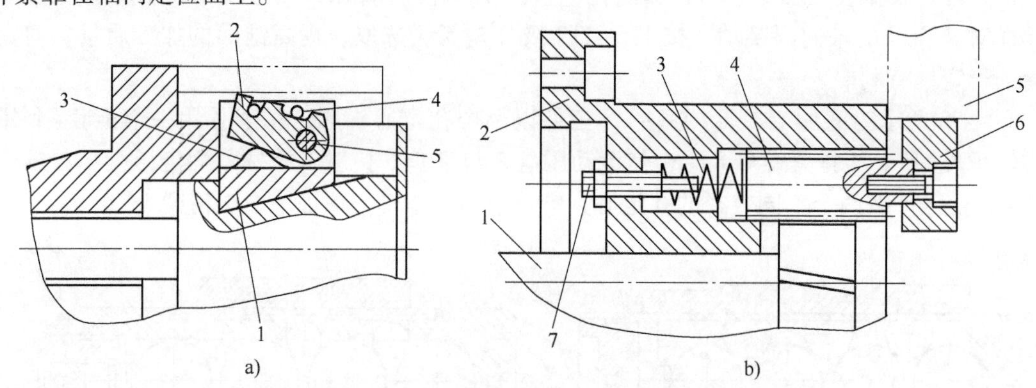

图 4-96 可同时轴向压紧的心轴和夹头

a) 1—楔块 2—回转块 3—片状弹簧 4—弹簧圈 5—轴

b) 1—拉杆 2—夹头体 3—弹簧 4—轴 5—工件 6—偏心夹爪 7—螺钉

图 4-96b 所示为利用各偏心夹爪 6 使工件按内孔定心夹紧的夹头，夹爪固定在外圆为斜齿轮的轴 4 上，其斜齿与拉杆前端的斜齿轮啮合。拉杆 1 向左移动时，在偏心夹爪 6 与工件之间的摩擦力阻止轴 4 继续转动，使工件、夹爪与拉杆一起向左移动，使工件紧靠在定位面上。当达到一定的轴向力时，带偏心夹爪 6 的轴 4 做辅加转动，最终将工件夹紧，用螺钉 7 通过弹簧调节工件的轴向压紧力。

4.9 其他自定心夹紧装置

4.9.1 滚柱自定心夹紧装置和计算示例

这种心轴利用切削力夹紧工件，特别适合于多刀加工和强力切削。

图 4-97 所示为工件以内孔定位的夹紧心轴，滚柱 2 两端的小轴颈装在支座 3 的槽中，可防止滚柱的歪斜或脱落，支座 3 用螺钉和销固定在心轴本体 1 上，心轴两端有中心孔(图中未示)。这种心轴的定心精度与轴和工件孔之间的间隙有关。

当心轴按图 4-97 所示箭头方向旋转时，滚柱在摩擦力的作用下，在工件与支座 3 之间楔住，在切削力的作用下，心轴带动工件转动，夹紧力随切削转矩增大而增大。

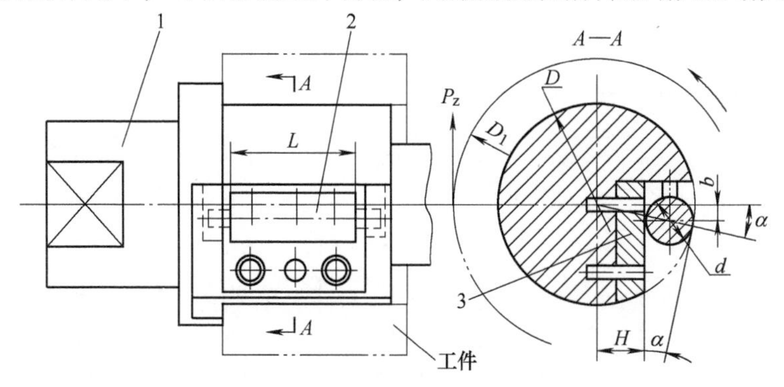

图 4-97　单柱自定心夹紧工件内孔的心轴

1—心轴本体　2—滚柱　3—支座

图 4-98a 所示为一种三滚柱自定心夹紧心轴，在轴套 2 上有三个槽，其尺寸应使滚柱 3 在工作时与槽有一定间隙，又不会使滚柱脱落。当心轴本体 1 按箭头方向旋转时，滚柱在心轴本体平面与工件内孔表面之间楔住，使工件定心夹紧。在心轴本体上的三个平面（互成 120°）距心轴中心的距离应一致。轴套 2 在心轴本体上转动。

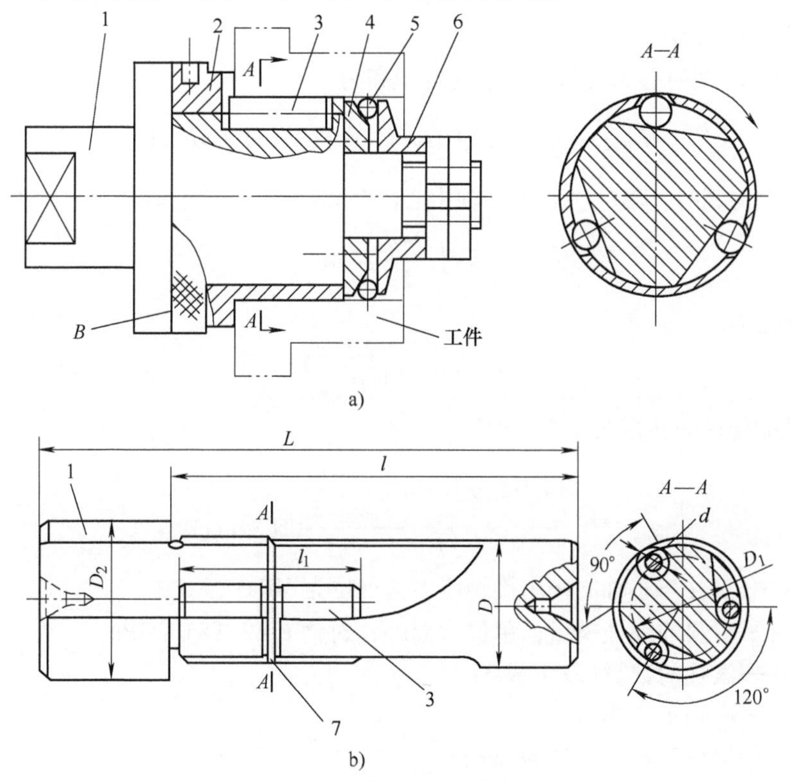

图 4-98　三滚柱自定心夹紧心轴

1—心轴本体　2—轴套　3—滚柱　4—锥度垫圈　5—滚珠　6—压套　7—卡环

该心轴在结构上考虑到可将工件压向轴向定位面，利用螺母压紧压套 6，通过各个滚珠 5 使工件紧靠轴向定位面（滚珠安装结构未示）。

图 4-98b 所示为另一种三滚柱自定心夹紧心轴，长度 为 l_1 的滚柱中间有槽，其内装弹性卡环 7，挡住了三个滚柱，并使工件在装入心轴时滚柱有一定弹性。这种心轴的尺寸见表 4-37。

表 4-37　心轴的尺寸　（单位：mm）

D/h	D_1	D_2	d(h6)	L	l	l_1
25	19	30	6.05	100	75	30
30	22	34	8.05	120	90	40
35	27	40	8.05	120	90	40
40	30	44	10.05	135	100	60
45	33	50	12.05	155	120	60
50	36	54	14.05	170	130	70

上述单柱和三柱心轴只适用于工件单方向转动，心轴工作楔角 α 应符合 $\alpha \leqslant \varphi_1+\varphi_2$（$\varphi_1$ 和 φ_2 分别为滚柱与工件和滚柱与心轴接触平面的摩擦角），但 α 也不能过小，否则松开时所需的力过大。工件和心轴材料均为钢，可取 $\alpha=4°\sim7°$，一般无润滑时取 $\alpha=7°$。

滚柱直径太小，会在工件上产生明显压痕；直径太大时，对心轴本体的刚度有影响。一般对单柱，取 $d=(0.2\sim0.3)D$；对三柱，取 $d=(0.125\sim0.25)D$。为避免滚柱在夹紧时产生倾斜，滚柱长度 $L>1.5d$。

图 3-97 中，心轴中心到夹紧滚柱平面的距离为

$$H=\frac{D}{2}\cos\alpha-\frac{d}{2}(1+\cos\alpha)=\frac{1}{2}[(D-d)\cos\alpha-d]$$

单滚柱心轴夹紧时，滚柱中心到心轴中心的距离（在平行于心轴夹紧平面的方向）为

$$b=\left(\frac{D-d}{2}\right)\sin\alpha$$

夹紧时楔角为

$$\alpha=\arccos\left(\frac{2H+d}{D-d}\right)$$

滚柱心轴能传递的转矩为

$$M=\frac{14.02[\sigma]_f^2 nDLd\tan\dfrac{\alpha}{2}}{E}(\mathrm{N\cdot mm})$$

式中　$[\sigma]_f$——滚柱与心轴的作用接触应力，单位为 MPa；

E——材料的弹性模量，单位为 MPa，对钢 $E=2.1\times10^5$MPa；

n——滚柱的数量（取 1 或 3）；

α——心轴工作楔角；

d——滚柱直径，单位为 mm；

L——滚柱长度，单位为 mm；

D——心轴直径，单位为 mm。

M 应大于切削力矩 $M_c=F_z\dfrac{D_1}{2}$（P_z 为主切削力，单位为 N；D_1 为加工部位的直径，单位

为 mm)。

每个滚柱产生的夹紧力(单位为 N)为

$$Q=\frac{F_zD_1}{nD\tan\dfrac{\alpha}{2}}$$

加工时滚柱接触面上的接触应力为

$$\sigma_{fc}=0.267\sqrt{\frac{M_c E}{nDLd\tan\dfrac{\alpha}{2}}}<[\sigma]_f$$

为保证滚柱夹紧的可靠性，以及定位(对单柱心轴)和定心(对三柱心轴)的精度，对心轴主要尺寸的制造精度有严格的要求。

对单柱心轴，直径 D 直接用于定位，其与工件孔的配合一般按 h7、h6 或 g6、f6；对三柱心轴，因三个尺寸 H 的一致性是影响定心精度的因素，所以直径 D 与工件孔的配合可取 h7~h9。

尺寸 H 的偏差一般取为 h7 或±0.01mm(D<42mm 内)、±0.015mm(D 为 42~85mm)和±0.02mm(D>85mm)。

滚柱直径 d 的公差按 h6，其圆度、锥度允差为 0.003~0.005mm(直径取大值)。

对直径 $D=100$mm、$d=13$mm 和 $\alpha=7°$的单柱心轴计算表明，不考虑滚柱直径 d 的误差，尺寸 $H=36.68$mm 时，偏差为-0.10mm，$D=100$mm 时偏差为-0.05mm，则 α 角的偏差为-1.6°；当尺寸 H 有-0.03mm 的偏差和 D 为公称尺寸时，α 角的偏差为-0.3°。这说明，主要尺寸偏差对楔角有较大的影响，即对心轴性能有较大影响。

滚柱心轴各零件的材料分别是：心轴本体可用 40Cr(热处理 48~53HRC)、GCr15(58~64HRC)或 T10A、T8A(58~62HRC)等钢；对直径较大有平面镶块的结构，心轴本体可用 45 钢(45~50HRC)，镶块采用 40Cr、GCr15、T10A 等钢；滚柱采用 GCr15 或 GCr15SiMn (56~62HRC) 等钢。

滚柱自夹紧心轴多用于工件以内孔定位和定中，例如在车床和磨床上加工齿轮类工件等，其使用期限比采用锥度心轴显著提高，同时也减少了操作辅助时间。

滚柱自夹紧定位和定心心轴(或卡盘)也可用于工件以外圆定位中，其结构示意图如图 4-99 所示。

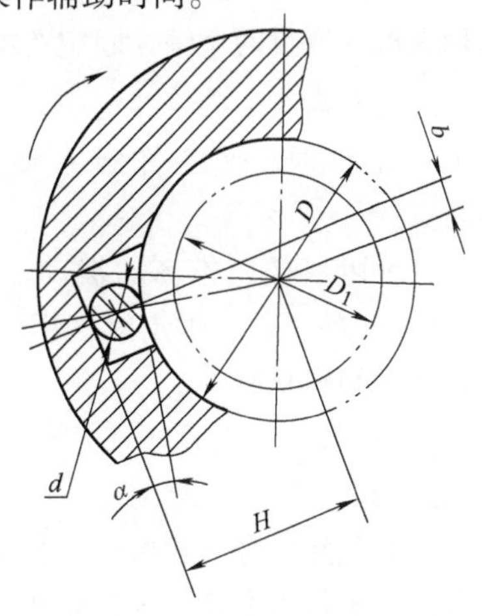

图 4-99　滚柱自定位夹紧工件外圆示意图

当做成心轴时，心轴本体(柄部为模式锥度，与机床主轴锥孔相连)按箭头方向转动，在摩擦力的作用下，使滚柱在工件外圆与心轴槽上的平面楔住，并在切削力作用下夹紧工件，使工件按外圆在心轴的内孔中定位(单柱)或定心(三柱)。其尺寸关系有：

$$H=\frac{1}{2}[(D+d)\cos\alpha+d]$$

$$b=\left(\frac{D+d}{2}\right)\sin\alpha$$

$$\alpha=\arccos\left(\frac{2H-d}{D+d}\right)$$

滚柱定心夹紧心轴计算示例如下：

已知三滚柱自定位心轴的参数：$D=100\text{mm}$，$d=15\text{mm}$，$L=25\text{mm}$，$\alpha=7°$，$D_1=140\text{mm}$，粗车外圆时主切削力 $F_Z=3010\text{N}$，$[\sigma]_f=1800\text{MPa}$（心轴材料 40Cr,滚柱材料 GCr15）。

$H=0.5[(D-d)\cos\alpha-d]=0.5[(100-15)\cos7°-15]\text{mm}=34.68\text{mm}$

心轴能传递的转矩为

$$M=\frac{14.02[\sigma]_f^2\, nDLd\tan\dfrac{\alpha}{2}}{E}=\frac{14.02\times1800^2\times3\times100\times25\times15\times\tan3.5°}{2.1\times10^5}\text{N}\cdot\text{mm}=1488374\text{N}\cdot\text{mm}$$

取安全系数 K 为 2，加工时的切削转矩为

$$M_c=F_z\left(\frac{D_1}{2}\right)K=3010\times\left(\frac{140}{2}\right)\times2\text{N}\cdot\text{mm}=421400\text{N}\cdot\text{mm}<M$$

加工时滚柱接触面上的接触应力为

$$\sigma_{fc}=0.267\sqrt{\frac{M_cE}{nDLd\tan\dfrac{\alpha}{2}}}=0.267\sqrt{\frac{421400\times2.1\times10^5}{3\times100\times25\times15\tan3.5°}}\text{MPa}$$

$$=957.52\text{MPa}<[\sigma]_f=1800\text{MPa}$$

4.9.2 自定心夹紧的拨动卡盘、夹头和心轴

当轴类工件以两端中心孔定位时，可采用浮动双爪或三爪夹紧工件的拨动卡盘，本节介绍利用离心力和切削力同时使工件定心和夹紧的卡盘、夹头和心轴(非滚柱心轴)的结构，这些结构可减少工件定位安装的时间。

为粗加工套类、空心轴类工件，经常采用整体带齿纹外锥面的拨动心轴（见第 5 章），这时，后顶尖采用旋转顶尖，这是一种同时使工件定心和夹紧的拨动心轴。

图 4-100 所示为组合式带齿纹内锥面顶尖的拨动心轴，在本体 1 内有压入配合的定位轴 2，定位轴的另一端用螺母(图中未示出)拉紧。定位轴用于不同规格内锥套 6 的定位，定位套用螺母 5 通过两个销 4 固定在本体上。调整垫 3 用于调整内锥面相对于主轴的位置。工件的外圆按有齿纹的内锥套定心，当用车床后旋转顶尖顶住工件时，使工件定心夹紧，并拨动工件旋转。

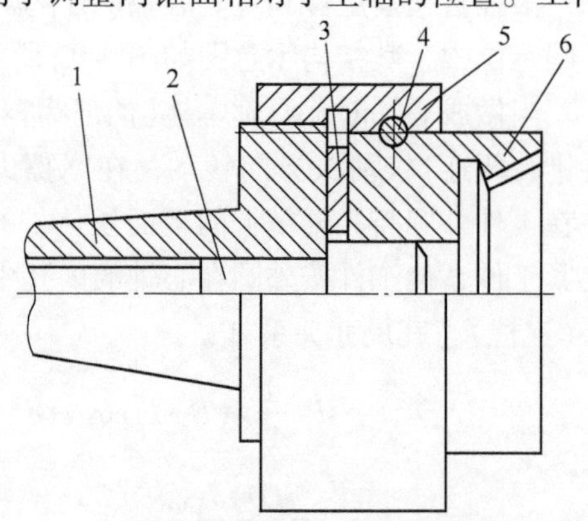

图 4-100 自定心夹紧拨动心轴

1—本体 2—定位轴 3—调整垫 4—销 5—螺母 6—内锥套

这种可更换内锥套的拨动心轴可加工直径为 55~75mm 的工件，加工时比用一般拨动心轴可减少重调时间达 90%。

图 4-101 所示为用于车床使工件同时定心和夹紧的拨动卡盘结构示意图。

该卡盘除具有一般离心式的功能外，其结构的特点是在平行于卡盘轴线和夹爪旋转中心所在的圆周相切的平面上，偏心夹爪的轴线与卡盘轴线有夹角 λ，通常 $\lambda=3°\sim8°$。工件安装在各夹爪之间，

拨动杆带动卡盘旋转，在切削力的作用下，三个偏心夹爪在径向使工件定心，并借助夹紧分力使工件靠在轴向定位元件上，提高了定位精度。

图 4-102 所示为另一种可同时使工件定心和夹紧的离心式卡盘，采用这种结构无需用车床尾顶尖顶住工件。

本体 3 固定在机床花盘 8 上，在本体中有沿圆周均匀分布的三个轴 5，轴 5 的右端支承在定位盖 4 上，在各轴上有偏心夹爪 6，夹爪上有拨动销 7，拨动销通过本体壁上圆弧形的槽插入圆盘 9 的槽中，而圆盘可在本体轮毂外圆上转动、并用三个销 1 与外环 2 固定连接(各销 1 通过本体上各个相应的槽,槽的尺寸可使圆盘转一定的角度)。

当接通机床主轴转动时，本体 3 相对于圆盘 9 转动，与圆盘接触的拨动销 7 使夹爪转动，并使工件定心夹紧，夹紧力随切削力增大而增大。当主轴停止转动时，使外环 2 相对于本体逆时针转一个小角度，拨动销使夹爪松开工件。更换偏心夹爪可加工多品种工件，每种夹爪可加工工件的直径相差在 6~8mm 内。

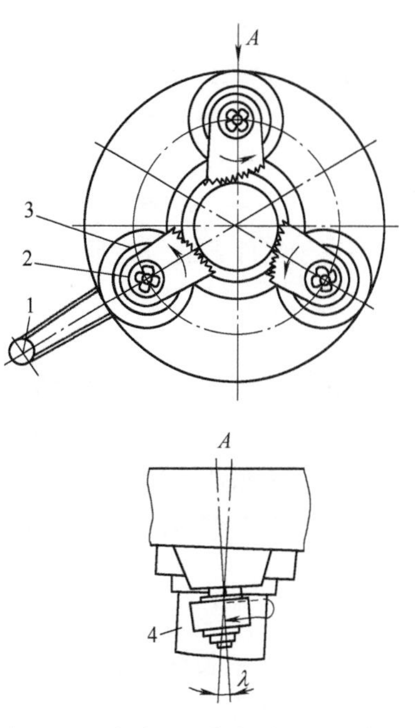

图 4-101　自定心夹紧拨动卡盘示意图

1—拨杆　2—轴　3—夹爪　4—工件

图 4-103 所示为三偏心轮自定心夹紧装置计算图。

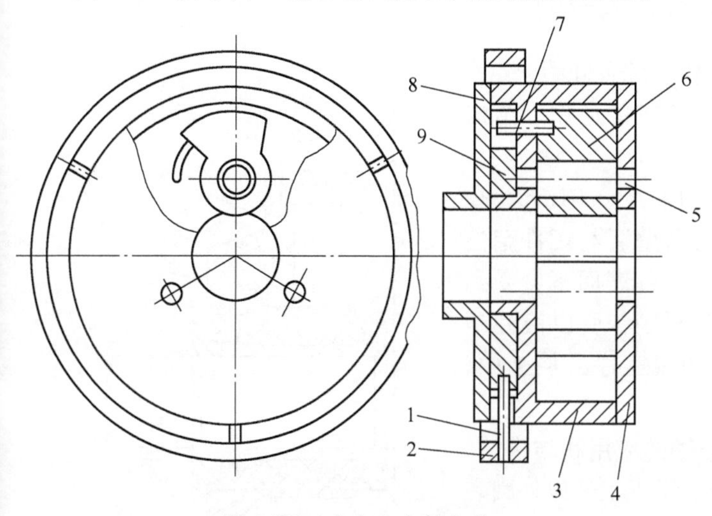

图 4-102　自定心夹紧卡盘

1—销　2—外环　3—本体　4—定位盖

5—轴　6—偏心夹爪　7—拨动销　8—花盘　9—圆盘

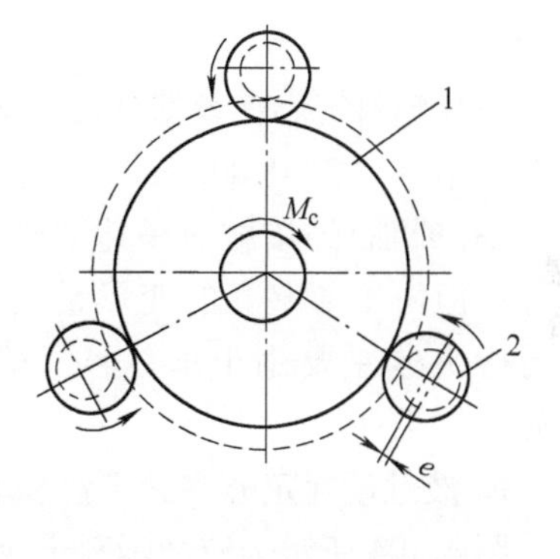

图 4-103　三偏心轮自定心夹紧装置计算图

1—工件　2—偏心轮

偏心距

$$e=\frac{s_1+0.5\delta}{1-\cos\alpha}$$

式中　s_1——安装工件的最小间隙，单位为 mm，取 $s_1=0.2\sim0.4$mm；

δ——工件被夹持外圆的公差，单位为 mm；

α——偏心轮最大回转角，单位为（°）。

夹紧工件应满足：
$$f(r-e)\geqslant \rho+f_1$$

式中 f 和 f_1——分别为工件与偏心轮之间的滑动和滚动摩擦系数（对未加工的工件 f_1 = 0.03~0.05）；

r——偏心轮外表面的半径，单位为 mm；

ρ——偏心轮轴颈的摩擦半径，单位为 mm。

垂直于工件表面的夹紧力为

$$F=\frac{M_c(r\text{-}e\cos\alpha_1)}{3R(\rho+f_1)}$$

式中 M_c——切削力矩，单位为 N·m；

R——工件半径，单位为 m；

α_1——偏心轮回转角，单位为（°）。

为松开工件作用在手柄上的力为

$$Q=\frac{3F(\rho-e\sin\alpha_1)}{l\eta}=\frac{M_c(r-e\cos\alpha_1)(\rho-e\sin\alpha_1)}{R(\rho+f_1)l\eta}$$

式中 l——手柄长度，单位为 m；

η——传动机构的效率，η=0.8~0.9。

自定心夹紧装置也可采用两个偏心轮。

4.9.3 液性塑料定心夹紧装置和计算示例

在第 3 章对液性塑料夹紧工件作了综合介绍，本章主要介绍液性塑料定心夹紧卡盘和心轴的应用、结构和设计计算。

液性塑料定心夹紧的精度一般可小于 0.01mm，高精度可达 0.005~0.002mm，其定心薄壁套与工件定位部位(孔或轴)的接触面积达 80%，工件表面不会受到损坏；但由于薄壁套的变形量受到限制，所以液性塑料定心夹紧主要用于车、磨等精加工工序，加工中、小旋转体工件。

1. 液性塑料定心夹紧卡盘和心轴的应用和结构

图 4-104 所示为液性塑料卡盘，用于工件以外圆表面定位。

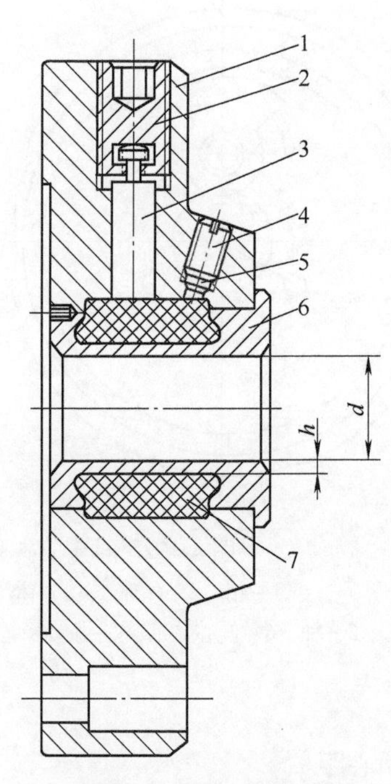

图 4-104 液性塑料卡盘
1—本体 2—压紧螺钉 3—柱塞
4—放气螺钉 5—堵头
6—薄壁套 7—液性塑料

图 4-105a 所示为气动液性塑料心轴，用于加工套类工件。螺钉 4 用于限制柱塞向右的行程，以避免薄壁套过度变形，对本结构也要限制柱塞向左的行程(即拉杆 1 的行程)。图 4-105b 所示加工活塞外圆用液性塑料心轴。工件以内孔和端面定位，因活塞为不通孔，在心轴上有通气孔。

图 4-106 所示为气动液性塑料卡盘，用于加工活塞，用外圆定位。

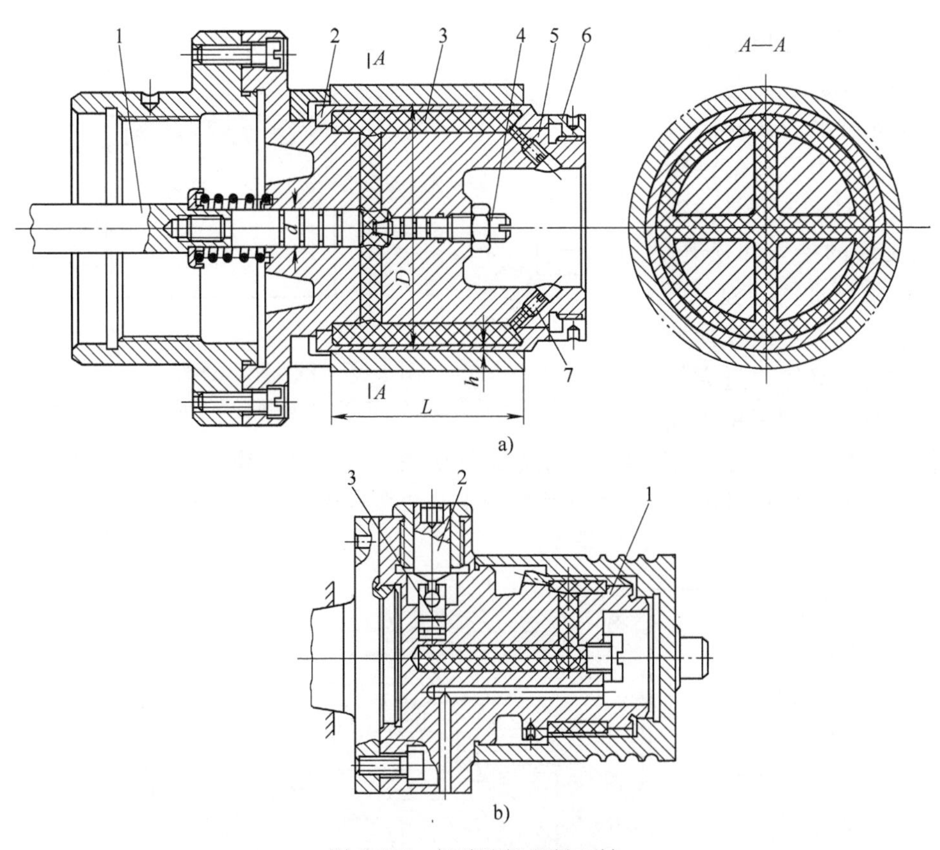

图4-105　气动液性塑料心轴

a）1—拉杆　2—薄壁套　3—液性塑料　4、7—螺钉　5—本体　6—螺母

b）1—带薄壁套的心轴　2—压紧螺钉　3—柱塞

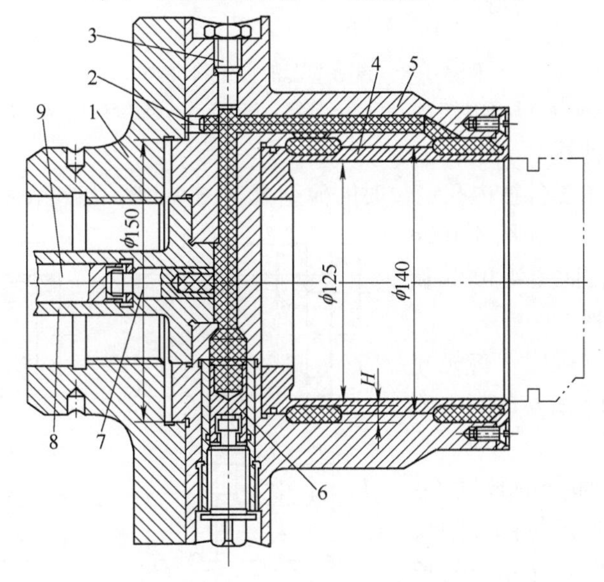

图4-106　气动液性塑料卡盘

1—花盘　2—堵头　3—螺塞　4—薄壁套　5—本体

6—辅助柱塞　7—柱塞　8—导套　9—拉杆

图 4-107 所示为用于磨床的液性塑料心轴。

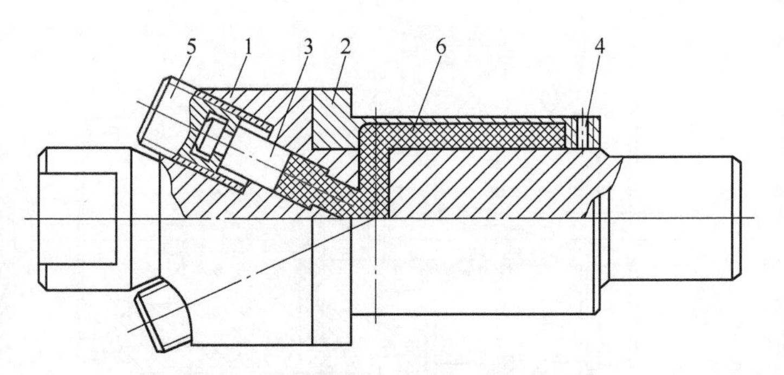

图 4-107 液性塑料心轴

1—本体 2—薄壁套 3—柱塞 4—螺钉 5—压紧螺钉 6—液性塑料

图 4-108 所示为在立式机床上镗薄壁气缸套孔用液性塑料定心夹紧夹具，该夹具由液压缸控制工件的夹紧和松开，螺母 8 限制液压缸的行程，可保证在没有工件时不致使薄壁套损坏。为防止夹紧力过大使薄壁套变形增大，应采用单独的液压传动系统，或在公用液压系统中增加减压装置，以控制夹紧液压缸的压力。装配时，为对准各零件上的液性塑料通道，可在固定套 1 和 2 上刻线，与本体上的刻线对准。

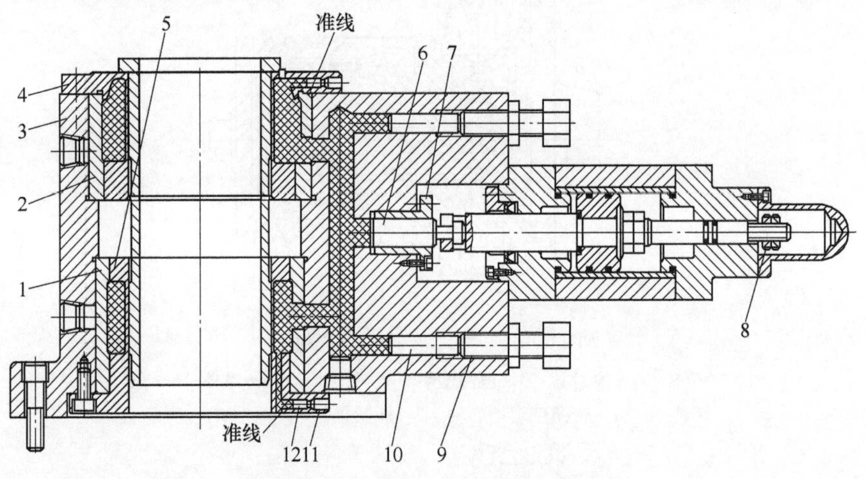

图 4-108 镗薄壁套液性塑料夹具

1、2—固定套 3—本体 4、5 薄壁套 6、10—柱塞 7—套 8—限位螺母 9、11—螺钉 12—销

2. 薄壁套的设计计算

图 4-109a 和 b 表示工件按内孔定位时的薄壁套，图 4-109c 和 d 表示工件按外圆定位时的薄壁套；其中图 4-109a 和图 4-109c 表示薄壁套有一个腔，而图 4-109b 和图 4-109d 表示有两个腔。

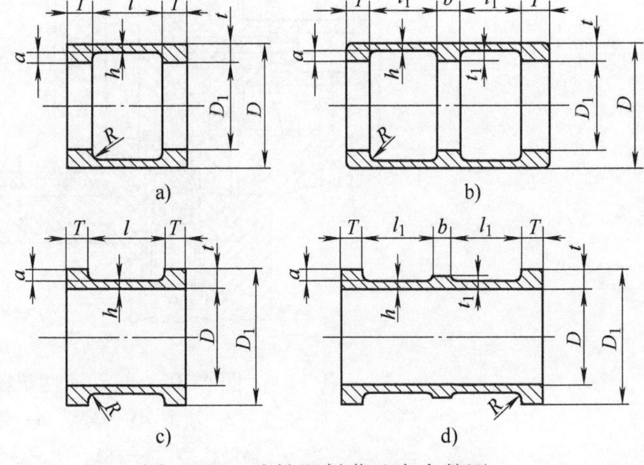

图 4-109 液性塑料薄壁套参数图

（1）薄壁套参数的确定 首先介绍图 4-109a 和图 4-109c 所示的有一个腔的情况。

一般薄壁套薄壁部分的长度 $l=(1\sim1.3)\ l_0$，l_0 为工件定位部分的长度，单位为 mm。工件定位部分的长度中间薄壁套直径 D 允许的最大变形量按下式计算：

$$\Delta_{\mathrm{Dp}}=\frac{\sigma_{\mathrm{s}}}{EK}D \tag{4-19}$$

式中 σ_s——薄壁套材料的屈服极限，单位为 MPa（薄壁套材料见下述，其 σ_s 为 700～900MPa）；

E——薄壁套材料的弹性模量，单位为 MPa，对钢 $E=2.1\times10^5$MPa；

K——材料屈服极限安全系数，$K=1.2\sim1.5$（即许用应力$[\sigma]=\sigma_s/K$）。

对 $l>0.3D$ 的薄壁套，通常取 $K=1.4$，则当 $\sigma_s=850$MPa 和 $E=2.1\times10^5$MPa 时，得

$$\Delta_{\mathrm{Dp}}=0.003D$$

对 $l<0.3D$ 的短薄壁套，在薄壁套薄壁部分与支承圆柱部分的接触处，由于弯曲转矩产生合成应力，所以取 $K=2$，当 $\sigma_s=850$MPa 时

$$\Delta_{\mathrm{Dp}}=0.002D$$

薄壁套薄壁部分的厚度当 $D<150$mm 时，按表 4-38 计算薄壁套薄壁部分的厚度 h。

表 4-38 $D<150$mm 时薄壁厚度 h 的计算式

尺寸范围	$D=10\sim50$mm	$D>50\sim150$mm
$l>\frac{D}{2}$	$h=0.015D+0.5$	$h=0.025D$
$\frac{D}{2}>l>\frac{D}{4}$	$h=0.01D+0.5$	$h=0.02D$
$\frac{D}{4}>l>\frac{D}{8}$	$h=0.01D+0.25$	$h=0.015D$

当 $D>150$mm 和 $l>0.3D$ 时，按下式计算：

$$h=\frac{pD^2}{2E\Delta_{\mathrm{Dp}}} \tag{4-20}$$

当 $D>150$mm 和 $l<0.3D$ 时，按下式计算：

$$h=0.8\frac{pD^2}{E\Delta_{\mathrm{Dp}}}\cdot\frac{l}{\frac{D}{2}}=1.6\frac{pDl}{E\Delta_{\mathrm{Dp}}} \tag{4-21}$$

式中 p——夹具液性塑料腔内的压强，单位为 MPa，一般 $p=30$MPa。

薄壁套最大变形（Δ_D）时夹具液性塑料腔内的压强为 p，计算如下：

当 $l>0.3D$ 时

$$p=2\frac{\Delta_{\mathrm{D}}Eh}{D^2} \tag{4-22}$$

当 $l<0.3D$ 时

$$p=1.25\frac{\Delta_{\mathrm{D}}Eh}{D^2\frac{l}{D}}=1.25\frac{\Delta_{\mathrm{D}}Eh}{Dl} \tag{4-23}$$

式中 Δ_D——薄壁套直径 D 的变形量，单位为 mm；

p——液性塑料腔内的压强，单位为 MPa；

l——薄壁套薄壁部分的长度，单位为 mm；

h——薄壁部分的厚度，单位为 mm；

D——薄壁套的直径，单位为 mm。

表4-39列出了不同直径 D 和厚度 h 的薄壁套在 $\sigma_s=850\text{MPa}$ 和 $l>0.3D$ 时（$\Delta_{Dmax}=0.003D$）允许的 Δ_{Dmax} 和所需压强 p_{max} 的计算值。

表4-39 不同规格薄壁套 Δ_{Dmax} 和 p_{max} 值

$D\times h$/mm×mm	20×0.8	30×0.95	40×1.1	50×1.25	60×1.5	70×1.75	80×2	90×2.25	100×2.5	120×3	150×3.75
Δ_{Dmax}/mm	0.06	0.09	0.12	0.15	0.18	0.21	0.24	0.27	0.30	0.36	0.45
p_{max}/MPa	50.4	39.9	34.65	31.5	31.5	31.5	31.5	31.5	31.5	31.5	31.5

为避免液性塑料泄漏和防止薄壁套损坏，夹紧工件时的压强应小于上述计算值，即应使直径 D 的实际变形量小于上述计算值。一般压强取不大于30MPa。

液性塑料腔高度 H（图4-106）按下式计算

$$H=2\sqrt[3]{D} \tag{4-24}$$

一般液性塑料腔的高度一半在薄壁套上（即 $a=0.5H$），另一半在与套配合的零件（卡盘或心轴等）上；也可取薄壁套上的尺寸 $a=(0.5\sim0.8)H$，如图4-109所示。

薄壁套尺寸 T 和 H 的值见表4-40。

表4-40 薄壁套尺寸 T 和 H 的值

D/mm	≤30	>30~50	>50~80	>80~120	>120~160	>160~200	>200~250
T/mm	6	8	11	16	22	28	36
H/mm	5	6	9	12	16	18	26

薄壁套的过渡圆角 R 应 $\geqslant h$，一般 $R=3\sim5\text{mm}$，R 和 h 如图4-109所示。

（2）有两个腔的薄壁套参数的确定　当薄壁套薄壁部分长度大于定位部位直径的2倍时，大多采用有两个液性塑料腔的薄壁套（图4-109b和d），在套的中间有加强肋，分成两个腔（可视为两个隔开的薄壁套），这时能使长工件在定位部位两端定心夹紧，可提高定位部位的稳定性和精度。

中间加强肋的宽度为

$$b=(0.7\sim0.8)T$$

加强肋的厚度为

$$t_1=(0.75\sim0.9)t\ (t=h+a)$$

每个薄壁部分的长度为 $l_1\leqslant0.5l_0$（l_0 为工件定位部位的长度）

每个液性塑料腔的各主要参数按上述单腔薄壁套的计算方法计算，每个腔的薄壁部位只承受切削加工时转矩的一半。

对长度较长的工件，可在工件定位部位两端采用两个独立的薄壁套，同时定心夹紧工件，如图4-108所示。

（3）液性塑料定心夹紧的工作腔　液性塑料定心夹紧的工作腔也可设计成图4-110所示的形式。图4-110a所示为夹紧工件外圆卡盘的工作腔形式，图4-110b所示为夹紧工件内孔心轴的工作腔形式，图4-110c所示为在工件定位外圆中间有槽时工作腔的形式。这几种形式的特点是，在液性塑料腔的两端面有沟槽，这样可增加套的薄壁部分的长度，但加工较复杂。

图 4-110 中的结构尺寸为：$\beta=35°\sim45°$，尺寸 t 和 h 值同上述，$T_1=1.25T$（T 如图 4-109 所示，尺寸见表 4-40）。对于图 4-110c：$b<b_1$（b_1 为工件上的槽宽），$t_1=(0.75\sim0.9)t$。

3. 薄壁套传递的转矩和接触长度

薄壁套能传递的最大转矩 M_{max}（单位为 N · mm）按下式计算：

$$M_{max}=5\times10^3 m\sqrt{m}\Delta_i D^2 \tag{4-25}$$

M_{max}应大于工件加工时的切削转矩 M_c，其计算式为

$$M_c=\frac{2F_z D_1}{2} \tag{4-26}$$

式中　m——系数，$m=\dfrac{h}{D/2}$；

D——工件定位表面的直径，单位为 mm；

Δ_i——为保证夹紧工件薄壁套所需变形储备量，单位为 mm；

F_z——主切削力，单位为 N；

D_1——被加工表面加工后的直径，单位为 mm。

薄壁套变形的储备量等于其允许变形 Δ_{Dp}与 s_{max}（工件定位部位与薄壁套之间的最大间隙）之差，即

$$\Delta_i=\Delta_{Dp}-s_{max}$$

如前所述，薄壁套允许变形略小于其计算值 Δ_{Dmax}。

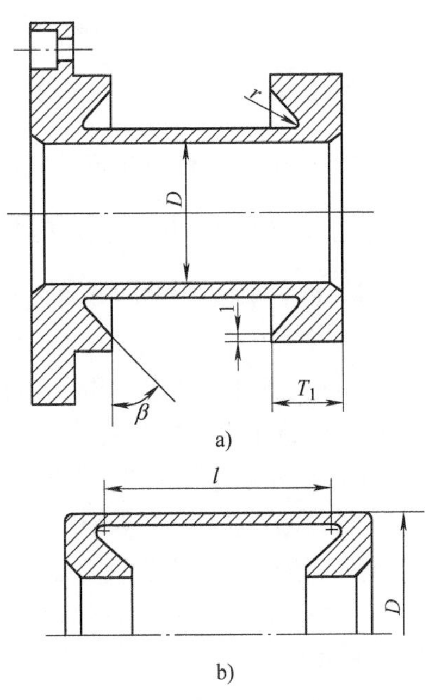

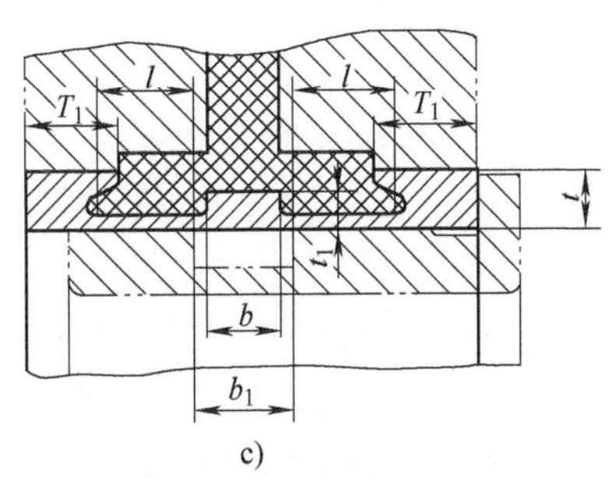

图 4-110　薄壁套的其他形式

夹紧工件时薄壁套弹性部分与工件定位部位的接触长度 l_c 与比值 $2h/D$（h 为薄壁部分的厚度，D 为套定位部位的直径）和最小长度系数 ε（弹性部分最小长度 l_{min}与直径 D 之比）有关，$2h/D$ 和 ε 值如下：

$2h/D$	0.01	0.02	0.03	0.04	0.05	0.06	0.07	0.08	0.09	0.10
ε	0.18	0.25	0.3	0.35	0.38	0.43	0.45	0.53	0.55	0.58

如薄壁部分的长度 $l<\varepsilon D$，则

$$l_c=l\sqrt{\frac{\Delta_i}{s_{max}+\Delta_i}} \tag{4-27}$$

如 $l>\varepsilon D$，则

$$l_c=\varepsilon D\sqrt{\frac{\Delta_i}{s_{max}+\Delta_i}}+l_0 \tag{4-28}$$

式中，$l_0=l-\varepsilon D$。

当 $s_{max}=0$，$l_c=l$ 时，随着间隙的增大，l_c 减小，即使夹紧的可靠性降低。为保证准确的定心和可靠的夹紧，应符合下列条件：$\frac{l_c}{l}=0.5\sim0.8$。

4. 薄壁套的配合、材料和技术要求

薄壁套直径 D_1(图 4-109)与夹具本体的配合为$\frac{H7}{r6}$或$\frac{H7}{s6}$。当切削用量大和加工大型工件时，还须用螺钉或销紧固(图 4-108)或用螺母压紧(图 4-105)；若不用机械固定，应使夹具本体与薄壁套之间的过盈量按 0.0012D 配作。

当以工件内孔定位时(图 4-109a 和 b)，薄壁套外圆直径 D 与工件内孔为动配合，直径 D 取工件定位孔的最小直径作为公称直径，其公差取为 g6、h6 或 f6(工件孔公差在 IT7 级内)、g7 或 f7（工件孔公差等级在 IT7~IT8 级范围内）和 h8 或 f8(工件孔公差等级≥IT9 级)。

当以工件外圆定位时(图 4-109c 和 d)，薄壁套内孔直径 D 与工件外圆为动配合，直径 D 取工件定位外圆最大直径作为公称直径，其公差取为 G7、H7 或 F6(工件外圆公差等级在 IT6 级内)、G8、H8、F8 或 F7(工件外圆公差等级在 IT6~IT7 级内)和 G8、H9 或 F9(工件外圆公差等级≥IT8 级)。

薄壁套与本体装配时，将外面的零件加热，例如加热到 100~115℃；也可将里面的零件作冷处理，例如冷却至-79℃。

一般 D<40mm 时，薄壁套采用 40Cr(σ_s = 785MPa, 35~40HRC)、45Cr(σ_s = 850MPa)；D>40mm时，采用 T7A、T8A(33~36HRC, σ_s = 850MPa)。薄壁套也可采用 65Mn、30CrMnSi 和 18Cr2Ni4WA 钢等。

薄壁部分的壁厚差一般为±0.03mm（D<40mm）或±0.05mm(40mm<D<100mm)和±0.075mm(D≥100mm)；对高精度夹具，薄壁套壁厚公差为≤±0.03mm。

薄壁套定位部位(直径 D，如图 4-109 所示)对其与夹具的配合部位(直径 D_1)和安装基准端面的跳动公差一般为 0.01mm，对高精度夹具跳动公差为 0.005~0.002mm。

液性塑料夹具中的通道应布置适当，要对称均匀和尽量简单。

在注入液性塑料后精磨薄壁套定位表面。

5. 压紧液性塑料用的柱塞

用压紧螺钉或气动、液压杆通过柱塞将压力传到液性塑料上，带柱塞的压紧螺钉如图 4-111所示。如果夹具结构不能布置柱塞，也可采用不带柱塞的螺钉，这时要求螺纹按高精度制造。

柱塞的直径 d_0 按下述确定：

$$\left.\begin{aligned}&\frac{D}{8}<l<\frac{D}{4},\ d_0=1.2\sqrt{D}\\&\frac{D}{4}<l<\frac{D}{2},\ d_0=1.5\sqrt{D}\\&\frac{D}{2}<l<D,\ d_0=1.8\sqrt{D}\end{aligned}\right\}\tag{4-29}$$

一般，d_0 = 10~20mm，柱塞长度 l_0 = （1.8~2） d_0。

柱塞采用 45 钢(40~45HRC)等，柱塞与其配合孔的配合取 H7/h6，也可配作至最小间隙(0.01mm 内)。压紧螺钉材料为 45 钢（35~40HRC）。

带柱塞压紧螺钉常用的结构如图 4-111 所示。

压紧螺钉的螺纹为细牙螺纹，螺钉头部有内六角孔或槽。参考尺寸如下：d_1 = M22×1mm，d_0 = 10mm，l_0 = 25 ~ 50mm；d_1 = M24×1.5mm，d_0 = 14mm，l_0 = 32 ~ 65mm；d_1 = M27×1.5mm，d_0 = 18mm，l_0 = 35~70mm。

图 4-111b 和 c 所示为在柱塞右端做出锥孔或圆孔，这样可使柱塞孔受压时产生变形，有一定的密封作用，同时也可使液性塑料通道减小一小段距离。这种方法多用于直径 d_0 较大的情况。

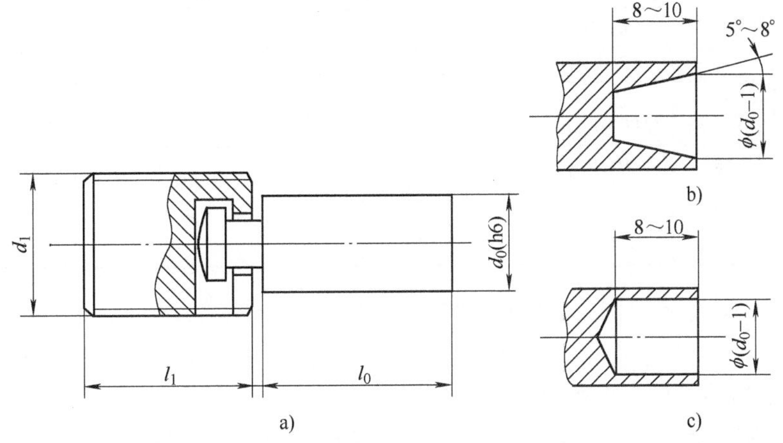

图 4-111　带柱塞压紧螺钉的结构

当采用气动、液压传动压紧液性塑料时，活塞杆与柱塞的连接结构可参考图 4-105 和图 4-106，也可采用在表 4-41 和表 4-42 中图示的结构。对于图 4-105，柱塞的长度较长，在其上有几个沉割槽。

表 4-41 和表 4-42 列出了固定式夹具和旋转式夹具所用带柱塞压紧螺钉的一种结构和尺寸。

液性塑料夹具用压紧螺钉可参考 JB/T 8043.1—1999 和 JB/T 8043.2—1999；柱塞可参考 JB/T 8043.3—1999。

表 4-41　固定式夹具带柱塞压紧螺钉的结构尺寸　（单位：mm）

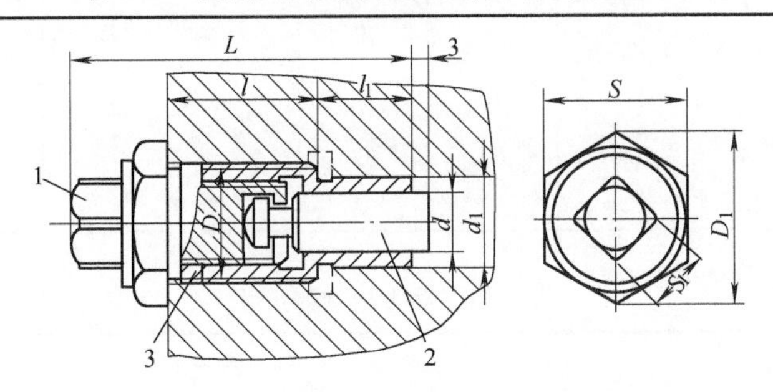

1—压紧螺钉　2—柱塞　3—过渡套

D	d_1 (H7/h6)	d (H7/h6)	L	l	l_1	S	D_1	S_1	柱塞最大行程	压出液性塑料最大容积/mm^3
M22×1.25	18	10	65	28	18	27	31.2	12	10	785
M27×1.5	20	14	78	30	22	32	36.9	17	10	1540
M27×1.5	24	18	82	32	22	32	36.9	17	10	2550

表 4-42 旋转式夹具带柱塞压紧螺钉的结构尺寸 （单位：mm）

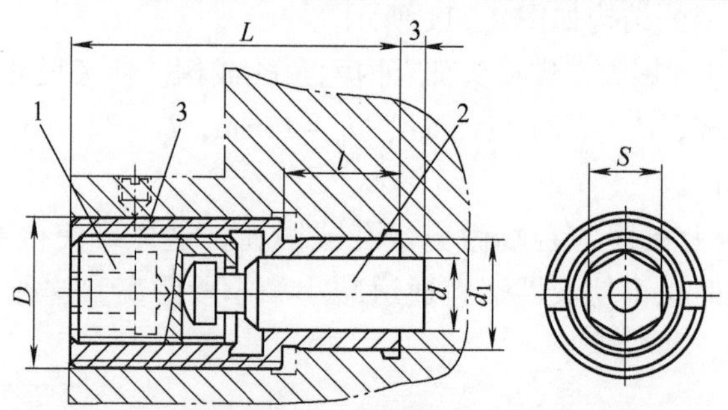

1—压紧螺钉 2—柱塞 3—过渡套

D	d_1 (H7/h6)	d (H7/h6)	L	l	S	柱塞最大行程	压出液性塑料最大容积/mm^3
M22×1.25	18	10	50	18	10	10	785
M27×1.5	20	14	65	22	12	10	1540
M27×1.5	24	18	70	22	12	10	2550

表 4-41 和表 4-42 中图所示的结构，过渡套材料为 45 钢(35~40HRC)，这样一方面可避免柱塞直接与夹具体的孔配合，便于维修更换；另一方面便于柱塞与孔的配作，达到精密配合。图 4-106 采用的就是这种结构。

表 4-43 列出了动力缸活塞杆与柱塞连接的一种结构，表 4-44 列出了动力柱塞的尺寸。

表 4-43 动力缸活塞杆与柱塞的连接

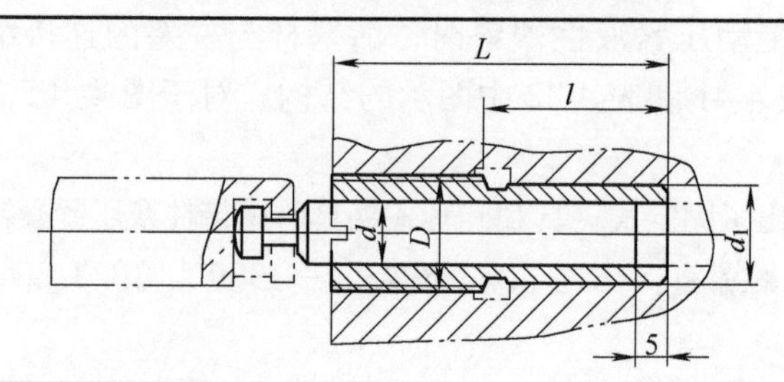

D	d (H7/h6)	d_1 (H7/h6)	L	l	柱塞最大行程	柱塞压出液性塑料的最大体积/mm^3
M18×1.25	10	15	55	30	25	1964
M24×1.5	14	20	60	32	25	3850
M27×1.5	18	24	70	35	25	6375

表 4-44 动力柱塞的尺寸 （单位：mm）

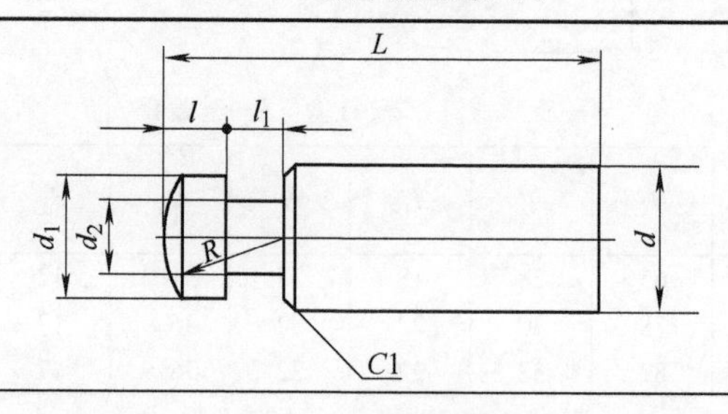

（续）

d(h6)	d_1	d_2	R	L	l	l_1
10	$\frac{8}{9.5}$	5	10	$\frac{35}{65}$	5	4
14	$\frac{12}{13.5}$	8	15	$\frac{44}{75}$	7	5
18	$\frac{12}{17.5}$	8	20	$\frac{48}{88}$	10	7

6. 带柱塞调节螺钉

在压紧螺钉(或气、液传动杆)行程一定的情况下，为调节液性塑料的压力，可设置辅助的带柱塞调节螺钉(如图4-106中的件6)，特别是当加工薄壁工件时，这样可防止由于压紧受力过大而使工件产生过大的变形。

带柱塞调节螺钉的结构与带柱塞压紧螺钉的结构基本相同，不同之处在于前者柱塞的长度较长(图4-111)，l_0 可达$(2.5\sim4)d_0$。

7. 采用气、液传动时活塞和行程的计算

当采用气、液传动压紧液性塑料时，其活塞直径 D_1 按下式计算：

$$D_1=\sqrt{\frac{4Q}{\pi p_1\eta}} \tag{4-30}$$

式中 Q——液性塑料作用在活塞杆上的力，单位为N，$Q=\frac{\pi d_0^2}{4}p$；

p_1——气动或液压系统的压力，单位为MPa，一般气动系统为0.4MPa；

p——液性塑料腔中的压强，单位为MPa；

η——传动效率，一般 $\eta=0.85$；

d_0——压紧柱塞的直径，单位为mm。

活塞和柱塞的行程 L 根据以下条件确定：柱塞压出的液性塑料体积等于薄壁套变形值为 s_{max} 时夹紧腔液性塑料增加的容积与由于液性塑料被压缩而减小的容积之和(当压强为10MPa时,容积减小0.5%)。

$$\frac{\pi d_0}{4}L=\pi(D-2h)l_cS_{max}+\pi(D-2h)lHK_1K_2$$

由此得

$$L=\frac{4(D-2h)(l_cS_{max}+lHK_1K_2)}{d_0^2}$$

式中 K_1——液性塑料在通道中的储备系数，$K_1=1.15\sim1.2$；

K_2——在静态压力下，液性塑料的弹性系数，$K_2=5\times10^{-5}p$，单位为MPa。

8. 液性塑料定心夹紧计算示例

现对前面介绍的图4-105所示气动液体塑料心轴的主要参数进行计算，如图4-109所示。

已知工件定位孔直径 $D=80\text{H8}$，定位孔长度 $l_0=70\text{mm}$，加工外圆直径到 $D_c=120\text{mm}$，薄壁套的材料为T7A($\sigma_s=850\text{MPa}$)，薄壁套长度取 $l=l_0=70\text{mm}$，主切削力 $F_z=250\text{N}$。

由式(4-19)薄壁套的允许变形量

$$\Delta_{Dp}=\frac{\sigma_s}{EK}D=\frac{850}{2.1\times10^5\times1.4}\times80mm=0.23mm$$

这时 $l=70mm>0.3\times80mm=24mm$，所以取 $K=1.4$。

薄壁套定位外圆直径 D_1 为 $80_{g7}\begin{pmatrix}-0.010\\-0.040\end{pmatrix}$，所以工件内孔与薄壁套定位外圆之间的最大间隙 $s_{max}=(0.046+0.04)mm=0.086mm$。这时 $\Delta_{Dp}=0.23mm>0.086mm$，说明可以采用液性塑料定心夹紧。

$l>0.3D$，而 $D>50mm$，所以按表4-38所列公式计算薄壁部分的厚度，即

$$h=0.025D=2mm$$

液性塑料腔高度 H(图4-106)按式(4-24)计算：

$$H=2\sqrt[3]{D}=2\sqrt[3]{80}=8.6mm\approx9mm$$

$l>0.3D$，在薄壁套变形量为允许值 Δ_{Dp} 时，心轴液性塑料腔内的压强按式(4-22)计算，即

$$p=\frac{2\Delta_{Dp}Eh}{D^2}=\frac{2\times0.23\times2.1\times10^5\times2}{80^2}=30.18MPa$$

薄壁套能传递的最大转矩按式(4-25)计算，即

$$M_{max}=5\times10^3m\sqrt{m}\Delta_iD^2=5\times10^3\times\left(\frac{2}{0.5\times80}\right)\sqrt{\frac{2}{0.5\times80}}\times(0.23-0.086)\times80^2N\cdot mm=51517.44N\cdot mm$$

加工时的切削转矩为

$$M_c=\frac{K\ F_z\ D_1}{2}=\frac{2\times250\times120}{2}N\cdot mm=30000N\cdot mm<M_{max}$$

由于 $\frac{2h}{D}=\frac{2\times2}{80}=0.05$，$l=70mm>\varepsilon D=0.38\times80mm=30.4mm$，所以薄壁套与工件内孔的接触长度按式(4-28)计算

$$\begin{aligned}l_c&=\varepsilon D\sqrt{\frac{\Delta_i}{s_{max}+\Delta_i}}+l_0=\varepsilon D\sqrt{\frac{\Delta_i}{s_{max}+\Delta_i}}+(l-\varepsilon D)\\&=0.38\times80\sqrt{\frac{0.134}{0.086+0.134}}mm+70mm-0.38\times80mm\\&=63.312mm\approx63.3mm\end{aligned}$$

这时 $a=\frac{l_c}{l}=\frac{63.3}{70}=0.9>(0.5\sim0.8)$，符合接触条件的要求。

柱塞直径按式(4-29)计算，由于

$$\frac{D}{2}=40mm<l=70<D=80mm$$

所以

$$d_0=1.8\sqrt{D}=1.8\sqrt{80}mm=16mm$$

夹紧时作用在柱塞上的力为

$$Q=\frac{\pi d_0^2}{4}p=\frac{\pi\times16^2}{4}\times30.18N=6068N$$

气缸直径 D_1 按式(4-30)计算

$$D_1=\sqrt{\frac{4Q}{\pi p_1\eta}}=\sqrt{\frac{4\times6068}{\pi\times0.4\times0.85}}\text{mm}=150.74\text{mm}$$

取 $D_1=150\text{mm}$，柱塞行程按式(4-31)计算(取 $K_1=1.2$,由上面计算 $p=30.18\text{MPa}$,$K_2=5\times10^{-5}p$)

$$\begin{aligned}L&=\frac{4(D-2h)(l_c s_{\max}+lHK_1K_2)}{d_0^2}\\&=\frac{4\times(80-2\times2)(62.8\times0.096+70\times9\times1.2\times5\times10^{-5}\times30.18)}{16^2}\text{mm}\\&=7.7\text{mm}\end{aligned}$$

第5章 普通机床夹具

在前面各章节中，已介绍了一些夹具，在本章中对各种机床夹具设计的基本原则、结构和一些计算问题等作进一步介绍。数控机床夹具和组合夹具见第6章。

5.1 车床夹具

5.1.1 车床夹具设计的基本原则和安装

1. 车床夹具设计的基本原则

1）车床夹具是旋转体，其质量应尽量小。

2）在设计车床夹具时应考虑平衡的问题，对高速车床夹具须经严格的平衡试验。

3）车床夹具不能有锐边尖角。

4）工件应尽可能夹持在直径最大的部位。

5）对工件的第一个车床夹具，应能加工较多的部位。

6）工件应在刚性好的表面夹紧。

2. 车床夹具在机床上的安装

车床夹具(包括心轴、弹性夹头、卡盘和各种车夹具等)应精确地安装在机床主轴上，图5-1所示为车床主轴的几种形式。

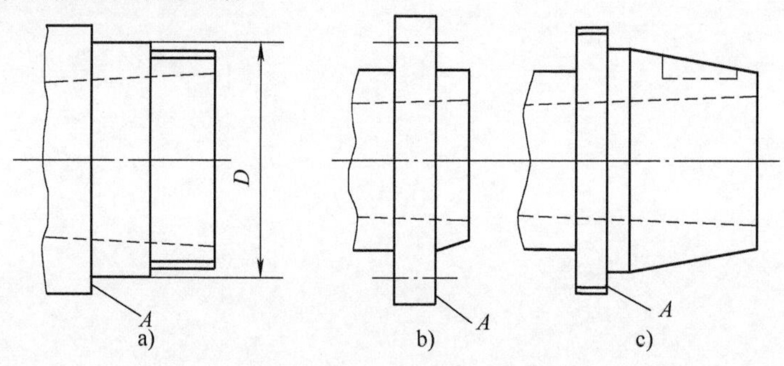

图5-1 车床主轴的几种形式

做成锥柄形式的中小型夹具，用主轴锥孔定位(图5-2a)，用螺栓拉紧心轴(对粗加工可不拉紧)。一般夹具直径$D<(2\sim3)d$，D一般不超过140mm。

图5-2b所示为过渡卡盘(或夹具)用主轴螺纹外圆和端面定位，并用紧定螺钉通过中间零件顶紧在主轴定位外圆的表面上(图中未示)。一般加工工件的外径小于$5d$。若$D<150$mm，则$B\leqslant1.25d$；若D为150~300mm，则$B\leqslant(0.6\sim0.8)d$。尺寸B的范围也适合下面以短圆柱或短锥面定位。

图5-2c所示为夹具用主轴短圆锥(或圆柱)和端面定位，并用圆周上各螺钉将夹具紧固

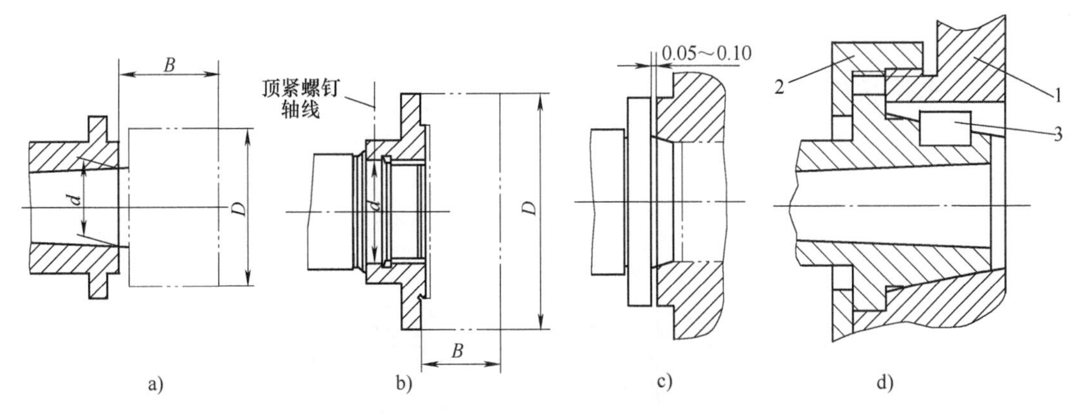

图 5-2　过渡卡盘和夹具在车床主轴上的安装

1—过渡卡盘　2—螺母　3—键

在主轴上。对圆锥面定位，定位元件的尺寸应保证在夹具装配后，其与主轴前端法兰盘有 0. 05～0. 10mm 的间隙，拉紧后两端面贴合。

图 5-2d 所示为过渡卡盘 1 以主轴长圆锥和端面定位，用螺母 2 使卡盘固定在机床主轴上，用键 3 传递转矩。

图 5-3 所示为一种快速更换的卡盘。

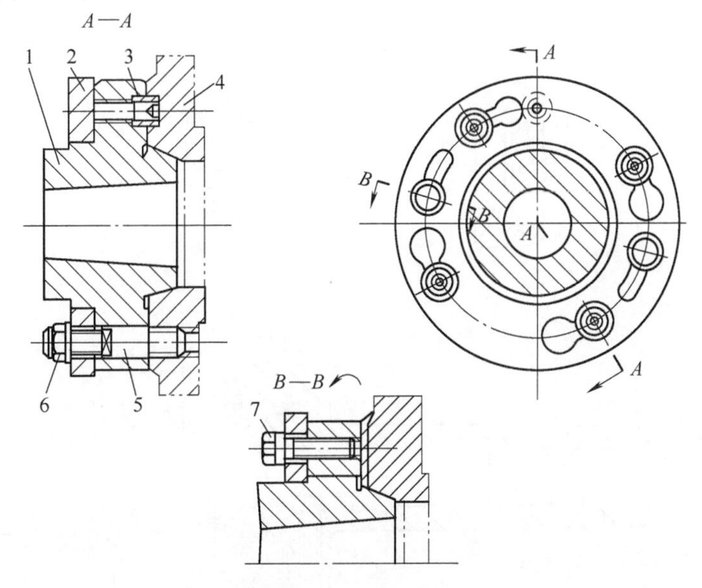

图 5-3　快速更换的卡盘

1—主轴　2—锁紧盘　3—端面键　4—卡盘　5—螺栓　6—螺母　7—螺钉

安装时，先将螺母 6 和螺栓 5 装在过渡卡盘 4 上，然后将带螺母的螺栓从锁紧盘 2 的大直径孔中穿过，再将锁紧盘旋转一个角度，使四个螺栓处于直径稍大于其直径的圆弧槽中，拧紧螺母 6 即可通过锁紧盘使过渡卡盘在机床主轴上定位和紧固。通过两圆柱形端面键传递转矩。

5. 1. 2　车床夹具结构设计

1. 顶尖类结构

图 5-4a、b 和 c 所示为套类工件用拨动顶尖；图 5-4d 和 e 所示为小型轴类工件用顶尖。

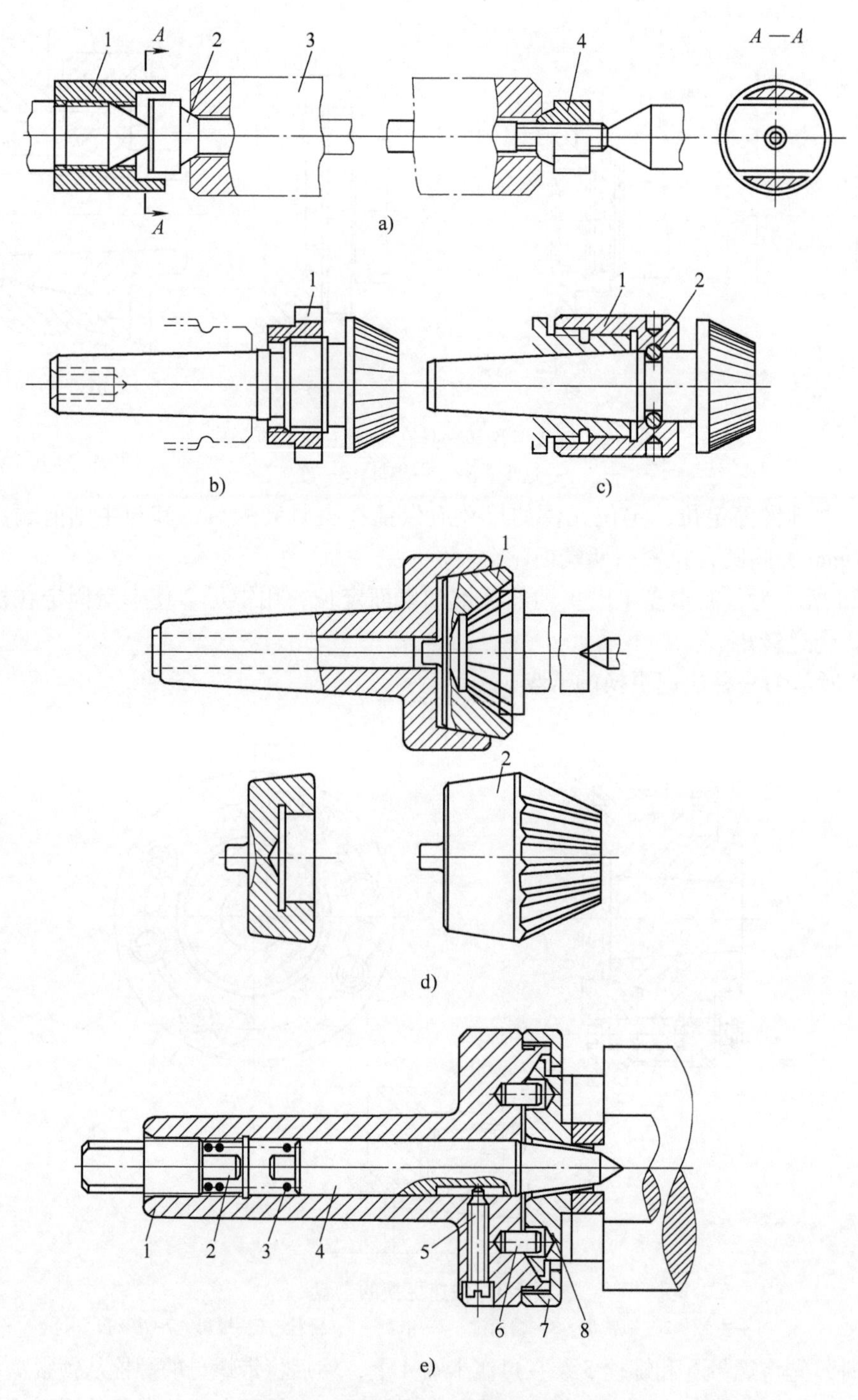

图 5-4 轴套类工件用拨动顶尖

a）1—拨动套 2—心轴（两端中心孔） 3—工件 4—带 60°锥面的螺母

b）、c）1—螺母(退出顶尖用) 2—销

d）1、2—可换锥套

e）1—锥体 2—尾柄 3—弹簧 4—顶尖 5—螺钉 6—销 7—盖 8—拨盘

图 5-5a 所示为球头销拨动顶尖装置，工件 8 以棱柱形中心孔安装在顶尖 5 上，尾座旋转顶尖 7 将工件压紧。顶尖 5 安装在轴 2 上，轴 2 压缩弹簧 1 使锥体 3 向左，工件的端面紧贴在球面挡圈 6 的端面上，挡圈 6 通过套 4、锥度为 30° 的切口锥套，将心轴 2 夹紧。该装置保证了工件轴向定位可靠和传递大的转矩，比采用刚性多棱拨动顶尖加工的质量好。

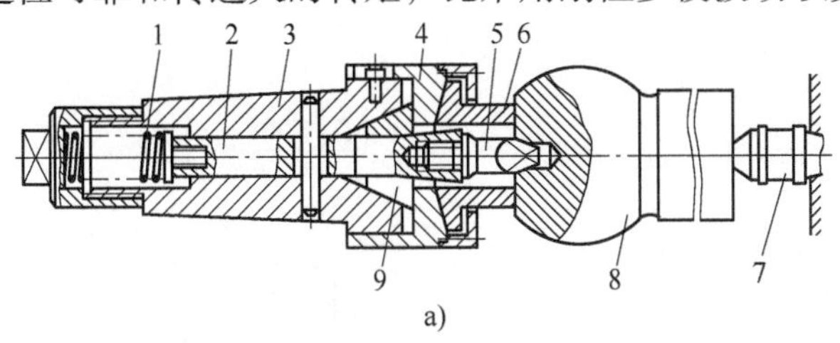

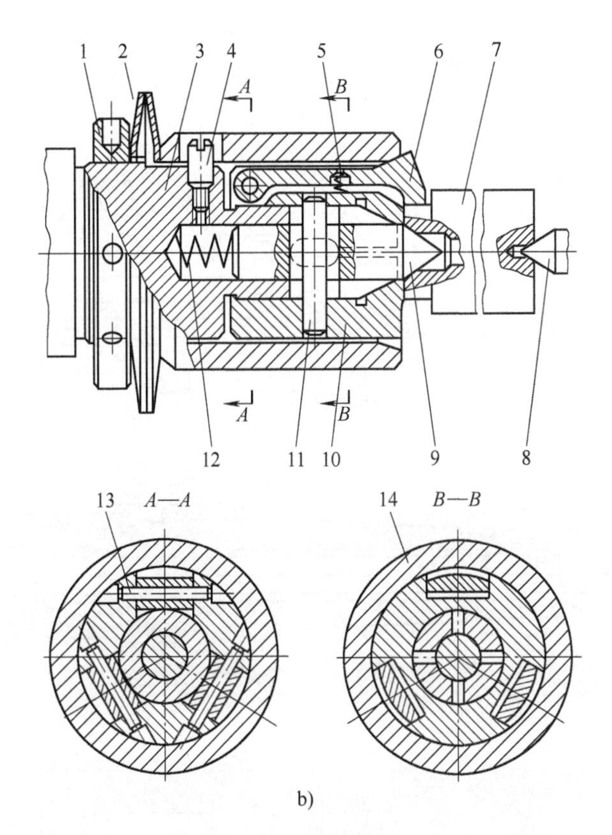

图 5-5　拨动顶尖装置

a）1—弹簧　2—心轴　3—锥体　4—套　5—顶尖　6—挡圈　7—旋转顶尖　8—工件

b）1—螺母　2—碟簧　3—本体　4—螺钉　5、12—弹簧　6—夹爪　7—工件

8、9—顶尖　10—套　11—销　13—轴　14—外套

为使轴类工件按长度定位，采用图 5-5b 所示的带浮动顶尖的拨动夹头。在套 10 的三个槽中固定有夹爪 6，夹爪 6 可在轴 13 上摆动。在本体大直径外圆上有外套 14，外套可轴向移动。

在原始位置，顶尖 9 和套 10 在弹簧 12 的作用下伸出本体 3，而夹爪在弹簧 5 的作用下张开。为夹紧工件，工件放在顶尖 9 和 8 上，后顶尖将工件顶到其端面靠上套 10 的端面，压缩顶尖 9 和套 10，夹爪 6 夹紧工件的外圆。该夹头可拨动直径为 20~50mm 的工件，一个夹爪的夹紧力达 15kN，夹爪拨动范围(直径变化)为 1.2mm，更换夹爪可适应不同拨动直径的工件。

2. 心轴类结构

图 5-6 所示为几种安装在主轴锥孔内心轴的结构，图 5-6a 所示为最简单的结构，工件安装在直径为 d 的外圆上，通过端面上的中心螺孔和垫圈、螺钉夹紧工件(图中未示出)，其

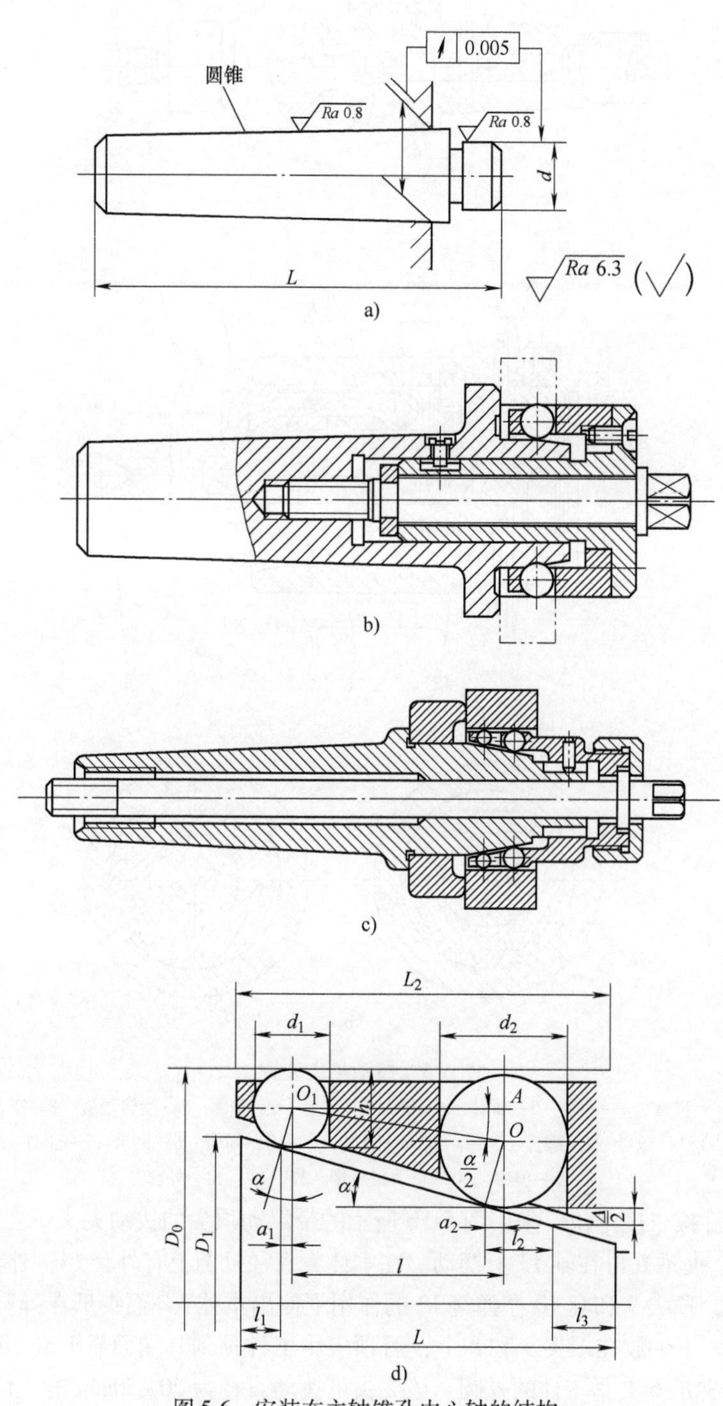

图 5-6　安装在主轴锥孔内心轴的结构

尺寸见 JB/T 10115—1999。

在第 4 章已对各种用于同时定位和夹紧的心轴进行了介绍，现作适当补充。图 5-6b 和 c 为单排和双排滚珠心轴，各滚珠直径差不大于 0.01～0.02mm（一般加工）和 0.005～0.010mm（精加工）；对两排滚珠，滚珠在径向截面上的位置应错开布置，交替使用锥面，以提高定位精度和使用期限。双排滚珠定位，其精度受孔锥度的影响。双排滚珠心轴的计算如图 5-6d 所示。心轴大端直径 D_1 和锥度长度 L 为

$$D_1 = D_0 - 2h + 2l_1\tan\alpha，\ h = \frac{d_1}{2}(1+\cos\alpha)$$

$$L = l + a_1 - a_2 + l_1 + l_2 + l_3，\ a_1 = \frac{d_1}{2}\sin\alpha，\ a_2 = \frac{d_2}{2}\sin\alpha，\ l_2 = \frac{\Delta}{2\tan\alpha}$$

$$\tan\frac{\alpha}{2} = \frac{d_2 - d_1}{2l}，\text{一般 } \alpha \text{ 取 } 4°\sim8°$$

图 5-7 所示为花键心轴。

当工件花键孔长度大于心轴上花键长度时，采用图 5-7a 所示的结构；相反，则采用图 5-7b 所示的结构。

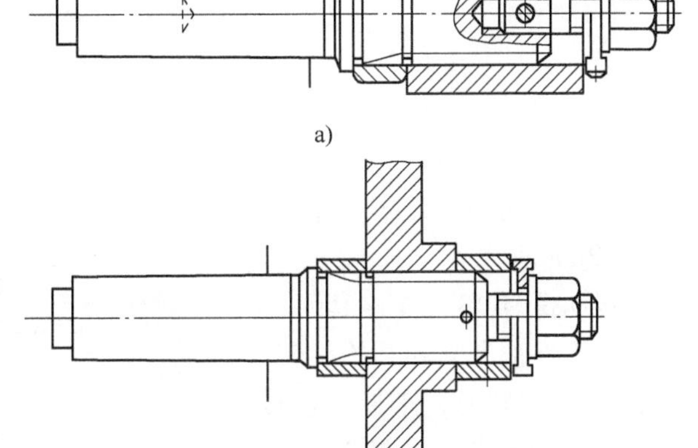

图 5-7　花键心轴结构

管类、套类等工件以内径定位时，可在工件两端各安装一个弹性夹头组件（图 5-8）代替长轴式的结构，然后放在机床两顶尖上。当工件长度大时，可在工件长度中间采用中心架。这种方法适用于小批生产，工件最小长度为 180mm，最小内径为 85mm；这种方法按直径 d 更换弹性夹头 3，可显著减少心轴的品种，缩短生产准备时间。

图 5-9 所示为在其上直接做出薄壁套的胀开心轴，可用于齿轮、套类等工件以孔定位，工件的定心精度为 0.01～0.02mm，轴向圆跳动在 60mm 范围内不大于 0.01mm。

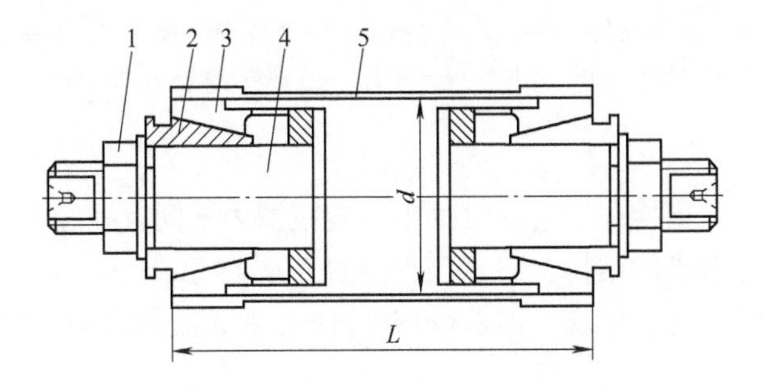

图 5-8　双弹性夹头定位轴头

1—螺母　2—锥套　3—弹性夹头　4—短轴　5—工件

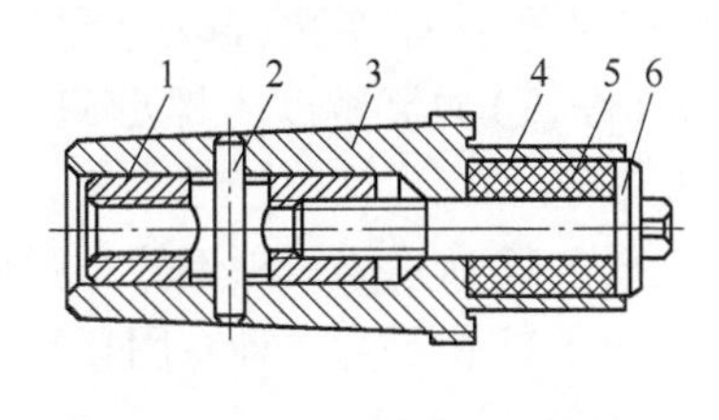

图 5-9　薄壁胀开心轴

1—轴套　2—销　3—心轴　4—薄壁　5—聚氨酯套　6—螺钉

3. 夹头、卡盘类结构

图5-10所示为一种通用弹性夹头的结构，其特点是：可快速更换夹头的弹性套7；调整夹紧力简单；夹紧时弹性套没有轴向移动。拉杆1(与夹紧机构的管9相连)移动，使在本体2槽中的销3移动，本体2固定在转塔车床主轴上，并与套4相连，螺母5转动夹紧工件。为夹紧单个工件，在本体上有挡柱8，其上有调节螺钉。工件在夹头中的径向圆跳动公差为0.01~0.02mm。

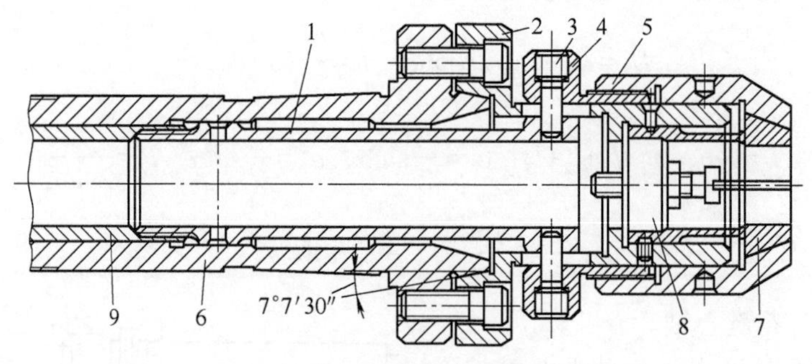

图5-10 通用弹性夹头

1—拉杆 2—本体 3—销 4—套 5—螺母 6—轴 7—弹性套 8—挡柱 9—管

图5-11所示为在车床上加工直径为20~140mm工件的弹性夹头(不停车)，定心精度为0.02mm。

转动螺母13，弹性套向左移动，工件被夹紧和开始旋转；当螺母13反转时，工件停止转动，同时松开工件，这时在弹簧的作用下弹性套2移动，直到碰上制动挡圈14。手柄3在螺母上的位置可调节，橡皮挡板4与本体10刚性连接，安装在车床两导轨之间，以防止弹性夹头1转动。弹性套2和弹性夹头1可保证夹紧(起动)和松开(停机)的灵敏度为螺母回转2°~5°。

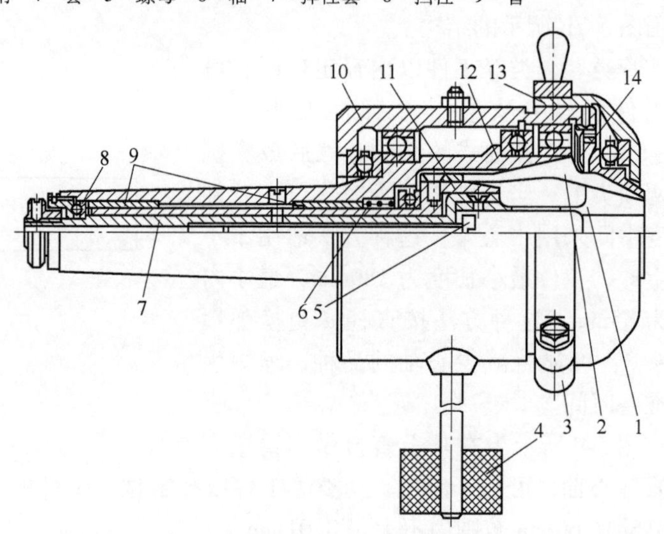

图5-11 不停车通用弹性夹头

1—夹头 2—弹性套 3—手柄 4—挡板 5—挡柱 6—弹簧 7、11—轴 8、9—轴承 10—本体 12—锥体 13—螺母 14—制动挡圈

图5-12所示为一种不停车弹性夹头，更换弹性套即可加工一定范围内不同直径的工件。

图5-13所示为一种专用气动自定心卡盘的结构，夹紧工件直径范围在5mm内，用于加工气缸套。旋转气缸(图中未示出)使杆2向左移动，锥面(8°30′)使夹爪3的槽沿销4向外胀开，夹紧工件。

图5-14所示为可对工件(例如弯头、十字轴等)进行多面加工的液压回转夹紧卡盘，工件安装在两V形块4之间，用螺钉1夹紧。

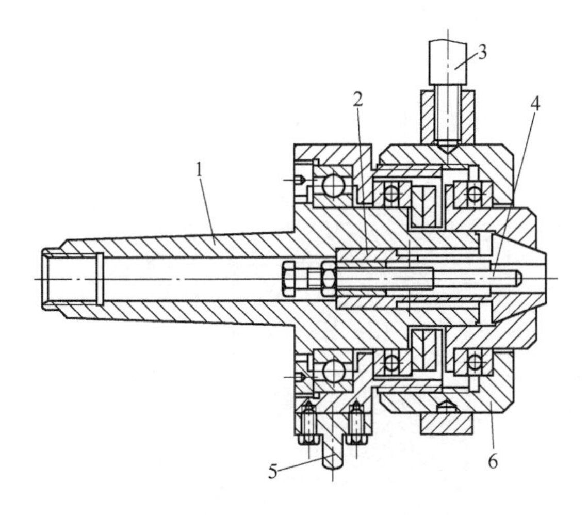

图 5-12 不停车弹性夹头

1—锥柄 2—弹性套 3—手把

4—调节螺钉 5—挡杆 6—本体

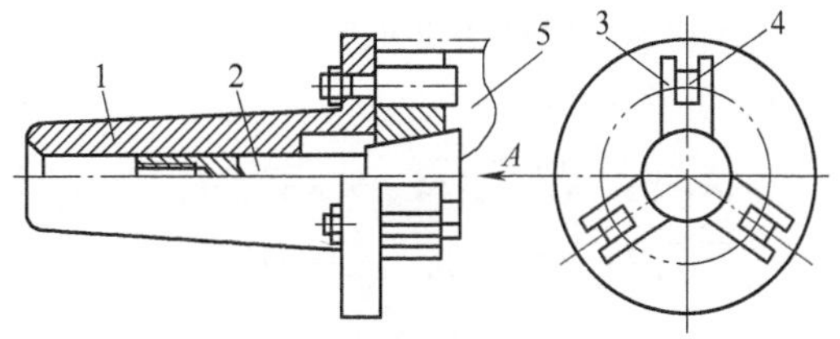

图 5-13 专用气动自定心卡盘

1—本体 2—杆 3—夹爪 4—销 5—工件

当机床液压缸向夹具供给液压油时，杆 16 和齿条 17 向右移动，通过销 13 和槽使套 14 转动，齿条 12 向下；又通过齿轮 11 和 10 使套 9 向下移动，销 8 沿固定在轴 6 上的分度套 7 的螺旋槽滑动。这时立方体 3 被松开和回转了 22°30′，当杆 16 向反方向移动时，套 9 向上移动，销 8 使分度套 7 和立方体又转动 22°30′。如果要使工件转 90°，则需要拉杆 16 循环两次，由分度轴上的螺旋槽形状保证。

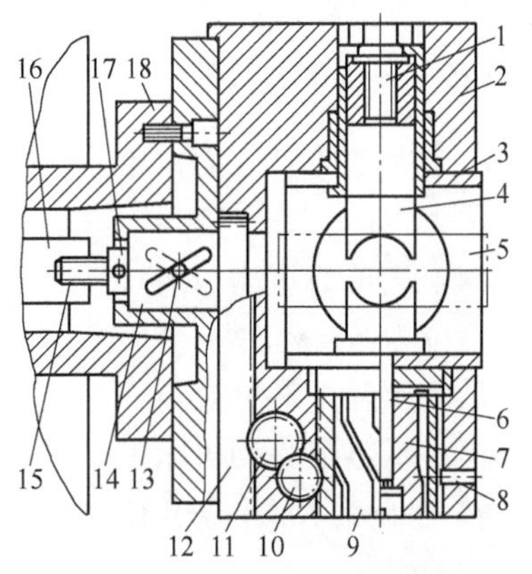

图 5-14 液压回转夹紧卡盘

1—螺钉 2—本体 3—立方体 4—V 形块(夹爪) 5—工件

6—轴 7、9、14—套 8、13—销 10、11—齿轮

12、17—齿条 15—螺栓 16—杆 18—锥体

这种卡盘工件可自动转位，没有松开和夹紧操作，可提高生产率和工作可靠性。

一般双爪拨动卡盘在更换工件时需要更换夹爪，而且同一卡盘加工工件的直径范围不大，不适合单件和小批生产使用，图 5-15a 所示为可调离心双爪拨动卡盘的结构。

在本体 1 中有槽 11，齿条 3 和 15 用螺钉通过橡皮圈固定在槽 11 中。在齿条 3 和 15 之间有滑块 12，滑块上的齿与齿条上的齿啮合。用安装在螺钉上的弹簧 6 通过楔块 4(用螺钉 5 固定)将齿条 3 压在槽的壁上。

在两滑块 12 的轴上有回转偏心夹爪 13(其上有齿)，夹爪与弹性推杆 10 相接触。离心爪 7 也安装在滑块的回转轴上，离心爪 7 的台阶 8 与夹爪 13 接触，弹簧 9 使离心爪 7 压向夹爪 13。在本体 1 上有直尺 2，在本体锥孔中有自定位球面浮动挡块 14，使工件以中心孔定位时其端面与挡块 14 完全接触，保证工件的轴向定位。

卡盘有两种规格：$D=400$mm 和 $D_1=530$mm；卡盘高度 90mm；在转速 $n\leqslant 1500$r/min 的

条件下，工件直径范围为65～350mm（短夹爪）和25～320mm（长夹爪）。该卡盘调整简单，外形和质量较小。

夹爪的材料为GCr15，工作表面硬度为58～62HRC，夹爪宽度为15～25mm。偏心夹爪工作面的尺寸按下式计算（图5-15b，O为夹爪回转中心，O_1为R的中心）：

$$l=\tan\alpha(\sqrt{L^2-d^2\sin\alpha/4}-d\cos\alpha/2)$$

$$R=(\sqrt{L^2-d^2\sin^2\alpha/4}-d\cos\alpha/2)/\cos\alpha$$

$$\beta=2\arcsin(0.75/R)$$

尺寸l的公差为±0.2mm，R的公差为±0.5mm。

一个夹爪的离心力按下式计算：

$$F_c=0.01GR\frac{n^2}{g}\approx0.001GRn^2$$

式中 F_c——一个夹爪的离心力，单位为N；

G——一个夹爪的重力（mg），单位为N；m为一个夹爪的质量，单位为kg；

R——由卡爪体重心到机床主轴中心的距离，单位为cm；

g——物体自由落下的加速度，取9.8m/s^2；

n——主轴转速，单位为r/min。

卡盘夹紧的离心力等于F_c乘以夹爪的数量。

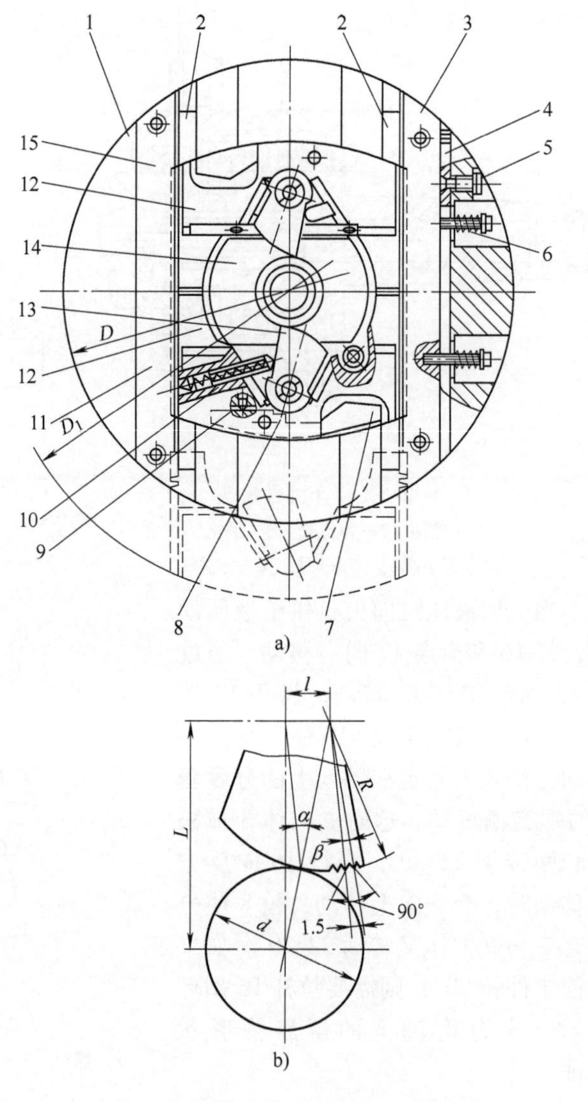

图5-15 可调离心双爪拨动卡盘的结构

1—本体 2—直尺 3、15—齿条 4—楔块 5—螺钉 6、9—弹簧 7—离心爪 8—台阶 10—推杆 11—槽 12—滑块 13—夹爪 14—挡块

图5-16所示为三爪离心卡盘的结构，用离心力夹紧工件，停机后由于弹簧的作用松开工件。

后顶尖使工件左端与浮动顶尖接触，工件左端面靠在轴4的右端面上。本体6回转时，夹爪7上的齿与扇形齿圈8啮合，夹爪逆时针转动时，夹爪以弹簧11的拉力与工件接触，并停止转动。轴4继续回转，滑块9和夹爪7在本体槽中移动，拉伸弹簧11，这时轴4、夹爪7、工件和防护罩轴向移动，在无冲击下使工件夹紧，并在浮动顶尖和轴4端面上定位。

表5-1～表5-4列出了两种心轴式三胀块夹头和两种法兰式三胀块卡盘的主要尺寸。

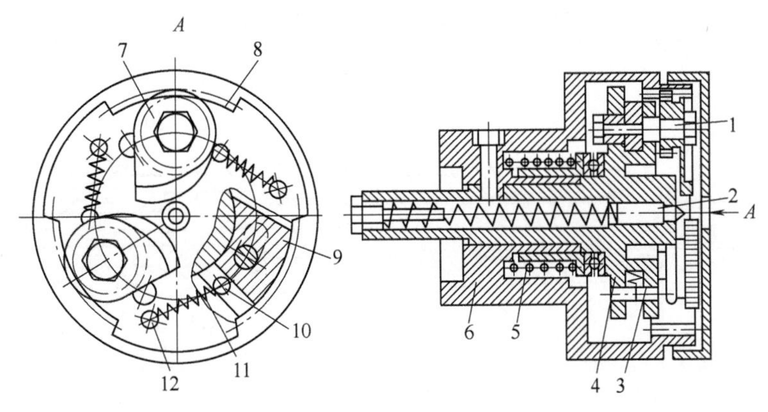

图 5-16　三爪离心卡盘

1—轴　2—浮动顶尖　3—圆弧槽　4—中心法兰轴　5、11—弹簧
6—本体　7—齿轮夹爪　8—齿圈部分　9—滑块　10、12—销

表 5-1　心轴式三胀块夹头的主要尺寸(一)　(单位:mm)

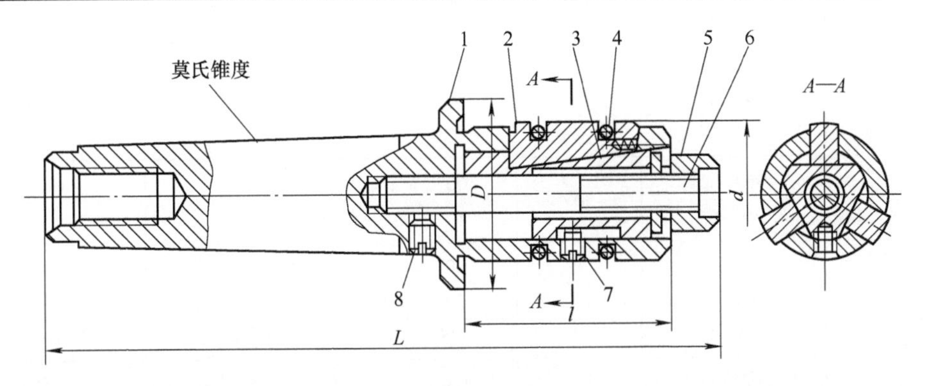

1—锥体　2—胀块　3—套　4—弹簧圈　5—螺母　6—双头螺柱　7、8—螺钉

莫氏锥度号	d	L	l	D
4	30~40	200	60	50
	>40~45	205		56
5	>30~40	230	60	50
	>40~45	235		56
	>45~50	245	67	60
	>50~56	260	75	67
	>56~63	270	80	75
6	56~63	320	80	75
	>63~71	338	90	80
	>71~80	350	105	90
	>80~90	372	120	100

表 5-2 心轴式三胀块夹头主要尺寸(二) (单位:mm)

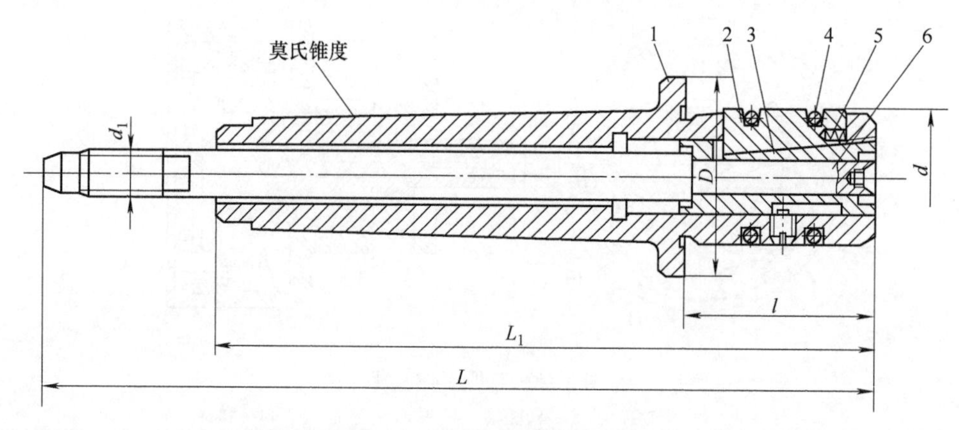

1—锥体 2—胀块 3—套 4—弹簧圈 5—弹簧 6—拉杆

莫氏锥度号	d	L	l	D	d_1	L_1
4	30~40 >40~45	250	60	50 56	M12	190 200
5	>30~40 >40~45 >45~50	280	60 60 67	50 56 60	M16	220
	>50~56 >56~63	300	75 80	67 75	M16	240
6	>50~63 >63~71 >71~80	400	80 90 105	75 80 90	M20	300 310 320
	>80~90	420	120	100	M20	340

表 5-3 法兰式三胀块卡盘主要尺寸(一) (单位:mm)

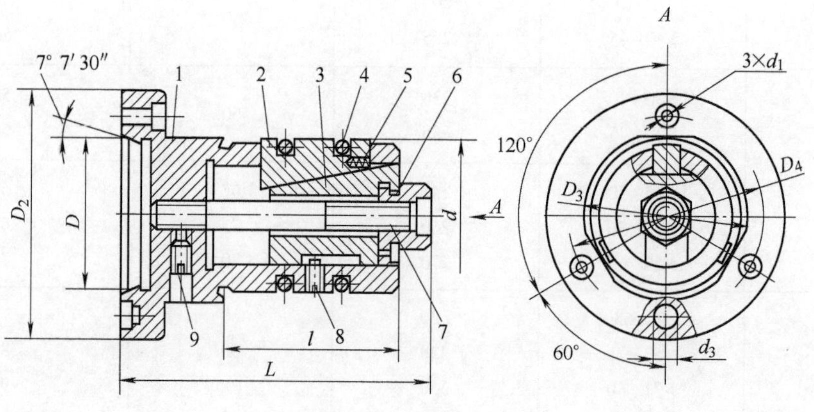

1—本体 2—胀块 3—套 4—弹簧圈 5—弹簧 6—螺母 7—双头螺柱 8、9—螺钉

（续）

d	D	L	l	D_2	D_3	$D_4 \pm 0.2$	d_1	$d_3 \pm 0.1$
80~90	$82.563^{+0.004}_{-0.006}$	200	100	130	100	104.8	11	16.3
80~90	$106.375^{+0.004}_{-0.006}$	200	100	165	100	133.4	14	19.45
>90~100	$106.375^{+0.004}_{-0.006}$	225	125	165	110	133.4	14	19.45
>100~110	$106.375^{+0.004}_{-0.006}$	225	125	165	120	133.4	14	19.45
>110~120	$106.375^{+0.004}_{-0.006}$	225	125	165	130	133.4	14	19.45
>110~120	$139.719^{+0.004}_{-0.008}$	225	125	210	130	171.4	18	24.20
>120~130	$139.719^{+0.004}_{-0.008}$	250	140	210	140	171.4	18	24.20
>130~140	$139.719^{+0.004}_{-0.008}$	250	140	210	150	171.4	18	24.20

表 5-4　法兰式三胀块卡盘主要尺寸（二）　（单位：mm）

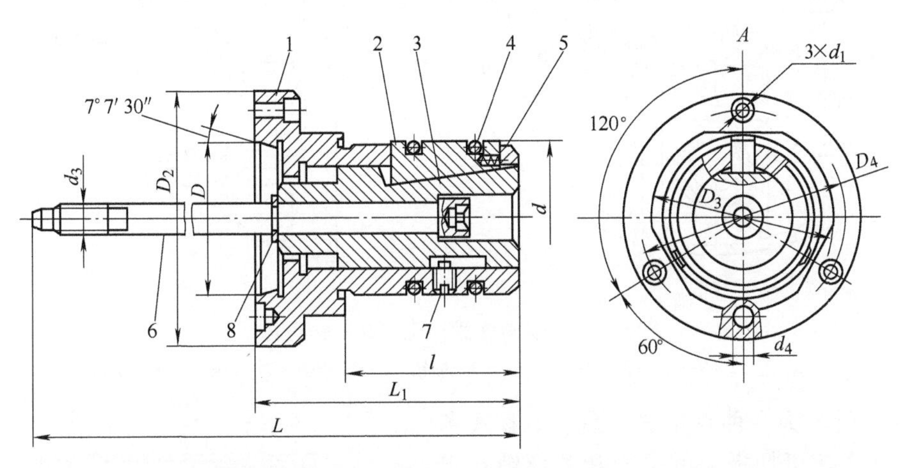

1—本体　2—胀块　3—套　4—弹簧圈　5—弹簧　6—挡圈　7—螺钉　8—垫圈

d	D	L	l	D_2	D_3	$D_4 \pm 0.2$	d_1	d_3	$d_4{}^{+0.1}_{0}$	L_1
80~90	$82.563^{+0.004}_{-0.006}$	350	100	130	100	104.8	11	M16	16.30	155
80~90	$106.375^{+0.004}_{-0.006}$	350	100	165	100	133.4	14	M20	19.45	160
>90~100	$106.375^{+0.004}_{-0.006}$	360	125	165	110	133.4	14	M20	19.45	180
>100~110	$106.375^{+0.004}_{-0.006}$	360	125	165	120	133.4	14	M20	19.45	180
>110~120	$106.375^{+0.004}_{-0.006}$	380	125	210	130	133.4	14	M20	19.45	180
>110~120	$139.719^{+0.004}_{-0.008}$	380	125	210	130	171.4	18	M20	24.20	185
>120~130	$139.719^{+0.004}_{-0.008}$	390	140	210	140	171.4	18	M20	24.20	210
>130~140	$139.719^{+0.004}_{-0.008}$	390	140	210	150	171.4	18	M20	24.20	210

4. 夹具类结构

车加工壳体类或形状复杂的工件常采用角铁式车夹具，图 5-17 所示为壳体件车端面和镗孔回转夹具。工件以底面和两孔定位，用两压板 1 夹紧工件。为加工两孔，工件回转 180°，加工孔轴线的中心为 O_1，工件绕回转轴线中心 O_2 回转，$O_1O_2=\frac{69}{2}=34.5\text{mm}$。

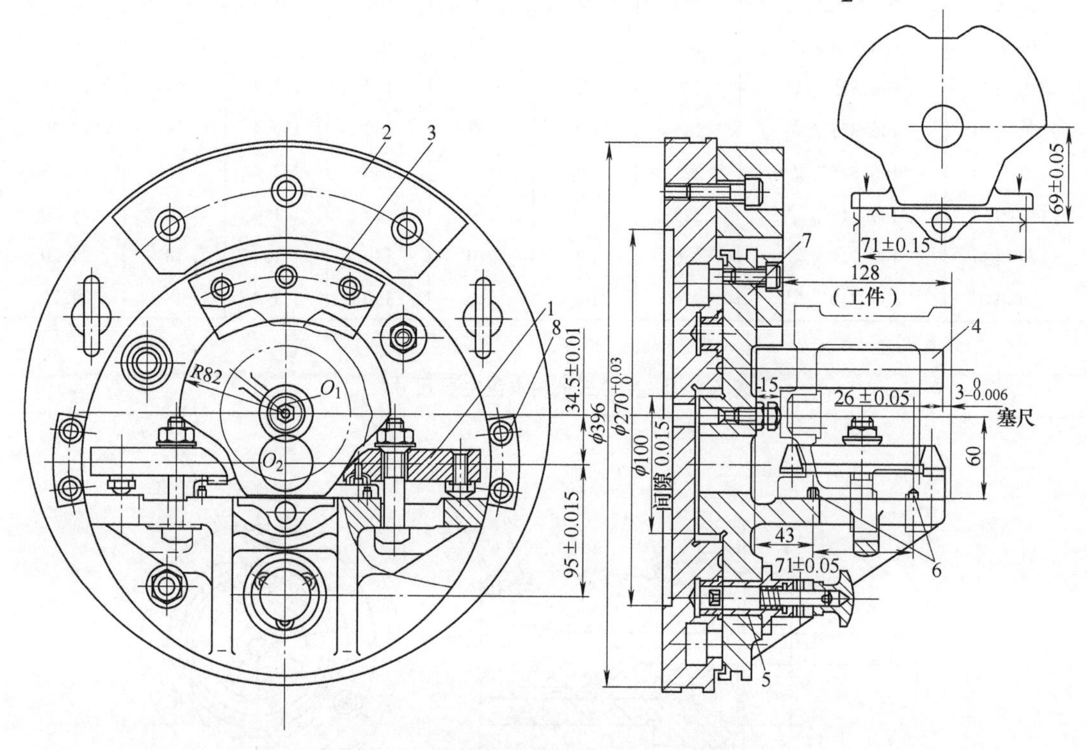

图 5-17 壳体件车端面和镗孔回转夹具

1—压板 2、3—平衡重 4—对刀柱 5—插销 6—定位销 7—分度盘 8—压板

图 5-18 所示为一种直角法兰盘、卡盘式车夹具，工件 7 按可换板 4 的平面和菱形销 6 定位。接通气缸(图中未示出)，套 1 向左移动，通过杠杆 2 使主夹爪 3(与夹爪 5 相连)移动夹紧工件，同时浮动 V 形块 8 使工件实现最终定位。根据工件尺寸 H，采用不同厚度的可换板 4(由两定位销定位,图中未示出)。

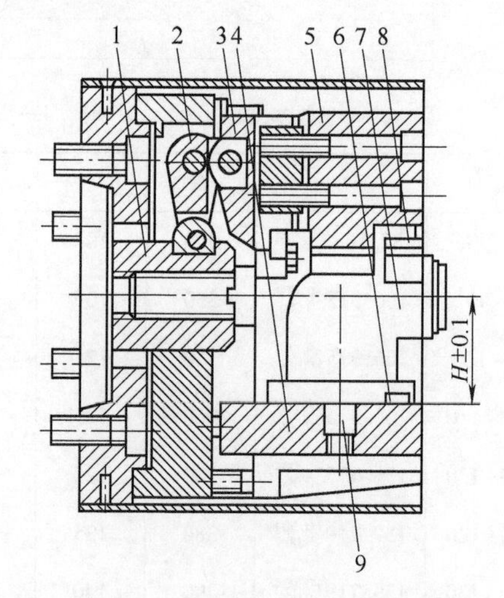

图 5-18 弯头和三通接头车夹具

1—套 2—杠杆 3—主夹爪 4—可换板 5—夹爪 6—菱形销 7—工件 8—浮动 V 形块 9—螺钉

为加工图 5-19a 所示的矩形工件中心孔和沟槽，采用图 5-19b 所示的通用可调夹具。该夹具结构简单，取下自定心卡盘中的一个夹爪，用挡块 1 代替，工件以挡块的平面定位；而在另两个夹爪 3 上铣出 30°斜面(图 5-19a)用以夹紧工件 4。

夹具调整方法如下所述：

工件在铣成形划线后冲窝，将带冲窝的工件安装在夹具上(这时挡块 1 和两夹爪处于松开位置)，使安装在尾座套筒中的定中器与工件的冲窝对准，并将工件压紧在夹具上。然后使挡块 1 与工件接触，并紧固。这样就完成了工件的定位调整，以后的工件不用冲窝即可装到夹具上加工。

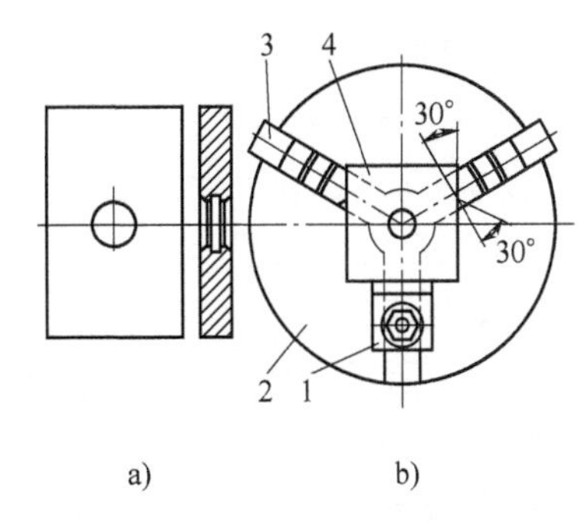

图 5-19　矩形工件车内孔和槽夹具
1—挡块　2—卡盘　3—夹爪　4—工件

发动机气缸套粗车外圆多采用带胀块的心轴，胀块与气缸套内孔表面接触，并产生应力变形。为避免变形产生可采用图 5-20 所示的车床夹具。车削一般套类工件可采用图 5-21 所示的卡盘式弹性夹头。

图 5-20 所示夹具的主要特点是胀块(7 ~ 9 个)通过材料为弹簧钢(镀铬)的双面开口套夹紧工件，对直径为 100mm 的孔，胀开量达 1mm，最大夹紧力达 6500N，在加工 20 万 ~ 30 万个工件后，开口套开始磨损。

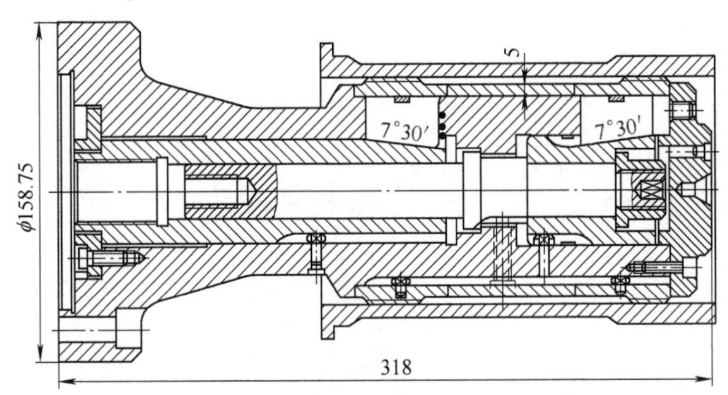

图 5-20　气缸套粗车外圆夹具

图 5-21 所示为内孔定位用的加工套类工件的夹具(卡盘式弹性夹头)，其特点是锥度推杆是六边形的，这样可传递比用圆形杆大得多的转矩，并可提高定位精度。

球面滚柱轴承圈以毛坯弧形内孔定位粗车外圆，要保证精度和高生产率有一定的难度，特别是使用一般楔式和杠杆式卡盘，用内球面定位的方法不够好(夹紧元件与工件定位表面接触位置不确定)，这主要是由于毛坯内孔直径和圆弧形内孔的圆度误差大造成的。此外，加工余量大使切削力增大和工艺系统抗振性降低。为解决这个问题，可设计和应用图 5-22 所示的轴承圈车外圆夹具。

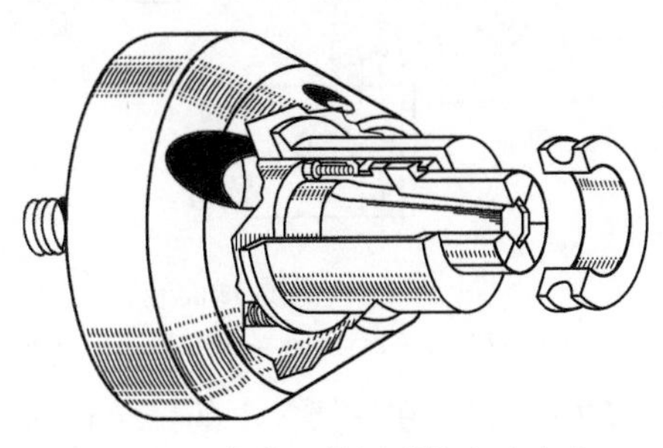
图 5-21　套类工件用弹性夹头卡盘

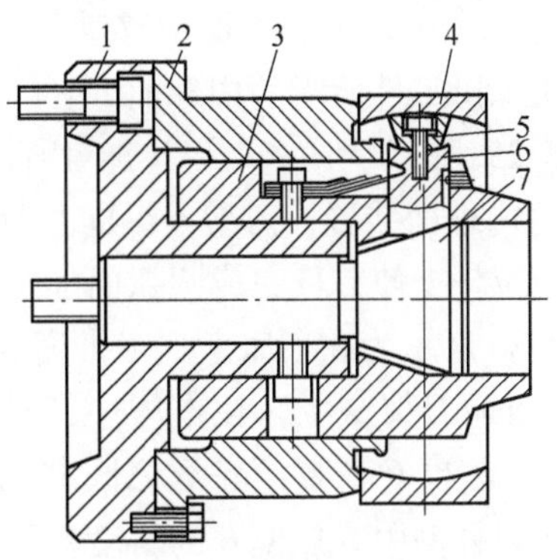

图 5-22　轴承圈车外圆夹具
1—本体　2—支承套　3—滑套　4—工件
5—可换浮动圆柱块　6—夹紧销　7—杆

套3可在本体1孔中轴向移动，套上有三个径向孔，孔中有带可换浮动圆柱块5的夹紧销6。当杆7向左移动时，夹紧销通过圆柱块夹紧工件，然后杆7、滑套3、夹紧销6和工件一起向左移动，直到工件端面完全靠在支承套2的端面上，这样可以达到高的径向定位精度和消除了轴向定位误差。

5. 其他装置

图5-23所示为在车床上车削球面装置简图。

用螺钉3将板1、2和靠模4固定在床身上。在刀架下面固定有板6，板6左端有滚动支承5(图中未绘出)与靠模4接触，右端有紧固螺钉7。该装置可用于成批生产。

图5-24所示为在立式车床上车削内球面装置，该装置安装在转塔头上。齿条6铰链连接在侧刀架刀夹8上、用两螺钉固定，齿条6与刀夹扇形齿轮1啮合。

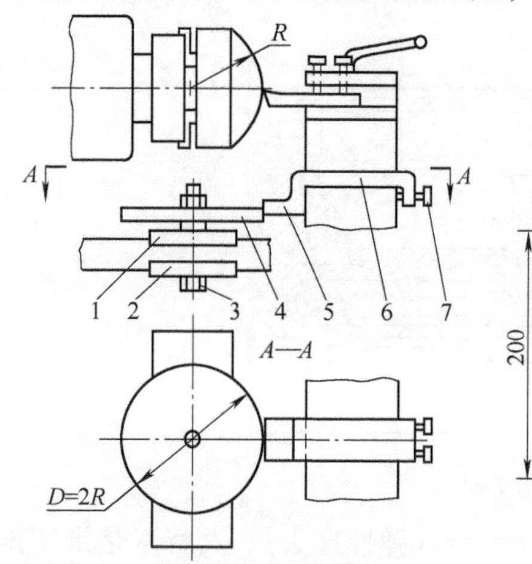

图5-23 车削球面装置简图

1、2、6—板 3、7—螺钉

4—靠模 5—滚动支承

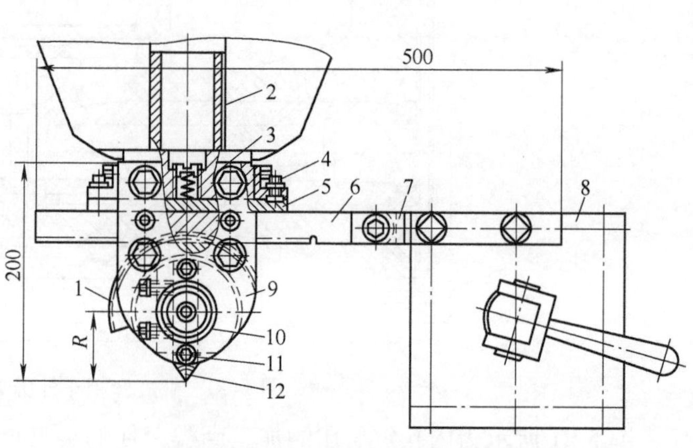

图5-24 立式车床车削内球面装置

1—扇形齿轮 2—轴座 3—弹簧 4、11—螺钉

5—板 6—齿条 7—叉 8—侧刀架刀夹

9—侧板 10—轴承 12—刀具

接通机床工作台与工件回转传动装置和侧刀架进给机构，侧刀架的刀夹移动，拉动带齿条的叉7，齿条6相对轴座2在本体槽中移动，使扇形齿轮1转动，加工出工件所需的内球面R。

图5-25所示为在车床上加工直径为200~300mm的内球面装置，刀架4纵向往复移动，通过拨杆2和拉杆1使刀具完成圆弧面加工。

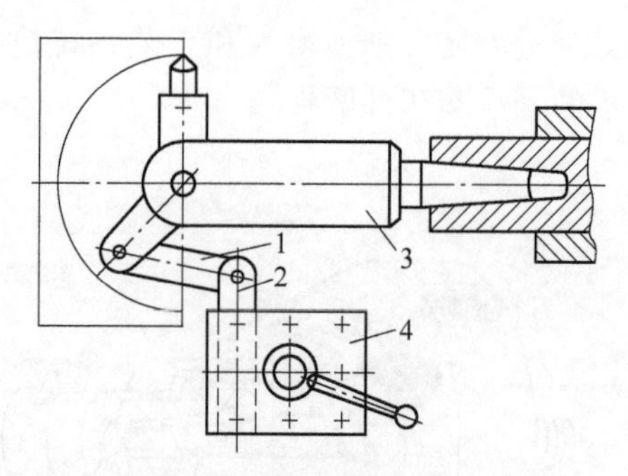

图5-25 车削内球面装置

1—拉杆 2—拨杆 3—刀具轴 4—刀架

图5-26所示为在车床上加工锥度的装置，本体2固定在机床刀架9上，在本体中有动配合带刀具的刀杆3，靠模6在各滚轮5之间移动，滚轮装在本体上和刀杆槽中。靠模6的斜度就是工件的斜度，靠模与固定在支架8上的杆7相连，而支架8用螺钉固定在机床床身上。应用该装置车锥度不需要调整机床，可提高生产率和质量。

在车床上镗削小锥度孔有两种方法：一种是使刀尖沿与主轴轴线呈一定角度的方向直线

移动，这需要在不同车床上有各自的刀夹；另一种方法是在数控机床上加工，但有一定困难，因为车内孔时轴向进给比径向进给大好多倍。实际上在生产中多采用刃口锥度刀具加工，切削效率低，且成本高。

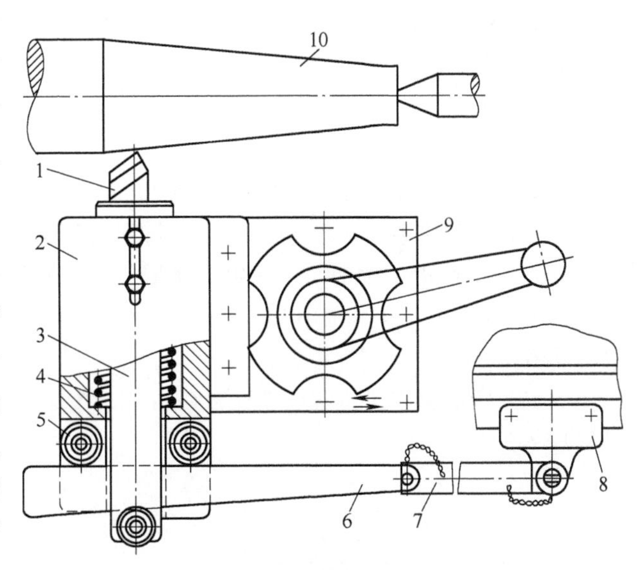

图 5-26 车削锥度装置

1—刀具 2—本体 3—刀杆 4—弹簧 5—滚轮 6—靠模 7—杆 8—支架 9—机床刀架

可采用双臂铰链结构精车（镗）小锥孔的方法，其原理如图 5-27a 所示[35]。刀头切削点相对 OX 轴的瞬时回转中心 C_1、C_2 和 C_3 等做回转运动 S_w 和平行于 OX 轴做直线运动 S_1，从而加工出小锥度孔。该原理可用于加工正、反锥孔（图 5-27b 和 c）。图中 A_1A_3 的斜度就是靠模 mn 的斜度。

该原理可在车床、钻床等机床上应用，具体结构见 5.3 节镗床夹具。

实践证明，用该方法加工小锥度孔与用刃口锥度刀具加工小锥度孔的质量相同，而生产率高 4~7 倍，该方法可用于加工弹性套筒销离合器的锥孔和锥螺纹的锥孔等。

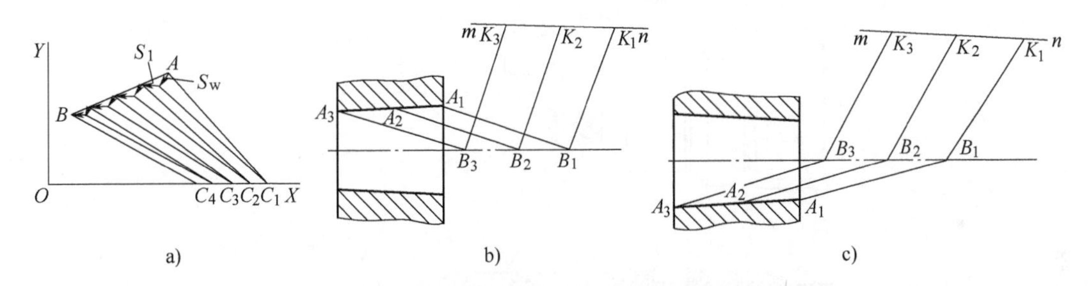

图 5-27 双臂铰链车小锥度装置原理图

图 5-28 所示为薄壁套筒类工件车削内圆（图 5-28a）和外圆（图 5-28b）夹具示意图。[28]

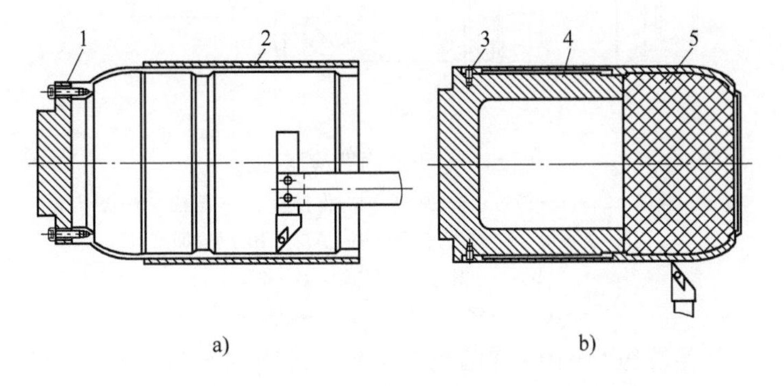

图 5-28 薄壁套筒类工件车削内圆和外圆夹具示意图

1、3—紧固螺钉 2—泡沫塑料 4—防振辅助轴 5—海绵

对图 5-28a，工件左端有加工用的铸造出的工艺凸台和其上加工出的六个工艺螺孔（沿圆周均布），将工件固定在车床上加工内孔。为防止变形，利用废旧自行车内胎加泡沫塑料缠绕在工件外圆表面上。为防止车削时工件外表面变形，在内腔中充满海绵，并充分加注冷却液和切削液，如图 5-28b 所示。

图 5-29a 所示为在车床上滚压直径到 70mm 的可调滚压头，装在保持套 4 中的锥度滚柱 5（锥度 2°30′~4°）在套 6 上转动，弹簧 3 将保持套 4 压向支承套 7。滚压时滚柱绕本身轴线转动，弹簧力由螺母 1 调节，用螺钉 2 锁紧。用专用螺母 9 将滚压头调整到规定尺寸，用螺钉 11 紧固。在螺母 9 的锥面上有刻度（刻度值一般为 0. 02mm），即螺母转动一个刻度值，直径变化 0. 02mm。

图 5-29b 所示为滚压直径为 70~200mm 孔的滚压头，螺钉 1 沿螺纹段轴线上开窄槽，防止拧紧后松动。

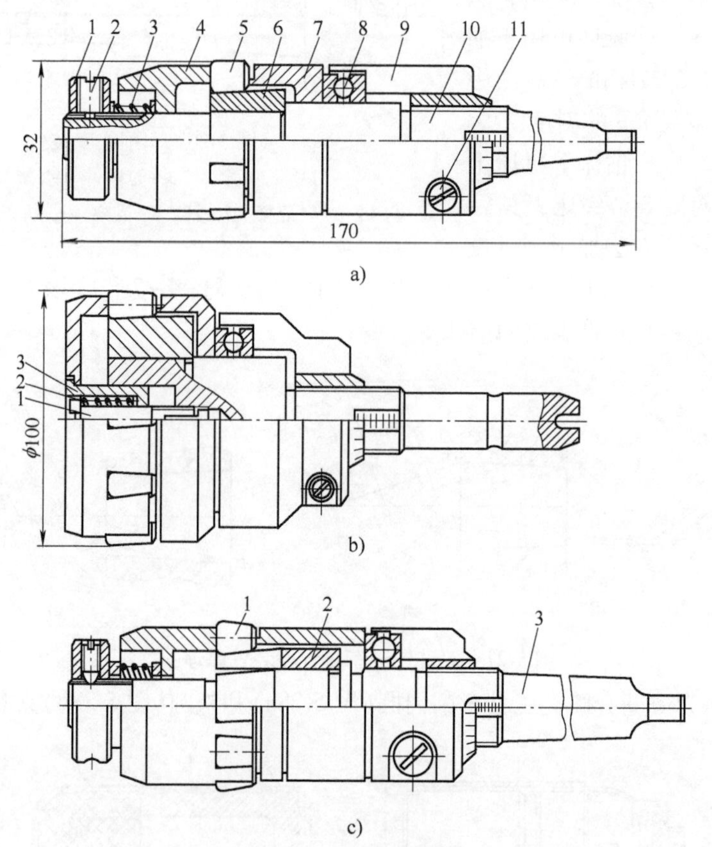

图 5-29 可调内孔滚压头

a）1—螺母 2、11—螺钉 3—弹簧 4—保持套 5—滚柱 6—滚压套 7—支承套 8—推力轴承 9—螺母 10—锥柄轴

b）1—螺钉 2—弹簧 3—套

c）1—滚柱 2—套 3—锥柄轴

为滚压公差大（公差等级为 IT9~IT10 级）的孔，采用图 5-29c 所示的滚压头，锥度滚柱 1 在滚压套开槽的弹性段上滚动，为使滚动平稳，弹性段外圆的锥度为 5°，开槽的数量与滚压头直径成正比，一般不小于 5。锥柄轴 3 在套 2 弹性段下面做出一段锥度外圆，锥度的大

小由被滚压孔的原始公差确定：套2与锥柄轴3锥度小头直径之间的间隙等于被滚压孔原始公差的一半。

滚压头参数的选择：尽量选直径小(较小的力将使工件得到表面变形)和长度大(减小对支承套的单位压力)的滚柱，滚柱长度为其直径的1.7~3倍，锥角为2°~2°30′。支承套的材料采用渗碳钢或高碳钢，表面硬度为62~64HRC。

图5-30a所示为用金刚石压头压光内、外轴承圈沟槽表面的装置，两轴承6保证了杠杆2绕轴8转动和金刚石压头3相对于工件表面移动平稳，螺钉9用于调整衔铁4与磁铁之间的间隙(即调节压光力)，用压力计控制压光力的大小。图5-30b表示，在直流电压U值不同的情况下衔铁与磁铁之间的间隙s与压光力F的关系。

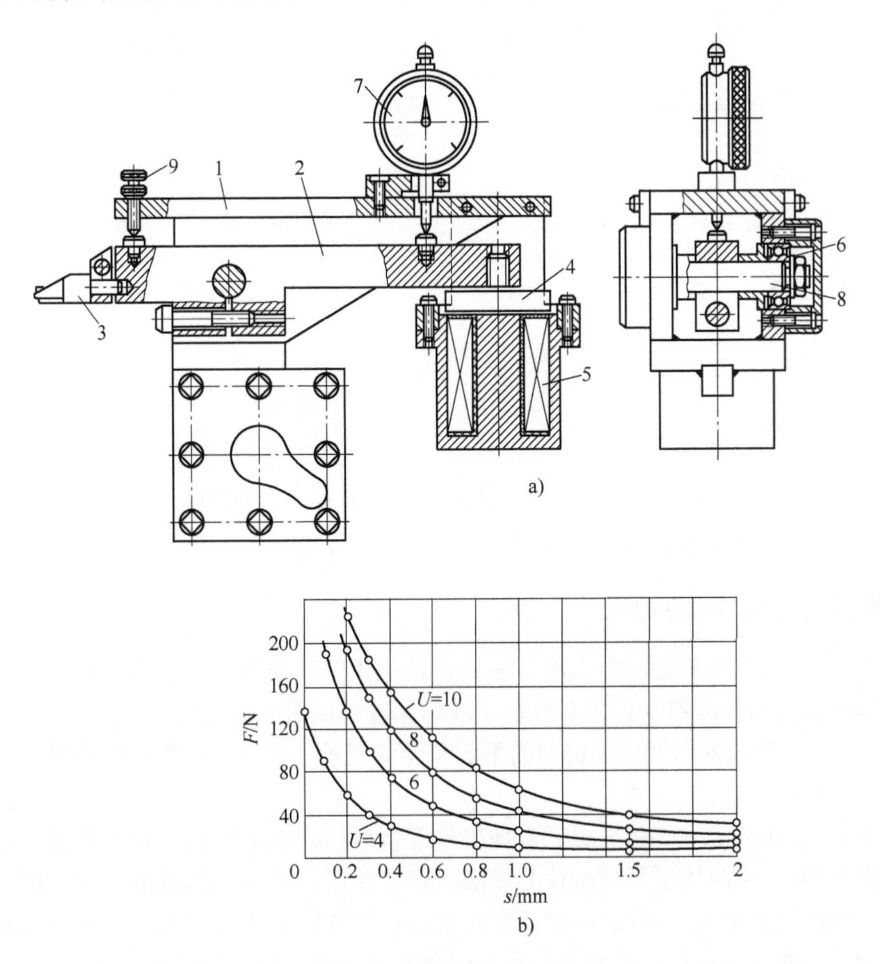

图5-30　轴承圈沟槽压光装置

1—本体　2—杠杆　3—压头　4—衔铁　5—直流电磁铁　6—轴承　7—压力计　8—轴　9—螺钉

一种结构简单的滚压大直径(ϕ190~ϕ650mm)孔的滚压装置如图5-31所示，尾杆7装在车床刀架上。该装置利用自定心卡盘，在卡盘三个槽中装有夹爪2，在其上固定有轴3和滚珠轴承4，轴承4外圆表面中间部分是1.2~2mm宽的圆柱面(宽度大降低了滚压的单位压力,表面粗糙度值大)，两边是斜面。这种滚压头生产率高，可用大的进给量滚压：滚压转速为50~70r/min，进给量为1~2mm/r，滚压扩孔余量为0.03~0.05mm，经2~3次滚压，

表面粗糙度 Ra 值为 0.80~0.40μm，最大滚压力为 10~11kN/mm^2。

图 5-32 所示为压光外圆表面装置，弹簧 6 将硬质合金压光头 4 压向工件，弹簧力用螺钉 7 调节在 100~700N 范围内。

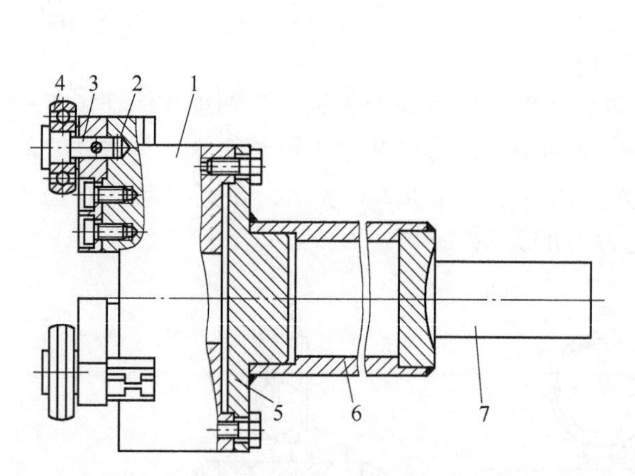

图 5-31　自定心卡盘滚压大直径孔装置

1—自定心卡盘　2—夹爪　3—轴　4—轴承　5—法兰盘　6—管　7—尾杆

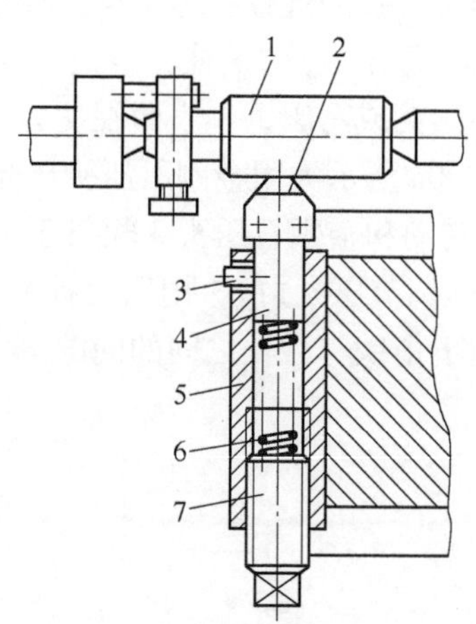

图 5-32　压光和滚压外圆表面装置

1—工件　2—硬质合金片　3—销　4—压光头　5—本体　6—弹簧　7—螺钉

5.2　磨床夹具

本节除介绍内外圆磨床、平面磨床夹具外，也对其他几种磨削加工（无心磨、仿形磨、珩磨等）所用的夹具和相关装置作简单介绍。

5.2.1　磨床夹具设计的特点

1）在平面磨床上采用磁力吸盘时，夹具就是防止工件磨削时产生移动的装置，所有定位元件和导磁铁的精度应符合要求和放在正确的位置，如图 5-33 所示。

图 5-33a 和 b 所示的布置可使磨出的平面与侧面垂直，图 5-33c 所示的布置使磨出的上平面与下平面平行。

对图 5-33d，用两等高平行导磁铁吸住工件下台肩面，保证磨削工件上平面与台肩平面平行。对图 5-33e，用两块平行导磁铁的侧面分别吸住工件的两侧基准面，保证磨削工件上平面与下平面两侧面垂直。对图 5-33f，将两等直径圆柱插入工件已加工的内基准面，两圆柱的两端面放在两等高平行导磁铁上，可保证磨出的上平面与内基准面平行。

2）圆磨床夹具的设计原则与前述车床夹具设计各项原则基本类似。

3）应考虑冷却液和细污泥的排除。

4）圆磨床夹具在机床上的安装方式有：心轴或夹头放在机床前、后两顶尖上，由拨动元件拨动；夹具放在自定心卡盘或单动卡盘上，而卡盘安装在固定在机床主轴上的法兰盘上；或夹具直接安装在固定在主轴上的法兰盘上。

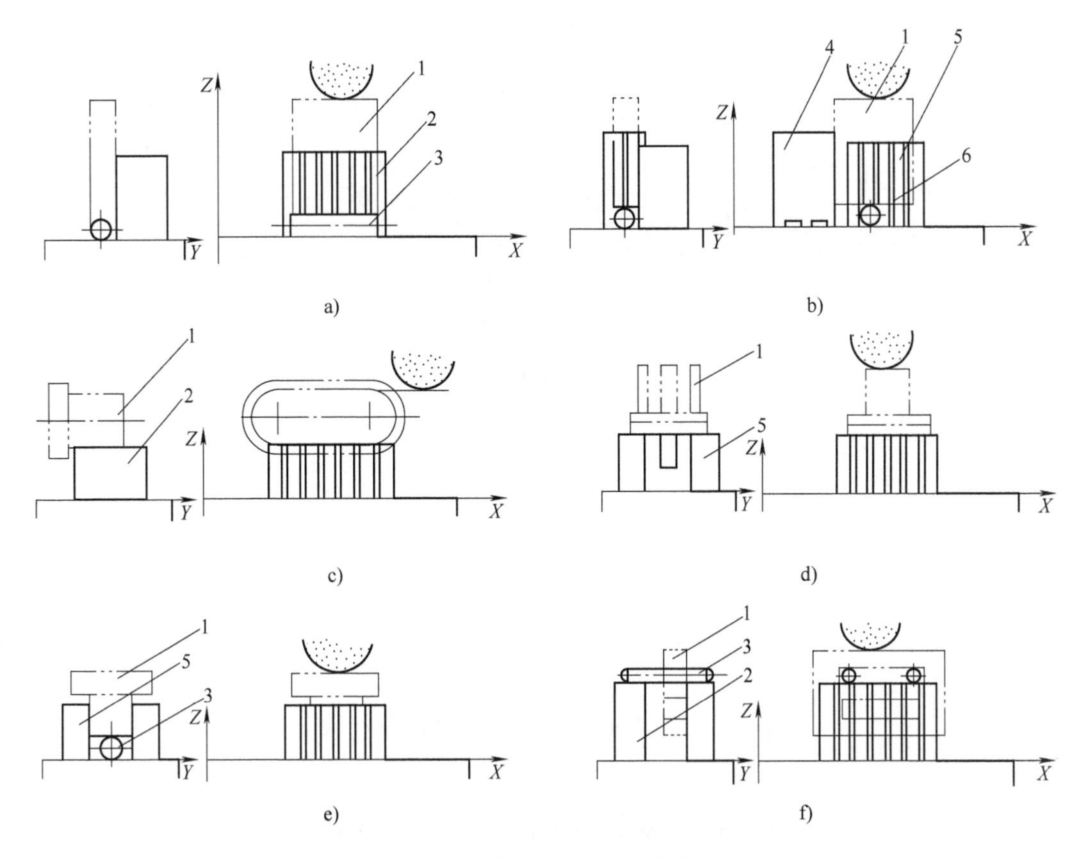

图5-33　工件在平面磨床上的装夹

1—工件　2—导磁铁　3—圆柱　4—端面导磁铁　5—平行导磁铁　6—圆球

5.2.2　磨床夹具结构设计

1. 磨外圆夹具

在磨加工中经常采用各种心轴(卡盘式、夹头式心轴)参见表5-1～表5-4。

图5-34所示为在外圆磨床上磨削刀柄外圆夹具，在机床主轴2中固定有带拉杆1的法兰轴3，在法兰轴3上固定有过渡盘4，其上又固定有带自定心卡盘7和挡销6的转盘5。

通过配磨垫环10保证过渡盘4与转盘5轴向无间隙连接，这时转盘5可相对过渡盘4径向移动。工件装夹在自定心卡盘7中，通过调节转盘5的位置调节工件对机床顶尖的跳动，调整好后即可对批量工件进行磨削。加工时将工件放入夹具自定心卡盘中，夹紧工件，用尾座8的顶尖使工件靠在挡销6上。

图5-35所示为气缸套以内孔(在两对定位支承3上)和左端面定位磨削外圆和端面的夹具示意图。这种方法磨出外圆的精度与定位孔和定位端面的精度有很大关系，而经珩磨的内孔形状误差为0.02～0.04mm。图5-36所示为按这种定位方法定位的一种夹具结构。

采用图5-36所示夹具，缸套壁厚差从50～250μm减小到10～20μm，比在外圆磨床上用顶尖磨削的生产率提高了一倍(件4采用硬质合金,表面粗糙度值 R_a 0.1μm)。

在无心磨床上磨轴承圈类工件的外圆表面，通常采用以工件内圆用两个固定支承定位，同时以工件一个端面轴向定位。由于端面窄，定位效果不好。图5-37所示为按上述方法定

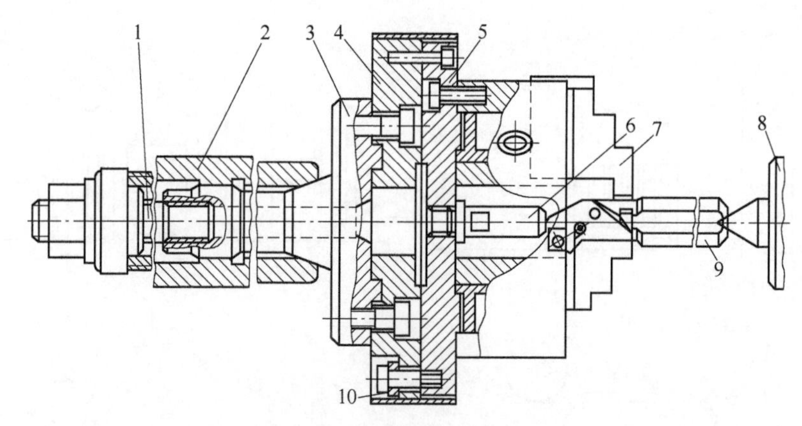

图 5-34 磨削刀柄外圆夹具

1—拉杆 2—机床主轴 3—法兰轴 4—过渡盘 5—转盘 6—挡销 7—自定心卡盘 8—尾座 9—工件 10—垫环

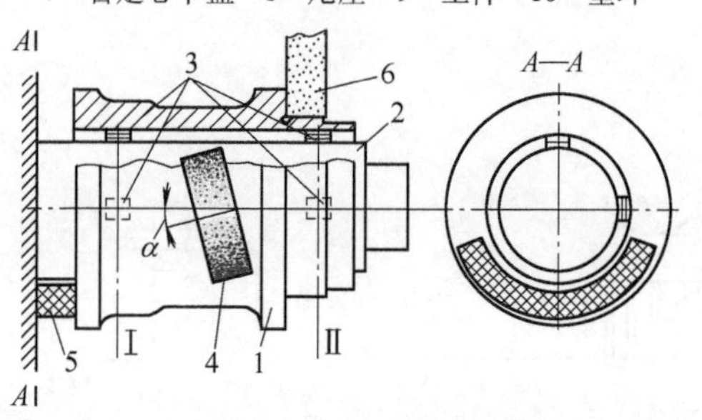

图 5-35 在刚性支承上磨外圆的夹具示意图

1—工件 2—心轴 3—定位支承 4—砂轮 5—端面支承 6—砂轮

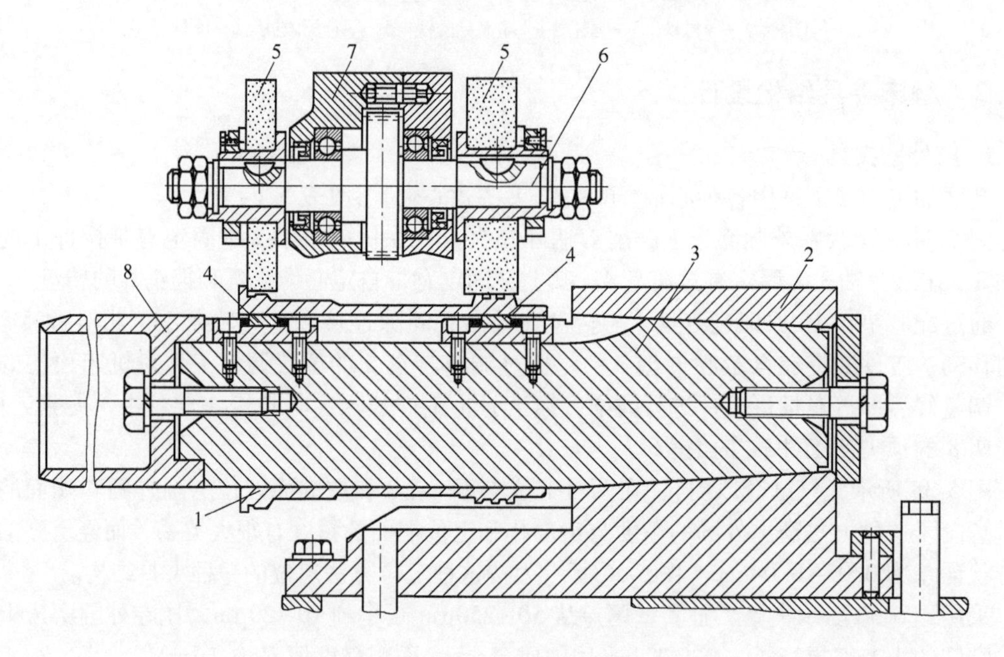

图 5-36 在刚性支承上磨外圆夹具

1—工件 2—支座 3—心轴 4—定位支承 5—砂轮 6—砂轮轴 7—轴承部件 8—导向轴套

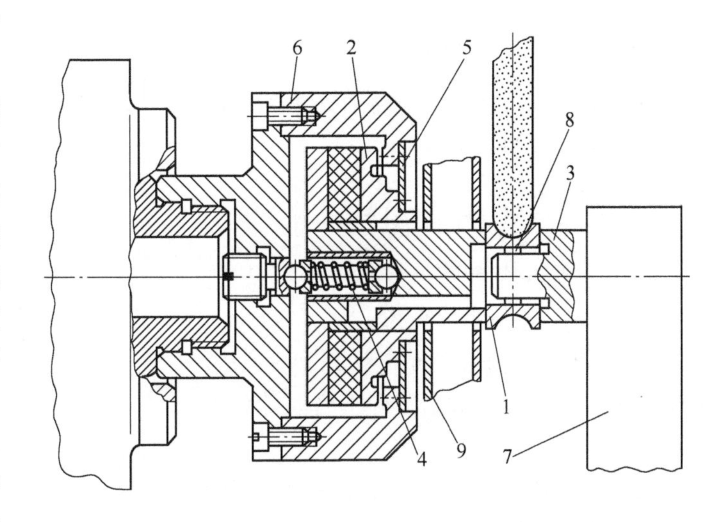

图5-37　以两个端面和内孔定位磨外圆
1—工件　2—磁力卡盘　3—轴向支承　4—弹簧　5—膜片
6—本体　7—支架　8—径向支承　9—料槽

位，而轴承圈用两个端面定位。

磁力卡盘2带动工件1旋转，弹簧4将工件压在轴向支承3的端面上；工件靠在两径向支承8上。膜片5使磁力卡盘2与本体6相连，靠膜片使工件自定位。加工结束后，主轴箱向左移动，离开支架7，工件落入料槽。

与通常采用的方法比较，采用这种装置磨出的槽形与端面的平行度从原来的5.42μm提高到3.12μm。这种装置充分利用了工件端面的面积，增大了传递的转矩。

图5-38所示为磨星形链轮靠模装置，在滑座5上固定有支架，在支架上有滚柱4，与靠模2接触。靠模2安装在主轴上。这种方法比采用横向进给的生产率提高了1.8倍。

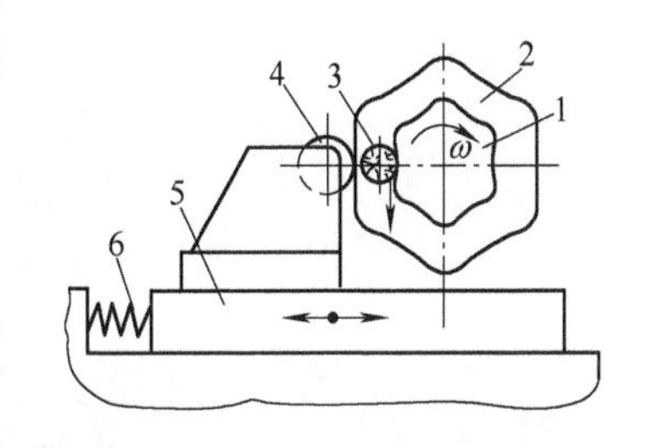

图5-38　磨星形链轮靠模装置
1—工件　2—靠模　3—砂轮
4—滚柱　5—滑座　6—弹簧

2. 磨内孔夹具

图5-39所示为可磨削不同直径和长度机床主轴内孔的通用夹具，底板4固定在内圆磨床的工作台导轨上。

在固定支座5上安装孔直径等于工件（机床主轴）2前端直径的轴套，根据工件的长度调整移动支座6的位置，然后用螺母固定。在移动支座6中安装青铜轴套9和8，推力轴承3在弹簧和销的作用下压向工件，防止工件轴向移动。在拨杆1的作用下，使工件转动。更换轴套可在一定范围内磨削其他直径大小的主轴。

该夹具可设计成图5-40所示的结构，通过更换圆垫板3可加工多种主轴内孔，也可采用液体摩擦轴承，加工精度高。

图5-41a所示为直齿圆柱齿轮磨削内孔夹具，工件以端面在三个支钉6（在同一平面上）和以齿面在三个直径相同的圆柱5上定位。当气动拉杆（图中未示出）向左移动拉动套筒1时，使三个斜块2与夹爪3一起向左移动，在斜块2与斜块座4之间斜面的作用下，使圆柱5径向移动，将工件夹紧。

定位圆柱5的直径按下式计算（图5-41b）：

$$d_L=2[r_b\tan(\alpha_1+\beta)-r_1\sin\alpha_1]$$

按标准或生产单位现有圆柱规格选与d_L相近的圆柱直径，$d<d_L$。

圆柱与齿形面接触点的压力角为

$$\alpha_1=\arccos\frac{r_b}{r_1}\quad (r_b=r\cos\alpha，基圆半径)$$

O_LO 与 O_cO 的夹角（O_L 为圆柱中心，O_c 为圆柱与齿面的接触点）为

$$\beta=\frac{180°}{\pi}\left[\frac{\pi}{z}-\left(\frac{s_{\min}}{2r}+\mathrm{inv}\alpha\right)+\mathrm{inv}\alpha_1\right]$$

式中　$s_{\min}$——齿轮分度圆上最小弧齿厚；

r——齿轮分度圆半径。

inv 表示渐开线函数，$\mathrm{inv}\alpha=\theta$，$\mathrm{inv}\alpha_1=\theta_1$；且 $\mathrm{inv}\alpha=\tan\alpha-\alpha$，$\mathrm{inv}\alpha$ 常用值列于后面计算示例中。

圆柱与齿形面接触点的半径(接触点在分度圆与顶圆之间)为

$$r_1=r+(0.5\sim0.7)h_a\quad (h_a 为齿轮齿顶高)$$

齿轮按圆柱的最小直径为

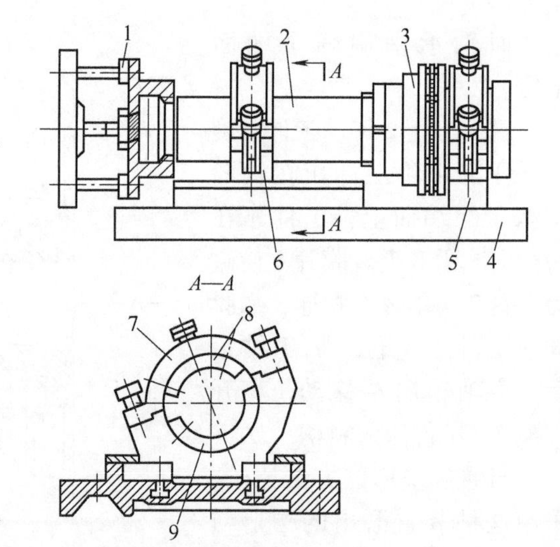

图 5-39　磨机床主轴内孔的通用夹具

1—拨杆　2—工件　3—推力轴承　4—底板　5—固定支座　6—移动支座　7—盖　8—上轴套　9—下轴套

$$D_{\min}=\frac{2r_b}{\cos\alpha_2}+d\ (偶数齿)；\ D_{\min}=\frac{2r_b}{\cos\alpha_2}\cos\frac{90°}{z}+d\ (奇数齿)；\ \mathrm{inv}\alpha_2=\frac{s_{\min}}{2r}+\mathrm{inv}\alpha+\frac{d}{2r_b}-\frac{\pi}{2}$$

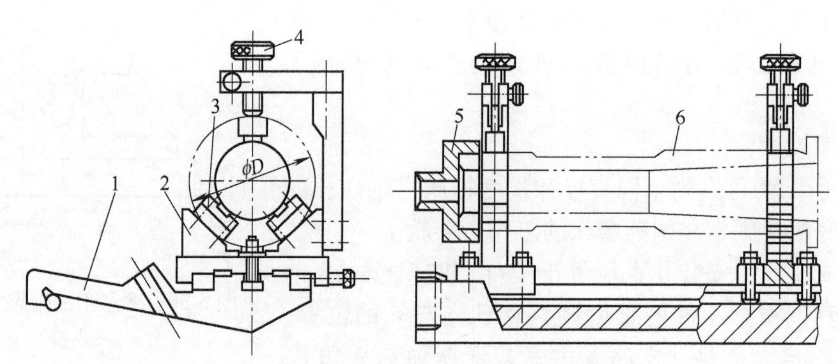

图 5-40　成组磨削机床主轴内孔夹具

1—垫板　2—V 形支架　3—圆垫板　4—螺钉　5—夹头　6—工件

以齿形面定位磨内孔，可在每个定位齿用两个滚珠或圆柱定位。为使定位具有柔性和稳定性，可用 2~3mm 的弹簧绕成螺旋圈，再将外圆磨到圆柱外圆需要的尺寸，其结构如图 5-41c 所示。

图 5-41d 所示的以齿面定位夹具的方法可比普通方法提高精度 1~2 级。被加工齿轮 10 放在齿盘 3、4 和 5 的齿槽中，并用端面靠在本体 2 的支承面上。拉杆 9 向左移动，使两楔块 6 轴向移动，楔块 6 的一个面与本体槽壁接触，另一楔形面与齿盘 4 接触，使齿盘 4 绕本身轴线转动，消除齿轮 10 与齿盘 3 和 5 之间的间隙，实现高精度定位。

对斜齿圆柱齿轮，用圆柱定位时，为计算圆柱直径，先将斜齿圆柱齿轮法向齿形参数换算成端面齿形参数，再按计算直齿圆柱齿轮定位圆柱直径的方法计算(图 5-42)出端面的圆柱直径 d_{L1}，再将 d_{L1} 换算成法向的圆柱直径。

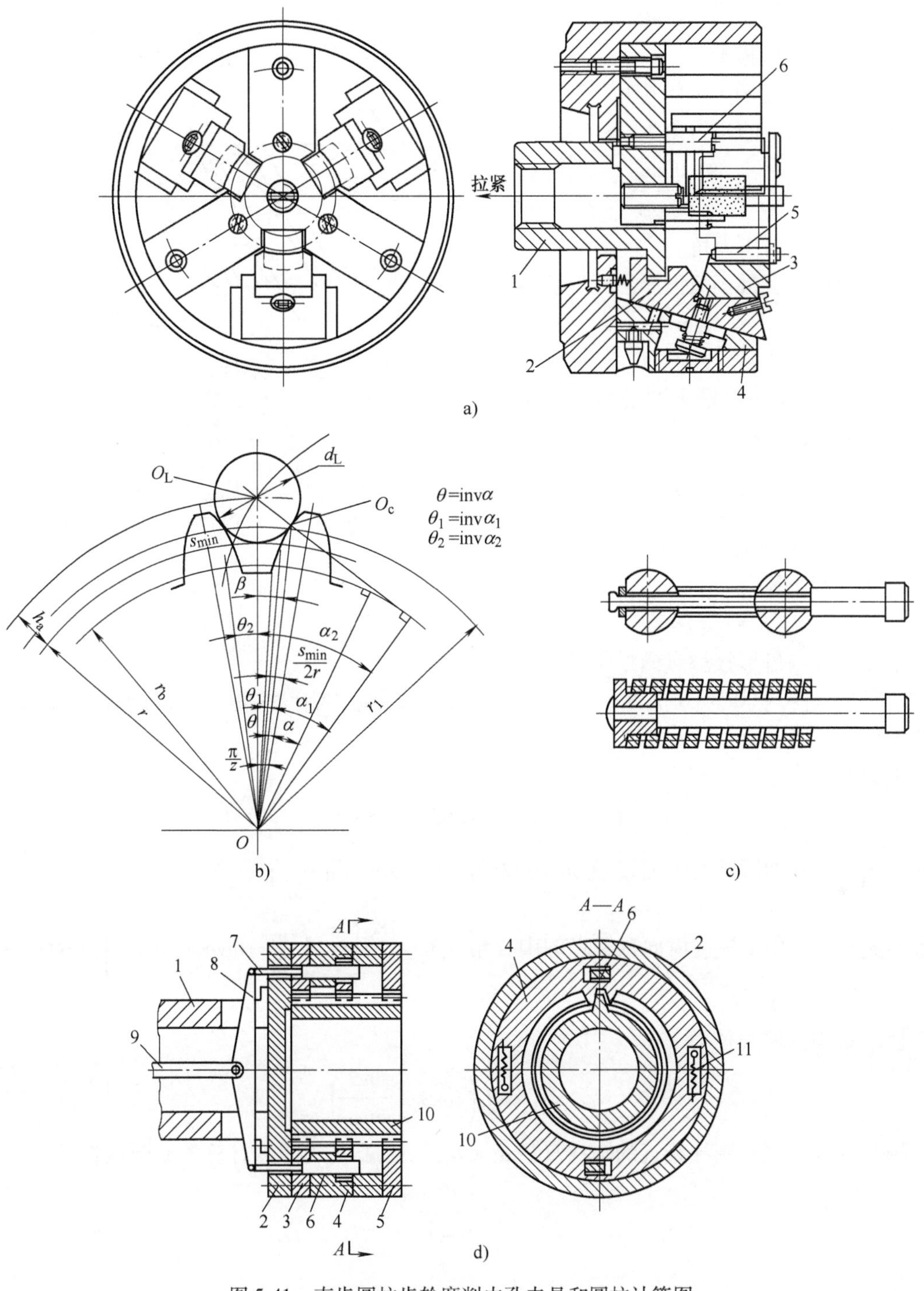

图 5-41　直齿圆柱齿轮磨削内孔夹具和圆柱计算图

a）1—套筒　2—斜块　3—夹爪　4—斜块座　5—圆柱　6—支钉

d）1—尾柄　2—本体　3、4、5—齿盘　6—楔块　7—轴　8—接杆　9—拉杆　10—被加工齿轮　11—弹簧机构

齿轮端面模数为 $m_1=\dfrac{m_n}{\cos\beta}$

式中 m_n——法向模数；

β——分度圆上的螺旋角。

端面分度圆上的压力角为

$$\alpha_1=\arctan\frac{\tan\alpha_n}{\cos\beta}$$

式中 α_n——法向压力角。

端面分度圆上最小弧齿厚

$$s_{1\min}=\frac{s_{n\min}}{\cos\beta}$$

式中 s_n——法向分度圆上的最小弧齿厚。

端面分度圆半径

$$r=\frac{1}{2}m_1 z$$

式中 z——齿轮齿数。

端面基圆半径

$$r_b=r\cos\alpha_1$$

端面圆柱与齿形接触点向量半径

$$r_1=r+(0.5\sim0.7)h_a$$

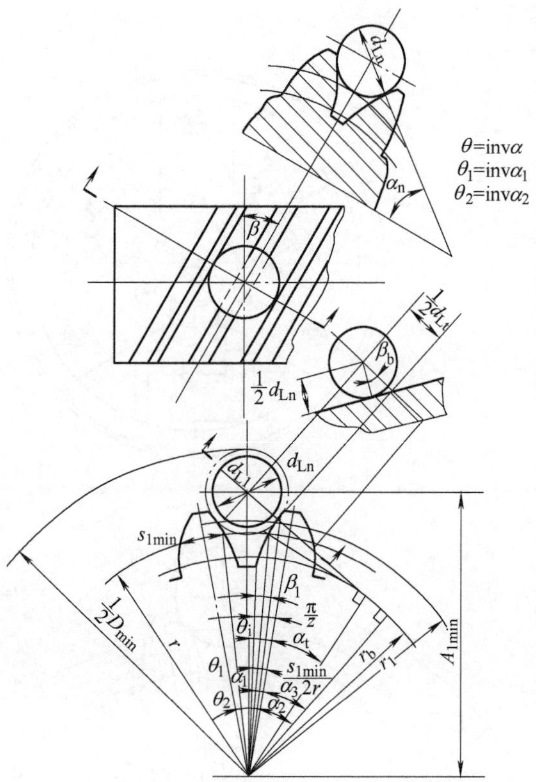

式中 h_a——齿顶高。

端面圆柱直径

$$d_{L1}=2[r_b\tan(\alpha_3+\beta_1)-r_1\sin\alpha_3]$$

式中 α_3——端面圆柱与齿面接触处的压力角，$\alpha_3=\arccos\left(\dfrac{r_b}{r_1}\right)$；

β_1——端面滚柱与齿面接触点的中心角，$\beta_1=\dfrac{180}{\pi}\left[\dfrac{\pi}{z}-\left(\dfrac{s_{1\min}}{2r}+\text{inv}\alpha_1+\text{inv}\alpha_3\right)\right]$，$\text{inv}\alpha_1=\theta$，

$\text{inv}\alpha_3=\theta_3$。

所求法向圆柱直径为

$$d_{Ln}=d_{L1}\cos\beta_b\left(\cos\beta_b=\frac{\sin\alpha_n}{\sin\alpha_1}\right)$$

图 5-42 斜齿圆柱齿轮磨内孔夹具圆柱直径计算图

取与标准或现有圆柱相近的圆柱直径 $d_n\leqslant d_{Ln}$，根据 d_n 再重新计算端面圆柱直径

$$d_L=\frac{d_n}{\cos\beta_b}$$

则
$$A_{\min}=\frac{r_b}{\cos\alpha_2}$$

式中 α_2——直径为 d_L 的圆柱与端面齿面接触处的压力角。

$$\text{inv}\alpha_2=\frac{s_{1\min}}{2r}+\text{inv}\alpha_1+\frac{d_L}{2r_b}-\frac{\pi}{z}$$

$$D_{\min}=2A_{\min}+d_{\mathrm{n}}\ （偶数齿）$$

$$D_{\min}=2A_{\min}\mathrm{ws}\left(\frac{90^{\circ}}{z}\right)+d_{\mathrm{n}}\ （奇数齿）$$

图 5-43a 所示为磨削双联齿轮内孔的夹具，工件以双联齿轮的齿面和一端面在圆柱 8 和支钉 4 上定位，由两层薄膜盘 3 和 5 通过夹爪 7、10(各 3 个,相互错开,均匀分布)和圆柱 8(共 6 个,每排 3 个)夹紧。夹紧时推杆 11 和顶套 1 的推力先分别使薄膜盘 3 和 5 胀开，装上工件后膜盘收缩将工件夹紧。调整环 2 和 6 用于修磨夹爪时调整用。

图 5-43b 所示为磨齿轮外圆膜盘式夹具，工作情况与图 5-43a 类似，不同之处是拉动杆 1，将工件装上。

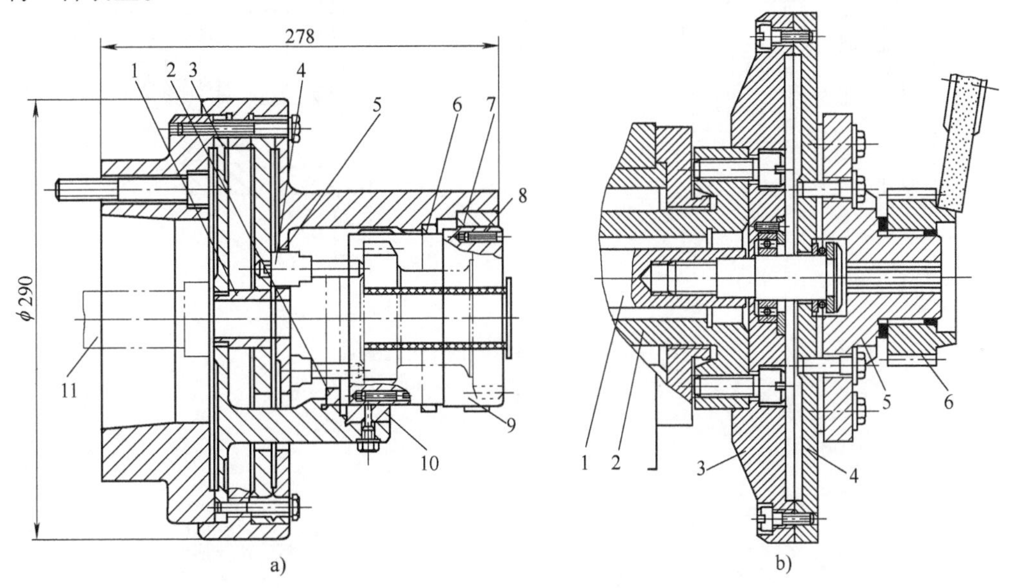

图 5-43　双联齿轮内孔和外圆磨夹具

a）齿轮内孔

1—顶套　2、6—调整环　3、5—薄膜盘　4—支钉　7、10—夹爪　8—圆柱　9—定位环　11—推杆

b）齿轮外圆

1—杆　2—主轴　3—卡盘　4—薄膜盘　5—卡爪　6—工件

图 5-44a 所示为磨削直齿锥齿轮内孔夹具，工件以一端面和在三个圆柱 2 上定位。工件定位后，将快卸压板 3 装上，转动螺母 1 将工件夹紧。

图 5-44b 所示为磨削较大锥齿轮内孔夹具，其定位机构与图 5-44a 类似，用中心拉杆带动三个压板 4 夹紧和松开工件。

对图 5-44 所示的磨直齿锥齿轮的夹具，还可用滚珠或锥柱定位。采用滚珠定位时，滚珠与齿面为点接触，不能用大的磨削用量；采用锥柱定位，锥柱与齿面为线接触，可提高定位精度和磨削用量，但对各锥柱的位置精度要求高，夹具结构复杂；而采用圆柱定位，虽然圆柱与齿面的接触也是点接触，但由于接触点可选在靠近背锥面的地方，其与齿面的接触半径较大，圆柱的轴向位置没有精度要求。

磨直齿锥齿轮用滚珠定位，其直径的计算方法如图 5-45 所示。

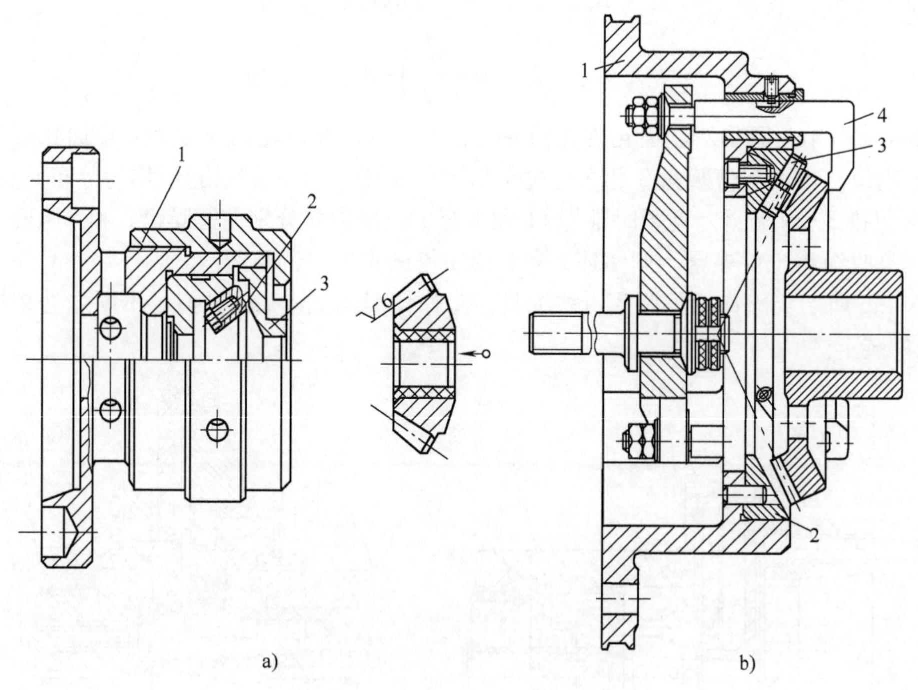

图 5-44　直齿圆锥齿轮内孔磨夹具

a）1—螺母　2—圆柱　3—快卸压板

b）1—本体　2—定位盘　3—圆柱　4—压板

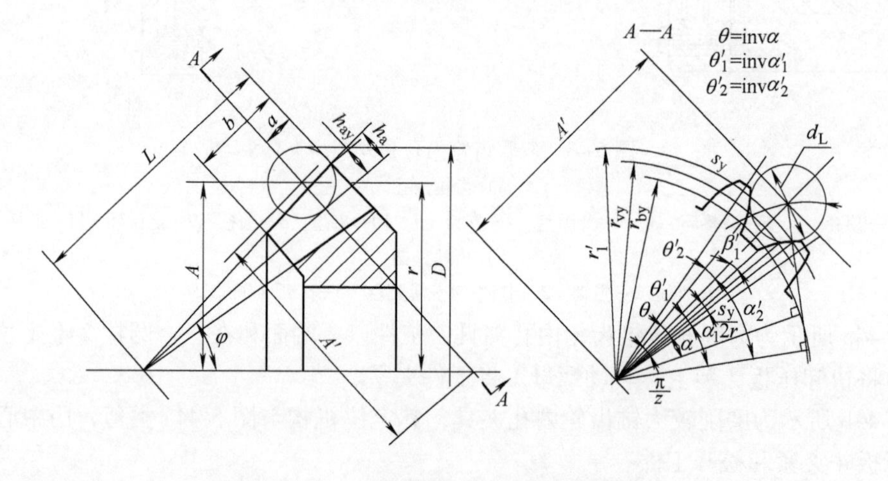

图 5-45　直齿锥齿轮定位滚珠计算图

取截面 A—A 到背锥的距离 $a=\left(\frac{1}{3}\sim\frac{1}{2}\right)b$（$b$ 为齿宽），一般取小值。

所计算齿形与背锥齿形的缩小比 $i=\frac{L-a}{L}$（L 为节锥锥距）。

分度圆半径 $r=\frac{1}{2}mz$，m 为齿轮模数，z 为齿数。

背锥齿形假想分度圆半径 $r_v=\dfrac{r}{\cos\varphi}$，$\varphi$ 为齿轮分锥角。

所计算截面假想分度圆半径 $r_{vy}=r_v i$。

所计算截面假想基圆半径 $r_{by}=r_{vy}\cos\alpha$，α 为分度圆上的压力角。

所计算截面齿形的齿顶高 $h_{ay}=h_a i$，$h_a i$ 为齿顶高。

背锥截面上的假想齿数 $z_1=\dfrac{z}{\cos\varphi}$。

所计算截面齿形的分度圆上的弧齿厚 $s_y=si$，s 为齿轮分度圆上最小弧齿厚。

在所计算截面上滚珠与齿面接触点的向量半径一般取 $r'_1=r_{vy}+(0.5\sim0.7)h_{ay}$。

滚珠的计算直径 $d_L=2[r_{by}\tan(\alpha'_1+\beta')-r'_1\sin\alpha'_1]$

式中　$\alpha'_1=\arccos\dfrac{r_{by}}{r'_1}$（假想截面滚珠与齿面接触处压力角）；

$\beta'=\dfrac{180^\circ}{\pi}\left[\dfrac{\pi}{z_1}-\left(\dfrac{s_y}{2r_{vy}}+\mathrm{inv}\alpha\right)+\mathrm{inv}\alpha'_1\right]$（假想截面滚珠与齿面接触点中心角）。

按标准选取滚珠与 d_L 相近的直径 $d\leqslant d_L$。

直径为 d 的滚珠在所计算截面上与齿面接触时，其中心到假想分度圆中心的距离 $A'=\dfrac{r_{by}}{\cos\alpha'_2}$，$\alpha'_2$由 $\mathrm{inv}\alpha'_2$确定，即

$$\mathrm{inv}\alpha'_2=\frac{s_y}{2r_{vy}}+\mathrm{inv}\alpha+\frac{d}{2r_{by}}-\frac{\pi}{z}$$

直径为 d 的滚珠的中心到锥齿轮的中心距离 $A=A'\cos\varphi$。

直径为 d 的滚珠外公切圆直径 $D=2A+d$。

磨直齿锥齿轮用圆柱定位的情况如图 5-46 所示。按上述方法首先计算出在所选截面的滚珠直径 d_L(图 5-45,这时取 $a=\dfrac{b}{3}\sim\dfrac{b}{4}$)，而为使圆柱只在所选截面上靠近分度圆处接触，其余部分不与凹齿面接触，圆柱轴线与齿轮轴线的夹角 ω 应小于齿轮的分锥角 φ，可取

$$\varphi-\omega=3^\circ\sim5^\circ$$

这时定位圆柱的直径应为

$$d=d_L\cos(\varphi-\omega)$$

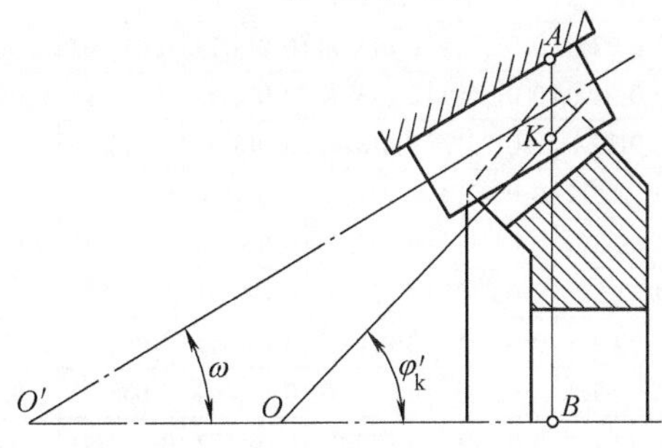

图 5-46　直齿锥齿轮用圆柱定位的几何关系

图 5-47 所示为弧齿锥齿轮磨内孔夹具。

在介绍磨齿轮内孔夹具有关计算之前，先介绍常用渐开线函数的数值，见表 5-5。

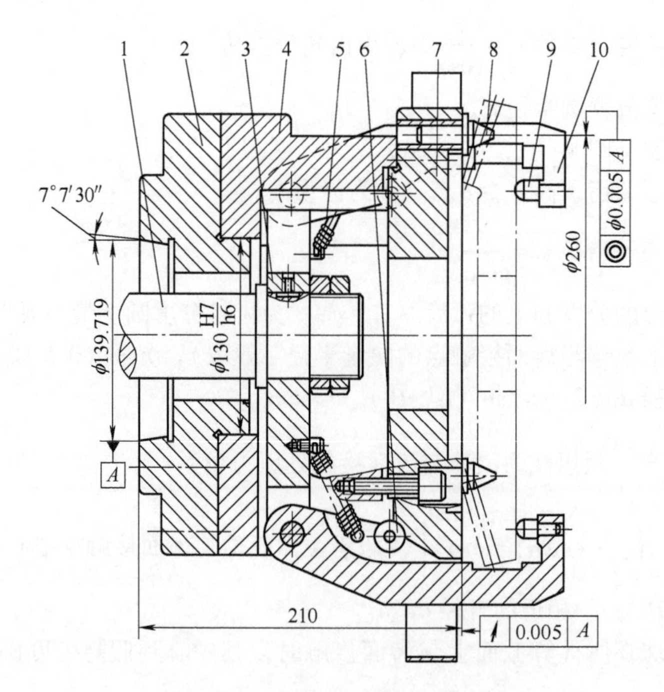

图 5-47　弧齿锥齿轮磨内孔夹具

1—拉杆　2—连接盘　3—板　4—本体　5—拉簧　6—滚轮　7—圆盘
8—锥柱(6 个)　9—销(3 个)　10—铰链压板(3 个)

表 5-5　常用渐开线函数 invα=tanα−α 的数值

α	0′	5′	10′	15′	20′	25′	30′	35′	40′	45′	50′	55′
10°	0. 0017941	0. 0018397	0. 0018860	0. 0019332	0. 0019812	0. 0020299	0. 0020759	0. 0021299	0. 0021810	0. 0022330	0. 0022859	0. 0023396
11°	0. 0023941	0. 0024495	0. 0025057	0. 0025628	0. 0026208	0. 0026797	0. 0027394	0. 0028001	0. 0028616	0. 0029241	0. 0029875	0. 0030518
12°	0. 0031171	0. 0031832	0. 0032504	0. 0033185	0. 0033875	0. 0034575	0. 0035285	0. 0036005	0. 0036735	0. 0037474	0. 0038224	0. 0038984
13°	0. 0039754	0. 0040534	0. 0041325	0. 0042126	0. 0042938	0. 0043760	0. 0044593	0. 0045437	0. 0046291	0. 0047157	0. 0048033	0. 0048921
14°	0. 0049819	0. 0050729	0. 0051650	0. 0052582	0. 0053526	0. 0054482	0. 0055448	0. 0056427	0. 0057417	0. 0058420	0. 0059434	0. 0060460
15°	0. 0061498	0. 0062548	0. 0063611	0. 0064686	0. 0065773	0. 0066873	0. 0067985	0. 0069110	0. 0070248	0. 0071398	0. 0072561	0. 0073738
16°	0. 007493	0. 007613	0. 007735	0. 007857	0. 007982	0. 008107	0. 008234	0. 008362	0. 008492	0. 008623	0. 008756	0. 008889
17°	0. 009025	0. 009161	0. 009299	0. 009439	0. 009580	0. 009722	0. 009866	0. 010012	0. 010158	0. 010307	0. 010456	0. 010608
18°	0. 010760	0. 010915	0. 011071	0. 011228	0. 011387	0. 011547	0. 011709	0. 011873	0. 012038	0. 012205	0. 012373	0. 012543
19°	0. 012715	0. 012888	0. 013063	0. 013240	0. 013418	0. 013598	0. 013779	0. 013963	0. 014148	0. 014334	0. 014523	0. 014713
20°	0. 014904	0. 015098	0. 015293	0. 015490	0. 015689	0. 015890	0. 016092	0. 016296	0. 016502	0. 016710	0. 016920	0. 017132
21°	0. 017345	0. 017560	0. 017777	0. 017996	0. 018217	0. 018440	0. 018665	0. 018891	0. 019120	0. 019350	0. 019583	0. 019817
22°	0. 020054	0. 020292	0. 020533	0. 020775	0. 021019	0. 021266	0. 021514	0. 021765	0. 022018	0. 022272	0. 022529	0. 022788
23°	0. 023049	0. 023312	0. 023577	0. 023845	0. 024114	0. 024386	0. 024660	0. 024936	0. 025214	0. 025495	0. 025778	0. 026062
24°	0. 026350	0. 026639	0. 026931	0. 027225	0. 027521	0. 027820	0. 028121	0. 028424	0. 028729	0. 029037	0. 029348	0. 029660
25°	0. 029975	0. 030293	0. 030613	0. 030935	0. 031260	0. 031587	0. 031917	0. 032249	0. 032583	0. 032920	0. 033260	0. 033602
26°	0. 033947	0. 034294	0. 034644	0. 034997	0. 035352	0. 035709	0. 036069	0. 036432	0. 036798	0. 037166	0. 037537	0. 037910
27°	0. 038287	0. 038666	0. 039047	0. 039432	0. 039819	0. 040209	0. 040602	0. 040997	0. 041395	0. 041797	0. 042201	0. 042607
28°	0. 043017	0. 043430	0. 043845	0. 044264	0. 044685	0. 045110	0. 045537	0. 045967	0. 046400	0. 046837	0. 047276	0. 047718
29°	0. 048164	0. 048612	0. 049064	0. 049518	0. 049976	0. 050437	0. 050901	0. 051368	0. 051838	0. 052312	0. 052788	0. 053268
30°	0. 053751	0. 054238	0. 054728	0. 055221	0. 055717	0. 056217	0. 056720	0. 057226	0. 057736	0. 058249	0. 058765	0. 059285

例如，$\mathrm{inv}20°40' = 0.016502$，已知 $\mathrm{inv}\alpha$ 值，也可查表求出 α 的值。

【示例 1】计算直齿圆柱齿轮用定位圆柱的直径。已知参数：模数 $m=5\mathrm{mm}$，齿数 $z=40$，齿顶高 $h_a=5\mathrm{mm}$，压力角 $\alpha=20°$，分度圆上弧齿厚为 $7.85_{-0.20}^{-0.10}\mathrm{mm}$。

齿轮分度圆半径　$r=\dfrac{1}{2}mz=\dfrac{1}{2}\times5\times40=100\mathrm{mm}$

齿轮基圆半径　$r_b=r\cos20°=93.9693\mathrm{mm}$

圆柱与齿面接触点向量半径　$r_1=r+0.6h_a=100\mathrm{mm}+0.6\times5\mathrm{mm}=103\mathrm{mm}$

圆柱与齿面接触处的压力角为　$\alpha_1=\arccos\dfrac{r_b}{r_1}=\arccos\dfrac{93.9693}{103}=24°10'=24.167°$

圆柱与齿面接触点中心角为

$$\beta=\frac{180}{\pi}\left[\frac{\pi}{z}-\left(\frac{s_{\min}}{2r}+\mathrm{inv}\alpha\right)+\mathrm{inv}\alpha_1\right]$$

$$=\frac{180}{\pi}\left[\frac{\pi}{40}-\left(\frac{7.85-0.20}{2\times100}+\mathrm{inv}20°\right)+\mathrm{inv}24°10'\right]$$

$$=\frac{180}{\pi}\times0.052317=2.997°\approx3°$$

圆柱计算直径为

$$d_L=2[r_b\tan(\alpha_1+\beta)-r_1\sin\alpha_1]$$

$$=2\times[93.9693\tan(24.167°+3°)-103\times\sin24.167°]$$

$$=2\times6.055\mathrm{mm}=12.11\mathrm{mm}$$

按生产单位计量室现有的圆柱取与 d_L 相近的圆柱直径为 12.0mm<12.11mm($d_n=12.0\mathrm{mm}$)。

按圆柱最小直径为

$$D_{\min}=\frac{2r_b}{\cos\alpha_2}+d_n=\frac{2\times93.9693}{\cos27.03°}\mathrm{mm}+12.0\mathrm{mm}=222.98\mathrm{mm}$$

其中 α_2 的计算式为 $\mathrm{inv}\alpha_2=\dfrac{s_{\min}}{2r}+\mathrm{inv}\alpha+\dfrac{d_n}{2r_b}-\dfrac{\pi}{z}=\dfrac{7.85}{2\times100}+\mathrm{inv}20°+\dfrac{12}{2\times93.9693}-\dfrac{\pi}{40}=0.03846$

$$\alpha_2=27°2'=27.03°$$

【示例 2】计算斜齿圆柱齿轮用定位圆柱的直径。已知参数：法向模数 $m_n=5\mathrm{mm}$，齿数 $z=40$，螺旋角 $\beta=15°$，齿顶高 $h_a=5\mathrm{mm}$，法向压力角 $\alpha_n=20°$，法向分度圆上最小弧齿厚 $s_n=7.85_{-0.46}^{-0.20}\mathrm{mm}$。

先将斜齿轮法向齿形换算成端面的齿形参数：

端面模数　$m_1=\dfrac{m_n}{\cos\beta}=\dfrac{5\mathrm{mm}}{\cos15°}=5.1762\mathrm{mm}$

端面分度圆半径　$r=\dfrac{1}{2}m_1z=\dfrac{1}{2}\times5.1762\times40\mathrm{mm}=103.524\mathrm{mm}$

端面分度圆上的压力角为　$\alpha_1=\arctan\dfrac{\tan\alpha_n}{\cos\beta}=\arctan\dfrac{\tan20°}{\cos15°}=20°38'=20.64°$

端面基圆半径　$r_b=r\cos\alpha_1=103.524\mathrm{mm}\times\cos20.64°=96.880\mathrm{mm}$

端面分度圆上的最小弧齿厚为

$$s_{1\min}=\frac{s_{n\min}}{\cos\beta}=\frac{7.85-0.46}{\cos15°}\text{mm}=7.65\text{mm}$$

圆柱与齿面接触点的向量半径为

$$r_1=r+0.6h_a=103.524\text{mm}+0.6\times5\text{mm}=106.524\text{mm}$$

$$\alpha_3=\arccos\frac{r_b}{r_1}=\arccos\frac{96.88}{106.524}=24°30'$$

端面圆柱与齿面接触点中心角为

$$\begin{aligned}\beta_1&=\frac{180}{\pi}\left[\frac{\pi}{z}-\left(\frac{s_{1\min}}{2r}+\text{inv}\alpha_1\right)+\text{inv}\alpha_3\right]\\&=\frac{180}{\pi}\left[\frac{\pi}{z}-\left(\frac{7.65}{2\times103.524}+\text{inv}20°38'\right)+\text{inv}24°30'\right]\\&=\frac{180}{\pi}\times0.053211=3.05°=3°03'\end{aligned}$$

计算端面圆柱直径

$$\begin{aligned}d_{L1}&=2[r_b\tan(\alpha_3+\beta_1)-r_1\sin\alpha_3]\\&=2\times[96.88\times\tan(24.5°+3.05°)-106.524\times\sin24.5°]\\&=2\times6.32\text{mm}=12.64\text{mm}\end{aligned}$$

则法向圆柱直径为

$$d_{Ln}=d_{L1}\cos\beta=12.64\text{mm}\times\cos15°=12.21\text{mm}$$

取现有直径与 d_{Ln} 相近的圆柱 $d_n=12.0\text{mm}<12.21\text{mm}$。

根据 $d_n=12.0\text{mm}$，重新计算端面圆柱直径，则

$$d_L=\frac{d_n}{\cos\beta}=\frac{12.0\text{mm}}{\cos15°}=12.42\text{mm}$$

则按滚柱最小直径为

$$D_{\min}=\frac{2r_b}{\cos\alpha_2}+d_n$$

式中，直径为 d_L 的圆柱与端面齿面接触处的压力角 α_2

$$\text{inv}\alpha_2=\frac{s_{1\min}}{2r}+\text{inv}\alpha_1+\frac{d_L}{2r_b}-\frac{\pi}{z}=\frac{7.65}{2\times103.524}+\text{inv}20°38'+\frac{12.42}{2\times96.88}-\frac{\pi}{40}=0.040610$$

则

$$\alpha_2=28°40'=28.67°$$

所以

$$D_{\min}=\frac{2\times96.880}{\cos28.67°}\text{mm}+12.35\text{mm}=233.184\text{mm}$$

【示例3】计算直齿锥齿轮按圆柱定位的直径。已知参数：模数 $m=5\text{mm}$，齿数 $z=40$，分锥角 $\varphi=58°56'42''$，压力角 $\alpha=20°$，分度圆上的弧齿厚 $s=7.85_{-0.46}^{-0.20}\text{mm}$，齿宽 $b=30\text{mm}$，齿顶高 $h_a=5\text{mm}$。

取截面 $A—A$ 到背锥的距离 $a=\frac{b}{4}$，先计算出在 $A—A$ 截面上用滚珠定位的直径 d_L 如图5-45所示。

分度圆半径　$$r=\frac{1}{2}mz=\frac{1}{2}\times5\times40\text{mm}=100\text{mm}$$

节锥锥距　$$L=\frac{r}{\sin\varphi}=\frac{100\text{mm}}{\sin58.945^\circ}=116.731\text{mm}$$

所计算齿形与背锥齿形的缩小比为

$$i=\frac{L-a}{L}=\frac{116.731-7.5}{116.731}=0.9357\left(a=\frac{b}{4}=7.5\text{mm}\right)$$

齿背齿形假想分度圆半径为

$$r_{\text{v}}=\frac{r}{\cos\varphi}=\frac{100\text{mm}}{\cos58.945^\circ}=193.8570\text{mm}$$

截面假想分度圆半径为

$$r_{\text{vy}}=r_{\text{v}}i=193.8570\text{mm}\times0.9357=181.3863\text{mm}$$

截面假想基圆半径为

$$r_{\text{by}}=r_{\text{vy}}\cos\alpha=181.3863\text{mm}\times\cos20^\circ=170.4473\text{mm}$$

截面齿形齿顶高为

$$h_{\text{ay}}=h_{\text{a}}i=5\text{mm}\times0.9357=4.6785\text{mm}$$

背锥截面上的假想齿数(当量齿数)为

$$z_1=\frac{z}{\cos\varphi}=\frac{40}{\cos58.945^\circ}=77.54$$

截面假想分度圆上弧齿厚为

$$s_{\text{y}}=si=(7.85-0.20)\text{mm}\times0.9357=7.1581\text{mm}$$

计算截面滚珠与齿面接触向量半径为

$$r'_1=r_{\text{vy}}+0.6h_{\text{ay}}=181.3960\text{mm}+0.6\times4.6785\text{mm}=184.2031\text{mm}$$

计算截面滚珠与齿面接触处的压力角

$$\alpha'_1=\text{arc cos}\frac{r_{\text{by}}}{r'_1}=\text{arc cos}\frac{170.4473}{184.2031}$$
$$=\text{arc cos}0.925326=22^\circ19'=22.28^\circ$$

计算截面滚珠与齿面接触点中心角

$$\beta'=\frac{180}{\pi}\left[\frac{\pi}{z_1}-\left(\frac{s_{\text{y}}}{2r_{\text{vy}}}+\text{inv}\alpha\right)+\text{inv}\alpha'_1\right]$$
$$=\frac{180}{\pi}\left[\frac{\pi}{77.54}-\left(\frac{7.1581}{2\times181.3960}+\text{inv}20^\circ\right)+\text{inv}22^\circ19'\right]$$
$$=\frac{180}{\pi}\times0.026900=1.54^\circ$$

所求滚珠直径为

$$d_{\text{L}}=2[r_{\text{by}}\tan(\alpha'_1+\beta')-r'_1\sin\alpha'_1]$$
$$=2[170.4473\times\tan(22.28^\circ+1.54^\circ)-184.2031\times\sin22.28^\circ]$$
$$=2\times5.41\text{mm}=10.82\text{mm}$$

以圆柱定位时，圆柱轴线与齿轮轴线的交角 ω 应小于齿轮的分锥角，取 $\varphi-\omega=5^\circ$，则所

求定位圆柱的直径为

$$d=d_L\cos(\varphi-\omega)=10.82\text{mm}\times\cos5°=10.78\text{mm}$$

这时可选用现有的 $d=10.95$mm 或标准 $d=11$mm 的圆柱。

当用同一砂轮同时磨削万向轴承圈内端面和沟槽时，可有几种定位方式，如图 5-48 所示。

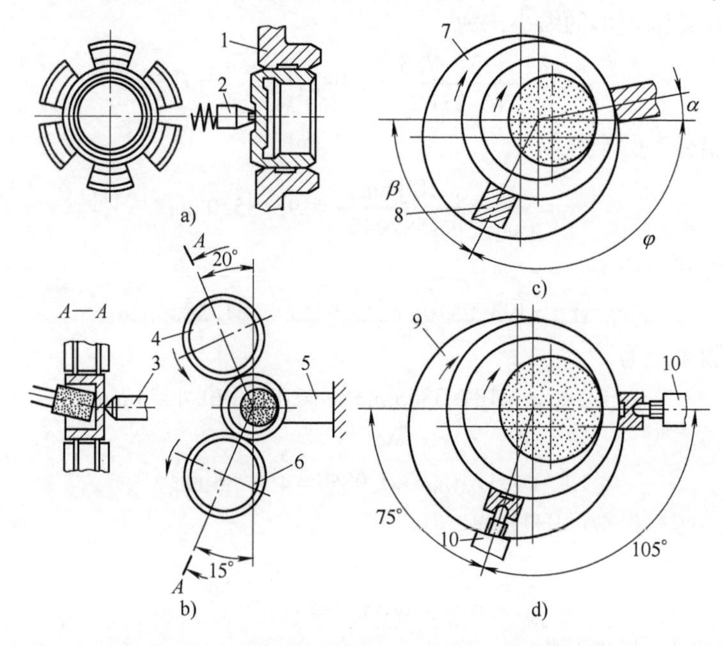

图 5-48 磨轴承圈内端面和沟槽的几种定位方式

1—六夹爪膜片式夹具 2—弹性支承 3—推料器 4—弹性滚轮 5—定位支承
6—滚轮 7、9—磁力卡盘 8—固定支承 10—V 形支承

图 5-48a 表示工件在自动内圆磨床上以外圆在六夹爪膜片式夹具 1 中定位和夹紧，每个夹爪在两个截面上夹紧。工件没有端面基准，弹性支承 2 是辅助支承，用于上料时将工件内端面顶向上料机械手的支承面，起到工件轴向限位作用。这种定位方式，由于各夹爪内不均和夹紧刚性不够，工件产生变形；由于膜片制造误差，只在一个截面夹紧工件，以及由于没有端面定位，工件产生倾斜，所以加工精度不高，部分工件超差(≈4%)。

图 5-48b 表示工件在自动内圆磨床上的水平方向以外圆在定位支承 5 和下面滚轮 6 上定位，并用上面的弹性滚轮 4 将工件压向定位支承 5 和滚轮 6。轴向挡销(其左端有滚珠)也是推料器 3(*A*—*A* 剖视图)。这种定位方式没有端面定位，工件转动时位置不稳定，是影响加工精度和外圆表面有压痕的主要原因。这时沟槽内圆形状误差为定位外圆形状误差的 1.2~1.3 倍。

图 5-48c 表示工件在自动内圆磨床上以外圆在两个固定支承 8 上定位，工件的转动由磁力卡盘 7 带动，即工件以端面在磁力卡盘上定位。这种定位方式在加工中的定位稳定性较高，当 $\alpha=0°$、$\beta=75°$、$\varphi=105°$时加工误差最小，沟槽形状误差等于定位外圆的形状误差。

图 5-48d 表示工件在两自定位浮动 V 形支承 10 上定位(一种结构如图 5-49 所示)，工件的转动也是由磁力卡盘 9 带动。这种定位方式可显著减小定位面形状误差对加工万向轴承圈沟槽和内端面精度的影响，这对加工一般轴承圈内端面也适用。

在中心架上磨削回转体工件内孔广泛用于生产，这种方法是无心磨削加工的一种变形，其优点是可全部或部分消除机床主轴跳动对加工精度的影响。图 5-49a 所示为一种带两个自定位浮动支承的中心架(磨削内孔直径 125mm,定位外圆直径 145mm)。

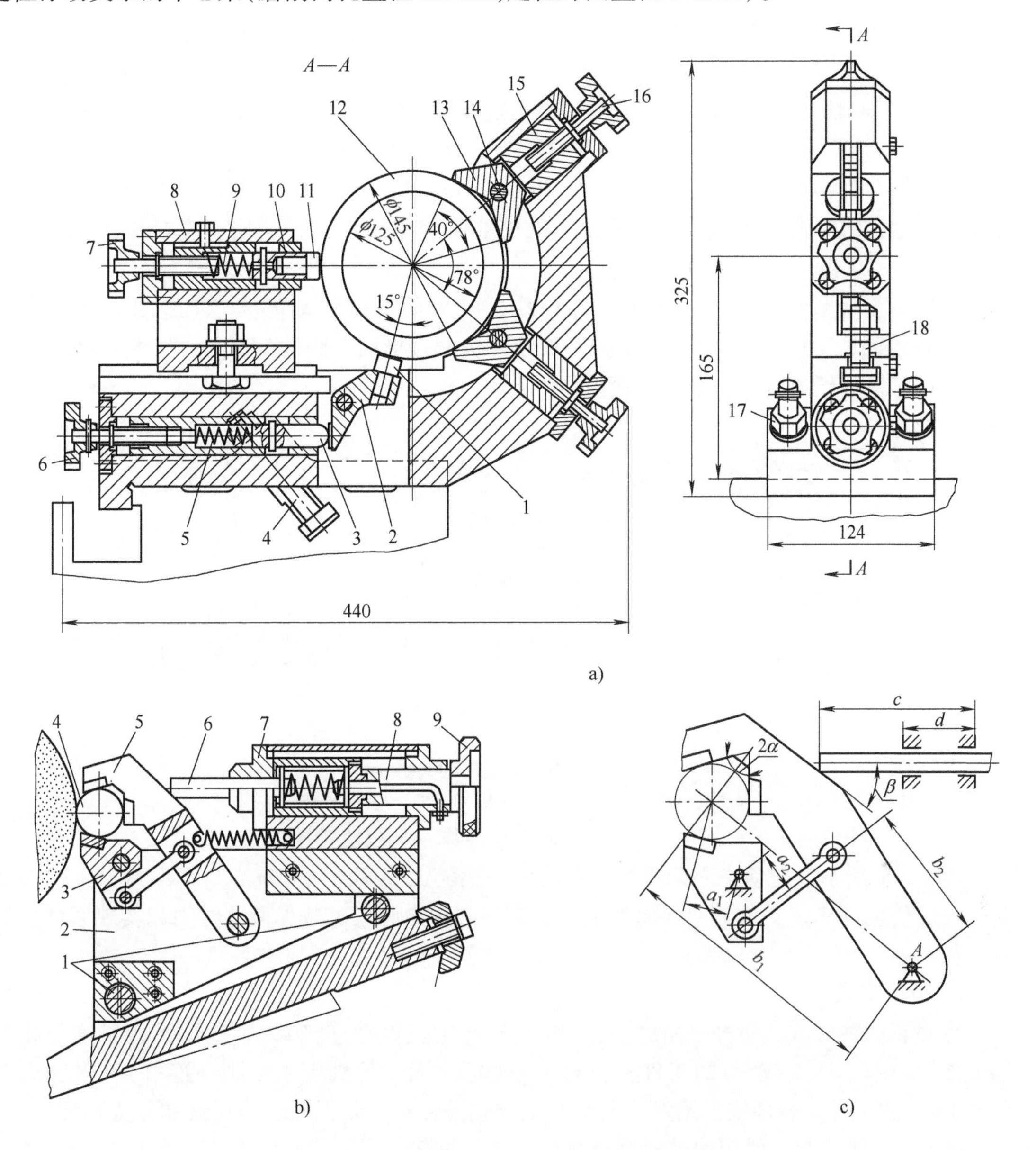

图 5-49　带两个自定位浮动支承的中心架

a) 1、11—支钉　2—杠杆　3—触销　4—螺钉　5、9—弹簧　6、7—手把　8—滑座　10—滑销　12—工件　13—V 形支承　14—销　15—滑柱　16—调节螺钉　17—螺母　18—螺栓

b) 1—偏心轴　2—板　3、5—杠杆　4—工件　6—推杆　7—法兰盘　8—轴　9—手轮

弹簧 9 通过固定在滑销 10 上的支钉 11 将工件 12 的定位外圆压向浮动 V 形支承 13，V 形支承在销 14 上摆动。滑座 8 可轴向移动，用螺栓 18 紧固在需要的位置上。弹簧 5 用于部分补偿工件的质量，弹簧通过触销 3、杠杆 2 和其上的支钉 1(材料为氟塑料)与工件外圆接触。弹簧 5 和 9 的力由手把 6 和 7 调整。

当定位外圆的圆度误差为 1μm 时，用该中心架磨出内孔的圆度误差为 1μm，而用两固定支承的中心架磨出内孔的圆度误差为 3μm。

图 5- 49b 所示为一种适用于刚性小的工件(例如长丝杠)磨外圆的中心架。转动手轮 9，利用轴 8 上的螺旋槽通过推杆 6 使各支承板与工件接触。转动两偏心轴 1，可分别调整板 2 在两相互垂直方向相对工件轴线的位置。用三个这种中心架可磨削直径为 45mm、长度为 2000mm 的空心轴，工件纵向直径的差异不超过 0. 01mm，横向直径差异为 0. 002mm，表面粗糙度 *Ra* 值达 0. 16~0. 32μm，比采用一般中心架机动时间减少了 50%。

中心架有关参数的确定(图 5-49c)：$\sin\alpha=(a_1b_2)/(a_2b_1)$；$(d/c)\leqslant 2f(f+c\tan\beta)$($f$ 为推杆与法兰盘孔的摩擦系数)。图 5-49 所示的中心架为单层浮动，适用于直径小于 50mm 的轴圈。

为减小支承点单位压力，防止工件划伤，应采用双层浮动的支承(适用于直径大于 200mm 的轴圈)，如图 5-50 所示。图 5-50a 所示为圆弧形面，图 5-50b 所示为 V 形面。支承件的材料可采用硬质合金、塑料和铜等。

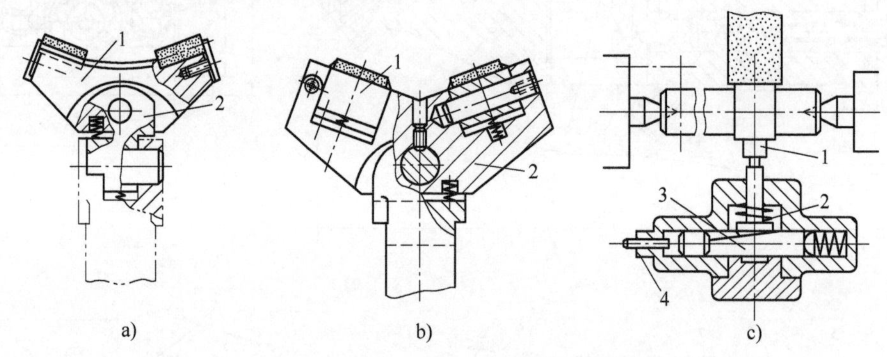

图 5-50 双层浮动支承

a)、b) 1—第一层浮动 2—第二层浮动

c) 1—支承 2—弹簧 3—楔块 4—液压传动杆

图 5-50c 所示为随动中心架简图，随动中心架随工件直径尺寸减小自动保持与工件的接触，液压传动杆 4 使支承 1 回到原始位置。应用随动中心架可减少调整时间和实现磨削长轴自动化。

3. 珩磨夹具

珩磨有两种方式：一种是珩磨头浮动(与机床主轴浮动连接)，主要用于孔长度与孔直径 d 之比$(L/d)>1.5$ 或>5 的工件；一种是珩磨头固定(与机床主轴刚性连接)，主要用于$(L/d)\leqslant 1$ 的工件。合理安排珩磨头与夹具的浮动连接环节是保证珩磨质量的重要环节。

图 5-51a 所示为一般用途的浮动珩磨头，其拉杆 2 与机床主轴和珩磨头本体 7 的连接采用万向接头，图 5-51 所示为分别采用十字轴销和球头的万向接头。转动螺母 10，使中心胀轴的锥体移动，将磨条胀出或收缩。在万向接头轴上也可安装滚针，如图 5-51b 所示。

导向条 11(图 5-51a)的直径比工件孔的公称直径小 0. 1~0. 5mm，其作用是珩磨进入工件时起导向作用，保护珩磨条不会碰伤和使珩磨条磨损均匀。

图 5-52a 所示为珩磨不通孔时用的珩磨头，图 5-52b 所示为珩磨锥孔用的珩磨头。

图 5-53a 表示，珩磨多级孔时珩磨头有关尺寸的确定：$l_p=2[l_0-2(l_n-l_k)]$；$l_k>0.5l_n$。

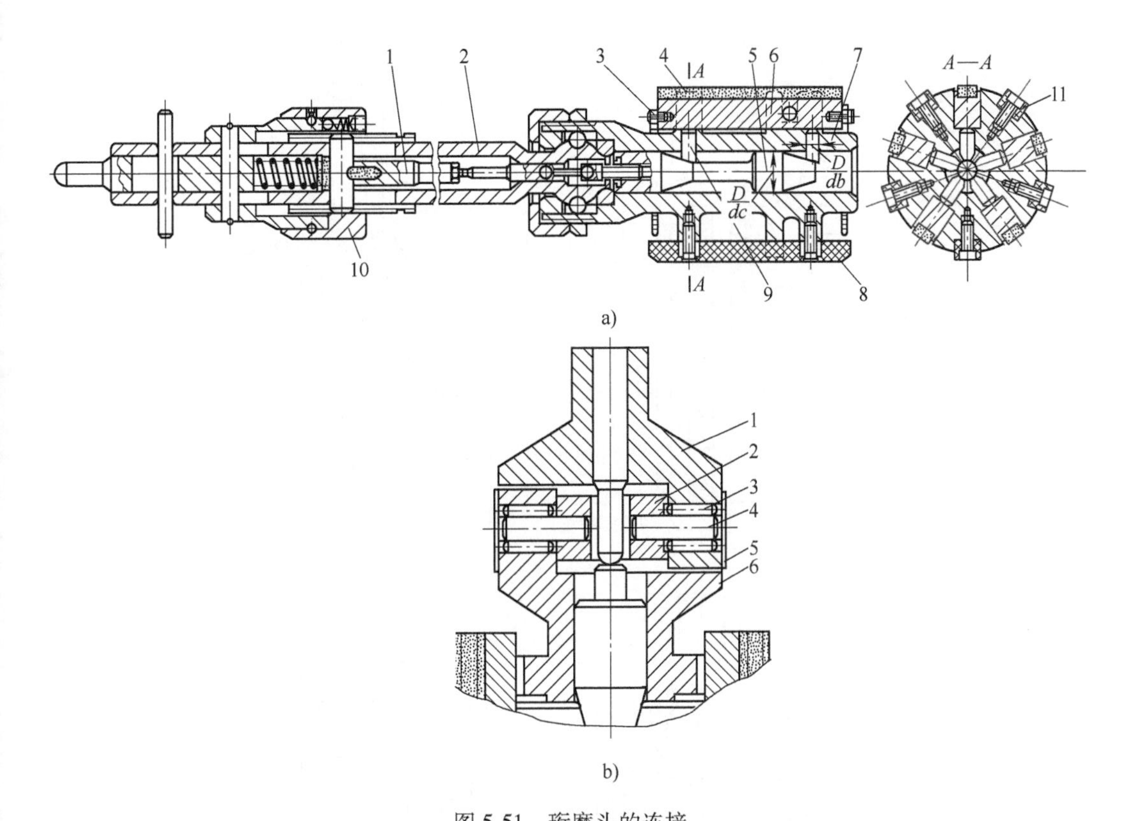

图 5-51　珩磨头的连接

a）1—中心胀轴　2—拉杆　3—弹簧　4—磨条　5—锥体　6—磨条座　7—本体　8—护板　9—销　10—螺母　11—导向条

b）1—珩磨头杆　2—十字接头　3—滚针轴承　4—销　5—罩　6—珩磨头

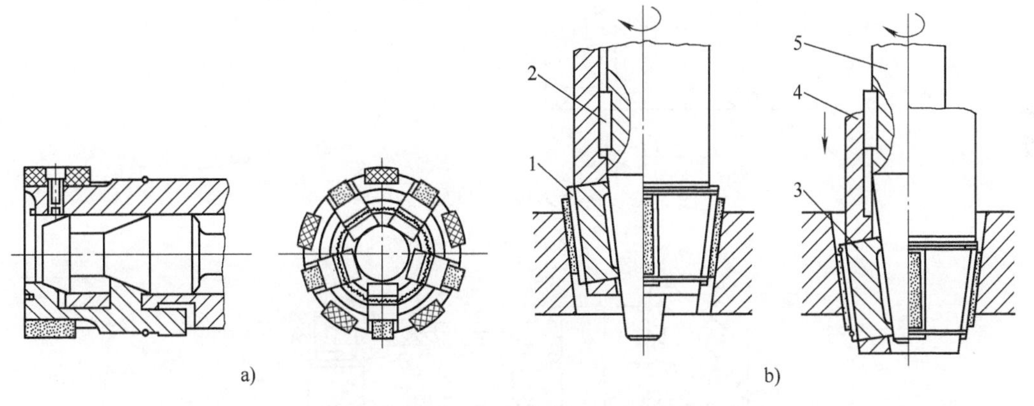

图 5-52　珩磨不通孔和锥孔用的珩磨头

1—珩磨条　2—键　3—锥形轴　4—本体　5—锥套

当两短孔距离较大时，可多层布置珩磨条，如图 5-53b 所示。若工件多层孔的长度不相等，对每个孔应尽量保持如下尺寸关系(图 5-53c)：$(l/L) \leqslant \frac{3}{4}$和 $l_B = \frac{1}{3}l$，l 和 l_B 如图 5-53b 所示。

图 5-54 所示为珩磨连杆大头孔浮动夹具。

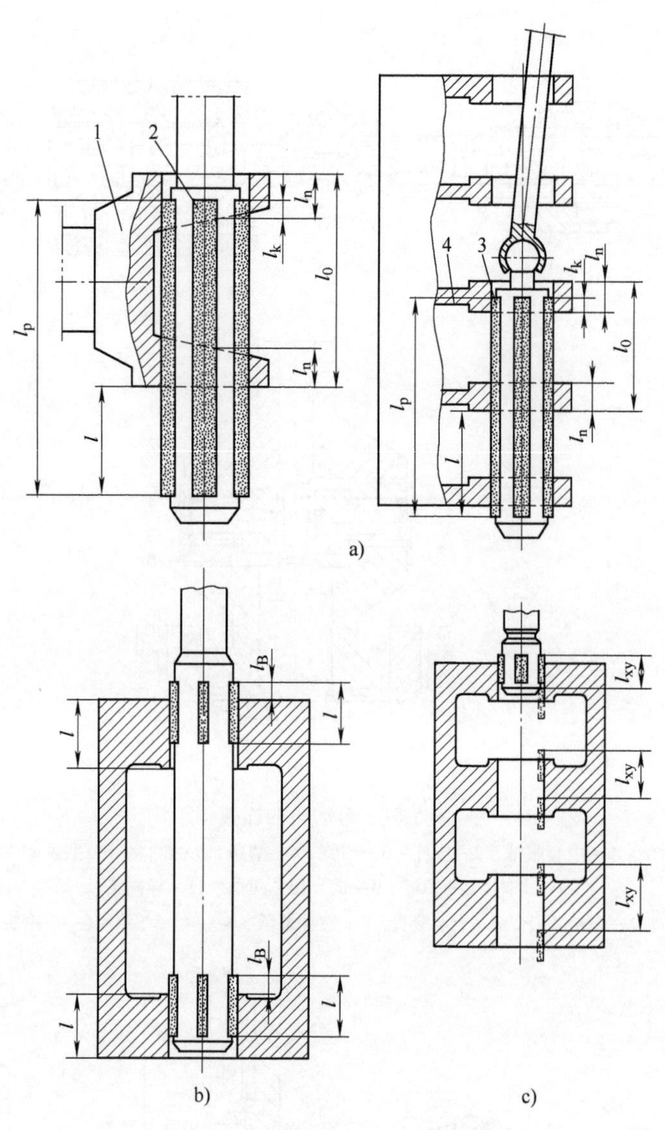

图 5-53 珩磨多级孔时尺寸的确定

a）1、4—工件 2、3—珩磨头

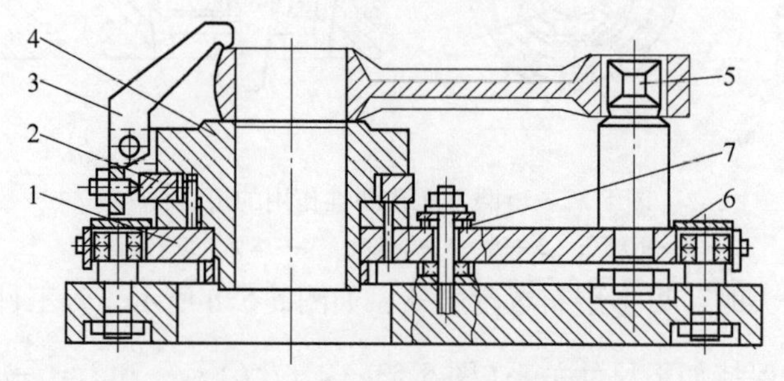

图 5-54 珩磨连杆大头孔浮动夹具

1—移动板 2—凸轮 3—压板(3 个) 4—定位法兰 5—定位销 6—滚动支承(4 个) 7—滚动支承(2 个)

滚动支承6可以防止珩磨时移动板1侧翻，而滚动支承7能防止其轴向移动。该夹具在工作中具有高可靠性。

图5-55所示为在双轴珩磨机上同时珩磨连杆大、小头孔用珩磨头浮动固定式夹具。

应用该夹具，珩磨头在浮动导套7和8中按连杆大、小头孔自定位，珩磨出的孔其形状误差为0.010~0.015mm，两孔轴线平行度误差在200mm长度上为0.03~0.04mm。

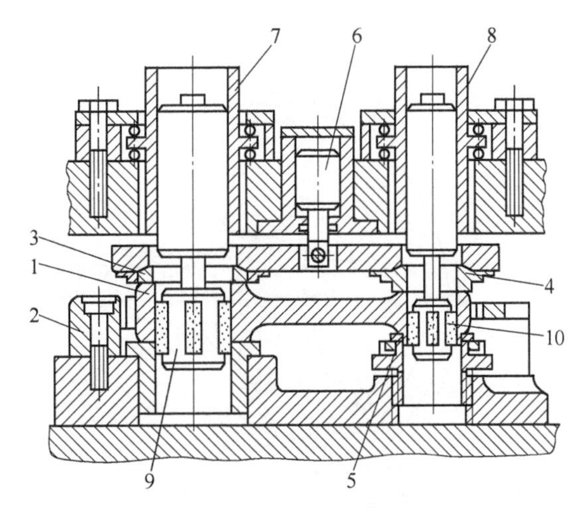

图5-55　同时珩磨连杆两孔浮动固定式夹具
1—连杆　2—定位V形块　3、4—球面垫圈　5—自定位支承　6—夹紧液压缸　7、8—浮动导套　9、10—珩磨头

珩磨刚性不好的工件(例如薄壁缸套)常采用弹性薄膜元件定位的夹具，其缺点是散热性差，工件温度会升高，影响精度，同时这种夹具的寿命低(加工5000到10000个工件)。图5-56所示的夹具可克服上述缺点，该夹具主要特点是在薄膜圈上有槽9。

两薄膜圈6装在套3上，并卡在冷却液环1与盖2形成的槽中，盖2将薄膜圈压紧。压缩空气经接头7使两薄膜圈将工件夹紧。

冷却液从环1输送到气缸套内，而从接头5经过环腔A流向气缸套外表面。冷却液从腔A向上和向下经过薄膜圈的槽9进入薄膜圈6内。这样的冷却可保证气缸套上、下部分收缩一致(一般上下收缩差达0.01~0.02mm)。

图5-57a所示为珩磨锥孔用珩磨头，珩磨头安装在控制机构7的导轨上，机构发出珩磨头沿轴线往复移动的信号。通过杆12、轴4和平面弹簧5将带珩磨条2的座3安装在本体6上。珩磨条2轴向是圆弧形的，活塞11使珩磨条径向移动。由于有开口13，每个回转座3可在轴4上自由摆动。

压缩空气经接头8、孔14进入腔10内，使珩磨条压向工件1的表面；压缩空气从接头9、孔15进入腔16，使珩磨条收缩。

加工前先调整珩磨条，使其对称轴线与工件锥面长度的中点对准，如图5-57b所示。珩磨时工件旋转，珩磨头沿工件轴线作振幅为A的往复移动，同时压缩空气通过接头8进入腔10，使珩磨条与工件接触，这时回转座3左右回转α角。珩磨不断与工件锥孔表面接触和左右回转α角，珩磨结束后压缩空气从接头9沿

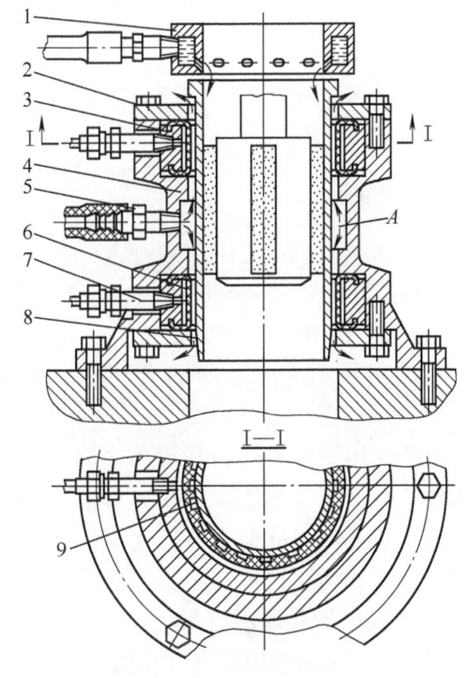

图5-56　珩磨薄壁气缸套夹具
1—冷却液环　2—盖　3—套　4—本体　5、7—接头　6—薄膜圈　8—气缸套　9—槽

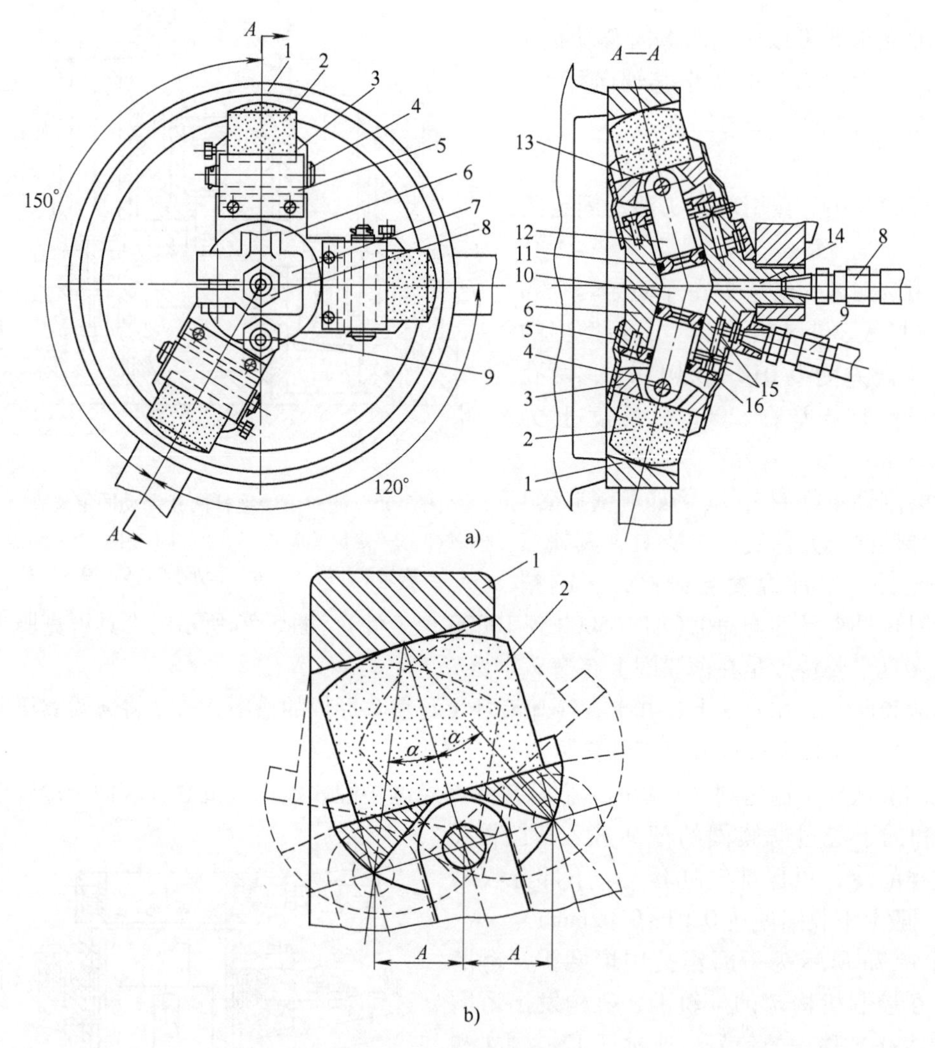

图 5-57 珩磨锥孔用珩磨头

1—工件 2—珩磨条 3—座 4—轴 5—弹簧 6—本体 7—控制机构
8、9—接头 10、16—腔 11—活塞 12—杆 13—开口 14、15—孔

孔 15 进入杆腔 16，回到原始位置，而弹簧 5 使回转座固定在垂直位置上。

图 5-58 所示为加工薄壁套（图 5-58a）锥面和端面磨夹具（图 5-58b），其心轴尺寸如图 5-58c所示。[29]

凸环 3 用螺钉 4 限制其转动，加工前凹、凸环上的凸槽和凸块（其深度和高度很小）相互错开。工件用自身螺纹拧在夹具上，加工完后转动凹环，使凸环上的凸块落入凹环上的凹槽。凸环 3 可轴向移动，这样使工件定位端面与凸环 3 之间产生间隙，即可取下工件。该夹具用工件自身螺纹拉紧，解决了薄壁锥形螺母受夹紧力在加工中的变形问题。

4. 其他磨床和研磨夹具

图 5-59a 所示为用于磨削冷镦机上冷镦螺母的硬质合金扇形模端面的夹具，也适用于其他类似的工件，加工公差等级为 IT8 级。图 5-59 中夹具的位置不是工作位置。

将夹具平面 *A* 水平安装在平面磨床的磁板上，六个工件装在 V 形槽中（与磁板接触），用螺钉 4 夹紧。然后将夹具平面 *B* 水平安装在机床磁板上，精磨各工件的一个端面；磨完

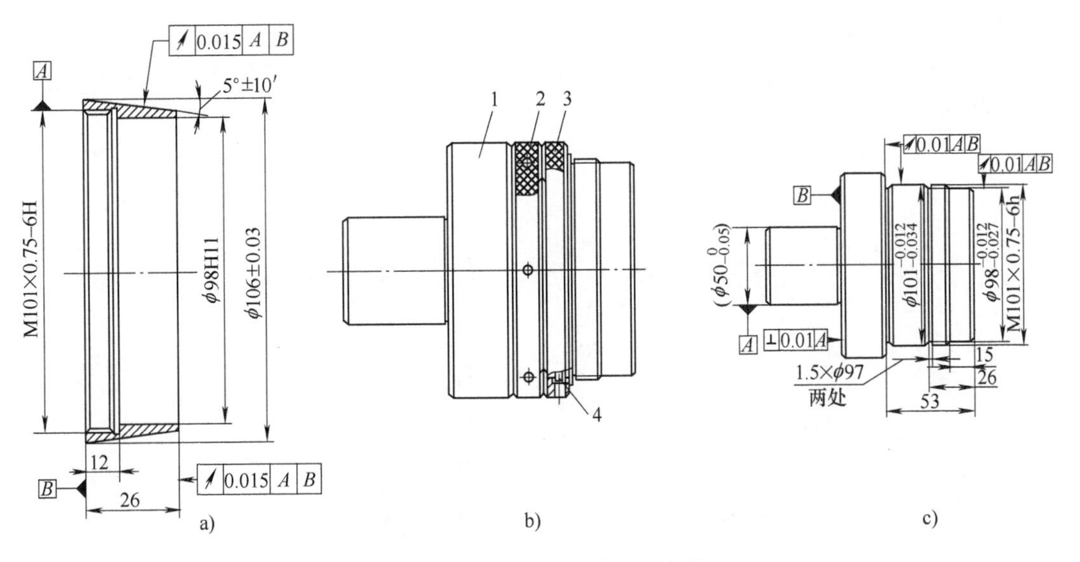

图 5-58　薄壁套锥面和端面磨夹具

1—心轴　2—凹环　3—凸环　4—螺钉

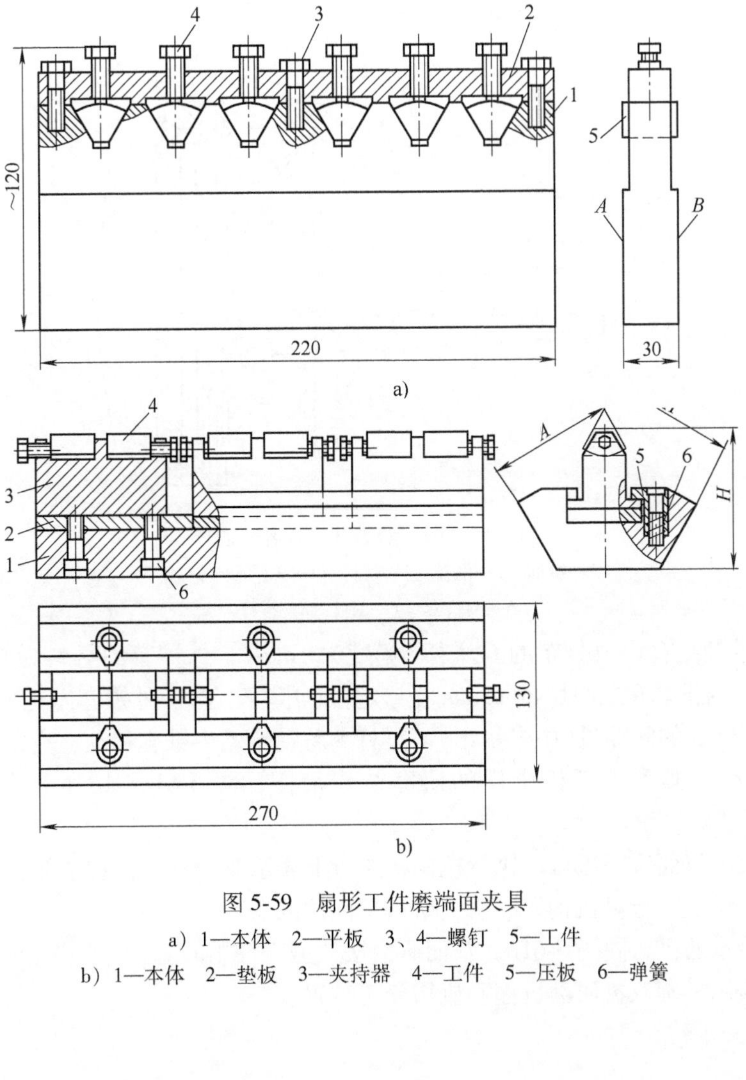

图 5-59　扇形工件磨端面夹具

a）1—本体　2—平板　3、4—螺钉　5—工件

b）1—本体　2—垫板　3—夹持器　4—工件　5—压板　6—弹簧

一个端面后，将夹具翻转(*A* 面在磁板上)，磨削另一个端面。

图 5-59b 所示为磨削上述工件的扇形面夹具，为使工件在夹持器中定位，采用了定位样板。磨削扇形面保持尺寸 $A_{-0.02}^{0}$，磨削水平工作面保持尺寸 *H*。

图 5-60 所示为同步器齿环磨锥孔夹具[27]。

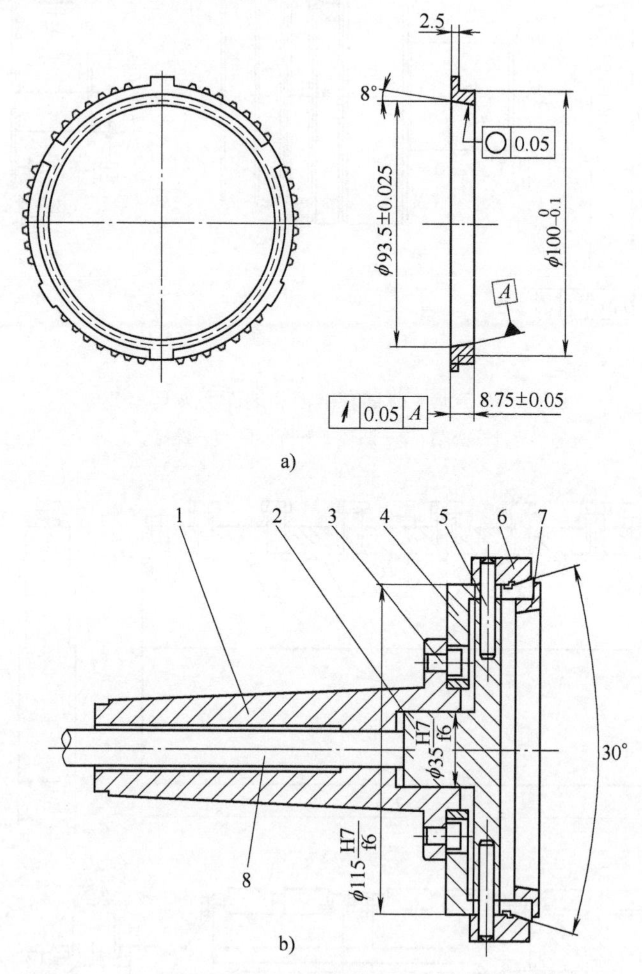

图 5-60　同步器齿环磨锥孔夹具

1—锥柄　2—推盘　3—螺钉　4—外锥套　5—销

6—内锥套　7—工件　8—推杆

外锥套 4 沿轴线有均匀分布的 6 个槽(宽度为 1mm)，外锥套的材料为 65Mn，经热处理。外锥套 4 和内锥套 6 之间用 ϕ115mm 止口定位(滑动配合)。外锥套内孔与推盘 2 的外圆之间有 0.2~0.3mm 的间隙(图中未示出)。推杆 8 移动带动内锥套移动，夹紧或松开工件。

图 5-61 所示为典型研磨机床用的研磨装置简图，图 5-61a、b 和 c 表示研磨平面，图 5-61d表示研磨圆柱面。

图 5-61a 表示双面研磨机行星执行机构，左半部表示双面研磨，右半部表示单面研磨。

图 5-61b 表示在带行星机构研磨机上研磨平面用的盒。

图 5-61c 表示的机床同图 5-61b，双面研磨法兰型工件用的盒。

图 5-61d 表示外圆双盘研磨机偏心机构隔离装置。

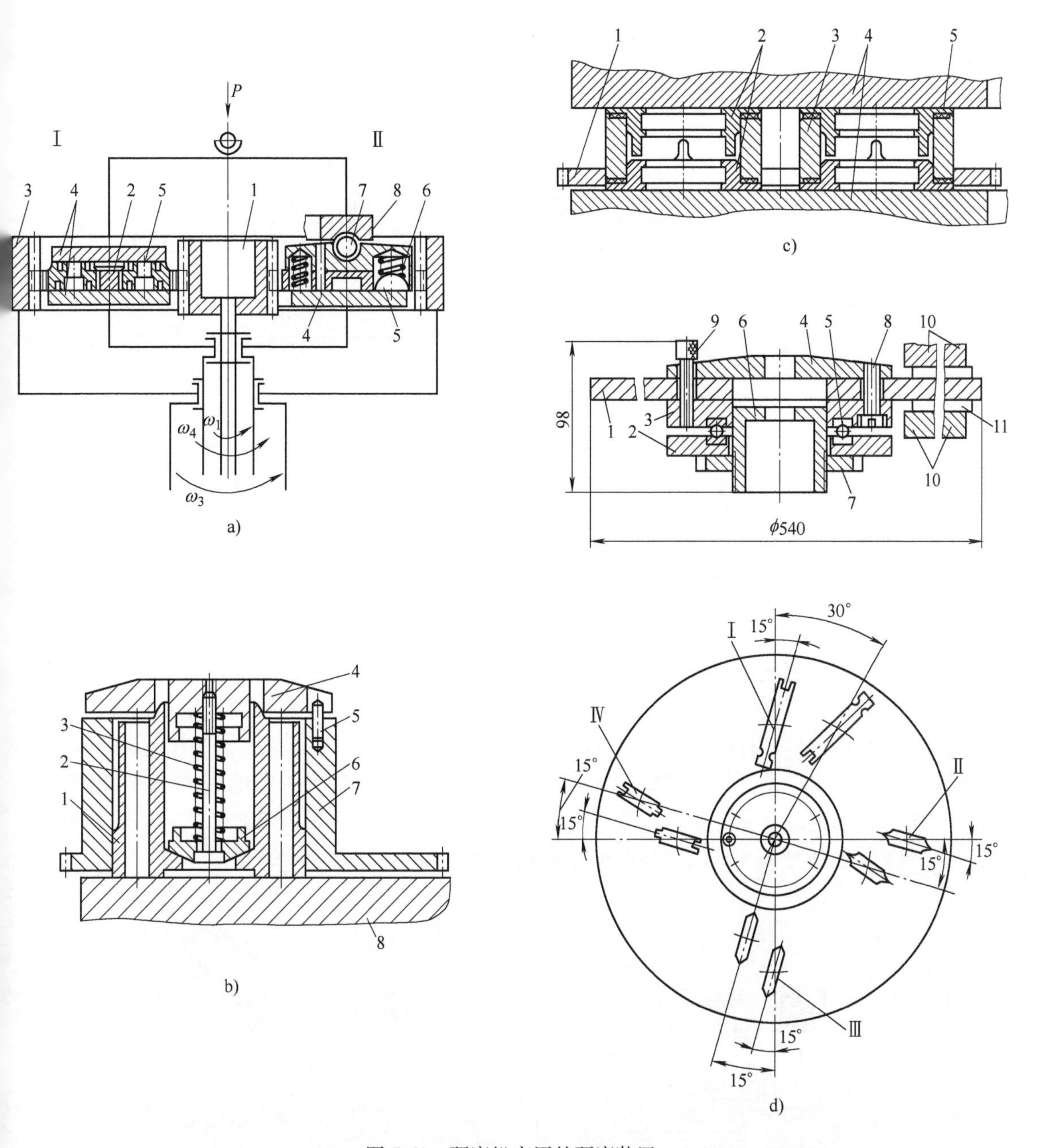

图5-61　研磨机床用的研磨装置

a）1—中心齿轮　2—盒体　3—外齿轮　4—上、下研磨盘　5—工件　6—弹簧　7—铰链　8—上料盘

b）1—工件　2—螺钉　3—弹簧　4—盖　5—销　6—压套　7—专用盒　8—研磨盘

c）1—盒　2—工件　3—随行套　4—上、下研磨盘　5—垫圈

d）1—隔离盘　2、3—圆盘　4—盖　5—轴承　6—套　7—螺母　8、9—螺钉　10—研磨板　11—工件

对研磨装置的主要要求是：研磨工具工作表面应具有一定的几何精度；足够的刚性、耐磨性和精度保持性；材料硬度均匀等。

砂带磨削及其装置的示意图如图5-62所示[26]。图5-62a表示磨削叶片的曲面；图5-62b表示同时磨削多个工件外圆；图5-62c表示磨削内孔；图5-62d表示磨削平面。

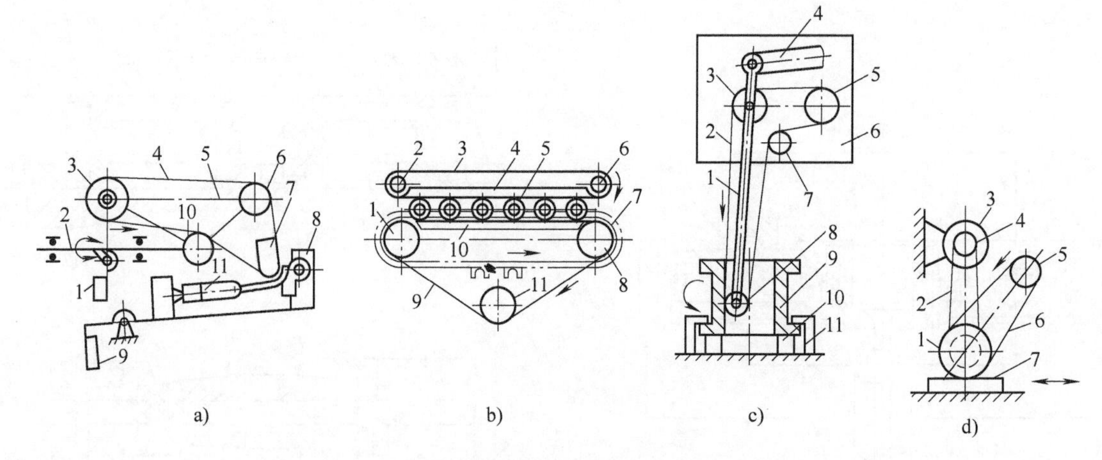

图 5-62 砂带磨削及其装置示意图

a）1—张力器 2—摇摆轴 3—主动轮 4—砂带 5—支架 6—传动轮 7—靠模 8—夹具 9—平衡重 10—导轮 11—叶片

b）1、6—游轮 2—驱动轮 3、7—传送带 4、10—支承板 5—工件 8—主动轮 9—砂带 11—张紧轮

c）1—砂带支承 2—砂带 3—驱动轮 4—进给拉杆 5—张紧轮 6—拖板 7—导轮 8—压紧砂带轮 9—工件 10—等高块 11—压板

d）1—砂带轮 2—传动带 3—电动机 4—带轮 5—张紧轮 6—砂带 7—工件

在生产中可利用现有设备改装进行砂带加工，如图 5-63 所示的砂带磨削装置，可用于加工刚性差的工件。支架 5 固定在机床主轴箱盖上，在支架轴 7 上有传动带轮 6 和可换带轮 4。砂带 1 的拉紧机构由杠杆 9、接头 11、叉 13、叉 14 和滚轮 15 组成，接头和叉 13 的位置用螺母 10 和 12 固定，砂带预拉力按叉 13 上的刻度调节。杠杆另一臂端做成叉形，滚轮 8 安装在滚珠轴承上。为安全生产，装置上有防护罩 2 和盖 3。采用耐水磨带，电动机功率为 1.1kW，砂带速度为 8~10m/s，外形尺寸为 0.5m×0.5m×0.6m。

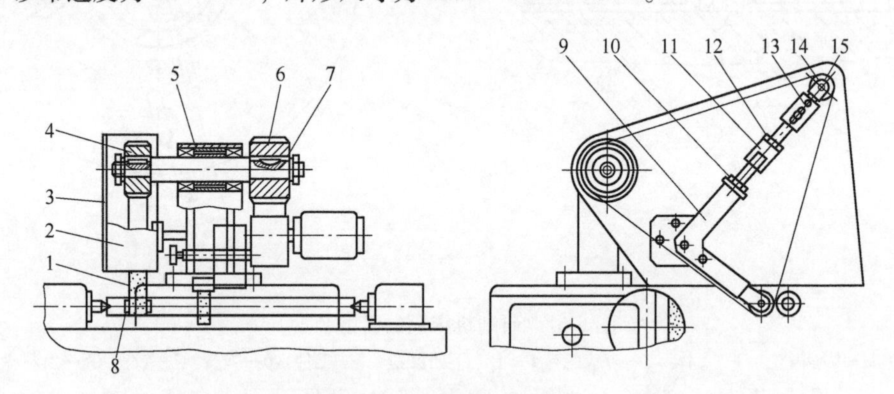

图 5-63 砂带磨削装置

1—砂带 2—防护罩 3—盖 4—可换带轮 5—支架 6—传动带轮 7—轴 8、15—滚轮 9—杠杆 10、12—螺母 11—接头 13、14—叉

图 5-64 所示为用金刚石砂轮切割脆性材料（例如钡铁）的夹具，弹性压板 1（材料为 65Mn）可绕支座 5 上的轴转动，支座固定在底板 4 上。用与滚轮 3 接触的偏心轮 2 夹紧工件，在压板上做出纵向槽。压板的臂长大、厚度小，又有槽，所以有一定的弹性。

图 5-65 所示为在圆盘平面磨床上磨削离合器叉座端面的夹具，压板 9 的左端有网纹，

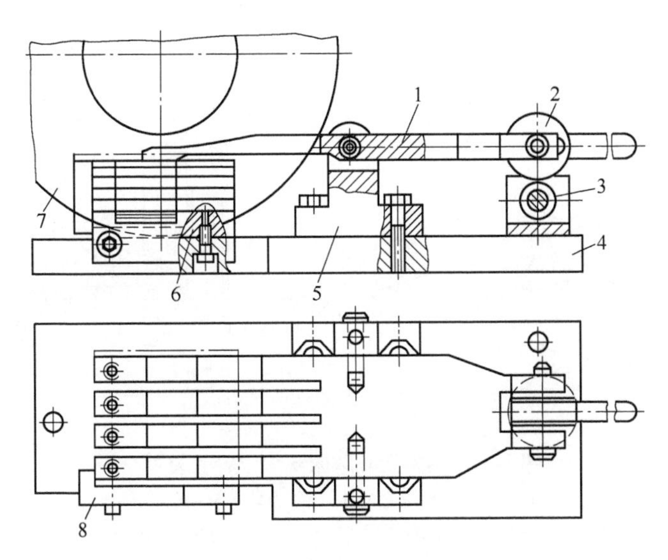

图5-64 切割脆性材料的夹具

1—压板 2—偏心轮 3—滚轮 4—底板 5—支座 6—支承块 7—砂轮 8—侧板

而其右端的支承面有30°的斜角，使磨削时夹紧可靠。下支承块11与工件接触处做成圆弧形，以防止工件磨削时移动。

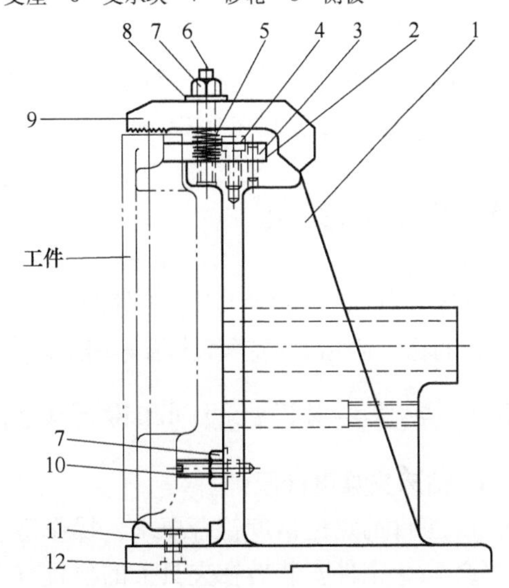

图5-65 磨离合器叉座端面夹具

1—本体 2—定位板 3—销 4、12—螺钉 5—弹簧 6—双头螺柱 7—螺母 8—垫圈 9—压板 10—支承螺栓 11—下支承块

为达到较高的加工精度，无心磨床磨削外圆时，工件中心 O_2 相对砂轮与导轮中心连线 O_1O_3 的高度 H 值有一定要求，如图5-66a所示。

H 值按下式计算[99]

$$H=\frac{(d+D_1)\sin\alpha}{2\sqrt{1+\left(\frac{d+D_1}{d+D}\right)^2+2\left(\frac{d+D_1}{d+D}\right)\cos\alpha}}$$

$$\lambda=\frac{\pi}{2}+\theta-(\alpha+\beta)$$

例如，针对一加工情况：$\alpha=15°$，$\beta=49°$，按计算得 $H=16.8\text{mm}$，工件平均圆度误差为 $1.5\mu\text{m}$；而以前采用 $H=6\text{mm}$，$\lambda=30°$，工件平均圆度误差为 $6.3\mu\text{m}$。

在生产中为调节无心磨床支承刀口的位置，可采用图5-66b所示的装置。

用弹簧(图中未示出)使斜楔3和滚珠导轨4在底板1和上板2之间产生弹性预紧。斜楔3通过开口螺母5、丝杠6和齿轮7与电动机8相连，在丝杠6上固定有刻度盘19，丝杠右端有扁平面18。

在上板2的V形槽中有托块9，两个自移动的销10和十字片簧11使托块9靠在V形槽的表面上。在托块上固定有支承刀口12，在托块下面有销13，销13嵌入螺母14的槽中，螺母安装在轴15上，轴15与蜗轮16、蜗杆17相连。在蜗杆输出轴上有刻度盘19和手柄

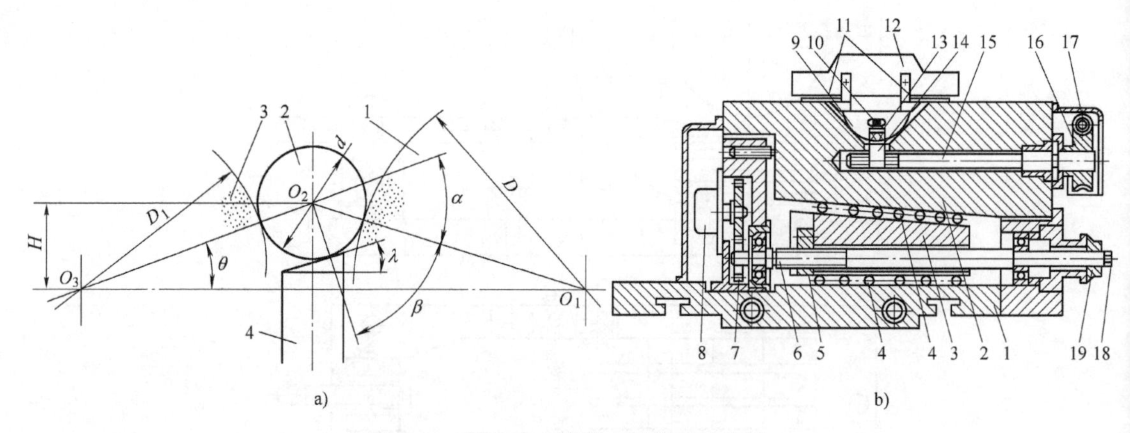

图 5-66　调整无心磨床支承位置的装置

a) 1—砂轮　2—工件　3—导轮　4—托板

b) 1—底板　2—上板　3—斜楔　4—导轨　5、14—螺母　6—丝杠　7—齿轮　8—电动机　9—托块　10、13—销　11—片簧　12—刀口　15—轴　16—蜗轮　17—蜗杆　18—扁平面　19—刻度盘

(图中未示出)。

支承刀口的位置用丝杠和斜楔调节，刀口的角度位置用轴 15 和螺母 14 调节，对高精度加工其调节精度可控制在 0.01mm 内。

5.3　钻镗床夹具

钻床夹具(也称钻模)用于工件的钻孔、扩孔、铰孔等工序；镗床夹具(也称镗模)用于工件孔的粗、半精、精镗和沟槽等加工。

5.3.1　钻床夹具设计原则和设计中的几个问题

1. 钻床夹具设计原则

① 工件的定位精度符合要求，操作迅速。

② 防止工件安装后在夹具上的位置有误。

③ 防止工件在钻削时有振动或位移。

④ 有足够的排屑空间，夹具的结构便于迅速清除切屑。

⑤ 夹具应有足够的强度、刚性，但避免过重。

⑥ 应尽量将零件固定在夹具上，以防止丢失。

⑦ 在保证上述要求的条件下，夹具结构应尽可能简单。

2. 钻床夹具设计中的几个问题

(1) 钻床夹具在机床上的安装　在台式钻床和主轴固定的立式钻床上，夹具在工作台上移动，以使被加工孔的中心(即钻套中心)对准机床主轴，对重量小的钻床夹具在加工时应防止其转动。在摇臂钻床上，夹具一般固定在机床工作台上，对大型夹具也可不固定。

(2) 钻床夹具刀具导向元件　表 5-6 和表 5-7 列出了固定钻套和可换、快换钻套的规格尺寸。钻套也称导套，用于钻孔、扩孔和铰孔。钻套用衬套的规格尺寸见表 5-8。

表 5-6　常用固定钻套的规格尺寸　(单位:mm)

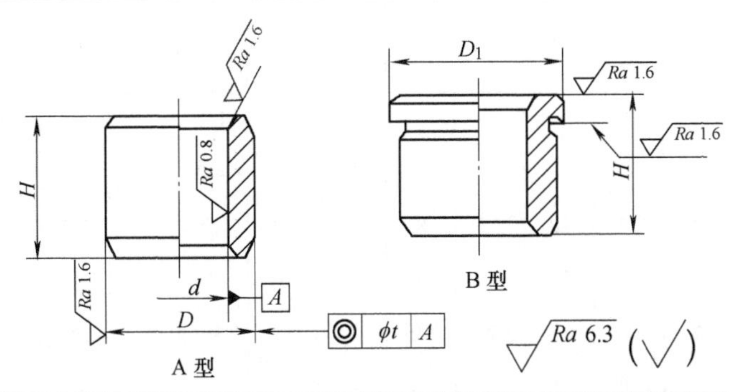

d/(F7)	D/(D6)	D_1	H			t	d/ (F7)	D/(D6)	D_1	H			t
>0~1	3	6	6	9	—	0.008	>10~12	18	22	12	20	25	0.008
>1~1.8	4	7	6	9	—		>12~15	22	26	16	28	36	
>1.8~2.6	5	8	6	9	—		>15~18	26	30	16	28	36	
>2.6~3	6	9	8	12	16		>18~22	30	34	20	36	45	0.012
>3~3.3	6	9	8	12	16		>22~26	35	39	20	36	45	
>3.3~4	7	10	8	12	16		>26~30	42	46	25	45	56	
>4~5	8	11	8	12	16		>30~35	48	52	25	45	56	
>5~6	10	13	10	16	20		>35~42	55	59	30	56	56	
>6~8	12	15	10	16	20		>42~48	62	66	30	56	67	
>8~10	15	18	12	20	25		>48~50	70	74	30	56	67	

注：1. 本表符合 JB/T 8045.1—1999。

2. d≤26mm，T10A，58~64HRC；d>26mm，20 钢渗碳深 0.8~1.2mm，58~64HRC。

表 5-7　常用可换和快换钻套的规格尺寸　(单位:mm)

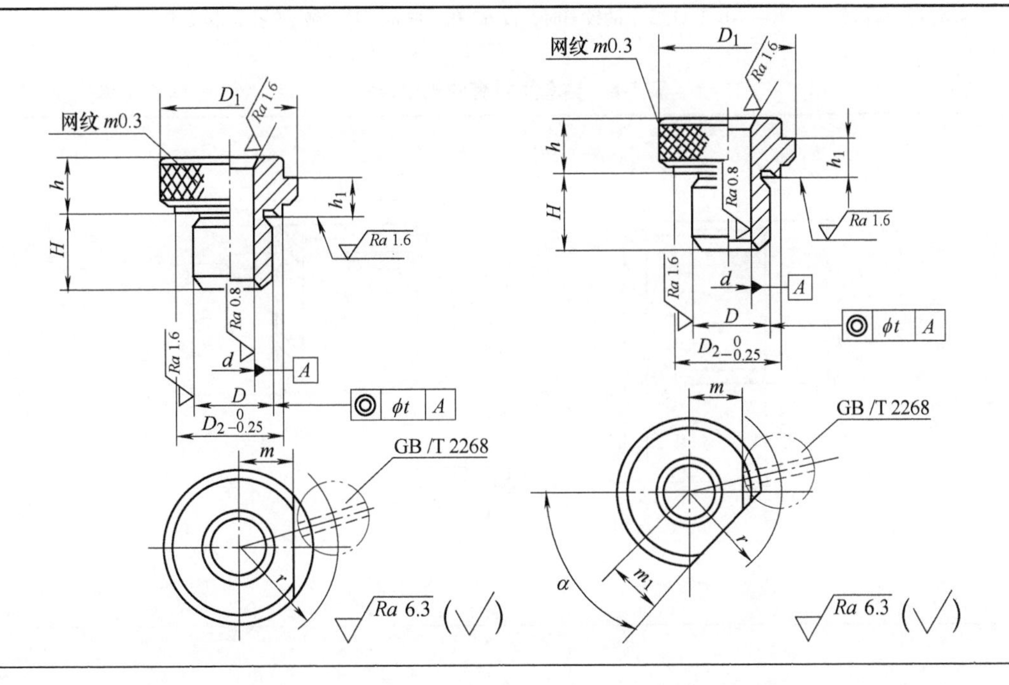

（续）

d/(F7)	D (m6k6)	D_1	D_2	H			h	h_1	r	m	t	m_1	α	配用螺钉	
>0~3	8	15	12	10	16	—	8	3	11.5	4.2		4.2	50°		M5
>3~4	8	15	12	10	16	—	8	3	11.5	4.2		4.2	50°		M5
>4~6	10	18	15	12	20	25	8	3	13	5.5		5.5	50°		M5
>6~8	12	22	18	12	20	25	10	4	16	7	0.008	7	50°		M6
>8~10	15	26	22	16	28	36	10	4	18	9		9	55°		M6
>10~12	18	30	26	16	28	36	10	4	20	11		11	55°		M6
>12~15	22	34	30	20	36	45	12	5.5	23.5	12		12	55°		M8
>15~18	26	39	35	20	36	45	12	5.5	26	14.5		14.5	55°	GB/T 2268—1991 或 JB/T 8045.5—1999	M8
>18~22	30	46	42	25	45	56	12	5.5	29.5	18		18	55°		M8
>22~26	35	52	46	25	45	56	12	5.5	32.5	21		21	55°		M8
>26~30	42	59	53	30	56	67	12	5.5	36	24.5	0.012	25	65°		M8
>30~35	48	66	60	30	56	67	16	7	41	27		28	65°		M10
>35~42	55	74	68	30	56	67	16	7	45	31		32	65°		M10
>42~48	62	82	76	35	67	78	16	7	49	35		36	70°		M10
>48~50	70	90	84	35	67	78	16	7	53	39		40	70°		M10

注：1. 本表符合 JB/T 8045.2—1999 和 JB/T 8045.3—1999。

2. 尺寸 D_1 为滚花前的直径。

3. 材料和热处理同表 5-6。

4. d(F7)为钻孔用；当用 GB/T 1132 中的铰刀时，铰 H7 孔，取 d(F7)，铰 H9 孔，取 d(E7)。

表 5-8　钻套用衬套的规格尺寸　　（单位：mm）

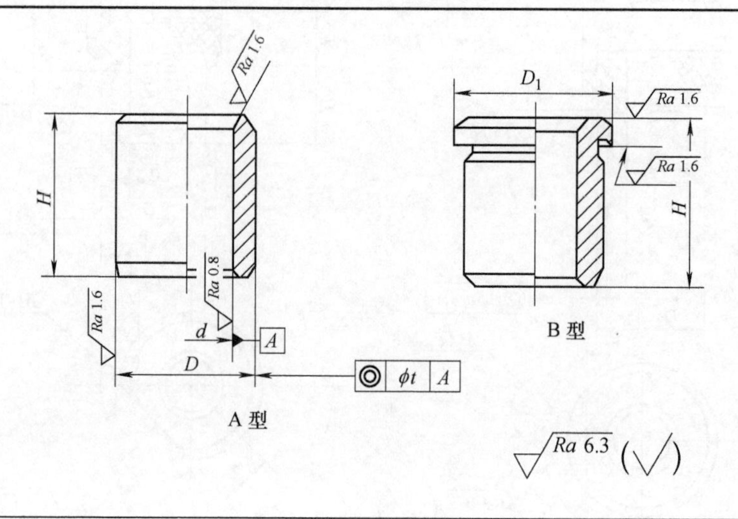

（续）

d/(F7)	D/(n6)	D_1	H			t	d/(F7)	D/(n6)	D_1	H			t
8	12	15	10	16	—	0.008	35	48	52	25	45	56	0.012
10	15	18	12	20	25		55	70	74	30	56	67	
12	18	22	12	20	25		62	78	82	35	67	78	
18	26	30	16	28	36	0.012	70	85	90	35	67	78	0.040
22	30	34	20	36	45		78	95	100	40	78	105	
30	42	46	25	45	56		95	115	120	45	89	112	

注：1. 本表摘自 JB/T 8045.4—1999。

2. 材料和热处理同表5-6。

3. d(F7)是装配后的尺寸，零件加工需预留收缩量。

（3）导套应用中的有关问题[37] 无台肩固定导套的成本低，适用于单一钻孔工序，以及用于空间受到限制和各孔间距小的场合。当切削速度大时，在钻头与导套之间产生的切屑会使导套脱离模板，应采用有台肩的固定钻套。

当要求工作时间比一般导套的寿命长时，可采用可换钻套，这样在更换导套时不用从机床上取下夹具；当对同一孔进行多工序加工时采用快换钻套。可换和快换钻套与衬套一起使用，采用衬套可避免由于经常更换钻套使模板上的孔磨损，影响精度。衬套也分为有台肩的和无台肩的，用法与钻套相同。钻套的过渡圆角必须倒圆，因其对钻头的磨损有很大影响。

用于钻削淬硬钢的钻套，在钻套上应有通过冷却润滑液的槽，同时在衬套和模板上也应有相应的通道，这对进给速度大的钻孔和当导套下端面直接与工件接触时特别重要。钻套下端面可以开若干排屑口，以利于排屑。

推荐导套外径与模板孔之间的过盈为：无台肩导套0.0012~0.020mm，有台肩导套0.008~0.012mm（而不是H7/n6），这样可保证适当的配合力，不会使导套变形或使模板变形。推荐衬套孔与可换和快换钻套外圆的间隙为0.003~0.018mm（而不完全是F7/n6或F7/k6）。

导套材料采用高碳铬钢（小批生产成本低）、渗氮钢（大量生产和加工深孔），其耐磨性是一般钢的2.5倍；而硬质合金导套的耐磨性是钢的25倍，在大量生产中硬质合金导套逐渐普及，虽然开始成本高，但可减少备件，节省更换导套的时间和成本，但对少量生产采用渗氮钢更为经济。硬质合金和渗氮钢导套能长时间保持精度，加工出质量高（包括圆度和直线度）的孔。在生产中往往考虑导套对孔位置的影响，而忽略其对孔形状的影响。导套太短使钻头弯曲大，导套太长使钻头磨损加快、切屑干扰以及孔的圆度和直线度受影响。

固定钻套适用于切削速度不大于20m/min的情况，若排屑情况好、有强冷却液，则切削速度可达24m/min。

一般钻套与工件的距离 $a=5\sim10$mm，或取 $a=(0.33\sim1)d$（d 为钻头直径），加工脆性材料取下限，加工钢取上限。

无台肩导套采取措施也可固定，几种结构示意图如图5-67所示。图5-67a采用径向螺钉；图5-67b采用切向螺钉；图5-67c采用板；图5-67d采用轴向螺钉。

（4）导套内孔直径和偏差的确定 导套孔的公称直径取为刀具的最大直径，钻、扩孔导套的制造偏差一般取F7或G6。例如非标刀具尺寸为 $\phi8^{+0.02}_{0}$mm，则导套孔的尺寸为 $\phi8.02$F7=

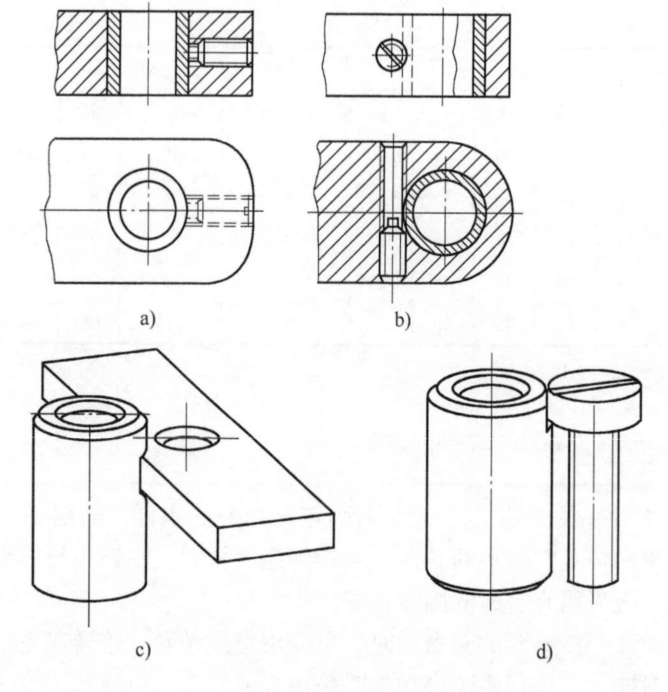

图 5-67 无台肩导套的固定

$\phi 8.02_{+0.013}^{+0.025}$mm。导套公称直径也可取为 $\phi 8$，则导套孔的尺寸标注为 $\phi 8(_{0.02+0.013}^{0.02+0.025})$ mm = $\phi 8_{+0.033}^{+0.045}$mm。

（5）钻床夹具加工孔位置精度

1）单轴加工。采用刚性主轴加工时，如果不用导套(例如单件生产或试制新产品)，按划线加工，孔位置精度±(0.25~0.50)mm。如果采用通用小型气动冲窝装置，配以专用冲窝模板，模板保证冲出的各冲窝轴线对基准位置的要求(相当于钻模导套轴线的位置精度或略低)，则在用钢性主轴无导套钻孔时，其加工精度比用钻模板时提高了50%以上；刀具使用期限也提高了50%以上，经济效果好。冲窝设备的成本比钻模低得多。这种方法用于数控机床，可省去打中心窝工序，取消中心钻，提高数控机床效率。

一般刚性主轴钻孔时夹具有钻套，手动单轴加工时，主轴与夹具钻套可对准，若不考虑机床主轴对工作台和夹具导套轴线对基面的垂直度误差，则刀具轴线相对于导套的位置偏移 Δ_G 只与刀具在导套中的间隙 s 有关(图 5-68a)。

这时
$$\Delta_G = n_1 \frac{s}{2}$$

式中 n_1——考虑衬套、可换导套的配合间隙和导套孔对外圆的同轴度偏差的影响系数，钻孔和扩孔时 $n_1=1.1$，铰孔时 $n_1=1.2$。

当钻头与机床主轴浮动连接，或当采用刚性主轴，主轴轴线与导套轴线不平行等情况时，钻头在导套中有倾斜(图 5-68b)，这时

$$\Delta_G = n_1 s\left(0.5+\frac{\frac{H}{2}+a+h}{H}\right)$$

表 5-9 列出了刀具与导套的尺寸公差及其配合间隙。s 值按导套与刀具配合公差确定：

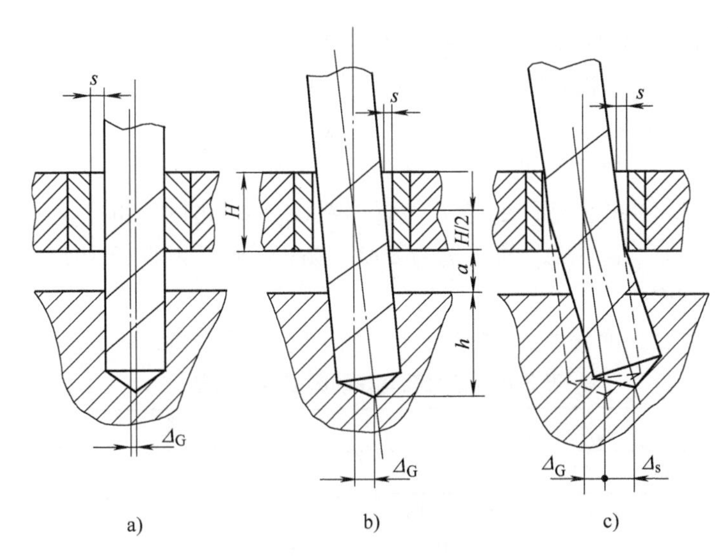

图 5-68　钻孔的位置精度

可取其配合最大间隙、平均间隙或按瑞利法取(其应用见第 2 章)。如果按最大间隙取，则可忽略钻头和扩孔钻倒锥直径的减小，否则应予以考虑。

表 5-9　刀具导套直径公差及其间隙

加工方法	加工孔直径/mm	刀具直径公差/mm	导套内孔公差/mm			刀具与导套之间的间隙/μm								
			标准(F7)	精密(G6)	高精度	标准	精密	高精度	标准	精密	高精度	标准	精密	高精度
						s_{max}			s_{min}			$\bar{s}$(平均值)		
钻孔	6~10	0 -0.022	+0.028 +0.013	+0.014 +0.005	—	50	36	—	13	5		32	21	
	10~18	0 -0.027	+0.034 +0.016	+0.017 +0.006		61	44		16	6		37	25	
	18~30	0 -0.033	+0.041 +0.020	+0.020 +0.007		74	53		20	7		47	30	
	30~50	0 -0.039	+0.050 +0.025	+0.025 +0.009		89	64		25	9		57	37	
扩孔	10~18	0 -0.024	+0.034 +0.016	+0.017 +0.006	+0.003 +0.008	58	41	32	16	6	8	37	24	20
	18~30	0 -0.030	+0.041 +0.020	+0.020 +0.007	+0.004 +0.010	71	50	40	20	7	10	46	29	25
	30~50	0 -0.036	+0.050 +0.025	+0.025 +0.009	+0.004 +0.011	86	61	47	25	9	4	56	35	26
铰孔	10~18	0 -0.009	—	+0.017 +0.006	+0.003 +0.008	—	26	17	—	6	3	—	16	10
	18~30	-0.010		+0.020 +0.007	+0.004 +0.010		30	20		7	4		19	12
	30~50	-0.012		+0.025 +0.009	+0.004 +0.010		37	22		9	4		23	13

2）钻头的弹性变形。在加工中钻头轴线与导套轴线往往不能对准，例如在自动线上加工、多轴加工等。多工位加工时，工艺系统有误差(例如上一工序加工的孔对下一工序导套

孔的位置误差等）。这些因素导致钻头与导套之间产生挤压，使钻头产生弹性变形 Δ_s（图 5-68c）。这时钻头中心相对导套轴线的偏移为 Δ_Σ

$$\Delta_\Sigma=\Delta_G+\Delta_s$$

由于弹性变形影响了加工精度和产生加工余量不均匀。

几何位置偏移 Δ_G 和弹性变形 Δ_s 在总位置误差 Δ_Σ 中所占的比例变化范围很大，例如精铰直径为 30~50mm 孔，Δ_G 占 Δ_Σ 的比例为 80%~85%；而粗扩直径为 10~18mm 孔，Δ_s 占 Δ_Σ 的比例为 50%~60%。

根据钻孔时轴线允许的偏差 Δ_Σ 按表 5-10 确定钻套孔直径的磨损极限偏差。

表 5-10 钻套孔直径的磨损极限偏差 （单位：mm）

公称直径	钻套长度	允许轴线偏差 Δ				公称直径	钻套长度	允许轴线偏差 Δ			
		0.05	0.075	0.125	0.25			0.05	0.075	0.125	0.25
~6	22	0.019	0.047	0.092	0.181	>12~18	45	0.006	0.031	0.077	0.181
	18	0.015	0.043	0.082	0.173		40	—	0.025	0.072	0.174
	15	0.010	0.036	0.077	0.160		35	—	0.019	0.060	0.164
>6~12	30	0.014	0.045	0.094	0.195	>18~25	75	—	0.024	0.080	0.196
	22	0.007	0.031	0.079	0.170		60	—	0.015	0.068	0.181
	18	—	0.023	0.067	0.159		45	—	—	0.051	0.162

注：已知钻套孔直径为 $\phi6^{+0.025}_{+0.013}$mm，钻套长度为 18mm，$\Delta=0.25$mm，则该钻套的磨损极限为 ϕ8mm+0.025mm+0.173mm=ϕ8.198mm。

加工余量不均匀对两孔轴线距离的影响见表 5-11，导套与刀具间隙对两孔中心距离的影响见表 5-12。

表 5-11 加工余量不均匀对两孔轴线距离的影响[19]

加工余量不均匀值/mm	两孔中心距的偏差/mm	加工余量不均匀值/mm	两孔中心距的偏差/mm
0	0.04	1.0	0.15
0.5	0.11	1.5	0.20

表 5-12 导套与刀具间隙对两孔中心距离的影响[19]

导套与刀具的间隙/mm	两孔中心距的偏差/mm	套与刀具的间隙/mm	两孔中心距的偏差/mm
0.02	0.08	0.08	0.15
0.05	0.11	0.10	0.19

5.3.2 一般钻床夹具的结构

1. 一般钻床夹具的主要形式

（1）翻转式钻具　这种钻具用于加工小型和轻型工件，图 5-69 所示为轴承盖三孔翻转式钻具。工件以中间孔定位，三个定位销 7 定向，用螺母 3 和压板 8 夹紧。加工完工件后，将钻具翻转，以四个支钉 5 支承，取下工件。该夹具本体（包括钻模板与四个支钉和手柄）采用焊接结构。

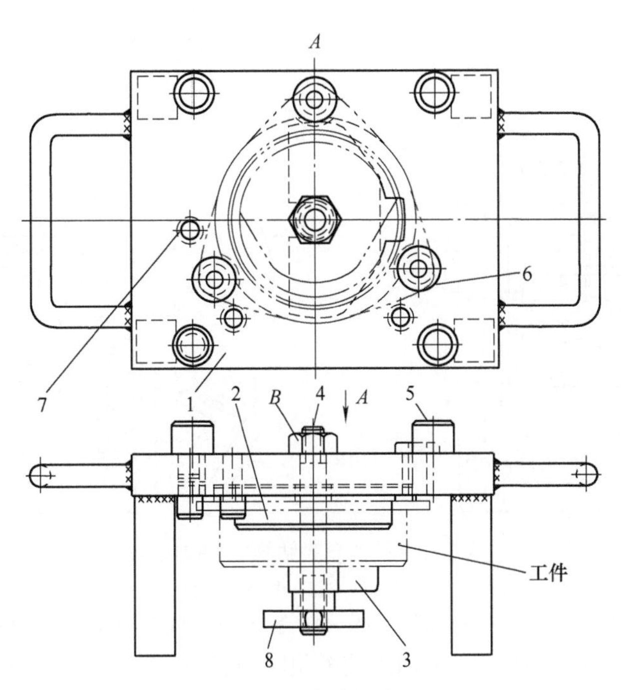

图 5-69　翻转式钻孔夹具

1—本体　2—定位子口　3—螺母　4—螺柱　5—支钉　6—钻套　7—定位销　8—压板

（2）盒式钻具　这种钻具主要用于加工小型工件，可在两个或多个方向钻孔，各孔的基面应一致。图 5-70 所示为被加工工件简图，图 5-71 所示为从三面和两个角度方向钻孔的盒式夹具，图示两大孔需铰孔。

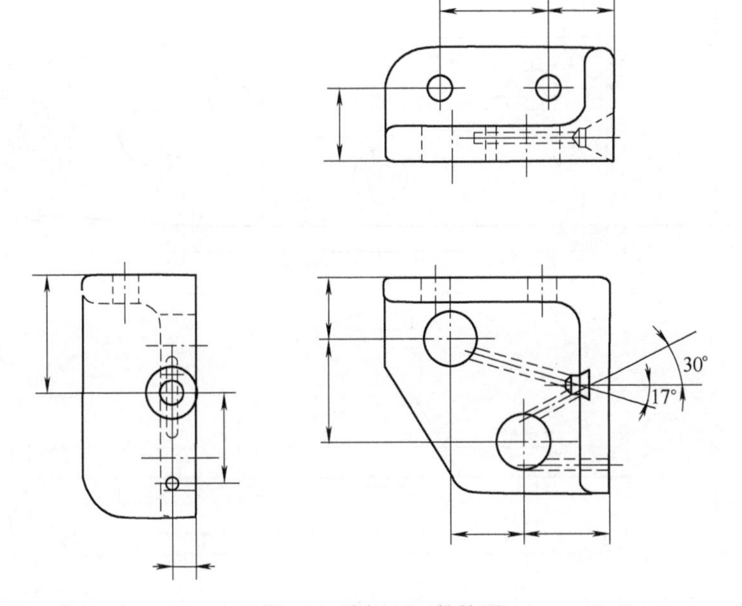

图 5-70　被加工工件简图

夹具以 *A* 面定位时，钻孔方向与图示水平方向的夹角为 30°；以 *B* 面定位时，钻孔方向与图示水平方向夹角为 17°。

用螺钉 3 将工件压在两定位面上，螺钉 12 通过浮动压块 13 压紧工件。

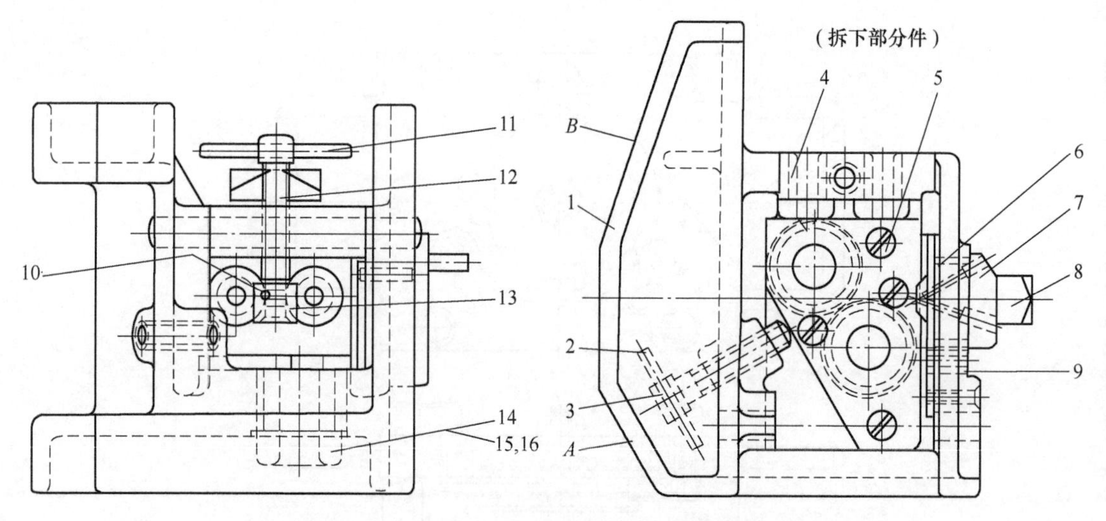

图 5-71　从三面钻孔的盒式钻具(工件参见图 5-70)

1—本体　2—手柄　3、5、8、12—螺钉　4、9—钻套　6—衬套　7—钻模板　10—销　11—手柄　13—浮动压块　14—可换钻套　15—可换扩钻套　16—可换铰套

在立式钻床上，盒式钻具不适于加工直径相差大的场合，一般直径在 25 ~ 38mm 范围内。若工件孔的直径相差大，可采用两个钻具。对摇臂钻床，可不受此限制。

(3) 铰链钻模板钻具　这类钻具用于加工在一个平面上的一般精度的孔，操作方便，生产率高。图 5-72 所示为加工平板工件上孔的钻具。

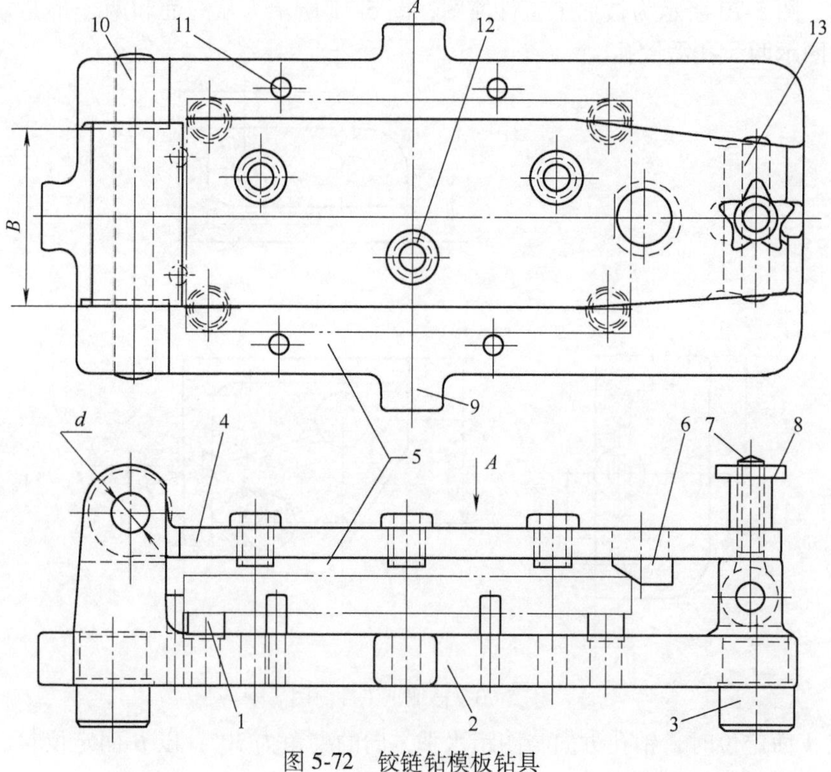

图 5-72　铰链钻模板钻具

1—平面定位支承　2—本体　3—压块　4—钻模板　5—工件　6—夹紧块　7—螺栓　8—星形螺母　9—本体上凸缘　10—铰链轴　11—销　12—钻套　13—螺栓销

夹具以工件外形用六个平面定位支承 1 定位，用星形螺母 8 将铰链钻模板夹紧，这时钻模板上的钻套轴线应垂直于工件水平定位面，同时通过钻模板上的夹紧块 6 使工件左端靠在定位销上，并使工件向下靠上平面定位支承。夹具用四个等高压块 3 放在机床上。本体上的凸缘是备用的，可在其上安装铰链轴，用于需要夹具回转一个角度的情况。

（4）盖板式钻具　如图 5-73a 所示，夹具放在工件的顶面上，以两销定位。这种钻夹具结构简单，适用于在摇臂钻床上钻大中型工件上的孔，例如气缸盖上的孔。一般这种钻具质量不

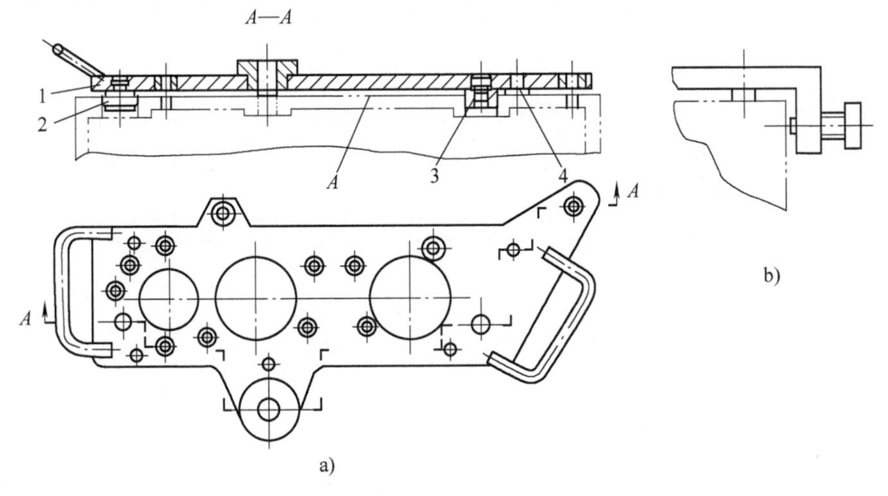

图 5-73　盖板式钻具

1—钻模板　2、3—定位销　4—支承钉

超过 10kg，为减轻较大盖板式钻具的质量，钻模板应采用加强肋，以减小壁厚，或采用铸铝件，对较重的钻具应设置起重吊环。对中等尺寸的钻模板可采用钢，必要时适当挖空。当工件以外形定位时，应增加侧面夹紧螺钉，以将工件顶靠在定位支承上如图 5-73b 所示。

2. 钻床夹具的结构

（1）轴类和盘、套类工件钻床夹具　图 5-74 所示为一种轴类工件通用钻具，由 V 形座 6、钻模板 1 和夹紧机构组成。在 V 形座两侧有 T 形槽，钻模板 1 和压板 4 的轴向位置可调；压板的高度位置用螺钉 3 调节；更换快换钻套，可在直径为 14 ~ 30mm 的工件上钻直径为 14 ~ 30mm 的孔，孔轴线距轴端面的距离在 70mm 内。

图 5-75 所示为一种盘类工件可调钻孔夹具，图示表示钻圆盘轴线上的孔。当钻其他件时，孔轴线到自定心卡盘中心的距离用螺杆 5 按刻度 6 调整；用分度盘 7 使工件回转需要的角度，以钻在圆周上分布的孔。支架 3 移动的距离为 140mm，钻

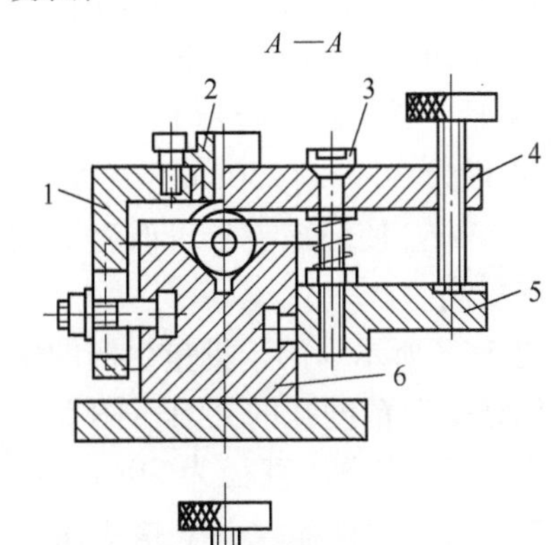

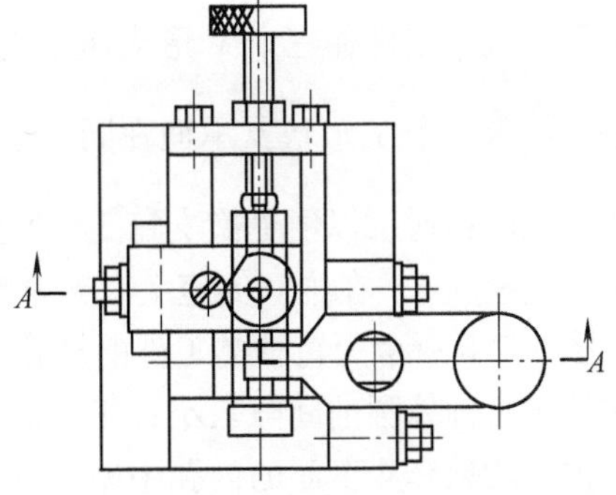

图 5-74　轴类工件通用钻具

1—钻模板　2—快换钻套　3—螺钉

4—压板　5—支座　6—V 形座

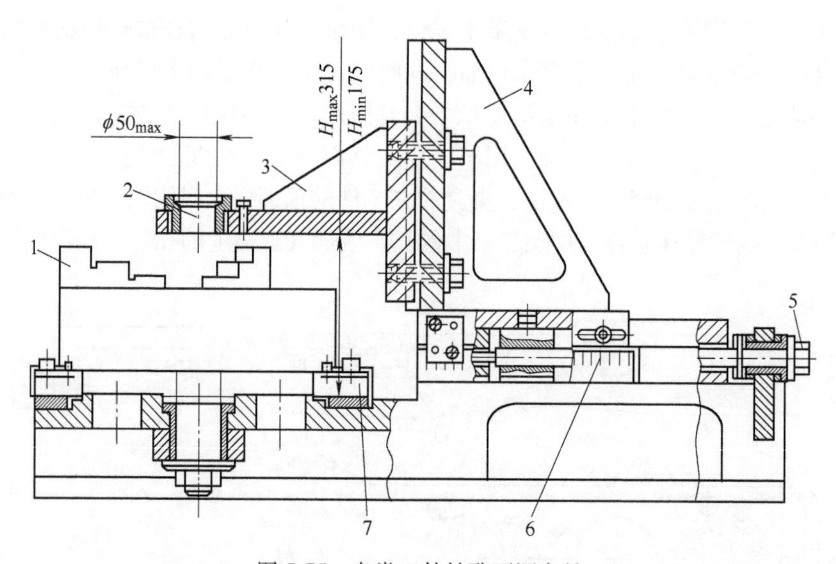

图 5-75 盘类工件钻孔可调夹具

1—自定心卡盘 2—钻套 3—支架 4—支座 5—螺杆 6—刻度 7—分度盘

孔最大直径为 50mm。

图 5-76 所示为盘形工件钻中间孔夹具，工件在夹具法兰盘 1 的孔中定位（其轴线与机床主轴轴线对准）。活塞 3 向下，通过螺钉 6、摆杆 8 和两拉杆 7 使钩形压板 4 向下，并回转 90°，夹紧工件（如图所示）。夹具的外形尺寸为 30mm×250mm×180mm，质量为 33kg。使用该夹具可改善劳动条件和提高生产率。

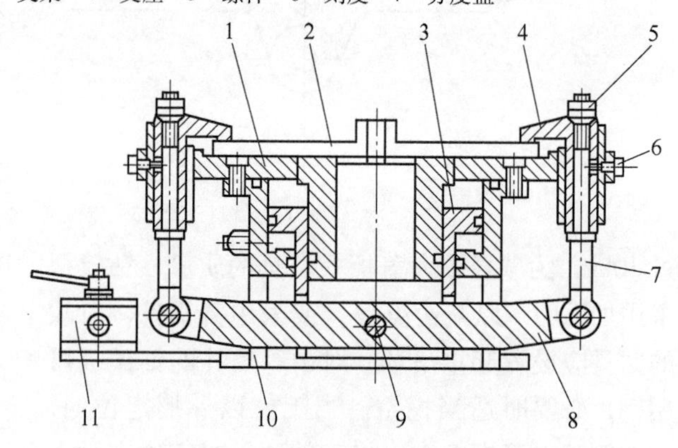

图 5-76 盘形工件钻中间孔夹具

1—法兰盘 2—工件 3—活塞 4—压板 5—螺母 6—螺钉 7—拉杆 8—摆杆 9—轴 10—气缸 11—气阀

图 5-77 所示为用于批量生产的轴类工件钻一般精度孔的夹具。图 5-77 所示为在 5m 长轴（直径为 30mm）两端钻孔夹具，工件在三个 V 形支座上定位，每个 V 形支座由两支钉 3 组成，其中一支钉面做平。要求三个 V 形块支承面在同一平面上，允许偏差为工件直线度偏差的$\frac{1}{5}$~$\frac{1}{3}$；安装支钉 3 的孔应钻通，以便更换支钉 3。在左边支座上固定有工件轴向定位板 4，在两端支座上固定有钻模板 5，在中间支座上有夹紧螺钉 6。钻套下端面做出 18°的角，以便安装工件。

图 5-77b 所示为短轴类工件的钻孔夹具，工件以外圆在方形本体 1 的孔中定位，设计时应使孔与工件外圆的间隙较小；工件的轴线位置用销 2 定位，用螺钉 3 夹紧工件。为排屑，在本体 1 的钻套 4 下面的内孔中做出开口槽。这种方法不适合对孔位置度要求高的场合。

图 5-77c 所示为加工位置度要求高的短轴类工件的钻具，其特点是采用反 V 形定位，从下面夹紧工件，并方便排屑。钻套下端磨成 120°，夹具还有轴向定位元件等，图 5-77 中未示出。[13] 钻套与工件不接触。

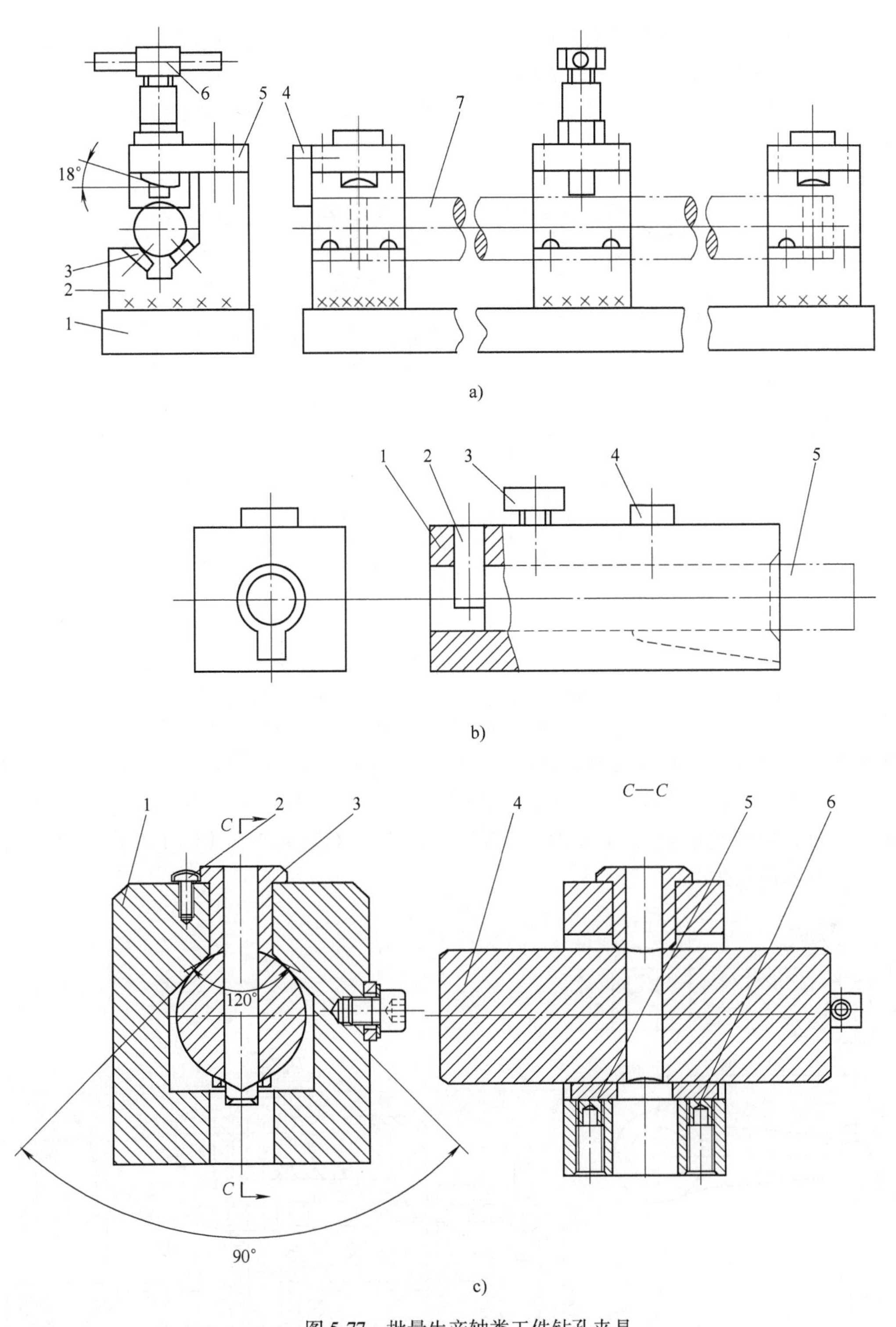

图 5-77　批量生产轴类工件钻孔夹具

a）1—底板　2—支座　3—支钉　4—定位板　5—钻模板　6—螺钉　7—工件

b）1—本体　2—销　3—螺钉　4—钻套　5—工件

c）1—本体　2—螺钉　3—钻套　4—工件　5—垫板　6—夹紧螺钉

（2）中小型杠杆、壳体等钻床夹具　图 5-78 所示为在杠杆 2 上钻孔的可调夹具，图示为加工方向与杠杆两定位孔中心连线方向一致，工件的位置可由 A 到 B。

钻模板用定位销 10 定位，用螺钉 9 固定，更换钻模板、定位销 6 和菱形销 3，即可加工尺寸不同的工件。

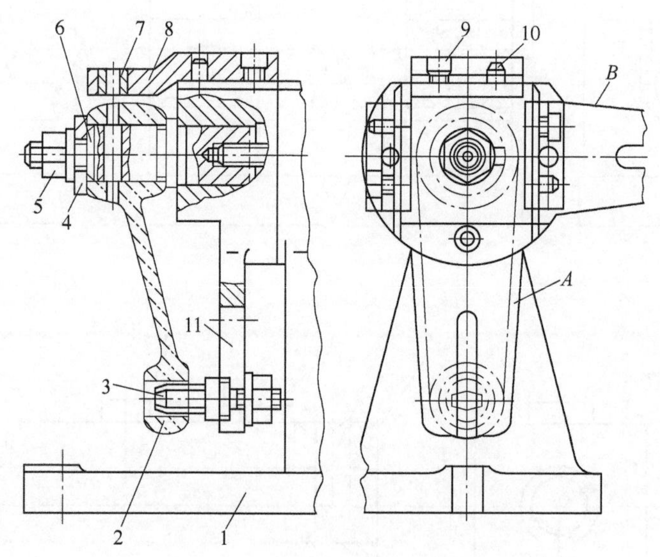

图 5-78　杠杆钻孔可调夹具

1—本体　2—杠杆　3—菱形销　4—快换垫圈　5—螺母　6—定位销　7—钻套　8—钻模板　9—螺钉　10—模板定位销　11—回转板

图 5-79 所示为加工杠杆小头孔（ϕ18H7）的夹具，用加工好的大头孔（ϕ36H7）和其下端面定位，考虑下端面对孔垂直度误差小，采用刚性端面支承。用小头孔外形定向，小头孔下端有可调支承。导套孔的直径 D 分别为 17F7、17.8F7、17.94G7 和 18.013G6，分别用于钻、扩、粗铰和精铰孔。

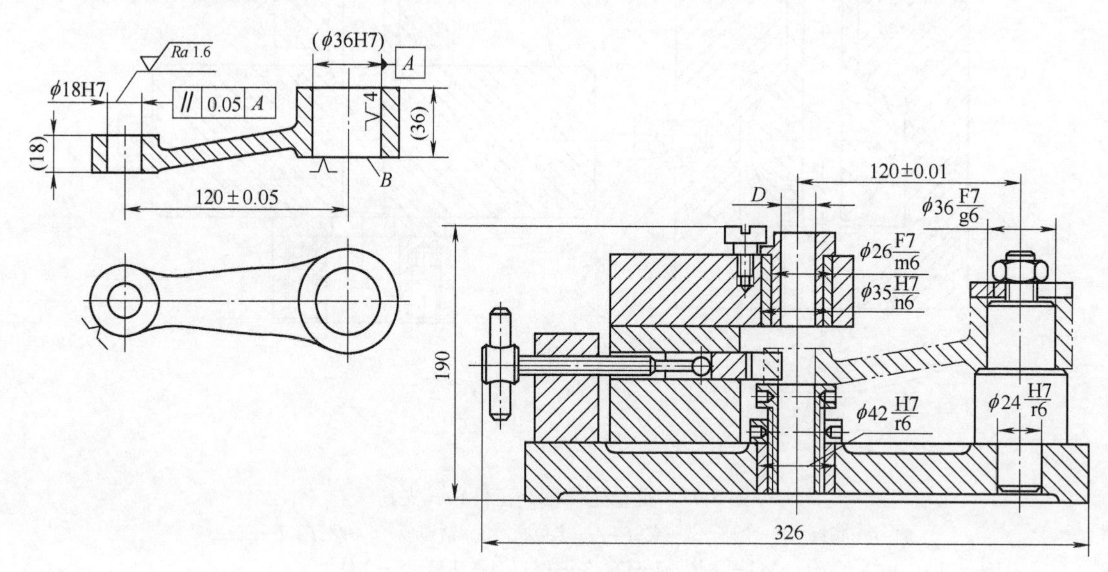

图 5-79　杠杆小头孔钻具

图5-80所示为杠杆两孔钻具示意图，可提高两孔和其轴线平行度的精度。

先将工件放在半圆柱支承11和10上，使工件按两头支承面12和9自定位。转动螺钉6，使移动V形块8将工件压向固定V形块13，然后用夹紧螺母1和4夹紧工件。球面压板2和5分别压在工件两端上平面上，所以工件在夹紧过程中没有变形。

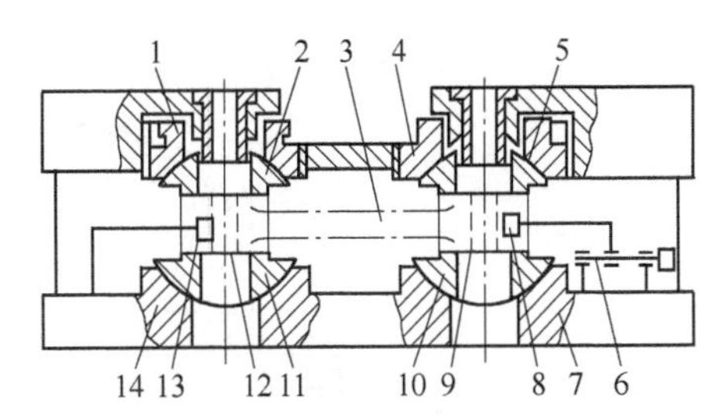

图5-80 杠杆两孔钻夹具示意图

1、4—夹紧螺母(球面) 2、5—球面压板 3—工件 6—螺钉 7、14—支承组件 8—移动V形块 9、12—支承面 10、11—半圆柱支承 13—固定V形块

图5-81所示为在立式钻床上加工管类工件的气动夹具，该夹具用于锪钻铸铁管接头的阶台孔和端面。图中左半部表示工件以垂直圆柱面定位夹紧，右半部表示工件以水平圆柱面定位夹紧。

在底板1上固定有两个双向作用的气缸(直径为150mm)。工件水平圆柱部分在V形块9上定位，用两杠杆10夹紧。活塞杆19的力通过斜楔-滑柱机构(包括双斜面斜楔18和装在本体衬套中的滑柱17)传递到杠杆10夹紧工件。两杠杆可补偿工件形状和尺寸误差，从而可靠地夹紧工件。

用两自定心V形块7使工件垂直圆柱面定中和同时夹紧，两V形块7应同轴，V形块7在滑座8的导向槽中。活塞杆14的力通过双斜面斜楔15、滑柱16和杠杆5传递到V形块7夹紧工件。

罩3和移动罩11用于防尘，以保证移动部分的精度。该夹具较好地解决了这种工件的定位问题。

图5-82所示为直径为8~30mm和长度为50~250mm的销、轴在钻床上加工螺纹孔的通用可调夹具简图，用于中、小批量生产。更换夹爪和支承垫即可加工不同规格的工件。

在本体1上固定有气缸2，其活塞杆上有斜楔4，滚轮6安装在轴7上，轴7固定在滑板8上。在滑板8的槽中固定有齿条9和一个夹爪10，齿轮11与齿条啮合，使另一个夹爪移动。当气缸活塞杆向上移动时，通过斜楔和齿条、齿轮的传动将工件夹紧。气缸活塞杆向下移动，松开工件。应用该夹具可减少工件的装卸时间。

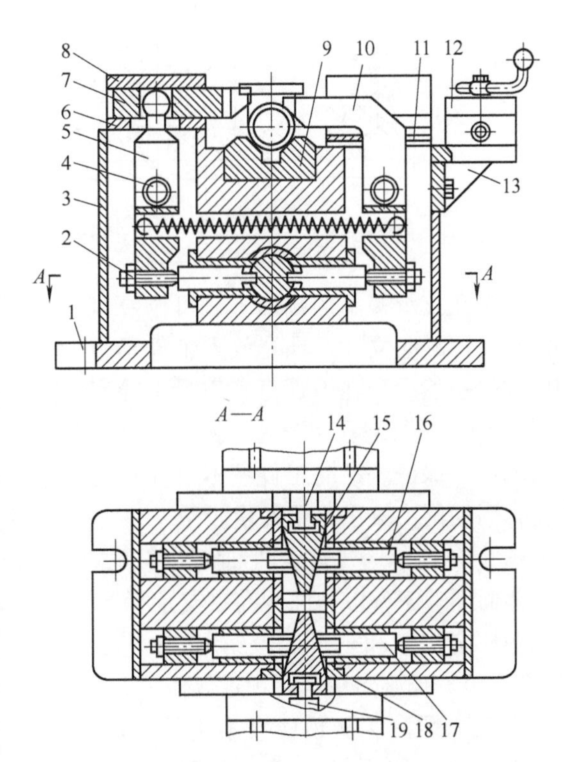

图5-81 管接头锪钻孔和端面气动夹具简图

1—底板 2—螺母 3—罩 4—轴 5、10—杠杆 6—垫板 7、9—V形块 8—滑座 11—移动罩 12—控制阀 13—支架 14、19—活塞杆 15、18—双斜面斜楔 16、17—滑柱

(3) 较大型工件钻床夹具 图5-83所示为转向节钻床夹具，用于锪孔和铰孔。

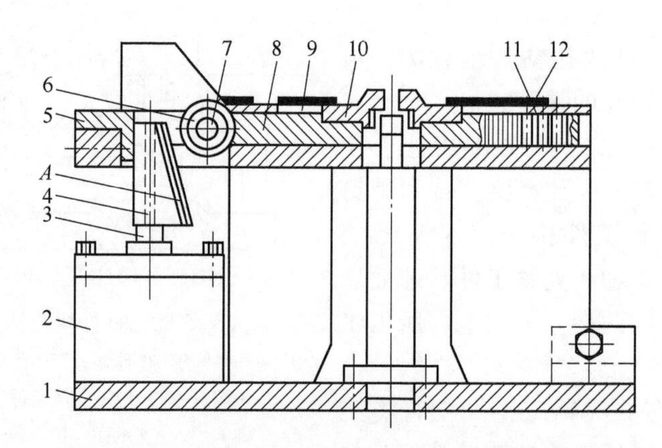

图 5-82 轴类工件加工螺纹孔通用可调夹具简图

1—本体 2—气缸 3—活塞杆 4—斜楔 5—支座 6—滚轮 7—轴 8—滑板 9—齿条 10—夹爪 11—齿轮 12—罩

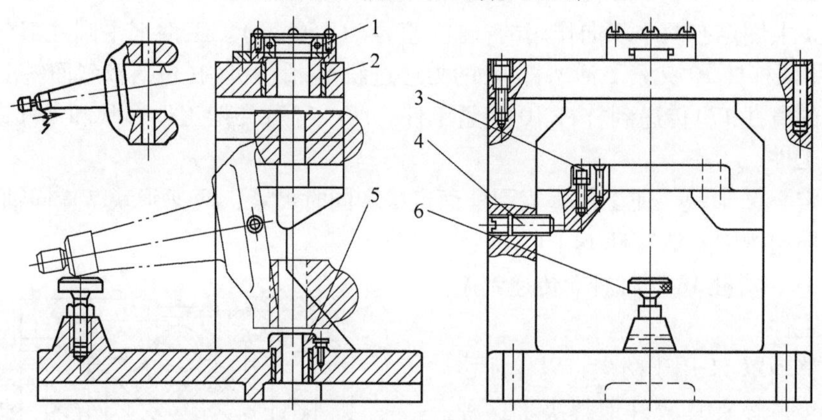

图 5-83 用于锪孔和铰孔的转向节钻床夹具

1—推力轴承 2、5—导套 3—支承板 4—可调螺钉 6—可调支承钉

工件在支承板 3 的端面上和可调螺钉 4 的端面上预定位。刀具先放入工件耳板间的空间；然后套在刀杆上，刀具由导套 2、5 导向，进行锪孔和铰孔，锪孔深度由推力轴承 1 保证。这时工件按本身孔自动定位，因切削力较小不用夹紧。

图 5-84 所示为气缸盖两油尖孔移动式钻具侧面图，工件以一面两孔在支承板 5、活动圆柱定位销和菱形定位销(图中未示出)上定位，偏心支柱 7 起预定位作用。

用三个螺柱 4 从顶面夹紧工件。扩、铰一个孔后，取下导套 3，拔出插销 8，通过操纵机构(图中未示出)使夹具体 1 抬起，离开底座 9 上的支承板 2，将夹具体沿滚道移到下一个工位，使夹具体又落在

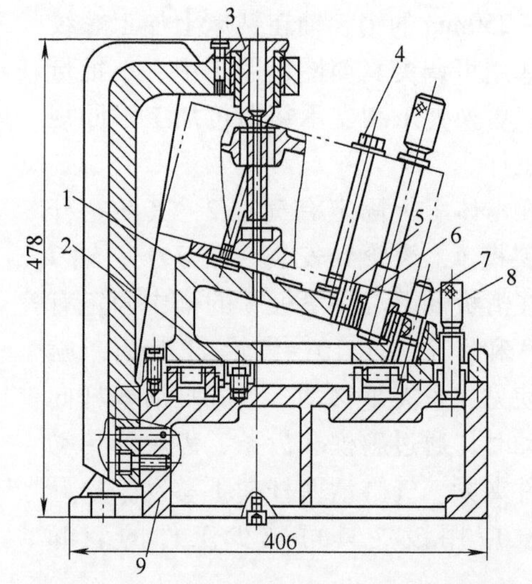

图 5-84 气缸盖两油尖孔移动式钻具侧面图

1—夹具体 2—支承板 3—导套 4—螺柱 5—支承板 6—偏心衬套 7—偏心支柱 8—插销 9—底座

支承板 2 上，再将插销 8 插入，扩铰另一孔。为适合加工需要，导套形状如图 5-84 所示。

图 5-85 所示为齿轮室两销孔盖板式钻具，钻具以工件上平面(按支承钉 1 和支承板 4)和两孔(一个孔用三个定位滑柱 7,另一孔用两定位滑柱 8)定位。用螺母 2 和 5 使斜楔 3 和 6 向上移动，使定位滑柱 8 和 7 向外胀出，将钻具固定在工件上。

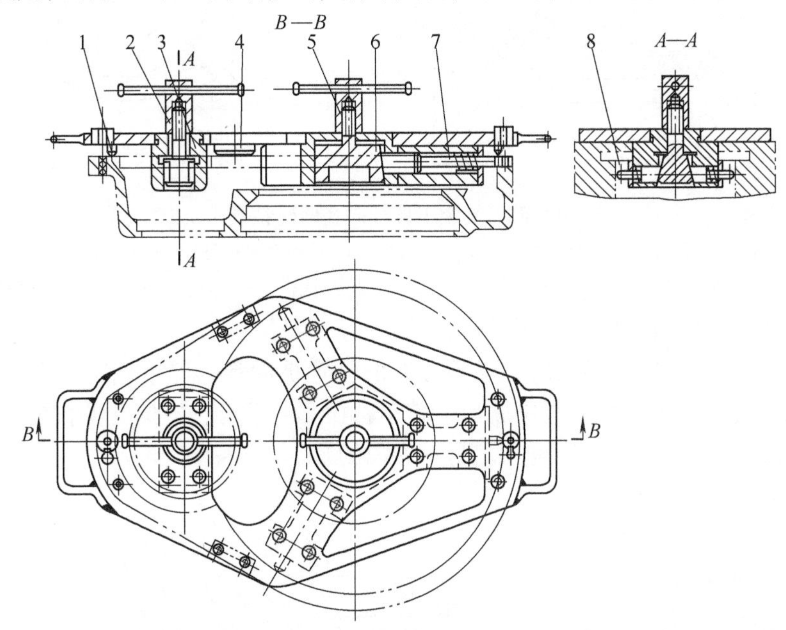

图 5-85　齿轮室两销孔盖板式钻具

1—支承钉　2、5—螺母　3、6—斜楔　4—支承板　7、8—滑柱

5.3.3　回转式和滑柱式钻床夹具

1. 回转式钻床夹具

(1) 自带回转机构的钻具　对小型工件或一般精度沿圆周分布的孔，多采用在钻具本身结构中设置回转机构。

图 5-86 所示为钻活塞油孔回转钻具，工件以裙部止口和端面在分度盘 3 上定位，分度盘固定在转轴 2 上。转动手柄 1，通过拉杆 5 和放在活塞销孔内的销 4 将工件夹紧。

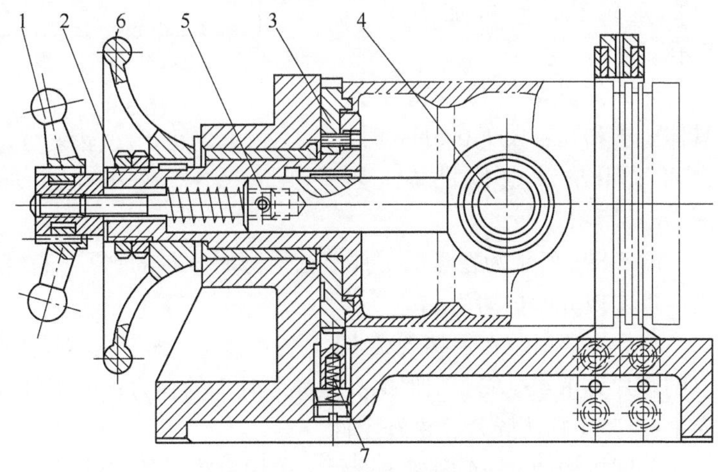

图 5-86　钻活塞油孔回转钻具

1—夹紧手柄　2—转轴　3—分度盘　4—销

5—拉杆　6—分度手轮　7—弹簧销

图 5-87 所示为套类工件径向孔回转钻具。工件用定位盘 8 定位，用螺母 4 和压板 5 夹紧工件。

摆杆 16 和手柄 2 安装在轴 17 上，分度定位销 13 安装在摆杆上，弹簧 15 使定位销与

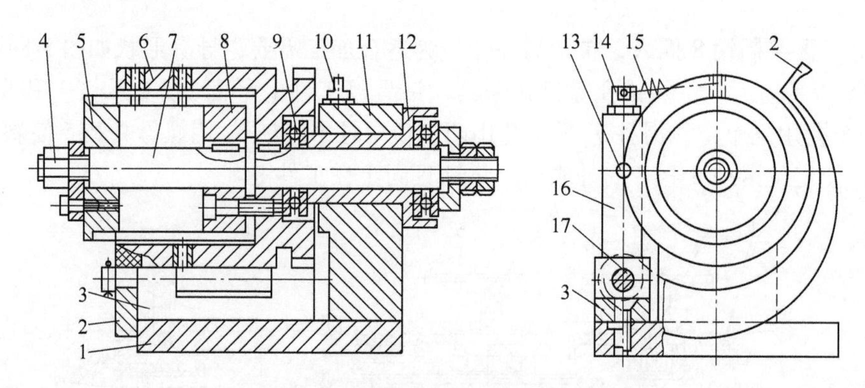

图 5-87　套类工件径向孔回转钻具

1—底板　2—手柄　3—支座　4—螺母　5—压板　6—钻模套　7—轴　8—定位盘　9—轴承

10、14—专用螺栓　11—支座　12—套　13—分度定位销　15—弹簧　16—摆杆　17—轴

定位盘保持接触。分度盘转动时，工件也转动。

当定位销 13 落入分度盘槽内时，钻模套 6 的位置被固定，即可加工一个方向的孔。分度时，用手柄 2 使定位销从分度盘中脱出，转动钻模套到下一个方向孔的位置，松开分度定位销 13 进入分度盘下一个槽，即可加工另一方向的孔。

图 5-88a 所示为另一种钻工件径向沿圆周分布孔的钻具，工件以内孔和端面在转轴 7 和分度盘 11 的端面上定位，转轴 7 固定在分度盘上。加工完一个孔后，转动手柄 3，松开分度盘；向外拉动把手 5，使分度销 6 退出分度盘，手动转动分度盘，当分度销对准下一定位孔时，弹簧力使分度销进入分度盘的定位孔，即可加工下一个孔。

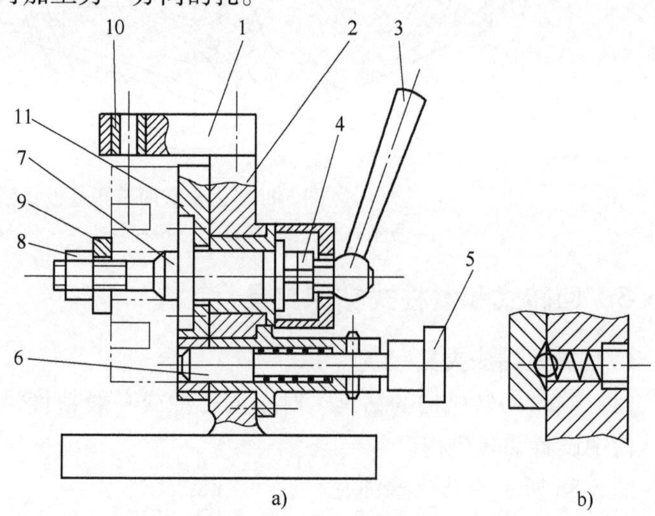

图 5-88　盘形工件径向孔回转钻具

1—钻模板　2—本体　3—手柄　4、8—螺母　5—把手

6—分度销　7—转轴　9—开口垫圈　10—钻套　11—分度盘

对圆周孔分布位置精度无具体要求和孔距大于 0. 5mm 时，也可采用滚珠定位机构，如图 5-88b所示。

图 5-89a 所示为在盘形工件上钻沿圆周分布的斜孔(直径为 2 ~ 8mm)的气动钻具，根据需要可实现分度自动化。

夹具主要由装在焊接支架 10 上的本体 7、固定在本体上的铰链钻模板 6 和固定在转轴 2 上的膜片夹爪 4 组成。工件的夹紧靠膜片 3 的弹力；而工件的松开靠手柄 1 转动时使支承 12 向上，杆 11 顶压膜片，松开工件。

分度机构如 A—A 剖视图所示，采用齿轮齿条和棘轮棘爪机构。

为减小转轴的惯性，可采用气液缸。应用该装置可显著提高生产率和减轻劳动强度。

工件被加工孔的位置尺寸为 a、t 和 α。一般遇到钻斜孔，为确定夹具尺寸需要在适当

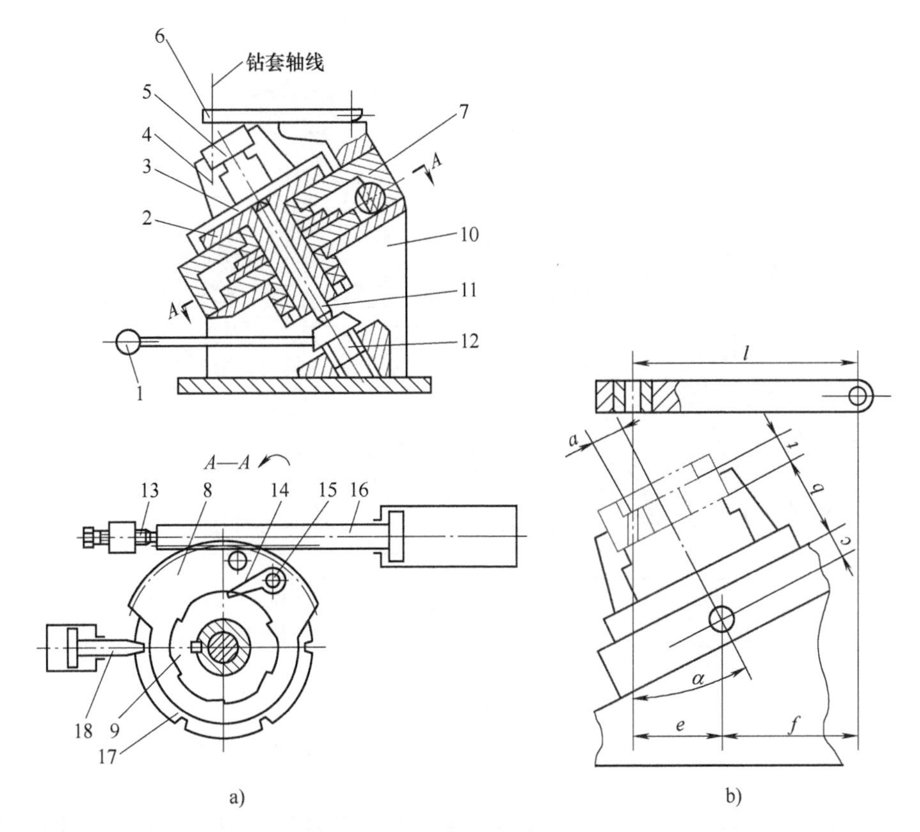

图 5-89　盘形工件斜孔钻具

1—手柄　2—转轴　3—膜片　4—夹爪　5—工件　6—钻模板　7—本体　8—齿轮　9—棘轮　10—支架　11—顶杆　12—支承　13—螺钉　14—片簧　15—棘爪　16—液压缸齿条杆　17—分度盘　18—分度定位销

位置（计算、制造和测量简单）做出工艺孔。对本例，在转轴轴线上取距支架上端面距离为 c 的点作为工艺孔的中心（图 5-89b），图中尺寸 b 为工件下端面到支架上端面的距离。由图得：$e=[c+b+t+(a/\tan\alpha)]\sin\alpha$；$l=e+f$。

根据工件尺寸 a、t 的公差，可确定：支座 7 的制造尺寸 c、b 和 f 的制造公差，铰链钻模板尺寸 l 的公差；或装配后尺寸 e 的公差；根据工件角度 α 的公差，确定支架 10 的斜角公差夹具尺寸公差为工件相应尺寸公差的$\left(\dfrac{1}{3}\sim\dfrac{1}{5}\right)$。

工艺孔在夹具设计制造中有一定的应用，一般是一个几何图形的问题，如上例，对此不再专题介绍。

（2）安装在回转支架或回转工作台上的夹具　一般回转支架和回转工作台作为夹具通用部件，具有较高的精度。

图 5-90 所示为差速器壳四孔单头回转支架式夹具。

工件以止口外圆、端面和圆周上一孔在钻模板 4 和菱形销 6 上定位。夹具的中心轴 7 安装在回转支架回转法兰盘上，夹具本体 3 以中心轴定位，并用螺钉固定在转盘上。

工件定位后，转动手柄 2，由螺钉 8 通过开口压板将工件预夹紧在钻模板 4 上，再由钻模板上的四个钩形压板将工件夹紧。手柄 12 控制定位销伸缩，手柄 1 进行分度。由于工件悬伸较长，在座 11 上有两个滚轮 10 支承回转夹具体的下端，以增强其刚性，滚轮的位置可调。

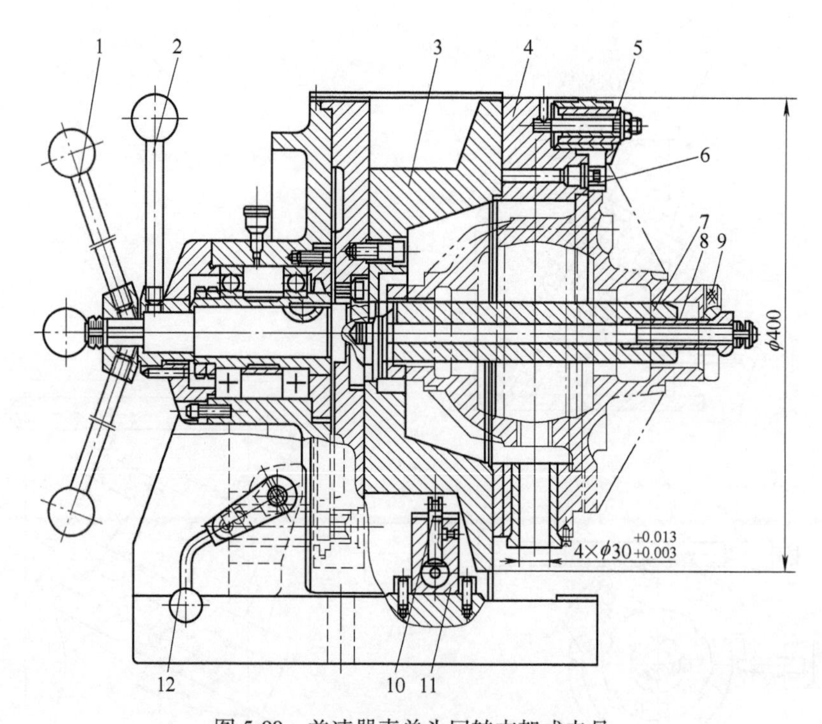

图 5-90　差速器壳单头回转支架式夹具

1、2、12—手柄　3—夹具本体　4—钻模板　5—钩形压板　6—菱形销

7—中心轴　8—螺钉　9—开口压板　10—滚轮　11—座

图 5-91 所示为机油泵体双头回转支架式钻具，钻具装在卧轴双支承回转支座的转盘上。工件以两定位销 2、3 和端面 M 定位，靠在各支承钉 4 的平面上。铰链钻模板 5 用螺钉压住，其上有四个钻套(图中未示出)。

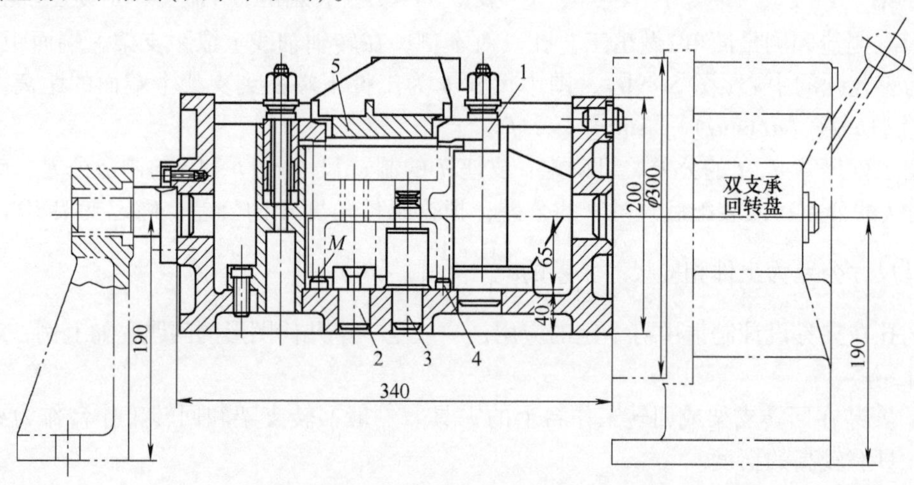

图 5-91　机油泵体双头回转支架式钻具

1—钩形压板　2—菱形定位销　3—圆柱定位销　4—支承钉　5—铰链钻模板

图 5-92 所示为工件在回转工作台上定位钻圆周孔的夹具。

工件以底面中间孔和键槽定位，用螺母 3 通过开口压板 4 夹紧工件。其上有铰链钻模板 9 的支座 5 固定在回转工作台的台面上，手柄 7 和 8 分别用于控制回转工作台转盘的松开、夹紧和分度。根据钻孔数量确定分度角度。

在成组加工时，为显著减少调整和辅助时间，在摇臂钻床回转工作台（ϕ1120mm）上安装多台夹具1、4、7和9（图5-93a），可根据需要使用任一夹具。由总分配阀5控制向哪台夹具供气（或液压油）；用安装在工作台固定部分的手柄10控制供气量；用手柄8控制工作台转盘的回转和定位。

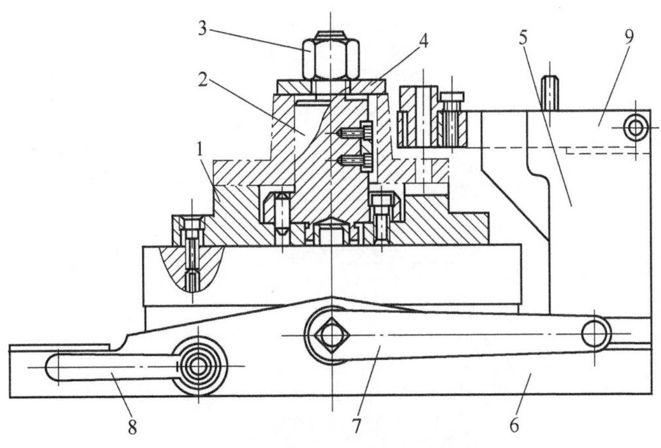

图5-92 装在回转工作台上的钻具

1—定位环 2—定位轴 3—螺母 4—开口压板 5—支座 6—回转工作台 7、8—手柄 9—铰链钻模板

回转工作台与多轴头加工相结合可实现同时加工几个工件和孔的顺序加工，如图5-93b所示：三轴钻削头，在四个位置，顺序装卸、钻孔、扩孔和锪平面。图5-93c表示：多轴头分别在Ⅱ、Ⅲ位置各钻四个孔，在位置Ⅳ钻一个孔，共加工九个孔。

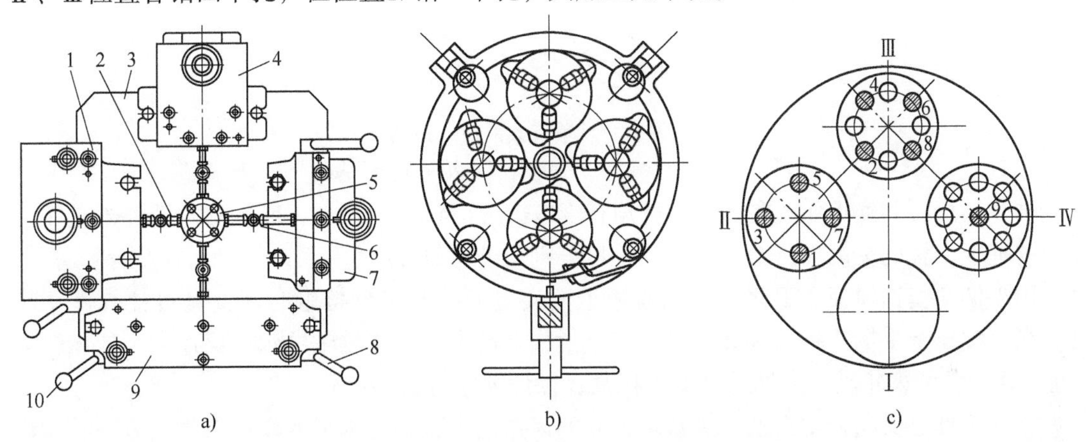

图5-93 在摇臂钻床回转工作台上安装多台夹具

1、4、7、9—钻具 2—管接头 3—回转工作台 5—总分配阀 6—锁闭开关 8、10—手柄

2. 滑柱式钻具

滑柱式钻具是为了解决钻孔夹具设计和制造的多样性和复杂性而产生的。在标准化基础上，采用滑柱式钻具可减少设计工作量，只需设计相关的定位件、夹紧件和钻模板补充加工图；而制造夹具时，可减少木模制作，使成本降低和缩短制造周期。

滑柱式钻具具有大的可调性和适应性，可用于各种形状的中、小型工件的成批和大量生产。由于导柱与导套有间隙Δ（比一般钻具位置度增加Δ），以及钻模板为悬伸梁，所以不适合用于对孔位置度要求较高的场合。除采用标准滑柱式钻具外，根据需要也可采用专用滑柱式钻具，以满足某种特殊的需要。

（1）滑柱式钻具的基本结构 图5-94所示为手动单夹紧滑柱式钻具，其主要尺寸见表5-13。

在本体1中有三个滑动导柱，两边是定位导向柱；中间是夹紧滑柱6，其上的斜齿条与

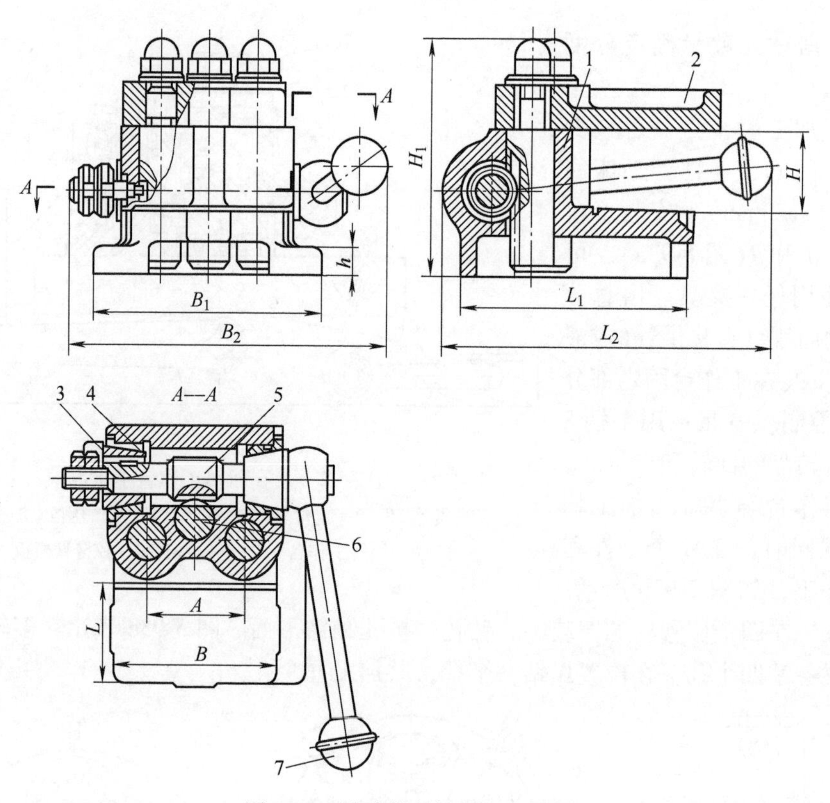

图 5-94 手动单夹紧滑柱式钻具

1—本体 2—钻模板 3—外锥套 4—内锥套 5—齿轮轴 6—夹紧滑柱 7—手柄

齿轮轴 5 啮合(斜角 45°)。在齿轮轴右端有锥度部分(锥角 5°~6°),而在其左端外锥套 3 装在轴的键上,轴两端的内锥套(左端为件 4)分别与外锥研配。

用手柄 7 使钻模板 2 下降,当钻模板上的夹具元件与工件接触时,夹紧滑柱 6 停止移动,当继续压下手柄 7 将工件夹紧时,夹紧滑柱 6 的齿条对齿轮轴的水平反作用力使齿轮轴 5 向左移动,使齿轮轴 5 右端的锥度被拉紧,保证夹紧自锁。

松开工件时反向转动手柄,夹紧滑柱 6 的齿条对齿轮轴的水平反作用力改变方向,使齿轮轴 5 右端锥度连接松开,钻模板即可向上移动,当其移动到终端位置,夹紧滑柱 6 的齿条对齿轮轴的水平反作用力使齿轮轴向右移动,使外锥套 3 在内锥套 4 中压紧,保证钻模板在上面位置的自锁。然后取下加工好的工件并装上新的工件。

表 5-13 滑柱式钻具的主要尺寸 (单位:mm)

A (±0.01)	B	L	H		B_1	B_2	L_1	L_2	H_1	h	夹紧力/N
			最小	最大							
50	90	50	40	65	120	160	115	160	116	10	375
70	110	65	45	75	140	200	140	195	135	10	427
90	125	80	60	95	160	240	165	240	165	16	445
110	140	90	70	105	170	250	175	275	185	16	552
140	160	110	85	135	210	290	200	320	210	16	590

图 5-95 所示为图 5-94 所示滑柱式钻具用的三种钻模板结构。图 5-95a 所示为实心钻模板，导套等夹具元件装在钻模板上；图 5-95b 所示为空心钻模板，其上有两定位孔(直径 d_2)，可换钻模板通过定位销在其上定位；图 5-95c 所示的钻模板用于加工工件的一个孔。这三种钻模板的部分尺寸见表 5-14。

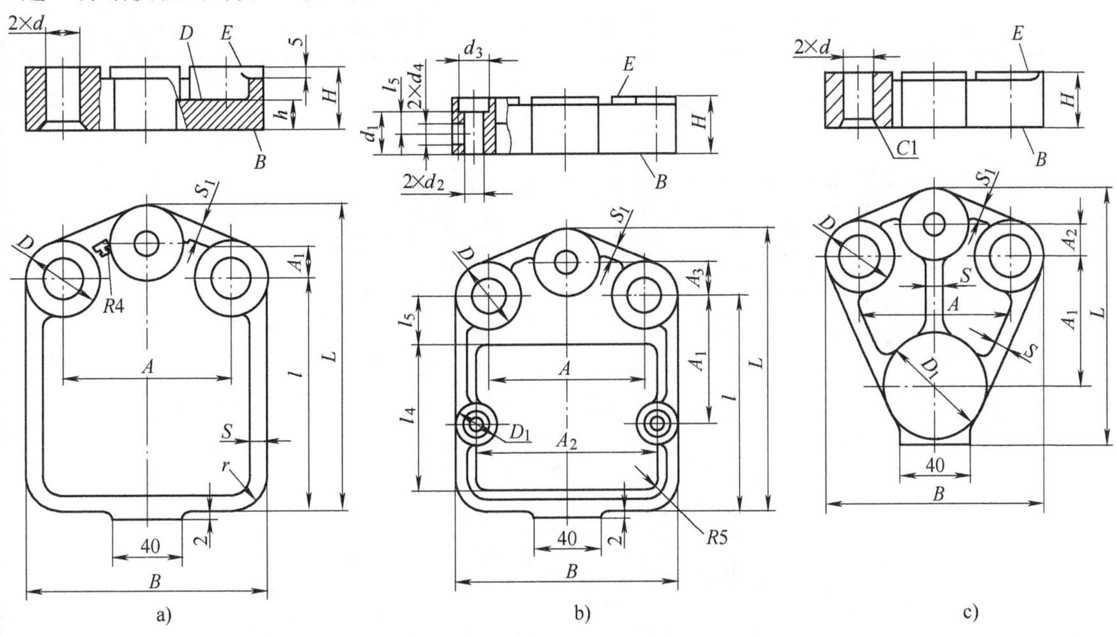

图 5-95　钻具用钻模板

表 5-14　钻模板的尺寸　(单位:mm)

	$A\pm0.01$	B	L	H	$A_1\pm0.05$	D	d(H7)	l	h
图 5-95a	50	90	110	22	10	40	16	80	12
	70	110	135	25	15	40	16	100	12
	90	130	158	30	18	40	20	120	12
	110	160	173	36	18	50	20	130	12
	140	190	198	36	18	50	22	155	16
	160	210	225	36	20	50	22	180	16
	200	260	290	40	20	60	25	240	16

	$A\pm0.01$	B	L	H	$A_1\pm0.02$	$A_3\pm0.02$	D	D_1	d(H7)	d_1	d_2(H7)	d_3	d_4
图 5-95b	70	110	135	25	63	15	40	25	16	13	10	16	M6
	90	130	158	30	70	18	40	25	20	13	10	16	M6
	110	160	173	36	75	18	50	30	20	18	10	16	M6
	140	190	198	36	90	18	50	30	22	18	12	18	M8
	160	210	225	36	105	20	50	40	22	18	16	22	M10
	200	260	290	40	145	20	60	45	25	22	20	28	M12

	$A\pm0.01$	B	L	H	A_1	$A_2\pm0.05$	D	D_1	d(H7)
图 5-95c	50	90	110	22	50	10	40	50	16
	70	110	130	25	63	15	40	60	16
	90	130	140	30	70	18	40	60	20
	110	160	160	36	75	18	50	70	20
	140	190	170	36	90	18	50	70	22
	160	210	195	36	105	20	50	80	22
	200	260	230	40	145	20	60	80	25

实心钻模板材料为 HT150，空心钻模板材料为铸钢 ZG310-570。要求：B 面平面度误差不大于 0.02/100mm，不允许有中凸；D 面对 B 面平行度、销孔轴线对 B 面垂直度误差小于 0.02/200mm（图 5-95）；应进行时效处理。

滑柱式钻具可换钻模板用定位销的规格尺寸见表 5-15。

表 5-15　滑柱式钻具可换钻模板用定位销的规格尺寸　（单位：mm）

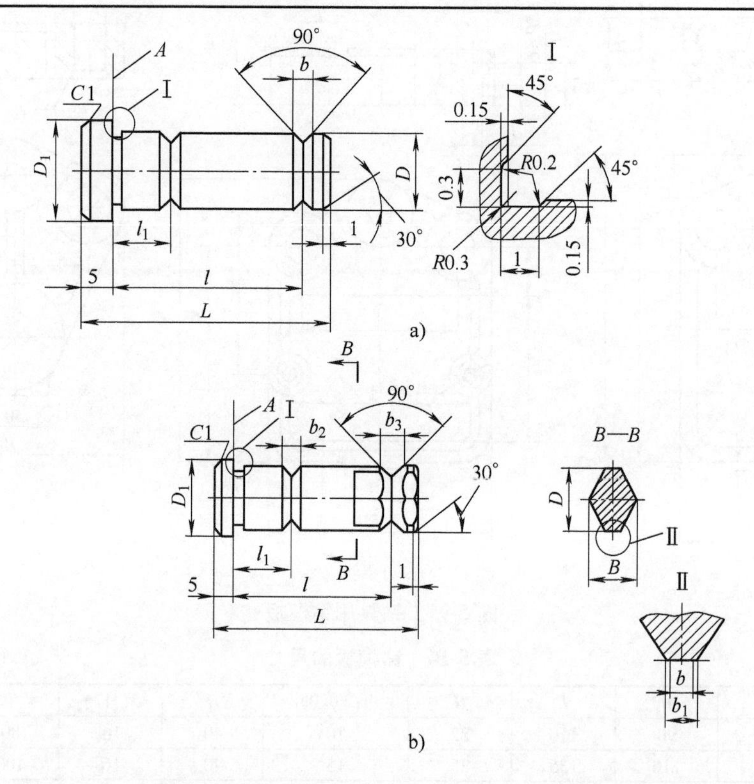

D	L	圆柱销（图 a）				菱形销（图 b）							
		D_1	b	l	l_1	B	D_1	b	b_1	b_2	b_3	l	l_1
10	38	14	4	25	9	8	14	2	3	4	5	25	9
12	48	16	5	35	12	10	16	4	4	5	5	35	12
16	55	20	6	38	12	12	20	4	4	6	6	38	12
20	55	25	6	38	18	18	25	4	4	6	8	38	12

注：1. 定位销材料为 T7A，硬度为 50~55HRC。

2. 端面 A 对销轴线垂直度误差为 0.01/100mm。

图 5-96a 和 b 所示为滑柱式钻具用的平面连接支承，用于各零件或组件相互组合时按平面和孔定位，使钻具有可换性。平面连接支承由定位块 1、圆柱阶台定位销 2 或菱形销 3 和紧固螺钉 4、5 组成（图 5-96a）；图 5-96b 所示的平面支承有两头伸出的长圆柱或菱形定位销 2 和 3。阶台定位销见表 5-16；两头伸出的长定位销见表 5-17。定位销的应用见后面实例。

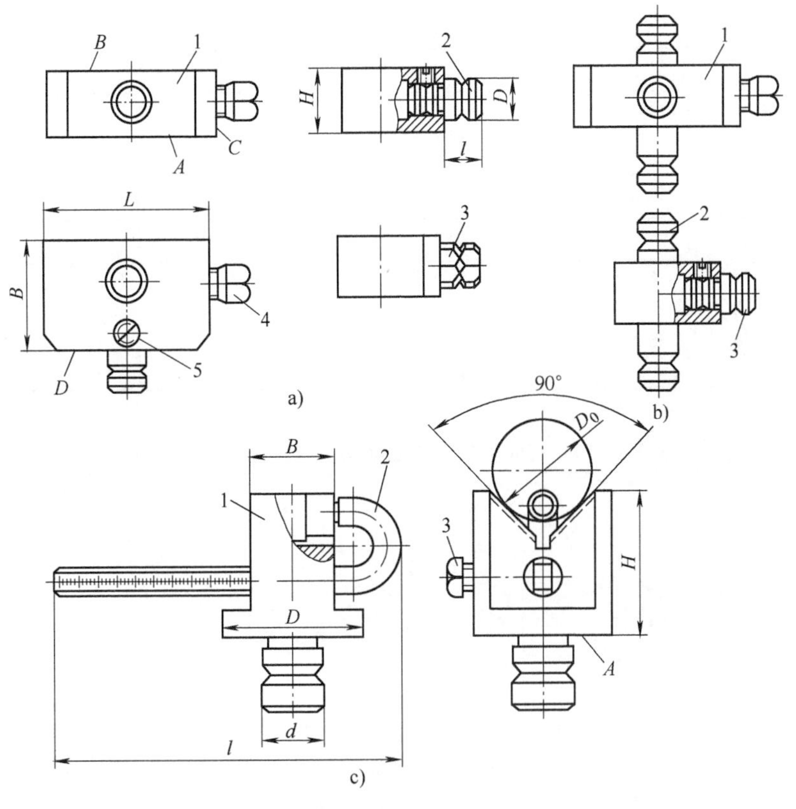

图 5-96　滑柱式钻具平面连接支承

a）1—定位块　2、3—带支承肩的圆柱或菱形定位销　4、5—紧固螺钉

b）1—定位块　2、3—定位销

c）1—V 形体　2—轴向限位件　3—螺钉

表 5-16　图 5-96 所示平面连接支承用阶台定位销的主要尺寸　（单位：mm）

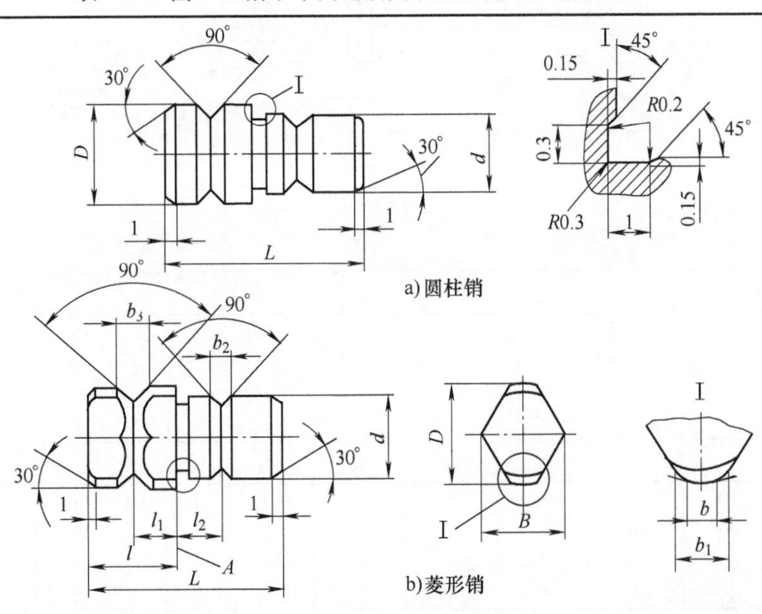

（续）

	D（g6）	L	l	l_1	l_2	d（g6）
圆柱销	10	22	12	5	5	8
	12	28	16	8	6	10
	16	40	24	12	8	12
	20	45	24	12	10	16

	D（g6）	L	B	b	b_1	b_2	b_3	l	l_1	l_2	d（g6）
菱形销	10	22	8	2	3	4	5	12	6	5	8
	12	28	10	3	4	4	5	16	8	6	10
	16	40	14	3	4	5	6	24	12	8	12
	20	45	18	3	4	6	9	24	12	10	16

表 5-17　图 5-96 V 形连接支承用长定位销的主要尺寸　（单位：mm）

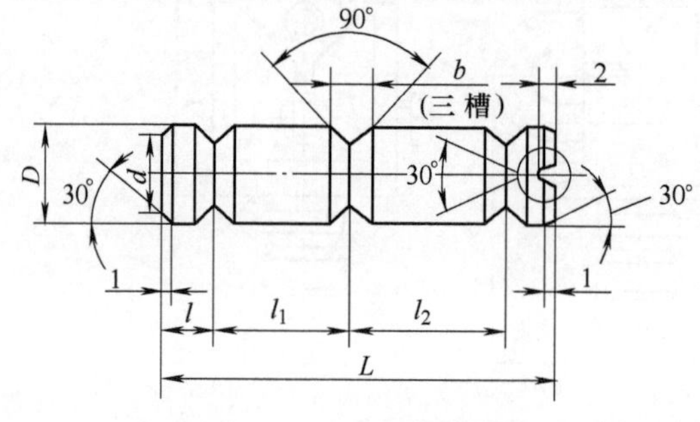

a) 长圆柱销

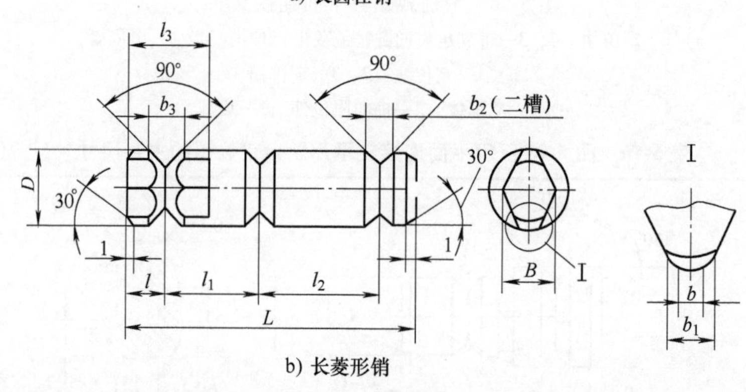

b) 长菱形销

	D（g6）	L	l	l_1	l_2	b
长圆柱销	10	50	6	14	18	4
	12	60	8	18	22	5
	16	85	12	28	30	6
	20	100	12	32	36	6

	D（g6）	L	B	b	b_1	b_2	b_3	l	l_1	l_2	l_3
长菱形销	10	50	9	2	3	4	5	6	14	18	14
	12	60	10	4	4	5	5	8	15	22	18
	16	85	14	4	4	6	6	12	28	30	26
	20	100	18	4	4	6	8	12	32	36	26

对图 5-96a 和 b 支承的要求：*A*、*B* 两平面平行度和 *C*、*D* 面对 *A* 面的垂直度误差为 0.02/100mm；定位销孔轴线对 *C*、*D* 面或 *A* 面垂直度误差在孔全长上为 0.01mm。对图 5-96c的要求：*A* 面平行于 V 形轴线误差 0.02/100mm；直径为 *d* 的定位销轴线垂直于 *A* 面，在定位销全长上误差为 0.01mm；直径为 *d* 的定位销轴线与 V 形体轴线在同一垂直面上误差为 0.02mm。图 5-96a 和 b 所示支承的主要尺寸见表 5-18。

表 5-18　支承的主要尺寸　　(单位:mm)

D (h6)	*B*	*H*	*L*	*l*	*D* (h6)	*B*	*H*	*L*	*l*
10	32	16	50	12	16	60	32	100	24
12	40	20	70	16	20	80	40	110	24

图 5-96c 所示为用于滑柱式钻具上的 V 形支承，用于直径在 90mm 内的圆柱形工件的定位，轴向限位件 2 装在 V 形体 1 的孔中，用螺钉 3 固定，其主要尺寸见表 5-19。

表 5-19　用于滑柱式钻具上的 V 形支承的尺寸　　(单位:mm)

工件直径 D_0	*d* (h6)	*D*	*H*	*l*	螺钉规格
10~30	16	40	40	100	M8×20
25~60	25	70	65	160	M10×40
45~80	40	80	60	180	M10×40
65~90	40	80	60	200	M10×40

平面和 V 形连接支承的材料为 40Cr，硬度为 35~40HRC。

表 5-16 和表 5-17 所示的定位销材料为 T7A，硬度为 50~55HRC。对表 5-16 图的要求：*D* 对 *d* 的同轴度公差为 0.01mm；*A* 面对 *D* 轴线(图 5-96a)的垂直度公差为 0.01/100。

图 5-97 所示为双柱夹紧滑柱式钻具，其主要尺寸见表 5-20。对同一规格滑柱式钻具，根据工件的外形和尺寸，钻模板又有不同的形状，例如尺寸 *J*=95mm 钻模板的各种形状如图 5-97b 所示。

表 5-20　图 5-97 双柱夹紧滑柱式钻具的主要尺寸　　(单位:mm)

<table>
<tr><th rowspan="2">尺寸</th><th colspan="8">尺寸系列</th></tr>
<tr><th>Ⅰ</th><th>Ⅱ</th><th>Ⅰ</th><th>Ⅱ</th><th>Ⅰ</th><th>Ⅱ</th><th>Ⅰ</th><th>Ⅱ</th></tr>
<tr><td>A</td><td colspan="2">170</td><td colspan="2">220</td><td colspan="2">285</td><td colspan="2">405</td></tr>
<tr><td>B</td><td colspan="2">48</td><td colspan="2">64</td><td colspan="2">82</td><td colspan="2">150</td></tr>
<tr><td rowspan="2">C</td><td colspan="2">25</td><td colspan="2">50</td><td colspan="2">50</td><td colspan="2">75</td></tr>
<tr><td colspan="2">25~57</td><td colspan="2">50~75</td><td colspan="2">50~95</td><td colspan="2">75~125</td></tr>
<tr><td>D</td><td colspan="2">150</td><td colspan="2">200</td><td colspan="2">245</td><td colspan="2">295</td></tr>
<tr><td>E</td><td colspan="2">25</td><td colspan="2">38</td><td colspan="2">50</td><td colspan="2">70</td></tr>
<tr><td>F</td><td colspan="2">20</td><td colspan="2">30</td><td colspan="2">35</td><td colspan="2">46</td></tr>
<tr><td>G</td><td colspan="2">200</td><td colspan="2">250</td><td colspan="2">300</td><td colspan="2">380</td></tr>
<tr><td>H</td><td colspan="2">38</td><td colspan="2">54</td><td colspan="2">72</td><td colspan="2">108</td></tr>
<tr><td>I</td><td colspan="2">20</td><td colspan="2">32</td><td colspan="2">32</td><td colspan="2">38</td></tr>
<tr><td>J</td><td colspan="2">95</td><td colspan="2">125</td><td colspan="2">165</td><td colspan="2">250</td></tr>
<tr><td>K</td><td colspan="2">32</td><td colspan="2">40</td><td colspan="2">50</td><td colspan="2">64</td></tr>
<tr><td>L</td><td colspan="2">50</td><td colspan="2">62</td><td colspan="2">85</td><td colspan="2">100</td></tr>
<tr><td>M</td><td colspan="2">136</td><td colspan="2">184</td><td colspan="2">242</td><td colspan="2">350</td></tr>
</table>

<table>
<tr><th rowspan="2">尺寸</th><th colspan="8">尺寸系列</th></tr>
<tr><th>Ⅰ</th><th>Ⅱ</th><th>Ⅰ</th><th>Ⅱ</th><th>Ⅰ</th><th>Ⅱ</th><th>Ⅰ</th><th>Ⅱ</th></tr>
<tr><td>N_{max}</td><td colspan="2">100</td><td colspan="2">125</td><td colspan="2">150</td><td colspan="2">200</td></tr>
<tr><td>N_{min}</td><td colspan="2">82</td><td colspan="2">108</td><td colspan="2">125</td><td colspan="2">160</td></tr>
<tr><td>O</td><td colspan="2">50</td><td colspan="2">80</td><td colspan="2">85</td><td colspan="2">100</td></tr>
<tr><td>P</td><td colspan="2">32</td><td colspan="2">40</td><td colspan="2">48</td><td colspan="2">64</td></tr>
<tr><td>Q</td><td colspan="2">30</td><td colspan="2">36</td><td colspan="2">50</td><td colspan="2">60</td></tr>
<tr><td>R</td><td colspan="2">22</td><td colspan="2">38</td><td colspan="2">48</td><td colspan="2">64</td></tr>
<tr><td>S</td><td colspan="2">12</td><td colspan="2">20</td><td colspan="2">25</td><td colspan="2">25</td></tr>
<tr><td>T</td><td colspan="2">105</td><td colspan="2">130</td><td colspan="2">170</td><td colspan="2">225</td></tr>
<tr><td>U</td><td colspan="2">38</td><td colspan="2">44</td><td colspan="2">50</td><td colspan="2">40</td></tr>
<tr><td>V</td><td colspan="2">3</td><td colspan="2">12</td><td colspan="2">12</td><td colspan="2">25</td></tr>
<tr><td>W</td><td colspan="2">40</td><td colspan="2">56</td><td colspan="2">75</td><td colspan="2">90</td></tr>
<tr><td>Y</td><td colspan="2">28</td><td colspan="2">42</td><td colspan="2">42</td><td colspan="2">74</td></tr>
<tr><td>Z</td><td colspan="2">16</td><td colspan="2">25</td><td colspan="2">25</td><td colspan="2">35</td></tr>
</table>

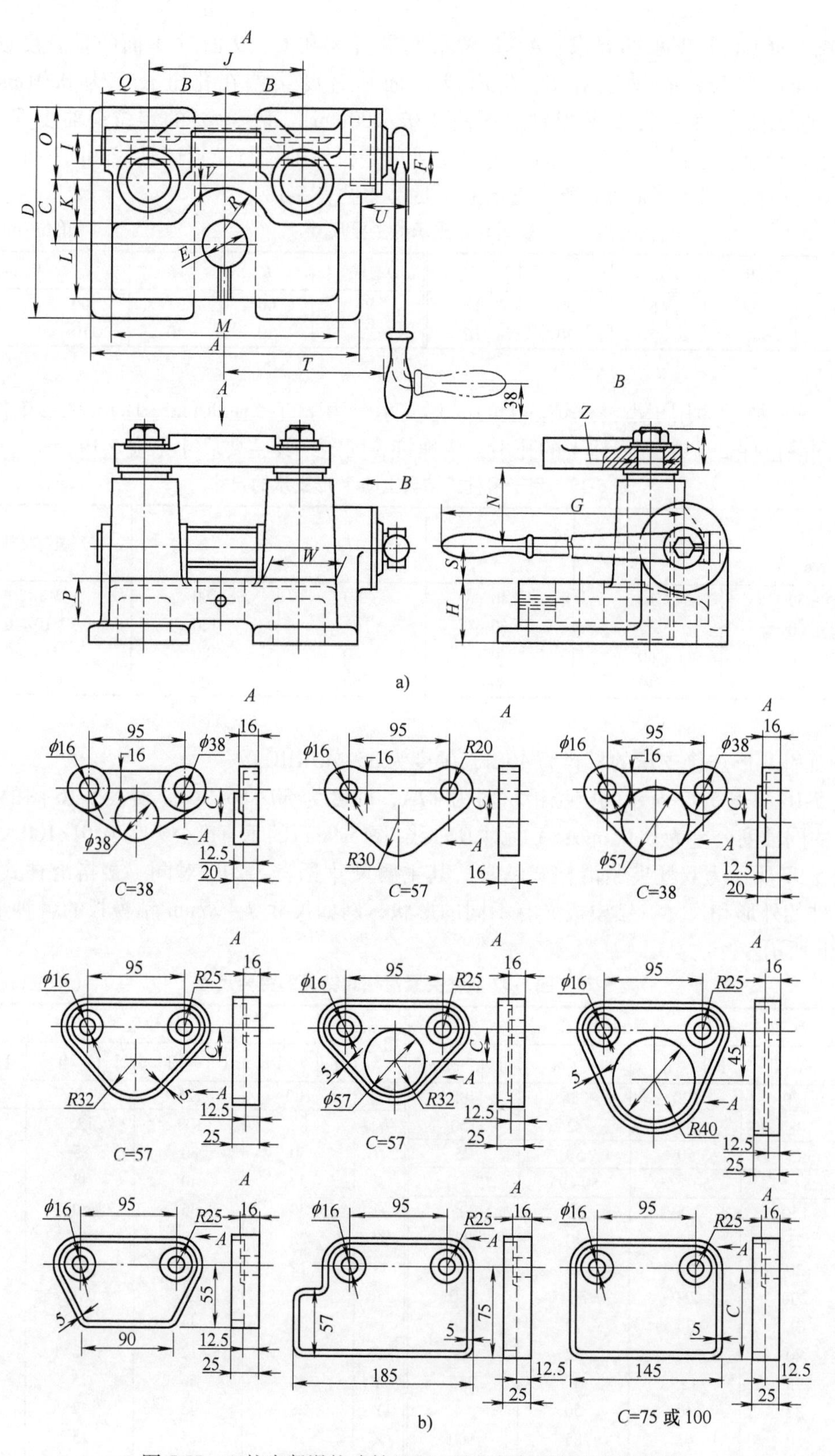

图 5-97 双柱夹紧滑柱式钻具和一种规格钻模板的各种形式

图 5-98 所示为龙门气动滑柱式钻具。

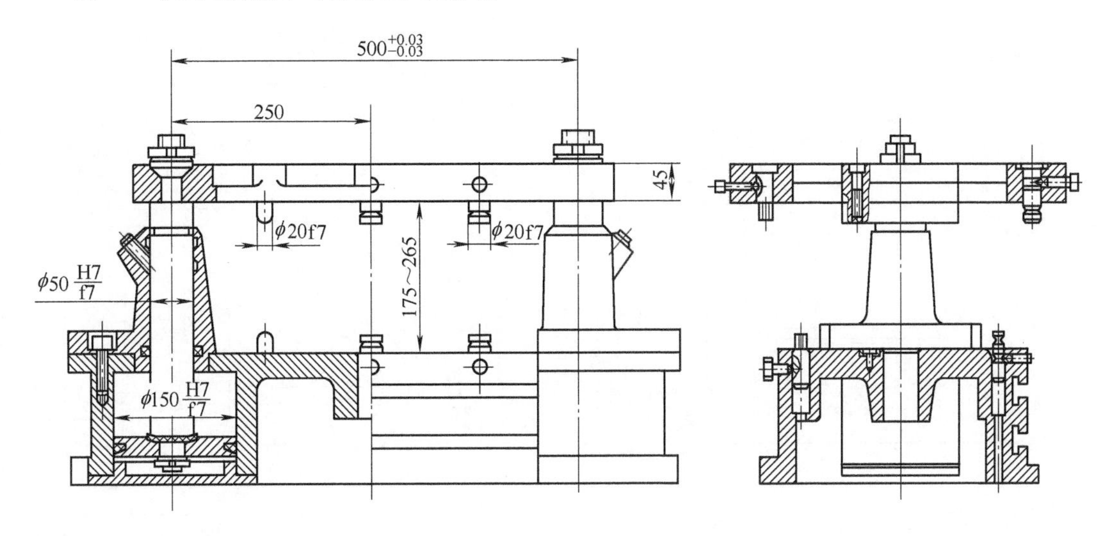

图 5-98　龙门气动滑柱式钻具

（2）滑柱式钻具的应用示例　图 5-99 所示为在矩形法兰工件上钻四孔的滑柱式钻具。工件放在支座 2 上，支座放在本体 7 的上平面上，用四个矩形分布的定位销（两个圆柱销和两个菱形销，见表 5-15）定位，定位销在本体孔内图中未示出，并用螺钉顶在销的 90°槽上。可换钻模板 5 固定在空心钻模板 4 的下平面上，也用四个定位销 3 定位，定位销在空心钻模板 4 孔内图中也未示。两个 V 形块 6 用螺钉和普通销固定在可换钻模板上，使工件定位。

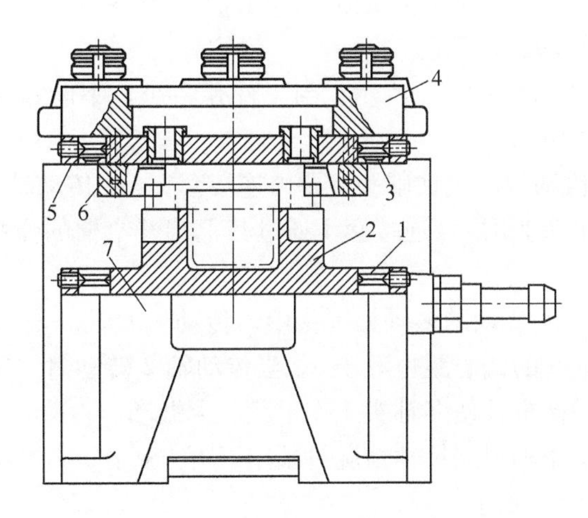

图 5-99　矩形法兰滑柱式钻具

1、3—定位销　2—支座　4—空心钻模板　5—可换钻模板　6—V 形块　7—本体

图 5-100 所示为轴承座八孔滑柱式钻具，工件以外圆表面在可绕球面销 2 摆动的 V 形块 1 上定位，并使其上平面右端靠在绕轴 4 摆动的支承板 3 上。用钻模板上的四个支钉 5 最终夹紧和使工件水平方向定位。

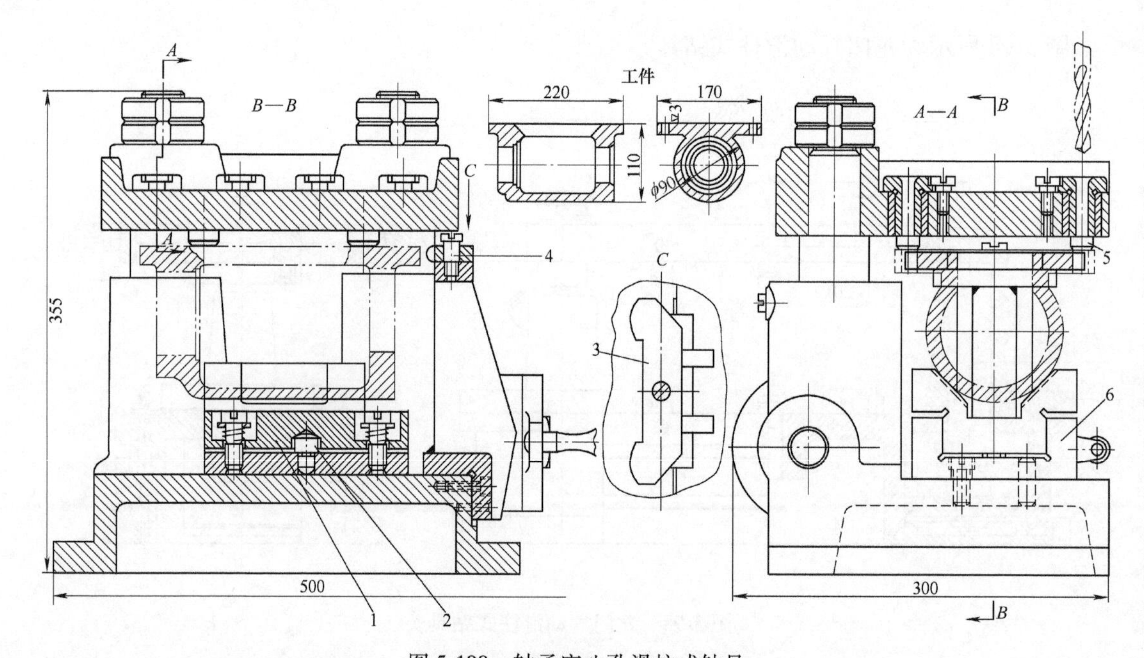

图 5-100 轴承座八孔滑柱式钻具

1—V 形块 2—球面销 3—支承板 4—轴 5—支钉 6—滑座

5.3.4 多轴钻削头

在普通钻床上可利用多轴钻削头（以下简称多轴头）和配置相应夹具钻工件上的多个孔，或在回转工作台上对几个工件进行不同工序（例如钻、扩、铰）的加工，以提高劳动生产率。多轴头成本高，用于大量生产，对小批量生产可用通用可调多轴头。

1. 多轴钻削头的结构和应用示例

一般采用齿轮传动，如图 5-101a 所示；当工件孔距小，不能布置滚动轴承时，采用偏心轴传动，如图 5-101b 所示。

图 5-101a 所示齿轮传动的多轴钻削头主要由连接套 1、主传动轴 2、传动轴 3 和工作轴 4（其下端固定有刀夹或卡头）组成。连接套 1 通过其上端开窄槽的弹性部分用螺钉固定在机床主轴套筒上。

在图 5-101b 所示的偏心传动的多轴钻削头中，传动偏心轴 3 与传动轴 2 的偏心距为 e，各工作偏心轴 4 与工作轴 5 的偏心距也等于 e。当传动轴 2 转动时，所有工作轴以与机床主轴同样的转速转动。用平衡重 6 使多轴头工作平稳、无振动。

齿轮传动多轴头的工作轴根据尺寸情况可采用以下方式：

① 上、下支承均为滚锥轴承。

② 下支承为推力轴承和径向滚珠轴承；上支承为径向滚珠轴承或滚锥轴承。

③ 上、下轴承均为推力轴承和无内环的滚针轴承。

④ 传动轴可采用上、下均为滚锥轴承或滚针轴承的方式。

工作轴安装刀具部位的结构如图 5-101c 所示：左图和中图为安装锥柄刀具，中图刀具伸出距离可调；右图用于安装直柄刀具，由弹性夹头夹紧刀具。图中莫氏锥度为 3 号和大于 3 号，采用两个键 4。

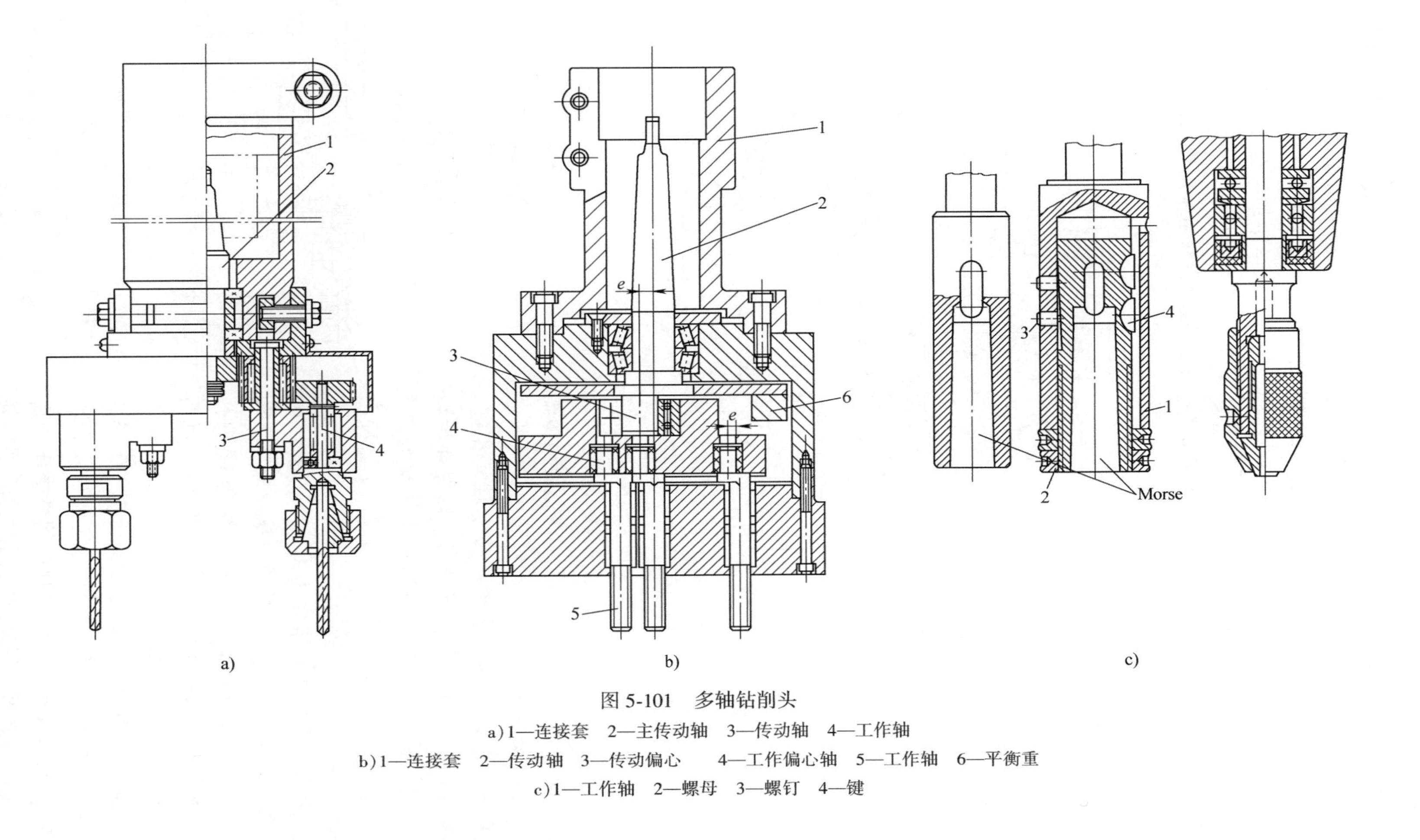

图5-101　多轴钻削头

a) 1—连接套　2—主传动轴　3—传动轴　4—工作轴

b) 1—连接套　2—传动轴　3—传动偏心　4—工作偏心轴　5—工作轴　6—平衡重

c) 1—工作轴　2—螺母　3—螺钉　4—键

图 5-101c 所示的结构都是刀具与工作轴刚性连接，当工作轴数较多、在几个工位上顺序多工序加工时，为消除工作轴与夹具导套轴线的位置误差，需采用各种形式的浮动夹头（自定心夹头）；而为在多轴头上加工螺纹孔，则需在工作轴上设置靠模装置和浮动夹头。

当加工孔距较小的孔(特别是各孔中心沿圆周均匀分布或呈矩形分布等)时，采用内齿轮 1 带动工作轴 2(图 5-102a,图中只表示了两个工作轴)，其数量根据具体情况确定。

图 5-102b 所示为内啮合双层传动多轴头的结构，孔数较少时可采用单层传动。

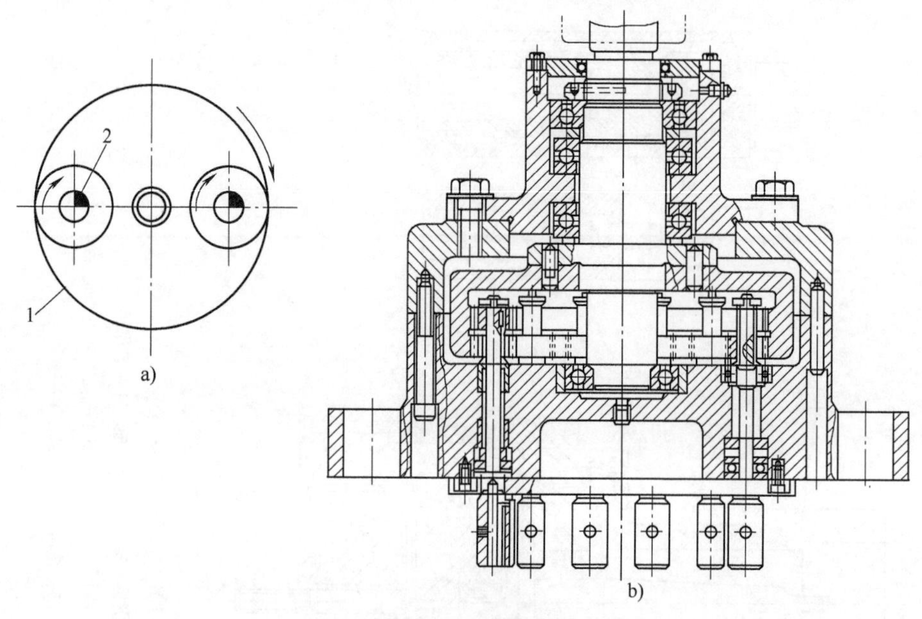

图 5-102 内啮合传动多轴头

1—内齿轮 2—工作轴

图 5-103 所示为用于加工小孔的摩擦传动多轴头[33]，尾柄 1 装在立式钻床主轴锥孔中，尾柄通过拨动板 3 上的圆柱销与多轴头传动轴 4 相连。在传动轴端面与螺母 2 之间有弹簧，以保证传动轴上的锥度外圆有足够的力压向各工作轴锥套 7 的锥度外圆(与压入径向滚珠轴承内圈 8 中的环内锥面接触)。

在工作轴的孔内装有锥度为 1 : 30 的胀套 6，钻头 14 紧固在胀套中，钻头的伸出量用螺钉 5 调节。多轴头各工作轴在本体 10 中的衬套 11 内孔中转动，本体上面用盖 9 封盖，钻模板 13 通过两个带弹簧的导柱 12 与本体相连。

摩擦副的材料用具有大摩擦因数(0.45 ~ 0.55)、不吸附润滑油的钛，使用其他材料(钢-钢,青铜-钢,夹布胶木-青铜等)制成的摩擦副不能保证传递转矩的要求，特别是当润滑油落到接触

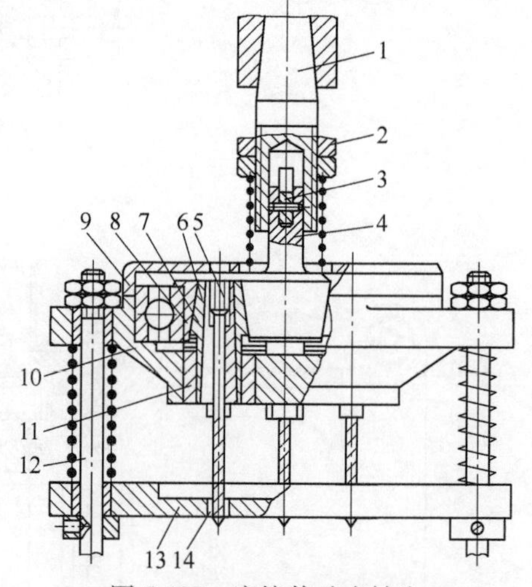

图 5-103 摩擦传动多轴头

1—尾柄 2—螺母 3—拨动板 4—传动轴 5—螺钉 6—胀套 7—锥套 8—轴承内圈 9—盖 10—本体 11—衬套 12—导柱 13—钻模板 14—钻头

面上时。最适合的锥度接触角为 $\alpha=6°$，采用大的摩擦角($\rho=5.5°,\alpha>\rho$)。

当有一个钻头超转矩工作时，该工作轴相对于传动轴打滑空转，其他工作轴继续进给时压缩弹簧，多轴头上的其余刀具由于工作轴与传动轴脱开接触而停止转动，一直到弹簧压力达到足以将必要的转矩传递到钻头上为止。当传动轴再次移动时，其余刀具也将进入工作；必要时可发出减小进给量或多轴头停止工作的指令。

使用多轴头可防止钻小孔时钻头的损坏，而不需要复杂的保护装置和传感器。对材料为结构钢、铝合金和钛合金的工件，可同时钻三孔（ϕ1.6mm，分布在 ϕ22mm 圆周上），无论是否使用冷却润滑液，在手动和机动条件下，工作均可靠。

图 5-104 所示为一种常用的可调多轴头。

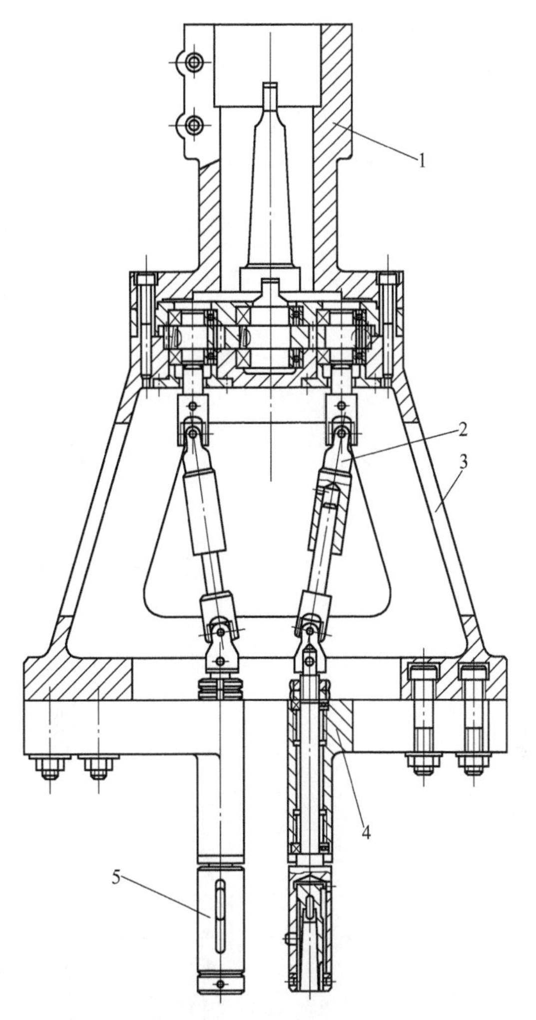

图 5-104 可调多轴头

1—上法兰 2—万向接头 3—本体 4—移动座 5—工作轴

机床主轴转动经齿轮传动，通过万向接头2传到各工作轴5。在工作轴的移动座4上有径向槽，移动座可在本体3下端面上径向移动，并利用万向接头铰链的伸缩，可加工任意位置的孔，适用于中、小批量生产。

图 5-105 所示为一种可自动调节各工作轴坐标（分布圆直径）的多轴头结构示意图。

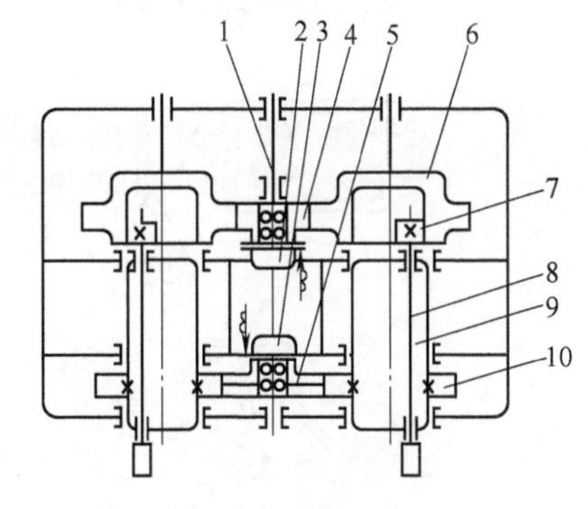

图 5-105 自动可调多轴头示意图

1—中间轴 2、3—电磁离合器 4、5、6、7、10—齿轮 8—工作轴 9—轴套

机床主轴的转动传给中间轴1，通过电磁离合器2和3带动齿轮4和5转动（无间隙传动）。调节工作轴分布圆直径时，各轴套9处于非制动状态（制动装置图中未示出），按控制程序的指令接通电磁离合器3，齿轮5转动，使齿轮10和轴套9转过一定角度。因为工作轴的轴线与轴套9的轴线有偏心距，所以即将工作轴调到一定位置。按控制程序的指令，切断离合器3，这时轴套9处于制动状态，并接通离合器2，使齿轮4转动，带动齿轮6（外啮合）、7（内啮合）和各工作轴8转动，即可进行加工。

2. 在多轴头上采用活动钻模板

在一些情况下，钻模板不能固定设置

在夹具上，而将其连接在多轴头上，并与多轴头一起移动，这种模板称为活动钻模板。为使多轴头适应多品种加工，往往也需要采用活动钻模板。

图5-106所示为在立式钻床上应用的带活动钻模板的多轴头，工件以止口外圆(ϕ110.5mm)和端面在定位盘6中定位。多轴头用斜楔固定在机床主轴中。

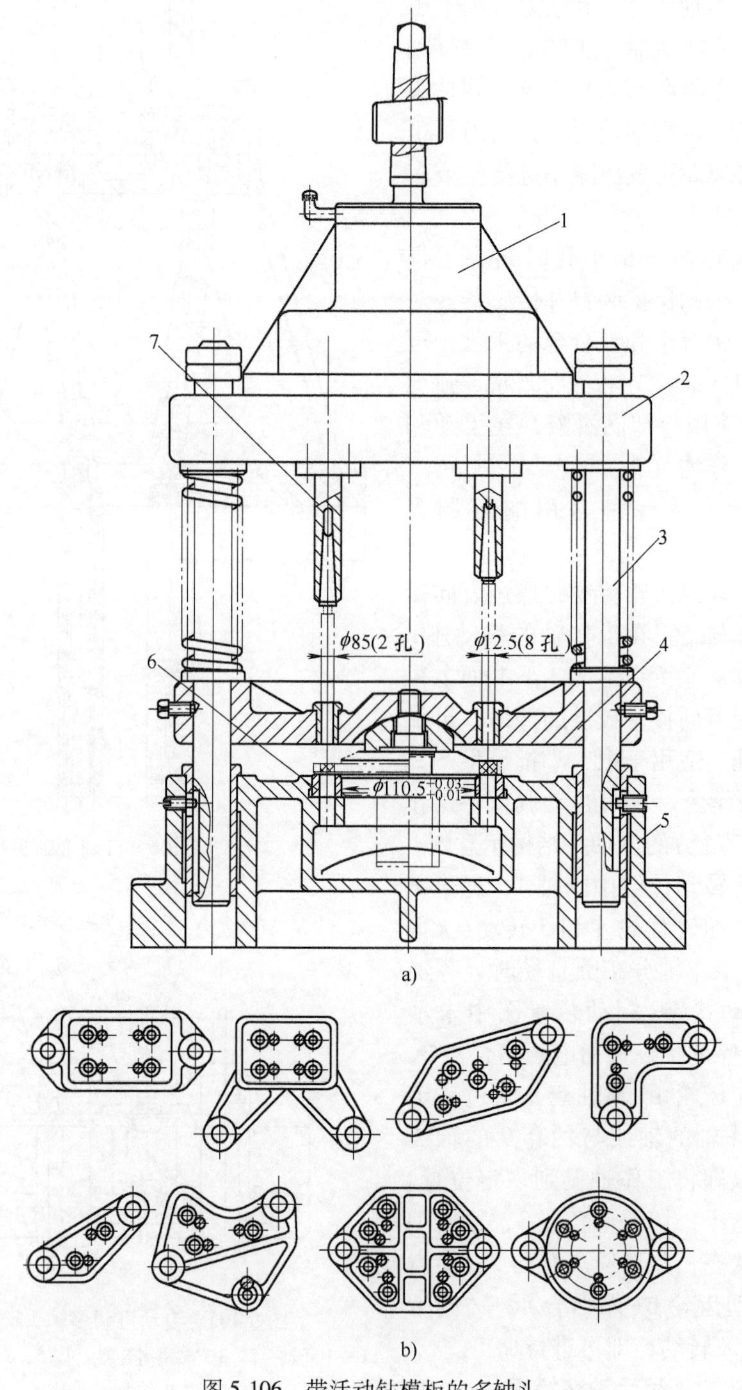

图5-106　带活动钻模板的多轴头

1—轴承座　2—本体　3—导柱　4—钻模板　5—夹具本体　6—定位盘　7—工作轴

活动钻模板4装在两导柱3上，两导柱下端与夹具本体5上的两导套孔滑动配合(H7/h6)。当多轴头向下移动时，浮动压板与工件上端面接触，通过导柱上的弹簧力将工件夹紧。机床主轴继续下降，同时钻10个孔，本体2压缩弹簧。加工结束后，机床主轴上升，钻模板离开工件，取下工件。

活动钻模板有多种形式，如图5-106b所示。

图5-107所示为钻距中心等距小孔(直径在3mm以下)用的多轴头。图5-107a用于中心距较小(6~8mm)的情况，而图5-107b用于中心距较大的情况。

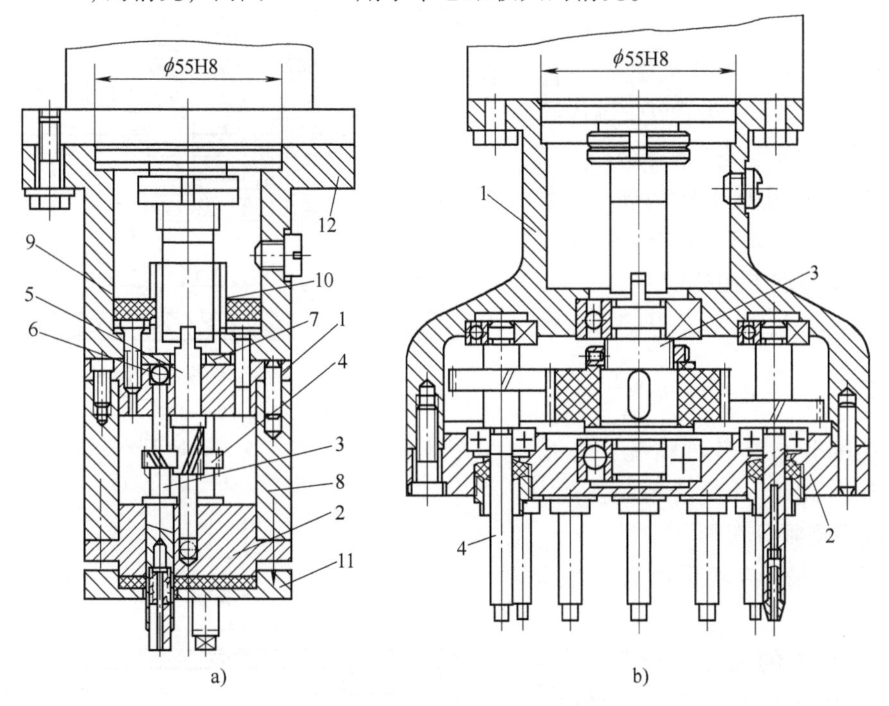

图5-107　钻距中心等距小孔多轴头

a) 1、2—轴瓦　3、4—工作轴　5—传动轴　6—滚珠　7—止动垫圈　8—本体(下)　9—毛毡垫　10—套　11—盖　12—本体(上)

b) 1—本体　2—盖　3—中心齿轮轴　4—工作轴

这类多轴头的特点是：对图5-107a所示的轴头，采用青铜轴瓦1和2作为滑动轴承，在其上做出安装工作轴3、4和传动轴5的孔，工作轴的转速不超过4000r/min，切削力由滚珠6承担；对图5-107b所示的轴头，切削力由径向轴承承受，一般不设置推力轴承，为传动平稳和消除噪声，中心齿轮用胶木或青铜制造。图5-107所示的两种轴头的工作轴与齿轮均做成一体。

图5-108所示为带活动钻模板的可调多轴头和夹具，用于加工轴承盖、法兰盘等工件，同时钻四个孔(最大直径为18mm)，两孔中心距离为96~270mm，工作轴9可绕销轴10转动，工作轴的传动比为3.2。

用可换钻模板13调整多轴头工作轴的位置，两导柱16和导柱4使多轴头与夹具连为一体。工件14放在支座15上，由弹簧5压紧工件，限位套6和7的作用是限制弹簧的压缩量。润滑冷却液进入环12内，均匀流经套2，冷却各钻头。

3. 多轴头齿轮传动系统的设计和计算

(1) 多轴头传动系统 在多轴头结构中，传动轴、各工作轴和各轴上的齿轮组成多轴头的传动系统。各齿轮都布置在一个平面上，称为单层(排)齿轮传动；齿轮布置在两个平面上称为双层齿轮传动。图5-109所示为多轴头双层齿轮传动系统示意图。

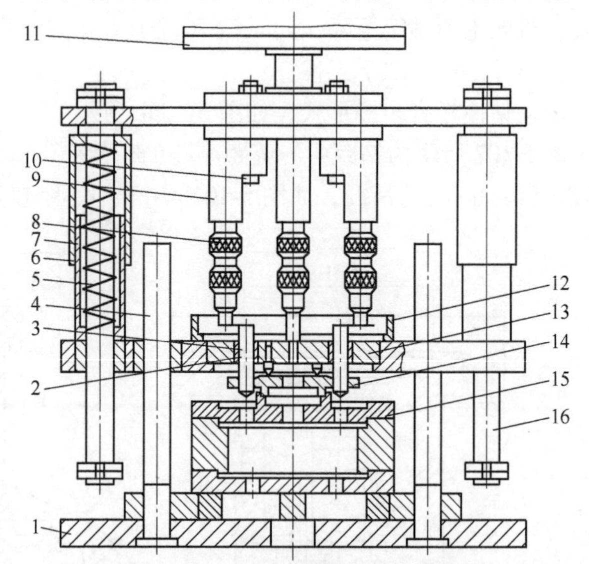

图5-108 带活动钻模板可调多轴头

1—底板 2—套 3—钻头 4、16—导柱 5—弹簧 6、7—限位套 8—卡头 9—工作轴 10—销轴 11—过渡板 12—环 13—可换钻模板 14—工件 15—支座

上层齿轮以Ⅰ表示，下层齿轮以Ⅱ表示。机床主轴的转速 n_0 通过主传动轴 O 上的中心齿轮(齿数为 z_0)传给传动轴1、2上的齿轮(齿数为 z_1 和 z_2)；又由传动轴Ⅱ层上的齿轮(齿数为 z'_1 和 z'_2)分别带动工作轴3、4和5、6转动(与主轴转动方向相同)。

若 $z_1=z_2$，$z_3=z_4=z_5=z_6$，则各工作轴的转速相等，$n_3=n_4=n_5=n_6=n_0\times\frac{z_0}{z_1}\times\frac{z'_1}{z_3}$。

工作轴的分布有各种情况：各孔沿圆周分布，如图5-109所示；各孔沿直线分布或不规则分布等。

对设计多轴头传动系统的一般要求是：

1) 在保证轴的强度、刚度、转速的前提下一般传动轴应减少，尽量用一根传动轴带动多个工作轴，但当工作轴的数量少、距离又较远时，则需要多个传动轴。当齿轮啮合中心距不符合标准齿轮要求时，采用变位齿轮凑中心距。

2) 一般不用工作轴带动工作轴，但当多轴头为单层齿轮传动需要钻与主轴同轴的孔例外。

3) 一般减速传动比为1~1.5，外啮合允许最大为2.5；齿轮的齿数为17~42。

4) 尽量避免升速传动，如果需要则应设置在最末一级的齿轮上，以减小功率损失。

5) 传动系统初步设计完成后，应检查各齿轮外圆与其他齿轮外圆是否有

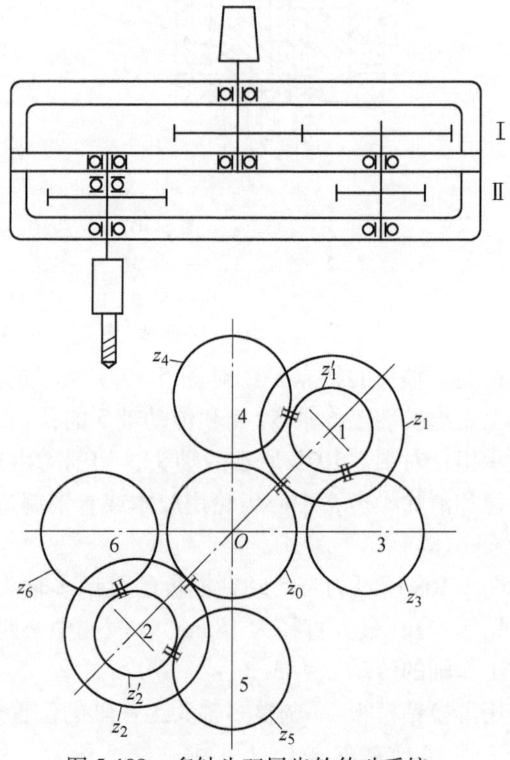

图5-109 多轴头双层齿轮传动系统

1、2—传动轴 3、4、5、6—工作轴

Ⅰ、Ⅱ—啮合层号

干涉，如果有干涉应修改设计。

（2）多轴头传动齿轮轴中心坐标的计算　对钻床上用的多轴头，可以用机床主轴(即多轴头的中间传动轴)的中心作为坐标原点，建立 XOY 总的坐标系，其他各轴中心位置都是对总坐标原点的距离尺寸。为确定各传动轴对总坐标的距离尺寸，先要确定各传动轴中心与所带动工作轴之间的距离尺寸，这时需要对传动轴中心和其所带动工作轴中心建立局部坐标系 xOy，下面介绍在局部坐标系上计算传动轴中心坐标的方法，如图 5-110 所示。

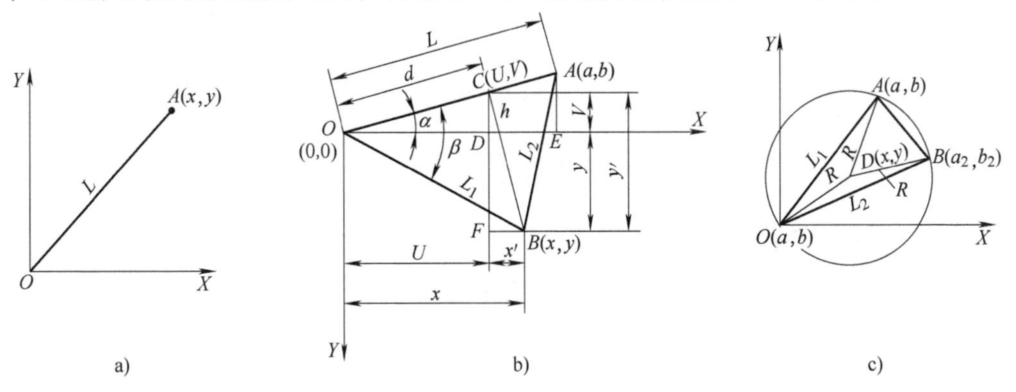

图 5-110　多轴头各轴坐标计算图

① 传动轴(中心 A)与一个工作轴(中心 O)的齿轮啮合，即与一个轴定距(图 5-110a)。中心 O 为坐标系原点，这时应满足 $x^2+y^2=L^2$，则

$$L=\frac{1}{2}m(z_0+z_A)$$

式中　m——齿轮的模数，单位为 mm；

z_0、z_A——齿轮轴 O 和 A 上齿轮的齿数。

② 传动轴(中心 B)的齿轮与两个工作轴(中心 O 和 A)的齿轮啮合，即与两轴定距(图 5-110b)。取中心 O 为 xOy 坐标系原点。图中 L_1 和 L_2 分别为中心 O 到中心 B 和中心 A 到中心 B 的中心距。通过所要计算轴的中心 B 点向已知坐标两轴中心连线 OA 作垂直线 BC，得

$$x=U+x' \tag{5-1}$$

$$y=y'-V \tag{5-2}$$

式中　U 和 V——分别为垂直线 BC 的垂足 C 在坐标 xOy 中位置的坐标值；

x' 和 y'——分别为 B 点、C 点在坐标系 xOy 中在水平和垂直方向的距离。

计算时 U、V、x'、y' 都以绝对值代入以上两式，其计算式推导如下：

由图可知

$$L=\sqrt{a^2+b^2} \qquad h=\sqrt{L_1^2-d^2}$$

在△OAB 中

$$L_2^2=L_1^2+L^2-2L_1L\cos\beta$$

$$L_1\cos\beta=\frac{L_1^2+L^2-L_2^2}{2L}$$

在△OCB 中

$$\frac{d}{L_1}=\cos\beta$$

代入上式得

$$d=\frac{L_1^2-L_2^2+L^2}{2L}=\frac{1}{2}\left(\frac{L_1^2-L_2^2}{L}+L\right) \tag{5-3}$$

由△OAE 与△OCD 相似得

$$\frac{d}{L}=\frac{V}{b}=\frac{U}{a}$$

所以

$$U=\left(\frac{d}{L}\right)a \tag{5-4}$$

$$V=\left(\frac{d}{L}\right)b \tag{5-5}$$

因△OAE 与△CFB 相似得

$$\frac{h}{L}=\frac{x'}{b}=\frac{y'}{a}$$

所以

$$x'=\left(\frac{h}{L}\right)b \tag{5-6}$$

$$y'=\left(\frac{h}{L}\right)a \tag{5-7}$$

由于三轴的相互位置多种多样，所以所得到的计算图形与图 5-110b 大多不一致，式(5-1)和式(5-2)中的 U、V、x'和 y'值的正负号应视具体情况确定，其通式可写成

$$x=U\pm x' \quad y=V\pm y'$$

根据计算图形即可确定 x 和 y 的应用计算式。

③ 传动轴(中心 D)的齿轮与三个工作轴(中心 O、A 和 B)的齿轮啮合，即与三轴等距(图 5-110c)。取中心 O 为 xOy 坐标系原点(原点的选择应使所计算轴的坐标为正值)，得

$$x^2+y^2=R^2$$

$$(a_1-x)^2+(b_2-y)^2=R^2$$

$$(a_2-x)^2+(b_2-y)^2=R^2$$

$$a_1^2+b_1^2=L_1^2$$

$$a_2^2+b_2^2=L_2^2$$

由上面各式得

$$2a_1x+2b_1y=L_1^2 \quad x=\frac{b_1L_2^2-b_2L_1^2}{2\ (a_2b_1-a_1b_2)}$$

$$2a_2x+2b_2y=L_2^2 \quad y=\frac{a_2L_1^2-a_1L_2^2}{2\ (a_2b_1-a_1b_2)}$$

(3) 对多轴头的技术要求

1) 各零件的材料和热处理。多轴头本体，前后盖(上下盖)一般采用 HT100 或 HT150，对较大尺寸的多轴头可采用铸造铝合金 ZL101 或 ZL102，铸件经时效处理。

轴的材料一般采用 45 钢、40Cr 钢，调质 30~35HRC；或淬火、回火至 38~42HRC；采

用无内环滚针轴承时，轴用20Cr制造，渗碳、淬硬、回火至58~62HRC。

齿轮的材料一般采用40Cr，调质至241~286HBW，或表面淬火至48~55HRC，接触应力［σ_c］=218MPa；齿轮材料也可用20Cr、12CrNi3A，渗碳淬火至56~62HRC。

2）对多轴头盖、中间板、本体的技术要求如下：

各连接面的平面度误差在100mm上不大于0.01mm，中间本体两端面的平行度在300mm上不大于0.02mm。

同一轴线上的镗孔同轴度偏差不大于0.01mm。

各镗孔端面应在镗孔时一起做出，以保证端面对孔的垂直度；镗孔端面与孔表面交接处的圆角半径不大于0.5mm；各镗孔坐标位置公差为±0.01mm。

导套孔轴线对贴合端面的垂直度误差不大于0.01/100mm。

铸件应经时效处理。

3）对轴的技术要求：

工作轴安装刀具的内孔表面对安装在轴承外圆表面的径向圆跳动：在距内孔外侧端面10mm处不大于0.01mm；在距150mm处不大于0.04mm。

如果轴的工作部分有阶台，则两阶台同轴度在0.01mm内；如果轴工作部分直径不变，要求其直线度在0.01mm内。

4）多轴头的润滑。对轴承、齿轮用黄油或其他润滑脂(例如二硫化钼)进行润滑。

（4）设计多轴头的有关数据　在设计多轴头时的可用的数据见表5-21~表5-25。

表5-21　轴能传递的转矩[2]　（单位：N·m）

d/mm \ φ/(°/m)	1/4	1/2	1	d/mm \ φ/(°/m)	1/4	1/2	1
10	0.35	0.69	1.4	35	52	104	210
12	0.72	1.40	2.9	40	89	178	360
15	1.75	3.50	7.1	45	142	285	580
20	5.50	11.00	23.0	50	217	434	880
25	13.50	27.00	55.0	55	317	635	—
30	28.00	56.00	114.0	60	450	900	—

注：推荐刚性主轴$[\varphi]=\frac{1}{4}$(°/m)，非刚性主轴$[\varphi]=\frac{1}{2}$(°/m)，传动轴$[\varphi]=1$(°/m)。

根据表5-21按下列条件计算：

$$d=B\sqrt[4]{\frac{M}{100}}$$

$$\frac{M}{W_p}\leqslant[\tau]$$

式中　d——轴的直径，单位为mm；

M——轴所传递的转矩，单位为N·mm；

W_p——轴的抗扭转截面系数，单位为mm^3，$W_p\approx0.2d^3$；

$[\tau]$——许用切应力，单位为MPa，本表按45钢，取$[\tau]$=31MPa；

B——系数，当材料的切变模量 $G=8.1\times10^4$MPa 时，B 值如下：

[φ] (°/m)	1/4	1/2	1
B	7.3	6.2	5.2

表 5-22　多轴头轴的空转功率[2]　（单位：kW）

转速/(n/min)	轴的直径/mm								
	15	17	20	25	30	40	50	60	75
25	0.001	0.001	0.002	0.003	0.004	0.007	0.012	0.017	0.026
40	0.002	0.002	0.003	0.005	0.007	0.012	0.018	0.027	0.042
63	0.003	0.004	0.005	0.007	0.010	0.019	0.029	0.041	0.066
100	0.004	0.005	0.007	0.012	0.017	0.030	0.046	0.067	0.104
160	0.007	0.001	0.012	0.018	0.027	0.047	0.074	0.107	0.166
250	0.010	0.013	0.018	0.028	0.042	0.074	0.116	0.166	0.0260
400	0.017	0.021	0.030	0.046	0.067	0.118	0.185	0.266	0.416
630	0.028	0.033	0.046	0.073	0.105	0.186	0.291	0.420	0.656
1000	0.042	0.053	0.074	0.116	0.166	0.296	0.462	0.666	1.040
1600	0.066	0.086	0.118	0.185	0.266	0.478	0.749	1.066	1.665

表 5-23　在 45 钢(170HBW)上钻孔时的轴向力和转矩[1]

钻孔直径	进给量	刀具材料				钻孔直径	进给量	刀具材料			
		高速工具钢		硬质合金				高速工具钢		硬质合金	
D/mm	f(mm/r)	F/N	M/N·m	F/N	M/N·m	D/mm	f(mm/r)	F/N	M/N·m	F/N	M/N·m
6	0.09	700	1.95	700	2.37	14	0.12	1910	13.34	2870	17.17
	0.12	850	2.45	880	3.15		0.15	2230	15.95	3420	21.46
7	0.10	840	2.87	940	3.58	15	0.15	2400	18.30	3800	28.69
	0.12	950	3.34	1090	4.29		0.20	2920	22.60	4800	32.85
8	0.09	900	3.45	1050	4.21	16	0.15	2540	20.84	4150	28.03
	0.12	1000	4.00	1320	5.61		0.20	3110	26.33	5250	37.38
9.5	0.12	1290	6.15	1680	7.88	17.6	0.15	2800	25.21	4800	33.92
	0.15	1500	7.35	2000	9.85		0.20	3420	31.86	5500	45.22
11	0.12	1500	8.24	2050	10.60	18.5	0.14	2800	26.70	4850	31.66
	0.15	1750	9.85	2450	13.25		0.20	3600	35.50	6480	49.97
12.5	0.12	1700	10.80	2460	13.80	20	0.14	3030	30.80	5350	34.98
	0.15	1980	12.60	2940	17.20		0.20	3900	41.20	7150	58.30

表 5-24　在灰铸铁(190HBW)上钻孔时的轴向力和转矩

钻孔直径	进给量	刀具材料				钻孔直径	进给量	刀具材料			
		高速工具钢		硬质合金				高速工具钢		硬质合金	
D/mm	f(mm/r)	F/N	M/N·m	F/N	M/N·m	D/mm	f(mm/r)	F/N	M/N·m	F/N	M/N·m
6	0.12	550	1.39	780	1.76	14	0.20	1950	11.44	2620	15.52
	0.14	630	1.58	910	2.05		0.25	2310	13.58	3270	19.19
7	0.12	640	1.89	900	2.4	15	0.25	2480	15.60	4120	22.00
	0.15	770	2.26	1120	2.97		0.32	3050	19.10	5270	27.80
8	0.12	750	2.49	1010	3.14	16	0.25	2640	17.74	3930	25.60
	0.19	1050	3.56	1610	4.84		0.35	3460	23.22	5510	34.38
9.5	0.19	1260	5.00	1870	6.85	17.6	0.25	2900	21.47	4340	30.33
	0.25	1570	6.24	2460	8.78		0.32	3540	26.14	5550	38.40
11	0.20	1530	7.06	2260	9.58	18.5	0.25	3050	23.72	4490	33.51
	0.25	1820	8.39	2820	11.85		0.32	3500	28.90	5740	42.26
12.5	0.19	1650	8.75	2400	11.80	20	0.25	3300	27.72	4840	39.16
	0.25	2000	10.80	3150	15.60		0.32	4400	34.00	6200	49.30

表 5-25　多轴头齿轮模数和工作轴直径　（单位:mm）

加工孔直径	<8	8~15	15~20	加工孔直径	<6	6~9	9~12	12~16	16~20
齿轮模数	1.5~2	2~2.5	2.5~3	工作轴直径	9	12	15	20	25

4. 多轴钻削头设计和计算示例

在设计前应了解：工件加工内容、切削用量、生产率，所用机床的参数和性能(包括各级转速、进给量、进给力、电机额定功率和与多轴头有关的机床尺寸等)，以及刀具材料和连接尺寸等。现以下面实例说明多轴头的设计方法，如图 5-111 所示，图中中心工作轴加工 ϕ11mm 孔，左、右两工作轴加工 ϕ6.6mm 孔(为简化,下面取中间轴的配置形式与左、右轴相同)。

工件材料为镍铬钢，抗拉强度为 $R_m=650$MPa，硬度为 174~203HBW，中间孔直径 $d_1=$ 11mm，两边孔直径 $d_2=6.6$mm，钻孔深度为 15mm。用高速工具钢钻头加工，取钻头寿命 100min(机动时间)。在立式钻床上加工，其性能数据为：电动机功率 3.9kW；最大轴向进给力 13700N；主轴转速 $n=53$r/min、84r/min、131r/min、200r/min、320r/min、500r/min；进给量 $f=0.1$mm/r、0.145mm/r、0.195mm/r、0.275mm/r、1.11mm/r。钻 ϕ11mm 孔的工作轴(又是传动轴)的转速就是机床主轴的转速，中心工作轴通过两传动轴带动左、右工作轴，如 A—A 剖视图所示。

(1) 选择钻孔用量　根据钻头使用时间 100min，取钻 ϕ11mm 孔的进给量 $f_1=0.195$ mm/r，切削速度 $v_1=16.6$m/min，则其计算转速 $n'_1=\dfrac{1000v_1}{\pi d_1}=\dfrac{1000\times16.6}{\pi\times11}r/min\approx$480r/min。

根据机床转速的数据，取实用转速 $n_1=500$r/min，取齿数 $z_1=27$，$z_2=20$，则左、右工

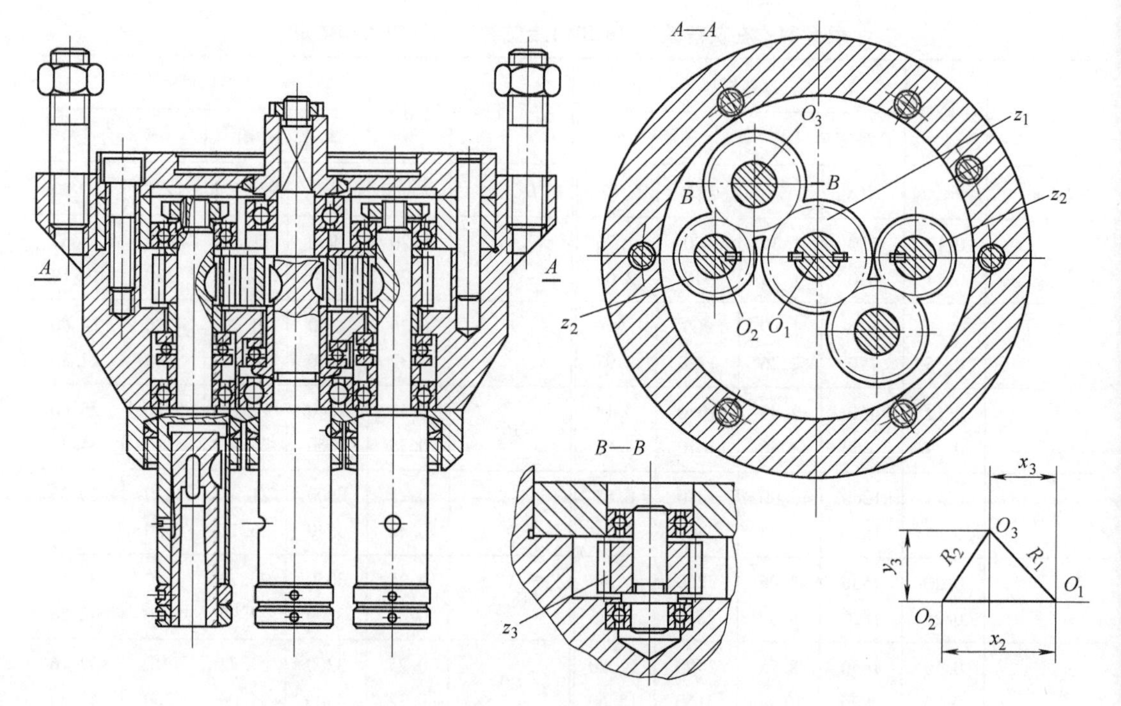

图 5-111 三轴多轴头设计

作轴的转速 $n_2=500\times\dfrac{27}{20}\text{r/min}=675\text{r/min}$，则其进给量为 $f_2=\dfrac{n_1}{n_2}f_1=\dfrac{500}{675}\times0.195\text{mm/r}=0.144\text{mm/r}$。

取左上和右下两传动轴齿轮的齿数为 $z_3=27$。

（2）计算钻孔轴向切削力 F_f 按第3章表3-127计算钻孔轴向切削力的公式计算。本例工件材料为镍铬钢，属于高强度高，应按表3-141对计算式再乘以 $K=1.1$，所以钻 $\phi11$mm 孔的轴向切削力为

$$F_{f1}=680d_1f_1^{0.7}K_pK=680\times11\times0.195^{0.7}\times\left(\frac{650}{750}\right)^{0.75}\times1.1\text{N}=235.8\text{N}$$

钻 $\phi6.6$mm 孔的轴向切削力为

$$F_{f2}=680d_1f_2^{0.7}K_pK=680\times6.6\times0.144^{0.7}\times\left(\frac{650}{750}\right)^{0.75}\times1.1=1144\text{N}\ (K_p=R_m/750)$$

多轴头总的轴向力 $F_f=F_{f1}+2F_{f2}=2358\text{N}+2\times1144\text{N}=4646\text{N}$（小于机床最大轴向进给力13700N）

（3）计算切削转矩和确定轴的直径 由表3-127和表3-141，钻 $\phi11$mm 孔的转矩为

$$M_1=345d_1^2f_1^{0.8}K_pK=345\times11^2\times0.195^{0.8}\times\left(\frac{650}{750}\right)^{0.75}\times1.1\text{N}\cdot\text{mm}=11158\text{N}\cdot\text{mm}$$

钻 $\phi6.6$mm 孔的转矩为

$$M_2=345d_2^2f_2^{0.8}K_pK=345\times6.6^2\times0.144^{0.8}\times\left(\frac{650}{750}\right)^{0.75}\times1.1=3154\text{N}\cdot\text{mm}$$

中心工作轴除承受转矩 M_1 外，还要承受两个转矩 M_2，其所承受的转矩为

$$M=M_1+2M_2i=11158\text{N}\cdot\text{mm}+2\times3154\,\frac{27}{20}\text{N}\cdot\text{mm}=19673.8\text{N}\cdot\text{mm}$$

由表 5-22，按 $M=19.0\text{N}\cdot\text{m}$，取中心工作轴直径 $d_1=30\text{mm}$，按 $M_2=3.154\text{N}\cdot\text{m}$，取左、右工作轴直径 $d_2=20\text{mm}$；取传动轴直径 $d_3=30\text{mm}$。

（4）计算钻孔的功率　钻 $\phi11\text{mm}$ 孔所需功率为

$$N_1=N_{c1}+N_{01}\quad(N_{c1}\text{为切削功率},N_{01}\text{为空转功率})$$

$$N_{c1}=\frac{M_1n_1}{9740}=\frac{11.158\times500}{9740}\text{kW}=0.57\text{kW}$$

由表 5-22，按 $d_1=30\text{mm}$，得 $N_{01}=0.038\text{kW}$

所以 $N_1=N_{c1}+N_{01}=0.57\text{kW}+0.038\text{kW}=0.608\text{kW}$

钻 $\phi6.6\text{mm}$ 孔所需功率为

$$N_2=N_{c2}+N_{02}$$

$$N_{c2}=\frac{M_2n_2}{9740}=\frac{3.154\times675}{9740}\text{kW}=0.22\text{kW}$$

由表 5-22，按 $d_2=20\text{mm}$，得 $N_{02}=0.049\text{kW}$

所以 $N_2=N_{c2}+N_{02}=0.22\text{kW}+0.049\text{kW}=0.269\text{kW}$

取两传动轴直径 $d_3=20\text{mm}$，其所需功率为空转功率，$N_3=N_{03}=0.049\text{kW}$。

考虑效率（$\eta=0.7$），多轴头所需总功率为

$$N=\frac{N_1+2N_2+2N_3}{\eta}=\frac{0.588+2\times0.269+2\times0.049}{0.7}=1.75\text{kW}(\text{小于机床功率 }3.9\text{kW})$$

（5）确定齿轮的尺寸　按表 5-25，取齿轮模数 $m=2\text{mm}$，则中心工作轴上齿轮的分圆直径 D_0 应大于（$d_1+2t+6.8m$），其中 t 为齿轮孔上键槽的深度，查得 $t=3.3\text{mm}$，而 $D_0=mz_1=2\times27\text{mm}=54\text{mm}>30\text{mm}+2\times3.3\text{mm}+6.8\times2\text{mm}=50.2\text{mm}$。

取齿轮宽度 $B=10\text{mm}=10\times2=20\text{mm}$

（6）轴承的选择　中心工作轴两端径向轴承的型号为 206（30mm×62mm×16mm），推力轴承的型号为 8206（30mm×52mm×16mm）；左、右工作轴径向轴承的型号为 204（20mm×47mm×14mm），推力轴承的型号为 8204（20mm×40mm×14mm）。

（7）各轴坐标尺寸的计算　以 O_1 为原点，由 $O_1O_3=R_1=\frac{1}{2}m(z_1+z_3)=\frac{2}{2}(27+27)\text{mm}=54\text{mm}$；$O_2O_3=R_2=\frac{1}{2}m(z_2+z_3)=\frac{2}{2}(20+27)\text{mm}=47\text{mm}$；取 $x_3=35\text{mm}$，则由几何关系可得：

$$y_3=41.122\text{mm}$$

$$x_2=57.786\text{mm}$$

应指出，本例为单层齿轮传动，中心轴既是工作轴，又是传动轴，所以采用了工作轴带动工作轴和升速传动，一般应避免这种情况。

5. 多轴头加工螺纹孔（攻螺纹）简介

攻螺纹主轴的转速一般为 200~400r/min，主电动机应能反转。如果多轴头只加工多个螺孔，这时采用图 5-112a 所示的攻螺纹卡头和图 5-112b 所示的攻螺纹靠模，靠模由靠模杆 4、靠模螺母 11 和支承套 8 等元件组成，图示为其配套使用情况。如果被加工各螺孔的螺距相同，则应使丝锥螺距的公称尺寸与靠模杆和螺母螺距的公称尺寸一致，其误差由攻螺纹卡头补偿。如果被加工各螺孔的螺距不同，则应使各攻螺纹主轴转速与多轴头进给量相适应。

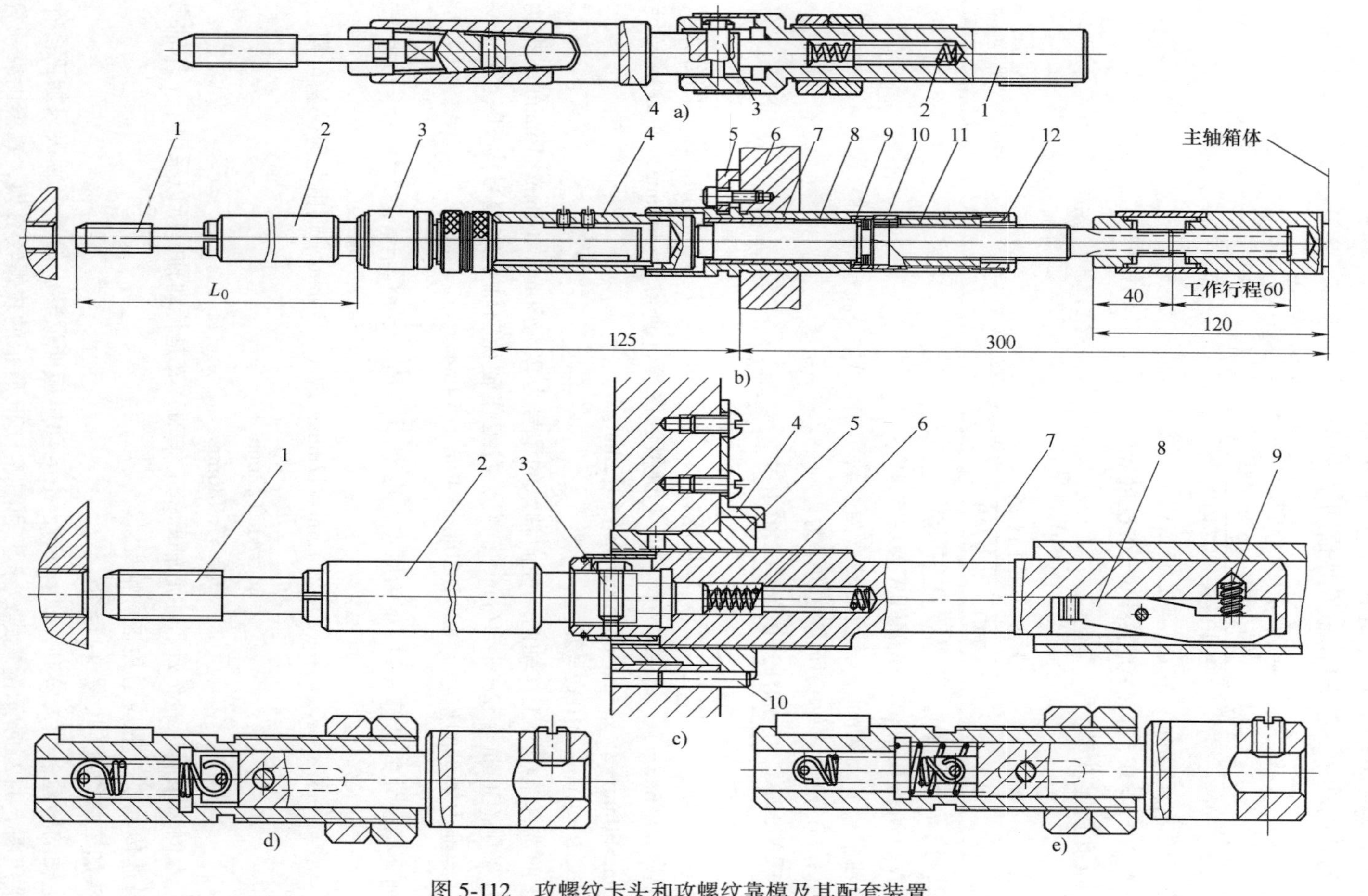

图 5-112 攻螺纹卡头和攻螺纹靠模及其配套装置

a)1—本体 2—弹簧 3—销 4—接杆

b)1—丝锥 2—心杆 3—攻螺纹卡头 4—靠模杆 5—压板 6—壳体 7—铜套 8—支承套 9—弹簧 10—连接套 11—靠模螺母 12—螺母

c)1—丝锥 2—心杆 3—销 4—压板 5—靠模螺母 6、9—弹簧 7—靠模杆 8—弹簧键

攻螺纹主轴通过双键将运动传给靠模杆，靠模杆在主轴孔内可移动一段距离。当靠模杆回转时，通过靠模杆 4 和靠模螺母 5 产生进给运动，推动丝锥加工螺纹。

如果用多轴头既加工螺孔，又进行其他工序的加工，这时应采用图 5-112c 所示的攻螺纹靠模。图中表示靠模杆完成攻螺纹后返回原位、多轴头工作行程结束时攻螺纹靠模机构所处的位置。这种攻螺纹靠模由靠模杆 7、靠模螺母 5 和弹簧键 8 等元件组成。靠模杆尾部通过弹簧键与主轴相连接，主轴外伸部分与钻孔主轴类似，而与图 5-112b 所示的攻螺纹主轴不同，不再采用图 5-112a 所示的攻螺纹卡头。

各攻螺纹主轴的转速应与多轴头的进给量相适应。为使攻螺纹工序与其他工序的工作互不干扰，采用下述方法：主电动机正转时，攻螺纹主轴和其他工序主轴都正转；攻螺纹完毕后，电动机反转，攻螺纹主轴返回，这时通过在主动轴上、下两排齿轮上的超越离合器使在其他工序时主轴继续正转和加工。

图 5-112d 和 e 所示为小型攻螺纹卡头。图 5-112d 用于一次攻螺纹；图 5-112e 用于两次攻螺纹中的第二次攻螺纹。

5.3.5　钻孔自动化和排屑装置

可利用专用夹具实现钻孔自动化，如图 5-113 所示。

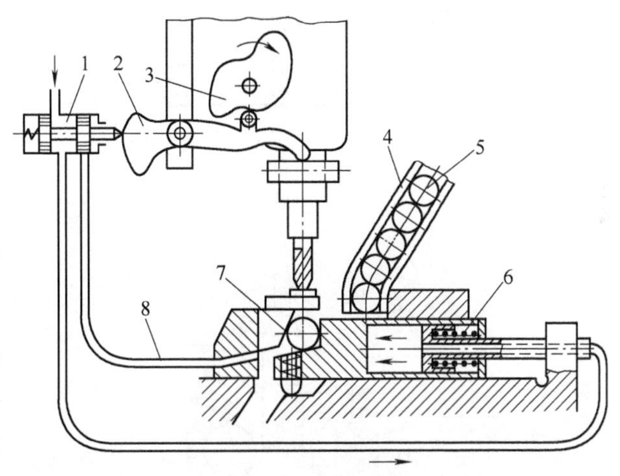

图 5-113　自动化钻孔夹具

1—滑阀　2—杠杆　3—凸轮　4—上料槽　5—工件　6—推杆　7—支承　8—软管

工件在料槽中靠自重落到推杆 6 的上部，气缸使推杆 6 将工件移动到与定位支承 7 接触，并夹紧。钻孔后压缩空气停止供气，推杆在弹簧力作用下返回原位，这时松开工件，工件通过排料槽离开夹具。

由装在齿条齿轮轴上的凸轮 3 控制钻头的进给，凸轮与杠杆 2 接触，杠杆 2 又由滑阀 1 控制。调节滑阀 1 可调节压缩空气进入推杆 6 气缸的量，滑阀的排气可用于排屑。机床主轴返回行程由弹簧或重物实现，为实现夹具自动化，对立式钻床进给机构需进行改装。

为解决自动化钻孔时钻头损坏的问题，可采用图 5-114 所示的自动钻孔装置。

该装置(图 5-114a)固定在立式钻床主轴上，支座 8 用楔铁 9 固定在钻床立导轨 10 上，将支座 8 安装在需要的高度。

钻孔时机床主轴向下移动，进给量为 f_0 钻头与工件开始接触时，推力轴承 6 下端面到支座 8 上端面之间的距离应为 $H=H_w-h_1$(H 为工件的高度，h_1 为工件下端面到未钻通孔前金属产生凸起变形部位的距离)，这时弹簧 1 开始被压缩，钻头进入工件。由于弹簧 1 继续被压缩，传动轴 2 受到弹簧压力，轴套 3 在传动轴 2 中向上移动(轴 2 上的传动销在轴 2 的长孔中移动)，这时的进给量由零逐渐增大到 f_0，钻头均匀进给。当钻头经过一段稳定钻削距离后到达工件金属凸起变形区，推力轴承 6 开始与支座 8 的端面接触，这时弹簧 1 和弹簧 4 都被压缩，使轴 2 的速度减慢，钻头自动减小进给量，平稳地从工件中切出。

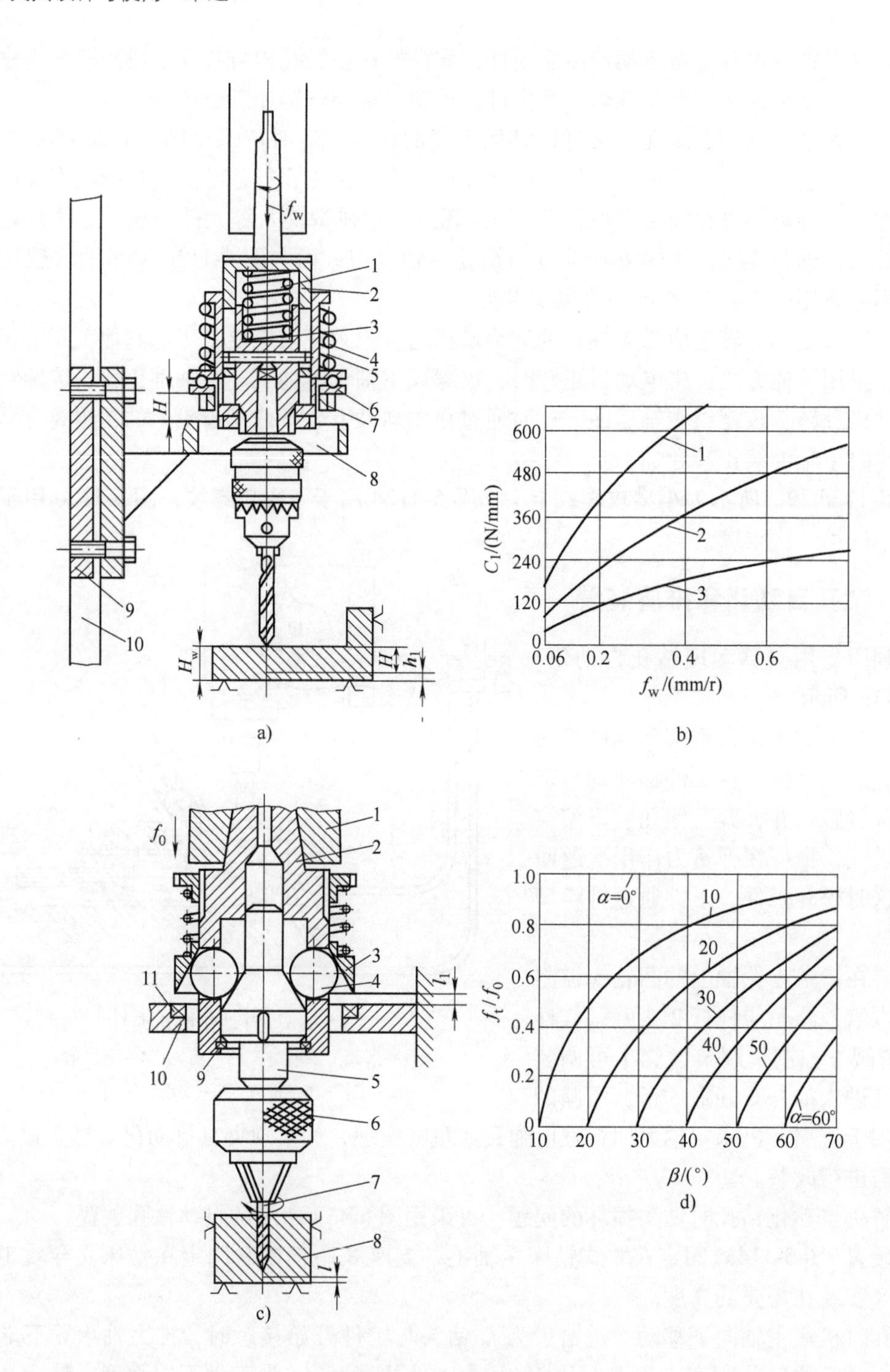

图 5-114　自动钻孔装置

a）1、4—弹簧　2—传动轴　3—轴套　5—销　6—推力轴承　7—螺母　8—支座　9—楔铁　10—导轨

b）1—工件材料（不锈钢）　2—铸铁件　3—铝件

c）1—主轴　2—传动轴　3—锥套　4—滚珠　5—轴　6—钻卡头　7—钻头　8—工件　9—挡圈　10—支座　11—推力轴承

按下式确定弹簧1的刚度：

$$C_1=\frac{F_0-F_1}{h}=\frac{2\tan\varphi(F_0-F_1)}{d}$$

式中　F_0——规定的钻孔轴向力，单位为N；
　　F_1——弹簧1的预压力，单位为N；
　　h——钻头切削刃的轴向长度，单位为mm；
　　φ——钻头锥角的一半，单位为(°)；
　　d——钻头直径，单位为mm。

一般取 $F_1=0.6F_0$，则 $C_1=\frac{0.8F_0\tan\varphi}{d}$。

刚度 C_1 与主轴进给量 S_0 的关系如图5-114b所示。

弹簧4的刚度按下式计算：

$$C_2=\frac{C_1+F_0}{2(h+h_1+\Delta)}$$

式中　Δ——主轴进给方向钻头空刀距离，$\Delta\approx 3f_0$。

另一种用于自动钻通孔的装置如图5-114c所示。

当机床主轴1与传动轴2一起转动时，以进给量 f_0 开始钻孔，在钻孔过程中 l_1 不断减小，当钻尖到工件8底面的距离为 l 时(工件孔金属开始凸起变形)，锥套3与推力轴承11接触，停止下移，而传动轴2继续以进给量 f 向下移动，使滚珠4向外径向移动，同时使轴5向上进入传动轴中间孔中，使钻头进给量减小为 f_t，$f_t=f_0\left(1-\frac{\tan\alpha}{\tan\beta}\right)$($\alpha$ 为锥套3内孔的斜角，β 为轴5锥度部分的斜角)。

图5-114d所示为 $\left(\frac{f_t}{f_0}\right)$ 比值与角度 α 和 β 的关系，该装置也可用于防止过载。

图5-115所示为另外几种钻孔安全保护装置的结构或原理图。

图5-115a所示为钻深孔时防止钻头折断的装置，工作时在行星齿轮7、10与中心齿轮接触部位有力 P_m(与作用在钻头上的转矩成正比)，作用在齿轮6上的力为 P_c，因为 P_m 和 P_c 作用力臂相同，都等于行星齿轮的半径，所以 $P_m=P_c$。规定的力 $P_0=KP_s$(P_s 为弹簧力，K 为杠杆3的传动比)作用在齿轮6上。

若 $P_c\leqslant P_0$，则齿轮6不动，靠在支承上，接通终点开关5；若 $P_c>P_0$，则齿轮6转过一定角度，其大小与(P_c-P_0)成正比，这时切断终点开关5的触点，钻头停止工作。

在自动化加工系统中，为防止钻头过载，可采用图5-115b和c所示原理的装置，现简单介绍如下。

图5-115b所示装置的加工方法是：加工前用电磁读数头6绕钻头主轴3表面做出若干条磁性线(沿外圆均匀分布)。若机床主轴与钻头工作轴采用滑动联轴节连接，加工时根据主动轴转速 n_1 与钻头工作轴转速 n_2 的转差率 $s=\frac{n_1-n_2}{n_1}$ 控制钻头的载荷，一般 $s=0.2$，当 $s>0.2$ 时，装置发出控制信号。这种装置反应速度快，提高了可靠性。

图5-115c所示装置的加工方法是：加工前在钻头非切削部分同步做出几条磁性线，加

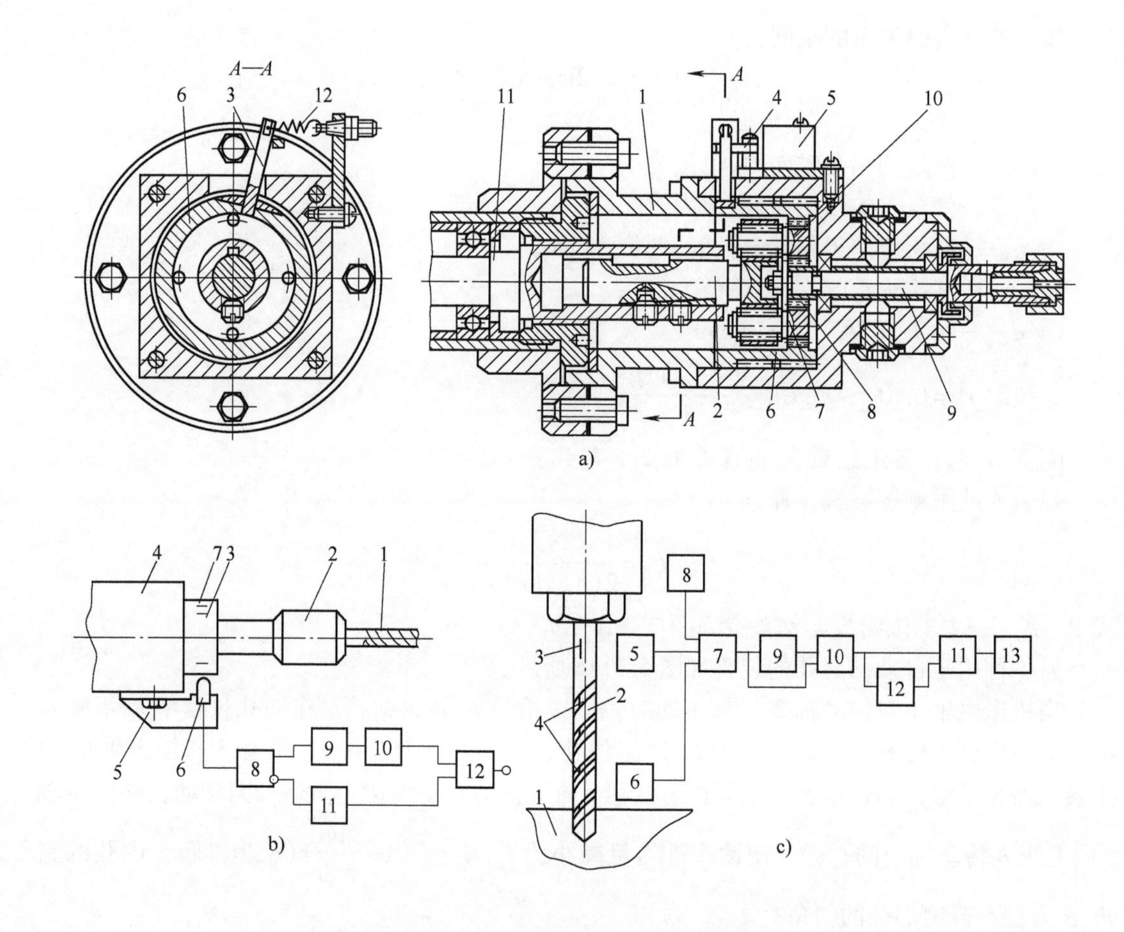

图 5-115　钻孔安全保护装置或原理图

a）1—本体　2—传动轴　3—杠杆　4—摇臂　5—终点开关　6—齿轮　7、10—行星齿轮　8—中心齿轮　9—刀具轴　11—主轴　12—弹簧

b）1—钻头　2—夹头　3—钻头主轴　4—机床套筒　5—支架　6—电磁读数头　7—磁性线　8—脉冲发生器　9、11—延时器　10—脉冲放大器　12—叠合元件

c）1—工件　2—钻头　3—非切削部分的磁性线　4—切削部分的磁性线　5、6—电磁传感器　7—时间-角度功能转换器　8—钻头转速传感器　9—微分器　10—乘法器　11—双阈比较器　12—延时器　13—进给控制系统

工时根据磁性线的错位控制钻头的扭转角，当扭转角超过允许值时，减小钻头的进给量。这种装置由于反应速度慢，不能判定钻头短时的过载(例如由于材料硬度不均匀)，使可靠性降低。

将环形电磁铁与主轴同轴安装，钻孔时向电磁铁供电，将切屑吸到电磁铁内壁上，钻完孔后从加工区取出电磁铁，切断电流，切屑落在收集箱内。为使钻头退磁，应向电磁铁供交流电，这时排屑效率为55%~75%。向电磁铁供直流电排屑效率为80%~95%，但电磁排屑只适用于钢件。

当钻孔直径 d 大于 20mm 和深度小于 $3d$ 时，气动排屑效果较好，但当钻削直径小的孔(15mm 以下)时，效果不好。

采用电磁气动复合排屑装置（图5-116）获得了好的效果。该装置主要由导磁管道5、芯管3和电磁线圈2组成，导磁管道5和芯管3面向钻头的一端有两个平行吸入腔4和上腔1，其端面做成半圆凹形以围绕钻头，通过电磁线圈2的孔将腔4和上腔1连通，并接到除尘设备上。工作时向电磁线圈2间断供直流电（频率0.3～3Hz）。钻孔前，带导磁管道5和芯管3的装置放在工件6上，装置向钻头方向置于规定位置，在钻头—间隙δ_1—芯管—间隙δ_2—钻头的磁路中产生封闭磁力线，钻头被磁化，吸收切屑；不供电时没有磁场，切屑被气流吸出。钻孔结束后，钻头退到管1的位置，吸在钻头上的切屑被空气流带走。

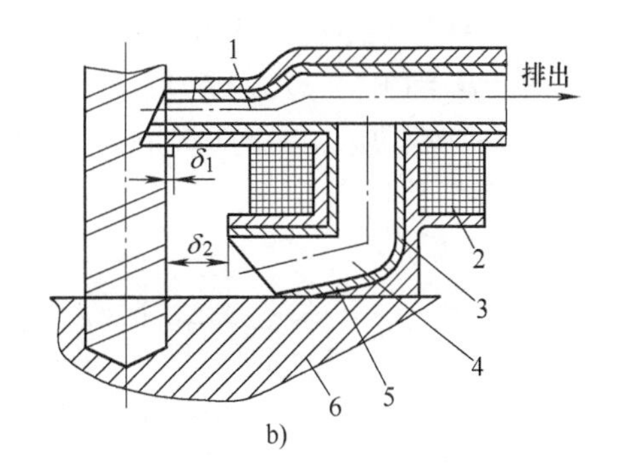

图5-116　电磁气动复合排屑装置
1—上腔　2—电磁线圈　3—芯管
4—腔　5—导磁管道　6—工件

采用复合排屑装置，不受钻头直径的影响，排屑效率达98%。钻铸铁时，钻头后刀面磨损减小50%，钻出孔表面粗糙度Ra值减小40%，切削力F_x减小了25%。该装置也可用于镗削、铣削和用于工件材料为非磁性材料（由气动排屑）的加工。

5.3.6　镗床夹具设计原则和设计中的几个问题

1. 镗床夹具设计的一般原则

镗床夹具设计的一般原则与钻床类似，镗床夹具多用于加工大型工件和尺寸较大的孔，而钻床夹具多用于加工中、小件。

2. 镗床夹具设计中的几个问题

（1）镗杆与机床主轴刚性连接　根据加工所使用机床的参数，确定加工时镗杆上刀具允许的悬伸长度a后，如符合要求就可用刚性镗杆加工。一般工件孔$D<60$mm，悬伸长度小于150mm，就可用刚性刀杆。

若$D>60$mm，$l<D$，可采用图5-117a所示的单面前导向，这种导向易于观察加工情况。

图5-117b和c所示为单面后导向，前者用于$l<D$、$d>D$的情况，这种导向可提高镗杆精度；后者用于$l>D$、$d<D$的情况，镗杆导向部分可进入孔中，使镗杆长度减小。一般$H=(1.5\sim3)d$；$h=(0.5\sim1)D$，并且不小于20mm。

（2）镗杆与机床主轴浮动连接　图5-118a表示镗杆与主轴浮动连接，在工件左侧设置两个导向支承，$H_1=H_2=(1\sim2)d$，$l\geqslant(1.5\sim5)D$。

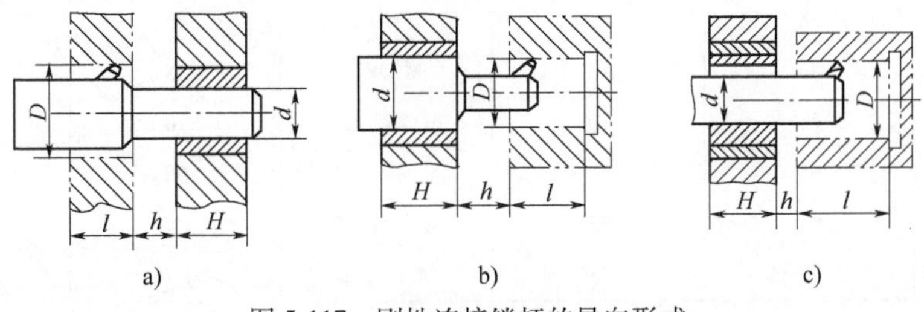

图5-117　刚性连接镗杆的导向形式

图 5-118b 表示在工件两侧各设置一个导向支承，适用于 $l>1.5D$ 的通孔或同轴孔。固定式导套 $H_1=H_2=(1.5\sim2)d$；滑动旋转导套 $H_1=H_2=(1.5\sim3)d$；滚动旋转导套 $H_1=H_2=0.75d$。

若 $l>10d$，应加一个或多个中间导向支承，这时 H 值可适当减小，但开始加工时所用导向的长度应不小于 d。

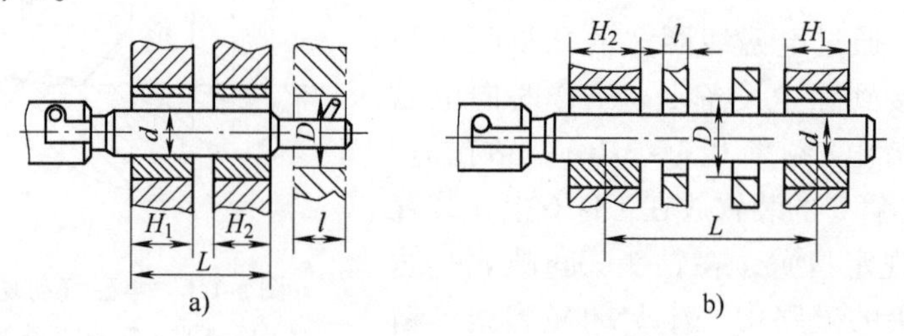

图 5-118 浮动镗杆的导向形式

表 5-26 列出了镗杆与浮动接杆柄部的尺寸。

精镗时，要求刚性镗杆的导向孔轴线与机床主轴旋转轴线的同轴度、浮动镗杆各导向孔轴线的同轴度为 0.01~0.02mm；要求镗杆与导向孔的间隙为 0.005~0.010mm；各导向孔的坐标位置精度为工件孔位置精度的$\left(\frac{1}{3}\sim\frac{1}{5}\right)$。

表 5-26 镗杆与浮动接杆连接柄部尺寸 （单位：mm）

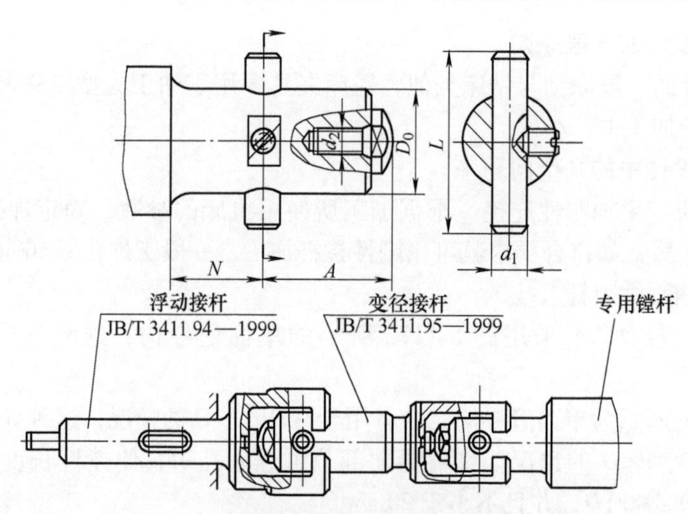

浮动接杆与变径接杆连接示例

D_0	A	d_1	d_2	L	N
25	38	10	M10×1	45	≥18
32	43	12	M10×1	55	≥21
45	48	16	M12×1.25	70	≥26
60	55	20	M12×1.25	90	≥35
70	62	25	M12×1.25	100	≥42
80	75	25	M16×1.5	120	≥42

3. 镗床夹具导向元件、支架和底座

表 5-27 和表 5-28 列出了镗套及其衬套的规格尺寸。

表 5-27　镗套的规格尺寸　　（单位：mm）

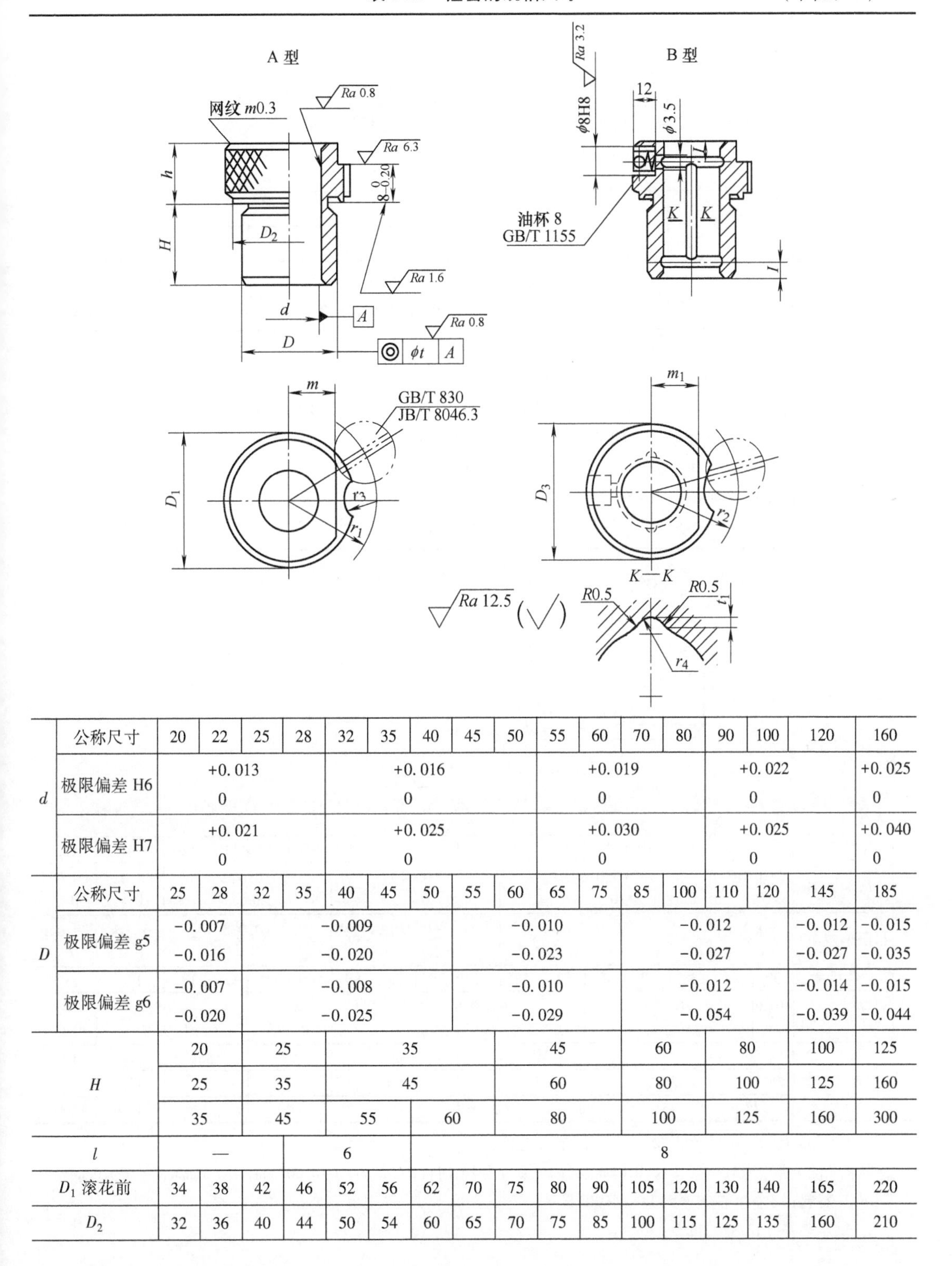

d	公称尺寸	20	22	25	28	32	35	40	45	50	55	60	70	80	90	100	120	160
	极限偏差 H6	+0.013 0				+0.016 0					+0.019 0				+0.022 0			+0.025 0
	极限偏差 H7	+0.021 0				+0.025 0					+0.030 0				+0.025 0			+0.040 0
D	公称尺寸	25	28	32	35	40	45	50	55	60	65	75	85	100	110	120	145	185
	极限偏差 g5	-0.007 -0.016		-0.009 -0.020					-0.010 -0.023				-0.012 -0.027				-0.012 -0.027	-0.015 -0.035
	极限偏差 g6	-0.007 -0.020		-0.008 -0.025					-0.010 -0.029				-0.012 -0.054				-0.014 -0.039	-0.015 -0.044
H		20		25		35				45			60		80		100	125
		25		35		45				60			80		100		125	160
		35		45		55		60		80			100		125		160	300
l		—			6			8										
D_1 滚花前		34	38	42	46	52	56	62	70	75	80	90	105	120	130	140	165	220
D_2		32	36	40	44	50	54	60	65	70	75	85	100	115	125	135	160	210

（续）

D_3 滚花前	—			56	60	65	70	75	80	85	90	105	120	130	140	165	220
h	15						18										
m	13	15	17	18	21	23	26	30	32	35	40	47	54	58	65	75	105
m_1	—			23	25	28	30	33	35	38							
r_1	22.5	24.5	26.5	30	33	35	38	45.5	46	48.5	53.5	61	68.5	75.5	81	93	121
r_2	—			35	37	39.5	42	46	48.5	51							
r_3	9			11				12.5						16			
r_4	—			2								2.5					
t_1				1.5								2					
配用螺钉	M8×8 GB/T 830			M10×8 GB/T 830				M12×8 JB/T 8046.3—1999						M16×8 JB/T 8046.3—1999			

注：1. d 或 D 的公差带、d 与镗杆外径或 D 与衬套内径的配合可由设计确定。

2. d 孔公差带为 H7 时，孔表面粗糙度 Ra 值为 0.8μm。

3. d 的公差带为 H7 时，t=0.010mm。d 的公差带为 H6 时，D<85mm，t=0.005mm；D≥85mm，t=0.01mm。

4. 材料：20 钢，渗碳淬火 55~60HRC；HT200，粗加工后时效。

5. 刚性镗杆导向，H 取小值，浮动镗杆导向，一般 H 取大值。

6. 本表符合 JB/T 8046.1—1999。

表 5-28　镗套用衬套的规格尺寸　　（单位：mm）

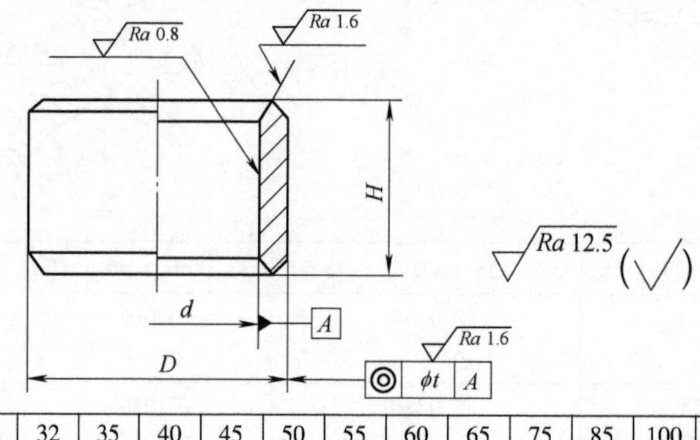

d	公称尺寸	25	28	32	35	40	45	50	55	60	65	75	85	100	110	120	145	185
	极限偏差 H6	+0.013 0		+0.016 0					+0.019 0				+0.022 0				+0.025 0	+0.029 0
	极限偏差 H7	+0.021 0		+0.025 0					+0.030 0				+0.035 0				+0.040 0	+0.046 0
D	公称尺寸	30	34	38	42	48	52	58	65	70	75	85	100	115	125	135	160	210
	极限偏差 η_6	+0.028 +0.015	+0.033 +0.017				+0.039 +0.020					+0.045 +0.023			+0.052 +0.027			+0.060 +0.031
H		20		25		35				45			60		80		100	125
		25		35		45				60			80		100		125	160
		35		45		55		60		80			100		125		160	200

注：1. H6 或 H7 为装配后公差带，加工尺寸由工艺确定。

2. d 的公差带为 H7 时，t=0.010mm。d 的公差带为 H6 时，D<52mm，t=0.005mm；D≥52mm，t=0.010mm。

3. 材料：20 钢，渗碳淬火 58~64HRC。

4. 本表符合 JB/T 8046.2—1999。

当镗杆旋转线速度大于 20m/min，或为防止由于摩擦发热产生变形和“别劲”，或由于细切屑进入产生“咬死”，应采用旋转导套，有利于减轻磨损和持久保持精度。一种夹具用的旋转导套的规格尺寸见表 5-29。

表 5-29　旋转导套的规格尺寸　　（单位：mm）

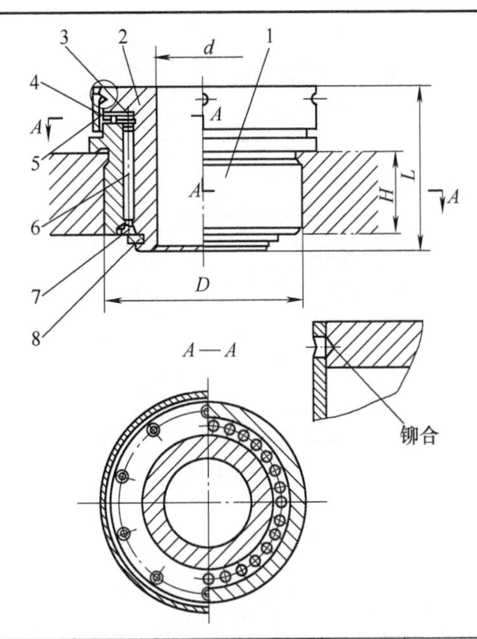

主要尺寸				件号	1	2	3	4	5	6	7	8
				名称	衬套	导套	环	钢球	环	滚针	挡环	卡环
d(H7)	D(r6)	L	H	数量	1	1	1	1套	1	1套	1	1
10	30	28	12		22	10	17	ϕ2 10个	32	l=15.5 24个	17	13
12	35				25	12	20		37	l=15.5 27个	20	17.3
16	40	31.5	15		30	16	25		42	l=17.5 34个	25	22.5
20	45	35.5	18		35	20	30		47	l=21.5 40个	30	27
25	50	46	25		40	25	35	ϕ2 15个	52	l=29.5 46个	35	32
32	58				47	32	42		60	l=29.5 55个	42	39
40	65	50	30		55	40	50		66	l=32.5 65个	50	47
50	75	55	35		65	50	60		76	l=37.5 78个	60	57
60	85	65	45		75	60	70	ϕ2 20个	86	l=86 47个	70	67
75	104	80	55		92	75	87		105	l=59 112个	87	83

注：滚针直径为 2.5mm，l 为滚针长度。

表5-30和表5-31分别列出了采用滚珠轴承“外滚式”和一种常用“内滚式”导套的主要参数(关于外滚和内滚的特点在5.3.7节中进行介绍)。

表5-30 “外滚式”导套的主要参数

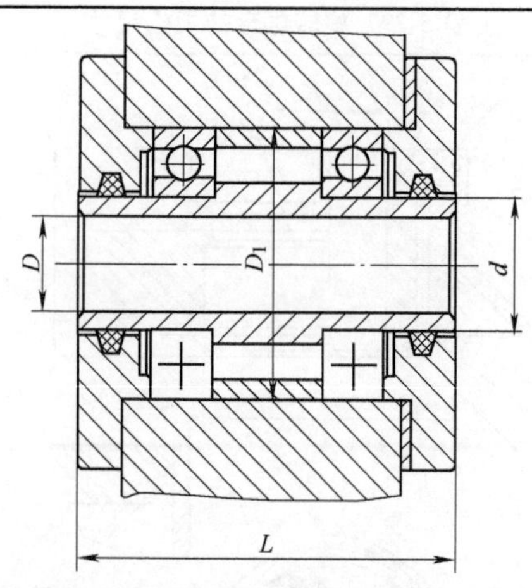

加工类别	导套长度 L	轴承形式	轴承精度	导套的配合			
				D	D_1	d	镗杆导向外径
粗加工	单导向 (2.5~3.5)D	单列向心球轴承 单列圆锥滚子轴承 滚针轴承	/P6，/P0	H7	JS6 或 J7	K6	g6 或 h6
半精加工	双导向 (1.5~2)D	单列向心球轴承 向心推力球轴承	/P5，/P6	H7	JS6 或 J7	K6	h6 或 g6
精加工		向心推力球轴承	/P4，/P5	H6	K6	J5 或 K5	h5

注：本表图中只绘出单列向心球轴承的结构。

表5-31 一种常用“内滚式”导套的精度

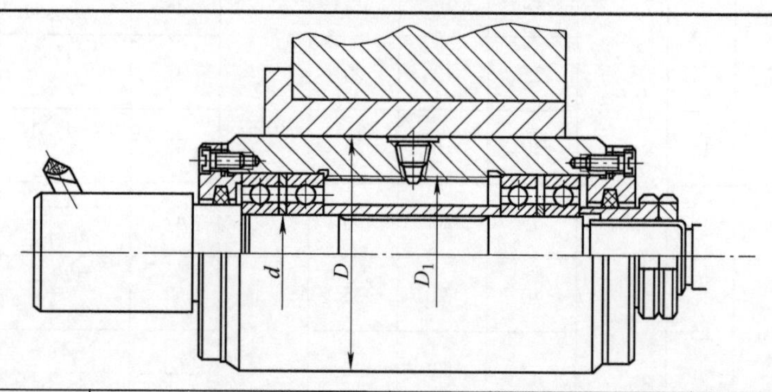

镗孔公差等级		IT6			IT7			IT9		
轴承公差等级		/P4			/P5			/P6		
尺寸/mm \ 参数		极限偏差/μm	圆度/μm	锥度/μm	极限偏差/μm	圆度/μm	锥度/μm	极限偏差/μm	圆度/μm	锥度/μm
D	>80~120	−3 −12	4	4	−3 −8	6	6	−3 −23	7	7
	>120~180	−4 −15	5	5	+4 +24	7	7	−6 −27	9	9
	>180~260	−4 −17	6	6	+4 +25	8	8	+7 +30	10	10

（续）

参数 / 尺寸/mm		极限偏差/μm	圆度/μm	锥度/μm	极限偏差/μm	圆度/μm	锥度/μm	极限偏差/μm	圆度/μm	锥度/μm
D_1		K5	K5/5	K5/4	K5	K5/5	K5/4	K6	K6/5	K6/4
d		js5	js5/5	js5/4	js5	js5/5	js5/4	js6	js6/5	js6/4
D_1 对 D 的跳动	$D_1 \leqslant 80$mm	0. 010mm			0. 015mm			0. 020mm		
	80mm<D_1<180mm	0. 015mm			0. 020mm			0. 030mm		
轴颈之间的轴向圆跳动≤		0. 005mm			0. 005mm			0. 010mm		
轴肩及轴承孔挡肩对轴颈及孔轴线的端面跳动按轴承有关规定										
固定镗杆滑动套 D 的轴向圆跳动不大于		0. 01~0. 02			0. 015~0. 025			0. 025~0. 035		

表 5-32 和表 5-33 列出了一种镗模支架和底座结构参数。

表 5-32 一种镗模支架结构参数 （单位：mm）

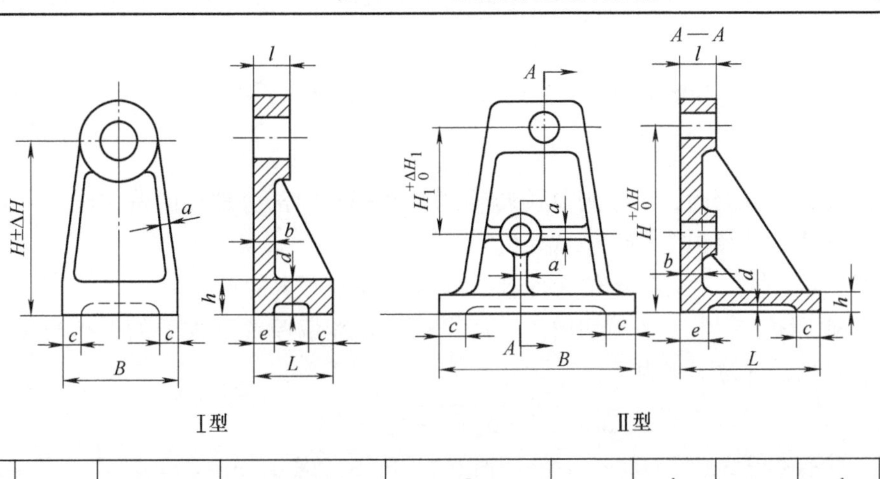

形式	H	ΔH	B	L	a	b	c	d	e	h
Ⅰ	按工件轴线位置尺寸	按工件相应轴线位置尺寸的公差	$\left(\frac{1}{2}\sim\frac{3}{5}\right)H$	$\left(\frac{1}{3}\sim\frac{1}{2}\right)H$	10~20	15~25	30~40	3~5	20~30	20~30
Ⅱ			$\left(\frac{2}{3}\sim1\right)H$	$\left(\frac{1}{2}\sim\frac{2}{3}\right)H$						

注：镗套孔轴线对底面、安装基面的位置要求见下表。

工件加工孔轴线对定位基面的要求/(mm/100mm)	镗套轴线对夹具安装基面的要求/(mm/100mm)
0. 05~0. 10	0. 01~0. 02
0. 10~0. 25	0. 02~0. 05
0. 25 以上	0. 05

表 5-33 一种镗模底座结构参数 （单位：mm）

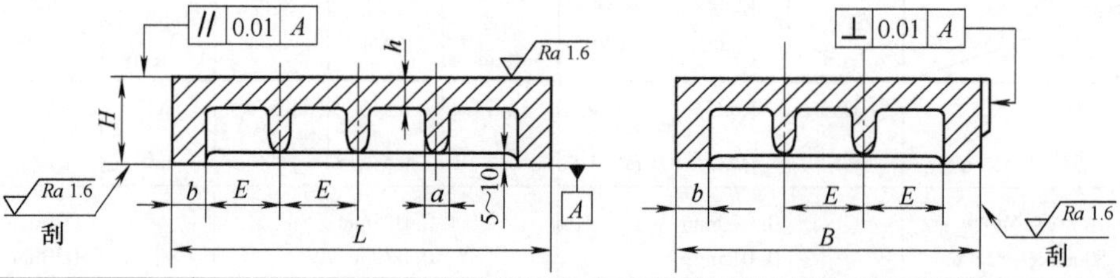

H	E	a	b	h
$\left(\frac{1}{6}\sim\frac{1}{8}\right)L$	$(1\sim1.5)H$	10~20	20~30	20~30

4. 镗孔的位置精度

镗孔所能达到的位置精度见第1章表1-9。

(1) 镗杆与机床主轴浮动连接 影响加工后孔位置对定位基准产生偏差的因素如下所述。

由于镗杆与导套之间的间隙 s 产生的偏移 Δ_s，对单支承 $\Delta_s=\frac{s}{2}$；对双支承，如两支承 s 值不同，镗杆会产生倾斜。

当采用“内滚式”导套时，由于刀具旋转轴线对镗杆导向部分轴线的偏差产生一定的偏移量 Δ_a，如不采用“内滚式”导套，$\Delta_a=0$。

由于导向部件导套轴线对夹具定位元件轴线的位置偏差产生的偏移为 Δ_y。由于加工余量不均匀，在径向平面上产生不平衡切向力，产生轴线弹性偏差 Δ_f，偏差的大小与工艺系统的挠度有关。因此，总的偏移为

$$\Delta_\Sigma=\sqrt{\Delta_s^2+\Delta_a^2+\Delta_y^2+\Delta_f^2}$$

对粗镗孔，可不考虑 $\Delta_s(\Delta_s=0)$；对精镗和铰孔，可不考虑 $\Delta_f(\Delta_f=0)$。

镗孔时关于位置精度的有关计算和数据见下文。

两镗孔中心距的偏差 Δ_b 的计算式

$$\Delta_b=\pm\sqrt{\Delta_{s1}^2+\Delta_{s2}^2+\Delta_{f1}^2+\Delta_{f2}^2+\Delta_y^2}$$

式中 Δ_{s1}，Δ_{s2}——分别为两孔由于间隙 s_1 和 s_2 产生的位置误差；

Δ_{f1}，Δ_{f2}——分别为两孔由于弹性偏移产生的位置误差；

Δ_y——导向部件位置误差。

两孔同轴度的偏差 Δ_c 按下式计算

$$\Delta_c=\sqrt{\Delta_{f1}^2+\Delta_{f2}^2}\text{（双面镗孔，两扩孔钻或两镗刀头）}$$

$$\Delta_c=\sqrt{\Delta_y^2+\Delta_{f1}^2+\Delta_{f2}^2+\Delta_{s1}^2+\Delta_{s2}^2}$$

由试验数据可知，对滚动轴承导向部件，镗杆导向部件的误差 Δ_s 占总的几何误差 Δ_G 的30%~80%，可通过提高导套孔位置精度（±0.01mm 提高到±0.007mm）、导套内外圆的同轴度和滚动轴承外圈的精度（当用内滚道时），减小 Δ_s 值。

对滑动轴承导向部件，旋转轴线对导向表面轴线的误差占总几何误差 Δ_G 的15%～30%；间隙 s 产生的误差占 Δ_G 的15%～60%（随导向磨损而增大）。

为提高加工孔的位置精度，导套与刀杆的配合不采用H7/g6，而用H6/g5（扩孔）；镗孔时用H6/g5、H5/g4和H4/g3。

滚动轴承导向比滑动轴承精度高，两滚动轴承的距离根据结构应适当取大值。表5-34列出了旋转套型单支承导向各组成误差占总误差 Δ_Σ 的比例；表5-35列出了为保证孔位置精度，导套与镗杆的最大间隙 s_{max}。

表5-34　旋转套型单支承导向各组成误差占总误差 Δ_Σ 的比例

加工种类	Δ_f	Δ_y	Δ_s	Δ_a
扩孔	35%～45%	15%～25%	10%～15%	20%～30%
精铰孔	10%～20%	30%～40%	20%～35%	25%～35%
精镗孔	10%～20%	40%～50%	10%～20%	30%～40%

注：扩孔和铰孔直径为8～50mm，镗孔直径为50～60mm。

表5-35　根据孔位置精度确定导套与导向外圆的最大间隙　（单位：mm）

配合直径	导套长度	刀具伸出长度	导向部件误差 Δ_a	原始间隙时的偏移 Δ_Σ（按H4/g3）	Δ_Σ 0.05	Δ_Σ 0.06	Δ_Σ 0.07	Δ_Σ 0.08
					s_{max}			
20～30	140	40	0.031	0.044	0.022	0.036	0.052	0.064
30～50	170	60	0.034	0.048	0.018	0.032	0.047	0.060
50～	200	75	0.038	0.054	—	0.030	0.038	0.057

（2）镗杆与机床主轴刚性连接　影响加工后孔轴线对工件基准偏移 Δ_s 的因素有：机床几何精度（主轴跳动；移动部件移动对主轴轴线的平行度、垂直度；对两轴和两轴以上的镗床，还应包括两轴或多轴轴线的平行度和中心距偏差等）；工件在夹具上相对主轴轴线的定位误差 Δ_y；工艺系统弹性变形误差 Δ_f。

按在y和z平面分别计算 $\Delta_{\Sigma y}$ 和 $\Delta_{\Sigma z}$，则加工后孔对工件基准的位置误差为 $\Delta_{\Sigma y}$ 和 $\Delta_{\Sigma x}$。加工后孔对工件基准的位置误差 Δ_Σ 按下式计算：

$$\Delta_\Sigma=\sqrt{\Delta_{\Sigma x}^2+\Delta_{\Sigma y}^2}$$

表5-36列出了镗杆与机床主轴刚性连接各组成误差占总误差 Δ_Σ 的比例。

表5-36　刚性主轴镗孔各组成误差占总误差 Δ_Σ 的比例

组成误差	组成误差占总误差的比例	
	半精镗	精镗
Δ_G	32%～35%	40%～43%
Δ_y	30%～33%	32%～35%
Δ_f	35%～37%	23%～27%

当$\frac{l}{d} \leqslant 3$时(l为镗杆悬伸长度,d为镗孔直径)，弹性变形误差Δ_f的分布为：机床主轴-镗杆系统占52%~58%；动力工作台占20%~24%；夹具-工件系统占18%~22%。

5.3.7 镗孔夹具导向装置和镗杆的结构

1. 滑动导向的结构

镗杆用滑动导向结构有多种形式，最简单的形式与钻头在固定钻套中导向类似，加工时镗杆在镗套中转动和移动，而镗套固定不转动。一种固定镗套见表5-27，这种导向形式只有镗杆与导套之间的间隙影响加工精度，但导套磨损快。

图5-119a 所示为一种滑动导套的形式，镗杆3在滑动轴承2(装在滑动套1内)内转动，镗杆移动时滑动套1在固定导套4内移动。这种形式只在镗杆移动时导套才产生磨损，较易保持精度。这种结构镗杆与滑动轴承之间和滑动套与固定导套之间的间隙影响加工精度。

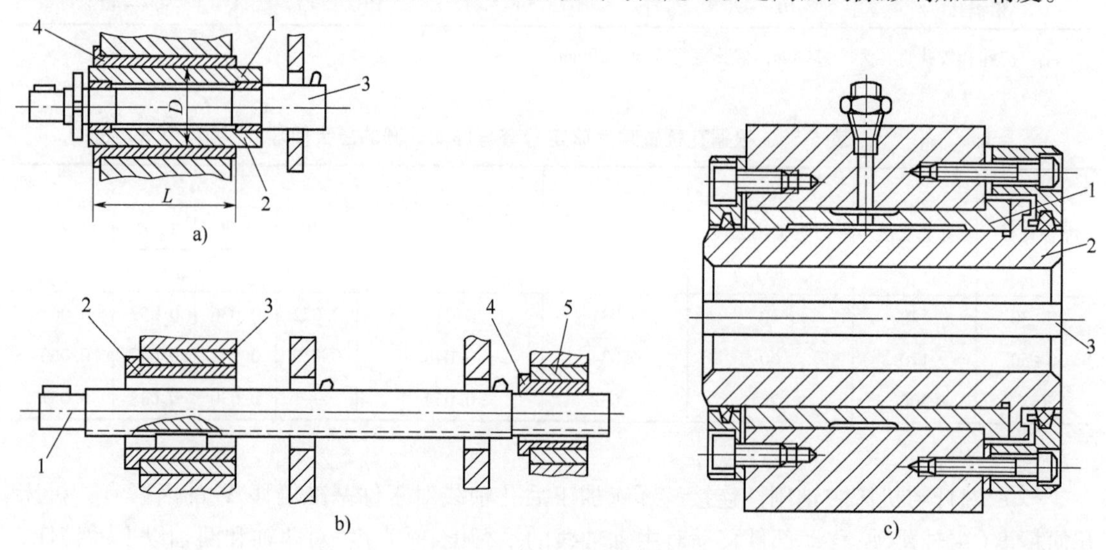

图5-119 滑动导套的结构

a）1—滑动套 2—滑动轴承 3—镗杆 4—固定导套

b）1—镗杆 2、4—旋转套 3、5—衬套

c）1—衬套 2—旋转套 3—槽

图5-119b 所示为另一种滑动导套的形式，镗杆1用旋转套2和4在衬套3和5中转动，这时旋转套2应有供镗刀通过的槽(镗杆用滑动键与旋转套连接)。这种结构用于两个和两个以上的支承；这时镗杆与旋转套的间隙、旋转套与衬套之间的间隙影响加工精度。

图5-119c 所示为图5-119b 所示导向支承的一种结构。衬套1的材料一般为耐磨青铜，旋转套的材料为淬硬钢，滑动导套用衬套的材料也可选用其他轴承材料。

采用固定式镗套时，应采用衬套，以便磨损后更换，不破坏镗孔夹具本体上孔的精度；如孔距较小可将衬套削边。对粗镗夹具，可采用压板压紧镗套的方式，如图5-120所示。在铸件上镗孔，应采取措施为通过导套的镗杆清除铸铁粉尘。

滑动导套结构简单，外形尺寸小，抗振性好，获得了一定的应用，例如精镗车床尾座孔、发动机机体主轴承孔和缸孔等。但固定导套的磨损快，精度受到配合间隙的影响，不易长期保持精度，使用时要特别注意润滑和防屑。随着滚动轴承工业的发展，其精度和性能不断提高，价格相对降低。所以出现了这种的趋势：在结构尺寸受到限制，不能采用滚动轴承以及旋转速度不高的半精加工中，才采用滑动轴承导向。

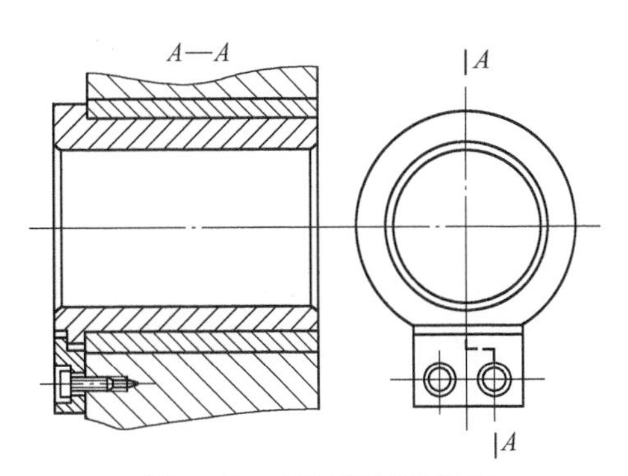

图5-120 用压板压紧镗套

2. 滚动导向的结构

（1）“外滚式”滚动导向 “外滚式”滚动导向的特点是轴承安装在夹具本体上，轴承外圈固定不动，轴承内圈旋转，即导套在轴承中与内圈一起转动。用于粗加工和半精加工的“外滚式”导向装置见表5-30。

对精加工用导向装置，应在旋转导套与镗杆之间设置定向键，使镗杆与导套保持固定的角度位置，这有利于保证加工精度的稳定性。

图5-121a所示为装有滚锥轴承“外滚式”导向装置，其刚度高，但回转精度较低，适用于切削负载较重且不均匀的粗加工。图5-121b所示为装有滚针轴承的“外滚式”导向装置，主要用于工件的孔距较小、布置其他轴承有困难的情况，如果用于精加工应严格选配滚针。

（2）“内滚式”导向的结构 “内滚式”导向的结构特点是轴承固定在镗杆上，并安装在滑动套内，导向旋转部分与镗杆为一体，滑动套在固定套内移动。一种常用的“内滚式”滚动导向见表5-31。

图5-121c所示为一种用于高精度镗大直径孔的“内滚式”导向装置，在镗杆前端采用3182100型双列向心短圆柱滚柱轴承，使导向装置具有高的精度和刚性。为进一步提高精度，后轴承可采用一对向心推力球轴承，并对其预紧，如图5-121d所示。

在“内滚式”导向中，从配合间隙来看，只有滑动套外圆与固定套内孔之间的间隙影响加工精度。

3. 镗杆和导套的结构

（1）定向键的设置 前已述及，在精加工旋转导套和镗杆之间应设置定向键。只用后导向镗孔时，一般定向键1固定在旋转导套上（图5-122a），键的位置应保证镗杆在退回原位后，仍不离开镗杆上的键槽。

但如果用前导向镗孔，一般镗杆退回原位时已全部离开导向装置，这时应在镗杆上设置弹性定向键2（图5-122b），并在旋转导套上开槽。在镗杆进入导向时，如果键与键槽未对准，弹簧被压下，当镗杆与导套产生相对转动时，弹簧键与键槽对准，自动弹入槽中。弹簧键的结构如图5-122c所示。

（2）引刀槽的设置 用“外滚式”导向镗孔时，一般镗孔直径大于导套孔直径，如果需要镗刀通过导套（这时镗杆停止转动）时，应在旋转导套上开引刀槽，如图5-123所示。这时也要求在镗杆与旋转导套之间有定向键，以保证镗刀与引刀槽的正确位置关系。定向键与镗刀的相互角度位置一般为90°，定向键固定在导套上，而在镗杆上做出带螺旋导引部分的键槽。

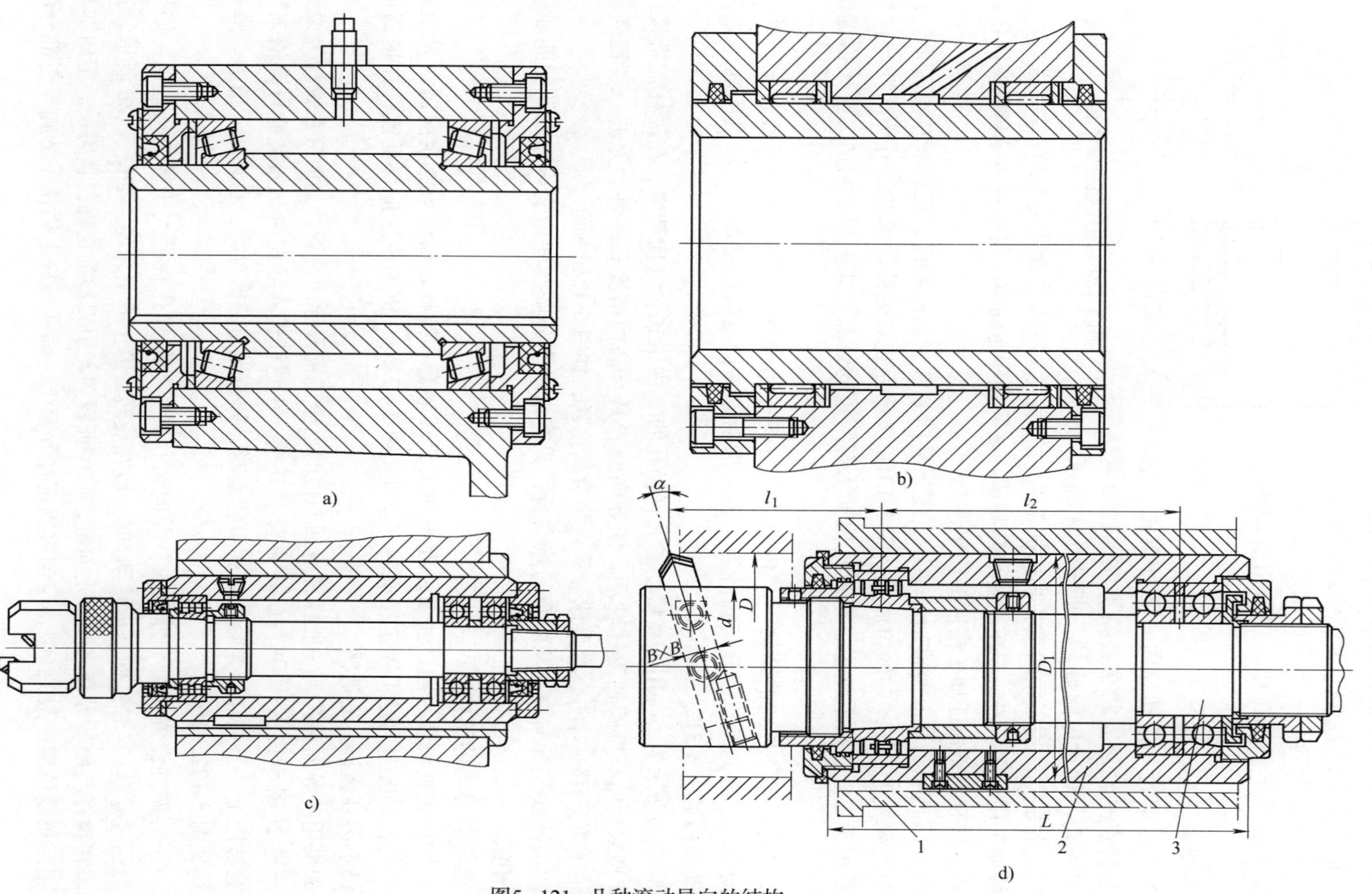

图5-121 几种滚动导向的结构
1—导套 2—滑动套 3—镗杆

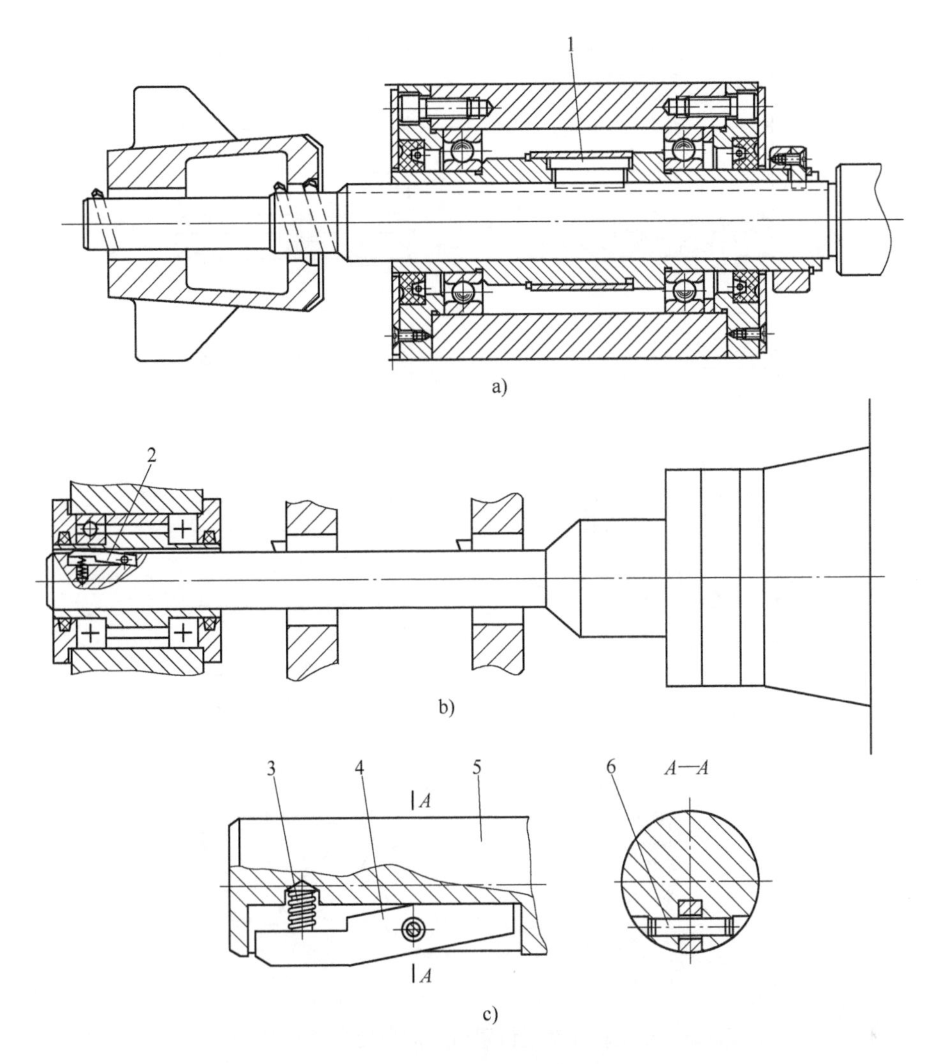

图 5-122　定向键的设置

1—定向键　2—弹性定向键　3—弹簧　4—弹簧键　5—镗杆　6—销

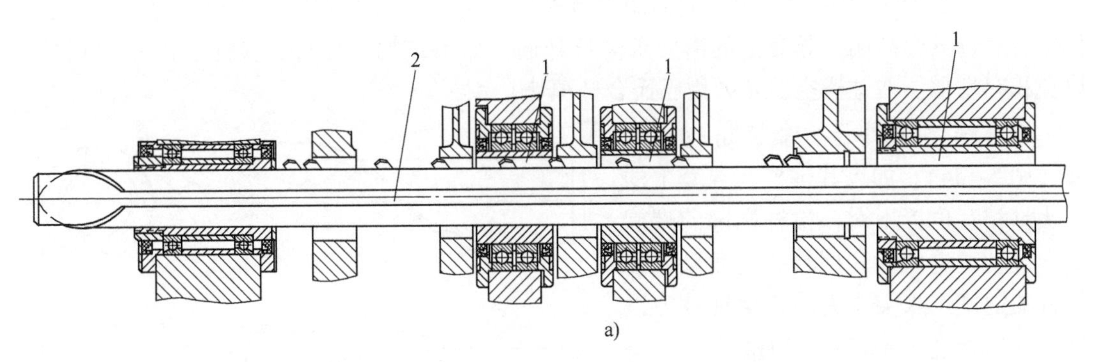

图 5-123　在旋转导套上设置引刀槽和尖头键的固定

1—引刀槽　2—带螺旋导引部分的键槽

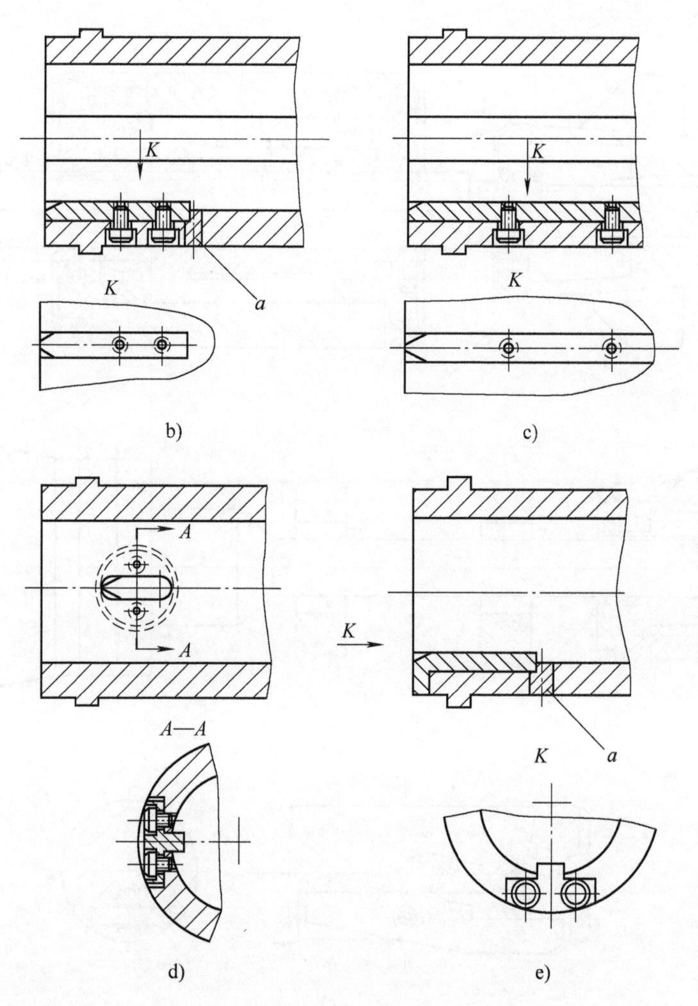

图 5-123　在旋转导套上设置引刀槽和尖头键的固定(续)

a—键槽空刀

定向键可采用图 5-123b ~ e 所示的尖头键，其固定方式有图 5-123b、c、d 所示的径向固定和图 5-123e 所示的端面固定，端面固定具有紧固可靠和更换方便的优点。定向键安装的位置应靠近导套前端，导套上的槽力求全长开通，如果结构不允许，应注意消除“拐角”，以免积存切屑。在键槽空刀 a 处用巴氏合金填堵。

镗杆螺旋导引端的螺旋角应小于 45°(图 5-124)，如果其键槽与导套上的尖头键相互位置不对，镗杆端部的螺旋面便拨动键迫使导套回转一定角度，使镗杆的键槽进入尖头键中，保证镗刀以准确的位置进入导套的引刀槽。

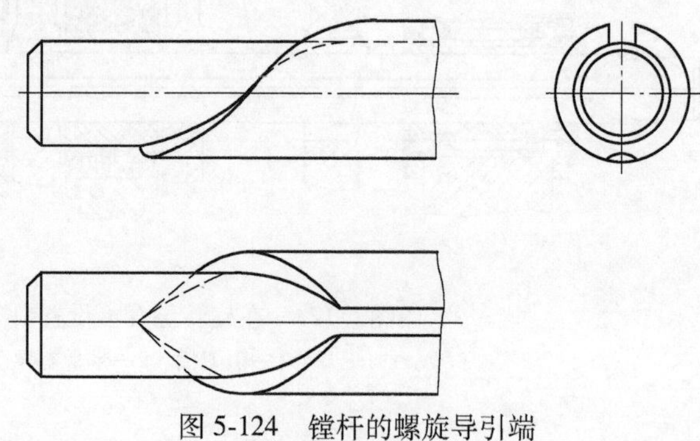

图 5-124　镗杆的螺旋导引端

(3) 滑动导向镗杆导引部分的形式

采用滑动导向时，镗杆前端应有导引部分，一般做成图 5-125 所示的形式。

最简单的是开螺旋油槽的圆柱导向(图5-125a)，由于其与导套接触面积大，加工时切屑易进入导套，常产生“咬死”现象。为避免“咬死”，镗杆导引部分可做成类似扩孔钻和铰刀齿形的螺旋槽(图5-125b和c)，一般在线速度不超过20m/min的情况下，其效果好于螺旋油槽的形式；在铣槽较深、圆柱形棱带狭窄的情况下，线速度可高于20m/min。镶铜滑块的导引部分(图5-125d)由于其与导套的磨损小，使用速度比开槽的高，但也存在切屑易进入的问题。

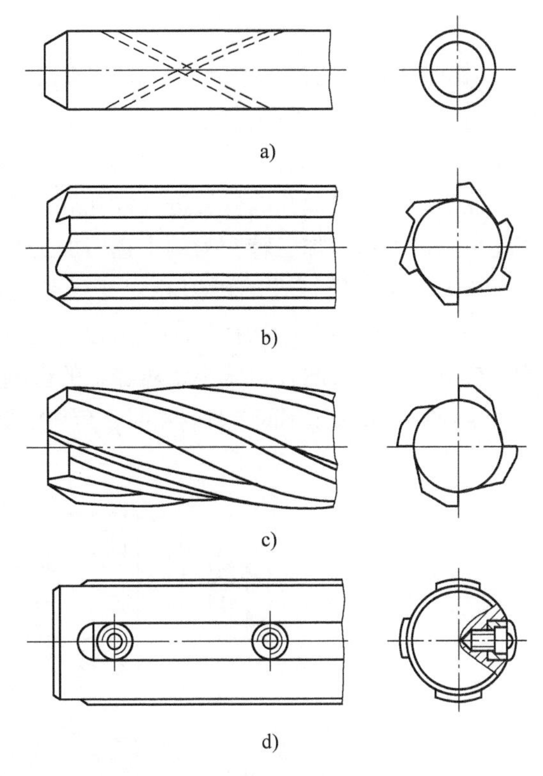

图5-125　镗杆导引部分的形式

（4）镗杆的设计

1）镗一个直径的孔。镗刀在镗杆上应保持合理的刀具角度，例如精镗铸铁孔，刀具应保持：主偏角 $\varphi=45°\sim50°$；副偏角 $\varphi_1=5°\sim10°$；前角 $\gamma=0°\sim5°$；刃倾角 $\lambda=0°\sim3°$；主后角 $\alpha=8°\sim12°$；副后角 $\alpha_1=8°$，刀尖圆弧半径 $r=1.5\sim2$mm。若系统刚性不足，应增大镗刀主偏角，减小刀尖圆弧半径。

一般镗刀在镗杆上与镗杆径向方向倾斜一个径向角度 α，以便有较多的位置布置压紧螺钉。根据镗杆直径，α 可取10°~15°、25°~30°、40°~50°。

为避免加工时因工件材质不均而楔入工件，一般镗刀刀尖稍高于镗孔中心。加工中等直径孔时，镗刀中心高于镗孔中心的距离均为镗孔直径的$\frac{1}{20}$，见表5-37。

表5-37　镗刀中心高于镗孔中心的距离　（单位:mm）

工件材料	镗孔直径		
	10~20	>20~30	>30
灰铸铁，有色金属	0.1~0.3	0.3~0.4	0.5~0.6
钢		0.8~1.0	1.5

镗刀伸出镗杆的距离不能过大，一般按$\frac{1}{2}(D-d)=(1\sim1.5)B$ 考虑，D、d、B 见表5-38。

表5-38　镗孔直径、镗杆直径及镗刀面积

镗孔直径 D/mm	30~40	40~50	50~70	70~90	90~100
镗杆直径 d/mm	20~30	30~40	40~50	50~65	65~90
镗刀截面 $B\times B$/mm×mm	8×8	10×10	12×12	16×16	16×16 20×20

2）镗阶梯孔。为提高生产率，镗阶梯孔有两种方法，一种是用单刃或多刃镗刀头(其上有导向元件)；另一种是在镗杆两阶梯轴上各安装一种镗刀。第二种方法主要用于镗孔长度 l 与其直径比≤3.5 的情况，对这种方法，如果将两个镗刀布置在一个平面上，生产实践和试验说明，当加工短孔的镗刀进入镗孔后，使工件的加工精度降低和表面粗糙度增大。这种情况与由一个镗刀加工转变为两个镗刀加工时，在切削力作用下产生弹性变形有关。因此在精镗孔时，应使镗短孔的镗刀相对于镗长孔的镗刀朝镗杆转动方向反向偏转 β 角，如图 5-126所示。图 5-126a 表示大直径孔为短孔，图 5-126b 表示小直径孔为短孔。这样第二个镗刀与第一个镗刀的合力减小，对加工的影响也减小。

图 5-126c 和 d 表示不同工件材料时 β 角与精镗进给量 f 和切削深度 a_p 的关系，说明 β 角的

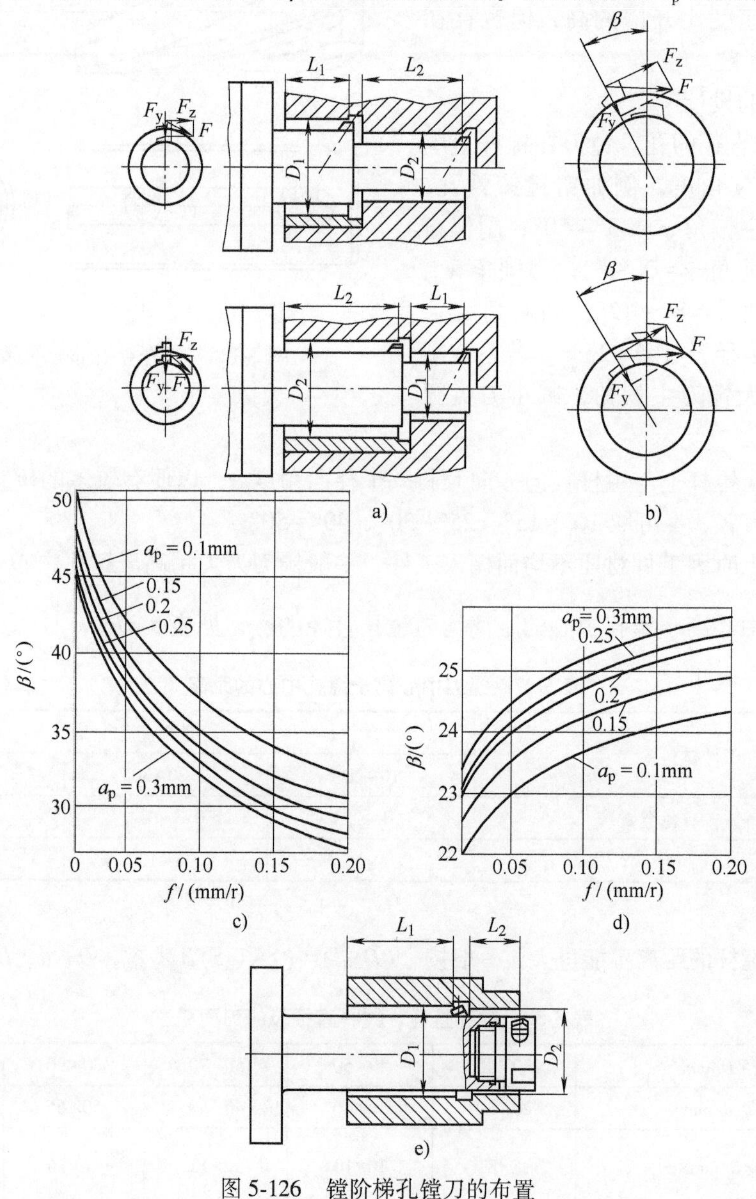

图 5-126　镗阶梯孔镗刀的布置

合理值不是固定的，所以也可设计 β 角可调的镗杆，例如图 5-126e 所示的利用回转环调整。一般可按下述确定 β 角：工件材料为钢、铝、青铜，$\beta=30°\sim45°$；工件材料为铸铁，$\beta=20°\sim30°$。

在设计镗床夹具时应确定镗杆的最小长度、直径和安装镗刀的结构。镗刀在镗杆上的位置应能精密调整和可靠地固定。图 5-127a 所示为一种紧固镗刀的结构，用止动螺钉 2 调节

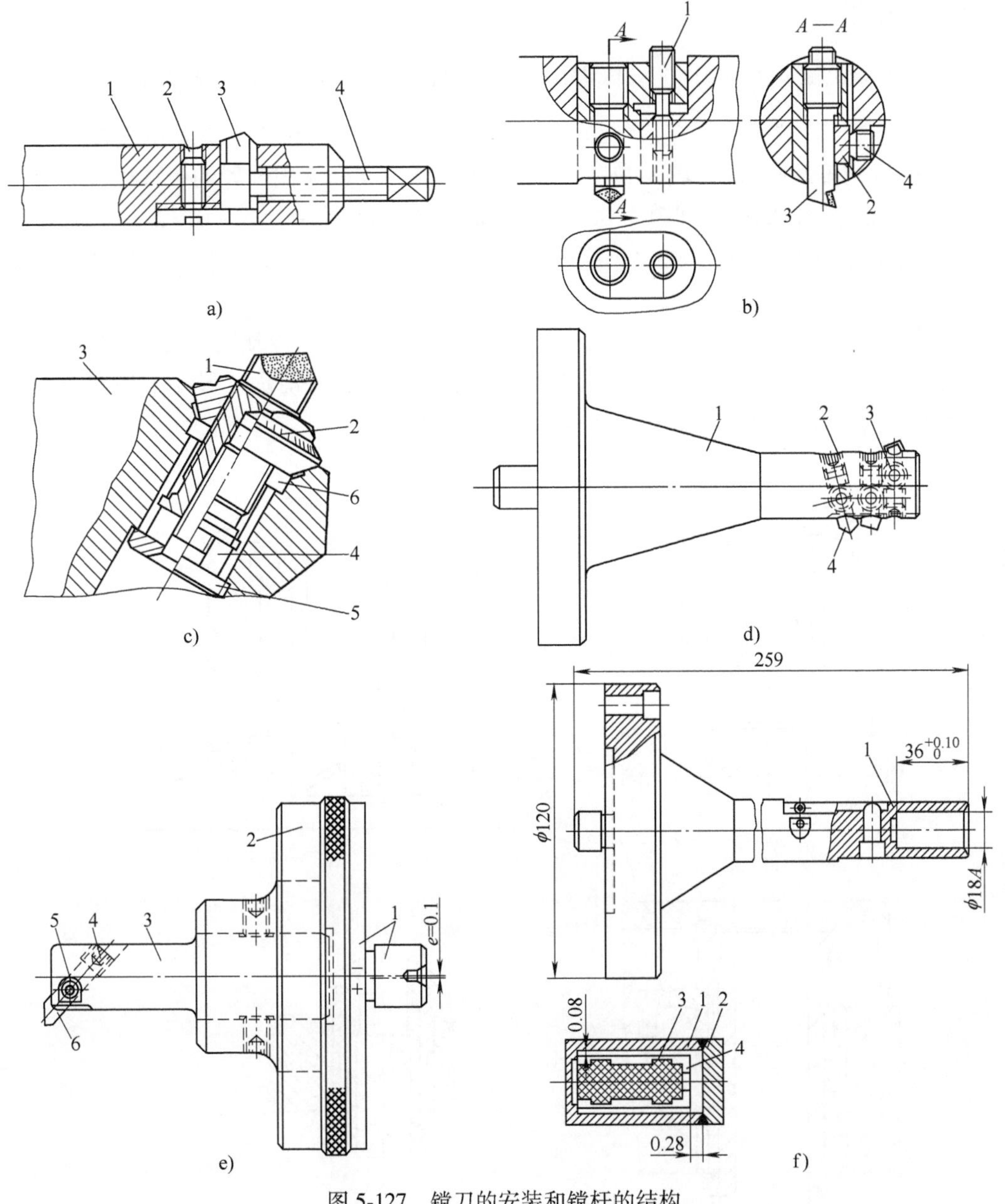

图 5-127　镗刀的安装和镗杆的结构

a）1—镗杆　2—止动螺钉　3—镗刀　4—螺钉

b）1—差动螺钉　2—滑块　3—镗刀　4—螺钉

c）1—镗刀　2—螺母　3—镗杆　4—弹性支承环　5—拉紧螺钉　6—垫圈

d）1—镗杆　2—止动调节螺钉　3—螺钉　4—镗刀

e）1—法兰　2—回转环　3—镗杆　4—止动调节螺钉　5—螺钉　6—镗刀

f）1—镗杆　2—盖　3—重物　4—套

镗刀3的尺寸和防止加工时产生位移，调整好后用螺钉4紧固镗刀。

图5-127d所示为多镗刀镗杆。图5-127e所示为可调镗杆，回转环2用螺钉固定在法兰1上，镗杆3固定在环2的孔中。用止动调节螺钉4粗调镗刀尺寸，用螺钉5紧固镗刀；回转环2使镗杆相对主轴轴线的位置发生改变(镗刀杆与法兰1有偏心距$e=0.1\text{mm}$)，将镗刀调整到最终的位置。

当镗孔表面粗糙度$Ra \leqslant 0.125 \sim 0.04\mu\text{m}$，或镗杆长度$L$与镗孔直径$D$之比$\dfrac{L}{D} \geqslant 5 \sim 6$时，需要采用抗振镗杆。抗振镗杆有各种结构，图5-127f所示为一种带吸振器的抗振镗杆，在镗杆ϕ18HT孔内安装吸振器(图5-127f下图)，吸振器由在套4内放置的铅或硬质合金重物3组成。吸振器与镗杆的径向间隙为0.08~0.10mm，轴向间隙为0.25~0.30mm。

(5) 立式镗杆导向装置　前面介绍的导向装置以卧式为例，其原则大多也适用于立式导向。

立式下导向是在工作条件差的情况下工作：经常受到切屑和冷却液的侵害，使导套磨损加快，甚至出现“别劲”或“咬死”现象；不便于观察和及时清理。因此下导向应尽量采用旋转导向。图5-128所示为几种下导向的结构。

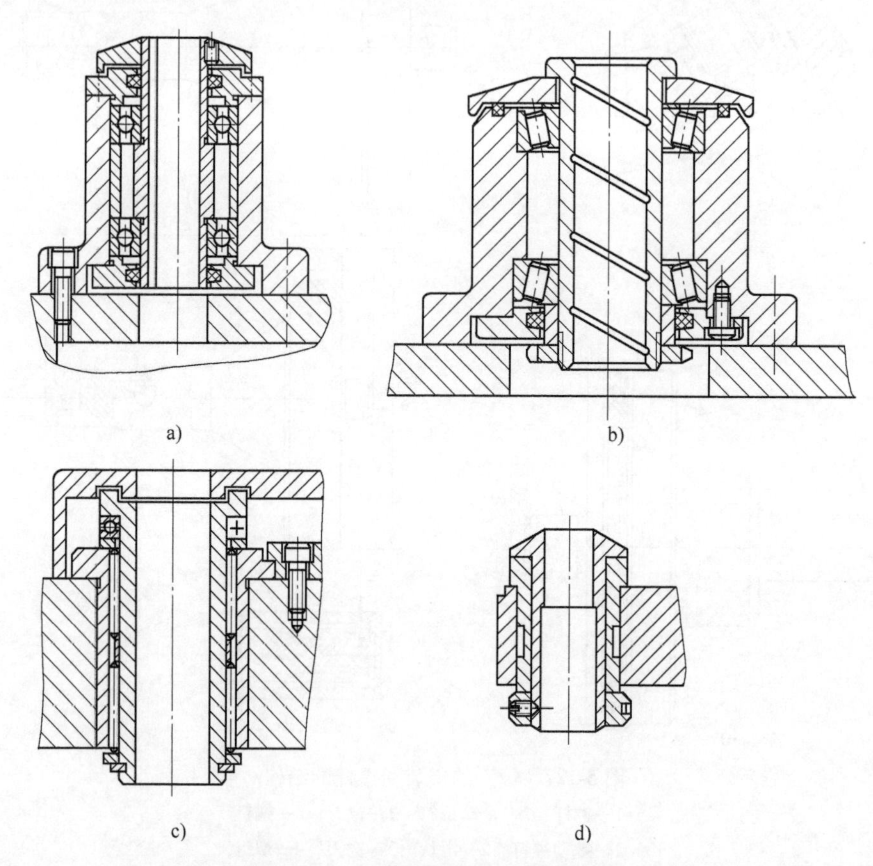

图5-128　几种立式镗孔下导向的结构

(6) 镗杆的材料和技术要求　镗杆表面应具有高的硬度，但应略低于导套的硬度，镗杆内部应具较好的韧性。刚性主轴精镗孔镗杆的材料采用18CrMnTi、40Cr、20Cr等，硬度

56～62HRC；对特别重要的镗孔工序，镗杆采用烧结钨或组合式结构(法兰用钢,杆部用硬质合金)。一般镗杆采用 20 钢、20Cr 钢，渗碳淬硬 61～63HRC；大直径镗杆可用 45 钢、40Cr 钢。

镗杆导向部分的公差按前面有关要求确定；镗杆的圆度、锥度小于直径公差的$\frac{1}{2}$，直线度为$\frac{0.01}{500}$mm；镗刀孔对镗杆轴线的对称度在 0.10mm 内；镗杆表面粗糙度 Ra 值为0.4～0.2μm。

对图 5-127d 所示的刚性镗杆，法兰左端面对定位轴颈轴线的垂直度偏差不大于 0.01mm；镗杆工作外圆表面对镗杆定位轴颈轴线的跳动不大于 0.01mm。

5.3.8　镗床夹具的结构

图 5-129 所示为精镗摇臂孔多位夹具，工件以内孔、端面和一侧面在定位轴 3、套 2 和挡销 5 上定位。接通油路，活塞 1 带动压板 6 向左移动，并逆时针方向回转到垂直位置，压板下端螺钉 7 进入支承板 8 的 V 形槽内，压板上端的浮动压套 4 将工件夹紧，然后机床工作台带动夹具、工件一起右移，离开定位轴 3，即可进行镗孔。

图 5-130a 所示为在车床上精镗车床尾架座镗夹具，图 5-130b 所示为浮动镗杆布置图，图 5-130c 所示为工件。工件用底板 6(底面有 V 形槽和平面)在支承板 1(上面有 V 形导轨和平面)上定位。镗杆采用两滑动旋转导向装置。

图 5-131a 所示为曲轴箱精镗轴承孔夹具导向装置布置图，镗杆由前、后导向和两个中间导向支承。

图 5-131b 所示为镗孔时前导向采用“外滚式”导向装置，后导向采用“内滚式”导向装置，即根据加工情况可采用不同的导向形式。

图 5-132 所示为精镗气缸主轴承和凸轮轴承孔夹具导向装置，图 5-132a 所示为典型的镗杆支承，径向推力轴承采用 X 形(轴承外环相互用窄端面套靠上)，并且在套上设有螺母和法兰支承肩，以提高精度。

图 5-133 所示为在卧式镗床上镗 7 个 ϕ58H8 径向孔的夹具，工件 2 安装在转盘 7 上，用菱形销 6 定向，用压板 3 夹紧。采用液压缸和棘轮、棘爪分度机构，可实现自动化。

图 5-134 所示夹具用于在车床上粗、精镗转子泵本体 5 和两个盖上的两个孔，其中心距小于孔的直径。

在车床上安装传动箱 1，带动两镗杆 10 转动。为减小镗杆伸出量，传动箱上有与传动箱 1 为一体的伸出部分 12，伸出部分进入工件内。机床主轴的转动通过带中间垫片的弹性滑销离合器带动传动箱轴转动。将车床滑板取下，装上底板 7。

为避免两镗杆镗刀在本体上的两孔相交区碰撞，两镗杆由齿轮带动。

下面介绍一种镗小锥孔的装置，如图 5-135 所示，其原理和优点前已述及。

内套 2 固定在机床法兰 1 上，在外套 4 和 11 之间有中间环 5，中间环上的凸键嵌入主轴的槽中。在外套 11 内安装刀夹 13。在外套 11 上做出若干其与主轴轴线成不同角度的槽，作为滑块镗不同锥角的导向。在非工作位置，每个滑块用螺钉 7 固定。在工作位置，用轴 9 使刀夹 13 与滑块连接。用轴 14 使刀夹与心轴 12 相连。

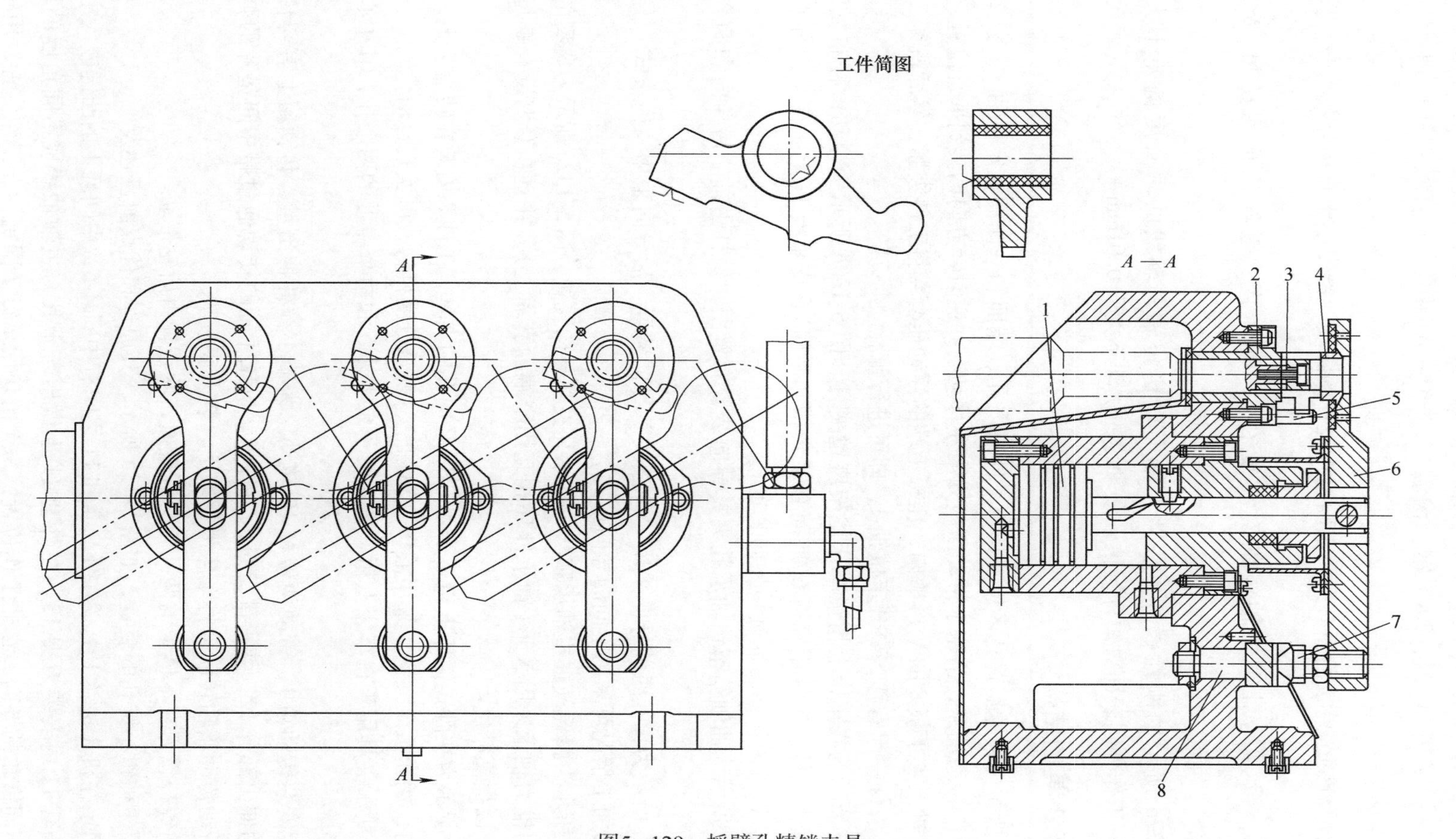

图5-129 摇臂孔精镗夹具

1—活塞 2—套 3—定位轴 4—浮动压套 5—挡销 6—压板 7—螺钉 8—支承板

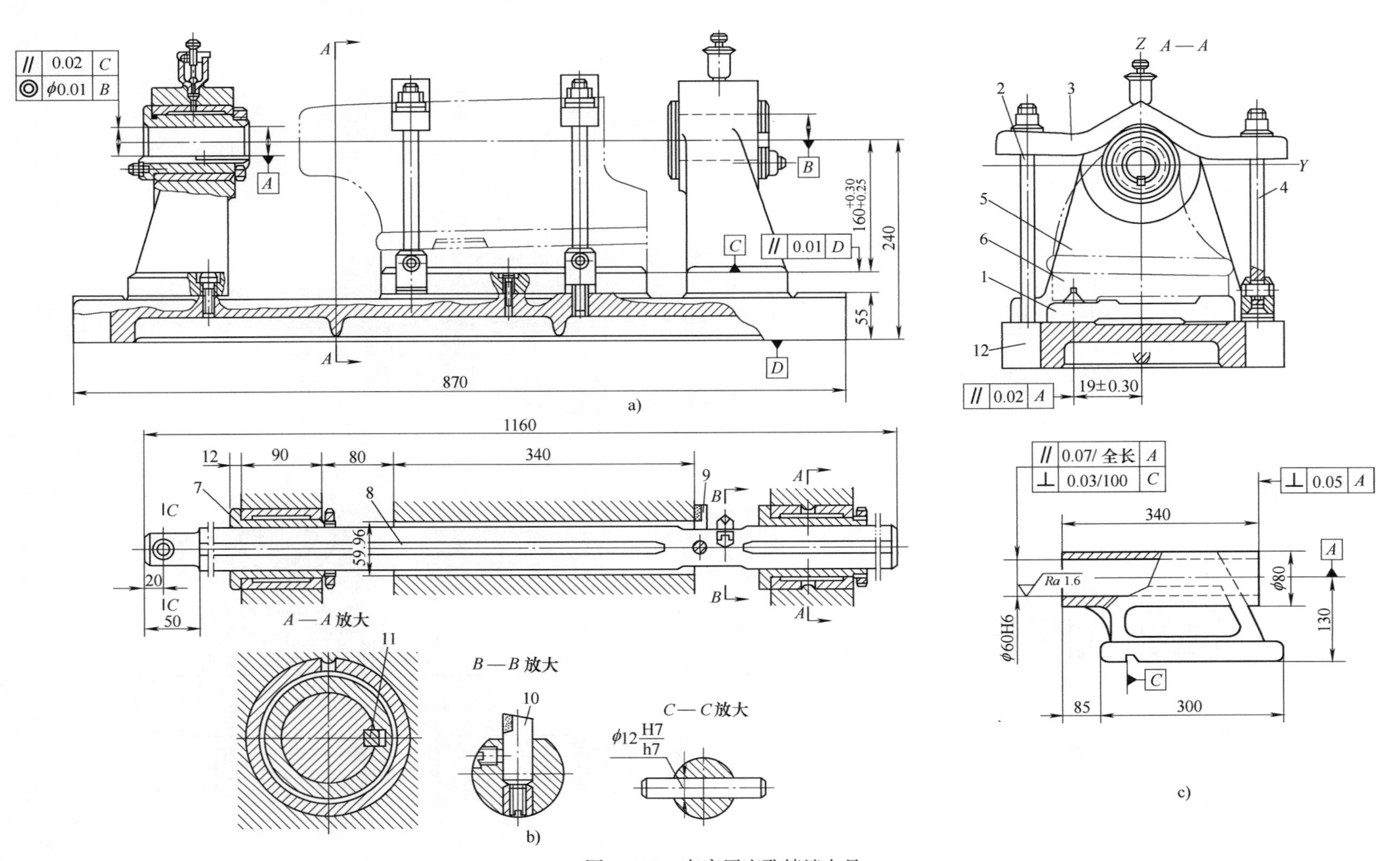

图5-130 车床尾座孔精镗夹具

1—支承板 2—铰链螺栓 3—开口压板 4—螺栓 5—工件 6—工件底板 7—导套 8—镗杆 9、10—镗刀 11—键 12—底座

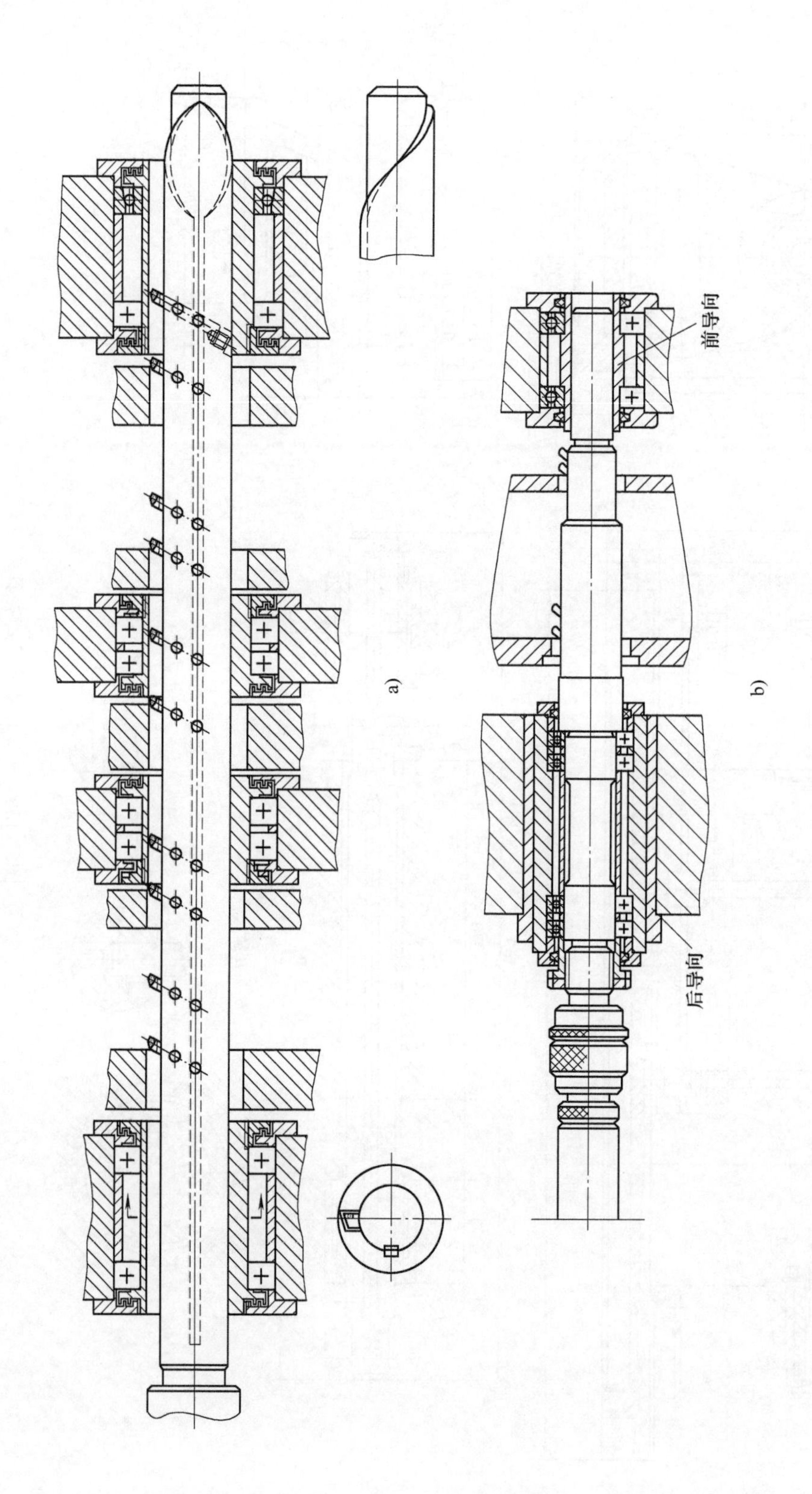

图5-131 精镗孔导向装置

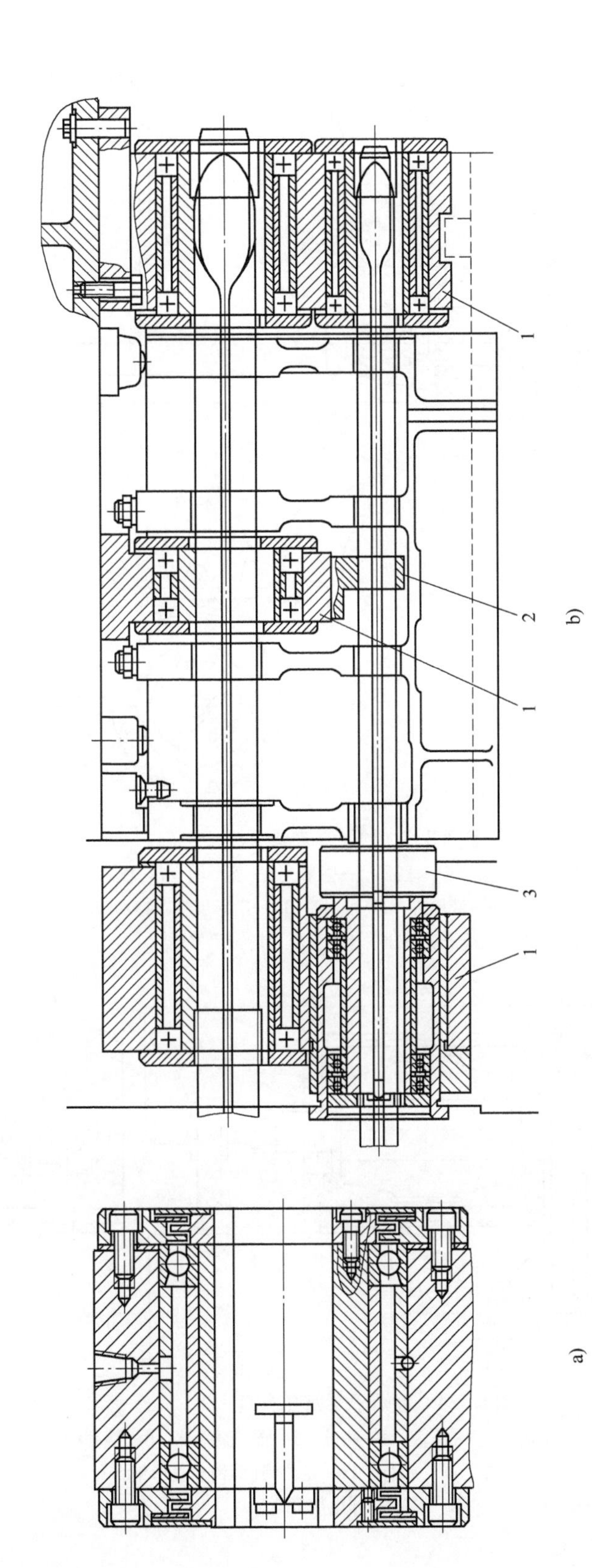

图5-132　精镗气缸主轴承和凸轮轴承孔夹具导向装置

1—旋转支承　2—镗凸轮轴承孔用中间固定支承　3—镗凸轮轴轴套支承肩加工装置

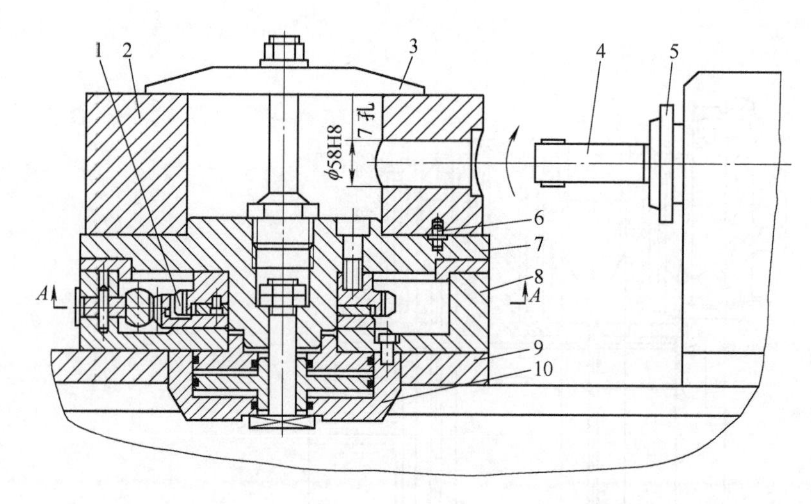

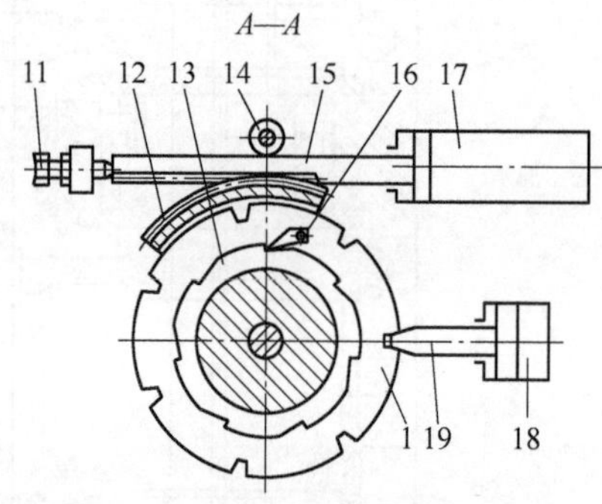

图 5-133 回转镗夹具

1—分度盘 2—工件 3—压板 4—镗杆 5—主轴 6—菱形销 7—转盘 8—本体 9—支座 10、17、18—液压缸 11—螺钉 12—扇形齿轮 13—棘轮 14—滚轮 15—活塞杆 16—棘爪 19—定位销

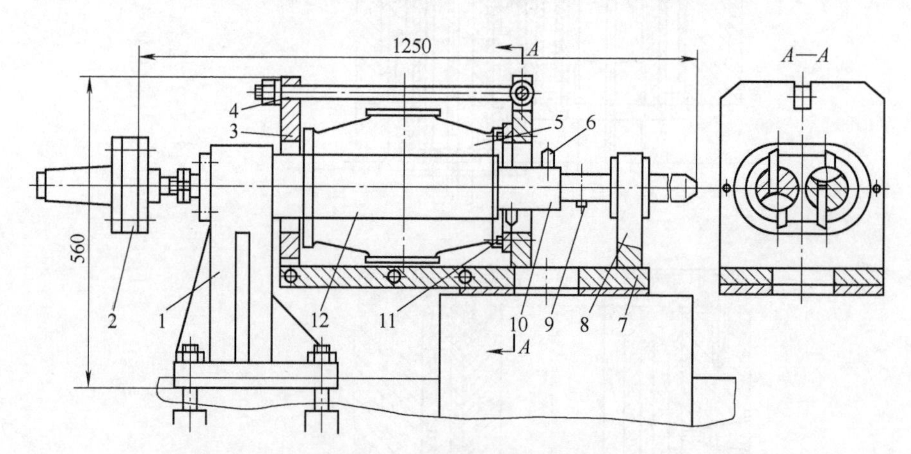

图 5-134 镗转子泵两孔夹具

1—传动箱 2—联轴节 3—压板 4—螺母 5—转子泵本体 6、9—镗刀 7—底板 8—支架 10—镗杆 11—定位销(圆销和菱形销) 12—传动箱伸出部分

当主轴 6 转动时，中间环 5 转动，并使外套 4 和 11、滑块 10、带刀具 15 的刀夹 13 一起转动。当主轴沿轴线移动时，滑块使刀夹摆动，即使刀具逆时针摆动，经加工孔的锥度等于在外套 11 中槽对主轴轴线的斜角。实践说明，采用该装置比用一般方法加工可提高生产率到 5~8 倍。

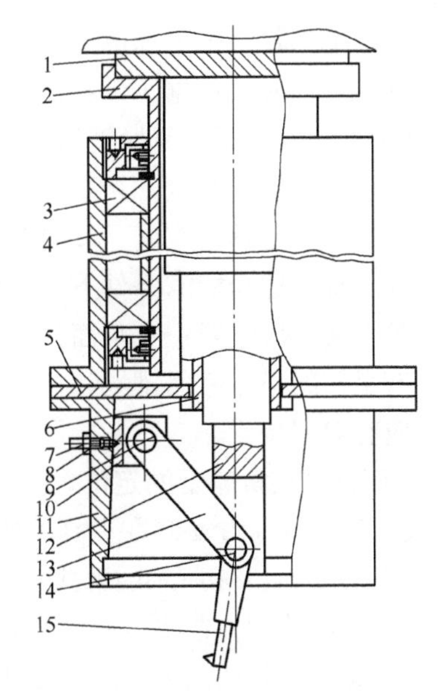

图 5-135　镗小锥度孔装置

1—机床法兰　2—内套　3—轴承　4、11—外套　5—中间环　6—主轴　7—螺钉　8—螺母　9、14—轴　10—滑块　12—心轴　13—刀夹　15—刀具

图 5-136 所示为重型车床变速箱空气定心镗孔夹具简图，夹具安装在卧式镗床上。在夹具底座 1 上固定有三个带气体静压轴承 3 的支架 2，每个轴承套有两排材料为青铜的喷嘴 6（直径为 0.4mm），在轴承套工作表面铣出两对称的宽 27mm 和 37mm 的槽，以便镗刀 9 的镗杆进入夹具。镗杆是空心的，外径为 140mm，长度 1870mm，材料为 20Cr（渗碳深 0.7±0.15mm，淬火，退火，硬度不小于 55HRC）。用两个镗杆分别进行粗镗和精镗。轴承套材料为耐磨铸铁，每排喷嘴数量为 10。使用图 5-136 所示的夹具可提高生产率 2 倍。

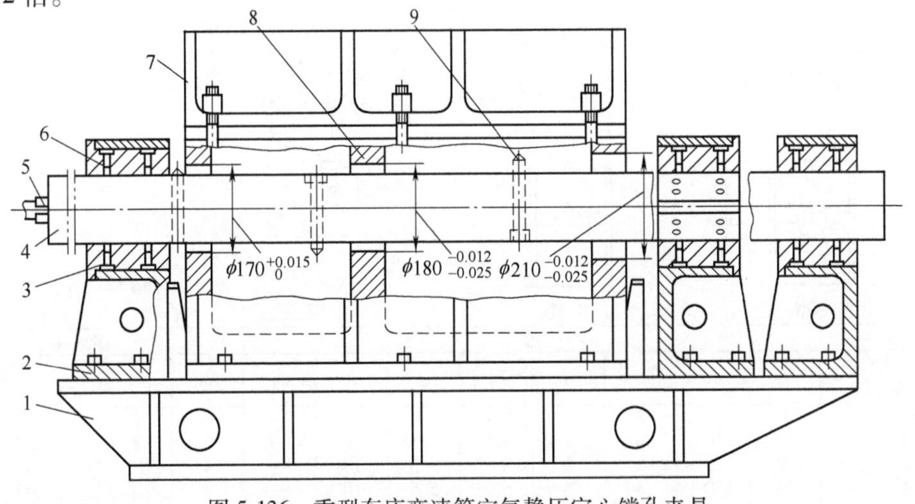

图 5-136　重型车床变速箱空气静压定心镗孔夹具

1—底座　2—支架　3—静压轴承　4—镗杆　5—接头　6—喷嘴　7—夹具　8—工件　9—镗刀

5.4　铣床夹具

铣床加工时可采用各种台虎钳、分度头、回转工作台，本节主要介绍专用铣床夹具的设计和结构。

5.4.1　铣床夹具设计原则和安装

1. 铣床夹具设计的基本原则

1）尽可能满足多个平面的加工。

2）加工多面时，根据工件各面情况尽可能更换铣刀；而采用移动工件用一个铣刀加工多面，其精度和效率不如更换铣刀高。

3）定位件应能承受全部切削力之和，压板应不用于承受切削力。

4）夹具应有足够的空间，以更换铣刀和装卸工件。

5）在保证上述功能的条件下，铣床夹具的外形应小，以避免加工时产生扭转和变形。

6）整个夹具应布置在夹具面积以内，如不能这样应有附加支承或千斤顶。

7）有足够的空隙考虑排屑和排冷却液管路，便于清除切屑。

8）应有对刀装置。

2. 铣床夹具在机床上的定位

一般铣床夹具通过安装在夹具上的两定位键在铣床工作台定位槽中定位，如图 5-137 所示。一般采用图 5-137a 所示的形式；图 5-137b 所示的形式用于与机床工作台槽配作的场合。

为提高定位精度，在将定向键装到夹具定位槽中时，使两定向键侧面都靠向定位槽同一侧面；并在夹具安装到铣床上时，使靠在夹具定位槽同一侧面的定向键，又使其侧面靠在铣床定位键槽同一侧面。定位键的规格尺寸见表 5-39。

表 5-39 定位键的规格尺寸 （单位：mm）

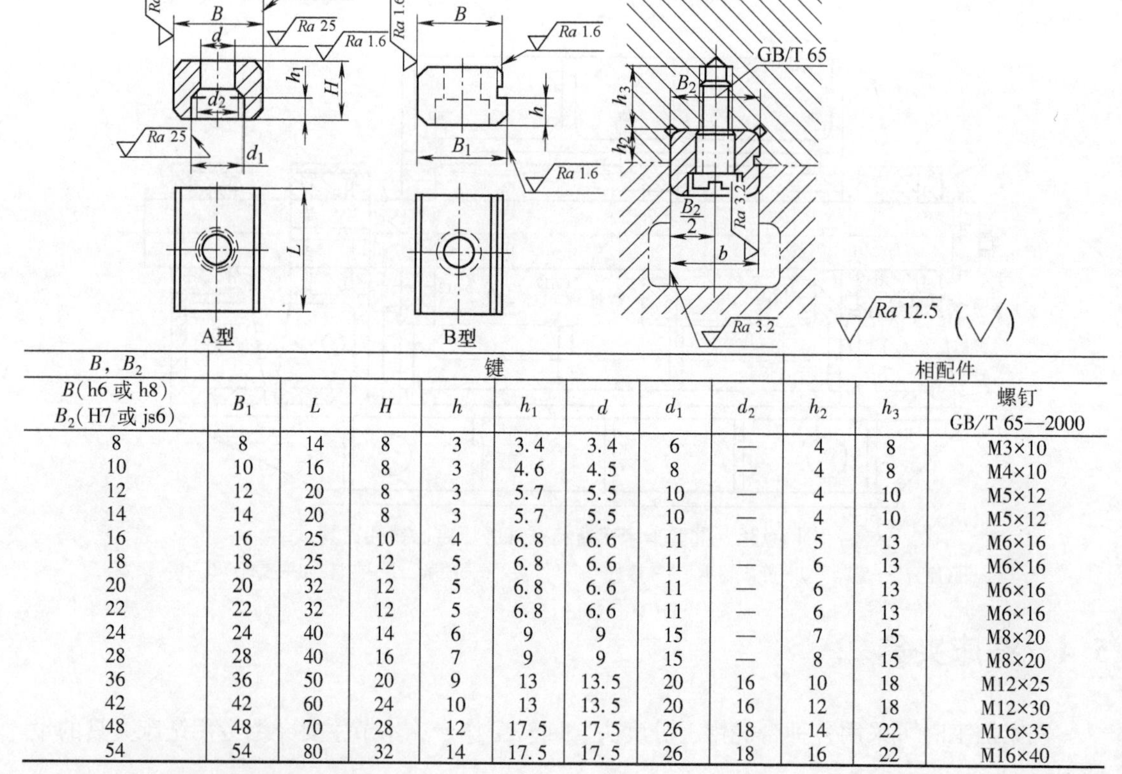

B，B2 B(h6 或 h8) B2(H7 或 js6)	键 B_1	L	H	h	h_1	d	d_1	d_2	相配件 h_2	h_3	螺钉 GB/T 65—2000
8	8	14	8	3	3.4	3.4	6	—	4	8	M3×10
10	10	16	8	3	4.6	4.5	8	—	4	8	M4×10
12	12	20	8	3	5.7	5.5	10	—	4	10	M5×12
14	14	20	8	3	5.7	5.5	10	—	4	10	M5×12
16	16	25	10	4	6.8	6.6	11	—	5	13	M6×16
18	18	25	12	5	6.8	6.6	11	—	6	13	M6×16
20	20	32	12	5	6.8	6.6	11	—	6	13	M6×16
22	22	32	12	5	6.8	6.6	11	—	6	13	M6×16
24	24	40	14	6	9	9	15	—	7	15	M8×20
28	28	40	16	7	9	9	15	—	8	15	M8×20
36	36	50	20	9	13	13.5	20	16	10	18	M12×25
42	42	60	24	10	13	13.5	20	16	12	18	M12×30
48	48	70	28	12	17.5	17.5	26	18	14	22	M16×35
54	54	80	32	14	17.5	17.5	26	18	16	22	M16×40

注：1. 本表符合 JB/T 8016—1999。

2. 材料为 45 钢，热处理 40~45HRC。

3. 尺寸 B_1 留磨量 0.5mm，按机床 T 形槽宽度配作。

4. b 为 T 形槽宽度，$B_1=b$（公称尺寸）。

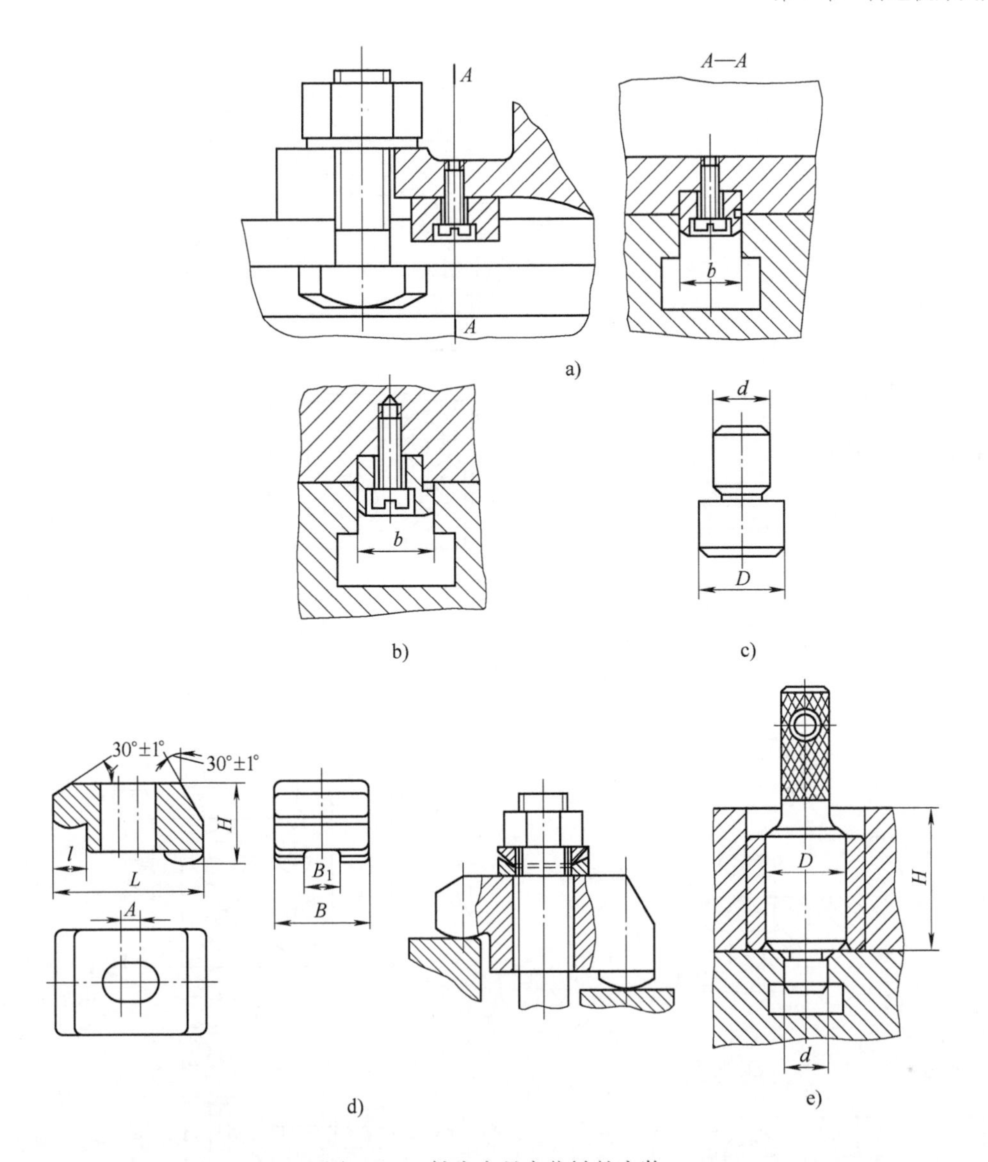

图 5-137　铣床夹具定位键的安装

为提高定位精度，也可采用两圆柱定位销(图 5-137c)定位，销的一端压入夹具本体上的孔，另一端与机床定位槽配合。这种方法制造较简单。采用插销定位的方法如图 5-137e 所示。

铣床夹具一般用螺钉固定在机床工作台上，也可采用专用压板(图 5-137d)，可用 45 钢或用精密铸造方法制造，其性能应不低于 45 钢，硬度为 35~40HRC。

3. 铣床夹具对刀装置

夹具用定位键在铣床上定位后，使夹具上工件定位基准处于一定位置。为保证加工精度，在夹具上需要设置对刀装置。对刀装置由固定在夹具上适当位置的对刀块和塞尺(厚薄规或圆柱棒等)组成。

图 5-138 所示为常用的几种对刀块(JB/T 8031. 1—1999~JB/T 8031. 4—1999)。对刀块的材料为 20 钢，渗碳深 0. 8~1. 2mm，硬度为 58~64HRC。图 5-138a 所示圆形对刀块的尺寸见表 5-40。

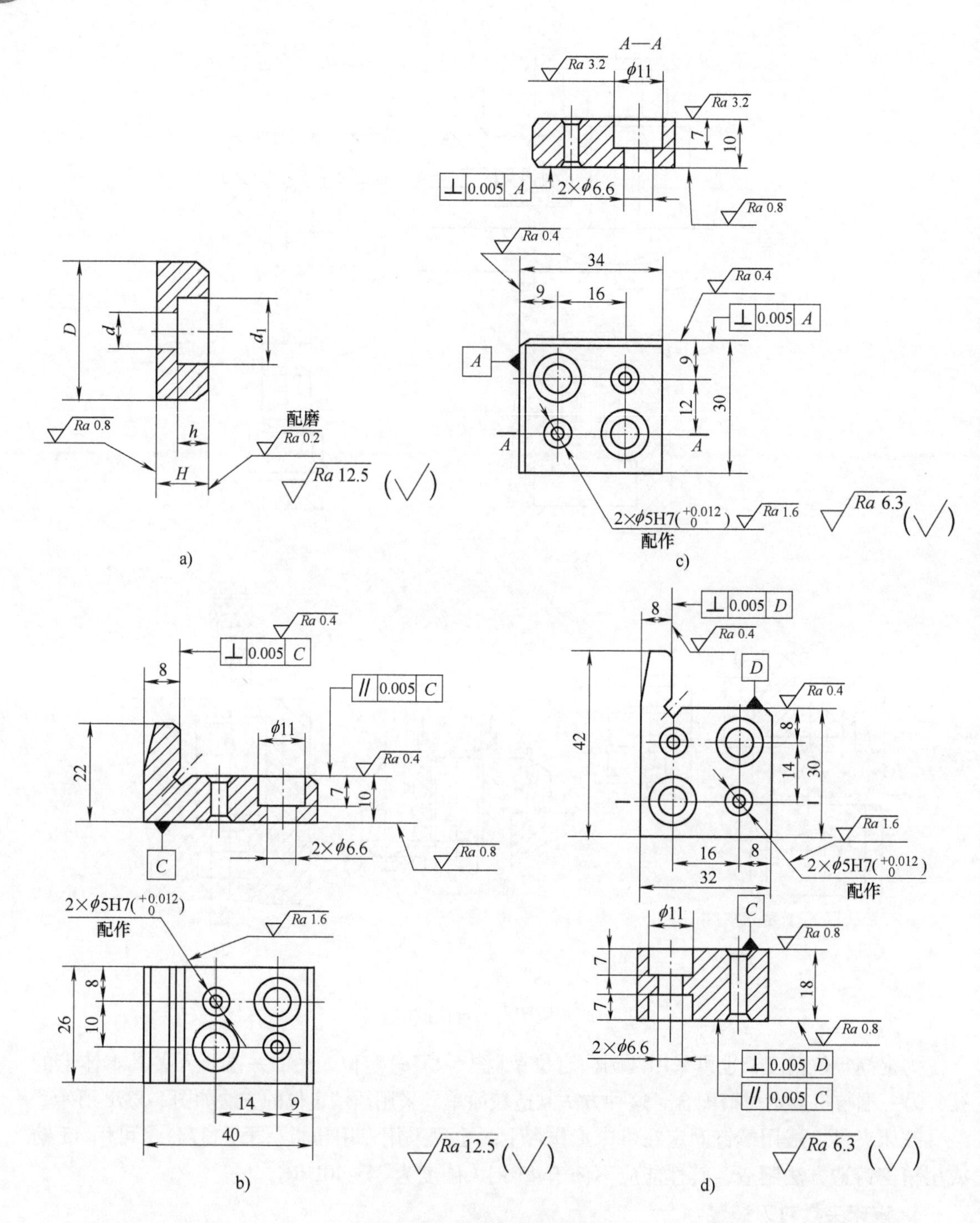

图 5-138 常用对刀块的尺寸

表 5-40 圆形对刀块的尺寸 （单位:mm）

D	H	h	d	d_1
16	+10	6	5. 5	10
25		7	6. 6	11

图 5-139 所示为对刀平塞尺（JB/T 8032.1—1999），其厚度的公称尺寸为 1mm、2mm、3mm、4mm、5mm，极限偏差为 h8；塞尺材料为 T8，硬度为 55~60HRC。

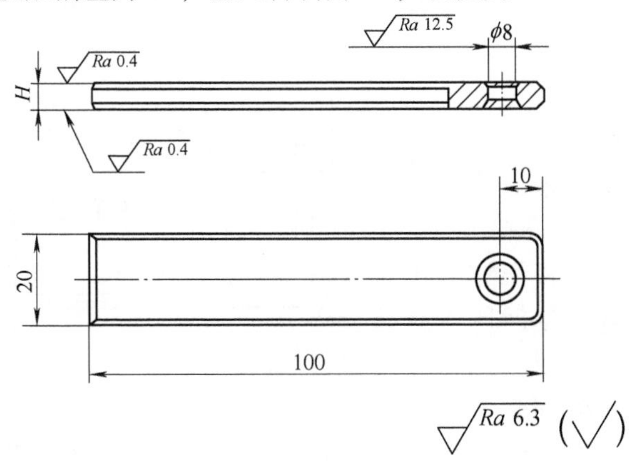

图 5-139　对刀平塞尺

表 5-41 列出了圆柱塞尺的规格尺寸。

表 5-41　圆柱塞尺的规格尺寸　（单位：mm）

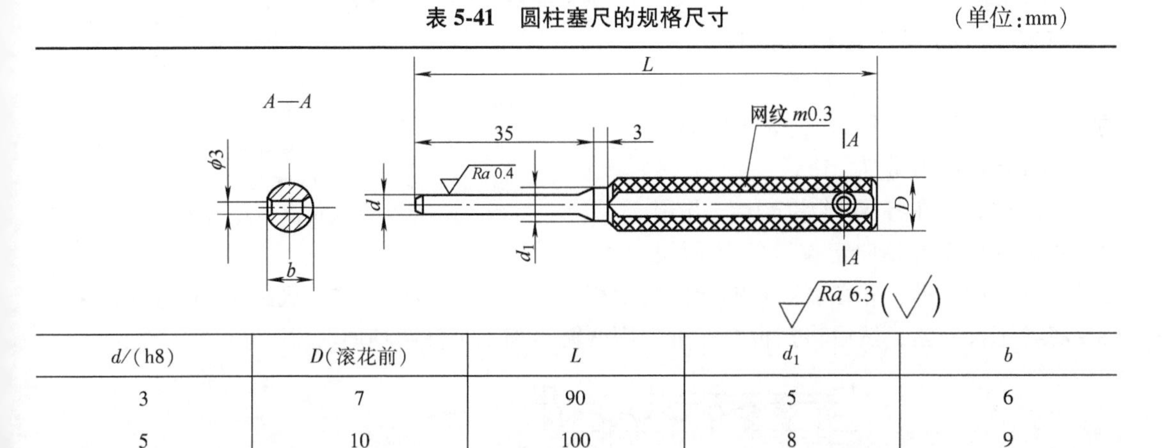

d/(h8)	D(滚花前)	L	d_1	b
3	7	90	5	6
5	10	100	8	9

注：1. 本表符合 JB/T 8032.2—1999。

2. 材料为 T8，热处理 55~60HRC。

图 5-140 所示为对刀装置的应用。图中尺寸 H 和 L 是对刀块工作表面或对称轴线到夹具定位基面的尺寸。

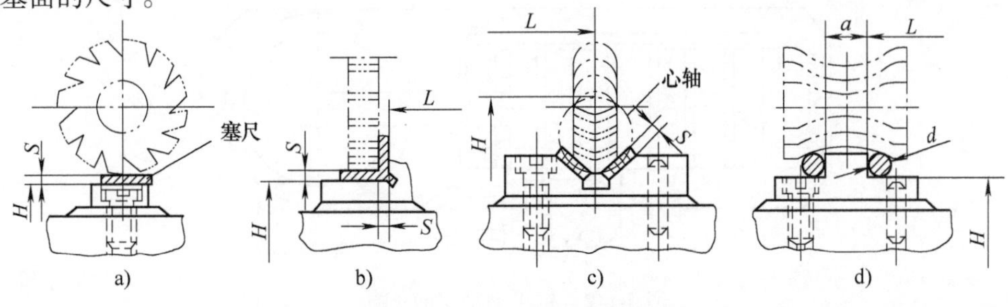

图 5-140　对刀装置的应用

对刀块用螺钉和销固定在夹具本体上，其位置应便于用塞尺对刀和不妨碍工件的装卸。对刀块应用可见第 2 章图 2-103。

5.4.2 铣床夹具的结构

1. 铣平面和端面夹具

图 5-141 所示为在立铣床上铣连杆平面夹具。回转顶尖 5 装在套筒 6 中，套筒上有齿条(图中未示)，液压缸活塞杆 8 上有齿条，通过齿轮 7 使回转顶尖移动。

辅助支承 4 用于防止铣削时工件产生弯曲 支承机构包括一个主动齿轮和与其相啮合的从动齿轮(内有 T 形螺纹螺杆,其上端有辅助支承 4)，转动主动齿轮即可调节辅助支承 4 的上下移动。活塞行程 30mm，夹紧连杆力为 13kN。

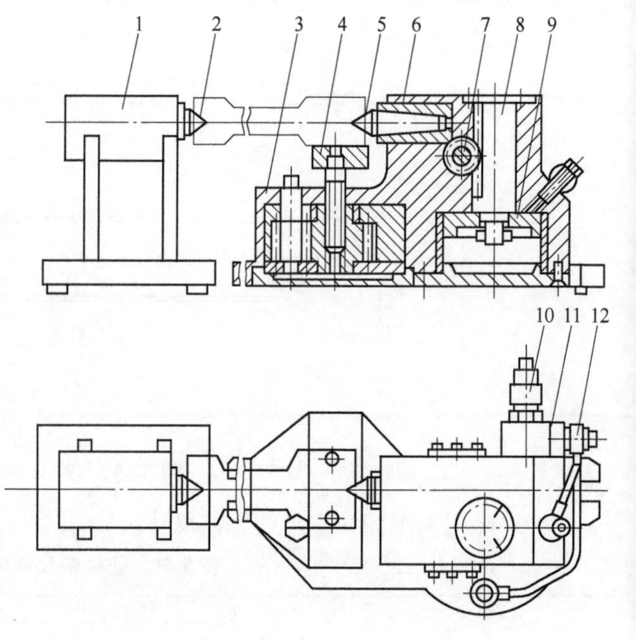

图 5-141 立铣连杆平面液压夹具

1—支座 2—固定顶尖 3—本体 4—辅助支承 5—回转顶尖 6—套筒 7—齿轮 8—液压缸活塞杆 9—活塞 10—安全阀 11—液压阀 12—管道

图 5-142 所示为铣小型轴类工件端面的夹具，夹具的外形尺寸为 685mm×200mm×195mm，质量为 91kg。

各工件 2 放在各 V 形块 3 中，并用可卸挡板 6 使工件轴向定位，各 V 形块在两导柱 1 中移动，并在底座 8 的导向槽中移动，防止 V 形块倾斜。气缸 10 通过杠杆 4 和轴 9 将各工件夹紧，然后将挡板 6 取下，用两铣刀加工工件两端面。

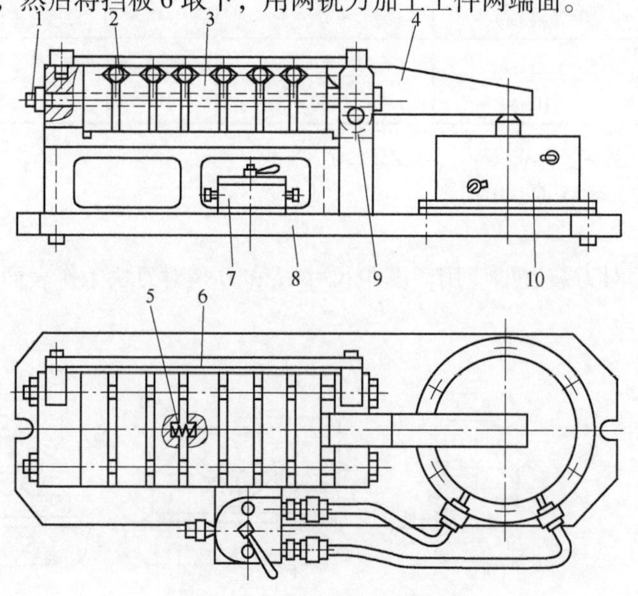

图 5-142 铣小型轴端面夹具

1—导柱 2—工件 3—V 形块 4—杠杆 5—弹簧 6—挡板 7—气阀 8—底座 9—轴 10—气缸

图 5-143 所示为在卧式铣床上铣杠杆侧面和切开口槽夹具，四个工件以两孔在组件轴 7 和 10 上定位，然后用组件两端的轴颈 8 将带工件的组件安装在板 5 的孔中，轴 10 和 9 装在定向件 4 和 6 的槽中，用螺母 1 通过压板 2 使滑块 3 移动，将组件和其上的工件夹紧。

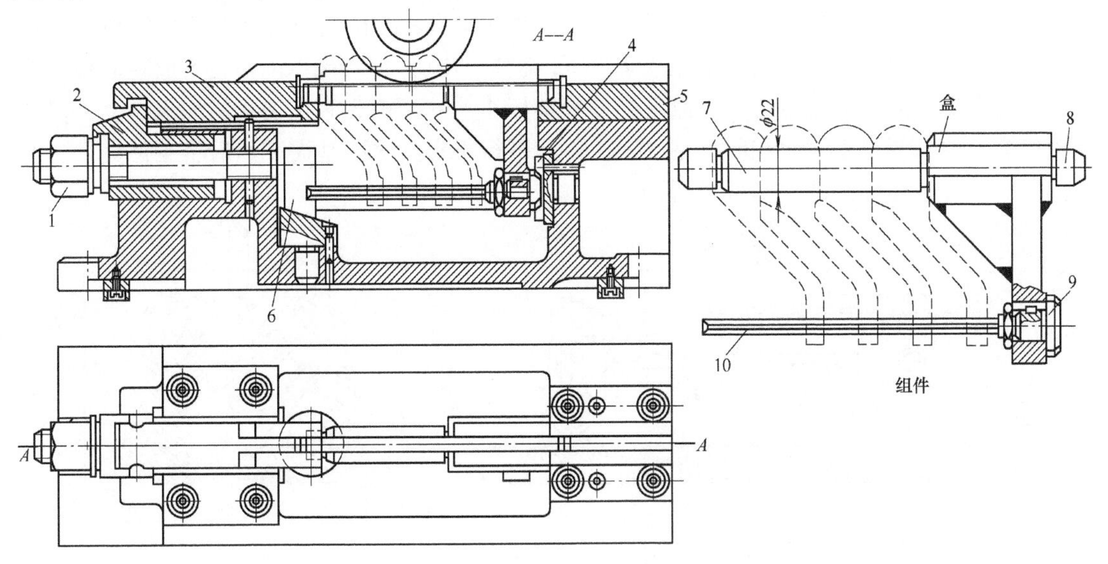

图 5-143　杠杆侧面和开口槽铣夹具

1—螺母　2—压形压板　3—滑块　4、6—定向件　5—板　7—轴　8—轴颈　9、10—定位轴

图 5-144 所示为铣工件两斜面双位夹具，工件以大平面定位，侧面用两销 4 挡住，销 4

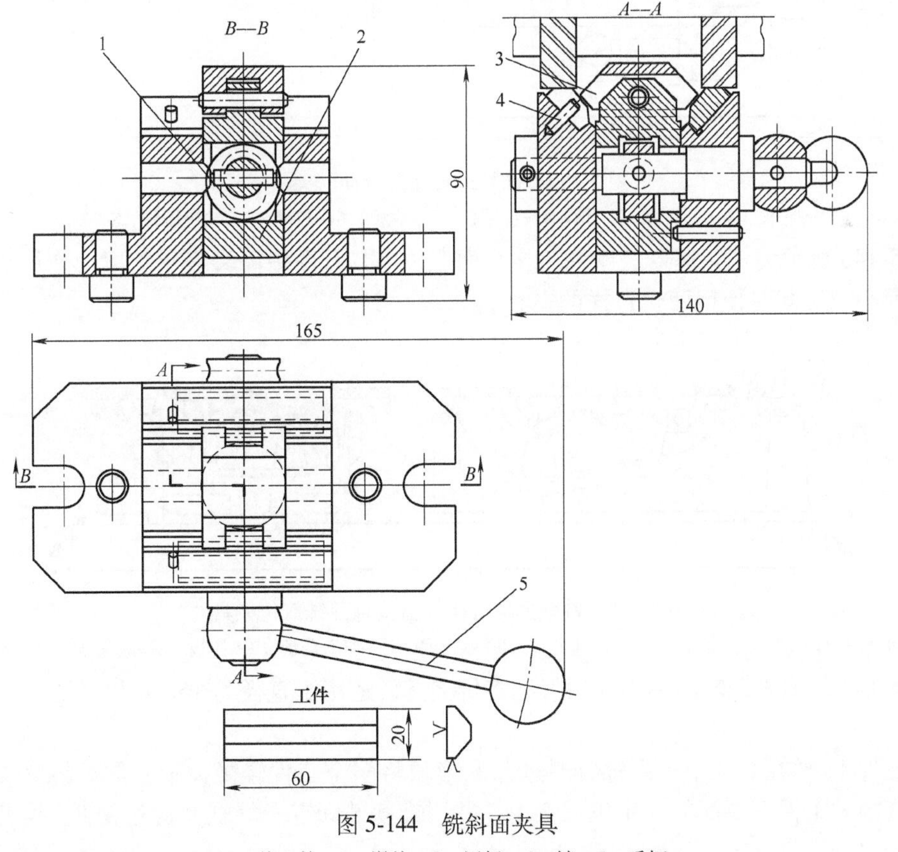

图 5-144　铣斜面夹具

1—偏心轮　2—滑块　3—压板　4—销　5—手柄

承受部分切削力。转动手柄5，通过偏心轮1、滑块2和铰链压板3将工件夹紧。两工件铣完一个斜面后，在各自定位位置调头铣另一斜面，图中所示就是两工件调头后的位置，采用这种夹具的优点是不用成形铣刀。

图5-145所示为铣翻边轴瓦接合面夹具，工件以外圆表面在四个支承销2上定位，工件左端面靠在支钉上。然后先将铰链压板7放下(绕轴8转动)，带螺母的螺栓5放在压板的槽中。在夹紧工件前，先将铰链板4放下，使铰链板4上的两销3靠在轴瓦的加工面上，使加工面找平。要求两销3底面在同一平面上，并且平行于夹具水平基面，然后将工件夹紧，并将铰链板4翻转离开工件，即可进行加工。

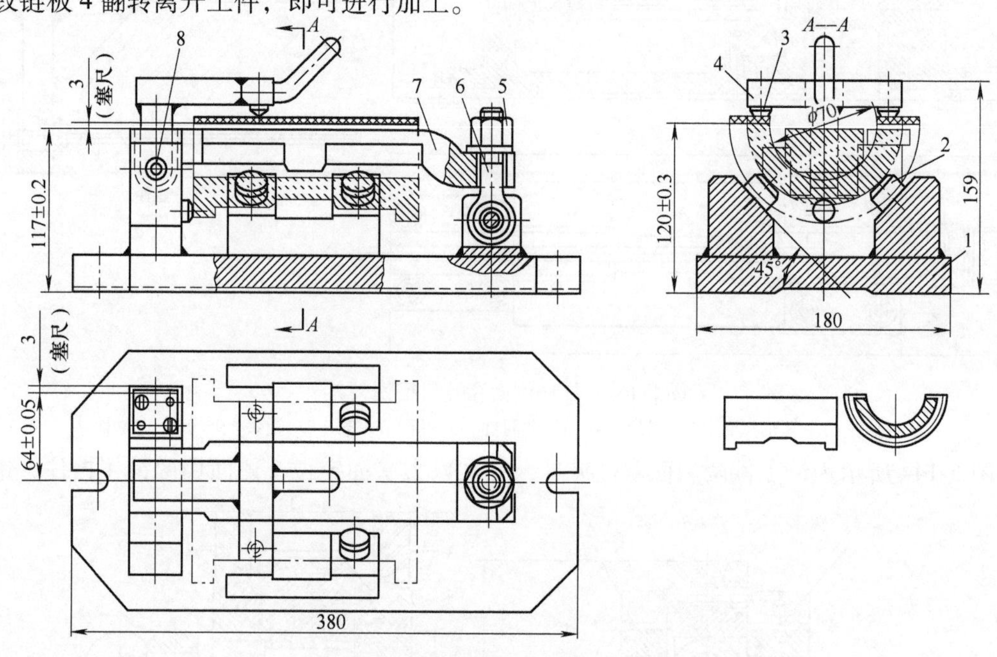

图5-145 铣翻边轴瓦接合面铣夹具

1—底板 2—支承销 3—销 4—铰链板 5—螺栓 6—螺母 7—铰链压板 8—轴

图5-146所示为铣减速器底座和盖接合面双位夹具，图中箭头表示夹紧力作用点。根据工作台大小，可同时使用两台这样的夹具。

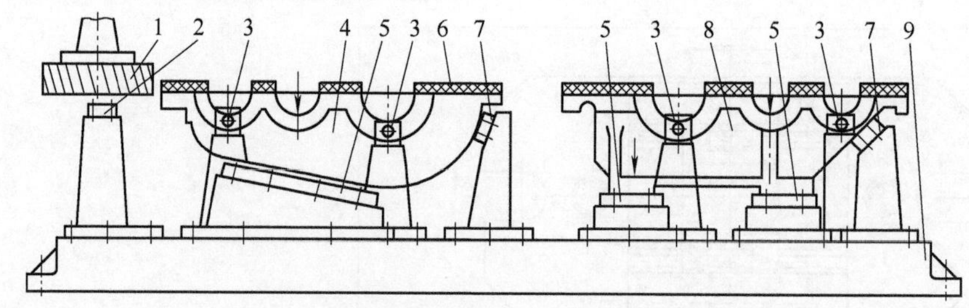

图5-146 铣减速器底座和盖接合面铣双位夹具

1—铣刀 2—对刀块 3—定位件 4—减速器盖 5—支承件 6—加工余量 7—挡板 8—减速器底座 9—底板

图5-147所示为铣轴两端面通用气动多位夹具，适用于直径为16mm和长度小于195mm的工件。

各工件11放在盒4中，用螺钉通过各V形块将多个工件轻微夹紧；然后将盒4放入本体1的槽中，工件下端面靠在定位板7上，并用锥度键固定。气缸9通过销8、摇臂2和支

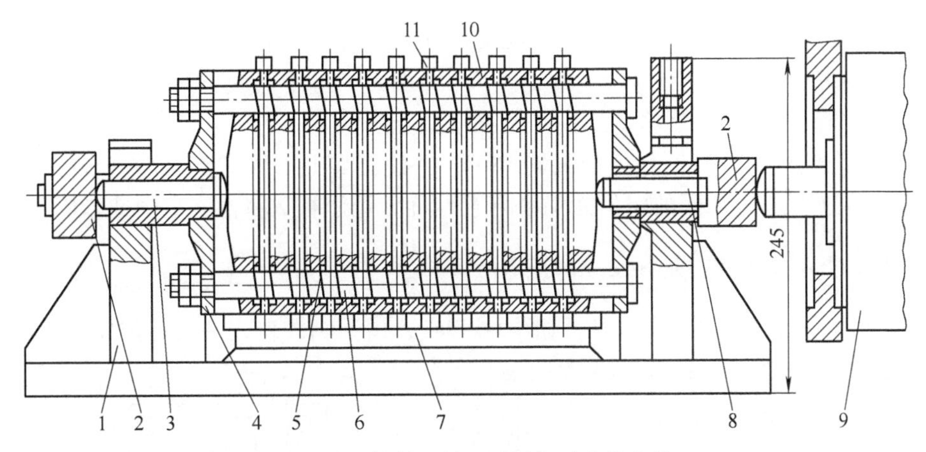

图 5-147　铣轴两端面通用气动多位夹具

1—本体　2—摇臂　3、8—销　4—盒　5—弹簧　6—杆　7—定位板　9—气缸　10—V 形块　11—工件

承销 3 将工件夹紧。工件上端面加工后，使盒 4 转 180°，铣轴另一个端面。加工一个盒中的工件时，将未加工的工件装在另一盒中，准备下次加工，减少了工件的装卸时间。

图 5-148 所示为铣减速器盖毛坯夹具，要求保持尺寸 T(公差为 0.5mm)。

图 5-148 是由于工件下面两平面是铸造平面，又不等高，不能作为加工基准，而采用以 B 面翻转定位的夹具，图示为结构简图。铰链框架在其转轴 C 的左面时为工件的装卸位置，在右面时为加工位置。

在夹具底板 7 的中间位置有两铰链座 10，在铰链座上安装矩形铰链框架 6，在框架上夹紧两个工件，用螺钉 4 和侧面夹紧装置 5 从侧面夹紧工件。在夹具左面的底板上安装两定位板 8，其上平面平行于底板 7 的下平面。

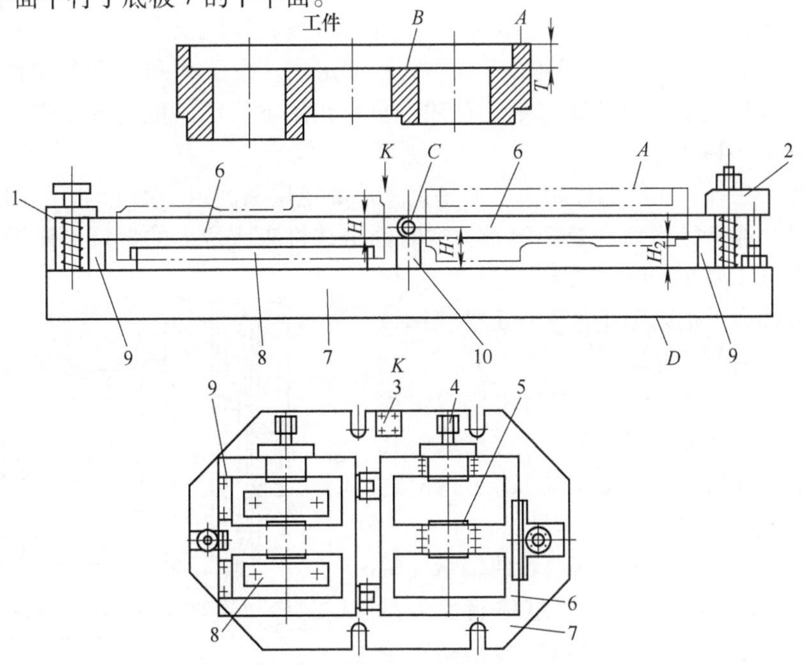

图 5-148　铣减速器盖毛坯铣夹具简图

1、2—压板　3—对刀块　4—螺钉　5—侧面夹紧装置　6—框架　7—底板　8—定位板　9—支承　10—铰链座

将框架6转到夹具左面，这时框架靠在支承9上，要求框架上、下平面平行于底板7的底面。将两工件的B面靠在定位板8的上平面上(该面平行于底板下平面)，并可用手拧螺母使压板1将框架固定，然后将两工件夹紧在框架上。

使框架6绕铰链轴C顺时针方向翻转180°，并使其靠上右面的支承9(两边支承高度相同,均为H_2)，这时工件B面的定位面仍平行于D面，用压板2将框架牢固地紧固在夹具上，加工后达到尺寸T的要求。夹具尺寸保持$H_1=H_2+\frac{H}{2}$。

为加工汽车后悬架的A、B和D面(图5-149a)，由于刚性差，夹具定位如下所述。

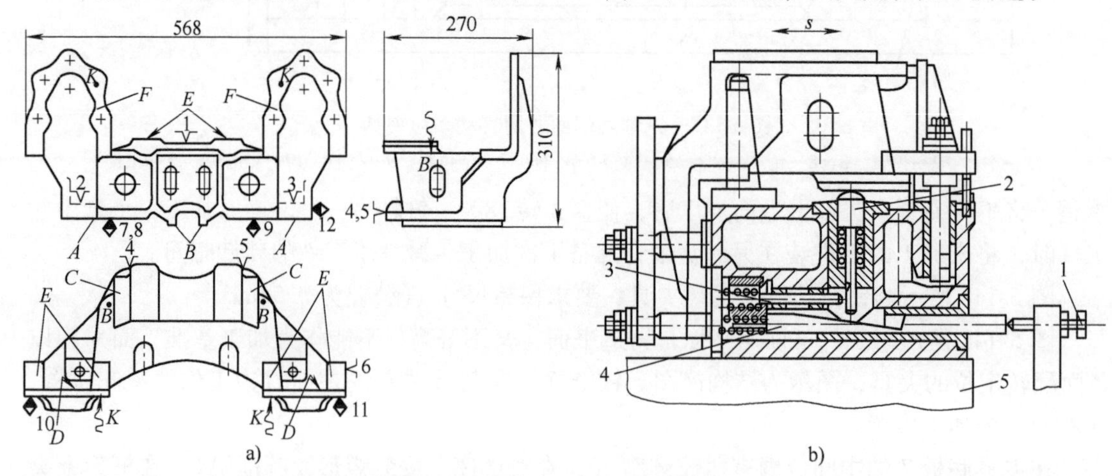

图5-149 汽车后悬架铣夹具

1—螺钉 2—辅助支承 3、4—滑柱 5—机床工作台

工件以毛坯面上的1、2、3点(作为主要定位面)放在刚性支承上，以下面外形上的点4、5作为导向定位，以右侧外形上的点6作为止动定位。由于A和B面的刚性不好，在工件两C点设置辅助支承，对其要求是，在冲击负荷作用下支承不能离开工件，不能产生变形，其结构如图5-149b所示。

滑柱3和4在各自弹簧的作用下，使辅助支承2定位和固定。加工完后，机床工作台5移动，使夹具从加工区移动到装卸位置，这时固定在机床床身上的螺钉1使滑柱4向左移动，使辅助支承2离开工件。取下加工好的工件和装上新的工件后，机床工作台离开工件装卸位置，辅助支承自动与工件接触。

加工D面时，工件以A面作为主要定位面(支承点7~9)，以F面作为导向定位(支承点10和11)，以下面外形止动定位(点12)，这时在工件两K点设置辅助支承。

V形发动机气缸体两气缸顶面到曲轴承孔轴线的距离H有精度要求，当以气缸体底面为基准时，尺寸H不能保证总是合格。为提高定位精度，采用以两端主轴承孔定位，将图5-150所示的可胀心轴放入两端主轴承孔中。可胀心轴由

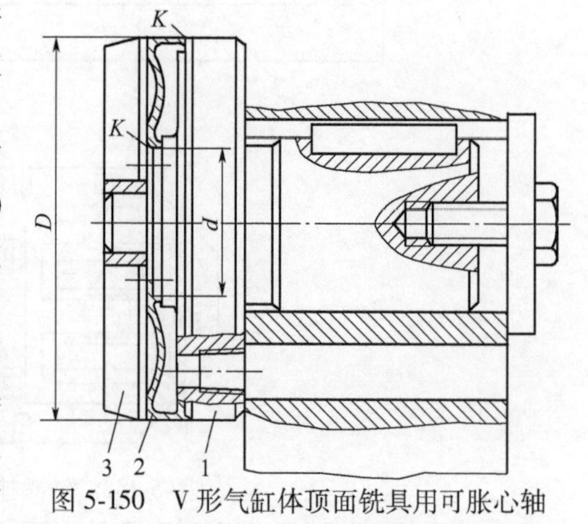

图5-150 V形气缸体顶面铣具用可胀心轴

1—心轴 2—薄膜 3—辅助环

心轴1、薄膜2和辅助环3组成。心轴1与薄膜在箭头 K 所指处用真空电子辐射焊接。当将液压油输入薄膜腔内时，使其产生均匀变形，消除轴与孔的间隙。

对定位心轴的要求是：在液压油下薄膜外圆的跳动不大于0.013mm；薄膜直径的变化应能保证均匀消除间隙；薄膜具有能抬起气缸体所需的力，其材料应具有高强度和不小于 5×10^4 次工作循环的性能。可采用平炉马氏体不锈钢，其力学性能为：屈服强度 $\sigma_{0.2}=900\sim1000\text{MPa}$；抗拉强度 $R_m=1000\sim1100\text{MPa}$；断后伸长率 $A=10\%\sim14\%$；断面收缩率 $Z=55\%\sim65\%$；冲击韧度为 $180\sim230\text{N}\cdot\text{m/cm}^2$；硬度为28～32HRC。

2. 铣槽、扁平面等夹具

图5-151a所示为在卧铣床上铣∩形工件槽的双位气动夹具简图。

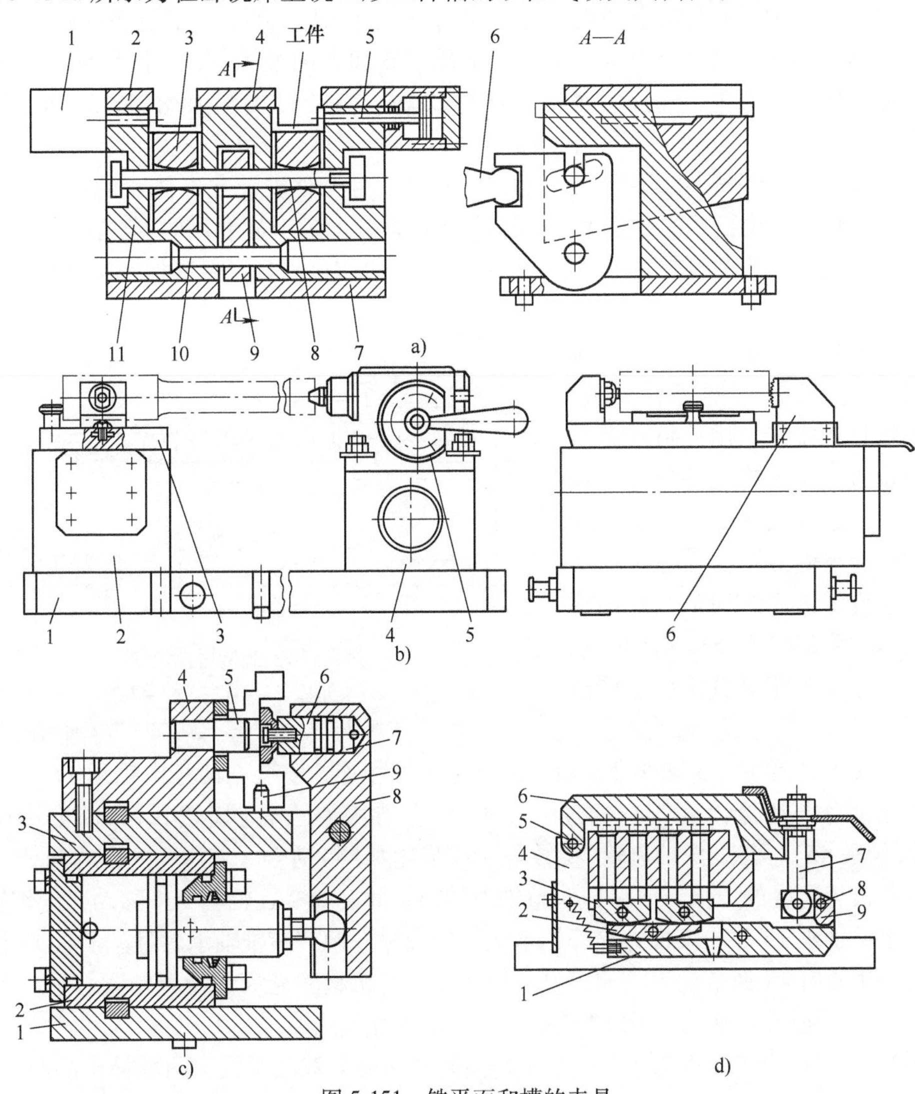

图5-151 铣平面和槽的夹具

a）1—气缸 2、4—支承板 3—楔块 5—活塞杆 6—杠杆 7—底板 8、10—轴 9—拨块 11—本体

b）1—底板 2—尾部夹紧组件 3—可换板 4—过渡座 5—头部夹紧组件 6—夹紧座

c）1—底板 2—气缸 3—上平板 4—支座 5、9—定位销 6—滑柱 7—液压腔 8—铰链压板

d）1—双臂杠杆 2、3—压板 4—本体 5、8—轴 6—定位板 7—螺栓 9—杠杆

对图 5-151a，工件以大平面定位，气动夹紧机构(图中未示)的杠杆 6 嵌入拨块 9 的槽中，拨块绕轴 10 转动，拨块上有偏心槽(*A—A* 剖视图中的虚线)。在夹紧工件前，预先用气缸 1 及活塞杆 5 将工件侧面压到本体定位面上，杠杆 6 使拨块 9 绕轴 10 顺时针方向转动，通过轴 8 使两斜楔 3 将工件压向支承板 2 和 4。夹紧工件后，气缸 1 不再作用(由气阀保证)。

图 5-151b 所示为铣透平叶片尾部斜平面可调夹具简图，整个夹具放在正弦工作台上，正弦工作台固定在铣床工作台上，这样简化了夹具结构。更换不同的叶片时，需要更换上平板 3 和调整尾部夹紧组件 2 在底板 1 上沿长度方向的位置。

图 5-151c 所示为盘套工件六位气动铣槽夹具(只表示了一个剖视图)。在底板 1 上固定有两个气缸 2，在每个气缸上平板 3 上固定有支座 4(其上有三个定位销 5)，工件的定位销 9 和铰链压板 8。在每个压板 8 上有三个滑柱 6 和封闭液压腔 7，液压油进入各液压腔 7，同时夹紧六个工件。气缸活塞杆的推力 25kN，各工件夹紧力均匀，对加工尺寸精度没有影响。

图 5-151d 所示为细长轴工件铣扁平面多位夹具。各工件安装在本体 4 的孔中，工件下端与压板 3 接触，定位板 6 的宽度小于工件的加工宽度。使定位板 6 转到靠在本体 4 的定位面上，这时定位板 6 下平面应平行于本体 4 的底面。应用该夹具可保证加工精度和提高劳动生产率。

图 5-152 所示为用于小型工件(螺母、小轴、套类等)铣槽的可调夹具，适用于小批量的生产。用螺钉 4 调整夹爪 5 的位置，夹爪将工件压在可换 V 形块 6 上，更换夹爪和 V 形块可加工不同直径的小型工件。

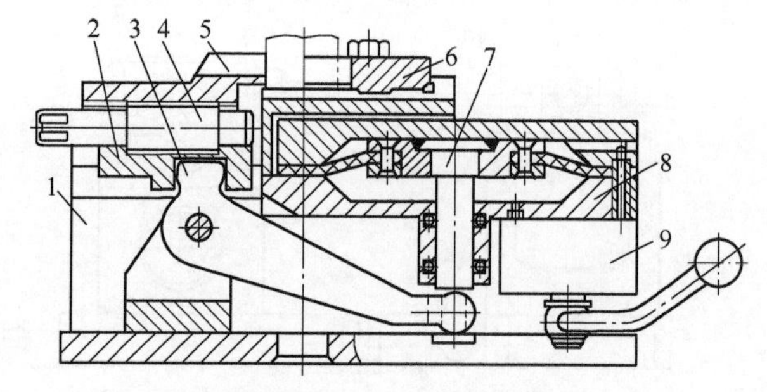

图 5-152　铣槽可调夹具

1—本体　2—夹爪座　3—杠杆　4—螺钉　5—夹爪

6—V 形块　7—杆　8—气缸　9—分配阀

为在立铣床上同时加工宽度和深度不同的槽，采用图 5-153a 所示的双轴铣削头，左铣头相对右铣头的伸出量可调。

双轴铣头用过渡法兰 9 和四个螺钉与立铣床主轴相连，安装在两径向轴承 11 上的轴 10 通过其花键部分与机床内花键套相连。在轴 10 上有中心齿轮(模数 3.5mm，分齿圆直径 157.5mm，齿数 45)，与工作轴齿轮(参数与中心齿轮相同)啮合，其中一个工作轴齿轮 7 的齿宽是中心齿轮宽度的 2 倍，以保证调整铣刀伸出量时套筒 2 在轴套 3 中移动。工作轴 4 安装在三个滚锥轴承 15 和一个推力滚珠轴承上，用螺母 6 调节滚锥轴承的过盈。板 18 固定在套筒 2 上，用螺钉 17 调节铣刀的伸出量。用切线夹紧机构将套筒的位置锁紧。另一套筒 13 刚性固定在轴套 12 中。轴套 3 和 12 用螺栓与本体 5 相连。

图 5-153b 所示为在卧式铣床上一个工步同时铣两面的双轴铣头，两轴伸出的距离可调，铣出工件两面的平行度或两槽的同轴度精度在 8~11 级内。

在主轴工作位置用切向夹紧机构 17 防止套筒转动，在套筒上做出齿圈与蜗杆 5(安装在两轴套上，图中未示)啮合。为转动蜗杆，在其一端有方头。

铣头通过环 9 安装在卧式铣床的主轴上，并用压板沿导向 10 紧固。

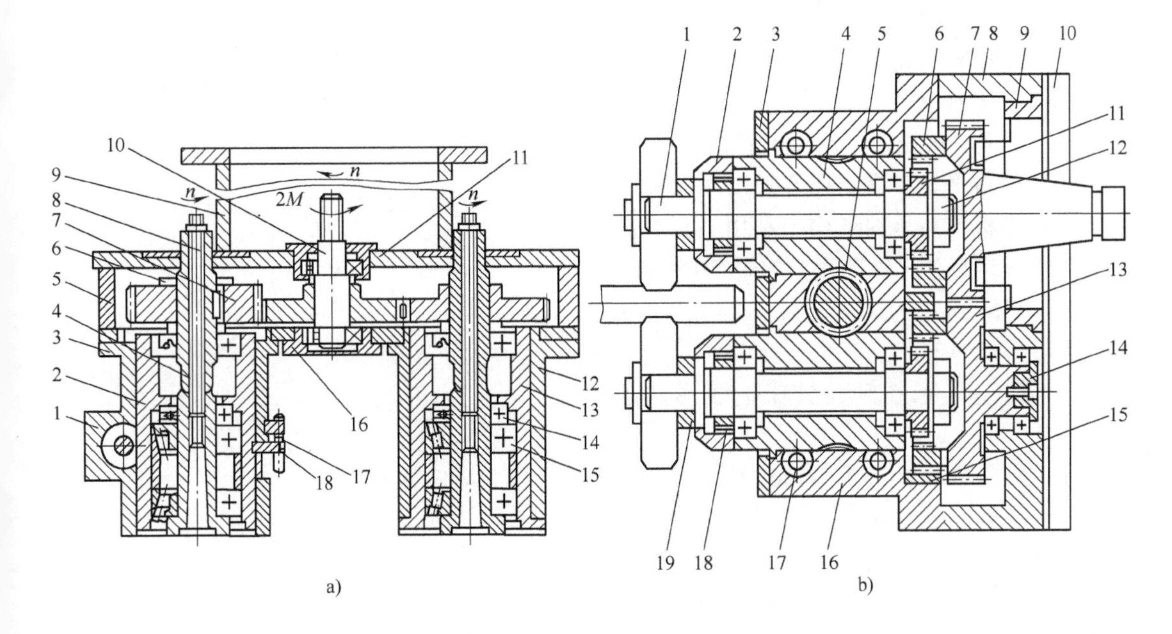

图5-153　双轴铣头简图

a）1—轴套突出部　2、13—套筒　3、12—轴套　4—工作轴　5—本体　6—螺母　7—齿轮　8—杆　9—过渡法兰　10—中心轴　11、14、15—轴承　16—轴承盖　17—螺钉　18—板

b）1—主轴　2—盘　3—盖　4—轴套　5—蜗杆　6、7、11、13—齿轮　8、16—本体两组成部分　9—环　10—导向　12—螺母　14—法兰　15、18—滚针轴承　17—切向夹紧机构　19—垫圈

连续铣削可使装卸和加工时间重合，显著提高生产率。

图5-154所示为连续铣削夹具，在装卸位置由板12自动控制夹紧和松开。

转盘9固定在轴10上，各工件2安装在转盘的孔中。夹紧机构包括滑柱11、杠杆8、杆6和移动V形块3。在底座1上固定有带斜面的板12，当下一个工件进入加工区，滑柱11沿板12的斜面向上移动(加工时始终保持该状态)，通过杠杆7、杆6、碟簧4和V形块3夹紧工件，碟簧用于补偿工件直径的变化。

工件加工结束后，滑柱11从板12上向下滑，弹簧5使V形块3退回原位，而已加工好的工件经过孔a落入贮料器。

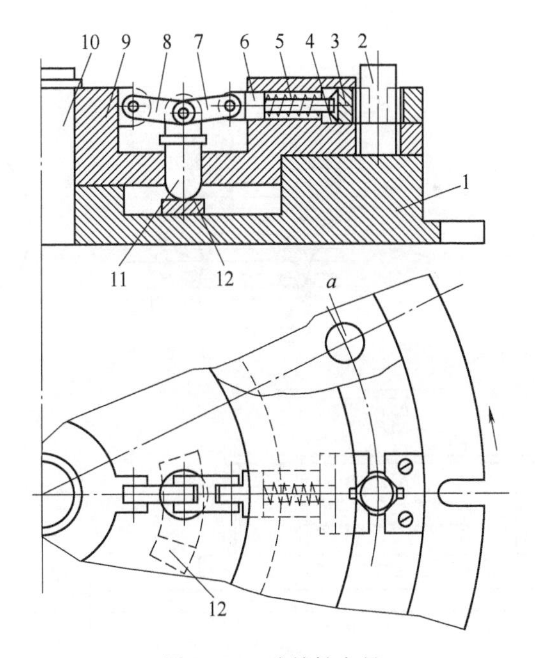

图5-154　连续铣夹具

1—底座　2—工件　3—移动V形块　4—碟簧　5—弹簧　6—杆　7、8—杠杆　9—转盘　10—轴　11—滑柱　12—板

图 5-155 所示为在卧式铣床上应用的直线输送型（上图）和鼓轮型（下图）连续铣削加工夹具示意图。工件装在夹具上，顺序进入加工区，转到下面时被松开，落入贮料器。

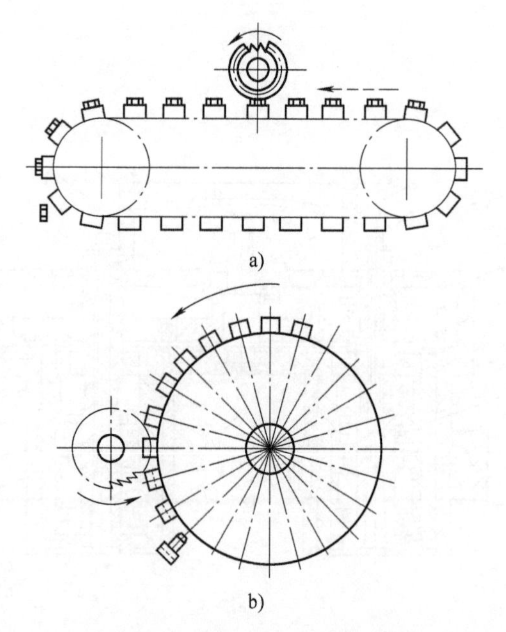

图 5-155 连续铣加工夹具示意图

3. 靠模成形铣夹具结构及其设计计算

（1）靠模铣夹具的结构 利用夹具在铣床上加工成形表面有几种形式，如图 5-156 所示。

图 5-156c 所示为加工工件 1 的螺旋槽（或其他成形面）。

图 5-156d 表示在卧式铣床上成形加工的形式。

图 5-156e 所示为按图 5-156b 形式在立铣床上加工工件外形的靠模铣夹具结构图，工件 7 以中间内孔和一径向孔在中间轴、支承板 9 和菱形销 8 上定位。夹具放在回转工作台上（图中未示），而回转工作台固定在机床工作台上。

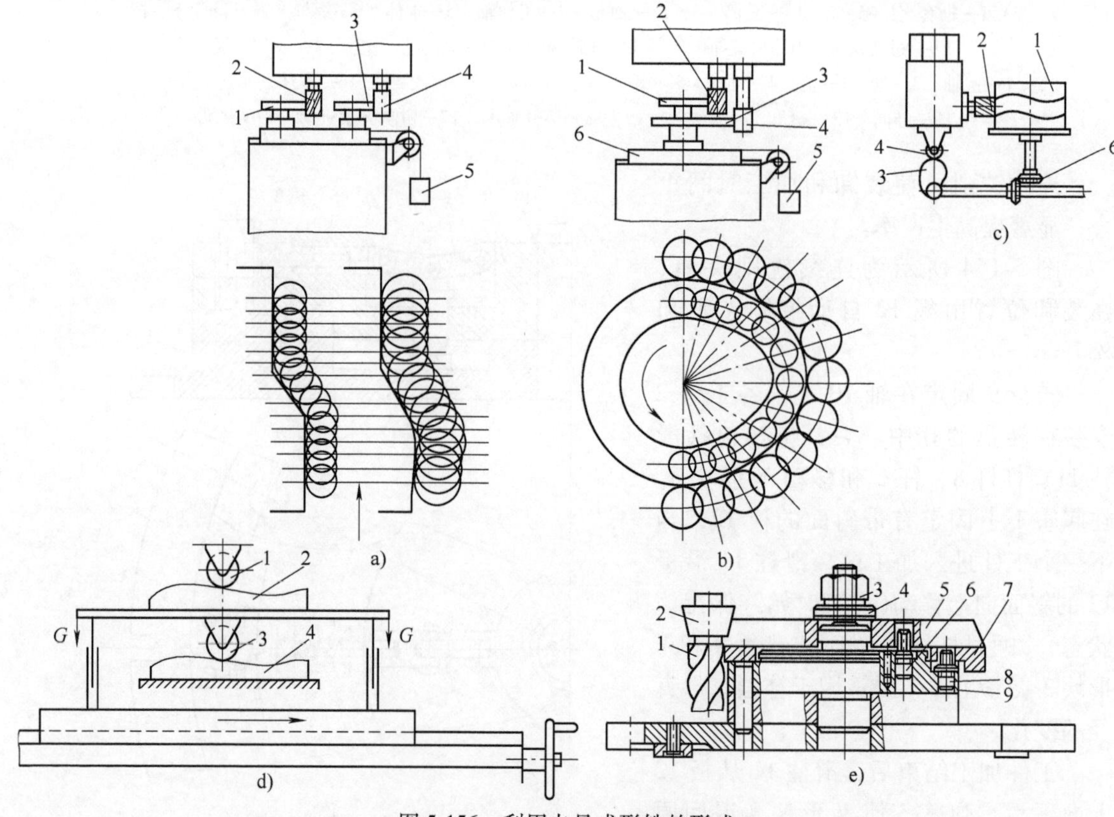

图 5-156 利用夹具成形铣的形式

a）~c）1—工件 2—铣刀 3—靠模 4—靠模滚轮 5—重物 6—回转装置

d）1、3—滚轮 2—靠模 4—工件

e）1—铣刀 2—滚轮 3—螺母 4—开口垫圈 5—靠模 6、8—菱形销 7—工件 9—支承板可换靠模用菱形销 6 定位，用螺母 3、快换垫圈 4 与工件一起夹紧。在铣刀轴上有锥角为 20°~30°的滚轮 2，滚轮 2 与靠模 5 始终紧密接触，当圆周进给铣加工时，即可加工出成形表面。采用锥角滚轮可通过铣刀上下移动对工件的尺寸作微量调节，也可补偿铣刀直径重磨后的减小量。

一般靠模(工作面有斜度)铣加工时，为补偿铣刀的磨损量需使靠模 1 或锥度塞尺 7 垂直移动(图 5-157)，其机构使夹具刚性降低，并且调整速度慢和精度不高。图 5-157 所示装置可实现快速和精确的调整。

根据铣刀磨损量，按刻度盘 5 一个刻度相当于靠模垂直移动量的大小进行调整。该装置特别适用于加工不锈钢、耐热钢等铣刀磨损大的情况。

（2）靠模的设计与计算　设计靠模时一般应先绘出工件的轮廓图，将其对曲线中心 O 分成若干等份，然后绘出铣刀中心轨迹，最后按所得到铣刀中心曲线上各等分点确定靠模的尺寸，建立靠模的轮廓曲线。铣刀夹具靠模计算见表 5-42。

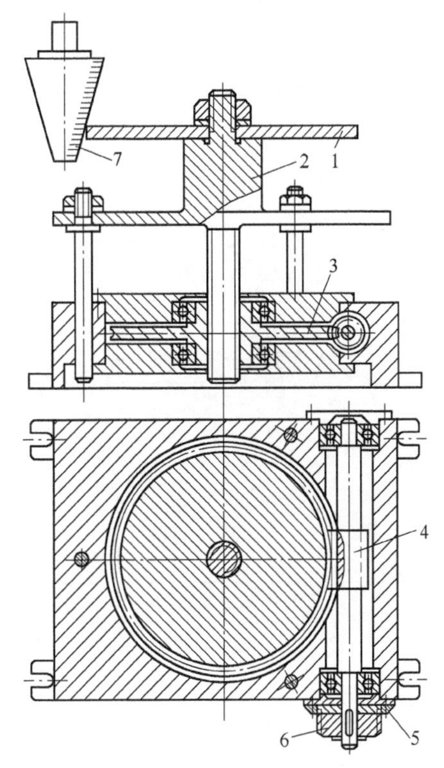

图 5-157　铣床可调靠模装置
1—靠模　2—心轴　3—蜗轮　4—蜗杆
5—刻度盘　6—手把　7—锥度塞尺

表 5-42　铣夹具靠模计算(按用斜面靠模)

序号	加工形式	靠模尺寸计算公式
1	按图 5-156b 加工外圆表面 2　r_n　R_c　r_m　R_w　1　滚轮　O　铣刀 a)	$R_c=R_w+r_m-r_n$ 若 $R_m=r_n$ $R_c=R_w$

（续）

序号	加工形式	靠模尺寸计算公式
2	按图 5-156b 加工外圆曲面 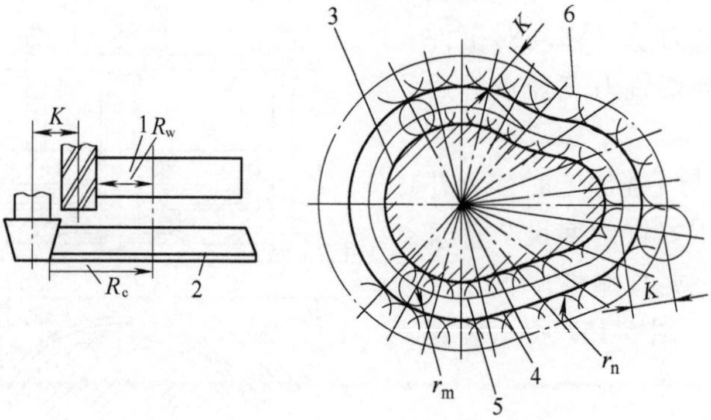 K 1 R_w R_c 2 3 K 6 K r_n r_m 4 5 b)	$R_c=K+r_m+R_w-r_n$
3	按图 5-156b 加工内圆曲面 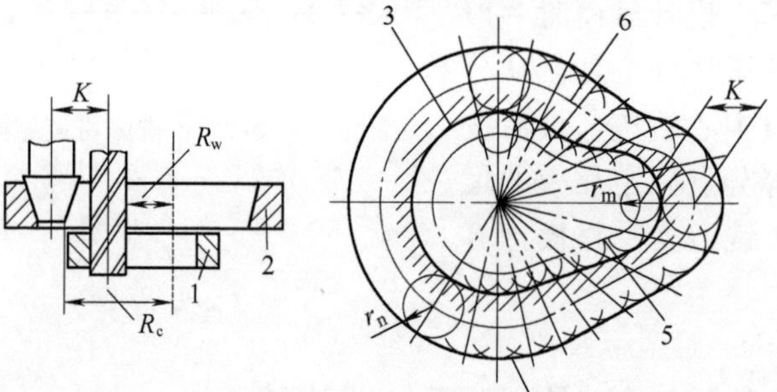 K R_w 2 1 R_c 3 6 K r_m r_n 5 4 c)	$R_c=K+R_w-r_m+r_n$
4	按铣刀与靠模不在同一侧加工外圆曲面 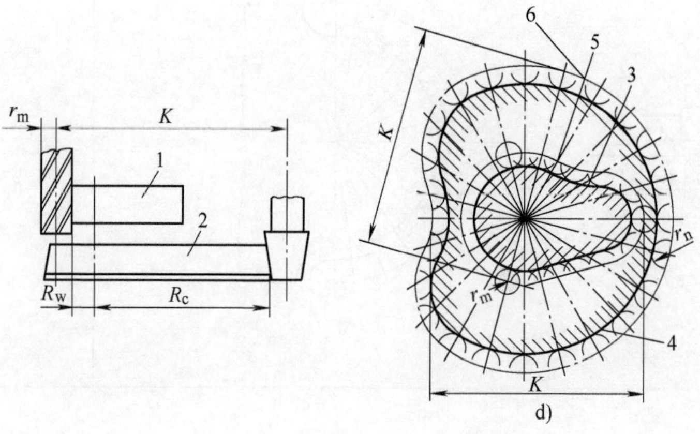 r_m K 1 2 R_w R_c 6 5 3 K r_n r_m 4 K d)	$R_c=K-R_w-r_m-r_n$

（续）

序号	加工形式	靠模尺寸计算公式
5	按铣刀与靠模不在同一侧加工内圆曲面 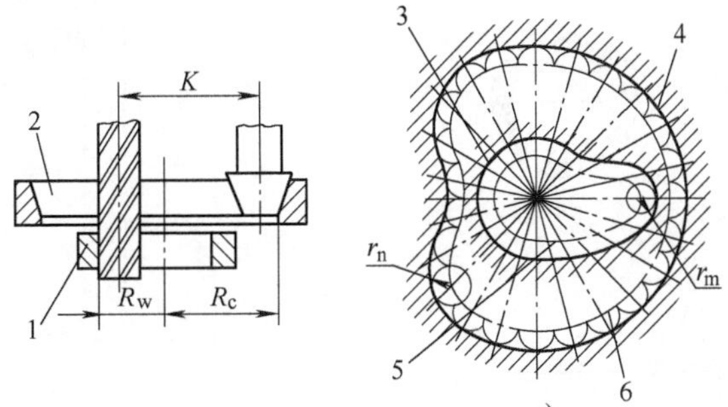 K　2　1　R_W　R_c　3　4　r_n　r_m　5　6 e)	$R_c=K-R_w+r_m+r_n$
6	按图 5-156a 加工曲面 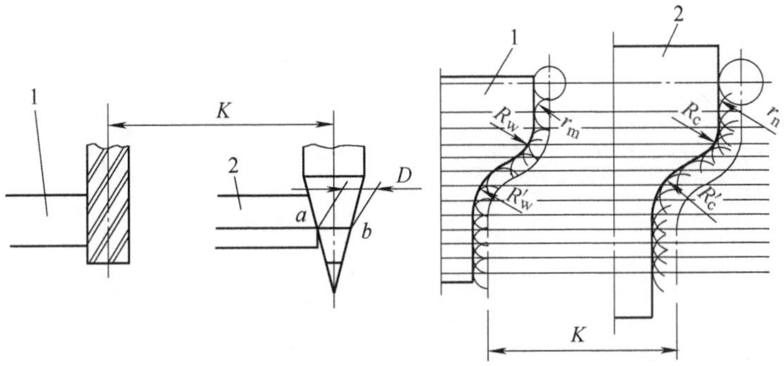 1　K　2　a　b　D　1　2　R_W　r_m　R_c　r_n　R'_W　R'_c　K f)	靠模为凹形 $R_c=R_w+r_m-r_n$ 靠模为凸形 $R'_c=R'_w-r_m+r_n$

注：1. 表中数字表示：1—工件；2—靠模；3—工件轮廓；4—靠模轮廓；5—铣刀中心的轨迹；6—靠模销或滚轮中心的轨迹。R_c、R_w、r_m 和 r_n 分别表示靠模、工件铣刀和滚轮（或靠模销）的半径。

2. 表中 K 为铣刀中心到靠模销或滚轮中心的距离。

3. 铣刀半径 r_m 应小于工件最小凹形半径，并且靠模销或滚轮的半径 r_n 大于 r_m。

4. 靠模销或滚轮的外圆锥角为 10°~15°，计算时靠模直径 D 取在 a、b 两点处（见序号 6 的图），这样有利于铣刀磨损后的调整。

5. 靠模材料可采用 T8A、T10A 或 20Cr、20 钢，表面硬度 58~62HRC。

5.5　其他机床夹具

5.5.1　滚齿夹具

本节主要介绍齿形加工用的夹具。

（1）滚齿夹具的结构　滚齿夹具的基本形式可用心轴的应用来说明：图 5-158a 所示为

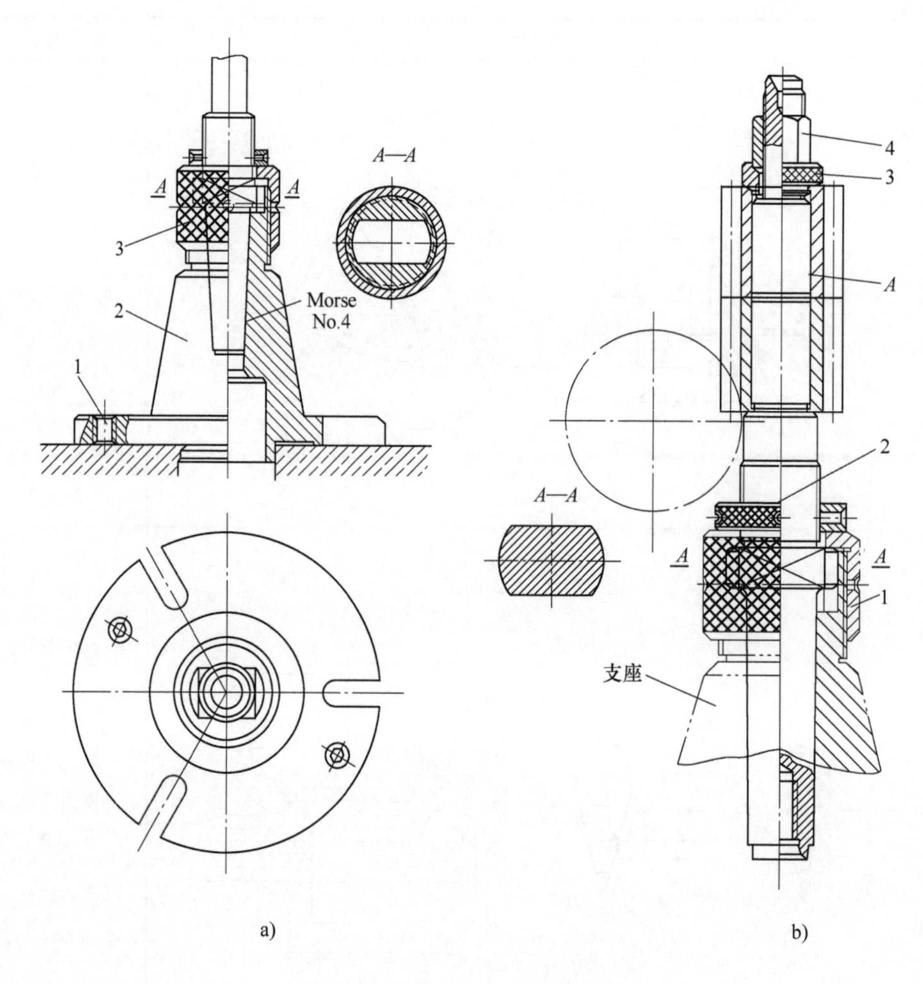

图 5-158 滚齿心轴的应用和结构

a) 1—螺孔 2—支座 3—螺母

b) 1、2、4—螺母 3—垫圈

滚齿心轴夹持在支座上，而支座安装在机床上(用三个螺钉)；图 5-158b 所示为一种心轴的具体结构。

图 5-158a 所示的支座 2 中有 4 号莫氏锥孔，锥孔上有矩形开口(*A*—*A* 剖视图)，用螺母 3 锁紧心轴。支座安装在机床工作台的孔中，孔的直径为 d_2，见表 5-43。预定位，其配合为 H7/h6 或 H7/js6，然后用千分表校正。支座是通用的，当更换时在两螺孔 1 中安装螺钉以取下支座。

图 5-158b 所示的滚齿心轴有莫氏 4 号锥度部分、螺母 2(用于更换支座时从支座中取出心轴)、球面螺母 4(补偿工件端面的形状误差)和快换锥面垫圈 3。为防止滚齿时松动，螺母 4 用细牙螺纹，见表 5-44。

用心轴上的螺母 1(图 5-158a 上的件 3)使滚齿心轴在支座孔中定中和夹紧。支座的尺寸由所使用的滚齿机床决定，一种滚齿机工作台和支座的尺寸见表 5-43。

表5-43　一种滚齿机工作台和支座的尺寸　（单位：mm）

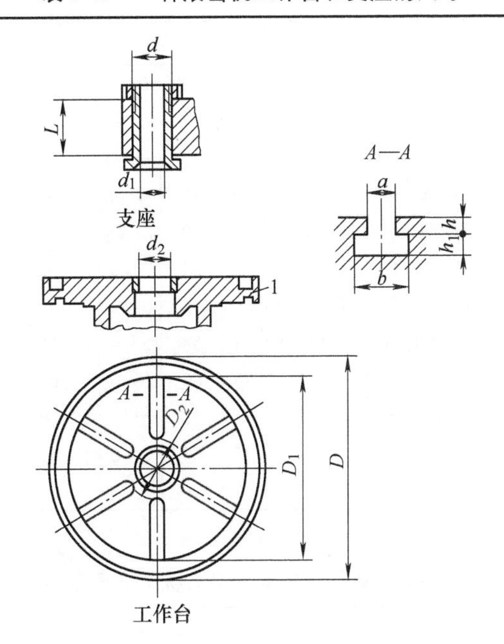

<table>
<tr><th rowspan="2">型式</th><th colspan="9">工　作　台</th><th colspan="3">支　　座</th></tr>
<tr><th>D</th><th>D_1</th><th>D_2</th><th>d_2(H7)</th><th>a</th><th>b</th><th>h</th><th>h_1</th><th>槽数</th><th>d</th><th>d_1</th><th>L</th></tr>
<tr><td>Ⅰ</td><td>580</td><td>490</td><td>135</td><td>80</td><td>14</td><td>24</td><td>14</td><td>11</td><td>6</td><td>36</td><td>24</td><td>60</td></tr>
<tr><td>Ⅱ</td><td>580</td><td>490</td><td>135</td><td>80</td><td>14</td><td>24</td><td>14</td><td>11</td><td>6</td><td>40</td><td>28</td><td>60</td></tr>
<tr><td>Ⅲ</td><td>1135</td><td>1175</td><td>360</td><td>300</td><td>28</td><td>46</td><td>20</td><td>30</td><td>12</td><td>120</td><td>100</td><td>215</td></tr>
</table>

注：1. Ⅰ、Ⅱ、Ⅲ型分别为苏联532、5632和5330型滚齿机。

2. 对Ⅰ型和Ⅱ型滚齿机，滚刀轴线到工作台的距离分别为180~450mm和170~470mm。

表5-44和表5-45分别列出表5-43中Ⅰ型和Ⅱ型滚齿机用滚齿心轴的结构和尺寸。

表5-44　表5-43中Ⅰ型滚齿机用滚齿心轴　（单位：mm）

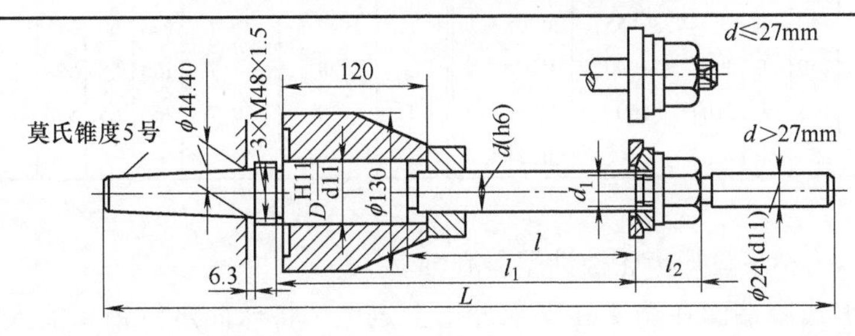

<table>
<tr><th rowspan="2">序号</th><th colspan="2">d</th><th rowspan="2">D
(H11/d11)</th><th rowspan="2">l</th><th rowspan="2">L</th><th rowspan="2">l_1</th><th rowspan="2">l_2</th><th rowspan="2">d_1</th><th rowspan="2">序号</th><th colspan="2">d</th><th rowspan="2">D
(H11/d11)</th><th rowspan="2">l</th><th rowspan="2">L</th><th rowspan="2">l_1</th><th rowspan="2">l_2</th><th rowspan="2">d_1</th></tr>
<tr><th>一般齿轮</th><th>淬火齿轮</th><th>一般齿轮</th><th>淬火齿轮</th></tr>
<tr><td>1</td><td>20</td><td>19.7</td><td>48</td><td>120</td><td>430</td><td>230</td><td>48</td><td>M18×1.5</td><td>5</td><td>25</td><td>24.7</td><td>48</td><td>155</td><td>470</td><td>265</td><td>53</td><td>M22×1.5</td></tr>
<tr><td>2</td><td>21</td><td>20.7</td><td>48</td><td>140</td><td>450</td><td>250</td><td>48</td><td>M20×1.5</td><td>6</td><td>26</td><td>25.7</td><td>48</td><td>155</td><td>470</td><td>265</td><td>53</td><td>M24×1.5</td></tr>
<tr><td>3</td><td>22</td><td>21.7</td><td>48</td><td>140</td><td>450</td><td>250</td><td>48</td><td>M20×1.5</td><td>7</td><td>27</td><td>26.7</td><td>48</td><td>155</td><td>470</td><td>265</td><td>53</td><td>M24×1.5</td></tr>
<tr><td>4</td><td>24</td><td>23.7</td><td>48</td><td>155</td><td>470</td><td>265</td><td>53</td><td>M22×1.5</td><td>8</td><td>28</td><td>27.7</td><td>48</td><td>155</td><td>540</td><td>265</td><td>45</td><td>M27×1.5</td></tr>
</table>

（续）

序号	d		D (H11/d11)	l	L	l_1	l_2	d_1	序号	d		D (H11/d11)	l	L	l_1	l_2	d_1
	一般齿轮	淬火齿轮								一般齿轮	淬火齿轮						
9	30	29.7	48	155	540	265	45	M27×1.5	19	46	45.65	48					
10	32	31.65	48	155	540	265	45	M27×1.5	20	48	47.65	48					
11	34	33.65	48	170	560	280	50	M33×1.5	21	50	49.65	55	180	570	290	50	M36×1.5
12	35	34.65	48	170	560	280	50	M33×1.5	22	52	51.6	55					
13	36	35.65	48	170	560	280	50	M33×1.5	23	55	54.6	55					
14	38	37.65	48	170	560	280	50	M33×1.5	24	58	57.6	55					
15	40	39.65	48						25	60	59.6	66					
16	42	41.65	48	180	570	290	50	M36×1.5	26	62	61.6	66					
17	44	43.65	48						27	65	64.6	66					
18	45	44.65	48														

表 5-45 表 5-43 中Ⅱ型滚齿机用滚齿心轴 （单位：mm）

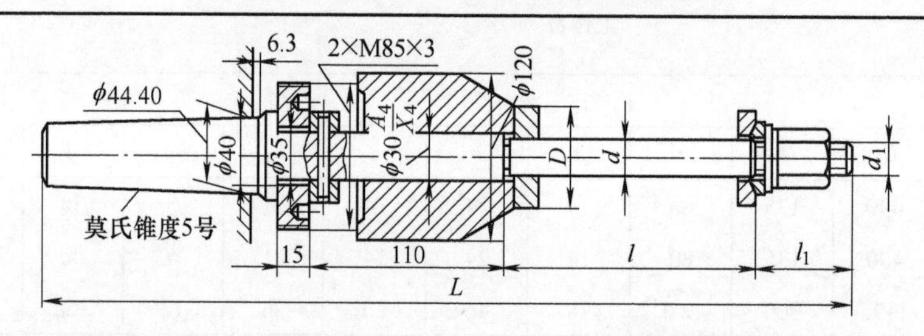

序号	d(h6)		l	l_1	L	D	d_1	序号	d(h6)		l	l_1	L	D	d_1
	一般齿轮	淬火齿轮							一般齿轮	淬火齿轮					
1	20	19.7	120	45	465		M18×1.5	6	26	25.7	155	60	515		M24×1.5
2	21	20.7	140	50	490	38；55；	M20×1.5	7	27	26.7	155	60	515	38；55；	M24×1.5
3	22	21.7	140	50	490	70；90；	M20×1.5	8	28	27.7	155	65	520	70；90；	M27×1.5
4	24	23.7	155	60	510	100	M22×1.5	9	30	29.7	265	65	520	100	M27×1.5
5	25	24.7	155	60	510		M22×1.5								

图 5-159 所示为精滚盘形齿轮液性塑料心轴。

工件以内孔和齿圈端面在套 4 和支承环 1 上定位，将球面定位销 2 插入粗滚齿的齿凹部，使齿凹定向(与精滚刀齿对称)，以保证精滚齿时齿两侧加工余量一致。用螺钉 5 通过柱塞利用套 4 的薄壁部分使齿轮定中；再用螺母通过压板 3 将工件夹紧。将球面定位销 2 退下，即可对齿轮进行精滚加工。

图 5-160a 所示为用于 L300 滚齿机的滚齿夹具，工件以中间孔和端面定位，气缸拉动定位轴 1，经三键式垫圈 2 夹紧工件。图 5-160b 所示为斜楔内胀滚齿夹具，夹具用于全自动滚齿机。用碟形弹簧使工件定位和夹紧，液压缸进油，压缩弹簧，松开工件；用垫圈 3 控制液压缸活塞的行程。

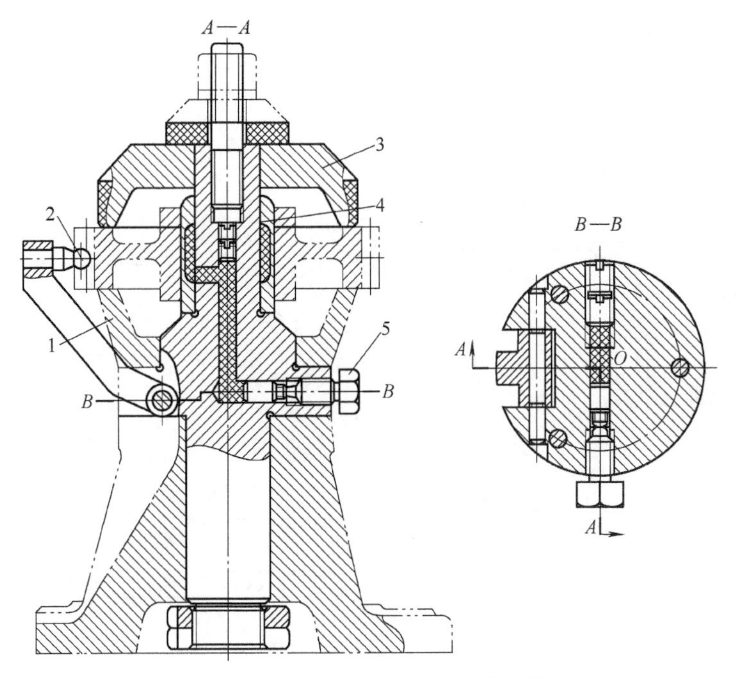

图 5-159　精滚盘形齿轮精滚齿心轴

1—支承环　2—球面定位销　3—压板　4—套　5—螺钉

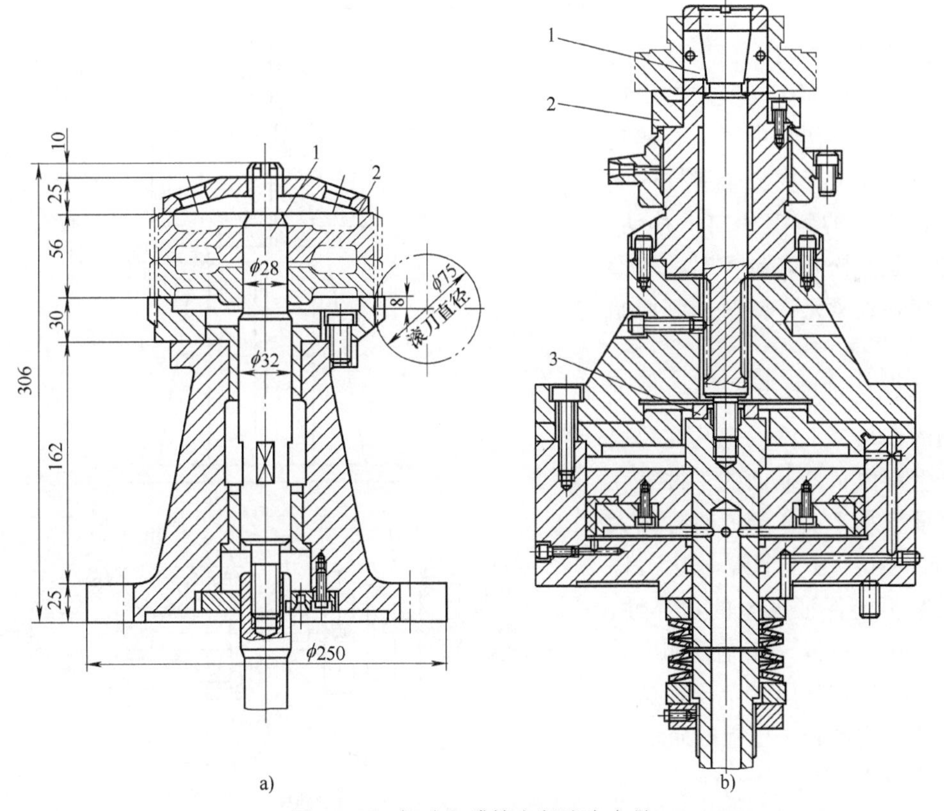

图 5-160　气动和碟簧夹紧滚齿夹具

a）1—定位轴　2—三键式垫圈　b）1—滑块　2—定位盘　3—垫圈

图 5-161a 所示为加工多件盘形齿轮的滚齿夹具。

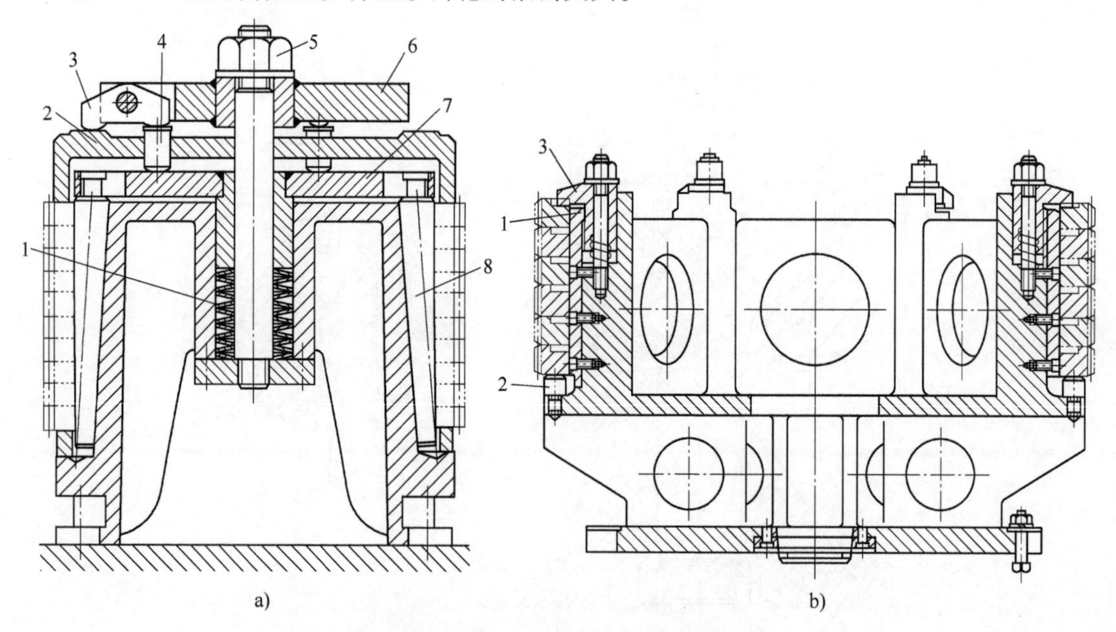

图 5-161 加工多件盘形齿轮的滚齿夹具

a）1—碟形弹簧 2—盘 3—压板 4—滑柱 5—螺母 6—板 7—盘 8—斜楔

b）1—板条 2—支承 3—压板

当拧紧螺母 5 时，在板 6 上的三个压板 3 互成 120°，其左端压在盘 2 上，将工件初步夹紧，右端同时压在滑柱 4 上。在三个滑柱的作用下，盘 7 上的斜楔 8 向下移动，将工件夹紧。松开螺母 5 时，碟形弹簧 1 使各夹紧元件同时回到原始位置。

图 5-161b 所示为另一种加工大齿圈的夹具，工件以内孔在数块板条 1 上定位，最下面的工件靠在多点平面支承 2 上。当齿轮外圆大于 300mm 时，用一个螺母从工件中心夹紧不能保证夹紧的可靠性，而用多个钩形压板 3 在靠近加工处夹紧工件，这样与用一个压板从中心夹紧比较也减轻了压板的质量。

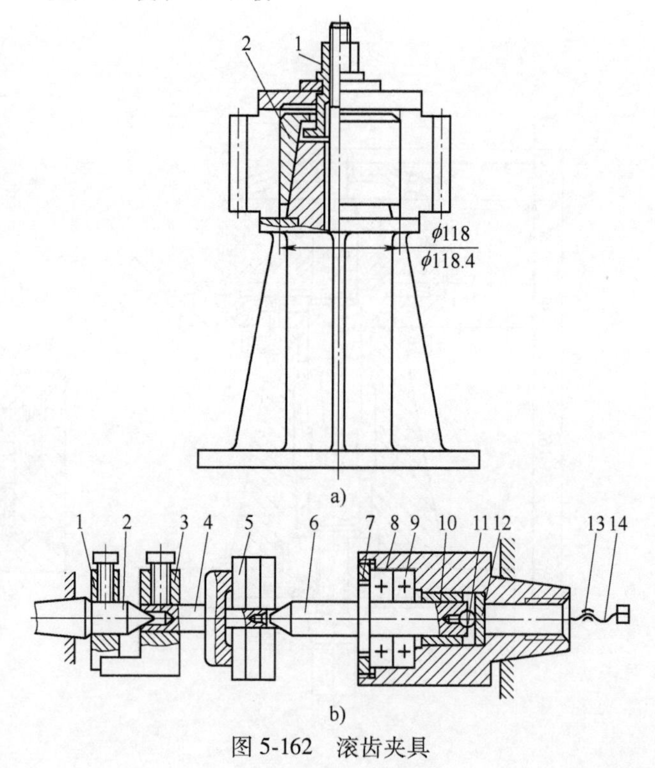

图 5-162 滚齿夹具

a）1—螺母 2—定位套

b）1—拨动件 2、6—顶尖 3—卡箍 4—心轴 5—工件 7、13—螺母 8—套筒 9—轴承 10—套 11—钢球 12—止动垫 14—螺钉

图 5-162a 所示为一种可消除定位间隙的滚齿夹具，该夹具可在孔公差在 0.40mm 内使用，可提高

滚齿的精度。工件用开口(通槽)套定位，松开螺母时不用弹簧即可松开工件，齿轮孔与定位套外圆的间隙大，取下工件方便。

图 5-162b 所示为加工小模数齿轮(m=0.3mm)的滚齿夹具，夹具主要包括心轴组件和旋转顶尖组件两部分。

机床主轴的转动通过拨动件 1、顶尖 2、卡箍 3 传给心轴 4 和工件，用尾座套筒螺钉 14 和螺母 13 使工件定位夹紧。采用旋转顶尖加工，齿形径向跳动在 0.02mm 内；工件安装定位调整时间比一般方式减少 70%。

(2) 对滚齿夹具的技术要求　工件孔与滚齿心轴定位外圆的配合一般为 H7/h6、H7/h7；对较高精度的齿轮配合为 H7/g6 或用带弹性元件(波纹套、塑料、碟形弹簧等)的心轴定位；对高精度齿轮可用过盈配合或用千分表找正。齿轮精加工时，对夹具心轴安装的要求见表 5-46。

表 5-46　精滚齿轮心轴允许跳动值

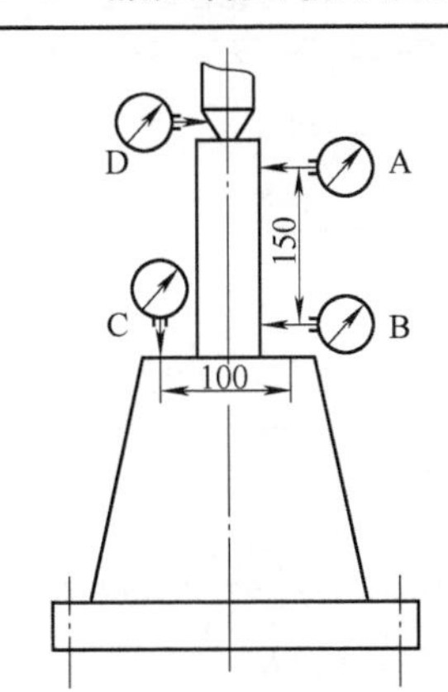

齿轮精度等级	允许跳动值/μm			
	千分表 A	千分表 B	千分表 C	千分表 D
6 级和 6 级以上	5~10	3~5	3~5	≤10
7 级和 7 级以下	15~25	10~15	5~10	≤15

(3) 其他齿轮加工装置

1) 精滚齿轮时齿轮与滚刀的对中。齿轮和滚刀的对中一般方法如图 5-159 所示，采用一个齿凹定位(用锥形、楔形或球头定位销)，也有采用两个齿凹定位的方法。由于齿轮加工(包括热轧齿轮)有齿距误差，只按一个或两个齿凹定位效果不好。

由理论分析和生产试验表明[95]，采用图 5-163a 所示的宽包络定位卡规使齿形所需加工余量比用一个齿凹定位平均减少了 40%；而且对轧制齿轮，采用一个齿凹定位时，在周节累积误差不大于 0.55mm 的条件下，齿形不出现黑斑(未加工到)，而采用宽包络定位卡规时，在周节累积误差在 1.05mm 以内时，齿形不出现黑斑。

宽包络定位卡规的计算如图 5-163b 所示，齿轮的参数如下：模数 m，齿数 z，顶圆半径 R_e，原始压力角 α_0，基圆半径 r_0，基圆上的齿厚 s_0，公法线长度 $L=(n-1)t_0$(n 为包络齿数，$t_0=\pi m\cos\alpha_0$，t_0 为齿距)，计算式如下：

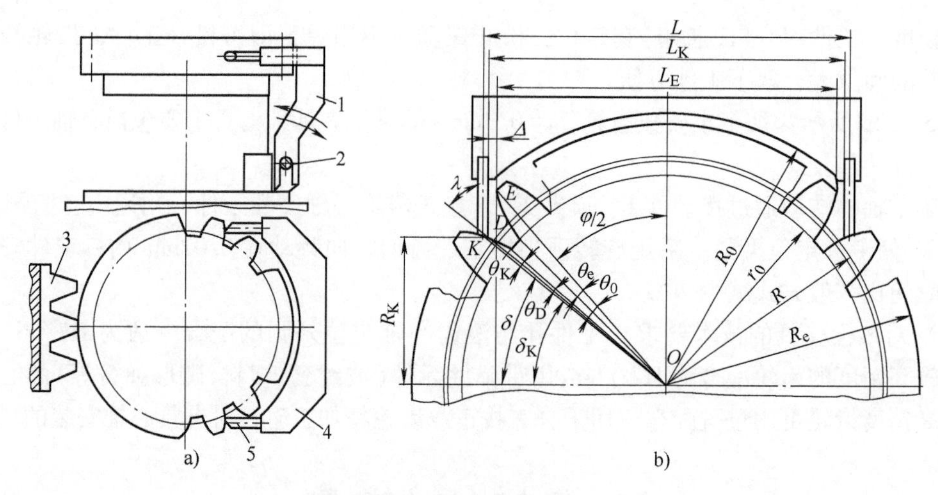

图 5-163 齿轮宽包络定位卡规

a）1—杠杆 2—轴 3—滚刀 4—卡规 5—定位销

① 接触圆的半径 $R=R_e-(1.1\sim1.2)m$

② 齿轮齿凹在基圆上的圆周角 $\theta_0=\dfrac{t_0-s_0}{r_0}$

③ 齿形在接触半径上的压力角 $\alpha_D=\arccos\dfrac{r_0}{R}$

④ 齿形在顶圆上的压力角 $\alpha_e=\arccos\dfrac{r_0}{R}$

⑤ 齿轮齿厚在齿顶圆上的圆周角为 $\gamma_e=\dfrac{s_0}{r_0}-2\mathrm{inv}\alpha_e$

⑥ 辅助计算角 $\delta=\mathrm{arc}\dfrac{R_e\cos\beta-R}{\sqrt{(R_e-R)^2+2R_eR(1-\cos\beta)}}$

辅助计算角 $\beta=\theta_e+\theta_0+\theta_D$

⑦ 包络角 $\varphi=\pi-2(\delta+\beta)$

⑧ 定位时实际包络齿数计算值 $z_c=\dfrac{z}{2\pi}(\varphi-\gamma_e)+3$

按 z_c 计算值取最小的整数作为包络齿数 z_r

⑨ 定位时实际包络角 $\varphi_r=(z_r-3)\dfrac{2\pi}{z}+\gamma_e$

⑩ 实际辅助角 $\delta_r=\dfrac{1}{2}(\pi-\varphi_r)-\beta$

⑪ 定位销与齿之间的间隙 $\Delta=(0.15\sim0.25)m$

⑫ 定位销直径 $d=(0.8\sim1.2)m$

⑬ 两销之间的距离 $l_k=2R_e\sin\dfrac{\varphi}{2}+2\Delta$

⑭ 卡规高度计算值 $H_k\approx R\sin\delta_r$

⑮ 卡规凹部半径 $R_0=R_e+(5\sim6)$

⑯ 销端面的斜角 $\lambda=45°$

2）齿轮去毛刺装置。滚齿后齿轮有毛刺，使其在热处理时会产生过热和裂缝，若不清理干净会使齿轮在工作时磨损加快和出现损伤，同时毛刺对人也是一种安全隐患。图 5-164 所示为一种去除毛刺和同时沿齿轮廓倒角的简单装置。

在套筒 1 上部有用销固定的锥柄 2，而在其下部有固定推力轴承 13 的可换旋转顶尖 12。套筒 1 在板 3 的孔中滑动配合，用螺钉固定其位置。在板 3 中有一排直径为 12mm 的孔，根据被加工齿轮的直径，将夹持杆 6 装在其中的一个孔中。在杆 6 的下面做出三棱形孔，在其内用螺钉 8 固定有用普通三棱锉刀制成的刀具 9，弹簧 7 保证刀具始终与工件紧密贴合和刀具在杆 6 上往返做直线运动。在杆 6 的上端用螺钉 5 固定销 4，防止杆从板 3 中落下；同时销 4 落在沿板长度方向的槽中，防止杆的转动。

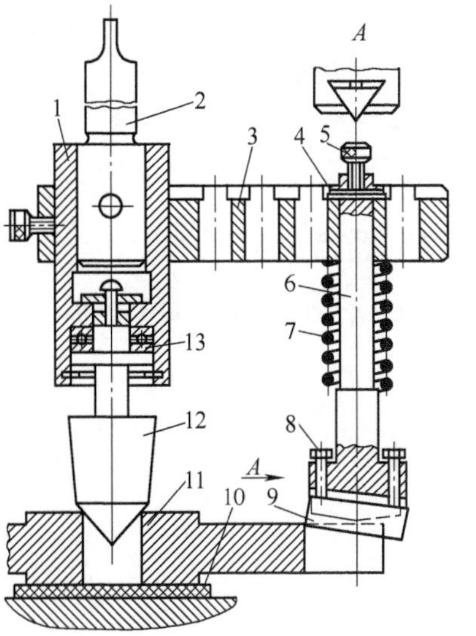

图 5-164　齿轮齿形去毛刺和倒角装置
1—套筒　2—锥柄　3—板　4—销　5、8—螺钉
6—杆　7—弹簧　9—刀具　10—橡皮垫
11—工件　12—顶尖　13—推力轴承

锥柄 2 固定在立式钻床的主轴中，而顶尖 12 顶在被加工齿轮孔中，为防止齿轮滑动，在机床工作台上有 10mm 厚的橡皮垫。机床主轴旋转时，杆 6 带动刀具沿齿轮轮圈滚切，在弹簧压力下做往返直线运动，保证均匀加工齿。机床主轴正反转，即可沿整个齿轮廓加工出倒角。该装置可加工模数为 1.5~6mm 和直径在 300mm 内的齿轮。

3）图 5-165 所示为在滚齿机上滚切等高直齿锥齿轮的装置，其优点是不用改装机床，更换锥齿轮 5 可改变加工齿轮的锥度。

在车床上加工蜗杆生产率低，要求操作水平高。图 5-166 所示为在滚齿机上加工蜗杆装置，装置固定在机床滚刀刀架上，被加工蜗杆安装在机床顶尖上。

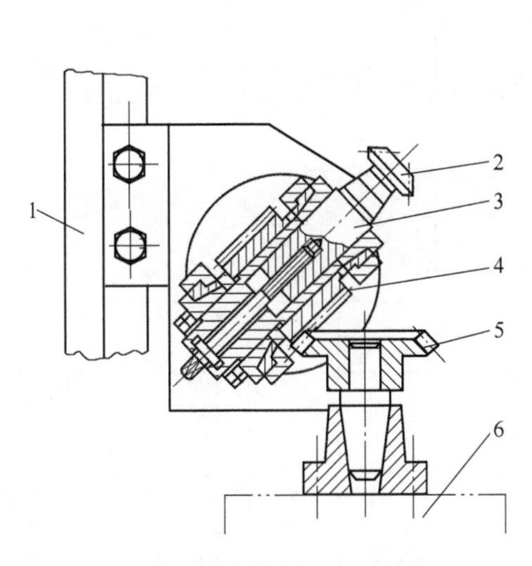

图 5-165　滚切直齿锥齿轮装置
1—机床支架导轨　2—工件　3—心轴
4—长齿轴　5—锥齿轮　6—机床工作台

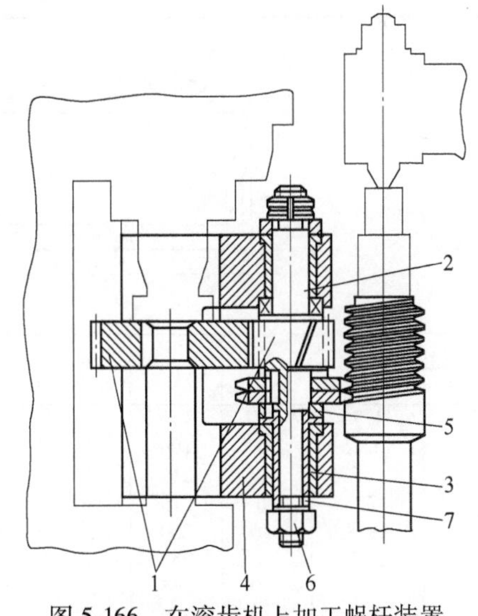

图 5-166　在滚齿机上加工蜗杆装置
1—齿轮副　2—轴　3—轴承　4—本体
5—调整垫圈　6—螺母　7—止动套

机床主轴通过齿轮副1(传动比2)带动轴2转动，轴2安装在本体4的轴承3中。在轴2上有两圆盘铣刀，铣刀最小直径为70mm，铣刀的位置用调整垫圈5调整，使两铣刀的对接面与刀架轴线重合。调整好后用螺母通过止动套7将铣刀夹紧。

利用该装置加工蜗杆，应使工作台转一转，刀架在垂直方向移动一个蜗杆齿距。

5.5.2 插齿夹具

图5-167所示为一种插齿机主轴的连接尺寸，表5-47列出用于这种机床插齿心轴的结构和尺寸。

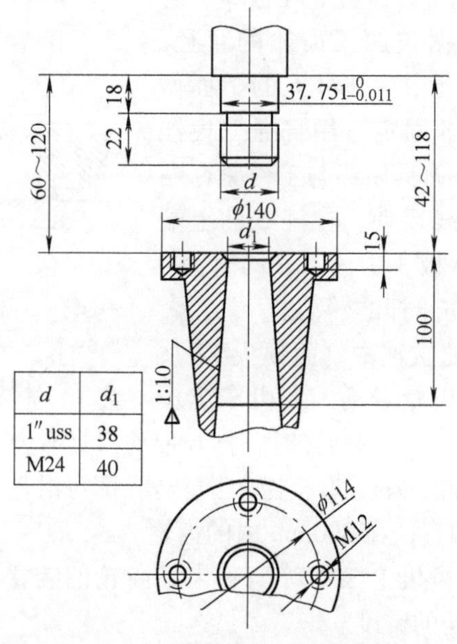

图5-167 一种插齿机主轴的连接尺寸

表5-47 图5-167所示主轴用插齿心轴的尺寸 (单位:mm)

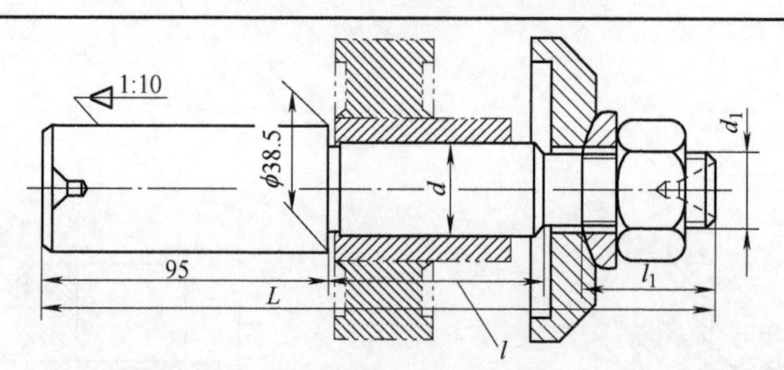

d(h6)		l	L	l_1	d_1	d(h6)		l	L	l_1	d_1
一般齿轮	淬火齿轮					一般齿轮	淬火齿轮				
12	11.75	60	190	25	M10	28	27.7	125	280	45	M27
14	13.75	60	190	25	M10	30	29.7	70	225	45	M27
16	15.75	80	210	25	M12	30	29.7	125	280	45	M27
18	17.7	80	215	30	M16	32	31.65	125	280	45	M27
20	19.7	110	250	30	M16	34	33.65	125	280	45	M27
22	21.7	110	255	35	M20	35	34.65	70	225	45	M27
24	23.7	110	255	35	M20	35	35.65	125	280	45	M27
25	24.7	110	260	40	M24	36	35.65	100	320	50	M30
26	25.7	110	260	40	M24	38	37.65	90	250	50	M30
28	27.7	70	225	45	M24	38	37.65	160	320	50	M30

图 5-168 所示为用薄膜套定心的插齿夹具，薄膜套 3 与心轴 1 之间有小的间隙（≤0.01mm）。工件按座 2 外圆定位，然后用螺母 6 通过薄膜最终使工件定中。弹簧 5 通过快换垫圈 4 夹紧工件，使工件靠在端面 *A* 上，弹簧力由螺母 7 调节。

图 5-169 所示为用液性塑料定心的插齿夹具，圆盘 8 在定位轴 1 的轴颈 *A* 上定位。转动带柱塞的螺钉 2，夹紧工件。

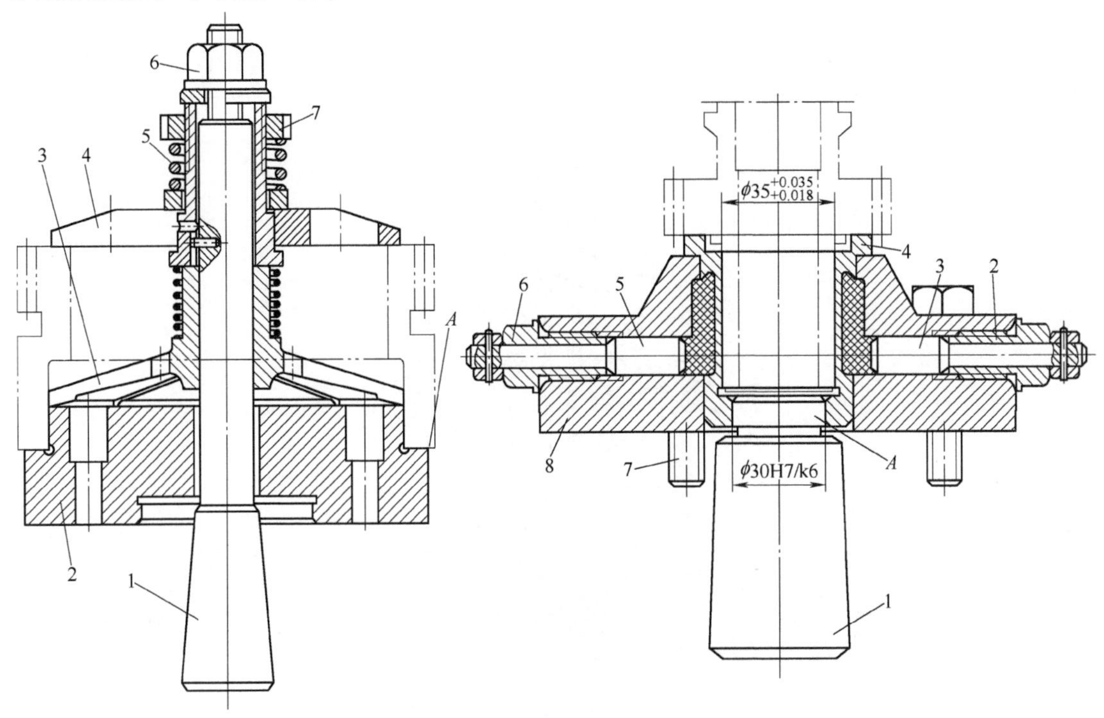

图 5-168　薄膜定心插齿夹具

1—心轴　2—座　3—薄膜套　4—垫圈　5—弹簧　6、7—螺母

图 5-169　塑料定心插齿夹具

1—定位轴　2、6—带柱塞的螺钉　3、5—柱塞　4—定位套　7—螺钉　8—圆盘

图 5-170 所示为锥套定心液压夹紧插齿夹具。

在机床主轴 7 的下端拧入液压缸 2，工作压力为 8～10MPa，离合器 15 不转动。工件 9 的内孔在定心套 11 上定中，工件的端面由环 12 支承。定心套 11 安装在心轴 8 上部的薄壁锥度外圆上，而心轴 8 安装在机床主轴孔中。单作用液压缸通过活塞杆 3、接杆 6 和开口垫圈 10 夹紧工件，用弹簧 1 松开工件。

插齿夹具和心轴的技术要求见表 5-48。

表 5-48　插齿夹具和心轴的技术要求

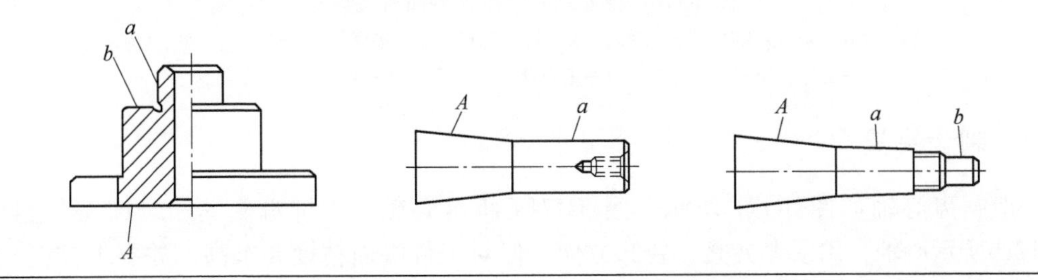

（续）

精度等级	径向跳动（a 面）/μm	支承面跳动（b 面）/μm	a 面对 A 同轴度或 b 面对 A 垂直度/μm	圆锥部分接触面积（%）	中心孔接触面积（%）
6	3~5	6	3	80	80
7	6~10	10	5	75	70
8	15	12	10	70	65
9	20	15	15	70	60

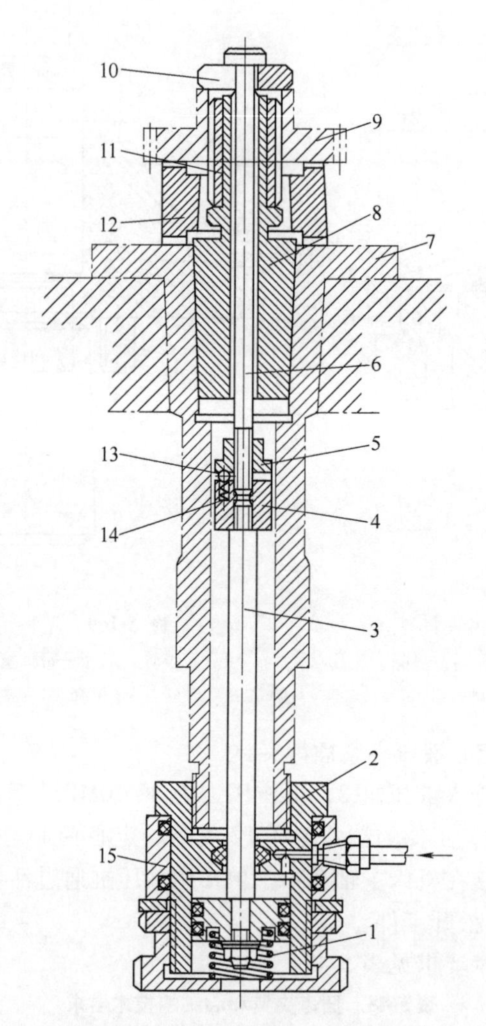

图 5-170　锥套定心液压夹紧插齿夹具

1、14—弹簧　2—液压缸　3—活塞杆　4、5—连轴节　6—接杆　7—机床主轴　8—心轴
9—工件　10—开口垫圈　11—定心套　12—环　13—滚珠　15—离合器

5.5.3　剃齿夹具

一般剃齿心轴如图 5-171 所示。图 5-171a 所示心轴，用螺母夹紧，装卸工作量大；图 5-171b所示心轴，用顶尖夹紧，装卸方便，但对工件端面精度要求高，并要求控制尺寸

L，轴套孔与心轴的配合应有一定长度。为提高定位精度，对图5-171a所示螺母和垫圈采用球面螺母和垫圈；对图5-171b，在工件与轴套之间增加球面支承。

图5-172所示为用滚珠定位的双联齿轮轴剃齿夹具，工件以外圆在有两排滚珠的保持器2的内孔中定位(有过盈)，工件齿的端面与支承盘4的端面接触。

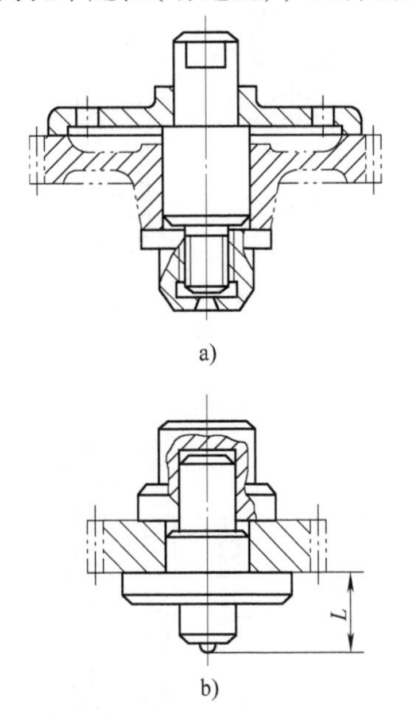

图5-171 剃齿心轴

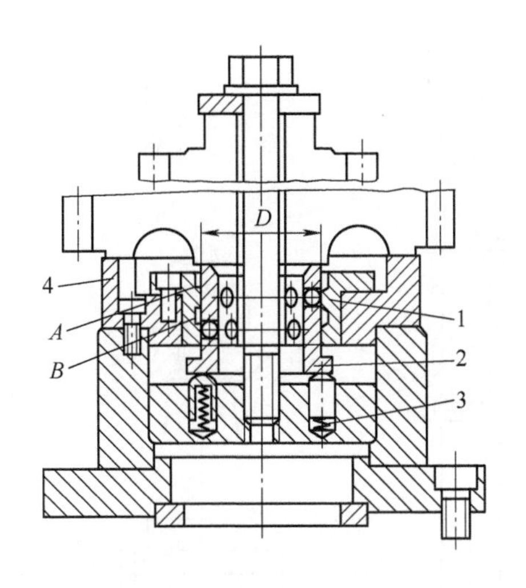

图5-172 用滚珠定位的双联齿轮轴剃齿夹具

1—套 2—保持器 3—弹簧 4—支承盘

弹簧3在原始位置时，将保持器顶起，使其肩部碰到套1的下端面，这时两排滚珠分别在A、B两槽中。夹紧工件时，齿轮端面将保持器2压下，压缩弹簧3，使两排滚珠轴向滚动与套1内孔(直径D)的表面接触，使工件定中。

各个滚珠直径差≤0.003mm；套1孔的直径$D=(d+2d_r-0.04-0.005)$mm，d为工件定位孔最小直径，d_r为滚珠直径，0.04mm为过盈量，0.005mm为套1内孔制造公差。D的制造尺寸为$D^{+0.005}_{0}$。套1的材料为GCr15，硬度为58～64HRC；直径D两个月的磨损量约为0.005mm。

对剃齿心轴的要求是：外圆和支承面轴向圆跳动≤0.005mm。

5.5.4 磨齿夹具

磨齿心轴和夹具的各种形式如图5-173所示。

图5-173a所示心轴结构简单，适用于7级精度以上的中小型齿轮；图5-173b所示为锥度为1∶5000～1∶15000的心轴，适用于5～6级精度、孔径小和孔公差较小的小型齿轮；图5-173c所示心轴采用开口锥套，其内孔锥度为1∶20，适用于6～7级精度、孔径大和公差较大的中小型齿轮；图5-173d所示形式工件外圆按心轴内孔定位(要求内孔与顶尖孔同轴)，用顶尖顶紧工件，适用于6、7级精度的小型轴类齿轮；图5-173e所示的工件内孔按上、下套定位子口外圆定中，下套放在心轴上，上套又安装在下套上，更换上、下套能适应多种规格的工件的加工，但定位环多，适用于精度为6、7级中小型齿轮；图5-173f所示形式采用

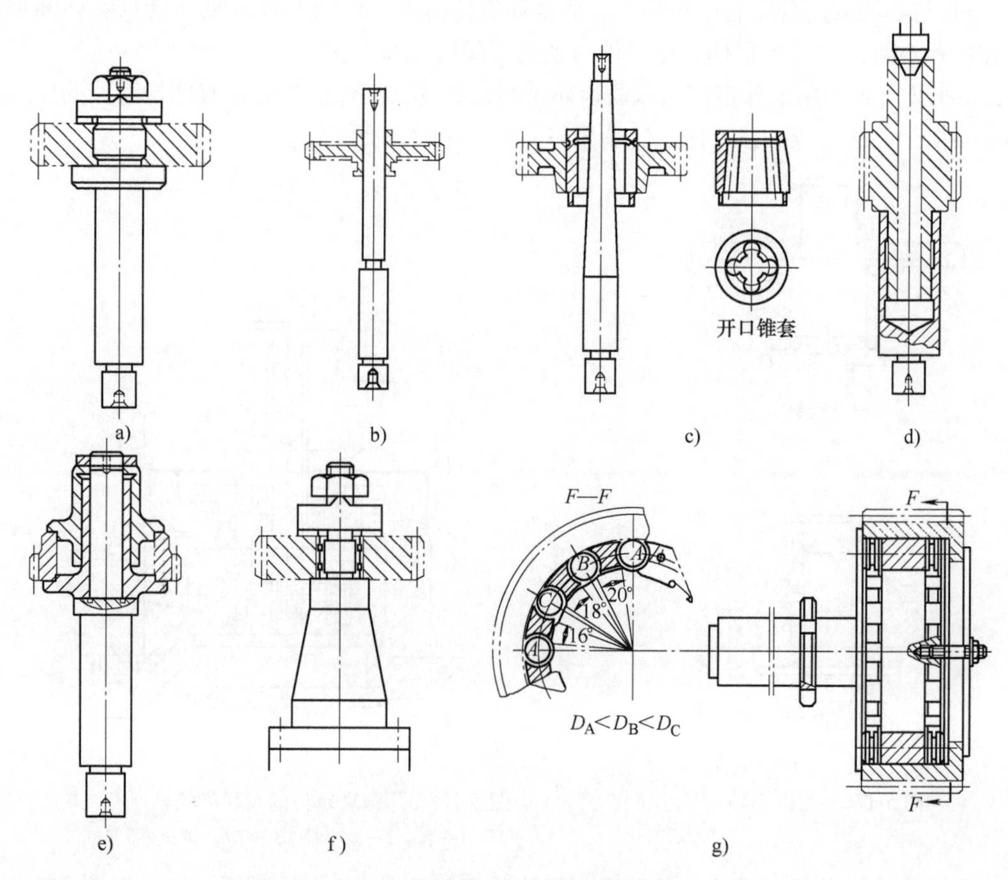

图 5-173 磨齿心轴

密珠心轴(滚珠直径 2~10mm,精度Ⅰ级,过盈量 3~8μm)定中，适用于 4 级及以上精度的齿轮；图 5-173g 所示形式采用双列滚柱(Ⅲ级)定中心轴($D_A<D_B<D_C$)，用端面螺钉夹紧，工件回转逐级递增定心尺寸，直到消除工件与心轴的间隙。

对磨齿心轴精度的要求见表 5-49。

表 5-49 磨齿心轴的精度

齿轮精度等级	心轴径向跳动/μm	端面对轴线的圆跳动/μm	中心孔接触面积(%)
3~4	1	1~2	85
5	2~3	2~4	85
6	3~5	6	80
7	5~10	10	70

图 5-174 所示为在刨齿机上加工锥齿轮的夹具。对于图 5-174a，工件以内孔和其端面定位，法兰盘 1 装在心轴 6 上，用螺母 4 通过垫圈 3 和 2 夹紧工件；对于图 5-174b，则用气动拉杆 4 夹紧工件。

图 5-174c 所示为可调刨齿夹具用的通用心轴，其本体 1 装在机床主轴锥孔中。中间拉杆左端和右端分别与机床拉杆和夹具相连，夹具装在直径为 D 的孔内，用螺钉 4 紧固。螺母 3 用于取下心轴。

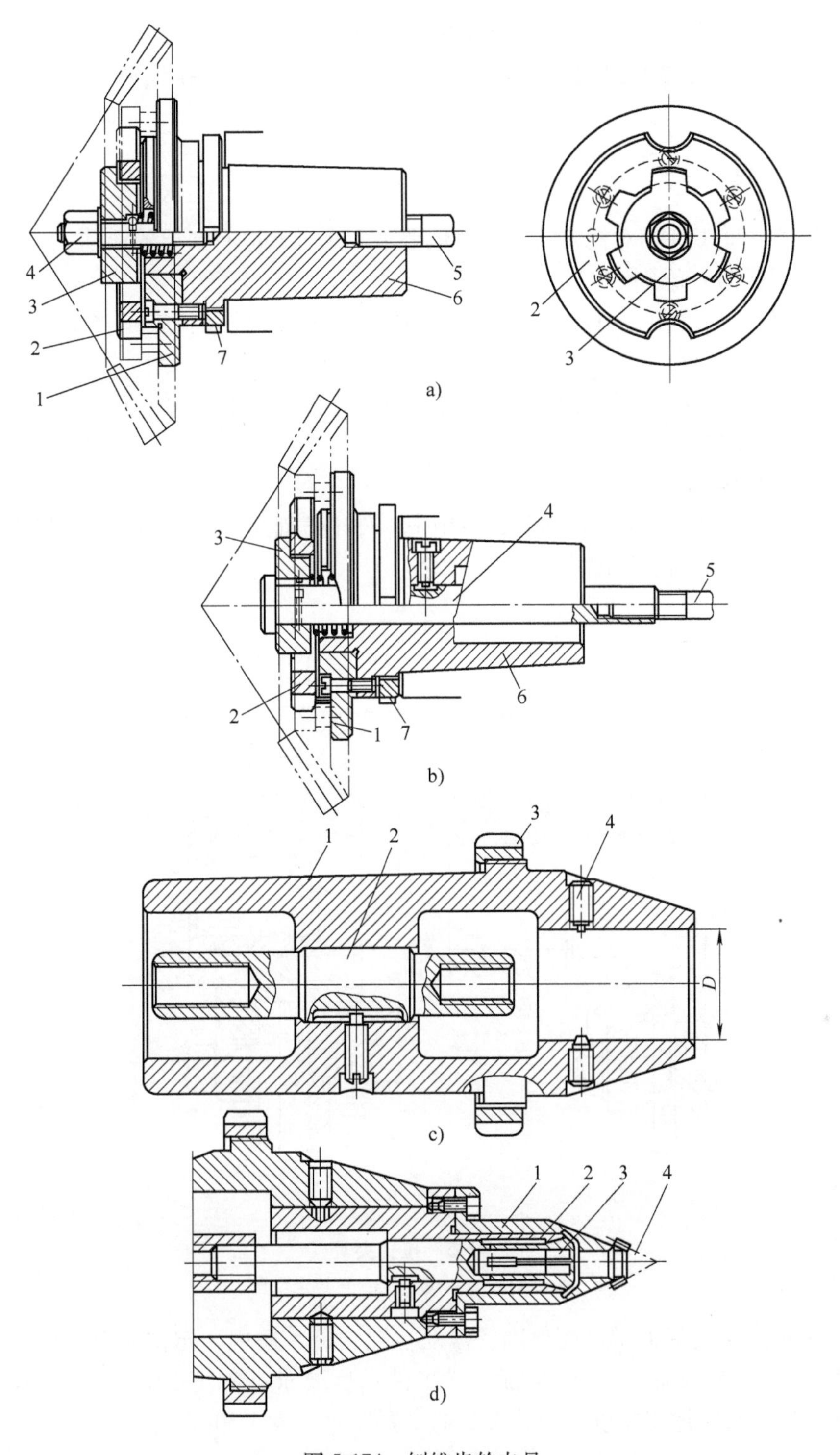

图5-174　刨锥齿轮夹具

a）1—法兰盘　2、3—垫圈　4—螺母　5—螺钉　6—心轴　7—螺母

b）1—法兰盘　2、3—垫圈　4—拉杆　5—螺钉　6—心轴　7—螺母

c）1—心轴本体　2—中间拉杆　3—螺母　4—螺钉

d）1—支承套　2—套　3—弹性夹头　4—工件

图 5-174d 所示为加工小型锥齿轮的夹具装在图 5-174c 所示的通用心轴上，套 2 在支承套 1 中定中，套 1 右端外圆做出锥度表面以让开刨刀。拉杆拉紧弹性夹头 3，夹紧工件 4。

5.5.5 拉床夹具

拉床夹具应保证工件相对拉刀的位置，但要求不高，并应有必要的浮动。

1. 拉床夹具的设计原则

1）对拉内孔，只需使工件相对拉床适当对中，并使工件保持在适当的位置，而不用夹紧。

2）对拉平面，需要考虑作用在工件上的拉削力有水平和垂直两个方向的力，应防止工件移动，必要时增加夹紧机构。

2. 拉床夹具的结构

图 5-175 所示为刚性支承拉孔夹具，适用于工件定位面对定位孔轴线垂直度误差小的情况，或齿轮精度要求不高的情况。

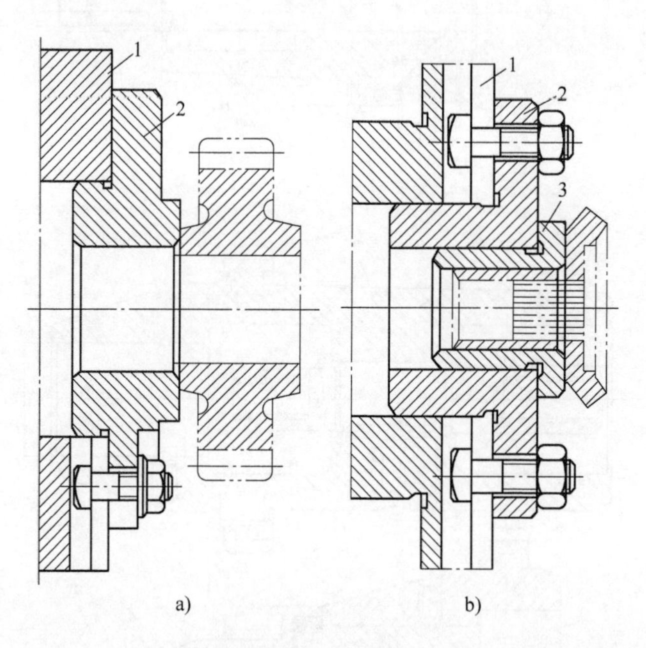

图 5-175 拉孔夹具

1—机床卡盘 2—法兰 3—可换定位套

图 5-176a 所示为支承面带球面垫圈的浮动拉孔夹具，适用于定位面对定位孔轴线的垂直度误差较大(一般为未加工面)的情况，或工件精度要求高的情况。这时若用刚性端面，会产生刀具变形，影响加工精度。拉孔夹具的主要尺寸见表 5-50。

球面垫圈与球面体应经热处理，硬度为 40~45HRC。

图 5-176b 所示为刚性拉键槽夹具，导套 2 用于保证拉刀对称于通过定位孔轴线的垂直平面，同时保持拉刀支承面相对工件孔轴线的位置在加工过程中不变，当键槽需要多次拉削时，需要更换垫片 5。拉键槽夹具的尺寸见表 5-51。

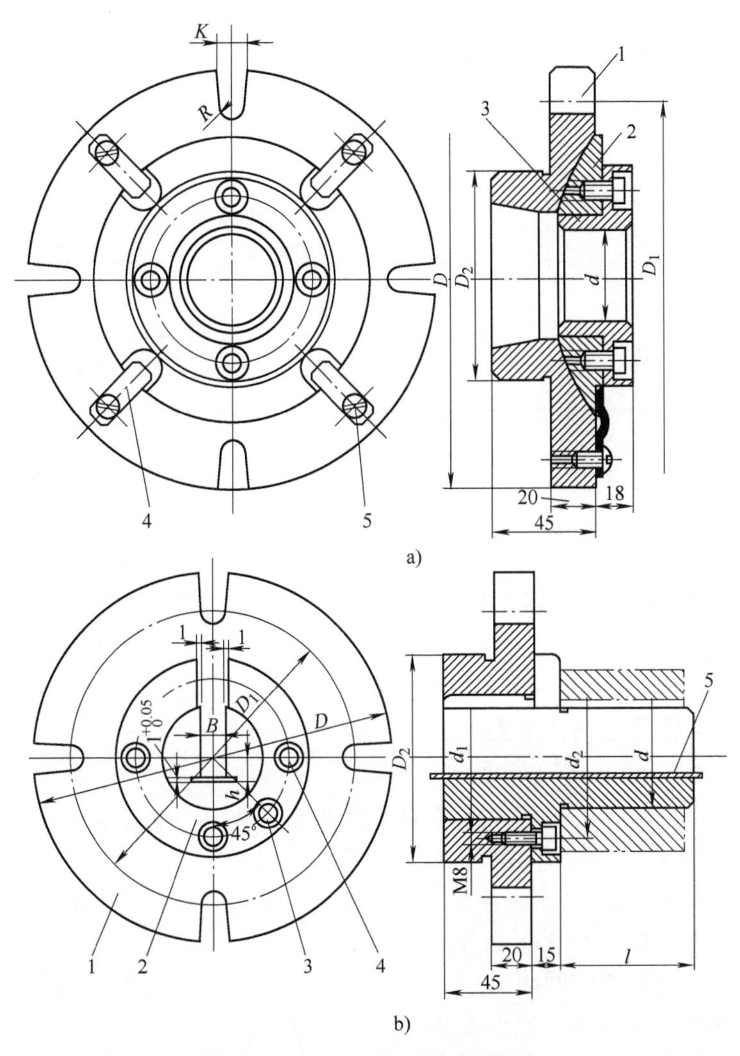

图 5-176　浮动拉孔和刚性拉键槽夹具

a）浮动拉孔夹具

1—卡盘　2—球面垫圈　3—可换套　4—平面弹簧　5—螺钉

b）刚性拉键槽夹具

—卡盘　2—可换套　3—定位销　4—螺钉　5—垫片

表 5-50　拉孔夹具的主要尺寸　（单位：mm）

D	D_1	D_2(h6)	d	K	R
220	180	100	15~45	12	6
240	200	120	20~60	9	4.5
240	200	130	30~60	14	7
260	230	150	30~70	14	7
300	260	180	40~80	18	9
300	260	165.5	40~80	11	5.5

表 5-51　拉键槽夹具的主要尺寸　(单位:mm)

d	B(H7)	d_1(H7/h6)	l	d_2	h
10~14	4	30	拉削孔的长度+5mm	50	按拉刀长度确定
14~18	5				
18~24	6				
24~30	8	45		65	
30~36	10				
36~42	12	55		75	
42~48	14				
48~55	16	75		95	
55~65	18				

对球面垫圈尺寸的要求是:

$$\frac{H}{R} \geqslant \sin\varphi$$

式中　H——球面垫圈轴线到作用在其端面上力 W 作用点的距离;

φ——球面接触摩擦角($\tan\varphi=f$, f 为其摩擦系数)。

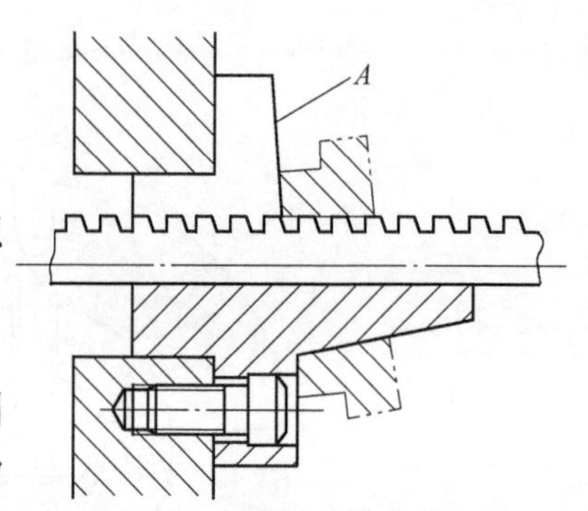

图 5-177　锥孔键槽拉削夹具

图 5-177 所示为锥孔键槽拉削夹具，为在锥孔上拉削键槽，定位套上的定位端面 A 应与垂直方向成 α 角(α 为锥孔的锥角)，而在定位套上的定位锥体的轴线垂直于 A 面。在定位套上开出槽，与拉刀宽度配合(H7/h6)。

图 5-178 所示为在拉床上拉削工件成形孔夹具。拉削前在压床上冲孔留 0.5mm 加工余量。

使用该夹具解决了以前在压床上加工工件表面粗糙度达不到要求的问题。

成形拉刀在卡头 1 中定向，成形支承 8 在卡盘 5 中定位。成形支承 8 的成形孔与工件孔相似，其尺寸略大于工件成形孔尺寸，以便拉刀通过和支承工件。该夹具一次可加工多件，也可用于加工多品种工件。

图 5-179 所示为拉削气缸体轴承盖上 8 个 ϕ105.1H6 同轴孔夹具的简图，该夹具采用缩短拉杆的结构，完成长距离的拉削。

当拉刀处于行程中间位置时，将固定销 5 取下，使杆 2 移动距离 l 和孔 6 对准固定销 5 的孔，再将固定销装上，即可继续拉削。这样用较短的拉刀可以完成长距离的拉削，也可解决拉床行程小的问题。

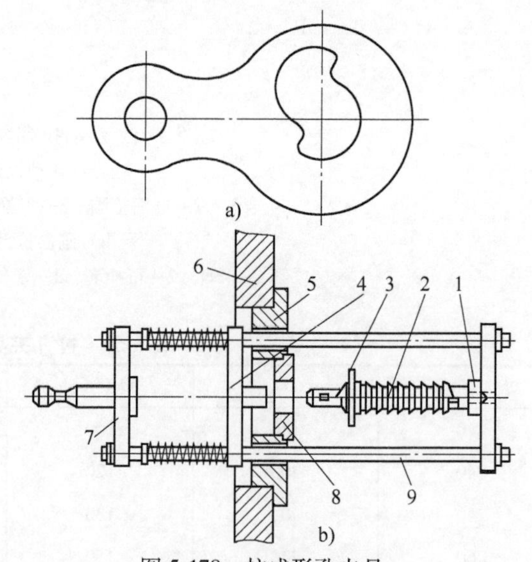

图 5-178　拉成形孔夹具

a) 工件　b) 成形孔夹具

1—卡头　2—成形拉刀　3—定向件　4—弹簧板　5—卡盘　6—机床支承板　7—带柄部的板　8—成形支承　9—导向杆

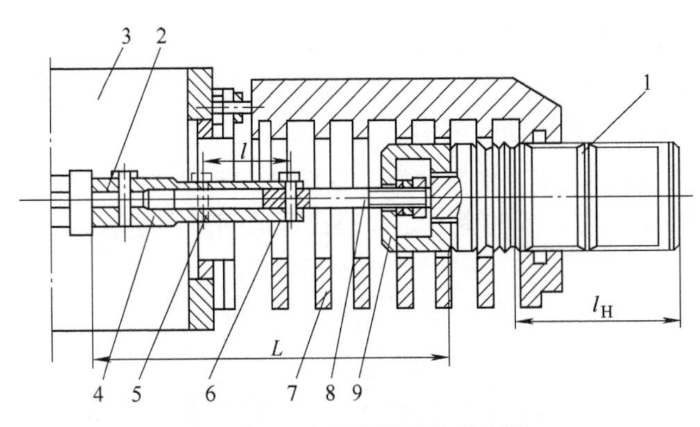

图 5-179　多个同轴孔拉床夹具

1—拉刀　2—杆　3—拉床　4—加长杆　5—固定销　6—孔　7—工件　8—拉杆　9—拉刀夹头

图 5-180 所示为拉削螺旋角小于 10°螺旋槽夹具，这时工件或拉刀的旋转靠拉削力实现。当采用拉刀直线移动的方法时(图 5-180a)，为避免卡住套 1 上有推力轴承 2。当采用拉刀旋

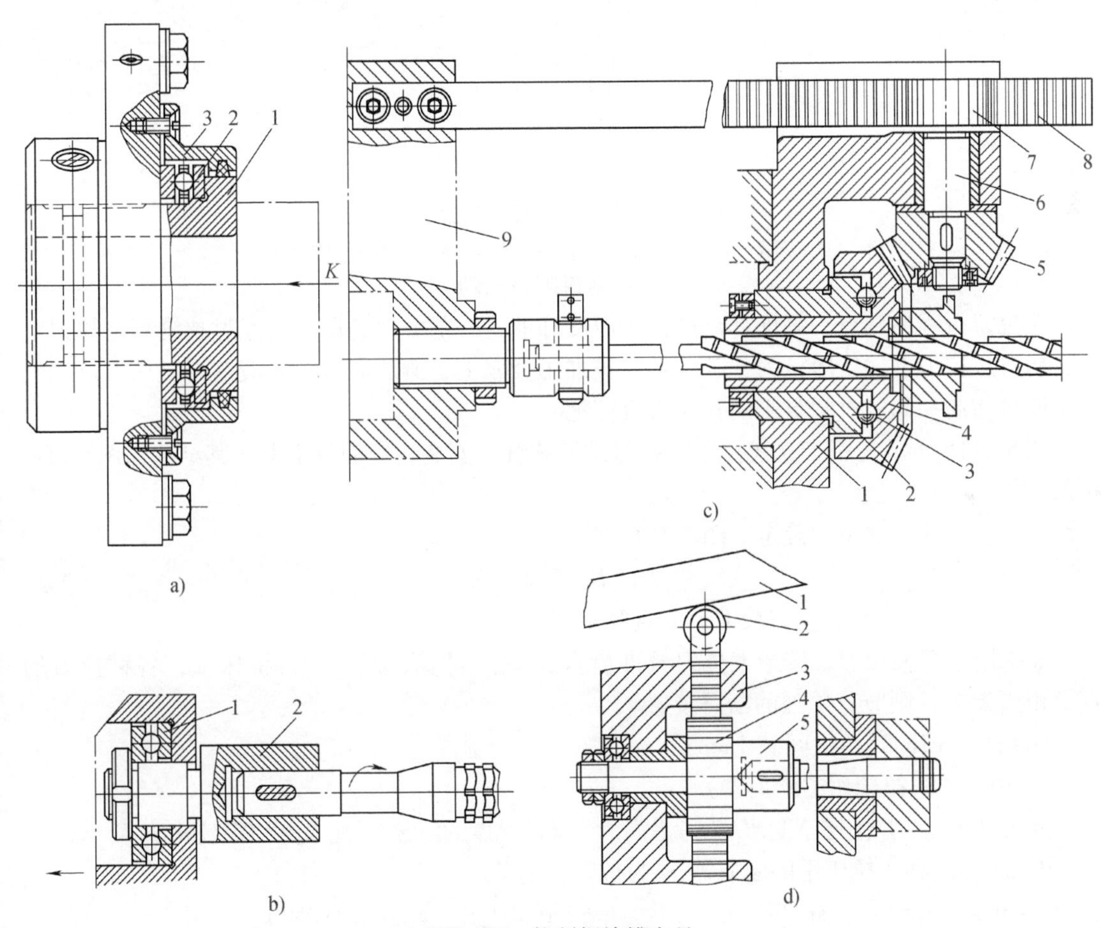

图 5-180　拉削螺旋槽夹具

a）1—工件定位套　2—推力轴承　3—盖

b）1—推力轴承　2—卡头

c）1—夹具本体　2—套　3—滚珠　4、5、7—齿轮　6—轴　8—齿条　9—拉床杆滑座

d）1—靠模板(固定在拉床床身上)　2—滚轮　3、4—齿轮　5—卡头

转的方法时（图 5-180b），推力轴承 1 设置在拉刀卡头 2 上。

如果螺旋角大于 10°，则应有使工件或拉刀旋转的机构，图 5-180c 所示为使工件转动的机构，图 5-180d 所示为使拉刀转动的机构。

图 5-181a 所示为卧式拉床拉刀排屑装置，安装在拉床支承板 4 中，并用带弹簧垫圈的螺钉将其固定在圆盘 1 上。在盘 5 与盘 6 之间形成环形间隙和喷嘴。

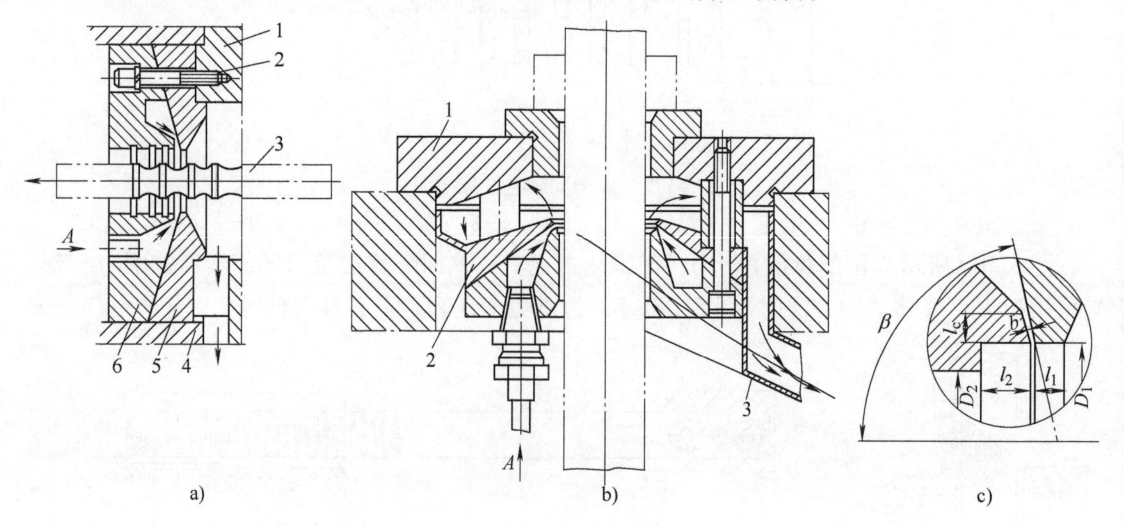

图 5-181　拉刀排屑装置

a）1—圆盘　2—螺钉　3—拉刀　4—拉床支承板　5、6—锥面盘

b）1、2—锥面盘　3—排屑槽

在拉刀行程的起点，泵向环形槽供润滑冷却液，一部分以高压形式经过狭缝落在拉刀上和将切屑从拉刀上洗干净；另一部分粘在被加工金属上，避免润滑冷却液落到机床上。润滑冷却液与切屑一起通过圆盘 1 的孔流入沉淀池。

图 5-181b 所示为用于立式拉床的拉刀排屑装置，安装在锥面盘 1 上，其结构与图5-181a 相似。

排屑装置喷嘴部位的确定如图 5-181c 所示。

$$D_2=D_k+2(h+1)$$

式中　D_k、h——分别为拉刀校准齿的直径和高度。

如果用于多轴拉刀，按最大拉刀校准齿直径 D_{kmax} 计算；但在一台机床上，各种拉刀的直径相差 25%，则应有单独的断屑装置。

$D_2=D_{kmax}+2\text{mm}$（单边间隙 1mm）

$\beta=60°$（立式拉床用的断屑器）

$b=a_z+K_1$（a_z 为拉削层厚度，K_1 为考虑润滑冷却液黏度的值，锭子油 $K_1=0.06$；硫化油，$K_1=0.1$）

$\beta=85°-\gamma$（卧式拉床用的断屑器，γ 为拉刀齿前角）

$l_c=5\text{mm}$；$l_1=h[1+\tan(90°-\beta)]$；$l_2=t-h\tan(90°-\beta)$（t 为拉刀齿距）。

5.5.6　刨床夹具

图 5-182 所示为在牛头刨床上刨真空泵转子轮廓的夹具，转子就是 $\phi 25\text{mm}$ 的薄壁轴，夹具在半自动状态下工作。

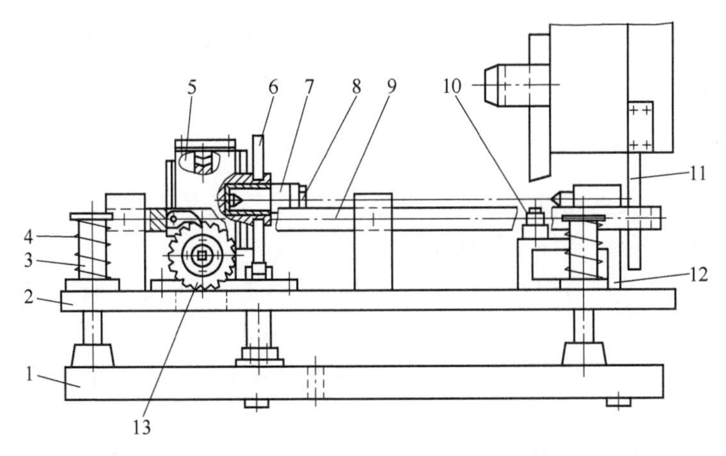

图 5-182　刨转子(轴)平面夹具

1—固定板　2—移动板　3—导向柱　4—弹簧　5—蜗杆减速器　6—靠模　7—传动套　8—弹性销　9—带爪的杆　10—千斤顶　11、12—支架　13—棘轮

在固定板 1 和移动板 2 之间用四个导向柱 3 连接，四个弹簧 4 压住移动板 2。用靠模 6 使移动板相对固定板上下往复移动，为此在移动板上安装有蜗杆减速器 5，蜗杆带动棘轮 13，棘轮使带爪的杆 9 转动。工件安装在两支座的顶尖上：一个是传动支架(蜗杆减速器 5)，一个是支架 11(可在移动板上移动)。在减速器 5 上的定位件是传动套 7，工件上直径为 25mm 的轴颈装在传动套孔内的顶尖上，通过弹性销 8 传递转矩。千斤顶 10 支承转子轴的悬伸端，在移动板上固定有带直径为 20mm 滚柱的支架 12，滚柱与靠模接触。

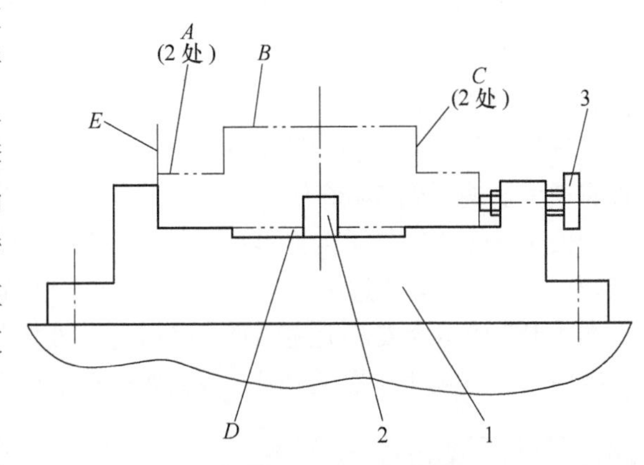

图 5-183　刨平面夹具

1—本体　2—挡销　3—螺钉

图 5-183 所示为刨平面夹具的简图，刨工件的平面 *A*、*B* 和 *C*，工件以下平面 *D* 和侧面 *E* 定位，挡销 2 防止加工时工件移动，用侧面几个螺钉 3 夹紧工件。

5.5.7　锯床和切割机床夹具

1. 锯床夹具设计原则

1）尽可能用锯床的附件。

2）夹紧、定位、支承等夹具零件应避开刀具行程的方向。

3）应考虑冷却液和切屑的排出。

4）需要时用工作台键槽作为夹具的定向基准。

2. 锯床夹具的应用

锯床夹具的一种应用参见图 5-64。

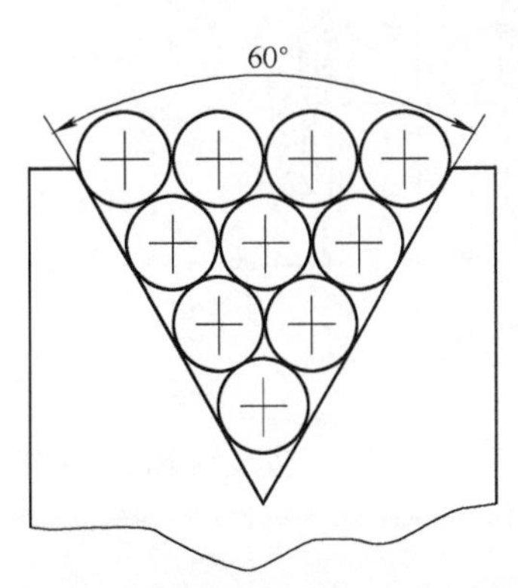

图 5-184　锯圆形钢材工件的安装

图 5-184 所示为在带锯床上锯圆形钢材时工件在

60°V 形块上的布置，可同时锯 10 个工件(直径为 ϕ18mm,长度可达 6000mm)。[103]

5.5.8 装配夹具

1. 装配夹具简述

在装配车间有各种工具和设备，其中包括装配夹具。在生产中使用装配夹具可缩短装配时间、提高质量、改善劳动条件、降低成本。

在小批生产中采用各种通用夹具，如台虎钳、V 形块、角铁、千斤顶等。专用夹具包括零部件装配夹具、弯管夹具、大型弹簧装配夹具、性能试验和打印夹具等。装配工时约占生产总工时的 20%，随着加工技术的发展，其比例还会增大，装配工作的机械化和自动化应随之发展。

2. 装配夹具(或装置)的结构

(1) 一般装配夹具　图 5-185 所示为连杆小头孔压套夹具示意图。将连杆安装在工作位置上，滑柱 9 进入连杆小头孔，使连杆定位。被压入套 6 从料斗中落下，压杆 2 使被压入套 6 经过套 5 进入连杆小头孔内，并使滑柱 9 逐渐退出。

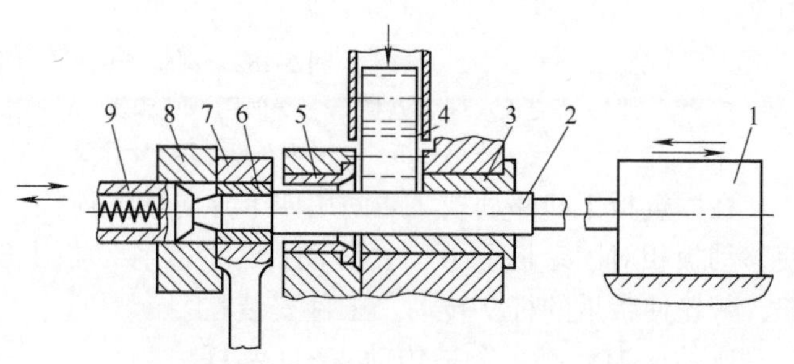

图 5-185　连杆小头孔压套夹具示意图
1—动力缸　2—压杆　3、5—套　4—料斗
6—被压入套　7—连杆　8—支承　9—滑柱

机床轴承装配质量对机床精度特性有很大影响，图 5-186 所示为在主轴上安装 3182100 轴承内环装配装置，在环形液压缸本体 1 中有活塞 2 和开口套 3，在其上有螺母 5。活塞 2 通过中间套 4 表面(经与主轴端面研磨)将力传给轴承内环。

图 5-187 所示为安装上述轴承内环装置的液体泵。

在液体泵本体 1 中有活塞 3，容器 5 装在本体上。

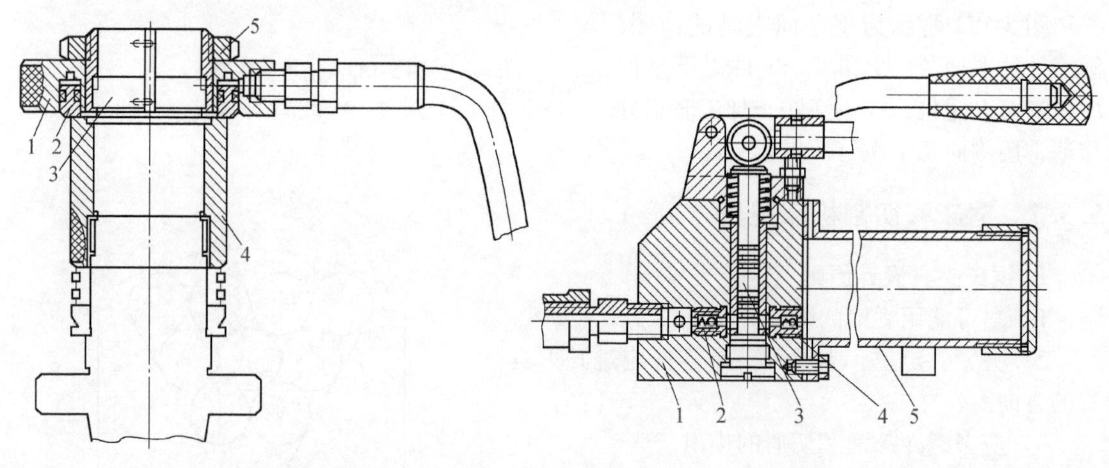

图 5-186　安装轴承内环装置
1—本体　2—活塞　3—开口套　4—中间套　5—螺母

图 5-187　安装轴承内环装置用的液体泵
1—本体　2、4—滚珠阀　3—活塞　5—容器

图 5-188 所示为在轴上安装热压轴承内环的装置。使用时装置旋在工件轴的外螺纹上，

液压油经手动液压分配阀进入 *B* 腔，并通过皮碗 1 压上柱塞 3，柱塞以 18~45N 的力将轴承内的环(图中未示)压在轴颈上，待冷却后使手动液压分配阀溢流。装置的特点是带螺纹 *A* 的转动机构，可快速将装置旋在轴上。

图 5-189 所示为可使压套与校准孔径两个工步同时进行的夹具。将夹具放在被压入的工件套 6 上，在外套 2 质量作用下，其内端面压在内套 4 的端面上。带压光套 5 的拉杆 1 进入套 6 的孔中，杆 1 的下端与拉动压床或拉床夹持机构相连。

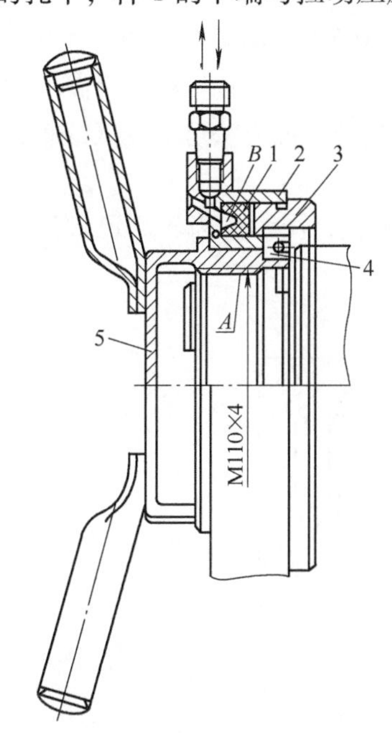

图 5-188　安装热压轴承内环的装置

1—皮碗　2—本体　3—柱塞
4—螺母　5—回转机构

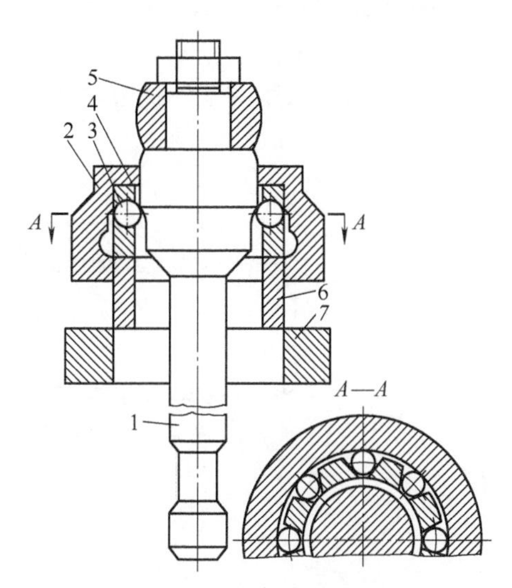

图 5-189　压套并校准孔径

1—拉杆　2—外套　3—滚珠　4—内套
5—压光套　6—工件套　7—工件

拉杆 1 向下移动时，其导向锥度部分与滚珠接触，推动内套 4 向下移动，开始压套工步，随后外套 2 的下端面靠在工件 7 的上端面上；而带滚珠的内套 4 继续向下移动进行压套，直到滚珠进入外套 2 的圆槽中为止。将工件套 6 压入工件 7 的孔中后，拉杆继续向下，即可完成孔的校准工作。

图 5-190 所示为在活塞上装配成套活塞环的夹具简图。

成套活塞环切口向下装在各滑块 2 之间，其距离等于活塞环槽之间的距离。气缸 4 活

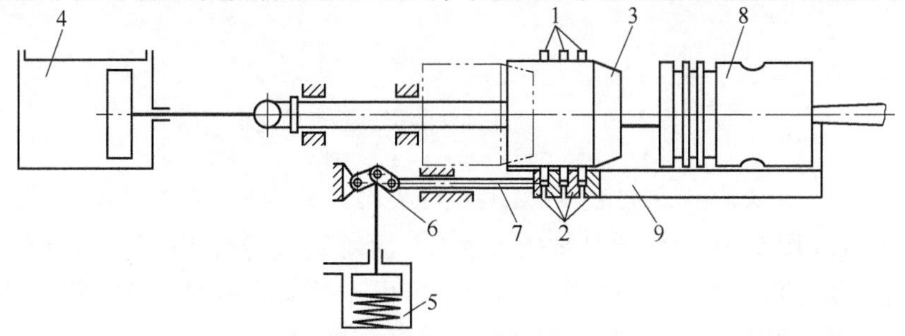

图 5-190　成套活塞环装配夹具简图

1—活塞环　2—滑块　3—轴　4、5—气缸　6—杠杆　7—杆　8—活塞　9—槽

塞向右移动，推动轴 3 向右移动（从细双点画线位置移动到粗实线位置），使活塞环撑开。气缸 5 使活塞环保持在这个位置，这时杠杆 6 使杆 7 向右移动，杆 7 压上滑块 2，也将成套活塞环压上。然后轴 3 向左移动，而活塞 8 沿槽 9 向左移动到活塞环孔内（这时有死挡定位），活塞环槽与活塞环的位置对准。当松开滑块后，各活塞环同时安装在活塞各个槽内。

使用图 5-190 所示的夹具与用夹钳相比，装配速度提高了 8~10 倍。

图 5-191a 表示向两配合零件表面之间注入高压（达 2×10^4MPa）油可使孔的尺寸弹性增大和轴的尺寸减小，采用这种方法装配具有过盈零件（轴与孔），可使压入零件所需的力显著降低。但这种方法装配时间长，不适合大量生产，而采用差动注油方法可使压入或推出工件的速度达到 170mm/min。

图 5-191b 所示为采用差动注油方法压过盈齿轮-轴的装置，图示为齿轮 2 已被压在齿轮轴 1 上。

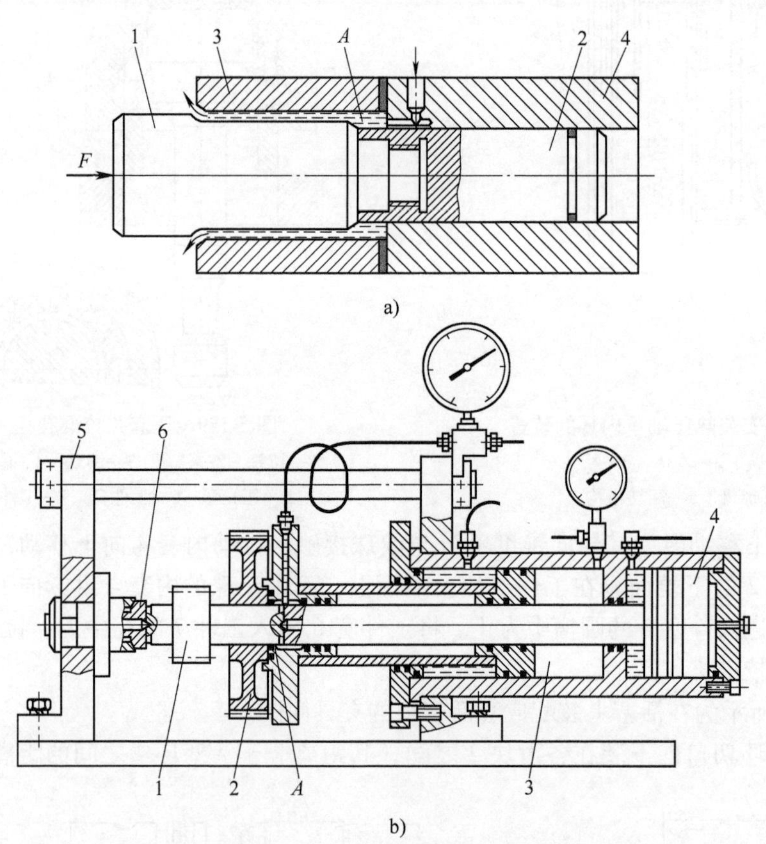

图 5-191　差动注油法装配过盈齿轮-轴

a）1—被压入轴　2—活塞　3—套（工件）　4—导套

b）1—齿轮轴　2—齿轮　3—动力缸　4—夹紧缸　5—支承　6—球面支承

差动注油方法（图 5-191a）实质是被压入轴 1 与活塞 2（在导套 4 中移动）有直径差，这样在被压入轴与活塞之间产生多余的容积 A，而向容积 A 供油的压力为 500MPa，压工件的力为普通方法的 15%~20%。

图 5-192 所示为用于热压的几种装配夹具简图，可保证相配合的零件不会产生倾斜。

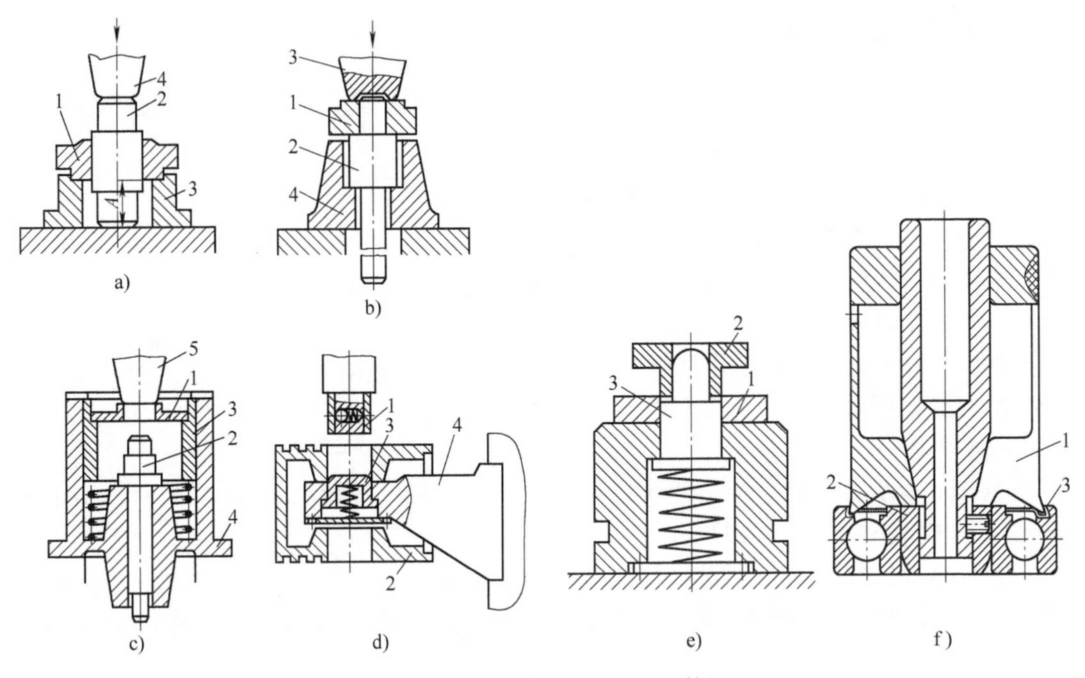

图 5-192　几种热压用装配夹具简图

a）1、2—相配合件　3—定位座　4—压杆　b）1、2—相配合件　3—压杆　4—支座

c）1—薄盘　2—轴　3—导套　4—压床工作台　5—压杆　d）1—套　2—活塞　3—定位套　4—支架

e）1、2—相配合件　3—定位销　f）1—弹性冲头　2—导向套　3—保护垫圈

图 5-192a 所示夹具可保证尺寸 A；图 5-192b 所示为用于将工件热压到轴上；图 5-192c 所示为夹具使薄盘 1 在装配过程中不产生倾斜；图 5-192d 所示为将套热压到活塞孔中；图 5-192e 所示为将套热压入工件内的装配夹具，定位销 3 保证工件不产生倾斜；图 5-192f 表示用开口弹性冲头 1 将保护垫圈 3 压入轴承孔内。

图 5-193 所示为将前轴 1 压入轴 2 的装配夹具。轴 2 在 V 形块 3 上定位，用键 7 定向，用铰链压板 5 压紧。前轴 1 放在定位轴 6 上，用活塞杆右端的轴肩面将前轴 1 压入轴 2。气缸 8 的直径为 200mm，活塞杆 10 是空心的。

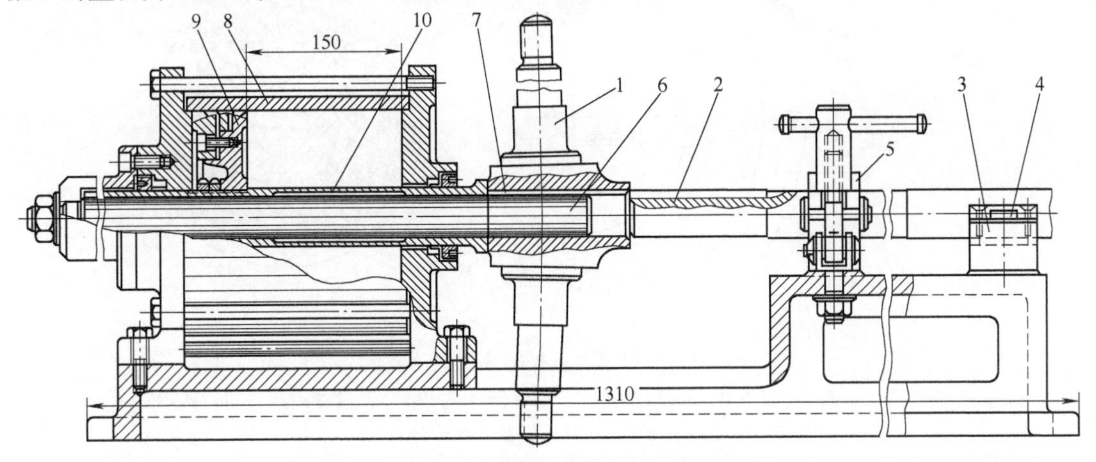

图 5-193　拖拉机前轴装配夹具

1—前轴　2—轴　3—V 形块　4、7—键　5—铰链压板　6—定位轴　8—气缸　9—活塞　10—空心活塞杆

（2）螺纹连接用装配装置　图 5-194 所示为取出螺柱的装置，用该装置使取出的螺柱不弯曲，可重复利用。

在螺柱上旋入材料为 T8 的开槽螺母 2，槽宽 1~2mm，槽底厚度为 3~4mm。开槽螺母 2 左端面是斜面，斜面顶部的位置应在槽底的对面，斜面顶部应有与螺杆 1 端面接触的小平面。当螺杆 1 旋转时，将力传给开槽螺母 2 的斜面，斜面产生倾斜和牢固压在被取出螺柱的螺纹表面上，螺母的支承肩焊在外套 3 端面上。转动手柄即可取出螺柱。

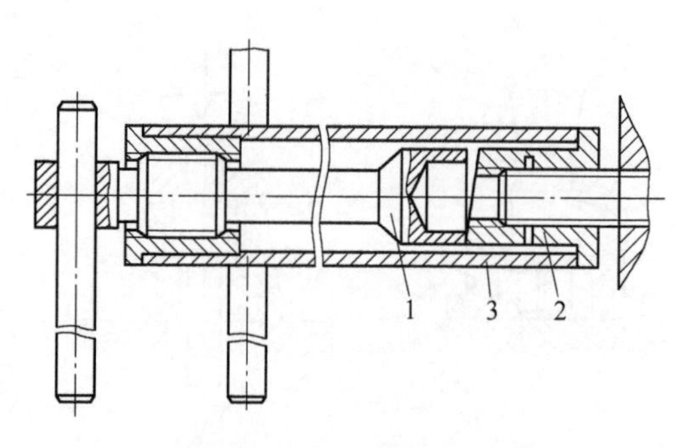

图 5-194　取出螺柱装置

1—螺杆　2—开槽螺母　3—外套

图 5-195a 所示为拧紧大型工件螺纹连接的气动装置，其转矩达 10^4N · m（气缸直径 200mm，杠杆扳手 6 的长度为 600mm）。

图 5-195a 中的气缸 2 通过铰链固定在座 1 上，座 1 放在导轨 12 上，用手柄 13 调节座 1 的高度。在气缸活塞杆 3 的孔中有用销 5 连接的可换杆 4（用钢管制造），这样气缸和杆 4 可

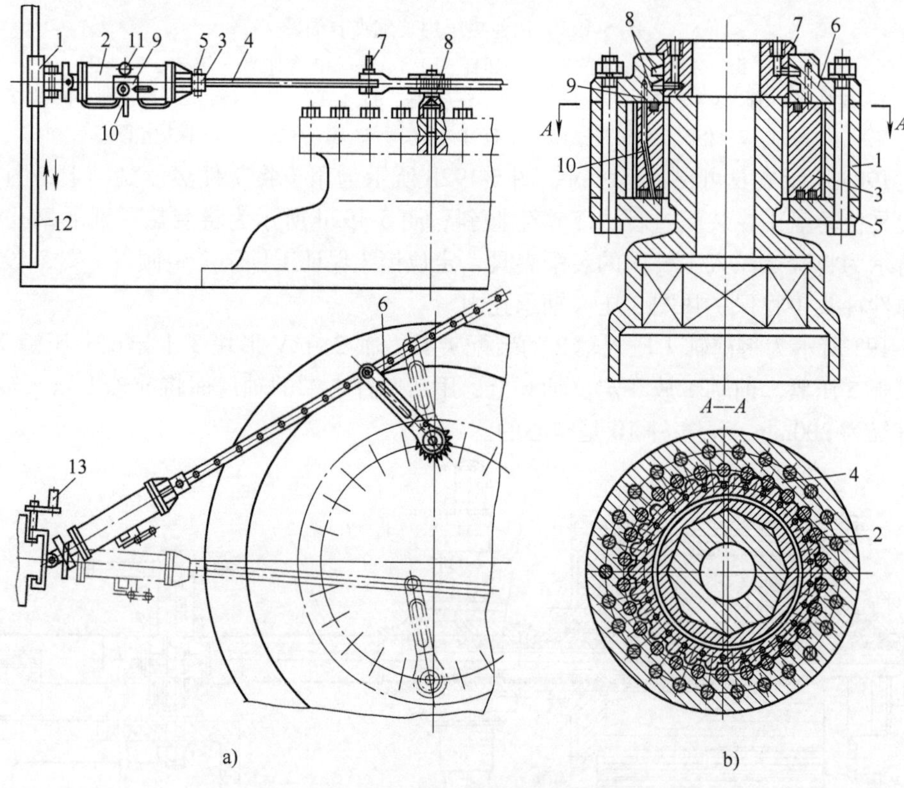

图 5-195　拧紧大直径螺纹的气动装置

a）1—座　2—气缸　3—活塞杆　4—可换杆　5—销　6—杠杆扳手　7—快换销　8—可换端面扳手　9—换向阀　10—调压阀　11—仪表　12—导轨　13—手柄

b）1—导套　2—滚柱　3—行星齿轮　4—齿　5—盖　6—分配盖　7—分配套　8—槽　9—半孔　10—孔

在平面内绕铰链轴中心转动。杠杆扳手 6 的一端用快换销 7 与杆 4 连接，在扳手 6 的六方孔中装入可换端面扳手 8，用扳手 8 拧紧螺母或螺钉。在气缸套上装有手动换向阀 9、调压阀 10 和显示转矩值的仪表 11。根据被拧紧螺母所在区间，选择扳手 6 与可换杆 4 用销 7 连接的孔。

支架的位置可任意选择，在支架一个位置可拧紧不同位置的螺母。使用该装置可省去工件的提升和移动设备。

图 5-195a 所示的扳手 8 的主要零件如图 5-195b 所示，其内装有滚柱 2 的导套 1，内孔为八边形、圆形齿的行星齿轮 3(偏心量为 3. 5mm)，盖 5，分配盖 6 和分配套 7。在分配盖 6 中有两环形槽 8，分别与两个半孔 9 相连；分配盖上的孔数等于导套的齿数，行星齿轮有端面孔 10。

为使螺钉开口销孔对准螺母上的槽，一般由人工实现，图 5-196 所示为一种可使螺钉开口销孔对准螺母槽的装置。

装置主要由本体 1、带极限转矩离合器的主轴 2 和套筒 3 组成，套筒上面做成带分度槽的圆盘，在本体中有动力缸 5，其活塞杆与套筒分度盘接触。套筒六角形孔与轴 6 上的六边形孔的方向位置一致，轴 6 安装在本体孔中，可上下移动。

使用该装置时，手动将螺母组件压紧在轴 6 的孔中，使轴 6 上升，接通主轴旋转和拧紧螺母到规定的转矩，然后活塞杆移动进入套筒的分度槽中，这时螺母上的槽与螺钉开口销孔对准。

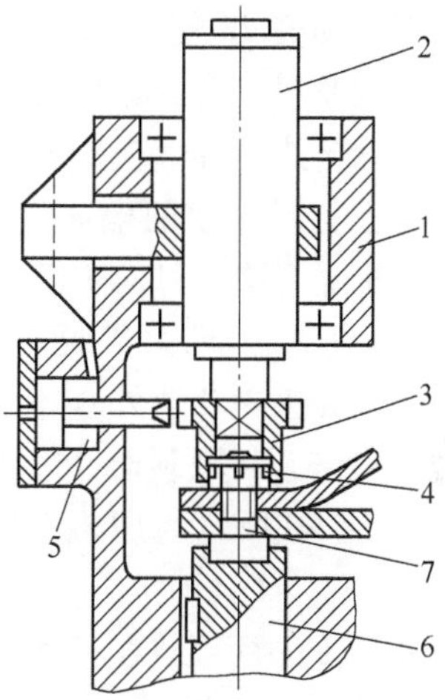

图 5-196　螺钉销孔对准螺母槽装置
1—本体　2—主轴　3—套筒　4—螺母
5—动力缸　6—轴　7—螺钉

多轴螺母扳手结构原理如图 5-197 所示。

图 5-197a 表示由一个电动机驱动的多个轴；图 5-197b 表示各个轴均有单独的电动机。

图 5-197c 表示双速多轴扳手：电动机通过齿轮和爪形连轴节带动工作轴转动，这时齿轮带动齿轮和有超越离合器的轴转动。这时离合器上面的轴空转，如转矩超过联轴节的调整值，则电动机转动通过齿轮和齿轮传给离合器，通过齿轮带

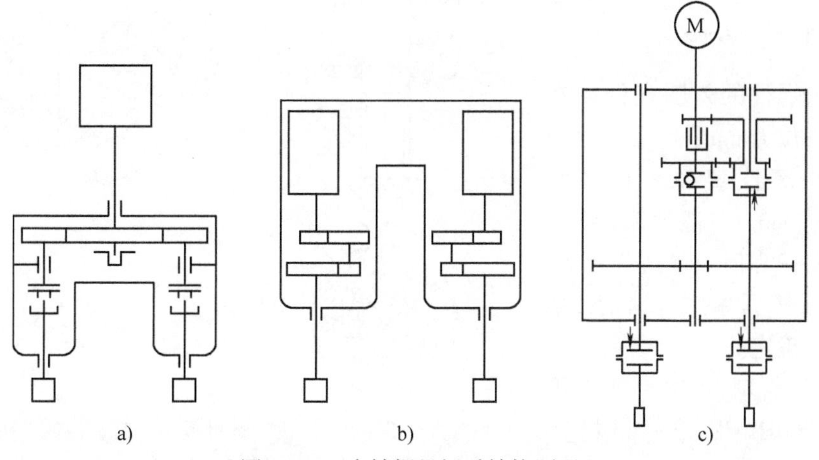

图 5-197　多轴螺母扳手结构原理

动工作轴转动，使转速降低，这样可降低电动机功率和多轴螺母扳手的外形尺寸、质量。

下面介绍几例拧紧螺柱的装置。

图 5-198 所示为可自动张开的拧紧螺柱的卡头。

在柄部 1 内端面上做出齿形，与套 2 上端面的齿啮合。套 2 装在外套 3 的孔内，用销 4 固定连接。在套 2 孔的下面有带内螺纹的弹性夹头钳口 5 和 6，弹性夹头用销 7 支承。夹头下降时钳口 5、6 张开，螺柱自由通过。当螺柱端面与挡销 9 接触时，弹簧 10 使钳口向上，钳口的锥度与套 2 孔的锥度紧密贴合，钳口收缩将螺柱的螺纹夹住。这时滚珠 8 进入弹性夹头相应的孔中。钳口和套 2 继续向上移动，使两端面齿啮合，开始将螺柱拧入工件 12。当护套 11 与工件 12 平面接触时，套 2 向下移动直到两端面齿脱开，这时使夹头向上移动，套 2 和钳口相对外套 3 向下移动到原始位置。这时钳口张开，顺利通过螺柱螺纹表面。

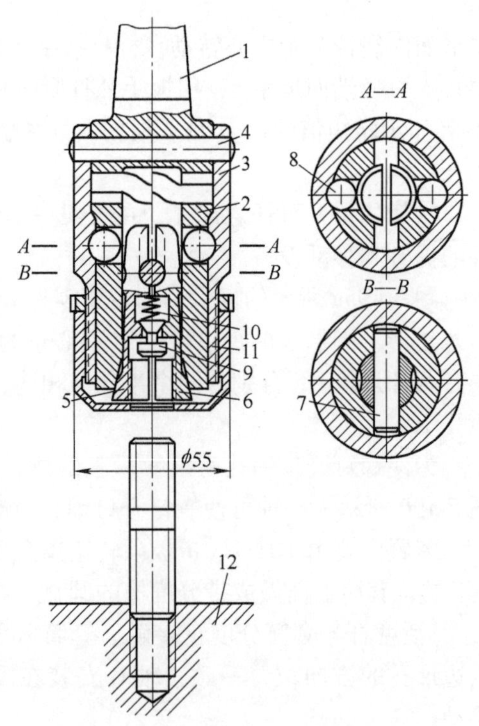

图 5-198　可自动张开的拧紧螺柱的卡头

1—柄部　2—套　3—外套　4、7—销　5、6—弹性夹头钳口　8—滚珠　9—挡销　10—弹簧　11—护套　12—工件

图 5-199 所示为用机动螺母扳手拧紧螺柱的卡头。

本体 1 的柄部装在机动螺母扳手的主轴中，靠套 2 孔中的三段螺旋斜面将螺柱外圆夹紧，并拧紧。环 4 挡住滚柱 3，防止其落下。螺钉 5 用以将套 2 锁紧在本体 1 上。

螺旋斜面的尺寸 R 按下式计算：

$$R=\frac{d}{2}+d_1+b$$

式中　d——螺柱的外圆直径，单位为 mm；

d_1——滚柱直径，单位为 mm，一般为 6mm；

b——偏心值，单位为 mm，根据楔自销条件确定。

本体 1 的材料为 T8，热处理硬度为 58～60HRC；滚柱材料为 T10，热处理硬度为 62～65HRC。

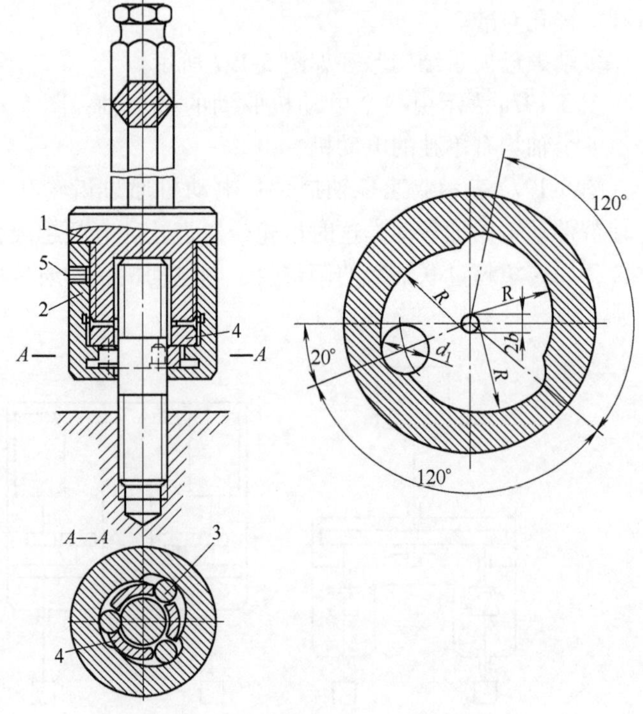

图 5-199　用机动螺母扳手拧紧螺柱的卡头

1—本体　2—套　3—滚柱　4—环　5—销

图 5-200 所示为用于难到达部位拧紧螺柱的手动扳手，其结构与图 5-199 类似。

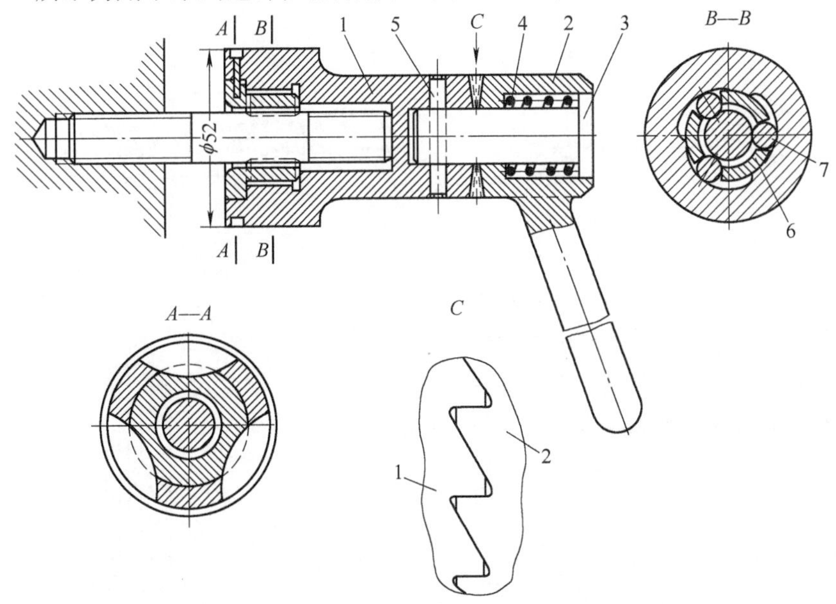

图 5-200　用于难到达部位拧紧螺柱的手动扳手

1—本体　2—手柄　3—轴　4—弹簧　5—销　6—环　7—滚柱

扳手由本体 1、在环 6 内的三个滚柱 7（本体 1 的孔内有三段螺旋面）和手柄 2 等组成。手柄 2 与本体 1 的接触面为尖齿花键接触，本体在手柄孔内用销 5 固定。转动手柄拧紧螺柱；手柄反转时，花键打滑。

（3）打印装置　图 5-201 所示为一种用于大型工件的手动冲击打印装置。

在原始位置，装置的触头 1 与工件表面接触，当外套 9 轴线移动时，环 4 也同时随导套 6 移动，压缩弹簧 2。带半圆形槽（在槽中有三个滚珠）的冲杆 5，在环 4 内孔半圆形环槽 A 移动到导套 6 的径向孔之前仍然固定不动。当套 4 的半圆形环槽 A 移动到导套 6 的径向孔时，在弹簧 7 的压力作用下，使滚珠移动到套 4 内孔的槽 A 内，这时冲杆 5 急剧冲向触头上，完成打印。

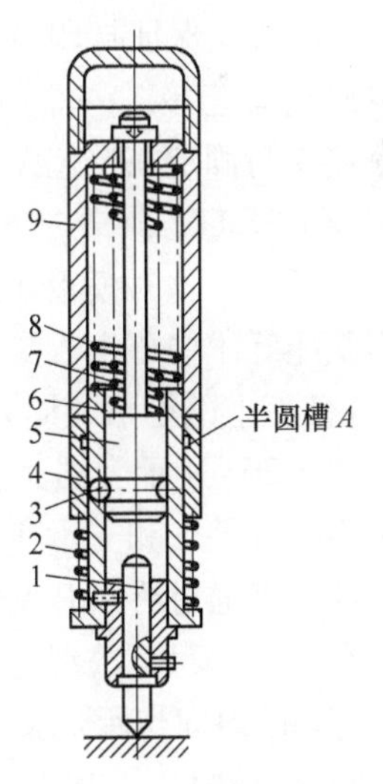

图 5-201　大型工件手动冲击打印装置

1—触头　2、7、8—弹簧　3—滚珠　4—套　5—冲杆　6—导套　9—外套

当导套 6 向上移动时，在弹簧 8 的作用下冲杆返回原始位置，在弹簧 2 的作用下，套 4 使滚珠回到冲杆的槽中，准备好重复上述动作。

为使工作正常进行，装置在原始位置时应使冲头与触头冲击表面之间的距离比导套径向孔与套 4 环形槽 A 之间的距离小 2~3mm。

图 5-202 所示为另一种用于铸铁和有色金属（硬度在 23HRC 内）工件的冲击打印装置。

在杆 2 上固定有打印头 1，其内装有六个印戳。工作时打印头靠在工件上，迅速压下本体 5，这时杆 2 靠在滑块 6 上，冲杆 8 向上移动压缩弹簧 9。滑块通过簧片 7 与冲杆 8 相连，当滑块移动到本体 5 的内锥孔时，滑块 6 被压

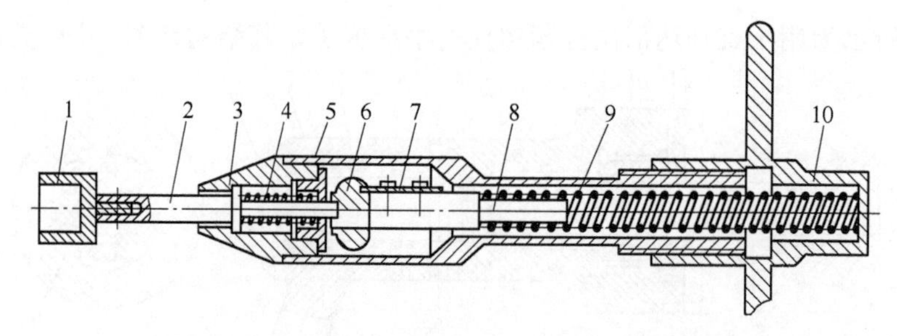

图 5-202 铸铁、有色金属工件的冲击打印装置

1—打印头 2—杆 3—座 4、9—弹簧 5—本体 6—滑块 7—簧片 8—冲杆 10—套筒螺母

偏，使杆 2 离开滑块孔边缘而进入滑块孔内，这时冲杆 8 在弹簧 9 的作用下向下移动，使杆 2 受到冲击，完成打印。本体上升时，弹簧 4 使杆 2 回到原始位置，滑块在弹簧片的作用下也回到原始位置。

打印装置的主要零件用 45 钢制造，冲击力达 80N；用铝合金制造时，冲击力达 30N。

管件采用冲击打印是一项繁重的手工操作，而且噪声大，会造成薄壁管件会横截面变形。图 5-203所示为用于直径为 6~40mm 不锈钢管件的电化学打印装置。

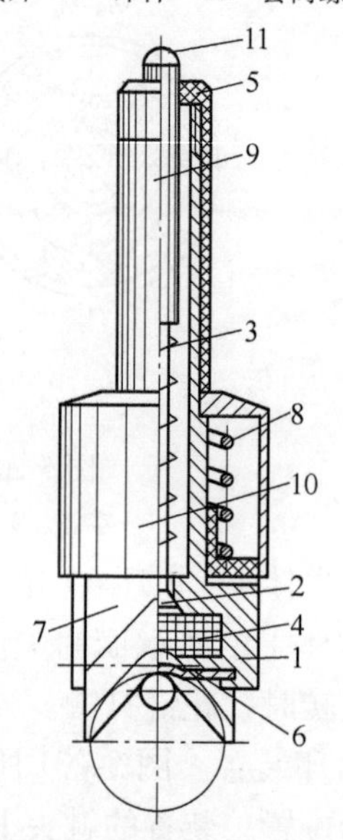

图 5-203 管件的电化学打印装置

1—本体 2—阀 3、8—弹簧 4—下腔 5—套盖 6—模板 7—V 形块 9、10—外套 11—杆

在本体 1 中有由阀 2 隔开的两个腔(弹簧 3 将阀 2 压在本体的阀座上)，下腔 4 填满聚氨酯纤维，通过套盖 5 向上腔注入电解液。在本体下面做出嵌入模板 6 的槽，模板的材料为弹性介质材料。被弹簧 8 压紧的夹布塑料定位 V 形块 7 将模板端面挡上，V 形块 7 保证打印装置与管件的定位和使管件与电源接头连接。一个电源接头与本体相连，另一个接头与固定在定位 V 形表面的电极相连。杆 11 与阀 2 相连。

压下杆 11，阀 2 向下移动，电解液从上腔流到下腔，浸润聚氨酯纤维。将打印装置紧靠在管子上，这时模板 6 弯曲贴在管子上，同时压缩聚氨酯纤维，使电解液通过模板的槽，从聚氨酯纤维中压出，流在管子表面上。接通电路产生电化学反应，在管子上出现明显的印痕(与模板上的槽形相同)。打印时间为 0.5~1.5s，装置的质量(不包括电解液)为 160g。

图 5-204 所示为端面铣刀镶装刀片电化学打印装置。装置有电极夹头 1，其上用卡板 2 固定终点开关 3 和支承 4。用螺钉 7 固定电极 5，并通过螺钉使电源负极与工作电流接通；电源的正极通过终点开关 3 与支承 4 接通。

在工件(刀片)放到电极基面上和将其压向支承 4 和 8 直到终点开关作用时，开始进行打印。打印的时间与所要求的压痕深度有关，为 0.5~2s。采用印刷字体作为电极的符号(粘在环氧树脂化合物上)。为降低电极定位面的磨损，在其上安装两个不锈钢模板 6(与电极本体 5 绝缘)。模板 6 可用于接通电源的正极，使一个终点开关的接头与一个支承接通。

该装置结构简单，维护方便，生产率达每小时 1500~1800 件，其技术特性是：打印深度为3~20μm；同时打印符号的数量15；工作台面尺寸80mm×60mm；电源电压为2~6V；所需功率300W；装置的尺寸（长×宽×高）为500mm×500mm×700mm；质量为120g。

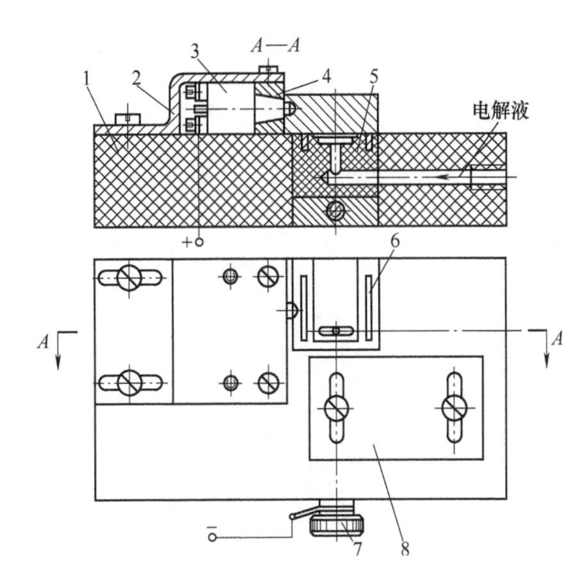

图5-204　端面铣刀镶装刀片电化学打印装置

1—电极夹头　2—卡板　3—终点开关　4、8—支承　5—电极　6—模板　7—螺钉

图5-205所示为气动冲击打印装置。

本体9有两个相互连通的环形腔，两腔始终有压缩空气和作为贮存腔。在本体内压入套3，其中的活塞杆2与活塞做成一体，活塞下端有打印工具。活塞用弹性青铜环10密封，弹簧11靠在盖1上，盖1又是活塞杆的导向。

活塞的上腔与贮气腔用自定位进气阀5隔开，在弹簧7的作用下将阀5（端面上有密封环6）压在本体9活塞上腔上，而贮气腔的压缩空气对密封有帮助。

工作时，用三位开关接通装置，这时活塞8的杆腔与气源相连。当活塞8杆腔的压力大于弹簧7的力时，阀5离开在活塞上面的腔，这时瞬间打开进气阀，活塞处于最大压力下，完成冲击打印。打印后，气动三位开关使活塞8上腔与大气接通，在弹簧7、11的作用下，气阀5和活塞杆2返回原位。

（4）静平衡装置　利用静平衡装置检查旋转工件或组件的不平衡，然后予以消除达到静平衡。图5-206所示为几种静平衡装置简图。

图5-206a所示为在水平导轨上进行静平衡装置简图，心轴的圆度、锥度不超过0.010~0.015mm，两导轨（应为刀口支承）应等高。心轴和导轨的硬度为50~55HRC，导轨的工作长度为(2~2.5)πd（d为工件内孔直径）。

导轨支承宽度

$$b=0.35\frac{GE}{\sigma d}（单位\ cm）$$

式中　G——作用在支承上的重力，单位为N；

E——心轴和导轨材料的弹性模量，单位为kgf/cm^2；

σ——心轴与导轨接触处的允许压力，单位为MPa，淬火表面$\sigma=(2\sim3)10^3$MPa。

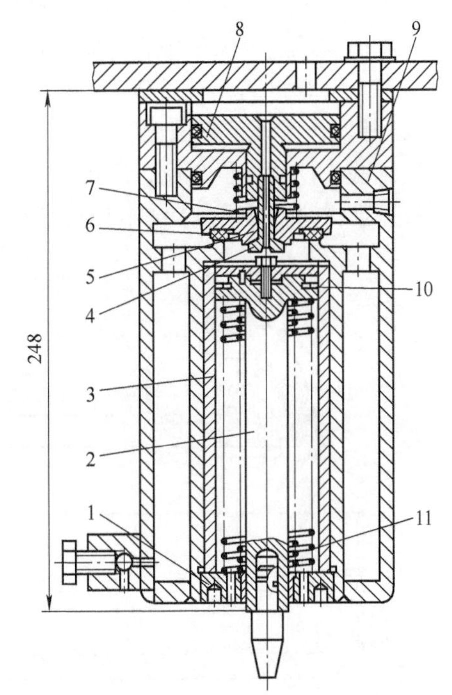

图5-205　气动冲击打印装置

1—盖　2—活塞杆　3—套　4—喷嘴　5—阀　6—密封环　7、11—弹簧　8—活塞　9—本体　10—环

支承宽度的经验数据：工件质量≤3kg，b=0.3mm；工件质量为3~30kg，b=3mm；工

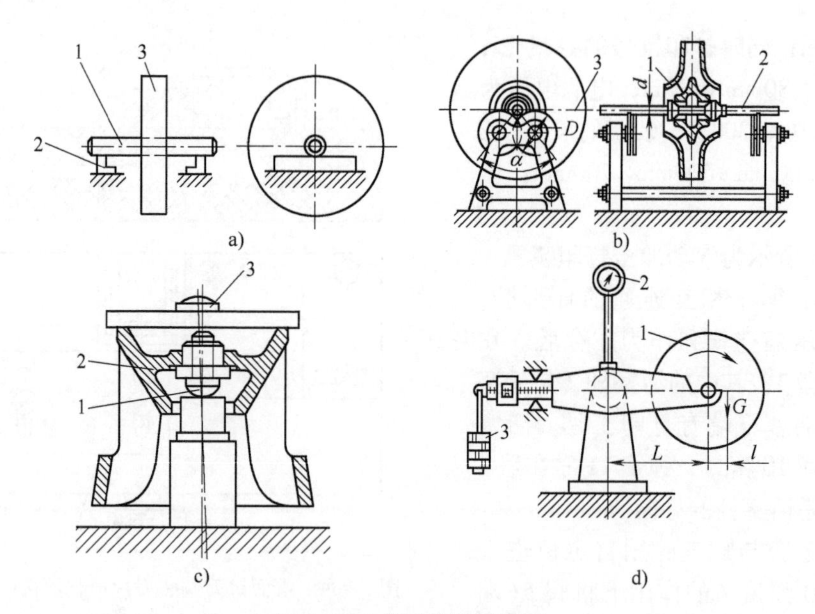

图 5-206　静平衡装置简图

a）1—心轴　2—水平导轨　3—工件　b）1—工件　2—心轴　3—圆盘

c）1—球面　2—工件　3—水平仪　d）1—工件　2—仪表　3—平衡重

件质量为 30~300kg，$b=30$mm。

图 5-206b~d 所示分别为在圆盘上、在球面上和在专用称量器上进行平衡的装置。

在球面上平衡时，工件重心应低于球面中心，以保持稳定性。为提高平衡精度，工件重心在位于球面支承点与球面中心之间。球面半径 $R=0.5\sqrt{G}$（单位为 mm）。

（5）密封试验装置　图 5-207 所示为三通管接头类压力铸件密封试验装置（同时试验两个工件），其操作实现了机械化。

将被试验工件放在板 9 上，用销 8 限位，用手柄 1 使板 9 绕轴 10 转动，使板 9 落在水池 18 中，这时拉杆 13 和 14 绕本身轴转动和接通顺序动作的气动分配阀 15。开始空气进入

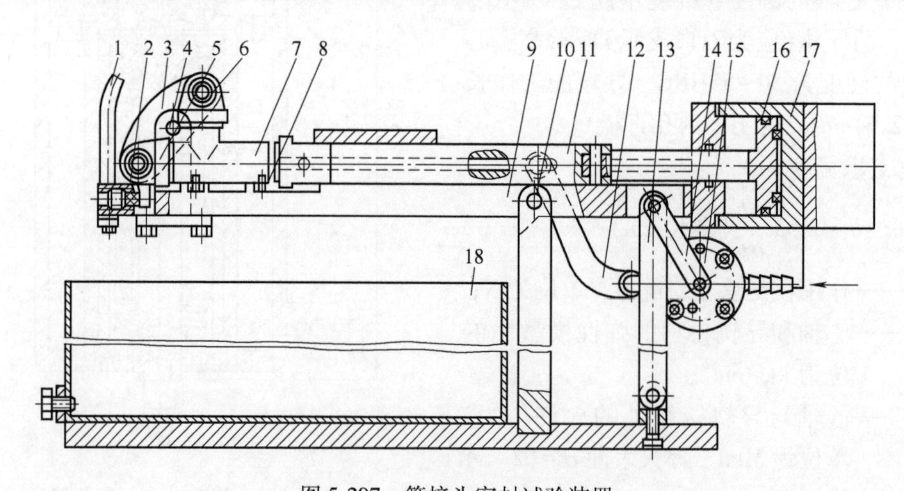

图 5-207　管接头密封试验装置

1—手柄　2—缓冲器　3、13—杠杆　4、10—轴　5、6—支承　7—工件　8—销　9—板

11—滑杆　12—软管　14—杆　15—分配阀　16—活塞　17—气缸　18—水池

气缸 17 的右腔，活塞 16 与滑杆 11 向左移动，滑杆 11 压紧工件，使工件靠在支承 5 的端面上，这时支承 5 使杠杆 3 绕轴 4 转动，而杠杆 3 上的支承 6 同时压紧工件的上面，这样三通工件的三个面全被封死。当继续转动板 9，压缩空气经分配阀 15、软管 12 和滑杆 11 的孔进入工件，即可对其密封性进行试验，在铸件有缺陷的部位会出现水泡。

板 9 逆向转动，各元件回到原始位置，其中在缓冲器 2 的作用下，杠杆 3 返回原位。应用该装置生产率提高了 3.5 倍，减少了压缩空气的消耗。

图 5-208 所示为发动机气缸体密封试验装置，在装置中应对铸件各敞开口进行封堵。为提高试验效率，应采用快速夹紧机构，使用气动(三处)与快速螺旋(两处)相结合。

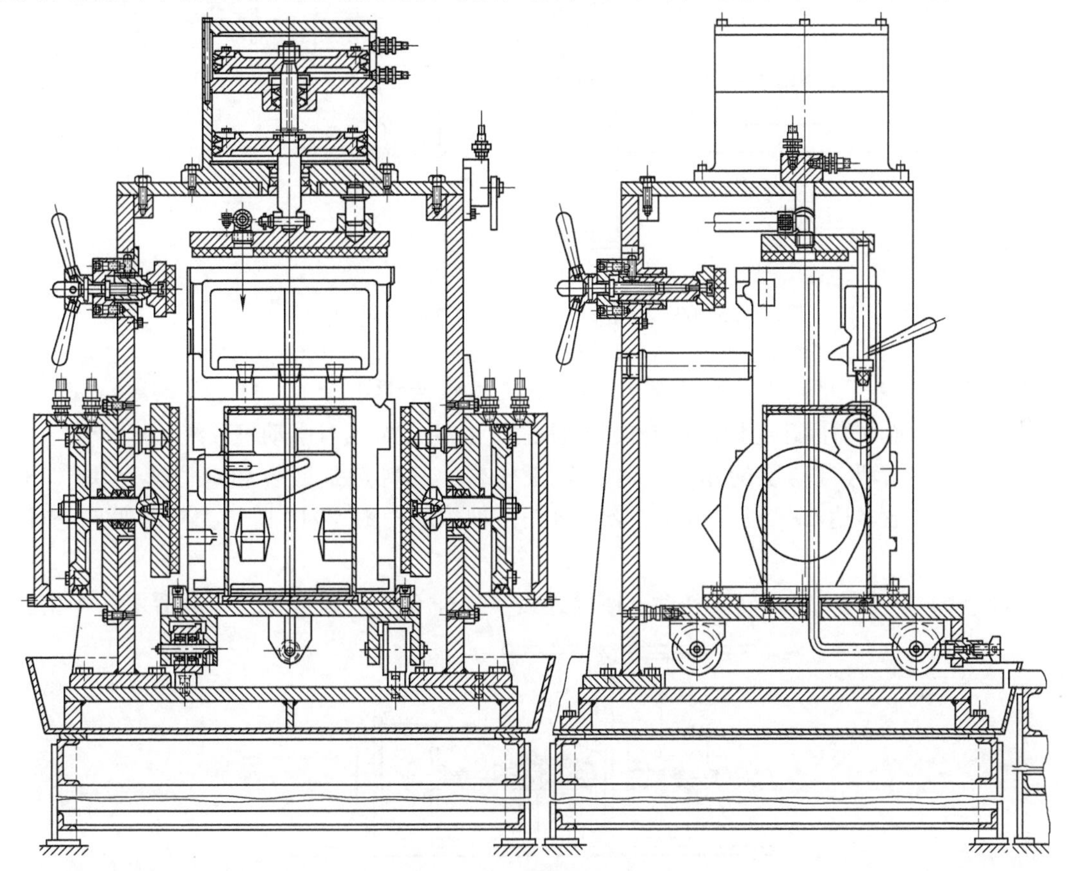

图 5-208　气缸体密封试验装置

气缸体放在小车上，推入试验装置。气缸体与装置的接触面和封堵各口的挡板均采用橡胶、夹布橡胶等密封材料。从顶面注入密封试剂(水或冷却液等)。

3. 自动化装配装置

(1) 自动化装配装置示例　图 5-209 所示为装配连杆时拧紧和松开螺钉的双轴装置，其转矩 160~180N · m。

装置由电磁动力头 1(转矩误差±2%)、电动机 2(通过带传动和传动装置将转矩传给电磁动力头)、控制台 3(用于半自动旋螺纹)和夹具 4 组成，如图 5-209a 所示。

用装在控制工作台上的操纵板上的电位计调整两轴的转矩在一定范围内，当到达一定的转矩时，电磁离合器被动部分开始打滑，工作轴停止转动，用踏板 6 切断电源。

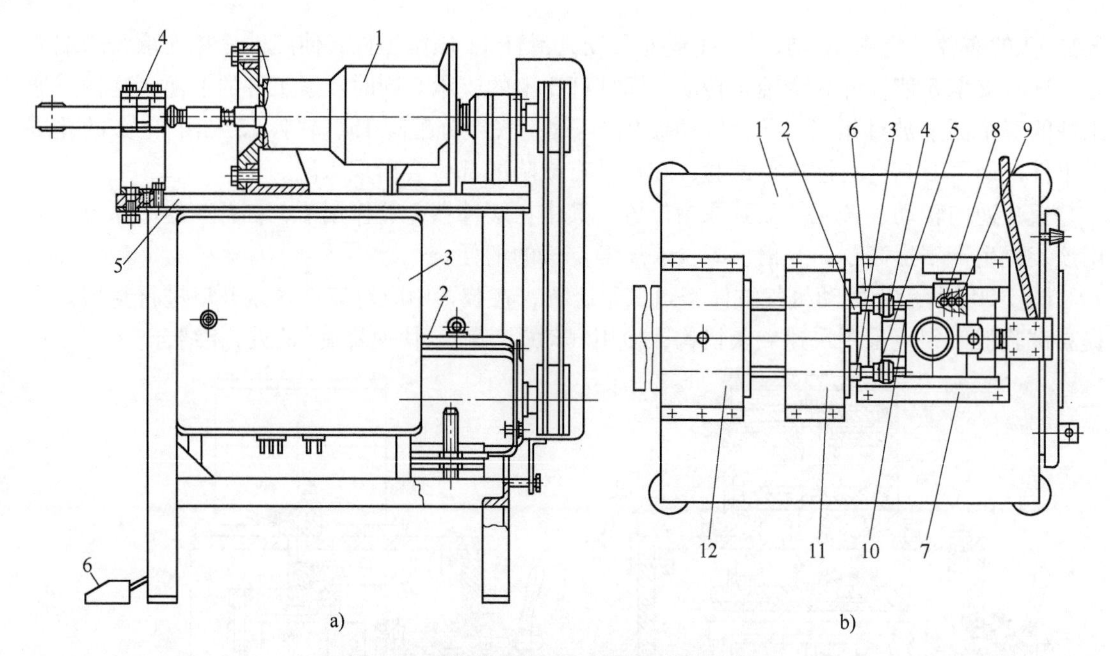

图 5-209 拧紧和松开连杆螺钉的双轴装置

a）1—电磁动力头 2—电动机 3—控制台 4—夹具 5—工作台 6—踏板

b）1—工作台 2、3—工作轴 4、5—扳手头 6—支承 7—导向座 8—螺钉 9—销 10—支座 11、12—减速器

图 5-209b 所示为拆卸连杆双轴装置的顶视图，在工作台内有电动机系统。

图 5-210 所示为自动装配用的一种回转工作台，其特点是回转和定位速度快（0.3～1.5s），分度数最多达 60，可采用气、液、电任一种传动。图 5-210 所示为气动四工位回转工作台。

星形轮 1 通过管 2 与回转工作台 3 刚性连接，杠杆 6 的双臂与气缸 5 的活塞杆 4 相连。

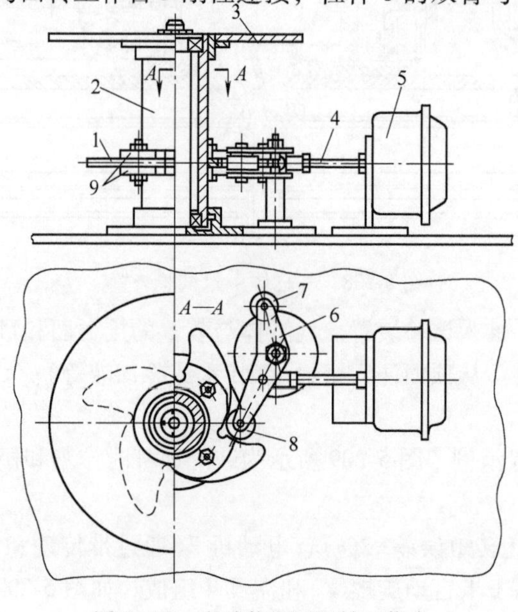

图 5-210 自动装配用回转工作台

1—星形轮 2—管 3—回转工作台 4—活塞杆 5—气缸 6—杠杆 7、8—滚轮

在杠杆两端的轴上有滚轮 7 和 8。

在装配工作进行时，气缸 5 的压力使滚轮靠在星形轮的凹底，使工作台固定。装配工作结束，压缩空气从气缸工作腔排向大气，杆 4 回到原始位置。杆 4 移动到终点时，滚轮 7 在气缸返回弹簧力的作用下压上星形轮齿的工作面，使星形轮和整个机构逆时针回转，这时滚轮 8 不妨碍工作。滚轮 7 的行程结束，星形轮下一个齿的工作表面经过滚轮 8。当向气缸 5 的工作腔供压缩空气时，滚轮 8 与下一齿工作表面接触，使星形轮和工作台一起顺时针转动，进行分度。

星形轮齿的凹面做成圆弧形，这样可使滚轮自由从啮合处脱开。当分度数<4 时，齿的凸面做成渐开线形；当分度数>4 时，可用圆弧代替。

该机构可防止被动环节过载，如果由于某种原因动作受阻，滚轮 7 能离开星形轮，然后重新定位。这个特性对自动装配机很重要。

图 5-211 所示为装配小型工件的连续回转工作台。

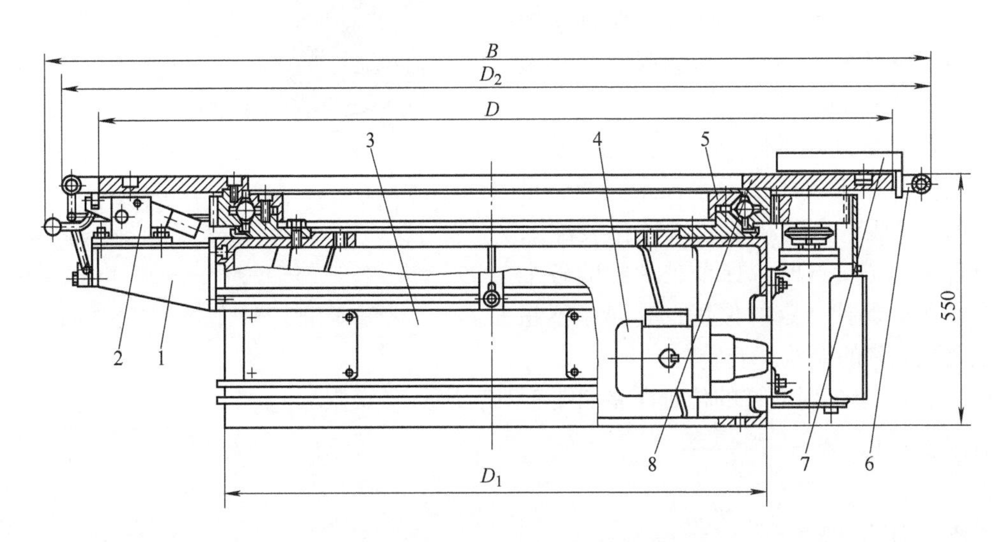

图 5-211　装配小型工件的连续回转工作台

1—工作台　2—转动装置　3—轴承支承　4—停止器　5—保持架　6—转盘　7—随行夹具　8—护板

该回转工作台的主要规格见表 5-52。

表 5-52　回转工作台的规格

D/mm	800	1000	1250	1600			2000	2500	3000
D_1/mm	445			840			1400		
D_2/mm	980	1180	1430	1780			2180	2680	3180
B/mm	—	—	1555	1905			2305	2795	3295
工位数	3	3；4		4	5	6	5；6；7	6；7；8	8；9；10
传动功率/kW	0. 25			0. 25			0. 25		
转盘最大负载/N	6000			8000			10000		

图 5-212 所示为自动压入橡皮碗装置。

本体 1 与机械手相连，其内有弹性心轴 2，心轴伸出长度由螺钉 3 调节和限位。在心轴上有两个通过本体上槽 9 的小轴 4，在两小轴 4 上用螺母固定半套 6，其上一面有触板 5，另一面有爪 7(与固定在心轴 2 上的传感器 8 接触)。

当装置将容器中的橡皮碗套在心轴 2 上时，压下触板 5，半套 6 回转，爪 7 挡住传感器 8 的喷嘴和机械手停止向下移动，然后其上有橡皮碗的装置移动到装配工位。

在装配夹具 13 上的工件 12 在定位轴 11 的外圆表面上定位，工件 12 也是橡皮碗的导向。当心轴 2 下端面与定位轴 11 上端面接触时，本体 1 继续向下移动，压缩弹簧和将橡皮碗压入工件 12 的孔中。

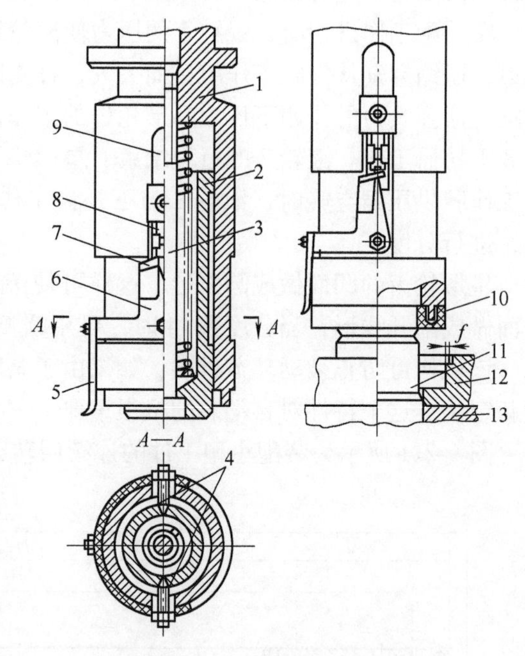

图 5-212　自动压入橡皮碗装置

1—本体　2—心轴　3—螺钉　4—小轴　5—触板　6—半套　7—爪　8—传感器　9—槽　10—橡皮碗　11—定位轴　12—工件　13—夹具

（2）自动装配时零件的允许位置误差

一般装配操作靠工人的技术水平来完成，自动装配时(包括半自动和某些机械化装配)，则靠设备来完成。这时应保证被装配的各个零件在设备中保持一定的位置，其误差不超过完成装配允许的误差。

1）轴与孔装配时允许的位置误差如图 5-213 所示(按极限法)。

对图 5-213a　$\Delta_p=\dfrac{D_{min}-d_{max}}{2}$

对图 5-213b　$\Delta_p=\dfrac{D_{min}-d_{max}}{2}+c$

对图 5-213c　$\alpha=\arccos\dfrac{d_{max}}{D_{min}}$

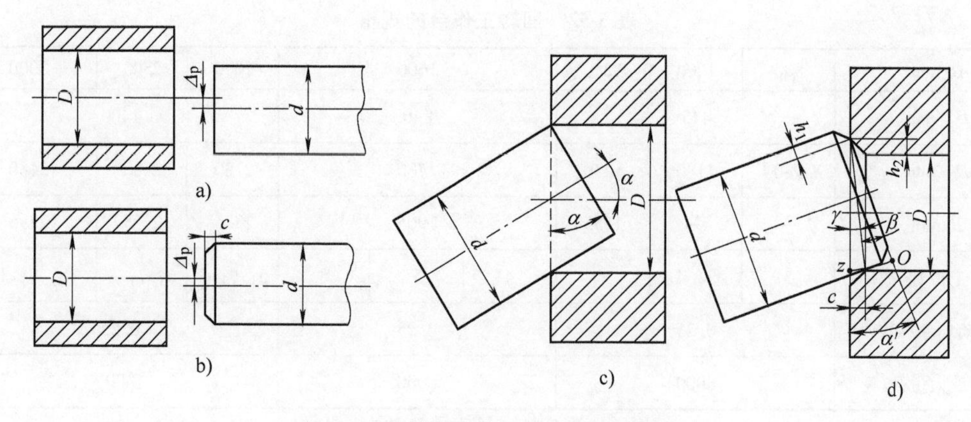

图 5-213　轴与孔装配的允许位置误差

对图 5-213d　$\alpha'=\beta+\gamma=\arccos\dfrac{d_{\max}-h_1}{\sqrt{c^2+(D_{\min}+h_2)^2}}+\operatorname{arc}\cos\dfrac{D_{\min}+h_2}{\sqrt{c^2+(D_{\min}+h_2)^2}}$

2）螺纹连接装配时允许的位置误差　在螺钉上有宽度为 c_B 和在螺母上有宽度为 c_r 倒角的条件下，为保证装配螺钉和螺母轴线允许偏移，则

$$\Delta_p=\frac{\Delta_{0\ \min}}{2}+c_B+(c_r-h)$$

式中　h——螺纹工作高度，$h=\dfrac{P}{8}$（P 为螺纹螺距）；

$\Delta_{0\ \min}$——螺纹中径最小间隙。

螺钉和螺母轴线允许的倾斜角为

$$\gamma=\operatorname{arc}\tan\frac{0.5P+h+\Delta_{0\ \min}\tan\dfrac{\alpha}{2}}{d_B}-\operatorname{arc}\tan\frac{0.5P+h}{d_B}$$

式中　P——螺纹的螺距；

h 和 $\Delta_{0\ \min}$——分别为螺纹工作高度和螺纹中径最小间隙；

α——螺纹截形角，对公制螺纹 $\alpha=60°$；

d_B——螺钉的最大外径。

例如对 M20×2.5，公差带为 6h，中径公差为 $^{0}_{-0.132}$ mm；公差带为 7H 级，中径公差为 $^{+224}_{0}$，所以 $\Delta_{0\ \min}=0.132$mm，$h=\dfrac{P}{8}=\dfrac{2.5}{8}=0.3125$mm，得

$$\gamma=\operatorname{arc}\tan\frac{0.5\times2.5+0.3125+0.132\times\tan30°}{20}-\operatorname{arc}\tan\frac{0.5\times2.5+0.3125}{20}=4°40'-4°28'=12'$$

γ 角的计算可简化为下式：

$$\gamma=\operatorname{arc}\tan\frac{0.5\times\Delta_{0\ \min}}{d_B}=\operatorname{arc}\tan\frac{0.5\times0.132}{20}=\operatorname{arc}\tan0.0033\approx12'(\tan12'=0.0035)$$

对公制螺纹，为保证装配螺钉与螺母之间允许的轴向偏移 Δ_p 和相互倾斜角 γ 见表 5-53~表 5-55。[104]。

表 5-53　G/g 和 G/e 配合螺钉与螺母装配时允许的轴向偏移[104]　（单位：mm）

螺距	螺钉螺母均有倒角	只一个零件有倒角	螺距	螺钉螺母均有倒角	只一个零件有倒角
0.25	0.30	0.16	0.75	0.84	0.44
0.3	0.34	0.19	0.8	0.90	0.46
0.35	0.40	0.22	1	1.12	0.57
0.4	0.46	0.24	1.25	1.40	0.72
0.45	0.50	0.27	1.5	1.66	0.85
0.5	0.56	0.30	1.75	1.94	1.00
0.6	0.67	0.35	2	2.20	1.12
0.7	0.79	0.42			

表 5-54　G/g 配合螺钉与螺母装配时允许轴线相互倾斜角 γ

螺纹规格/mm	±γ	螺纹规格/mm	±γ
M6×1	0°18′	M14×1.5	0°09′
M6×0.75	0°16′	M14×1.25	0°08′
M6×0.45	0°14′	M14×0.75	0°06′
M8×1.25	0°15′	M16×2	0°09′
M8×0.75	0°12′	M16×1.5	0°08′
M8×0.5	0°11′	M16×1	0°06′
M10×1.5	0°13′	M16×0.75	0°06′
M10×1.25	0°12′	M18×2.5	0°10′
M10×1	0°10′	M20×2.5	0°09′
M10×0.75	0°09′	M20×2	0°07′
M10×0.5	0°08′	M20×1.5	0°06′
M12×1.75	0°12′	M20×1	0°10′
M12×0.5	0°07′	M20×0.75	0°04′
M14×2	0°11′	M22×2.5	0°08′

表 5-55　G/e 配合螺钉与螺母装配时允许轴线相互倾斜角 γ

螺纹规格/mm	±γ	螺纹规格/mm	±γ
M8×1.25	0°24′	M18×2.5	0°14′
M10×1.5	0°20′	M20×2.5	0°12′
M10×1.25	0°19′	M20×2	0°11′
M10×1	0°18′	M20×1.5	0°10′
M12×1.75	0°18′	M20×1	0°09′
M14×2	0°16′	M22×2.5	0°11′
M14×1.5	0°14′	M24×3	0°10′
M14×1.25	0°13′	M24×2	0°09′
M16×2	0°14′	M24×1.5	0°08′
M16×1.5	0°12′	M24×1	0°07′
M16×1	0°11′		

3）平面连接装配允许位置误差　图 5-214 表示将主轴承盖自动装到气缸体槽中，装配时轴承盖先套入两螺柱孔，然后再使轴承盖侧面与气缸体上两定位面配合。在轴承盖上有宽度为 c 的倒角，则在任意方向上轴承盖两孔相对汽缸体上两螺柱轴线的位置误差不大于 Δ_p

$$\Delta_p=\left[(D_{min}-d_{max})\frac{1}{2}-\delta\right]+c$$

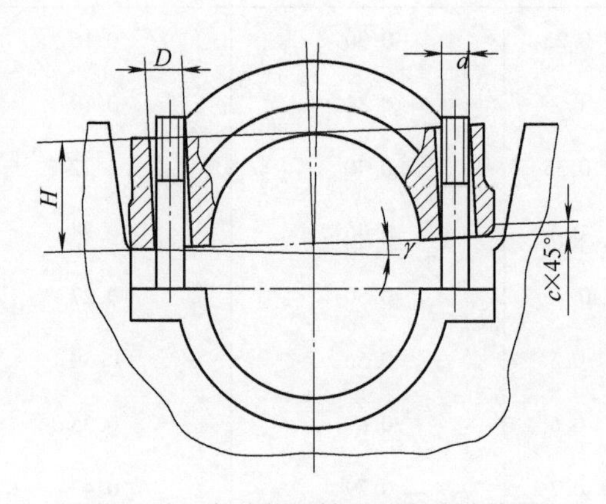

图 5-214　自动装配轴承盖定位计算图

式中　D_{min}——轴承盖两孔的最小直径；

d_{max}——两螺柱的最大外径；

δ——轴承盖两孔中心距公差；

c——轴承盖上的倒角。

装配时还应保证在任意方向上，轴承盖两孔轴线相对气缸体上两螺柱轴线的倾斜角小于 γ

$$\gamma=\arctan\frac{D_{\min}-d_{\max}}{2H}$$

对自动装配装置或自动装配机，应保证两被装配工件到达装配位置时，其相互位置应符合要求。图 5-215 所示为在自动装配装置上两工件 1 和 2 相互位置误差 δ_{Σ} 的组成情况。

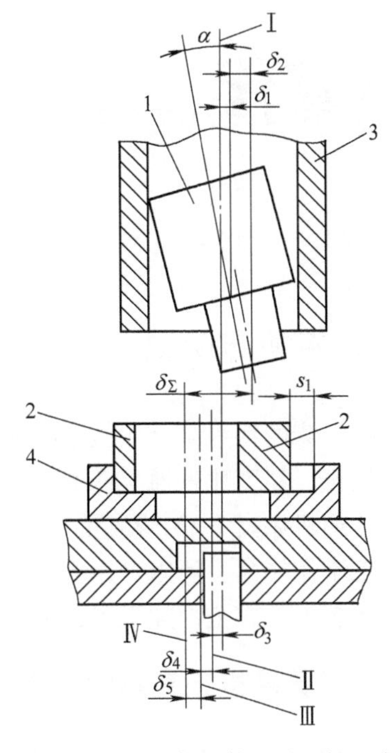

图 5-215　自动装配装置误差的组成
1、2—工件　3—套　4—夹具定位套

上料装置的轴线与分度盘定位销轴线同轴，其轴线为Ⅰ。工件 1 的轴线相对轴线Ⅰ的倾斜角为 α，两工件中心相互偏移 δ_{Σ}，产生误差 δ_{Σ} 的因素有：

① 由于工件 1 大头外圆在套 3 中的间隙使工件产生倾斜，使其轴线相对轴线Ⅰ偏移 δ_1。

② 由于工件 1 小头外圆对大头外圆有同轴度误差，使其轴线在工件长度上相对轴线Ⅰ产生偏移为 δ_2。

③ 由于分度误差，使夹具定位套 4 的轴线相对轴线Ⅰ偏移 δ_3。

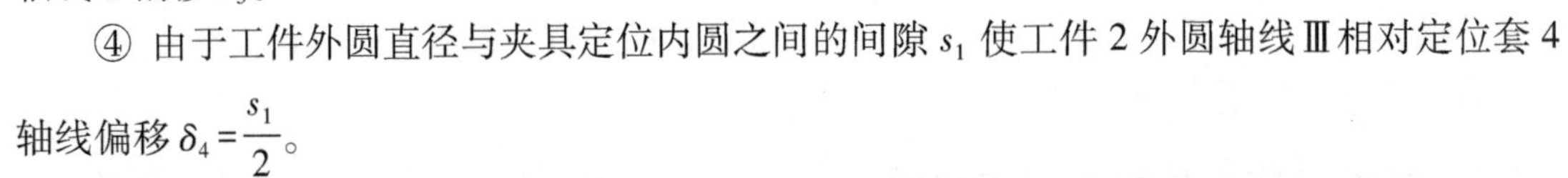

④ 由于工件外圆直径与夹具定位内圆之间的间隙 s_1 使工件 2 外圆轴线Ⅲ相对定位套 4 轴线偏移 $\delta_4=\frac{s_1}{2}$。

⑤ 由于工件内外圆有同轴度偏差，使工件 2 孔轴线Ⅳ相对工件 2 外圆轴线Ⅲ偏移 δ_5。

则工件 1 与工件 2 轴线相对位置误差为

$$\delta_{\Sigma}=\delta_1+\delta_2+\delta_3+\delta_4+\delta_5\text{（极限法）}$$

或

$$\delta_{\Sigma}=\sqrt{\delta_1^2+\delta_2^2+\delta_3^2+\delta_4^2+\delta_5^2}\text{（概率法）}$$

第6章 数控机床和柔性加工系统夹具

6.1 数控机床夹具

数控机床的特点是：用数字控制加工，不受人为因素的干扰，利用软件可补偿误差，进行精度校正，精度比普通机床高，质量稳定；具有比普通机床高的功率(同样规格下)，生产率比普通机床高2~3倍或更高。一般数控机床可采用通用夹具；由于孔加工不用导套、成形加工不用靠模，所以专用夹具数量比普通机床显著减少。采用数控机床加工时，常要求工件一次装夹完成全部加工，避免多次装夹产生误差。

6.1.1 对数控机床夹具的要求

1）具有高的精度和刚性，以保证高精度加工和在粗加工时最大限度地利用机床。

2）夹紧机构应可靠和牢固地夹紧工件。

3）夹具在机床上应保证工件相对机床坐标精确定位。

4）夹具的结构应保证更换产品时能快速重调。

5）加工过程中夹具与机床不会碰撞，对妨碍加工的定位件应能快速拆装。

6）对工件的工艺性有一定的要求。

6.1.2 数控机床夹具的类型和结构

数控机床夹具的主要类型有：通用数控机床夹具(例如各种快速夹紧卡盘、台虎钳、数控分度头和回转工作台等)；通用组合夹具；通用组合可调夹具；专用夹具。

1. 通用数控机床夹具

通用数控机床夹具要求对数控机床卡盘操作快速、夹紧力大，具有高的耐磨性，一般手动通用卡盘不能满足要求。

图6-1所示为齿条斜楔式数控车床卡盘，与普通车床卡盘不同之处是：该卡盘在夹爪3与齿条2之间为平面接触，这样增大了卡盘传递的转矩、精度和使用期限。

图6-2所示为夹紧工件端面带回转轴数的控车床卡盘。图6-2a表示工件端面的松开和夹紧，图6-2b表示该卡盘也可夹紧工件外径(工件未示出)，图6-2c表示夹紧内孔。

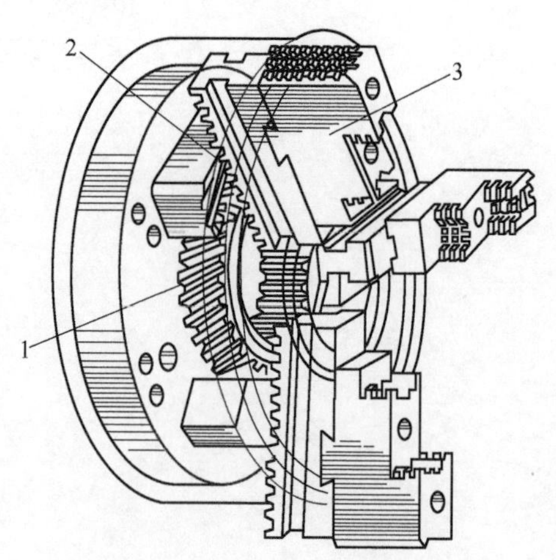

图6-1 齿条斜楔式数控车床卡盘

1—中心齿轮 2—齿条 3—夹爪

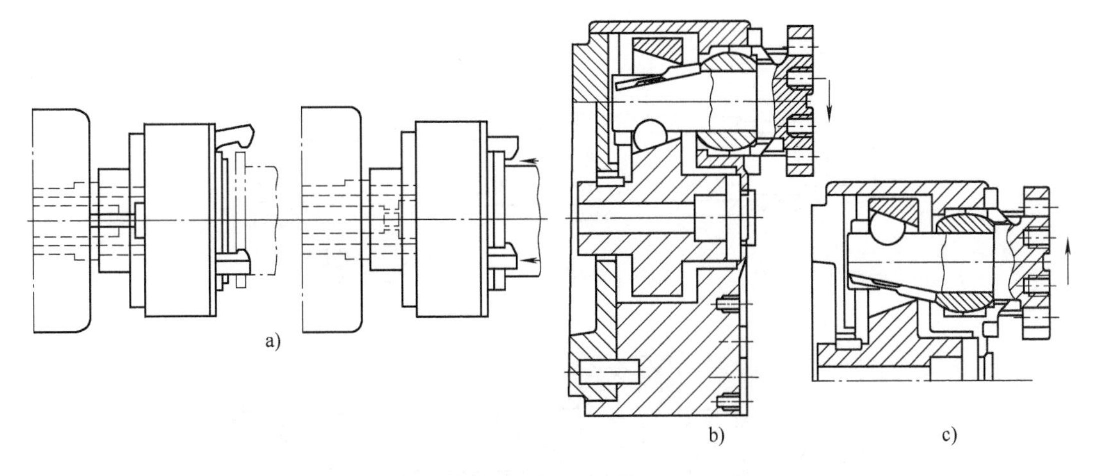

图 6-2　数控车床端面卡盘(也夹紧内、外圆)

图 6-3 所示为数控机床自动回转液压卡盘，工件 2 安装在两夹爪 1 和 3 之间(夹爪是固定的)，夹爪 3 固定在液压缸 5 的活塞杆 4 上，液压缸 6 和 7 移动使回转轴 8 固定：当液压缸 7 活塞杆斜楔端面作用在回转轴的平面上时，回转轴分度(时间 1~2s)，分度后液压缸 7 活塞杆离开，而定位液压缸 6 的斜楔面使回转轴固定。上述动作由控制系统控制。

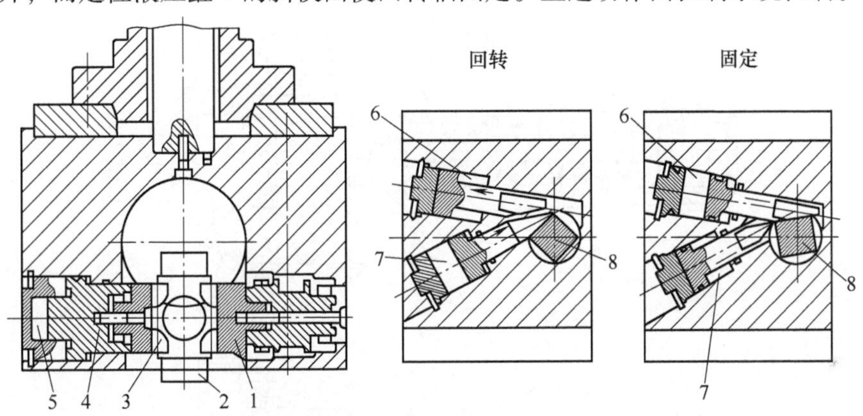

图 6-3　数控机床自动回转液压卡盘

1、3—夹爪　2—工件　4—活塞杆(液压缸 5)　5、6、7—液压缸　8—回转轴

图 6-4 所示为几种数控车床顶尖的结构。

图 6-4a 所示为一种浮动顶尖的结构。空心心轴 3 与滚珠套 6 的配合面为球面与锥面，以保证滚珠套 6 的端面与工件的端面紧密接触。

图 6-4b 所示为一种结构比较完善的旋转顶尖，能承受大的径向和轴向负载，在 1000~2000r/min 的转速下长时间加工。顶尖前端做成两段锥度(前面 60°,后面 30°)，这样可使工件加工最小直径达 6mm，而通常的顶尖加工最小直径为 15mm。

图 6-4c 所示为一种精车轴类工件用的拨动顶尖，成套的拨动件 6(齿面直径为 13~110mm)可加工 ϕ15~ϕ120mm 的轴。浮动顶尖有固定的工艺基面，拨动件的摆动使工件按端面定位，不影响加工精度。拨动件的摆动是靠在套 2 相互垂直的槽中的滚柱实现的。

图 6-4d 所示为一种拨动卡盘的结构，卡盘本体 11 有安装盘 10 的圆槽，在盘 10 圆周上有三个均匀分布的销 6 和三个销 7，在销 7 上有带齿形表面的可换偏心夹爪 8。盘 10 转动时，

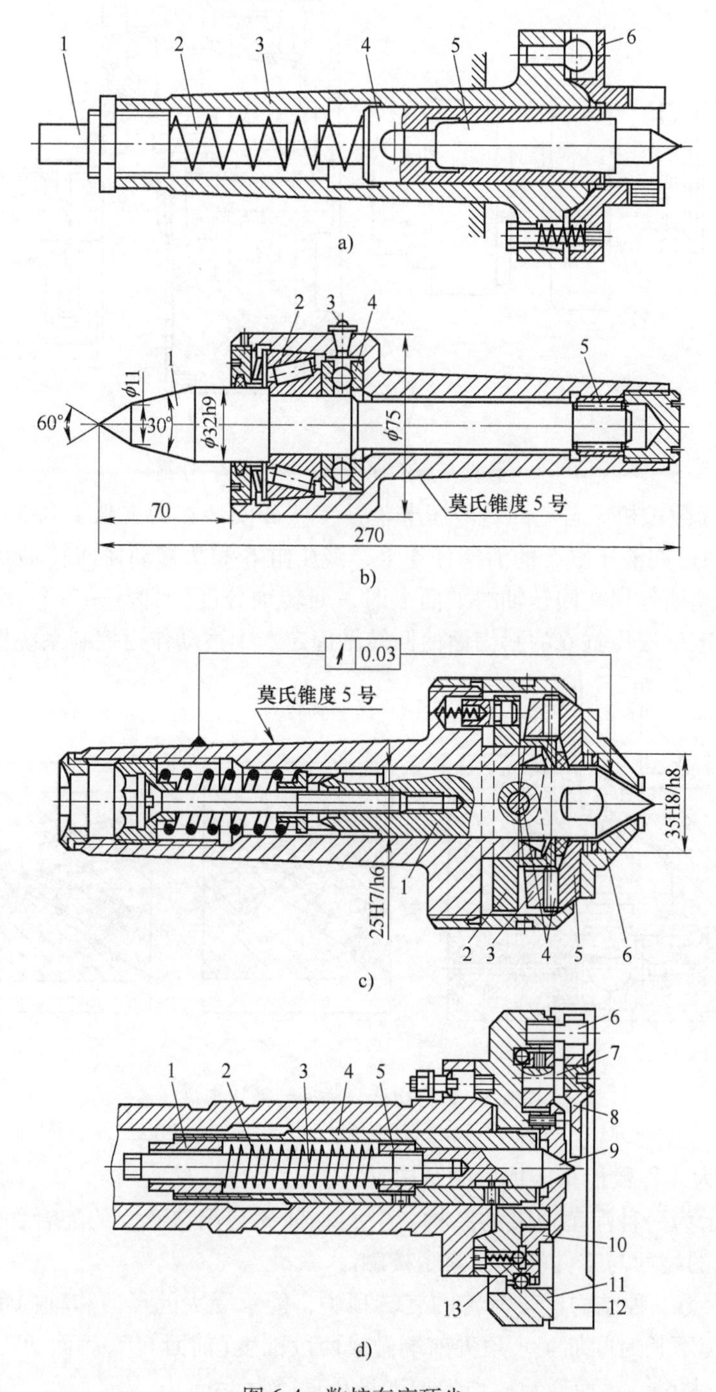

图 6-4　数控车床顶尖

a）1—专用螺钉　2—弹簧　3—心轴　4—定位套　5—可换顶尖　6—滚珠套

b）1—顶尖　2、4—轴承　3—油杯　5—滚针

c）1—顶尖　2—套座　3—座　4—滚柱　5—传动件　6—拨动件

d）1、5—螺纹套　2—弹簧　3—杆　4—锥柄　6、7—销　8—夹爪　9—顶尖　10—盘　11—本体　12—外壳　13—弹簧滚珠定位件

使夹爪8与盘10一起转动，从而使夹爪8相对销7转动，三个偏心夹爪均匀将工件夹紧和传递转矩。外壳12逆时针转动时，松开夹爪，然后用弹簧滚珠使件13定位。该拨动卡盘的配套夹爪可夹紧直径为17~76mm的工件。

在数控机床上广泛采用可快速夹紧和快速调整的台虎钳，机械液压台虎钳的夹紧力为$(3\sim100)\times10^3$N，气动夹紧台虎钳的夹紧力为$(18\sim20)\times10^3$N(气源0.6MPa)图6-5所示为一种机械液压快速夹紧台虎钳。

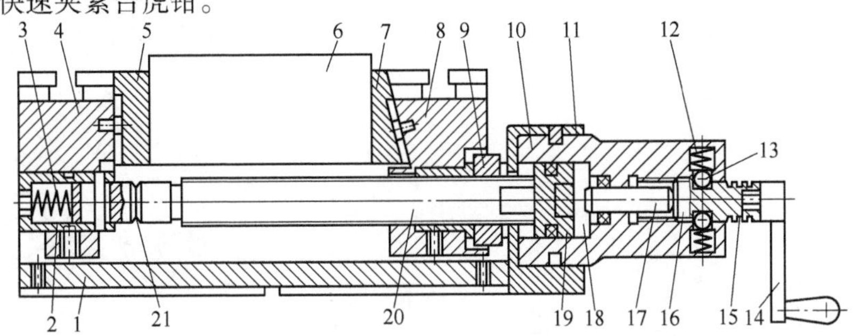

图6-5　机械液压快速夹紧台虎钳

1—本体　2—套　3、12—弹簧　4、8—固定钳口　5、7—可换钳口　6—工件　9—螺母　10—轴套　11—座　13—滚柱　14—手柄　15—环形槽　16、20—螺杆　17—滑柱　18—液压腔　19—活塞　21—环槽

将工件6的左端面靠在固定钳口4的侧面上，顺时针转动手柄14，滚珠带动轴套10和螺杆20同时转动，使固定钳口8和可换钳口7靠上工件。当钳口7与工件接触后，手柄转矩增大克服弹簧12的压力，使滚珠离开传动螺杆16的凹槽。当继续转动手柄时，只有螺杆16转动，而轴套10在螺杆16上打滑。手柄继续转动，滑柱17使液压腔18的压力升高，通过活塞19和螺杆20将工件夹紧。夹紧力大小与手柄的转矩和活塞与滑柱面积之比有关，可通螺杆16上的环形槽15检查夹紧力。最大夹紧力有40kN和60kN，增力活塞工作行程为3.2mm和3.7mm。高压腔工作容积为10cm^{3}和12cm^3。定位槽宽度12H7。

2. 组合夹具

组合夹具由各种规格和形状的基础件、支承件、定位件、导向件、夹紧件等组成，其连接定位方式主要有槽系和孔系或孔系与槽系结合的方式。组合夹具可用于一般机床和数控机床。

（1）槽系组合夹具　图6-6所示为槽系组合夹具的应用。图6-6a表示加工壳体件，由基础板1、等高块2、压板3等组成；图6-6b表示加工轴类工件(钻孔用)。

图6-7所示为槽系组合夹具基础元件简图。

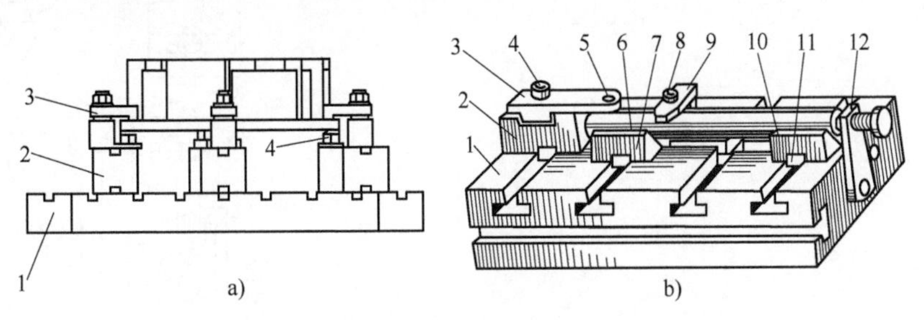

图6-6　槽系组合夹具的应用

a）1—基础板　2—等高块　3—压板　4—支承

b）1—基础板　2—支承　3—钻模板　4—螺母　5—钻套　6—工件　7、10—V形块　8—螺钉　9—压板　11—键　12—工件限位机构

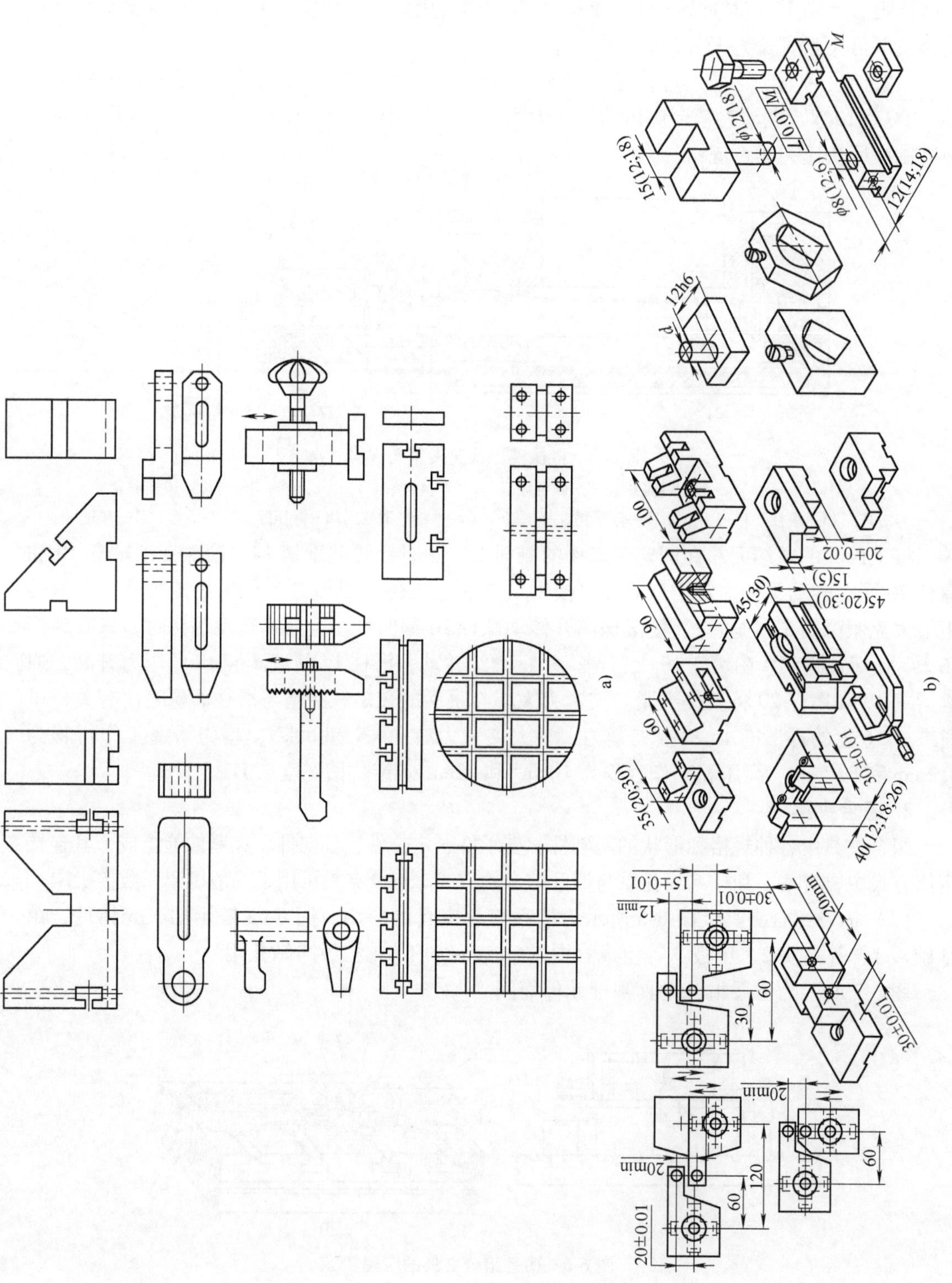

图6-7 槽系组合夹具基础元件简图

图 6-7a 所示为部分槽系组合夹具元件，图 6-7b 所示为扩展槽系组合夹具部分元件。

槽系组合夹具的结构参数和性能见表 6-1。

表 6-1　槽系组合夹具的结构参数和性能　　　（单位：mm）

槽和键宽 b(H7/h6)	槽距及其最小误差	连接螺栓	键用螺钉	支承件面积	最大载荷/N	最大轮廓尺寸(长×宽×高)/mm×mm×mm
16	75±0.01	M16×1.5	M5	75×75 90×90	200	2500×2500×1000
12	60±0.01	M12×1.5	M5	60×60	100	1500×1000×500
8	30±0.01	M8	M3	30×30	50	500×250×250
6	30±0.01	M6	M3，M2.5	22.5×22.5	50	500×250×250

注：1. 槽距公差≤±0.03mm 用于组装普通夹具；槽距公差≤±0.01mm 用于组装数控机床夹具。

2. 长方形支承面积分别为：75mm×112.5mm 和 60mm×120mm(b=16mm)；45mm×60mm，45mm×90mm，60mm×90mm(b=12mm)；30mm×45mm(b=8mm)；22.5mm×30mm(b=6mm)。

（2）孔系组合夹具　图 6-8 所示为孔系组合夹具应用示例。图 6-8a 和 b 分别为装上工件前、后夹具的情况。

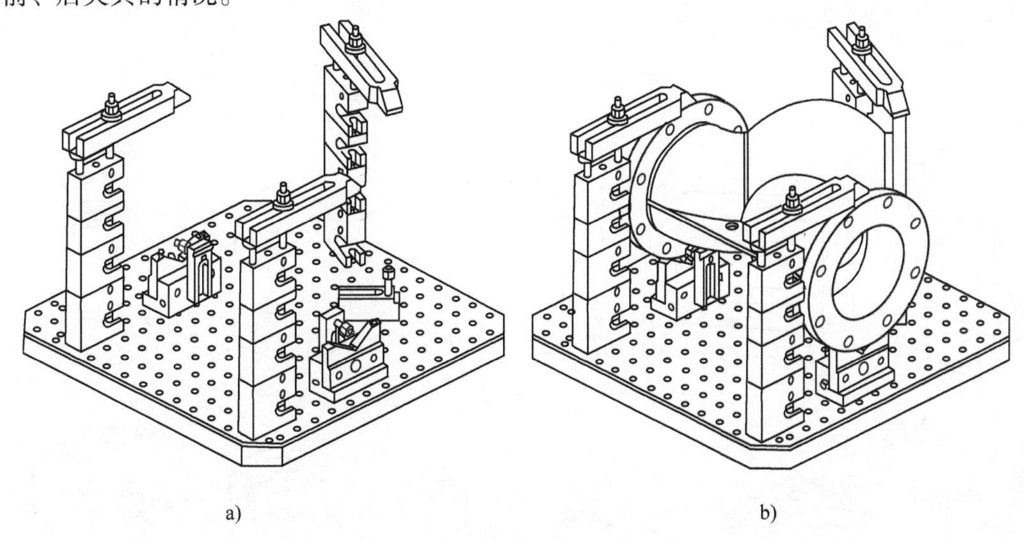

a)　　b)

图 6-8　孔系组合夹具应用示例

孔系组合夹具各元件之间通过网格式坐标孔和定位销实现定位，夹具元件主要技术参数如下：

定位孔 ϕ12.011H6，ϕ16.01H6；

定位销 ϕ12.011K5，ϕ16K5；

定位孔中心距 20mm，30mm，40mm，50mm，80mm，100±0.01mm(最小偏差)；

定位孔对基面的平行度、垂直度和相邻面的平行度、垂直度公差等级为 IT4 级；

单个粘结定位套综合抗剪力 30kN；

元件或组件连接螺纹为 M16(大型)和 M12×1.5(中型)。

孔系组合夹具元件的种类：基础件的种类与槽系组合夹具基本相同；支承件有方形、长方形、L 形、角铁形、扇形、四面、五面、六面以及槽孔过渡支承等；定位件有夹具元件定位销、工件圆形和棱形定位销、连接定位盘、T 形定位键等；调整件按功能有螺纹孔调整板、预制调整板和定位连接板等。

孔系组合夹具部分基础元件如图 6-9 所示。图 6-9a 所示为基础件，图 6-9b、c 所示为支承和定位件，图 6-9d 所示为夹紧件。

夹紧件与槽系组合夹具可以互换使用，但由于槽系组合夹具的基础件是淬火件，而孔系组合夹具的基础件是调质件，所以在组装孔系组合夹具时应避免直接用基础件螺纹孔组装夹紧螺栓；压板的支承螺钉也不要直接压在基础件的表面上。

孔系组合夹具用网形排列的精密孔(其内有淬硬的钢套)代替槽系组合夹具的 T 形槽，所以具有较高的刚度和精度。由试验研究，并按极限法计算，得到槽系与孔系定位精度的比较，见表 6-2。表 6-2 说明：当孔距公差小于±0. 02mm 时，其定位精度高于槽系；当孔距公差为±0. 03mm 时，其定位精度接近槽系。

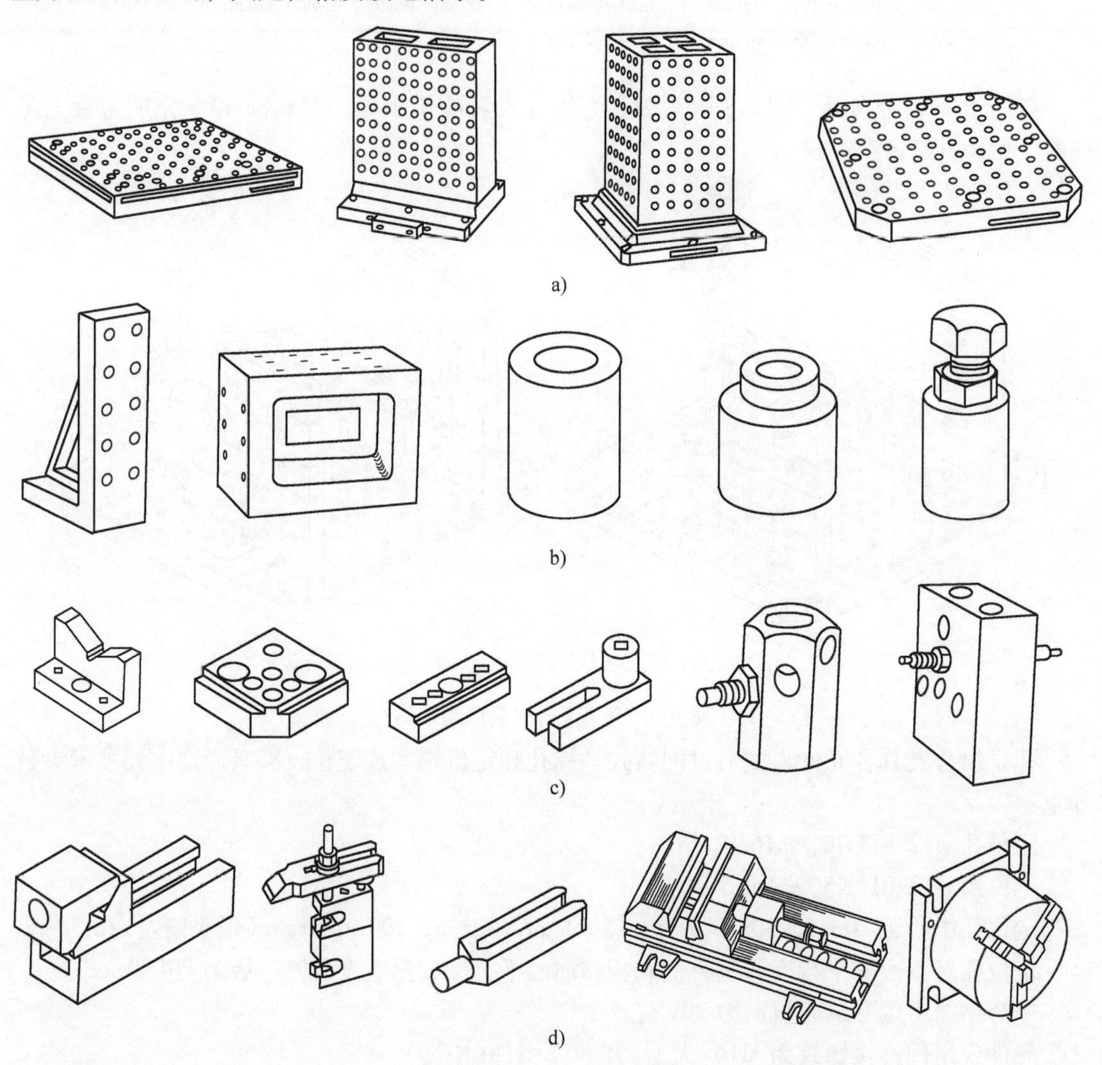

图 6-9 孔系组合夹具基础件简图

表 6-2　槽系与孔系定位精度比较

夹具定位方法	两元件中心距尺寸相对其公称尺寸的偏差/mm	两元件的互偏移量/mm
平键	+0.113 -0.083	0.145
无间隙定位销孔中心距公差		
±0.01	±0.029	0.095
±0.02	±0.039	0.118
±0.03	±0.049	0.138

除精度外，槽系与孔系组合夹具的比较见表 6-3。

表 6-3　槽系与孔系组合夹具的比较

项目	槽系组合夹具	孔系组合夹具
刚度	低	高
组装方便性	好	较差
定位元件尺寸调整	方便、可无级调节	不方便，有级调节
是否具备数控原点	需要专门制造	任何定位孔均可作原点
元件的数量	多	较少
合件化程度	低	高
制造成本	高	低

（3）槽系与孔系结合的组合夹具　图 6-10 所示为一种槽系与孔系结合的组合夹具，孔距为 10±0.01mm，槽距为 40mm，适用于复杂形状零件的加工。

组合夹具元件公差等级一般为 IT6～IT7 级，用组合夹具加工工件，一般位置公差等级达 IT8～IT9 级，经精密调整可达 IT7 级。

3. 通用组合可调夹具

最早开发的组合夹具一般主要适用于单件小批量生产，由于刚性不足，不能满足较大型

图 6-10　槽系与孔系结合的组合夹具

工件的需要和在大量生产中保持加工的稳定性；一般组合夹具是专用的或通用性小。为满足数控机床、加工中心和柔性制造系统的需要，在一般组合夹具的基础上，又开发了通用组合可调夹具，多采用孔系组合。

通用组合可调夹具的特点是：通用性大，刚性好(例如各元件用可胀定位销连接,有的不用T形或门形槽,与槽系连接相比,平面位置稳定性提高2~4倍,静态刚性提高20%~30%,而动态刚性提高1~3倍;同时可减小外形尺寸,切削用量提高了70%)；大部分有机械夹紧装置；并能与一般组合夹具元件互换，如图6-11c所示。

图6-11a所示为一种基础液压板，在液压板2内有网状分布的油孔A和B，液压缸用螺孔C与板连接，油从孔A和B进入液压缸(图6-12)。

图6-11b所示为大型基础液压板，在液压板2上平面有安装液压缸的螺孔(其上有螺塞3,用时取下)、网状分布的螺纹孔B(用螺塞5盖上)和精密定位孔A。为补充紧固液压板备

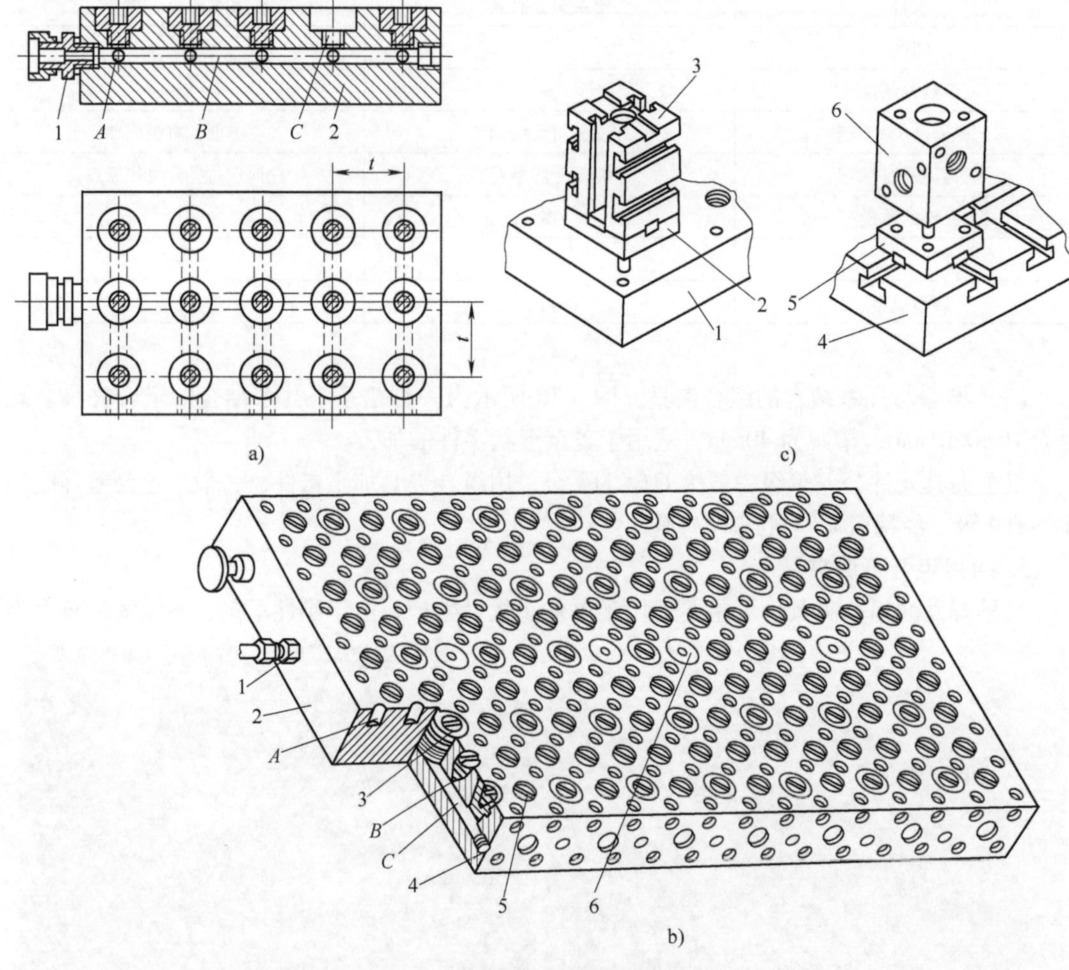

图6-11　基础液压板及应用示例

a) 1—接头　2—液压板

b) 1—接头　2—液压板　3、4、5—螺塞　6—盖

c) 1—通用组合可调夹具底板　2、5—过渡板　3—一般组合夹具元件

4—液压组合板　6—通用组合可调夹具元件

有螺孔(用盖 6 挡上)。在基础液压板下平面上纵向有两精密孔(图中未示),以在机床工作台或随行夹具托板上定位。在这种液压板上可用快换无软管液压缸夹紧工件,液压缸的型式如图 6-12 所示。

图 6-11c 表示通过过渡板 2,槽系组合夹具元件 3 可装在通用组合可调夹具的底板 1 上;通用组合可调夹具的元件 6 通过过渡板 5 也可装在槽系组合夹具的液压组合板 4 上。

图 6-12 所示为安装在液压板上的液压缸。图 6-12a 和 b 为推式,其与液压板通过圆柱(直径 d_2)连接。为调节液压缸夹紧工件的位置,对图 6-12a、c 所示结构,d_2 与液压缸轴线有偏心距 c;而图 6-12c 所示为过渡接头,用于增加夹紧液压缸的高度,这时液压缸装在接头上。

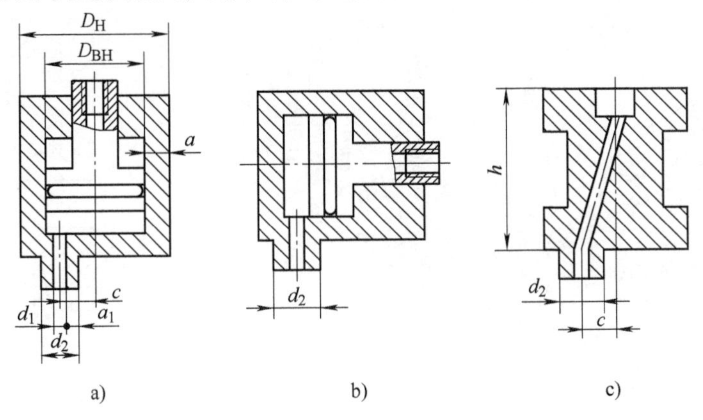

图 6-12　快换无软管液压缸

图 6-13 和图 6-14 所示为通用组合可调夹具的应用示例。图 6-14c 表示通用组合可调夹具各单元定位的方法,从上到下依次为:双面锥销和弹性套;弹性套;开口滚珠;滚珠。

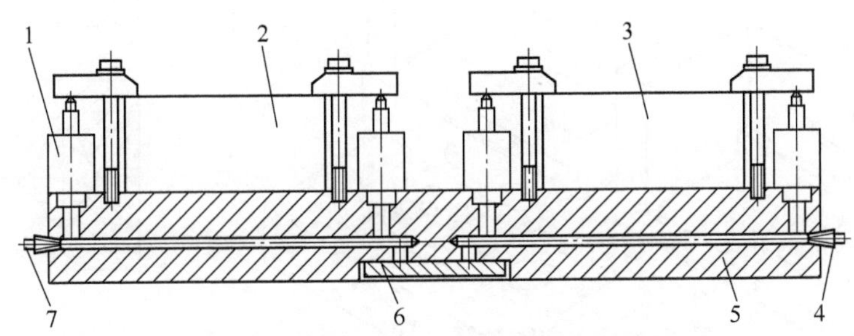

图 6-13　通用组合可调夹具应用示例(一)

1—液压缸　2、3—工件　4、7—接头　5—基础液压板　6—板

图 6-15 所示为液压基础角铁(图 6-15a)及其在通用组合可调夹具上的应用(图 6-15b)。

在通用组合可调夹具中还应用了带内装液压缸的基础液压板,其应用示例如图 6-16 所示。

应说明,在一般组合夹具元件基础上,增加一些元件和功能部件,也可组成适应一定生产范围的通用组合可调夹具。

4. 专用夹具

在数控机床上加工工件,当不适合或不具备条件采用上述三种夹具时,则需要采用专用夹具。对数控机床专用夹具将在 6.1.4 节中介绍。

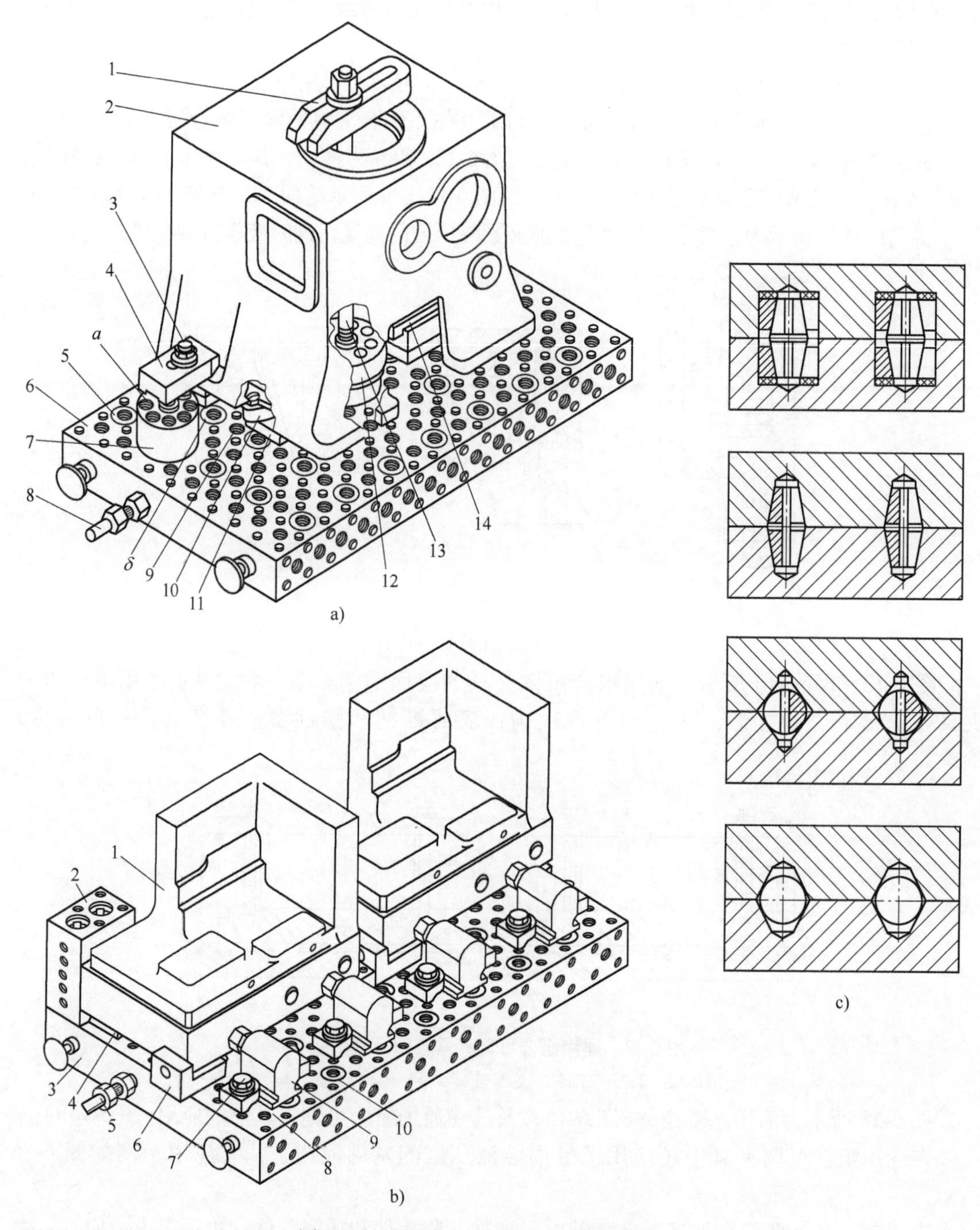

图 6-14 通用组合可调夹具应用示例(二)

a) 1、4—压板 2、13—螺柱 3—螺钉 5—堵头 6—液压板 7、12—无软管液压缸 8—接头 9—菱形销 10、14—定向板 11—支承板

b) 1—工件 2、4、6—定位件 3—液压板 5—接头 7—螺钉 8—压板 9—液压缸 10—堵头

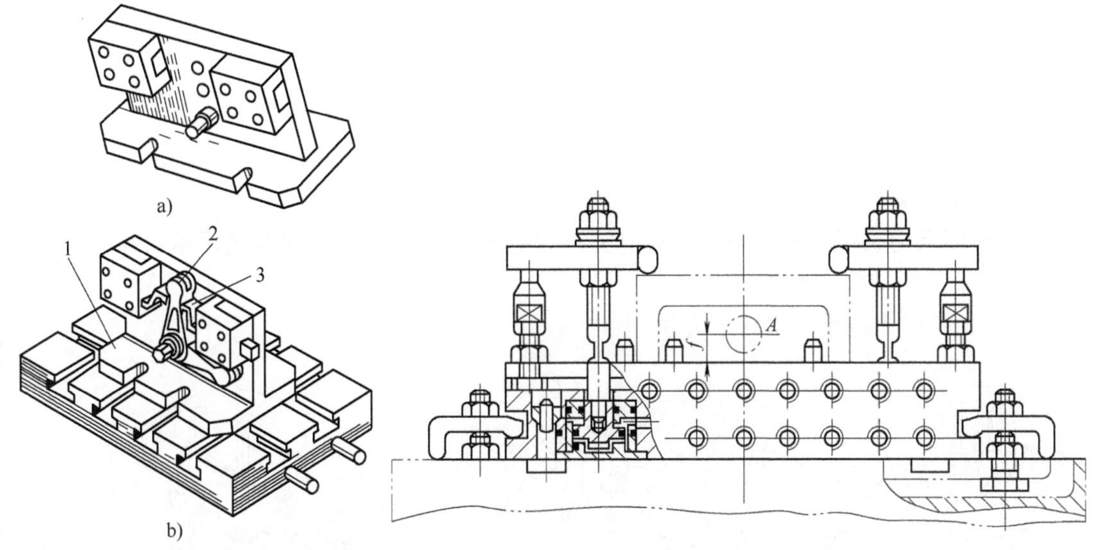

图6-15　液压基础角铁及其应用
1—液压基础角铁　2—工件
3—夹紧机构

图6-16　内装液压缸液压基础板的应用

6.1.3　工件和夹具在数控机床上的定位和加工精度

由于数控机床是在预先规定的坐标系按程序加工的，所以工件在夹具中和夹具在机床工作台上的位置应准确。

夹具在数控机床上的定位示例如图6-17所示。

机床工作台坐标原点为O，夹具以定位销4中心O'作为夹具坐标原点，夹具的纵向定位由尺寸L_X决定(调整时测量达到)。夹具的横向定位，由两定位键2实现；垂直方向的定位由两支承板1实现。

工件在夹具上的横向位置由尺寸L_{Y2}(定向销3的轴线到定位销4宽度对称轴线的距离）决定，纵向位置由尺寸L_X决定。

按图6-17，对钻孔工序，孔的位置误差与尺寸L_X、L_{Y1}和L_{Y2}(L_{Y1}为机床坐标中心到工作台键槽宽度对称轴线的距离)的误差、数控机床沿X、Y坐标的加工精度有关。

如果机床有校准补偿系统，则可通

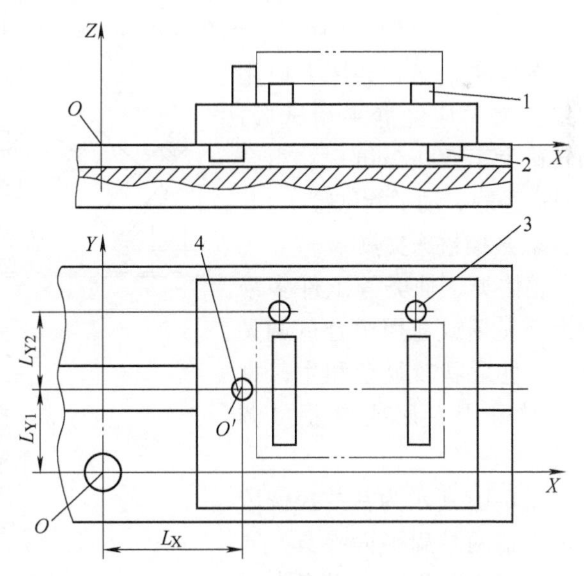

图6-17　夹具在数控机床上的定位示例
1—支承板　2—定位键　3、4—定位销

过测量校准，补偿尺寸L_X、L_{Y1}和L_{Y2}的坐标位置误差，使孔加工达到高的精度。所以这时对尺寸L_X、L_{Y1}和L_{Y2}可不规定严格公差，但这时对各元件的形状位置(平行度、垂直度等)误差仍应有一定的要求，以保证加工部位的几何公差。

6.1.4 数控机床夹具的应用

1. 数控车床夹具

图6-18所示为采用一般通用组合夹具元件组成的可加工各种工件的通用组合可调车床夹具，适用于小批和单件生产。

数控车床用卡盘在前面已作了介绍。

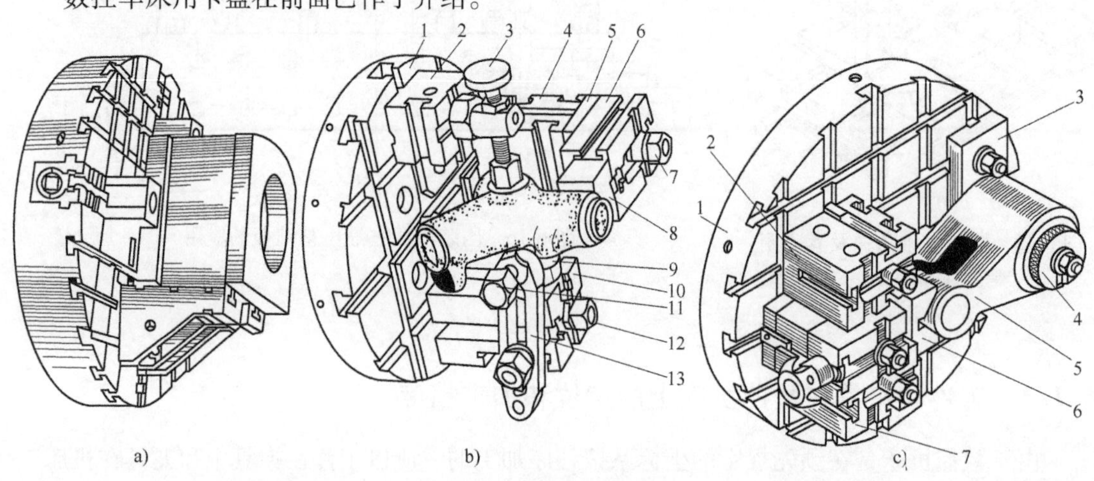

图6-18 数控车床夹具

b）1—圆形基础板 2—直角槽方形支承 3、11—螺钉 4、6、9、10—支承 5—筒式方支承 7、12—螺母 8—V形座 13—连接板

c）1—圆形基础板 2、7—定位支承 3—定位板 4—开口垫圈 5—工件 6—V形定位件

在数控车床和磨床上应用的组合夹具应经静平衡试验；当转速大于600r/min时，组合夹具应经静、动平衡试验。

2. 数控铣床夹具

箱体类、轴类等工件多采用组合夹具或通用组合可调夹具，工件形状较复杂和生产批量大时采用专用或专业可调夹具。

图6-19所示为在数控铣床上加工轴两端扁平面夹具，同时加工四个工件，按程序先加工一端，然后再加工另一端(用两铣刀同时加工)。

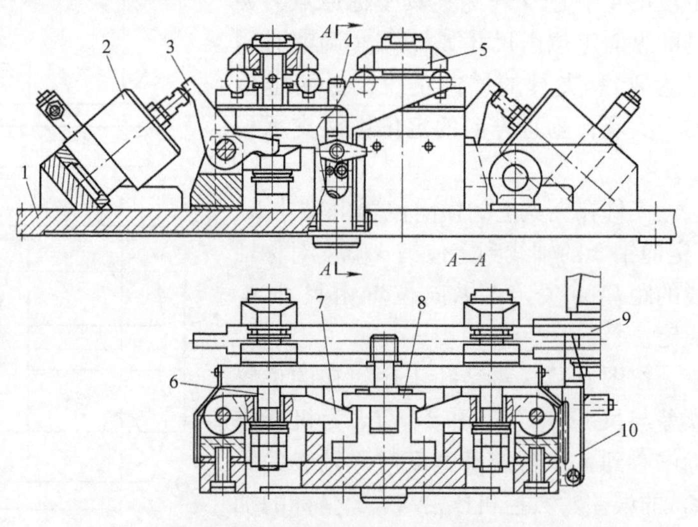

图6-19 数控铣轴两端扁平面夹具

1—焊接底座 2—液压缸 3、7—杠杆 4—定位块 5、8—压板 6—拉杆 9—铣刀 10—翻转支承

液压缸2通过杠杆3将力传给摆动压板8、杠杆7，杠杆7又将力传给拉杆6和压板5，将各工件夹紧。

为使工件在长度方向定位采用翻转支承10，铣刀高度方向的尺寸按定位块4调整。

图6-20a所示为在数控铣床上加工工件用的可调夹具，其加工工件的形状如图6-20b所示。

工件以两孔(在可换定位轴2和定位销5上)和平面(在支承套4、6上)定位，定位销5可沿T形槽移动，两定位孔轴线距离为65~400mm。以定位轴2的中心作为夹具的原点。底板1在机床工作台中间定位孔用定位轴ϕ20h6的轴颈定位，用销ϕ18h6的轴颈在工作台径向槽中定位。

图6-20c所示为在两个位置分别加工工件(顶杆)的外形*ab*和*cde*用的数控夹具，沿*X*轴移动定位板3可加工不同规格的工件。

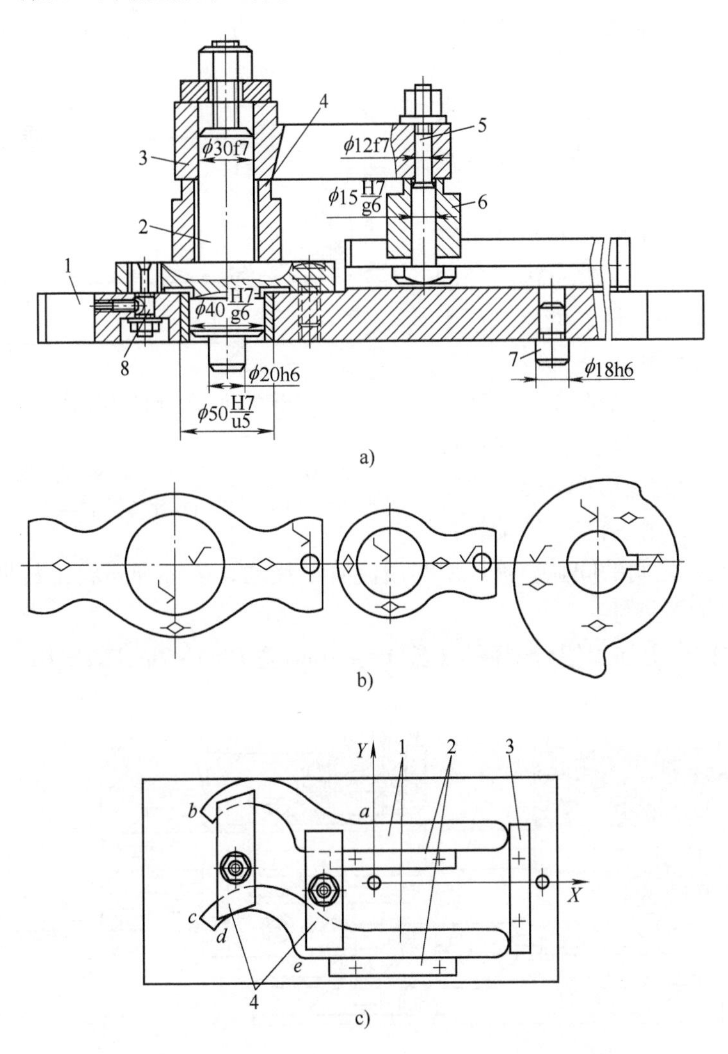

图6-20　数控铣上加工工件的可调夹具及工件形状

a) 1—底板　2—定位轴　3—工件　4、6—支承套　5、7—定位销　8—棱形销

c) 1—工件　2、3—定位板　4—压板

图 6-21 所示为在数控铣床和钻床上加工箱体件用的夹具，在底板 13 上安装螺纹夹紧机构。

工作面有网纹的压块 2 和 5 固定在支座 15 和滑动轴 9 上，弹簧 10 使压块处于原始位置。用螺杆 7 使滑动轴 9 移动，销 8 用于防止螺杆 7 轴向移动。

支座 15 用定位销 16 和支承 14 在底板上定位，并用螺钉 17 紧固；支座 12 可绕其下面圆柱部分转动，使压块 5 具有浮动性。螺钉 6 可防止滑动轴 9 转动，并可在夹紧工件后锁紧滑动轴。采用网纹压块，夹紧可靠。

在数控机床上广泛采用弹簧液压夹紧装置，图 6-22 所示为弹簧液压台虎钳。

固定钳口 8 安装在靠近弹簧液压缸处，而液压缸又装在台虎钳回转部分的本体 11 内。推力轴承 6 使在液压缸产生压力时螺杆 9 转动灵敏。

液压力油进入盖 1 与活塞 3 之间的腔，活塞向右移动，使螺杆 9 和移动钳口 12 向右移动，压缩碟形弹簧 5。将工件放在台虎钳上后，用手轮 17 转动螺杆 9，消除各夹紧元件之间的间隙，液压腔与溢流管道接通，碟形弹簧将工件夹紧。斜楔压块 7 和 13 保证夹紧的可靠性。

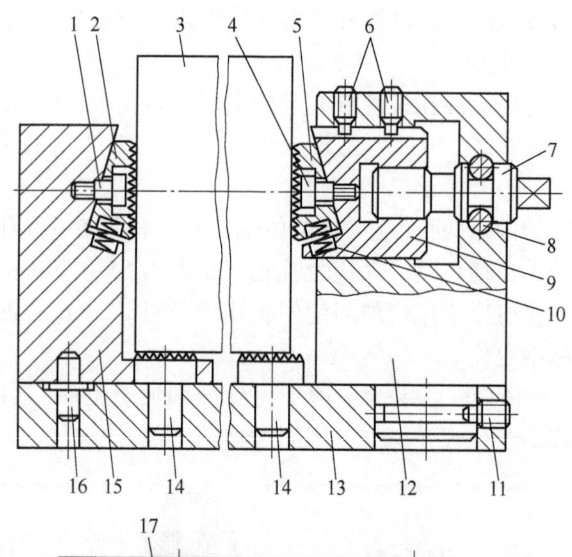

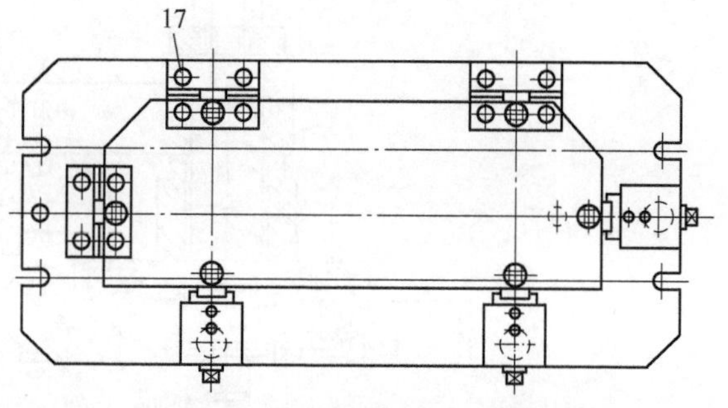

图 6-21　箱体件数控铣、钻夹具

1、4、11—阶台螺钉　2、5—压块　3—工件　6—螺钉　7—螺杆　8、16—定位销　9—滑动轴　10—弹簧　12、15—支座　13—底板　14—支承　17—螺钉

为在数控立铣床上加工铝合金薄板（长 $A=4\sim6\text{m}$，宽 $B=1\sim2\text{m}$，厚 $t\approx10\text{mm}$）上的槽（宽度

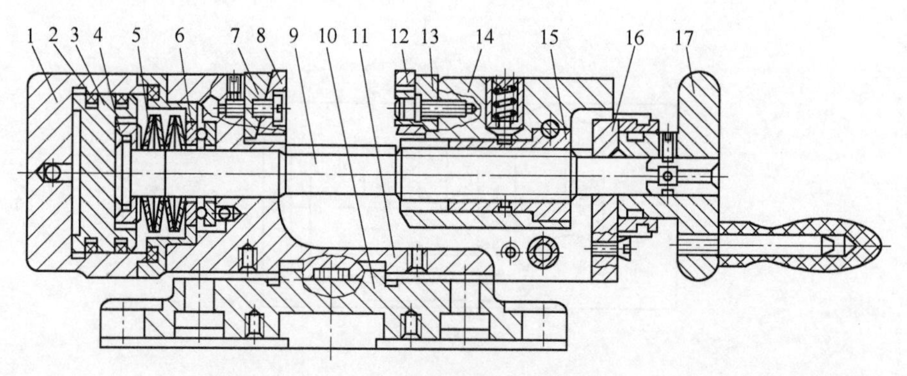

图 6-22　弹簧液压夹紧台虎钳

1—盖　2—密封圈　3—活塞　4—垫圈　5—碟形弹簧　6—推力轴承　7、13—压块　8、12—钳口　9—螺杆　10—支座　11、16—本体　14—滑动座　15—螺纹套　17—手轮

$b=60\text{mm}$)采用图6-23b所示的夹具，图中表示夹紧工件左端。

图6-23a所示为工件的形状和尺寸($t_1=3\sim6\text{mm}$, $c=400\sim600\text{mm}$, $f=5\sim40\text{mm}$)。铣槽时为防止工件变形过大，沿工件宽度分段夹紧和加工，两压板之间的距离为 $T\leqslant320\text{mm}$，夹紧力 $Q\leqslant K_c\sigma_{0.2}$($K_c$ 为 Q 与 $\sigma_{0.2}$关系的系数, $K_c=0.5$, $\sigma_{0.2}$为工件材料的屈服强度)，这时实测薄板的弯曲值小于0.1mm。沿宽度重新夹紧的次数 $n=B/t$。夹具的原点为 N，铣刀加工方向为 M。由两排液压缸(每排5个)直接夹紧工件。

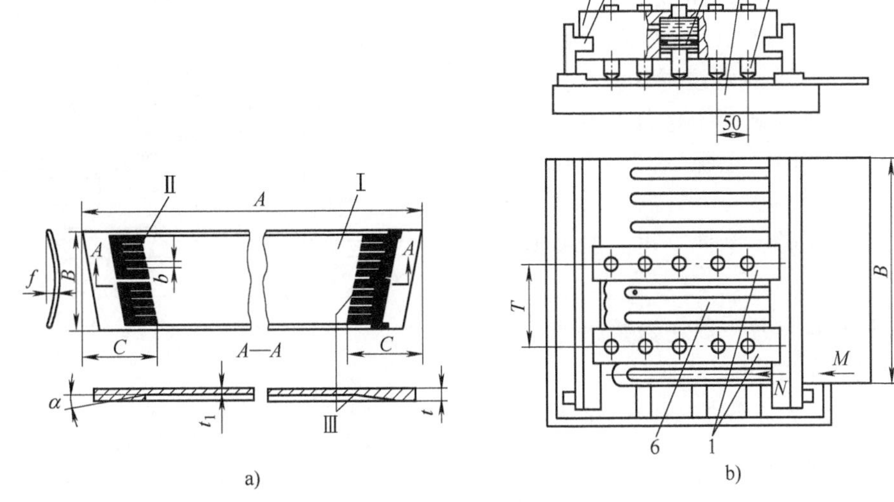

图6-23　薄板铣槽数控夹具

1—滑台　2—导向　3—液压缸　4—底板　5—活塞杆　6—工件(面板)

在数控机床上广泛采用各种台虎钳，为增大两钳口之间的距离 L，一般采用将移动钳口安装在附加底座上(图6-24a和b)的方式。为提高台虎钳的刚性，将台虎钳的底座1和加长底座2相互用连接板3(安装在机床T形槽中)连接为一体(图6-24a)。图6-24c和d所示分别为当工件高度较高和同时夹紧两个工件的应用示例。

3. 数控钻床夹具

图6-25所示为立式数控钻床气动夹具，在底板3上安装两高精度自定心卡盘，每个卡盘由各自的气缸1控制。

齿条杆8移动，带动齿轮9(空套在轴6上,其右端为半联轴节,与接合套10连接)和接合套10转动，并通过花键连接带动轴6和过渡套5转动，使卡盘夹紧或松开工件。

调整卡盘夹爪尺寸时，转动可换手柄套11，使接合套10与齿轮9脱开，转动轴6即可将夹爪调整到需要的尺寸。

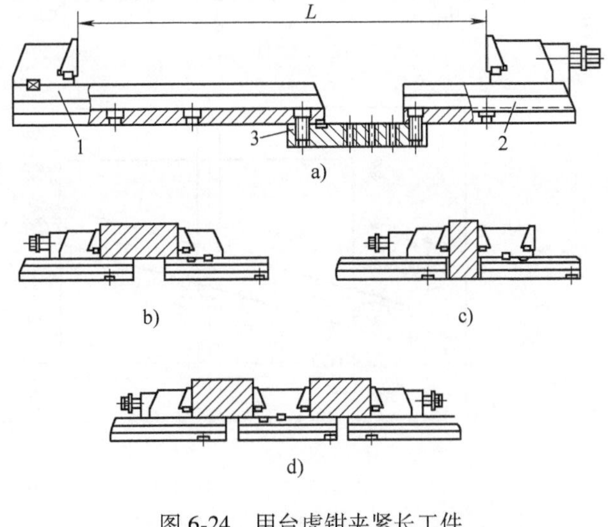

图6-24　用台虎钳夹紧长工件

1—底座　2—加长底座　3—连接板

图 6-26 所示为在数控钻床上加工板类和盘类工件的可调夹具。

夹紧件有四种：按宽度夹紧用的标准移动压板 1；按长度夹紧用的可调压板 4；为加工外部轮廓，对每个工件单独用的压板 3；为保证工件的紧密贴合和加工有些孔或开口时需要减振用的辅助压板 10。

夹具在机床工作台上用两定位键 13 定位，定位销 9 的中心到定位件 8 左端面的距离 B 要准确(夹具安装时定位件 8 左端面与夹具槽的端面重合)，以保证工件在规定的位置。

在图 6-26 所示的夹具上可同时安装多种工件。

图 6-27 所示为另一种在数控机床上加工板类和中型工件的可调钻具。

图 6-28 所示为在数控钻床上钻大型法兰工件孔的气动夹具。

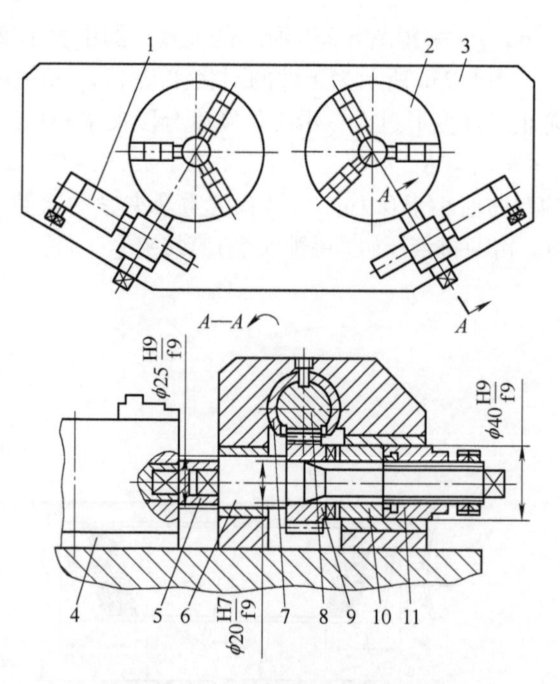

图 6-25 立式数控钻床气动夹具

1—气缸 2—自定心卡盘 3—底板 4—垫板
5—过渡套 6—轴 7—套 8—齿条杆
9—齿轮 10—接合套 11—可换手柄套

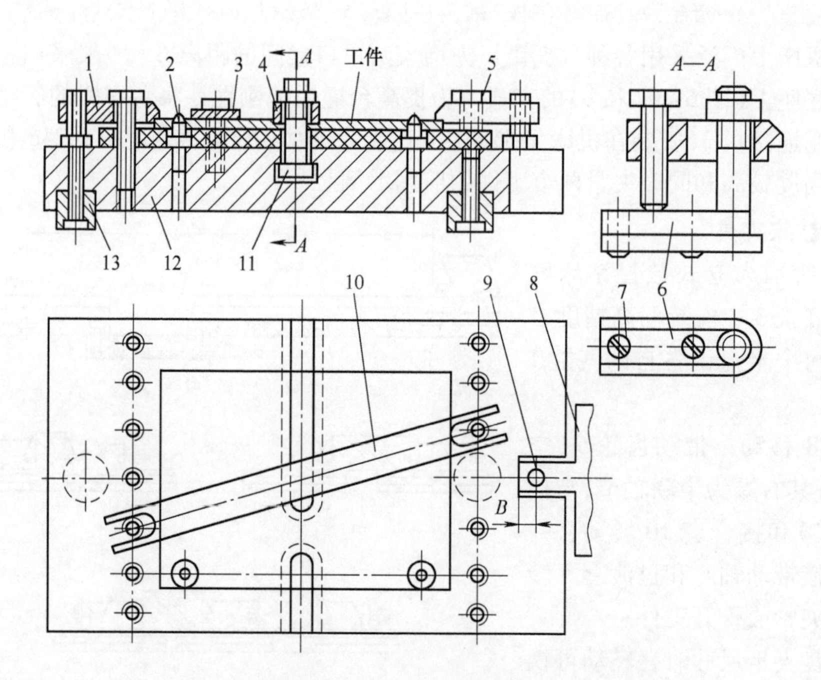

图 6-26 在数控钻床上加工板类和盘类工件的可调夹具

1、3、4、10—压板 2、9—定位销 5、7、11—螺钉
6—支承板 8—定位件 12—底板 13—键

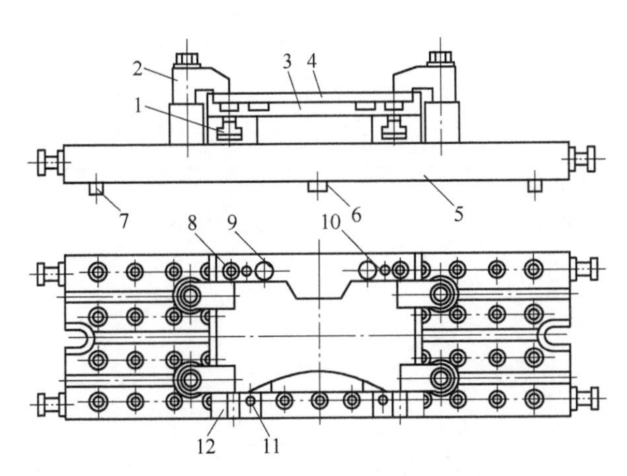

图6-27　在数控机床上加工板类和中型工件可调钻具

1—滑块　2—钩形压板　3—可换定位板　4—工件
5—底板　6—中心定位销　7—键　8—螺钉
9—定位挡销　10、11—销　12—垫块

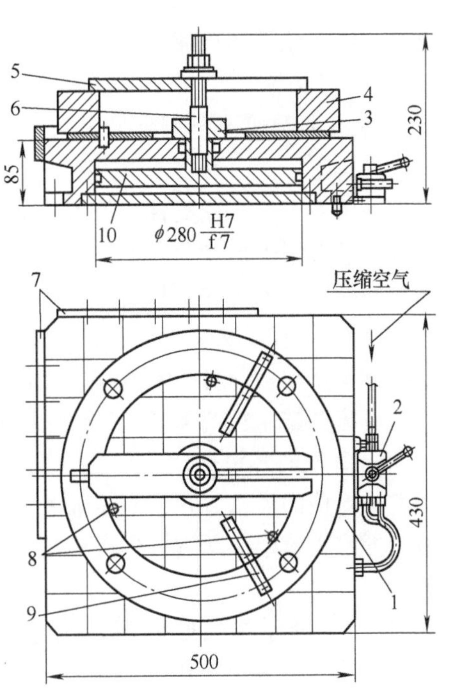

图6-28　钻大型法兰工件孔的气动夹具

1—底板　2—控制阀　3—定位套　4—工件
5—开口压板　6—拉杆　7—方形定位板
8—定位销　9—板　10—活塞

工件按内孔定位有两种方法：孔径小于110mm时，用定位套3定位；孔径在110~330mm之间时，用三个定位销8定位。气缸通过拉杆6、开口压板5夹紧工件，拉杆6同时又是定中元件。方形定位板7用于方形工件的定位。

4. 数控机床用夹紧装置

有些工件（例如箱体类工件）直接安装在机床工作台上加工，这时采用各种快换可调夹紧装置，图6-29~图6-33所示为几种快速可调夹紧结构。

在压板1上做出长孔，支承5安装在柱6上或直接安装在底板7上，用弹性滚珠4固定。在支承5上做出两排扇形槽（相互错开一个齿距）和纵向扁平面。当支承相对柱6转动120°时，滑销2伸出压住支承的扁平面，压板可上升或下降，压板调到需要的

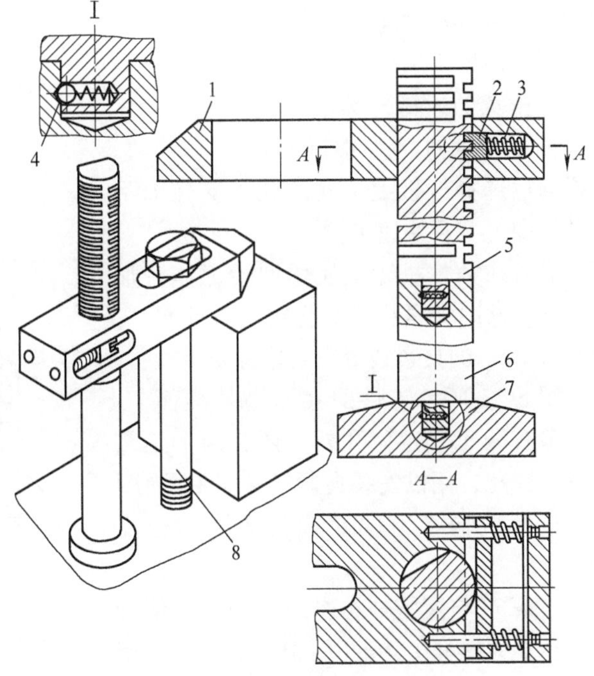

图6-29　快速可调夹紧装置（一）

1—压板　2—滑销　3—弹簧　4—滚珠
5—支承　6—柱　7—板　8—螺栓

高度后，使支承转回到原来位置。滑销 2 有与支承 5 相配合的凹齿槽。

图 6-30 所示快速可调夹紧装置(简图)安装在机床工作台上。

在底板 8 上拧入两支柱 1 和 5，支柱的两侧面上有横向 T 形槽(图中只示出一个面)。支承架 2 两侧的梯形齿嵌入支柱 1 和 5 的梯形槽，在支承架 2 上有轴 4，压板 3 安装在轴 4 上。拧紧螺钉 6，压板 3 绕轴 4 转动，即可夹紧或松开工件。

为快速调整压板的高度，先使叉形板绕其固定在支承架 2 上的螺钉转动，使支承架 2 向右移动，使其齿与支柱的齿槽脱开，当压板调整到需要的高度后，再使支承架 2 两侧梯形齿槽与支柱齿槽重新接触。

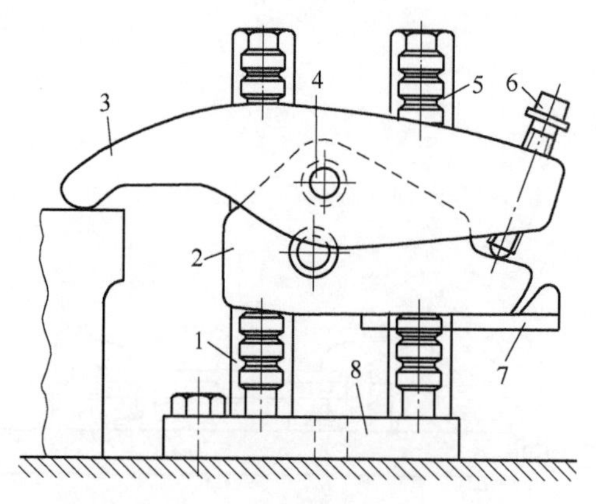

图 6-30 快速可调夹紧装置(二)

1、5—支柱 2—支承架 3—压板 4—轴 6—螺钉 7—叉形板 8—底板

图 6-31a 所示为快速可调夹紧装置，其立柱 2 用垫块 5 固定在机床工作台槽中，在支柱两侧面上做出相差半个槽距的槽，压板上的销 3 嵌入槽中。用螺钉 1 夹紧工件，将压板放在需要的槽中即可调节压板的高度。

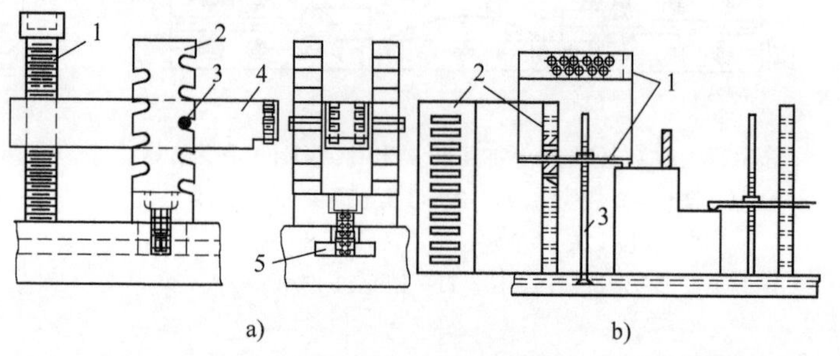

图 6-31 快速可调夹紧装置(三)

a) 1—螺钉 2—立柱 3—销 4—压板 5—垫块

b) 1—压板 2—支柱 3—T 形螺栓

图 6-31b 所示装置的支柱 2 上有一排宽的通槽，又在压板 1 上有两排可通过 T 形螺栓的孔。这样通过选择压板上不同的孔和支柱上不同的槽即可实现快速可调。

有时在数控机床上使用回转工作台加工多面，这时夹紧装置不能妨碍刀具通过，图 6-32 所示的夹紧装置满足这种要求。

图 6-32 所示工件的底面是基准面 *C*，其上除有两工艺定位孔外，还有两个工艺夹紧螺纹孔，用以安装夹紧销 4，夹紧销 4 通过拉紧机构将工件 *C* 面拉紧在定位支承上。

齿条 7(与液压缸相连，图中未示)使带三个销 6 的螺杆 1 转动(图中只示出一个销 6)，开始转动时各销 6 靠在爪 5 上(*A—A* 剖视图)；螺杆继续转动，螺杆带动各爪和夹紧销向下移动，将工件基面拉到定位面

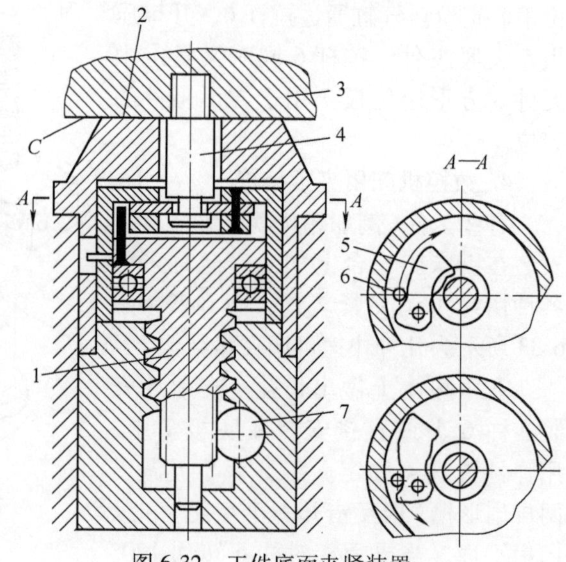

图 6-32 工件底面夹紧装置

1—螺杆 2—定位支承 3—工件 4—夹紧销 5—爪 6—销 7—齿条

上，夹紧工件。工件加工完后，螺杆反转，各爪5从销4环槽中退出（*A—A*剖视图的下图），取下工件。

图6-33所示为又一种快速可调夹紧装置。图6-33a所示为用螺母夹紧，图6-33b所示为用液压缸夹紧。

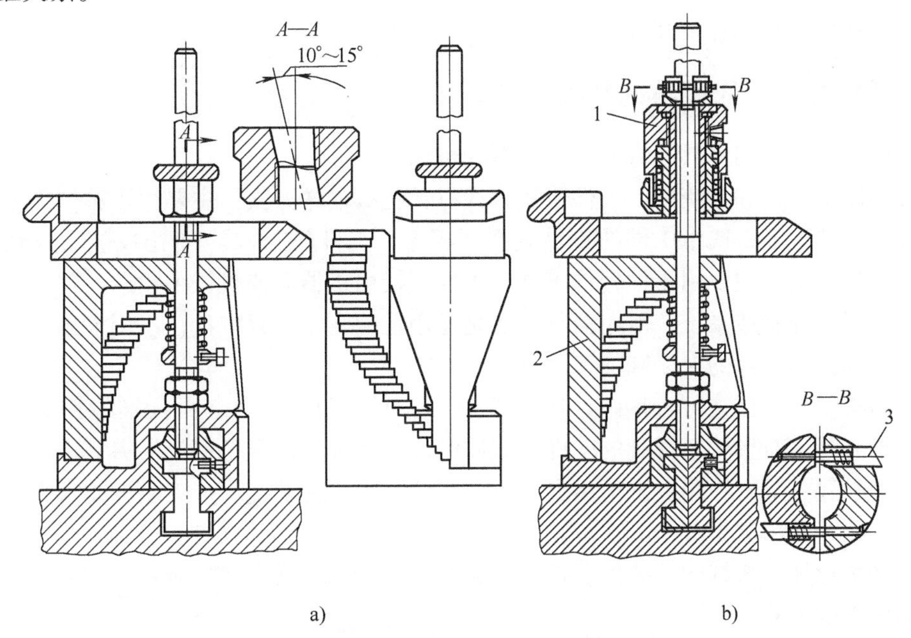

图6-33　快速可调夹紧装置（四）
1—夹紧组件　2—阶台支承　3—弹簧销

对图6-33a，为快速取下螺母，将螺母削去一个斜角部分（图*A—A*）；这样螺母很快就可取下。对图6-33b，为快速调整采用开槽螺母（图*B—B*），重调时压下两弹簧销3，两个“半螺母”张开，很容易取下。

6.2　柔性加工系统夹具

柔性自动化加工系统是指由计算机控制的各种柔性和自动化工艺设备的组合，其方式有：加工中心、柔性制造单元和柔性制造系统。柔性自动化系统适合多品种和不同批量生产的需要。

加工中心相当于一台复合的数控机床，包括自动换刀和多种加工功能。柔性制造单元可包括1~3台数控机床，是在数控机床或加工中心的基础上引入辅助装置，以实现上下料、换刀、检测等自动化操作，柔性制造单元可作为柔性制造系统的组成部分。柔性制造系统大多由4~10台机床组成，具有各单元之间的物流系统。

6.2.1　对柔性加工系统夹具的要求

1）前面对数控夹具的要求也适用于柔性制造系统的夹具，不再重复。

2）夹具应满足多个方向加工的需要，包括夹紧力、支承的分布位置等。

3）工件在夹具中的定位、更换实现自动化和机械化。

4）保证安全性，在气液压力下降时仍能夹紧工件。

5）当采用随行夹具时，各随行夹具应有相同的主定位面，以使其在不同机床上保证工件自动精确定位。

6）为减少在柔性自动化加工系统中工件的装夹次数，应尽量使每类工件只有一种夹具，以便使系统只有一种装卸程序。

6.2.2 柔性加工系统夹具的结构

单机加工中心所用夹具的方式与一般数控机床类似。

在柔性制造单元和系统中，工件输送方式有：托板输送方式，主要用于箱体类工件，工件可直接装在托板上，或带工件的夹具装在托板上，工件(或夹具)随托板被输送到下一工位；直接输送方式，主要用于回转体工件，工件直接由机器人或机械手输送。

对车、磨柔性制造系统，所用夹具主要是通用快速自动夹紧卡盘，不用人工调整就可适用于一定直径范围工件的夹紧和加工。

对箱体类工件，往往可直接固定在托板上(或加等高垫板)加工，无需专用夹具，只需定位和夹紧元件。对形状不规则的工件，或同时加工多件，应配备相应的夹具。

夹具的配置方式有：用标准通用夹具元件组装；当工件精度和加工刚度要求高，或生产批量大时，设计专用夹具。

托板是柔性加工系统的重要配套件，其结构功能示例如图 6-34a 所示，图 6-34b 所示为夹具在托板上的安装。

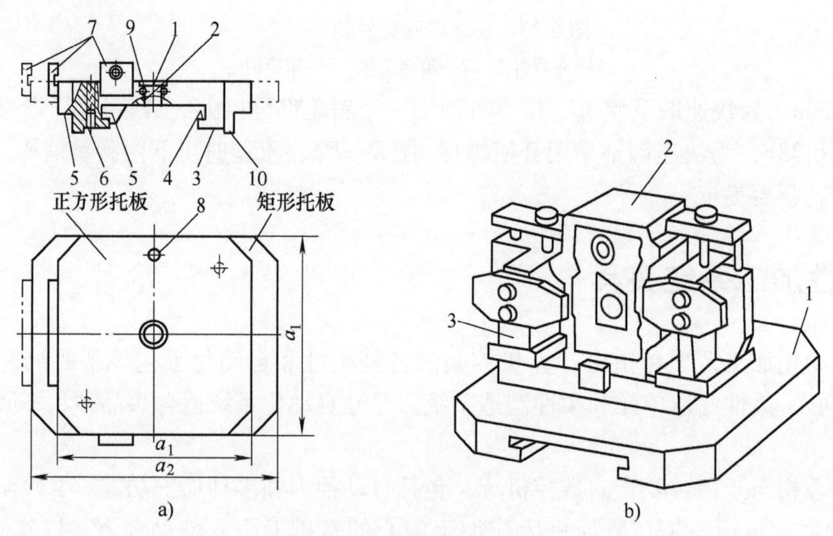

图 6-34　托板各部位的功能

a）1—顶面　2—中央孔　3—底面　4—托板夹紧面　5—托板导向面　6—托板定位面　7—侧定位板　8—工件或夹具定位销孔　9—螺孔　10—托板搁置面

b）1—托板　2—工件　3—夹具

托板底面 3 安装在机床或输送装置上(按一面两销定位)；其顶面 1 有工件或夹具定位用的中央孔 2 和定位销孔 8；在托板上还有供定位用的侧面定位板 7。

托板有正方形和矩形两种，矩形顶面的长宽比为 1.25，尺寸系列 a_1 为：320mm、

400mm、500mm、630mm、1000mm、1250mm、1600mm。

托板顶面的形式有：螺孔系（图 6-35a）；T 形槽系（图 6-35b）；T 形槽和榫槽；径向 T 形槽和光面型等。

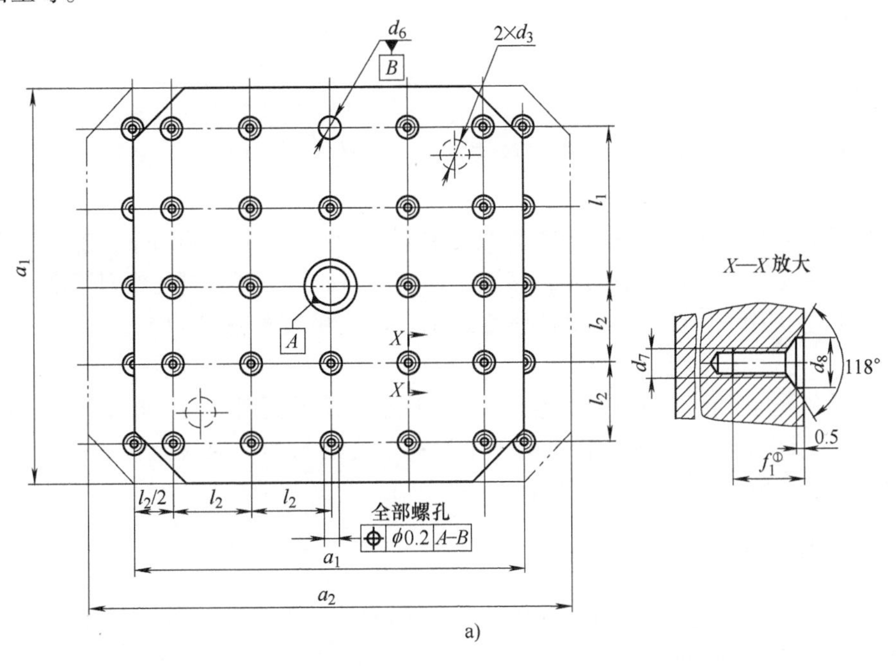

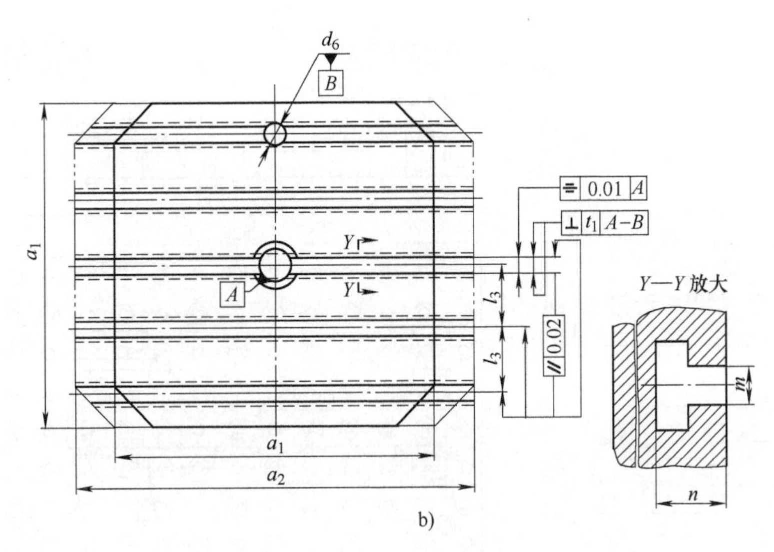

图 6-35　托板顶面结构型式示例

a）螺孔系　b）T 形槽系

图 6-35b 中公差值 t_1 如下：

a_1/mm	320	400	500	630	800	1000	1250	1600	2000
t_1/mm	0.01	0.015	0.020	0.025				0.03	0.04

6.2.3 柔性加工系统中的定位和加工误差

在柔性加工系统中，若工件在托板上定位，这时工件在系统中的装夹误差包括：工件在托板上的定位和夹紧误差；托板在机床工作台上的定位和夹紧误差。

若工件在夹具上定位，夹具在托板上定位(这时夹具可称为随行夹具)，托板在机床工作台上定位，这时工件在系统中的装夹误差包括：工件在夹具上、夹具在托板上和托板在机床工作台上的定位和夹紧误差。使用经验表明，工件在系统中的装夹误差占总加工误差的64%~81%。[102]

夹具在托板上和托板在机床工作台上的定位精度可达0.01~0.02mm。在柔性加工系统中，加工精度主要与夹具和托板的定位精度、各机床的加工精度和自动换刀精度等有关，一般加工精度可达0.01~0.03mm；如有补偿系统，定位精度可达0.005mm，加工精度可小于0.01mm。

影响随行夹具定位精度的主要因素有：多点夹紧时不是同时加力，在空间产生位移；随行夹具与托板(或固定夹具)接触表面的不平度；改变加力顺序对主定位面的精度有影响，对导向和止动面的精度实际上没有影响。

6.2.4 柔性加工系统夹具的应用

图6-36所示为在立式加工中心上用的组合可调夹具，图6-36a所示为工件(机匣)简图，图6-36b所示为加工型腔的夹具。

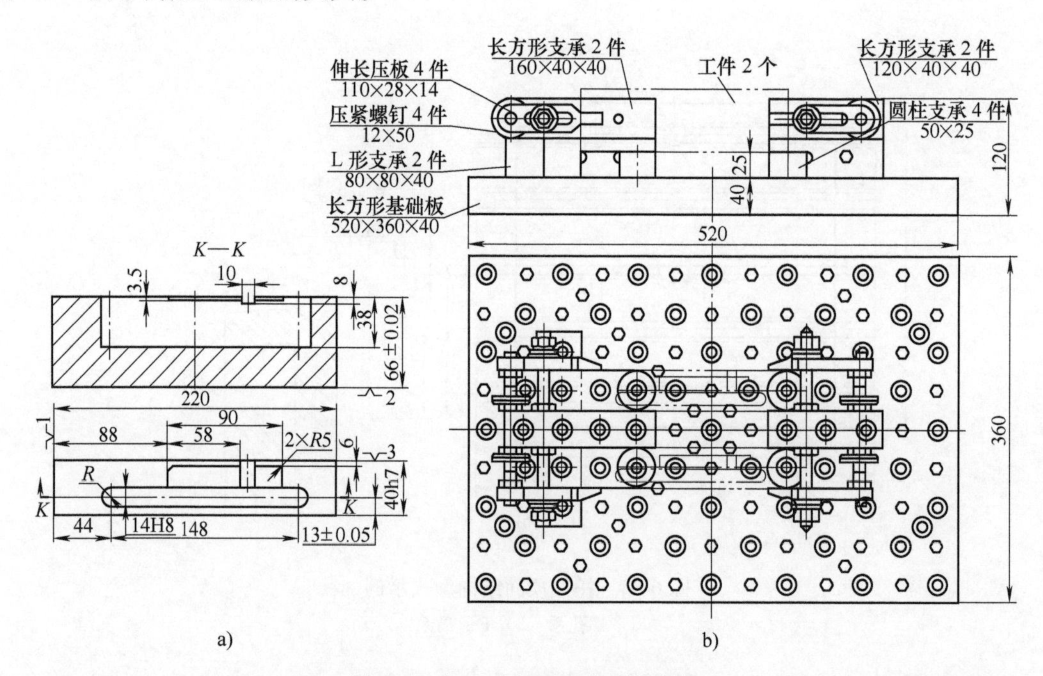

图6-36 加工中心用组合可调夹具

图6-37a所示为加工中心用夹紧部件，其零件(图6-37b)包括：带可换压块3的压板2，其内安装套1；由管件9、螺纹套8和10以及螺柱11组成的支承；其内可安装螺纹套6的支座5；快卸螺钉4，键7(由两分开的半键组成)。

图6-37c所示为加工中心用另一种夹紧零件，包括：磁座1；可换支承2；夹紧支座3（带螺钉和不带螺钉）；球面铰链4。

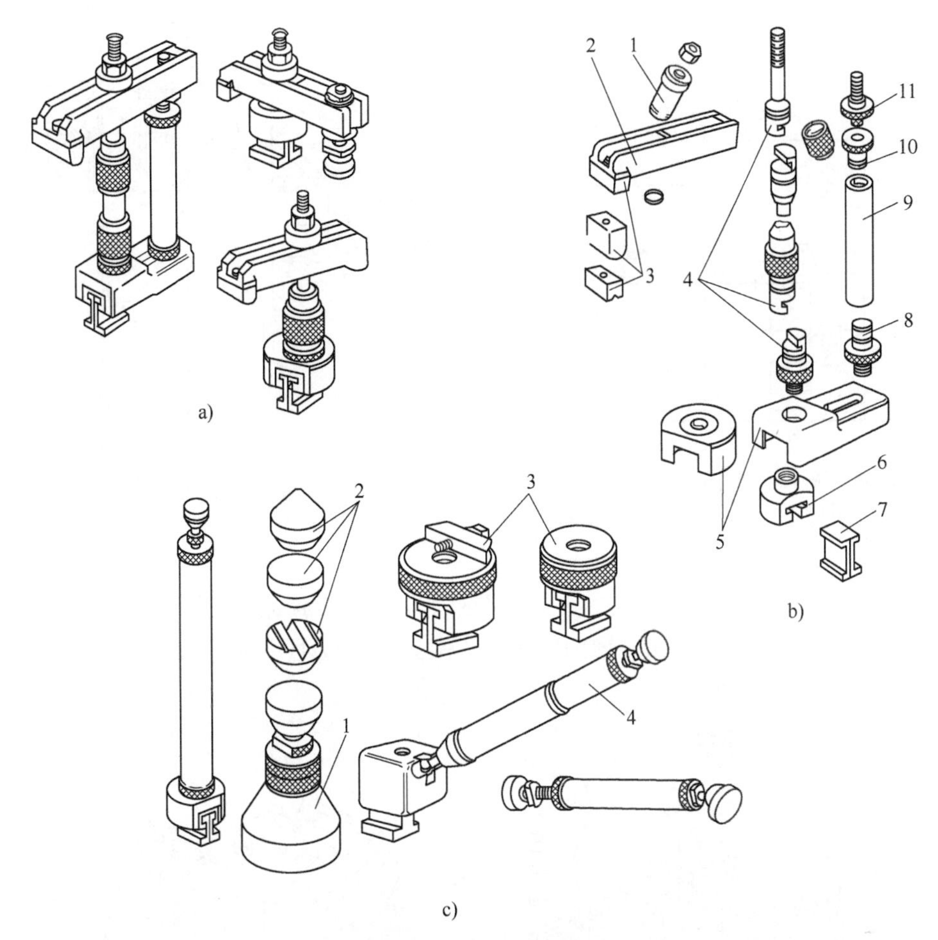

图6-37　加工中心用夹紧元件

b）1—套　2—压板　3—可换压块　4—螺钉　5—支座

6、8、10—螺纹套　7—键　9—管件　11—螺柱

c）1—磁座　2—可换支承　3—夹紧支座　4—球面铰链

图6-38所示为在铣-镗加工中心上加工箱体的夹具，工件的尺寸为415mm×280mm×200mm和260mm×180mm×130mm。

夹具用定位销1在机床工作台上定位，定位精度±0.02mm。当工件定位夹紧后取下相应可卸定位板以通过刀具。工件一次定位加工两个侧面，重新定位后加工另外两个侧面。应用该夹具使工序数从75降为40，提高了生产率和加工质量。

图6-39所示为在加工中心上使用的一种可快速更换夹爪的数控车床卡盘。斜楔齿条3与主夹爪4啮合，当拉杆1和2向左移动时主夹爪4和夹爪7一起向卡盘中心径向移动，夹爪7将工件夹紧。松开工件时拉杆1向右移动，斜楔齿条3的齿离开主夹爪4的齿。当接通机床时，主夹爪4在离心力作用下松开到碰上限位销6，限位销6碰到卡盘的周边。按数控系统的指令，滚柱5向卡盘中心移动，与夹爪7接触，自动定位和将其调整到所需要的尺寸。

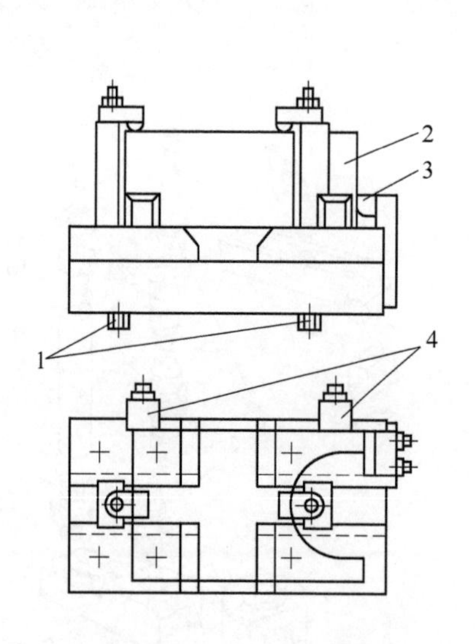

图 6-38 铣-镗加工中心加工箱体的夹具

1—定位销 2—工件 3、4—可卸定位件

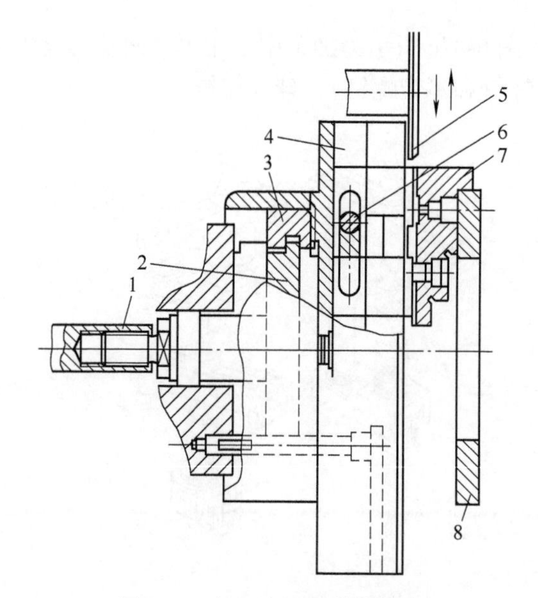

图 6-39 加工中心用数控卡盘

1、2—拉杆 3—斜楔齿条 4—主夹爪

5—滚柱 6—限位销 7—夹爪 8—工件

图 6-40 所示为在加工中心上用的夹具，图 6-40a 和 b 分别表示安装工件前和安装工件后的情况。夹具在机床工作台上用一面两销定位，夹具由底板 1(孔系和槽系结合)、定心夹紧元件 2~12、压板 13~15 组成。

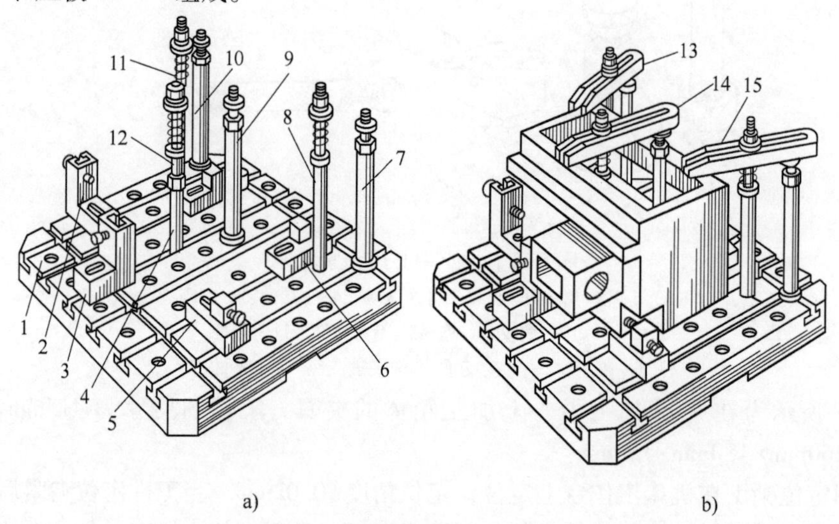

图 6-40 加工中心用夹具

1—底板 2~12—定心夹紧元件 13~15—压板

在柔性加工系统中，托板可用于在机床外装卸工件，以充分利用数控机床的生产能力。而在柔性系统中，整个循环实现自动化，但工件在随行夹具上的夹紧往往仍为手动，这是一个需要解决的问题。

图 6-41a 所示为随行夹具用带自锁活塞的液压缸。当高压油进入 *A* 腔，活塞 2 向下夹紧工件，油通过活塞 2 的孔进入 *B* 腔，楔轴 4 将在活塞 2 上的弹性夹头锁死在本体 3 的锥孔上。这

时通过快换接头使供油停止。图中 $\alpha=4.5°\sim5°$，$\beta=4°\sim5°$，在活塞杆工作移动范围(0~10mm)剩余压力的变化不大于5%。高压油进入 C 腔，松开工件。

为使夹具在托板上自动定位和夹紧，可采用图 6-41b 所示的装置。

在液压缸 6 上固定有带滚柱 7 的支承板 4，当油进入液压缸腔 A 时，液压缸和支承板上升一段距离(活塞杆 5 固定不动)，使夹具脱离托板 2 上的定位销(图中未示)，弹簧 9 被压缩，即可进行交换夹具操作。然后使油腔 A 接通油箱，在夹具和工件重力以及弹簧力的作用下，夹具落到两定位销和定位支承 8 的平面上，并将夹具夹紧。

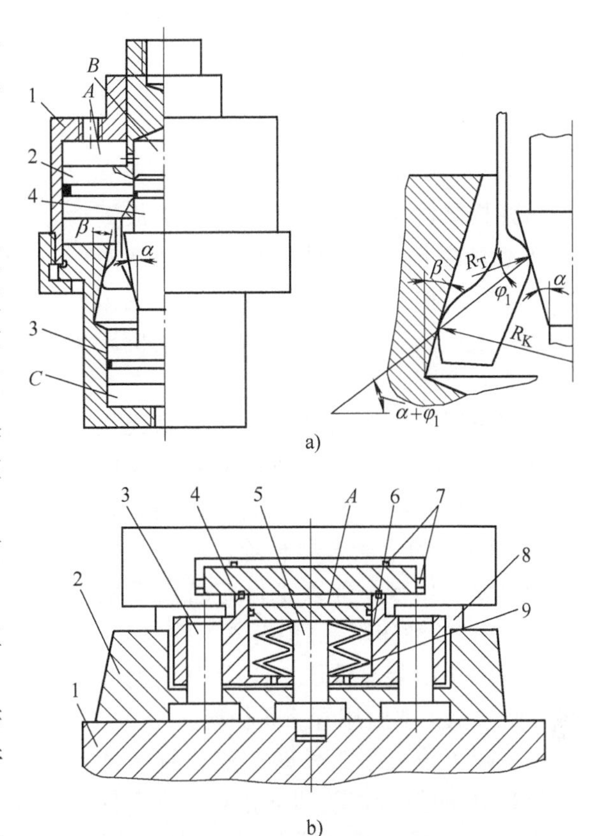

图 6-41　随行夹具用自锁液压缸和夹具在托板上的自动夹紧装置

a）随行夹具用自锁液压缸

1—套　2—活塞　3—本体　4—楔轴

b）夹具在托板上的自动夹紧装置

1—机床工作台　2—托板　3—夹具液压缸导向销　4—支承板　5—活塞杆　6—液压缸　7—滚柱　8—定位支承　9—碟形弹簧

图 6-42 所示为在立式加工中心加工平面凸轮所用的组合夹具。

在加工中心上，为加工多个面有时需要自动进入和退出工件的压板，图 6-43 所示为具有这种压板机构的夹紧装置。

液压油 (20MPa) 从液压基础板通过节流阀 1 进入液压缸 3 的下腔，用节流阀孔 A 调节油充满腔的速度。在液压油作用下，活塞 2 向上移动，压缩返回弹簧 6，盖 26 用卡环 8 固定。在活塞杆上有套 9，其上端做成带横向槽 B 的形状；而其下端靠在弹簧 7 上。活塞杆与套 9 孔和套 9 外圆与盖 26 孔均为滑动配合，套 9 的槽 B 与杠杆 18 的轴 20 接触。当活塞杆向上移动时带动套 9 向上移动，同时使杠杆 18 绕半轴 17 转动。

杠杆 18 转动时，使压板 13 向前移动(移动量 30mm)，直到调整板 22 碰到垫圈 15。这时压板、杠杆和套停止动作，而活塞继续向上移动，活塞杆顶端上的压紧螺钉 23 使压板绕球面垫圈 15 和 16 摆动，直到将工件夹紧(夹紧力 33~17kN 和 20~12kN)。压紧螺钉 12 的伸出量用螺钉 14 调节。切断液压压力

图 6-42　立式加工中心用组合夹具

后，返回弹簧6使活塞、套和杠杆返回原位，将工件松开，压板返回原位。

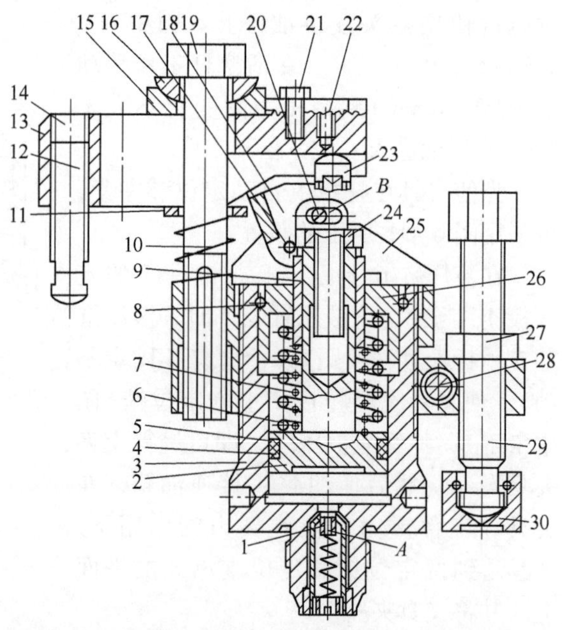

图6-43 压板可自动进入和退出工件的夹紧装置

1—节流阀 2—活塞 3—液压缸 4、5—密封圈 6、7、10—弹簧 8—卡环 9—套 11—垫圈 12、23、29—压紧螺钉 13—压板 14、19—螺钉 15、16—球面垫圈 17—半轴 18—杠杆 20—轴 21、24、27—螺母 22—调整板 25—开口支架 26—盖 28—锁紧螺钉 30—压块

图6-44所示为一种控制在托板上夹具动作系统的示意图。

在柔性生产系统中，工件6装在夹具上，而夹具又固定在托板7上，托板放置在装卸工作台上。带工件的托板从装卸工作台被输送到储料器，然后再输送到机床工作台8上；加工后又被输送到其他机床或储料器上。

由双作用液压缸控制压板5夹紧或松开工件，液压缸通过可实现自动截止油的快速分开半离合器1和2与液压传动装置（电动泵装置）的半离合器相连，以将托板输送到机床工作台，并以工件定位所需的较小力（在低压油作用下）预夹紧工件。

在托板7中装有液压缸14，其活塞腔与液压缸4的活塞腔用管路3相连。

在装卸工位夹紧工件时，液压缸活塞克服弹簧10的阻力移动到下止点。当工件初步夹紧后，两半离合器分开，将托板7输送到机床工作台上。在机床工作台上有与液压缸14同轴的液压缸11，当向其活塞腔供油时，杆12压上液压缸14的杆13，以提高液压缸4中的压力，按加工时所需的夹紧力最终夹紧工件。

为在托板上快速自动夹紧加工夹具，可采用图6-45所示的钩形压板。

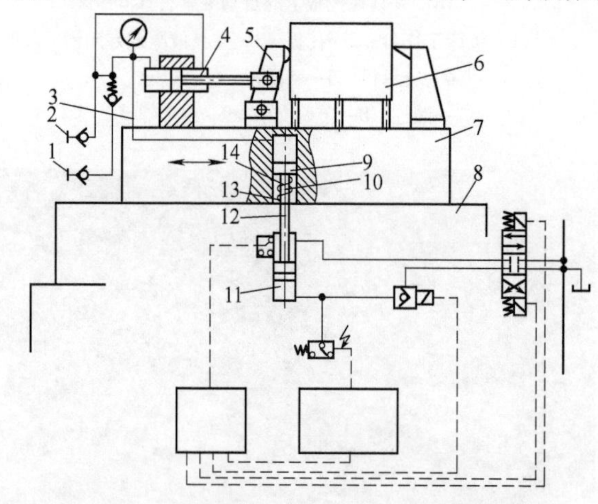

图6-44 控制在托板上夹具动作系统的示意图

1、2—快速分开半离合器 3—管路 4、11、14—液压缸 5—压板 6—工件 7—托板 8—机床工作台 9—活塞 10—弹簧 12、13—杆

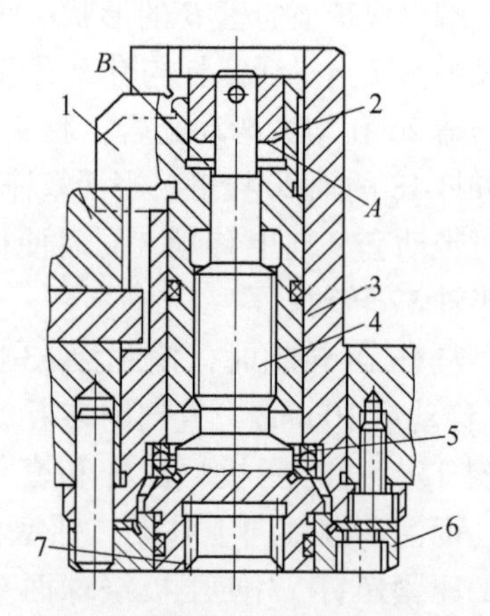

图6-45 快速自动夹紧用的钩形压板

1—钩形压板 2—螺母 3—套 4—螺杆 5—轴承 6—法兰 7—齿轮半离合器

用螺母 2 调节压板的轴向位置和回转角度，推力轴承承受夹紧力。螺纹摩擦力可带动钩形压板转动，松开工件时螺杆上升，若压板未转动，*A*、*B* 两面接触可使压板转动。

图 6-46 所示为加工箱体件的柔性制造单元，在托板上的夹具从输送线上输入到机床，加工完后由机床返回输送线，输送到下一机床上或其他工位。

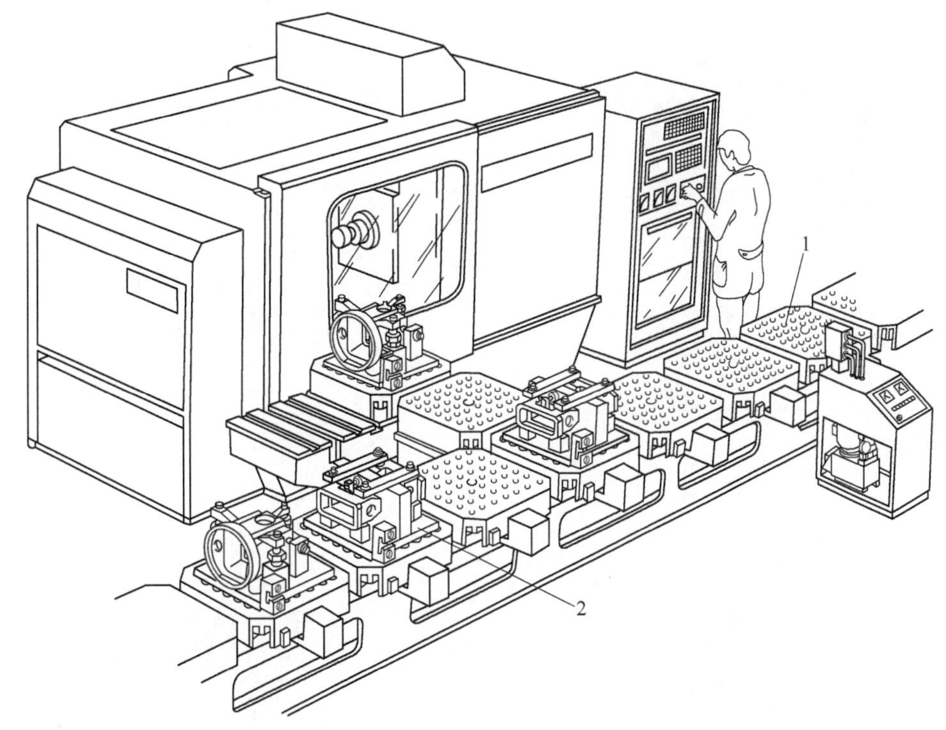

图 6-46　柔性制造单元
1—托板　2—夹具

6.2.5　夹具单元无间隙定位的结构

通用组合可调夹具各单元或元件之间无间隙定位的形式如图 6-14c 所示。下面介绍用双面锥销和锥孔弹性套，如图 6-47 所示；采用圆柱形键和 V 形槽无间隙定位的形式，如图 6-48 所示。

在夹紧力作用下，支承 4 与板 5 消除间隙 Δ_2；而弹性垫圈 3 直径增大，消除间隙 Δ_1（图 6-47a）。这种定位结构（图 6-47b）的尺寸如下：

D(h6)/mm	d/mm	L/mm	h/mm	h_1/mm
10	9	25.0	8	3.0
12	10	28.8	10	3.0

图 6-48 所示为用圆柱形键 3 和 V 形槽 4 使夹具元件 1 和 2 之间实现无间隙定位，拉紧元件 1 和 2，在一定压力下原始间隙 Δ 被消除，这是由于圆柱形键与 V 形槽产生弹性变形（图 6-48c）：在有间隙 Δ 时，圆柱形键（半径为 r）与槽面在 B 点接触；而当消除间隙（$\Delta=0$）后，在 C 点接触。

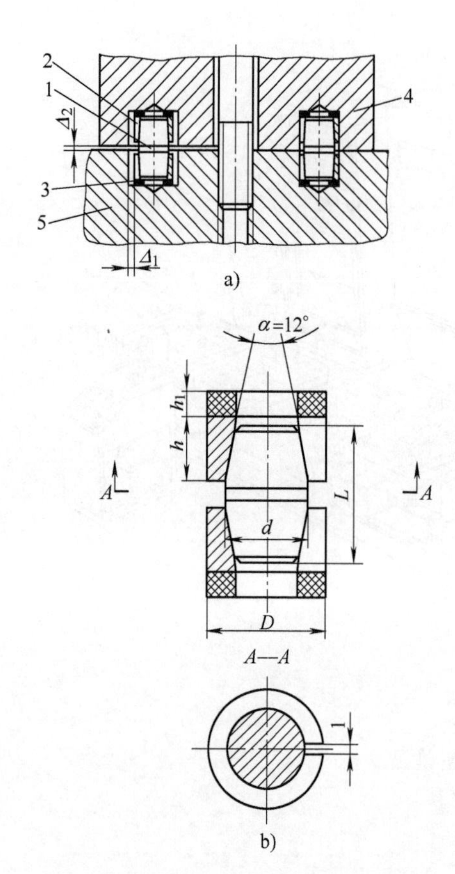

图 6-47 双面锥销和锥孔弹性套定位

1—双面锥销 2—开槽套 3—弹性垫圈 4—支承 5—板

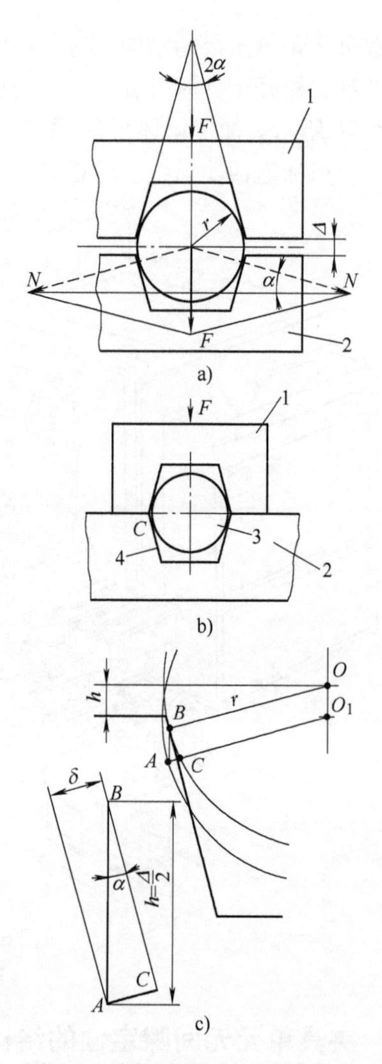

图 6-48 圆柱形键和 V 形槽定位

1、2—夹具元件 3—圆柱形键 4—V 形槽

由图 6-48 得 $F=2N\sin\alpha \quad N=\dfrac{F}{2\sin\alpha}$

$$h=\frac{\Delta}{2}=\frac{\delta}{\sin\alpha}(\delta\text{ 为键与槽面接触变形量})$$

由理论分析和实验得[73]

$$\delta=\frac{1.3Q_0}{2El\cos\alpha}\times\lg\frac{67Elr\cos\alpha}{Q_0}$$

式中 Q_0——未考虑连接面摩擦力作用在接触处最大的力，$Q_0=2N\cos\alpha$；

α——V 形槽半角；

l——圆柱形键承受力的总长度；

r——圆柱形键的半径。

$$h=\frac{1.3Q_0}{El\sin 2\alpha}\lg\frac{67Elr\cos\alpha}{Q_0}$$

或　$h=\dfrac{\delta+R}{\sin\alpha}+\Delta$

$$R=R_a-R'_a$$

式中　R_a——键表面粗糙度值；

R'_a——槽表面粗糙度；

Δ——V 形槽深度公差。

另一种使夹具元件 1 与底板精密定位的方法如图 6-49 所示。

拧紧螺钉 3，通过压盖 7 压缩液性塑料，均匀压向套 4，实现无间隙定位。

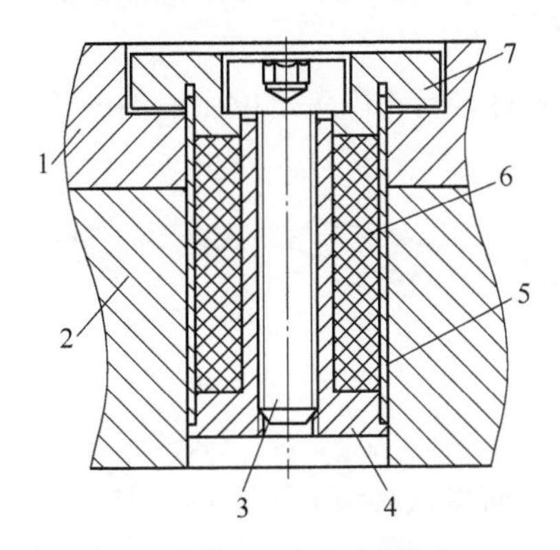

图 6-49　塑料薄壁套定位

1—夹具元件　2—底板　3—螺钉　4—套　5—薄壁套　6—液性塑料　7—压盖

第7章 机床夹具的磨损

7.1 夹具定位支承元件的磨损

7.1.1 试验数据和磨损特性

图7-1所示为对定位支承元件进行10^4次定位后得到的各种定位元件的磨损情况。

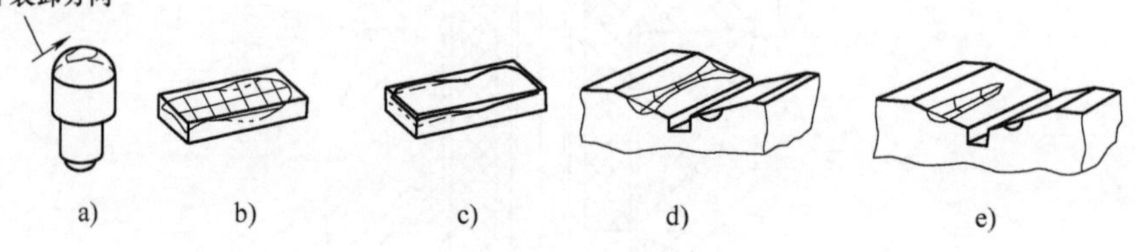

图7-1 各种定位支承磨损情况

在图7-1中，图7-1a表示球面支承磨损时呈椭圆形状，其长径方向为装卸工件时工件在支承上滑动的方向；图7-1b和c分别表示从一个侧面和从垂直方向向下安装工件时支承板的磨损情况；图7-1d和e分别表示从两个侧面和从一个侧面安装工件时V形块的磨损情况。当从垂直方向向下装卸工件时，在支承中间出现最大的磨损；而从一个或两个方向装卸工件时，在侧面出现大的磨损。

图7-2所示为铸铁(HT200)工件在球面支承上定位时的磨损试验曲线(磨损量u与定位次数的关系)。对曲线Ⅰ，支承硬度为42~48HRC；对曲线Ⅱ，支承的硬度为57~60HRC。曲线Ⅰ和Ⅱ是根据多次试验的平均值得到的。

图7-3表示在定位元件硬度为60HRC，定位次数为10^4条件下，不同工件材料(淬火钢，普通钢和铸铁)的工件对支承磨损的影响；而图7-4表示在同样定位元件条件下，不同材料经磨削的工件对支承磨损的影响。由图可知，从磨损角度出发，定位支承应采用T10A钢和45钢(镀铬)，而不宜采用渗碳钢和45Cr钢。铸铁工件磨损较大，这主要是由于在其结构中高硬度磷化物共晶体磨损时产生磨料效应。

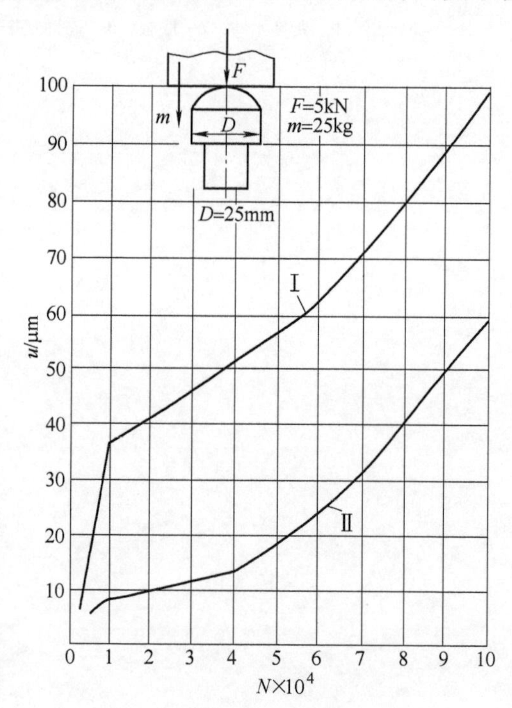

图7-2 球面固定支承磨损曲线

m—工件质量 F—作用在支钉上的力

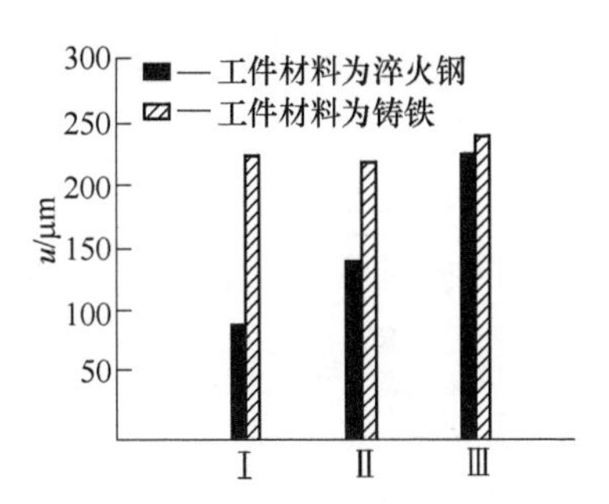

图 7-3　支承磨损与工件材料的关系

Ⅰ—工件材料为淬火钢

Ⅱ—工件材料为非淬火钢

Ⅲ—工件材料为铸铁

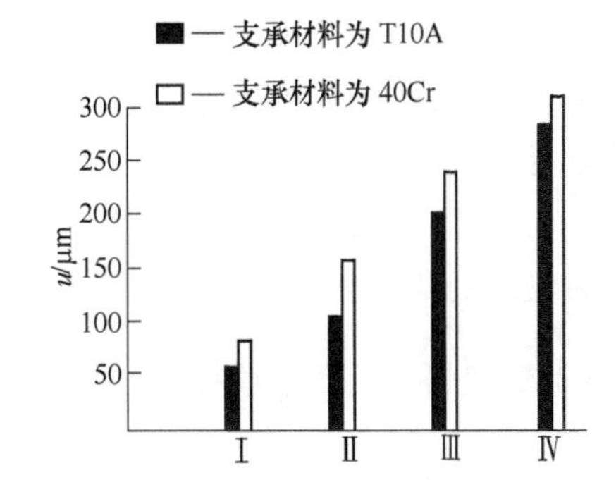

图 7-4　经磨削工件定位时各种支承的磨损

Ⅰ—支承材料为 45 钢(镀铬)

Ⅱ—支承材料为 T10A

Ⅲ—支承材料为 40Cr　Ⅳ—支承材料为 20 钢(渗碳)

图 7-5 表示当作用在材料为 T10A 支承板上的力 $F=10\text{kN}$ 时，质量不同的工件(材料为钢)与支承磨损的关系。由图 7-5 可知，质量增大 10 倍，磨损量增大 1.7 倍。

图 7-6 表示工件在支承上定位 10^5 次后，各种材料工件的尺寸对不同支承(材料为渗碳钢)磨损的影响。

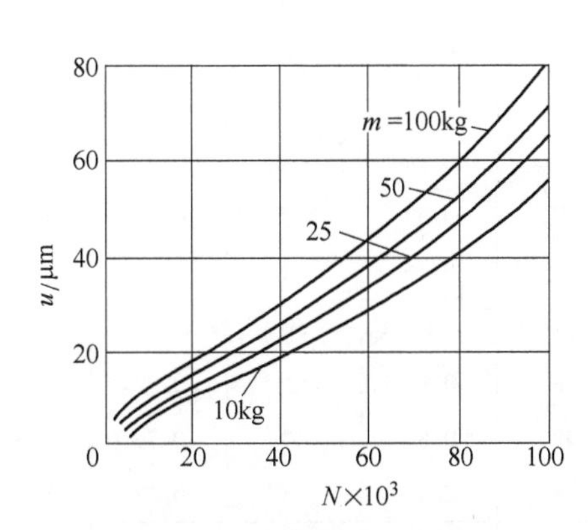

图 7-5　工件质量 m 对支承磨损的影响($F=10\text{kN}$)

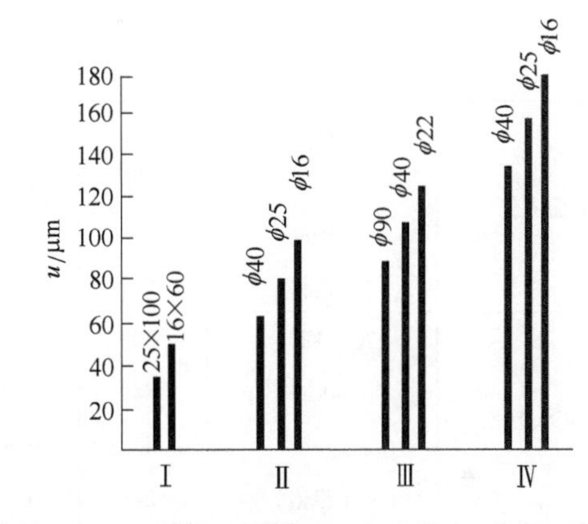

图 7-6　工件尺寸对支承磨损的影响($F=10\text{kN}, N=10^5$)

Ⅰ—支承板　Ⅱ—平面支承钉　Ⅲ—V 形块　Ⅳ球面支钉

图 7-7 表示当材料为铸铁和钢，并经过磨加工的工件定位时，各种材料支承的硬度对磨损的影响。由图 7-7 可知：铬钢支承的硬度与磨损量之间不呈直线关系，硬度低时铬钢磨损量增大，这是由于剩余奥氏体的影响。铸铁工件在 T10A 支承上，当 N 不大时，支承硬度低，其磨损量大，这是由于在铸铁中有高硬度碳化物共晶体。

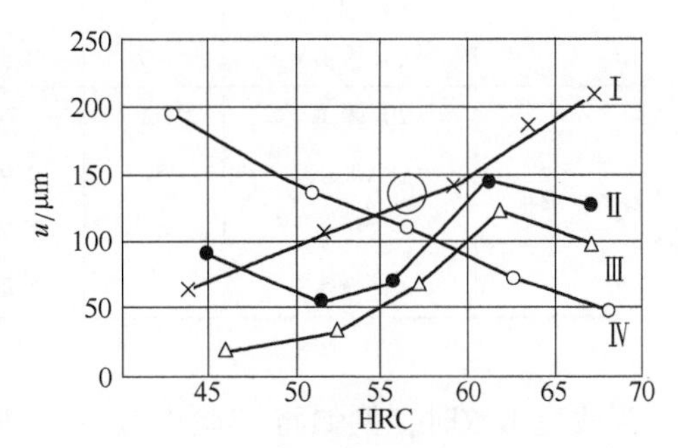

图 7-7　支承硬度对磨损的影响

Ⅰ，Ⅳ—支承材料为 T10A(工件材料为钢和铸铁)

Ⅱ，Ⅲ—支承材料为 40Cr(工件材料为钢和铸铁)

磨损不均匀系数 $K=u_{\max}/\bar{u}$（$u_{\max}$ 和 $\bar{u}$ 分别为最大磨损量和平均磨损量），各种支承的 K 值为：球面支钉 2.11 ~ 2.15；平面支钉 1.21 ~ 1.25；定位板 1.37 ~ 1.45；带斜槽支承板

1.38~1.43；V 形块 1.74~1.79。

上面介绍的试验研究结果，提供了对各种支承磨损磨性比较的基础，以选择适当的支承材料和热处理。

表 7-1 列出了在定位次数为 10^5、$F=10\text{kN}$、工件质量为 $m=25\text{kg}$ 条件下，对不同材料的工件各种支承的磨损量以及 K_M 值。K_M 为与支承材料有关的相对磨损系数，现以 20 钢(渗碳)支承的磨损量为基准，则对 45 钢(镀铬)球面支承，有 $K_M=\dfrac{87}{210}=0.41$；$K_M=\dfrac{96}{235}=0.41$；$K_M=\dfrac{92}{224}=0.41$。同样可求出其他形式各种材料支承的 K_M 值。

表 7-1 各种支承磨损量和其相对 20 钢支承磨损量的相对磨损系数 K_M

支承形式	支承材料	工件材料						
		淬火钢		铸铁		非淬火钢		支承 K_M 平均值
		u/μm	K_M	u/μm	K_M	u/μm	K_M	
球面支钉	20(渗碳)	210	1	235	1	224	1	1
	40Cr	207	0.96	218	0.94	215	0.96	0.96
	T10A	159	0.75	170	0.73	162	0.72	0.73
	45(镀铬)	87	0.41	96	0.41	92	0.41	0.41
平面支钉	20(渗碳)	125	1	143	1	131	1	1
	40Cr	120	0.99	123	0.94	120	0.92	0.95
	T10A	109	0.87	118	0.82	115	0.88	0.84
	45(镀铬)	55	0.44	60	0.46	58	0.44	0.44
支承板	20(渗碳)	59	1	61	1	60	1	1
	40Cr	54	0.94	58	0.96	55	0.92	0.94
	T10A	44	0.81	49	0.80	47	0.79	0.80
	45(镀铬)	24	0.41	28	0.45	26	0.43	0.43
V 形块	20(渗碳)	190	1	207	1	195	1	1
	40Cr	181	0.95	200	0.94	190	0.95	0.95
	T10A	170	0.88	185	0.89	175	0.89	0.89
	45(镀铬)	102	0.53	108	0.51	105	0.47	0.51
带斜槽支承板	20(渗碳)	62	1	72	1	65	1	1
	40Cr	57	0.92	59	0.90	58	0.91	0.90
	T10A	43	0.79	48	0.71	45	0.78	0.75
	45(镀铬)	25	0.40	29	0.40	26	0.41	0.40

当改变参数时，例如将试验次数 N 改变为 5×10^4，将作用在球面支钉上的力 F 改为 5kN，所得试验结果相差很小，见表 7-2。这说明相对磨损系数 K_M 与支承形式无关，K_M 表示支承材料的抗磨能力。

按表 7-1，对同一种支承形式，以铸铁工件支承的磨损量为基准，其他材料工件支承的

相对磨损系数 K_a 为：例如对淬火钢工件和球面支承有 $K_a=\frac{210}{215}=0.91$；$K_a=\frac{207}{218}=0.92$；$K_a=\frac{159}{170}=0.93$；$K_a=\frac{87}{96}=0.91$。同样可得其他形式各种材料支承的 K_a 值，见表 7-3。

表 7-2　球面支钉的磨损量 u 和相对磨损系数 K_M（$N=5\times10^4$，$F=5kN$）

支承材料	工件材料						支承 K_M 平均值
	淬火钢		铸铁		非淬火钢		
	u/μm	K_M	u/μm	K_M	u/μm	K_M	
20(渗碳)	78	1	81	1	80	1	1
40Cr	72	0.93	75	0.92	73	0.91	0.92
T10A	56	0.72	59	0.73	58	0.72	0.72
45(镀铬)	28	0.38	32	0.40	31	0.39	0.39

表 7-3　各种支承磨损量 u 和其相对铸铁工件支承磨损量的相对磨损系数 K_a（参考表 7-1 数据）

支承形式	工件材料	支承材料								K_a 平均值
		20(渗碳)		40Cr		T10A		45(镀铬)		
		u/μm	K_a	u/μm	K_a	u/μm	K_a	u/μm	K_a	
球面支钉	淬火钢	210	0.91	207	0.92	159	0.93	87	0.91	0.91
	非淬火钢	224	0.95	215	0.97	162	0.98	92	0.97	0.97
	铸铁	235	1	218	1	174	1	96	1	1
平面支钉	淬火钢	125	0.87	120	0.98	109	0.92	55	0.91	
	非淬火钢	131	0.91	120	0.98	115	0.97	58	0.97	
	铸铁	143	1	123	1	118	1	60	1	1
支承板	淬火钢	59	0.97	54	0.93	44	0.90	24		
	非淬火钢	60	0.98	55	0.95	47	0.96	26		
	铸铁	61	1	58	1	49	1	28	1	
V 形块	淬火钢	190	0.92	181	0.91	170	0.92	102	0.94	
	非淬火钢	195	0.94	190	0.95	175	0.95	105	0.97	
	铸铁	207	1	200	1	185	1	108	1	1
带斜槽支承板	淬火钢	62	0.86	57	0.97	43	0.90	25	0.86	
	非淬火钢	65	0.90	58	0.98	45	0.94	26	0.90	
	铸铁	72	1	59	1	48	1	29	1	1

由表 7-3 可知，对同一工件材料，各种材料支承的系数 K_a 相差不大（个别最大为 10%），可近似认为 K_a 与支承材料无关，K_a 表示工件材料的抗磨能力。

7.1.2　试验数据的应用

在试验条件下的磨损与夹具实际使用时的磨损有一定差别，实际磨损量要大些。这是因为在生产条件有使磨损大的一些因素：工件与支承的接触时间长，其对磨损的影响如图 7-8a所示；工件安装时沿支承有滑动行程 L，其对磨损的影响如图 7-8b 所示。

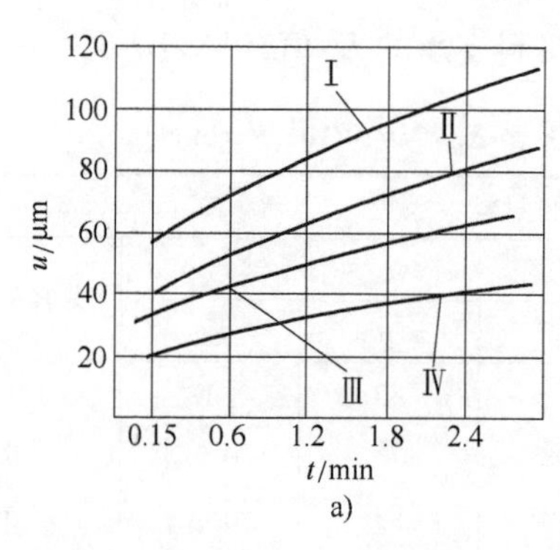

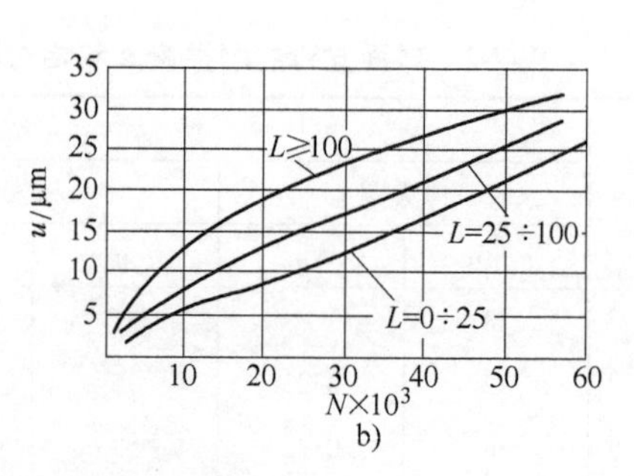

图 7-8　工件与支承接触持续时间

a）和滑动行程 L　b）对磨损的影响（N=50000）

Ⅰ—球面支钉　Ⅱ—V 形块　Ⅲ—平面支钉　Ⅳ—支承板

例如：经 50000 次定位后，工件加工时间为 0. 28min，磨损量为 24μm；而加工时间为 2. 5min，磨损量为 42μm。

应对试验值引入修正系数：

$$K=K_t \cdot K_L \cdot K_y$$

式中　K——总的修正系数；

K_t——工件与支承接触时间系数；

K_L——工件定位时在支承上滑动行程系数；

K_y——加工条件系数。

系数 $K_t=0.79t_i$（t_i 为工件与支承接触时间，单位为 min）

系数 K_L 和 K_y 见表 7-4 和表 7-5。

表 7-4　系数 K_L 值

定位时工件在支承上的滑动行程/mm	K_L	适用范围
0~25	1	通过机床
25~100	1. 25	专用机床，加工中心
>100	1. 51	自动线，柔性加工系统

表 7-5　系数 K_y 值

加工条件	K_y
磨削铸铁件，无冷却液	1. 58
磨削淬硬钢件，有冷却液	1. 32
车、铣、钻铸件，无冷却液	1. 12
车、铣、钻不淬硬钢件，无冷却液	1. 00
车、铣、钻不淬硬钢件，有冷却液	0. 94

7.2　定位支承磨损量的估算

7.2.1　按磨损曲线方程估算

机械零件的磨损有三个阶段：磨合阶段；稳定磨损阶段；急剧磨损阶段。机床夹具零件的磨损极限一般在稳定磨损阶段内，该范围可得磨损曲线方程(图 7-9)为

$$u=h\ (10^{N/A}-1)$$

式中　u——磨损量，单位为 μm；

h——跑合阶段的磨损量，单位为 μm；

N——工件在定位支承上的定位次数；

A——耐磨系数。

h 和 A 是由试验确定的平均值，表 7-6 列出各种支承元件的耐磨系数 A 和磨合磨损量 h。

表 7-6　各种支承元件的耐磨系数 A 和磨合磨损量 h

参数		球面支钉		平面支钉		支承板		带斜槽的支承板		V 形铁	
		A	h/mm	A	h/mm	A	h/mm	A	h/mm	A	h/mm
工件的质量/kg	10	103	15.7	180	2.38	—	—	—	—	193	1.42
	25	100	18.2	157	2.54	274	2.28	181	1.8	185	1.58
	50	88	18.4	135	2.87	260	2.31	163	1.87	167	1.80
	100	62	19.6	130	2.95	243	2.52	142	1.99	—	—
	200	—	—	—	—	220	2.72	109	2.5	—	—
在工件与支承接触面上的压力/MPa	2	—	—	—	—	260	3.2	—	—	—	—
	5	—	—	—	—	241	3.7	185	1.9	—	—
	10	—	—	190	8.7	223	3.9	168	2.4	—	—
	20	—	—	167	9.0	204	4.1	160	2.7	—	—
	40	89	19.2	185	9.2	—	—	132	2.9	201	1.70
	60	84	19.3	184	9.1	—	—	129	3.1	192	1.95
	80	81	19.5	—	—	—	—	—	—	187	2.4
支承材料	20	54	19.9	99	7.4	217	4.6	124	3.5	129	3.5
	40Cr	61	19.7	120	7.1	235	4.1	133	3.1	140	3.1
	T10A	68	20.1	160	7.0	253	4.0	156	2.8	167	2.7
	45(镀铬)	72	28.3	171	6.5	267	3.7	169	2.6	171	2.1
	20	69	10.2	130	9.1	221	4.1	139	3.2	135	3.2
	40Cr	80	10.0	142	9.8	260	3.9	165	3.0	154	3.0
	T10A	87	10.1	162	9.0	277	3.0	170	2.7	169	2.6
	45(镀铬)	90	10.2	181	7.6	291	2.5	182	2.4	180	2.0
工件材料	45(170HBW)	80	15.4	162	9.1	255	3.6	147	3.4	108	3.9
	45(38~42HRC)	84	18.7	177	7.5	281	2.4	168	2.7	125	3.4
	铸铁	62	22.3	103	10.8	203	6.8	121	4.2	90	5.7

表 7-7 列出在夹紧力为 10kN、工件材料为钢的条件下，材料为 20 钢的各种支承磨损量的试验平均值和计算值。

表 7-7 各种支承磨损量的试验平均值和计算值(夹紧力 10kN,工件材料为钢)

支承形式	定位数 $N/10^3$	平均磨损量/um	计算值/um	计算公式
球面支钉	10	87	71.2	$u=19.3(10^{N/68}-1)$
	40	112	109.9	
	60	125	121.5	
	80	146	138.7	
	100	177	185.4	
平面支钉	10	13	9.9	$u=8.7(10^{N/180}-1)$
	40	17	15.7	
	60	25	21.4	
	80	30	31.1	
	100	45	48.2	
支承板	10	5	4.3	$u=4.6(10^{N/260}-1)$
	40	8	7.1	
	60	11	10.0	
	80	13	14.1	
	100	21	23.5	
带斜槽的支承板	10	7	5.2	$u=2.9(10^{N/170}-1)$
	40	12	11.1	
	60	15	14.9	
	80	18	19.5	
	100	25	28.3	
V 形铁	10	15	12.9	$u=3.1(10^{N/150}-1)$
	40	29	26.7	
	60	35	34.3	
	80	58	59.1	
	100	74	81.2	

注:球面和平面固定支承的试验和计算磨损曲线如图 7-10 所示。

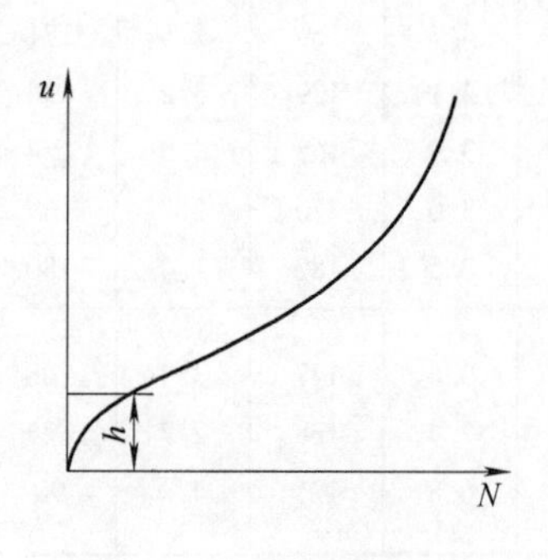

图 7-9 零件磨损曲线

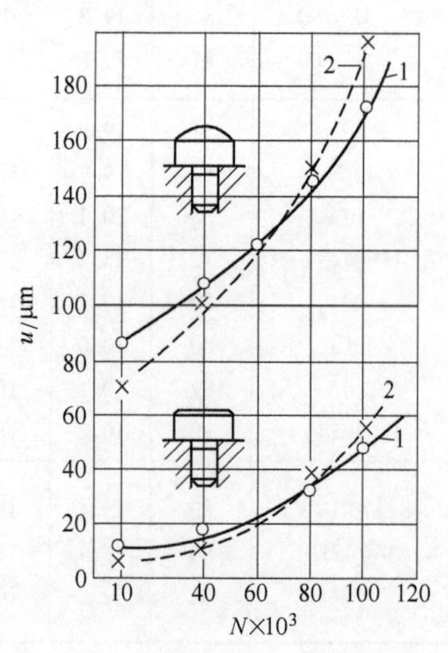

图 7-10 支承的试验和计算磨损曲线

1—试验曲线 2—计算曲线

7.2.2　由定位元件制造公差估算

夹具定位元件磨损量与其制造公差 δ_1 的关系如图 7-11 所示。

设元件尺寸制造误差 $\delta_1=\delta/\alpha$（α 一般为 3~5，δ 为工件的公差）。

则　$u_{min}=\delta-\delta_1=\delta_1(\alpha-1)$

$u_{max}=\delta_1+u_{min}=\delta_1\alpha=\delta$

$$u_m=\frac{1}{2}(u_{min}+u_{max})=\frac{\delta_1(2\alpha-1)}{2}$$

（u_m 为平均磨损量）

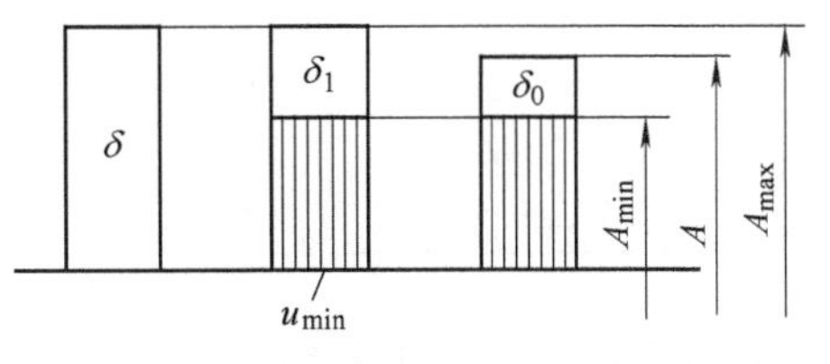

图 7-11　磨损量与制造公差的关系

或已知元件制造后的实际尺寸 A，这时的磨损量 $u=u_{min}+\delta_0$。

根据磨损量可由有关图表得到相应的允许定位次数$[N]=u_{max}C$，C 值见表 7-13、表 7-14。

以上计算磨损量 u 未留安全裕度。

7.2.3　按相似推论方法估算及示例

综合定位支承数据，可减少试验次数，可揭示各种因素对磨损的影响。系数 $\pi_1=\frac{K_M}{K_a}$（表 7-8）表示各种材料工件与支承的接触系数。

表 7-8　系数 $\pi_1=K_M/K_a$ 值

工件材料	K_a	支承元件的材料			
		20(渗碳)	40Cr	T10A	45(镀铬)
		K_M			
		1	0.94	0.80	0.44
淬火钢	0.92	1.07	1.01	0.86	0.47
铸铁	1	1	0.94	0.90	0.44
非淬火钢	0.97	1.03	0.97	0.82	0.45

系数 $\pi_2=\frac{F}{SH}$(F 为作用在支承上的力,单位为 kN;S 为支承与工件的接触面积,单位为 mm^2;H 为支承的硬度,单位为 MPa)表示定位元件、负载力和支承硬度对磨损的影响，见表 7-9。

表 7-9　系数 $\pi_2=\frac{F}{SH}$和耐磨性 C 值

参数		$\pi_2/10^{-4}$	$C=N/u$
F/kN	2	5.4	870
	5	14	850
	10	27	800
	15	41	702
	20	54	610
S/mm^2	192	73	478
	511	27	800
	1200	12	859

（续）

参数		$\pi_2/10^{-4}$	$C=N/u$
$H/10^{-3}$MPa	5	39	724
	5.4	35	750
	6.2	31	789
	7.2	27	800
	8.3	23	821

理论上球面支钉和V形块与工件的接触分别为点和线，但实际上由于力的作用材料产生塑性变形，都有一定的接触面积。当 $F=10$kN 时，球面支钉和V形块支承的接触面积见表7-10和表7-11。当作用力不同时，表中数据应乘以系数 K_s，对球面支钉 $K_s=0.01\times\sqrt[3]{F^2}$；对90°V形块，$K_s=0.07\sqrt[3]{F^2}$（$F$ 为作用在V形面上的力）。

表7-10　球面支钉的实际接触面积（$F=10$kN）

支承的直径 d/mm	$C=2.6\left(\frac{1-\mu_1^2}{E_1}+\frac{1-\mu_2^2}{E_2}\right)^{2/3}$；$S=C\ (rF)^{2/3}$	
	工件	
	钢 $\mu_1=0.3$；$E_1=2.2\times10^2$kN/cm² $C=5.4\times10^{-3}$	铸铁 $\mu_2=0.3$；$E_2=10^4$kN/cm² $C=4\times10^{-3}$
6	1.76	1.31
12	2.78	2.06
16	3.36	2.5
20	3.9	2.9
25	4.32	3.55
30	5.18	3.76
40	6.27	4.56

注：r—球面半径；F—负载；μ—泊松比；E—弹性模量。

表7-11　V形块（$2\alpha=90°$）的实际接触面积（$F=10$kN）

工件直径/mm	支承长度/mm	工件接触面积/mm²	
		钢	铸铁
10~15	35	7.9	4.05
15~20	45	11.6	6.0
20~25	55	15.0	7.14
25~35	70	21.2	11.0
35~45	85	28.5	14.8
45~60	100	36.1	18.7
60~80	120	48.5	25.2
80~100	140	61.0	31.6

支承板的实际接触面积见表7-12。

表7-12　支承板的实际接触面积（$F=10\text{kN}$）

支承板规格/mm×mm	光滑支承板接触面积/mm^2	带斜槽支承板接触面积/mm^2
16×60	640	480
16×90	960	720
20×80	1066	800
20×120	1600	1200
25×100	1660	1250
25×150	2500	1875
30×120	2400	1800
30×180	3600	2700
35×150	3500	2635
35×220	5280	3850

由工件和支承的材料确定系数 π_1，π_1 变化不大；而系数 π_2 与不同的 F、S 和 H 有关，变化大。表7-13列出了不同 π_1 和 π_2 时平面支钉的耐磨性 C 值。

表7-13　由 π_1 和 π_2 值确定平面支钉耐磨性 C（N/μm）值

$\pi_2\times10^4$	π_1											
	1.07	1.03	1.01	1	0.97	0.94	0.86	0.82	0.80	0.47	0.45	0.44
5.4	870	820	894	680	898	801	1330	1385	1290	2080	2400	2610
12	859	808	875	677	883	756	1200	1314	1228	2011	2275	2480
14	850	800	868	665	879	693	1117	1290	1119	1940	2102	2260
23	812	780	855	661	828	670	1000	1225	1013	1852	2008	2101
27	800	750	840	648	750	669	980	1004	1000	1704	1835	1900
31	789	720	824	620	794	600	963	991	984	—	—	—
36	750	702	810	604	784	581	950	972	932	—	—	—
39	724	697	800	551	775	514	810	954	904	—	—	—
41	702	663	757	550	594	490	893	939	879	1515	1710	1724
54	610	568	620	484	510	420	887	917	818	1380	1692	1701
73	478	451	514	390	450	380	850	902	800	1240	1510	1632

图7-12表示对不同 π_1 值球面支钉系数 π_2 与耐磨性 C 的关系。

图7-13、图7-14和图7-15分别为平面支钉、V形块和支承板对不同的 π_1 值、系数 π_2 与耐磨性 C 的关系。

表7-14列出了球面支钉的 π_1 值。

表7-14　球面支钉的 π_1 值

工件材料	K_a	支承材料			
		20（渗碳）	40Cr	T10A	45（镀铬）
		K_M			
		1	0.94	0.8	0.43
铸铁	1	1	0.94	0.8	0.44
钢	0.97	1.03	0.97	0.82	0.45

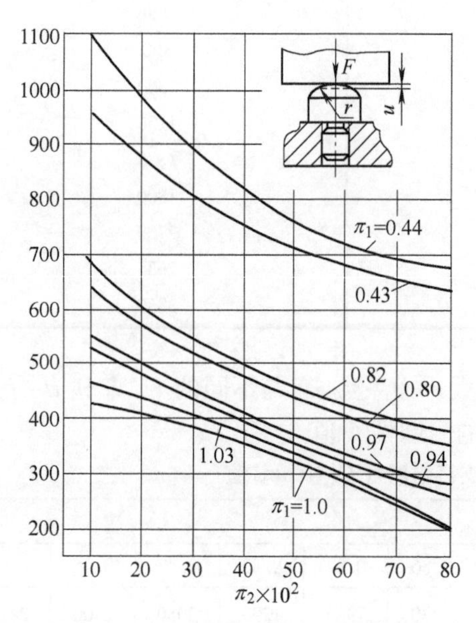

图 7-12 球面支钉 π_2 与 C 值的关系

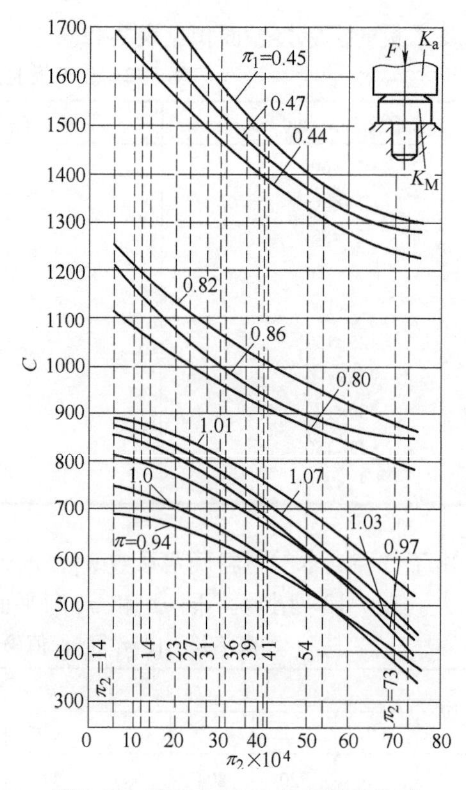

图 7-13 平面支钉 π_2 与 C 值的关系

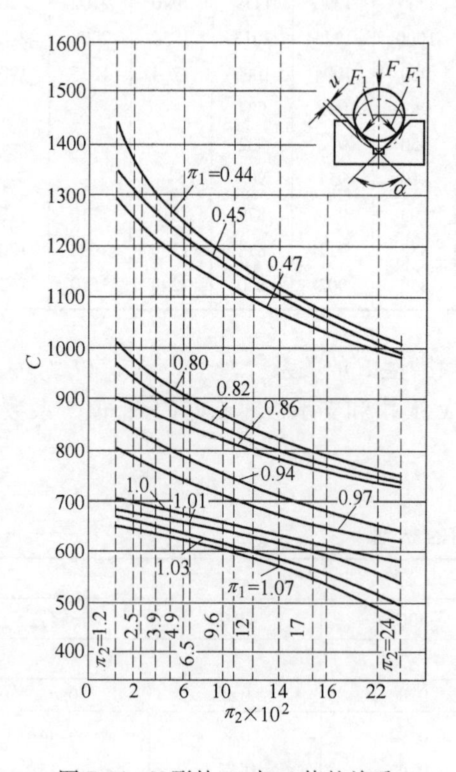

图 7-14 V 形块 π_2 与 C 值的关系

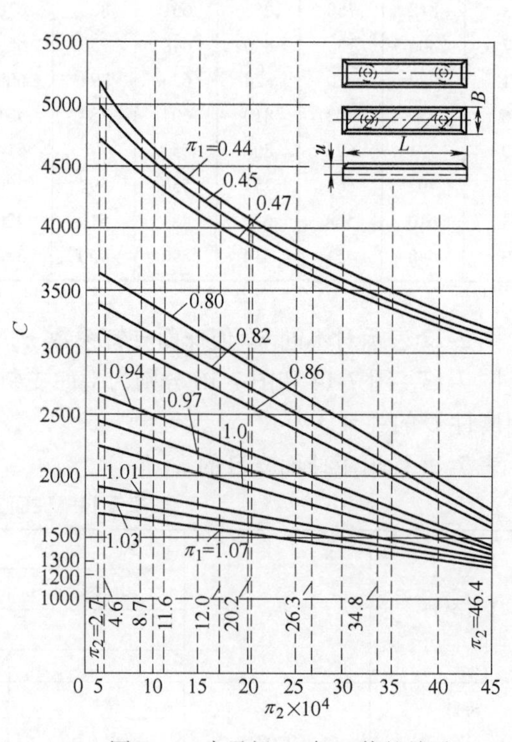

图 7-15 支承板 π_2 与 C 值的关系

当采用平面支钉、球面支钉和 V 形块定位时，可分别利用表 7-13、表 7-14 和表 7-9 选择支承的材料、硬度和尺寸。首先确定支承尺寸，计算系数 π_2，然后选取 π_1，要求达到一定的耐用度；同时可确定工件的定位次数，确定夹具的检验和维修时间。当采用支承板定位时，不用计算 π_2 值，利用图 7-15 即可选择支承板的形式和尺寸。

按相似推论方法估算定位支承磨损示例：工件(轴)直径 $D=40_{-0.08}^{\ 0}$ mm，材料 45 钢(220HBW)，质量 $m=4.5$kg，长度 $L=450$mm，加工扁平面尺寸 $35_{-0.25}^{\ 0}$mm(扁平面到外圆母线的距离)，加工时间 $t_i=1.25$min，作用在 V 形上向下切削力 $F=4.55$kN。

两定位 V 形块材料 40Cr，硬度 50~52HRC，V 形角 $2\alpha=90°$，V 形块长度 $l_v=42$mm。定位时滑动长度 $l=2.5\sim3.0$mm，切屑为流动的，夹紧力 $Q=5$kN，年生产纲领 2×10^5 件。

估算允许磨损量 u_{max}和 V 形块使用期限。

① 工件在 V 形块上的定位误差为

$$\varepsilon_L=\frac{0.08}{2}\left(\frac{1}{\sin(\alpha/2)}-1\right)=0.016\text{mm}=16\mu\text{m}$$

② 工件加工尺寸公差等级为 IT10 级，其允许定位误差由第 1 章$[\varepsilon]=T-\omega=125-33=92\mu$m

采用半精铣，加工公差等级为 IT8 级，$\omega=0.033$mm。

③ 允许由于磨损产生的误差

$$[\varepsilon_u]=\sqrt{\varepsilon^2-\varepsilon_L^2}=\sqrt{92^2-16^2}\ \mu\text{m}=90.6\mu\text{m}$$

得 V 形面上的最大磨损量为

$$U_{max}=[\varepsilon_u]\ \sin45°=64\mu\text{m}$$

④ 按表 7-8，由工件材料为 45 钢(非淬硬钢)和支承材料为 40Cr，得 $\pi_1=0.97$。

⑤ 作用在每个 V 形面上的力

$$F_1=(F+Q+mg)\cos\alpha=\frac{1}{2}\ (4.55+5+4.5\times10\times10^{-3})\ \cos45°=3.5\text{kN}$$

由表 7-11，直径为 40mm，当 $F=10$kN 时 V 形块实际接触面积 $S=28.5\text{mm}^2$(这时支承长度为 85mm，而本例两 V 形块总长为 42mm×2=84≈85mm)。对本例 $F=5$kN，$F_1=3.5$kN，所以 S 值应乘以系数 $0.07\sqrt[3]{F_1}=0.07\sqrt[3]{3.5}=0.106$。

所以本例两 V 形块的实际接触面积为

$$S'=28.5\text{mm}\times0.106\text{mm}=3.03\text{mm}^2$$

再由 $F=5$kN，$S'=3.03\text{mm}^2$ 和 $H=5\text{kN/mm}^2$(H 为支承硬度)得

$$\pi_2=\frac{F}{SH}=\frac{5}{3.03\times5}=0.33=33\times10^{-2}$$

⑥ 按 π_1 和 π_2，根据图 7-14 得单位磨损工件的定位次数试验值 $C=790$ 次/μm，C 值应除以系数 $K=K_t\cdot K_L\cdot K_y$

由前述，$K_t=0.79t_i=0.79\times1.25=1.01$

由表 7-4 和表 7-5，$K_L=1.25$ 和 $K_y=1$

所以实际单位磨损工件的定位次数为

$$C'=\frac{C}{K}=\frac{790}{(k_t\cdot k_L\cdot k_Y)}=\frac{790}{(1.01\times1.25\times1)}$$

$$=790/1.26=500\ 次/\mu\text{m}$$

⑦ 对定位支承最大的磨损量 u_{max}，工件的定位次数 N 为

$N=Cu_{max}=500\times64=32000$ 次

V 形块每年更换次数为

$$n=\frac{200000}{32000}\approx6$$

若将支承硬度改为 $H=62\text{kN/mm}^2$，则可得 $\pi_2=0.18\times10^{-2}$，$C=1080$，$C'=857$，$N=$ 54428 次，$n\approx4$ 次。

7.3 钻套的磨损及其计算

在钻头(或其他刀具)与钻套之间小的接触面积上产生大的接触应力，润滑和冷却不充分，以及有切屑通过钻套，这些是钻套磨损大的原因、例如，内径大于 25mm 的钻套(用 20Cr 钢制造,硬度为 60~65HRC)的使用期限为钻$(1\sim1.5)\times10^5$ 个孔。硬质合金钻套的耐磨性比普通钻套高 10~15 倍。

钻套孔表面的磨损特性如图 7-16a 所示，其磨损与钻头的径向圆跳动和加工余量不均匀有关，图中黑色部分为磨损形状。[16]

一般钻套孔磨损有几个阶段：缓慢段，钻孔行程 $L=15\sim30$m 时，磨损量 $\Delta=0.01\sim0.02$mm；加剧段，$L=35\sim60$m，$\Delta=0.05\sim0.08$mm；慢磨损段，$L=95\sim140$m，$\Delta=0.07\sim0.10$mm；以后由于钻套孔表面严重损坏，磨损又加快。

在毛面、斜面或圆弧面上钻孔和在摇臂钻床上钻较大的孔时，钻套孔磨损加剧，钻孔深度为 50~60m 时，磨损量达 0.10mm。

在第 5 章中介绍了下列公式(图 5-68)：

$$\Delta_G=n_1 s\left(0.5+\frac{\frac{H}{2}+a+h}{H}\right)\quad\text{(各符号说明见第 5 章)}$$

当钻套磨损量为极限值 u 时，钻头轴线相对导套的轴线偏移量为

$$\Delta'_G=(n_1 s+u)\left(0.5+\frac{\frac{H}{2}+a+h}{H}\right)+\Delta_s$$

可得

$$u=\frac{\Delta'_G-\Delta_s}{0.5+\frac{\frac{H}{2}+a+h}{H}}-n_1 s$$

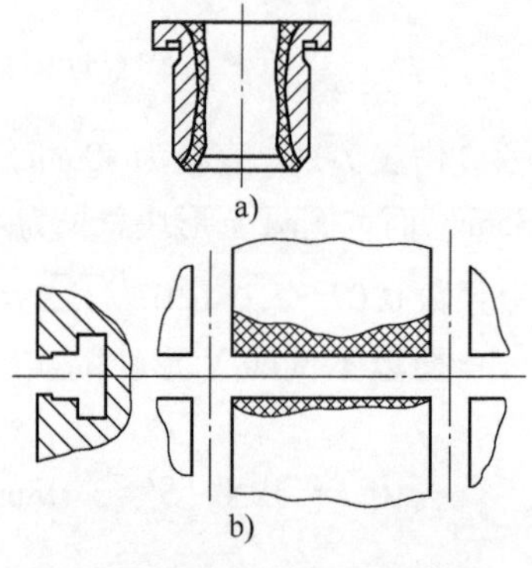

图 7-16 钻套和定位槽的磨损

对各种允许的 Δ'_G 值，钻套的磨损极限偏差值见第 5 章表 5-10。

7.4 磨损产生的定位误差及其计算

图 7-17 所示为矩形工件由于下平面两支钉磨损量 $u_1<u_2$ 而产生的定位误差(倾斜 α 角)。图 7-18a 表示工件在 V 形块上的磨损，图 7-18b 表示当 V 形面磨损量为 $KN=KM\sin(\alpha/2)=u$

时，尺寸 H_1、H_2 和 H_3 的定位误差 ε_{T1}、ε_{T2} 和 $\varepsilon_{T3}=\dfrac{u}{\sin\dfrac{\alpha}{2}}\sin\beta$（图中 $KM=OO_1$）。

图 7-19 表示，当长 V 形块（V 形角为 α）的磨损量为 u，并且右端 V 形角从 α 磨损为 α_1，则由于磨损产生的角度定位误差为

$$\beta=\arctan\frac{u}{L\sin\dfrac{\alpha}{2}}$$

$$u=OO_1\sin\frac{\alpha_1}{2}\approx OO_1\sin\frac{\alpha}{2}$$

图 7-20 表示，当 V 形块采用两球面支钉定位时，由于两支钉磨损量 u（相等）而产生的定位误差为

$$\varepsilon_T=\sqrt{\left(r+\frac{D}{2}+\frac{u}{\sin\dfrac{\alpha}{2}}\right)^2-\frac{L^2}{4}}-\sqrt{\left(r+\frac{D}{2}\right)^2-\frac{L^2}{4}}$$

再以（$\varepsilon_T+\varepsilon_L$）值（$\varepsilon_L$ 磨损前的定位识差）核算加工误差。

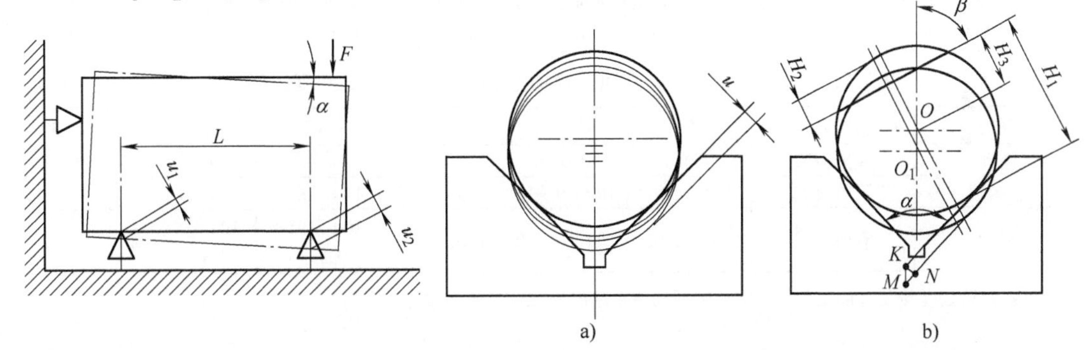

图 7-17　由于支钉磨损工件产生的定位误差　　图 7-18　由于 V 形块磨损产生的尺寸定位误差

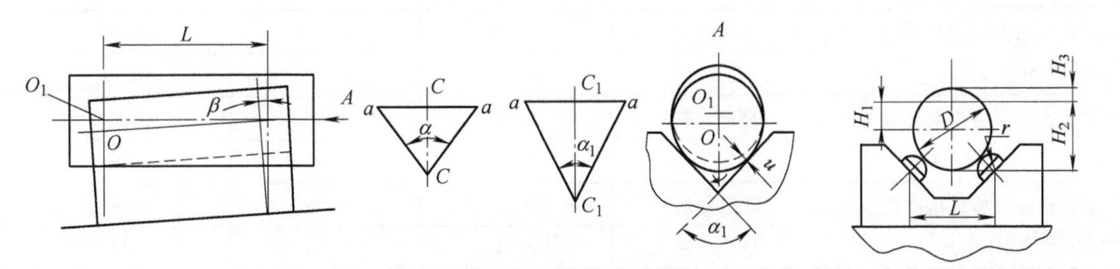

图 7-19　由于 V 形块磨损不均产生的角度定位误差　　图 7-20　两球面支钉定位误差

7.5　夹具定位和导向元件的磨损极限

在工艺装备设计中，对量具和检具（特别是样件）规定了磨损极限，而在夹具设计中，一般未对定位和导向元件规定磨损极限。为保证加工质量和使夹具按计划周期进行检验和维修，有必要对夹具重要部位（定位、导向元件等）规定磨损极限。确定夹具磨损极限比较复杂，目前尚无成熟的经验和系统的资料。

对直接影响加工精度和方便计算的尺寸，其磨损极限可按下式计算：

$$\Delta_u = 0.8T - \varepsilon - \Delta \text{（0.8 为磨损裕度安全系数）}$$

式中　Δ_u——夹具元件尺寸的磨损量；

ε——工件相对刀具的位置误差；

T——工件加工尺寸的公差；

Δ——夹具元件尺寸的制造公差。

下面举例说明，例如对第 2 章图 2-103 所示的夹具，定位件 2 的基准面 G 的磨损极限计算如下。

由图 2-103 可知，$T = +0.1-(-0.1) = 0.2\text{mm}$；$\varepsilon$ 由对刀精度确定，取 $\varepsilon = +0.02-(-0.02) = 0.04\text{mm}$；夹具定位（对刀）元件（件 2）尺寸 47mm 的制造公差 $\Delta = +0.03-(-0.03) = 0.06\text{mm}$。

$$\Delta_u = 0.8T - \varepsilon - \Delta = 0.8 \times 0.2 - 0.04 - 0.06 = 0.06 = \pm 0.03\text{mm}$$

因对刀次数相对加工工件的次数极少，所以对刀块 4（图 2-103）的工作面磨损可忽略，而定位件的 G 面是磨损面，其尺寸 $47 \pm 0.03\text{mm}$ 的磨损极限为 $[(47+0.03)+0.03]\text{mm} = 47.06\text{mm}$。

对夹具精密尺寸和几何公差的磨损极限可取为制造公差的 1.5~2 倍下面列出夹具部分参数的磨损极限，见表 7-15~表 7-18，也可作为其他类似情况的参考。

表 7-15　车磨床夹具定心表面对机床主轴回转轴线位置精度的磨损极限　（单位：mm）

径向	制造公差	0.005	0.010	0.012	0.015	0.020	0.030
跳动	磨损极限	0.010	0.020	0.020	0.030	0.030	0.05
轴向圆	制造公差	100：0.01	100：0.015	100：0.02	100：0.03	100：0.03	
跳动	磨损极限	100：0.02	100：0.030	100：0.03	100：0.04（磨床）	100：0.05（车床）	

注：制造公差按工件加工部位对定心表面的位置精度确定，见第 2 章。

表 7-16　铣床夹具位置精度的磨损极限　（单位：mm）

对刀块工作面对夹具定位表面的极限偏移	制造公差	±0.02	±0.05	±0.08
	磨损公差	±0.04	±0.08	±0.12
夹具定位面对其安装基准的平行度或垂直度（在 100mm 上）	制造公差	0.02	0.05	0.08
	磨损公差	0.04	0.08	0.12
夹具定位面与定向键侧面的平行度或垂直度（在 100mm 上）	制造公差	0.02	0.05	0.08
	磨损公差	0.04	0.08	0.12

注：制造公差按工件加工部位对基准的位置精度确定，见第 2 章。

表 7-17　钻套孔距磨损极限　（单位：mm）

工件孔距公差	钻具孔距公差	磨损极限		
		钻	扩	铰
±0.05~±0.07	±0.015	0.10	0.03	0.015
>±0.07~±0.12	±0.03	0.10	0.05	0.03
>±0.12~±0.22	±0.05	0.05		
>0.22~±0.40	±0.08	0.08		
>±0.40	±0.15	0.15		

表 7-18　图 5-72 所示铰链钻模板宽度 *B* 和转轴直径 *d* 的磨损极限

d (F8/h6)/mm	孔				轴				*B* (H7/h6)/mm	槽				板			
	上极限偏差	下极限偏差	磨损极限		上极限偏差	下极限偏差	磨损极限			上极限偏差	下极限偏差	磨损极限		上极限偏差	下极限偏差	磨损极限	
			Ⅰ	Ⅱ			Ⅰ	Ⅱ				Ⅰ	Ⅱ			Ⅰ	Ⅱ
6~10	33	13	40	60	20	10	0	-10	30~50	27	0	54	81	0	-17	-34	-51
>10~18	40	16	48	72	24	12	0	-12	>50~80	30	0	60	90	0	-20	-40	-60
>18~30	50	20	60	90	30	15	0	-15	>80~120	35	0	70	105	0	-23	-51	-69

注：Ⅰ—一般精度；Ⅱ—较低精度。

除夹具的磨损外，工件定位部位的磨损对加工精度也有影响。工件定位孔在多次使用后的磨损值见附录表 8。

第8章　夹具的使用

8.1　夹具在使用中的一些问题和情况

8.1.1　定位

1）在夹具中广泛采用支承板以平面定位，支承板经过一定时期的使用会产生磁化现象，吸附一些微小的细屑，如不及时清除将会影响加工精度。

在固定式定位销的使用中，有的菱形定位销没有防转措施或不可靠，使菱形定位销位置发生转动。

切屑和污物可能落到定位面上，为保证定位质量和在自动加工中向控制系统提供信息，

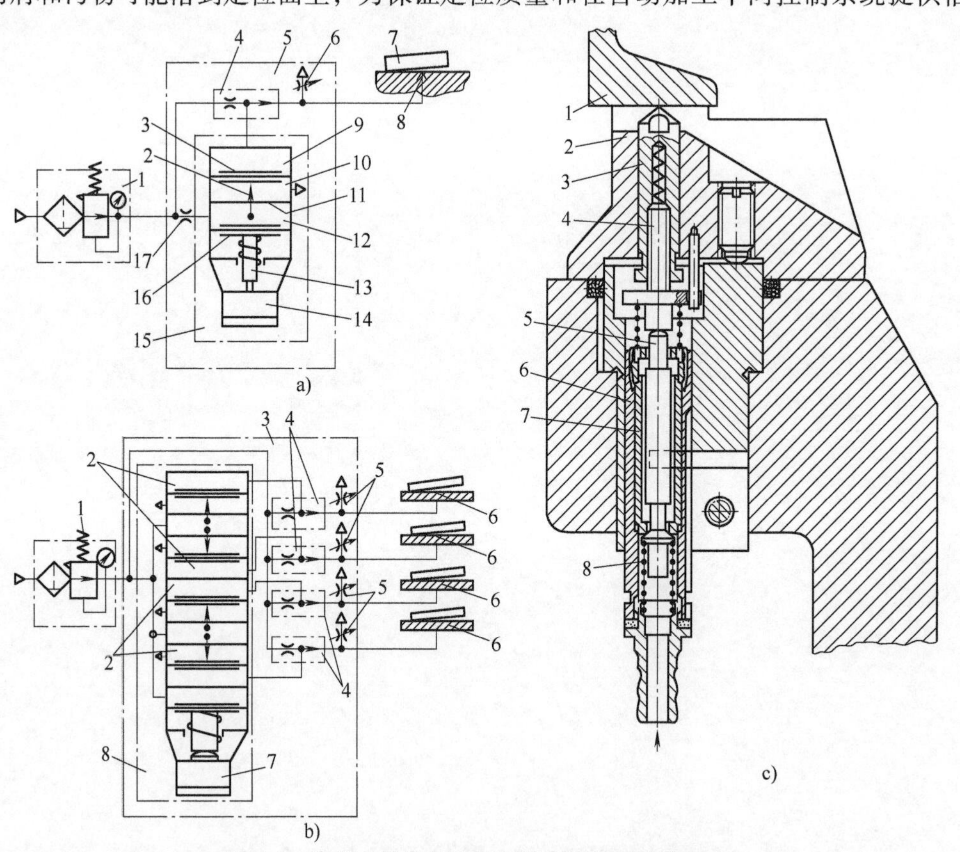

图8-1　检查工件定位支承面贴合性的气动装置

a）1—带稳压阀的过滤器　2—喷嘴　3、16—薄膜　4—喷射器　5—次级转换器　6—可调节流阀　7—工件　8—喷嘴　9、10、12—气室　11—连接片　13—杆　14—微型转换开关　15—阀元件　17—节流阀

b）1—带稳压阀的过滤器　2—气室　3—指令装置　4—喷射器　5—可调节流阀　6—喷嘴　7—微型转换开关　8—阀元件

c）1—工件　2—支承板　3—滑柱　4—可调螺钉　5—测量杆　6—气动传感器　7—套　8—弹簧

在生产中应用了图 8-1 所示的检查工件表面与定位支承面贴合性的气动装置。[74]

图 8-1a 所示为单点检查装置(外形尺寸 134mm×72mm×106mm),初级转换器就是安装在基准板上的测量喷嘴 8,次级转换器 5 是指令装置,从喷嘴 8 到指令装置的距离不超过 2m。喷射器的参数应为:当可调节流阀 6 完全关闭时,基准板与工件表面的距离约为 120μm(测量间隙上限)。

当在加工位置没有工件时,在阀元件气室 9 中的压力为负值(真空);当工件正确定位时,工件被检验表面与喷嘴之间的距离小于调整值,在气室 9 中从真空转变到有剩余压力。这时薄膜 3 向连接片 11 方向移动,关闭喷嘴 2 与气室 12 和 10 的通路。气室 12 的压力始终等于大气压力,压缩空气通过节流阀 17 进入气室 12,达到气源压值(1.5MPa),薄膜 16 移动,通过杆 13 接通微型开关,发出开始加工的指令。取下工件后,在气室 9 中产生真空,薄膜 3 打开喷嘴 2,在气室 12 内产生瞬时压力降,将微型转换开关切断。

当工件定位不正确时(基准板与工件表面之间的间隙超过允许值),在气室 9 中保持真空,喷嘴 2 仍保持畅通,阈元件不起作用,不会发出加工信号。利用该装置还可测出工件与支承面的间隙。

图 8-1b 所示为具有四个喷嘴 6 的检查装置(外形尺寸为 116mm×116mm×116mm),其原理与单点检查装置相同,用于同时检查 2~4 个点,只用于综合检查贴合性是否合格,不能测出实际值。

图 8-1c 所示为一种单点测量的具体结构。工件 1 放在夹具支承板 2 上,工件基面与支承板平面贴合,并压下滑柱 3,滑柱上的可调螺钉 4 压上气动传感器 6 的测量杆 5。通过测量套 7 下端面上的孔与测量杆 5 之间的流量变化来确定工件基面定位的情况。

2) 卡盘、夹头等是使工件同时定心和夹紧的组件,图 8-2 所示为几种新型卡盘。图 8-2a 所示为钢制手动卡盘(直径为 600 ~ 2100mm),夹爪数量有二、三、

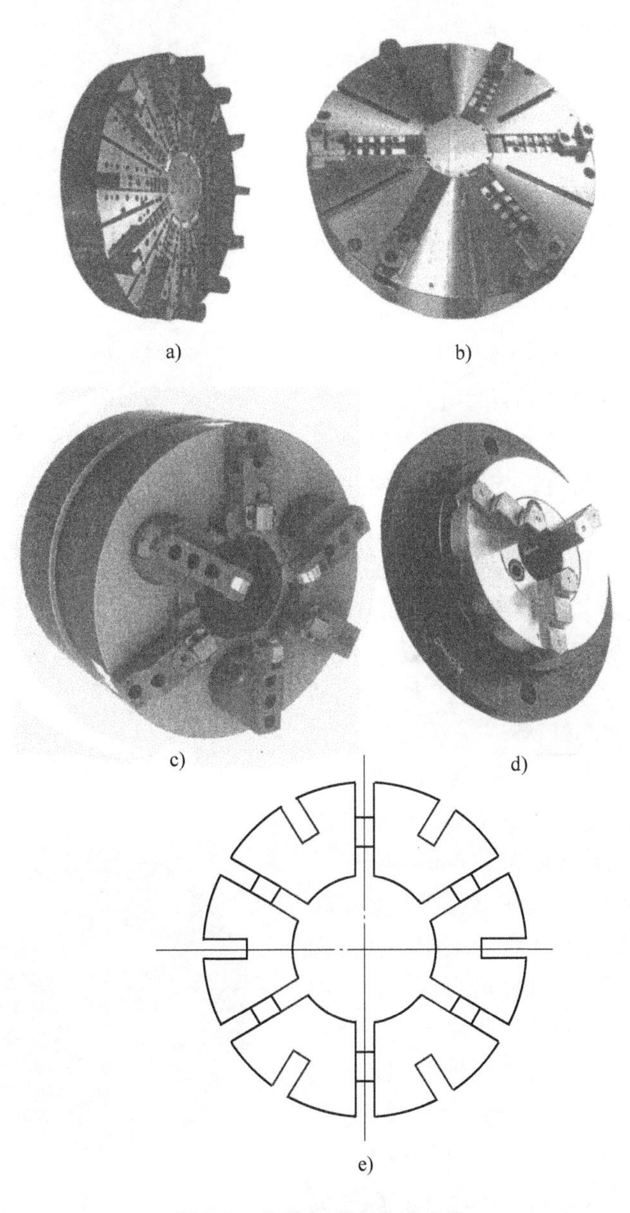

图 8-2 几种新型卡盘和夹头

四、六和十二，也可由动力操作，卡盘体耐磨，主夹爪的硬度和精度高，用于大工件的精密加工(车、铣、磨等)；图 8-2b 所示为通用立式车床卡盘(直径为 1m)，内有平衡系统，以保证高速时的夹紧力；图 8-2c 所示为用于不规则管件等车螺纹的六爪卡盘；图 8-2d 所示为超薄型卡盘，适用于仪表等小型工件的加工，卡盘的把手是旋转的，直接控制夹紧和松开工件，无需用扳手；图 8-2e 所示为一种六瓣弹性夹头开槽的特殊形式，可增大夹紧力。

图 8-3 所示为另外几种新型卡盘。图 8-3a 所示为大型车床卡盘(直径为 1800 ~ 2580mm)，该卡盘有超长的主夹爪，卡盘有覆盖层，并有涂盖工具以防止卡盘改变速度和缩短维修时间，该卡盘有多种形式的夹爪。图 8-3b 所示为柔性制造系统用的随行卡盘（固定在主卡盘上)，其特点是可用机械手装卸随行卡盘(其上有工件)而不用停机；图 8-3c 所示为两种油卡盘。

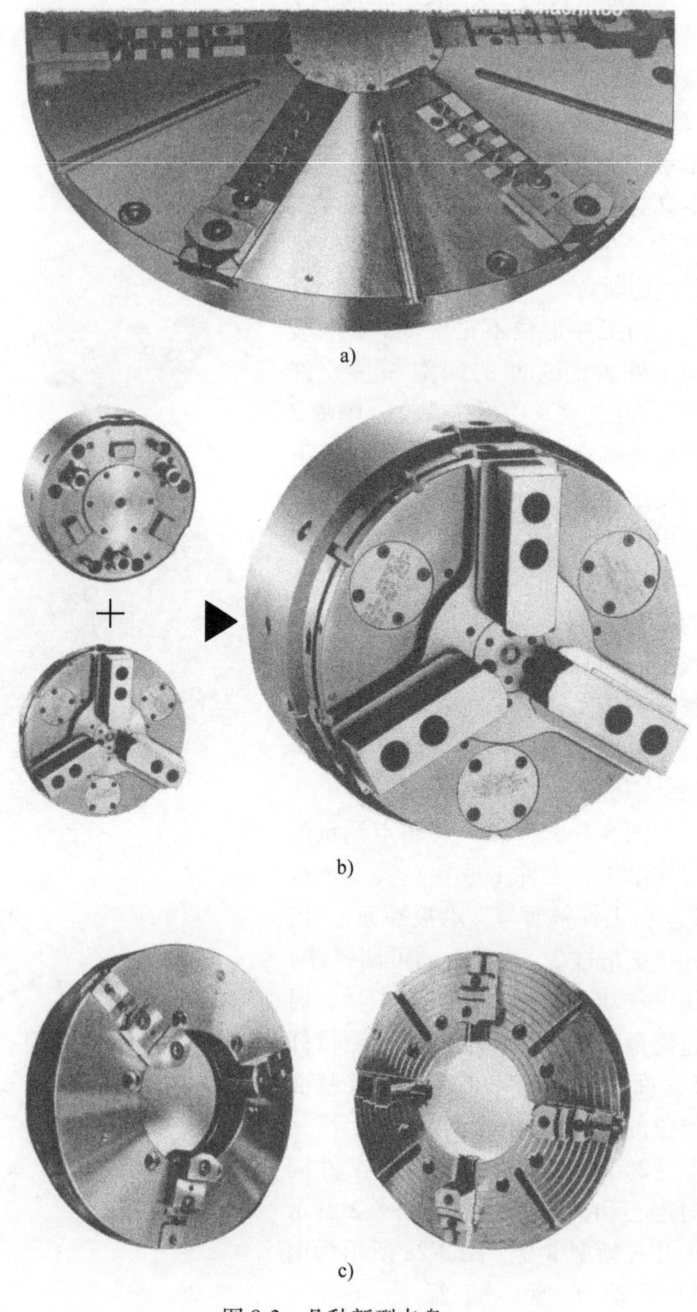
图 8-3　几种新型卡盘

3）在 2.6.2 节中对工件或心轴以两端中心孔定位的一些参数作了介绍。为保证加工精度，定位心轴两中心孔的制造精度是关键。

中心孔精加工可在普通机床上或在专门的中心孔加工机床上完成，有以下几种方式。下面所指工件也包括定位心轴：[75]

① 在立式机床上研磨中心孔，这时工件不动，研磨棒转动，线速度为 3~6m/s。工件下端中心孔放在固定顶尖上，60°研磨棒与工件上端中心孔全面接触；研磨好后再调头，研磨另一中心孔。这种方式不能修正两中心孔的同轴度误差。对直径为 200mm 和长度为 1000mm 的工件，研磨后中心孔的圆度达 6μm，表面糙度 Ra 值达 1.25μm。

② 在立式机床上精磨中心孔，这时工件和砂轮都转动，线速度为 25m/s。砂轮与中心孔为线接触，有的机床砂轮还可沿中心孔母线做振荡运动。这种方式可修正两中心孔的同轴度误差。对上述工件，精磨后中心孔圆度达 3μm，表面粗糙度 *Ra* 值达 0. 63μm。

③ 在卧式机床上同时研磨两中心孔，这时工件先安装在两固定棱边支承上，研磨时用后顶尖顶紧工件，工件与两支承脱离，按两中心孔定位研磨，达到的精度与上述②中相同。

④ 在单面磨床上精加工中心孔，工件一端在卡盘中，或在两中心架中定位，先加工一个中心孔，调头再加工另一个中心孔。在卡盘中定位时中心孔圆度与卡盘定心精度有关；在中心架上定位时中心孔圆度与工件定位轴颈的圆度有关。这时对每个中心孔加工两次可达到较好的效果。

⑤ 在行星磨床上加工中心孔，如果工件不转动，砂轮绕本身轴线转动和绕工件轴线做行星转动，并沿砂轮母线做振荡运动，这样磨出的中心孔圆度误差大（图 8-4a），达 20 ~ 25μm；而当工件也转动时，圆度误差减小到$\frac{1}{10}$（图 8-4b）。

⑥ 图 8-5 表示用锥形工具（非淬硬中心孔用锥形锪钻，淬硬中心孔用铸铁研磨棒）同时摆动加工两个曲线中心孔，图中只表示了一个，加工时锥形工具在两端中心孔处绕本身轴线转动，并绕工件轴线做行星转动（转速不相同），随加工工具与工件轴线之间的角度变化而变化。

⑦ 与一般加工方式不同，图 8-6 所示为一种新的在车床上修正两中心孔轴线位置的方式。[57]

车床主轴通过自定心卡盘 1、铰链装置 2 带动自定心卡盘 3 和工件 4 在两中心架 5 上转

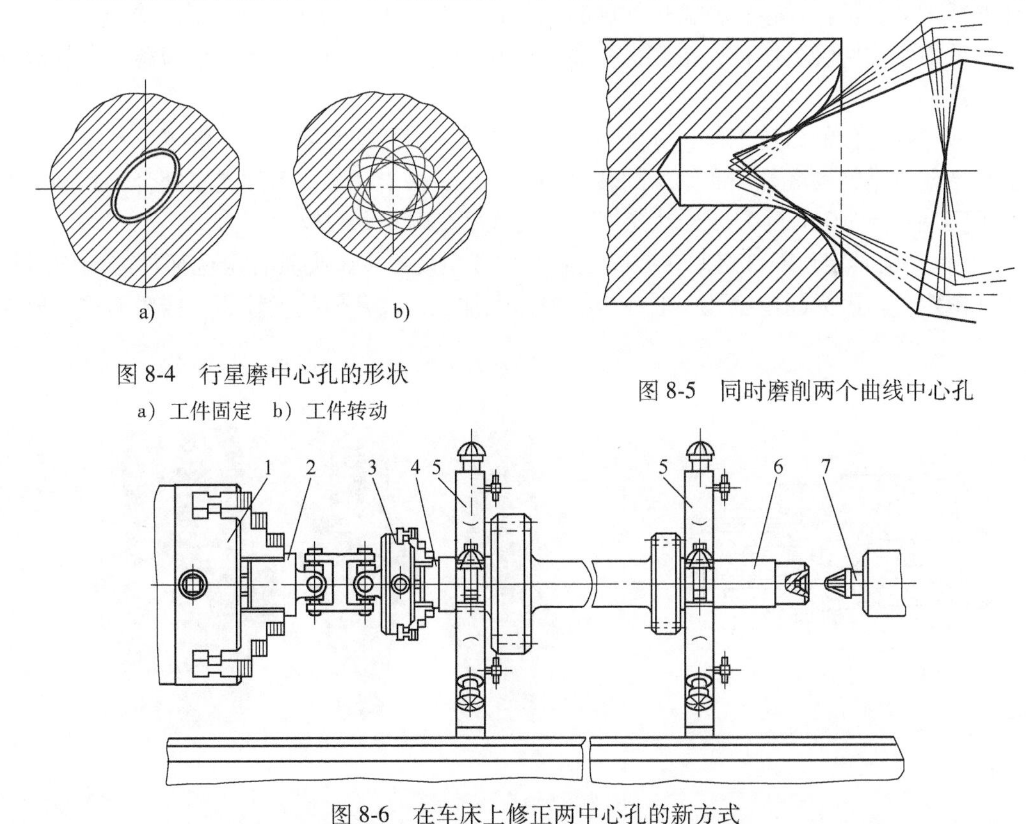

图 8-4　行星磨中心孔的形状
a）工件固定　b）工件转动

图 8-5　同时磨削两个曲线中心孔

图 8-6　在车床上修正两中心孔的新方式
1、3—自定心卡盘　2—铰链装置　4—工件　5—中心架　6—车床尾座　7—研磨棒

动，用装在车床尾座6上的修磨工具加工一个中心孔；调头再加工另一个中心孔。利用这种方式得到的精度比用一般方式得到的好。例如，对双阶齿轮轴，用一般方式齿轮分圆的轴向圆跳动为0.14~0.26mm，用这种方式轴向圆跳动为0.03~0.06mm；对电动机转子轴，转子的径向跳动从0.16~0.18mm降低到0.03~0.06mm。

图8-7所示为中心孔圆度测量装置。在测量中心固定部分3的锥面上有三个互成120°的棱边Ⅰ，活动量脚2可沿固定部分移动。工件以两中心孔定位回转，活动量脚2锥度棱边Ⅱ与中心孔接触，其示值变化就是被测中心孔的圆度误差。

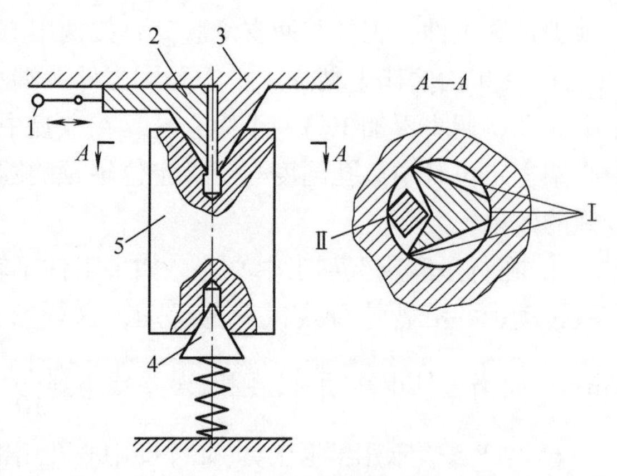

图8-7 中心孔圆度测量装置

1—测量头 2—活动量脚 3—测量中心固定部分 4—下顶尖 5—工件

4）在采用塑料定位心轴的同时，在生产中也应用油压定位心轴，其结构与塑料心轴类似，如图8-8a所示，其制造比塑料心轴简单，因其膨胀量较小，只能用于孔的公差小的工件。液压胀紧技术在夹紧刀具(图8-8b)和夹具中得到了一定的发展。

5）回转工作台是定位用的装置，在自动化生产中马氏机构小型回转工作台转位快、平稳，工作可靠，分度时间为2.2~3s，其缺点是分度精度低、机构复杂；机械传动反靠定位回转工作台，分度精度较高，故障率较低；液压传动反靠定位回转工作台，精度也较高，但有一定的故障率，这是由动力源、电气部分等问题导致的。

钢球和滚柱定位的回转工作台分度精度高。北京三阔科技有限公司开发了珠盘定位分度装置，其结构就是将镶嵌着一圈钢球的转盘和加工出一圈半球形凹槽的支座啮合，其制造工时短，可实现0.2°~0.1°的分度，性能好。该装置已获国家专利权。

6）从保持夹具定位部件之间在装卸之后的位置精度出发，夹具各定位部件之间应尽量采用圆柱销定位。因为圆柱销孔一般在坐标镗床上加工，其几何精度较高，接触面积一般为

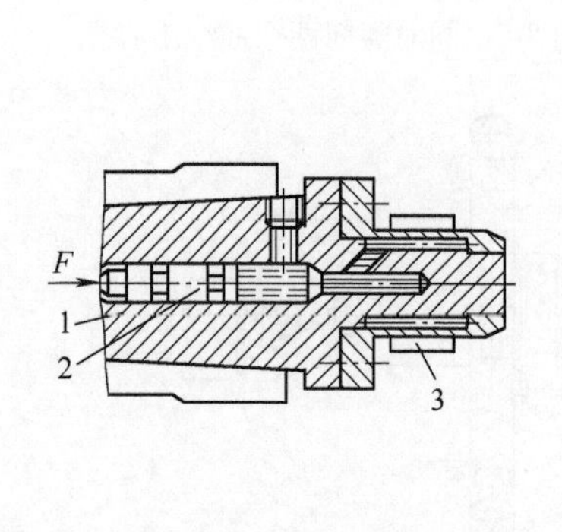

a)

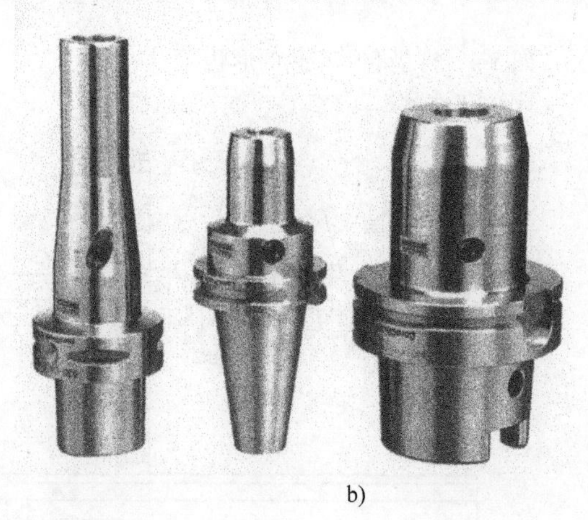

b)

图8-8 油压心轴

1—心轴 2—柱塞 3—工件

75%~80%，而锥销定位一般是配作的，锥销孔钻、铰质量不高，锥销与锥孔的接触面积仅为50%~60%，有时甚至不到40%。

7）在夹具设计实践中，部分零件定向定位夹紧方式见附录。

对复杂工件，第一次机械加工时所用的粗基准(毛坯基准)对工件随后加工的质量有影响，一般要求粗基准应保证随后工件各重要部位加工余量的均匀性。

传统发动机气缸体的粗基准的选择方法如下：为从缸体毛坯外部反映内部的位置，在缸孔内壁、主凸轮轴孔中心和右面(从发动机前端看)中心设置了工艺线作为粗基准，加工缸体六个面，以后再以已加工好的顶面、右面、后面定位加工精基准。但这样的粗基准累积误差大，气缸孔壁厚差达2~2.5mm，不符合要求，这成为影响发动机提高排放的关键。

经研究，选择缸孔外壁和直接相关点组合粗基准，是提高缸孔壁厚均匀性的重要措施和发展方向。[76]

图8-9a和b所示为德国罗姆(Roehm)公司生产的卡爪可后撤的浮动卡盘。图8-9a所示为外形图，图8-9b所示为工作原理。卡爪在轴向可伸出和缩回，加工时曲轴在两顶尖上定位，卡爪可浮动夹紧工件。用两个卡盘夹持曲轴两端轴颈，这样可实现：当加工左端主轴颈时，左端卡盘卡爪离开工件，而右端卡盘夹紧曲轴；加工右端主轴颈时，右端卡盘卡爪离开工件，左端卡盘夹紧曲轴。这样不用掉头即可在一台车床一次定位加工全部主轴颈，而通常的方法需要掉头两次才能定位，往往需要两台车床(因曲轴两端直径差超过卡盘行程)。

图8-9c和d所示为罗姆公司生产的专门用于曲轴主轴颈和连杆轴颈车削、无级可调偏心距的双分度卡盘。图8-9c所示为卡盘外形，图8-9d所示为卡盘工作原理。图8-9c所示卡盘有5个卡爪，有2个用于曲轴角度定向，由液压系统控制，有3个用于夹紧曲轴和传递转矩。使用该卡盘，可显著提高生产率，有利于实现加工自动化。[77]

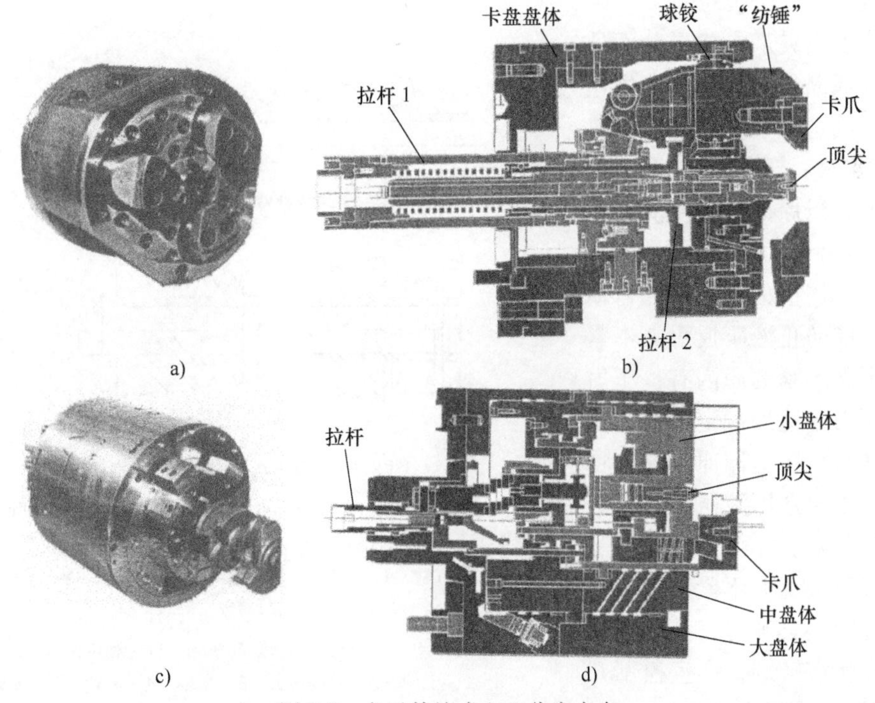

图8-9 卡爪伸缩式和双分度卡盘

8.1.2 夹紧

1）国内大型汽车制造单位采用气动液压夹紧的约占85%，手动夹紧的约占10%（包括一部分用动力扳手）。螺旋夹紧、斜楔夹紧应用较多，其次是铰链杠杆夹紧，偏心夹紧应用较少。

楔夹紧机构的动作环节多，延续时间长，不适应短节拍工作的需要。采用直接夹紧，机构简单，动作快，但对夹紧力源的稳定性要求高。

在生产中，有的夹具钩形压板螺旋角偏大（达55°），而压板螺旋槽两端直线部分不够长，虽然在有工件时工作正常，但在空行程时会产生卡死和使导向螺钉损坏。另外，钩形压板的外露部分应有防护措施，防止冷却液和切屑进入钩形压板，以免活动不灵活，甚至由于受到气动或液压冲击被拉断。

斜楔式卡盘夹爪在槽形截面处会产生裂缝或断裂，为避免发生这种情况应正确选择卡爪的材料和热处理（见第4章），同时操作时夹紧力不能过大，以保护元件和精度。

2）为减轻劳动和控制夹紧力，在生产中常使用扭力扳手。在自动化生产中，应防止液压扳手夹不紧工件。产生夹不紧的原因有：压力继电器在压力未达到额定值时，误发信号，导致扳手退回原位，未将工件夹紧；由于选用液压马达转矩小，减速比不够。

由于液压扳手夹不紧工件，用人力强力拧紧夹具螺母，其转矩又会超过松开所需转矩，产生松不开工件的情况。

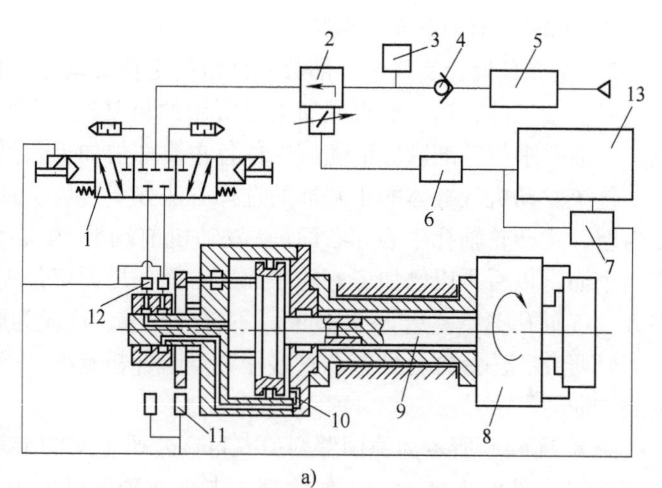

a)

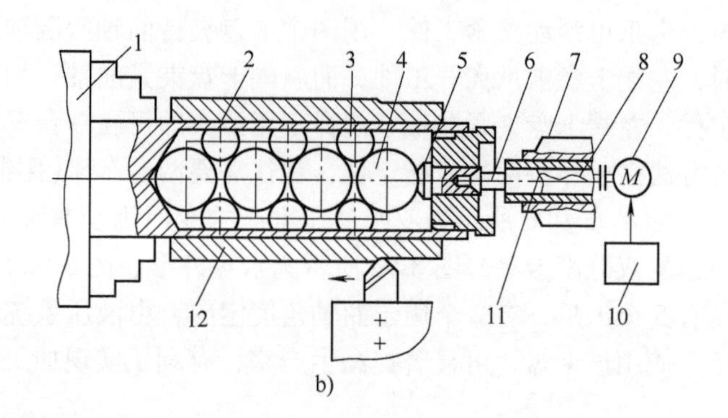

b)

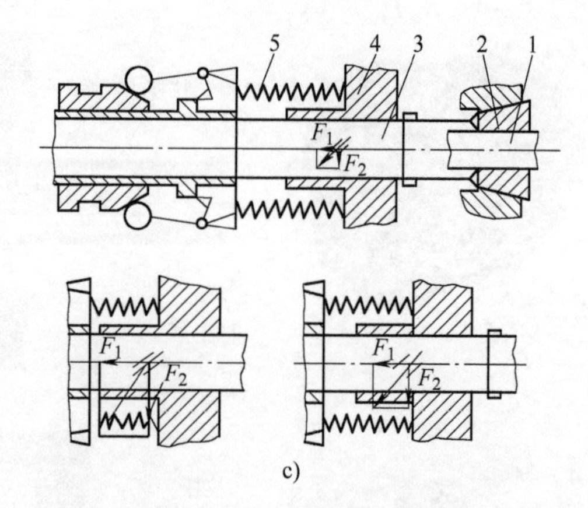

c)

图8-10 数字控制夹紧力原理图

a）1—分配阀 2—减压阀 3—压力继电器 4—反向阀 5—气源组件 6、7—耦合装置 8—卡盘 9—拉杆 10—旋转气缸 11—行程开关 12—压力传感器 13—数控装置

b）1—卡盘 2—心轴 3、4—滚珠 5—杆 6—顶尖 7—尾座 8—螺杆 9—电动机 10—数控系统 11—螺母 12—工件

c）1—工件 2—弹性夹头 3—主轴 4—齿轮 5—弹簧

3）使用无心磨削轴承环时，有时会有烧伤，这与夹具过渡转盘与磁线圈之间的间隙过大(一般为 0.3~0.5mm)、工件支承材料选用不合适(应选用导磁性好的碳钢)和偏心量过大有关。减小支承工作面的粗糙度、采用 V 形浮动支承对减小划伤和烧伤有利。

静电夹紧装置夹紧非磁性薄板材料等在磨床上得到应用，经济效果好，但其吸力随时间降低，不适合大量生产。

4）在生产中有的夹具(例如车床夹具、多工位夹具)一次夹紧后进行粗精加工，有时不适合加工的需要。图 8-10 所示为几种可改变夹紧力装置的原理图。

对图 8-10a，根据数控系统的指令，通过采用比例电子控制系统的减速气阀改变工作压力，进而改变夹紧力。

对图 8-10b，粗加工时，杆 5 处于一定位置。当转为精加工时，数控系统使电动机速度改变，通过螺杆 8 和螺母 11 使杆 5 移动，使夹紧力减小。

对图 8-10c，主轴空转时，作用在主轴上的转矩和作用在齿轮 4 上的力 F_1 最小，这时弹性夹头承受的弹簧力和夹紧工件的径向力 F_2 也最小(上图)。粗加工时，力 F_1 和 F_2 增大，齿轮 4 处于最左位置(中图)；精加工时，F_1 和 F_2 比粗加工时减小，齿轮 4 的位置右移(下图)。这种方法是通过改变切削负载改变夹紧力。

为在生产中测量自定心卡盘的夹紧力，采用图 8-11 所示的带应变电阻的测量环装置。图 8-11a 所示为原理图，图 8-11b 所示为测量电路。

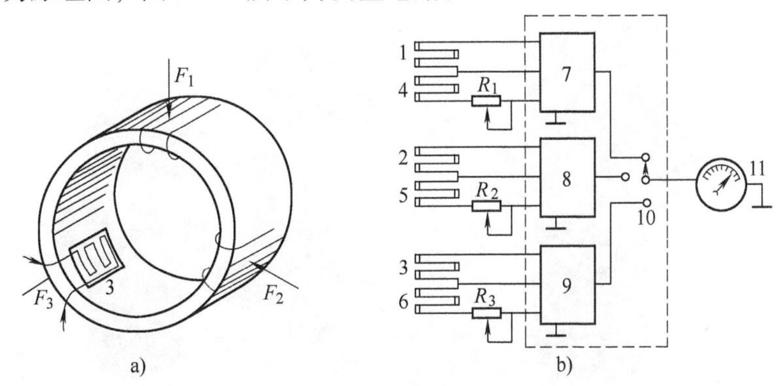

图 8-11　卡盘夹紧力测量装置原理

1、3、5—应变电阻　2、4、6—补偿传感器　7、8、9—放大器　10—转换开关　11—仪表　R_1、R_2、R_3—电位计

5）夹装在电磁吸盘上的薄片工件，可用稠油脂或纸、布、橡皮等填充在工件由于翘曲而产生的间隙内，以减小夹紧变形。

6）采用气动夹具时，一般要求气源压力为 4MPa，有时在生产车间出现气压不稳定，特别是当几台机床同时工作时，气压只有 2~3MPa，对夹具的工作影响很大，夹紧力达不到要求，控制系统信号不正常，回转工作台分度时抬起缸抬不起来等。这说明在设计夹具时，应考虑车间供气情况，必要时在气路系统中设置蓄能器。

7）图 8-12a 所示为快速夹紧立、卧式台虎钳，夹紧范围和柔性大，更换台虎钳和对中快，不用专门的工具。立式夹紧台虎钳(塔)重复夹紧精度为 0.005mm(从一个工件到另一个工件)。卧式两工位台虎钳的夹紧力为 28650N。

图 8-12b 所示为一种在五轴加工中心上使用的小型高精度自定中台虎钳，重复夹紧精度为 0.01~0.02mm，夹紧力 2~4kN。

图 8-12c 所示为结构紧凑的摆动压板(长度根据需要)，适用于空间受到限制和压紧工件内部。

图 8-12d 所示为小型钩形压板，更换压板快，其特点是偏心轮夹紧，不锈钢球在 V 形槽中定位，有强力弹簧，夹紧力大。

图 8-12e 所示为成套弹性夹头，主夹头装在机床主轴中，各种样式(每种样式有多种尺寸)的夹紧套装在主夹头中。夹紧套在主夹头孔中用鸠尾榫连接，在正常使用情况下夹紧套不会移动。更换夹紧套不用更换主夹头，所需时间为 15~30min，而更换一般结构的弹性夹头需要 2~3h。该成套夹头成本低，体积小，适用于多轴机床、数控车床和加工中心。

图 8-12　几种夹紧台虎钳和小型压板装置

8.1.3　导向

1）有的镗杆在制造时超差，用表面镀铬修复，在使用中易被挤碰掉，使镗杆与导套之间的间隙过大，影响加工精度，甚至使工件超差。

刀具与导套之间的间隙由于磨损而增大，既影响加工精度，而且钻头又会在钻孔终端易折断，特别是多轴加工；镗杆会发热，影响使用。镗杆发热与制造精度、工作环境和润滑状态有关。

对箱体类工件的夹具，无论是采用固定导套，还是回转导套，其加工情况的观察、冷却液的供应和切屑的排除等都存在一定问题，特别是在自动线上。采用刚性主轴加工是今后的发展方向。

图 8-13 所示为带端面有断屑槽（图 8-13a）和带冷却液孔（并可冲击切屑使其流动）的钻套。

2）夹具导套和衬套是高精度零件，其在图样上标注的尺寸是装配后应达到的尺寸，按一般标准本体孔与固定导套或衬套的配合是 H7/n6，但按该配合加工出的零件，当套压入本体后可能产生变形（图 8-14b 和 c），不能保证使用尺寸的要求。为保证套内孔尺寸合格，一般将套外径的公差带下移或将本体孔的公差带上移（按经验移动值为 0.005~0.015mm）。该方法与在第 5 章中推荐的本体孔与套的间隙值基本一致。

另一种方法是套与本体的装配采用粘结的方法（例如用 ZY801 厌氧胶，可在常温下自行固化，并可拆），这时孔与套的配合为间隙配合 H7/f6 或 H7/g6 等，该方法可保证精度。[78]

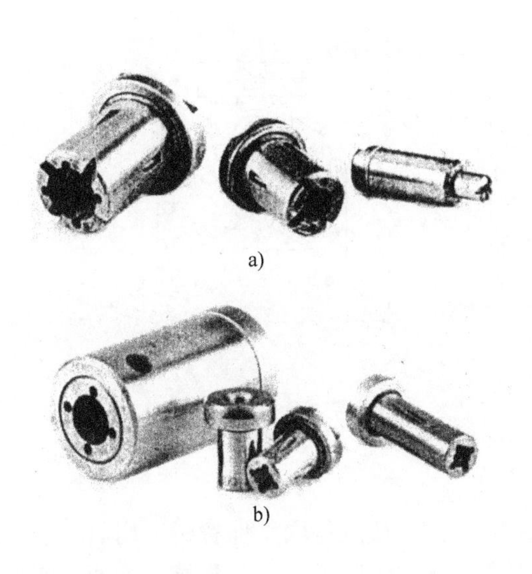

图 8-13　带断屑槽和冷却液孔的钻套
a）带断屑槽的钻套　b）带冷却液孔的钻套

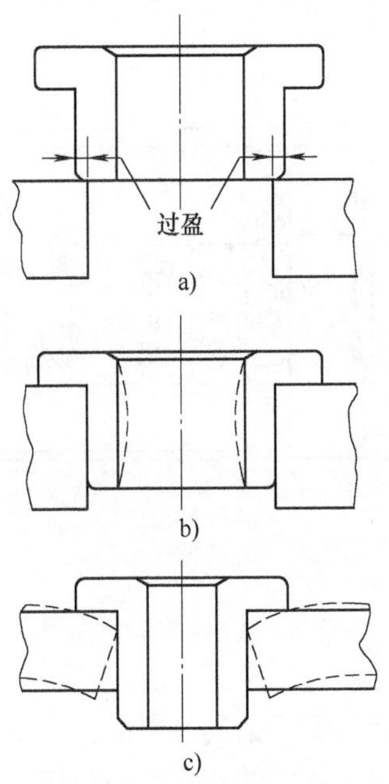

图 8-14　导套压入本体孔中的变形

8.1.4 其他

1）在生产中采用通用机床、组合机床等专用机床，产生问题较多的是工艺装备，例如在使用组合机床中夹具出现的问题占所有问题的 60%～70%。[79]在使用中有的刚性不足主要表现在定位支承系统和夹紧系统。有些中等负荷夹具本体的材料采用带玻璃纤维塑料填料的环氧树脂，这些本体具有足够的强度、耐磨性和工作可靠性。

2）在使用中，较多夹具存在程度不同的排屑不畅的问题，说明对这个难题的重视和研究还不够。图 8-15a 所示为传动箱组件精镗孔夹具，该夹具将支承板 1 和 2 各两块设计在夹具底座“个”形筋上，左面支座 3 设计在横向筋上，抬起装置设计在 T 形筋上。在工件加工部位下面有足够大的孔口，使切屑落入中间底座的储屑槽中。由于合理布置，夹具底座刚性不但没有削弱，反而得到了加强，该夹具已在生产中成功应用。[80]

图 8-15b 和 c 所示分别为钻具和铣具考虑排屑的结构。

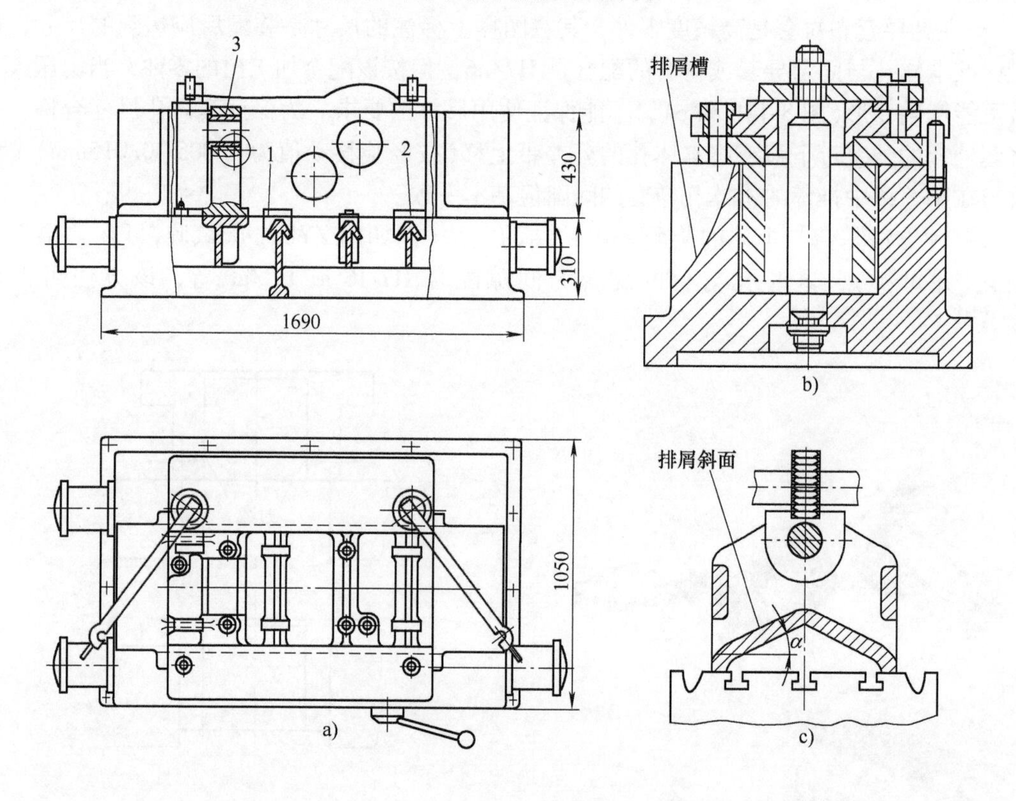

图 8-15　传动箱组件精镗孔夹具

1、2—支承板　3—支座

汽车转向螺母钻具原来的结构如图 8-16a 右图所示，其缺点是取工件费时，切屑不易清理，因此加工效率低和质量不稳定。改进后的钻具如图 8-16b 所示，该夹具操作方便、切屑易清理，实现了快装快卸，质量稳定。[13]

3）在夹具中采用粘结连接可缩短制造周期 30%～40%，缩短制造工时 60%（其中包括重复利用 25%），减少了金属消耗量并简化了设计过程，但车、磨夹具不宜采用粘结连接。

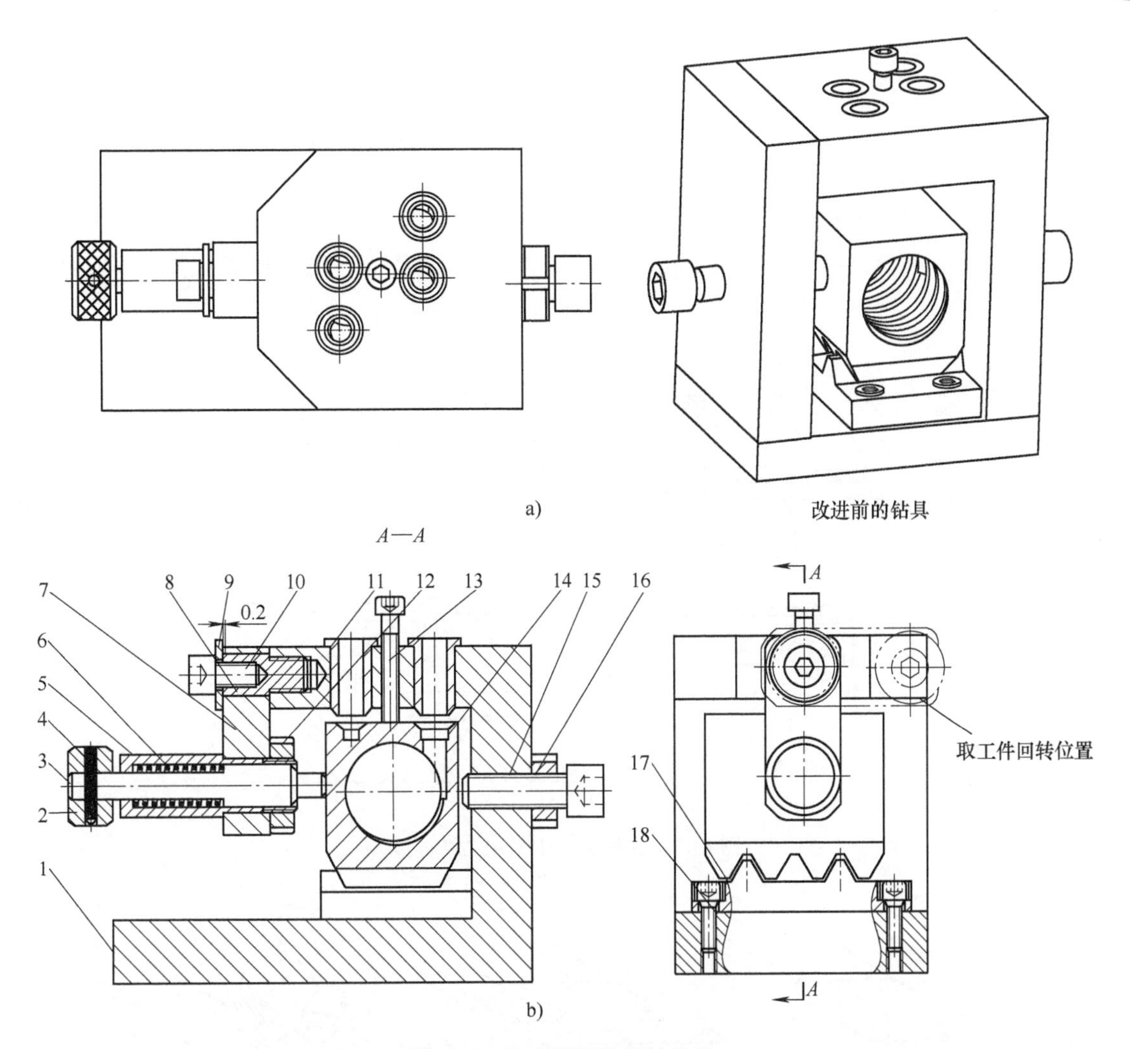

图 8-16 汽车螺母钻具的改进

1—底座 2—滚花手柄 3—弹性顶工件轴 4—定位销 5—导套 6—弹簧 7—可转板 8—轴 9—垫圈 10、15、18—螺钉 11—钻套 12—圆螺母 13—压紧螺钉 14—工件 16—螺母 17—定位板

图 8-17a 所示为铣床夹具的支架 2 与底座 3 之间为粘结连接；图 8-17b 所示为弹性夹头外圆与底座孔之间和在平面之间、支承板与底座之间为粘结连接。

可按下述对粘结连接作近似计算(实际计算时以粘结剂说明书为准)。

对图 8-18a：$F_{max} \leqslant A\dfrac{\sigma}{K}=bt\dfrac{\sigma}{K}$

对图 8-18b：$F_{max} \leqslant A\dfrac{\tau}{K}=bl\dfrac{\tau}{K}$

对图 8-18c：$M_{max} \leqslant \dfrac{1}{2}A\dfrac{\tau}{K}=\dfrac{1}{2}b\pi d^2\dfrac{\tau}{K}$

式中 F_{max}——粘结可承受的最大拉力或剪力；

M_{max}——粘结可承受的最大转矩；

A——粘结面积；

b——粘结宽度；

d——轴的直径；

l——粘结长度；

t——零件最小厚度；

$\sigma \approx \tau$——所使用粘结剂的粘结强度；

K——安全系数一般取1.5~2.5，如粘结剂已考虑安全系数取小值，否则取大值。

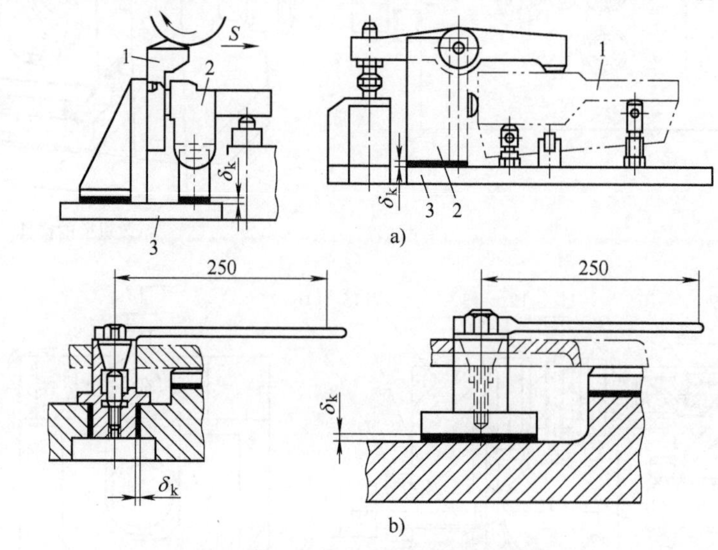

图8-17　在铣夹具中采用粘结连接

1—工件　2—支架　3—底座

F_{max} b a)　F_{max} b l b)

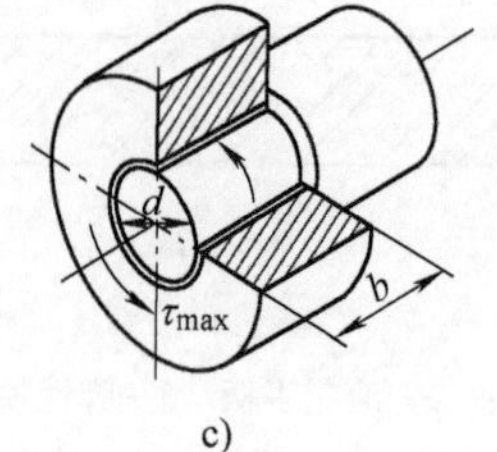

图8-18　粘结结构受力图

a）拉伸力　b）和c）剪切力

4）夹具使用的期限。一般简单的夹具（心轴、刀夹等）使用期限为一年，中等复杂的平均使用期限为两年，复杂的平均使用期限为五年；一般通用组合夹具使用期限为十年；数控机床用通用可调组合夹具的各种元件由铬钢等高质量钢制造，使用期限达10~12年。[16]

8.2　夹具的修复

根据夹具零件磨损的程度对其进行局部或整体修复。考虑使用条件、磨损的大小和现有设备选择如下修复方法：机械加工和热处理；焊补；金属喷镀；电化学加工；采用塑料涂层和粘结。

采用机械加工和热处理方法修复零件只能完成初步加工，最终精加工需采用电镀层、焊补等涂层方法完成。

电弧或振动电弧焊补修复零件效率高，其焊层厚度可不受限制，对修复铸铁件和旋转型零件特别有利。振动电弧方法加热温度不高，零件变形小(比电弧法小 90%)。而等离子弧焊补(焊层为 0.25~6mm,硬度为 45~62HRC)焊层质量高(特别是第一层)，可减小加工余量。

金属喷镀用于修复磨损量大的(大于 0.4mm)的圆柱工件，等离子金属喷镀可镀硬质合金(镀层厚 0.05~3mm)，其耐磨性比淬火钢大 2~3 倍。考虑加工余量，合理的镀铬厚度为 60~100μm，硬度为 700~1000HV。电镀镀铬用于修复磨损量较小(0.40mm 以内)的工件。

修复磨损量大(1~2mm)和需要耐磨层(厚 30~50μm)的工件采用电解镀铁，其生产率比镀铬高 4~6 倍，硬度为 500HBW，表面渗碳，淬火硬度为 50~55HRC。这种方法成本比镀铬低，为防止镀铁表面腐蚀，需氧化处理。

夹具塑料防护或修复涂层可采用火焰喷涂或旋流喷涂，后者可获得较高质量的涂层，成本也较低。推荐采用电火花镀合金的方法修复弹性夹头，镀合金的合适速度为 $10s/cm^2$，镀后用金刚石刀具消除表面缺陷和倒角，其工作性与新的弹性夹头没有区别，并且抗磨性能得到了提高。

8.3　夹具制造中的若干问题

1）小尺寸弹性夹头(材料为 95Cr18G 或 W6Mo5 Cr4v2)采用真空热处理，夹头变形小，可减小精加工余量 50%~66%，并且没有表面缺陷，可省去后面的处理工序。

图 8-19 所示为弹性夹头扩大内孔夹具，将弹性夹头导向部分放在保护环 3 中，加热到 410~440℃，保持 2~4min，然后在空气中冷却。心轴 1 锥度部分大端直径等于内孔直径尺寸加上内孔扩大量(见第 4 章)，限位环 2 防止扩孔尺寸过大，其内径等于夹头锥度部分大头尺寸加上过大量。

具有硬质合金套的弹性夹头的使用期限达 1.5~3 个月，而一般弹性夹头仅为 5~8 个班次。硬质合金套用压模制造（图 8-20a)，孔的加工余量为 0.15mm(一般弹性夹头留磨量 0.5mm)。图 8-20b 表示直径小于 2mm 的硬质合金弹性夹头，为保证其内孔对外圆的同轴度，在电火花镗床上镗磨孔的示意图，圆度达 0.003~0.005mm。

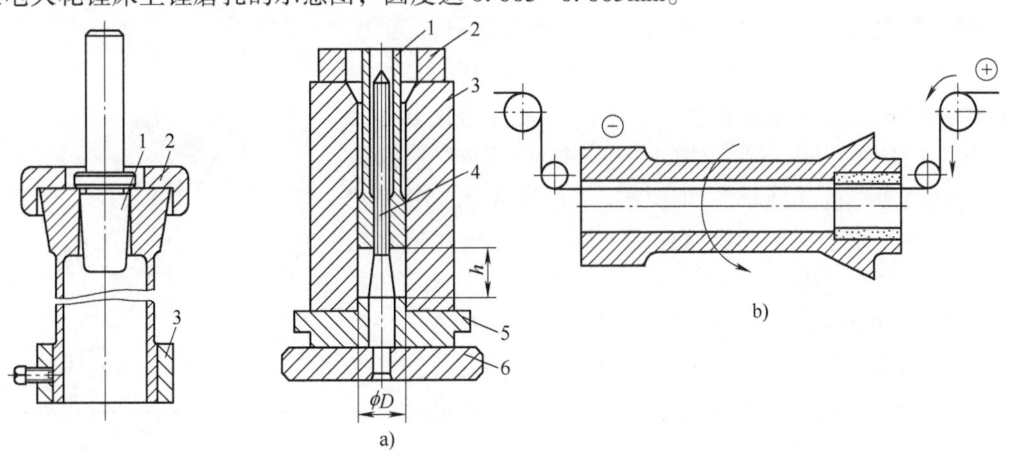

图 8-19　弹性夹头扩大内孔夹具
1—锥度心轴　2—限位环　3—保护环

图 8-20　硬质合金套压模和其夹头的孔加工
1—凸模　2—限位环　3—凹槽　4—芯杆　5—凹模垫　6—芯杆固定板

硬质合金套的外径 D 与内孔直径的 d 的比值、壁厚和系数 K_1 值见表 8-1。

表 8-1 硬质合金套的参数值

d/D	壁厚 T	系数 K_1
0.3~0.5	1.5~2.5	K—0.02
0.35~0.6	1.5~2.5	K—0.01
>0.6	1.5~2.5	K—0.01
>0.6	>2.5	K

注：K 为收缩系数，对每批硬质合金由试验确定；K_1 为根据 d/D 值对 K 的修正（对耐磨零件用钨钴类硬质合金，K=1.2）。

在高频设备上，将硬质合金套焊在弹性夹头本体中。用金刚石砂轮在丝锥专用磨床上切硬质合金夹头槽优于用电火花、磨床等开槽。

2）图 8-21 所示为同时磨加工在一个珩磨头上全部楔块的心轴。在图 8-21a 中，楔块以两 C 面和 E_1 面在心轴两 K 面上定位，磨楔块的外圆 A、锥面 B 和左端面 E；取下套 M，磨端面 E_1。在图 8-21b 中，楔块以图 8-21a 所示的外圆 A 和端面 E 定位，磨楔块的 C 面。这样消除了单个制造楔块由于心轴上楔块槽深度不一致产生的误差。试验表明，楔块下端在宽度方向用圆弧面代替平面与心轴上的槽接触，不影响珩磨头的刚性和加工质量。

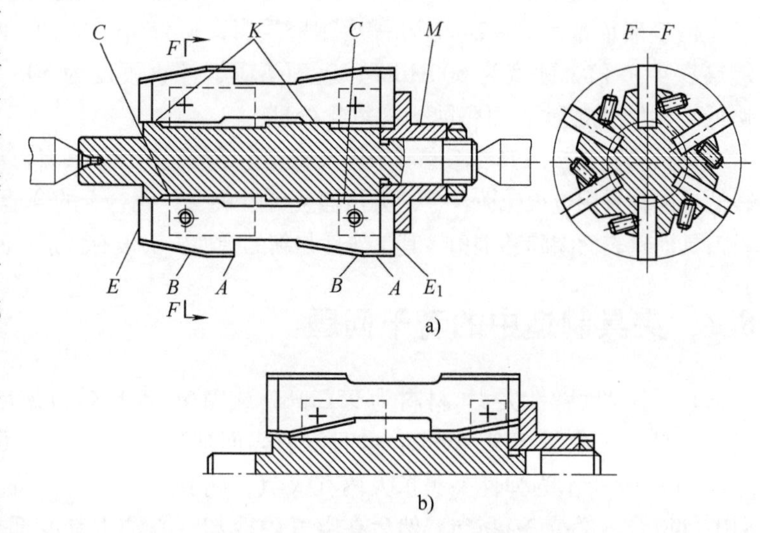

图 8-21 磨全套珩磨头楔块的心轴

图 8-22 所示为加工珩磨头楔块两端对称倒角的磨夹具。

3）加工凸轮、靠模等夹具零件，可采用激光技术。经激光切割加工和高速冷却的工件，其表面局部强化，例如材料 T8 和 12Cr12M。硬度提高到 9150MN/m^3 和 8000MN/m^3；并且在其表面层产生的工艺应力比其他形式加工的内应力小。激光加工 30CrMnSiA 用空气冷却，可降低表面硬度和减小热的影响。采用激光加工复杂形状的零件可使手工劳动机械化，工件的耐磨性提高和取得良好的经济效果。

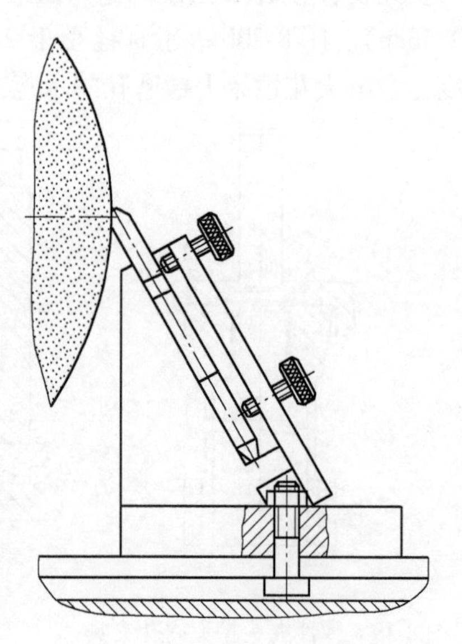

图 8-22 磨楔块两对称倒角夹具

4）在机床夹具中，用焊接件代替铸、锻件有一定的应用，例如图 5-69、图 5-77、图 5-89、图 5-136、图 5-145 和图 5-162 等，其优点是使夹具较轻，总的成本较低（无需木模），可利用型材，节约材料；其缺点是焊接过程会产生大的内应力和在焊区产生组织变化，需要进行消除内应力退火，所以焊接夹具一般适用于中等负荷。

随着焊接技术的发展，在复杂的壳体件中可采用双层壁板和空心结构，使其静、动刚度和抗振能力显著提高，热变形显著减小；而且对大多数用钢板焊接的结构，只要采用适当的焊接工艺，减小热变形和剩余应力，就不用进行时效处理，而采用分级加工方法也能保证加工精度和精度保持性。[81]

表 8-2 列出了部分焊接连接结构的正误对照及其简单说明。

表 8-2　部分焊接连接结构的正误对照及简单说明

序号	不合理结构	合理结构	简单说明
1	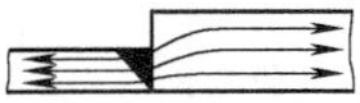	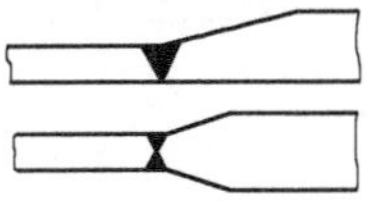	对接头应避免厚度突变
2	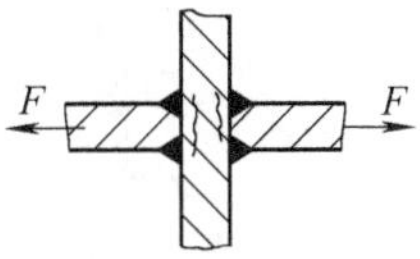	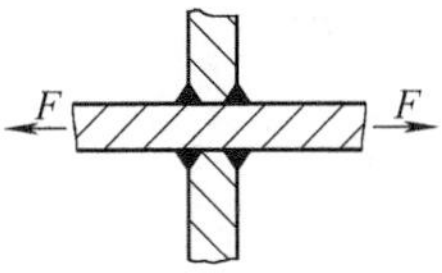	焊接板应避免厚度方向受拉伸
3	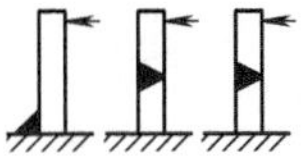	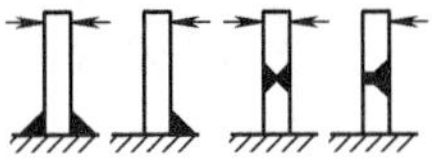	焊缝底部不要处于拉伸
4	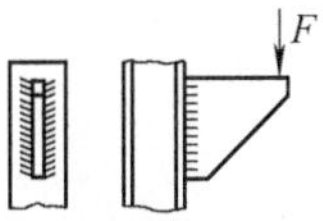	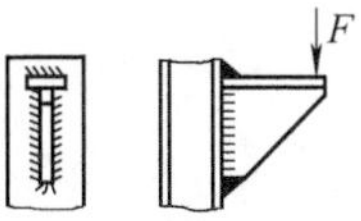	采用 T 形横截面降低拉伸应力 降低产生裂纹的可能性
5	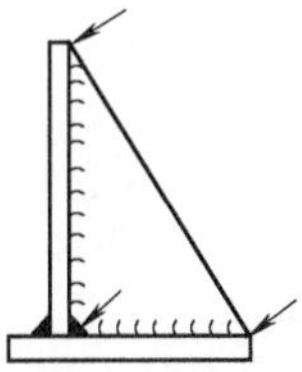	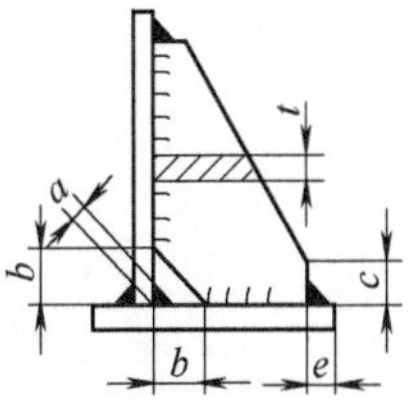	应切去角部和头部 b，避免焊缝堆积产生裂纹 $b \approx a+1.5t$；$c \approx t$；$e \approx 2a$
6	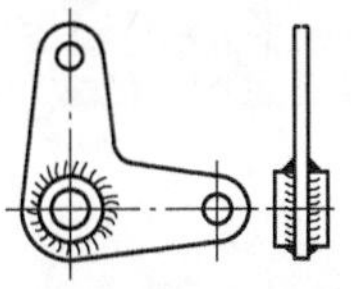 a)	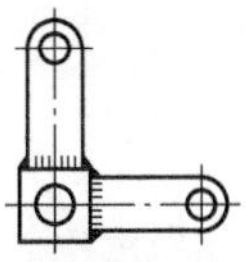 b)	图 a 强度好，成本高；图 b 适合焊接，简单，成本低
7	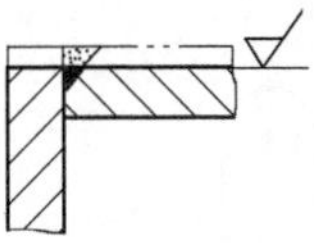	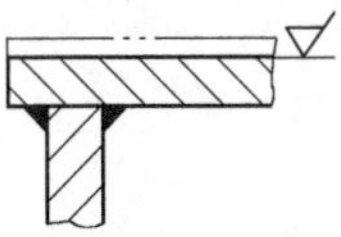	焊缝尽可能不要位于加工面上，否则焊缝要很深
8	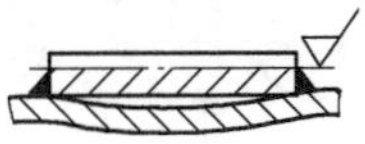 a)	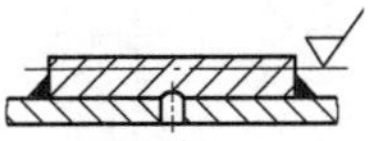 b) 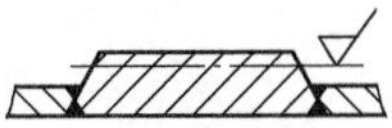 c)	图 a 所示的结构，在应力退火时封闭在内部的空气膨胀，薄板会突起 图 b 所示的结构有通气孔 图 c 所示的结构成本高

图 8-23 列出了几种常见的焊接件结构。

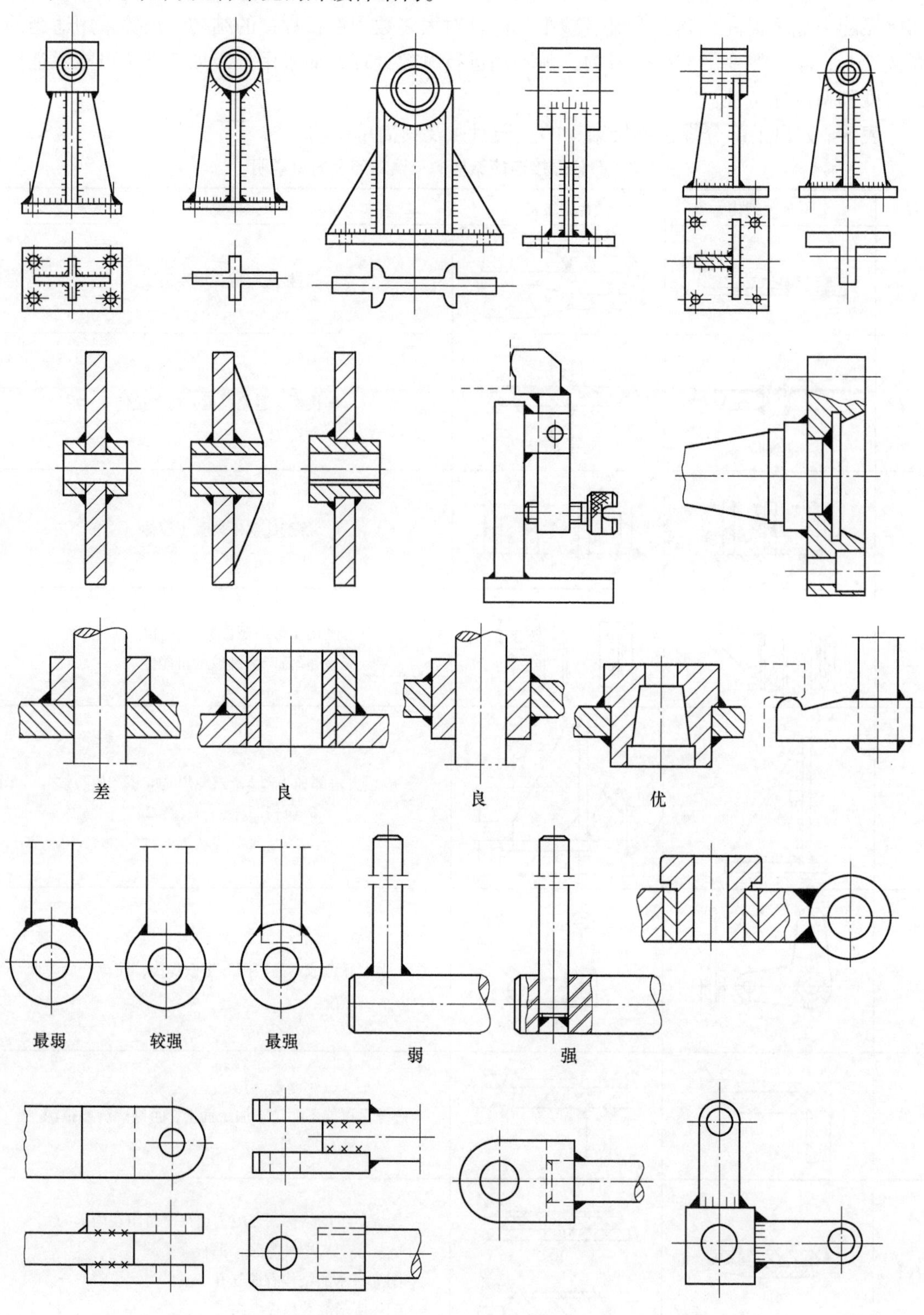

图 8-23 几种常见的焊接件结构

焊接接头的基本型式和尺寸见有关标准(GB/T 985—2008)

焊接强度的基本计算见表 8-3。

表 8-3　焊接强度的基本计算[9]

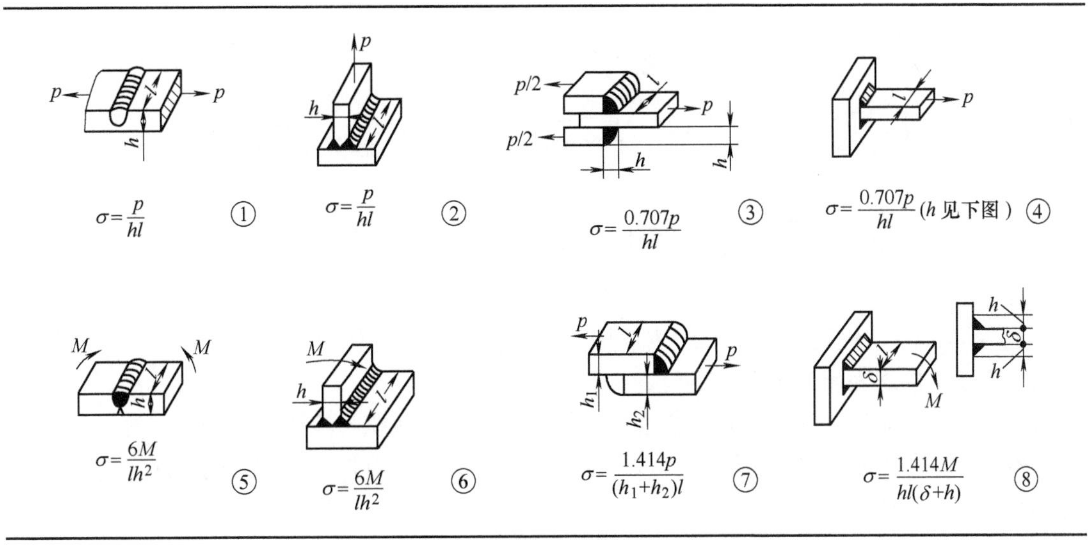

注：σ 值应小于焊缝允许的应力。

8.4　其他类型夹具或装置的使用

8.4.1　滚压装置

在机械制造中广泛采用滚珠、滚柱或滚轮等滚压工件表面(包括内圆、外圆、平面、齿形和螺纹等)以提高其强度、减小表面粗糙度和校准其尺寸。在第 5 章中介绍车床夹具时介绍了几例滚压装置，下面对滚压装置的使用作综合介绍。

1. 滚柱(轮)的形状

如图 8-24 所示，带圆角的滚柱用于滚压光面工件和带圆角的工件，滚柱上的圆角应小于工件轴肩处的圆角。带倒角的滚柱制造简单，用于滚压光面和在轴肩有槽的表面。

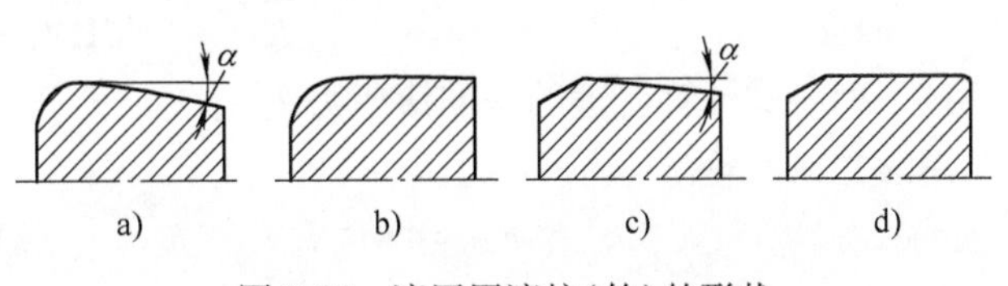

图 8-24　滚压用滚柱(轮)的形状

图 8-24a 和 c 所示滚柱表面有锥角 α，可在小的滚压力和大的轴向进给力下高效率滚压出表面粗糙度小的表面，这时 $\alpha=1.5\sim2.5°$，α 增大，表面粗糙度增大。当 $\alpha>5°$时，锥度滚柱还可强化工作表面。

滚柱表面为圆柱形保证工件高的表面质量，滚压时可有轴向进给或无轴向进给，这时滚压力比用锥度滚柱大得多。

图 8-25 所示为滚压用滚柱和滚轮的主要形式。

滚轮的直径一般不超过 160mm，支承在轴承上。工件的直径为滚轮直径的 50%～75%，但其直径比不应是整数比，以免影响圆度。

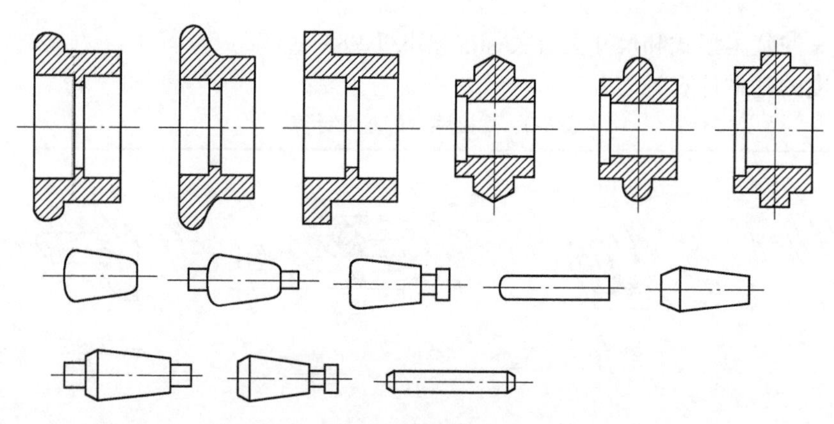

图 8-25 滚压用滚柱和滚轮的主要形式

滚柱的直径一般不超过 20mm，主要用于多滚柱(在保持器中)加工。

2. 提高工件表面硬度滚压力的计算[82]

滚压后工件表面的硬度与滚压参数、工件材料的力学性能和滚压工具的形状等有关，而对其影响最大的是滚压的法向压力。因此确定合理的滚压压力是一个重要的问题。

首先确定下列数据：

① 计算工件表面层无结构变形时的临界硬度

$HV_R=31.8HV_0^{0.62}$(HV_0 为工件表面原始硬度,单位为维氏硬度)

工件表面层有结构变形时的临界硬度

$$HV_K=1.07HV_0^{1.03} \tag{8-1}$$

对两种情况的合理硬度

$$HV_{res}=0.87HV_K \tag{8-2}$$

② 计算比例系数

$$K=\frac{HV_K-HV_0}{R_m-\sigma_{0.2}} \tag{8-3}$$

(R_m 和 $\sigma_{0.2}$ 分别为工件材料的抗拉极限和屈服强度)

③ 计算合理的变形应力

$$\sigma_{res}=\frac{HV_{res}}{K}=HV_{res}\frac{\sigma_{0.2}-R_m}{HV_K-HV_0} \tag{8-4}$$

按下列各式计算合理的法向滚压力 F_{res}。

用滚柱或滚轮滚压

$$F_{res}=45\sigma_{res}^2 l_p\, r\, R_p\, K_v/[(r+R_p)E]$$

用滚珠滚压

$$F_{res}=45\sigma_{res}^2 l_b\, r\, R_b\, K_n\, K_v/[(r+R_b)E] \tag{8-5}$$

式中 l_p 和 l_b——分别为滚柱(或滚轮)和滚珠与工件的接触长度，单位为 mm；

r——被滚压工件的半径，单位为 mm；

R_p——滚柱(或滚轮)的半径单位为 mm；

R_b——滚珠半径，单位为 mm；

K_n 和 K_v——系数，$K_n=0.01d_b^2$，$K_v=0.96+0.002v_D$（v_D 为滚压速度，单位为 m/min）；

E——工件纵向弹性模量单位为 MPa。

例如：用滚压轮滚压工件材料为 20Cr13 钢，其初始硬度 $HV_0=2200$MPa，屈服极限

$\sigma_{0.2}=480\text{MPa}$，抗拉强度 $R_m=660\text{MPa}$，$E=203\times10^3\text{MPa}$，$r=4\text{mm}$，$v_D=96\text{m/min}$，$R_p=10\text{mm}$，$l_p=4\text{mm}$。

按式(8-1)和式(8-2)得

$$\text{HV}_K=1.07\times(2200)^{1.03}\text{MPa}=2965\text{MPa}$$

$$\text{H}_{res}=0.87\times2965\text{MPa}=2579\text{MPa}$$

按式(8-3)

$$K=\frac{\text{HV}_K-\text{HV}_0}{R_m-\sigma_{0.2}}=\frac{2965-2200}{610-480}=4.25$$

由式(8-4)得

$$\sigma_{res}=\frac{\text{HV}_{res}}{K}=\frac{2579}{4.25}\text{MPa}=607\text{MPa}$$

$$K_v=0.96+0.002v_D=0.96+0.002\times96=1.15$$

由式(8-5)得

$$\begin{aligned}F_{res}&=45\sigma_{res}^2 l_p\, r\, R_p\, K_v/[(r+R_p)E]\\&=45\times6.07^2\times4\times4\times10\times1.15/[(4+10)\times203\times10^3]\cdot\text{N}\\&=1073\text{N}\end{aligned}$$

参数 HV_{res}、HV_K 和 F_{res}的计算值与试验值的差异分别为7.9%、4.4%和5.4%。

3. 滚压深度的计算

塑性变形的扩展深度 h_s 是确定表面滚压效果的一个重要因素，可按下述各式计算。

不考虑压痕对深度的影响

$$h_s=\sqrt{\frac{F}{2\sigma_{0.2}}} \tag{8-6}$$

考虑滚压表面压痕按下式计算

$$h_s=\sqrt{\frac{F}{2\sigma_{0.2}}-1.42r^2} \tag{8-7}$$

$$h_s\approx\sqrt{\frac{F}{2\sigma_{0.2}}-1.42ab} \tag{8-8}$$

式中　F——滚压法向力，单位为N；

$\sigma_{0.2}$——被滚压工件材料的屈服强度，单位为MPa；

r——被滚压表面凹陷的半径，单位为mm；

a 和 b——分别为被滚压表面椭圆形凹陷的长轴和短轴的一半，单位为mm。

任意曲率两物体塑性力接触如图8-26所示，a 和 b 按下式计算。

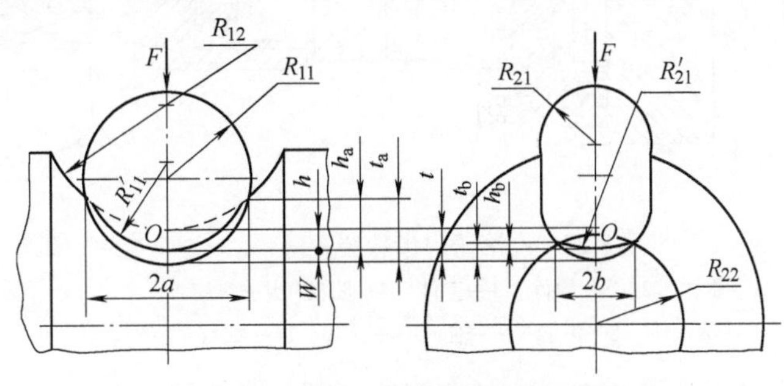

图8-26　任意曲率两物体塑性力接触

$$\left.\begin{aligned} a &= \sqrt{2R_{11}t_{a} - h_{a}^{2}} \\ b &= \sqrt{2R_{12}t_{b} - h_{b}^{2}} \end{aligned}\right\} \tag{8-9}$$

$$\left.\begin{aligned} h_{a} &= \frac{\pm R_{12}h - R_{11}w - \dfrac{h^{2}}{2}}{\pm R_{12} + R_{11} - h} \\ h_{b} &= \frac{\pm R_{22}h - R_{21}w - \dfrac{h^{2}}{2}}{\pm R_{22} + R_{21} - h} \end{aligned}\right\} \tag{8-10}$$

$$R'_{11} = R_{11}\frac{t_{a}}{h_{a}};\quad R'_{21} = R_{21}\frac{t_{b}}{h_{b}}$$

R'_{11}和R'_{21}为经滚压的工件材料有一定还原后的凹陷半径。

4. 几种滚压装置

图 8-27 所示为冷滚压内齿轮装置。

该装置本体 1 安装在车床主轴上，凹模 4 固定在本体 1 上。样件 2 和 5 使工件 3、滚压轮 7 和轴 9 定位，两样件齿的同轴用销定位。

滚压轮 7 在滑动轴承上转动，轴承安装在滑套 8 上，滑套通过斜楔 6 支承在轴 9 上，用螺钉 11 调节滚压轮的径向移动。套筒 10 固定在机床刀架上(图中未示)。

滚压时工件与凹模一起转动，刀架使滚压轮直线移动。如需多次滚压，刀架有径向移动。

图 8-28 所示为同时进行车加工和滚压加工的装置。

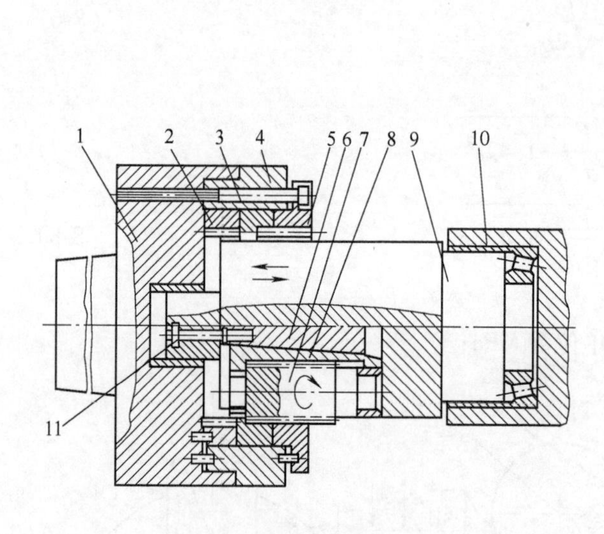

图 8-27　冷滚压内齿轮装置

1—本体　2、5—样件　3—工件　4—凹模　6—斜楔　7—滚压轮　8—滑套　9—轴　10—套筒　11—螺钉

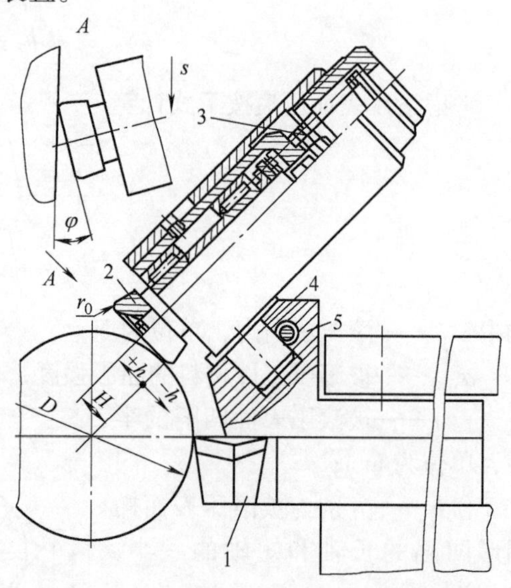

图 8-28　同时进行车加工和滚压加工装置

1—车刀　2—环面滚轮　3—弹簧　4—轴　5—座

采用同时加工装置可提高生产率和质量。由试验研究得到这种加工合理的参数值为：$\varphi=15°\sim25°$，$h=10\sim14$mm；切削速度 140～160m/min，$s=0.15\sim0.4$mm/r，$t=0.15\sim1.25$mm，切

削力 $F=400\sim600\text{N}$。这样生产率可提高到 3~5 倍，表面粗糙度 Ra 值降低到 0.13~0.7μm。

采用低刚性的滚轮可使工作压力稳定，图 8-29 所示为低刚性通用滚压装置，其规格见表 8-4。

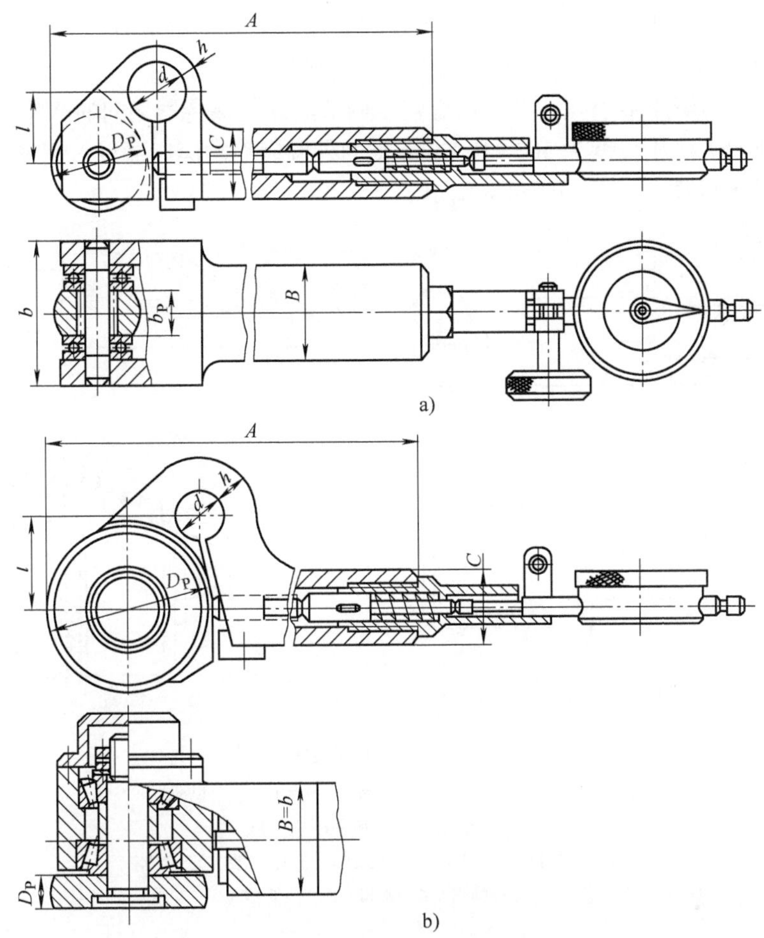

图 8-29　低刚性通用滚压装置

a）滚压外表面　b）滚压带肩表面

表 8-4　滚压装置的规格

图示	外形尺寸/mm			滚轮尺寸/mm		弹性部分尺寸/mm				最大滚压力/kN	最大变形量/mm	j/(kN/mm)
	A	B	C	D_p	b_p	h	d	l	b			
8-29a	250	35	25	32	16	6.3	20	25	50	5	1.1	4.5
	280	40	30	40	20	8	25	30	60	8	1.3	6
	320	50	40	50	25	10	32	35	70	12	1.6	7.4
	360	60	50	60	30	12.5	40	42	85	26	2.0	10
	440	70	60	70	35	16	50	50	95	30	2.5	12
8-29b	250	40	25	55	12	10	20	32	40	9	1.0	9
	320	60	40	65	16	12.5	25	40	60	16	1.3	12
	440	80	60	85	20	16	32	50	80	30	1.9	16

图 8-30 所示为小型工件用的滚压装置。

图 8-30a 所示为滚压直径在 6mm 以内孔的装置，工件的材料是非淬硬钢、铜和铝合金，例如燃油泵。支承 2 的材料为氟塑料；滚珠 1 的直径为 4mm，材料 GCr15，硬度 60HRC。

图 8-30b 所示为滚压直径小于 1mm 轴的外圆表面的装置，滚珠直径为 0. 8～0. 9mm，滚压杆 1 装在振动滚压装置 2 中，可滚压小盖、柄和薄壁零件。

图 8-30c 所示为滚压不通孔装置，用螺钉 1 调节滚珠与保持器之间的间隙。

图 8-30d 所示为滚压长度为 500～1000mm 轴的外圆表面的滚压装置，用螺纹套 2 通过滚珠 7 调节保持器 5 的压力，并用螺母 4 固定。

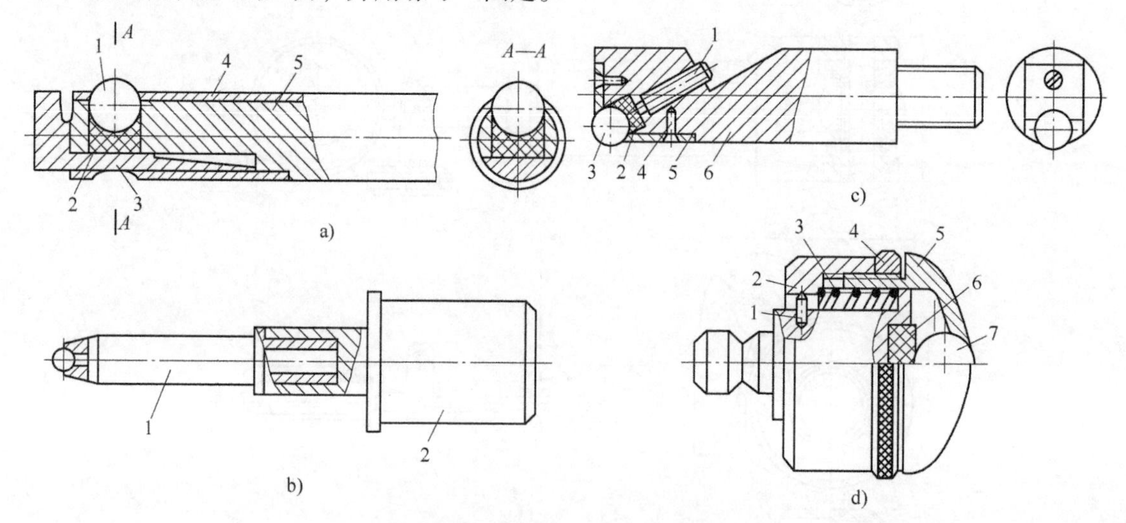

图 8-30　小型工件用的滚压装置

a）1—滚珠　2—支承　3—斜楔　4—套　5—心轴

b）1—滚压杆　2—振动滚压装置

c）1、4—螺钉　2—支承　3—滚珠　5—保持架　6—本体

d）1—销　2—螺纹套　3—弹簧　4—螺母　5—保持器　6—支承　7—滚珠

8. 4. 2　焊接用夹具的应用

1. 焊接用夹具简述

在焊接加工中需要使用焊接夹具，其作用是：保证各焊接件的正确位置，防止或减小焊接变形，提高焊接效益。焊接用夹具的特点是：焊接夹具与焊接方法相适应；焊接多件时，按一定顺序进行，分别单独夹紧；或当焊接件多时，一部分联动进行；为减小焊接应力，允许在某个方向是自由的，不是所有零件都刚性固定；焊接夹具工件定位的原理与机床夹具类似，对大的主要定位面，其支承数量允许大于 3；焊接夹具所需夹紧力应能防止焊接件发生残余变形(焊前施以变形反方向的力)和使相邻焊接件相互紧贴；在生产中有时需要使用大量焊接夹具(例如在汽车生产中有 300～400 套焊接夹具)，设计时应考虑防差错措施，以避免夹具放错位置。

图 8-31 所示为焊接夹具用几种手动夹紧装置，还可采用气动、液压等夹紧装置。

对焊接夹具的要求是：将被焊接件夹持在相互正确的位置上，并能防止工件变形；工件的夹紧位置操作方便；夹具的结构便于散热；焊接时空气畅通；工件装卸方便。

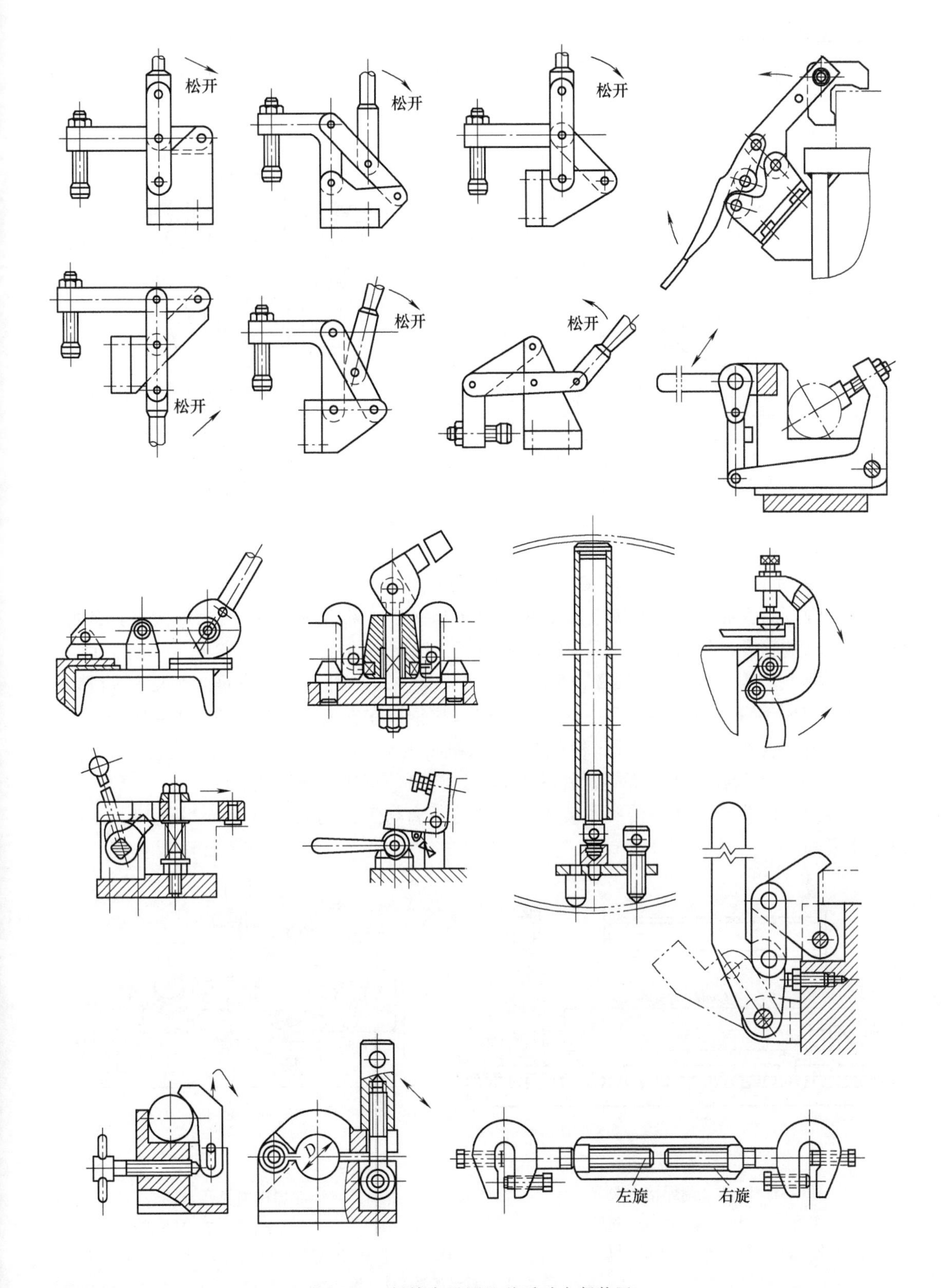

图 8-31　焊接夹具用几种手动夹紧装置

2. 焊接用夹具示例

图 8-32 所示为简单的焊接夹具，两工件在左面位置用定位件 1 定位，焊接 *A* 处；在右面位置，焊接 *B* 处。

图 8-33 所示为气动焊接夹具。

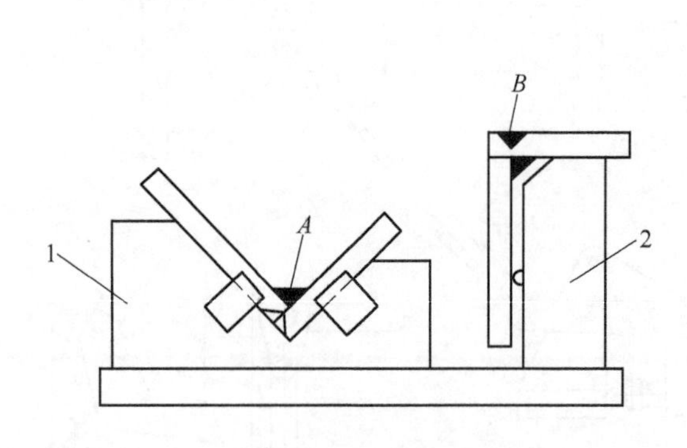

图 8-32 简单的焊接夹具

1、2—定位件

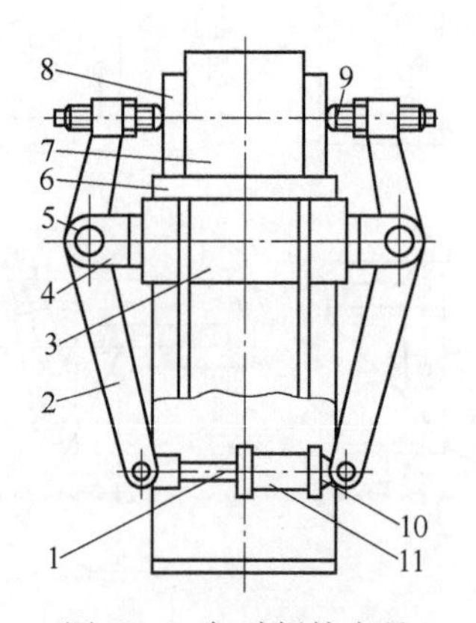

图 8-33 气动焊接夹具

1—活塞杆 2—杠杆 3—本体 4—轴承座 5—轴 6—定位板 7、8—工件 9—螺钉 10—耳环 11—气缸

图 8-34 所示为气动可调焊接夹具。在生产中需要焊接图 8-34a 所示的构件时，原来槽钢与两端板焊好后，需在卧式镗床上加工两端面 *A* 和钻孔。采用图 8-34b 所示焊接夹具，可保证工件要求的精度，焊后不用在卧式镗床上加工，比原来的加工方法节省了 50%的工时。

在底板 1 上有 T 形槽，支架 2 和 5 固定在 T 形槽中，支架 2 为活动的，支架 5 为固定的（在气缸 7 力作用下可在导向板 8 中移动 10mm）。槽钢按在支架 2 和 5 上的支承 4 定位，两侧板（工件）分别装入支承 4 与磁板 3 和 6 之间，气缸将支架 5 压向导向板 8 的凸块定位面上。

图 8-35 所示为在车床上焊接管件的夹具，这样可使焊接夹具简化。

焊接前先移动尾座 10，使夹紧装置 2 和 7 的距离与工件的尺寸 *B* 和 *H* 相适应，然后用螺钉 9 紧固。

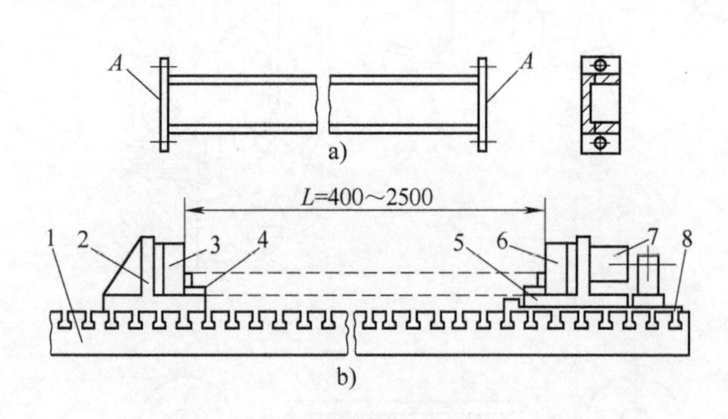

图 8-34 气动可调焊接夹具

1—底板 2、5—支架 3、6—磁板 4—支承 7—气缸 8—导向板

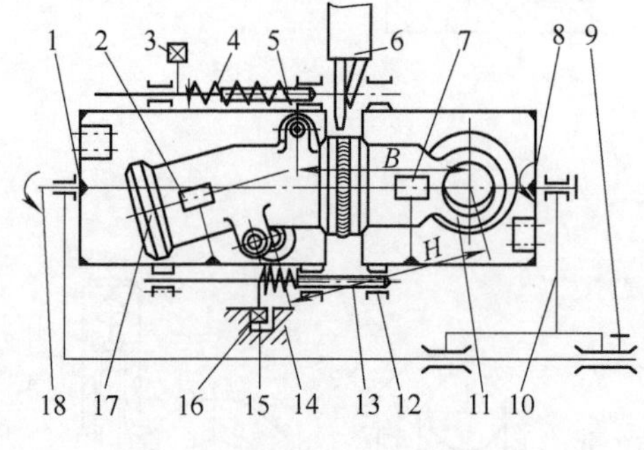

图 8-35 管件焊接夹具示意图

1、8—夹头 2、7—夹紧装置 3、15—滚柱 4—弹簧 5、13—定位销 6—焊枪 9—螺钉 10—尾座 11、17—被焊接件 12—座 14—导轨 16—靠模面 18—主轴

将被焊接件11和17安装在夹头1和8的夹紧装置2和7中，定位销13进入夹头8上座12的孔中，使两焊接件刚性接触，这时在弹簧4的作用下，定位销5未伸出。

主轴18带动两焊接件同步转动，而电焊条由传动装置带动做直线往返运动，开始焊接。在工件转动过程中，定位销13的滚柱15沿导轨14的靠模面16移动。在滚柱15离开靠模面之前，定位销5的滚柱3与靠模面开始接触，保证夹头1与8的连接。两定位销交替工作，直到完成所需焊接往返行程的次数。定位销离开座12的孔总是在上面的位置(焊枪的工作位置)。

图8-36所示为采用薄板(厚4mm)槽形件组成的焊接夹具(图8-36c)，其结构轻、刚性好。槽形件(其上孔距为16mm和32mm)，其连接如图8-36a和b所示。槽形件等镀锌，以防止锈蚀和粘附焊剂。

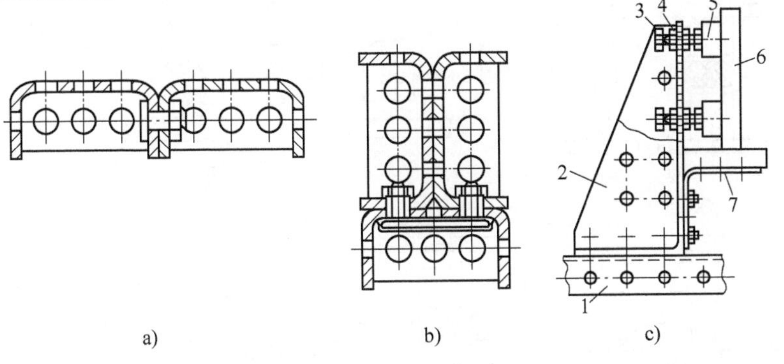

图8-36　由薄板槽形件组成的焊接夹具

1—薄板槽形件　2—薄板支座　3—螺钉　4—锁紧螺母　5—磁吸块　6—工件　7—薄板支架

图8-37所示为组合焊接夹具元件和组件图。

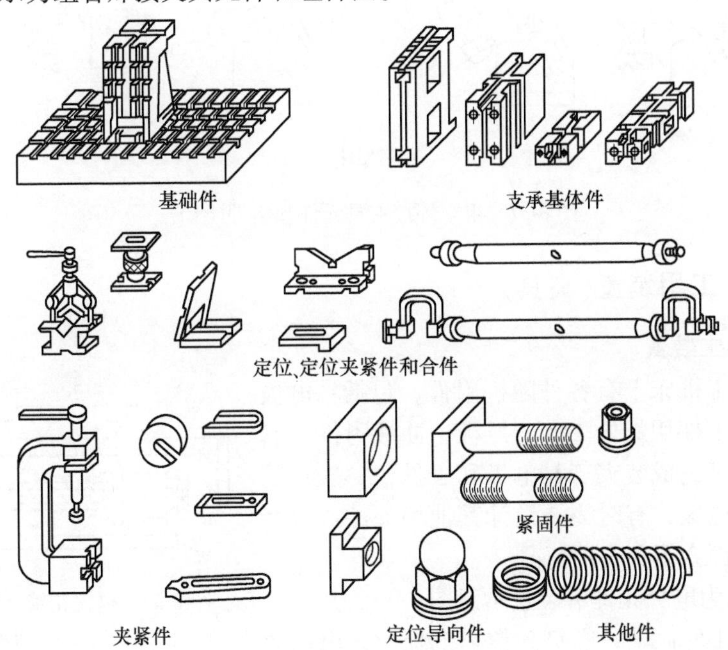

图8-37　组合焊接夹具元件和组件

图 8-37 组合焊接夹具元件和组件(续)

8.4.3 特种加工用装置(夹具)

1. 电火花加工装置

在电火花加工机床上有各种随机附件，包括：电极夹具一套，紧固工件用螺栓一套，压板；冲液附件一套等。这些附件用于完成装夹工具电极和工件，一般只需要设计阴极工具电极，有时需要设计其他相关件或成套夹具和装置。下面介绍其应用情况。

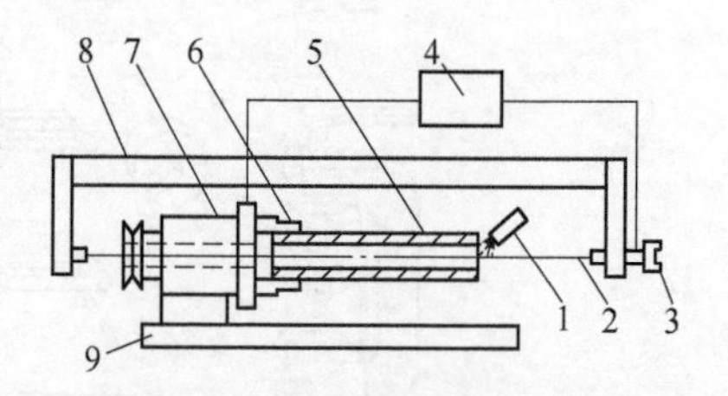

图 8-38 电火花镗磨装置示意图
1—工作液管 2—电极丝(工具电极) 3—螺钉 4—脉冲电源 5—工件 6—卡盘 7—电动机 8—弓形架 9—工作台

图 8-38 所示为电火花镗磨装置示意图。

电动机带动工件旋转，螺钉 3 拉紧电极丝，电极丝应平行于被加工孔的轴线。工件或电极丝往复移动，以保证加工孔的直线度和表面粗糙度。

图8-39所示为在电火花靠模穿孔机床上加工示意图。

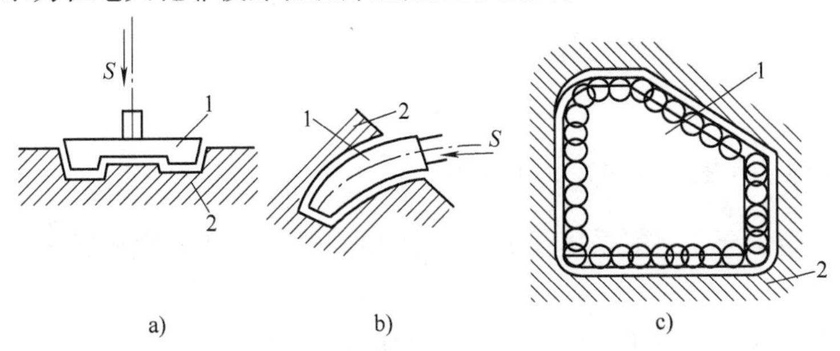

图8-39 在电火花靠模穿孔机床加工示意图

1—工具电极 2—工件

工具电极的尺寸公差为工件尺寸公差的30%~40%，加工孔尺寸精度一般为0.03~0.05mm，高精度达0.01~0.02mm；加工内腔精度为0.03~0.10mm。

在难加工材料(硬度超过480~650HBW)的工件上加工螺纹孔时，可采用图8-40a所示的加工装置。扇形工具(丝锥)电极进入被加工孔中，其轴线Ⅰ—Ⅰ与孔轴线重合，加工时工具电极旋转，并在Ⅰ—Ⅰ方向径向进给到螺纹深度。先粗加工螺纹，然后在一转内完成精加工，放电间隙为0.15~0.30mm。

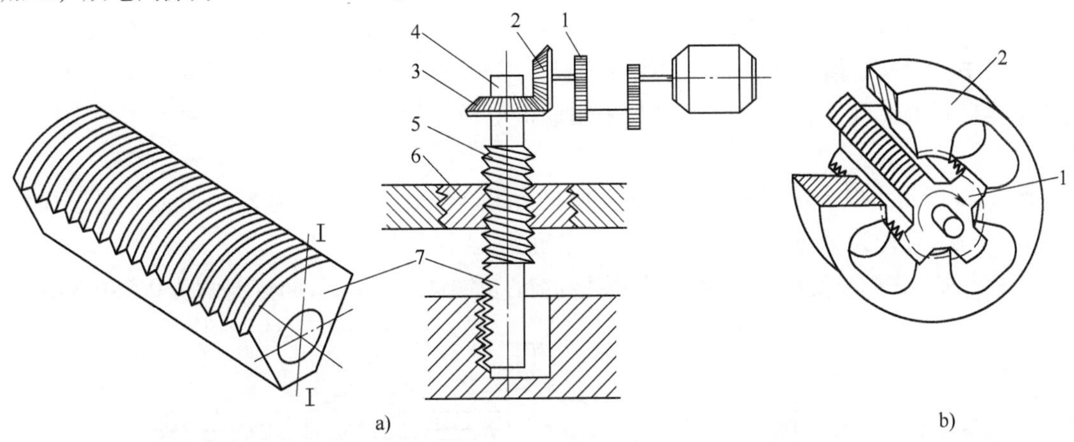

图8-40 电火花加工螺纹孔

a）1、2、3—齿轮 4—花键轴 5—可换螺杆 6—可换螺母 7—工具电极

b）1—工具电极 2—工件

工具电极螺纹截形上每一点距工件螺纹截形上相应点的距离S按下式计算：[83]

$$S=t+\Delta H+\frac{a}{\sin\frac{\alpha}{2}}+\frac{b}{\sin\frac{\alpha}{2}\tan\frac{\alpha}{2}}$$

式中 t——放电间隙，单位为mm；

ΔH——精加工时切下微观不平度层的厚度，单位为mm；

a和b——分别为工具在水平面和垂直面上的振动振幅，单位为mm；

α——螺纹截形角。

工具电极螺纹的中径为

$$d=D-\frac{t+\Delta H}{\sin\frac{\alpha}{2}}+a+\frac{b}{\tan\frac{\alpha}{2}}$$

式中　D——工件螺纹孔螺纹的中径，单位为mm。

为加工硬质合金板牙，一般采用图8-40b所示的方法。[84]工具电极转$\frac{1}{4}$转，同时螺纹轴向移动$\frac{1}{4}$螺距，在工具电极最小移动量的情况下加工好板牙的4个刀齿。开始加工时脉冲发生器的频率为10kHz，加工结束时为66kHz；又通过减小脉冲功率改变工具电极与工件电极之间的间隙，加工出刀齿的后角。这种工具电极1在工件2内定中的装置(结构图中未示出)可提高电火花加工螺纹的精度。工具电极的材料为钨铜假合金(铜的质量分数为20%)，放电间隙(30±5)μm，加工一个M10×1.5板牙的时间8~10min。

电火花加工金刚石复合材料工件成形孔和槽，通常采用厚度为0.25~0.35mm的黄铜管制造工具电极，由于电极不均匀的熔化产生形状误差，所以加工出的工件也有形状误差。为克服这个缺点，采用图8-41所示的装置。[85]

钢杆2的形状与工件孔要求的形状相同，黄铜线被拉紧在杆2的成形面上，铜线在杆2工作面的槽上滑动，槽的深度等于铜线的直径。用两滚轮4调节铜线与杆2的接触，以保证铜线工作形状的准确性。采用该装置与采用成形电极相比，可提高质量、生产率和降低电消耗。

图8-42所示为电火花同时加工工件（材料为耐热合金板，厚度为2.5~3mm）沿圆周分布的60个孔(直径为3mm,与工件轴线成一定角度)装置。[86]

工具电极4采用经校直的ϕ2.8mm黄铜线和空心黄铜管(孔径为2.8mm,壁厚为0.5~0.8mm)。

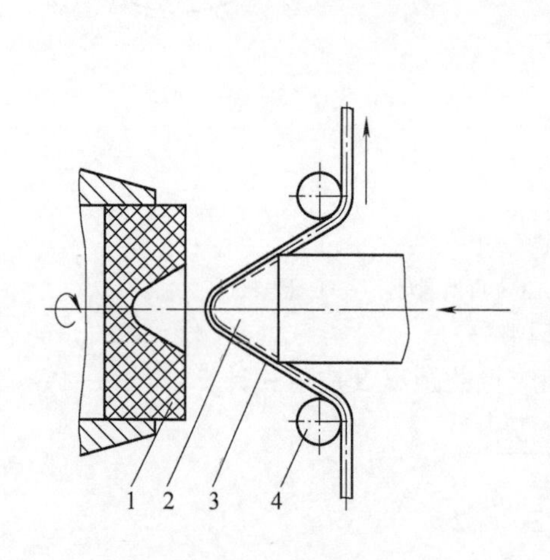

图8-41　电火花加工成形孔和槽装置
1—工件　2—钢杆　3—黄铜线　4—滚轮

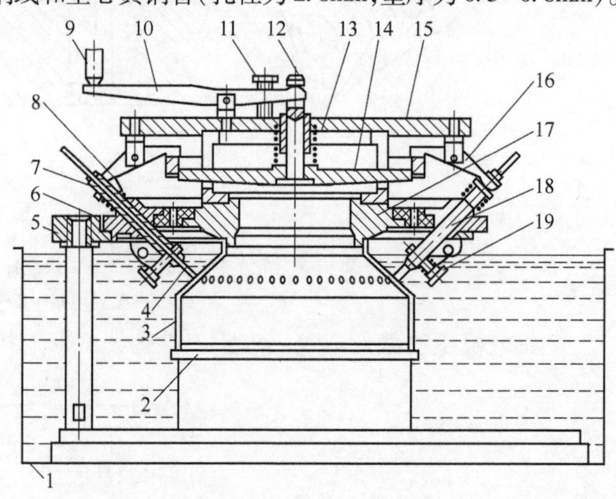

图8-42　电火花同时加工沿圆周分布斜孔的装置
1—液箱　2、5、15—板　3—工件　4—工具电极　6—导向环　7—绝缘套　8、13—弹簧　9—主轴　10、16—杠杆　11—螺钉　12、18—杆　14—十字板　17—本体　19—弹性定位销

电极通过杆 18 的孔，在轴向用弹性定位销 19 固定，在杠杆 16 和弹簧 8 的作用下，杆 18 与工具电极 4 完成往复直线移动。用十字板 14，通过杆 12 与电火花机床主轴 9 使所有杠杆 16 同时移动，用螺钉 11 调整工具电极与工件 3 的初始间隙。

为避免杆 18 与导向环 6 移动配合部分被污染，工作液的高度应低于板 5 以下 2～5mm。工作时，主轴向下移动，通过弹簧 8 和绝缘套 7 使杆 18 和工具电极 4 产生进给移动；当主轴上升时，弹簧 13 和 8 使杆 18 返回原位。

工具电极的损耗使被加工孔形状有误差，所以需要增大杆 18 的行程，以校准孔。应用该装置比用机械加工提高生产率 4 倍。

图 8-43a 和 b 所示分别为电火花加工喷油嘴工作锥面和内孔装置的示意图。

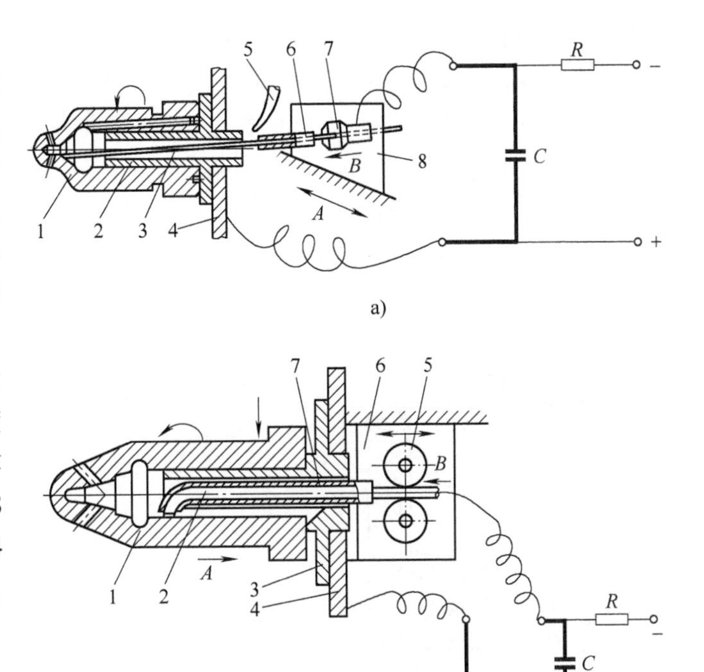

图 8-43　电火花加工喷油嘴内锥面和内孔

a）1—工件　2—心轴　3—工具电极　4—支架　5—管　6—导套　7—弹性夹头　8—滑座

b）1—工件　2—工具电极　3—心轴　4—支架　5—滚柱　6—滑座　7—导向套

对图 8-43a，工件 1 放在心轴 2 上，心轴安装在支架 4 上，加工时工件按箭头方向旋转，工具电极在方向 *B* 周期移动(以补偿工具电极的损耗)，用导套 6 导向。导套 6 和弹性夹头 7 固定在滑座 8 上，滑座 8 沿方向 *A*(平行于工件锥度母线)往复移动，加工精度达 2μm，表面粗糙度达 9 级；应用这种方法，可不用高转速的精密磨床，提高了加工精度，喷油嘴渗漏减少了 50%～70%。

对图 8-43b，其结构与图 8-43a 相似，加工时工件旋转，工具电极 2 用导向套 7 导向，用滚柱 5 实现工具电极在方向 *B* 的移动。加工后在长 40～50mm 内圆度偏差不大于 1μm，锥度偏差不大于 2μm，母线直线度偏差不大于 1μm。

为提高电火花加工工作液体的温度，在加工滚压轴装置(图 8-44)的内腔 2 和本体 1 之间设置隔热层 3，在内腔 2 中设置闭合加热器 4。这样可比按通常电解液的温度(20～40℃)加工提高了生产率，而工件表面无裂缝。

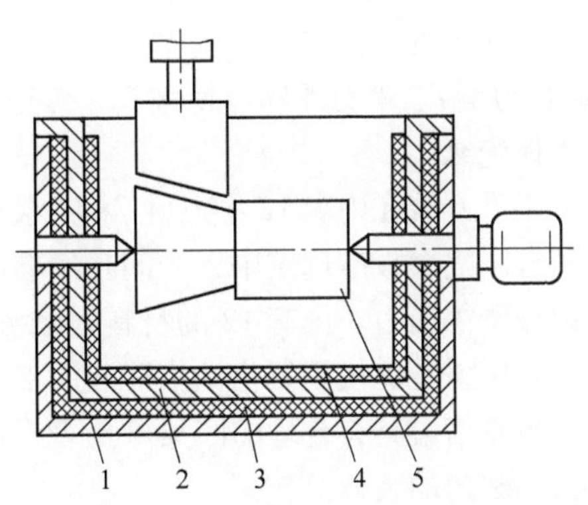

图 8-44　带加热器的电火花加工装置

1—本体　2—内腔　3—隔热层　4—闭合加热器　5—工件

2. 电化学加工装置

发动机油和燃料管路不能落入切屑，因此其

管道孔适合用电化学方法加工。由于管道形状复杂和尺寸大，通用电化学机床不一定能满足要求，为此采用图 8-45所示的可将工具安装在内部的小型装置。[87]

工件 1 用螺母直接固定在装置本体上，电极 2 安装在主轴 3 上，工作时电极旋转，同时沿轴向移动。用螺母 6 和转动联轴节 5 调整电极 2 与工件之间的间隙，使金属溶解速度与电极进给速度相等。当向主轴中心孔供电解液时，在电解液压力下主轴向下移动，为保持所需电极进给速度(3mm/min)采用微电动机。

通常电化学尺寸加工时会产生阴极溶解，为避免出现阴极溶解，采用图 8-46 所示的加工圆柱工件内孔的专用心轴。[88]

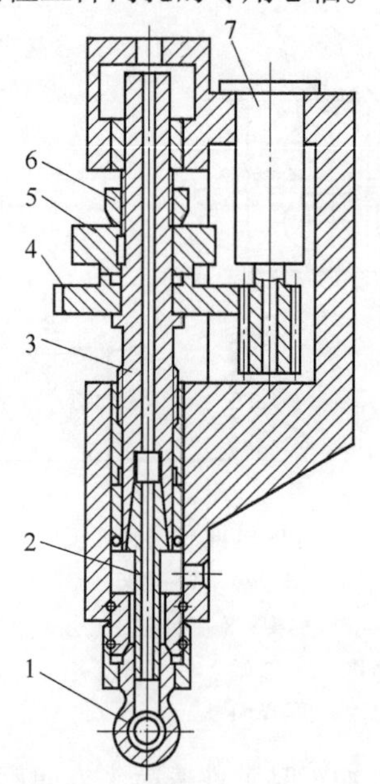

图 8-45　发动机管道孔电化学加工小型装置

1—工件　2—电极　3—主轴　4—齿轮　5—联轴节　6—螺母　7—齿轮减速器

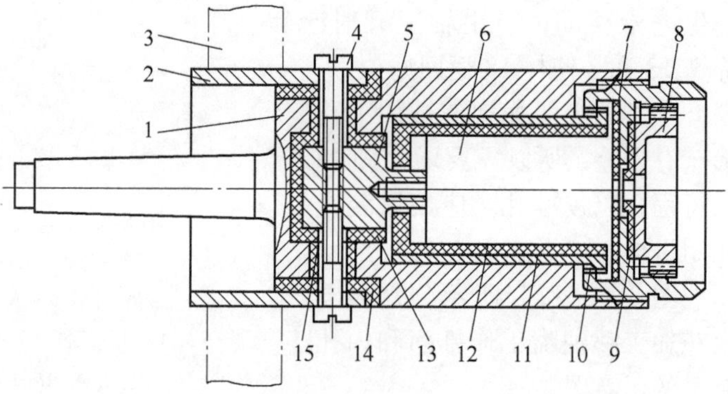

图 8-46　圆柱工件电化学加工孔专用心轴

1—本体　2—集电环　3—电刷　4—螺钉　5—可换轴头　6—工件　7—绝缘垫圈　8—止动垫圈　9—隔膜板　10—特型螺母　11—外套　12—内套　13、14、15—塑料套

本体 1 的锥柄与机床主轴连接，电流从渗铜炭精电刷通过与本体固定连接的集电环 2(材料为铜)、螺钉 4 和可换轴头 5 传送到工件 6 的端面，上述各零件用塑料套 13、14 和 15 与本体绝缘。

工件 6 装在内套 12 中，件 7~12 装配成一个组件，内套 12 的外圆与外套 11 的内孔为过盈配合。隔膜板准确定中，中间孔经准确加工以通过工具阴极和输出电解液，其间隙应保证电解液所需压力。内套 12 的材料为聚氯乙烯胶布。

采用该装置使用氯化钠水溶液加工孔，心轴部分除件 5 外没有出现阴极溶解。

齿轮齿端具有合理的圆角可显著提高换档齿轮的耐磨性，图 8-47 所示为电化学加工齿轮齿端圆角的装置。[89]

工件(齿轮)4 放在套 6 上，当心轴 17 处于上面位置时，用定位销 3 使齿轮相对工具阴极 7 定向，然后夹紧，转动铰链 9 关闭盖 2。

电解液经管 8 进入阴极装置 20，而由装置底部流回电解液箱。电流通过接线夹 15 传到工件，而由阴极装置本体传到阴极工具。用液压缸 12 使工件快速引进和退出，用液压缸 11 控制心轴 17 的行程。用螺钉 13 调节电极之间的初始间隙，用螺钉 10 调节心轴的行程。

工作进给的减速由液压缸 11 活塞杆上的齿条、齿轮 18 和心轴 19 实现（齿轮 18 有内螺纹，心轴 19 有外螺纹），其传动比为 38。心轴的行程按指示器（刻度值 0.01mm）确定。

工作室的气体经铰链 9 排出，压缩空气通过喷头 5 的孔吹净加工好的齿轮。

电极之间的初始间隙 a_0 按下式计算

$$a_0=a_y+H+\Delta_p+\Delta_e+\sqrt{\Delta_T^2+\Delta_l^2+\Delta_c^2}$$

式中　a_y——要求稳定的间隙；

H——允许毛刺的高度；

Δ_p——齿圈端面到轮毂端面的距离；

Δ_e——快速引进心轴终点位置的偏差；

Δ_T——齿圈端面的跳动；

Δ_l——齿轮定位误差；

Δ_c——齿轮夹紧误差。

对模数为 6mm 的齿轮，当 $a_y=0.35$mm、$H=0.5$mm、$\Delta_p=0.25$mm、$\Delta_e=0.05$mm、$\Delta_T=0.25$mm、$\Delta_l=0.2$mm 和 $\Delta_c=0.15$mm 时，$a_0=1.2$mm。

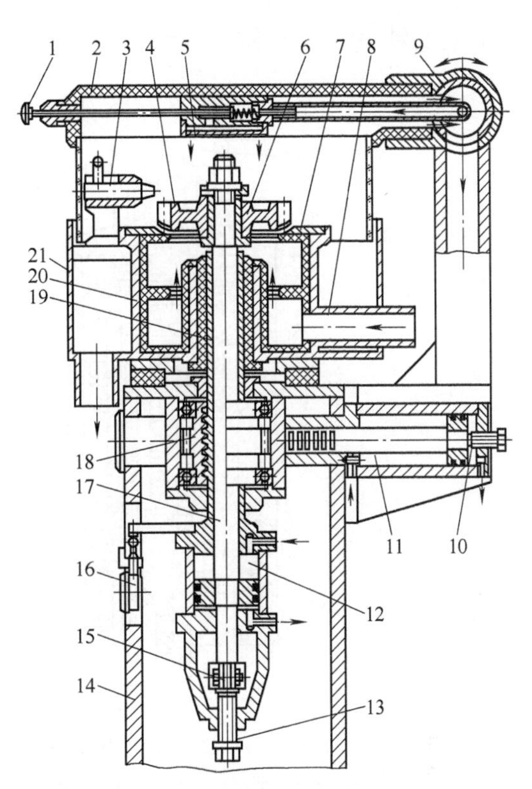

图 8-47　电化学加工齿轮齿端圆角的装置

1—按钮　2—盖　3—定位销　4—工件　5—喷头　6—套　7—工具阴极　8—管　9—铰链　10、13—螺钉　11、12—液压缸　14—工作台　15—线夹　16—指示器　17、19—心轴　18—齿轮　20—阴极装置　21—底部

图 8-48 所示为电化学加工连杆外形的装置，工件和阴极全部浸泡在电解液中，采用接线柱经过装置内部的导电件将电流传到工件上。

3. 超声波加工装置

为加工黏性大、强度高的钢和合金，采用图 8-49a 所示的安装在摇臂钻床上的超声头，可提高刀具使用期限、加工生产率和产品质量。

内套 5 在轴承上转动（图 8-49a），在内套 5 中有磁致伸缩振动器 6（钎焊在定心轴 10 上，定心轴 10 的法兰面固定在内套 5 的轴向振动基面上，内套 5 固定在外套 3 上）。

超声发生器通过带渗铜炭精电刷的接线板 13 和集电环 7 将振动传到磁致伸缩振动器 6，通过接头 12 向内套下部供冷却水，而通过接头（图中未示）和管 8 向内套上部供冷却水。

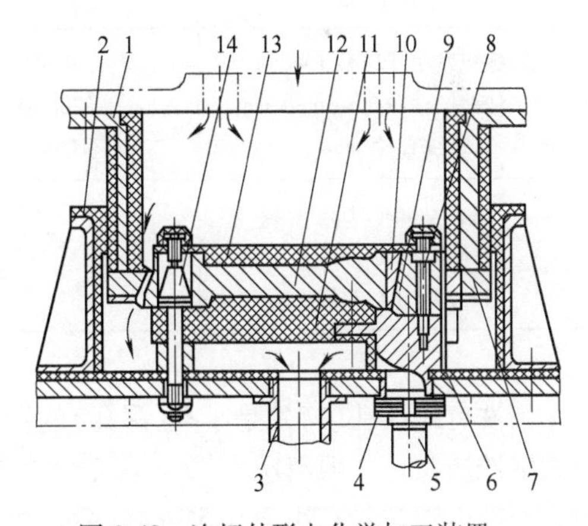

图 8-48　连杆外形电化学加工装置

1—基座　2—本体　3—回水管　4、15—螺母　5—接线柱　6—底板　7—阴极　8—螺栓　9—锥体　10—弹性套　11—支承板　12—工件　13—阻水板　14—定位销

在定心轴10的下端做出带导向孔的螺纹孔，以安装刀具，如图8-49b和c所示。

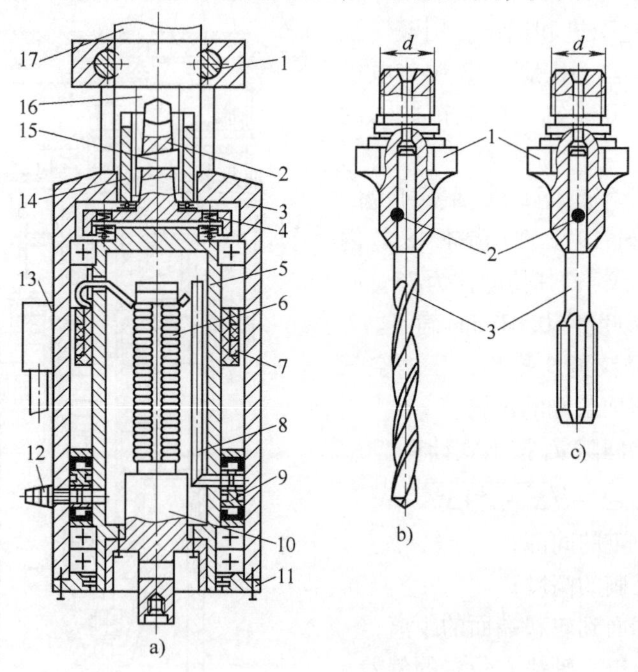

图8-49 典型超声头

a）1—切向夹紧螺钉 2—锥柄 3—外套 4—圆盘摩擦离合器 5—内套 6—振动器 7—集电环 8—管 9—橡皮垫联轴节 10—定心轴 11—盖 12—接头 13—接线板 14—螺母 15—斜楔 16—钻床主轴 17—机床主轴

b）和c）1—刀具轴 2—销 3—刀具

超声头的主要技术特性见表8-5。

表8-5 超声头的主要技术特性

加工直径/mm	6~12	>12~24	>24~42
超声发生器功率/kW	0.4	1.6	1.6
磁致伸缩振动器截面/mm×mm	20×20	35×35	50×50
螺纹直径/mm	M16×1.5	M27×1.5	M42×1.5
振动频率/Hz	22		
振动振幅/mm	0.010~0.015		
孔表面加工后粗糙度	$Ra=2\sim2.5\mu m$		

清洗有螺纹孔（特别是小孔、深孔）的箱体工件非常困难，采用超声清洗（图8-50）可达到高的清洗质量，一般清洗、振动清洗和手工清洗分别还有80%、50%和20%污垢未清洗干净，而超声清洗只有小于0.5%的污垢未清洗干净[90]，不用手工劳动，免去使用时容易引起火灾和有毒性的溶液。图8-50所示为超声清洗有螺孔工件装置的示意图。

图8-51所示为超声强化工件（轴、盘、叶片等）表面装置。[91]

钢球10自由放在封闭的容器中，并从专用浓缩器5的辐射表面得到能量。在专用浓缩器5中用磁致伸缩转换器强迫产生超声振动，超声发生器向磁致伸缩转换器供水。

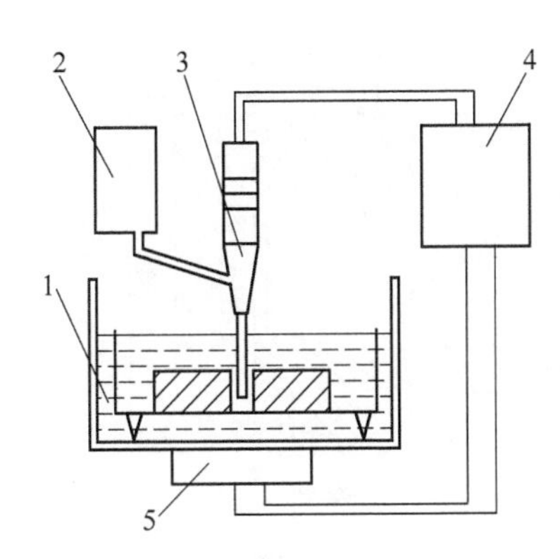

图8-50　超声清洗有螺孔工件的装置
1—超声槽　2—清洗液泵　3—超声头
4—超声发生器　5—压电陶瓷转换器

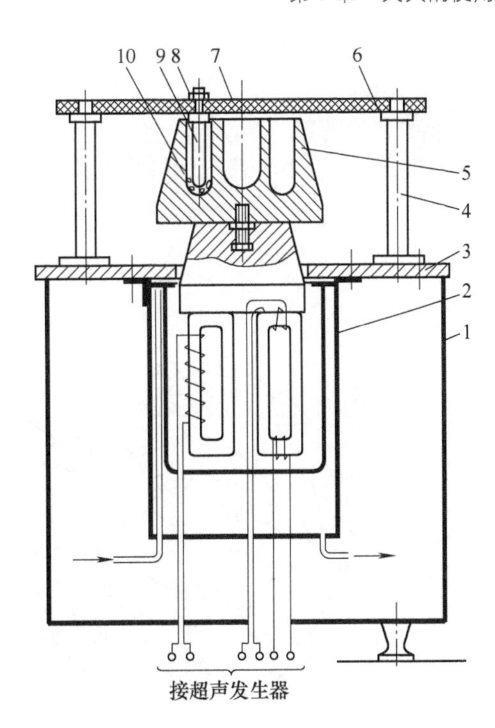

图8-51　工件表面超声强化装置
1—工作台　2—磁致伸缩转换器　3—平板
4—立柱　5—专用浓缩器　6—支承
7—过滤片　8—螺母　9—工件　10—钢球

附　录　机床夹具设计必要图表摘选

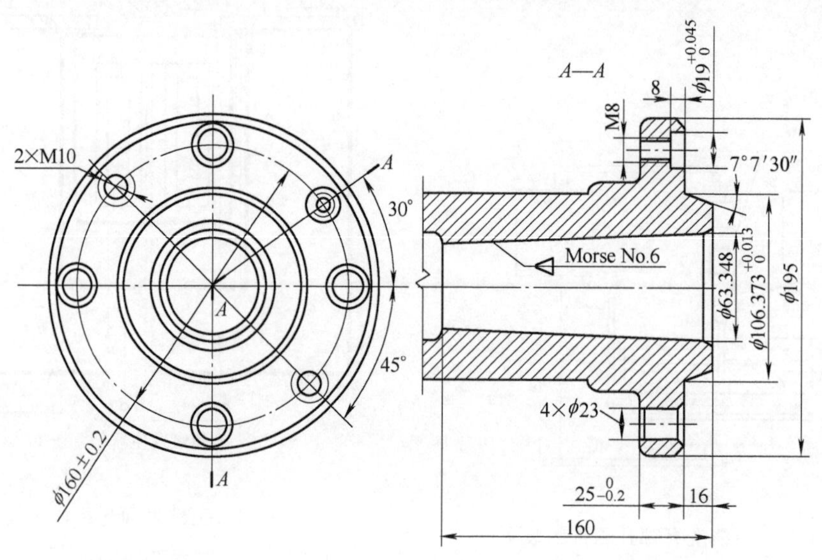

附图 1　CA6140、CA6150、CA6210 和 C6250 型车床主轴端部尺寸

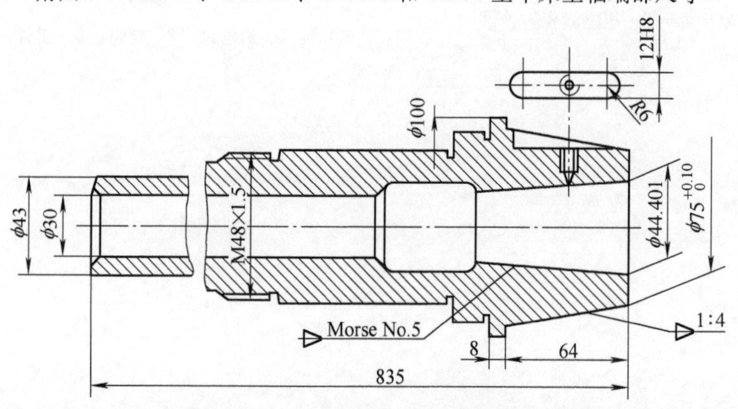

附图 2　C616 型车床主轴端部尺寸

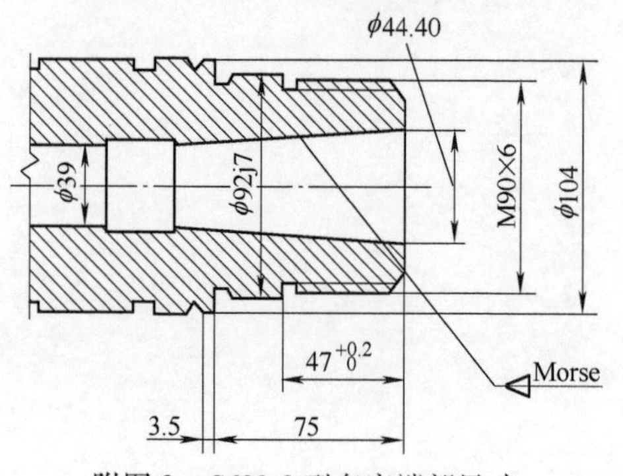

附图 3　C620-3 型车床端部尺寸

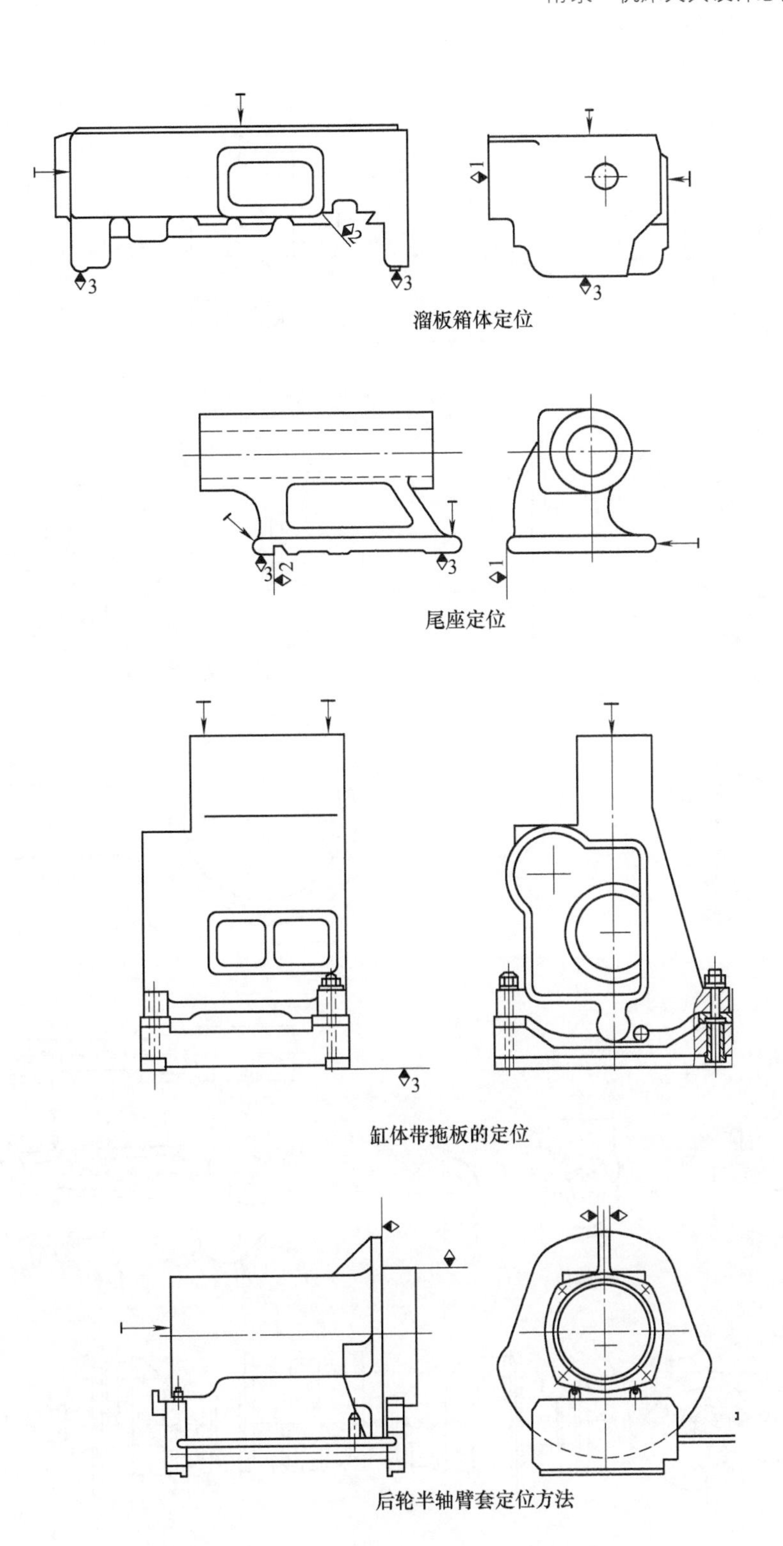

附图 4　大型工件的定位示例

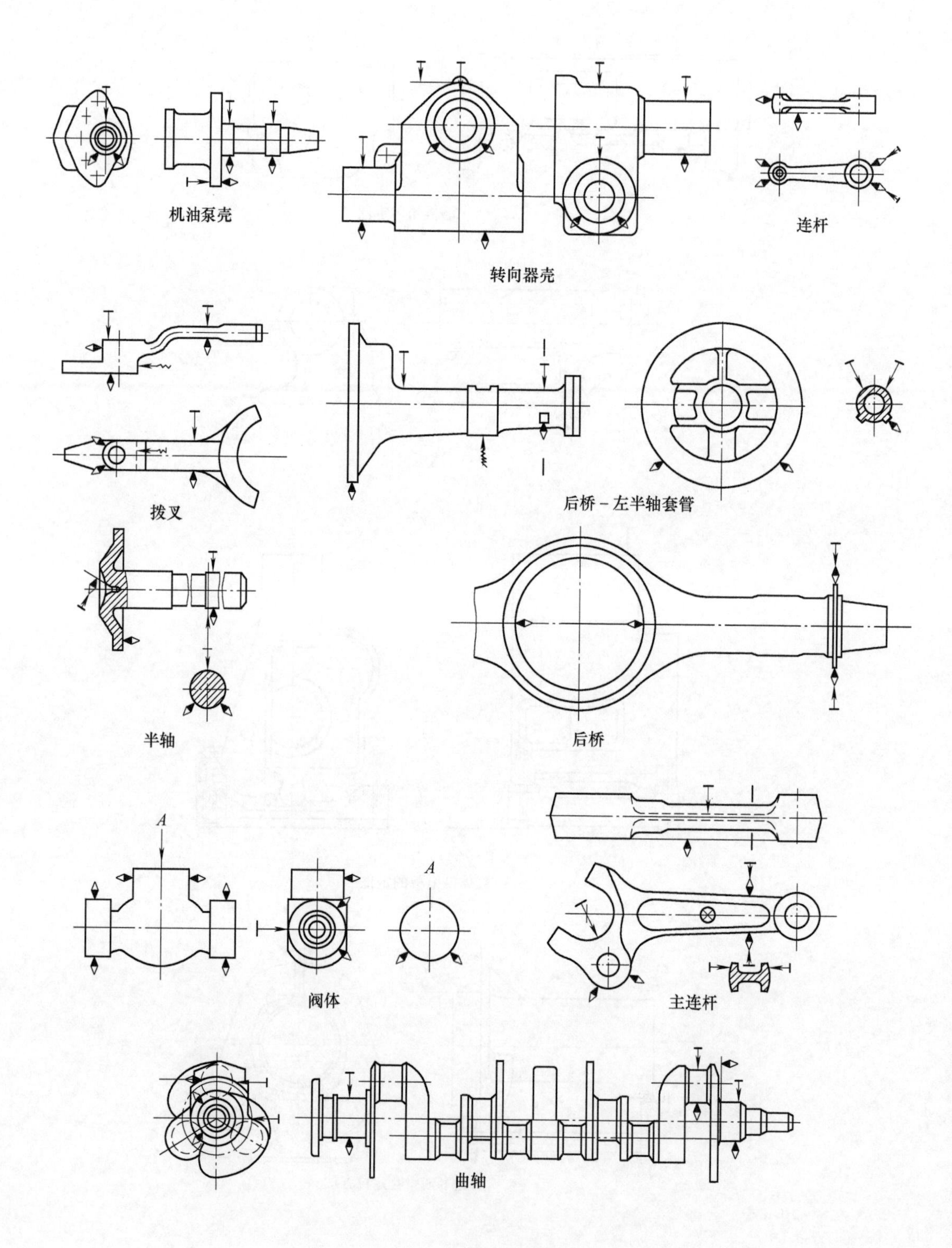

附图5　以V形为主要定位基准的零件示例

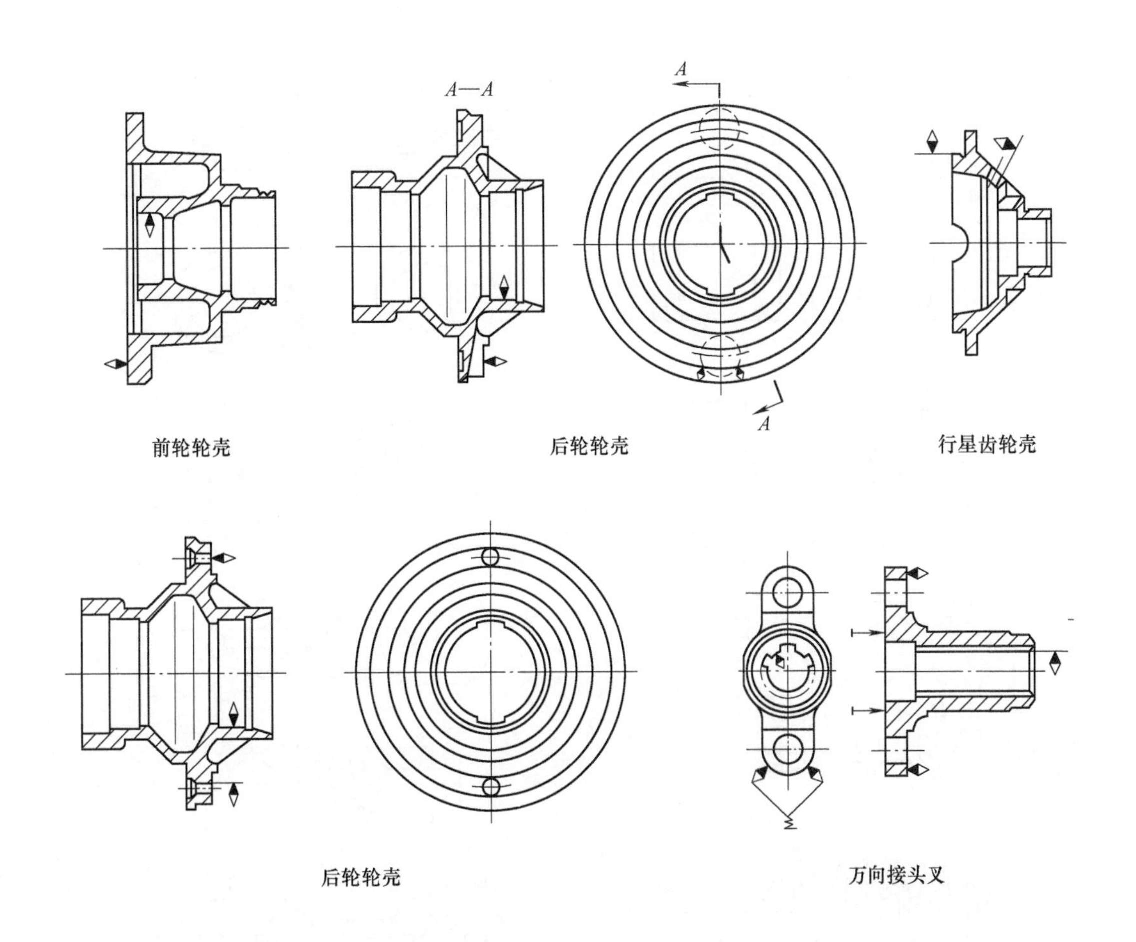

附图 6　以一个孔(或外圆)和一个平面为主要定位基准的零件示例

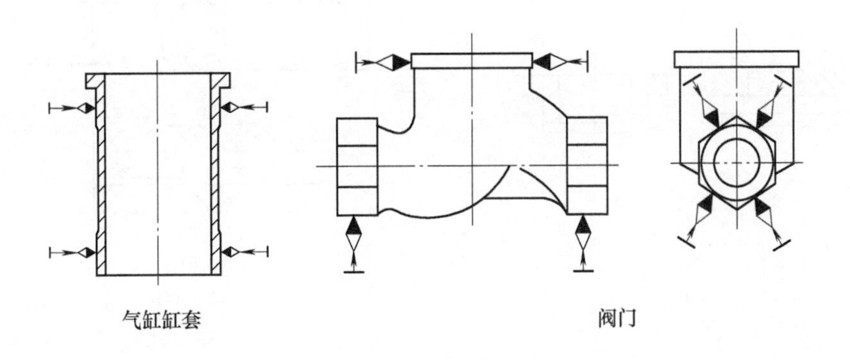

附图 7　自动定心的零件示例

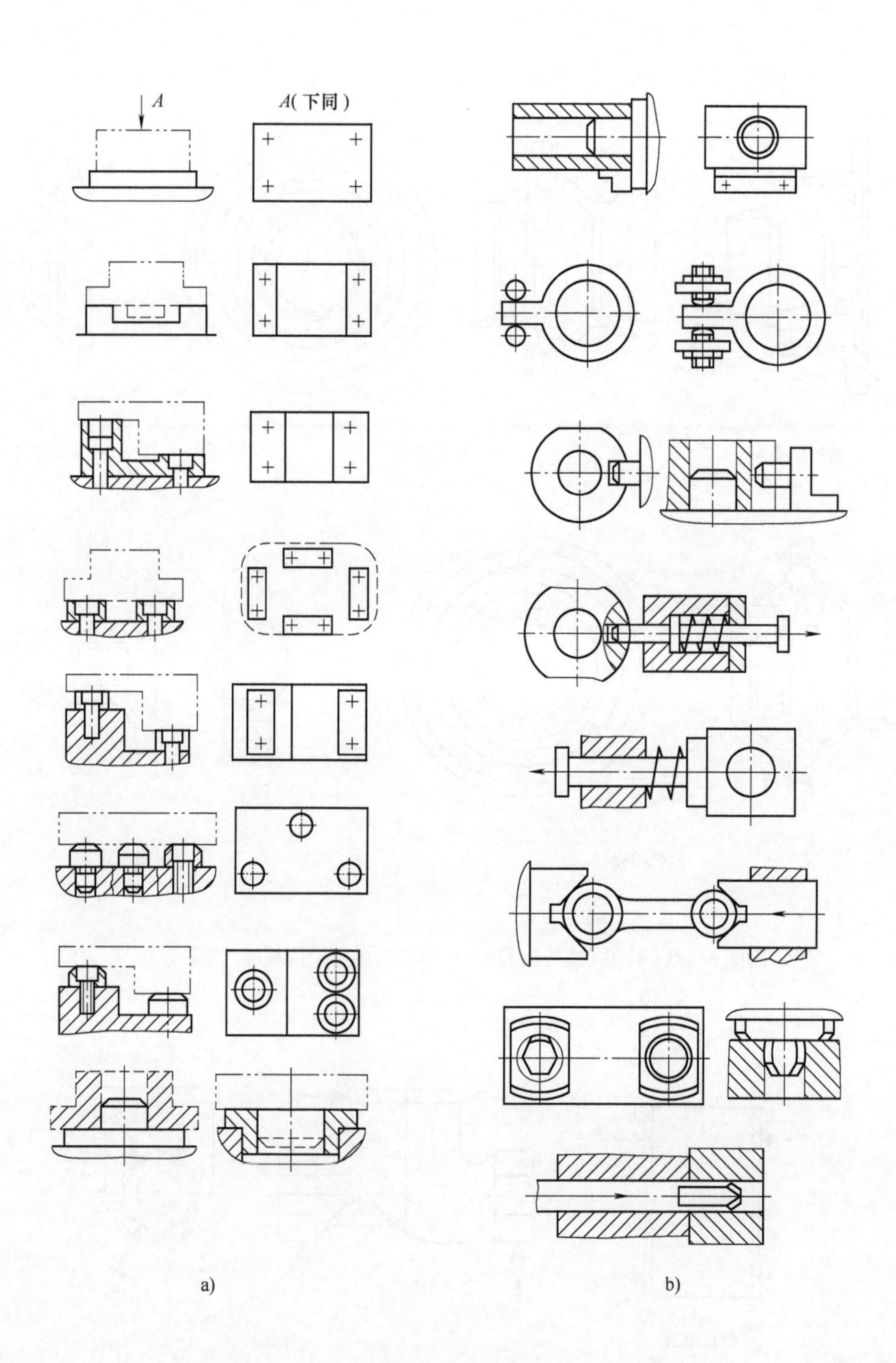

附图8 夹具主定位面和止动定位面的结构形式

a）夹具主定位面 b）止动定位面

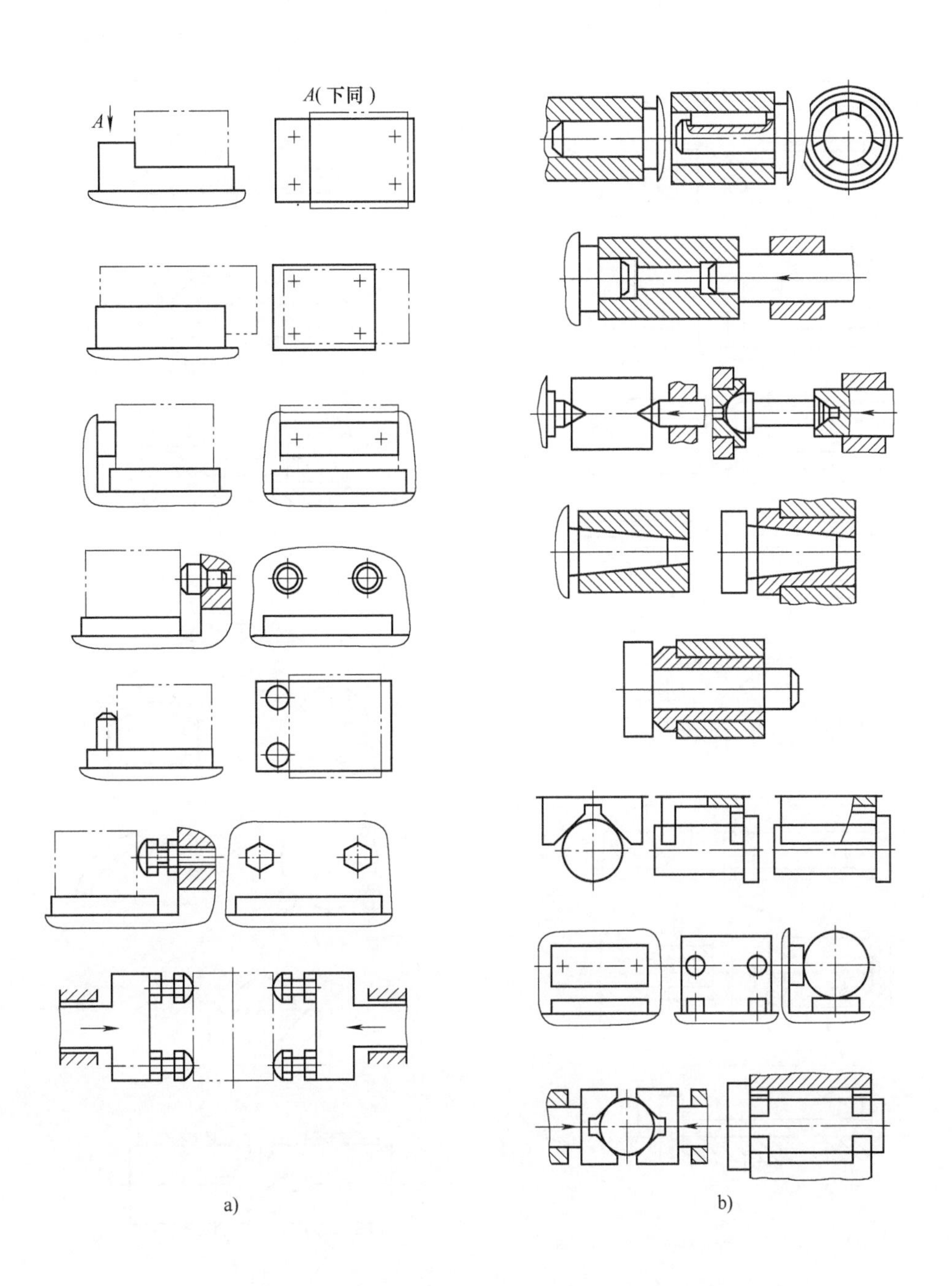

附图9　夹具定向定位面和双定向定位面的结构形式

a）夹具定向定位面　b）夹具双定向定位面

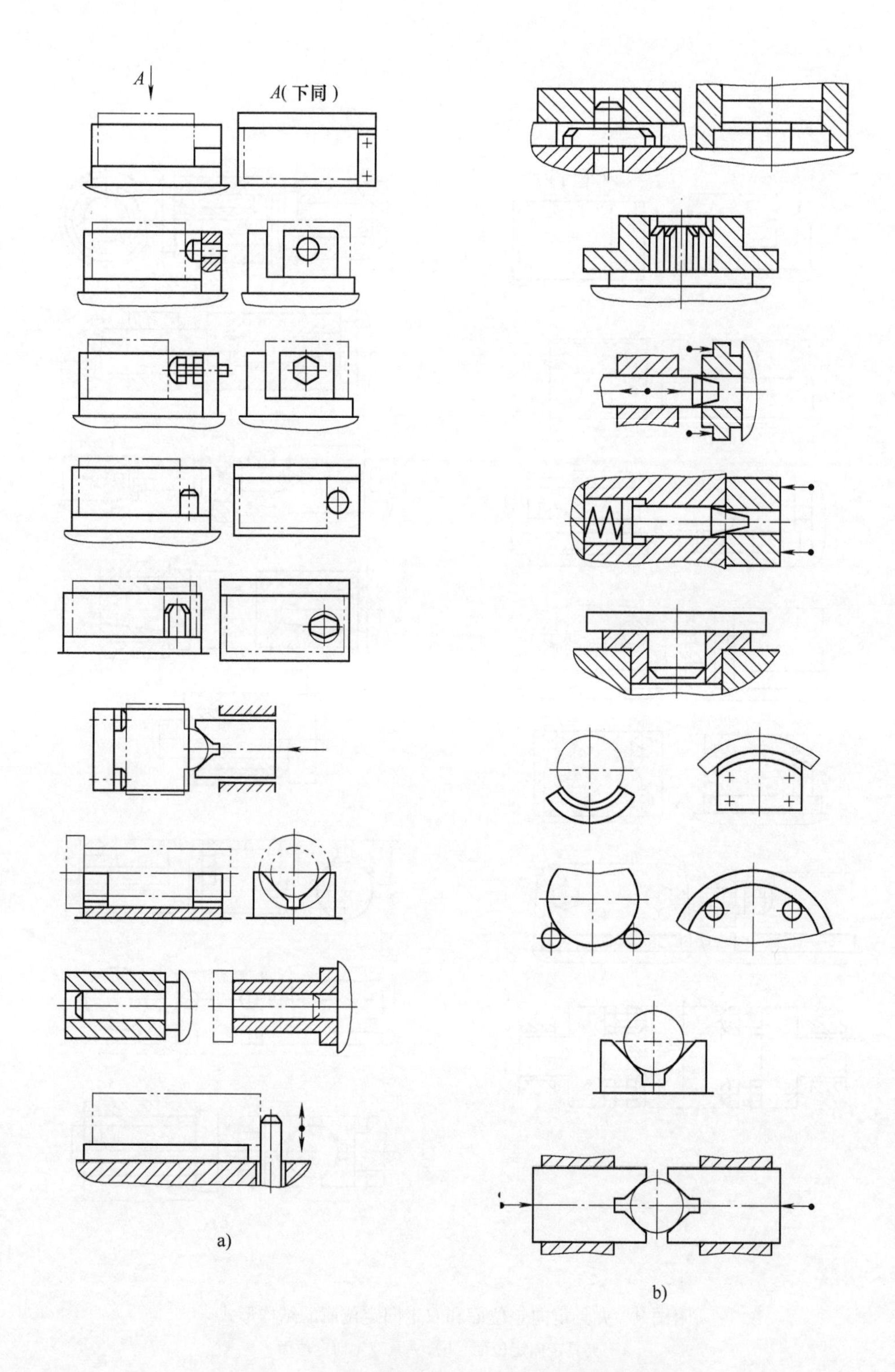

附图10 夹具止动定位面和双止动定位面的结构形式
a）夹具止动定位面 b）夹具双止动定位面

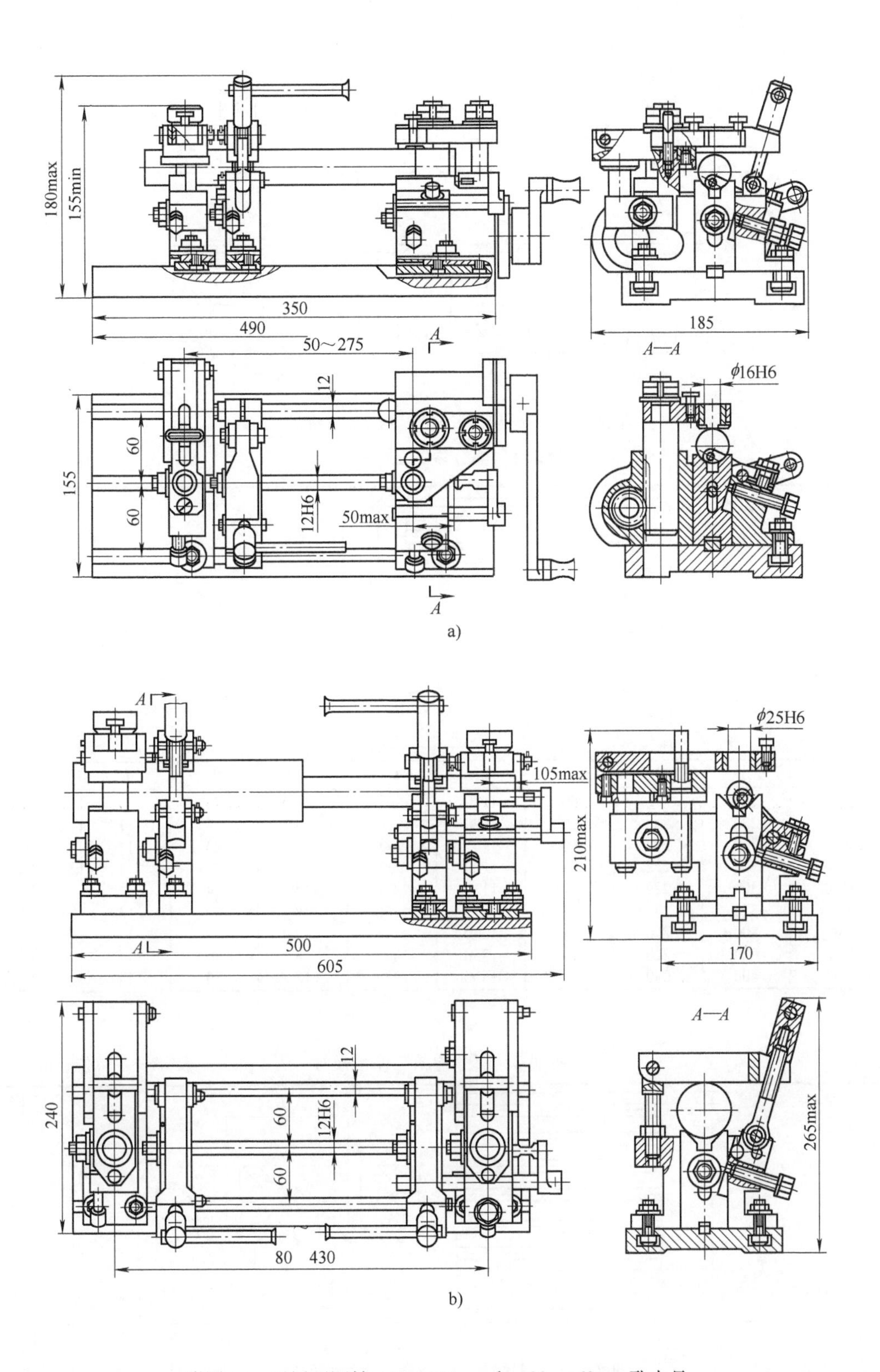

附图 11　通用可调钻 $\phi16\sim\phi30$mm 和 $\phi30\sim\phi60$mm 孔夹具

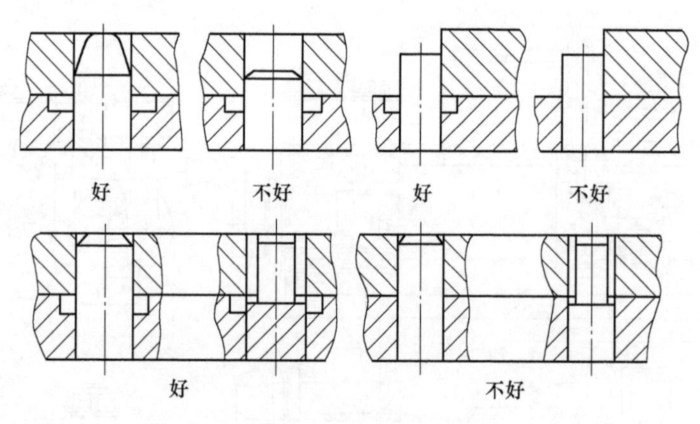

附图 12　考虑排屑和排污定位销布置示意图

附表 1　部分铣床工作台尺寸　　（单位：mm）

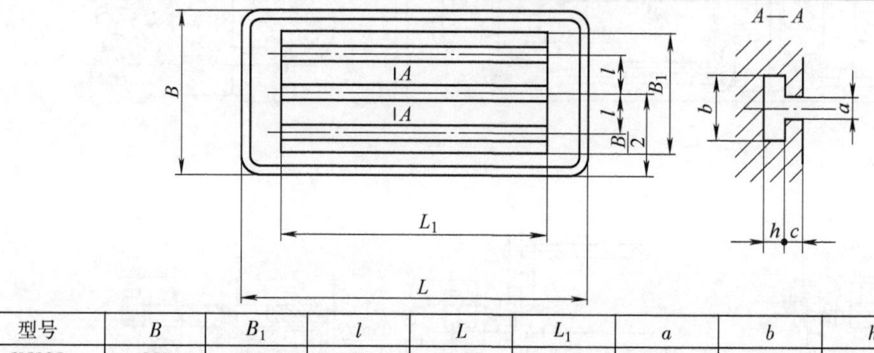

型号	B	B_1	l	L	L_1	a	b	h	c
X5025	250	—	50	1120	—	14	24	11	14
X5028	280	—	60	1120		14	24	11	18
X5030	300	222	60	1120	900	14	24	11	16
X6030	300	222	60	1120	900	14	24	11	18
X6130	300	222	60	1120	900	14	24	11	16
X52K	320	255	70	1250	1130	18	30	14	18
X53K	400	290	90	1600	1475	18	30	14	18
X62W	320	220	70	1250	1055	18	30	14	18
X63W	400	290	90	1600	1385	18	30	14	18

附表 2　部分镗床工作台尺寸　　（单位：mm）

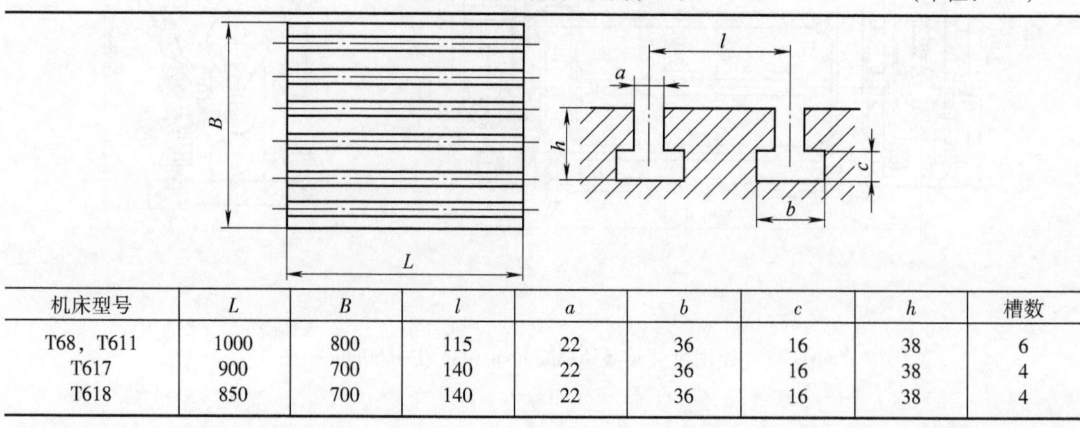

机床型号	L	B	l	a	b	c	h	槽数
T68，T611	1000	800	115	22	36	16	38	6
T617	900	700	140	22	36	16	38	4
T618	850	700	140	22	36	16	38	4

附表 3　部分铣床主轴端部尺寸　　（单位：mm）

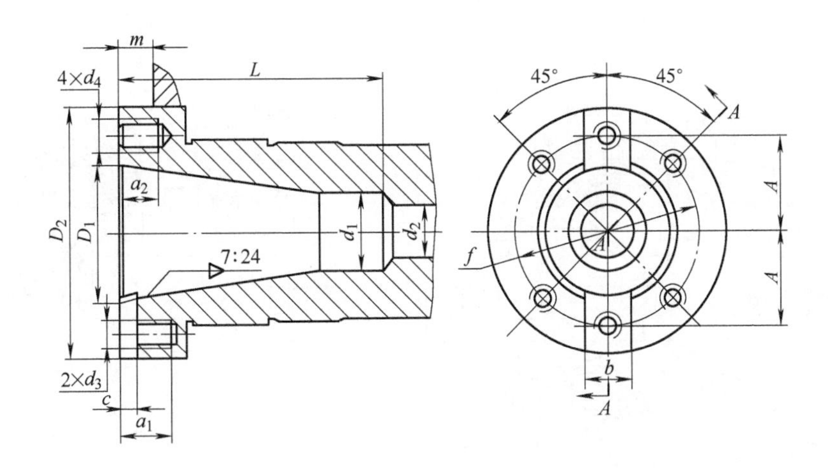

锥度号	40	45	50	55
D_1	44.45	57.15	69.85	88.9
d_1（H12）	25.3	32.4	39.6	50.4
d_2（min）	17	21	27	27
L（min）	100	120	140	178
D_2（h5）	88.882	101.6	128.57	152.4
m（min）	16	18	19	25
f	66.7	80	101.6	120.6
d_3	M12	M12	M16	M20
a_1	20	20	25	30
b（h5）	15.9	19	25.4	25.4
c（min）	8	9.5	12.5	12.5
d_4	M6	M8	M12	M12
a_2	9	12	18	18
$A\pm0.2$	33	40	49.5	61.5
应用机床型号示例		X6020，X6025 X6120	X6132，X6132A X52K，X53K X62W，X63W	

附表4　三偏心凸轮定心夹头的规格尺寸　（单位：mm）

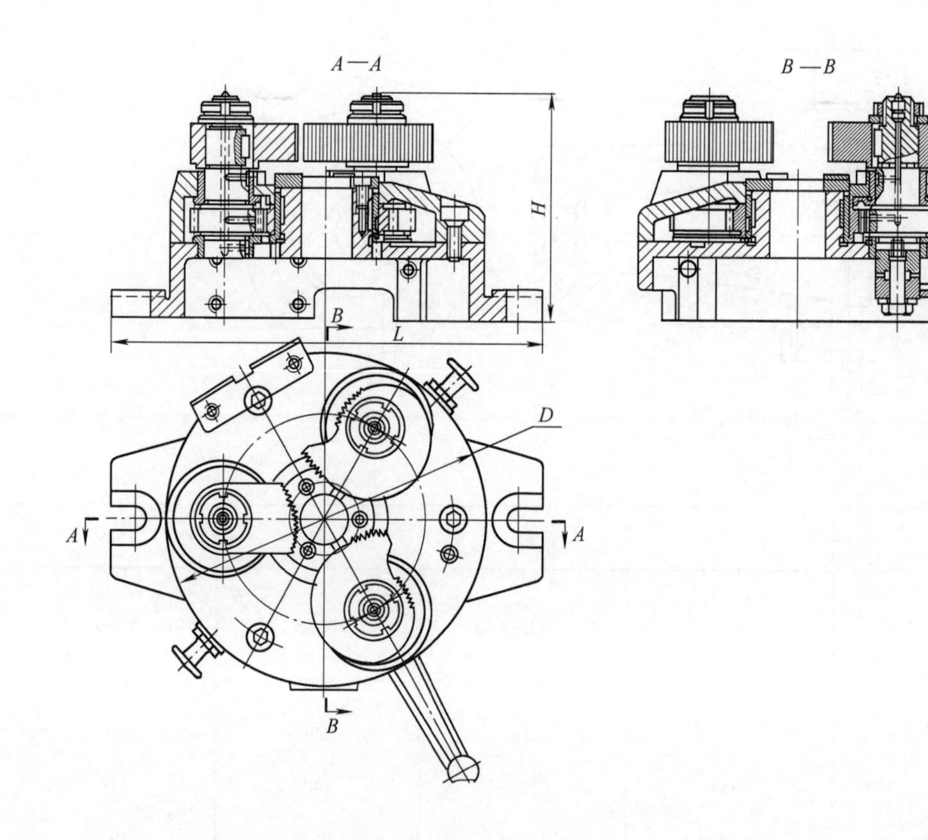

D	被夹紧工件直径	H	L
160	10~50	120	230
250	45~105	170	340
320	100~165	170	410
400	160~250	170	500

附表 5　气动楔夹紧装置　　（单位：mm）

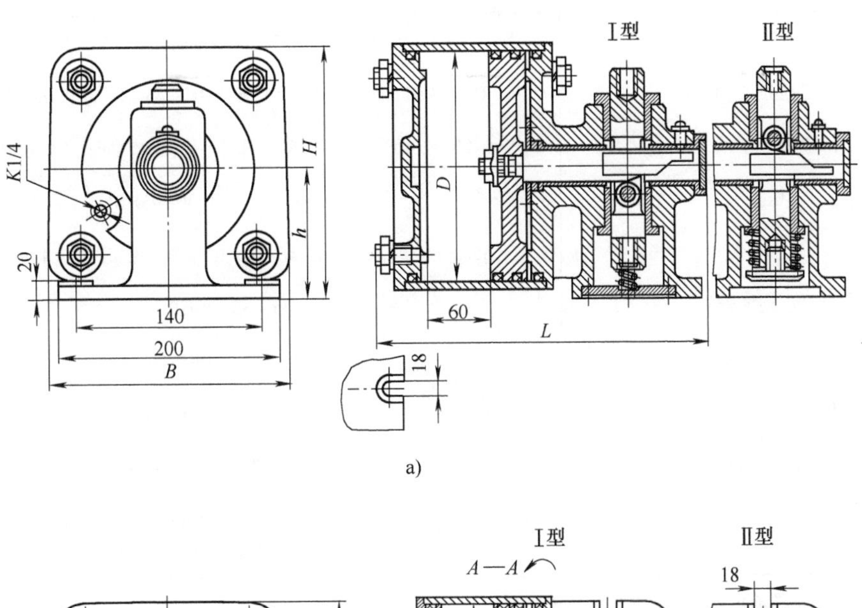

a)

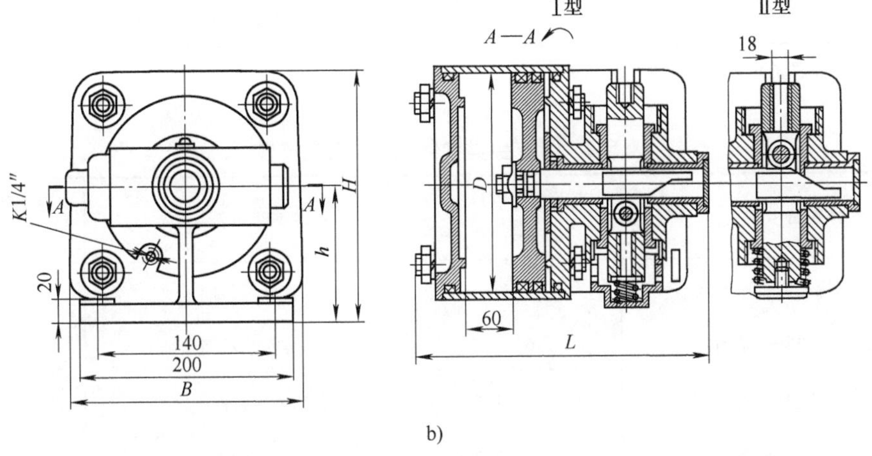

b)

D（H9）	L	B	H	h	活塞杆行程	夹紧力/kN
160	200	175	180	90	16	16.75
200	200	300	215	115	20	25.16

注：夹紧力按气源压力为 0.4MPa 计算。

附表6　机床夹具主要零件常用材料与热处理

零件示例	材料和热处理
壳体	HT200，时效；Q235；HT300 时效(车床夹具、花盘)
定位销、轴	T8A($d \leqslant 35$mm)，淬火 55~60HRC；45 钢，淬火 43~48HRC
斜楔、卡爪	20，20Cr，渗碳(0.8~1.2mm)，淬火、回火 54~60HRC
压板	45，淬火、回火 40~45HRC
弹性夹头	65Mn，夹持部分硬度 56~61HRC，弹性部分硬度 43~48HRC
杠杆、夹紧丝杠	45，35~40HRC
动件导向板	45，35~40HRC
靠模、偏心轮分度盘	20，20Cr，54~60HRC
车床顶尖	T8A，T7A，50~55HRC
导(衬)套	T8A，T7A，(d<20mm,l<50mm)50~55HRC，20(d>20mm,l>50mm)54~60HRC

注：有的未标零件的热处理可用类比方法确定

附表7　机床夹具零件主要表面粗糙度

零件表面示例	表面粗糙度 $Ra/\mu m$	零件表面示例	表面粗糙度 $Ra/\mu m$
活动V形块、铰链两侧面	0.8，1.6	定位块对刀表面	0.4
活动V形块安装基面	1.6	定位块安装基面	0.8
滑动导轨配合面	0.4；0.8；1.6	夹具体安装面	0.4；0.8；1.6
一般零件安装面	0.4；1.6；3.2	定位键两侧面	0.8；1.6
钻套内孔和外圆表面	0.8和1.6	定位销定位外圆表面	0.4；0.8
衬套内孔和外圆表面	0.8和1.6	铰链压板孔与轴表面	3.2与1.6
镗套内孔和外圆表面	0.8	一般转动孔与轴表面	1.6
顶尖孔、外锥表面	0.4；1.6	固定紧固用锥形孔和轴	0.8和0.4
与滑动轴承配合的轴表面	0.32	精密配合锥形孔和轴	0.4和0.2
与青铜轴瓦配合的轴表面	0.4	与滚动轴承配合的轴表面	0.8
与齿轮孔配合的轴表面	1.6	支承板定位面和安装面	0.8和1.6

注：1. “0.4；0.8；1.6”表示根据需要表面粗糙度可选0.4μm、0.8μm或1.6μm。

2. “0.4和0.2”表示孔表面粗糙度为0.4μm，轴表面粗糙度为0.2μm。

3. 未标零件表面粗糙度可参考此表用类比方法确定。

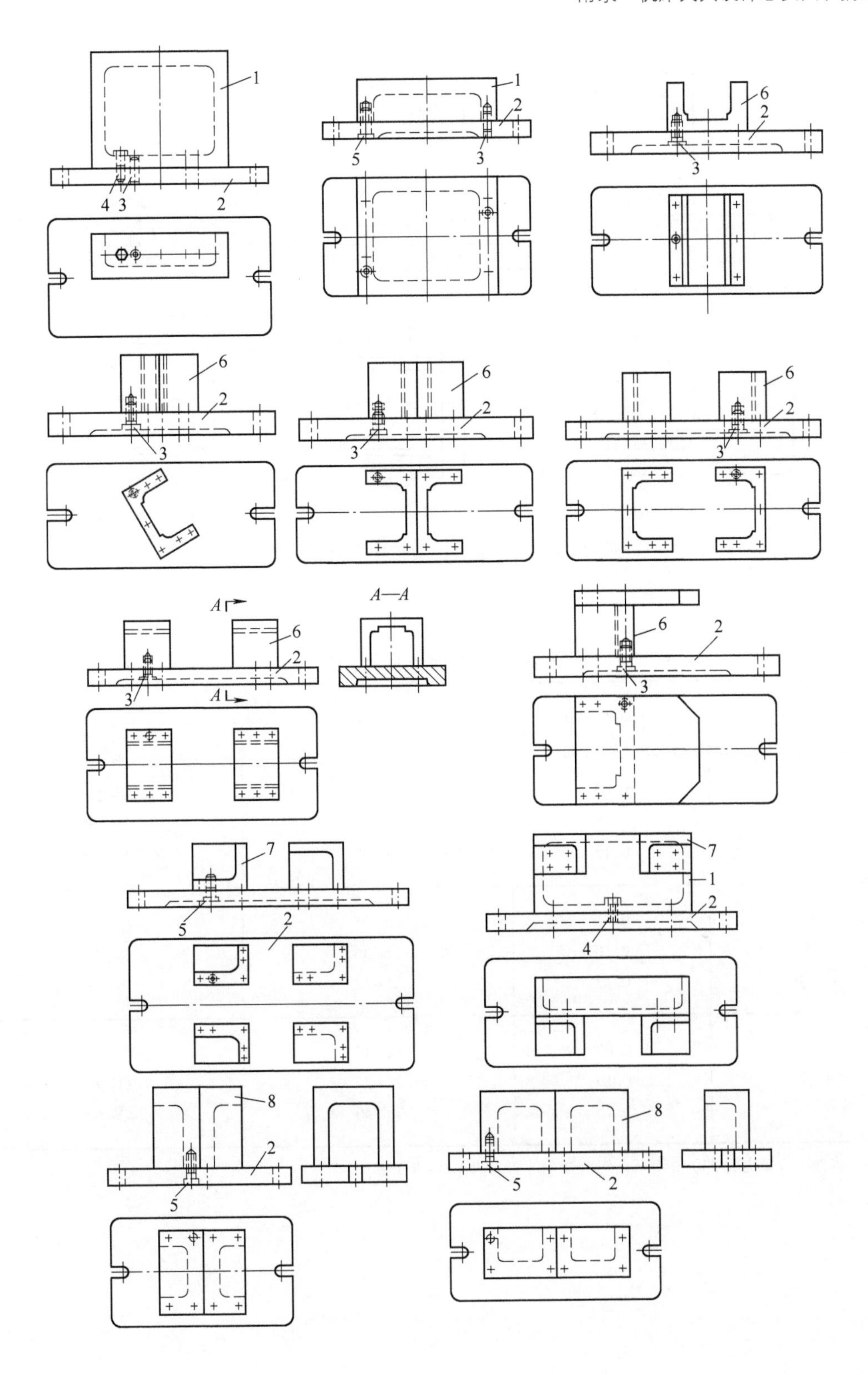

附图 13　用标准件组装夹具体示例

1—箱体件　2—板件　3—销　4、5—螺钉　6—槽钢　7—三面体　8—四面体

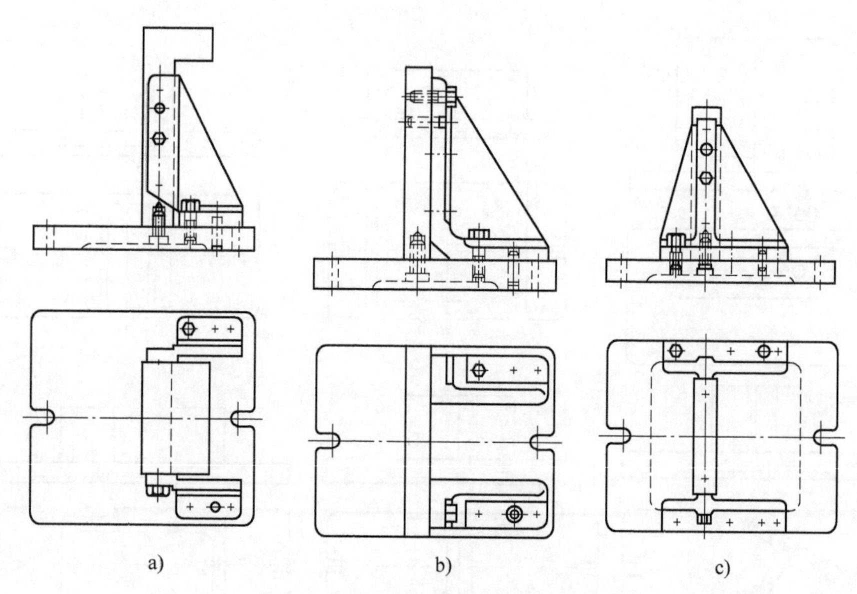

附图 14　用标准件组装带肋夹具体示例

附表 8　工件定位孔磨损值

（单位：μm）

定位次数	工件孔距精度	工件材料	
		灰铸铁	铝合金
15	0.05 0.10 0.15	4~12 18~27 27~37	9~24 22~30 24~39
25	0.05 0.10 0.15	10~15 24~36 31~48	18~34 28~40 36~48
50~75	0.05 0.10 0.15	12~18 28~37 36~56	19~38 33~43 42~62

注：铸铁工件重力为 240~1400N；铝合金工件重力为 120~360N。

参 考 文 献

[1]朱耀祥，浦林祥．现代机床夹具设计手册[M]．北京：机械工业出版社，2011.

[2]大连组合机床研究所，组合机床设计[M]．北京：机械工业出版社，1975.

[3]王先逵．机械制造工艺学[M]．北京：机械工业出版社，2013.

[4]王凡，宋建新，王玲．实用机械制造工艺手册[M]．北京：机械工业出版社，2011.

[5]国家职业资格培训教材编审委员会．机床夹具设计与制造[M]. 2 版．北京：机械工业出版社，2012.

[6]融亦鸣，张发平，卢继平．现代计算机辅助夹具设计[M]．北京：北京理工大学出版社，2010.

[7]成大先．机械零件设计[M]. 5 版．北京：化学工业出版社，2010.

[8]穆斯，等　机械设计[M]．孔建平，译．北京：机械工业出版社，2012.

[9]机械工程手册编辑委员会．机械工程手册[M]．北京：机械工业出版社，1981.

[10]杨叔子，李文武，张福润．金属切削机床及工艺装备基础[M]．北京：机械工业出版社，2012.

[11]孟少农　机械加工工艺手册[M]．北京：机械工业出版社，1996.

[12]机械设计联合编写组．机械工程手册[M]. 2 版．北京：机械工业出版社，1987.

[13]邢明善，邢照宇．工艺装备改进设计 100 例[M]．北京：机械工业出版社，2014.

[14]白成轩．机床夹具设计新原理[M]．北京：机械工业出版社，1997.

[15]Витунов ВВ，Yдлер ЕМ，Яkовеnkо ЕГ. Технологическая оснащенность производства[M]. М：Машиностроение，1976.

[16]Коваленко АВ，Подшивалов РН. Станочные приспособления[M]. М：Машиностроение，1986.

[17]Ансеров МА. Приспособления для Металлорежущих станков[M]. 2-е、3-е. Л：Машиностроение，1964、1975.

[18]Блюмберг ВА，Близнюк ВП. Переналаживаемые приспособления[M]. Л：Машиностроение，1978.

[19]Косиловой АГ. Справочник Технологамашиностроения [M]. М：Машиностроение，1985.

[20]Кузнецов ЮИ. Станочные приспособленияс гидравлическим приводом[M]. М：Машиностроение，1966.

[21]Малкин БМ. Магнитные приспособенияк металлорежущим станкам[M]. Л：Машиностроение，1965.

[22]Newberg Jon. Fundamentals of tool design[M]. 5th. EI2003.

[23]Bazina Perovic. Werkzeugmaschinen und Vorrichtugen[M]. Hanser：1991.

[24]李文祥．一面两孔定位转角误差新公式的探讨[J]．机械工程师，1985(7)：32-35.

[25]宋正忠．抗振偏心夹紧结构初探[J]．机械制造，1994（6）：5.

[26]何寅．砂带磨削技术在现代工业中的应用[J]．机械制造，1994(4)：17-19.

[27]淮连科，邓乃学．同步器齿坯锥孔磨削夹具的设计[J]．机械制造，2013(3)：18.

[28]李红义，邓磊．套筒类零件车削装夹分析[J]．金属加工（冷加工），2012(13)：65.

[29]张利军．消除薄壁工件加工夹紧力变形的夹具技术研究[J]．金属加工（冷加工），2012(2)：38.

[30]孙明晓．国内外卡盘技术水平比较[J]．机械制造，1997（1）：16.
[31]谢诚．心轴定位精度计算(考虑定位孔的形状误差)[J]．组合机床与自动化加工技术，1990(5)：12-13.
[32]马伯龙．机械制造工艺装备件热处理技术[M]．机械工业出版社，2010.
[33]谢诚．用摩擦副传动的多轴钻削头[J]．组合机床与自动化加工技术，1982(1)：51+2.
[34]谢诚．机床夹具液压传动系统[J]．组合机床与自动化加工技术，1993(2)：33-35.
[35]谢诚．镗削小叶锥度锥孔方法[J]．谢诚译．机械制造，1995（7）：40.
[36]谢诚．影响随行夹具定位精度的因素[J]．组合机床与自动化加工技术，1985(4)：33-35+50.
[37]谢诚．固定钻套应用中的有关问题[J]．谢诚译．机械制造，1996(9)：43.
[38]谢诚．数控组合机床和加工中心工作台花盘的试验计算[J]．组合机床与自动化加工技术，1990(8)：20-22.
[39]Базоров БМ. Классификация станочных присподобений[J]. Станки и инструмент，1989(3)：26.
[40]Пирогов ВА，Удалер ЕМ. Определение величины Коэффицента технологической оснащенности [J]. Вестник машиностроение，1973(7)：78.
[41]Алагуров ВВ，Петроченко ИА. От унификации изделий К стандартизации технологической оснастки[J]. Машостроитель，1993(2)：5.
[42]Вострокнутов ДЛ，заркуа ЕД，Кривин Вф，et al. Технологическая оснастка N основные произведственные фонды[J]. Машиностроитель，1991(8)：27.
[43]Карбовский ФИ，Казакевич ПИ，Турбина ГМ. Совершенствование конструкий машин и организация их серийного производства[J]. Машиностроитель，1983（2）：42.
[44]Соболов СВ，Барашкин ДЮ Проектирование сборочных станочных оправокс помощвю системы AutoCAD [J]. Станки и инструмент 1992(7)：36.
[45]Самарина ПА，Агеев ДЮ，Корпачен ЮД. Автоматизация силовых расчетов при проектировании станочных приспособлений[J]. Станки и инструмент，1987(1)：16.
[46]Абрамов ФН. Влияние погрешностей формыи взаимного расположения призматических заготовок с вмещением баз[J]. Вестник машиностроения，2002(7)：54.
[47]Абрамов ФН. Влияние несовмещенности баз и погрешностей формы и взаимного расположения базовых поверхностей призмати ческих заготовок на точность их базирования[J]. Вестник машиностроения，2007(10)：58.
[48]Чермерис ЕМ. О влиянии погрешностей установки на точности их обработки[J]. Вестник машиностроения，1985(3)：52.
[49]Афанасвев АГ. Приспособление на гидравлических подщипниках для внутреннего шлифования шпин делей[J]. Станки и инструм нт，1979(11)：34.
[50]Полетаев ВА. Устройства для их обработки на круглофрезерных станках[J]. стин，2002(2)：23.
[51]Пащенко ЭА. Определение срока служины поворотных столов агрегатных станков[J]. Станки и инструмент，1975(5)：13.
[52]Торосян ФС，Манадян ЛТ. Уточенение расчетных схем клиноплужерных зажмнов станочных при способлении[J]. И. З. В Машиностроения.（期刊日期缺，页数为 P138，有号 621・9・06・229）.
[53]Aptеменко СИ. Расчет самозажимающих зксцентриков[J]. Вестник машиностроения，1966(3)：35.
[54]王三民．机械设计计算手册[M]．2 版．北京：化学工业出版社，2012.
[55]Ильцкий ВБ，Зотина ОВ，Шпичак СА. Стопорение зксцентриковых зажсимных механизмов[J]. стин，2003(7)：26.

[56]Лажкин ОВ. Пневматические системы и устройства[J]. стин，1996(5)：3.

[57]Шарапов ВИ. Исправление положения осей базнрующнх центровых отверстий валов[J]. Станки и инструмент，1979(1)：16.

[58]Саламандра ТС，Долговечность резиновых уплотнительных колец круглого сечения при возвратнопоступателвном движении[J]. Станки и инструмент，1973(8)：26.

[59]Бурении ВВ，Манжетные уплотнения для гермазизатии подвижных соединений гидроциндров[J]. стин，1994(3)：23.

[60]Кузнецов ЮИ Станчные приспособления фирмы Peiseler[J]. Gтанки и инструмент，1992(10)：40.

[61] Исаев ВС，Пивоварчук ВА，Ковтун ВП идру. Плавающие магнитные плиты [J]. Машиностроитель，1980(1)：30.

[62]Верников АЯ зависимость усилия притяжения электромагнитных плит металлореущпх станков от уссловийэксплуатации[J]. Станки и инструмент，1976(5)：39.

[63]Острейко ВН，Верников АЯ. Магнитные приспособления для закрепления заготовок[J]. Станки и инструмент，1987(9)：14.

[64]Кузнецов ЮИ. Определе ние требуемогосила зажима при установке заготовкв стандартных приспособлениях [J]. Вестник ашиностроения，1979(2)：61.

[65]Кузнецов ЮИ，Ахрамович ВН. Широкодиапазонный зажимной патрон [J]. Машиностроитель，1991(1)：11.

[66]Ахрамович ВН. изменение силы зажимав токарном патроне при разгоне и торможении [J]. стин，1995 (4)：21.

[67]Ахрамович ВН. Влияние контакта-на параметры патронов [J]. Машиностроитель，1993(1)：7.

[68] Оркин ВИ，Гильман АИ. Исследованиефакторов，влияющнх на коэффицент ецеилення при зажиме в патроне[J]. Станки и инструмент，1975(9)：23.

[69]Солнышкин НП，Соколов НМ. Исследование иотребности в патронах различной точности[J]. Станки и инструмент，1966(4)：39.

[70]Орликов МЛ，Кузнецов ЮН Выбор параметров зажимных цанг[J]. Станки и инструмент，1971 (9)：8.

[71] Ананьев ВИ，Юзефлольский ЗШ，Ралвко ВС. Конструкция и изготоление цанг для высоктчных металлорежущих станков[J]. Станки и инструмент，1973(9)：20.

[72]Герасименко ВИ. Приспособление для шлифовани отверстия[J]. Машиностроитель，1979(4)：15.

[73]Полякова ди Бирюков ВД переналажваемая технологическая оснастка[M]. M：Машиностроение，1988.

[74]Хрыков АМ Пневматические устройства для контроля точности прилегания детали кбазам[J]. Станки и инструмент，1979 (6) ：24.

[75]Красик БИ. Обработка центровых отверстий в закаленных деталях[J]. Станки и инструмент，1978(2)：29.

[76]向文俊．发动机缸体加工粗基准选择与定位方式的研究[J]．组合机床与自化加工技术，2013(7)：97-101.

[77]袁华，沈键．曲轴车削加工的高效夹持方案[J]．制造技术与机床，2012(7)：67-69.

[78]丁金福，套类零件装配的变形及其对策[J]. 机械制造，1992(5)：26-27.

[79]佟璞伟 . 对组合机床产品质量方面一些问题的看法[J]. 组合机床与自动化加工技术，1986(4)：21-23+26+51.

[80]吴树青 . 夹具设计中的排屑问题[J]. 组合机床与自动化加工技术，1988(6)：27-30+36+40+50.

[81]姜健 . 机床焊接结构的动刚度和精度[J]. 制造技术与机床，1984(7)：12-16.

[82]Коршунов ВЯ. Расчет оптималвной нормалвной силыпри поверхностном пластичеком деформировании [J]. Станки и инструмент，1994(12)：34.

[83]Шушкин ВФ. Электроэрозионные нарезание резьбы В труднообрабатываемых материалах [J]. Станки и инструмент，1967(9)：14.

[84]Злобин ГП，Деконов ВС. Изготовление твердосплавных плашек электроискровым методом[J]. Станки и инструмент，1975(10)：34.

[85]Моденов ВП，Ярцев ЮВ，Кемниц ЗА. Злектрозионная обработка алма зного композиционного материала《Алмет》. Станки и инструмент，1980(6)：34.

[86]Рубин ВЕ，Москвалеч АП，Мирашниченко ВН. Одновременная электроэрозионная прошивка отверстий，расположенных под углом к оси детали[J]. Станки и инструмент，1980(4)：30.

[87]Назаров НВ. Электрохимическое сверление[J]. Машиностроитель，1980(10)：25.

[88]Румянцев АВ，Денисенко ТН，Цветаева ВБ. Оправка для креиления заготовки при электрохимической прошвке цилиндрических отверстий[J]. Станки и инструмент，1977(9)：41.

[89]Мороз ИИ，Фрибус ГИ. Электрохимическая обработка торцов зубвев[J]. Станки и инструмент，1978(10)：34.

[90]Никиюк ММ. Опыт исполвзования улвтразвука для очистки деталей[J]. Технология и организация производства，1990(1)：51.

[91]Штейнгарт МД. Новое станки на Выставке[J]. Станки и инструмент，1977(10)：46.

[92]Туриянский ЛИ. Материал и термическая обработка зажимных цанг токарных автоматов [J]. Станки и инструмент，1962(7)：30.

[93]Кузнецов ЮИ，Орликов МЛ. Величина разводки леиестков зажимных цанг[J]. Известия высших учебных заведений машиностроение. 1969(7)：120.

[94]虞和济 . 关于弹簧夹头的轴向拉力计算公式的探讨[J]. 制造技术与机床，1979(2)：43-44.

[95] Сумин АИ，Купреев ВН. Повышение точности фиксачии зубчатых колес относителвно зуборезного инструмента[J]. Вестник машиностроения，1974(8)：53.

[96]Иволгин АИ. Повышение точности и жесткости цангового зажима[J]. Станки и инструмент，1978(6)：21.

[97]徐敏 . 花键碟形弹簧片式心轴[J]. 现代制造工程，1982(11)：17-18.

[98]Блаер ИЛ，Макаров ВВ. Упругий элемент резьбового соединения для контроля силы затяжки[J]. Вестник машиностроения，1978(3)：32.

[99]Василвев ВА. Наладка бесцентрово-шлифовалвных станков для повышения точности деталей[J]. Станки и инструмент，1980(9)：8.

[100]Ахрамович ВН. Причины разрушения элементов клиновых кулачковых патронов[J]. стин，1993(6)：6.

[101]Байков СП，Беленко ИС，Белков Сф 等 Справочное пособне подшипники карения. [M]. M：

государственное научно-техническое издателвство машиностоителвной литературы，1961.
[102] Сычева НА，Еремин АВ，Косов МГ. Влияние деформации столов-спутников на точноств установки заготовки вгпм[J]. стин，1994(5)：11.
[103]季宏，朱维南．带锯床用细长径工件夹具[J]. 机械工程师，2012(6)：137-138.
[104] Гусев АА. Условие автоматической сборки деталей сложных форм [J]. Автоматизация и современные технологии，1994(6)：2.
[105]张慧聪．环形零件的夹紧变形[J]. 机床译丛，1980(6)：43.